国防电子信息技术丛书

雷达对抗干扰有效性评估

崔炳福　著

电子工业出版社
Publishing House of Electronics Industry
北京·BEIJING

内 容 简 介

本书提出了一种新的干扰效果评估方法，它既能说明干扰有效、无效，又能表明干扰有效、无效的程度。把干扰效果评估对象从雷达扩展到雷达对抗装备和反辐射武器，把评估内容从干扰对雷达和雷达对抗装备的直接影响扩大到对它们控制的武器和武器系统作战能力的影响。书中给出了适合作战使用、外场试验和内场测试的遮盖性和欺骗性干扰效果的定量评估方法和模型，还建立了压制系数和辐射源截获概率的数学模型。

本书主要包括五方面的内容：雷达对抗作战环境；雷达对抗作战对象；雷达对抗效果评估准则；遮盖性和欺骗性对抗效果及干扰有效性评估方法和数学建模；干扰有效、无效或干扰有效性评价指标的确定方法和建模。全书内容广泛、深入浅出，强调基本概念，重视数学分析，适合从事电子对抗、雷达、武器制导等领域工作的科研人员、高等院校相关专业师生阅读。

图书在版编目（CIP）数据

雷达对抗干扰有效性评估 / 崔炳福著． — 北京：电子工业出版社，2017.12
（国防电子信息技术丛书）
ISBN 978-7-121-33189-3

I. ①雷… II. ①崔… III. ①雷达抗干扰—评估方法 IV. ①TN974

中国版本图书馆 CIP 数据核字（2017）第 303195 号

策划编辑：竺南直
责任编辑：竺南直　特约编辑：郭　莉
印　　刷：北京盛通商印快线网络科技有限公司
装　　订：北京盛通商印快线网络科技有限公司
出版发行：电子工业出版社
　　　　　北京市海淀区万寿路 173 信箱　　邮编：100036
开　　本：787×1092　1/16　印张：39.25　字数：1108 千字
版　　次：2017 年 12 月第 1 版
印　　次：2023 年 6 月第 12 次印刷
定　　价：129.00 元

前　　言

不只一人不只在一种场合提到，电子对抗是一门新兴的军事学科，发展很快。探索新概念、新技术的文章很多，一些虽不碍大局但在雷达对抗装备的研制、试验和作战使用中无法回避的问题的相关研究却很少。"雷达干扰有效性评估"力图解决其中的部分问题，它们是：

（1）如何估算特定干扰装备完成规定任务的可能性或是否有冗余度以及冗余度的大小；

（2）雷达支援侦察设备的辐射源截获概率的估算方法和不查曲线或图表就能计算任意检测概率、虚警概率条件下的压制系数的方法；

（3）完善遮盖性干扰效果评估模型和增添欺骗性干扰效果的评估方法和评估模型，将干扰效果评估模型的应用范围从作战使用扩展到外场试验和内场测试；

（4）探索雷达支援侦察设备和反辐射武器的对抗方法和对抗效果评估方法；

（5）雷达干扰如何影响受干扰雷达控制的武器和武器系统的性能，如何从作战效果评估干扰效果；

（6）探索从干扰信号衡量干扰装备优劣的方法和评价干扰技术组织使用优劣的准则；

（7）解释一些已有雷达对抗原理难以说明的干扰现象，如遮盖性干扰有时能破坏雷达跟踪，有时却不能，如何才能获得稳定的干扰效果等；

（8）如何合理确定干扰有效、无效的判别标准或评价指标。

上述多数问题涉及雷达对抗效果和干扰有效性评估，雷达干扰有效性评估是雷达对抗效果的一种新的评估方法，故将书名取为"雷达对抗干扰有效性评估"。因水平有限，不可能解决和解决好所有的问题，更会有疏漏和不当之处。本书的目的是抛砖引玉，希望能引出更多更好的著作，解决好雷达对抗中经常碰到的问题。

本书是作者在电子信息控制重点实验室工作期间，从事的研究工作的结晶，本书的出版得到了电子信息控制重点实验室基金项目的资助。在本书的撰写和出版过程中，还得到中国电子科技集团公司第二十九研究所和电子信息控制重点实验室的领导和同事们的大力支持，特别是高贤伟、姜道安、何涛、顾杰、华云、刘江、何俊岑、肖开奇、甘荣兵、郑坤、曾艳丽和刘永红等提出了许多宝贵的建议，在此表示衷心的感谢。

著　者

2017 年 9 月

主要符号及含义

α	角度，主要指方位角
α_{min}	武器的临界攻击角或最小攻击角
α_{st}	干扰有效性的雷达方位跟踪误差或方位测量误差的评价指标
β	角度，主要指仰角
β_{st}	干扰有效性的雷达仰角跟踪误差或仰角测量误差的评价指标
γ	非相参积累增益模型中的指数
γ_i	极化系数或极化失配损失
γ_o	氧衰减电波的系数
γ_{v1}	水蒸气对电波的主吸收系数
γ_{v2}	水蒸气对电波的副吸收系数
γ_r	雨的单程电波衰减系数
γ_{is}	冰和雪的单程电波衰减系数
γ_w	云和雾的单程电波衰减系数
δ	电波传播的总衰减系数
λ	信号密度，电波波长
ϕ	角度，多为仰角
φ_{rm}	天线方向图函数的俯仰面从过渡区到平均旁瓣区的分界角或天线俯仰增益不再与俯仰角平方成反比变化的仰角起始角度
θ	角度，主要指方位角
θ_{gst}	使雷达从跟踪转搜索的角跟踪误差的干扰有效性评价指标
θ_j	干扰扇面
θ_p	前置角
$\overline{\theta_p}$	总前置角误差的均值
θ_{rm}	天线方向图函数的方位面从过渡区到平均旁瓣区的分界角或天线方位增益不再与方位角平方成反比变化的方位起始角度
θ_{st}	角度欺骗干扰有效性的评价指标
θ_{scst}	应答式干扰配置方式的有效掩护区的干扰有效性评价指标
θ_{tcst}	回答式干扰有效掩护区的干扰有效性评价指标
$\Delta\theta_r$、$\Delta\theta_v$ 和 $\Delta\theta_\phi$	距离、速度和角跟踪误差引起的前置角误差
$\Delta\theta_{pr}$、$\Delta\theta_{p\alpha}$ 和 $\Delta\theta_{p\beta}$	距离维、方位维和俯仰维机动引起的前置角误差
σ	目标的雷达截面，随机函数或测试量的均方差
σ_c	杂波的雷达截面
σ_{esti}	依据雷达第 i 个参数测量误差评估干扰有效性的指标

d_{st}	泛指干扰有效性的评价指标
d_{stm}	干扰有效性评价指标的最大值
d_{stn}	干扰有效性评价指标的最小值
D	等效检测因子
D^2	雷达检测确知信号的性能或其检测因子
$\bar{D}^2$	雷达检测未知相位信号的性能或其检测因子
$\bar{D}_{12}^2$ 和 $\bar{D}_{34}^2$	雷达检测两类起伏目标的性能或其检测因子
E	信号能量，泛指干扰有效性
E_a	依据雷达捕获概率评估的遮盖性干扰有效性
E_a^1	只干扰目标指示雷达时，依据跟踪雷达捕获真目标概率评估的多假目标干扰有效性
E_a^2	只干扰跟踪雷达的捕获状态时，依据捕获真目标概率评估的多假目标干扰有效性
E_a^3	同时干扰目标指示雷达和跟踪雷达的捕获状态时，依据捕获真目标概率评估的多假目标干扰有效性
E_{ade}	依据摧毁概率评估的对抗反辐射武器的有效性
E_{al}	按照保护目标的生存概率评估的遮盖性干扰有效性
E_{alr}	根据保护目标的生存概率评估的单次拖距干扰有效性
E_{am1}	由反辐射武器攻击指定目标的概率评估的遮盖性干扰有效性
E_{am}	由反辐射武器攻击多个目标的概率评估的遮盖性干扰有效性
E_{arm}	从反辐射武器摧毁保护目标的概率评估的遮盖性干扰有效性
E_{by1} 和 E_{by2}	只保护目标时，用诱饵保护两类起伏目标的干扰有效性
E_{b21} 和 E_{b22}	同时保护目标和诱饵但武器无自身引导系统时，用诱饵保护两类起伏目标的干扰有效性
E_{b31} 和 E_{b32}	同时保护目标和诱饵但武器有自身引导系统时，用诱饵保护两类起伏目标的干扰有效性
E_{bre}	依据诱饵干扰引起的线跟踪误差或脱靶距离评估的干扰有效性
$E_{b\theta e}$	按照诱饵干扰引起的角跟踪误差评估的干扰有效性
E_{de}	根据摧毁多个目标的概率评估的遮盖性干扰有效性
E_{dei}	由摧毁指定保护目标的概率评估的多假目标干扰有效性
E_{der}	依据单次拖距干扰时保护目标被摧毁的概率评估的干扰有效性
E_{dif}	从侦察设备识别假目标的概率评估的多假目标干扰有效性
$\bar{E}_{dis}$	依据侦察设备识别保护目标的概率评估的遮盖性干扰有效性
E_{dit}	依据侦察设备识别保护目标的概率评估的多假目标干扰有效性
E_{er}	由距离跟踪误差评估的干扰有效性
$E_{e\alpha}$	按照方位跟踪误差评估的干扰有效性
$E_{e\beta}$	从俯仰跟踪误差评估的干扰有效性
E_g	依据引导跟踪雷达的概率评估的遮盖性干扰有效性
W_{gaf}	根据侦察设备用假目标引导反辐射武器的概率评估的多假目标干扰有效性
W_{gat}	依据侦察设备用真目标引导反辐射武器的概率评估的多假目标干扰有效性
E_{gf}	由引导跟踪雷达的假目标数评估的多假目标干扰有效性

E_{gif}	从引导干扰机的假目标数评估的多假目标干扰有效性
E_{gjt}	按照引导干扰机的真目标数评估的多假目标干扰有效性
E_{gt}	根据引导跟踪雷达的真目标数评估的多假目标干扰有效性
E_{gua}	根据引导多枚反辐射武器的概率评估的遮盖性干扰有效性
E_{gua1}	依据引导一枚反辐射武器的概率评估的遮盖性干扰有效性
E_{gui1}	用特定保护目标引导干扰机的概率评估的遮盖性干扰有效性
E_{guin}	用多个保护目标引导干扰机的概率评估的遮盖性干扰有效性
E_{hg}	机内噪声对跟踪雷达引导概率的影响
E_{hm}	单独依据 m 枚武器摧毁目标的概率评估的干扰有效性
E_{insf}	依据侦察设备截获假目标概率评估的多假目标干扰有效性
E_{insr}	根据侦察设备截获保护目标的概率评估的多假目标干扰有效性
E_{intf}	由雷达检测假目标数评估的多假目标干扰有效性
E_{intt}	由雷达检测真目标数评估的多假目标干扰有效性
$\bar{E}_{intr}$	依据侦察设备截获保护目标概率评估的遮盖性干扰有效性
E_{jam}	一对多和多对多对抗模式时，遮盖性样式保护起伏目标的干扰有效性
E_{jam1}	由指定目标受反辐射攻击概率评估的多假目标干扰有效性
E_{jamn}	用侦察干扰保护目标的受干扰概率评估的遮盖性干扰有效性
E_{jch}	依据干信比评估的箔条干扰有效性
E_{jrsh}	非相参快闪烁两点源的干扰有效性
E_{js}	用一对一对抗模式保护起伏目标的效果评估的遮盖性干扰有效性
E_{jsn}	用多对一对抗模式保护起伏目标的效果评估的遮盖性干扰有效性
E_{lach}	由发射反辐射武器的概率评估的干扰有效性
E_{lw}	根据箔条走廊的长度和宽度评估的综合干扰有效性
E_{mj1} 和 E_{mj2}	用相参两点源保护两类起伏目标的效果评估的干扰有效性
E_{mpk}	多点源角度拖引式欺骗干扰有效性
E_{ov}	依据雷达发现保护目标的数量评估的多假目标干扰有效性
E_{pd}	用遮盖性样式干扰雷达目标检测的干扰有效性
E_{pr}	依据单次拖距干扰成功率评估的干扰有效性
E_{pral}	由保护目标的生存概率评估的单次拖距干扰有效性
E_{prde}	依据保护目标被摧毁的概率评估的多次拖距干扰有效性
E_{pv}	由单次拖速干扰成功率评估的干扰有效性
$E_{p\phi}$	根据对线扫雷达角度拖引效果评估的干扰有效性
E_{R}	由最小干扰距离评估的遮盖性干扰有效性
E_{ERP}	从等效辐射功率评估的遮盖性干扰有效性
$(ERP_j)_{st}$	遮盖性干扰有效性的干扰等效辐射功率评价指标
E_{rcf}	按照雷达录取假目标数评估的多假目标干扰有效性
E_{rch}	依据最小干扰距离评估的箔条走廊干扰有效性
E_{re}	雷达滑动跟踪且目标无有意机动时依据脱靶距离评估的遮盖性干扰有效性

G_f	雷达接收机线性部分引起的干扰功率损失
$G_H(\theta)$	天线 H 面的增益函数
G_i	干扰发射天线增益
G_{ir}	侦察接收天线在雷达方向的增益
G_{iri}	侦察接收天线在干扰方向的增益
G_k	抗干扰得益
G_n	信号积累增益
G_{nc}	非相参积累增益
G_r	雷达接收天线增益
G_{ri}	干扰接收天线增益
G_t	雷达发射天线增益
H	雷达平台或目标高度
$H(S)$	泛指随机信号的熵
$H(S/X)$	泛指随机信号的条件熵
$H(T)$	从真目标接收信号的熵
$H(T/X)$	从真目标接收信号的条件熵
$H(F)$	从假目标接收信号的熵
$H(F/X)$	从假目标接收信号的条件熵
$H(S, X)$	泛指平均接收信息量
$H(T, X)$	从真目标接收的平均信息量
$H(F, X)$	从假目标接收的平均信息量
$H(0, X)$	无目标时的平均接收信息量
$I(S, X)$	泛指接收信息量
$I(T, X)$	从真目标接收的信息量
$I(F, X)$	从假目标接收的信息量
$I(x)$	似然比
$I_v(x)$	第一类 v 阶纯虚数变量贝塞尔函数
j_{snc}	一对一对抗模式的瞬时干信比
$\overline{J}_{snc}$	一对一对抗模式的平均干信比
j_{sncn}	多对一对抗模式的瞬时干信比
$\overline{J}_{sncn}$	多对一对抗模式的平均干信比
J	干扰效果或干扰功率
$\overline{J}$	干扰效果的均值或干扰功率的均值
J/S	干信比
J/N	干噪比
$K(\theta_i)$	干扰方向失配损失
K_b	诱饵干扰的压制系数
K_i	压制系数

K_{jd}	遮盖性样式干扰自动目标检测器的压制系数
K_{jd12}，K_{jd34}	遮盖性样式掩盖两类起伏目标回波的压制系数
$K_{ip\phi}$	倒相和扫频方波干扰暴露式锥扫雷达的压制系数
K_{jt}	欺骗性样式干扰自动目标跟踪器的压制系数
K_{jtn}	遮盖性样式干扰自动目标跟踪器的压制系数
K_{jv}	遮盖性样式干扰视觉目标检测器的压制系数
K_{mj}	相参两点源干扰的压制系数
K_{nf}	噪声调频或调相信号的等效优良度
I_{pr}	拖距干扰的压制系数
K_{pv}	拖速干扰的压制系数
$K_{p\phi}$	角度拖引式欺骗干扰的压制系数
K_{sh}	闪烁两点源干扰的压制系数
L_{di}	一对多的多威胁处理机制引起的干信比损失
L_{fv}	干扰信号频率变化速度失配损失
L_{j}	干扰系统损失
L_{jr}	侦察设备的系统损失
L_{r}	雷达系统损失
L_{rr}	雷达发射系统的损失
L_{sw}	扫频方波频率变化速度引起的干信比损失
L_{t}	干扰信号时宽失配损失
L_{v}	拖引速度引起的电压干信比损失
n_{ast}	依据雷达捕获保护目标数评估多假目标欺骗干扰有效性的指标
n_{alstn}	干扰有效性的生存目标数评价指标
n_{destn}	干扰有效性的摧毁目标数评价指标
n_{rst}	依据侦察设备截获保护目标的概率评估遮盖性干扰有效性的指标
N	噪声功率、积累脉冲数
N/S	噪信比
N/J	噪干比
N_{3dB}	雷达或干扰机在其天线半功率波束宽度内接收的脉冲数
N_{cst}	依据雷达录取真目标数评估多假目标干扰有效性的指标
N_{cfst}	根据雷达录取假目标数评估多假目标干扰有效性的指标
N_{dist}	由侦察设备识别真目标数评估多假目标干扰有效性的指标
N_{e}	雷达在其天线主瓣 1/e 电平内接收的脉冲数
N_{fst}	由雷达检测假目标的数量评估多假目标干扰有效性的指标
N_{gjst}	用侦察设备引导干扰机的保护目标数评估干扰有效性的指标
N_{gfst}	用侦察设备引导干扰机的假目标数评估干扰有效性的指标
N_{gast}	用侦察设备引导反辐射武器的保护目标数评估干扰有效性的指标
N_{gafst}	用侦察设备引导反辐射武器的假目标数评估干扰有效性的指标

N_{pfst}	用侦察设备把假目标识别成真目标的数量评估多假目标干扰有效性的指标
N_{st}	多假目标干扰有效性的雷达检测目标数的评价指标
N_{tst}	多假目标干扰有效性的雷达检测真目标数的评价指标
N_{wfst}	用侦察设备的告警假目标数评估多假目标干扰有效性的指标
N_{wst}	用侦察设备的告警真目标数评估多假目标干扰有效性的指标
P_a	雷达捕获概率
P_{afs}	依据跟踪雷达捕获假目标的概率评估干扰有效性的指标
P_{al}	生存概率
P_{alst}	干扰有效性的生存概率评价指标
P_{ast}	多假目标欺骗干扰有效性的捕获概率评价指标
P_{bf}	干扰失败的概率
P_{cst}	由雷达录取真目标的概率评估多假目标干扰有效性的指标
P_{cfst}	用雷达录取假目标的概率评估多假目标干扰有效性的指标
P_d	泛指发现目标的概率或雷达基于单个脉冲的检测概率
$\bar{P}_d$	雷达基于多脉冲的发现概率或检测概率
P_D	雷达基于多次扫描的发现概率或检测概率
P_{de}	摧毁概率
P_{dek}	第 k 个作战单元摧毁目标的概率
P_{dest}	干扰有效性的摧毁概率评价指标
P_{dis}	侦察设备的辐射源识别概率
P_{disa}	反辐射导引头识别指定辐射源的概率
P_{dif}	侦察设备的射频识别概率
P_{diF}	侦察设备的重频识别概率
P_{dist}	依据侦察设备识别真目标的概率评估多假目标干扰有效性的指标
P_{diw}	侦察设备的脉宽识别概率
P_{dnst}	根据侦察设备发现保护目标的概率评估遮盖性干扰有效性的指标
P_{dst}	干扰有效性的检测概率评价指标
P_{edist}	侦察设备要求的识别概率
P_{ewst}	侦察设备要求的告警概率
P_{fa}	虚警概率
P_{fst}	按照雷达检测假目标的概率评估多假目标干扰有效性的指标
P_g	雷达引导概率或目标落入指定区域的概率
P_{gafst}	依据侦察设备用假目标引导反辐射武器的概率评估多假目标干扰有效性的指标
P_{gast}	根据侦察设备用真目标引导反辐射武器的概率评估多假目标干扰有效性的指标
P_{gfst}	按照侦察设备用假目标引导干扰机的概率评估多假目标干扰有效性的指标
P_{gjst}	依据侦察设备用真目标引导干扰机的概率评估多假目标干扰有效性的指标
P_{gst}	雷达遮盖性干扰有效性的引导概率评价指标
P_{gtst}	依据用保护目标引导跟踪雷达的概率评估多假目标干扰有效性的指标

P_{guast}	用侦察设备引导反辐射武器的概率评估干扰有效性的指标
P_{gue}	侦察设备引导干扰发射机的概率
P_{guj}	侦察设备引导有源干扰的概率
P_{gujst}	侦察干扰有效性的干扰引导概率评价指标
P_{gur}	侦察设备引导干扰接收机的概率
P_h	单枚武器的命中概率
P_{hst}	仅根据武器命中概率评估干扰有效性的指标
P_{intra}	反辐射导引头截获指定辐射源的概率
P_{intm}	侦察设备的脉冲截获概率
P_{intr}	侦察设备的辐射源截获概率
P_{intrst}	多假目标侦察干扰有效性的辐射源截获概率评价指标
P_{intst}	遮盖性侦察干扰有效性的辐射源截获概率评价指标
P_{ist}	根据侦察设备发现保护目标数评估多假目标干扰有效性的指标
P_j	干扰机的发射功率
P_{jam}	雷达的受干扰概率
P_{last}	用发射反辐射武器的概率评估多假目标干扰有效性的指标
P_{lc}	雷达旁瓣接收的杂波功率
P_{mc}	雷达主瓣接收的杂波功率
P_{mhst}	干扰有效性的武器脱靶率评价指标
P_{misr}	侦察设备的漏批概率
P_{nalst}	干扰有效性的保护目标生存概率评价指标
P_{ndest}	干扰有效性的摧毁保护目标数的评价指标
P_{nh}	武器的固有命中概率
P_{pfst}	依据侦察设备把假目标当真目标识别的概率评估多假目标干扰有效性的指标
P_{pst}	有效干扰对侦察设备截获假目标概率的要求
P_{prst}	距离拖引式欺骗干扰有效性的拖引成功率评价指标
P_{pvst}	速度拖引式欺骗干扰有效性的拖引成功率评价指标
P_{rd}	目标指示雷达的检测识别概率
P_{rdst}	受干扰雷达方要求的检测概率
P_{rmin}	雷达或侦察接收机的工作灵敏度
P_{rst}	依据侦察设备截获保护目标的概率评估遮盖性干扰有效性的指标
P_{rw}	侦察设备的告警概率
P_{rwst}	由侦察设备的单目标告警概率评估干扰有效性的指标
P_{serv}	指控系统、武器系统的服务概率
P_{sh}	无干扰时武器的命中概率
P_t	雷达发射功率
P_{tst}	根据雷达发现真目标的概率评估多假目标干扰有效性的指标
P_{wfst}	依据侦察设备用假目标告警的概率评估干扰有效性的指标

P_{wst}	泛指干扰有效性的作战效果评价指标
P_{zsa}	反辐射攻击能力
P_{zsj}	雷达对抗装备的综合干扰能力
$P(\sigma)$	目标雷达截面的概率密度函数
$P(\theta_p)$	总前置角误差的概率密度函数
r	圆的半径，距离
$\overline{r}_r$	平均脱靶距离
r_r	脱靶距离
R_b	球形目标的半径
R_c	圆形目标的半径，雷达到杂波中心的距离
R_{chst}	箔条走廊长度的干扰有效性评价指标
R_{ek}	等效杀伤半径
R_{est}	干扰有效性的定位误差或线跟踪误差的评价指标
R_{gst}	诱饵或角度干扰使雷达从跟踪转搜索的线跟踪误差评价指标
R_j	雷达到干扰机的距离
R_k	杀伤半径
R_{kst}	干扰有效性的杀伤距离评价指标
R_{max}	最大作用距离
R_{mkst}	干扰有效性的脱靶距离评价指标
$R_{min\,st}$	干扰有效性的最小干扰距离评价指标
R_r	视距
R_{st}	干扰有效性的距离跟踪误差或距离测量误差评价指标
R_t	目标到雷达的距离
S_{inc}	一对一对抗模式的瞬时信干比
$\overline{S}_{jnc}$	一对一对抗模式的平均信干比
S/C	信杂比
S/J	信干比
S/N	信噪比
T	检测门限，温度或脉冲重复周期
V_c	体杂波的有效散射体积
V_{gst}	由诱饵使雷达从跟踪转搜索的速度跟踪误差评估干扰有效性的指标
W_{chst}	干扰有效性的箔条走廊宽度的评价指标或作战要求的箔条走廊宽度

目　　录

第1章 概　述

1.1　引言

1.1.1　一般概念

　　无论什么目的、形式和规模的战争，参战双方都企图以尽可能最佳的策略使用和保护己方的或/和联合友方的甚至巧借敌方的战争资源，以最低代价使对方不能拥有或不能有效使用战争资源，达到掌控战争进程和结局的目的。信息、信息装备和它们涉及的人员是现代战争不可缺少的资源。信息产生、信息获取、信息处理、信息传输、信息利用、信息防护和信息攻击等的管控能力是决定现代战争胜负的重要因素。信息优势已成为"兵家"必争的战略制高点。信息战或信息对抗必将愈演愈烈。

　　信息战是目前的热门研讨课题，许多概念还在更新、丰富和完善中。信息战的内容十分广泛，现阶段分三个层次：国家、集团和个体。美国国防部给国家层次上进行的信息战下的定义是：信息战包括保护己方信息系统的完整、避免被利用、破坏或摧毁，同时对敌方的信息系统进行利用、破坏和摧毁所采取的行动以及使用武力以达到信息优势的过程[1]。信息战的军事作战行动包括：心理战、军事欺骗、保密措施、电子战、实体摧毁等。

　　电子战或电子对抗是信息战的重要组成部分。它利用电磁能、定向能、水声能等确定、扰乱、削弱、破坏、摧毁敌方电子信息系统和电子设备，并为保护己方电子信息系统和电子设备正常使用而采取的各种战术、技术措施和行动[2]。具体内容包括电子侦察、电子攻击和电子防护。

　　电子侦察利用电磁能、水声能等搜索、截获、测量、分析、识别敌方电子信息系统和电子设备有意、无意散射的信号，获取有关设备或系统的类型、技术参数、工作状态、位置、功能、用途以及相关武器和平台的类别等信息。

　　电子攻击利用电磁能、定向能、水声能等扰乱、削弱、破坏敌方电子信息系统和电子设备等的正常工作或摧毁其实体，降低相关作战指挥系统、武器控制系统和武器等的作战能力。

　　电子防护使用电子对抗或其他技术手段保护己方的电子信息系统、电子设备及其相关的武器控制系统、武器和作战人员，使其在敌方或/和己方实施电子侦察、电子干扰和反辐射攻击时能正常有效地工作。

　　电子战的作战对象涵盖产生信息、获取信息、存储信息、传输信息、处理信息和使用信息等的电子信息系统和电子设备，如雷达、通信、光电、导航、敌我识别等设备和作战指挥控制、武器控制等系统。

　　雷达对抗是电子战的重要分支，它利用电磁能隐蔽探测敌方的雷达和与其控制的武器或武器控制系统相关的辐射源，获取其位置参数、技术参数、工作状态等信息，进而确定其型号、平台类型或型号、与这些辐射源有关的武器类型、工作状态、活动意图及其威胁级别等。以干扰为软杀伤手段削弱敌方的目标探测能力、跟踪能力和武器控制能力等。以反辐射武器为硬杀伤手段摧毁敌方的雷达辐射源或迫使其停止工作，保障己方的雷达、雷达对抗装备及其控制的武器系统和武器正常有效的工作。已有的雷达对抗内容主要是雷达侦察、雷达干扰和反辐射摧毁。现代的武器系统和武器有多种提供信息的电子设备，它们严重影响雷达对抗效果，如果加以干扰又能显著提高雷达对抗效果。在这些设备中除了雷达外，还要不少按雷达方式工作且可用雷达对抗技术降低其作战能力的装备。但是要有效对付它们，必须得到雷达对抗侦察的支持和雷达干扰的统筹管理。为此，本书将雷达对抗的内容扩展到了导航、敌我识别、遥控遥测和引信等。且具体作战对象包括雷达侦察、雷达干扰和反辐射攻击三大类。雷达对抗的作战对象包括：一、敌方控制部队和武器的雷达；二、无源探测、定位、引导干扰机和反辐射武器的雷达支援侦察设备(本书把反辐射武器的专用引导设备划归雷达支援侦察设备类)；三、即将发射的或飞行中的反辐射武器；四、为作战指挥系统、武器控制系统或武器提供信息的导航、敌我识别、遥控遥测和引信等设备。

雷达对抗效果是雷达对抗活动给敌方作战能力造成的影响。这种影响包括对设备的和对相关人员的。对设备的影响包括性能降低或/和软硬件损伤等。对人员的影响包括人员伤亡、指战员决策迟缓、军事行动延误或/和错误等。本书的雷达对抗效果主要是指对设备的。雷达对抗对设备的影响分两个层次：一个是直接受干扰的设备或系统，如雷达、雷达对抗装备等。另一个是受直接干扰设备或系统控制的系统或设备，如作战指挥系统、武器控制系统和武器等。雷达对抗效果分干扰效果和作战效果。干扰效果是指干扰对直接受干扰对象作战能力造成的影响，如雷达的目标探测范围减小、侦察设备的辐射源截获概率降低等。作战效果是指干扰给直接受干扰对象控制的部队、设备或系统作战能力造成的影响，如雷达控制的武器脱靶概率增加、兵力部署及调整错误或延误等。雷达对抗中的作战效果是干扰结果造成的影响，是干扰效果的一种表示形式。本书的雷达对抗效果是干扰效果和作战效果的总称。

雷达对抗效果评估是对规定条件下的雷达对抗作战行动的结果及其造成的影响进行的定量和定性分析。雷达对抗作战行动的结果包括对直接受干扰对象的软、硬杀伤情况，其造成的影响涉及受直接受干扰对象控制的部队、武器装备或系统的作战能力。评估雷达对抗效果的目的是得到对抗有效、无效的结论，是定性的。评估雷达干扰有效性的目的是获得雷达干扰有效、无效的程度，是定量的。

定量评估雷达对抗效果需要数学模型和数学建模。数学模型是指对抗效果、干扰有效性与其影响因素之间的定量关系。数学建模就是确定对抗效果与其影响因素之间的定量关系的工作过程。

1.1.2　干扰有效性的定义

干扰有效性是本书引入的新概念，主要用于：一、在干扰效果评估中，补充说明干扰有效、无效的程度或确定获得规定干扰效果有多大的可能性；二、在雷达对抗装备的论证或设计中，确定满足指标的保险系数；三、在对抗作战资源需求分析时，确定装备或其能力的冗余度。

干扰有效性定义为，规定条件下的干扰效果或作战效果满足干扰有效性评价指标或作战要求的程度，也可以定义为规定条件下的干扰效果或作战效果落入有效干扰区的概率。所谓规定条件包括规定的作战环境、特定的装备、指定的目标和配置关系等。干扰有效性是实际获得的或预计可获得的干扰效果或作战效果与干扰有效性评价指标的比较结果，相当于用干扰有效性评价指标规一化的干扰效果和作战效果，其值在0～1之间。

干扰有效性评估是已有干扰效果评估方法和应用范围的拓展和补充。与已有干扰效果评估方法相比，既有相同或相似的地方，又有不同之处。相同的地方有：

(1)都用比较法。所谓比较法就是把预计可达到的或实际达到的干扰效果与有效干扰要求的或作战要求的干扰效果进行比较。有效干扰要求的或作战要求的干扰效果就是比较标准或干扰有效性评价指标。

(2)都需要计算干扰效果及其评价指标。比较法有两个要素，一个是根据参战装备的参数、保护目标的特性和配置关系等预计的或实际测试得到的干扰效果，另一个是根据作战目的和作战任务确定的干扰有效性评价指标。

（3）有相同的评价指标和相同数量且一一对应的判断干扰是否有效的模型。

两种评估方法的内容和应用范围不完全相同，导致了它们之间的差异。其中最主要的差别有：

（1）干扰有效性评估较全面且定量。干扰有效性评估既考虑了干扰对直接受干扰环节或设备性能的影响，又考虑了干扰结果对相关武器控制系统和武器作战能力造成的影响。既能依据干扰对有关大系统的最终影响评估干扰有效性，又能依据干扰对该系统某个中间环节的影响说明干扰有效性。干扰有效性评估是定量的，它既能说明干扰是否有效，又能给出干扰有效、无效的程度。

（2）干扰有效性评估结果的可信度高，适用范围广。干扰有效性评估既考虑了影响因素的均值，又考虑了它的随机变化情况即概率分布。既能用有关装备的参数、配置关系等预测干扰效果和干扰有效性，又能用外场和内场测试数据估算干扰效果和干扰有效性。

（3）干扰有效性评估方法把影响干扰效果的各种随机性因素、确定性因素和干扰有效性评价指标有机地综合在一个模型中。本书称为干扰有效性评估模型，并用 0～1 之间的数表示评估结果。已有干扰效果评估方法把干扰效果和评价指标分开表示，只能说明干扰是否有效，不能反映干扰有效、无效的程度。

雷达对抗效果一般用直接受干扰对象和受其影响装备或系统的战技指标或与其有函数关系的参数表示，如检测概率、告警概率、摧毁概率等。装备的战技指标分两类，一类是其值越大越好，如雷达的目标检测概率、干扰的压制扇面等。另一类是其值越小越好，如雷达的参数测量误差、武器的脱靶距离等。前者称为效益型指标，后者称为成本型指标。干扰效果用有关装备的战技指标表示，也分效益型和成本型两种。效益型和成本型是相对的，某些战技指标对干扰方是效益型指标，对受干扰方就是成本型指标。如果没有特别说明，本书的效益型和成本型指标都是针对干扰方的。

1.1.3　研究目的

现代战争离不开雷达。在军用传感器中，雷达应用最广，如战场侦察、指挥引导、目标监视、导弹制导、火炮瞄准等都有雷达参与。雷达作用距离远，受气象和环境影响较小，可全天候探测、跟踪目标，甚至能透过障碍物探测隐藏很深的目标。雷达能显著提高武器系统的快速响应能力、适应恶劣作战环境的能力，也能提高杀伤性武器的命中概率。现代战争也离不开雷达对抗。没有雷达对抗的支持，雷达及其为之服务的指挥控制系统、武器控制系统等将变得十分脆弱。雷达干扰能使雷达迷茫、丢失目标，也能使武器失控而脱靶，还能使作战指挥系统和武器控制系统瘫痪，丧失战斗能力。反辐射攻击不但能摧毁雷达，还危及作战人员的生命安全，具有其他对抗手段无法相比的防空压制作用。雷达对抗作战总是始于战斗之前，贯穿战斗全过程，终于战斗结束之后。电子对抗是信息战的重要组成部分，雷达对抗是电子对抗的重要分支，它在信息战和电子对抗中的重要地位还将保持相当长的时间。

虽然无线电干扰或电子对抗的历史已接近 110 年，雷达对抗的历史也超过了 70 年，但是和其他军事学科相比，它还是年轻学科。值得研究和迫切需要解决的问题很多。在众多需要研究的问题中，本书只涉及其中的雷达对抗效果评估。雷达对抗效果评估不但涉及雷达对抗的全部基础理论和基本技术，还涉及战术使用。雷达对抗效果评估可用于雷达对抗装备的研制、试验、采购和作战使用等。研究雷达对抗效果评估的主要目的在于：

（1）推荐一种新的雷达对抗效果评估方法。这种评估方法除了能说明干扰有效、无效外，还能说明干扰有效、无效的程度。

（2）扩大雷达对抗作战对象和干扰效果的评估范围。把雷达支援侦察设备和反辐射武器列为雷达对抗作战对象，把干扰结果对武器系统或武器造成的影响纳入雷达对抗效果评估范围。

（3）增加雷达对抗效果的定量评估方法和数学模型，以满足作战使用、外场试验和内场测试的需要。除完善遮盖性或压制性干扰效果的定量评估数学模型外，将增加以下四种干扰效果的定量评估数学模型：一、欺骗性干扰效果；二、对雷达控制的武器系统或杀伤性武器的作战效果；三、对雷达支援侦察设备的干扰效果；四、对反辐射武器的对抗效果。

（4）扩大干扰效果评估准则的应用范围。在信息准则中增加评价干扰信号和干扰技术组织、实施优劣的准则；在战术运用准则中增加评价雷达对抗装备组织、使用策略优劣的准则和确定干扰有效性评价指标的同风险准则。

（5）介绍判断干扰是否有效的标准即干扰有效性评价指标的确定方法，建有关的数学模型和确定部分评价指标的数值。

针对现有雷达干扰效果评估的现状，本书不讨论专项技术和最新技术，只研究雷达对抗的基础理论、基本技术，强调基本概念，重视数学分析，尽量对已有干扰效果评估中的一些模糊问题给出科学、合理的分析和说明。

1.2　雷达对抗效果和干扰有效性的基本计算方法概述

为便于理解雷达对抗效果和干扰有效性的定义、评估方法及其应用，本节概述：一、依据有关装备的参数和配置关系等预测雷达对抗效果和干扰有效性的基本方法；二、借助实验或测试数据估算雷达对抗效果和干扰有效性的原理和方法；三、根据系统的功能组成和各部分的干扰有效性推算复杂系统的雷达对抗效果和干扰有效性的方法。

1.2.1　根据装备参数等预测对抗效果和干扰有效性

在雷达对抗中，常常需要根据有关装备的参数、配置关系、目标特性等预测干扰效果。干扰有效性评估也有同样需求。预测干扰有效性分两步：第一步确定干扰效果的概率密度函数，第二步计算干扰效果满足干扰有效性评价指标的程度。根据装备的参数、配置关系和目标特性等能确定干扰效果的概率密度函数。根据作战任务、作战目的和受干扰影响的战技指标可确定干扰有效性评价指标。上述工作属于有关的建模问题，将在第7～第9章详细讨论。概述干扰效果和干扰有效性的计算方法时，假设已经确定了干扰效果的概率密度函数、平均值和干扰有效性评价指标。

设雷达对抗效果的概率密度函数和干扰有效性评价指标分别为 $P(x)$ 和 d_{st}，效益型指标的干扰有效性定义为 $P(x)$ 大于或等于 d_{st} 的概率或 $P(x)$ 落入 d_{st}～∞ 区间的概率：

$$E = \int_{d_{st}}^{\infty} P(x)\, \mathrm{d}x \tag{1.2.1}$$

成本型指标的干扰有效性是 $P(x)$ 小于或等于 d_{st} 的概率或 d_{st} 落入 $-\infty$～d_{st} 区间的概率：

$$E = \int_{-\infty}^{d_{st}} P(x)\, \mathrm{d}x \tag{1.2.2}$$

在某些应用场合，对抗效果既不是越大越好，也不是越小越好，而是介于两指标之间时干扰才有效，本书称其为双指标型。设干扰有效性评价指标的最大和最小值分别为 d_{stm} 和 d_{stn}，此种情况下的干扰有效性是 $P(x)$ 落入 d_{stn}～d_{stm} 之间的概率：

$$E = \int_{d_{stn}}^{d_{stm}} P(x) \, \mathrm{d}x \qquad (1.2.3)$$

如果 $P(x)$ 只取有限个离散值，上述三式的积分运算变为求和运算。

式(1.2.1)～式(1.2.3)为三种干扰有效性的基本计算方法。设干扰效果的平均值为 J_m，按照已有干扰效果的评估方法可得干扰是否有效的判别式。其中效益型指标干扰是否有效的判别式为

$$\begin{cases} 干扰有效 & J_m \geqslant d_{st} \\ 干扰无效 & 其他 \end{cases} \qquad (1.2.4)$$

成本型指标干扰是否有效的判别式为

$$\begin{cases} 干扰有效 & J_m \leqslant d_{st} \\ 干扰无效 & 其他 \end{cases} \qquad (1.2.5)$$

双指标型干扰是否有效的判别式为

$$\begin{cases} 干扰有效 & d_{stn} \leqslant J_m \leqslant d_{stm} \\ 干扰无效 & 其他 \end{cases} \qquad (1.2.6)$$

如果实际干扰效果有最大值 J_{max} 和最小值 J_{min}，且干扰效果的实际值在两者之间均匀分布，干扰效果的概率密度函数为

$$P(x) = \frac{1}{J_{max} - J_{min}} \qquad (1.2.7)$$

若效益型指标的有效干扰区域为 $d_{st} \sim J_{max}$，把式(1.2.7)代入式(1.2.1)，把 J_{max} 和 d_{st} 作为积分的上、下限并积分得此条件下的干扰有效性：

$$E = \begin{cases} 0 & d_{st} > J_{max} \\ \dfrac{J_{max} - d_{st}}{J_{max} - J_{min}} & 其他 \\ 1 & d_{st} < J_{min} \end{cases} \qquad (1.2.8)$$

如果成本型指标的有效干扰区域为 $J_{min} \sim d_{st}$，按上述处理方法得其干扰有效性：

$$E = \begin{cases} 0 & d_{st} < J_{min} \\ \dfrac{d_{st} - J_{min}}{J_{max} - J_{min}} & 其他 \\ 1 & d_{st} > J_{max} \end{cases} \qquad (1.2.9)$$

设双指标型的有效干扰区域为 $d_{stn} \sim d_{stm}$，由上述方法得有关的干扰有效性：

$$E = \begin{cases} 0 & d_{stm} < J_{min} 或 d_{stn} > J_{max} \\ \dfrac{d_{stm} - d_{stn}}{J_{max} - J_{min}} & d_{stm} \leqslant J_{max} 和 d_{stn} \geqslant J_{min} \\ 1 & 其他 \end{cases} \qquad (1.2.10)$$

如果干扰效果无随机因素影响或随机因素影响很小，其瞬时值近似等于平均值 J_m，效益型指标的干扰有效性近似为

$$E \approx \begin{cases} J_m / d_{st} & d_{st} \geqslant J_m \\ 1 & 其他 \end{cases} \qquad (1.2.11)$$

成本型指标的干扰有效性近似为

$$E \approx \begin{cases} d_{st} / J_m & d_{st} \leqslant J_m \\ 1 & \text{其他} \end{cases} \tag{1.2.12}$$

1.2.2 根据试验或测试数据评估对抗效果和干扰有效性

外场试验、内场测试等得到的是特定条件下的干扰效果,如何依据这些数据评估干扰有效性也是需要解决的问题。试验数据或测试结果受多种随机因素影响,可当作是来自正态母体的样本。未知方差时,这些样本的统计量为[2,3]

$$T = \frac{X}{\sqrt{y / n}}$$

其中 X 服从均值为 0、方差为 1 的正态分布,y 为 x^2 分布,T 是自由度为 n 的 t 分布。t 分布的概率密度函数为

$$f(T) = f(n,x) = \frac{\Gamma\left(\frac{n+1}{2}\right)}{\sqrt{n\pi}\,\Gamma\left(\frac{n}{2}\right)} \left(1 + \frac{x^2}{n}\right)^{-\frac{n+1}{2}} \tag{1.2.13}$$

式中,n 相当于试验或测试获得的数据量。对于特定的 n,只有 x 是变量。t 分布的上侧分位数 $t_\alpha(n)$ 定义为[2]

$$P\{T > t_\alpha(n)\} = \int_{t_\alpha(n)}^{\infty} f(n,x)\,\mathrm{d}x = \alpha \tag{1.2.14}$$

当 n 很大(大于 45)时,可用正态分布近似 t 分布[3]。这时 t 分布的概率密度函数与 n 无关,仅为 x 的函数,可表示为

$$f(n,x) \approx f(x) = \frac{1}{\sqrt{2\pi}} \exp\left(-\frac{x^2}{2}\right) \tag{1.2.15}$$

用式(1.2.15)计算干扰有效性非常方便。效益型、成本型和双指标型的干扰有效性分别为

$$E = \begin{cases} 1 - \Phi\left(\dfrac{d_{st} - m}{\sigma}\right) & \text{效益型} \\ \Phi\left(\dfrac{d_{st} - m}{\sigma}\right) & \text{成本型} \\ \Phi\left(\dfrac{d_{stm} - m}{\sigma}\right) - \Phi\left(\dfrac{d_{stn} - m}{\sigma}\right) & \text{双指标型} \end{cases} \tag{1.2.16}$$

式中,m 和 σ 分别为测试数据的均值和均方差;$\Phi(x)$ 为概率积分,定义为

$$\Phi(x) = \frac{1}{\sqrt{2\pi}} \int_{-\infty}^{x} \exp\left(-\frac{y^2}{2}\right) \mathrm{d}y$$

设第 i 次测试获得的数据为 X_i,测试次数或数据量为 n,测试数据的均值 m 和均方差 σ 分别为

$$m = \frac{1}{n}\sum_{i=1}^{n} X_i \ \text{和}\ \sigma = \sqrt{\frac{1}{n-1}\sum_{i=1}^{n}(X_i - m)^2}$$

统计均值就是干扰效果的均值，把它和评价指标代入式 (1.2.4) ～式 (1.2.6) 之一可判断干扰是否有效。

外场对抗试验或作战使用中获得的数据量 n 一般较小，不能用正态分布近似 t 分布。这时，可参照数理统计中的参数假设检验方法，用假设检验的可信度近似干扰有效性。设干扰有效性评价指标为 d_{st}，由试验数据得统计量 T：

$$T = \begin{cases} \dfrac{(m - d_{st})\sqrt{n-1}}{\sigma} & \text{效益型} \\ \dfrac{(d_{st} - m)\sqrt{n-1}}{\sigma} & \text{成本型} \end{cases} \qquad (1.2.17)$$

把统计量 T 代入式 (1.2.14) 得：

$$P\{T > t_\alpha(n-1)\} = \alpha$$

根据计算得到的 T 和给定的 n，从单侧 t 分布表中查出 α，可信度即干扰有效性为

$$E = \begin{cases} 1 - \alpha & T \geq 0 \\ \alpha & \text{其他} \end{cases} \qquad (1.2.18)$$

如果查的表是双侧 t 分布表，则用 $\alpha/2$ 替代上式的 α。对于效益型指标，查表时取 $t_\alpha(n-1) \geq T$ 且尽可能接近的 T 对应的 α。如果是成本型指标，则取 $t_\alpha(n-1) \leq T$ 且尽可能接近的 T 对应的 α。下面举例说明用试验数据评估干扰有效性的具体方法。

设某次试验测试了九次最小干扰距离。由九个测试数据统计得到的均值和均方差分别为 $m=3.5$ 千米和 $\sigma = 1.1$ 千米，有效干扰要求的最小干扰距离为 4 千米。最小干扰距离为成本型指标，用式 (1.2.17) 得测试数据的统计量：

$$T = \frac{4 - 3.5}{1.1}\sqrt{9 - 1} = 1.286$$

用 $t_\alpha(9-1) \leq 1.286$ 查单侧 t 分布表，最靠近 1.268 且小于 1.268 对应的 $\alpha=0.13$，干扰有效性为

$$E \approx 1 - 0.13 = 0.87$$

测试数据的均值和方差来自数据样本。为保证一定的精度或可信度，对数据量 n 有一定的要求。数理统计给出了估算 n 的迭代算法[3]。设要求的估算精度、均方差和可信度分别为 Δ、σ 和 $1-\beta$，干扰有效性评估需要的数据量初值为[3]

$$n_1 = 1 + \frac{4\sigma^2}{\Delta^2} \qquad (1.2.19)$$

如果 $n_1 \geq 30$，令 $n = n_1$，否则需要用迭代法确定 n[3]。迭代法如下：由 n_1 和设定的 β 值，查 t 分布表得 $t_{(n-1)}(\beta)$ 的值，把该值代入式 (1.2.20) 得到一个 n。把此 n 作为新变量 n_1，再查 t 分布表得新的 $t_{(n-1)}(\beta)$，把新的 $t_{(n-1)}(\beta)$ 的值再次代入式 (1.2.20) 得到又一个 n 值。如此下去，直到 $t_{(n-1)}(\beta)$ 与 $t_{(n-1)}(\beta)$ 之差满足要求的精度 Δ 为止，最后的 n 就是需要的测试数据量。

$$n = 1 + \frac{4\sigma^2}{\Delta^2}[t_{(n_1-1)}(\beta)]^2 \qquad (1.2.20)$$

1.2.3　复杂系统的干扰有效性计算方法

有的受干扰装备的组成相当简单，有的十分复杂。很多时候直接计算复杂系统干扰效果的概率密度函数非常困难。绝大多数复杂系统可看成是由多个具有不同功能的装置(以下称其为环节)

组成的，每个环节相当于具有独立功能的简单设备。如果已知各环节的干扰有效性和相互间的关系，可简化复杂系统干扰有效性的计算。

根据各环节之间的关系，可将复杂系统分成三类：串联型、并联型和串并联组合型。如果规定的作战任务由多个环节共同承担，而且只有前一个环节完成了自己承担的那部分工作，后一环节才可能开展自身的工作。任何一个环节没有完成自己承担的任务，整个系统就不能完成规定的任务。本书称具有这样功能结构关系的系统为串联型系统。对于串联型系统，只要干扰能使其中的任何一个环节不能完成其承担的任务，就能获得对整个系统的有效干扰。同样，如果对各环节的总干扰效果能达到规定的作战要求，也能获得有效干扰效果。如果已知串联型系统各环节的干扰有效性，根据其特点就能由各环节的干扰有效性得到整个系统的干扰有效性。设第 i 个环节的干扰有效性为 E_i，影响各环节干扰效果的主要因素不相关，整个系统的干扰有效性为

$$E = 1 - \prod_{i=1}^{n}(1 - E_i) \tag{1.2.21}$$

E_i 的计算方法见 1.2.1 节。如果第 i 个环节的干扰有效性 E_i 远大于其他环节的，或干扰效果的主要影响因素强烈相关，整个系统的干扰有效性可近似为

$$E \approx \underset{1<i<n}{\text{MAX}}\{E_i\} \tag{1.2.22}$$

一般来说，式(1.2.22)的估计结果保守一些，但保险一些。

同种干扰样式对串联型系统每个环节的干扰效果不一定相同，评价指标也不一定相同，不能用式(1.2.4)或式(1.2.5)判断干扰是否有效。设系统有 n 个环节受到干扰，干扰效果的均值和对应的干扰有效性评价指标分别为 $J_1, J_2, \cdots, J_n$ 和 $d_{st1}, d_{st2}, \cdots, d_{stn}$，效益型指标干扰是否有效的判别式为

$$\begin{cases} 干扰有效 & J_1 \geqslant d_{st1} 或 J_2 \geqslant d_{st2} 或 \cdots 或 J_n \geqslant d_{stn} \\ 干扰无效 & 其他 \end{cases} \tag{1.2.23}$$

成本型指标干扰是否有效的判别式为

$$\begin{cases} 干扰有效 & J_1 \leqslant d_{st1} 或 J_2 \leqslant d_{st2} 或 \cdots 或 J_n \leqslant d_{stn} \\ 干扰无效 & 其他 \end{cases} \tag{1.2.24}$$

雷达或雷达对抗装备各个环节之间的功能结构关系或工作关系既有串联型，也有并联型。如果同一任务由多个环节独立承担，任何一个环节完成了自己的任务，整个系统的任务就算完成了。具有这种功能结构关系的系统称为并联型系统。如果已知干扰对并联型系统各环节的干扰有效性并从对干扰不利的角度出发，可用干扰有效性最小环节的值近似对整个并联系统的干扰有效性。设系统由 n 个环节并联组成，对第 i 个环节的干扰有效性为 E_i，该系统的干扰有效性近似为

$$E \approx \underset{1<i<n}{\text{MIN}}\{E_i\} \tag{1.2.25}$$

要有效干扰并联型系统，必须有效干扰其中的所有环节。和串联型系统一样，同样的干扰样式对不同环节可能有不同的干扰效果，也可能还有不同的干扰有效性评价指标，不能用式(1.2.4)或式(1.2.5)判断对这种系统的干扰是否有效。设并联型系统的 n 个环节都受到了干扰，对每个环节的干扰效果和干扰有效性评价指标分别为 $J_1, J_2, \cdots, J_n$ 和 $d_{st1}, d_{st2}, \cdots, d_{stn}$，效益型指标干扰是否有效的判别式为

$$\begin{cases} \text{干扰有效} & J_1 \geqslant d_{st1} \text{和} J_2 \geqslant d_{st2} \text{和} \cdots J_n \geqslant d_{stn} \\ \text{干扰无效} & \text{其他} \end{cases} \quad (1.2.26)$$

成本型指标干扰是否有效的判别式为

$$\begin{cases} \text{干扰有效} & J_1 \leqslant d_{st1} \text{和} J_2 \leqslant d_{st2} \text{和} \cdots \text{和} J_n \leqslant d_{stn} \\ \text{干扰无效} & \text{其他} \end{cases} \quad (1.2.27)$$

还有一种系统如雷达网，尽管其组成与并联系统相似，但性能有些不同。即使这种系统的所有环节都受到干扰不能完成自身的任务，但是所有环节联合起来，仍有可能完成系统的某些作战任务。设干扰对第 i 个环节的干扰有效性为 E_i，由 n 个环节组成的这种系统的干扰有效性近似为

$$E \approx \prod_{i=1}^{n} E_i \quad (1.2.28)$$

按照串联型和并联型复杂系统干扰有效性的计算方法，根据串并联组合型复杂系统的具体结构关系和工作关系，容易得到这种系统的干扰有效性。

1.3　研究内容和建模方法概述

1.3.1　研究内容简介

评估雷达干扰效果、作战效果和干扰有效性需要数学模型。数学建模是本书的主要研究内容。数学建模就是依据雷达对抗原理、干扰效果评估准则和雷达方程、干扰方程、侦察方程等，用数学理论以及解析方法确定干扰效果、作战效果和干扰有效性与其影响因素之间的定量关系。

干扰效果和干扰有效性与干扰样式有关。本书将干扰样式分为遮盖性或压制性和欺骗性两大类。两类样式的干扰效果和干扰有效性都与干扰对象和保护对象有关。根据干扰效果及其影响涉及的装备，将干扰对象分成直接、间接两种。直接干扰对象有雷达、雷达支援侦察设备和反辐射武器。间接干扰对象指受直接干扰对象影响的装备。当直接干扰对象为雷达时，间接干扰对象就是雷达控制的武器和武器控制系统，保护对象是己方的目标。直接干扰对象为雷达支援侦察设备时，间接干扰对象就是它引导的干扰机和反辐射武器，保护对象是己方的雷达。直接干扰对象为反辐射武器时，保护对象为己方的雷达。按受干扰对象和干扰样式可把雷达对抗效果评估数学模型分成以下 9 种：

① 雷达遮盖性干扰效果、作战效果和干扰有效性；
② 雷达欺骗性干扰效果、作战效果和干扰有效性；
③ 雷达干扰有效性评价指标；
④ 雷达支援侦察的遮盖性干扰效果、作战效果和干扰有效性；
⑤ 雷达支援侦察的欺骗性干扰效果、作战效果和干扰有效性；
⑥ 雷达支援侦察的干扰有效性评价指标；
⑦ 反辐射武器的遮盖性干扰效果、作战效果和干扰有效性；
⑧ 反辐射武器的欺骗性干扰效果、作战效果和干扰有效性；
⑨ 反辐射武器的干扰有效性评价指标。

全书分九部分或 9 章。除概述外，还有雷达和雷达对抗装备的作战环境，雷达对抗作战对象 1，2，3，雷达对抗效果和干扰有效性评估准则，遮盖性对抗效果及干扰有效性评估方法，欺骗性对抗效果及干扰有效性评估方法和干扰有效性评价指标。

第 1 章为概述。概述三方面的内容：一、将多次用到的基本概念、定义；二、雷达对抗效果和干扰有效性的基本计算方法；三、本书的研究内容和建模方法。

第 2 章为雷达和雷达对抗装备的作战环境。介绍雷达和雷达对抗的信号环境、电波传播媒介、雷达环境杂波和雷达目标特性。分析作战环境和雷达目标等影响雷达对抗效果的机理，列出评估对抗效果和干扰有效性涉及的有关公式。

雷达对抗作战对象的内容较多，分三部分或 3 章。第 3 章为雷达对抗作战对象 1。它是为评估雷达干扰效果而设置的。主要内容有：一、搜索雷达、单目标跟踪雷达、多目标跟踪雷达和多部雷达构成的系统的组成、工作原理、可干扰环节、干扰方法和受干扰影响的性能参数；二、雷达常用抗干扰技术的抗干扰原理、抗干扰效果和对抗措施；三、简单介绍天线性能及其对干扰效果的影响。

第 4 章为雷达对抗作战对象 2。它是为评估侦察干扰效果而准备的。其主要内容分三部分：一、从系统角度说明雷达对抗装备的组成、工作原理；二、建雷达支援侦察设备的辐射源截获概率、识别概率、干扰引导概率等数学模型；三、分析雷达对抗装备的可干扰环节和可用的干扰样式。

第 5 章为雷达对抗作战对象 3。它是为评估雷达干扰结果造成的影响而特设的。其内容有：一、武器及其目标特性和命中概率、摧毁概率的估算方法；二、雷达控制的武器类型、发射或投放过程和条件，分析武器性能与命中概率的关系和雷达干扰对命中概率的影响；三、概述火控系统和战术指控系统的组成、工作原理、工作过程和与作战效果有关的主要性能。

第 6 章为雷达对抗效果和干扰有效性评估准则。这些准则主要用于指导雷达对抗效果和干扰有效性的数学建模和雷达对抗装备的作战使用。把雷达对抗领域已有的两个准则细分成六个：一、信息和接收信息量准则。该准则用于说明什么是干扰效果和获得干扰效果的基本条件；二、评价干扰装备优劣的干扰信号准则；三、评价干扰技术组织、使用方法优劣的准则；四、功率准则。介绍压制系数的计算方法，推导其近似数学模型和说明其使用条件；五、战术运用准则。用于评价雷达对抗装备组织、使用策略的优劣，确定表示对抗效果、干扰有效性的参数和指导对抗效果、干扰有效性评价指标的数学建模；六、同风险准则。用于建干扰有效性评价指标的数学模型或确定其数值。其中第一、二、三和第四个准则属于信息准则的范畴，同风险准则属于战术运用准则的范畴。

第 7 章为遮盖性对抗效果及干扰有效性评估方法。介绍遮盖性样式的种类、特点，说明它们对雷达、雷达对抗装备和反辐射武器各环节及各种工作状态的干扰原理和对抗效果、干扰有效性的数学建模。

第 8 章为欺骗性对抗效果及干扰有效性评估方法。分析欺骗性干扰样式的特点，讨论它对雷达、雷达对抗装备和反辐射武器各种工作状态的干扰原理、获得干扰效果的条件。建欺骗性对抗效果和干扰有效性评估数学模型。介绍对抗反辐射武器的特殊措施的对抗原理、对抗效果和干扰有效性。

第 9 章为干扰有效性评价指标。讨论干扰有效性评价指标的确定方法、建模方法和数学建模。

1.3.2　建模方法

研究雷达对抗效果评估方法的具体工作就是数学建模。要保证模型的正确性，除了要遵循有关的原理和准则外，还需要有正确的建模方法。建模可采用三种方法：第一种是以数理为基础的理论研究方法。运用雷达对抗的基本原理和数学理论以及解析方法，对干扰系统、目标系统、受干扰对象系统和对抗环境特性进行定量描述和计算，确定雷达干扰效果、作战效果、干扰有效性和干扰有效性评价指标与其影响因素之间的定量关系式，即有关的数学建模。在一定约束条件或近似条件下，这种方法能对雷达、雷达支援侦察设备和反辐射武器的对抗效果进行定量分析和评价。用这种研究方法得到的结果最能反映雷达对抗的本质，不但评价目标和约束条件清楚，而且具有较强的逻辑性和严密性，是已有雷达干扰效果评估的主要方法，同样也是包括干扰有效性评估在内的雷达对抗效果评估的主要方法。

数学建模的第二种方法是以数理统计为主的理论和方法。通过对大量实验数据或战术使用资料的统计分析，建立评估模型。这些评估模型的具体形式为关系曲线或经验公式。和前一种方法得到的结果一样能描述干扰效果和干扰有效性与其影响因素之间的定量关系。在获取统计数据的过程中，对那些难以确定的项目通常采用多数原则的专家表决法，显然它是一种定量和定性相结合的研究方法。这种方法存在的主要问题是容易渗入数据采集者和评价者的主观意愿。因此在数据处理过程中，需要进行综合分析，去伪存真。当对干扰不利因素发生的概率大于或等于50%时，一般按最坏的情况[4]而不按均值计算对抗效果和确定干扰有效性的评价指标。

建模的第三种方法是计算机仿真建模，通过模拟雷达对抗交战进行直接评价。这种方法得到的不是计算干扰效果和干扰有效性的数学模型，而是仿真模型。计算机仿真建模方法以数学、物理理论，现代控制理论，军事运筹学和计算机技术为基础，建立对抗模型、雷达模型、目标模型、工作环境模型和交战模型，通过仿真交战直接得到评估结果。这种评估方法存在的主要问题是，仿真结论或结果的好坏主要取决于仿真模型与实际情况的逼真度。逼真度越高，评估结果的可信度越高。纯计算机仿真评估方法受到较多因素的限制，评价结果的可信度较低。计算机和半实物或半物理仿真相结合可大大提高评估结果或结论的可信度，这种评估方法正在受到广泛关注。

为保证雷达对抗效果和干扰有效性评估模型的严密性、通用性，本书只用第一、二两种建模方法。并以第一种为主，第二种为辅。

主要参考资料

[1]　[美]Edward Waltz, 吴汉平等译. 信息战原理与实战. 科学出版社, 2004.

[2]　电子科技大学应用数学系主编. 概率论与数理统计. 电子科技大学出版社, 1999.

[3]　中山大学数学力学系编. 概率论与数理统计(上、下册). 人民教育出版社, 1980.

[4]　[苏]C.A.瓦舍, л.H.舒斯托夫著. 无线电干扰和无线电技术侦察基础. 科学出版社, 1976.

第2章 雷达和雷达对抗装备的作战环境

军用装备是为特殊军事用途和特定作战环境设计的，没有能执行所有作战任务和适应任何作战环境的万能军用装备。作战环境和作战任务共同决定了装备的功能、性能、组成等。设计、使用雷达和雷达对抗装备必须分析作战环境，了解作战环境对作战任务和作战效果的影响。

环境是指与装备发生作用但又不属于它的元素集合。正是环境提供了雷达对抗作战行动的空间和装备相互作用的媒介。雷达和雷达对抗装备的作战环境涉及面较宽，构成较复杂。其中对雷达对抗效果和干扰有效性影响较大的有信号环境、电波传播媒介、雷达杂波和雷达目标。四种因素的特性多种多样，本书只讨论它们与干扰效果、作战效果和干扰有效性评估有关的特性，主要内容涉及影响雷达和雷达对抗装备作战能力的机理、条件和有关的数学模型。讨论雷达和雷达对抗装备作战环境的目的在于扬长避短，提高装备的作战能力和正确预测、评估对抗效果和干扰有效性。

2.1 信号环境

2.1.1 引言

雷达对抗装备和雷达都是利用电磁信号获取信息，必然要在有意、无意的电磁辐射环境中工作。雷达只接收自己发射的经目标反射回来的信号，对接收信号了解甚多，可用较窄的空域、时域和频域等窗口限制进入接收机的信号数量和类型。雷达对抗装备几乎要在一无所知的电磁环境中接收信号、处理信号。为了不漏掉高威胁的目标和有的放矢地实施干扰，对信号截获概率、识别概率、虚警概率和系统响应时间均有较高要求，使得该类装备不得不把瞬时接收频域、空域、时域和极化域做得很宽，导致涌入其接收机的信号类型、数量多于任何其他电子设备，面临着严峻的增批、漏批等问题。信号环境对雷达对抗装备工作质量的影响大于它对雷达的影响，这里的信号环境主要是针对雷达对抗装备的。

无线电装备的信号环境由其工作环境中可被检测或可接收到的所有辐射源的信号构成。可被检测或可接收到的含义是指信号的频域、空域、时域、波形参数、功率电平和极化等均处于有关装备的工作参数范围内。辐射源的种类多，信号的形式更多，雷达对抗装备的信号环境主要由雷达信号构成。雷达按使用波形将信号分成脉冲和连续波两大类，其中脉冲雷达占绝大多数。在雷达对抗中，有的侦察接收机用独立通道或专用接收机处理连续波信号，有的在接收机输入端将连续波信号切割成脉冲，再按脉冲信号处理。因此，本书只讨论由脉冲雷达辐射源构成的信号环境，并以脉冲为单位描述信号环境特性。

描述雷达信号环境特性的参数很多，其中对干扰效果和干扰有效性影响较大的有以下三种：

① 脉冲密度；
② 脉冲到达时间的概率分布；
③ 雷达信号类型或结构和参数变化情况。

脉冲密度表征信号的密集程度，信号类型和参数反映信号构成的复杂程度，脉冲到达时间的概率分布反映信号同时到达或脉冲重叠程度。雷达对抗装备由雷达支援侦察和干扰两部分组成，尽管信号环境也会影响转发式和回答式干扰机的工作效率，但主要影响侦察部分的性能。信号的三种特性具体影响侦察设备的脉冲截获概率、辐射源截获概率或漏批概率、分选识别概率、增批概率和信号处理速度。

功率电平是信号的重要特征参数，也是影响雷达对抗装备信号环境特性的重要因素。这里没有将其列入描述信号环境的参数，其原因是影响雷达干扰效果和干扰有效性的不是信号功率的绝对值，而是它与环境杂波、接收机内部噪声等之和的比值即信噪比，或者信号电平与接收机灵敏度之比。虽然没把信号功率或电平作为描述信号环境的直接参数，但是其影响并没有忽略，信号环境定义中的"可检测"或"可接收到"包含了信号的功率特性。

2.1.2　脉冲密度

脉冲密度定义为单位时间内出现在雷达侦察接收机输入端的可被检测到的平均脉冲数，常用单位为"万个脉冲/秒"。这里的可被检测与 2.1.1 节的"可检测"或"可接收到"有相同的含义。这一节讨论影响脉冲密度的因素，即脉冲密度与接收机灵敏度、平台高度和距离的基本变化规律。

绝大多数战术雷达工作在微波波段。该波段的电波像光一样直线传播。进入雷达对抗装备接收机的脉冲密度与可视区域的大小、分布在该区域的雷达数量和接收机灵敏度等有关。可视区域受地物阻挡和地球曲率限制，是雷达对抗装备的平台高度或天线架高的函数。如果不计接收机灵敏度的影响，平台高度或天线架高越高，可视区域越大，信号密度也会越大。机载雷达对抗装备面临的脉冲密度最大。作为定性分析，忽略地物遮挡并将地球球面用其投影面近似。机载雷达对抗装备对地面雷达的作用区域呈圆平面，设其半径为 r，如图 2.1.1 所示。图 2.1.1 为可视区域与平台高度、视距之间的关系示意图。图中 A、H 分别为雷达对抗装备的平台位置及其相对地面的高度。当作用距离只受视距限制时，R_r 就是视距。如果作用距离只受接收机灵敏度限制，R_r 就是雷达侦察装备的最大作用距离。就一般情况而言，脉冲密度同时受视距和接收机灵敏度限制。

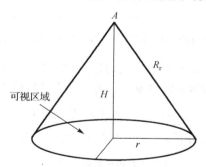

图 2.1.1　机载雷达侦察设备的可视区域与平台高度、视距的关系示意图

设雷达天线架高为 H_1（单位为米），侦察天线架高近似为平台高度 H（单位为米），由地球曲率限制条件下的视距公式得侦察设备的最大作用距离：

$$R_r = 4.1(\sqrt{H} + \sqrt{H_1})(km)$$

对于机载雷达对抗装备，可把地面雷达天线架高近似成 0，上式近似为

$$R_r = 4.1(\sqrt{H} + \sqrt{H_1}) \approx 4.1\sqrt{H}(km) \tag{2.1.1}$$

如果作用距离仅受接收机灵敏度限制，由侦察方程得最大侦察距离与接收机灵敏度的关系：

$$R_r^2 = k / P_{rmin} \tag{2.1.2}$$

上式的 k 与信噪比有关，对于特定雷达，k 为常数。P_{rmin} 为雷达侦察装备的工作灵敏度。对于特定的辐射源，是它决定了该装备的最大侦察距离。只受视距限制时，由图 2.1.1 的几何关系得可视区域的投影面积与平台高度和视距的关系：

$$S = \pi(R_r^2 - H^2) = \pi r^2$$

　　根据可视面积与视距和平台高度的关系，可近似估计雷达脉冲密度与平台高度（视距）或接收机灵敏度的关系，图 2.1.2 为其示意图。图中的 P_{rmin1} 和 P_{rmin2} 为接收机灵敏度，其中 P_{rmin2} 大于 P_{rmin1}。由该图知脉冲密度变化规律可分三个区：第 I 区为脉冲密度只受视距或可视面积限制的区域，其值随平台高度快速增加。第 II 区表示脉冲密度从主要受视距限制转为主要受灵敏度限制，其值先随高度增加而增加，但增加速度越来越慢，到达最大值后，又随高度增加而逐渐下降。两种限制程度相同时，脉冲密度达到最大值。灵敏度越高，脉冲密度的最大值越大。第 III 区为只受灵敏度限制的区域，脉冲密度随平台高度增加而缓慢下降。下面简单解释为什么脉冲密度与侦察平台的高度和灵敏度有如此变化关系。

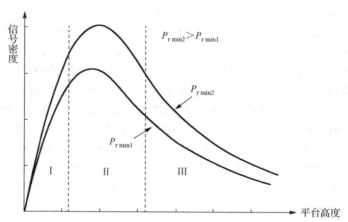

图 2.1.2　脉冲密度与平台高度和接收机灵敏度的变化关系示意图

　　设雷达站的地理分布和等效辐射功率近似均匀分布，密度为 m_s，平均脉冲重复频率为 F_r。又假设雷达侦察接收机的空域、频域和时域宽开，进入接收机的脉冲密度与可视面积的关系为

$$n = m_s F_r S = m_s F_r \pi(R_r^2 - H^2) \tag{2.1.3}$$

把式 (2.1.1) 代入式 (2.1.3) 得视距限制下的脉冲密度与平台高度的关系：

$$n = m_s F_r \pi(4.1^2 H - H^2) \tag{2.1.4}$$

把式 (2.1.2) 代入式 (2.1.3) 得灵敏度限制下的脉冲密度与平台高度的关系：

$$n = m_s F_r \pi\left(\frac{k}{P_{rmin}} - H^2\right) \tag{2.1.5}$$

　　假设除平台高度外，其他参数为常数，则式 (2.1.4) 的最大值出现在 $H=(4.1^2/2)$ 的位置，即当平台高度小于 $(4.1^2/2)\,km$ 时，脉冲密度随平台高度增加而增加，只受视距限制，其变化规律如图 2.1.2 第 I 区的曲线所示。因 H 小，雷达对抗装备到雷达的距离近，信号衰减小，几乎能收到可视区内的所有雷达信号。随着高度的增加，侦察平台到雷达的距离逐渐增加，接收的信号功率逐渐减小。在能收到的最小等效辐射功率的雷达信号电平小于雷达侦察接收机的灵敏度前，平台越高，可视面积越大，脉冲密度越大。

当能收到的最小等效辐射功率的雷达信号电平等于侦察接收机的灵敏度后，随着侦察平台高度的增加，一方面因可视面积和进入可视区的雷达数量增加，另一方面又因距离增加和灵敏度固定，侦察接收机不但收不到新出现的较小等效辐射功率的雷达信号，还会使原本能收到的较小等效辐射功率的雷达信号消失。脉冲密度随高度的变化关系逐渐从受视距限制进入受灵敏度限制的区域，即进入图 2.1.2 的第Ⅱ区。在刚进入灵敏度限制区时，随着平台高度的增加，新增加的可收到的雷达数量大于因接收机灵敏度限制而消失的雷达数，脉冲密度仍然随高度增加而增加，但与只受视距限制的相比，增速放缓，其变化规律如图 2.1.2 第Ⅱ区域前半部分的曲线所示。当平台高度增加到视距和灵敏度对脉冲密度的影响程度相当时，新增加的可收到的雷达信号数量与消失的相等，脉冲密度达到最大值，形成图 2.1.2 第Ⅱ区中间部分的变化规律。随着平台高度进一步增加，灵敏度限制程度大于视距限制，新增的可收到的雷达数量小于消失的雷达数量，脉冲密度开始下降，形成图 2.1.2 第Ⅱ区末尾部分曲线的变化规律。

如果平台高度继续增加，接收机只能收到等效辐射功率很大的雷达信号。这种雷达一般属于远程预警雷达，它们的作用距离远，数量少且重频低。所以当平台高度很高时，脉冲密度下降速度逐渐变慢，形成图 2.1.2 第Ⅲ区的变化规律。

虽然图 2.1.2 的脉冲密度随平台高度的变化规律是在假设条件下得到的，与实际情况可能有些差别，但变化趋势是一致的。引起差别的主要原因是雷达的地域、频域和等效辐射功率都不是均匀分布的。敏感地区雷达密度较大，非敏感地区密度较小。脉冲密度在频率上的分布同样不均匀，有的波段密度较大，有的波段密度较小。实际脉冲密度不但随平台高度和接收机灵敏度变化，也随地域、波段变化。

脉冲密度严重影响雷达对抗装备的作战能力。空域(地域)和频域滤波是稀释雷达脉冲密度的最有效和最常用的措施。这些措施可改善雷达对抗装备的电磁工作环境，提高工作效率。例如，一部灵敏度为 $-60\sim-70$dBm、频率覆盖 0.1$\sim$40GHz 的全向雷达支援侦察设备，在敏感地区上空的脉冲密度可达百万个脉冲每秒，同样灵敏度的窄带宽和窄波束搜索式雷达侦察装备在同一地区的脉冲密度一般不超过 3 万个脉冲每秒。

2.1.3　脉冲到达时间的概率分布

雷达对抗装备一般以接收脉冲为触发事件，启动后续工作程序。安装在不同平台或分布在不同站点的脉冲雷达独立工作，发射脉冲不同步，近似一个接一个地并在随机时刻出现在雷达对抗装备的接收机输入端。因脉冲宽度较窄或持续时间很短，在雷达对抗装备接收机输入端形成动态的脉冲流。对侦察、干扰性能影响较大的是脉冲流的密度和脉冲到达时间的概率分布特性。脉冲到达时间分布是指到达雷达对抗装备接收机输入端可收到的脉冲流在出现时间上的分布情况，一般用概率密度函数或分布函数描述。下面约定，凡是说到达接收机输入端的脉冲时都是指可检测到的或可收到的脉冲。

研究信号出现时刻的概率分布时，一般只考虑有、无脉冲，不计脉冲的其他特性，即出现任何雷达的脉冲都认为是研究的事件发生了。在概率论中，把一个接一个地在随机时刻发生的同类事件的序列称为"事件流"。根据前面的假设，到达雷达对抗装备接收机输入端的脉冲流可当作"事件流"。

如果在时间序列 $t_1, t_2, \cdots, t_k, \cdots$, 中，任何相邻两事件之间的时间间隔相等，称这样的事件流为"正规"事件流。一部固定脉冲重复频率雷达的发射脉冲是等间隔的，构成正规事件流。实际雷达信号环境由多部雷达信号组成，只要雷达之间不同步地发射信号，即使都采用固定脉冲重复频率，由它们的发射脉冲构成的脉冲流也不是"正规"事件流。概率论把在时间上逐一出现的非正规事件流称为"普通事件流"。不同步工作的多部雷达的发射脉冲构成"普通事件流"。

在时间 τ 内，如果事件发生的概率与该时间间隔以前所发生的事件无关，这样的事件流称为"无后效事件流"。当雷达数量较大时，它们的发射脉冲形成的脉冲流可近似成"无后效事件流"。概率论已证明，如果事件流具有"普通事件流"和"无后效事件流"的特性，在给定时间间隔 τ 内该事件发生的次数服从泊松分布。把无后效的普通事件流简称为泊松事件流。概率论还证明，若干个相互独立的事件流叠加所形成的事件流可近似成泊松流（见巴尔姆定理）。由该结论知，只要雷达不同步工作，即使由多部固定脉冲重复频率的雷达信号组成的脉冲流，也可近似成泊松事件流。如果事件流为泊松事件流，在给定时间间隔 τ 内该事件平均发生 m 次的概率为

$$P_m = \frac{a^m}{m!} \mathrm{e}^{-a} \tag{2.1.6}$$

式中，a 为时间间隔 τ 内该事件发生的平均次数。

设 λ 为单位时间内到达雷达侦察设备接收机输入端的平均脉冲数，称 λ 为脉冲密度或脉冲流强度。设该装备工作环境中有 n 部雷达信号是能收到的，第 i 部雷达的平均脉冲重复频率为 F_i，脉冲密度为

$$\lambda = \sum_{i=1}^{n} F_i \tag{2.1.7}$$

在时间间隔 τ 内到达雷达侦察设备接收机输入端的平均脉冲数为

$$a = \lambda \tau \tag{2.1.8}$$

λ 可以是常数，也可以是时间的函数，都不会影响脉冲流的分布。如果 λ 为时变函数 $\lambda(t)$，在时间间隔 τ 内到达雷达侦察设备接收机输入端的平均脉冲数为

$$a = \int_{t}^{t+\tau} \lambda(t) \, \mathrm{d}t \tag{2.1.9}$$

在雷达对抗中，$\lambda(t)$ 可近似为常数 λ，式 (2.1.6) 可写为

$$P_m = \frac{(\lambda \tau)^m}{m!} \mathrm{e}^{-\lambda \tau} \tag{2.1.10}$$

令式 (2.1.10) 中的 $m = 0$，可得在时间间隔 τ 内无脉冲到来的概率：

$$P_0 = \mathrm{e}^{-\lambda \tau} \tag{2.1.11}$$

$m = 1$ 表示在时间间隔 τ 内只有一个脉冲到来，其概率为

$$P_1 = \lambda \tau \mathrm{e}^{-\lambda \tau} \tag{2.1.12}$$

在时间间隔 τ 内有两个和两个以上脉冲到来的概率为

$$P_{>1} = 1 - P_0 - P_1 = 1 - (1 + \lambda \tau)\mathrm{e}^{-\lambda \tau} \tag{2.1.13}$$

式 (2.1.13) 表示两个或两个以上脉冲同时出现的概率。如果 τ 为雷达对抗装备处理一个脉冲需要的平均时间，该式就是脉冲重叠概率。对于相同的 τ，脉冲密度越大，同时到来的脉冲越多，脉冲重叠概率越大。脉冲重叠达到一定程度就会引起脉冲丢失（第 4 章将说明脉冲丢失的含义）。所以，该式能描述脉冲丢失概率及其与脉冲密度的关系。脉冲丢失既会增加虚警和漏警，也会增加信号处理时间，降低脉冲密度可减少脉冲丢失概率。

2.1.4　雷达信号结构和参数变化情况

　　除了信号密度、脉冲到达时间的概率分布外，影响雷达对抗装备信号接收、分选、识别等的因素还有雷达信号结构和参数变化情况。描述雷达信号结构的参数主要有：脉内调制，脉间或帧间参数变化、变化方式和变化范围。信号结构越复杂，信号检测、分选和识别越难，信号处理时间越长。雷达信号的种类、结构及其参数变化情况与雷达的体制、用途和工作状态有关。雷达的种类或体制有 50 多种，但是较典型的雷达信号结构少得多。雷达对抗主要针对军用雷达。所谓军用雷达是指为特殊军事用途和工作环境设计制造的雷达。战术雷达对抗装备主要关心与武器系统有关的雷达，这一节简单说明战术雷达对抗装备经常碰到的且对干扰效果有典型影响的雷达信号结构和参数变化情况。

　　雷达信号的分类方式较多，按持续时间分为脉冲、间断连续波和连续波三种。脉冲雷达分有载波和无载波两种。有载波脉冲信号又分正弦载波和非正弦载波两种，目前用得最多的是正弦载波的脉冲信号。描述脉冲信号结构的参数较多，主要有：一、载频及其变化方式、变化范围和变化速度；二、脉冲重复频率(以下简称重频)及其变化方式和变化范围；三、脉冲宽度(以下简称脉宽)；四、脉内调制及其调制方式和调制带宽；五、脉冲幅度变化方式及变化范围。间断连续波信号介于连续波和脉冲之间。它的持续时间很长，达毫秒量级，间隔时间同样很长。其脉内调制方式和参数与连续波雷达相似。描述连续波信号结构的参数最少，只有载频、载频的调制方式和调制带宽。

　　载频或射频是所有雷达信号的重要参数。现代雷达载频的低端已延伸到短波，高端已扩展到毫米波，而且还有进一步扩展的趋势。雷达按工作波长分为短波、米波、分米波、微波和毫米波。短波的频率范围为 3～30MHz；米波为 30～300MHz；分米波为 300～2000MHz；微波为 2～30GHz、毫米波为 30～300GHz。因大气衰减等影响，毫米波雷达的工作频率仅局限于几个大气衰减较小的窗口，如 35、94、140 和 220GHz 等。大多数与武器直接有关的雷达信号频率集中在微波波段。与武器有关的绝大多数机载、弹载和地面近程武器控制雷达的载频在 8GHz 以上。毫米波雷达主要用于近距火控，精密制导或精密测量和弹载跟踪制导等。地面和舰载雷达的射频处于微波波段的低端即 2～8GHz。2GHz 以下多为目标指示雷达和警戒雷达，其中目标指示雷达和近程警戒雷达的频率为 1～2GHz。远程或早期预警雷达的射频一般低于 1GHz。

　　全部参数固定的雷达越来越少，载频可变的雷达越来越多。现代雷达的载频有三种变化方式：一、脉间随机变射频。脉间随机变频既能抗瞄准式窄带噪声干扰，也能降低目标起伏对接收信号的影响。非相参雷达一般采用脉间随机变射频。脉间随机变频分三种。第一种是在一定范围内随机变频，如旋转调谐磁控管频率捷变雷达，可随机工作在调谐范围内的任一频率上。第二种是仅能在有限个点频上随机变频。第三种是自适应跳频。自适应跳频通过分析当前接收的杂波和干扰功谱，选择工作频率范围内无杂波、无干扰或杂波和干扰较弱的频率点作为下一个工作频率，而且能做到脉间随机跳频。三种脉间变射频方式的跳频范围较大，如 3cm 波段的单个旋转调谐磁控管的频率变化范围可达 450MHz，双管能达 800～900MHz。脉间变射频能做到平均脉间频率变化量大于信号带宽，也能做到在脉间从最低频率跳到最高频率。二、程序控制变频或有规律的脉组变射频。这种跳频方式多数不是为了抗干扰，而是为了实现某种特殊功能，如频扫、相扫雷达用频率和相位变化实现波束扫描等。这种脉组变射频的范围较第一种小得多。三、脉组随机变射频。相参雷达采用相参信号，在相参积累时间内不能改变射频和重频。为了抗窄带瞄准式噪声干扰，相参雷达一般采用脉组变射频或脉组同时变射频和重频。除脉组跳频外，其他性能与脉间随机变射频的第二种情况相似。这种变射频方式能实现脉组大范围变射频，变化范围可达中心频率的 3%～10%。

目前连续波雷达的载频集中在 10GHz 附近，有少数在 8GHz 左右，而且工作中固定不变。这种雷达的灵敏度受泄漏限制，目前主要用于照射，为半主动寻的器提供目标照射信号。连续波雷达信号有单载频、多载频和调频三种。频率调制形式有三角波、正弦波、锯齿波和频率或相位编码，但信号带宽很窄。

和载频一样，重频也是雷达信号的重要参数。重频确定了雷达的最大作用距离。单重频雷达为了避免测距模糊，脉冲间隔大于最大距离上的目标回波延时。最大作用距离 R_{max} 与重频 F_r 的近似关系为

$$R_{max} \approx \frac{c}{(1.2 \sim 2.5)F_r} \tag{2.1.14}$$

式中，c 为光速。光速、重频和距离的单位分别为米/秒，赫兹和米。有的雷达如脉冲多普勒雷达需要采用较高重频。当重频高到出现距离模糊时，一般用具有特定关系的多个重频来解距离模糊或克服某些特殊问题。这类雷达的最大作用距离不能用式 (2.1.14) 近似估算。现代军用脉冲雷达使用的重频范围相当宽，从 50Hz 到 500kHz。非相参脉冲雷达的重频较低，大约在 50～6000Hz 之间。为了拉开杂波与目标多普勒频率之间的差别以便在无杂波区检测目标，脉冲多普勒雷达的重频较高，在 6～500kHz 之间。一般而言，雷达的作用距离越远，重频越低，如作用距离 10km 及其以内雷达的重频在 2.5～5kHz 之间，作用距离为 30～50km 的雷达重频在 1.5～2.5kHz。雷达在脉冲积累基础上检测目标、跟踪目标和测量目标的参数。当其他参数一定时，重频越高，接收脉冲数越多，积累增益越高，发现目标的概率、跟踪精度和参数测量精度均越高。如果作用距离相同，搜索雷达的重频较低，跟踪雷达的重频较高，如 SAM-2 雷达搜索时的作用距离可达 60km，重频为 1kHz 左右。该雷达的跟踪距离不大于 35km，重频 2.5kHz 左右。远程预警雷达的重频最低，通常小于 1kHz。

早期的雷达多为固定重频，现代军用雷达的重频变化方式较多，大致可分四种：一、重频抖动，重频抖动分随机抖动和有规律变化两种，抖动范围最大可超过中心重频的 10%；二、重频参差，动目标显示(MTI)雷达和动目标检测(MTD)雷达较多使用参差重频，参差可以是多重的，如两参差、三参差、四参差等；三、脉组变重频，多数脉冲多普勒雷达采用脉组变重频，每个重频的持续时间由相参积累时间确定，脉组变重频也分随机和有规律两种；四、多个固定重频。

脉冲雷达信号的另一个重要参数是脉宽。脉宽确定了雷达的距离盲区或最小作用距离和距离分辨率。设雷达目标检测器输入端的脉冲宽度为 τ，对于非脉压雷达，τ 近似等于发射脉冲宽度，雷达的距离盲区或最小作用距离为

$$R_{min} = \frac{c}{2}(\tau + \tau_b) \tag{2.1.15}$$

式中，τ_b 为雷达接收机的恢复时间。脉冲雷达从距离上分辨两相同稳定目标的最小距离为

$$\Delta R = c\tau / 2$$

雷达脉宽的取值范围很宽，从几十纳秒到几百微秒。雷达高度表的脉宽最小，只有 15～50 纳秒。为了减少海杂波的影响，对海工作雷达的脉宽较窄，有的小到 0.1 微秒。跟踪雷达和精密测量雷达的脉宽同样较窄，一般为 0.1～1 微秒。警戒雷达的脉宽较大，有的可达十几微秒。脉冲压缩雷达的脉宽较宽，从十几微秒到几百微秒。其中战术脉压雷达的脉宽较窄，一般为十几到几十微秒。成像雷达的脉宽上百微秒，超宽带雷达的脉宽可达几百微秒到毫秒量级。

雷达脉宽较固定，一般不随机变化。有的雷达有多个脉宽，随重频而变，以保证有相似的作用距离。当功率一定时，脉宽越大，目标回波能量越大，作用距离越远。脉宽决定了雷达

的距离盲区，为了减少距离盲区，有些雷达采用宽、窄不同的双脉冲或不同扫描周期采用不同的脉宽，窄脉宽盲区小，用于探测近距离的目标，宽脉冲盲区大但能量大，用于探测远距离的目标。

脉冲雷达既有脉内和脉间同载频的，也有脉内调制的。脉内调制可增加信号的复杂程度或获得更高的信号处理增益。脉内调制包括脉内调频、调相、相位编码和载频编码等。脉内调频分线性调频、非线性调频和等频差等间隔跳频几种。脉内相位调制有二相码（巴克码）、多相码、伪随机码等。线性调频带宽因雷达用途不同而差别很大。战术脉压雷达的调频带宽一般不大于 10MHz。成像雷达的带宽可达 1GHz 以上，非线性调频带宽可达几十到几百兆赫兹，但脉宽很窄，有的不到 1 微秒。

来自不同辐射源的脉冲幅度一般不等，来自同一雷达的脉冲幅度也可能随时间变化，这种变化多数是有规律的，能反映雷达的某些性能参数或工作状态。单目标跟踪雷达一般连续照射目标，侦察设备收到的为近似等幅脉冲串。如果雷达天线扫描，接收脉冲串的幅度将受天线扫描调制。机扫雷达脉冲串的幅度是连续渐变的，包络形状与雷达波束形状相似。来自相扫雷达和相控阵雷达的脉冲串的包络形状仍然类似于天线波束形状，但包络内的脉冲幅度是分段阶跃变化的。包络的宽度与雷达天线波束宽度和天线扫描速度有关。雷达天线波束宽度从零点几度到几十度。当其他条件一定时，波束越窄，角跟踪精度或测角精度越高。跟踪雷达要求较高的角跟踪精度，一般采用窄波束，从零点几度到几度。多数单目标跟踪雷达采用针状波束，两个面的波束宽度近似相同。机扫多目标跟踪雷达和搜索雷达天线两个面的宽度一般不同，有的方位波束只有零点几度到几度，而仰角波束宽到十几度到几十度，有的雷达则相反。雷达天线的扫描方式有固定照射、圆周扫描、扇扫和随机照射。只有相控阵雷达才有随机照射方式。扫描速度决定了雷达的数据率，精密跟踪雷达要求较高的数据率，扫描速度较快，从每分钟十几转到几十转。搜索雷达的数据率较低，天线扫描速度慢，一般为每分钟几转到十几转。

雷达信号以电磁波形式传播，电波有一定的极化形式。当接收天线的极化与电波的极化相同时，接收信号功率最大。雷达信号的极化形式有两大类：线极化和非线极化。线极化包括水平极化、垂直极化和斜极化。非线极化有园极化、椭圆极化。圆极化和椭圆极化又各分左旋和右旋两种。杂波强度与照射电波的极化方式有关，选择适当的极化可减少杂波的影响，如对地、对海和低空工作的雷达多数采用垂直极化，高仰角地对空雷达的主要杂波是云、雨等气象杂波，多数采用水平极化波。现代雷达也有通过极化选择抗人为有意干扰的。

射频和重频同时固定的军用常规脉冲雷达越来越少，使用复杂信号的雷达越来越多。为了抗干扰和适应不同的工作环境，现代雷达常常具有多种信号类型，如脉冲多普勒雷达一般具有多个重频、脉组变重频或同时变重频和射频，有的还兼有脉内线性调频或相位编码等波形。现代雷达除了有多种信号类型外，每种信号还有多个参数。总之，雷达对抗装备面临着复杂、密集和参数多变的信号及信号环境。

2.2　电波传播媒介

2.2.1　引言

雷达和雷达对抗装备都要接收和发射电磁波。电磁波以空间传播为主，主要传播媒介为大气及大气中的云、雨、雾、雪等。传播媒介有吸收和漫反射入射电波的作用。此作用除了引起电波能量衰减外，还要产生杂波，影响目标检测概率和参数测量精度。

在雷达方程、侦察方程和干扰方程中都有表征媒介影响的衰减系数 δ，δ 的单位为 dB/km。衰减系数与媒介本身的特性有关，也与电波传播距离、工作频率和极化形式有关。如果工作频率低、作用距离较近，可忽略电波传播媒介引起的衰减。

电波传播媒介衰减电磁波的机理是，电波传播媒介相当于一个四端网络，这个四端网络有一些频率谐振点，形成阻带。阻带对电磁波有两种影响：一、吸收频率落入阻带内的电磁波能量，引起衰减；二、阻带使电波传播路径不畅（失配）引起反射，反射也要衰减正向传播信号的功率。媒介的频率谐振点较多，谐振曲线的带外衰减缓慢，能影响较宽频率范围内的电波传播。这是媒介影响电波传播的机理，也是衰减系数与信号频率有关的原因。

电波传播媒介对雷达的影响总是坏的，对雷达对抗的影响有时有利，有时有害。媒介引起的衰减量与电波传播路程成正比。雷达接收从目标反射回来的信号，电波要在目标和雷达之间走一个来回，即电波走双程。侦察和干扰都用直射波，电波走单程。只要雷达对抗装备到受干扰对象的距离小于目标到雷达距离的两倍，电波传播媒介对雷达影响大，对雷达对抗影响较小。如果雷达对抗装备到受干扰对象的距离大于目标到雷达距离的两倍，媒介对干扰信号的衰减大于对雷达信号的衰减，此时电波传播媒介对雷达对抗有害。电波传播媒介总是有利于自卫干扰。对于自卫干扰，电波传播媒介对侦察、干扰信号的衰减量仅为目标回波的一半。距离越大，这种好处越明显。

电波传播媒介除了引起衰减外，还要产生杂波。杂波会降低雷达的目标检测概率，增加参数测量误差。雷达对抗装备只接收雷达的直射波且灵敏度较低，媒介产生的杂波对侦察几乎无影响。遮盖性干扰的特性与杂波相似，媒介引起的杂波有可能增加遮盖性干扰效果。欺骗性干扰要模拟目标回波，只有雷达检测到欺骗干扰，才可能起干扰作用。媒介产生的杂波会降低雷达检测欺骗干扰的概率，影响欺骗干扰效果。因杂波对双方的影响相同，不会给雷达对抗带来额外的损失。

电波传播媒介的分布一般不均匀。根据雷达对抗目的，选择有利的电波传播路径，可扬长避短，提高雷达对抗作战效果。例如空战中，如果被保护飞机在云层下飞行，敌机雷达的电波只有穿过云层才能捕捉到目标。云层产生的衰减和杂波能降低敌方雷达的作用距离或目标检测概率。

2.2.2　大气对电波的衰减系数

大气是电波的主要传播媒介。大气的组成较复杂，衰减电波的是其中的氧和水蒸气。衰减程度用大气衰减系数表示。

2.2.2.1　氧对电波的衰减系数

氧对电波的吸收和反射由氧的所有谐振频率共同引起。氧的谐振频率出现在旋转量子数 N 为奇数时，因 $N > 45$ 部分的谐振频率对电波传播的影响很小，一般忽略不计。表 2.2.1 给出了氧的旋转量子数 N 和对应的谐振频率 f_{N+} 和 f_{N-}。

表 2.2.1　氧的旋转量子数 N 及谐振频率 f_{N+} 和 f_{N-}

N	f_{N-} (GHz)	f_{N+} (GHz)	N	f_{N-} (GHz)	f_{N+} (GHz)	N	f_{N-} (GHz)	f_{N+} (GHz)
1	56.2648	118.7505	17	63.5685	55.7839	33	67.8923	51.5091
3	58.4466	62.4863	19	64.1272	55.2214	35	68.4205	50.9949
5	59.5910	60.3061	21	64.6779	54.6728	37	68.9478	50.4830
7	60.4348	59.1642	23	65.2240	54.1294	39	69.4741	49.9730
9	61.150	58.3239	25	65.7626	53.5960	41	70.0000	49.4648
11	61.8002	57.6125	27	66.2978	53.0695	43	70.5249	48.9582
13	62.4112	56.9682	29	66.8313	52.5458	45	71.0497	48.4530
15	62.9980	56.3634	31	67.3627	52.0259			

影响氧衰减电波的系数很多且关系十分复杂。其衰减系数与氧的密度、电波的频率等有关。

而氧的密度又是压力、温度和高度的函数。经过许多人多年的研究，已得到氧衰减电波系数的数学模型[1]：

$$\gamma_o = 2.0058 P T^{-3} f^2 \sum_N A_N \quad (\text{dB/km}) \tag{2.2.1}$$

式中，P、T 和 f 分别为大气压（单位为毫巴）、开尔芬（开氏）温度（单位为度）和工作频率（单位为 GHz），

$$A_N = (F_{N+}\mu_{N+}^2 + F_{N-}\mu_{N-}^2 + F_0\mu_{N0}^2)e^{-E_N/(KT)}, \quad F_{N+} = \frac{\Delta f}{(f_{N+}-f)^2+\Delta f^2} + \frac{\Delta f}{(f_{N+}+f)^2+\Delta f^2},$$

$$F_{N-} = \frac{\Delta f}{(f_{N-}-f)^2+\Delta f^2} + \frac{\Delta f}{(f_{N-}+f)^2+\Delta f^2}, \quad F_0 = \frac{\Delta f}{f^2+\Delta f^2}, \quad \mu_{N+}^2 = \frac{N(2N+3)}{N+1},$$

$$\mu_{N-}^2 = \frac{(N+1)(2N-1)}{N}, \quad \mu_{N0}^2 = \frac{2(N^2+N+1)(2N+1)}{N(N+1)} \text{和} \frac{E_N}{K} = 2.06844 N(N+1)$$

以上各式中的 Δf 是温度 T、大气压 P 和 $g(h)$ 的函数，具体表达式为

$$\Delta f = g(h) \frac{P}{P_0} \frac{T_0}{T} \tag{2.2.2}$$

$g(h)$ 和 h 的关系为

$$g(h) = \begin{cases} 0.640 & 0 \leqslant h \leqslant 8\text{km} \\ 0.64 + 0.04218(h-8) & 8\text{km} \leqslant h \leqslant 25\text{km} \\ 1.357 & h > 25\text{km} \end{cases}$$

式 (2.2.2) 中的 P_0 为标准大气压，等于 1013.25 毫巴 (mb) 或 760torr（毫米汞柱高）；P_0 和 P 的单位相同；T_0 为开氏温度，可取 300K；h 为海拔高度。氧对电波的衰减与电波频率的关系如图 2.2.1 的实线所示。

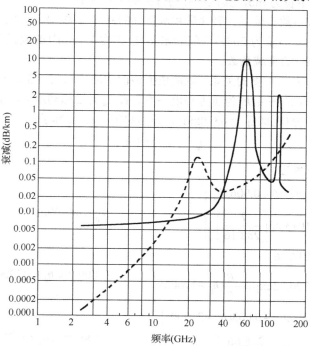

图 2.2.1　大气和水蒸气的电波衰减系数

2.2.2.2　水蒸气对电波的衰减系数

水蒸气对电波的吸收由水蒸气的所有谐振点共同引起。水蒸气有许多谐振点,其中频率为 22.235GHz 的谐振点对衰减系数的影响最大,其次是 100GHz 以上的多个谐振点共同引起的衰减。前一个起主要作用,称为主吸收系数,后面的起次要作用,称为副吸收系数。主吸收系数为[1]

$$\gamma_{v1} = 2.535 \times 10^{-3} \left\{ f P_w \left(\frac{300}{T}\right)^{7/2} \exp\left[2.144\left(1 - \frac{300}{T}\right) \right] F \right\} \text{ (dB/km)} \tag{2.2.3}$$

其中

$$F = \frac{f}{f_r}\left[\frac{\Delta f}{(f_r - f)^2 + \Delta f^2} + \frac{\Delta f}{(f_r + f)^2 + \Delta f^2} \right]$$

$$\Delta f = (17.99 \times 10^{-3})\left[P_w\left(\frac{300}{T}\right) + 0.20846(P_t - P_w)\left(\frac{300}{T}\right)^{0.63} \right]$$

以上三式中,f_r 和 f 分别为水蒸气的第一个谐振频率 22.235GHz 和电波的频率,电波频率的单位为 GHz。P_t 和 P_w 分别为总大气压力和水蒸气压力,两者的单位都是 torr(t),其中 $P_t = 0.75P$(mb);T 为开氏温度。水蒸气的压力与密度和温度有关。设水蒸气的密度和温度分别为 ρ(g/m^3) 和 T,水蒸气的压力为

$$P_w = \rho T / 288.75$$

100GHz 以上谐振点的总吸收系数为[1]

$$\gamma_{v2} = (7.347 \times 10^{-3}) P \rho T^{-5/2} f^2 \text{ (dB/km)} \tag{2.2.4}$$

式中,P 为大气压力,单位为 mb,其他符号的含义见式(2.2.3)。

氧和水蒸气的衰减系数与频率、氧含量和水蒸气的密度有关。图 2.2.1 为海平面上标准温度 (300 度)和一个大气压(氧含量为 20%)的氧和水蒸气(密度 7.5g/m³)的衰减曲线。图中实线为氧的衰减系数,虚线为水蒸气的衰减系数。

根据温度 T 和压力 P 与高度的关系,就能依据地面的温度和大气压,推算出任一高度的氧和水蒸气的衰减系数,这里的高度 h_g 为重力势能高度。设 h_a 为目标到地面的高度(有的文章称 h_a 为几何高度),r 为地球半径(近似等于 6370km),重力势能高度 h_g 等于:

$$h_g = r h_a / (r + h_a)$$

温度和压力与高度的关系为

$$
\begin{cases}
\left.\begin{aligned}
T &= 288.16 - 0.0065 h_g \\
P &= 1013.25\left[\frac{T}{288.16}\right]^{\alpha}
\end{aligned}\right\} & h_g \leqslant 11000\text{m} \\[2em]
\left.\begin{aligned}
T &= 216.66 \\
P &= 226.32\exp\left[-\frac{\beta}{T}(h_g - 11000)\right]
\end{aligned}\right\} & 11000\text{m} < h_g < 25000\text{m} \\[2em]
\left.\begin{aligned}
T &= 216.66 - 0.003(h_g - 25000) \\
P &= 24.886\left[\frac{216.66}{T}\right]^{\gamma}
\end{aligned}\right\} & 25000\text{m} \leqslant h_g < 47000\text{m}
\end{cases}
\tag{2.2.5}
$$

式 (2.2.5) 表明,如果重力势能高度低于 11000m,每升高 1000m,温度下降 6.5 度。当高度在 11000～25000m 内时,温度近似为 $-56℃$,称为恒温层,式中的 α、β 和 γ 分别等于 5.2561222,0.034164794 和 11.388265。

表 2.2.2　水蒸气密度和高度的关系

高度 (km)	密度 (g/m³)	高度 (km)	密度 (g/m³)	高度 (km)	密度 (g/m³)
0	5.947×10^0	12	3.708×10^{-3}		
2	2.946×10^0	14	8.413×10^{-4}	24	6.138×10^{-4}
4	1.074×10^0	16	6.138×10^{-4}	26	7.191×10^{-4}
6	3.779×10^{-1}	18	4.449×10^{-4}	28	5.230×10^{-4}
8	1.172×10^{-1}	20	4.449×10^{-4}	30	3.778×10^{-4}
10	1.834×10^{-2}	22	5.230×10^{-4}	32	2.710×10^{-4}

表 2.2.2 给出了水蒸气密度随高度的变化数据。吸收系数仅仅在谐振点附近才剧烈变化,其他区域变化十分缓慢。用表中的数据和地面水蒸气的密度,通过插值法可近似估算任何高度的水蒸气密度。

2.2.3　气象现象对电波的衰减

除大气中的氧和水蒸气要吸收和反射电波引起衰减外,气象现象也会影响电波传播。电波传播中的气象现象是指雨、雪、冰、云和雾等。目前有关气象现象对电波的衰减只有近似式。

1. 雨对电波传播的影响

雨对电波的衰减与频率、极化方式和降雨率有关。其中极化影响较小,当要求不太高时,可以不考虑极化影响。雨的单程吸收系数的近似式为[1]

$$\gamma_r \approx \alpha r^\beta \text{ (dB/km)} \tag{2.2.6}$$

式中,r 为降水率,单位为 mm/h(毫米/小时),α 和 β 分别为

$$\alpha = \frac{kf^2(1+f^2/f_1^2)^{1/2}}{(1+f^2/f_2^2)^{1/2}(1+f^2/f_3^2)^{1/2}(1+f^2/f_4^2)^{1/2}}$$

$$\beta = 1.30 + 0.0372[1-(1+x^2)^{1/2}]$$

其中,$k=3.1 \times 10^5$,$f_1=3\text{GHz}$,$f_2=35\text{GHz}$,$f_3=50\text{GHz}$,$f_4=110\text{GHz}$;f 为雷达的工作频率,单位为 GHz,$x = \dfrac{\lg(f/10)}{0.06}$。

降水率随高度的变化关系为

$$r(h) = r_0 \exp\left(\frac{h}{2}\right)^2$$

式中,r_0 为 0 高度的降雨率,h 为高度,单位为 km。在 2～100GHz 频率范围内,雨的单程衰减近似公式带来的误差不大于 5%。

2. 冰和雪的电波衰减系数

冰和雪的单程衰减系数为[2]

$$\gamma_{is} = \frac{0.00349r^{1.6}}{\lambda^4} + \frac{0.00224r}{\lambda} \text{ (dB/km)} \tag{2.2.7}$$

式中,r 是用等效降水率表示的降雪率,单位为 mm/h(毫米/小时);λ 为电波的波长,单位为 cm。

3. 云和雾的电波衰减系数

云和雾引起的电波单程衰减为[3]

$$\gamma_{\mathrm{w}} = 0.438 \frac{m}{\lambda_{\mathrm{cm}}^2} \ (\mathrm{dB/km}) \tag{2.2.8}$$

$\lambda = 30/f_{(\mathrm{GHz})}$ 是以厘米表示的工作波长，m 是与能见度 V_{m}（米）有关的系数，具体关系为[3]

$$m = \begin{cases} 304.1/V_m^{1.43} & \text{沿海雾} \\ 131.9/V_m^{1.54} & \text{内陆雾} \end{cases}$$

电波传播媒介对电波的单程衰减常用单位为 dB/km。电波传播的总单程衰减系数是氧、水蒸气、雨、冰、雪、云和雾衰减之和：

$$\delta = \gamma_0 + \gamma_{\mathrm{v1}} + \gamma_{\mathrm{v2}} + \gamma_{\mathrm{r}} + \gamma_{\mathrm{is}} + \gamma_{\mathrm{w}} \ (\mathrm{dB/km}) \tag{2.2.9}$$

如果各种衰减系数用十进制数表示，总衰减系数就是各种衰减系数之积。

在电波传播路径上，并非任何时候都同时存在氧、水蒸气、雨、冰、雪、云和雾。在应用式 (2.2.9) 估算电波传播衰减系数时，应根据实际情况计算总衰减量。

2.2.4　考虑电波传播衰减后雷达等装备的作用距离估算方法

在大气传播衰减系数和有关的图表中一般以 dB/km 为单位。在实际使用中，有用 dB 形式的，有用指数形式的，还有用十进制数的。为方便应用，这里给出 dB 与十进制和指数之间的转换关系。设电波传播的单程路径长度为 R，大气衰减为 δR（dB）。应用对数与十进制数之间的转换关系可得用十进制数表示的大气衰减：

$$L_{\mathrm{s}} = 10^{-0.1\delta R}$$

在雷达和干扰方程中大气衰减用 $\mathrm{e}^{-X\delta R}$ 的形式表示，令

$$10^{-0.1\delta R} = \mathrm{e}^{-X\delta R} \tag{2.2.9a}$$

对上式两边取对数并换底得：

$$-0.1\delta R = \lg \mathrm{e}^{-X\delta R} = \frac{\ln \mathrm{e}^{-X\delta R}}{\ln 10} = \frac{-X\delta R}{2.3}$$

对 X 求解得：

$$X = 0.23$$

把 X 代入式 (2.2.9a) 得：

$$L_{\mathrm{s}} = 10^{-0.1\delta R} = \mathrm{e}^{-0.23\delta R} \tag{2.2.10}$$

式 (2.2.10) 为电波单程传播衰减系数的指数形式，相当于干扰信号的传播损失。雷达的目标回波走双程，衰减量加倍，即

$$L_{\mathrm{s}} = 10^{-0.2\delta R} = \mathrm{e}^{-0.46\delta R} \tag{2.2.11}$$

雷达距离方程、干扰方程和侦察方程中都含有指数距离衰减因子，使它们成为距离的超越方程。在雷达对抗效果评估中，经常需要计算对雷达的最大侦察距离和最小干扰距离，需要求解距离超越方程。直接求解超越方程很困难，现在有两种计算有衰减条件下的作用距离的方法：一种是查表法，另一种是迭代法。查表法比较简单，先计算无衰减时的作用距离 R，再根据电波传播媒介衰减系数 δ 和 R 的数值，从图 2.2.2 的曲线查出有衰减时的作用距离。

如果没有图表或数值超过图 2.2.2 的范围，可用迭代法计算有衰减时的作用距离。迭代计算方法[4]如下：根据雷达或干扰方程先算出无衰减时的作用距离 R_{max}，把 R_{max} 和 δ 代入式 (2.2.10) 或式 (2.2.11) 算出此时的衰减量 L_0（L_0 是用十进数表示的电波传播媒介的衰减）。由 R_{max} 和 L_0 得另一个作用距离 R_1：

$$R_1 = R_{max}\sqrt{1/L_0}$$

R_1 比 R_{max} 更接近真实距离。用 R_1 和式 (2.2.10) 或式 (2.2.11) 计算该距离对应的衰减量 L_1，由 R_1、L_0 和 L_1 得又一个距离 R_2：

$$R_2 = R_1\sqrt{L_0/L_1}$$

用 R_2 和式 (2.2.10) 或式 (2.2.11) 算出该距离对应的衰减量 L_2，再根据 R_2、L_1 和 L_2 算出第 3 个距离 R_3：

$$R_3 = R_2\sqrt{L_1/L_2}$$

如此逐渐逼近下去，直到 R_n/R_{n-1} 满足预先确定的精度为止，R_n 就是需要的距离。

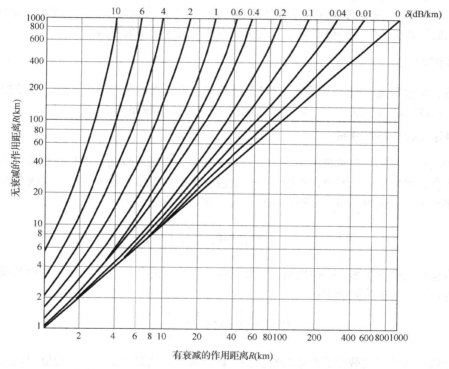

图 2.2.2　有媒介衰减时雷达或侦察作用距离的计算图表

2.3　环境杂波和雷达杂波

2.3.1　引言

环境杂波是雷达天线主瓣或旁瓣照射地面、海面或雨、雪等反射回来的信号形成的。根据杂波的来源将其分为地杂波、海杂波和气象杂波。目前只有少数雷达，如气象雷达、部分成像雷达等把杂波当目标处理，绝大多数雷达把它们当成有碍目标检测的干扰。杂波对雷达和雷达对抗都有影响。大面积杂波能形成类似机内噪声的干扰，影响雷达目标检测和跟踪，对遮盖性干扰有利。杂波影响雷达检测假目标，对假目标欺骗干扰不利。

杂波与机内噪声既有相似之处，也有明显的区别。从对雷达目标检测的影响机理上看，环境杂波和机内噪声相似。两者的不同之处在于，机内噪声覆盖了雷达的所有检测单元，强度与距离、角度无关，对所有检测单元的影响相同。环境杂波对不同检测单元可能有不同的影响。强度和功谱密度除了随距离或照射区域变化外，还与当时的气象条件、雷达天线扫描速度、杂波区相对雷达的运动速度等因素有关。在多数情况下环境杂波只存在于雷达的部分检测单元，只有与目标回波处于同一检测单元或跟踪波门的杂波才直接影响目标检测和跟踪，处于恒虚警数据采样区的杂波将间接影响目标检测。

雷达杂波有主瓣杂波和旁瓣杂波，机载脉冲多普勒雷达还有高度线杂波。主瓣杂波是雷达天线主瓣照射杂波区形成的杂波，旁瓣杂波是天线旁瓣接收的杂波。常规脉冲雷达或非相参脉冲雷达一般只考虑主瓣杂波，相参雷达有主瓣杂波，也有旁瓣杂波，有的还有高度线杂波。

雷达的恒虚警处理性能、目标检测性能和参数测量误差等与杂波的功率电平、幅度的概率分布和功谱密度有关。在雷达干扰中，计算有效干扰需要的干信比也与杂波的功率和功谱密度有关，影响干扰效果的是杂波幅度的概率分布、功谱密度和杂波区的反射系数。

2.3.2　杂波特性

研究雷达杂波的文章较多[1,2,3,5,6]，这里主要从三个方面描述杂波特性：一、杂波振幅的概率分布；二、杂波的功谱密度；三、杂波强度(用平均杂波雷达截面表示)。

2.3.2.1　杂波振幅的概率分布

杂波的结构很复杂，各种杂波振幅的概率分布模型不但是近似的，而且是有条件的，在应用时要特别注意。如果杂波由多个大小相差不大的散射体的反射信号迭加而成，合成杂波信号的振幅和相位都是随机变化的，幅度 u 服从瑞利分布，概率密度函数为

$$P(u) = \frac{u}{P_c} \exp\left(-\frac{u^2}{2P_c}\right) \tag{2.3.1}$$

式中，P_c 为起伏的平均功率。这种模型在一定条件下适合任何杂波。设 $P=u^2$，由函数概率密度的计算方法得杂波的功率分布模型：

$$P(p) = \frac{1}{2P_c} \exp\left(-\frac{p}{2P_c}\right) \tag{2.3.2}$$

式 (2.3.2) 等效于杂波雷达截面的概率分布模型。设杂波雷达截面的中值或平均值为 $\sigma_m=2P_c$，瞬时雷达截面为 $p=\sigma_c$，由式 (2.3.2) 得杂波雷达截面的概率密度函数：

$$P(\sigma_c) = \frac{1}{\sigma_m} \exp\left(-\frac{\sigma_c}{\sigma_m}\right) \tag{2.3.3}$$

如果雷达的分辨率低，波束的掠地角或俯视角较大，地杂波服从瑞利分布。对于高分辨率雷达，当俯视角较小时，地杂波服从韦伯分布。其概率密度函数为

$$P(u) = \frac{nu^{2n-1}}{U_m^{2n}} \exp\left[-\frac{1}{2}\left(\frac{u}{U_m}\right)^{2n}\right] \tag{2.3.4}$$

式中，U_m 为 u 的中值，$0<n\leqslant1$，$u>0$。按照式 (2.3.3) 的推导方法得该杂波雷达截面的概率密度函数：

$$P(\sigma_c) = \frac{n\sigma_c^{n-1}}{\sigma_m^n}\exp\left(-\frac{\sigma_c^n}{\sigma_m^2}\right) \tag{2.3.5}$$

式中，$\sigma_m = 2U_m^2$ 为杂波雷达截面的平均值或中值。

若雷达的分辩率高且用小掠地角观察海面目标时，海杂波的幅度起伏更趋于对数正态分布。对数正态分布的概率密度函数有多种表示形式。设 $\ln(u/U_m)$ 的标准偏差为 σ_u，U_m 为中位数，这种对数正态幅度分布的概率密度函数为[5]

$$P(u) = \frac{2}{u\sigma_u\sqrt{2\pi}}\exp\left[-\frac{1}{2\sigma_u^2}\left(2\ln\frac{u}{U_m}\right)^2\right] \tag{2.3.6}$$

对于高分辩率雷达和高海情，海杂波的雷达截面起伏模型为[5]

$$P(\sigma_c) = \frac{1}{\sigma\sigma_c\sqrt{2\pi}}\exp\left[-\frac{1}{2\sigma^2}\left(\ln\frac{\sigma_c}{\sigma_m}\right)^2\right]$$

式中，σ_c 为海杂波雷达截面的瞬时值，σ 为 $\ln\sigma_c$ 的均方差，σ_m 为海杂波雷达截面的中值。

2.3.2.2　杂波的功谱密度函数

地杂波和海杂波的功谱密度函数有多种近似模型，这里用参考资料[5]中的模型，其表达式为

$$G(f) = W_0\exp\left(-\frac{f^2}{2\sigma_s^2}\right) \tag{2.3.7}$$

式中，W_0 是 0 频率处的杂波功率，σ_s 为杂波频率分布的均方根值，其大小与散射体速度分布的均方根 σ_v 有关，与 σ_v 的具体关系为

$$\sigma_s = 2\sigma_v/\lambda \tag{2.3.8}$$

式 (2.3.8) 中的 λ 为雷达工作波长，单位为米。表 2.3.1[12] 为部分杂波在给定风速下的速度均方根值 σ_v。

表 2.3.1　部分杂波的速度均方根值

杂波种类	风速 (km/h)	σ_v (m/s)
零散树木	静止	0.017
有树的山	18.5	0.04
有树的山	37	0.22
有树的山	46	0.12
有树的山	74	0.34
海浪	—	0.75～1.0
海浪	15～37	0.46～1.1
海浪	大风	0.89
金属带	—	0.37-0.91
金属带	46	1.2
金属带	—	1.1
有雨的云	—	1.8-4.0
有雨的云	—	2.0

2.3.2.3　杂波的强度

要定量估算杂波对干扰效果的影响，必须计算进入雷达接收机的杂波功率并考虑雷达接收机对杂波的衰减。杂波强度用杂波的雷达截面 σ_c 表示。计算主瓣杂波强度的近似公式较多，这里用参考资料[3]中的有关模型估算非相参脉冲雷达接收的杂波功率。图 2.3.1 为杂波的雷达截面与照射波束的几何关系示意图。图中 R_c、B 和 ψ 分别为雷达到杂波中心的距离，射频脉冲的 **3dB** 带宽（如果无脉内调制，B 等于脉宽的倒数）和擦地角，θ_B、ϕ_B 和 c 分别为水平波束半功率宽度、俯仰波束半功率宽度和光速。画有方格标志的区域为影响目标检测的杂波区，它等于雷达一个分辨单元在杂波区的投影面积。图中的 $c/(2B)$ 和 $R_c\theta_B/(\sqrt{2}\sin\psi)$ 分别为雷达的距离分辨单元和天线波束投影椭圆的长度；$c/(2B\cos\psi)$ 和 $R_c\phi_B/\sqrt{2}$ 分别为距离分辨单元的投影长度和宽度。

雷达接收的杂波强度与杂波区的反射系数、波束俯视角、雷达波束的水平宽度和雷达到杂波中心的距离等有关。设 σ_0 和 A_c 分别为杂波区的反射率或反射系数（单位面积的杂波雷达截面）和雷达一个分辨单元对应的杂波区的面积，杂波的等效雷达截面 σ_c 为

$$\sigma_c = \sigma_0 A_c \tag{2.3.9}$$

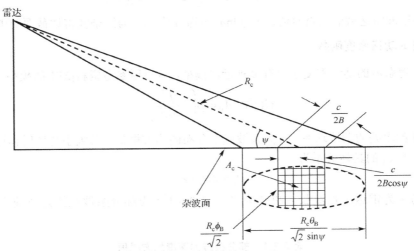

图 2.3.1　杂波的雷达截面和照射波束的几何关系示意图

如果 σ_0 等于其平均值 $\bar{\sigma}_0$，平均杂波等效雷达截面为

$$\bar{\sigma}_c = \bar{\sigma}_0 A_c \tag{2.3.9a}$$

σ_0 与地面的类型、结构、波束擦地角、入射波的极化等有关。如果波束的俯仰面很宽，如搜索雷达，根据图 2.3.1 的关系可得杂波的雷达截面[3]：

$$\sigma_c = \sigma_0 A_c \approx \frac{cR_c\varphi_B\sigma_0}{2\sqrt{2}\cos\psi} \qquad \tan\psi < \frac{\sqrt{2}R_c\theta_B B}{c} \tag{2.3.10}$$

和

$$\sigma_c = \sigma_0 A_c \approx \frac{\pi R_c^2\varphi_B\theta_B\sigma_0}{8\ln(2)\sin\psi} \qquad \tan\psi > \frac{\sqrt{2}R_c\theta_B B}{c} \tag{2.3.11}$$

雨、雪等形成的气象杂波为体杂波，用脉冲体积 V_c 和杂波的平均体反射系数 $\bar{\eta}$ 估算杂波强度，即[3]

$$\sigma_c = V_c \overline{\eta} \approx \frac{\pi c R_c^2 \varphi_B \theta_B \overline{\eta}}{16 B \ln(2)} \tag{2.3.12}$$

设 P_t、G_t、λ 和 L_r 分别为雷达的峰值发射功率、天线增益、工作波长和系统损失。用 σ_c 代替目标的雷达截面 σ 并代入雷达方程得主瓣接收的杂波功率：

$$P_{mc} = \frac{P_t G_t^2 \lambda^2 \sigma_c}{(4\pi)^3 R_c^4 L_r} e^{-0.46\delta R_c} \tag{2.3.13}$$

雷达天线的旁瓣也会发、收信号并形成杂波，对雷达影响较大的是旁瓣接收的主瓣照射区的杂波。设雷达天线偏离主瓣最大增益方向 θ_c 角度的旁瓣增益为 $G(\theta_c)$，该方向上的旁瓣接收的杂波功率为

$$P_{lc} = \frac{P_t G_t G(\theta_c) \lambda^2 \sigma_c}{(4\pi)^3 R_c^4 L_r} e^{-0.46\delta R_c} \tag{2.3.14}$$

雷达天线的旁瓣较多，一般用平均旁瓣增益 $\overline{G}_{sl}$ 表示旁瓣的大小，旁瓣发射和接收的平均杂波功率为

$$\overline{P}_{lc} = \frac{P_t \overline{G}_{sl}^2 \lambda^2 \sigma_c}{(4\pi)^3 R_c^4 L_r} e^{-0.46\delta R_c} \tag{2.3.15}$$

若雷达受到遮盖性干扰，影响目标检测和跟踪的总干扰功率是雷达接收的杂波功率和干扰功率之和。

式 (2.3.13) 表示角度和距离二维分辨单元内的杂波功率，仅适合只从距离和角度上分辨目标的常规脉冲雷达。相参雷达有速度分辨能力，一个角度分辨单元包含多个距离分辨单元，一个距离分辨单元有多个多普勒滤波器。进入一个角度分辨单元内的杂波要按距离分辨单元和多普勒或速度分辨单元分散杂波功率，进入不同距离分辨单元的杂波功率与杂波强度的距离分布有关。进入一个速度分辨单元 (一个多普勒滤波器) 的杂波功率与杂波的功谱密度函数和该多普勒滤波器的中心频率偏离杂波中心频率的大小有关。相参雷达的杂波强度可用三维分辨单元内的杂波雷达截面表示。设进入第 i 个角度距离二维分辨单元的杂波中心频率为 0，该频率上的功率为 W_{gi}，由式 (2.3.7) 得进入该角度距离二维分辨单元的杂波功谱密度函数：

$$G_i(f) = W_{gi} \exp\left(-\frac{f^2}{2\sigma_s^2}\right)$$

如果已知第 i 个角度距离分辨单元下的第 j 个多普勒滤波器的上、下限频率 f_{d1} 和 f_{d2}，进入该速度分辨单元或多普勒滤波器的杂波功率为

$$P_{mj} = \int_{f_{d1}}^{f_{d2}} G_i(f)\, df = W_{gi} \int_{f_{d1}}^{f_{d2}} \exp\left(-\frac{f^2}{2\sigma_s^2}\right) df \tag{2.3.16}$$

如果相参雷达受到遮盖性干扰，设进入第 j 个速度分辨单元的遮盖性干扰功率为 P_{jv}，影响相参雷达目标检测和跟踪的总干扰功率为

$$P_j = P_{mj} + P_{jv}$$

2.3.3　反射系数

计算雷达接收的杂波功率和杂波功谱密度，需要计算杂波的等效雷达截面 σ_c。σ_c 与杂波区的反射系数 σ_0 成正比。影响反射系数大小的因素很多。除地面、海面和气象现象有不同的反射系数外，不同的地面或海面也有不同的反射系数，即使在雷达天线照射区内，不同位置也有不同的杂

波反射系数，通常用反射系数的平均值 $\bar{\sigma}_0$ 代替 σ_0。目前除海杂波外，其他杂波的平均反射系数已有较好的近似式。

2.3.3.1　地面的平均反射系数

影响地杂波平均反射系数的主要因素有：一、地面的组成和覆盖物，如土壤、沙地、建筑、冰、雪等；二、表面平坦度；三、植被种类，如草、树等；四、湿度；五、电波的频率；六、波束掠地角。地面反射系数的近似式较多，一般都附有一定的限制条件，使用时要特别注意有关的限制条件。这里用参考资料[6]给出的地面平均反射系数的近似式，其数学模型为

$$\bar{\sigma}_0 = A(\psi + C)^B \exp\left(-\frac{D}{1 + \dfrac{0.1\sigma_h}{\lambda}}\right) \tag{2.3.17}$$

式中，ψ（弧度）为波束掠地角；σ_h（cm）为地表面平坦度的均方差。σ_h 只适合 15GHz 以下频率的土壤和沙地，取值范围为 $0.2 \sim 2.5$；λ（cm）为照射地面电波的波长；A、B、C、D 系数示于表 2.3.2。

根据参考资料[7]的有关表达式，可得有树丘陵的地杂波反射系数 σ_{0g} 的简单数学模型：

$$\sigma_{0g} = 0.00032 \sin\psi / \lambda \tag{2.3.18}$$

式（2.3.18）中的 ψ 和 λ 分别为掠地角和雷达工作波长，λ 的单位为 m。如果把地球当球形处理，则

$$\sin\psi = \frac{H}{R_c} = \frac{R_c}{2R_e}$$

式中 H、R_c 和 R_e 分别为雷达平台的高度，雷达到杂波区中心的距离和等效地球曲率半径，R_e 等于：

$$R_e = 8.5 \times 10^6 \ (\text{m})$$

表 2.3.2　系数 A、B、C 和 D 与频率和杂波源的关系

频率/GHz		土和砂	草	高的草, 庄稼	树林	城市	水雪	干雪
A	3	0.0045	0.0071	0.0071	0.0028	0.362	—	—
	5	0.0096	0.015	0.015	0.0047	0.779	—	—
	10	0.025	0.039	0.039	0.0095	2.0	0.0246	0.195
	15	0.05	0.079	0.079	0.019	2.0	—	—
	35	—	0.0125	0.301	0.036	—	0.195	2.45
	95	—	—	—	0.046	—	1.138	3.6
B	3	0.83	1.5	1.5	0.64	1.8	—	—
	5	0.83	1.5	1.5	0.64	1.8	—	—
	10	0.83	1.5	1.5	0.64	1.8	1.7	1.7
	15	0.83	1.5	1.5	0.64	1.8	—	—
	35	—	1.5	1.5	0.64	—	1.7	1.7
	95	—	1.5	1.5	.1	—	0.83	0.83
C	3	0.0013	0.012	0.012	0.012	0.015	—	—
	5	0.0013	0.012	0.012	0.012	0.015	—	—
	14	0.0013	0.012	0.012	0.012	0.015	0.0016	0.0016
	15	0.0013	0.012	0.012	0.012	0.015	—	—
	35	—	0.012	0.012	0.012	—	0.008	0.0016
	95	—	0.012	0.012	0.012	—	0.008	0.0016

续表

频率/GHz	土和砂	草	高的草, 庄稼	树林	城市	水雪	干雪
D 3	2.3	0.0	0.0	0.0	0.0	—	—
5	2.3	0.0	0.0	0.0	0.0	—	—
10	2.3	0.0	0.0	0.0	0.0	0.0	0.0
15	2.3	0.0	0.0	0.0	0.0	—	—
35	—	0.0	0.0	0.0	—	0.0	0.0
95	—	0.0	0.0	0.0	—	0.0	0.0

2.3.3.2　雨和雪的平均体反射系数

悬浮在空中的雨、雪、冰和其他散射微粒会漫反射电磁波，形成雷达杂波，这种杂波为体杂波。设散射微粒均匀分布，体积为 V_c 的体杂波的雷达截面为

$$\sigma_c = \bar{\eta} V_c$$

式中，$\bar{\eta}$ 为单位体积的杂波雷达截面，称为平均体反射系数，表示体杂波的反射强度。$\bar{\eta}$ 的具体形式为

$$\bar{\eta} = \frac{\pi^5 |k|^2}{\lambda^4} Z$$

其中 λ 为雷达工作波长，单位为 m；$|k|^2$ 是与复介电常数有关的常数；对于温度在 0℃～20℃和频率小于 10GHz 的水，$|k|^2 = 0.93$；对于相同条件的冰粒，$|k|^2 = 0.2$；Z 为反射系数，单位为 $(mm)^6/m^3$，其经验公式为

$$Z = ar^b$$

a 和 b 为常数，取值范围为 $a=127\sim505$，$b=1.41\sim2.39$，在很宽的范围内，可取 $a=200$，$b=1.6$。r 为降水率，单位为 (mm/h)。当频率小于或等于 10GHz 时，雨的 a 和 b 可取为 200 和 1.6；处于瑞利散射区的雪，a 和 b 可分别取为 2000 和 1.6。平均体反射系数的理论模型为[3]

$$\bar{\eta} = \frac{\pi^5 |k|^2}{\lambda^4} ar^b \tag{2.3.19}$$

把上面的条件代入式 (2.3.19) 得雨在 10GHz 及其以下频率的平均体反射系数为[3]。

$$\bar{\eta}_r = 7.03 f^4 r^{1.6} \times 10^{-12} \ (m^2/m^3) \tag{2.3.20}$$

雪的平均体反射系数为[3]

$$\bar{\eta}_r = 1.51 f^4 r^{1.6} \times 10^{-12} \ (m^2/m^3) \tag{2.3.21}$$

上两式中 f 的单位为 GHz。适合 10GHz 以上直到毫米波波段的雨、雪杂波的体反射系数的近似式为[1]

$$\bar{\eta} = Ar^B \ (m^2/m^3) \tag{2.3.22}$$

A、B 与频率有关。A 随频率增加而增加，B 随频率增加而下降，具体见表 2.3.3。图 2.3.2 给出了从 0.1 到 100GHz 频率范围内的雨和雪的体反射系数与频率和降水率的关系。图中的实线为雨的体反射系数，虚线为雪的体反射系数[1]。

表 2.3.3　系数 A 和 B 与频率的关系

频率(GHz)	A	B
9.4	1.3×10^{-8}	1.6
35	1.2×10^{-6}	1.6
70	4.2×10^{-5}	1.1
90	1.5×10^{-5}	1.0

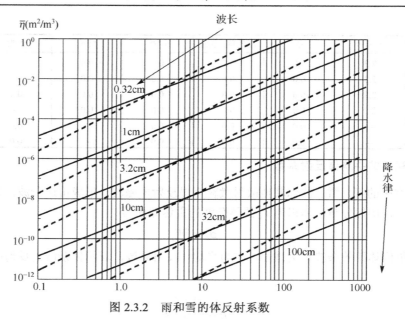

图 2.3.2　雨和雪的体反射系数

体杂波的有效散射体积 V_c 与杂波到雷达的距离 R、雷达波束宽度 θ_B（方位）、φ_B（俯仰）和雷达脉冲宽度 τ 有关。设光速为 c，对于高斯形波束，V_c 近似为[3]

$$V_c \approx \frac{\pi R^2 \theta_B \varphi_B c \tau}{16 \ln 2}$$

2.3.3.3　海面的反射系数

海杂波的反射系数很难定量描述，虽然有许多经验公式，但是使用条件限制很严格。粗略估算可用下式：

$$\sigma_{0s} = 10^{-[6-0.6(ss+1)]} \frac{\sin \Psi}{2.51\lambda} \tag{2.3.23}$$

式中，λ(米) 为雷达工作波长；Ψ(度) 为波束擦地角；ss 为道格拉斯(Douglas)海情级别。海情级别与风速和浪高有关。海情级别的定义较多，道格拉斯海情分 8 级，具体定义见表 2.3.4。表中海浪高度用"英尺"表示，风速用"节"表示。1 英尺等于 30.48 厘米；1 节等于 1 海里/小时；1 海里等于 1.852 千米。

表 2.3.4　Douglas 海情级别的定义

级别 ss	状态描述	浪高（英尺）	近似的风速（节）
0	平静	0	<1
1	微浪	<1	1～6
2	轻浪	1～3	6～12
3	中浪	3～5	12～15
4	大浪	5～8	15～20
5	强浪	8～12	20～25
6	巨浪	12～20	25～30
7	狂风浪	20～40	30～50
8	暴风浪	>40	>50

2.4　雷达目标

目标是雷达探测、跟踪的对象，是武器瞄准、攻击的对象，还是雷达干扰的保护对象。武器与干扰机保护目标的作用结果能全面、直观反映雷达、雷达对抗、武器控制、武器及其作战使用对干扰效果的综合影响。要正确评估干扰效果必须研究目标的特性。在现代战争中，尽管雷达、雷达对抗和武器的作战对象都有目标，哪怕是同一实体，它们对三者呈现的特性有所不同，既有雷达的目标，也有雷达对抗的目标，还有武器的目标。目标对雷达和对雷达对抗装备呈现的特性近似相同（以下只称雷达目标），主要表现为目标的雷达截面和截面的起伏方式。这些特性影响目标检测概率、定位或跟踪精度以及保护目标需要的干扰功率或干扰机的数量等。目标对武器呈现的特性主要是影响打击效果（命中概率或摧毁概率）的抗毁性或易损性、目标的体积或在垂直于射击方向平面上的投影面积和目标中心相对武器散布中心的几何位置等。目标影响雷达和武器作战能力的方式不同，它们对目标的分类原则和特性的描述也不同。为了便于讨论，本章只分析目标对雷达呈现的特性和雷达对目标的分类，第 5 章将讨论目标对武器呈现的特性和武器对目标的分类。

2.4.1　雷达目标的特性及目标分类

雷达目标的研究内容很多，这里只涉及其中的四个：一、雷达截面的定义及其与视角的关系；二、雷达截面的均值；三、雷达目标分类及雷达截面起伏模型；四、目标闪烁对雷达和对雷达对抗装备性能的影响。本节讨论前三个问题，下一节分析目标特性对雷达和雷达对抗装备性能的影响。

2.4.1.1　目标雷达截面的定义及其与视角的关系

目标的雷达截面通过影响信噪比或信干比而影响雷达、雷达对抗装备和武器的作战能力。目标的雷达截面越大，信噪比或信干比越高。信噪比越高，雷达发现目标的概率、定位精度、跟踪精度越高，武器的命中概率越高，保护目标需要的干扰等效辐射功率也会越大。

目标的雷达截面是目标的重要特征参数。雷达利用目标对入射电磁波的散射特性来检测、识别和定位目标。单站雷达只能利用目标的后向散射特性。设 R、E_r、E_i 分别为目标到雷达的距离、目标反射回雷达处的场强和电波在目标处的入射场强，目标的雷达截面定义为[3,8]

$$\sigma = \frac{\text{反射回发射方向的单位立体角内的功率}}{\text{入射功率密度}/(4\pi)} = \lim_{R \to \infty} 4\pi R^2 \left| \frac{E_r}{E_i} \right|^2$$

实际物体的雷达截面是波长、极化和电波入射角或视角的函数。理想球体的雷达截面与视角无关，仅为波长的函数，通常用它来说明目标雷达截面与波长的关系。球体的雷达截面分三个区：瑞利区、谐振区和光学区，如图 2.4.1 所示。图中 a 为球体的半径，λ 为波长。$\lambda > 2\pi a$ 的区域为瑞利区。该区域的雷达截面正比于 λ^{-4}。当波长减小到 $\lambda = 2\pi a$ 时，目标的雷达截面进入谐振区。在谐振区，物体的雷达截面在最大和最小两极值之间振荡，振荡幅度随频率增加而减小。$\lambda \ll 2\pi a$ 的区域称为光学区。在光学区，物体的雷达截面趋于固定值 πa^2，近似等于球的投影面积。

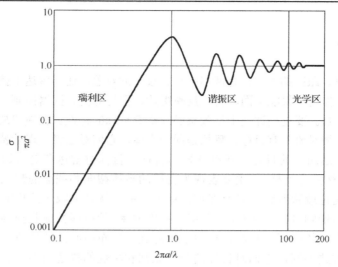

图 2.4.1　球体的雷达截面与波长的关系

　　军事目标非常复杂，其雷达截面对视角非常敏感。复杂目标可看成是由许多法线方向不同的小平面组成的，每个小平面就是一个小反射面。目标的回波强度是这些小平面反射信号的矢量和。如果目标的姿态相对雷达变化，这些小反射面的电波入射角就会变化，反射信号的矢量和随着变化，从而引起目标处的反射场强变化，导致目标雷达截面成为视角的函数。对于飞机、坦克和舰艇等军用目标，侧面和两端常有峰值出现。这些峰对视角非常敏感。视角变化 1～2 度，雷达截面可能变化 10dB 以上。

　　图 2.4.2 是典型螺旋桨飞机的雷达截面的测试结果。测试信号波长为 10cm。由该图可见，这种飞机有些部位的雷达截面对视角非常敏感，视角改变三分之一度，雷达截面可变化 15dB 左右。飞机的两侧和头部的雷达截面较大，其他部位的较小。其中两侧的峰最大，最大峰值比平均值大十多分贝。

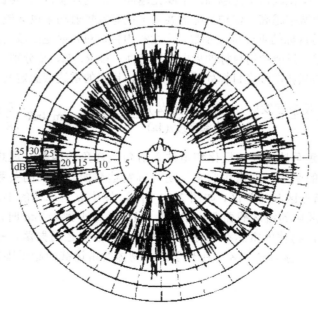

图 2.4.2　典型螺旋桨飞机的雷达截面与视角的关系

　　图 2.4.3 为喷气式歼击机的雷达截面与视角的近似关系示意图。该型飞机尾部的雷达截面最小，两侧的最大。最大值比机头大 10dB，比机尾约大 12dB。峰值对视角同样非常敏感。和螺旋桨飞机的雷达截面相比，喷气式飞机的雷达截面的峰值较窄或较尖锐。除两侧有最大的峰外，其他部位还有多个较小的峰而且比两则的峰更尖锐。

　　图 2.4.4 为典型舰艇的雷达截面及其与视角的近似关系示意图。该图表明在舰首和舰尾的雷达截面较小，左、右舷的最大。最大值对视角变化较敏感，入射角变化 2～3 度，雷达截面可下降 10dB 左右。但是，舰艇雷达截面对视角变化的敏感程度比飞机低得多。

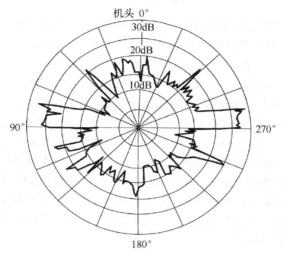

图 2.4.3　喷气式歼击机的雷达截面与视角的近似关系示意图

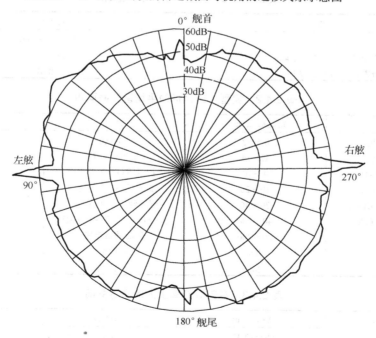

图 2.4.4　典型舰艇的雷达截面和视角的近似关系示意图

2.4.1.2 典型目标雷达截面的平均值或中值

雷达和雷达对抗装备感兴趣的目标都是复杂目标。复杂目标的雷达截面不但与视角有关，还受照射信号的频率、频率变化速度及其变化方式和极化方式等影响。除个别特殊形状的金属物体外，精确计算一般目标特别是高速运动目标的雷达截面十分困难。目前只有少数较规则形状的人造目标的雷达截面有解析近似式或经验公式，而且还需要满足一定的条件，如舰艇雷达截面的中值约为[5]

$$\sigma = 52 f^{1/2} D^{3/2} \tag{2.4.1}$$

式中，f 是以 MHz 为单位的雷达工作频率，D 是以千吨表示的舰艇满载排水量。式(2.4.1)是在 X、S 和 L 波段，从 2000～17000 吨级的军舰测试数据导出的[5]。该式对于其他吨位的舰只和其他波段的雷达大致适用。但是式(2.4.1)不适合高仰角场合。在高仰角状态，例如从飞机照射舰艇时，其雷达截面可能比式(2.4.1)的值小一个数量级[5]。如果仰角不等于入射余角，有资料[5]给出了粗略估算船舶雷达截面的方法。这种方法是将船的吨位数作为雷达截面的平方米数，例如 2000 吨的舰艇，其雷达截面近似为 2000 m²。除船舶外，目前尚无其他目标雷达截面的解析近似式或经验公式。

复杂目标的雷达截面一般用对比试验法得到。所谓对比试验法就是，把复杂目标或其缩比型的雷达截面的实测结果(回波信号的功率或幅度)与相同条件下标准物体的雷达截面进行比较，以此得到复杂目标雷达截面的数值。目前已测得相当数量军用目标的雷达截面。目标的雷达截面与目标的运动姿态或电波入射方向有关，平时所指的雷达截面要么是目标的平均雷达截面，要么是其中值。

表 2.4.1 为某些生物的平均雷达截面[9]，表 2.4.2 是典型人造目标的平均雷达截面[9]，表 2.4.3 为人在部分频率上的平均雷达截面。

表 2.4.1 某些生物的平均雷达截面

类型	雷达截面(m²)
麻雀	0.0003～0.001
鸽子(25～40 海里/小时)	0.001～0.01
野鸭(25～40 海里/小时)	0.01

表 2.4.2 典型人造目标的平均雷达截面积

类型	雷达截面(m²)	类型	雷达截面(m²)
普通小型飞机	0.6～3	小型帆船	0.5～5
小型战斗机	1.5～4	军用动力船	20～500
中型战斗机(F-4)	4～10	护卫舰(1～2 千吨)	0.5～1×10⁴
小型民航机(DC-9)	10～20	驱逐舰(3～5 千吨)	3～6×10⁴
中型民航机(707,DC-8)	20～40	巡洋舰(7～20 千吨)	10～40×10⁴
大型民航机(DC10,747)	40～100	航空母舰(2 万～4 万吨)	30～100×10⁴
坦克	20～200	潜艇的潜望镜	1～5
带翼导弹	0.5	自行车	2
载重汽车	200	一般汽车	100

表 2.4.3 在部分频率上人的雷达截面

频率(MHz)	雷达截面(m²)	频率(MHz)	雷达截面(m²)
410	0.03～2.33	4800	0.368～1.88
1120	0.098～0.997	9375	0.495～1.22
2890	0.149～1.05		

从表 2.4.2 的数据可看出，目标的平均雷达截面与目标的形状有很大关系，如汽车的雷达截面通常在 $10\sim200m^2$。在 X 波段汽车的雷达截面比尺寸相当的飞机和船舶的还大，而且随测量频率的升高而增加。表 2.4.3 表明，在低频段人的雷达截面对照射电波入射方向非常敏感，随照射方向的变化而剧烈变化，随着频率的升高，这种变化逐渐变小。在高频段，人的平均雷达截面为 $0.1\sim1.2m^2$。

2.4.1.3　雷达目标的分类和目标雷达截面的起伏模型

雷达目标按雷达截面的起伏类型分类。多数著作将雷达目标分为四类，即斯韦林 I、II、III、IV 型，也有将其分为五类的，即在斯韦林四种类型上增加一类稳定目标。稳定目标就是雷达截面无起伏的目标。本书只分四类，它们的具体定义如下。

1. 斯韦林 I 型目标起伏模型 (扫描到扫描起伏—慢起伏)

在雷达天线任何一次扫描期间收到的目标回波幅度是恒定的，但扫描到扫描之间的回波幅度是随机起伏的且扫描到扫描之间的起伏相互独立。这种起伏方式称为斯韦林 I 型目标起伏模型，把这类目标称为斯韦林 I 型起伏目标。该起伏模型的概率密度函数即雷达截面的概率密度函数为

$$P(\sigma) = \frac{1}{\bar{\sigma}} \exp\left(-\frac{\sigma}{\bar{\sigma}}\right) \tag{2.4.2}$$

式中，$\bar{\sigma}$ 为目标起伏全过程的平均雷达截面。目标的雷达截面与其回波功率成比例。令 $\sigma = A^2$，用变量代换法得斯韦林 I 型起伏目标回波幅度的概率密度函数，它服从瑞利分布：

$$P(A) = \frac{A}{A_0^2} \exp\left(-\frac{A^2}{2A_0^2}\right) \tag{2.4.3}$$

2. 斯韦林 II 型目标起伏模型 (脉冲到脉冲起伏—快起伏)

如果目标的雷达截面和回波幅度起伏的概率密度函数分别与式 (2.4.2) 和式 (2.4.3) 相同，与斯韦林 I 型目标起伏模型不同的是，回波幅度为脉冲到脉冲起伏且相互独立。把种起伏方式称为斯韦林 II 型目标起伏模型，称具有这种起伏方式的目标为斯韦林 II 型起伏目标。

3. 斯韦林 III 型目标起伏模型

和斯韦林 I 型起伏模型一样，回波幅度扫描到扫描随机起伏，但雷达截面的概率密度函数与式 (2.4.2) 不同而等于：

$$P(\sigma) = \frac{4\sigma}{\bar{\sigma}^2} \exp\left(-\frac{2\sigma}{\bar{\sigma}}\right) \tag{2.4.4}$$

称雷达截面具有式 (2.4.4) 起伏方式的目标为斯韦林 III 型起伏目标。用处理斯韦林 I 型目标起伏模型的方法，由式 (2.4.4) 得该型目标回波幅度起伏的概率密度函数：

$$P(A) = \frac{9A^3}{2A_0^4} \exp\left(-\frac{3A^2}{2A_0^2}\right) \tag{2.4.5}$$

式 (2.4.3) 和式 (2.4.5) 中的 $\bar{\sigma}$ 分别等于 $2A_0^2$ 和 $\frac{4}{3}A_0^2$。

4. 斯韦林 IV 型目标起伏模型

和斯韦林 II 型目标一样，回波幅度脉冲到脉冲随机起伏且相互独立，但目标雷达截面和回波幅度起伏的概率密度函数分别与式 (2.4.4) 和式 (2.4.5) 相同。这种起伏方式称为斯韦林 IV 型目标起伏模型。

斯韦林 I、III 型目标起伏模型适合由大量雷达截面近似相同的起伏散射体组成的目标，如飞

机等。斯韦林Ⅱ、Ⅳ型目标起伏模型适用于由一个占主导地位的反射体和若干个小反射体组成的目标，或一个大反射体在方位上有较小变化的情况，如舰艇等。

目标起伏的快慢不是绝对的，与照射信号的频率变化速度有关。一定条件下的频率捷变能使慢起伏变成快起伏，可减少积累损失和改善雷达检测起伏目标的性能。这是一定条件下的频率捷变能提高雷达目标检测概率的根本原因。

2.4.2　目标特性对雷达和雷达对抗装备性能的影响

目标的雷达截面对视角很敏感，目标相对雷达姿态的变化或雷达照射目标的方向变化，都会导致目标的雷达截面变化，即从不同方向有效保护同一目标可能需要不同的干扰等效辐射功率。通过选择有利的电子攻击方向，可减少干扰功率和提高干扰效果。也可根据目标雷达截面随视角的变化规律，选择合理的规避路径，降低保护目标被雷达发现的风险。还可选择不隐身的频率和角度照射目标，提高发现隐身目标的概率。目标的前两个特点对雷达和雷达对抗装备的影响是众所周知的。这一节主要讨论目标雷达截面起伏和目标闪烁对雷达和雷达对抗装备性能的影响。

2.4.2.1　目标雷达截面起伏对雷达和雷达对抗的影响

雷达目标多数是运动的，许多处于高速运动状态。它们相对雷达的姿态会随机变化，这种变化将引起目标雷达截面或回波幅度随机起伏。雷达在脉冲积累基础上检测目标，回波幅度起伏影响脉冲幅度的平均值，从而影响脉冲积累增益和目标检测概率。慢起伏可能使雷达连续几次扫描检测不到目标，以致判断目标消失或判为无目标。要达到检测稳定目标的概率，必须增加信噪比或信杂比。对于遮盖性干扰来说，信干比的倒数就是干信比，照此简单逻辑推理，目标起伏会降低雷达的非相参积累增益，降低信干比，应该说对干扰有利。其实不然，目标起伏对遮盖性干扰同样不利。因为起伏会增大雷达发现干扰机保护目标的风险。雷达截面起伏使目标回波时大时小，雷达很有可能在起伏的峰值区间连续几个扫描周期发现目标。要达到掩护稳定目标的效果，也需要增加干扰功率。所以，目标起伏对雷达和雷达对抗有相同的影响。雷达领域一般将雷达截面起伏对发现概率的影响用积累损失[1]表示，这种积累损失也可用来衡量目标起伏对干扰效果的影响。

表 2.4.4[7]给出了检测概率为 0.9、虚警概率为 10^{-6}、非相参积累脉冲数分别为 1，10，100，1000 时，四种起伏目标的脉冲积累损失。从表 2.4.4 的数据不难看出，斯韦林Ⅱ、Ⅳ型起伏目标的脉冲积累损失随积累脉冲数的增加而迅速下降。斯韦林Ⅰ、Ⅲ型目标的脉冲积累损失随积累脉冲数增加而缓慢增加。总的来说，当积累脉冲数大于 10 时，斯韦林Ⅰ、Ⅲ型目标的脉冲积累损失比Ⅱ、Ⅳ型大得多。出现这种现象的基本原因是，对于使用固定载频信号的雷达，斯韦林Ⅰ、Ⅲ型目标回波起伏非常慢，只有零点几赫兹到几赫兹，回波功率有大起大落现象，雷达有可能在几次天线扫描中检测不到信号。快起伏不同，在每次扫描中，回波幅度有大有小，发现目标的平均概率较大且近似相同。

表 2.4.4　四种类型起伏目标的积累损失(dB) (P_d=0.9，P_{fa}=10^{-6})

积累脉冲数	斯韦林Ⅰ	斯韦林Ⅱ	斯韦林Ⅲ	斯韦林Ⅳ
1	8	8	3.9	3.9
10	8.3	0.8	4.1	0.5
100	8.5	0.4	4.6	0.1
1000	8.7	0.2	4.8	0

不管哪种目标起伏模型，都有脉冲积累损失。要达到检测稳定目标的概率，必须增加信噪比。增加的信噪比就是目标雷达截面起伏造成的脉冲积累损失。目标起伏带给干扰方和雷达方的风险

相同。就是说对于起伏目标，要达到保护稳定目标的效果需要增加的干信比近似等于目标起伏造成的信噪比积累损失。目前已得到四种起伏目标脉冲积累损失的近似式[1]：

$$g_{g1} = G_{g1} \approx \left[(-\ln P_d)\left(1+\frac{g_d}{g_{fa}}\right) \right]^{-1} \qquad 斯韦林 \text{I} 型起伏目标 \qquad (2.4.6)$$

$$g_{g2} = G_{g2} \approx \left\{ \left[(-\ln P_d)\left(1+\frac{g_d}{g_{fa}}\right) \right]^{1/N_e} \right\}^{-1} \qquad 斯韦林 \text{II} 型起伏目标 \qquad (2.4.7)$$

$$g_{g3} = G_{g3} \approx \left\{ \left[(-\ln P_d)\left(1+\frac{g_d}{g_{fa}}\right) \right]^{1/2} \right\}^{-1} \qquad 斯韦林 \text{III} 型起伏目标 \qquad (2.4.8)$$

$$g_{g4} = G_{g4} \approx \left\{ \left[(-\ln P_d)\left(1+\frac{g_d}{g_{fa}}\right) \right]^{1/(2N_e)} \right\}^{-1} \qquad 斯韦林 \text{IV} 型起伏目标 \qquad (2.4.9)$$

式中，N_e 和 N_{3dB} 分别为等效非相参积累脉冲数和在天线波束半功率宽度内的接收脉冲数。对于高斯形波束和均匀加权积累器，双程等效非相参积累脉冲数为[1]

$$N_e = 0.425 N_{3dB} \qquad (2.4.10)$$

设雷达的脉冲重复频率为 F_r，天线波束宽度为 $\theta_{0.5}$，天线转速为 n_a 转/分，则 N_{3dB} 等于：

$$N_{3dB} = \frac{\theta_{0.5} F_r}{6 n_a} \qquad (2.4.11)$$

雷达目标回波走双程，干扰只走单程。干扰的等效非相参积累脉冲数近似为

$$N_e = N_{3dB}$$

设雷达要求的检测概率和虚警概率分别为 P_d 和 P_{fa}，g_d 和 g_{fa} 可用 P_d 和 P_{fa} 表示为

$$\begin{cases} g_{fa} = 2.36\sqrt{-\log P_{fa}} - 1.02 \\ g_d = \dfrac{1.231 t}{\sqrt{1-t^2}} \end{cases} \qquad (2.4.12)$$

其中

$$t = 0.9(2P_d - 1)$$

2.4.2.2　目标闪烁对雷达性能的影响

目标雷达截面起伏不但影响雷达的目标检测，也会影响目标跟踪。目标闪烁频率可低到能进入雷达跟踪系统的带宽，引起跟踪误差或影响目标跟踪精度。闪烁引起的跟踪误差是随机的，有时称为目标噪声。影响距离跟踪的称为目标的距离噪声，影响角跟踪的称为目标的角噪声。闪烁的均值为 0，可用均方差表示跟踪误差。目标闪烁引起的跟踪误差除了与目标在角度上的横向宽度和在距离向的投影长度有关外，还与照射目标的雷达射频变化范围和变化速度有关。适当的频率变化范围和变化速度，能减小目标闪烁引起的跟踪误差。

目标噪声是目标起伏造成的，前面定义的四种目标起伏模型只考虑了目标回波信号幅度或功率的变化，没考虑反射波相位波前法线方向随机变化对雷达性能的影响。雷达自动角跟踪系统跟踪回波信号相位波前的法线方向。反射波相位波前法线方向的随机变化将引起随机角跟踪误差。

结构复杂的目标相对雷达的姿态随机变化，如无意的偏航、俯仰和横滚等，都将导致反射波相位波前法线方向的随机变化。目标角噪声对任何角跟踪体制的雷达有相同的影响。

实验证明，对于微波雷达，绝大多数复杂目标都有角噪声。设角跟踪器的传输函数为 $G(j\omega)$，跟踪器输入端角噪声的功谱密度为 $S(\omega)$，角噪声引起的测角方差为[11]

$$\sigma_{s\theta}^2 = \frac{1}{2\pi}\int_{-\infty}^{\infty}|G(j\omega)|^2 S(\omega)d\omega$$

虽然由上式能得到角闪烁跟踪误差的精确值，但计算较复杂，应用起来很不方便。实际测量表明，角闪烁引起的角跟踪误差近似等于目标相对雷达最大张角的 $1/6\sim1/3$。设目标相对雷达的最大横向尺寸为 w（单位为米），目标到雷达的斜距为 R（单位为米），角噪声引起的测角均方根误差近似为[10]

$$\sigma_{s\theta} \approx \left(\frac{1}{6}\sim\frac{1}{3}\right)\frac{w}{R}(弧度) = \frac{180}{\pi}\left(\frac{1}{6}\sim\frac{1}{3}\right)\frac{w}{R}(度) \tag{2.4.13}$$

式 (2.4.13) 说明角闪烁引起的跟踪误差与距离成反比。如果目标距离较远，可忽略角闪烁误差的影响。如果 w 属于方位向的最大横向尺寸，$\sigma_{s\theta}$ 就是方位跟踪误差 $\sigma_{s\alpha}$；若 w 为仰角方向的最大尺寸，$\sigma_{s\theta}$ 就是仰角跟踪误差 $\sigma_{s\beta}$。

目标距离噪声产生的原因与角噪声相同。距离跟踪器跟踪回波脉冲的面积中心或能量中心。复杂目标由一系列单元辐射体组成，目标回波是所有单元反射信号的迭加结果。如果目标相对雷达的姿态发生变化，单元反射体反射信号的幅度和相位都可能随机变化，这种变化将导致回波脉冲的面积或能量中心随机摆动，形成距离跟踪误差。

目标距离噪声的功谱分布与角噪声相同，距离跟踪误差的计算方法也相同，一般用经验公式近似计算距离跟踪误差。设目标在雷达距离维上的投影长度为 L，目标距离噪声引起的距离跟踪误差近似为[10]

$$\sigma_{ss} \approx \frac{L}{4}\sim\frac{L}{6} \text{ (m)} \tag{2.4.14}$$

主要参考资料

[1]　Lamont V.Blake, Radar Range-Performance Analysis ,ARTCH HOUSE, Inc. 1986.

[2]　Barton, D.K., Radar System Analysis, Norwood, MA: Artech House,1976.

[3]　Peyton, Z. Peebles, Jr.John, Radar Principles, WILEY&Sons Inc. 1998.

[4]　D.Curtis Schleher, Electronic Warfare in the Information Age, Artech House, Inc. 1999.

[5]　M.I.SHOLNIK, Introduction to Radar Systems, McGraw-Hill Book Company, 1980.

[6]　D.Curtis Schleher, MTI and Pulsed Doppler Radar, Norwood, MA: ARTCH HUOSE, 1991.

[7]　GUY MORRIS Linda Harkness Editors , AIRBORNE PULSED DOPPLER RADAR, Second Edition, Norwood, MA: Artech House, 1996.

[8]　MERRILL1. SHOLNIK, RADAR HANDBOOK, New York: MCGRAW-HILL, 1970.

[9]　Edward J. Chrzanowski, Radar Active Countermeasures, Artech House, Inc, 1990.

[10] 张有为等编著. 雷达系统分析. 国防工业出版社, 1981.

第3章 雷达对抗作战对象1——雷达

要百战百胜，不可不知彼。研究雷达对抗作战对象就是为了知彼。与其他形式的战争相比，电子战更需要详细了解作战对象。对抗效果主要取决于干扰技术、干扰参数、干扰时机和干扰实施步骤等，这些因素又取决于作战对象的类型、体制、工作原理、工作状态和抗干扰措施等。此外，表示对抗效果和干扰有效性的参数大多数来自作战对象受干扰影响的性能参数，如雷达的目标检测概率、武器的摧毁概率等。研究雷达对抗作战对象的目的是：一、确定雷达对抗作战对象的类型并了解它们的体制、组成、工作原理、工作过程和功能性能等；二、找出作战对象易受干扰或易受干扰结果影响的环节或易受影响的功能性能；三、确定干扰原理、干扰方法或对抗措施；四，找出可表示干扰效果和干扰有效性的参数。

凡是有碍己方达成作战目的的对方人员、装备、设施等都是作战对象。雷达对抗的作战对象主要指装备和设施。雷达对抗效果包括对抗行动的结果和对抗行动结果造成的影响。产生对抗行动结果的装备和受对抗行动结果影响的装备都是雷达对抗的作战对象。现代雷达对抗作战对象包括雷达、雷达对抗装备、反辐射武器和受它们直接影响的武器、武器系统和作战部队等。

3.1 雷达对抗作战对象的类型

雷达和雷达对抗的实质是保护目标和摧毁目标。摧毁目标只能使用硬杀伤性武器。保护目标至少有三种途径：一、摧毁对保护目标构成直接威胁的武器或武器运载平台和武器控制系统等；二、硬杀伤控制武器发射或/和投放以及运行的传感器；三、软杀伤控制武器和部队的传感器。硬杀伤就是从物理上破坏设备，使其消失或不能工作。软杀伤是在关键时刻使装备不能正常有效工作或暂时不能工作。因此，雷达对抗必然涉及目标、雷达、雷达对抗装备、武器和武器控制系统等。根据雷达对抗作战中装备之间的关系，可确定雷达对抗作战对象。

图 3.1.1 为一对一雷达对抗作战涉及的装备间的关系示意图。图中竖虚线左边的设备为干扰方的，右边的为被干扰方的。假设对抗双方是对等的，即双方都有雷达对抗装备、雷达对抗的保护目标、雷达和雷达控制的武器和武器控制系统。图中虚线框内的为雷达对抗装备，包括干扰机、雷达支援侦察设备和反辐射武器。对抗双方装备间的箭头表示对抗关系，其中双箭头表示互为作战对象，单箭头的矢端设备为起端设备的作战对象，同一方设备间的箭头表示信息传递方向或路径。

雷达对抗中的目标泛指有碍(敌方的)或有利(己方的或友邻的)达成作战目的的战斗实体，即己方最终要保护的或敌方最终要摧毁的设备、设施和人员等，具体包括雷达及其平台、雷达对抗设备及其平台、武器控制系统(火控系统、指控系统等)、武器、武器运载平台(飞行器、舰只、战车等)、军事设施、部队及营地、交通枢纽、政治经济中心或民生工程等。雷达对抗因保护己方的目标和攻击敌方的目标而展开，对抗双方的作战行动目的都是保护己方的目标，消灭或摧毁对方的目标。对方的目标必然是雷达对抗的作战对象。图 3.1.1 的目标是抽象的，它没有作战对象，仅为雷达和武器的作战对象。

雷达对抗中的武器是指雷达和雷达对抗装备控制发射或投放的武器，包括导弹、炸弹、炮弹和反辐射武器等。雷达对抗中的武器系统是指以雷达和雷达对抗装备等电子设备为传感器的火控系统和指控系统。武器和武器控制系统的首要作战对象是对方的目标，保护目标所采取的一切措施都是针对敌方的武器和武器控制系统的。对抗双方的武器和武器控制系统及其有关的传感器互为作战对象，即己方的武器和武器控制系统的作战对象是对方的目标，来袭的武器或控制武器的传感器，它同时又是敌方武器及武器控制系统和雷达的作战对象。

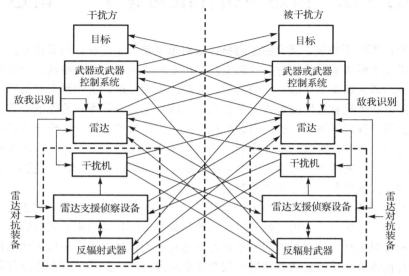

图 3.1.1　一对一雷达对抗作战涉及的装备间的关系示意图

　　雷达的种类和用途很多，这里仅指那些与武器和武器控制系统有关的雷达和多部雷达组成的系统，如预警雷达、目标指示雷达、引导雷达、制导雷达、火控雷达、雷达网等。雷达的任务是为武器控制系统和作战部队提供战场态势、目标环境、威胁环境、地理环境和气象环境等信息，为决策、目标分配、资源配置、求取射击诸元和打击效果评估等提供依据。雷达的作战对象很多，主要包括：一、要攻击的敌方目标；二、运行中的攻击敌方目标的武器和武器运载平台；三、有碍或可能有碍作战行动的军事目标；四、作战意图不明的目标。雷达既是雷达对抗和反辐射武器的作战对象，也是己方的重点保护对象。

　　雷达对抗装备包括雷达支援侦察装备、有源干扰机、无源干扰器材及其投放、控制设备和反辐射武器。它是软杀伤的执行者，也是被软杀伤的对象。干扰控制武器或武器系统的传感器已成为对付敌方的武器和保护己方目标的重要手段。干扰能阻止武器发射或降低其作战能力。正因为如此，干扰被誉为软杀伤。和硬摧毁相比，软杀伤有很多好处：一、价廉，有源干扰可多次使用，无源干扰器材价廉；二、效率高，干扰机能多次使用，一部干扰机可同时阻止许多武器的发射；三、独立工作，不需其他设备支持；四、使用灵活，可配置在目标周围，也可配置在目标上随目标一起运动。雷达对抗装备的作战对象较多，其中，雷达支援侦察设备的作战对象是与武器有关的所有电磁辐射源，如雷达、干扰机、武器控制系统或武器运载平台的遥控、遥测和敌我识别等设备。该装备的任务是为指战员提供战区的电磁活动态势，威胁告警、引导干扰机和给反辐射导引头指示目标。没有雷达支援侦察就没有针对性的雷达干扰，也没有针对性的反辐射攻击。这是雷达支援侦察设备成为对方雷达对抗装备作战对象的主要原因。干扰机是雷达对抗装备的另一部分，其任务是在雷达支援侦察设备引导下，通过干扰以下三种对象来保护己方的雷达和目标：一、对己方目标构成威胁的雷达；二、对己方雷达构成威胁的雷达对抗装备(雷达支援侦察部分)；三、企图摧毁己方雷达的反辐射武器。

　　反辐射武器是雷达支援侦察设备或专用引导设备控制发射的针对辐射源的硬杀伤武器。主要作战对象是对方的雷达。作战目的是压制或摧毁雷达，保护己方的雷达。反辐射武器直接威胁对方的雷达和雷达操作人员的人生安全，其传感器的组成和工作方式与雷达支援侦察设备相似，是可干扰的。它势必成为对方软、硬杀伤性武器的作战对象。廉价的雷达干扰是对付反辐射武器的重要手段。

　　文章[1]指出"测定抗干扰能力最根本的是看它对与其相连的武器系统的摧毁概率的影响"。和测定抗干扰能力一样，评价雷达对抗能力尤其应该看它对与其相连的武器和武器系统摧毁概率的影响，即要考虑雷达对抗效果给武器控制系统和武器作战能力造成的影响，需要把它们当成干扰对象来研究。把武器控制系统和武器作为雷达对抗的作战对象还有以下三个原因：一、干扰雷达和雷达对抗装备不是目的而是手段。雷达对抗的真正作战目的是，降低与它们相连的武器控制系统和武器的作战能力，使保护目标免遭摧毁并能正常有效地工作。不但判断干扰有效无效的标准与武器和武器控制系统及其平台的性能有关，而且设计、使用雷达对抗装备也要考虑武器和武器控制系统及其平台的性能。二、只有涉及武器系统和武器的作战效果才能全面、直观和可靠地反映干扰效果。虽然雷达、武器控制系统、武器和保护目标构成闭环链，有效干扰其中的任何一个环节都能使武器丧失作战能力，但是这样评估的干扰效果是近似的，无法反映只有从干扰对各环节的综合影响才能判断干扰是否有效的情况。杀伤性武器与保护目标的直接作用结果能综合诸如雷达对抗、通信对抗、光电对抗等全部因素的影响，能全面、直观、真实反映雷达对抗作战效果。三、武器和武器控制系统不但是雷达干扰的最终受害者，而且它们内部还有雷达对抗装备的作战对象，如数传、遥控遥测、GPS、敌我识别器和引信等。这些设备的信息可降低雷达干扰效果，如果加以利用或干扰又能显著提高干扰效果。要全面评估雷达对抗效果，必须综合考虑干扰对武器或武器系统作战效果的影响。综上所述，雷达对抗装备的作战对象有以下四类：

　　① 雷达；
　　② 雷达对抗装备；
　　③ 雷达和雷达对抗装备控制发射、投放和运行的武器；
　　④ 以雷达和雷达对抗装备为传感器的武器控制系统。

　　本书将雷达对抗装备和反辐射武器纳入直接作战对象，把干扰结果对武器和武器控制系统作战能力的影响纳入干扰效果的评估范畴，使作战对象的研究内容大增。为此将雷达对抗作战对象分为 1、2 和 3 三部分，第一部分即第 3 章为雷达，第二部分即第 4 章为雷达对抗装备，第三部分也就是第 5 章为武器和武器控制系统。

　　雷达的分类方法很多，这里既不按体制也不按用途分类，只按基本功能将雷达分为四类：
　　① 搜索雷达；
　　② 单目标跟踪雷达；
　　③ 多目标跟踪雷达；
　　④ 多部雷达构成的雷达系统。

　　第 3 章除了介绍上述四类雷达的基本组成、工作原理和性能外，还要讨论与雷达和雷达对抗都有关的如下两个问题：
　　① 雷达的主要专用抗干扰措施；
　　② 雷达天线的性能及其对干扰效果的影响。

3.2　搜索雷达

　　搜索雷达不是一种雷达体制，也不是雷达的一种用途，它是许多体制和用途雷达的总称，主要包括警戒雷达、防空雷达、引导雷达、测高雷达和目标指示雷达等。其共同点是，天线波束不断扫描，连续搜索防区内的目标；只探测目标，不跟踪目标；与武器和武器系统有关，但不直接联系它们。不同点有：有的注重探测、识别，有的既注重探测、识别，又强调目标定位；有的把目标数据送指控中心，经指控中心综合处理后，只把需要打击的目标分发给部队、武器、武器系统或武器运载平台等；有的直接送给武器系统的跟踪雷达、武器运载平台的雷达或运行中的武器的传感器等。其中，与武器系统或武器关系最为密切的是目标指示雷达，它获取的目标信息直接提供给武器系统的跟踪雷达。这里以目标指示雷达为例，简单介绍搜索雷达的组成、工作原理及其与干扰效果和干扰有效性评估有关的性能。

多数跟踪雷达有搜索工作方式，高速运动平台或能快速机动平台的雷达一般兼有搜索和跟踪两种功能，分时执行搜索和跟踪任务。它们的搜索工作过程、工作原理和性能描述参数与专用搜索雷达相同。本节的结果和结论也适合跟踪雷达的搜索工作方式。为了与专用搜索雷达相区别，这里称跟踪雷达的搜索工作方式为搜索状态，称其跟踪工作方式为跟踪状态。

军用搜索雷达的体制较多，本书涉及较多的有常规脉冲雷达、脉冲多普勒(PD)雷达，动目标指示或动目标显示(MTI)雷达、动目标检测(MTD)雷达、脉冲压缩(PC)雷达、合成孔径(SAR)雷达和逆合成孔径(ISAR)雷达等。还有几种体制的雷达，如频率捷变、频率分集、频扫、相扫和相控阵雷达等，这些体制不是为了抗干扰就是为了实现某些特殊功能，没将它们列为深入研究的对象。

3.2.1　搜索雷达的组成和工作原理

3.2.1.1　组成

图 3.2.1 为脉冲搜索雷达的基本功能组成框图。包括天线及天线扫描机构、发射机和接收机高频部分、中频放大器、脉冲串匹配滤波器(相参雷达)，包络检波器和目标检测器等。因用途和工作环境不同，搜索雷达的天线和天线波束的形状差别很大，扫描方式也不同，有圆周扫描、方位扇扫、俯仰扇扫和随机照射等。这类雷达的发射机有两种：相参雷达的主振放大式和非相参雷达的高功率振荡器。前者由高稳定射频源、调制器，调制信号产生器和高功率射频放大器等组成。后者由调制器和高频高功率振荡器等组成。接收机高频部分有前置射频放大器、本振和混频器等。中频放大器是单个射频脉冲的匹配滤波器。常规脉冲雷达的中放输出信号直接进入包络检波器。PD 、PC、MTI、MTD、SAR 和 ISAR 雷达的中放输出信号要先进行脉冲串匹配滤波，然后进入包络检波器。脉冲串匹配滤波器有多普勒滤波器组、脉冲压缩网络和脉冲对消器等。目标检测器由采样器，非相参积累器、检测门限产生器和门限比较器等组成。多数搜索雷达有自己的显示器，以规定格式显示目标检测器的输出信息和装备的状态信息。

绝大多数脉冲雷达收发公用天线，天线增益高，能把有限的能量集中到较小空域，增加探测距离。窄波束天线还有空域选择或从空域滤除干扰的作用。虽然搜索雷达的天线种类多，但基本功能相同。就是把发射机产生的高功率射频信号辐射出去，把目标的反射信号搜集起来，送给接收机高频部分。发射机每发射一个射频脉冲，接收机就等着接收从目标反射回来的信号。接收机高频部分放大目标回波并把射频下变到中频，再进行中频放大。中频放大器有三个作用：一、把中频信号放大到包络检波器或脉冲串等匹配滤波器需要的电平；二、对单个中频脉冲进行匹配滤波，使中放输出信噪比最大；三、滤除带外干扰。中放带宽窄，带外衰减很大，能从频域滤除干扰。不同体制的雷达有不同结构的脉冲串匹配滤波器，如脉压雷达的匹配滤波器为压缩网络，脉冲多普勒雷达的匹配滤波器为窄带多普勒滤波器组等。检波器去除匹配滤波器输出信号的载频获取其视频包络。检波器输出信号经视频放大后送目标检测器。

目标检测器审查每个目标检测单元(也有称目标分辨单元的)，判断是否存在目标。搜索雷达有若干个角度分辨单元，每个角度分辨单元下有若干距离分辨单元。脉冲多普勒雷达在每个距离分辨单元下还有若干个速度分辨单元。这些分辨单元组成雷达的目标检测单元。目标检测器按规定的顺序采样每个检测单元的输出信号包络，并把当前的采样信号和前几个周期从该检测单元的采样信号相加即视频脉冲积累。相加结果与检测门限比较，大于或等于检测门限的确定为目标，小于检测门限表示无目标。出现目标的检测单元对应的空间参数就是该目标的位置参数。在天线的一个扫描周期内，目标检测器要完成所有角度、距离和多普勒分辩单元的目标检测并以要求的格式将检测结果提供给用户。

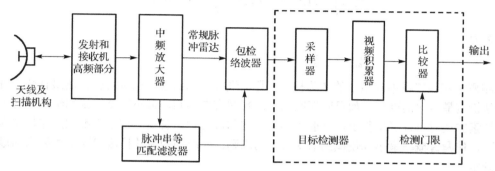

图 3.2.1　脉冲搜索雷达的基本组成框图

检测目标是搜索雷达和跟踪雷达搜索状态的主要任务之一。搜索雷达的性能主要取决于目标检测性能。信噪比和检测门限是影响检测性能的主要因素。可以说设计、使用搜索雷达的主要工作就是如何提高信噪比和确定最佳检测门限。

3.2.1.2　目标检测原理与匹配滤波器

雷达目标检测是在有限观察时间内，按照一定准则和步骤对输入波形的采样序列进行分析处理并判断有、无目标存在或/和存在哪一类目标的过程。只判断有无目标存在的检测属于双择检测或二择一检测；既要判断有、无目标存在又要确定存在哪一类目标的检测属于多择检测。在机内噪声或遮盖性干扰中检测目标可近似成二择一检测。在多假目标干扰中检测目标，既要判断有、无目标存在，又要判断检测到的是真目标还是假目标，是典型的多择检测。

绝大多数雷达发射确知的规则信号，因目标起伏、环境杂波和机内噪声等影响，使目标回波随机起伏，成为随机变量。为了提高检测概率，雷达普遍采用统计目标检测方法。搜索雷达一般不知道有、无目标存在的先验概率，不便采用最大后验概率检测方法，一般用似然检测法。设有信号存在时目标检测器输入信号的概率密度函数为 $f(x/s)$，无信号时的概率密度函数为 $f(x/0)$，$f(x/s)$ 和 $f(x/0)$ 就是有、无信号或目标时的似然函数。对于双择检测，最大似然检测变为似然比检测[2]，似然比 $l(x)$ 定义为

$$l(x) = \frac{f(x/s)}{f(x/0)}$$

有、无目标存在的似然比判别式为

$$\begin{cases} l(x) \geq l_0 & \text{有目标} \\ l(x) < l_0 & \text{无目标} \end{cases}$$

其中，l_0 为似然比门限。搜索雷达的目标检测就是计算似然比并把它与似然比门限相比较。

接收信号为随机变量，似然比也是随机变量。目标检测器可能出现两类错误：一类是无目标判为有目标，出现虚警；另一类是有目标判为无目标，产生漏警。虚警事件发生的概率为虚警概率，漏警事件发生的概率为漏警概率。通常要求目标检测器发生两类错误的总概率最小。有、无目标构成互斥事件，知道了漏警概率等于知道了检测概率。雷达常用虚警概率和检测概率或探测概率描述目标检测性能。根据有无目标的似然函数和检测门限，可确定目标检测概率 P_d 和虚警概率 P_{fa}：

$$P_d = \int_T^\infty f(x/s)\mathrm{d}x \quad \text{和} \quad P_{fa} = \int_T^\infty f(x/0)\mathrm{d}x$$

漏警概率为

$$P_m = 1 - P_d$$

检测概率和虚警概率模型中的 T 为检测门限。选择适当的检测门限可使检测最佳化。目前已有多个使检测最佳化的准则，如贝叶斯准则、理想观察者准则、最小误差准则和黎曼—皮尔逊准则等。搜索雷达对目标了解甚少，一般用黎曼—皮尔逊准则。黎曼—皮尔逊准则是在规定虚警概率条件下，使漏警概率最小或使检测概率最大的准则。此准则的最佳检测门限 T 由要求的虚警概率预先确定。

目标起伏模型不同，似然函数 $f(x/s)$ 的具体形式不同。不管似然函数的形式如何变化，目标检测概率都是信噪比的函数，信噪比越大，检测概率越高。除目标检测外，参数测量误差或定位误差也受信噪比影响。匹配滤波能使输出峰值信噪比最大，所以搜索雷达几乎都采用匹配滤波器接收机。

目标检测器的输入为信号加噪声，机内噪声是白高斯噪声或高斯白噪声。白高斯噪声条件下的匹配滤波器就是互相关器[2]，这是绝大多数雷达采用互相关器实现匹配滤波的主要原因。图 3.2.2 为互相关器的组成原理示意图。互相关器由发射信号延时器(存储器)、乘法器、积分器等组成。互相关处理需要两个独立输入：一个是接收的目标回波信号 $x(t)$，另一个是经过适当延迟或存储的发射信号 $s(t)$。延时是为了与目标回波在时间上对准。接收信号 $x(t)$ 带有杂波、机内噪声或/和有意、无意的遮盖性干扰等。存储在互相关器内部的发射信号 $s(t)$ 是"干净"的。互相关处理可消除不相关成分，能显著减少无关因素的影响。互相关器要完成如下运算：

$$R_{xs} = \int_{-\infty}^\infty [s(t)+n(t)]s(t-\tau)\mathrm{d}t = \int_{-\infty}^\infty s(t)s(t-\tau)\mathrm{d}t + \int_{-\infty}^\infty n(t)s(t-\tau)\mathrm{d}t = R_s(\tau) + R_{ns}(\tau)$$

式中，$s(t)+n(t)$ 为互相关器的输入信号即 $x(t)$，$R_s(\tau)$ 和 $R_{ns}(\tau)$ 为信号的自相关函数和信号与噪声的互相关函数。信号和噪声不相关，$R_{ns}(\tau)$ 为 0，互相关器的输出只有信号。在机内噪声中检测目标的互相关器等效于匹配滤波器。很多研究[2~4]证明，匹配滤波器输出的信号能量与单边噪声功谱密度之比为

$$\mathrm{SNR} = \frac{E}{N_0/2} = \frac{2E}{N_0}$$

式中，E、N_0 分别为输入信号的能量和噪声功谱密度。峰值信噪比在雷达领域用得较多。设信号功率为 S，矩形脉冲的能量为 $E = S\tau$(τ 为脉冲宽度)，接收机输出的噪声功率为 N，$N=N_0 B$(B 为信号带宽)，对于规则矩形脉冲和匹配滤波器，上式变为峰值信噪比：

$$\text{SNR} = \frac{2S}{N} \tag{3.2.1}$$

其他类型滤波器的输出峰值信噪比都不会大于式(3.2.1)的值。

所有雷达的目标检测都是在脉冲串基础上进行的，并非所有的雷达都能实现脉冲串匹配滤波，只有那些具有相参性的脉冲串才能实现这种匹配滤波。脉冲多普勒雷达的脉冲串具有相参性，能相参积累。设相参雷达的脉冲重复周期为 T_0，相参脉冲数为 n，相参积累时间就是 nT_0。根据脉冲多普勒雷达的信号特点，很容易构建其互相关器。该互相关器的输出峰值信噪比为[2]

$$\text{SNR} = n\frac{2E}{N_0} = n\frac{2S}{N} \tag{3.2.2}$$

其中 E 为相参脉冲串中一个脉冲的能量。

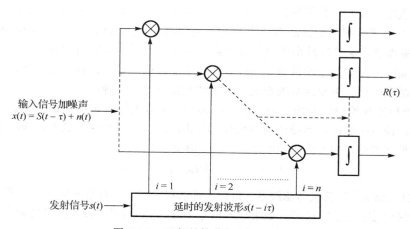

图 3.2.2　互相关接收机原理示意图

如果把脉压前的信号按压缩后的输出脉宽 τ 分成 n 个子脉冲，虽然这些子脉冲有不同的中心频率和不同的初相，但是它们具有固定的关系，可看作脉内相参信号。按照脉冲多普勒雷达信号的匹配滤波器结构，不难构建脉压信号的互相关器。设其子脉冲的能量为 E，发射脉冲的宽度为 τ_e，等效相参积累脉冲数为 $n = \tau_e/\tau$，脉冲压缩信号的匹配滤波器输出峰值信噪比为

$$\text{SNR} = n\frac{2E}{N_0} = \frac{\tau_e}{\tau}\frac{2S}{N}$$

τ 的倒数等于脉压信号的带宽 B。上式可写成另一种形式：

$$\text{SNR} = B\tau_e\frac{2E}{N_0} = B\tau_e\frac{2S}{N} \tag{3.2.3}$$

式中，$B\tau_e$ 和 $2S/N$ 分别为脉压信号的时宽带宽积和子脉冲的峰值信噪比。与子脉冲的信噪比相比，$B\tau_e$ 就是脉压增益。式(3.2.3)既适合线性调频脉压雷达，也适合相位编码脉压雷达。

常规脉冲雷达相当于脉压雷达的特殊情况，即 $\tau_e = \tau$ 和 $B\tau_e = 1$。根据这种信号的特点，由式(3.2.3)得该雷达匹配滤波器的输出峰值信噪比：

$$\text{SNR} = \frac{2S}{N}$$

合成孔径雷达和逆合成孔径雷达既有脉冲压缩处理(距离压缩)，又有脉冲多普勒滤波处理

（方位压缩）。由脉压信号和脉冲多普勒信号的匹配滤波器结构，可构建合成孔径雷达和逆合成孔径雷达的匹配滤波器。由式(3.2.2)和式(3.2.3)得其匹配滤波器的输出峰值信噪比：

$$\text{SNR} = nB\tau_e \frac{2S}{N} \tag{3.2.4}$$

其中等效的相参积累脉冲数 n 为

$$n = \frac{2\theta_{0.5}^2 R_0}{\lambda} \tag{3.2.5}$$

式中，λ、$\theta_{0.5}$ 和 R_0 分别为合成孔径和逆合成孔径雷达的工作波长、天线波束宽度和雷达到目标的距离。按照上述方法，可构建任何脉内或脉间相参雷达的匹配滤波器并得到其输出峰值信噪比。

有的雷达信号虽然具有相参性，因其他条件限制，不采用匹配滤波器处理脉冲串，而用准匹配滤波器。准匹配滤波器也有积累作用，能提高信噪比，但性能略次于匹配滤波器。动目标指示雷达的梳形滤波器属于准匹配滤波器。单个脉冲的频谱形状为 $\sin x/x$ 形，脉冲串的频谱为离散 $\sin x/x$ 形，呈梳齿状。这种脉冲串的最佳滤波器是与其频谱形状相似的滤波器，梳形滤波器由此得名。为了提高准匹配滤波器的性能，一般要对梳形滤波器的幅度进行加权处理，加权就是对每个齿乘以一个函数。根据加权函数的形式，梳形滤波器可分成三种：

(1) 均匀矩形加权梳形滤波器。如果所有齿的加权函数为等幅矩形函数，称其为矩形均匀加权梳形滤波器。设单个脉冲的信噪比为 $(\text{SNR})_1$（用 dB 表示），n 个相参脉冲组成的脉冲串经过均匀矩形加权梳形滤波处理后的输出信噪比为[3]（用 dB 表示）

$$\text{SNR} = (\text{SNR})_1 + 10\log 0.45n\,(\text{dB}) \tag{3.2.6}$$

(2) 矩形的 $(\sin x/x)^2$ 加权梳形滤波器。和第一种加权一样，所有齿都乘以矩形函数，但不同齿的矩形函数的幅度按 $(\sin x/x)^2$ 递减。如果输入信号参数与(1)相同，该滤波器的输出信噪比为[3]

$$\text{SNR} = (\text{SNR})_1 + 10\log 0.45n + 2.1\,(\text{dB}) \tag{3.2.7}$$

(3) 匹配的 $(\sin x/x)^2$ 加权梳形滤波器。这种加权函数与第二种的相同之处是不同齿的加权函数的幅度仍然按 $(\sin x/x)^2$ 递减，区别在于把每个齿的矩形加权函数变为 $(\sin x/x)^2$ 函数。这种加权不但使整个滤波器的形状与脉冲串的频谱相匹配，还能与每个齿的形状相匹配。如果输入信号参数与(1)相同，该型滤波器的输出信噪比为[3]

$$\text{SNR} = (\text{SNR})_1 + 10\log 0.45n + 4.3\,(\text{dB}) \tag{3.2.8}$$

常规脉冲雷达的脉冲串无相参性，不能进行匹配或准匹配滤波，一般采用非相参积累。非相参积累为非匹配滤波，信号处理增益较相参滤波低，但也能改善信噪比。第 7 章将详细介绍非相参积累的原理。非相参积累在包络检波器后进行，属于目标检测器的功能。研究非相参积累增益的文章很多[4-6]，但非相参积累增益的表达式都是近似的。如果积累脉冲数较多，可用 $\sqrt{n}$ 近似非相参积累增益，其中 n 为非相参积累脉冲数。如果非相参积累脉冲数较少，可用 n^γ 近似估算非相参积累增益。γ 与非相参积累脉冲数、雷达要求的检测概率和虚警概率有关，具体关系如图 3.2.3 所示。

图 3.2.3 只给出了非相参积累脉冲数为 2~120 个和四种检测概率 0.1、0.5、0.8 和 0.9 以及五种虚警概率 10^{-4}、10^{-6}、10^{-8}、10^{-10}、10^{-12} 条件下的 γ 值，基本能满足雷达对抗的需要。对于其他情况，可用式(5.4.20)或式(5.4.20a)计算 γ。图 3.2.3 的曲线说明，n 越大和虚警概率越高，γ 越小。如果 n 很大或者用显示器检测目标，则 $\gamma \approx 0.5$，其他情况可用下式近似估算非相参处理的输出信噪比：

$$\text{SNR} = n^\gamma (\text{SNR})_1 \tag{3.2.9}$$

上述分析说明，尽管搜索雷达有多种体制，信号波形有简有繁，但是经过信号处理后，其差别仅仅反映在信噪比上，信噪比几乎要影响搜索雷达的所有性能。

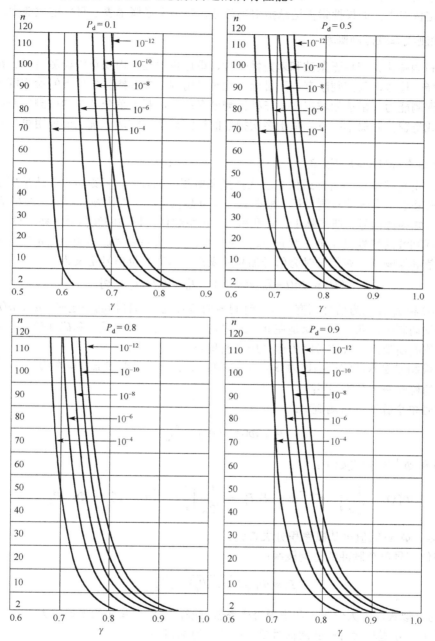

图 3.2.3　γ 与非相参积累脉冲数、检测概率和虚警概率的关系

3.2.2　搜索雷达的性能

搜索雷达种类多，远程预警雷达以目标探测或探测识别为主，不需要精确定位目标。目标指示雷达既强调目标探测或探测识别能力，又注重目标定位能力。在噪声（包括机内噪声、杂波和遮

盖性干扰）中检测目标时，用目标检测概率表示目标探测能力；在多假目标干扰环境中工作时，用检测识别概率表示目标探测能力。如果搜索雷达仅用于目标监视，用参数测量误差或参数测量精度表示目标定位能力；如果搜索雷达承担引导任务，可用引导概率表示目标定位能力。

3.2.2.1　检测概率或探测概率

因存在机内噪声，即使无杂波和遮盖性干扰，雷达也得在机内噪声中检测目标。在噪声中检测目标为二择一检测，只需判断有、无目标。此时可用规定虚警概率条件下的检测概率或发现概率描述目标探测能力。雷达领域定义了三种检测概率：一，基于单个脉冲的检测概率；二，基于多脉冲积累或滑窗检测概率；三，基于多次扫描的检测概率。雷达干扰主要使用第二和第三种检测概率。

1. 基于单个脉冲的检测概率

单个脉冲的检测概率与目标或信号起伏类型和检测准则有关。多数搜索雷达采用黎曼皮尔逊检测准则。若基于单个脉冲检测目标，根据脉冲幅度起伏情况，雷达领域定义了四种信号类型[5]：确知信号、未知相位信号、斯韦林Ⅰ、Ⅱ型和Ⅲ、Ⅳ型起伏目标的回波信号。斯韦林Ⅰ、Ⅱ、Ⅲ、Ⅳ型起伏目标回波的特性已在第2章介绍过。确知信号是指幅度恒定和初相固定的信号，无信号时只有0均值高斯噪声，有信号时为信号加高斯噪声。未知相位信号定义为

$$S(t) = Aa(t-T_0)\cos[\omega_0(t-T_0) + \theta(t-T_0) + \phi] \tag{3.2.10}$$

式中，A、$a(t)$ 和 T_0 分别为信号幅度、规定时间内的信号包络和目标回波延时，ω_0、$\theta(t)$ 和 ϕ 分别为载频、相位调制函数和初相，ϕ 是在 $0 \sim 2\pi$ 内均匀分布的随机变量。和确知信号一样，无信号时只有0均值高斯噪声，有信号时为信号加高斯噪声。

设目标检测器输入端的信噪比为 S_n，平均信噪比为 $\bar{S}_n$，要求的虚警概率为 P_{fa}，四种信号基于单个脉冲的检测概率分别为[5]：

确知信号单个脉冲的检测概率：

$$P_d = \Phi[\Phi^{-1}(P_{fa}) - \sqrt{S_n}] \tag{3.2.11}$$

式中，$\Phi(*)$ 和 $\Phi^{-1}(*)$ 定义如下：

$$\Phi(x) = \frac{1}{\sqrt{2\pi}}\int_x^\infty e^{-t^2/2}dt \; ; \quad 若\ P_{fa} = \frac{1}{\sqrt{2\pi}}\int_x^\infty e^{-t^2/2}dt \; , \quad 则\ x = \Phi^{-1}(P_{fa}) \; .$$

x 为检测门限，$\Phi(x)$ 的值可从概率积分表查到。

未知相位信号单个脉冲的检测概率：

$$P_d \approx \Phi\left[\sqrt{2\ln(1/P_{fa})} - \sqrt{S_n}\right] \tag{3.2.12}$$

式（3.2.12）为近似式，对大信噪比和小虚警概率较准确，对低信噪比的误差较大。

斯韦林Ⅰ、Ⅱ型起伏目标回波信号单个脉冲的检测概率：

$$P_d = (P_{fa})^{1/(1+\bar{S}_n)} \tag{3.2.13}$$

斯韦林Ⅲ、Ⅳ型起伏目标回波信号单个脉冲的检测概率：

$$P_d = \left(\frac{\bar{S}_n}{2+\bar{S}_n}\right)\left(1 + \frac{2}{\bar{S}_n} - \frac{\ln P_{fa}}{1+\bar{S}_n/2}\right)\exp\left(\frac{\ln P_{fa}}{1+\bar{S}_n/2}\right) \tag{3.2.14}$$

2.　基于多脉冲的检测概率

搜索雷达都是基于多脉冲检测目标或基于天线多次扫描发现目标的。检测目标的主要方法有滑窗检测和多脉冲积累检测。滑窗检测利用单个脉冲的检测概率 P_d 计算基于多脉冲的检测概率。根据滑窗检测准则，在 m 个脉冲中检测到的脉冲数大于或等于 $k(m > k)$ 个的概率就是基于多脉冲的滑窗检测概率：

$$\overline{P}_d = \sum_{n=k}^{m} C_m^n P_d^n (1-P_d)^{m-n} \tag{3.2.15}$$

式中，m 称为滑窗宽度，k 为检测门限。对于非闪烁目标，当虚警概率为 $10^{-10} \leqslant P_{fa} \leqslant 10^{-5}$ 和检测概率为 $0.5 \leqslant P_d \leqslant 0.9$ 时，k 的最佳值约等于 $1.5\sqrt{m}$ [6]。雷达要求低虚警概率和高检测概率，$1.5\sqrt{m}$ 适合雷达。干扰要求的虚警概率与雷达相同，但要求的检测概率很低，如果从对干扰不利的角度考虑，检测门限仍然可取为 $1.5\sqrt{m}$。P_d 为单个脉冲的检测概率。根据具体情况，可用式(3.2.11)～式(3.2.14)之一确定 P_d。对于高斯形天线波束，检测用的脉冲数 m 近似为 [6]

$$m = N_e = 0.235 N_{3dB} \tag{3.2.16}$$

对于矩形天线波束或雷达干扰可取 $m = N_{3dB}$。N_{3dB} 为雷达天线单程照射目标时可接收的脉冲数，由式(2.4.11)确定。大多数概率论著作给出了式(3.2.15)的近似计算方法和近似计算条件。如果 $m > 10$ 且 $P_d < 0.1$ 或 $1-P_d < 0.1$，可用泊松分布近似二项式分布的概率，式(3.2.15)可近似为

$$\overline{P}_d \approx \begin{cases} \sum_{i=k}^{m} \dfrac{\lambda^i}{i!} e^{-\lambda} & P_d < 0.1 \\ 1 - \sum_{i=0}^{k} \dfrac{\lambda_1^i}{i!} e^{-\lambda_1} & 1-P_d < 0.1 \end{cases} \tag{3.2.17}$$

式中，$\lambda = mP_d$，$\lambda_1 = m(1-P_d)$。如果 $0.1 \leqslant P_d \leqslant 0.9$ 和 $\sqrt{mP_d(1-P_d)} \geqslant 3$，可用正态分布近似式(3.2.15)，这时基于多脉冲的滑窗检测概率近似为

$$\overline{P}_d \approx \Phi'(x) - \Phi'(y) \tag{3.2.18}$$

其中　　　　$x = \dfrac{m - mP_d}{\sqrt{mP_d(1-P_d)}}$，　$y = \dfrac{k - mP_d}{\sqrt{mP_d(1-P_d)}}$ 和 $\Phi'(z) = \dfrac{1}{\sqrt{2\pi}} \int_{-\infty}^{z} e^{-t^2/2}$

$\Phi'(z)$ 的值可从概率积分表中查到。

如果检测每个脉冲的概率不等且相差较大或要求较精确的滑窗检测概率，可用下面的方法估算 $\overline{p}_d$。设检测第一～第 n 个脉冲的概率分别为 $p_1, p_2, \cdots, p_n$，用这些检测概率和未知数 z 构成如下函数：

$$\varphi_n = [(1-p_1) + p_1 z][(1-p_2) + p_2 z] \cdots [(1-p_n) + p_n z] \tag{3.2.18a}$$

展开 $\phi_n(z)$，其中 z 的幂次代表检测到的脉冲数，该幂次项的系数就是检测到该脉冲数的概率。例如含 z^m 项的系数就是从 n 个脉冲中检测到 m 个的概率。由此可从展开式中找出 $z^0, z^1, z^2, \cdots, z^n$ 次项的系数，它们就是检测到 $0,1,2,\cdots,n$ 个脉冲的概率 $P_0, P_1, \cdots, P_n$。P_0 是一个脉冲都没检测到的概率。如果 m 为滑窗检测宽度，滑窗检测概率等于检测到 $m, m+1, \cdots, n$ 个脉冲的概率和，即

$$\overline{P}_d = P_m + P_{m+1} +, \cdots, P_n \tag{3.2.18b}$$

假设有 4 个脉冲，检测到第 1，2，3，4 个脉冲的概率分别为 0.6，0.5，0.7 和 0.8，求检测到两个和两个以上脉冲的概率。把有关数据代入式(3.2.18a)并展开和整理得：

$$\varphi_4=[(1-0.6)+0.6z][(1-0.5)+05z][(1-0.7)+0.7z][(1-0.8)+08z]=0.012+0.106z+0.32z^2+0.394z^3+0.168z^4$$

检测到两个和两个以上脉冲的概率等于幂次为 z^2，z^3，z^4 项的系数和。把展开式中有关项的系数代入式(3.2.18b)并求和得需要的结果：

$$\bar{P}_d = 0.32 + 0.394 + 0.168 = 0.882$$

滑窗检测利用单个脉冲的检测概率计算基于多脉冲的检测概率，目标起伏的影响包含在单个脉冲的检测概率中。除这种方法外，还有直接用平均信噪比 $\bar{S}_n$ 和积累脉冲数 N 计算积累检测概率的。和单个脉冲的检测概率一样，这些公式的形式与目标起伏模型有关，而且多数为近似公式，近似条件为 $N\gg1$，N 为非相参积累脉冲数。这种检测方式将信号分成五种，积累检测概率的近似公式[5]分别为：

$$\bar{P}_d \approx \Phi\left[\frac{\Phi^{-1}(P_{fa})-\sqrt{N}\bar{S}_n}{\sqrt{1+2\bar{S}_n}}\right] \quad \text{非闪烁非相参脉冲串} \tag{3.2.19}$$

$$\bar{P}_d \approx \left(1+\frac{1}{N\bar{S}_n}\right)^{N-1} \exp\left[-\frac{\sqrt{N}\Phi^{-1}(P_{fa})+N}{1+N\bar{S}_n}\right] \quad \text{斯韦林 I 型起伏目标回波信号} \tag{3.2.20}$$

$$\bar{P}_d \approx \Phi\left[\frac{\Phi^{-1}(P_{fa})-\sqrt{N}\bar{S}_n}{1+\bar{S}_n}\right] \quad \text{斯韦林 II 型起伏目标回波信号} \tag{3.2.21}$$

$$\bar{P}_d \approx \left[1+\frac{2\Phi(P_{fa})}{\sqrt{N}\bar{S}_n}\right] \exp\left[-\frac{2\Phi(P_{fa})}{\sqrt{N}\bar{S}_n}\right] \quad \text{斯韦林III型起伏目标回波信号} \tag{3.2.22}$$

$$\bar{P}_d \approx \Phi\left[\frac{\Phi^{-1}(P_{fa})-\sqrt{N}\bar{S}_n}{\sqrt{2(1+\bar{S}_n/2)^2-1}}\right] \quad \text{斯韦林IV型起伏目标回波信号} \tag{3.2.23}$$

3. 基于多次扫描的检测概率

搜索雷达的天线一般周期扫描，周期照射目标。因目标起伏，可能几个扫描周期不能发现目标，通过多次搜索可在回波起伏的峰值期间发现目标。影响多次扫描发现概率的主要因素有：搜索方式、目标检测准则、一次扫描的检测概率和扫描次数。如果要求每次扫描都检测到目标，才认为发现目标，则在 0～t 时间内或在 n 次扫描中发现目标的概率为

$$P_D = P_1\prod_{i=1}^{n}\bar{P}_{di} \tag{3.2.24}$$

$$n = \text{INT}(t/T_a)$$

其中 INT(*)为取整数算符，以下类似符号有相同的含义。T_a 为雷达天线扫描周期，$\bar{P}_{di}$ 为第 i 次扫描期间检测目标的平均概率，该概率由式(3.2.15)或由式(3.2.19)～式(3.2.23)之一确定。如果只要一次扫描发现目标，就确定发现目标，则多次扫描发现目标的概率为

$$P_D = P_1\left[1-\prod_{i=1}^{n}(1-\bar{P}_{di})\right] \tag{3.2.24a}$$

如果每次扫描发现目标的概率相同，设其等于 $\bar{P}_d$，上式变为

$$P_D = P_1[1 - (1 - \bar{P}_d)^n] \tag{3.2.24b}$$

如果要求在 n 次扫描中发现目标的次数大于或等于 $m(m < n)$ 次才算检测到目标，可用如下方法计算目标检测概率。如果每次扫描发现目标的概率相同或相差不大，设其平均值为 $\bar{P}_{sd}$，基于 n 次扫描检测目标的概率等于发现目标的次数大于或等于 m 的概率：

$$P_D = \sum_{i=m}^{n} C_n^i \bar{P}_{sd}^i (1 - \bar{P}_{sd})^{n-i} \tag{3.2.25}$$

如果各次扫描检测目标的概率相差较大或需要较精确估算基于多次扫描的目标检测概率，可用式 (3.2.18a) 和式 (3.2.18b) 处理有关问题。

以上四式都包含 P_1。P_1 为目标落入搜索区的概率。P_1 的值与搜索方式有关。搜索雷达有两种搜索方式：一、以上级指示目标位置为中心的扇形区域搜索；二、全防区搜索。上级指示数据来自其他传感器，带有一定误差，只有指示目标处于扇形搜索区域内，搜索雷达才可能发现该目标。这时，P_1 等于指示目标落入扇形搜索区的概率。上级指示目标一般提供三种数据：距离、方位和仰角，这些参数的误差相互独立，都服从正态分布，P_1 为三个参数各自落入对应搜索区的概率积：

$$P_1 = P_r P_\alpha P_\beta$$

其中，P_r、P_α 和 P_β 为指示目标的距离、方位和仰角分别落入对应搜索区的概率。全防区搜索包含了整个空域，故 $P_1 = 1$。由此得：

$$P_1 = \begin{cases} P_r P_\alpha P_\beta & \text{扇区搜索} \\ 1 & \text{全防区搜索} \end{cases} \tag{3.2.26}$$

设 r_0、α_0 和 β_0 分别为指示目标的距离、方位和仰角，σ_r、σ_α 和 σ_β 为目标指示设备对三个参数的测量误差，$r_0 \pm \Delta r$、$\alpha_0 \pm \Delta \alpha$ 和 $\beta_0 \pm \Delta \beta$ 分别为扇形搜索区的距离、方位和仰角范围，则 P_r、P_α 和 P_β 分别等于：

$$\begin{cases} P_r = \dfrac{1}{\sqrt{2\pi}\sigma_r} \displaystyle\int_{r_0-\Delta r}^{r_0+\Delta r} \exp\left[-\dfrac{(r-r_0)^2}{2\sigma_r^2}\right] dr = 2\varphi\left(\dfrac{\Delta r}{\sigma_r}\right) \\[2mm] P_\alpha = \dfrac{1}{\sqrt{2\pi}\sigma_\alpha} \displaystyle\int_{v}^{\alpha_0+\Delta \alpha} \exp\left[-\dfrac{(\alpha-\alpha_0)^2}{2\sigma_\alpha^2}\right] d\alpha = 2\varphi\left(\dfrac{\Delta \alpha}{\sigma_\alpha}\right) \\[2mm] P_\beta = \dfrac{1}{\sqrt{2\pi}\sigma_\beta} \displaystyle\int_{\beta_0-\Delta \beta}^{\beta_0+\Delta \beta} \exp\left[-\dfrac{(\beta-\beta_0)^2}{2\sigma_\beta^2}\right] d\beta = 2\varphi\left(\dfrac{\Delta \beta}{\sigma_\beta}\right) \end{cases} \tag{3.2.27}$$

3.2.2.2　检测识别概率

识别是雷达和雷达对抗装备的重要工作，无论是否有干扰，只要检测到目标就要进行识别。雷达识别目标的内容很多。这里只涉及识别真假目标的问题，用检测识别（真假）概率表示雷达在多假目标干扰中的目标检测性能。识别就是把描述观测结果的特征参数集与描述特定目标类型的特征参数集进行比较，若差别小于预先设置的门限，判该观测属于此特定类型的目标，否则不属于该类型的目标。雷达和雷达对抗识别真假目标用的主要特征参数有信号的波形参数，位置参数、运动参数、起伏特性，环境特性等。因机内噪声、杂波和干扰等随机因素影响，测量的目标特征

参数可能偏离规定类型目标的特征参数。若偏离较大，超过预先设置的门限，就会出现识别错误，会把真目标当假目标或干扰丢掉。影响识别真假目标的主要因素是各种随机因素引起的参数测量误差。纯假目标干扰不会增加真目标的参数测量误差，即使假目标的脉冲完全重叠也是如此。因为若两者重叠，表示合成信号的参数与目标回波相同，雷达会把合成信号当真目标处理，不影响检测和识别真目标的概率。雷达在纯假目标干扰中识别真目标类似于在机内噪声中识别目标。雷达很了解机内噪声的特性，可设置最佳识别门限，把错误识别概率降得非常低，评估假目标干扰效果时可近似认为雷达识别真目标的概率为1。

前一节讨论了雷达在机内噪声或遮盖性干扰中检测目标的概率。如果存在多个真目标，可用对多目标作战的效率指标。在这里它就是检测识别所有真目标的概率或通过检测识别的真目标数。设雷达工作环境中有 n_t 个真目标和 n_f 个假目标，按照 3.2.2.1 节计算检测概率的方法可得雷达发现第 i 个真目标的概率 P_{di}。由前面的说明知，P_{di} 也是第 i 个真目标的检测识别概率 P_{dti}，通过检测识别的真目标数为

$$N_{\text{dit}} = \sum_{i=1}^{n_t} P_{\text{dti}} \tag{3.2.28}$$

假目标干扰对雷达目标检测识别的影响主要体现为，把假目标当真目标录取而影响上级设备（指控系统或跟踪雷达）的工作或后续处理（引导和捕获）。假目标较多且功率稳定，可用偏离雷达接收天线主瓣适当角度的干扰功率计算雷达检测假目标的概率，并把它作为检测假目标的平均概率 $\overline{P}_{df}$，具体计算方法与真目标相同。假目标与真目标的相似程度就是雷达识别假目标的概率。真假目标的相似程度用假目标的品质因素 η_{md} 表示。第 6 章将讨论假目标的品质因素。雷达检测识别假目标的平均概率为

$$\overline{P}_{\text{dif}} = \eta_{\text{md}} \overline{P}_{\text{df}} \tag{3.2.29}$$

雷达录取的假目标数为

$$N_{\text{dif}} = n_f \eta_{\text{md}} \overline{P}_{\text{df}} \tag{3.2.29a}$$

无论真目标还是假目标，只要通过识别就会被雷达当成目标录取。多数搜索雷达把录取的目标送指控中心继续处理。目标指示雷达和跟踪雷达搜索状态录取的目标用于捕获等后续处理。上级设备或后续信号处理设备的能力是有限的，它们能处理的目标数小于甚至远小于搜索雷达或跟踪雷达搜索状态能处理的最大目标数。当搜索雷达录取的目标数大于后续设备的处理能力时，只能选择部分录取目标继续处理。如果真、假目标的威胁级别相同，搜索雷达将同等对待录取的真、假目标。真、假目标在录取总目标数中占的比例就是它们被选中的概率。由实际存在的真、假目标数及其检测识别概率可得它们在录取目标总数中占的比例：

$$\begin{cases} P_{\text{rct}} = \dfrac{N_{\text{dit}}}{N_{\text{dit}} + N_{\text{dif}}} = \dfrac{\displaystyle\sum_{i=1}^{n_t} P_{\text{dti}}}{\displaystyle\sum_{i=1}^{n_t} P_{\text{dti}} + n_f \eta_{\text{md}} \overline{P}_{\text{dif}}} \\[2em] P_{\text{rcf}} = \dfrac{N_{\text{dif}}}{N_{\text{dit}} + N_{\text{dif}}} = \dfrac{n_f \eta_{\text{md}} \overline{P}_{\text{dif}}}{\displaystyle\sum_{i=1}^{n_t} P_{\text{dti}} + n_f \eta_{\text{md}} \overline{P}_{\text{dif}}} \end{cases} \tag{3.2.30}$$

式中，P_{rct} 和 P_{rcf} 分别为真、假目标在录取目标总数中占的比例。

真、假目标以个为单位，有关装备或设备的目标处理能力也用能处理的目标数表示，可用录取的真、假目标数表示雷达的检测识别能力。对式 (3.2.29a) 取整得雷达可录取的假目标数：

$$\bar{n}_{\mathrm{f}} = \mathrm{INT}\{n_{\mathrm{f}} \bar{P}_{\mathrm{dif}}\} = \mathrm{INT}\{n_{\mathrm{f}} \eta_{\mathrm{md}} \bar{P}_{\mathrm{df}}\}$$

如果从对干扰不利的角度考虑，对式 (3.2.28) 取整得雷达可检测到的真目标数：

$$\bar{n}_{\mathrm{t}} = \begin{cases} \mathrm{INT}\left\{\sum\limits_{i=1}^{n_{\mathrm{t}}} P_{\mathrm{dt}i}\right\} + 1 & \sum\limits_{i=1}^{n_{\mathrm{t}}} P_{\mathrm{dt}i} - \mathrm{INT}\left\{\sum\limits_{i=1}^{n_{\mathrm{t}}} P_{\mathrm{dt}i}\right\} \geq 0.5 \\ \mathrm{INT}\left\{\sum\limits_{i=1}^{n_{\mathrm{t}}} P_{\mathrm{dt}i}\right\} & \sum\limits_{i=1}^{n_{\mathrm{t}}} P_{\mathrm{dt}i} - \mathrm{INT}\left\{\sum\limits_{i=1}^{n_{\mathrm{t}}} P_{\mathrm{dt}i}\right\} < 0.5 \end{cases}$$

可录取的真、假目标总数为

$$\bar{n} = \bar{n}_{\mathrm{t}} + \bar{n}_{\mathrm{f}}$$

设被干扰雷达的上级设备最多只能处理 $m(m < \bar{n})$ 个目标，如果录取的真目标和假目标自身不可分，该雷达只能从 $\bar{n}$ 个录取目标中选择 m 个送上级设备，最多有 $l(l \leq m)$ 个真目标被选中的概率为

$$P_{\mathrm{ct}} = \frac{1}{C_{\bar{n}}^{m}}(C_{\bar{n}_{\mathrm{t}}}^{0} C_{\bar{n}_{\mathrm{f}}}^{m} + C_{\bar{n}_{\mathrm{t}}}^{1} C_{\bar{n}_{\mathrm{f}}}^{m-1} + \cdots + C_{\bar{n}_{\mathrm{t}}}^{l} C_{\bar{n}_{\mathrm{f}}}^{m-l}) = \frac{1}{C_{\bar{n}}^{m}} \sum_{i=1}^{l} C_{\bar{n}_{\mathrm{t}}}^{i} C_{\bar{n}_{\mathrm{f}}}^{m-i} \tag{3.2.31}$$

至少有 $l(l \leq m)$ 个假目标被选中的概率为

$$P_{\mathrm{cf}} = \frac{1}{C_{\bar{n}}^{m}}(C_{\bar{n}_{\mathrm{t}}}^{m-l} C_{\bar{n}_{\mathrm{f}}}^{l} + C_{\bar{n}_{\mathrm{t}}}^{m-l-1} C_{\bar{n}_{\mathrm{f}}}^{l+1} + \cdots + C_{\bar{n}_{\mathrm{t}}}^{0} C_{\bar{n}_{\mathrm{f}}}^{m}) = \frac{1}{C_{\bar{n}}^{m}} \sum_{i=l}^{m} C_{\bar{n}_{\mathrm{t}}}^{m-i} C_{\bar{n}_{\mathrm{f}}}^{i}$$

环境杂波与机内噪声相似，可当作机内噪声处理。遮盖性干扰通过雷达接收机后也能形成类似机内噪声的干扰，但掩盖目标的作用不如机内噪声，只要考虑干扰样式品质因素的影响，可把遮盖性干扰当机内噪声处理。因此，尽管上面的结论是基于雷达机内噪声的，也适用于杂波和遮盖性干扰。

3.2.2.3　参数测量误差或定位误差

搜索雷达可单独工作，也可与其他雷达构成系统联合工作。在雷达对抗试验或抗干扰试验时，搜索雷达常常单独工作，可用参数测量误差或参数测量精度表示雷达的目标定位能力。在实际作战中，目标指示雷达的任务是引导跟踪雷达 (为跟踪雷达指示目标)。引导跟踪雷达的概率即引导概率定义为指示目标落入跟踪雷达捕获搜索区的概率。引导概率由目标指示雷达的参数测量误差和跟踪雷达捕获搜索区的大小共同确定。捕获搜索区的大小是根据目标指示雷达的参数测量误差预先确定的。对于特定的雷达，捕获搜索区的大小固定不变，其引导概率能反映搜索雷达的参数测量性能。

搜索雷达的参数测量误差由信噪比确定。设搜索雷达目标检测器输入端单个脉冲的平均信噪比为 $(S/N)_1$，如果非相参积累脉冲数 n 较大，可用 $\sqrt{n}$ 近似积累增益，否则用 n^{γ} 近似积累增益。测距误差为

$$\sigma_{\mathrm{r}} = \frac{c}{2B} \frac{1}{\sqrt{n(S/N)_1}} = \frac{c\tau}{2} \frac{1}{\sqrt{n(S/N)_1}} \quad \text{或} \quad \sigma_{\mathrm{r}} = \frac{c}{2Bn^{\gamma}} \frac{1}{\sqrt{(S/N)_1}} = \frac{c\tau}{2n^{\gamma}} \frac{1}{\sqrt{(S/N)_1}} \tag{3.2.32}$$

式中，B 为测距信号的带宽。目标径向速度测量误差为

$$\sigma_{\mathrm{v}} = \frac{\lambda}{5.13\tau} \frac{1}{\sqrt{n(S/N)_1}} \ \text{或} \ \frac{\lambda}{5.13\tau n^{\gamma}} \frac{1}{\sqrt{(S/N)_1}} \tag{3.2.33}$$

常规脉冲雷达的测角（方位角和仰角）误差为

$$\sigma_{\phi} = \frac{0.445\theta_{0.5}}{\sqrt{n(S/N)_1}} \ \text{或} \ \sigma_{\phi} = \frac{0.445\theta_{0.5}}{n^{\gamma}\sqrt{(S/N)_1}} \tag{3.2.34}$$

式中，c（米/秒）、λ（米）、B（Hz）、$\theta_{0.5}$（弧度）和 τ（秒）分别为光速、雷达工作波长、信号带宽、天线波束半功率宽度和目标检测器输入端的脉冲宽度（对于测距）或测速信号的持续时间（PD 雷达）。许多目标指示雷达的方位和仰角波束宽度不同，若 $\theta_{0.5}$ 为方位波束宽度，式（3.2.34）的值为方位角测量误差，如果 $\theta_{0.5}$ 为仰角波束宽度，其值为仰角测量误差。

目标和雷达的参数确定后，信噪比仅为距离的函数。目标距离越远，信噪比越小，参数测量误差越大。用式（3.2.32）～式（3.2.34）评估雷达参数测量误差时，一定要用作战要求的最大作用距离上的信噪比。如果要估算雷达在遮盖性干扰条件下的参数测量性能，则用最小干扰距离上的信噪比或信干比。

参数测量误差决定了雷达的目标定位精度或定位误差。定位精度是影响指示目标落入指定检测单元或捕获搜索区的概率，按照计算 P_l（见 3.2.2.1 节）的方法可确定此概率。设目标指示雷达的距离、方位角和仰角参数测量误差分别为 σ_r、σ_α 和 σ_β，指示目标的距离、方位角和仰角分别为 r、α 和 β，跟踪雷达的距离、方位角和仰角捕获搜索范围分别为 $\pm\Delta r$、$\pm\Delta\alpha$ 和 $\pm\Delta\beta$，把这些数据代入式（3.2.27）得目标的距离、方位和仰角落入各自指定区域的概率：

$$\begin{cases} P_r = 2\phi(\Delta r / \sigma_r) \\ P_\alpha = 2\phi(\Delta\alpha / \sigma_\alpha) \\ P_\beta = 2\phi(\Delta\beta / \sigma_\beta) \end{cases} \tag{3.2.35}$$

由上式得指示目标落入跟踪雷达捕获搜索区的概率即对跟踪雷达的引导概率：

$$P_{\mathrm{g}} = P_r P_\alpha P_\beta = 8\phi\left(\frac{\Delta r}{\sigma_r}\right)\phi\left(\frac{\Delta\alpha}{\sigma_\alpha}\right)\phi\left(\frac{\Delta\beta}{\sigma_\beta}\right) \tag{3.2.36}$$

如果 $\pm\Delta r$、$\pm\Delta\alpha$ 和 $\pm\Delta\beta$ 为指定检测单元的大小，由式（3.2.27）得指示目标落入指定检测单元的概率：

$$P_{\mathrm{ac}} = P_r P_\alpha P_\beta = 8\phi\left(\frac{\Delta r}{\sigma_r}\right)\phi\left(\frac{\Delta\alpha}{\sigma_\alpha}\right)\phi\left(\frac{\Delta\beta}{\sigma_\beta}\right) \tag{3.2.37}$$

雷达采用球面坐标系，用斜距、方位角和仰角表示目标的空间位置。为了减小跟踪高仰角目标的误差，武器或武器控制系统用直角坐标系。为便于计算命中概率，需要把球面坐标系中的雷达参数测量误差转换到直角坐标系中。设目标在球面坐标系中的斜距、方位角和俯仰角分别为 R、α 和 β，目标在直角坐标系中的参数为

$$\begin{cases} x = R\cos\beta\cos\alpha \\ y = R\cos\beta\sin\alpha \\ z = R\sin\beta \end{cases} \tag{3.2.38}$$

分别对 x、y 和 z 求式（3.2.38）的偏导数得参数测量误差在直角坐标系每个轴上的投影值：

$$\begin{cases} \sigma_{\mathrm{x}} = \sigma_r \cos\alpha\cos\beta + R\sigma_\alpha \sin\alpha\cos\beta + R\sigma_\beta \cos\alpha\sin\beta \\ \sigma_{\mathrm{y}} = \sigma_r \sin\alpha\cos\beta + R\sigma_\alpha \cos\alpha\cos\beta + R\sigma_\beta \sin\alpha\sin\beta \\ \sigma_{\mathrm{z}} = \sigma_r \sin\beta + R\sigma_\beta \cos\beta \end{cases} \tag{3.2.39}$$

其中 σ_r、σ_a 和 σ_β 分别为目标在球面坐标系中的斜距、方位角和仰角测量误差，其值由式(3.2.32) 和式(3.2.34)确定。在直角坐标系中，目标指示雷达的定位误差为

$$\sigma_{rs} = \sqrt{\sigma_x^2 + \sigma_y^2 + \sigma_z^2} \qquad (3.2.40)$$

对于遮盖性干扰和机内噪声，雷达的斜距、方位角和仰角测量误差分别服从 0 均值正态分布，定位误差在直角坐标系每个轴上的投影也服从 0 均值正态分布。

3.3　单目标跟踪雷达

　　跟踪雷达与武器和武器控制系统的关系比目标指示雷达更密切，对保护目标的威胁更大，是雷达干扰的主要作战对象。跟踪雷达与目标指示雷达的最大差别是多了目标跟踪器。目标跟踪器不但是跟踪雷达的重要组成部分和关键环节，也是雷达对抗的直接干扰环节。跟踪雷达有两类：一类只跟踪单个目标，另一类既可跟踪单目标又能跟踪多目标。所谓单目标跟踪是指只能连续跟踪一个目标。这种雷达有专用的距离、角度或/和速度跟踪器，跟踪精度高，能控制任何武器的发射或投放。单目标跟踪雷达用得早、用得多、组成复杂且抗干扰能力强。本节讨论单目标跟踪雷达的组成、特点和目标跟踪原理及性能。

3.3.1　跟踪雷达的组成

　　跟踪雷达的分类方式较多，有按用途分类的，如火控雷达、制导雷达等，有按信号形式分类的，如线性调频脉冲压缩雷达、频率捷变雷达和相参雷达等，也有按角跟踪体制分类的，如单脉冲跟踪雷达、线扫跟踪雷达等。跟踪雷达的种类虽多，但基本组成相同。图 3.3.1 为脉冲多普勒单目标跟踪雷达的简化功能组成框图。这种雷达的主要组成有收发天线和天线伺服系统、发射机和接收机高频部分、中频放大器，脉冲串匹配滤波器、包络检波器、目标检测器和三种跟踪器。从组成上看，跟踪雷达几乎包含了搜索雷达的全部环节。目标跟踪器是跟踪雷达的特殊功能部件。常规脉冲跟踪雷达只有角度(方位角和仰角)和距离跟踪器，脉冲多普勒和连续波跟踪雷达还有速度跟踪器。跟踪雷达的接收通道除了为目标检测器提供信号外，还要为跟踪器提供信号并受跟踪器控制。和搜索雷达一样，许多跟踪雷达有显示器，用于显示目标的位置及分布情况，为指挥员或操作员提供选择干预的时机。

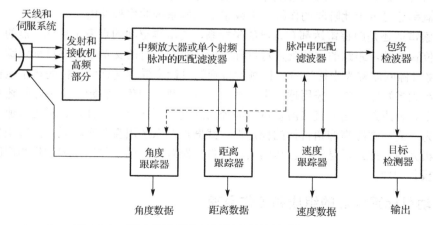

图 3.3.1　脉冲多普勒单目标跟踪雷达的功能组成框图

军用单目标跟踪雷达的工作过程可分四个阶段，也可称四种工作状态：一、搜索；二、捕获搜索；三、跟踪；四、控制武器系统或制导武器。如果有其他设备指示目标，只有后三种工作状态。只靠接收处理雷达信号获取信息的雷达支援侦察设备最多能区分前三种状态，一般不能区分跟踪与武器控制两种状态。对于能处理敌我识别、指令信号等的设备，能区分部分单目标跟踪雷达的四种工作状态。不管是否有其他设备提供目标的初始数据，跟踪雷达都得自己发现目标、确认目标，测量目标当前的数据，建立初始跟踪。这是因为任何目标指示设备都有参数测量误差，指示的目标不一定刚好落在指定位置。另外，建立初始跟踪需要目标当前的位置和运动趋势的数据。目标指示雷达或上级设备的指示数据是较早测量的目标参数，可能与当前的有较大差别，这是跟踪雷达必须自己搜索目标的原因。跟踪雷达要求高的参数测量精度，波束窄，分辨单元小，搜索整个防区的时间较长。除高速运动平台的跟踪雷达外，通常由目标指示雷达或指挥控制中心提供目标的大致位置，跟踪雷达只在小范围内搜索指示目标。因此，有、无目标指示仅仅是搜索区域的大小，发现目标的迟早，不能去掉跟踪雷达的搜索功能和搜索目标的工作过程。在雷达领域，将跟踪雷达在小范围搜索指示目标的过程称为捕获搜索，把搜索指示目标的范围称为捕获搜索区。捕获搜索区的大小由目标指示雷达或跟踪雷达自身搜索状态的参数测量误差确定。跟踪雷达捕获搜索目标的过程和搜索雷达相同，因涉及其他设备引导质量的影响，捕获搜索阶段的性能用捕获概率表示。跟踪雷达一旦捕获到指定目标，立即缩小搜索范围，仅在自身的参数测量误差和天线惯性运动形成的范围内搜索目标，把目标存在的区域集中到一个分辨单元内并测量反映其运动趋势的参数，如角速度、角加速度、线速度、线加速度等，并用这些参数设置跟踪器的初始跟踪数据。当目标稳定处于一个分辨单元后，闭环跟踪系统，接收的目标信号直接进入跟踪器，雷达从此进入自动目标跟踪状态。

在实际作战中，跟踪雷达要控制武器系统或制导武器。在跟踪阶段，跟踪雷达连续高精确测量目标的参数，为武器控制系统提供目标的状态数据，以便求取射击诸元。武器控制系统利用雷达提供的目标数据计算武器的发射参数和发射时刻，该过程一直持续到武器发射。对于发射后需要继续引导的武器，武器发射后，跟踪雷达不但要跟踪目标，还要跟踪已发射的武器，把两者的参数同时送给武器控制系统。武器控制系统利用这些数据计算目标和武器的偏差，确定修正量。通过其他渠道将修正量送给武器，改变武器的飞行参数，使其逐渐接近目标。对于发射后不管的武器，武器一旦发射，跟踪雷达仍然要继续跟踪目标，其测量数据仍然送给武器控制系统。武器控制系统利用这些数据分析作战效果或打击效果，并确定是否需要继续发射武器。脱靶率、摧毁概率或生存概率等可表示此阶段的作战效果或整个武器系统的作战性能。

无论搜索雷达还是跟踪雷达都有自己的坐标系，用多维空间的点表示目标。点的坐标对应着目标的空间位置参数。跟踪的本质就是对目标坐标的跟踪，有的文章干脆将目标跟踪器称为坐标跟踪器[7]，将目标回波称为坐标信号，将测量得到的目标位置数据称为目标的指示坐标。和搜索雷达一样，绝大多数跟踪雷达采用球面坐标系，用方位角、仰角、斜距三个参数描述目标的空间位置。脉冲多普勒跟踪雷达能直接测量目标的径向速度，用方位角、仰角、斜距和速度四个参数描述目标。为了提高跟踪高仰角目标的稳定性，武器控制系统用直角坐标系，两种坐标系的转换由火控计算机完成。跟踪器是跟踪雷达的关键部件，跟踪雷达的工作原理和过程与跟踪器的工作原理和过程极其相似。

3.3.2　自动目标跟踪器的组成和工作原理

单目标跟踪雷达有多个跟踪器，一个跟踪器只能跟踪目标的一个坐标，故又称自动目标跟踪器为自动坐标跟踪器。相参雷达有角度（方位角和仰角）、距离和速度四种跟踪器，非相参雷达没有速度跟踪器。虽然各维跟踪的具体实现方法差别较大，但跟踪器的基本功能结构、工作原理和工作过程十分相似。图 3.3.2 为雷达自动坐标跟踪器的基本功能组成框图。包括四个主要功能模块：目标选择器，坐标误差鉴别器或误差鉴别器，误差信号平滑滤波器或/和放大器，执行机构和波门调整器。距离跟踪器的波门包括跟踪波门和目标选择波门或选通波门，其他跟踪器只有跟踪波门。

　　单目标跟踪雷达一旦确认已发现的目标就是上级或目标指示雷达指定的目标且参数测量精度达到规定要求，就把目标当前的测量数据作为初始跟踪数据，把跟踪器闭环起来，让接收机来的指定目标的回波信号直接进入跟踪器。自动目标跟踪从此开始。跟踪器各部分的组成、作用和工作原理如下。

　　跟踪目标需要多个跟踪器，一个跟踪器只能跟踪目标的一个坐标且独立工作，为了使不同坐标的跟踪器能跟踪同一目标，单目标跟踪雷达在接收机中放设置了专用的目标选择器，控制进入跟踪器的信号。目标选择器就是一个选通波门，只让在时间上与其重合的目标回波进入各跟踪器。选通波门只受距离跟踪器控制，与距离跟踪波门同步移动。

　　坐标误差鉴别器是自动目标跟踪器的关键部件，其组成和工作原理放在下一节讨论。坐标误差鉴别器的作用是判断目标当前的位置是否与指示位置重合。具体做法是把指示坐标（跟踪波门对应的）和目标当前的坐标（测量得到的）进行比较，用误差信号的大小和极性表示不重合的程度和偏离方向。如果指示坐标与实际坐标完全重合，误差鉴别器输出为 0，若有差别就给出与不重叠程度成正比的误差信号。

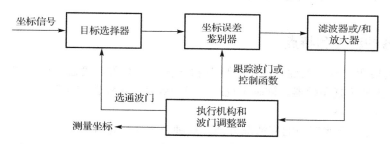

图 3.3.2　坐标跟踪器的功能组成原理框图

　　滤波器或/和放大器由低通滤波器、低频交、直流放大器等组成。其作用是减少或消除随机因素的影响，把误差信号放大到执行机构能正常工作需要的电平或变换成要求的形式。

　　不同维坐标跟踪器的执行机构和波门调整器的组成有很大差别。角跟踪器的执行机构和波门调整器包括直流放大器、电机放大器、电动机和校正电路等。角误差鉴别器的输出信号被直流放大器放大并变换成要求的形式，用其励磁电机放大器产生输出。电机按电机放大器的输出带动天线朝减小误差的方向转动。该过程一直持续到角误差变成 0 为止，天线这时的指向就是目标当前的真实角度或测量的角数据。角跟踪器的执行机构除了把测量的角数据送给用户外，还要根据测量数据和误差信号的大小及极性预测下一时刻目标的角度，并使角跟踪波门即天线指向预测方向，完成角跟踪波门的调整。

　　目标回波相对发射触发脉冲的时延反映目标的距离。因产生延时的器件不同，距离跟踪器的执行机构和波门调整器分机电式和电子式两种。两种执行机构的作用和工作原理完全相同。机电式执行机构的延时或距离敏感器件是需要电机带动的距离电位器和移相电容器。电子式执行机构全由电子线路构成，主要包括锯齿波电压产生器，时间调制器和前后波门及选通波门产生器等。7.5.1 节将详细说明距离跟踪器的机电式执行机构和波门调整器的组成和工作原理。

　　速度跟踪器跟踪目标的多普勒频率，有的文章将其称为多普勒频率跟踪器。速度跟踪器的执行机构和波门调整器包括压控振荡器、混频器、鉴频器或鉴相器、滤波器、计数器和频率速度转换器等。压控振荡器的输出信号与接收机来的目标回波信号混频，若混频器输出信号的中心频率偏离鉴频器的中心频率，鉴频器就会输出频率误差信号。执行机构用频率误差信号调整压控振荡器的频率，减少本振与输入信号的频率差别。如果混频器输出信号的中心频率等于频率误差鉴频器的中心频率，误差电压为 0。压控振荡器的频率与目标的多普勒频率有确定关系，频率速度转换电路将其转换成目标的速度输出。执行机构的最后一项任务是，根据测量得到的目标速度和速度误差信号预测目标下一时刻的速度，并调整压控震荡器的频率即调整速度跟踪波门，使其对准目标下一时刻的速度。

虽然不同维跟踪器的执行机构和波门调整器的组成有很大差别，但其功能相同。该机构有三个作用：一、把误差鉴别器输出的误差电压变换成需要的形式，用其调整敏感器件的参数，消除跟踪误差，获得目标的真实位置数据并提供给用户。二、根据目标当前的位置参数和跟踪误差预测下一时刻的目标坐标。三、将跟踪波门移至预测位置。由跟踪器的组成和各部分的作用知，跟踪器能测量目标当前的位置、速度和加速度等参数，也能感知、鉴别和修正目标的测量位置与真实位置的偏差，还能根据目标的当前位置参数和跟踪误差等预测目标下一时刻的位置，正是这些能力使跟踪器能连续自动跟踪运动目标。

由跟踪器的组成、工作过程和原理知，跟踪器为闭环系统，总是企图使误差鉴别器的输出为 0。误差鉴别器输出为 0 的状态就是跟踪器的平衡状态。坐标误差鉴别器是自动坐标跟踪器的关键部件，其工作原理和过程决定了跟踪器的工作原理和过程，其响应特性决定了跟踪器的性能。

3.3.3　跟踪器的种类和特点

雷达干扰效果和干扰有效性与受干扰环节和干扰样式有关。遮盖性样式主要干扰目标检测器，欺骗性样式主要干扰跟踪器。欺骗干扰跟踪器的效果与跟踪器的类型有关。跟踪器的分类方式较多，大致有以下三种：

(1) 按跟踪器对目标速度的响应情况分类。这种分类法将跟踪器分为一、二两型。一型跟踪器对 0 速输入有 0 响应，对恒速输入有恒定输出。即目标速度为 0，跟踪器的输出为 0，目标速度为常数，输出也是常数。二型跟踪器对恒速输入有 0 响应。这种跟踪器要用测量的目标速度等数据预测目标下一个回波的位置，并将跟踪波门移至预测的目标位置。目前大多数跟踪雷达采用二型跟踪器[7]。

(2) 按获取误差信号的方式分类。这种分类法也把跟踪器分为两种。第一种是由两个或多个支路（差支路）同时接收信号、同时比较有关信号获取误差信号，如单脉冲跟踪雷达的角跟踪器。第二种是差支路分时接收信号，把不同时间接收的信号进行比较得出误差信号，前、后门距离跟踪器属于这种类型。对于第一种类型的跟踪器，因同时接收、处理信号，同一辐射源来的信号完全相关。如果差支路本身完全对称且跟踪系统工作稳定，误差信号只与目标实际坐标和指示坐标的偏差有关，与信号的形式和幅度无关，任何点源来的干扰不会引起额外的跟踪误差。非但如此，强干扰反而会提高第一种跟踪器的跟踪精度。因两支路的内部噪声不相干，是这种跟踪器在无干扰和杂波时的主要跟踪误差来源。外来的点源干扰是相干的，不能产生跟踪误差，相当于增强了目标回波，等效于提高信噪比。随机跟踪误差随信噪比的增加而减小。所以，点源强干扰不但不能引起跟踪误差，反而会提高雷达的跟踪精度。第二种形式的误差鉴别器因分时接收、处理信号，两支路从点干扰源接收的信号不可能完全相干，误差鉴别器的输出除了含有目标的坐标偏差外，还含有两支路信号的不相干成分，点源干扰可能影响第二种类型跟踪器的工作质量。

(3) 按跟踪器平衡位置与被跟踪信号波形位置的对应关系分类。这种分类法将跟踪器分为质心跟踪器和面积中心跟踪器两类。质心跟踪器实际跟踪的是信号的能量中心。大多数雷达采用规则矩形脉冲，其质心和能量中心一致，普遍称其为质心跟踪器。速度跟踪器和单脉冲雷达的角跟踪器属于质心跟踪器。面积中心跟踪器跟踪输入信号的面积中心，跟踪器平衡在输入信号的面积中心线上，前、后门或分裂门距离跟踪器和线扫雷达的角跟踪器属于面积中心跟踪器。

跟踪器的类型不同，成功欺骗干扰需要的干信比不同。在组成上，质心跟踪器和面积中心跟踪器没有本质差别，其类型仅由输入信号的波形确定。受多种因素的影响，即使雷达发射规则的矩形脉冲，接收信号波形也是不规则的，小回波信号或多个目标的合成信号尤其如此。小信号受机内噪声影响严重，合成信号的波形受它们的初相影响。如果进入跟踪器的合成信号波形不规则，跟踪器将自动平衡在它们的面积中心而不是质心。

跟踪器是跟踪雷达的重要组成部分和关键环节，也是雷达干扰的直接作用环节之一。雷达跟踪器有以下四个特点：

(1)对遮盖性干扰的"免疫"能力。在干扰期间，如果目标和受干扰雷达之间无相对机动运动，高质量强遮盖性干扰不能破坏雷达的任一维跟踪，只能使跟踪器进入滑动跟踪状态，产生的跟踪误差不会大于跟踪波门的宽度，更不会中断跟踪，即使雷达操作员和目标检测器完全检测不到目标也是如此。跟踪器的这一特性将在第 7 章分析跟踪器对噪声的响应时给予详细说明。

(2)记忆跟踪能力。为了防止偶然的无意干扰而丢失目标，雷达的所有跟踪器都有记忆跟踪能力。所谓记忆跟踪就是当目标、干扰或两者突然从跟踪波门中消失时，跟踪器不会立即转入搜索状态，而是按照信号消失前瞬间所建立的目标运动轨迹继续跟踪一段时间。这段时间称为记忆跟踪时间。在记忆跟踪时间内，目标或干扰无论何时再度进入跟踪波门，跟踪器将自动退出记忆跟踪进入信号跟踪。只要在记忆跟踪时间内目标不改变运动参数，跟踪器不会丢失目标，也不会转入搜索状态。如果记忆跟踪结束，跟踪波门内仍然没有目标或干扰，跟踪器才会自动转入搜索状态。

(3)跟踪器对进入跟踪波门的干扰和目标回波无识别能力。只要干扰能进入跟踪波门，哪怕是明显滞后目标回波的假目标或者是与目标回波波形完全不同的噪声干扰，跟踪器也不能区分它们，会把它们的合成信号当成目标回波进行跟踪。

(4)跟踪器之间有相互影响和制约作用。雷达把目标当成多维空间的点进行跟踪，一种跟踪器只能完成目标坐标的一维跟踪。为了防止跟踪器各自为战跟踪不同的目标，在雷达系统设计上，人为制造了一种互相制约的工作机制，使它们总是跟踪同一目标。虽然这种机制能保证所有跟踪器跟踪同一目标，却带来了一个跟踪器丢失目标使所有跟踪器丢失目标的风险。

雷达跟踪器的第一、二两个特点的共性是，跟踪器只根据进入该状态前一瞬间的目标参数运作，不响应进入该状态后目标运动参数的任何变化。第一、二两个特点也有本质的差别。就第一个特点而言，只要强干扰一直存在，跟踪器将无休止地跟踪下去，没有时间限制。跟踪器的第二种能力只存在于记忆跟踪时间内。如果记忆跟踪结束，跟踪波门内还没有目标，雷达一般会从跟踪状态转入搜索状态。这是因为 AGC 控制电压来自跟踪波门内的信号，如果记忆跟踪结束，波门内仍然没有信号，自动增益控制电压逐渐变到最小，接收机增益逐渐变到最大，内部噪声电平变得很高，使跟踪器输入噪信比变为无穷大，跟踪器失去平衡，不能维持稳定跟踪状态。在拖引式欺骗干扰的最佳实施步骤中，有一个称为关干扰的工作步骤。该步骤就是针对跟踪器的第三个特点设计的。干扰将跟踪波门拖离目标后，关断干扰，使跟踪波门内既无目标也无干扰，迫使其进入记忆跟踪状态。只要关干扰的时间大于跟踪器的记忆跟踪时间，可获得使雷达从跟踪转搜索的干扰效果。

不同的跟踪器有不同长度的记忆跟踪时间，其中角跟踪器的记忆跟踪时间最长，通常为 3～5

秒。在三种跟踪器中，角跟踪器最不容易丢失目标。其缺点是搜索速度慢，需要较长时间才能再次截获目标。速度和距离跟踪器虽然记忆跟踪时间短，也容易受干扰，但是它们搜索速度较快，只要角度上没偏离目标，它们很容易重新截获目标再度进入跟踪状态。由跟踪器的第一、二两个特点知，放干扰后目标机动可增加干扰效果。

3.3.4　误差鉴别器及其工作原理

误差鉴别器的特性与接收信号波形有联系。经过雷达接收机后，目标回波信号的形状近似为钟形，如图 3.3.3 上半部分的图形，它含目标当前的坐标和运动趋势等信息。这些波形为轴对称，跟踪波门中心对准其对称轴表示跟踪正确，指示参数就是目标的实际参数，误差鉴别器的输出应为 0。如果目标回波的对称轴偏离跟踪波门中心，误差鉴别器应给出误差信号，误差信号的幅度与偏差成正比。因此误差鉴别器具有图 3.3.3 下半部分对应的响应。图 3.3.3 (a) 为距离跟踪器的时间鉴别特性与接收信号到达时间的关系。图 3.3.3 (b) 是多普勒频率跟踪器的鉴频特性和接收信号频率变化的关系。图 3.3.3 (c) 为角误差鉴别特性和接收信号到达角的关系。这些图说明误差鉴别器的响应函数或误差鉴别特性近似为对应坐标信号的导数[7]。导数在实际应用中的好处是，误差鉴别特性在坐标信号的最大值处有很陡的过零点，一旦最大值偏离误差鉴别特性的零点，就会产生很大的误差信号，有助于提高误差鉴别灵敏度或跟踪精度。图 3.3.3 表明误差鉴别特性有明显的三部分：线性区 (BC 段)、非线性区 (AB 段) 和 (CD 段)、负斜率区 (AE 段) 和 (DF 段)。

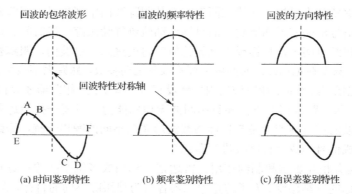

图 3.3.3　误差鉴别特性与接收信号波形的关系示意图

坐标误差鉴别器的响应可用数学方法描述如下：在雷达采用的坐标系中，任一维坐标的误差函数 Δ 可用坐标函数或坐标信号的偏微分表示为

$$\Delta = \frac{\partial f(x)}{\partial x} \tag{3.3.1}$$

其中 $f(x)$ 为信号第 x 维的坐标函数或该维跟踪器的输入信号。x 可以是角度、距离或速度。为消除接收信号幅度变化对误差信号的影响，确保调整坐标的控制量只与目标偏离实际坐标的量成比例，跟踪雷达要规一化跟踪器的输入信号。跟踪雷达有两个闭环系统：一个是坐标跟踪闭环系统，另一个是信号规一化闭环系统。信号规一化就是用坐标信号除以误差信号。规一化手段较多，常用的有 AGC (自动增益控制) 和硬限幅。目前用得较多的是 AGC。图 3.3.2 没画出 AGC 电路，但 AGC 对跟踪质量的影响非常大。在跟踪系统中 AGC 除规一化输入信号外，还有增加误差鉴别特性线性区的作用[7]。讨论跟踪器的特性时，一般假设 AGC 是理想的。AGC 规一化的本质就是用输入信号除以误差函数，规一化误差函数 $E(z)$ 可表示为

$$E(z) = \frac{\Delta}{|f(z)|} \tag{3.3.2}$$

下面以角误差为例来说明规一化的作用。回波信号的幅度是目标偏离天线跟踪轴指向的函数。角跟踪器输入信号的坐标函数可用天线方向性函数表示。跟踪天线的方向性函数可用指数函数近似为[8]

$$G(\theta) = \exp\left[-1.4\left(\frac{\theta}{\theta_{0.5}}\right)^2\right]$$

其中，$\theta_{0.5}$ 是天线波束半功率宽度，θ 是当前信号峰值对应的角度与天线跟踪轴指向的偏移量。设 A 为接收天线口面处的信号幅度，接收信号可表示为

$$f(\theta) = AG(\theta) = A\exp\left[-1.4\left(\frac{\theta}{\theta_{0.5}}\right)^2\right]$$

由式 (3.3.1) 得角坐标函数的偏微分即角误差信号：

$$\Delta = \frac{\partial f(\theta)}{\partial \theta} = -2.8A\left(\frac{\theta}{\theta_{0.5}^2}\right)\exp\left[-1.4\left(\frac{\theta}{\theta_{0.5}}\right)^2\right]$$

用接收信号幅度 $AG(\theta)$ 除以上式得规一化角误差信号：

$$E(\theta) = \frac{\Delta}{AG(\theta)} = -2.8\frac{\theta}{\theta_{0.5}^2}$$

在上式中，除 θ 外，其余为常数。它说明规一化后角误差信号只与目标角度偏离跟踪波门中心或天线指向的量 θ 成正比，与信号幅度无关，这就是规一化的作用。

在实际跟踪雷达中，微分运算较难实现。参考资料[7]指出，一维坐标响应函数的导数可用两个响应重叠函数之差来近似。现代跟踪雷达广泛采用这种形式。设 x 维的误差响应函数为 $\Delta(x)$，Δx 为 x 的增量，只要适当选择 Δx 的数值，由 $f(x+\Delta x)$ 和 $f(x-\Delta x)$ 可构成偏置于 x 轴但响应能互相重叠的两个函数。在这里，$f(x)$ 既可看作是天线的电压方向图，也可当作距离跟踪波门，还可以看作是多普勒滤波器的频率响应函数。对于上述情况，跟踪器的误差函数变为

$$\Delta(x) = f(x+\Delta x) - f(x-\Delta x)$$

在实际跟踪系统中，用于规一化的是两个偏置函数之和，即

$$\Sigma(x) = f(x+\Delta x) + f(x-\Delta x)$$

由上两式得 x 维的规一化误差函数：

$$E(x) = \frac{f(x+\Delta x) - f(x-\Delta x)}{f(x+\Delta x) + f(x-\Delta x)} = \frac{\Delta(x)}{\Sigma(x)} \tag{3.3.3}$$

误差鉴别器的工作就是完成式 (3.3.3) 的运算，除坐标信号规一化由 AGC 完成外，其余运算均由误差鉴别器完成，即把输入信号分裂成两部分并计算两部分之差。分裂输入信号的方法就是用两个偏置于跟踪轴线的函数 $f(x+\Delta x)$ 和 $f(x-\Delta x)$ 乘以输入信号。为此误差鉴别器要对输入信号进行乘运算和差运算。角误差鉴别器用两个邻接的偏置于天线瞄准轴的接收波束分裂输入信号。距离误差鉴别器用偏置于目标预测距离的两个时间波门分裂信号。频率误差鉴别器用偏置于目标预测多普勒频率的两个调谐回路分裂输入信号。差运算一般用差分放大器或平衡放大器来实现。适当调整邻接的接收波束指向、时间波门的位置或调谐回路的中心频率，使它们的合成中心对准坐标信号的中心，使差分放大器的输出为 0，实现误差鉴别器的 0 响应正好对准坐标信号的最大值。0 响应对应的参

数就是目标的指示坐标。雷达有多个独立跟踪器，分别跟踪不同维的目标参数，因执行分裂坐标信号的器件和执行坐标指示形成与波门调整的器件不同，不同维跟踪器的误差鉴别器的组成有较大差别。

目标回波相对发射脉冲的延时反映目标的距离。测距实际上就是测量目标回波与发射脉冲的延时，处理距离就是处理延时，故距离误差鉴别器又称时间鉴别器。时间鉴别器工作在视频。图 3.3.4 为前后门或分裂门时间鉴别器的功能结构示意图。它由乘法器和积分器、差分放大器或平衡放大器等组成。前后波门邻接，与坐标信号相乘或相与，把输入信号分为两部分，即与前波门重迭的信号为一部分，与后波门重迭的为另一部分。积分器将分裂后的信号转换成与其宽度成正比的电压。积分后的信号分别进入差分放大器的两个输入端。差分放大器完成差运算，得到距离误差信号。如果前后波门平分输入信号的面积或前后波门的合成中心对准输入信号的面积中心，差分放大器的两个输入信号相等，其输出为 0。输出为 0 表示坐标指示值与目标实际坐标一致，没有跟踪误差。如果目标运动，使前后波门不能平分回波信号的面积，差分放大器就有输出，其大小与目标回波中心偏离两波门中心的程度成正比，从而形成需要的误差响应函数。这就是距离误差鉴别器或时间鉴别器的工作原理。

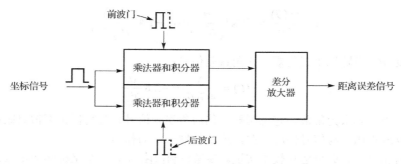

图 3.3.4　距离误差鉴别器的功能结构示意图

角跟踪体制较多，角误差鉴别器也比较复杂。它不但要同时给出方位和俯仰两个面的误差信号，而且分裂输入信号的器件要工作在射频。差运算有的在射频，有的在视频。单脉冲雷达的角误差鉴别器用偏置于天线瞄准轴线的多个波束同时与输入信号相乘，把信号在方位和俯仰面上同时分成两部分。锥扫雷达用一个偏离天线瞄准轴线的可旋转波束与输入信号相乘，把接收信号在方位面和俯仰面上各分两部分。线扫雷达用两个正交波束来回扫过目标方向，把接收信号在方位和俯仰上分成两部分。单脉冲雷达的角误差鉴别器工作在射频。锥扫、线扫雷达的角误差运算在视频完成。

图 3.3.5 是振幅和差式单脉冲跟踪雷达角误差鉴别器的功能组成示意图。它由四个喇叭辐射器和四个魔 T(双 T 形接头)组成。它能同时鉴别出方位和仰角误差，还能给出四个信号之和即"和信号"。图中标有 1、2、3、4 的方框表示四个喇叭，标有 I、II、III和IV的圆圈为四个魔 T，Σ和 Δ 分别为魔 T 的和、差输出端口。

四个喇叭既要产生分裂输入信号的四个接收波束，又要完成接收波束与输入信号的乘运算，相乘后的信号用 1、2、3、4 表示。图中左边两个喇叭(1,3)和右边两个喇叭(2,4)的合成波束构成偏置于天线瞄准轴的两个水平波束，将目标回波在方位上分为两部分，经四个魔 T 运算得到方位差信号。上面两个喇叭(1,2)和下面两个喇叭(3,4)的合成波束构成偏置于天线瞄准轴的两个垂直波束，将目标回波在俯仰上分成两部分，经四个魔 T 处理得到俯仰误差信号。四个喇叭的输出信号经魔 T 处理得到"和"信号。如果目标处于瞄准轴上，(1,3)和(2,4)喇叭、(1,2)和(3,4)喇叭接收信号相等，误差信号为 0。只要目标偏离瞄准轴，四个喇叭接收的信号不等，误差信号不为 0，其大小与目标中心偏离天线瞄准轴的程度成正比，由此得到需要的角误差鉴别器的响应。在振幅及相位和差式单脉冲跟踪雷达中，"和"信号有三种用途：一、通过与方位误差信号和俯仰误差信号比相，得到误差信号的极性。误差信号的极性代表目标偏离天线轴向的方向。二、用于目标检测。三、为距离和速度跟踪器提供坐标信号。角坐标误差鉴别器工作在射频，角误差信号也是射频的，但改变跟踪天线指向的电机需要直流或低频信号，射频角误差信号还要经过变频、中放、检波、滤波和放大等处理。

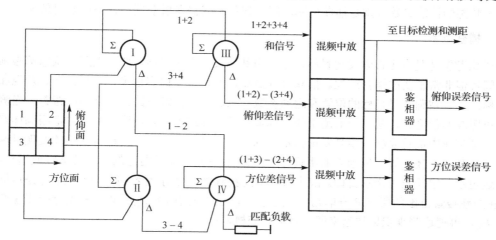

图 3.3.5　单脉冲雷达角误差鉴别器的功能结构示意图

目标的多普勒频率反映目标相对雷达的径向速度。速度误差鉴别器实际上是频率鉴别器或相位鉴别器。图 3.3.6 为频率误差鉴别器功能结构原理示意图。它由两个有部分重迭响应的调谐电路、两个检波器和一个差分放大器组成。两个调谐电路的中心频率分别为 f_1 和 f_2，它们对称于鉴频器的中心频率 f_0。调谐电路有两个作用：一个是形成需要的频率响应函数，另一个是完成输入信号与频率响应函数的相乘运算，从多普勒频率上将输入信号分成两部分。鉴频器工作在射频，误差信号为射频信号，检波器取出两部分信号的包络。差分放大器的作用与距离误差鉴别器中的相同。由鉴频器的工作原理知，如果输入信号的中心频率等于 f_0，偏置于 f_0 的两谐振回路的输出相等，差分放大器输出为 0 即无误差信号输出。如果输入信号的中心频率偏离 f_0，两个调谐回路的输出不等，将有误差信号输出。该误差信号用于改变压控振荡器的频率，压控振荡器的输出与输入信号混频，改变坐标信号的中心频率，使其等于频率鉴别器的中心频率 f_0，把误差鉴别器的输出变为 0。根据压控振荡器的输出频率与目标多普勒频率之间的关系，经适当变换得到目标的多普勒频率或径向速度。图 3.3.6 仅为频率误差鉴别器，没有画出压控振荡器和混频器部分。

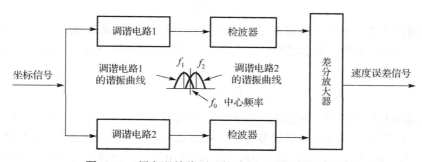

图 3.3.6　频率误差鉴别器的功能结构原理示意图

3.3.5　跟踪雷达的性能

多数单目标跟踪雷达能自主搜索目标，搜索过程和表示搜索阶段的性能参数与搜索雷达相同。如果有其他装备指示目标，跟踪雷达只有捕获、跟踪和控制武器或武器系统三种工作状态。描述三个状态的性能参数分别是捕获概率，跟踪误差和武器发射前置角误差或发射偏差。

3.3.5.1　捕获概率

不管跟踪雷达是自主搜索发现目标，还是由其他设备指示目标，要进入跟踪状态都必须经历一个时间短但非常重要的捕获过程。捕获过程虽短，但是工作内容很多，包括：一、发现和识别指示目标；二、精确测量目标的位置和运动参数；三、闭环跟踪环路，建立初始跟踪。当测量精度达到可跟踪的程度时，就用当前测量的目标参数设置跟踪器的初始跟踪参数并把跟踪环路闭环起来。三项工作中最首要的一步是发现指示目标。若引导错误，跟踪雷达肯定不能发现目标。因遮盖性干扰和机内噪声等随机因素的影响，即使指示目标落入跟踪雷达的捕获搜索区或引导成功，跟踪雷达也不一定能发现指示目标。雷达领域用捕获概率 P_a 表示两者的共同影响。P_a 是这样规定的[9]：在捕获搜索范围的所有分辨单元内，把每个单元的检测概率 P_{di} 乘以目标实际位于那个单元的概率 P_{vi}，再把这些乘积累加起来即为目标捕获概率：

$$P_a = \sum_{i=1}^{n_v} P_{di} P_{vi} \tag{3.3.4}$$

式中，n_v 为捕获搜索区的分辨单元数，等于

$$n_v = n_a n_d n_f \tag{3.3.5}$$

n_a、n_d 和 n_f 分别为捕获搜索区的角度分辨单元数、每个角分辨单元下的距离分辨单元数和每个距离分辨单元下的多普勒频率分辨单元数。只要令 n_f 等于 1，上两式就能用于非相参雷达。

跟踪雷达以指示目标为中心，在其上下(仰角)、左右(方位)和前后(距离)各扩展一定区域进行搜索，该区域称为捕获搜索区。捕获搜索区包含多个检测单元，它们到雷达的距离和角度不同，使得检测概率不同，显然用式(3.3.4)计算捕获概率很不方便。因捕获搜索区较小，就雷达对抗而言，可用捕获搜索体积内的平均检测概率 P_{dt} 和目标位于该区域的概率 P_v 之积近似捕获概率[9]，即式(3.3.4)可近似为

$$P_a = P_v P_{dt}$$

目标位于捕获搜索区的概率就是引导概率 P_g，捕获概率可用引导概率表示为

$$P_a = P_g P_{dt}$$

同样因捕获搜索区不大，平均检测概率 P_{dt} 与每个分辨单元的检测概率相差不大。若从对干扰不利的情况出发，可用目标位于捕获搜索区中心分辨单元的检测概率 P_c 近似 P_{dt}，式(3.3.4)又可近似为

$$P_a \approx P_g P_c \tag{3.3.6}$$

可用估算指示目标落入搜索雷达扇形搜索区概率的方法确定 P_g。设指示目标的距离、方位和仰角分别为 r_0、α_0 和 β_0，对应的测量误差为 σ_r、σ_α 和 σ_β，跟踪雷达的距离、方位角和仰角捕获搜索区分别为 $r_0 \pm \Delta r$，$\alpha_0 \pm \Delta\alpha$，$\beta_0 \pm \Delta\beta$，其中 Δr、$\Delta\alpha$ 和 $\Delta\beta$ 分别为距离维、方位维和仰角维搜索宽度之半。由式(3.2.27)得指示目标在距离、方位和仰角维落入捕获搜索区的概率：

$$\begin{cases} P_{\mathrm{r}} = \dfrac{1}{\sqrt{2\pi}\sigma_{\mathrm{r}}} \displaystyle\int_{r_0-\Delta r}^{r_0+\Delta r} \exp\left[-\dfrac{(r-r_0)^2}{2\sigma_{\mathrm{r}}^2}\right] \mathrm{d}r = 2\phi\left(\dfrac{\Delta r}{\sigma_{\mathrm{r}}}\right) \\[2mm] P_{\alpha} = \dfrac{1}{\sqrt{2\pi}\sigma_{\alpha}} \displaystyle\int_{\alpha_0-\Delta\alpha}^{\alpha_0+\Delta\alpha} \exp\left[-\dfrac{(\alpha-\alpha_0)^2}{2\sigma_{\alpha}^2}\right] \mathrm{d}\alpha = 2\phi\left(\dfrac{\Delta\alpha}{\sigma_{\alpha}}\right) \\[2mm] P_{\beta} = \dfrac{1}{\sqrt{2\pi}\sigma_{\beta}} \displaystyle\int_{\beta_0-\Delta\beta}^{\beta_0+\Delta\beta} \exp\left[-\dfrac{(\beta-\beta_0)^2}{2\sigma_{\beta}^2}\right] \mathrm{d}\beta = 2\phi\left(\dfrac{\Delta\beta}{\sigma_{\beta}}\right) \end{cases} \tag{3.3.7}$$

因任何一维不能落入跟踪雷达的对应捕获搜索区，捕获就会失败，引导概率可表示为

$$P_{\mathrm{g}} = P_{\mathrm{r}} P_{\alpha} P_{\beta} \tag{3.3.8}$$

如果无遮盖性干扰和杂波影响，指示参数的误差 σ_{r}、σ_{α} 和 σ_{β} 就是机内噪声作用下的参数测量误差。

计算 P_{c} 的方法与搜索雷达基于多脉冲的滑窗检测或积累检测概率的计算方法相同。根据天线扫描速度、波束宽度和脉冲重复频率，用式 (3.2.16) 计算接收脉冲数 m。根据目标的起伏模型，由式 (3.2.11)～式 (3.2.14) 之一计算单个脉冲的检测概率 P_{d}。把 m 和 P_{d} 代入式 (3.2.15) 得 P_{c}：

$$P_{\mathrm{c}} = \sum_{n=k}^{m} C_m^n P_{\mathrm{d}}^n (1-P_{\mathrm{d}})^{m-n} \tag{3.3.9}$$

也可根据平均信噪比、积累脉冲数和目标起伏模型，用式 (3.2.19)～式 (3.2.23) 之一计算 P_{c}。如果检测每个脉冲的概率相差较大，可用式 (3.2.18a) 和式 (3.2.18b) 的模型计算 P_{c}。

3.3.5.2　跟踪误差的影响因素及通用模型

单目标跟踪雷达一旦捕获指定目标并建立初始跟踪，就进入自动跟踪状态。自动跟踪状态的参数测量由跟踪器完成。因干扰、机内噪声、杂波、目标闪烁和机动等影响，跟踪雷达存在跟踪误差。跟踪器的参数测量误差称跟踪误差。跟踪误差是跟踪器的指示值与目标真实值之差。跟踪雷达的大多数性能与跟踪误差有关，对跟踪器的大多数干扰效果也与跟踪误差有关。跟踪误差大到一定程度不但会使其控制的武器脱靶，还能使雷达改变工作状态，从跟踪转搜索。若跟踪雷达只跟踪目标不控制武器，可用式 (3.2.38)～式 (3.2.40) 把跟踪误差转换成定位误差。如果跟踪雷达提供的目标数据用于控制武器系统或武器，跟踪误差将被火控计算机转换成武器发射前置角误差。发射前置角误差直接影响武器的命中概率或摧毁概率。若武器系统的其他部分不引入额外误差，命中概率、摧毁概率或生存概率可反映跟踪误差对武器或武器系统作战能力的影响。

跟踪雷达测量目标参数的原理与搜索雷达不同。搜索雷达的参数测量器为目标检测器。目标检测器是开环系统，主要部件为比较器。跟踪器闭环测量目标参数，有修正误差的能力。影响跟踪误差的因素除了搜索雷达的信干比或信噪比、积累脉冲数、波束宽度、脉冲宽度和多普勒滤波器的带宽外，还有误差鉴别器的斜率、包络检波器的小信号抑制效应、自动增益控制因子、伺服系统带宽和跟踪波门宽度等。

遮盖性干扰与机内噪声相似，有关机内噪声对跟踪误差的影响结果和结论也适合遮盖性干扰。设跟踪波门宽度为 g（g 可以是距离跟踪波门的宽度，也可以是角误差或速度误差鉴别器的宽度），机内噪声或遮盖性干扰引起的跟踪误差的通用模型为

$$\sigma_{\mathrm{z}} = \frac{g}{k\sqrt{(S/N)n}} \tag{3.3.10}$$

式中，S/N、n 和 k 分别为跟踪器的输入信噪比、非相参积累脉冲数和误差鉴别斜率。非相参积累

脉冲数由跟踪器的闭环系统带宽和雷达重频确定。设跟踪器伺服系统在高信噪比时的等效噪声带宽为 β_n，雷达的脉冲重复频率为 f_r，跟踪器的非相参积累脉冲数为

$$n = \frac{f_r}{2\beta_n}$$

把 n 代入式 (3.3.10) 得：

$$\sigma_z = \frac{g}{k\sqrt{(S/N)(f_r/\beta_n)/2}} \tag{3.3.11}$$

式 (3.3.11) 只适合积累信噪比大于 7 的场合，即

$$\left(\frac{S}{N}\right)\left(\frac{f_r}{2\beta_n}\right) \geq 7$$

　　遮盖性干扰功率远大于机内噪声功率，使跟踪器工作在低信噪比状态是可能的。跟踪器在低信噪比的性能比高信噪比时的差。需要对式 (3.3.11) 进行适当修正，才能用于评估低信噪比时的跟踪性能。使跟踪性能在低信噪比变差的主要因素有三个：一、检波损失；二、自动增益控制使伺服系统的环路增益减少；三、伺服系统的带宽减少。它们对跟踪误差的影响分别用检波因子 C_d，自动增益因子 C_a 和伺服系统等效带宽减小因子 $\sqrt{C_a C_d}$ 表示。

　　C_a、C_d 和 $\sqrt{C_a C_d}$ 都是相对值，取决于有关部件的输入信噪比。它们与输入信噪比的关系如图 3.3.7[7] 的曲线所示。对于强遮盖性干扰，上述信噪比近似等于信干比。根据检波器和跟踪器的输入信噪比或信干比，可从图 3.3.7 查出三个量的对应数值。如果没有类似图 3.3.7 的曲线，可用下面的数学模型估算 C_a、C_d 和 $\sqrt{C_a C_d}$ 的数值。

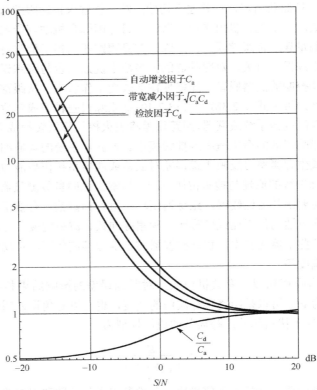

图 3.3.7　信噪比与检波因子、自动增益因子和伺服系统带宽减小因子的关系

当 S/N 接近 1 时，检波器的小信号效应变得严重起来，即检波器要损失信噪比。虽然不同类型的检波器对输出信噪比的影响有差别，但是差别不大。第 6 章将定义检波因子 C_d，这里只用其结果。C_d 等于：

$$C_d = \frac{N + 2S}{2S}$$

有关符号的定义见式(6.4.38)。噪声或遮盖性干扰功率越大，检波后的信噪比损失越严重。设检波器输入信噪比为 S/N，包络检波器的输出信噪比为

$$\left(\frac{S}{N}\right)_0 = \left(\frac{S}{N}\right)\frac{1}{C_d}$$

自动增益控制的作用是保持接收机输出信号加噪声功率之和为常数，不是单纯维持信号功率不变。这使得低信噪比时伺服系统的环路增益要减少到正常值的 $1/C_a$[7]：

$$C_a = \frac{N + S}{S} \tag{3.3.12}$$

式中，C_a 称为自动增益因子，N 为接收机的机内噪声功率或机内噪声功率与遮盖性干扰功率之和，S 为信号功率。式(3.3.12)说明，当信号功率 S 一定时，N 越大，自动增益因子越大，伺服系统的环路增益下降越厉害。

在低信噪比时伺服系统环路增益减小，使得伺服系统的等效带宽 β_n 和用于克服基座摩擦的转矩同时减小。两者都按 $1/\sqrt{C_a C_d}$ 变化[7]，称 $\sqrt{C_a C_d}$ 为伺服系统等效带宽减小因子[7]。设低信噪比时伺服系统的实际带宽为 β_s，β_s 和 β_n 有如下关系：

$$\beta_s = \frac{\beta_n}{\sqrt{C_a C_d}} \tag{3.3.13}$$

考虑低信噪比时三个因素的总影响后，跟踪误差的通用数学模型变为

$$\sigma_z = \frac{g\sqrt[4]{C_d / C_a}}{k\sqrt{(S/N)(f_r/\beta_n)/2}} \tag{3.3.14}$$

把实际跟踪器的对应参数和输入信噪比或信干比代入式(3.3.14)可得跟踪误差。

跟踪误差可按影响因素分为三种：一、机内噪声和遮盖性干扰引起的随机跟踪误差；二、目标机动引起的系统跟踪误差(有意机动)或随机跟踪误差(不有意机动)；三、目标闪烁引起的随机跟踪误差。不同因素引起的随机跟踪误差独立且近似服从 0 均值高斯分布，总随机跟踪误差也是正态分布的，其方差为各随机分量方差之和。设距离、方位和俯仰均方差分别为 $\sigma_{z\alpha}$、$\sigma_{z\beta}$ 和 σ_{zs}，目标有意机动引起的各维跟踪误差分别为 $\Delta\alpha$、$\Delta\beta$ 和 ΔR，距离、方位和仰角跟踪误差的概率密度函数为

$$\begin{cases} P(e_r) = \dfrac{1}{\sqrt{2\pi}\sigma_{zs}} \exp\left[-\dfrac{(e_r - \Delta R)^2}{2\sigma_{zs}^2}\right] \\[2mm] P(e_\alpha) = \dfrac{1}{\sqrt{2\pi}\sigma_{z\alpha}} \exp\left[-\dfrac{(e_\alpha - \Delta\alpha)^2}{2\sigma_{z\alpha}^2}\right] \\[2mm] P(e_\beta) = \dfrac{1}{\sqrt{2\pi}\sigma_{z\beta}} \exp\left[-\dfrac{(e_\beta - \Delta\beta)^2}{2\sigma_{z\beta}^2}\right] \end{cases} \tag{3.3.15}$$

　　雷达用三维空间的点表示目标，用球面坐标系(斜距、方位角和仰角)描述目标的空间位置。如果仅依据干扰对雷达自身战技指标的影响评估干扰效果和干扰有效性，不需要将跟踪误差转换到直角坐标系中。如果要依据作战效果评估干扰效果，需要计算命中概率。命中概率涉及武器的散布律、散布误差。这两种参数都用直角坐标表示。为了方便计算作战效果，需要将雷达用球面坐标系描述的目标参数转换到直角坐标系中。雷达的系统跟踪误差是目标机动引起的。设雷达测量的目标斜距、方位角和仰角分别为 R_1、α_1 和 β_1，目标机动引起的实际斜距、方位角和仰角分别为 R_2、α_2 和 β_2，系统跟踪误差在直角坐标系 x、y 和 z 维的值为

$$\begin{cases} \bar{x} = |x_2 - x_1| \\ \bar{y} = |y_2 - y_1| \\ \bar{z} = |z_2 - z_1| \end{cases} \tag{3.3.16}$$

其中

$$\begin{cases} x_1 = R_1 \cos\alpha_1 \cos\beta_1 \\ y_1 = R_1 \sin\alpha_1 \cos\beta_1 \\ z_1 = R_1 \sin\beta_1 \end{cases} 和 \begin{cases} x_2 = R_2 \cos\alpha_2 \cos\beta_2 \\ y_2 = R_2 \sin\alpha_2 \cos\beta_2 \\ z_2 = R_2 \sin\beta_2 \end{cases}$$

设某时刻雷达测量的目标斜距、方位角和仰角分别为 R、α 和 β，由式(3.2.39)得随机跟踪误差的均方差在 x、y 和 z 维的值：

$$\begin{cases} \sigma_x = \sigma_{zs} \cos\alpha \cos\beta + R\sigma_{z\alpha} \sin\alpha \cos\beta + R\sigma_{z\beta} \sin\alpha \sin\beta \\ \sigma_y = \sigma_{zs} \sin\alpha \cos\beta + R\sigma_{z\alpha} \cos\alpha \cos\beta + R\sigma_{z\beta} \sin\alpha \sin\beta \\ \sigma_z = \sigma_{zs} \sin\beta + R\sigma_{z\beta} \cos\beta \end{cases} \tag{3.3.17}$$

跟踪误差在直角坐标系每维上的概率分布仍然可近似成正态分布，根据随机和系统跟踪误差在直角坐标系每维的数值，可得其概率密度函数：

$$\begin{cases} P(e_x) = \dfrac{1}{\sqrt{2\pi}\sigma_x} \exp\left[-\dfrac{(e_x - \bar{x})^2}{2\sigma_x^2} \right] \\ P(e_y) = \dfrac{1}{\sqrt{2\pi}\sigma_y} \exp\left[-\dfrac{(e_y - \bar{y})^2}{2\sigma_y^2} \right] \\ P(e_z) = \dfrac{1}{\sqrt{2\pi}\sigma_z} \exp\left[-\dfrac{(e_z - \bar{z})^2}{2\sigma_z^2} \right] \end{cases} \tag{3.3.18}$$

　　只要信噪比不是无穷大，就存在随机跟踪误差。随机跟踪误差只能使跟踪波门围绕目标中心随机摆动。摆动范围不会超过跟踪波门宽度，具体数值与信噪比或信干比和跟踪器的类型有关。目标有意机动一般会引起系统跟踪误差。系统跟踪误差能使跟踪波门朝一个方向移动，容易使雷达丢失正在跟踪的目标，是干扰可利用的有利因素之一。

　　多数单目标跟踪雷达采用针状波束天线，方位角和仰角波束宽度近似相同，跟踪器相同，跟踪误差也相同，下面统称为角跟踪误差。径向速度与斜距有关，可把它归并到距离误差中。就一般跟踪雷达而言，可用距离和角度两种跟踪误差表示干扰效果。

3.3.5.3　距离跟踪误差

　　距离跟踪误差与距离跟踪器的种类有关，分离门距离跟踪器用得最早和最多，也有称它为分裂门

或前、后门距离跟踪器的。参考资料[7,10,11]分析了它在热噪声作用下的跟踪性能。根据式(3.3.10)和分离门跟踪器的特点,参考资料[7]给出了以时间为单位的基于单个脉冲的距离跟踪误差:

$$\sigma_1 = \frac{\tau}{k_r\sqrt{2(S/N)}} \tag{3.3.19}$$

式中,τ 和 k_r 分别为距离跟踪器输入端的脉冲宽度和距离误差鉴别斜率,S/N 为跟踪器输入信噪比。k_r 与波门宽度 τ_g、中放带宽 B 和跟踪器输入脉冲宽度 τ 有关。当 $1 < B\tau < 2$ 和 $\tau < \tau_g < 2\tau$ 时,距离跟踪器满足近似最佳的条件,此时 $k_r = 2.5$,跟踪误差最小。多数跟踪雷达按此关系设计距离跟踪器。在相同信噪比条件下,跟踪误差越小对干扰越不利,显然 $k_r = 2.5$ 对干扰最不利,适合干扰方分析干扰效果和评估干扰有效性。把 $k_r = 2.5$ 代入式(3.3.19)得近似最佳条件下基于单个脉冲的距离跟踪误差:

$$\sigma_{n1} = \frac{0.4\tau}{\sqrt{2(S/N)}}$$

伺服系统的带宽窄,有非相参积累作用,能提高信噪比或信干比。考虑脉冲积累后,分裂门距离跟踪器的最小距离跟踪误差(用延时误差表示)为[7]

$$\sigma_{ns} = \frac{0.4\tau}{\sqrt{(S/N)(f_r/B_{ns})}} \qquad S/N > 4 \tag{3.3.20}$$

一般情况下的距离跟踪误差(用延时误差表示)为

$$\sigma_{ns} = \frac{\tau}{k_r\sqrt{(S/N)(f_r/B_{ns})}} \qquad S/N > 4 \tag{3.3.21}$$

式中,B_{ns} 为距离跟踪器伺服系统的等效噪声带宽,近似等于距离跟踪系统的 3dB 闭环带宽。根据延时和距离的关系,将延时转换成距离后,上两式分别变为:

$$\sigma_{ns} = \frac{0.4c\tau}{2\sqrt{(S/N)(f_r/B_{ns})}} \qquad S/N > 4 \tag{3.3.22}$$

$$\sigma_{ns} = \frac{c\tau}{2k_r\sqrt{(S/N)(f_r/B_{ns})}} \qquad S/N > 4 \tag{3.3.23}$$

式中,c 为光速。如果光速的单位为米/秒,τ 的单位为秒,距离跟踪误差的单位为米。

式(3.3.20)和式(3.3.21)适合较高信噪比或 $S/N > 4$ 的场合。当信噪比较小时,需要考虑检波损失 C_d 和自动增益因子 C_a 的影响。由式(3.3.14)得低信噪比和最佳误差鉴别斜率时的距离跟踪误差:

$$\sigma_{ns} = \frac{0.4c\tau\sqrt[4]{C_d/C_a}}{2\sqrt{(S/N)(f_r/B_{ns})}} \tag{3.3.24}$$

一般情况为

$$\sigma_{ns} = \frac{c\tau\sqrt[4]{C_d/C_a}}{2k_r\sqrt{(S/N)(f_r/B_{ns})}} \tag{3.3.25}$$

遮盖性干扰与机内噪声相似,考虑干扰样式品质因素影响并用信干比代替有关式中的信噪比,就能用它们计算遮盖性干扰下的距离跟踪误差。类似方法也可用于计算角度和速度跟踪误差。

式 (3.3.22)～式 (3.3.25) 为雷达在机内噪声或遮盖性干扰下的距离跟踪误差。除此之外，目标的距离闪烁和跟踪器响应目标加速度能力有限造成的滞后误差也会引起距离跟踪误差。2.4.2.2 节作为目标噪声给出了目标距离闪烁引起的距离跟踪误差 σ_{ss}，如式 (2.4.14) 所示，近似等于

$$\sigma_{ss} = \frac{L}{4} \sim \frac{L}{6} \text{ (m)} \tag{3.3.25a}$$

距离跟踪系统的带宽较窄，响应加速度的能力有限，目标加速会引起滞后误差。设目标的径向加速度为 a_s，距离跟踪器的加速度系数为 K_{es}，距离跟踪滞后误差的均方根值为[12]

$$\sigma_{as} \approx \frac{a_s}{K_{es}} = \frac{a_s}{2.5 B_{ns}} \tag{3.3.26}$$

式中，B_{ns} 的单位为 Hz，a_s 的单位为 m/s²，滞后误差的单位为 m。

目标非有意机动时间短，有正有负，它引起的滞后误差可当随机误差处理。因每种误差本身近似为正态分布，三种误差之和也是正态分布的，其均值为 0，总距离跟踪误差为

$$\sigma_{zs} = \sqrt{\sigma_{ns}^2 + \sigma_{ss}^2 + \sigma_{as}^2} \tag{3.3.27}$$

把式 (3.3.27) 的值代入式 (3.3.17) 得总距离跟踪误差在直角坐标系每一维上的跟踪误差。

3.3.5.4 角跟踪误差

和距离跟踪误差一样，角跟踪误差也可分三种：一、机内噪声、杂波或遮盖性干扰引起的角跟踪误差；二、目标角闪烁产生的角跟踪误差；三、目标角加速引起的角度滞后误差。

角跟踪误差与角跟踪体制有关。用波束宽度 $\theta_{0.5}$ 和锥扫雷达的角误差鉴别斜率 k_s 代替式 (3.3.11) 的 g 和 k_r 得锥扫角跟踪雷达在热噪声或遮盖性干扰中的角跟踪误差[7]：

$$\sigma_{n\theta} = \frac{1.4\theta_{0.5}}{k_s\sqrt{B\tau(S/N)(f_r/\beta_{n\theta})}} \quad S/N > 4 \tag{3.3.28}$$

式中，B 和 τ 分别为锥扫雷达接收机中放输出信号的带宽和脉冲宽度，$\beta_{n\theta}$ 为角跟踪器伺服系统的等效噪声带宽，近似等于角跟踪系统的闭环带宽。锥扫雷达的角误差鉴别斜率 k_s 为 1.5[12]。把影响低信噪比的因素代入式 (3.3.14) 得低信噪比条件下锥扫跟踪雷达的角跟踪误差：

$$\sigma_{n\theta} = \frac{1.4\theta_{0.5}\sqrt[4]{C_d/C_a}}{k_s\sqrt{B\tau(S/N)(f_r/\beta_{n\theta})}} \tag{3.3.29}$$

若 $\theta_{0.5}$ 的单位为弧度、B 和 τ 的单位为兆赫兹和微秒，则 $\beta_{n\theta}$ 的单位为赫兹，角跟踪误差的单位为弧度。

在相同条件下，单脉冲雷达的角跟踪误差较锥扫雷达小，其主要原因是：一、单脉冲雷达的角误差鉴别斜率 k_m 为 1.57，略高于锥扫雷达；二、单脉冲雷达无波束交叉损失，轴向增益较高；三、锥扫雷达的角误差近似为正弦调制，它有两根对称的谱线。单脉冲跟踪雷达的角误差信号只有单根谱线，进入伺服系统的噪声功率只有锥扫雷达的一半。对于大信噪比，单脉冲跟踪雷达的角跟踪误差为

$$\sigma_{n\theta} = \frac{\theta_{0.5}}{k_m\sqrt{B\tau(S/N)(f_r/\beta_{n\theta})}} \quad S/N > 4 \tag{3.3.30}$$

按照锥扫雷达在低信噪比条件下跟踪误差的分析方法得单脉冲跟踪雷达在低信噪比时的角跟踪误差：

$$\sigma_{n\theta} = \frac{\theta_{0.5} \sqrt[4]{C_d / C_a}}{k_m \sqrt{B\tau (S / N)(f_r / \beta_{n\theta})}} \tag{3.3.31}$$

运动目标有角闪烁，角闪烁将引起角跟踪误差。式(2.4.13)给出了角闪烁引起的角跟踪误差：

$$\sigma_{s\theta} \approx \left(\frac{1}{3} \sim \frac{1}{6}\right) \frac{w}{R} (弧度) \tag{3.3.32}$$

式(3.3.32)的符号定义见式(2.4.13)。

和距离跟踪器一样，角跟踪器响应目标角加速度的能力也是有限的，目标角加速会产生角度滞后误差。设目标的角加速度为 a_θ，跟踪系统的角加速度系数为 $K_{e\theta}$，目标角加速产生的角跟踪滞后误差为[12]

$$\sigma_{a\theta} = \frac{a_\theta}{K_{e\theta}} \approx \frac{a_\theta}{2.56 \beta_{n\theta}^2} (弧度) \tag{3.3.33}$$

式中，a_θ 的单位为弧度/秒^2，$\beta_{n\theta}$ 的单位为 Hz。如果角度机动是无意的，角跟踪误差只有随机分量。合成角跟踪误差近似为 0 均值正态分布，方差为

$$\sigma_{z\theta}^2 = \sigma_{n\theta}^2 + \sigma_{s\theta}^2 + \sigma_{a\theta}^2 \tag{3.3.34}$$

雷达用方位角和仰角描述目标的角度。单目标跟踪雷达多数用对称波束，方位面和仰角面的波束宽度、形状和跟踪器参数近似相同，因此 $\sigma_{n\theta}$ 相同。如果目标不进行有意机动，也可认为方位面和俯仰面的角度滞后跟踪误差相同。角闪烁误差与目标相对雷达的横向和纵向尺寸有关，如果两者的差别较大，两个面的角闪烁跟踪误差不同。把目标相对雷达的横向和纵向尺寸分别代入式(3.3.32)得两个面的角闪烁跟踪误差，设其分别为 $\sigma_{s\alpha}$ 和 $\sigma_{s\beta}$。分别用 $\sigma_{s\alpha}$ 和 $\sigma_{s\beta}$ 替换式(3.3.34)中的 $\sigma_{s\theta}$，得方位面和俯仰面的总角跟踪误差：

$$\begin{cases} \sigma_{z\alpha} = \sqrt{\sigma_{n\theta}^2 + \sigma_{s\alpha}^2 + \sigma_{a\theta}^2} & 方位角 \\ \sigma_{z\beta} = \sqrt{\sigma_{n\theta}^2 + \sigma_{s\beta}^2 + \sigma_{a\theta}^2} & 仰角 \end{cases} \tag{3.3.35}$$

和距离跟踪误差一样，若目标不进行角度有意机动，总角度跟踪误差可近似成 0 均值正态分布。

在雷达对抗中，有机动能力的目标常常采用机动运动来提高干扰效果。如果机动前存在强遮盖性干扰，跟踪器不能感知目标运动参数的变化，有意机动可产生与机动时间成正比的系统跟踪误差。图 3.3.8 为目标机动运动影响跟踪误差的示意图。设放干扰前目标相对雷达的径向速度为 v_0，放干扰后立即机动，机动前后速度相同，两者的方向夹角为 α 度，由图 3.3.8 得机动后的径向速度和产生角度跟踪误差的速度分量分别为

$$v_z = v_0 \cos \alpha \ 和 \ v_h = v_0 \sin \alpha$$

设持续机动时间为 t_0，机动引起的距离跟踪误差为

$$\Delta R = v_0 t_0 (1 - \cos \alpha)$$

设机动开始时目标到雷达的距离为 R_0，机动引起的角跟踪误差为

$$\beta = \arctan \left(\frac{v_0 t_0 \sin \alpha}{R - v_0 t_0 \cos \alpha}\right)$$

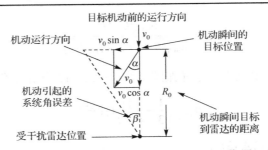

图 3.3.8　机动运动对跟踪误差的影响示意图

目标机动方式可能千差万别，产生的跟踪误差由机动方向、速度和加速度等确定。有意机动产生的距离和角跟踪误差的具体数值必须根据具体情况计算。

3.3.5.5　速度跟踪误差

多数跟踪雷达使用二型跟踪器。这种跟踪器依据目标当前的位置、速度、加速度等预测下一时刻的目标位置，并根据预测的目标位置控制跟踪波门的移动速度和方向，使其能与目标的下一个回波重合。此外，火控计算机利用雷达提供的目标状态数据计算武器的发射前置角时，也需要目标的速度和加速度数据。因此，不管跟踪雷达是否控制武器或武器系统，都需要测量目标的速度。为了简单起见，计算速度跟踪误差时，假设目标的加速度为 0。

雷达有两种测速方法：一种是测量目标多普勒频率的间接测速，由速度跟踪器完成速度测量；另一种是测量目标的距离变化率的直接测速。两种测速误差的数学模型不同。设 B、τ 和 S/N 分别为雷达接收机中放带宽、脉冲宽度和单个脉冲的信噪比，B_c、F_r 和 β_{nf} 分别为窄带多普勒滤波器的带宽、雷达脉冲重复频率和速度跟踪器伺服系统的等效噪声带宽，多普勒频率跟踪误差为[7]

$$\sigma_f = \frac{B_c}{k_f \sqrt{2B\tau(S/N)[F_r/(2\beta_{nf})]}}$$

其中 k_f 为频率误差鉴别器的误差斜率。噪声功率为机内噪声与遮盖性干扰功率之和。如果中放为匹配滤波器，则 $B\tau = 1$。频率误差鉴别器的种类较多，如果都按最佳参数设计，k_f 的最大值近似相等，等于 1.1[9]。把 k_f 的最大值和 $B\tau = 1$ 代入上式得：

$$\sigma_f = \frac{B_c}{1.1\sqrt{(S/N)(F_r/\beta_{nf})}} \tag{3.3.36}$$

式中，σ_f 是以频率为单位表示的速度跟踪误差。计算测速误差引起的前置角误差需要用米/秒为单位的速度跟踪误差。设雷达的工作波长为 λ，多普勒频率与目标径向速度的关系为

$$f_d = 2V/\lambda$$

把上述关系代入式 (3.3.36) 并整理得用米/秒为单位表示的速度跟踪误差：

$$\sigma_v = \frac{\lambda B_c}{2.2\sqrt{(S/N)(F_r/B_{nf})}} \ (\text{m/s}) \tag{3.3.37}$$

式中，λ 的单位为米，B_c 的单位为 Hz。

第二种测速方法是测量距离变化率，设 t_1, t_2 时刻测量的目标距离分别为 R_1 和 R_2，目标的速度为

$$V = \frac{R_2 - R_1}{t_2 - t_1} = \frac{\Delta R}{\Delta t}$$

t_2-t_1 为确定量，测速误差仅由测距误差引起。因两次测距时间较长，可认为两次的测距误差独立且相等。由此得依据测量距离变化率的测速误差，它等于 $\sqrt{2}$ 倍的测距误差：

$$\sigma_{\mathrm{v}} = \sqrt{2}\sigma_{\mathrm{r}} / \Delta t \tag{3.3.38}$$

式(3.2.32)给出了雷达在遮盖性干扰或机内噪声作用下的最小测距误差：

$$\sigma_{\mathrm{r}} = \frac{c\tau}{2} \frac{1}{\sqrt{n(S/N)_1}}$$

令 Δt 等于单位时间并把上式代入式(3.3.38)得第二种测速方法的测速误差：

$$\sigma_{\mathrm{v}} = \frac{c\tau}{\sqrt{2}} \frac{1}{\sqrt{n(S/N)_1}} \tag{3.3.39}$$

3.4　多目标跟踪雷达

目前，有两种工作原理完全不同的多目标跟踪雷达。一种与单目标跟踪原理相似，用多组跟踪器(一组跟踪器包括连续跟踪一个目标需要的全部跟踪器)分别跟踪不同的目标；另一种是用搜索雷达的数据，通过算法实现多目标跟踪。两种多目标跟踪雷达的共同点是，天线波束分时照射不同的跟踪目标；跟踪目标的同时还能搜索目标；跟踪误差与数据率有关。两者的主要区别是，第一种多目标跟踪雷达有专用的跟踪器，一个目标一组跟踪器；跟踪器控制天线或用跟踪器的预测目标方向数据控制天线指向；主要用途是控制武器，它既能攻击单目标，也能控制多枚武器攻击不同的目标。另一种多目标跟踪雷达无专用跟踪器，不控制天线，也不控制武器，主要用途是防区监视、威胁判别、威胁程度确定、目标分配等。

3.4.1　多目标跟踪原理

两种多目标跟踪雷达的工作原理不同，组成也不同。除有多组跟踪器外，第一种多目标跟踪雷达的组成与单目标跟踪雷达相似。因跟踪器和要跟踪的目标多，资源管理内容和复杂程度远高于单目标跟踪雷达。多目标跟踪相当于多对多作战组织模式，存在资源分配问题。为了方便把有限的跟踪资源分配给需要跟踪的目标并保证各组跟踪器始终跟踪自己的目标，要对跟踪器和目标编号，一般按威胁级别和发现顺序给跟踪器分配目标，如第一组跟踪器跟踪最高威胁级别的一号目标等。分配目标的同时要编排控制天线波束的顺序和频度，规定数据采集与跟踪器的对应关系和设置初始跟踪数据等。

已分配目标的跟踪器按单目标跟踪方式工作。用该组跟踪器预测的目标方向数据控制天线波束指向。当天线波束指向预测的目标方向时，数据采集器把各波束(单脉冲雷达)在预测距离上的数据采集下来，送给该组跟踪器。此组跟踪器就获得了被跟踪目标的当前数据。此后的工作与单目标跟踪器完全相同。所辖各维跟踪器鉴别自己维的跟踪误差，处理此误差和初始跟踪数据得到目标当前各维的坐标和运动速度、加速度等。并用这些数据更新初始跟踪数据和预测下一时刻目标的位置和天线指向。当轮到该组跟踪器采集目标数据时，就用预测的下一时刻的目标方向数据控制天线波束，使其指向被跟踪目标的方向。数据采集器采集该方向预测距离上的数据，该组跟踪器就得到了下一时刻的目标数据。按照前一次采集数据的处理方法，可得目标的新位置和运动趋势的数据。用这些数据更新前一时刻的初始跟踪数据和预测再下一时刻的目标位置和方向。当再次轮到该组跟踪器采集数据时，就用预测的再下一时刻的目标方向数据控制天线波束，使其指向被跟踪目标。如此重复下去，就能实现一组跟踪器连续跟踪一个目标。

一组跟踪器或一个被跟踪目标的数据采集结束，立即进入数据处理。在该组跟踪器处理被跟踪目标的数据期间，天线波束控制权交给第二组跟踪器，使波束指向第二组跟踪器预测的目标方向，照射其跟踪的目标，其控制过程和此期间的工作内容与第一组跟踪器完全相同。当第二组跟踪器获得被跟踪目标的数据并开始处理时，天线转为受第三组跟踪器控制。只要天线指向转换足够快且跟踪器足够多，就能实现对多目标的跟踪。这就是第一种多目标跟踪雷达的工作原理。

第一种多目标跟踪雷达的工作原理说明，要实现多目标跟踪，天线必须按需要照射目标即有随机照射功能，且波束转换速度足够快。为了提高数据率，减少天线在每个目标上的驻留时间，需要单脉冲工作方式。只有相控阵雷达才具备这些功能。所以，目前采用这种多目标跟踪方式的都是相控阵雷达。

受多种限制，第一种多目标跟踪方式能同时跟踪的目标数十分有限。当需要跟踪大量目标时，必须采用另一种多目标跟踪方式。此种多目标跟踪方式用搜索雷达的数据，通过建立目标航迹，实现多目标跟踪。具有这种功能的雷达称为 TWS（边跟踪边搜索）雷达。TWS 雷达没有跟踪波门和天线伺服系统，也不控制天线指向，仅凭接收的目标数据确定其运动规律。从外形和组成上看，它和一般搜索雷达无本质差别。主要区别是信号和数据处理软件，航迹处理软件是这种雷达的关键技术。其工作原理如下。当天线扫过目标时，把接收的目标数据采集下来，按一般搜索雷达的信号处理方法获得目标当前的空间位置，在航迹处理中称其为点迹。根据当前扫描获得的点迹参数、历史点迹参数、测量误差模型和目标运动模型等设置相关区。在连续多次扫描中，若某个目标的回波或点迹落入相关区的次数达到或超过规定值（通常为 3～5 次），表示已基本掌握该目标的运动规律或目标运动模型，可建立目标的航迹。航迹建立意味着跟踪开始。一旦开始跟踪，就用卡尔曼或 $\alpha-\beta$ 等滤波算法得到目标运动状态的估值。运动状态的估值包括目标的当前位置、速度和加速度等。用这些数据预测目标的未来位置，设置下一个相关区。根据下一点迹落入相关区的情况，用上述处理方法得该次扫描的目标状态的新估值，把航迹延伸到目标的当前位置。用目标运动状态的新估值预测再下一次扫描的目标位置和设置相关区。如此处理每个目标的点迹，使航迹延伸下去，实现对一个目标的连续跟踪。天线扫过规定区域，可能收到很多个目标的点迹，对每个目标的点迹作类似的处理，就能实现对多目标的跟踪。

3.4.2　航迹处理的概念和过程

TWS 雷达有航迹处理功能，并能将目标的航迹显示给操作员或指挥人员。雷达能从航迹处理获得很多好处，如减少虚警和漏警，增强目标识别能力，特别能提高抗假目标干扰的能力。真目标的航迹较稳定，持续时间较长，不会突变。干扰机产生的假目标航迹稳定性较差且持续时间较短，雷达可利用两者在航迹上的差别区分真假。

航迹处理有四个常用术语：点迹、自由点迹、备选航迹和正式航迹。雷达把天线每个扫描周期检测到的目标回波定义为点迹。若本次扫描接收的点迹不能与前次扫描接收的点迹、已确定的备选航迹和正式航迹相关上，将该点迹定义为自由点迹。如果本次扫描接收的点迹与已定义的自由点迹相关上，该自由点迹和相关上的点迹构成备选航迹。如果本次扫描的点迹与已确定的且质量等级达到要求的备选航迹相关上，该备选航迹和相关上的点迹构成正式航迹。如果正式航迹与点迹相关上，则维持正式航迹并把航迹延长到该点迹的位置。

为了可靠和方便航迹处理，一般要定义自由点迹、备选航迹和正式航迹的转移规则或转移条件。航迹处理中的质量等级就是为这种转移而制定的。航迹处理通常采用三级质量等级。自由点迹的最高质量等级为 1，备选航迹为 2，正式航迹为 3。三级质量等级的转移规则为：自由点迹与点迹相关上，质量等级加 1，自由点迹转移成备选航迹。质量等级为 2 的备选航迹与点迹相关上，质量等级加 1，转移成正式航迹。但正式航迹不能降为备选航迹或自由点迹，备选航迹也不能降为自由点迹。如果正式航迹没能与当前扫描获得的点迹相关上，质量等级减 1。对于没有相关上的自由点迹和备选航迹也作相同的处理。只要质量等级降至 0，无论自由点迹、备选航迹还是正式航迹一律取消。航迹处理规则并非一成不变，设立多少个质量等级，或需要相关上多少个点迹才确定为正式航迹等等都可根据实际情况确定。

有了上面的规则，就容易理解航迹处理的原理和过程。航迹处理的主要工作有：一、根据预先确定的规则建立自由点迹、备选航迹和正式航迹；二、拆消自由点迹、备选航迹和正式航迹；三、参数平滑滤波和设置下一个点迹的相关区等。航迹处理过程简述如下。

第一个扫描周期得到的点迹只进行两项处理：一、定义自由点迹和确定其质量等级。设第一个扫描周期获得了 n 个点迹，把它们都定义为自由点迹，质量等级都设为 1。二、设置每个自由点迹的相关区。一个点迹没有目标的运动速度和运动方向的信息。如果无其他信息支持，只能根据目标运动速度的先验信息或假设的运动模型设置自由点迹的相关区。设 v_{max}、v_{min} 和 t_a 分别为目标可能的最大、最小速度和雷达天线的扫描周期，还假设目标能向任意方向匀速运动，那么下个扫描周期获得的点迹可能落入以该自由点迹为圆心、以 $v_{max}t_a$ 和 $v_{min}t_a$ 为半径的圆环内，此圆环就是该自由点迹的相关区。

设第二次扫描获得了 m 个点迹，对这些点迹要进行四项处理：一、把它们一一与第一次扫描定义的自由点迹进行相关，即查看它们是否落入某个自由点迹的相关区，如果落入就称该点迹与该自由点迹相关相上，质量等级加 1 变为 2，把该点迹和此自由点迹一起转移成备选航迹。二、确定备选航迹的相关区。备选航迹包括两个点迹，根据两个点迹之间的距离和 t_a 就能粗略估算目标的运动方向和运动速度。依据上述信息和参数测量误差或定位误差模型可预测该备选航迹下一个点迹的位置及其相关区。若第 i 个备选航迹的两个点迹间的距离为 ΔR_i，该备选航迹的下一个点迹即预测点迹将出现在前两个点迹连线的延长线上，且距最新点迹的距离为 ΔR_i。因目标有闪烁和雷达有参数测量误差，导致预测点迹的位置不准确。为减少错误，需要根据雷达的参数测量误差设置相关区。备选航迹的相关区近似为一长方体，预测点迹处于其中心。按照上述过程和方法处理完所有的自由点迹。三、定义新的自由点迹。把本次扫描获得的没能与前次扫描定义的自由点迹相关上的点迹定为新的自由点迹，赋予质量等级 1。新自由点迹相关区的确定方法同第一次扫描。四、删除上次扫描获得的没能相关上的自由点迹。如果原有的自由点迹没能与本次扫描的点迹相关上，将质量等级减 1 变为 0，并从记录中删除。所谓删除就是清除它的数据，不再参与以后的航迹处理。

随着天线扫描次数的增加，航迹处理的工作量随之增加。其中自由点迹的处理方法同第二次扫描。设第三次扫描获得了 k 个点迹，航迹处理要做的第一件事就是把本次扫描获得的点迹与备选航迹进行相关处理。如果有点迹进入质量等级为 2 的备选航迹的相关区，就把该备选航迹转为正式航迹，质量等级加 1 变为 3，确认有目标存在。然后，根据刚相关上的点迹和备选航迹上的历史点迹参数及相互关系，对目标的航向和速度数据进行平滑滤波，得到此目标较精确的当前位置、航向和速度等数据。利用这些信息预测该正式航迹下一个点迹的中心位置并设置相关区域。最后输出目标参数、批号并显示航迹(把相关上的点迹连接起来)。如果备选航迹的质量等级加 1 后才变为 2，则保持备选航迹不变，继续按备选航迹处理。如果没有点迹落入备选航迹的相关区，将该备选航迹的质量等级减 1，在前次预测的点迹位置补充一个点迹。根据前次的航向、速度和补充点迹的位置外推下一个点迹的位置并设置相关区。按照上述方法处理完所有的备选航迹。航迹处理要做的第二件事是确定新的备选航迹。把自由点迹与本次扫描获得的落入其相关区但没能与备选航迹相关上的点迹相关，具体处理过程和方法同第二次扫描。该过程一直进行到处理完以前获得的所有自由点迹为止。航迹处理的第三件工作是确定新的自由点迹，其处理方法和过程同第二次扫描。第四件工作是删除质量等级为 0 的自由点迹和备选航迹。

天线扫描次数增多后，有关点迹与自由点迹和备选航迹的处理过程和方法与前面的相同，下面不再说明。如果正式航迹与本次扫描获得的点迹相关上，把该航迹的已有参数和新点迹的参数进行平滑处理，获取最新的更精确的目标状态信息，并按最新获取的目标状态信息预测下一个点迹的中心位置和设置相关区。若该航迹的质量等级小于 3，则加 1，否则维持 3。最后将显示的航迹延长到新相关上的点迹和输出目标的最新数据。因目标回波起伏、杂波和机内噪声等影响，造成雷达接收信号的功率起伏，不能保证每次扫描都能获得目标的点迹。如果在某次扫描中，没有点迹与正式航迹相关上，其处理方法是，将质量等级减 1，在前次的预测点迹位置上补充一个点迹，将航迹延长至该点，并根据历史点迹数据和补充点迹的参数预测下一点迹的中心位置和设置相关区。如果连续出现点迹丢失，可按上述步骤继续处理，直到质量等级降成 0 为止。若因连续多次没有点迹相关上而质量等级减为 0，则删除该正式航迹。如果在质量等级还没减为 0 时，该正式航迹与某次扫描的点迹相关上，则质量等级加 1，并按正常情况预测下次扫描的点迹中心位置、设置相关区和对质量等级的处理。

上面为理想情况下的航迹处理过程，航迹处理的大量工作是处理特殊情况，如航迹交叉、多个点迹落入同一正式航迹或备选航迹的相关区等等，这些问题的处理技术可参考雷达数据处理等著作。

由雷达航迹处理原理和方法知，遮盖性和欺骗性干扰都能影响航迹处理或多目标跟踪。遮盖性干扰能降低目标检测概率，使点迹时有时无，不但会增加跟踪误差，使航迹不连续，甚至使雷达中断跟踪或丢失目标。只要密集多假目标环绕在被跟踪目标的周围且尽量靠近它，假目标就会进入正式航迹的相关区，既能增加航迹处理负担，又能扰乱对真目标的跟踪，精心设计的假目标还能产生假航迹。

3.5　多部雷达构成的系统

3.5.1　基本构成模型

单部雷达的抗干扰能力和作战能力有限，太多的抗干扰措施会使雷达过于复杂，损失其他方面的性能。把不同体制、不同工作参数和处于不同位置的多部雷达组织起来构成系统。这样的系统就是多部雷达构成的系统。这种系统不但能显著增强抗干扰能力，还能提高综合作战能力。在未来的电子对抗中，它可能成为雷达对抗装备的主要作战对象。

构成方式不同，多部雷达构成的系统的综合性能不同，对干扰效果的影响也会不同。单部雷达和多部雷达构成的系统有相同的作战对象和作战目的，根据目标信息在系统内部流通的情况可将这种系统分成四种基本模型：串联、并联、串并联组合和组网。

串联系统是指只有前一个环节完成了自己的任务，后一个环节才能有效地开展自己的工作，前一个环节的工作质量直接影响后续环节的工作质量。串联雷达系统中的目标信息只能逐级传递，其中任一设备只接收前一级设备的信息，其输出信息只给下一级设备。图 3.5.1 是由一部目标指示雷达、一部跟踪雷达、武器控制系统和武器构成的串联系统示意图。图中 P_{rd}、P_g、P_a 和 P_h 分别为目标指示雷达发现目标的概率、引导概率、跟踪雷达捕获指示目标的概率和武器的命中概率。

从信息流通的路径看，该系统是典型的串联系统。在一般情况下，目标指示雷达的信息只能引导跟踪雷达，不能越过跟踪雷达控制武器。有的武器系统虽然有多部目标指示雷达、跟踪雷达，但其作用区域互不重叠，对于不同区域的目标来说，这样的系统仍然属于串联系统。

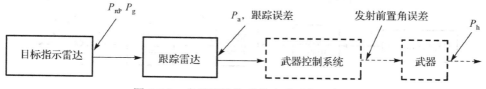

图 3.5.1　多部雷达构成的串联系统示意图

多部作用区域相同的雷达或/和其他传感器向同一用户提供目标数据，该用户根据一定的准则，只选择其中之一的数据进行后续处理，这些雷达或/和其他传感器构成并联系统。最常见的是多部预警雷达向同一个指控中心提供同一区域的目标数据，或者多部目标指示雷达向同一跟踪雷达提供同一区域的目标信息。如果多传感器虽然向一个用户提供目标数据，但作用区域互不重迭，这种系统不是并联系统。现代武器控制系统通常包括雷达和其他传感器，如果雷达和其他传感器的作用区域相同、作战对象相同，则该雷达和其他传感器构成混合并联系统。图 3.5.2 就是由多部目标指示雷达构成的并联系统示意图。图中 $P_{rd1}, P_{rd2}, \cdots, P_{rdn}$ 和 $P_{g1}, P_{g2}, \cdots, P_{gn}$ 分别为目标指示雷达 1～n 探测同一目标的概率和引导跟踪雷达的概率。其他符号的定义与图 3.5.1 相同。在这种并联系统中，跟踪雷达一般选用工作质量最好的目标指示雷达提供的数据。

根据多部雷达构成的串联和并联系统的定义，容易组成串并联组合系统。如果把并联部分的雷达性能或作战能力等效成一部雷达，那么图 3.5.2 就可等效成串联系统。

雷达网是一种把覆盖区域互有重迭的体制、波段和极化相同或不同的雷达适当布站再有机连接起来而构成的雷达系统。雷达网分单基地雷达网、双/多基地雷达网以及雷达与其他传感器构成的混合网。在军事上，预警雷达网和搜索或目标指示雷达网用得较多。图 3.5.3 是由目标指示雷达网、跟踪雷达、武器控制系统和武器构成的雷达系统作战示意图，图中符号的定义与图 3.5.2 相同。单基地雷达网由多部雷达、数传系统和数据处理中心等组成。在组成上与并联雷达系统相比，雷达网仅多了数传和专用的数据处理中心。数据处理中心的主要工作是数据融合。有的数据处理中心在物理上与雷达独立，有的隶属于某个雷达站。

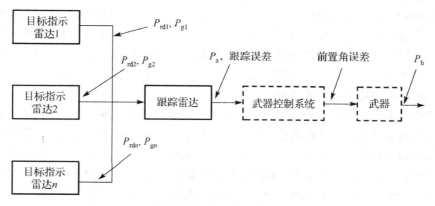

图 3.5.2　多部目标指示雷达构成的并联系统示意图

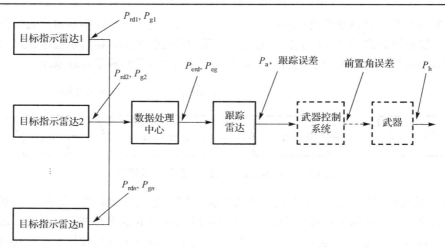

图 3.5.3   目标指示雷达网的组成示意图

　　一般来说不同功能或执行不同任务的雷达可构成串联雷达系统，相同功能或执行相同任务的雷达可构成并联或组网雷达系统。火控系统中的目标指示雷达和跟踪雷达是典型的串联雷达系统，其性能将在第 5 章讨论。并联雷达系统能提高任务可靠性，增强抗干扰能力。这种系统每次只用一部雷达的数据，使用效率较低、性价比不高。雷达网可综合利用网中全部雷达提供的目标信息，能显著提高综合作战能力，是一种发展很快的由多部雷达构成的系统，必将成为未来雷达对抗的主要作战对象。

3.5.2   雷达网的数据融合方法及性能

　　雷达网的工作过程和作用原理比较简单。网中每部雷达的工作过程与单部雷达无本质区别，都要独立发射信号、接收目标回波和处理目标信息，其总工作量不会超过不组网的单部雷达。和单部雷达不同的是，每部雷达的数据处理结果不是送给指控中心或跟踪雷达，而是经过数传系统送给数据处理中心。雷达网要完成的其他工作由数据处理中心承担并完成。数据处理中心按照一定的数据融合准则，确定目标的存在(检测目标)，完成参数测量、航迹处理和目标跟踪。和多部雷达构成的并联系统一样，网中雷达可工作在不同的波段、处于不同的位置，具有不同的天线扫描周期和波形参数，非同步照射目标、探测目标。表面上看不同雷达的接收数据差别很大，实际上经过数据融合处理后，其结果在形式上与单部雷达独立工作结果相同，也就是说，多部雷达加数据处理中心共同完成一部雷达的功能。虽然雷达网的数据处理结果在形式上与单部雷达相同，但是数据质量大大提高。更重要的是组网还能获得一些单部雷达不可能有的能力，如抗反辐射攻击、抗低空入侵和探测隐身目标的能力。

　　数据融合技术是雷达网的关键技术，它决定了雷达网的目标探测能力、定位精度和抗干扰性能等。目前用得较多的有三种数据融合方法：一、基于网中雷达提供的原始接收数据；二、基于网中雷达提供的点迹数据；三、基于网中雷达提供的航迹数据。数据融合的方法不同，雷达网的性能不同，对网中雷达的数据处理内容和提供数据的要求不同，数传和数据融合的工作量也不同。在实际使用中，一般根据用途、具体条件选择不同的数据融合方法。下面简单说明三种数据融合方法的工作内容和基本性能。

3.5.2.1　基于原始接收数据的数据融合方法

基于网中雷达提供的原始接收数据的融合等效于在脉冲基础上的数据融合。它要求网中雷达提供原始接收数据，不要求它们完成点迹检测和参数测量等处理。数据融合中心通过坐标变换，把各雷达的接收数据统一到雷达网的坐标系中，再进行时间、空间对准等处理，使不同雷达接收的但处于雷达网的一个检测单元内的数据汇集在一点。如果此检测单元的数据是来自某个目标的回波且超过检测门限，雷达网由此得到相当于单部雷达的一个接收脉冲。经过多个脉冲重复周期后，就能把各雷达的接收脉冲综合成类似一部雷达的接收脉冲序列。其后的信号和数据处理与单部雷达的相同，即在此脉冲串基础上进行目标检测、参数测量，得到目标的点迹，完成航迹处理和目标跟踪等。

和单部雷达的目标检测相比，这种数据融合方法相当于多了一次非相参积累。设雷达网由 N 部雷达组成，每部雷达接收脉冲的平均信噪比相同，假设等于 $\bar{S}_n$，时空对准处理后的信噪比或信干比近似提高 $\sqrt{N}$ 倍。网中雷达越多，信噪比提高越明显。设雷达网的等效非相参积累脉冲数为 m，检测目标用的信噪比或信干比近似为 $\bar{S}_n\sqrt{mN}$。目标检测概率、参数测量精度或跟踪精度都是信噪比或信干比的函数，提高信噪比意味着提高检测概率、参数测量精度和目标跟踪精度。把融合处理后的信噪比代入 3.2.2.1 节有关检测概率计算模型得雷达网发现目标的概率 P_{nd}，把融合处理后的信噪比代入式(3.2.32)～式(3.2.34)得雷达网的距离、速度和角度测量误差。根据雷达网的参数测量误差及其概率密度函数和跟踪雷达的捕获搜索区的范围，用 3.2.2.3 节的有关模型得目标指示雷达网的引导概率 P_{ng}。从数据融合后的结果看，目标指示雷达网具有单部目标指示雷达的全部功能，但性能远远优于单部雷达。

虽然基于原始接收数据的数据融合方法能获得最大信息量，但是这种融合方法存在两个问题：一个是对数传系统要求太高，除了要求有大的带宽外，还要求有高的数据传输速率。因为网中雷达提供的原始接收数据没经过门限比较，既有目标的回波脉冲，也有杂波，机内噪声和外界干扰，雷达网的每个检测单元几乎都有数据。另一个问题是数据融合中心的工作量大，对数据处理能力要求较高。除点迹、航迹等处理外，还要进行点迹检测和参数测量。这种数据融合方法只适合很小的雷达网。目前用得较多的是第二种数据融合方法。

3.5.2.2　基于点迹的数据融合方法

基于点迹的数据融合方法需要网中雷达提供点迹的参数，即完成点迹检测和参数测量，不要求它们进行航迹处理和目标检测、识别和参数测量。由于提供的数据经过了门限比较、点迹参数测量，去除了低于门限的杂波和机内噪声，大大减少了上传的数据量，能显著减少数传和数据处理中心的工作量。基于点迹的数据融合方法仍然要进行坐标变换和时间对准。把来自不同雷达的同一目标的点迹综合成雷达网的一个点迹，在此基础上完成目标检测和参数测量。再通过各种滤波技术将点迹构成航迹、完成目标跟踪。基于原始接收数据的目标检测方法与一般雷达没有两样，但是基于点迹的数据融合方法因为没有原始接收数据可用，只能用网中雷达的点迹检测结果，其目标检测方法与第一种完全不同。目前已总结出三种融合目标检测准则："与"、"或"和"表决法"。"与"融合检测准则为，只有网中所有雷达都发现目标，才判雷达网发现目标。"或"融合检测准则是只要网中有一部雷达发现目标，就判雷达网发现目标。表决法融合检测准则为，在 N 部雷达组成的雷达网中，只有发现目标的雷达数大于或等于 $K(K<N)$ 部才判有目标存在，也有称这种准则为 K/N 融合检测准则的。

如果已知网中每部雷达发现目标的概率，可确定三种融合检测准则的检测概率。设网中雷达全部正常且非同步工作，第 i 部雷达发现目标的概率为 P_{di}，虚警概率为 P_{fai}，"与"融合检测准则发现目标的概率为各雷达发现目标概率之积：

$$P_D = \prod_{i=1}^{n} P_{di} \tag{3.5.1}$$

"与"融合检测准则的虚警概率为

$$P_F = \prod_{i=1}^{n} P_{fai} \tag{3.5.2}$$

"或"融合检测准则的发现概率等于至少有一部雷达发现目标的概率，即

$$P_D = 1 - \prod_{i=1}^{n} (1 - P_{di}) \tag{3.5.3}$$

"或"融合检测准则的虚警概率为

$$P_F = 1 - \prod_{i=1}^{n} (1 - P_{fai}) \tag{3.5.4}$$

　　"表决法"融合检测准则和滑窗检测相似，即只有当发现目标的雷达数达到规定值(等效于滑窗检测门限)才判目标存在。设规定的门限为 K，网中雷达总数为 N，雷达网的目标发现概率为大于或等于 K 部雷达发现目标的概率。如果网中各雷达发现某目标的概率不同，可用 3.2.2.1 节介绍的方法处理此问题。如果 N 和 k 都不大，可用"穷举法"解决有关问题。这里举一个例子来说明用"穷举法"计算雷达网发现概率的方法。设雷达网由四部雷达组成，都处于正常工作状态，他们发现指定目标的概率分别为 P_1、P_2、P_3 和 P_4，对应的漏警概率为 $\bar{P}_1$、$\bar{P}_2$、$\bar{P}_3$ 和 $\bar{P}_4$，假设有两部或多于两部雷达同时发现目标就判雷达网发现目标，即表决融合检测准则为 2/4，能够通过该表决的情况共有 11 种，即

$$C_4^2 + C_4^3 + C_4^4 = 6 + 4 + 1 = 11$$

该雷达网发现目标的概率就是 11 种情况出现的概率和：

$$P_D = P_1 P_2 \bar{P}_3 \bar{P}_4 + P_1 \bar{P}_2 P_3 \bar{P}_4 + P_1 \bar{P}_2 \bar{P}_3 P_4 + \bar{P}_1 P_2 P_3 \bar{P}_4 + \bar{P}_1 P_2 \bar{P}_3 P_4 + \bar{P}_1 \bar{P}_2 P_3 P_4 +$$
$$+ P_1 P_2 \bar{P}_3 P_4 + P_1 \bar{P}_2 P_3 P_4 + \bar{P}_1 P_2 P_3 P_4 + P_1 P_2 P_3 P_4$$

把有关数据代入式(3.2.18a)和式(3.2.18b)也能得到同样的结果。如果网中雷达发现目标的概率相差不大，可用式(3.2.25)的方法计算发现概率。

　　如果网中各雷达发现目标的概率和虚警概率相同，三种融合检测准则的检测概率和虚警概率有简单的表示形式。"与"融合检测准则的检测性能为

$$\begin{cases} P_D = (P_{ds})^N \\ P_F = (P_{fa})^N \end{cases} \tag{3.5.5}$$

"或"融合检测准则的检测性能为

$$\begin{cases} P_D = 1 - (1 - P_{ds})^N \\ P_F = 1 - (1 - P_{fa})^N \end{cases} \tag{3.5.6}$$

K/N 融合检测准则的检测性能为

$$\begin{cases} P_{\mathrm{D}} = \sum_{i=K}^{N} C_N^i P_{\mathrm{ds}}^i (1 - P_{\mathrm{ds}})^{N-i} \\ P_{\mathrm{F}} = \sum_{i=K}^{N} C_N^i P_{\mathrm{fa}}^i (1 - p_{\mathrm{fa}})^{N-i} \end{cases} \tag{3.5.7}$$

式中，P_{ds} 和 P_{fa} 分别为网中每部雷达发现指定目标的概率和虚警概率。

比较三种检测准则的检测概率和虚警概率不难发现，"与"融合检测准则的虚警概率很低，但检测概率也很低。"或"融合检测准则的虚警概率很高，但检测概率也很高。表决融合检测准则的检测概率和虚警概率介于前两者之间。当 N 一定时，表决融合检测准则有关性能的具体数值与 K 有关。由上三式可知，$K = N$ 时，表决融合检测准则等效于"与"融合检测准则。$K = 1$ 时，它等效于"或"融合检测准则。表决融合检测准则的检测性能介于"与"和"或"融合检测准则之间。雷达网一般根据作战要求、工作环境条件和干扰情况选择不同的融合检测准则。由组网雷达数、所用的融合检测准则和网中每部雷达的检测概率，用上述模型可估算图 3.5.3 目标指示雷达网发现目标的概率 P_{nd}。

数据融合要对各雷达提供的数据进行综合和平滑滤波，相当于非相参积累。和第一种数据融合方法一样，第二种数据融合方法除了能提高检测概率或降低虚警概率外，也能提高目标定位精度或降低参数测量误差。

3.5.2.3　基于航迹的数据融合方法

基于航迹的数据融合方法主要在于提高目标跟踪的稳定性、连续性和跟踪精度。主要用于繁忙空港的交通管制、编队目标的引导和组网雷达数因目标空域而变的场合等。对于这种数据融合方法，网中各雷达不但自身要完成目标检测、点迹提取和参数测量，还要进行正式航迹、备选航迹和自由点迹等处理，即需要完成多目标跟踪雷达的全部工作内容。它们提供给数据处理中心的只有已构成航迹的目标数据。在三种数据融合方法中，此方法的数传工作量最少。由于数据处理中心不需要检测点迹和参数测量，也不需要处理自由点迹、备选航迹，因此，与前两种数据融合方法相比，数据处理中心的工作量最少。就航迹处理质量或跟踪性能而言，与第二种数据融合方法相当。

目标检测概率 P_{nd} 和引导概率 P_{ng} 是目标指示雷达网的综合性能。根据跟踪雷达的性能，可估算图 3.5.3 中由多部雷达构成的雷达系统的捕获概率、跟踪误差和命中概率。用遮盖性干扰下的信干比替换上面各式中的信噪比可得依据检测概率、捕获概率、跟踪误差评估的干扰效果，也可根据雷达网获取信息的区域估算最小干扰距离、有效干扰扇面等干扰效果。

3.5.3　雷达网的四抗能力

雷达网除了能提高目标检测识别概率、参数测量精度和减少虚警、漏警外，还能综合出很多特殊的性能。最著名的就是"四抗"能力，即抗电子干扰、抗反辐射攻击、抗低空入侵和抗隐身。

在现代战争中，没有抗电子干扰能力的雷达是不堪一击的。雷达网既能反侦察，又能抗干扰。而且抗电子干扰的能力优于其他体制的雷达。雷达网的反侦察能力体现在以下三方面：一、侦察设备从接收的信号特性无法确定截获的辐射源是否参与组网工作。有可能错误的认为某雷达不构成威胁，没能及时采取对抗措施而造成不可弥补的损失。二、网中各雷达的工作状态和雷达网的工作状态无任何联系，侦收的信号特性只能反映网中某雷达的工作状态，不能反映雷达网的工作状态。从接收信号难以确定雷达网的工作状态、作战意图和威胁级别，有可能错过最佳干扰时机，也会增加指挥人员的决策难度和错误决策的概率。三、网中雷达多，信号密度、辐射源类型和信号结构的复杂程度将成倍增加，会显著增加侦察设备的信号处理时间和分选、识别难度，也会增加增批、漏批概率。

要获得干扰雷达网的效果必须有效干扰网中的所有雷达。网中雷达多，频率分散、站点分散，可从不同角度、用不同频率和不同结构的信号照射目标。集中式大功率遮盖性干扰机因功率太分散，几乎无法压制网中所有的雷达。虽然用集中放置的或分散布设的多部遮盖性干扰机分别干扰网中的不同雷达是可行的，但是雷达网有多站定位功能，几乎能使遮盖性自卫干扰平台暴露无余。另外，网中雷达可能有不同的体制、极化和抗干扰措施等，遮盖性干扰难以使网中所有雷达同时长时间失效。无论何时，只要有一、二部雷达发现目标，雷达网就能给出目标参数、进行连续跟踪和武器引导等。即便是网中所有雷达提供的目标数据或点迹都是间断的，甚至不能确定是否有目标存在，更无法建立航迹和跟踪，但是雷达网能把不同雷达在不同时刻提供的目标数据综合起来，很容易形成目标的连续航迹，实现对目标的正常跟踪。

组网能提高目标检测概率和降低虚警概率，并不意味着组网也能提高假目标的检测概率，相反组网会增加多假目标的干扰难度，而且抗欺骗干扰的能力比抗遮盖性干扰还要强。网中雷达处于不同的位置，同一目标相对不同雷达呈现出不同的位置参数和运动参数，即各雷达测量的目标距离、角度和径向速度不同，经坐标变换和时空对准等处理后，各雷达测量的同一目标的参数差别才会消失，并在雷达网的坐标系中汇聚到一点。要使不同雷达接收的同一假目标在雷达网的坐标系中也能汇聚成一个点，除要求干扰信号的波形参数与每部雷达的信号相似并与该雷达发射脉冲及天线扫描同步外，还要求对网中不同雷达的干扰满足一定的时空关系。否则，不同雷达接收的假目标经坐标变换和时间对准后，它们将分散在雷达网的坐标系中，难以与其他点迹或航迹相关。因干扰平台的运动或发射干扰的时间变化，使假目标干扰自身难以构成稳定点迹或航迹。一般会当作偶然干扰而消除。要产生具有特定时空关系的假目标，必须精确知道干扰机到每部雷达的距离和每部雷达天线照射目标的时间。现有干扰机无法满足这些要求。所以雷达网抗多假目标欺骗干扰的能力很强。

雷达网不但有很强的抗电子干扰的能力，还有很强的抗摧毁能力，能有效对付反辐射武器。雷达网站点分散，一两枚武器不可能摧毁网中的所有雷达，只要有一部雷达正常工作，就能为指控中心或跟踪雷达提供规定防区内的目标活动信息。虽然数据处理中心是雷达网的薄弱环节，因该环节不辐射电磁波，电子侦察设备难以发现它，无法实施反辐射攻击。数据处理中心可深藏于地下工事中，雷达很难发现它，即使发现，一两枚武器也难摧毁它。雷达网有单基地和双、多基地几种，双基地雷达网的发射机和接收机分散配置，只将接收机置于前沿阵地。接收机不辐射信号，侦察设备和反辐射武器对它无能为力。会受到侦察定位和反辐射武器攻击的发射机可远离前线，处于反辐射武器和一般武器的作用范围外。

雷达网有探测隐身目标的能力。当前的隐身技术还不能实现全方位和全频率范围的真正隐身。雷达网工作频率分散，可相差几个倍频程，此外雷达网布站范围大且分散，能用不同频率从不同角度照射目标。工作在不能隐身频率上的雷达或照射方向处于目标不隐身角度的雷达都发现它。

雷达网布站灵活，可选择视野开阔的地方，探测低空目标。另外，网中雷达可采用不同极化和不同的体制以及不同的信号参数以适应不同的杂波环境，使其能探测强地杂波和海杂波中的目标。雷达网的这些能力使其真正做到全防区覆盖，使超低空入侵目标无空子可钻。

和并联雷达系统一样，雷达网也能显著提高任务可靠性。即使一、二部雷达故障或被摧毁，也不会使雷达网完全丧失作战能力。

雷达网有很强的抗干扰能力，并不是说现有的干扰技术完全不能干扰它。雷达网的性能取决于网中雷达的性能和数据融合技术。只要能降低网中所有雷达的检测识别概率，也能降低雷达网的检测识别概率和增加其参数测量误差。对付雷达网要着眼于有效干扰网中的所有雷达，不要追求形成稳定的假目标航迹。对付高威胁级别的雷达网，要做到宁可错干扰，也不要放过一部雷达。

遮盖性样式干扰雷达网的难点在于要同时有效干扰网中的所有雷达，但实施非常简单，不需要知道网中雷达的分布情况、干扰机到雷达的距离和雷达的精确工作参数，单凭自身的雷达支援侦察设备就能完成干扰的频率和角度引导。适当配置的分布式干扰系统能对网中所有雷达实施主瓣干扰，实施方法和集中式干扰一样简单。处于不同位置的干扰机只需要在雷达照射自己时有效干扰它，就能实现有效干扰网中的所有雷达。

高密集多假目标既有压制性又有欺骗性干扰作用，还能充分利用发射器件的功率，对雷达网的干扰作用优于其他干扰样式。无论集中放置的多部干扰机还是分布式干扰系统，对每部雷达的有效干扰区域远大于同类遮盖性干扰系统的压制扇面。此样式对雷达网有四种干扰作用：一、增加参数测量误差或跟踪误差。高密集多假目标对恒虚警处理（CFAR）器有很好的干扰作用。能使弱信号过不了检测门限而成为漏警。网中雷达的漏警等效于减少雷达网的积累脉冲数。减少积累脉冲数意味着降低信噪比，将导致目标检测概率、参数测量精度同时降低。二、增加数传和数据融合的工作量，有可能使数据处理中心过载，不能发现任何目标。三、假目标点迹可能进入真目标点迹、备选航迹或正式航迹的相关区，除增加航迹处理的工作量和难度外，还可能误把假目标点迹当真目标处理，造成跟踪误差或使航迹偏离真目标。四、多部雷达提供的个别假目标可能满足雷达网确定目标存在的时空关系，成为雷达网的假目标，对雷达网起假目标干扰作用。假目标越多越密越容易满足这种条件。获得上述干扰效果的条件是，必须对网中所有雷达实施高密集多假目标干扰。

如果网中无相参雷达，可大量使用廉价的箔条诱饵。诱饵的反射信号满足形成假目标的时空关系，对雷达网能起多假目标干扰作用。

雷达网频率分散、站点分散，对集中式干扰机的等效辐射功率要求过高，干扰雷达网宜用分布式干扰系统。如果干扰机受复杂程度限制且能抵近雷达实施干扰，可用分布式遮盖性干扰样式。其他情况则用分布式多假目标干扰样式。分布式干扰系统需要解决三个问题：一、把干扰机正确投放到位的设备和技术；二、消除干扰机相互影响的措施；三、干扰机的控制管理技术。

3.6　雷达的抗干扰措施

3.6.1　引言

抗干扰措施能提高雷达在干扰条件下的作战能力，对干扰效果和干扰有效性有较大影响。大多数抗干扰措施对雷达的性能有一定影响且一种抗干扰措施往往只能有效对付一种干扰，现代军用雷达不得不采用多种抗干扰措施，针对不同的干扰使用不同的抗干扰措施。抗干扰措施分战术和技术两大类，雷达常用的战术抗干扰措施有：

（1）用火力摧毁干扰源。使用的主要手段是炮弹、导弹和反辐射武器。

（2）雷达组网。雷达网能获得较多好处，除了能提高目标检测能力、参数测量精度和任务可靠性外，还能显著提高雷达的四抗能力。

（3）与非雷达传感器配合使用。武器系统的雷达常与光学、红外测向和激光测距器等配合使用。如果雷达因干扰失去作战能力，其他传感器还能为武器系统提供目标的状态数据，照样能控制发射武器。

（4）有效干扰离不开可靠侦察，反侦察成了雷达的重要战术抗干扰手段。反侦察手段有发射机开机时间控制、天线随机照射或采用复杂的波形等降低侦察设备截获雷达信号的概率或增加引导干扰时间。也有用伪装的或战时不用的雷达有意吸引对方的注意力。

在上述战术抗干扰措施中与雷达干扰最为密切的是雷达组网。雷达网的抗干扰性能已在多部雷达构成的系统一节中讨论过。雷达常用的技术抗干扰措施较多，本书主要讨论不属于雷达体制的且适合单部雷达的技术抗干扰措施。它们是：

① 相参旁瓣对消（SLC）；

② 旁瓣匿隐（SLB）；

③ 宽－限－窄（WLN）；

④ 脉冲前沿跟踪（抗距离后拖欺骗干扰）。

虽然抗箔条干扰的能力属于相参雷达体制，不是可用于多种雷达体制的抗干扰措施，但箔条用得较多，本书将简单介绍相参体制雷达对箔条的抗干扰得益。

和选择表示干扰效果的参数一样，讨论抗干扰效果或抗干扰作用也需要合理的描述参数。电子对抗改善因子（EIF）[1]是至今唯一被 IEEE 采纳的雷达抗干扰能力评估标准。EIF 定义为：从具有电子抗干扰技术的接收机产生给定输出信干比所需的干扰功率，与没有电子抗干扰技术的相同接收机产生相同信干比所需的干扰功率的比值。在实际作战中，干扰和抗干扰类似二人博弈，可用对策论的术语"得益"表示抗干扰效果。显然 EIF 是一种抗干扰得益。但就评估抗干扰效果而言，用有、无抗干扰措施时雷达接收机输出信干比之比表示抗干扰得益更好处理。其实，根据 EIF 的定义，容易将它转换成有、无抗干扰措施时雷达接收机输出信干比之比。参考资料[1]指出"测定抗干扰能力最根本的是看它对与其相连的武器系统的摧毁概率的影响"。第 5 章将说明影响摧毁概率且与雷达有关的因素有检测概率、捕获概率和参数测量误差等。对于遮盖性干扰和相当多的欺骗性干扰，它们都是信干比或干信比的函数，本书把有、无抗干扰措施时同一雷达接收机输出信干比之比定义为抗干扰得益。

设有、无抗干扰措施时同一雷达接收机的输出信干比为 $(S/J)_y$ 和 $(S/J)_n$，它们之比即抗干扰得益为

$$G_k = (S/J)_y / (S/J)_n$$

信干比的倒数为干信比，上式又可表示为

$$G_k = (J/S)_n / (J/S)_y$$

3.6.2　相参旁瓣对消（SLC）的抗干扰得益

雷达天线除了主瓣外，还有多个旁瓣。尽管主、旁瓣增益相差很大，低副瓣天线尤其如此，但是干扰的距离优势常常足以抵消主瓣、旁瓣的增益差别从旁瓣影响雷达目标检测。通过接收天线旁瓣进入雷达接收机而影响其目标检测的干扰就是旁瓣干扰。相参旁瓣对消电路就是专门用来抗旁瓣干扰的。现代重要武器系统的预警探测雷达和跟踪雷达多数有相参旁瓣对消电路。相参旁瓣对消既能抗旁瓣连续噪声干扰，也能抗旁瓣高密集脉冲串干扰。理想相参旁瓣对消电路的对消比很大，实际达到的对消比较理论值低得多，只有 20～30dB，一般只能做到 15～20dB。

相参旁瓣对消又称幅相对消，它要求辅助天线和主天线的旁瓣精确相同。一个辅助天线只能对消主天线中一个旁瓣的干扰。雷达天线有多个旁瓣，其中第一旁瓣电平较高，影响较大，因此相参旁瓣对消至少有三个通道和两个辅助天线。为了便于理解 SLC 的基本工作过程和原理，这里以模拟对消电路为例分析其抗干扰得益。图 3.6.1 为正交处理方式的单相参旁瓣对消电路原理图[13]。该

相参旁瓣对消电路包括两个相关器(图中的相关器 1 和相关器 2)、两个增益可控放大器(图中的放大器 1 和放大器 2)、移相器和加法器等。$U_m(t)$ 为主天线接收的经中放后的主支路信号，它包括主天线主瓣接收的目标回波和其旁瓣接收的干扰，该信号直接送给加法器，$U_c(t)$ 为辅助天线接收的经中放后的辅助支路信号。该信号通过正交变换成同相 $U_{cI}(t)$ 和正交 $U_{cQ}(t)$ 两部分。正交两信号经幅度调整后，送给加法器。加法器计算 $U_{cI}(t)$、$U_{cQ}(t)$ 和 $U_m(t)$ 三个信号的矢量和，其输出就是对消器的输出信号，该信号用矢量和表示为

$$U_\Sigma(t) = U_m(t) + U_{cI}(t) + U_{cQ}(t)$$

设辅助支路的干扰矢量和为 $u_{cj}(t)$。若把 $U_m(t)$ 分解成信号 $u_s(t)$ 和干扰 $u_{mj}(t)$，上式可表示成另一种形式：

$$u_\Sigma(t) = u_s(t) + u_{mj}(t) + u_{cj}(t)$$

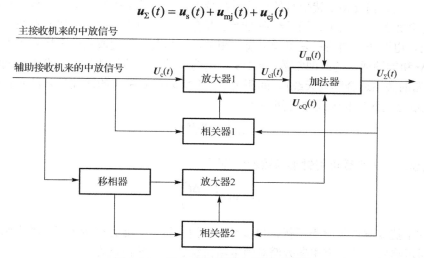

图 3.6.1　相参旁瓣对消电路原理框图

　　相参旁瓣对消电路虽然比较复杂，但工作原理十分简单。从辅助通道来的干扰被分成两路，一路直接送给放大器 1，作为干扰的同相部分。另一路经 90° 相移后送给放大器 2，作为干扰的正交部分。通过控制放大器 1、2 的增益，以保证正交两信号的矢量和 $u_{cj}(t)$ 正好等于主支路的干扰幅度 $u_{mj}(t)$，且 $u_{mj}(t)$ 和 $u_{cj}(t)$ 正好反相 180°。经矢量求和后，其输出只剩下主支路的目标回波，干扰被完全对消。

　　研究相参旁瓣对消效果的文章较多，已得到单通道、双通道和多通道相参旁瓣对消的理论抗干扰得益。对于连续噪声干扰，单通道相参旁瓣的对消比即抗干扰得益为

$$G_{k1} = \frac{\sigma_j^2}{\sigma_j^2 - \sigma_j^2 a\rho^2} = \frac{1}{1 - a\rho^2} \tag{3.6.1}$$

式中，σ_j^2 为主支路在对消器输入端的干扰功率，ρ 为主、辅支路噪声干扰的相关系数。设 σ_n^2 为主通道的内部噪声功率，a 等于：

$$a = \frac{\sigma_j^2}{\sigma_j^2 + \sigma_n^2}$$

双通道的对消比为

$$G_{k2} = \frac{1 + a\rho^4}{1 + a\rho^4 - 2a\rho^2} \tag{3.6.2}$$

n 通道的最佳对消比为

$$G_{kn} = \frac{P_j}{P_j - P^T (R + \sigma_n^2 I)^{-1} P} \tag{3.6.3}$$

式中，P_j 为主瓣中的干扰功率，I 为单位矩阵，$P^T = E(JJ_a^T)$ 和 R $= E(JJ_a^T)$ 为干扰协方差矩阵，其中 J 为主天线的干扰矢量，J_a^T 是辅助天线组的干扰信号，$J_a^T = (J_{a1}, J_{a2}, \cdots, J_{an})$。

　　式(3.6.1)和式(3.6.2)说明两支路干扰信号的相关性、内部噪声功率和干扰功率对相参对消性能的定量影响。主、辅支路干扰信号的相关系数越大，对消效果越好。虽然来自同一点干扰源的信号本身是完全相关的，因主、辅天线在配置上存在一定的间隔，如果干扰源不在主、辅天线连线的中垂线上，电波传播的路程差可能引起去相关。去相关的程度取决于干扰到达主、辅接收天线的时间差 Δt 和辅助通道的时间常数 $\tau_c = 1/B_c$，B_c 为辅助通道的闭环带宽。设主天线和辅助天线直线排列（下面的关系适合阵列天线），间距为 d，干扰源和 d 中点的连线与 d 的垂直平分线的夹角为 θ，干扰信号到两接收天线的时间差为

$$\Delta t = \frac{d \sin\theta}{c}$$

式中，c 为光速。相关系数可用钟形函数近似为[14]

$$\rho = \exp\left(-\frac{\Delta t}{\tau_c}\right)^2$$

　　对于脉冲干扰或脉冲加噪声干扰，相参旁瓣对消的抗干扰能力有所下降。考虑脉冲干扰和噪声干扰的共同影响后，单通道相参旁瓣对消电路抗组合干扰的得益为[15]

$$G_k = \frac{1}{(1 - a\rho) + (1 + a\rho^2) F(\alpha)} \tag{3.6.4}$$

$F(\alpha)$ 定义为 [15]

$$F(\alpha) = (\frac{\pi}{2})^{1/2} \alpha \exp\left(\frac{\alpha^2}{2}\right) \left[\frac{1}{2} - |erf(\alpha)|\right] \tag{3.6.5}$$

式中，$\alpha = B_L / (2B_c)$，B_L 为主支路的闭环带宽。efr(α) 为误差积分：

$$erf(\alpha) = \frac{1}{\sqrt{2\pi}} \int_0^\alpha \exp\left(-\frac{x^2}{2}\right) dx$$

式(3.6.5)表明辅助支路的带宽越接近主通道的带宽，抗脉冲干扰的效果越好。

　　模拟对消实时性好，能响应快速变化的干扰，随机间断干扰对 SLC 性能的影响较小。模拟对消的问题是电路复杂，制造、安装和维护工作量大，只适合对消 2 个旁瓣的干扰。如果要求处理多个旁瓣的干扰，一般用数字处理，即把各接收通道的数据采集下来，用计算机计算各辅助通道信号的幅度、相位、加权系数及其求和等运算。与模拟对消相比，数字处理的不足是实时性较差，只能用前一帧接收的数据计算下一时刻辅助通道的加权系数。如果恰好前一帧无干扰而接下来的一帧有干扰，则无法对消干扰。干扰方可利用数字对消处理的这种不足，用扫频方波切割连续遮盖性干扰或高密集多假目标干扰，形成间隔可变的间断干扰，或一次扫描放遮盖性干扰，接下来的一次扫描放多假目标欺骗干扰，交替进行，都能提高对抗 SLC 的效果。

3.6.3　旁瓣匿隐(SLB)的抗干扰得益

SLC 因主、辅支路的响应速度不同,抗平稳连续遮盖性干扰和高密集多假目标干扰的效果较好,对付一般多假目标干扰的效果较差。SLC 的另一个问题是设备复杂,制造和维护成本高。为了对付廉价的旁瓣多假目标欺骗干扰,研发了旁瓣匿隐(SLB)抗干扰电路。

图 3.6.2 为 SLB 电路原理示意图。SLB 由主、辅两个支路和两个天线组成。主、辅支路完全一致,由高频部分、中放、包络检波器等组成。主、辅支路后面有整形比较器和选通电路。图中 M_m、M_c 表示主、辅支路的高放和下变频等,IF_m 和 IF_c 为主、辅支路的中放,$U_m(t)$,$U_c(t)$ 和 U_L 为主支路、辅助支路检波器的输出信号和比较门限,$U_\Delta(t)$ 为 SLB 电路的输出。辅助天线基本上是全向的,主天线是雷达正常工作用的天线。两天线方向图之间的关系见图 3.6.3。图中的实线表示主天线的方向图,点画线为辅助天线的方向图,$F_m(\theta)$ 和 $F_c(\theta)$ 表示主、辅两天线的方向性函数。

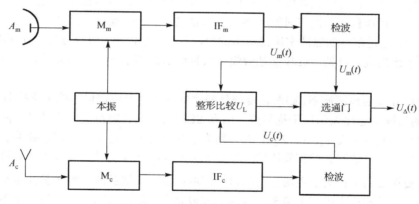

图 3.6.2　旁瓣匿隐电路原理示意图

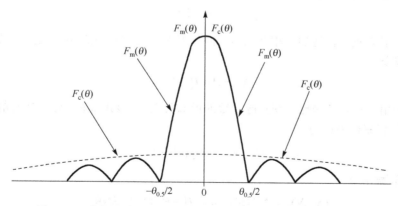

图 3.6.3　旁瓣匿隐中的主、辅天线方向图及其相互关系示意图

旁瓣匿隐电路的工作原理较 SLC 简单得多。选通电路对主支路信号常通,只要无阻塞脉冲到来,主支路的信号能顺利到达后续处理电路。两支路的检波输出信号在整形比较电路中进行比较,如果辅助支路的信号大于主支路且高于门限,整形比较电路输出阻塞脉冲,阻止主支路的信号到达后续处理电路。阻塞脉冲的宽度近似等于信号脉冲宽度。整形比较电路设有门限 U_L,用于防止噪声触发产生虚假阻塞信号。主支路接收的干扰和辅助支路接收的干扰在时间上完全同步,目标

和干扰一般不同步，主支路中被阻止的为干扰，通过的为目标回波，从而消除旁瓣脉冲干扰对主瓣目标检测的影响。根据图 3.6.2 的信号变换过程和 SLB 的工作原理，可得 SLB 的输出信号：

$$U_\Delta(t) = \begin{cases} 0 & U_c(t) > U_m(t) \text{和} U_c(t) > U_L \\ U_m(t) & U_c(t) \leq U_m(t) \end{cases}$$

理想的 SLB 能完全消除旁瓣多假目标干扰，使这种干扰无效。旁瓣匿隐并非十全十美。其主要问题是，如果旁瓣干扰脉冲的幅度大于主瓣目标回波且与目标回波同时到达，目标回波将被匿隐。实验证明高密集多假目标干扰能使雷达完全检测不到目标，甚至使雷达操作员误认为既无目标也无干扰。就一般情况而言，假目标干扰不能使采用 SLB 电路的雷达完全检测不到目标，也不能形成稳定的假目标干扰，但是可以降低搜索雷达或跟踪雷达搜索状态的目标检测概率或跟踪精度。其原因是，雷达在多脉冲非相参积累基础上检测目标和跟踪目标，检测概率或跟踪精度随信噪比的增加而增加，信噪比随积累脉冲数增加而增加。在积累时间内，如果干扰与目标回波同时到达且满足匿隐条件，目标回波被匿隐。每匿隐一次目标回波，积累脉冲就减少一个，使积累信噪比降低。即使干扰和目标回波在时间上不完全重叠也会影响信噪比。部分重叠时，目标回波的重叠部分被匿隐，通过部分的脉冲宽度比正常的窄，不但能量较小，而且与后续处理电路不匹配，将产生额外信干比损失。可见，SLB 能把旁瓣多假目标的欺骗干扰作用部分转换成压制目标检测的干扰作用。

依据有、无 SLB 的检测概率、跟踪精度或信噪比的变化情况可评估其抗干扰得益。这里用有、无 SLB 电路的信噪比之比表示抗干扰得益。估算 SLB 的抗干扰得益需要计算目标回波与旁瓣干扰在时间上的重叠概率。设 τ_{je}、τ、T_{je} 和 T 分别为干扰脉冲的平均宽度、雷达脉冲宽度、干扰脉冲的平均重复周期和雷达的脉冲重复周期，其中 $\tau_{je} \geq \tau$ 和 $T_{je} \ll T$。为了简单起见，再做以下三点假设：一、旁瓣接收的干扰大于主瓣接收的目标回波；二、干扰脉冲在雷达脉冲重复周期内均匀分布；三、如果重叠部分大于等于 0.5τ，目标回波被完全匿隐，否则目标回波完全不受影响。由假设条件得干扰与目标回波平均重叠部分大于或等于 0.5τ 的概率：

$$P_{ov} \approx (\tau_{je} + 0.5\tau) / T_{je} \tag{3.6.6}$$

设无 SLB 抗干扰措施时，雷达的非相参积累脉冲数为 N_e，N_e 由式 (3.2.16) 确定，采用 SLB 后非相参积累脉冲数减少到

$$N'_e = (1 - P_{ov}) N_e \tag{3.6.7}$$

式 (3.2.9) 给出了积累信噪比与积累脉冲数的近似关系，由该式得有、无 SLB 时的积累信噪比，其中无 SLB 时的积累信噪比为

$$(S/N)_n = N_e^\gamma (\text{SNR})_1$$

有 SLB 的积累信噪比为

$$(S/N)_y = N_e'^\gamma (\text{SNR})_1 = [(1 - P_{ov})N_e]^\gamma (\text{SNR})_1$$

由积累信噪比和 N_e 得单个脉冲的平均信噪比。根据单个脉冲的平均信噪比和有关的检测概率和跟踪误差模型可得有 SLB 电路后的检测概率和跟踪误差。由上两式得 SLB 电路的抗干扰得益：

$$G_k = \frac{(S/N)_y}{(S/N)_n} = (1 - P_{ov})^\gamma \tag{3.6.8}$$

上述三式没定义的符号见式 (3.2.9)。式 (3.6.8) 既是 SLB 给雷达造成的信噪比损失，也是旁瓣多假

目标干扰在旁瓣匿隐条件下的干扰效果。该式说明，在真目标周围的假目标越密，宽度越大，干扰与目标回波在时间上重叠的概率越大，抗干扰得益越小，干扰效果越好。

上述分析表明，SLB 电路能使多假目标干扰失去应有的干扰作用。也能说明对于有 SLB 抗干扰措施的雷达，不能按一般情况评估多假目标干扰效果。

3.6.4 宽—限—窄抗干扰电路（WLN）

宽—限—窄抗干扰电路（WLN）最早用于通信接收机，主要抗工业部门产生的高电平视频窄脉冲干扰。高电平视频窄脉冲串通过接收机前端能形成冲击振荡，其频率与接收信号的中心频率相同。通过窄带中放后，这些冲击振荡互相重叠形成类似噪声的干扰，能完全压制有用信号。高电平视频窄脉冲串也会进入雷达接收机前端，严重时能形成使雷达致盲的噪声干扰[13]。在雷达中，WLN 既用于抗高电平视频窄脉冲干扰，也用于抗人为宽带噪声调频或宽带扫频干扰。

从形成干扰的原理看，噪声调频或扫频干扰与视频窄脉冲串相似。WLN 也能降低其干扰作用。噪声调频或扫频干扰为等幅调频波，本身无幅度起伏成分，起干扰作用的起伏成分是通过受干扰雷达接收机形成的。宽带噪声调频干扰相当于幅度、宽度随机的三角波扫频干扰。其频率每扫过一次雷达接收机中放带宽，就形成一个中频脉冲。如果扫频速度很快，在雷达脉冲重复间隔内能形成幅度、间隔和宽度随机的窄脉冲串。雷达中放带宽较窄，把这些窄脉冲展宽。如果它们能相互重叠，可形成类似噪声的干扰。

图 3.6.4 为 WLN 的功能组成示意图，包括宽带滤波器，限幅器和窄带滤波器等。宽带滤波器的带宽大于目标回波信号（以下简称信号）带宽，小于干扰信号（以下简称干扰）带宽。宽带滤波器的主要作用是对输入进行滤波，使等幅连续噪声调频干扰变为离散的或只有少量重叠部分的中频脉冲，给信号留出单独出现的时间间隙。限幅器的作用是将大于信号电平的干扰限掉，使干扰和信号以近似相同的功率电平进入窄带滤波器。窄带滤波器与信号匹配，能获得最大信噪比输出。对干扰严重失配，使干扰大大削弱。如果限幅器的输出信干比为 1，窄带滤波器输出信干比可大于 1，这就是 WLN 的抗干扰原理。对于视频窄脉冲串，若宽带和窄带滤波器带宽之比大于 12 或输入信干比很小，WLN 可获得 13dB[13]的信干比改善。

根据 WLN 各部分的作用可得抗视频窄脉冲串干扰的得益。设 B_s、B_n 和 B_w 分别为雷达信号带宽、窄带和宽带滤波器的带宽，要使干扰不致严重相互重叠，宽带放大器的带宽近似为

$$B_w \approx 1/\tau_{je}$$

式中，τ_{je} 为干扰脉冲的平均宽度。设目标回波的脉冲宽度等于 τ，窄带滤波器的带宽与信号带宽匹配，B_n 近似等于：

$$B_n \approx B_s \text{ 或 } B_n = 1/\tau$$

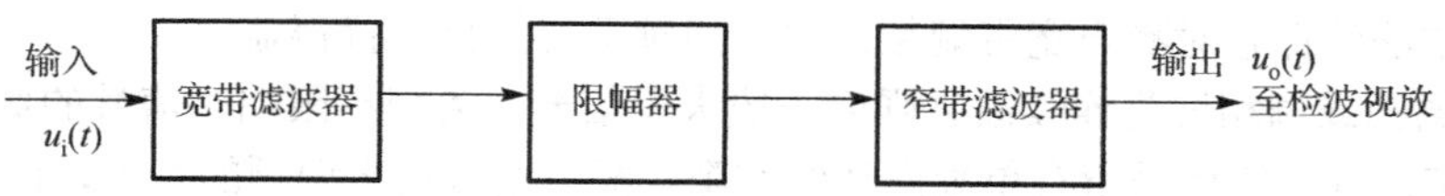

输入 $u_i(t)$ → 宽带滤波器 → 限幅器 → 窄带滤波器 → 输出 $u_o(t)$ 至检波视放

图 3.6.4 宽—限—窄电路的功能示意图

视频窄脉冲串通过接收机前端的谐振回路后与信号有相同的载频，参考资料[13]给出了限幅电平 U_L 等于信号电平时 WLN 的输出电压信干比：

$$\left(\frac{U_s}{U_j}\right)_y = \frac{1}{1-\exp[-2B_n B_w^{-1} \ln(U_j/U_s)_{ip}]}$$

式中，U_s 和 U_j 分别为 WLN 电路的输入信号和干扰的电压有效值，$(U_j/U_s)_{ip}$ 和 $(U_s/U_j)_{ip}$ 分别为输入电压干信比和电压信干比。如果不计限幅器的小信号抑制作用并将限幅电平扩展到 $U_L = kU_s$，由参考资料[13]推导上式的方法得 WLN 电路的输出电压信干比：

$$\left(\frac{U_s}{U_j}\right)_y = \frac{1}{k - k\exp\{-2B_n B_w^{-1}\ln[k^{-1}(U_j/U_s)_{ip}]\}} \tag{3.6.9}$$

设 WLN 电路的输入信号和干扰功率分别为 S 和 J，电压信干比或电压干信比与脉冲功率比的关系为

$$(U_s/U_j)_{ip} = \sqrt{(S/J)_{ip}} \text{ 和 } (U_j/U_s)_{ip} = \sqrt{(J/S)_{ip}}$$

式中，$(S/J)_{ip}$ 为 WLN 电路输入信号与输入干扰功率之比。式(3.6.9)可用功率信干比表示为

$$\left(\frac{S}{J}\right)_y = \left(\frac{1}{k - k\exp\{-2B_n B_w^{-1}\ln[k^{-1}\sqrt{(J/S)_{ip}}]\}}\right)^2 \tag{3.6.10}$$

没有 WLN 电路时雷达接收机中放等效于窄带滤波器，该电路对目标回波匹配，干扰将遭受严重的带宽失配损失。由 WLN 电路的参数和干扰参数可得带宽失配损失，近似等于 $B_n\tau_{je} \approx B_n/B_w$。由此得无 WLN 电路的输出信干比：

$$\left(\frac{S}{J}\right)_n \approx \frac{B_w}{B_n}\left(\frac{S}{J}\right)_{ip} = \frac{1}{B_n B_w^{-1}(J/S)_{ip}} \tag{3.6.11}$$

由式(3.6.10)和式(3.6.11)得 WLN 抗视频窄脉冲串干扰的得益：

$$G_k = \left(\frac{S}{J}\right)_y \bigg/ \left(\frac{S}{J}\right)_n = \left(\frac{\sqrt{B_n B_w^{-1}(J/S)_{ip}}}{k - k\exp\{-2B_n B_w^{-1}\ln[k^{-1}\sqrt{(J/S)_{ip}}]\}}\right)^2 \tag{3.6.12}$$

式(3.6.12)表明视频窄脉冲串越稀、越窄或输入干信比越大，WLN 的抗干扰作用越好。

信号与干扰在射频上重叠时，其中的较小者将骑在较大者之上，限幅器限掉的是其中的较小者。就视频窄脉冲或固定载频的窄脉冲串干扰而言，即使干扰与信号重叠且信号被限幅器完全限掉，也不影响雷达目标检测。因干扰与信号同载波，与信号同时出现的干扰会落入信号所在的检测单元，代替信号参与非相参积累。噪声宽带调频或宽带扫频干扰与视频窄脉冲串干扰不同。其载波随机变化，变化范围远大于窄带滤波器的带宽，与信号同时存在的干扰不一定能通过窄带滤波器进入目标所在的检测单元，导致限幅影响信干比。另外，噪声宽带调频或宽带扫频干扰为连续波，WLN 电路首先要将其变换成脉冲串，这种变换也会影响信干比。显然式(3.6.12)不适合噪声宽带调频或调相干扰。如果考虑上述两项差别对干信比的影响，则可按照 WLN 抗视频窄脉冲串得益的计算方法估算它对噪声宽带调频或宽带扫频干扰的抗干扰得益。

噪声宽带调频或调相波为连续波且强度一般大于信号，为减小限幅对信号的影响，必须在限幅前把它变为窄脉冲，给信号留有单独出现的空隙。根据宽带噪声调频的特点，合理选择 B_w，能把宽带噪声调频连续波变为脉冲并使这些脉冲不致严重相互重叠。通过滤波把连续波变为窄脉冲引起的功率损失为

$$d_{wl} = \frac{B_w}{B_j} \tag{3.6.13}$$

限幅器只影响两重叠信号的输出信噪比，必须计算干扰与信号重叠的概率，为此要计算 WLN

把连续噪声调频波变成脉冲的平均周期和平均宽度。纯噪声调制信号来自器件的内部噪声，其幅度为正态分布。当调频指数大大于 1(宽带噪声调频一般如此)时，已调波功谱近似等于调制信号幅度的概率分布[15]，即已调波的规一化功谱密度函数为

$$G(f) = \frac{1}{\sqrt{2\pi} f_{\text{de}}} \exp\left(-\frac{f^2}{2 f_{\text{de}}^2}\right)$$

f_{de} 与 B_{j} 的关系为[16]

$$B_{\text{j}} = 2\sqrt{2\ln 2} f_{\text{de}}$$

设调制视频噪声的功谱为矩形，视频噪声带宽为 ΔF_{n}，在单位时间内，噪声调频信号的载波超出 B_{w} 的平均次数为[16]

$$\bar{N} = \frac{\Delta F_{\text{n}}}{\sqrt{3}} \exp\left(-\frac{B_{\text{w}}^2}{2 f_{\text{de}}^2}\right)$$

通过宽带滤波器后，宽带噪声调频信号形成的脉冲串的平均周期为

$$T'_{\text{je}} = \frac{T}{\bar{N}} = \frac{\sqrt{3}T}{\Delta F_{\text{n}} \exp[-B_{\text{w}}^2 / (2 f_{\text{de}}^2)]} \tag{3.6.14}$$

T 为雷达信号的脉冲重复周期。在雷达的脉冲重复周期内，干扰载波落入 B_{w} 内的平均时间为

$$\Delta T = \frac{2T}{\sqrt{2\pi} f_{\text{de}}} \int_0^{B_{\text{w}}/2} \exp\left(-\frac{f^2}{2 f_{\text{de}}^2}\right) \mathrm{d}f = 2T\phi\left(\frac{B_{\text{w}}}{2 f_{\text{de}}}\right)$$

噪声宽带调频干扰通过宽带滤波器后形成的平均脉冲宽度为

$$\tau'_{\text{je}} = \frac{\Delta T}{\bar{N}} = \frac{2\sqrt{3}T\phi[B_{\text{w}} / (2 f_{\text{de}})]}{\Delta F_{\text{n}} \exp[-B_{\text{w}}^2 / (2 f_{\text{de}}^2)]} \tag{3.6.15}$$

按照式 (3.6.6) 的处理方法和假设条件得干扰脉冲与目标回波的重叠概率：

$$P'_{\text{ov}} = \frac{\tau'_{\text{je}} + 0.5\tau}{T'_{\text{je}}}$$

干扰功率一般远大于目标回波功率，限幅器引起的最大信干比损失为 π/4=0.25π，即通过限幅器后，与干扰重叠的信号脉冲功率将下降 0.25π 倍，其余信号脉冲的功率不受影响。设目标回波的脉冲积累个数为 N_{e}，按照 3.6.3 节的分析方法得限幅引起的信干比损失：

$$d_{\text{lp}} = \frac{N_{\text{e}}^\gamma (1 - P'_{\text{ov}})^\gamma + 0.25\pi (N_{\text{e}} P'_{\text{ov}})^\gamma}{N_{\text{e}}^\gamma} \approx (1 - P'_{\text{ov}})^\gamma + 0.25\pi (P'_{\text{ov}})^\gamma$$

把两种损失折算到宽带滤波器输入端，使其在形式上与视频窄脉冲串等效，就能用视频窄脉冲串的有关模型处理这里的问题。设 WLN 电路的输入为宽带噪声调频连续波，其信干比为 $(S/J)_{\text{in}}$。由此得宽带滤波器输入的等效信干比：

$$\left(\frac{S}{J}\right)_{\text{ip}} = \frac{d_{\text{lp}}}{d_{\text{wl}}} \left(\frac{S}{J}\right)_{\text{in}} \tag{3.6.16}$$

把上式代入式 (3.6.10) 得宽带噪声调频干扰通过 WLN 后的输出信干比：

$$\left(\frac{S}{J}\right)_y = \left(\frac{1}{k - k\exp\{-2B_n B_w^{-1}\ln[k^{-1}\sqrt{d_{wl}d_{lp}^{-1}(J/S)_{in}}]\}}\right)^2 \tag{3.6.17}$$

无 WLN 电路时，雷达接收机中放的输出信干比同式 (3.6.11)，即

$$\left(\frac{S}{J}\right)_n = \frac{B_w}{B_n}\left(\frac{S}{J}\right)_{in} \tag{3.6.18}$$

由式 (3.6.17) 和式 (3.6.18) 得用信干比表示的 WLN 对噪声宽带调频或宽带扫频干扰的抗干扰得益：

$$G_k = \left(\frac{S}{J}\right)_y \bigg/ \left(\frac{S}{J}\right)_n == \left(\frac{\sqrt{B_n B_w^{-1}(J/S)_{in}}}{k - k\exp\{-2B_n B_w^{-1}\ln[k^{-1}\sqrt{d_{wl}d_{lp}^{-1}(J/S)_{in}}]\}}\right)^2 \tag{3.6.19}$$

3.6.5　脉冲前沿跟踪技术

　　脉冲前沿跟踪技术有多种作用，抗距离后拖欺骗干扰仅为其中之一。这种技术最早用于处理在距离上靠得很近的多个目标的重叠回波，使其只跟踪离雷达最近的目标并提高跟踪精度和跟踪稳定性。

　　脉冲前沿跟踪技术利用干扰与目标回波到达时间的差别来减弱或消除干扰对距离跟踪的影响。距离拖引式欺骗干扰必须与雷达发射脉冲同步，干扰机无法准确知道雷达发射信号的时刻，只能用接收的雷达发射信号作为同步脉冲。接收信号不但较弱，而且其形状因噪声或多路径影响变得不规则。为了能较好地与雷达信号同步，干扰机要对接收信号进行适当处理，如放大、整形等，这些处理需要一定的时间。此外干扰信号还要走过干扰机内部的额外路程，存在机内延时。即使自卫距离后拖也存在干扰滞后目标回波的现象。这就是距离后拖干扰总是滞后目标回波的原因。设备不同或处理方式不同，这种滞后有大有小，但是不可能为 0。在拖引阶段，干扰必须逐渐增加相对目标回波的延时，干扰与目标回波的时间差别会更大。雷达总可以利用这一特点来减弱和消除干扰的影响。图 3.6.5 为脉冲前沿跟踪技术抗距离后拖欺骗干扰的原理示意图。

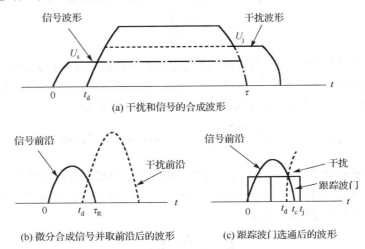

图 3.6.5　脉冲前沿跟踪技术抗距离后拖欺骗干扰的原理示意图

　　距离拖引有俘获、拖引等多个阶段，其中在俘获阶段不加假信息，干扰相对目标回波的延时一般不大，这里称此延时为干扰机的固有延时。在俘获阶段或拖引的开始部分，干扰与目标回波

不但同处于跟踪波门内，而且会部分重叠，其合成波形如图 3.6.5(a)所示。图中 t_d 为干扰与目标回波之间的相对延迟，τ 为雷达脉冲宽度和干扰脉冲宽度(假设两者的脉宽相等)。该图表明合成波形明显分为三部分：一、只含目标信息的合成信号的前沿，即 $0 \sim t_d$ 的部分。二、干扰与目标回波的重叠部分，即 $\tau \sim t_d$ 的部分。这部分既含有目标信息，又含有干扰信息。三、合成信号宽度大于 τ 的部分。这部分是只含干扰信息的后沿。图 3.6.5(b)为微分后的目标回波和干扰波形的前沿，τ_R 为微分后的目标回波和干扰脉冲的前沿宽度。因干扰和目标回波之间有相对延时，微分后出现了两个紧靠在一起的近似半余弦形的微分波形，前一个为信号的前沿，后一个为干扰前沿。图 3.6.5(c)为分裂门距离跟踪器的波门与微分信号波形的时间关系示意图。图中假设跟踪波门前沿与目标回波前沿对齐且跟踪波门宽度等于微分后的目标回波的前沿宽度 τ_R。由该图知，微分取前沿能显著增加有用信号的面积在跟踪波门内的比例，使干扰失去了主控跟踪波门的作用。在拖引阶段干扰和目标回波的相对延迟逐渐增大，微分后的信号和干扰前沿逐渐拉开，进入跟踪波门的干扰面积越来越小，对目标跟踪的影响越来越小。当两者的相对延迟大于 τ_R 时，干扰完全不能进入跟踪波门，失去干扰作用。这就是前沿跟踪技术抗距离后拖欺骗干扰的原理。实现前沿跟踪的方法较多，微分取前沿是其中的一种，也是用得较多的一种。这里以微分取前沿抗距离后拖技术为例，讨论这种抗干扰措施对干扰效果的影响。前沿跟踪电路也有多种形式，如有的将微分后的信号整形成矩形，然后当作常规情况进行跟踪处理，有的直接将微分后的波形作为目标回波进行跟踪处理。分析表明不同处理方式的结果十分相似，这里用后一种处理方式分析该技术的抗干扰得益。

　　为了数学分析方便，可用半余弦、高斯形或钟形函数近似微分后的波形，这里用半余弦函数近似微分后的有用信号和干扰波形的前沿。设信号和干扰的幅度分别为 U_s 和 U_j，分裂门跟踪器的跟踪波门宽度等于微分后的信号宽度。微分前的目标回波信号和干扰分别为：

$$u_s(t) = \frac{U_s}{2}\left[1 - \cos\left(\pi\frac{t}{\tau_R}\right)\right] \text{ 和 } u_j(t) = \frac{U_j}{2}\left[1 - \cos\left(\pi\frac{t-t_d}{\tau_R}\right)\right]$$

微分上两式得目标回波和干扰波形的前沿：

$$u_s'(t) = \frac{\pi U_s}{2\tau_R}\sin\left(\pi\frac{t}{t_R}\right) \tag{3.6.20}$$

$$u_j'(t) = \frac{\pi U_j}{2\tau_R}\sin\left(\pi\frac{t-t_d}{t_R}\right) \tag{3.6.21}$$

距离跟踪器为面积中心跟踪器。假设跟踪波门是如图 3.6.5(c)所示的分裂门，只要落入前、后波门的信号面积和干扰面积之和相等，跟踪器处于平衡状态。对波门套住的信号和干扰分别积分式(3.6.20)和式(3.6.21)得干扰和信号落入前、后跟踪波门的面积。设信号从 $0 \sim t_c$ 部分进入跟踪波门，落入跟踪波门内的信号面积等于：

$$S_s = \int_0^{t_c} \frac{\pi U_s}{2\tau_R}\sin\left(\pi\frac{t}{\tau_R}\right)dt = \frac{U_s}{2}\left[1 - \cos\left(\pi\frac{t_c}{\tau_R}\right)\right] \tag{3.6.22}$$

设干扰前沿从 $t_d \sim t_j$ 部分进入跟踪波门，对 t 积分式(3.6.21)得 $t_d \sim t_j$ 区域的面积，该面积就是落入跟踪波门内的干扰面积。

$$S_j = \int_{t_d}^{t_j} \frac{\pi U_j}{2\tau_R}\sin\left(\pi\frac{t-t_d}{\tau_R}\right)dt = \frac{U_j}{2}\left[1 - \cos\left(\pi\frac{t_j-t_d}{\tau_R}\right)\right] \tag{3.6.23}$$

　　要确定干扰能否拖走跟踪波门，需要用式(3.6.22)和式(3.6.23)计算落入前后波门的信号面积和干扰面积。图 3.6.6 是计算微分后的目标回波和干扰波形落入跟踪波门内的面积示意图。该图给出了拖引阶段跟踪波门、目标回波和干扰微分波形之间的时间关系，其中 t_0 表示信号前沿与跟踪波门前沿的时间差，相当于考察时刻之前干扰引起的跟踪误差。假设无干扰时，跟踪波门完全套住目标回波，$t_0 = 0$；t_d 和 τ_R 的定义见图 3.6.5。当目标不机动时，t_d 是拖引速度引起的。在俘获阶段，t_d 就是干扰机的固有延时。由于只有干信比为无穷大时，t_0 才可能等于 t_d。因此，对于距离后拖欺骗干扰，俘获阶段总存在 $t_0 < t_d$ 的关系。在前沿跟踪抗距离后拖技术中，t_d 是影响干扰效果的主要因素。由图 3.6.6 可直观看出，随着 t_d 的增大，进入跟踪波门的干扰面积逐渐减少，拖走跟踪波门需要的干信比逐渐增加。如果 $t_d \geqslant \tau_R$，干扰完全不能进入跟踪波门，即使有无穷大的干扰功率，也不能把跟踪波门拖离目标回波。

　　设干扰和目标回波同相，根据图 3.6.6 的关系和式 (3.6.22)、式 (3.6.23) 可分别求出进入前波门和后波门的目标回波面积 $U_{s前}$、$U_{s后}$ 和干扰面积 $U_{j前}$、$U_{j后}$：

$$\begin{cases} U_{s前} = \begin{cases} \dfrac{U_s}{2}\left(\sin\dfrac{\pi t_0}{\tau_R} + \cos\dfrac{\pi t_0}{\tau_R}\right) & t_0 \leqslant \dfrac{\tau_R}{2} \\ 0 & t_0 > \tau_R \\ \dfrac{U_s}{2}\left(1 + \cos\dfrac{\pi t_0}{\tau_R}\right) & \dfrac{\tau_R}{2} < t_0 < \tau_R \end{cases} \\ U_{s后} = \begin{cases} \dfrac{U_s}{2}\left(1 - \sin\dfrac{\pi t_0}{\tau_R}\right) & t_0 \leqslant \dfrac{\tau_R}{2} \\ 0 & 其他 \end{cases} \end{cases} \quad (3.6.24)$$

$$\begin{cases} U_{j后} = \begin{cases} \dfrac{U_j}{2}\left[\sin\dfrac{\pi(t_d - t_0)}{\tau_R} + \cos\dfrac{\pi(t_d - t_0)}{\tau_R}\right] & t_d - t_0 \leqslant \dfrac{\tau_R}{2} \\ 0 & t_d - t_0 > \tau_R \\ \dfrac{U_j}{2}\left[1 + \cos\dfrac{\pi(t_d - t_0)}{\tau_R}\right] & \dfrac{\tau_R}{2} < t_d - t_0 < \tau_R \end{cases} \\ U_{j前} = \begin{cases} \dfrac{U_j}{2}\left[1 - \sin\dfrac{\pi(t_d - t_0)}{\tau_R}\right] & t_d - t_0 \leqslant \dfrac{\tau_R}{2} \\ 0 & 其他 \end{cases} \end{cases} \quad (3.6.25)$$

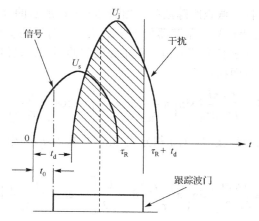

图 3.6.6　计算进入跟踪波门的信号和干扰面积示意图

在拖引阶段，如果以信号前沿为参考点，t_0 相当于距离后拖产生的跟踪误差。t_d 相当于拖引距离。t_d-t_0 等效于滞后误差。要使跟踪波门向后移动，落入后波门的干扰和目标回波的总面积必须大于落入前波门的干扰和目标回波的总面积。用式(3.6.24)和式(3.6.25)可建立各种条件下使跟踪波门平衡的方程，解此方程可得使跟踪波门平衡需要的干信比。设 $t_d = 0.8\tau_R$，由式(3.6.24)和式(3.6.25)可建三个使跟踪波门平衡的等式并得到三种适合不同条件的干信比表达式：

$$\frac{J}{S} = \begin{cases} \dfrac{2\sin(\pi t_0 / \tau_R) + \cos(\pi t_0 / \tau_R) - 1}{1 + \cos[\pi(t_d - t_0)/\tau_R]} & t_0 \leqslant 0.3\tau_R \\[3mm] \dfrac{2\sin(\pi t_0 / \tau_R) + \cos(\pi t_0 / \tau_R) - 1}{2\sin[\pi(t_d - t_0)/\tau_R] + \cos[\pi(t_d - t_0)/\tau_R] - 1} & 0.3\tau_R < t_0 \leqslant 0.5\tau_R \\[3mm] \dfrac{1 + \cos(\pi t_0 / \tau_R)}{2\sin[\pi(t_d - t_0)/\tau_R] + \cos[\pi(t_d - t_0)/\tau_R] - 1} & t_0 > 0.6\tau_R \end{cases}$$

用上式可计算出不同 t_0 对应的干信比，并以此画出如图 3.6.7 的曲线。图中的纵坐标为跟踪波门平衡需要的干信比 J/S，横坐标是用 τ_R 规一化的拖引时间，相当于距离跟踪误差。如果实际能达到的干信比大于 J/S，就能拖动跟踪波门。由该图知，当 $t_0/\tau_R \approx 0.15$ 时，图 3.6.7 的曲线有一峰值，近似等于 3.3dB。该图还说明，只要干信比不为无穷大，总存在滞后误差；只要实际能达到的干信比大于突起部分的峰值即 3.3dB，就能将跟踪波门拖离目标回波，获得有效干扰效果。

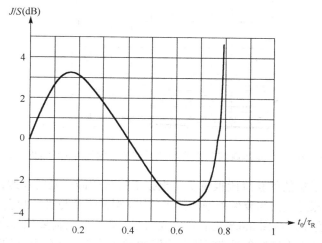

图 3.6.7　$t_d = 0.8\tau_R$ 时跟踪波门平衡需要的干信比与 t_0 / τ_R 的关系

式(3.6.24)和式(3.6.25)为跟踪波门的平衡方程，两式太复杂，很难直观看出成功拖走跟踪波门需要的干信比与干扰相对目标回波延时的关系。此外，图 3.6.7 中的峰值干信比随 t_d 变化，应用很不方便。这里用数值计算和作图法得出了跟踪波门平衡所需干信比与 t_d/τ_R 的关系曲线，如图 3.6.8 所示。图 3.6.8 的曲线是这样做出来的，即对于等步长的每一个 t_d/τ_R 值，等步长地计算从 $t_0/\tau_R = 0$ 到 $t_0/\tau_R = t_d/\tau_R$ 的干信比，找出每一个 t_d/τ_R 值对应的拖走跟踪波门所需干信比的最大值。由此得到一系列最大值。把这些最大值按 t_d/τ_R 由小到大的顺序排列并连接起来，可得图 3.6.8 所示的曲线。该图的横坐标是用跟踪波门宽度 τ_R 规一化的干扰相对目标回波的延时 t_d。纵坐标是以 dB 表示的拖走跟踪波门需要的干信比。由该图得到的结论与直观结果是一致的。干扰和目标回波的相对延时较小时，拖走跟踪波门需要的干信比较小，随着相对延时的增加，成功拖走跟踪波门需要的干信比逐渐增大。当延时等于跟踪波门宽度时，干扰完全不能进入跟踪波门。距离拖引式欺骗干扰要与目标回波拼功率，与无抗干扰电路相比，获得相同干扰效果需要花更大的代价。

图 3.6.8 的曲线是在干扰和目标回波同相的条件下得到的。它表示有前沿跟踪电路后，成功拖走跟踪波门需要额外增加的干信比 $(J/S)_{pt}$。设有、无抗干扰措施时俘获跟踪波门和以一定速度拖走跟踪波门的条件相同，无抗干扰电路时成功干扰需要的干信比为 $(J/S)_n$（单位 dB），有前沿跟踪电路后成功干扰需要的干信比变为

$$(J/S)_y = (J/S)_n + (J/S)_{pt}$$

前沿跟踪抗距离后拖干扰的抗干扰得益（单位为 dB）为

$$G_k = (J/S)_y - (J/S)_n = (J/S)_{pt} \qquad (3.6.26)$$

式 (3.6.26) 可用十进制数表示为

$$G_k = 10^{0.1(J/S)_{pt}}$$

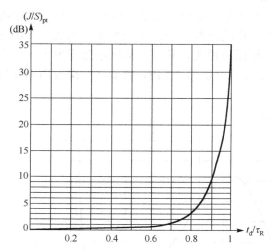

图 3.6.8   拖走跟踪波门需要额外增加的干信比与 t_d/τ_R 的关系

距离拖引式欺骗干扰的俘获阶段很重要。根据干扰机的固有延时和跟踪波门的宽度，从图 3.6.8 可查出成功俘获跟踪波门需要额外增加的干信比。根据干扰与目标回波在跟踪波门内可能的最大延时和跟踪波门宽度，从图 3.6.8 也能查出成功拖走跟踪波门需要额外增加的干信比。

设计前沿跟踪电路的关键是合理选择微分电路的时间常数。微分电路的时间常数不能太小，否则信号能量太小，信噪比太低，影响跟踪精度和跟踪稳定性。微分电路的时间常数也不能过大，太大会增加进入跟踪波门的干扰能量，影响抗干扰效果。正因为如此，只要适当减少干扰机的固有延迟和适当控制拖引速度，即使有前沿跟踪电路，只要增加一定的干信比，获得距离后拖干扰效果仍然是可能的。

3.6.6 抗箔条干扰的技术

多数相参雷达体制有抗箔条干扰的作用，这里将它作为一种专用抗干扰技术来讨论，其目的是分析箔条干扰效果的评估方法。参考文献[8,14]分析了抗箔条干扰的方法和抗干扰效果。这里的主要公式来自参考资料[8,14]。对于运动目标，抗箔条干扰最有效的技术是多普勒滤波。该技术抗箔条干扰的主要依据是箔条回波与目标回波的多普勒频率有较大差别，即使是从高速运动平台上

投放的箔条，在几秒钟内就会降为当时当地的风速。目前使用的多普勒滤波技术有两种：一种是脉冲对消即动目标显示或指示(MTI)技术，它用一个梳状滤波器，把滤波器的零响应调谐到箔条的平均径向速度上，把箔条的主要干扰成分滤掉，降低干扰作用。另一种称为多普勒滤波技术，它用一组邻接的能覆盖目标径向速度范围的多普勒滤波器组，使箔条的主要频谱成分处于多普勒滤波器带外，从频域上把箔条反射的主要功率滤掉。

两种抗箔条干扰技术的作用原理基本相同，只是性能有所差别。抗干扰效果主要取决于箔条回波的频谱分布和其中心频率与目标多普勒频率的差别。图 3.6.9 为地物、箔条和目标回波的频谱范围[14]。比较三种回波频谱的中心和谱宽不难看出，地物回波的中心位于 0 频，带宽最窄。箔条回波频谱较地物回波的宽，其中心不但高于地物回波而且是变化的，其变化范围与当时的气象条件有关。一般而言，中心频率越高，峰值越低，但带宽越宽。目标回波的频谱较箔条窄，中心频率分布较宽。它可能处于地物和箔条回波频谱外，也可能进入其中，由目标相对雷达的径向速度确定。

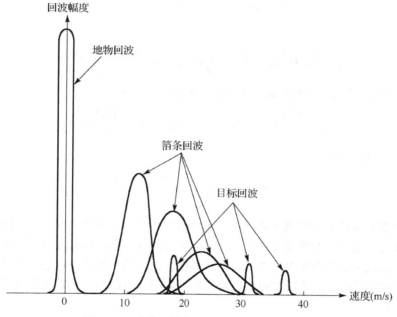

图 3.6.9　地物、箔条和目标回波的频谱范围

使箔条回波频谱扩展的因素有：一、箔条偶极子反射体在大气中的固有扩散；二、大气湍流引起的空间扩散；三、风引起的移动；四、重力引起的偶极子下降，五、投放箔条飞机气流扰动引起的空间扩散；六、下降过程中偶极子的旋转。箔条的规一化频谱密度为

$$G(F) = \exp\left(-\frac{\lambda^2 F^2}{16 v_{xe}^2}\right) \tag{3.6.27}$$

式中，λ，F 分别为受干扰雷达的工作波长和箔条反射信号的多普勒频率，v_{xe} 是箔条偶极子反射体与雷达平台的平均径向速度分量，它等于

$$v_{xe}^2 = (v_{xe}^2)_a + (v_{xe}^2)_b + (v_{xe}^2)_c$$

其中 $(v_{xe})_a$ 为箔条重量引起的偶极子下降产生的速度分量，$(v_{xe})_b$ 是风引起的偶极子漂移产生的速度分量，$(v_{xe})_c$ 为箔条偶极子在大气湍流作用下产生的速度分量。箔条垂直下降速度取决于偶极子的尺寸和材料，下降速度变化将引起多普勒扩展，这个分量的均方差为

$$\sigma_{va} = 0.45 \sin \Phi_E \, (\mathrm{m/s})$$

式中，Φ_E 为雷达天线双程仰角波束半功率宽度(用弧度表示)。风力梯度以及有限波束宽度形成的速度扩展分量与降雨杂波相同，其值为

$$\sigma_{vb} = 0.42 k R \Phi_E \, (\mathrm{m/s})$$

其中 k 是速度梯度(对于任意的方位角，其值为 4m/s)，R 是雷达到目标所处分辨单元的斜距(km)。紊流或湍流引起的速度扩展均方差为

$$\sigma_{vc} = \begin{cases} 1(\mathrm{m/s}) & \text{小于1.2万英尺} \\ 0.7(\mathrm{m/s}) & \text{大于1.2万英尺} \end{cases}$$

估算箔条抗干扰得益时常常要用到箔条频谱半功率点的宽度，其数值为

$$F_{0.5} = \frac{3.33}{\lambda} \sqrt{v_{xe}^2} = \sqrt{F_{va}^2 + F_{vb}^2 + F_{vc}^2} \tag{3.6.28}$$

其中

$$F_{va}^2 = \frac{11.5}{\lambda^2}(v_{xe}^2)_a, \quad F_{vb}^2 = \frac{11.5}{\lambda^2}(v_{xe}^2)_b \text{ 和 } F_{vc}^2 = \frac{11.5}{\lambda^2}(v_{xe}^2)_c$$

如果不能确切知道 v_{xe} 的三个速度分量，可采用下面的近似结果：

$$F_{va}^2 = \frac{11.5}{\lambda^2}\sigma_{va}^2, \quad F_{vb} = \frac{11.5}{\lambda^2}\sigma_{vb}^2 \text{ 和 } F_{vc} = \frac{11.5}{\lambda^2}\sigma_{vc}^2$$

式(3.6.27)可用 $F_{0.5}$ 表示为

$$G(F) = \exp\left(-0.7\frac{F^2}{F_{0.5}^2}\right)$$

图 3.6.9 说明目标的多普勒频率离箔条回波频谱的中心频率越远，抗干扰作用越好。根据箔条偶极子反射体与雷达平台的平均径向速度分量、箔条的规一化频谱密度和目标速度，可估算相对功率或箔条雷达截面的下降程度，它就是多普勒滤波抗箔条干扰的得益 g_3。设目标的多普勒频率为 f_d(假设为单根谱线)，箔条回波的中心频率为 F_0，由箔条的归一化功谱密度得多普勒滤波技术的抗干扰得益：

$$G_k = g_3 = \exp\left[0.7\left(\frac{f_d - F_0}{F_{0.5}}\right)^2\right] \tag{3.6.29}$$

式(3.6.29)为多普勒滤波技术抗箔条干扰得益的数学模型，它说明要获得无抗干扰时的箔条干扰效果，必须把箔条的有效雷达截面增加 g_3 倍。该数学模型还说明，目标的多普勒频率离箔条回波的中心频率越远，多普勒滤波技术抗箔条干扰的效果越好，对干扰越不利。目标相对雷达的径向速度决定了目标回波的多普勒频率中心，若箔条用于自卫，投放箔条后，通过目标机动降低目标相对雷达的径向速度，可减少箔条与目标回波在多普勒频率上的差别，能显著提高箔条干扰相参雷达的效果。

另一种抗箔条干扰的技术是 MTI。MTI 通过脉冲对消去除靠近箔条中心频率附近的多普勒成分，可减少箔条干扰的影响。箔条的中心频率有移动，且带宽较宽，要求滤波器有一定宽度，且其中心频率能随箔条回波中心频率移动。对于理想的 MTI 滤波器和 m 次对消，该技术抗箔条干扰的得益为[8]

$$G_k = g_3 = \frac{4}{(2\pi)^{2m}} \frac{\sin^{2m}(2\pi v_r T / \lambda)}{(F_J T)^{2m}} \tag{3.6.30}$$

式中，v_r、T 和 F_J 分别为目标相对雷达的径向速度，雷达的脉冲重复周期和箔条频谱宽度，这里的 $F_J = F_{0.5}$。

根据箔条干扰的特点和雷达抗箔条干扰的得益，可估算用箔条干扰相参雷达的压制系数。设无抗干扰技术的压制系数为 K_{ch}，采用抗干扰措施后有效干扰需要的压制系数变为

$$K_{jch} = g_3 K_{ch} \tag{3.6.31}$$

3.7　天线及其对雷达侦察干扰的影响

天线是所有无线电电子设备的重要部件，对雷达和雷达对抗装备尤其如此。天线性能在很大程度上决定了雷达的作用距离、角分辨率、角跟踪精度、边跟踪边扫描能力和抗干扰能力等。天线是雷达对外联系的窗口，探测目标的能量从天线辐射出去。经媒介传到目标，目标的反射能量经由同一媒介返回雷达接收天线进入雷达。天线也是阻止有意、无意干扰进入雷达的重要关口。雷达天线除有空域选择或空域滤波作用外，还有极化选择或极化滤波作用，两者都能减小有意、无意干扰的影响。前者对干扰效果的影响程度用干扰方向失配损失表示，后者用极化系数或极化失配损失表示。虽然干扰方向失配损失与极化失配损失的原因不同，但都与天线有关。天线对雷达和雷达对抗装备同样重要，天线的性能在很大程度上决定了侦察和干扰性能。天线值得研究的内容很多，这一节主要介绍三方面的内容：一、雷达天线与干扰效果有关的主要性能参数；二、简单说明天线增益、副瓣电平与波束宽度、天线口径尺寸和口径场分布的关系，利用这种关系，根据天线波束宽度可近似估算天线增益或根据天线尺寸、口径场分布等估算波束宽度、增益和副瓣电平等；三、极化的种类、极化系数及其对干扰效果的影响。

3.7.1　描述雷达和雷达对抗装备天线的性能参数

天线的种类较多，在雷达和雷达对抗领域用得较多的有喇叭天线(矩形口径和圆形口径)、抛物面天线(包括旋转抛物面、柱抛物面和椭圆抛物面)、透镜天线，振子天线等。天线的性能分两类，一类是表征收、发电磁波能量的能力，如增益、效率、有效面积、口径照射率和口径利用系数等；另一类是表征空间特性的性能，如方向图、方向性函数、主瓣宽度、副瓣电平、极化等。雷达天线影响干扰效果的主要性能参数有主瓣增益、方向性、增益函数、主瓣宽度、相对主瓣的副瓣电平及其分布情况和极化。

天线效率不包括馈线损失，仅指天线的辐射功率与其输入功率之比：

$$\eta = \frac{\text{辐射功率}}{\text{输入功率}} \tag{3.7.1}$$

天线效率由实际测量得到，但绝大多数装备不给出该项指标。大多数雷达和雷达对抗装备工作在微波波段，微波天线的效率很高，一般在 0.9～0.95[17]。在干扰效果评估中，一般将天线效率放在系统损失内或近似为 1。如果需要独立估算天线效率，可参考上述值。

天线的方向特性用方向图或方向图函数表示。设天线最大辐射方向的场强为 E_{max}，在由方位角 θ 和俯仰角 φ 确定的空间某点 M 的场强为 $E(\theta, \varphi)$，空间方向图或空间方向图函数定义为

$$F(\theta,\phi) = \frac{|E(\theta,\varphi)|}{|E_{max}|} \qquad (3.7.2)$$

天线工程一般不用空间方向图，而用两个正交主平面上的方向图，即用空间方向图与两个相互垂直平面的交线表示天线方向图或方向图函数。这两个平面有特别的名称，在直角坐标系中，与磁矢量平行的面称为 H 面，设其方向图函数为 $F_H(\theta)$。与电场矢量平行的面称为 E 面，用 $F_E(\theta)$ 表示其方向图函数。当泛指任何一个面的方向图函数时，用 $F(\theta)$ 表示方向图函数。

天线方向图由一个主瓣和对称于主瓣且幅度逐渐降低的均匀分布的多个副瓣组成，任何一个面的方向图在形状和结构上与 $\sin x/x$ 的图形十分相似，仅仅是主副瓣的幅度比有差别。天线的波束宽度是指方向图的主瓣宽度，定义为电磁场半功率点之间的宽度。这里用 $\theta_{0.5}$ 和 $\varphi_{0.5}$ 表示 H 面和 E 面的波束宽度，用 θ 和 φ 泛指 H 面和 E 面的任一角度。

设有向天线在最大辐射方向的功率通量密度为 $I(\theta,\varphi)$，各向均匀辐射天线在该方上的功率通量密度为 I，两者之比定义为天线的方向性系数：

$$g = I(\theta,\varphi)/I \qquad (3.7.3)$$

方向性系数主要取决于四个因素：一、口面场的分布；二、天线口面的几何面积；三、口面利用系数；四、工作波长。设天线的有效面积为 S_e，口面的几何面积为 S，天线口面利用系数定义为

$$v = S_e/S$$

上式为理想口面利用系数。少数天线受加工影响，口面利用系数小于理想值，如介质透镜天线的口面利用系数只有理想值的 $(0.7\sim0.8)$ 倍[18]。设口面利用率的修正系数为 k_e，修正后的有效面积为 $k_e S_e$。这时，天线口面利用系数为

$$v = k_e S_e/S$$

设工作波长为 λ，天线的方向性系数可用口面利用系数及其几何面积表示为

$$g = \frac{4\pi}{\lambda^2}vS \qquad (3.7.4)$$

评估干扰效果经常要用到天线增益函数 $G(\theta,\varphi)$ 和天线增益 $G(0)$，天线增益函数 $G(\theta,\varphi)$ 等于方向图函数的平方与天线效率 η 之积：

$$G(\theta,\varphi) = F^2(\theta,\varphi)\eta \qquad (3.7.5)$$

天线增益 $G(0)$ 定义为方向图函数最大值的平方 $F^2(0,0)$ 与天线效率 η 之积：

$$G(0) = F^2(0,0)\eta \qquad (3.7.6)$$

方向性系数是方向图函数的最大值。天线增益可用方向性系数表示为

$$G(0) = \frac{4\pi}{\lambda^2}vS\eta \qquad (3.7.7)$$

设矩形天线 H 面和 E 面的口面边长为 D_1 和 D_2，天线口面面积为 D_1D_2。用 D_1D_2 代替式 (3.7.7) 中的面积 S 得：

$$G(0) = \frac{4\pi D_1 D_2}{\lambda^2}v\eta \qquad (3.7.8)$$

D_1 和 D_2 与波长和波束宽度有关。D_1 与 $\theta_{0.5}$ 和 D_2 与 $\varphi_{0.5}$ 的关系分别为

$$\begin{cases} D_1 = \dfrac{k_H \lambda}{\theta_{0.5}} \\[2mm] D_2 = \dfrac{k_E \lambda}{\varphi_{0.5}} \end{cases} \tag{3.7.9}$$

当泛指天线任一面的波束宽度与对应的口径尺寸和工作波长的关系时，上两式可统一为

$$D = \frac{k\lambda}{\theta_{0.5}} \tag{3.7.10}$$

其中 $k = k_H$ 或 $k = k_E$。把上述关系代入式 (3.7.8) 并整理得用天线波束宽度和波长表示的天线增益模型：

$$G(0) = \frac{4\pi k_H k_E}{\theta_{0.5} \varphi_{0.5}} \nu \eta \tag{3.7.11}$$

式 (3.7.11) 波束宽度的单位为弧度，若把它换算成度得：

$$G(0) = \frac{41253 k_H k_E}{\theta_{0.5} \varphi_{0.5}} \nu \eta \tag{3.7.12}$$

如果 $D_1 = D_2$ 且 H 面和 E 面的口径场分布相同，即 $\theta_{0.5} = \varphi_{0.5} = \theta_{0.5}$ 和 $k_H = k_E = k$，则式 (3.7.11) 简化为

$$G(0) = \frac{4\pi k^2}{\theta_{0.5}^2} \nu \eta \tag{3.7.13}$$

上面各式中的 ν、k_H、k_E 或 k 与天线口面的形状、尺寸和口面场的分布有关。为了估算天线增益和增益函数，表 3.7.1 给出了目前雷达和雷达对抗装备常用天线类型及其均匀和余弦口面场分布情况下的 ν、k_H 和 k_E 的取值范围，其中的大部分数据来自参考资料[17]。

表 3.7.1 雷达和雷达对抗装备常用天线类型及其 ν、k_H 和 k_E 的取值范围

天线类型	条件	波束宽度	ν	k_H	k_E
矩形喇叭天线	1. 口径场均匀分布	$\theta_{0.5} = 0.89\lambda/D_1$ $\varphi_{0.5} = 0.89\lambda/D_2$	1	0.89	0.89
	2. H 面余弦分布，E 面均匀分布	$\theta_{0.5} = 1.18\lambda/D_1$ $\varphi_{0.5} = 0.89\lambda/D_2$	0.81	1.18	0.89
直径为 D 的圆形喇叭天线	口径场均匀分布	$\theta_{0.5} = 1.04\lambda/D$ $\varphi_{0.5} = 1.04\lambda/D$	1	1.02	1.02
透镜天线	H 面余弦分布，E 面均匀分布，折射率 1.6	$\theta_{0.5} = 1.18\lambda/D_1$ $\varphi_{0.5} = 0.89\lambda/D_2$	$0.81a$ 其中 $a = 0.7 \sim 0.8$	1.18	0.89
口面直径为 D 的旋转抛物面天线	1. 口径场均匀分布	$\theta_{0.5} = 1.04\lambda/D$ $\varphi_{0.5} = 1.04\lambda/D$	$0.5 \sim 0.6$	1.04	1.04
	2. H 面均匀照射，E 面余弦分布	$\theta_{0.5} = 1.2\lambda/D$ $\varphi_{0.5} = 1.3\lambda/D$	$0.5 \sim 0.6$	1.2	1.3
柱形抛物面天线	口径均匀分布	$\theta_{0.5} = 0.89\lambda/D_1$ $\varphi_{0.5} = 0.89\lambda/D_2$	0.8	0.89	0.89
椭圆口径抛物面天线		$\theta_{0.5} = 1.2\lambda/D_1$ $\varphi_{0.5} = 1.2\lambda/D_2$	$0.5 \sim 0.6$	1.2	1.2

根据波束宽度、ν、k_H 和 k_E，由式 (3.7.11) 可以较准确地估算天线增益。天线波束宽度与对应

的口面尺寸有确定关系，如式 (3.7.9) 所示。也可根据天线尺寸、v 和工作波长 λ，用式 (3.7.8) 估算天线增益。如果只知道波束宽度和工作波长，可用如下经验公式近似估算天线增益：

$$\begin{cases} G(0) = \dfrac{20000 \sim 25000}{\theta_{0.5}\varphi_{0.5}} & 1 \sim 6\text{GHz} \\ G(0) = \dfrac{25000 \sim 30000}{\theta_{0.5}\varphi_{0.5}} & 6 \sim 18\text{GHz} \end{cases} \tag{3.7.14}$$

在相同条件下，天线工作频率高，对应的增益较高，使用时应根据具体工作频率确定分子的值。上两式已考虑了天线效率的影响。

在雷达对抗中，估算副瓣侦察和副瓣干扰效果时，除需要雷达天线的主瓣增益外，还要了解副瓣电平及其相对主瓣电平的变化情况。与武器直接有关的雷达一般工作在微波波段，天线在任一面 (E 面或 H 面) 的尺寸均远大于工作波长，它们的规一化方向图函数 $F(\theta)$ 可近似为

$$F(\theta) = \frac{\sin x}{x} \tag{3.7.15}$$

设天线在某个面的几何尺寸为 D，则 x 等于

$$x = \frac{\pi D}{\lambda}\theta$$

由式 (3.7.15) 知，天线方向图除了一个主瓣外还有多个副瓣，主瓣峰值处于 $x = 0$ 的位置，副瓣峰值出现在 $\sin x = 1$ 的位置。设天线主瓣增益为 $G(0)$，由式 (3.7.5) 得天线在某个面的增益函数：

$$G(\theta) = F^2(\theta)\eta = G(0)\left(\frac{\lambda}{\pi D\theta}\right)^2 \tag{3.7.16}$$

因 $\theta_{0.5} = k\lambda/D$，用 $\theta_{0.5}$ 替换式 (3.7.16) 中的 λ/D 得天线增益函数的近似形式：

$$G(\theta) = \left(\frac{\sin x}{x}\right)^2 G(0) = \left(\frac{1}{\pi k}\right)^2 \left(\frac{\theta_{0.5}}{\theta}\right)^2 G(0) \tag{3.7.17}$$

式 (3.7.17) 为增益函数的通用近似模型。k 可以是 k_H，也可以是 k_E。根据实际天线类型、口面场分布和口面形状及尺寸，可从表 3.7.1 查到波束宽度和 k 的值。实际天线的方向图是立体的，若天线的 H 面和 E 面的形状、尺寸或/和口径场的分布不同，波束宽度必然不同。设

$$\begin{cases} k_\alpha = (\pi k_H)^{-2} \\ k_\beta = (\pi k_E)^{-2} \end{cases} \tag{3.7.17a}$$

根据式 (3.7.16) 和式 (3.7.17) 的关系，可把 H 面和 E 面的增益函数分别表示为

$$\begin{cases} G_H(\theta) = k_\alpha \left(\dfrac{\theta_{0.5}}{\theta}\right)^2 G(0) \\ G_E(\varphi) = k_\beta \left(\dfrac{\varphi_{0.5}}{\varphi}\right)^2 G(0) \end{cases} \tag{3.7.18}$$

式中，$G_H(\theta)$ 和 $G_E(\varphi)$ 分别为 H 面和 E 面的增益函数，$G(0)$ 为天线增益。单目标跟踪雷达的天线方向图近似对称，H 面和 E 面的方向性函数和增益函数近似相同，这时 $k_a = k_\alpha = k_\beta$，式 (3.7.18) 变为

$$G(\theta) = k_a \left(\frac{\theta_{0.5}}{\theta}\right)^2 G(0) \tag{3.7.19}$$

雷达对抗中常用方位面的增益函数。如果没有特别说明，可把式 (3.7.19) 作为雷达天线的近似增益函数。

副瓣电平严重影响雷达的性能。控制天线口面场的分布可降低副瓣电平。改变口面场的分布不但会改变副瓣电平，也会影响 v、k_H 和 k_E。表 3.7.2 给出了矩形和圆形口面天线第一副瓣电平与 v 和任一个面的 k(k_H 或 k_E) 的变化关系。其中最小的 k 值对应着均匀分布的口面场。从表 3.7.2 的数据不难看出，口面场均匀分布天线的副瓣电平较高，第一副瓣只有 $-13\sim-17$dB。随着 k 的增加，口面场分布越来越不均匀，副瓣电平越来越低。根据雷达或干扰天线的实际副瓣电平和天线口面形状，由表 3.7.2 的数据可近似估算 v、k_H、k_E 或 k_a 的值。表 3.7.2 的主要数据来自参考资料[17]。

式 (3.7.15) 只能近似天线方向图部分区域的增益函数。除部分天线有较大的尾瓣外，实际天线的方向图可分三个区：主瓣区、平均旁瓣区和从主瓣到平均旁瓣的过渡区。整个主瓣区的增益变化不大于 3dB，平均旁瓣区的增益变化同样很小，这两部分都偏离式 (3.7.15) 的变化规律，可用常数近似。过渡区的增益可用式 (3.7.18) 近似。因此，天线增益函数可用三段近似，它们分别对应于主瓣区、从主瓣到平均旁瓣的过渡区和平均旁瓣区的增益。如果没有特别指明，下式就是方位面或泛指天线的近似增益函数：

$$
G(\theta) = \begin{cases}
G(0) & -\theta_{0.5}/2 \leqslant \theta \leqslant \theta_{0.5}/2 & \text{主瓣区} \\
k_\alpha\left(\dfrac{\theta_{0.5}}{\theta}\right)^2 G(0) & \pm\dfrac{\theta_{0.5}}{2} < |\theta| < \pm\theta_{rm} & \text{过渡区} \\
k_\alpha\left(\dfrac{\theta_{0.5}}{\theta_{rm}}\right)^2 G(0) & |\theta| \geqslant \pm\theta_{rm} & \text{平均旁瓣区}
\end{cases}
\tag{3.7.20}
$$

式 (3.7.20) 中的 θ_{rm} 和下式的 φ_{rm} 分别为雷达天线方向图的 H 面和 E 面从过渡区开始进入平均旁瓣区的角度，其值在 $\pm60° \sim \pm90°$ 之间。雷达天方向图为轴对称图形，θ 和 θ_{rm} 都有正负两部分。按照式 (3.7.18) 和式 (3.7.20) 的分析方法得天线 E 面增益的分段近似模型：

$$
G(\phi) = \begin{cases}
G(0) & -\varphi_{0.5}/2 \leqslant \varphi \leqslant \varphi_{0.5}/2 & \text{主瓣区} \\
k_\beta\left(\dfrac{\varphi_{0.5}}{\varphi}\right)^2 G(0) & \pm\dfrac{\varphi_{0.5}}{2} < |\varphi| < \pm\varphi_{rm} & \text{过渡区} \\
k_\beta\left(\dfrac{\varphi_{0.5}}{\varphi_{rm}}\right)^2 G(0) & |\varphi| \geqslant \pm\varphi_{rm} & \text{平均旁瓣区}
\end{cases}
\tag{3.7.21}
$$

表 3.7.2 天线副瓣电平与 k 和 v 的近似关系

天线口面形状		副瓣电平 (−dB)	13.2	15.8	17.1	20.6	23	32	40
	矩形	k	0.88	0.92	0.97	1.15	1.2	1.45	1.66
		v	1	0.994	0.97	0.833	0.81	0.667	0.575
	圆形	副瓣电平 (−dB)	17.6	24.6	30.6	<40			
		k	1.02	1.26	1.47	1.65			
		v	1	0.75	0.56	0.44			

比较式 (3.7.20) 和式 (3.7.21) 不难看出，两者的形式完全相同，其值由天线增益、对应波束宽度与偏角 θ 之比的平方和 k_α、k_β 确定。表 3.7.1 的数据表明，如果天线的类型相同且口面场在两个面的分布相同，则 k_α 和 k_β 的值也相等。

天线波束及其方向图函数或增益函数都是立体的,式(3.7.20)和式(3.7.21)仅代表 H 和 E 两个面的增益变化情况。雷达感兴趣的是目标,基本上能保证将天线波束的最大增益方向对准目标,只考虑两个面的增益函数足以评估天线对雷达目标检测和跟踪性能的影响。评估雷达干扰效果需要确定雷达天线在干扰方向的增益,影响这种增益的主要因素是雷达天线和干扰天线指向的夹角或干扰机及其保护目标相对受干扰雷达的张角。此张角可能正好处于雷达天线的 H 面或 E 面,也可能处于其他角度。如果此张角不是正好处于 H 面或 E 面,用式(3.7.20)或式(3.7.21)计算天线的增益可能带来误差。只要干扰天线的波束宽度大于甚至远大于雷达天线的波束宽度,即使此张角不是正好处于雷达天线的 H 面或 E 面,由此引起的增益计算误差也比较小,就干扰效果评估而言,这样的误差是可容忍的。如果干扰波束宽度与雷达的相当,则需考虑此张角偏离雷达天线的 H 或 E 面造成的影响。

3.7.2　干扰方向失配损失

为了把有限的能量集中到感兴趣的区域以提高目标探测概率、跟踪精度和减少杂波、干扰的影响,雷达采用强方向性天线。当干扰天线和雷达接收天线的主瓣没对准时,干扰就会出现方向失配损失。由雷达的定向原理知,目标回波总能从雷达接收天线的最大增益方向进入。只有与目标回波同时进入雷达接收机的干扰才会影响雷达检测该目标,若干扰平台、被保护目标和受干扰雷达不在同一直线上或偏差超过雷达天线主瓣宽度,在雷达天线照射目标时,干扰只能从小于最大增益的天线区域进入雷达接收机,由此引起干扰方向失配损失。自卫干扰的保护对象是干扰平台本身,受干扰雷达、干扰机和目标总是处于同一直线上,无干扰方向失配损失。掩护干扰一般不能满足三者处于同一直线的条件,出现干扰方向失配损失不可避免。

干扰方向失配损失定义为,在相同条件下,雷达从偏离接收天线最大增益方向接收的干扰功率与其从天线最大增益方向接收的干扰功率之比。干扰方向失配损失与干扰机、目标和雷达的几何位置有关。图 3.7.1 为这种配置的关系示意图。图中有两部完全相同的干扰机,干扰机 1 配置在被保护目标上,相当于自卫干扰,它到雷达的距离为 $R_{j1} = R_t$。干扰机 2 配置在被保护目标外,相当于掩护干扰,它与干扰机 1 相对雷达的张角为 θ_j,假设它到雷达的距离为 $R_{j2} = R_t$。根据图中的关系和假设条件,由侦察方程可确定干扰方向失配损失。设 P_j、G_j、λ 和 G_t 分别为干扰机的发射功率、干扰天线增益、工作波长和雷达天线在该方向的增益,若忽略干扰机和雷达的系统损失以及电波传播衰减,由侦察方程得雷达从干扰机 1 接收的干扰功率:

$$P_{jt} = \frac{P_{j1}G_jG_t\lambda_j^2}{(4\pi)^2 R_{j1}^2} = \frac{P_jG_jG_t\lambda_j^2}{(4\pi)^2 R_t^2}$$

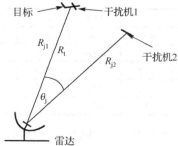

图 3.7.1　雷达、干扰机和目标配置关系示意图

根据假设，G_t 等于天线的最大增益即 $G_t = G(0)$。设雷达天线照射干扰机 1 时，在干扰机 2 方向的增益为 $G(\theta_j)$，雷达从干扰机 2 接收的干扰功率为

$$P_{j\theta} = \frac{P_{j2}G_jG(\theta_j)\lambda_j^2}{(4\pi)^2 R_{j2}^2} = \frac{P_jG_jG(\theta_j)\lambda_j^2}{(4\pi)^2 R_t^2}$$

由干扰方向失配损失的定义知，$P_{j\theta}$ 与 P_{jt} 之比就是干扰方向失配损失：

$$K(\theta_j) = \frac{P_{E\theta}}{P_{jt}} = \frac{G(\theta_j)}{G_t}$$

用 θ_j 和 G_t 替换式 (3.7.20) 中的 θ 和 $G(0)$ 得雷达天线偏离最大增益方向 θ_j 的增益：

$$G(\theta_j) = \begin{cases} k_\alpha \left(\dfrac{\theta_{0.5}}{\theta_j}\right)^2 G_t & \pm \dfrac{\theta_{05}}{2} < |\theta_j| < \pm\theta_{rm} \\ G_t & -0.5\theta_{0.5} \leqslant \theta_j \leqslant 0.5\theta_{0.5} \\ k_\alpha \left(\dfrac{\theta_{0.5}}{\theta_{rm}}\right)^2 G_t & |\theta_j| \geqslant \pm\theta_{rm} \end{cases} \tag{3.7.22}$$

雷达总是把天线最大增益方向对准目标，即雷达天线在干扰机保护目标方向的增益等于 G_t。由式 (3.7.22) 容易得到方位向的干扰方向失配损失：

$$K(\theta_j) = \begin{cases} k_\alpha \left(\dfrac{\theta_{0.5}}{\theta_j}\right)^2 & \pm \dfrac{\theta_{05}}{2} < |\theta_j| < \pm\theta_{rm} \\ 1 & -0.5\theta_{0.5} \leqslant \theta_j \leqslant 0.5\theta_{0.5} \\ k_\alpha \left(\dfrac{\theta_{0.5}}{\theta_{rm}}\right)^2 & |\theta_j| \geqslant \pm\theta_{rm} \end{cases} \tag{3.7.23}$$

按照方位向的干扰方向失配损失的处理方法得俯仰向的干扰方向失配损失：

$$K(\phi_j) = \begin{cases} k_\beta \left(\dfrac{\varphi_{0.5}}{\varphi_j}\right)^2 & \pm \dfrac{\varphi_{05}}{2} < |\varphi_j| < \pm\varphi_{rm} \\ 1 & -0.5\varphi_{0.5} \leqslant \varphi_j \leqslant 0.5\varphi_{0.5} \\ k_\beta \left(\dfrac{\varphi_{0.5}}{\varphi_{rm}}\right)^2 & |\varphi_j| \geqslant \pm\varphi_{rm} \end{cases} \tag{3.7.24}$$

与式 (3.7.20) 一样，如果没有特别说明，式 (3.7.23) 既代表方位面的方向失配损失，也泛指整个天线的干扰方向失配损失。

式 (3.7.23) 和式 (3.7.24) 说明干扰方向失配损失与 $\theta_{0.5}/\theta_j$ 或 $\varphi_{0.5}/\varphi_j$ 的平方成正比，随着目标与干扰机相对雷达张角 θ_j 和 φ_j 的增加，干扰方向失配损失快速增加，要获得 $\theta_j = 0$ 时的干扰效果，需要的干扰等效辐射功率必然快速增加。如果干扰角度引导误差和瞄准误差之和不超过雷达天线波束宽度，自卫干扰无方向失配损失。如果干扰机不配置在被保护目标上，一般要遭受干扰方向失配损失。

3.7.3　电波的极化和极化系数

3.7.3.1　电波的极化形式

雷达和雷达干扰使用电磁波。电磁场由电场和磁场组成，两者都是矢量，形式相同且相互垂直。电场矢量在空间有一定取向或变化规律，在电磁波的传播过程中这种取向或变化规律一直维持不变，电场的这一特性用极化或极化方式来描述。

极化指电波的特性，通常认为极化也是天线的特性。其实天线(不管是接收天线还是发射天线)的极化都是指它作为发射天线时发射信号激励的电波的极化。因特定天线的发射信号只能激励出特定极化的电场，故把电波的极化也当作天线的极化。如果信号的极化与接收该信号天线的极化不同，将出现极化失配损失。极化失配损失用极化系数表示。对于某些平台的设备，即使收发共用一个天线也可能出现极化失配损失。干扰信号由干扰天线发射，接收干扰的是雷达天线，干扰更容易出现极化失配损失。

极化选择能给雷达带来三种好处：一、降低杂波的影响。很多雷达不得不在杂波环境中工作，杂波的反射系数与入射电波的极化有关，如 L 波段的雷达在仰角低于 30 度时，海湾的垂直极化反射波比水平极化反射波强 10 多分贝，沙漠、沼泽地区的水平极化成分大于垂直极化成分，海杂波对水平极化波的反射较强。雷达总是根据工作环境确定极化形式，以降低杂波的影响。二、压缩目标回波幅度起伏。如园极化可压缩目标回波的起伏程度，能降低目标定位误差或跟踪误差。三、抗人为干扰。因使用条件限制，侦察、干扰天线一般为固定极化，雷达可选择与干扰信号不同的极化来抑制干扰和反侦察。雷达对抗研究电波极化是为了减小干扰的极化失配损失。

电场一般包含水平分量 E_x 和垂直分量 E_y。这里的水平和垂直是相对大地而言的，与大地平行的分量为 E_x，与大地垂直的分量为 E_y。雷达干扰为无线电干扰，其电场为交流电场，是时间的函数。设无线电波的角频率为 ω，在空间某点电场的两个分量 E_x 和 E_y 可表示为

$$\begin{cases} E_x = E_{mx} \cos(\omega t - \phi_x) \\ E_y = E_{my} \cos(\omega t - \phi_y) \end{cases} \tag{3.7.25}$$

式中，E_{mx}、ϕ_x、E_{my} 和 ϕ_y 分别为电场的水平分量和垂直分量的振幅和初相。根据描述电场四个量之间的关系，将极化分为三种：线极化、圆极化和椭圆极化。线极化本身分三种：垂直极化、水平极化和斜极化。圆极化和椭圆极化各分左旋和右旋或顺时针和反时针旋转两种。

1．线极化

令式 (3.7.25) 中 E_x 和 E_y 的初相 $\phi_x = \phi_y$ 或 $|\phi_x - \phi_y| = 180°$，适当整理得 E_x 和 E_y 的函数关系：

$$E_y = (E_{my} / E_{mx})E_x = E_x \tan\alpha \tag{3.7.26}$$

其中 α 是电场矢量与水平方向的夹角，等于：

$$\alpha = \arctan(E_{my} / E_{mx})$$

在直角坐标系中，式 (3.7.26) 为直线方程，故称满足此关系的电波极化为线极化或斜极化波，α 为极化倾斜角。在电波的传播过程中，电波的幅度会发生变化，但 α 不会变。如果 $\alpha = 0$ 或 $E_y = 0$，斜极化变为水平极化，如果 $\alpha = 90°$ 或 $E_x = 0$，斜极化变为垂直极化。大多数雷达采用水平极化或垂直极化天线，为了用一种极化波干扰水平极化和垂直极化的雷达，干扰机可用 45° 的斜极化天线或圆极化天线，干扰将遭受 3dB 的极化失配损失。

2. 圆极化

如果 $E_{mx} = E_{my} = E_{xy}$ 且初相 $|\phi_x - \phi_y| = 90°$ 或 $|\phi_x - \phi_y| = 270°$，把这些关系代入式(3.7.25)并整理得：

$$E_x^2 + E_y^2 = E_{xy}^2 \tag{3.7.27}$$

在直角坐标系中，式(3.7.27)为圆的方程，称满足此关系的电波为圆极化波。圆极化波电场的模为常数，方向以恒定角频率 ω 旋转。若 E_y 超前 E_x 90°，电场矢量顺时针旋转，若 E_y 滞后 E_x 90°，则反时针旋转。

3. 椭圆极化

就一般情况而言，电波的两个分量 E_x 和 E_y 的幅度和相位可能不等，这时合成电波矢端的变化轨迹为椭圆，称为椭圆极化波。令 $\phi_x = 0$，$\phi_y = \phi$，由式(3.7.25)得椭圆的参数方程：

$$\begin{cases} E_x = E_{mx}\cos(\omega t) \\ E_y = E_{my}\cos(\omega t - \phi) \end{cases} \tag{3.7.28}$$

适当整理也能把式(3.7.28)表示成直角坐标系中的标准椭圆方程：

$$\left(\frac{E_x}{E_{mx}\sin\phi}\right)^2 + \left(\frac{E_y}{E_{my}\sin\phi}\right)^2 - 2\cos\phi\left(\frac{E_x}{E_{mx}\sin\phi}\right) + \left(\frac{E_y}{E_{my}\sin\phi}\right) = 1$$

椭圆极化波的电场矢端在一椭圆上旋转，如果 $\phi < 0$，电场矢量顺时针方向旋转，若 $\phi > 0$，则反时针旋转。虽然圆极化波的矢端也是旋转的，但旋转速度恒定。椭圆极化矢端的旋转速度不为常数。实际上椭圆极化是电波极化的一般形式，若 $\phi = 0$，椭圆极化变为线极化，如果 $\phi = 90°$ 和 $E_{mx} = E_{my}$，椭圆极化成为圆极化。

3.7.3.2　极化系数或极化失配损失

雷达针对目标回波和环境杂波的极化特性设计接收、发射天线的极化，一般能做到使接收信号与接收天线的极化匹配，基本无极化失配损失。只有极少数雷达对抗装备具有极化侦察、识别能力，能对干扰进行极化引导的则更少。所以，干扰信号的极化不一定与雷达接收天线的极化匹配，可能引起干信比损失。描述极化失配损失程度的参数称为极化系数，也可以称为极化失配损失。极化系数定义为两个复单位极化矢量 n_s 和 n_a 之内积的模平方[18]：

$$\gamma_j = |n_s n_a|^2 \tag{3.7.29}$$

式中 n_s 为信号电场 E_s 在接收天线处的复单位极化矢量，n_a 为该接收天线发射信号时激励的电场 E_a 的复单位极化矢量。设 E_s 和 E_a 在直角坐标系 x 和 y 轴上的投影分别为 E_{sx}、E_{sy} 和 E_{ax}、E_{ay}，它们的复单位极化矢量分别为[18]

$$\begin{cases} n_s = \dfrac{E_s}{\sqrt{|E_{sx}|^2 + |E_{sy}|^2}} \\[3mm] n_a = \dfrac{E_a}{\sqrt{|E_{ax}|^2 + |E_{ay}|^2}} \end{cases} \tag{3.7.30}$$

如果信号和接收天线都是线极化，它们的电场为实数，复单位矢量只有实部。由式(3.7.30)可得两线极化信号的复单位矢量，设其分别为 $\vec{n}_s$ 和 $\vec{n}_a$，还假设两单位矢量的夹角为 ϕ，数学上两矢量的内积或标量积定义为它们的模与其夹角的余弦积：

$$n_s n_a = |n_s||n_a|\cos\phi$$

因为 n_s 和 n_a 为复单位矢量，其模 $|n_s|$ 和 $|n_a|$ 等于 1。$n_s n_a$ 的标量积等于：

$$n_s n_a = \cos\phi$$

对于线极化，$n_s n_a$ 为实数，直接平方上式得两线极化波的极化系数：

$$\gamma_j = \cos^2\phi \tag{3.7.31}$$

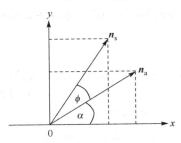

图 3.7.2 两线极化矢量在直角坐标系中的关系示意图

用两矢量在直角坐标系中的表示形式计算极化系数更能反映极化失配损失的实质。图 3.7.2 为两单位线极化矢量在直角坐标系中的示意图。图中 α 为极化矢量 n_a 与 x 轴的夹角，n_s 与 x 轴的夹角为 $\alpha + \phi$，ϕ 就是两矢量的夹角。由图 3.7.2 得两矢量在直角坐标系中的表示形式：

$$n_a = \cos\alpha\, i + \sin\alpha\, j$$
$$n_s = \cos(\phi+\alpha)\, i + \sin(\phi+\alpha)\, j$$

其中 i 和 j 为相互垂直或正交的基本矢量单位，它们之积存在以下关系：

$$ii = jj = 1 \text{ 和 } ij = ji = 0$$

由两矢量标量积的表示法得两线极化矢量的极化系数：

$$\gamma_j = \left|[\cos(\phi+\alpha)i + \sin(\phi+\alpha)j][\cos\alpha\, i + \sin\alpha\, j]\right|^2 = \left|\cos(\phi+\alpha)\cos\alpha + \sin(\phi+\alpha)\sin\alpha\right|^2 = \cos^2\phi \tag{3.7.32}$$

式 (3.7.31) 或式 (3.7.32) 说明，如果信号和接收天线都是线极化且倾斜角相同，即 $\phi = 0$，极化系数为 1，没有极化失配损失。随着两矢量的夹角 ϕ 从 0 向 90° 或从 180° 向 270° 靠近，极化系数由 1 逐渐变为 0。对干扰来说，相当于雷达接收的信干比从某值逐渐增至无穷大。

圆极化和椭圆极化矢量为复数，计算它们的极化系数非常复杂，参考资料[17]给出了两椭圆极化矢量（一个为回波信号的椭圆极化矢量，另一个为接收天线的椭圆极化矢量）的极化系数：

$$\gamma_j = \frac{(e_s + e_a)^2 + (1 - e_s^2)(1 - e_a^2)\cos^2\phi}{(1 + e_s^2)(1 + e_a^2)} \tag{3.7.33}$$

其中 e_s、e_a 和 ϕ 分别为信号极化椭圆的椭圆率、接收天线椭圆极化的椭圆率和两极化椭圆长轴之间的夹角。椭圆极化分左旋和右旋两种，如果两椭圆极化矢量的旋转方向相反，式 (3.7.33) 为 0。由式 (3.7.33) 也能看出椭圆极化是其他极化的一般形式，由此得到的极化系数也是所有极化系数的一般表达式。

$e_s = e_a = 0$ 是椭圆极化变为线极化的条件，把该条件代入式 (3.7.33) 并整理得两线极化波的极化系数，其表达式与式 (3.7.31) 完全相同。

如果 $e_s = e_a = 1$，两椭圆极化变为圆极化。把此条件代入式 (3.7.33) 得旋转方向相同的两圆极化波的极化系数 $\gamma_j = 1$。若两圆极化矢量的旋转方向相反，极化系数 $\gamma_j = 0$。

如果信号为线极化，接收天线为椭圆极化，即 $e_s = 0$，由式 (3.7.33) 得：

$$\gamma_j = \frac{e_a^2 + (1 - e_a^2)\cos^2\phi}{(1 + e_a^2)} \tag{3.7.34}$$

如果接收天线为线极化，信号为椭圆极化，即 $e_a = 0$，式 (3.7.33) 变为

$$\gamma_j = \frac{e_e^2 + (1 - e_s^2)\cos^2\phi}{(1 + e_s^2)} \tag{3.7.35}$$

如果信号为圆极化而天线为线极化或信号为线极化而天线为圆极化，由式 (3.7.33) 得极化系数：

$$\gamma_j = 0.5$$

　　绝大多数雷达天线为线极化或垂直极化或水平极化或斜极化，侦察和干扰可采用圆极化或 45°斜极化天线，对应的极化失配损失为 0.5 或 3dB。为了抗干扰，有少数雷达采用自适应变极化技术，通过调整自己的极化方式，使其与干扰极化正好垂直。对于这种情况，干扰可能遭受很大的极化失配损失。对抗变极化抗干扰措施的技术是随机极化干扰技术。干扰机采用随机极化，使电场矢量的旋转角度在 $0 \sim 2\pi$ 内均匀分布，其平均极化损失仍然为 0.5 或 3dB。有的设备因平台旋转，使发射信号和接收信号有不同的极化，如弹载无线电设备等。干扰这种装备可采用不同极化的收、发天线，以减少极化失配损失。

主要参考资料

[1]　Stephen L.Johnston,The ECCM Improvement Factors (EIF)，lectron WARF. Mag. 6 (3)(1974)，P41-45.

[2]　吴祈耀等编. 统计无线电技术. 国防工业出版社，1980.

[3]　程西津编. 无线电接收设备 (上册). 北京科学教育出版社，1961.

[4]　Meyer, D.D.and H.A.Mayer, Radar Target Detection,Academic Press, New York, 1973.

[5]　DiFrance, J.V., and W.L.Rubin, Radar Detection, Prentice-Hall Inc., Englewood Cliffs New Jersey, 1968.

[6]　Lamont V. Blake Radar Range-Performance Analysis, Artech House Inc., 1986.

[7]　Barton, D.K., Modern Radar system Analysis, Artech House, Norwood. MA, 1988.

[8]　[苏]C.A.瓦金，Л.Н.舒斯托夫著. 无线电干扰和无线电技术侦察基础. 科学出版社，1976.

[9]　Barton.D.k., Radar System Analysis, Artech House, Norwood.MA, 1976.

[10]　M.I.Skoinik, Theoretical Accuacy of Radar Mesurments, IRE Trans.on Aeronautical Navigatianal Electronics, Vol.ANE-7, December, 1960.

[11]　Skolnik, M.I., Radar Handbook, 2nd Ed., McGraw-Hilll, New York, 1990.

[12]　张有为等编著. 雷达系统分析. 国防工业出版社，1981.

[13]　Radar Anti—Jamming techniques, A translation from the Rassian of Zaschhita Qt RadiopomekhArtech House Books, 1979.

[14]　D.Curtis Schleher, Electronic Warfare in the Information Age, Artech House, Inc. 1999.

[15]　[苏]И.С. 高诺罗夫斯基著，冯秉铨等译. 无线电信号及电路中的瞬变现象. 人民邮电出版社，1958.

[16]　林象平著. 雷达对抗原理. 西北电讯工程学院出版社，1985.

[17]　尼.季.薄瓦讲，南京大学物理系无线电教研组译. 超高频天线. 人民教育出版社，1959.

[18]　[俄]Sergei A.Vakin, Lev N.Shustov, [美]Robert H.Dunwell 著，吴汉平等译，邵国培等审. 电子战基本原理. 电子工业出版社，2004.

第4章　雷达对抗作战对象2——雷达对抗装备

雷达对抗有三大作战任务：一、侦察或探测敌方控制部队和武器的辐射源，为制定对抗策略提供依据，为实施有针对性干扰和反辐射摧毁提供数据支撑；二、干扰敌方控制部队和武器的雷达，保护己方的目标免遭敌方雷达控制的武器摧毁；干扰敌方引导干扰机和反辐射武器的雷达支援侦察装备，保护己方的雷达不被技术侦察、干扰和反辐射攻击；干扰敌方的反辐射武器，保护己方的辐射源；三、摧毁(用反辐射武器)软杀伤难以奏效的严重威胁己方目标的辐射源或胁迫其停机，使己方的雷达和雷达对抗装备等能正常有效的工作。把雷达对抗装备列为雷达对抗作战对象不仅是因为它有软硬杀伤能力，其行为严重影响对方的作战行动，还因为干扰雷达支援侦察设备不但能有效阻止敌方实施侦察、干扰和反辐射攻击，而且在所有相同功效的措施中它是最廉价的。研究雷达对抗装备的目的是：

① 分析雷达对抗装备的作战能力及其影响因素；
② 研究干扰雷达对抗装备的途径，找出其可干扰环节和可用干扰样式；
③ 完善雷达对抗装备特别是侦察性能评估方法；
④ 探索干扰雷达对抗装备的效果及其干扰有效性评估方法。

4.1　雷达对抗装备的任务和组成

图 4.1.1 为现代雷达对抗装备的系统功能组成示意图。包括雷达支援侦察、雷达干扰(分有源和无源两部分)、反辐射武器和系统管理控制器等。有时将雷达支援侦察部分称为电子战支援侦察(ESM)装备或设备，把干扰部分称为电子干扰(ECM)装备或设备。在雷达对抗系统中，有的 ESM 与 ECM 在物理上是不可分的，有的是分开的或可分开的。有的雷达对抗装备有专用的系统管理控制器，有的没有，其功能由侦察部分的信号处理器或干扰部分的功率管理器承担。有的雷达对抗装备有独立的显示器，有的与平台的其他电子设备共享显示器，还有的用灯光指示侦察、干扰情况和装备状态。有的雷达对抗装备有专用的反辐射武器引导设备，有的由雷达支援侦察设备承担引导任务。

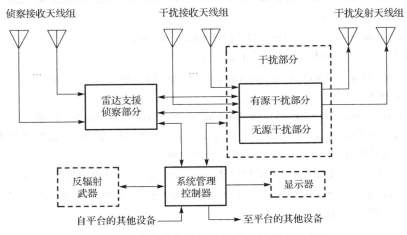

图 4.1.1　雷达对抗装备的系统功能组成示意图

ESM 部分承担探测、威胁告警、引导干扰或/和反辐射攻击的任务。ECM 部分的主要任务是干扰资源的组织管理和干扰的实施。两者承担的任务完全不同，其组成也不同。雷达对抗装备的系统控制管理、信号处理和功率管理均属敏感技术。本书只简单介绍侦察和干扰部分的任务、系统组成、工作原理和工作内容，以及涉及整个雷达对抗装备的功率管理和电磁兼容的基本原理，都不涉及具体技术。

4.1.1　雷达支援侦察

4.1.1.1　雷达支援侦察的任务

古今中外，但凡动用兵马，真正先行的不是粮草而是探子、侦察员等。电子侦察设备就是电子战的探子、侦察员。雷达侦察分情报侦察和雷达支援侦察两大类。雷达情报侦察利用各种侦察平台，如卫星、飞机、舰只和地面侦察站等，对敌方或潜在敌方的雷达进行长期或定期侦察，精确测量其信号参数、分析信号特征、工作方式、技术水平和用途等。搜集和积累有关雷达的技术情报和军事情报，为雷达数据库提供准确的数据，为己方制定雷达对抗策略和研发雷达对抗装备提供依据。雷达支援侦察主要用于战时，对当前之敌方雷达进行侦察，直接为作战指挥、雷达干扰、火力摧毁和机动规避等提供实时情报。除功能和用途上的差别外，两种侦察设备在性能上也有较大差别。雷达情报侦察不但要测量辐射源的多个参数，而且对每个参数的测量范围大，测量精度高，但对实时性要求较低，侦收数据可事后分析、处理。雷达支援侦察与此相反，只要求测量辐射源的主要参数，每个参数的测量范围较窄，但特别强调实时性。本书只讨论与雷达干扰和反辐射攻击密切相关的雷达支援侦察，所得结果原则上适合雷达情报侦察。

雷达支援侦察的基本任务是，实时描绘战区敌友我电磁活动态势，查明"敌情"，分析"敌情"，制定对抗策略和参与对抗作战行动。

为帮助指战员和设备操作员全面了解面临的电磁威胁环境，雷达支援侦察设备要实时描绘战区的敌友我电磁活动情况，具体内容有：

(1) 以辐射源平台或雷达站点(地面固定雷达站)为单位，绘出它们相对侦察平台或保护目标或指定对象的分布[用角度和距离(用信号幅度近似估算)表示其位置]情况。辐射源包括：一、所有雷达；二、与雷达平台有关的其他辐射源，如敌我识别，数传等；三、与雷达控制的武器系统或武器有关的辐射源，如指令，引信、遥控遥测等。

(2) 标注辐射源或其平台的属性(分敌、友、我和不明或未知四种)，辐射源或平台的类型或型号，敌方和未知辐射源的威胁级别，被干扰或被反辐射攻击的标志等。

(3) 根据需要提供指定辐射源的位置参数、技术参数，该辐射源工作需要的其他辐射源的类型或型号和技术参数，以及与该辐射源有关的武器系统或武器的类型或型号。

描述战场电磁活动态势和辐射源及其平台的标注内容来自对侦察数据的分析，查明敌情就是分析内容之一，主要包括：

① 查明辐射源的属性；

② 敌方辐射源的数量、位置及分布；

③ 未知或不明属性辐射源的数量、位置及分布；

④ 重要区域的辐射源或/和重要威胁，它们是指战前侦察获得的可能严重影响本次作战行动的威胁；

⑤ 被干扰或/和被反辐射攻击的辐射源。

要想获得对抗作战的胜利，仅查明敌情是不够的。为了获取更多的信息，必须结合雷达数据库、战前侦察信息等细致分析当前的侦察数据。此项工作就是分析敌情。分析敌情的具体内容有：

① 辐射源(指敌方的或不明属性的)的类型或型号，平台的类型或型号，与辐射源或其平台相关的武器系统或武器的类型或型号；

② 雷达的工作状态(搜索、跟踪或控制武器)和受此雷达控制的武器或武器系统的工作状态；

③ 雷达或其平台相对保护目标的运动趋势(临近、远离)和与保护目标的相对位置关系；

④ 辐射源(指敌方的或不明属性的)及其平台的作战意图和实现作战意图的途径并找出有敌意的未知辐射源；

⑤ 每个有敌意辐射源或其平台的军事用途；

⑥ 敌方辐射源和有敌意未知辐射源的威胁级别；

⑦ 辐射源受干扰或/和受攻击后的状态。

雷达支援侦察设备查明敌情和分析敌情为的是能制定出切实可行的对抗策略。对抗策略包括：

①威胁告警。指明已构成威胁的辐射源，提醒指挥员或操作员及时做好战斗准备；

② 给出需要干扰、反辐射攻击和规避的辐射源；

③ 保护目标的机动方案；

④ 指出需要重点观察的辐射源(作战意图不明确或有可能构成严重威胁的辐射源)；

⑤ 如果战前有对抗计划，则根据实际侦察、分析结果修改或确认战前对抗计划。

雷达支援侦察设备要参与对抗作战行动。当对抗策略被指挥员或操作员修改并认可后，雷达支援侦察设备进入对抗作战行动。在此行动中，该设备需要完成以下任务：

① 根据需要引导有源、无源干扰和反辐射攻击；

② 监视正在实施攻击的辐射源，汇总它们的变化情况并报告给干扰部分；

③ 监视重点观察对象的新动向，若其威胁程度达到告警或需要采取对抗措施的程度，则立即告警并给出处理意见，若需要干扰或反辐射攻击，则立即进行相关的引导；

④ 搜索新辐射源和新威胁；

⑤ 记录，记录截获威胁的时间及辐射源描述字，辐射源消失时间和设备的状态信息。

雷达支援侦察设备要完成上述任务，应具有如下功能：一、信号截获；二、参数测量；三、信号处理和识别；四、引导干扰机或/和反辐射武器；五、显示电磁威胁环境和设备状态。信号截获和参数测量由硬件完成，信号分选、识别、引导干扰或/和反辐射攻击及其显示等主要依靠软件。识别内容较多，包括辐射源识别、目标识别和威胁识别。在具体操作上，三种识别同时完成。

4.1.1.2 雷达支援侦察装备的组成和工作内容

雷达支援侦察设备有两类：RWR(雷达告警接收机)和 ESM。按照早期的定义[1]，RWR 的主要作战对象是即将发射武器的武器系统的控制雷达。主要作用是威胁告警，为平台操作员或指挥人员提供制定行动策略的依据，以便选择安全的区域或航线作机动规避或实施有源、无源干扰等。RWR 的参数测量精度低、种类较少，干扰机一般按自身接收的雷达信号参数或执行任务前的装订参数工作。ESM 除了具有 RWR 的所有功能外，它不仅要探测即将发射武器的武器系统的控制雷达，还要在敌方雷达没发现保护目标前，完成战区所有雷达辐射源的探测，并把整个电磁威胁环境呈现给指战员，为制定对抗策略和组织对抗资源提供必要的信息。ESM 工作灵敏度较高、参数测量精度较高且测量种类多，除及时告警外，还能引导干扰机或/和反辐射武器。

雷达支援侦察设备的任务和功能确定了它的基本组成，图 4.1.2 为该类设备的功能组成框图。包括接收天线组、接收机组、参数测量器、预处理器和主处理器等。接收天线组完成空域覆盖和空间滤波，为接收机提供指定范围的射频信号。接收天线的种类较多，有对数螺旋天线、平面螺旋天线、喇叭天线、抛物面天线等。究竟采用哪几种类型的天线和采用多少副天线，由空域、频域覆盖范围和测角精度等确定。接收机组共同完成需要的频率覆盖、频域滤波，为参数测量提供足够电平的信号。雷达对抗装备的信号环境复杂，信号种类多，参数多变而且对实时性要求较高。为适应复杂多变的信号环境，雷达支援侦察设备一般具有多种类型的接收机，如晶体视频接收机、瞬时测频接收机、信道化接收机、超外差接收机等。它们共同完成不同电平、不同类型信号的接收。参数测量器实时测量接收信号的各种参数，以脉冲描述字的形式提供给预处理器。脉冲描述字包括信号的到达角、到达时间、射频、脉宽和脉冲幅度等参数。先进的侦察设备还能测量射频脉冲的脉内调制。预处理器由逻辑电路组成，以脉冲描述字为单位从频域、空域或频域空域二维对信号进行粗分选，限制同一辐射源的脉冲采集数量，以减轻主处理器的工作量和提高信号处理速度。主处理器一般是高速计算机，以预处理器一个分选单元的输出脉冲串为处理单位，通过软件完成信号分选、识别以及辐射源特征参数提取等，形成辐射源描述字。有时将预处理器以前的部分称为侦察设备的前端，把预处理器及其以后的部分称为侦察设备的后端。前端的功能是基于单个脉冲的信号检测和参数测量，后端是基于脉冲串的辐射源检测和参数测量以及基于先验信息或多次观测结果的辐射源识别等处理。两种处理结果共同构成辐射源描述字。

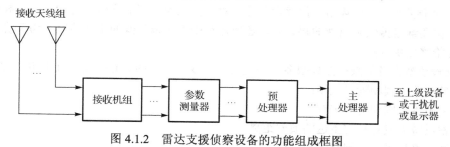

图 4.1.2　雷达支援侦察设备的功能组成框图

　　雷达支援侦察设备通过选择接收天线、接收机类型或控制天线指向和接收通道等，实现按规定搜索策略搜索雷达信号。所谓搜索策略就是根据战前的侦察结果和一些先验信息制定的搜索方式，如把搜索空域、频域或某些信号类型分为重点和一般，重点区域搜索频度高，其他区域搜索频度较低，或优先搜索重点区域或优先处理其接收数据等。确定搜索策略的目的在于尽快截获高威胁目标。侦察接收机检测到脉冲(对于连续波信号或用专用接收通道处理或在射频输入端将其变为脉冲)的同时，参数测量器测量其到达角、到达时间、射频、脉宽、脉冲幅度或功率电平等参数，并将这些参数组成脉冲描述字。预处理器按一定方式分类脉冲描述字，并按一定形式存入主处理器的输入存储区。脉冲检测、脉冲参数测量和预处理的时间很短，近似等于脉冲宽度。当辐射源数据采集时间达到规定长度或接收脉冲个数满足规定要求时，主处理器开始工作，接力完成信号处理的剩余工作。有的雷达支援侦察设备有两个数据采集存储器，按乒乓方式工作，能有效避开采集和处理之间的时间冲突。

　　主处理器按一定准则进一步处理预处理器输出的每个小脉冲串，梳理出或还原每个辐射源在数据采集期间的发射脉冲序列，即把预处理器输出的在时间上仍然交织在一起的多个辐射源的脉冲分离开来，并从还原后的脉冲序列提取仅存在于该序列上的辐射源参数，如平均射频及变化规律，平均重频及变化方式、天线扫描形式、扫描速度或扫描周期等。此外，为了减少随机因素的影响，提高参数测量精度，主处理器还要平滑预处理器输出的该辐射源的脉冲参数。最后把从该辐射源提取的所有参数综合成辐射源特征参数集。

　　获得了辐射源特征参数集并不代表信号处理的结束，无论雷达情报侦察还是雷达支援侦察都要对截获的辐射源进行识别和分析。识别的依据是辐射源的特征参数集和预先设定的识别标准。识别方法及性能将在识别概率部分详细说明。识别的作用有：去掉无关的辐射源，判断辐射源的类型或型号、平台类型或型号和它们的用途，有关武器的类型或型号，确定其敌友我属性等。雷达情报侦察利用辐射源特征参数集、识别结果和以前获得的同类信息，分析敌方或潜在敌方辐射源的战术技术参数及其变化情况等，估算其功能性能和现阶段的技术水平以及该类装备的发展趋势等。雷达支援侦察利用分选识别获取的敌方辐射源的信息，分析其工作状态、平台运动趋势、与其相关武器或武器系统的类型和工作状态，以及与其相关的其他辐射源的类型和工作状态，确定其作战意图和对保护目标的威胁程度或威胁级别。最后把辐射源的类型或型号、平台类型或型号，敌友我属性、威胁级别等和辐射源特征参数集综合成辐射源描述字。辐射源描述字就是侦察结果。

侦察设备不是侦察结果的最终用户。信号处理器还要把侦察结果按规定格式提供给最终用户。侦察结果的最终用户可以是平台的指战员或平台外的指挥中心，也可以是干扰机或反辐射导引头。不同用户对数据格式和内容可能有不同的要求。现代战争对雷达支援侦察设备的要求较多。对于功能较弱的干扰设备，一般要求提供对抗建议，如规避、有源或/和无源干扰和反辐射攻击等。如果需要执行干扰或反辐射攻击，侦察设备除了对干扰机和反辐射导引头进行参数引导外，在对抗期间，不但要继续搜索新出现的辐射源，还要监视受干扰辐射源的工作情况，为干扰效果评估和调整干扰策略提供依据。

雷达支援侦察设备的战技指标很多，因使用场合或平台不同而有差别，其中主要的指标有：
① 空域覆盖范围和瞬时视场；
② 频率覆盖范围和瞬时带宽；
③ 侦察灵敏度或对指定雷达的侦察距离；
④ 参数测量种类、范围和测量精度；
⑤ 能适应的信号环境(脉冲密度)和能处理的信号类型；
⑥ 辐射源截获概率或漏批(漏警)概率和增批(虚警)概率；
⑦ 系统响应时间。

4.1.2　雷达干扰

4.1.2.1　雷达干扰任务

雷达对抗可采用软杀伤和硬摧毁两种手段。雷达干扰为软杀伤，反辐射攻击为硬杀伤。雷达干扰就是利用雷达干扰设备或/和无源干扰器材，通过辐射、反射、散射和吸收电磁能等方法，在需要的时间段和需要的区域使敌方的雷达和雷达支援侦察设备不能正常探测或跟踪目标，达到两个目的：一、使己方目标免遭敌方雷达和雷达支援侦察设备控制的武器摧毁；二、使己方雷达和雷达支援侦察设备控制的武器能发挥应有的摧毁能力。现代雷达对抗装备能引导反辐射武器。反辐射压制能使敌方的辐射源不敢开机，也能摧毁雷达等辐射源，使其永远消失。

一般称雷达对抗装备中执行干扰任务的部分为干扰机或干扰设备。干扰机是雷达对抗装备的重要组成部分，其主要任务或必须具备的能力有：

(1)根据雷达支援侦察设备提供的或其他渠道来的威胁或目标(这里的和以下的威胁或目标都指要干扰的雷达)数据,按照预先确定的原则制定干扰方案和按制定的干扰方案及其可用的干扰资源合理分配干扰资源。

(2)按指定的干扰方案实时给指定威胁构成需要的干扰通道、产生需要参数的干扰样式和在规定的时刻向指定威胁所在的空域辐射需要的干扰信号，即实现干扰的时域、空域、频域、调制域和幅度域的控制管理等。

(3)根据侦察部分提供的受干扰对象的工作参数和工作状态等变化情况，实时评估干扰效果并根据评估结果(如果侦察部分承担干扰效果评估，则直接利用其评估结果)及时调整干扰资源。

(4)协调本机内部各部分之间的和本机与同平台其他电子设备之间的工作。包括：一、干扰机内部各干扰通道之间的协同工作；二、与侦察部分的协同工作；三、与同平台其他电子设备的协同工作。具体内容有协同工作机制、协同工作控制信号的产生和协同工作的实施等。

(5)干扰机的状态监控，包括故障检测、隔离和故障告警。如果故障涉及正在干扰的威胁，则需要及时调整干扰资源。

(6)记录。记录设备状态、工作过程或作战过程和作战效果。

第一、二两项任务反映干扰机的功率管理能力，第三项反映干扰机的自适应工作能力或电磁环境适应能力，第四项为干扰机的协同工作能力，最后两项是设备状态的监控能力和工作情况的记录能力。

4.1.2.2 雷达干扰装备的组成和工作内容

图 4.1.3 为雷达干扰机功能组成框图。多数干扰机分有源、无源两大部分。有源干扰部分主要包括干扰接收天线组、低功率射频单元、功率管理器又称功率管理处理器、发射机和发射天线组等。无源干扰部分由箔条、红外或其他雷达诱饵投放器和投放控制器等组成。无源部分既可接收侦察设备提供的目标信息，在操作人员参与下执行干扰任务。也可作为一种干扰资源，在功率管理器的统筹管理下执行干扰任务。有的雷达对抗装备能引导反辐射武器，把它作为一种对抗资源统一使用。

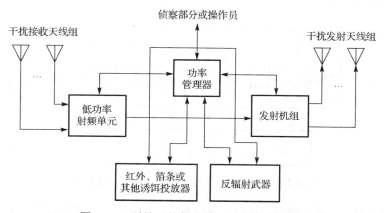

图 4.1.3 雷达干扰机的简化功能组成框图

干扰机的收、发天线类型和数量由要求的干扰空域覆盖范围、瞬时带宽和增益等确定。有的干扰机只有一对收、发天线且指向固定，但波束和频域较宽，能覆盖要求的空域和频率范围。有的干扰机只有一副窄波束收、发天线，但天线指向可控，也能覆盖要求的作战空域和频域，不过瞬时空域较窄。还有的用多个固定的窄波束天线，共同覆盖要求的空域、频域，每个天线只覆盖其中的部分空域或/和部分频域。采用后两种类型的天线需要空域或频域管理。

低功率射频单元是干扰方案的执行者和主要干扰资源的提供者。它是干扰机最为复杂的部分，其功能组件最多，控制关系最复杂。现代干扰机的低功率射频单元由积木式的可控组件构成，主要有射频放大器组、滤波器组、上下变频器、射频存储器、频率综合器、电压调谐振荡器(VCO)、调制器、调制样式产生器、已调波小功率放大器以及有关的控制电路和控制信号产生器等。低功率射频单元能同时产生遮盖性和欺骗性干扰样式。为了满足干扰不同雷达的需要，干扰样式及参数是可控的。使用较频繁的调制样式由多个产生器同时提供。低功率射频单元能形成转发式、回答式和应答式干扰通道。图 4.1.4 为转发式干扰通道的简化功能组成框图。该通道包括前置射频放大器和滤波器组、调制样式产生器、调制器和小功率放大器。图 4.1.5 为回答式干扰通道的简化功能组成框图。除射频存储器、检波和同步信号产生器外，其他部分与转发通道相同。应答式干扰通道比较简单，它不需要实时接收雷达信号。除调制器、调制样式产生器和低功率射频放大器外，该通道特有的部分就是可调谐的射频振荡器，如 VCO 等。

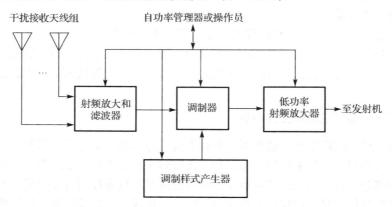

图 4.1.4　转发式干扰通道的简化功能组成框图

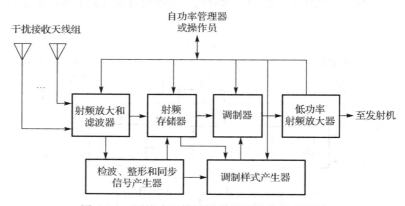

图 4.1.5　回答式干扰通道的简化功能组成框图

　　干扰机从功能上分为两大部分：决策、管理和决策的执行。功率管理器是干扰机的决策、管理机构和人机对话窗口。功率管理器由计算机和逻辑电路等组成。通过遍布在干扰机内的控制部件和控制网络实现干扰的空域、频域、时域、调制域和幅度域的管理和系统内部各部分之间以及与同平台其他电子设备之间的协同工作。图 4.1.6 为功率管理器和主要控制部件的关系示意图。除时间控制器外，其他控制器的组成基本相同。包括锁存器、译码器、控制信号产生器和开关等。控制器锁存来自干扰窗口从干扰资源存储区读取的干扰资源代码或控制码。译码器把这些干扰资源代码或/和控制码分解到各执行机构并转换成它们的工作参数。控制信号产生器把干扰资源控制码转换成各种控制信号。控制信号打开或关闭某些开关，使选中的干扰资源协同工作，产生出需要参数的干扰信号并由需要的干扰通道送给指定的天线和向指定威胁辐射干扰功率。功率管理的具体内容见 4.1.3 节。

时间控制器由信号跟踪器或/和时分割装置等组成，执行功率管理中对多威胁干扰的时间管理。时间控制器有自己的时间基准，一经启动可自主工作下去。时间控制器的主要部件是高速计算器，它可以工作在信号跟踪器方式，也可工作在时分割方式。

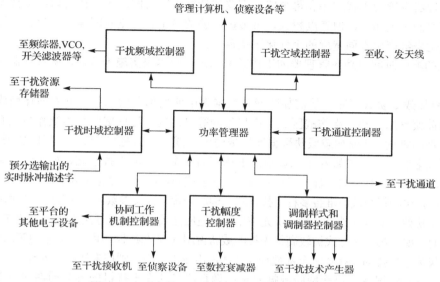

图 4.1.6　功率管理和主要控制部件的关系示意图

信号跟踪器有四种功能：一，跟踪威胁或辐射源；二，预测每个威胁的每个脉冲的到达时间，按设置参数提前威胁的到达脉冲产生干扰窗口；三，预测并处理多个威胁的干扰窗口的重叠问题；四，检测和处理侦察部分的脉冲丢失。信号跟踪器的算法很复杂，这里只简单介绍它的工作原理。

信号跟踪器有效工作既需要装订被跟踪辐射源的信号参数（主要特征参数），又需要实时接收的该威胁的脉冲描述字。前者由功率管理器完成，后者由侦察设备提供。信号跟踪器把该威胁的装订参数与侦察设备来的实时接收数据（脉冲描述字）进行比较，找出两者之间的偏差并消除干扰的影响，用其修正装订数据。再把修正后的装订数据与后续实时接收数据进行比较，再次找出偏差和修正装订数据。如此比较，修正，再比较，再修正，实现对辐射源的连续跟踪。

信号跟踪器通过把威胁的装订参数与侦察设备来的实时接收数据进行匹配处理，把两参数匹配上的时刻作为干扰窗口与威胁脉冲的时间同步基准。测量相邻两次数据匹配上的时间间隔得到威胁的脉冲重复间隔。利用上述信息预测威胁脉冲的到达时间。根据预测的脉冲到达时间、测量的脉冲重复间隔和装订的干扰窗口宽度，产生覆盖该威胁每个脉冲的干扰窗口。除重频随机抖动的雷达外，干扰窗口宽度近似等于被跟踪雷达脉冲重复间隔的 10%。

信号跟踪器能预测每个威胁的每个脉冲的到达时间，也能知道每个威胁的干扰窗口宽度和出现时刻，因此它能判断是否会出现干扰窗口重叠的问题。由于干扰机同一时刻只能干扰一个威胁，信号跟踪器只能输出一个威胁的干扰窗口。信号跟踪器要合理处理干扰窗口重叠问题。一般按威胁的优先级和干扰窗口重叠程度确定干扰谁，不干扰谁或先干扰谁，后干扰谁等。

信号跟踪器不但要预测威胁脉冲的到达时间，还要把装订数据与实时接收数据进行匹配处理。如果在预测的脉冲到达时间区间无正确的接收数据到来，表示该脉冲丢失。为了不因脉冲丢失而中断对该威胁的干扰，信号跟踪器用测量的脉冲重复间隔外推跟踪辐射源，即在预测的脉冲到达时刻的位置按装订参数给其补充一个脉冲描述字，然后按正常跟踪情况产生干扰窗口，把干扰延续下去，使干扰能覆盖威胁的每个脉冲。

如果因种种原因不能采用信号跟踪器类型的时间控制器,可用时分割时间控制器。时分割时间控制器不跟踪辐射源、不预测威胁脉冲的到达时间,也不测量它的脉冲重复间隔。所以,这种时间控制器的构成简单,算法简单,有效工作需要的条件少,比较容易实现。时分割时间控制器只按功率管理器设置的干扰顺序和每个威胁需要的持续干扰时间产生干扰窗口。干扰窗口的作用与信号跟踪器的完全相同,但宽度较大,可覆盖威胁的多个脉冲重复间隔。时分割时间控制器也能按威胁的优先级产生不同宽度的个性化干扰窗口。

干扰机的响应时间由功率管理器的工作效率确定。为尽快实施干扰,功率管理器可设置四个数据库。

(1)战前加载威胁数据库。战前加载威胁数据库由侦察部分的加载数据库简化而成。该数据库是根据战前侦察结果和本次作战区域、作战目的等制定的。这些威胁是本次作战最有可能出现的最具威胁性的雷达。战前加载威胁数据库以威胁编号或型号为栏目。每个栏目的主要内容包括,威胁的型号或名称、主要参数和干扰策略。干扰策略是指具体的干扰措施,如有源、无源干扰,反辐射攻击,规避等和有关的干扰样式及参数等。对多威胁作战时,为避免因干扰资源冲突而耗费较多的处理时间,要给每个威胁准备多种干扰样式,构成干扰样式及参数表。该表的安排原则是,把可能获得较好干扰效果的样式放在前面,优先使用。把适应面较广的所谓通用干扰样式放在后面。在干扰资源分配时,如果第一种样式被较高优先级的威胁占用或因故障不可用,立即采用第二种。如此进行下去。如果为它安排的干扰资源全部被较高威胁占用或不可用,则按未知威胁处理。

(2)已知威胁数据库。已知威胁数据库是已调查清楚的在干扰机的寿命周期内可能碰到的威胁及其可采用的干扰策略。设置该数据库是为应对战前侦察未发现或没及时侦察而在作战中可能出现的已知威胁。该数据库由侦察部分的已知雷达数据库简化而来。只保留了其中有敌意的或可能有敌意的雷达。栏目的设置和每个栏目的内容同战前加载威胁数据库。

(3)未知威胁数据库。建未知威胁数据库是为了快速响应作战中可能出现的新威胁。未知威胁数据库不是以特定类型或型号的辐射源为栏目,而是依据该侦察设备能确定的雷达体制及平台类型为栏目。每个栏目包括威胁的体制或编号和基本干扰措施。侦察部分也有类似的数据库,有的称为未知雷达或未知辐射源数据库。和干扰部分的未知威胁数据库相比,每个栏目的内容较多,除体制或编号和基本干扰措施外,还有威胁体制、参数与基本威胁级别对照表。基本干扰措施主要取决于雷达体制,基本威胁级别由雷达的工作参数确定。对于相同的体制,不同用途雷达的射频、重频、脉宽和天线扫描方式及扫描速度的取值范围有所不同。根据一些先验信息和实际装备参数的统计结果,把同一栏目下的射频、重频、脉宽和天线扫速度再细分成若干个小段。同一体制但工作在不同射频段、重频段、脉宽段和不同天线扫描速度段的雷达有不同的用途,与武器或武器系统有不同的关系,对保护目标的威胁程度也会不同。依据上述信息,可以象已知威胁那样,给不同体制的未知威胁规定基本干扰措施,给工作在不同射频段、重频段、脉宽段和不同天线扫描速度段的雷达赋予不同的基本威胁级别。与已知威胁的干扰策略不同,这里的基本干扰措施是适应范围较宽的干扰样式集,它们没有谁好谁次的问题,也没有具体的参数。究竟选用哪种干扰样式和取什么参数,需要根据现场侦察结果确定。

(4)干扰资源数据库。为了使用方便和减少查找调用时间,设计干扰机时一般将干扰资源统一编码即干扰资源代码并制成表,形成干扰资源数据库,存放在功率管理器内。干扰资源数据库的内容包括本干扰机的对抗措施(有源、无源和反辐射攻击),干扰通道的种类和每种的数量,干扰样式的种类和每种样式的数量以及每种样式的参数,干扰空域和频域的可控范围和无源干扰投放程序或无源干扰器材的数量等。每种干扰资源有可用标志。可用标志是动态的,根据故障和使用情况实时调整。

现代干扰机的发射机实际上就是已调波功率放大器，包括大功率发射器件及其配套的高低压电源和有关的保护、状态监控电路。有的干扰机有多个工作波段或空域覆盖不同的发射机，但基本组成相同。

侦察部分一旦截获到需要干扰的威胁，立即按预先约定的格式将该威胁的标志和参数送显示器呈现给操作员，把要干扰威胁的数据送干扰机的功率管理器。威胁数据通常包括要干扰雷达的载频、角度、脉冲参数、体制、工作状态和威胁级别或优先级等。对于功率管理能力较弱的干扰机，还包括干扰样式及参数的建议。功率管理器通过威胁数据分析，制定干扰方案即给每个要干扰的雷达分配干扰资源并启动干扰时间控制器实施干扰。

干扰机的工作过程表明，侦察和干扰两部分是串行的。只有侦察到雷达信号，才可能实施有针对性的干扰。就侦察自身而言，只有截获到雷达信号才谈得上信号分选、识别。只有正确分选、识别才可能正确引导干扰。可见 RWR 或 ESM 在功能上也是串行的。其中影响干扰效果的主要环节是信号截获、分选识别和干扰引导。除等效辐射功率、干扰样式和干扰参数外，干扰部分影响干扰效果的因素还有频域、空域和时域瞄准误差。转发式和回答式干扰通道需要接收被干扰雷达的信号，对信噪比较敏感，机内噪声和无意干扰都会影响干扰效果。应答式通道不需要实时接收被干扰雷达信号，干扰效果既不受外界干扰的影响，也不受干扰机内部噪声的影响。

雷达干扰机的战技指标较多，有的相互制约，其性能指标是多种因素的折中结果，主要指标有：

① 可干扰的雷达体制或类型；
② 等效辐射功率或对特定威胁的最小干扰距离或有效干扰扇面；
③ 干扰频率、空域覆盖范围；
④ 干扰频率、角度瞄准精度；
⑤ 干扰样式的种类及参数；
⑥ 能同时对付的威胁数；
⑦ 系统响应时间（从干扰参数输入到给出干扰信号的时间）。

4.1.3　功率管理的基本概念和内容

功率管理又称电子战资源管理[1]。它的主要硬件在干扰部分，其工作内容不但涉及雷达对抗装备的侦察和干扰、接收和发射、作战进程管理和设备状态监测等，还涉及同平台其他需要接收和发射电磁波的电子设备。功率管理器是现代雷达对抗系统的重要组成部分，功率管理技术是现代雷达对抗的核心技术之一。该技术对无专职操作人员或/和体积、重量、电源和散热资源十分有限的高速运动平台的雷达对抗装备尤其重要。功率管理并非源于雷达对抗，其类似技术早已广泛用于飞机、舰艇等的电源管理和故障监测、处理等。这些平台的功率管理器的工作对象和工作环境比较稳定。电子战功率管理器的工作对象、工作环境和干扰资源都可能随机变化。雷达对抗系统的功率管理内容多，算法复杂。

无论功率管理技术用于何种场合，基本目的相同，就是最大限度和最有效地应用一切可用的资源而获得最好的效果。雷达对抗中的功率管理在于提高系统的环境适应能力、干扰资源的工作效率和获得对多威胁的最好干扰效果。具体讲就是通过自动化、自适应动态管理，使系统能快速响应复杂多变的威胁、威胁环境和工作环境，有效提高干扰资源的使用效率和系统的干扰能力。

有关电子战功率管理内容的提法较多。有的将其分为时间、频谱、幅度和空间[1]四个范畴，有的分为时域、频域（中心频率）、空域、频谱域和幅度域五个领域，还有的分为时域、频域（中心频率）、空域和调制域四个方面。不难看出四个范畴和五个领域是一致的。无线电干扰采用射频信号，描述其频谱的参数必然包含中心频率、频谱的分布范围和形状等参数。四个范畴中的频谱包含五个领域中的频域和频谱域。在干扰系统中，由完全不同的装置产生、控制干扰的中心频率和频谱的分布范围及形状，将干扰的频谱分为频域(中心频率)和频谱域更方便实际操作。频谱域由调制样式及参数和调制方式(调幅、调频或调相)唯一确定，将频谱域改称为调制域能避免与频域相混淆。因此本书将功率管理的主要内容分为：时域、频域(中心频率)、空域、调制域(包括调制样式及参数和调制方式等)和幅度域五个大项。

时域管理是实现一部干扰机有效干扰多威胁的关键。功率管理器通过时间控制器实现干扰的时域管理。时域管理有以下三个作用。

(1)给每个威胁产生施放干扰的时间窗口。时间控制器以要干扰威胁的每个脉冲为基准，提前一定时间产生干扰窗口，使干扰能量集中在保护目标回波脉冲附近的一小段时间内，其余时间用于干扰其他威胁。持续干扰时间约等于该威胁脉冲重复间隔的10%。如果不同威胁的干扰窗口无重叠，时域管理能使每个要干扰威胁的每个脉冲受到干扰，对每部雷达的干扰效果等同于连续干扰，这就是一部干扰机同时干扰多个威胁的内涵。干扰窗口与要干扰的威胁一一对应。在实际设备中，干扰窗口是编码的，一般把它作为特定威胁的干扰资源存储区的地址码。

(2)用特定威胁的干扰窗口调用分配给它的全部干扰资源并启动实施针对它的干扰。功率管理中的干扰资源泛指实施有针对性干扰需要的一切，可分三类：第一类是直接影响干扰的时域、频域、空域、调制域和幅度域的器件、部件或装置等，如收发天线、调制样式产生器及调制参数控制器、信号跟踪器、干扰通道(转发式、回答式、应答式、无源干扰器材和反辐射武器)等属于第一类资源。第二类是使上述干扰资源仅在需要时才接入或退出干扰通道的控制器件、部件或装置(主要是各种类型的开关及其辅助电路)等；第三类是保障实施干扰和/或获得干扰效果的部件、装置，如实施电磁兼容的部件，监测干扰资源运行状态的机内测试(BIT)装置等。目前除少部分调制样式产生器是数字的和可直接编程控制外，大多数干扰资源是硬件，一般通过可编程高速数控射频、视频开关实现瞬间控制。为了采用功率管理技术，设计干扰机时要对干扰资源进行统一编码。每种干扰资源的编码实际上就是其代码或控制码。分配干扰资源就是确定干扰每个威胁的干扰资源代码或控制码，把它们存放在为其指定的便条式双口存储器中。所有受干扰威胁的干扰资源存储器被统一编码并和干扰窗口编码一一对应。具体工作时，干扰窗口为读使能，其编码为读地址，持续读取时间和持续干扰该威胁的时间等于干扰窗口的宽度。干扰窗口读出的干扰资源代码或控制码被译码器分解到有关的器件、部件并转换成它们的工作参数或生成各种控制信号。这些控制信号打开或关闭某些开关，把选中的器件、部件或设备构成需要的干扰通道并启动它们按要求的参数工作。控制信号还要使那些暂时不用的干扰资源脱离干扰通道并停止工作。从而实现在需要的时刻产生出需要的干扰信号并由需要的干扰通道送给指定的天线和向指定威胁辐射干扰信号。

(3)解决多威胁干扰中的时间冲突问题。所谓干扰时间冲突是指两个或两个以上威胁的干扰窗口在时间上重叠或部分重叠。时间控制器能预测每个要干扰威胁的脉冲到达时刻、干扰窗口是否重叠和重叠的程度，并按照预先设定的原则处理干扰窗口重叠问题。处理干扰时间冲突的基本原则是，如果两干扰窗口的重叠部分大于50%且威胁级别不同，则只产生较高威胁级别雷达的干扰窗口，放弃对低威胁级别雷达的干扰。若两威胁的级别相同，则只产生先出现威胁的干扰窗口。如果重叠部分小于50%，则按干扰窗口出现顺序实施干扰，即在前一干扰窗口运行期间，如果出现后一干扰窗口，立即关断前一干扰窗口，只保留后一干扰窗口。

频域管理有两项主要内容，一是频率引导，二是频域滤波。功率管理中的频率引导是指按威胁或威胁的干扰窗口控制干扰信号的中心频率，使其与受干扰雷达信号的中心频率相同或十分接近。干扰机广泛采用频域滤波技术减少或消除频率变换产生的杂散、外界无关信号或干扰机内部噪声的影响，提高干扰信号的功率利用率和干扰效果。为便于功率管理，一般用邻接的开关滤波器组把整个干扰带宽分成若干个小波段，用受干扰雷达的中心频率码选择需要的小波段。

有源干扰机一般有应答式、回答式和转发式三个干扰通道或三种干扰机。应答式干扰用测量获得的受干扰雷达信号的中心频率数据调谐 VCO 或控制类似器件的工作频率，使其工作在十分接近威胁信号的中心频率上，然后对其进行需要的调制。VCO 的调谐速度高，一个 VCO 能快速响应多个干扰窗口，是频域管理常用器件之一。VCO 的调谐码由特定威胁的干扰窗口从其干扰资源存储器中读取。

现代回答式干扰机多数采用数字储频。数字储频工作在基带，其频率低且带宽窄，需要上、下变频，需要频率引导。回答式干扰机的频率引导就是用受干扰雷达信号的中心频率选择本振，把要干扰威胁的频率下变到数字储频的基带，再用同一本振把数字储频的输出变回到原来的射频。数字储频要多次变频，杂散频率成分较多，一般通过频域滤波提高干扰频率的纯度。具体做法是在数字储频的输入、输出端插入邻接的能覆盖回答式干扰带宽和储频基带的开关滤波器组。引导回答式干扰机不需要精确的雷达载频，只需把它引导到数字储频的基带即可。因此，回答式干扰的频率引导精度完全由数字储频误差确定。为了实施频域管理，设计干扰通道时，要将整个回答式干扰带宽按数字储频的基带分成若干个小波段。小波段与本振和开关滤波器一一对应，可用同一频率码选择需要的本振和开关滤波器。

转发式干扰机用接收的受干扰雷达的射频作为干扰的载波。表面上看此种干扰机不需要频率引导。实际上转发式干扰也需要频域管理。转发式通道带宽大，输入信号弱，为减少无关信号和降低接收机内部噪声对干扰功率的影响，和回答式干扰通道一样，用开关滤波器组将整个转发式干扰带宽分成若干个小波段，由干扰窗口调用的受干扰雷达的中心频率码选择需要的小波段，宽带可调谐带通滤波器也能实现上述功率，受干扰雷达的中心频率码就是调谐码。

空域管理就是用威胁信号的到达角逐个干扰窗口控制干扰天线的收、发指向。相控阵天线的波束转换时间短，瞬间转换角度大，可用窄波束高增益天线且能做到逐个威胁或逐个干扰窗口转换收、发天线指向，实现需要的空域管理。非相控阵干扰机不能逐个脉冲或逐个威胁改变干扰天线指向，空域管理较简单，只控制接收、发射干扰的大方向，如有的机载干扰设备只分前、后向两个天线或前左、前右和后左、后右四个天线。大型干扰平台的无源干扰器材也有空域管理的需要，即控制干扰器材的投放方向。

调制域管理就是把分配给特定威胁的干扰技术(有关的代码或/和控制码)转换成具体的干扰技术产生器及其工作参数和调制器等，并启动选中的器件、部件等按要求的参数工作，把需要的调制器接入干扰通道，产生出需要的干扰参数，断开不需要的器件，使每个受干扰对象都能得到分配给它的干扰样式和干扰参数。现代干扰机的作战对象多，干扰样式多，调制域的管理内容也多。其中的主要内容有干扰样式、干扰参数和调制器。干扰样式分遮盖性和欺骗性两大类。遮盖性样式有射频噪声，噪声调幅、调频或调相，杂乱脉冲串和无源干扰器材等。欺骗性干扰样式有拖引式，非拖引式，雷达诱饵，两点源或多点源和多假目标等。每种干扰样式至少有一个产生器，使用频繁的可能有多个产生器。干扰参数是指已调波的参数，它取决于干扰样式及其视频参数和调制器的类型及其特性。噪声类样式的视频参数主要是带宽和幅度。杂乱脉冲串的视频参数有平均脉宽和脉冲间隔及其分布。描述脉冲调制样式的视频参数较多，有脉宽、脉冲间隔及其变化范围和变化方式，脉冲移动速度，脉冲幅度调制方式和调制深度，锯齿波或三角波的频率及频率变化方式等。调制器主要是调幅、调频或调相。目前数字干扰技术产生器较少，模拟的较多。调制域管理主要通过控制高速模拟开关，实现快速改变干扰样式产生器及其视频参数和调制器类型。

幅度域管理就是控制干扰机的输出功率或辐射功率，使其刚好能获得需要的干扰效果。干扰机的输出功率或辐射功率较大，直接控制很不方便。除相控阵干扰机可通过控制阵元数来调节辐射功率外，其他的都是通过控制功率放大器的激励信号来控制辐射功率的。实现这种发射功率控制的方法很简单，就是在功率放大器的输入端串接一个数控衰减器，调节衰减器的衰减量实现干扰幅度域管理。幅度域管理有三种内容：一，用接收的受干扰雷达信号的幅度信息控制发射机的输出功率，使干信比刚好达到有效干扰要求的电平。这种方法既节省能源，又能防止干扰平台全面暴露；二，根据受干扰雷达信号的中心频率调节功率放大器的输入信号电平，使其在任何频率上既能输出最大功率，又不会进入过饱和工作状态；三，依据接收的受干扰雷达信号的幅度信息控制发射功率或接收机灵敏度，使其既能获得有效干扰效果，又不影响侦察部分或同平台其他电子设备的工作。

从节约系统能源的角度看，把干扰机的辐射功率控制到刚好能产生规定干信比的电平是最理想的。如果威胁、保护目标和配置关系都是已知的，可准确估算干信比，只需将接收的受干扰雷达信号的幅度信息转换成数控衰减器的衰减量控制码就能实现干扰的幅度域管理。对于未知威胁，难以获得控制辐射功率需要的准确信息，可能带来风险，是这种方法的缺陷。

对于大多数干扰机，幅度域管理的第二项内容是不可少的。现代干扰机多数使用倍频程连续波行波管功率放大器，这种放大器的增益随频率变化较大。为了保证发射机在任何频率上都能输出最大功率又不会进入过饱和工作状态，需要用工作频率控制发射机的激励信号，只要使激励信号电平随频率变化的规律正好与功率放大器的增益随频率变化的规律相反，就能保证发射机的输出功率与工作频率无关。有两种器件可实现上述变换：一，无源均衡器；二，有源均衡器。无源均衡器因体积、重量大且均衡效果较差，目前用得越来越少。有源均衡器不但控制灵活，而且控制相当精准，用得较多。若用有源均衡器，需要把受干扰雷达的中心频率转换成数控衰减器的衰减量控制码，用其调节功率放大器的激励信号电平，使其刚好能把功率放大器推至要求的输出功率，又不会进入过饱和工作状态。这项管理内容也可划归频域管理，本书把它作为幅度域管理内容之一。

幅度域管理的第三项内容属于电磁兼容措施之一。雷达对抗系统特别是小平台的系统，当空间隔离不能完全解决自发自收时，控制发射功率或接收机灵敏度可解决部分电磁兼容问题。如果接收的受干扰雷达信号的幅度较大，表示雷达平台离干扰平台较近或等效辐射功率较大，有效干扰需要较大干扰等效辐射功率，但接收机的增益有富裕。对于这种情况，可通过降低接收机的灵敏度来解决自发自收问题，否则需要降低发射功率。两种措施都是使接收机收不到干扰但又能收到需要的雷达信号。不管是控制接收机灵敏度还是控制干扰辐射功率，都需要把接收的受干扰雷达的信号幅度转换成衰减量的控制码，具体实现方法与前两种相同。

前面只介绍了功率管理的重要内容。要获得功率管理效果，还有许多配套的工作内容，如干扰进程调控、电磁兼容及协同工作管理和设备运行状态检测等。在具体设备或实际操作中，功率管理的五项内容不是逐项或孤立进行的，而是融合在一起的，贯穿在雷达对抗作战的整个过程中。

4.1.4　雷达对抗装备的电磁兼容措施

协同工作是现代雷达对抗装备必须具备的能力。协同工作能力就是解决电磁兼容问题的能力。雷达对抗装备是个有机整体，侦察、干扰经常需要同时工作。一个接收，一个发射且工作波段相同，容易引起自发自收问题。侦察和干扰之间的问题在干扰机内部也存在，如转发式和回答式干扰通道需要收发同时工作，容易造成收发自激。这类问题对小平台的雷达对抗装备尤其突出。干扰机与同平台的其他电子设备也有协同工作的问题。与雷达对抗装备同平台的不但有雷达，还有其他需要接收和发射信号的无线电电子设备。干扰带宽大，持续时间长，容易影响这些电子设备的工作。同样，其他电子设备的发射信号也会影响雷达对抗装备的工作。

为了把电子设备间的相互影响减到最小，雷达对抗装备必须采取电磁兼容措施。目前常用来解决电磁兼容问题的措施有以下 4 种：

①降低受影响设备的接收机增益或降低干扰发射功率或同时降低两者；

② 时分收发制；

③ 陷波法；

④ 时分工作制或"分区停电"法。

降低接收机增益或降低干扰发射功率都是使受干扰影响的接收机收不到干扰信号或者把收到的干扰降低到不影响正常工作的程度。降低增益后，接收机只能接收较大功率的信号，若增益降低太频繁或持续降低时间太长，都会影响该装备的作战能力。究竟是降低接收机的增益还是降低发射功率或同时降低两者，由接收的受干扰雷达信号的强弱决定。具体处理方法与幅度域管理的第三种情况相同。若接收信号很强，则降低接收机增益或灵敏度。如果接收信号较弱，则降低发射功率。如果接收信号电平适中，则同时降低接收机增益和发射功率，直到既能有效干扰雷达，又能可靠接收信号为止。

如果上述方法不能解决自发自收问题，可用时分收发制。时分收发制常用来解决侦察和干扰间以及干扰机内部的电磁兼容问题。时分收发就是接收时不发射，发射时不接收或接收的数据不用。图 4.1.7 为时分收发控制的时序示意图。接收窗口和发射窗口在时间上完全分开。发射机仅在发射窗口出现时才发射信号，接收机只在接收窗口到来时才接收信号。时分收发工作时序既可以是周期的，也可以是非周期的。时分收发工作机制对侦察、干扰都有影响，通过适当调整收发窗口宽度的比例和周期，可把总影响降到最小。使用这种方法需要注意的是，因受控器件的响应时间不同，收发窗口之间应留有适当间隔。间隔的大小需要根据具体器件的响应时间调整，越小越好。时分收发措施也可用来解决干扰机内部的电磁兼容问题，如回答式干扰通道的收、发影响问题。收发控制信号既可由雷达对抗装备的系统管理控制器实施，也可由功率管理器实施，大多数装备将其作为功率管理内容的一部分。

时分收发制适合收、发时间相差特别大的场合。因频域、空域宽开，侦察时间较短，干扰发射时间长。常规脉冲雷达发射时间短，接收时间长。这两种装备都可用时分收发解决自身的电磁兼容问题。这种措施不适合解决收、发平均时间都长的装备间的电磁兼容问题，如干扰机发射时间长，高重频脉冲多普勒雷达收发平均时间也比较长。如果仍然采用时分收发机制，要么使雷达无法正常接收信号，要么严重影响干扰效果。和雷达对抗相比，大多数雷达、通信设备的工作带宽较窄或很窄且工作频率固定，这种情况适合用陷波法解决协同工作问题。陷波法是在雷达对抗装备内加装陷波器，陷波器的中心频率和带宽由受干扰影响设备的工作频率和带宽确定。陷波器能把影响其他设备工作的干扰成分滤除，也可滤除同平台其他设备的发射信号对侦察设备的影响。

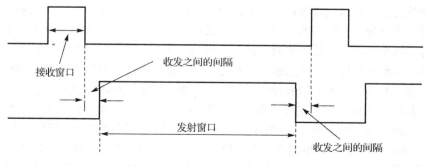

图 4.1.7　时分收发控制时序关系示意图

如果双方都是宽带系统或工作频率变化较大的设备，陷波法不但成本高，而且严重影响侦察和干扰效果。类似于时分收发的是时分工作制。时分工作制又称分区停电法。它可以解决同平台电子设备的协同工作问题。时分工作制就是一种设备工作，受影响的其他设备不工作。其他设备工作时，该设备停止工作。实现方法是，雷达对抗装备工作时，给出阻塞信号，阻止受其影响的其他电子设备工作。其他设备工作时，向雷达对抗装备发出阻塞信号，中止发射干扰。也可根据各装备的重要程度由平台的指战员确定谁工作，谁不工作。

4.2　雷达支援侦察装备的作战能力及其评估方法

雷达支援侦察设备要完成规定的任务，必须具有脉冲截获能力、辐射源截获或检测能力、辐射源或/和威胁识别能力、引导干扰机和反辐射武器的能力，以及支持上述四种能力的参数测量能力。描述五种能力的参数分别是：

①　脉冲截获概率或漏警概率和虚警概率；
②　辐射源截获或检测概率或漏批概率和增批概率；
③　辐射源或/和威胁识别概率；
④　引导干扰机或/和反辐射武器的概率；
⑤　参数测量范围、测量精度或测量误差。

这部分主要讨论评估雷达支援侦察设备作战能力的方法并建有关的数学模型。侦察设备的五种能力都受干扰影响，研究评估雷达支援侦察能力及其评估方法也是评估侦察干扰效果和干扰有效性的需要。

4.2.1　引言

雷达检测目标和雷达支援侦察设备检测辐射源有许多相似之处。都采用无线电工作方式，都需要接收、检测和处理信号以及判断有无目标存在，都需要根据检测到的信号参数确定目标的类型、位置、运动趋势、平台类型、作战意图和威胁程度等。两种装备检测脉冲信号的方法基本相同，就是根据要求的虚警概率设置检测门限，把超过检测门限的信号记录下来作进一步分析处理。

因作战目的和工作方式不同，雷达检测目标和雷达支援侦察设备检测辐射源有很多差别。雷达有三种目标检测概率或三种目标检测方式：基于单个脉冲，基于多脉冲或多脉冲积累和基于多次天线扫描。无论哪种检测方式，都是把脉冲幅度或积累后的脉冲幅度与检测门限相比较，只要其幅度大于等于检测门限就判检测到目标。因此雷达目标检测只有一种类型的门限并只作一次门限比较。脉冲检测和目标检测同时进行，一起完成。雷达检测目标的方法与雷达自身的特殊工作方式和目标特性有关。雷达只接收自己发射的经过目标反射回来的信号，而且发射、接收严格同步。雷达只需接收处理一种类型的信号，而且对其特性十分了解，可为其量身定做专用的软硬件处理系统。可用很窄的窗口函数严格限制接收信号的空域、频域、时域和信号类型，用匹配滤波器接收机把绝大多数其他辐射源的照射信号拒之门外。雷达既不存在因不同参数的脉冲重叠造成的虚警问题，也没有多个辐射源的脉冲交错问题，检测到脉冲意味着发现目标。

和雷达目标检测不同，雷达支援侦察设备先检测单个脉冲，用顺序接收的一个辐射源的脉冲构成脉冲序列。分析处理此脉冲序列，判断有、无辐射源存在。该设备检测脉冲和检测辐射源是分开进行的，必须设置两种类型完全不同的检测门限并作两次独立的门限比较。一次是检测单个脉冲。检测脉冲及其设置检测门限的方法与雷达目标检测基本相同。另一次是检测辐射源。检测门限为相关脉冲串的长度或其包含的脉冲数。显然，雷达支援侦察的脉冲截获概率一般不等于辐射源检测概率。

　　和雷达目标检测不能完全消除虚警和漏警一样，雷达支援侦察设备检测单个脉冲存在虚警和漏警，检测辐射源同样存在虚警和漏警。为了区别脉冲检测中的虚警和漏警，本书将在辐射源检测中的虚警和漏警分别称为增批和漏批。

　　雷达侦察设备不辐射信号，只隐蔽接收照射其平台的电磁信号。在收到信号前，不可能完全知道信号的类型、发射角度、发射时刻和发射参数，有时甚至一无所知。此外，雷达侦察设备不但需要接收频域、空域、时域分布较宽的多种雷达信号，还要处理脉冲到脉冲改变工作参数的雷达信号。因性价比和装载平台的体积、重量、功耗等限制以及对付未知威胁或检测未知雷达信号的需求，不能用多个接收特定雷达信号的专用接收机共同覆盖要求的信号类型、频域和空域等。因响应时间要求，也不能用一部搜索式接收机分时接收不同空域、频域、时域和不同类型的雷达信号。对于雷达支援侦察设备尤其如此。大多数雷达支援侦察设备不得不采用单通道通用接收机，在频域、空域和时域上宽开接收各种类型的雷达信号。这种接收机体制不但使来自不同角度、采用不同工作参数和在不同发射时刻的雷达脉冲交织在一起，而且还会造成多脉冲重叠，引起大的参数测量误差。如果侦察设备像雷达那样，把脉冲检测当作辐射源检测，将会出现大量的虚警。因多个辐射源的发射脉冲相互交错，也不能直接用原始接收脉冲序列检测辐射源。雷达支援侦察设备在检测辐射源和提取其参数之前，必须进行脉冲去交错。去交错能把各辐射源的脉冲从直接接收的多个辐射源的混合脉冲序列中分离出来，还原成它们在数据采集期间的发射脉冲序列。雷达支援侦察设备在去交错后的脉冲序列上判断是否存在辐射源。如果存在辐射源，则从该脉冲序列上提取仅存在于脉冲之间的辐射源特征参数并对脉冲描述字进行平滑滤波，提高参数测量精度，以便信号识别处理。

　　脉冲去交错采用相关法或匹配法。采用这种方法的依据是特定辐射源的脉冲之间存在特有的相关性。利用这种相关性就能把它的发射脉冲从直接接收的多个辐射源的混合脉冲序列中找出来，还原成它们在数据采集期间的发射脉冲序列。脉冲去交错的具体做法是，把某个辐射源的特有相关性与直接接收的脉冲序列相比较，把具有相同相关性的脉冲提取出来，构成新的脉冲序列。如果提取出来的新脉冲序列的长度大于规定值，则确认它可以用于辐射源检测。

　　特定辐射源脉冲间的特有相关性既是脉冲去交错的依据，也是确定辐射源检测门限和从脉冲序列判断是否有辐射源存在的依据。辐射源的特有相关性存在于顺序发射的多个脉冲之中，雷达支援侦察设备一般把能可靠反映特有相关性需要的最短脉冲序列或其包含的脉冲数作为辐射源检测门限。把去交错后能连续相关上的脉冲串逐个与检测门限比较，只要其中之一的长度大于等于检测门限，就判断存在辐射源，否则判无辐射源存在。虽然雷达支援侦察设备的脉冲截获概率不等于辐射源截获概率，但是检测单个脉冲是检测辐射源的前提条件，脉冲截获概率严重影响辐射源截获概率，必须同等重视脉冲检测和辐射源检测。

　　雷达支援侦察设备既要处理脉冲信号，又要处理连续波信号。一种做法是在接收机输入端将连续波信号分离出来，将其切割成脉冲，然后合并到脉冲信号通道，当作脉冲信号处理。另一种做法是采用专用的连续波接收机和信号处理器。目前采用第一种方法的设备较多，本书只讨论侦察设备对脉冲辐射源的截获能力。雷达支援侦察设备截获脉冲和截获辐射源的能力与信号分选有关，这里先简单介绍雷达支援侦察设备的信号分选原理和方法。

4.2.2　信号分选原理和方法

　　雷达目标检测较简单，没有多辐射源的脉冲交错问题，无信号分选工作内容，检测脉冲就是检测目标。和雷达相比，雷达支援侦察设备的作战环境和信号环境复杂得多，检测辐射源与雷达检测目标有很多区别。在图 4.1.2 中，预处理器前的部分完成脉冲检测和脉冲参数测量，用脉冲描述字表示射频脉冲，完成脉冲检测。预处理器及其以后的部分为信号处理，信号分选是信号处理的重要内容。信号分选的主要工作是：一，去交错；二，检测辐射源即判断有、无辐射源存在；三，辐射源参数提取和辐射源特征参数的平滑滤波等。

雷达支援侦察设备的信号处理分预处理和主处理两部分。预处理器几乎全部由硬件组成，响应时间极短，处理一个脉冲描述字的时间近似等于脉冲持续时间。预处理又称粗分选，以单个脉冲描述字为处理单位，按到达角或到达角和频率把交织在一起的复杂接收脉冲序列分成较小较简单的脉冲序列。主处理器处理预处理器输出的每个小脉冲串，完成信号处理的其余任务。

信号分选的首要工作是选择分选参数，设置分选窗口。预处理以脉冲描述字为处理单元，只能选择描述脉冲的参数作为粗分选参数。分选参数是辐射源比较稳定或有规律变化的脉冲参数，其中用得较多的有到达角和射频。先进雷达的射频、重频甚至照射时间都可能随机变化，但平台的位置不能捷变，因此到达角是最可信赖的预分选参数。主处理器处理脉冲串，分选参数既有脉冲的(同预处理器)，也有相关性较强或有一定变化规律的脉间参数，如脉冲重复间隔、射频变化规律等。侦察设备接收雷达的直射波，目标起伏对接收信号的辐度影响较小，尤其是连续照射目标的单目标跟踪雷达，空域宽开的侦察设备收到的脉冲幅度比较稳定。另外雷达的射频、重频可能捷变，但脉宽几乎不捷变，不少侦察设备将脉冲幅度和脉宽作为辅助分选参数。

预处理有两种粗分选方法，一种是角度一维粗分选或预分选，另一种是频角二维粗分选或预分选。角度一维粗分选按侦察设备的测角范围将其分为若干个邻接的小窗口(角度分选窗口或分选单元)，每个角度分选窗口只放行到达角与其相符的脉冲描述字，阻止其他脉冲描述字通过。通过每个角度分选窗口的脉冲描述字按其到达时间顺序存入为该窗口或该分选单元设置的专用存储区，实现从角度上分离脉冲描述字的目的。所有角度分选窗口的存储区构成主处理器的输入存储区。一帧数据采集结束，预分选结束。主处理器输入存储区的数据就是预分选结果。如果以到达角为横坐标，以进入每个角度分选窗口的脉冲数为纵坐标，预处理结果构成一维直方图。通过每个角度分选窗口的脉冲按到达时间顺序排列，自身构成一个小脉冲序列。如果某角度分选窗口对应方向只有一个辐射源，预处理器就能完成去交错，将其还原成该辐射源在数据采集期间的发射脉冲序列。

频角二维预分选原理与角度一维预分选相似。在每个角度分选窗口下按侦察设备的测频范围设置若干邻接的频率窗口，角度和频率窗口合起来构成频角预分选窗口，也可称其为频角分选单元。在硬件设计上，使每个频角分选窗口只放行射频和角度与频角分选窗口相符的脉冲描述字，阻止其他脉冲描述字通过。为了区分同一角度上不同频率的脉冲描述字，要把每个角度分选窗口下的存储区按频率分选窗口数细分，使每个频角分选窗口有对应的独立存储区。通过每个频角分选窗口的脉冲描述字仍按到达时间顺序存放，使其能构成更小的脉冲序列。和角度一维预分选一样，一帧数据采集结束，频角预分选结束。如果以角度为 x 轴，频率为 y 轴，进入每个频角分选窗口的脉冲数为 z 轴，频角预分选结果构成二维直方图。如果某方向只有一部雷达且频率固定，该辐射源的脉冲将集中在一个频角分选单元内并按发射顺序排列，构成该辐射源在数据采集期间的发射脉冲序列。

频角二维预分选适合处理固定频率的辐射源，角度一维预分选适合处理频率变化的辐射源。雷达支援侦察装备分选处理完固定参数的辐射源后，将二维变成一维，接着处理频率变化的辐射源。为了使用方便，实际预处理器的角度分选窗口或频角分选窗口的大小和通过每个分选窗口的最大脉冲数都能根据用户要求由软件设置。有的雷达支援侦察设备的预处理器还能根据特殊用途设置专用通道，以提高系统对特殊威胁的响应能力。

合理确定分选窗口的大小非常重要。角度分选窗口宽度由三个因素确定：一，目标相对侦察平台的角速度或角度随机摆动范围；二，一帧数据的采集时间；三，侦察设备的测角误差。影响频率分选窗口宽度的因素有两个，辐射源的频率稳定度和侦察设备的测频误差。

预处理能把交织在一起的直接接收脉冲序列变小变简单，对分选参数固定的辐射源特别有效。因分选参数少、窗口大且固定，不能将参数相近的或分选参数有一定变化范围的辐射源分开。另外预处理只能处理单个脉冲，不能提取仅存在于脉冲序列上的辐射源参数，如脉冲重复间隔或重频、射频变化规律、天线扫描方式和扫描周期等。为此要对预处理结果作进一步分析，此任务由主处理器承担。预处理完一帧数据，主处理器立即开始工作。

主处理器为高速计算机，纯软件处理，既可按频角由小到大的顺序处理预分选的输出，也可先处理侦察策略规定的重点区域或频域的数据，还可以视情选择脉冲和脉间分选参数，灵活设置分选窗口及窗口大小。主处理器的信号分选方法可能多种多样，但基本原理相同，都是依据特定辐射源的脉冲和相邻脉冲之间特有的相关性，用相关法或匹配法将预处理器不能分离的辐射源分开，彻底完成去交错。

相关法的基本原理和处理过程是：一，设置判断辐射源存在的标准。这种标准一般有两个，一个是判断该脉冲串是否值得继续处理的标准，通常用脉冲串的长度表示。另一个是判断是否有辐射源存在的标准或辐射源检测门限。此门限用有关联的且无间断的脉冲串长度或其包含的脉冲数表示。二，选择分选参数，设置比较窗口的大小或容差。分选参数包括脉冲和脉间两种。一般以预处理器输出的或直方图中某个脉冲序列中最先出现的脉冲分选参数为中心，构成实际脉冲的比较窗口，一个脉冲分选参数就是一个分选窗口。再根据紧邻该脉冲的一个或几个脉冲间的参数及变化情况即相关性，设置脉冲串分选窗口。脉冲和脉冲串两种比较窗口共同构成脉冲串相关比较标准。三，相关或匹配处理。一个脉冲串的相关比较标准确立后，就把该脉冲序列的后续脉冲逐个与相关标准进行比较。如果该脉冲的对应参数落入预先设置的比较窗口或满足设置的相关标准，表示该脉冲被匹配上，按相关上的顺序将匹配上的脉冲提取出来另存。如果该脉冲没匹配上，则处理下一个脉冲。照此下去直到处理完预处理器输出的一个脉冲序列的所有脉冲为止。如果一个脉冲序列没匹配上的脉冲很多，大于值得继续处理的门限，则选择新的相关比较标准，按前面的方法继续处理原来的脉冲序列，直到剩余脉冲数不值得处理为止。由此知，这种处理能把预处理器输出的一个脉冲序列再分离成一个或多个小脉冲序列。如果预处理器输出脉冲串本身较短，不值得立即处理，则视情况或者将其保存以便继续观察或者将其清除。

处理完预处理器输出的一个脉冲序列后，主处理器立即开展如下两项工作：一，逐个分析主处理分离出来的小脉冲序列。若小脉冲串的长度或包含的脉冲数大于等于值得继续处理的门限，则继续处理该小脉冲序列，从中找出有关联且不间断的脉冲串，若此种脉冲串的长度满足辐射源检测门限，则判断有辐射源存在，否则判为无辐射源。二，如果判断有辐射源存在，则从对应小脉冲串提取有关辐射源的特征参数并对其脉冲参数进行平滑滤波，以降低随机因素的影响，提高参数测量精度。最后将两种参数综合成辐射源特征参数集，给予编号并存储起来，以便识别处理。按照上述方法处理完从该脉冲串得到的所有小脉冲序列。接着处理预处理器输出的其他脉冲序列，直到处理完预处理器输出的全部脉冲串为止。

信号分选要应对许多特殊情况，如对漏脉冲、增脉冲的处理以及对重频、射频抖动信号的分选等。实际分选过程比上述说明要复杂得多，但原理相同。

4.2.3　脉冲截获概率和虚警概率

雷达支援侦察的信号分选原理说明，要截获或检测辐射源，必须截获脉冲，而且必须截获一个辐射源在一段时间内发射的多个脉冲。该设备截获脉冲的条件和处理方法与截获辐射源完全不同。其脉冲截获概率涉及脉冲与侦察窗口的重合概率、脉冲检测概率和脉冲不丢失概率。这里的脉冲截获概率一般不等于脉冲检测概率。

4.2.3.1　脉冲截获概率和漏警概率

雷达支援侦察设备截获脉冲的条件比雷达检测脉冲多得多。要截获指定辐射源的脉冲，该脉冲必须满足三个条件：

① 脉冲必须落入侦察窗口。侦察窗口一般有多个，既有雷达方面的，也有雷达对抗装备方面的；

② 落入侦察窗口内的脉冲必须是侦察设备可检测到的脉冲，即功率电平必须大于等于该设备的工作灵敏度或预先设置的检测门限，其他参数处于其工作范围内；

③ 可检测的脉冲不能因多脉冲同时到达或因参数测量误差而丢失。

截获脉冲的三个条件都受随机因素影响，需要用概率表示满足有关条件的程度。第一个条件涉及因素多，用脉冲与侦察窗口重合的概率 P_{wind} 表示。第二个条件较简单，用检测单个脉冲的概率 P_{ds} 表示。第三个条件也比较复杂，用脉冲不丢失概率 P_{nmis} 表示。

1.　脉冲与侦察窗口的重合概率

雷达支援侦察设备因作战对象、作战环境和性能要求不同，有多种功能组成形式。有的频域、空域和时域全域宽开。有的空域宽开，但瞬时带宽窄，需要频域搜索。有的仅频域宽开，瞬时空域窄，需要空域搜索。还有的必须空域、频域同时搜索。搜索相当于给侦察设备的信号侦收设置限制窗口，只能收到在时间上与所有窗口重合的信号。这里把侦察设备自身的或作战对象的搜索工作形成的窗口称为侦察窗口，也有文章[2]称其为窗口函数的。

在雷达对抗中，侦察窗口由多个独立窗口组成，包括侦察设备的接收窗口和被侦察雷达的信号发射窗口。多数雷达支援侦察设备为主瓣侦收，只有雷达天线主瓣对准侦察平台时，侦察接收机才能收到该雷达的信号。绝大多数雷达使用脉冲信号，辐射信号的时间很短。相当于雷达为侦察设备截获脉冲设置了两个窗口：一、角度搜索窗口；二、发射脉冲的时间窗口。由侦察设备的工作过程知，其自身有三个窗口：角度搜索窗口，频率搜索窗口和瞬间观察窗口。在雷达侦察中，以下四个条件一般能满足：一、雷达的工作频率及平台的角度总处于侦察设备的工作范围内；二、在侦察时间内雷达一直发射信号；三、雷达信号带宽远小于侦察接收机的瞬时带宽；四、各窗口相互独立且近似为矩形。根据上述四个假设条件，可定量计算辐射源脉冲与侦察窗口的重合概率。

假设侦察窗口共有 n 重或 n 个，其中第 k 个窗口的平均宽度和周期分别为 τ_k 和 T_k，n 重窗口的平均重合周期为[2]

$$T_0 = \prod_{k=1}^{n}\left(\frac{T_k}{\tau_k}\right)\bigg/\sum_{k=1}^{n}\frac{1}{\tau_k} \tag{4.2.1}$$

搜索雷达和边跟踪边搜索雷达的天线是扫描的，存在角度搜索窗口。单目标跟踪雷达跟踪状态的天线连续照射目标，相当于搜索窗口无穷大。雷达天线分周期扫描和随机扫描两种，这里只涉及周期扫描的情况。根据雷达发射脉冲的周期、脉冲宽度和天线扫描周期以及照射目标的时间等，可确定雷达角度搜索窗口和发射脉冲的时间窗口宽度。设 τ_f 和 T_f 为雷达发射脉冲宽度和发射脉冲的平均周期，$\Delta\theta_a$、θ_a 和 T_a 为雷达天线波束宽度、搜索范围和扫描周期，雷达天线搜索窗口和发射脉冲的时间窗口宽度分别为

$$\tau_a = \frac{\Delta\theta_a}{\theta_a}T_a \text{ 和 } \tau_F$$

设侦察设备的天线波束宽度、角度搜索范围和角度搜索周期分别为 $\Delta\theta_r$、θ_r 和 $T_{r\phi}$，接收机的瞬时

带宽、频率搜索范围和频率搜索周期分别为 Δf_{r}、f_{r} 和 T_{rf}，瞬间观察窗口宽度和周期分别为 τ_{lk} 和 T_{lk}，侦察设备的角度搜索窗口、频率搜索窗口和瞬间观察窗口的宽度分别为

$$\tau_{\mathrm{r}\phi} = \frac{\Delta\theta_{\mathrm{r}}}{\theta_{\mathrm{r}}}T_{\mathrm{r}\phi}, \quad \tau_{\mathrm{rf}} = \frac{\Delta f_{\mathrm{r}}}{f_{\mathrm{r}}}T_{\mathrm{rf}} \text{ 和 } \tau_{\mathrm{lk}}$$

把上述参数代入式(4.2.1)得侦察窗口的平均重合周期。

对于主瓣侦收设备，雷达天线搜索窗口与发射脉冲窗口近似同步，且 τ_{a} 总能覆盖多个 τ_{f}，只需考虑 τ_{a} 对侦察设备脉冲截获概率的影响。同样侦察设备的瞬间观察窗口与角度和频率搜索窗口也是同步的。实际影响侦察设备脉冲截获概率的窗口只有三个，即雷达天线搜索窗口、侦察设备的角度和频率搜索窗口。把有关参数代入式(4.2.1)得三个窗口的平均重合周期:

$$T_0 = \frac{T_{\mathrm{r}\phi}T_{\mathrm{rf}}T_{\mathrm{a}}}{\tau_{\mathrm{r}\phi}\tau_{\mathrm{rf}} + \tau_{\mathrm{a}}\tau_{\mathrm{rf}} + \tau_{\mathrm{a}}\tau_{\mathrm{r}\phi}} \tag{4.2.2}$$

在 Δt 时间内某个辐射源的脉冲与侦察窗口重合的概率为[2]

$$P_{\mathrm{wind}} = 1 - (1 - P_0)\exp(-\Delta t / T_0) \tag{4.2.3}$$

P_0 为各窗口函数重合发生之概率积，等于

$$P_0 = \prod_{k=1}^{n}\left(\frac{\tau_k}{T_k}\right)$$

如果 P_0 很小，式(4.2.3)近似为

$$P_{\mathrm{wind}} \approx 1 - \exp(-\Delta t / T_0) \tag{4.2.4}$$

雷达支援侦察装备对截获概率和响应时间要求特别高，一般在要求的频域、空域范围内宽开接收信号，相当于角度、频率搜索窗口和其周期近似相同且趋于无穷大。此时只有雷达天线搜索形成的一个侦察窗口，式(4.2.2)简化为

$$T_0 = T_{\mathrm{a}}$$

如果不但侦察设备宽开接收信号，而且雷达处于单目标跟踪状态，天线连续照射侦察平台，此时 $T_k/\tau_k = \tau_k/T_k = 1$。由式(4.2.1)得 $T_0 = \infty$。把上述关系代入式(4.2.3)得:

$$P_{\mathrm{wind}} = 1$$

2. 脉冲检测概率

辐射源的脉冲与侦察窗口重合仅表示该脉冲能进入侦察接收机，并不表示侦察设备一定能截获它。发现此脉冲的可能性由检测概率 P_{ds} 确定。侦察设备接收雷达的直射波，相当于雷达接收稳定目标的回波，可忽略目标起伏对检测概率的影响。这种信号单个脉冲的信噪比等于脉冲串的平均信噪比。侦察设备检测单个脉冲的概率 P_{ds} 就是平均脉冲检测概率或检测某辐射源任一个脉冲的概率，P_{ds} 可用式(3.2.11)或式(3.2.12)估算。信噪比是侦察设备接收的雷达发射信号功率与接收机内部噪声功率之比。信干比为接收的雷达信号功率与侦察设备的机内噪声功率和接收的遮盖性干扰功率之和的比值。由侦察方程可计算侦察设备接收的雷达信号功率和遮盖性干扰功率。计算 P_{ds} 用的虚警概率是侦察设备的性能指标，如果无此项指标，可按雷达目标检测理论确定侦察设备需要的虚警概率。

3. 脉冲不丢失概率

脉冲不丢失概率表示辐射源脉冲满足第三个截获条件的程度。现代雷达支援侦察设备的

电磁环境十分复杂，信号密度大，丢失某个辐射源的个别脉冲是不可避免的。这里的丢失脉冲是指那些能检测到但脱离了自身辐射源的接收脉冲序列，或成为孤立脉冲或落入其他辐射源的接收脉冲序列的脉冲，这里称其为"垃圾"脉冲。垃圾脉冲会降低脉冲截获概率和增加漏警概率。

引起脉冲丢失的主要因素有三个：一、侦察设备的参数测量误差；二、被侦察辐射源有关参数的随机抖动，三、与其他辐射源的脉冲重叠。一、二两个因素均服从 0 均值正态分布，对脉冲丢失的影响相同，只需用两种方差之和表示侦察设备参数测量误差的方差就能将两者合并。下面只讨论一、三两种情况引起的脉冲丢失概率。

只有能通过预分选设置的所有分选窗口的脉冲才不会丢失。测量误差会扩大脉冲参数的分布范围，导致同一辐射源的部分脉冲不能通过所有的分选窗口而丢失。图 4.2.1 可说明参数测量误差引起脉冲丢失的原因，也可用于估算脉冲丢失概率或一个辐射源的丢失脉冲数。图中 A 表示要处理的指定辐射源，称为 A 辐射源，x_i 是 A 辐射源第 i 个脉冲分选参数测量误差的概率密度函数的分布曲线；T 为 x_i 的分选窗口宽度，T_{xih} 和 T_{xil} 为其上、下限。

侦察设备的参数测量误差和辐射源信号参数抖动均服从正态分布，x_i 的概率密度函数为

$$P(x_i) = \frac{1}{\sqrt{2\pi}\sigma_{xi}} \exp\left[-\frac{(x_i - f_{mxi})^2}{2\sigma_{xi}^2}\right] \tag{4.2.5}$$

式中，f_{mxi}、σ_{xi} 为 x_i 的均值和均方差。由信号分选原理知，只有参数处于 T_{xih} 和 T_{xil} 之间的脉冲才能通过此分选窗口。由此得接收脉冲第 i 个分选参数通过该分选窗口的概率：

$$P_{paxi} = \phi'\left(\frac{T_{xih}}{\sigma_{xi}}\right) - \phi'\left(\frac{T_{xil}}{\sigma_{xi}}\right) = 2\phi\left(\frac{T}{\sigma_{xi}}\right) \tag{4.2.6}$$

式中，

$$\phi'(x) = \frac{1}{\sqrt{2\pi}}\int_{-\infty}^{x} \exp\left(-\frac{t^2}{2}\right)dt \text{ 和 } \phi(x) = \frac{1}{\sqrt{2\pi}}\int_{0}^{x} \exp\left(-\frac{t^2}{2}\right)dt$$

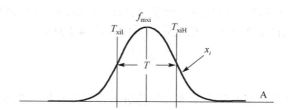

图 4.2.1　参数测量误差引起脉冲丢失的原理示意图

设一个脉冲有 k 个分选参数，不同分选参数由不同装置测量，k 个分选参数的测量误差独立，都服从正态分布。按照式 (4.2.6) 的处理方法得 A 辐射源一个接收脉冲通过所有分选窗口的平均概率：

$$P_{pad} = \prod_{i=1}^{k} P_{paxi} \tag{4.2.7}$$

式 (4.2.7) 也是 A 辐射源的脉冲通过一个预分选单元的平均概率。脉冲截获和丢失构成互斥事件，由此得因参数测量误差引起的平均脉冲丢失概率：

$$P_{\text{misd}} = 1 - \prod_{i=1}^{k} P_{\text{pax}i} \qquad (4.2.8)$$

侦察设备相当于消失制单通道随机服务系统。对于这种系统，同一时刻只能处理一个脉冲，如果有多个辐射源的脉冲同时到达就会引起脉冲重叠。第 2 章已说明，在多辐射源存在的环境中，侦察设备输入端的脉冲流为泊松流。设接收机处理一个脉冲的时间为 t'，t' 近似等于脉冲宽度与接收机恢复时间之和。式 (2.1.11)～式 (2.1.13) 分别给出了在 t' 内无脉冲到来、只有一个脉冲到来和多于一个脉冲到来的概率。多于一个脉冲到来的概率就是该条件下的脉冲重叠概率。多脉冲重叠一定会引起脉冲丢失。如果只考虑脉冲丢失和不丢失两种情况，不考虑丢失哪个辐射源的脉冲，用 t' 代替式 (2.1.11)～式 (2.1.13) 中的 τ，可得侦察设备因脉冲重叠而丢失脉冲的平均概率：

$$P'_{\text{misd}} = \frac{1 - (1 + \lambda t') \exp(-\lambda t')}{1 - \exp(-\lambda t')} = 1 - \frac{\lambda t' \exp(-\lambda t')}{1 - \exp(-\lambda t')} \qquad (4.2.9)$$

不丢失脉冲的平均概率为

$$P'_{\text{misd}} = \frac{\lambda t' \exp(-\lambda t')}{1 - \exp(-\lambda t')} \qquad (4.2.10)$$

式 (4.2.9) 和式 (4.2.10) 中的 λ 为进入侦察接收机的平均脉冲流密度。设雷达侦察设备在工作环境中能接收到的雷达数为 n，其中第 i 部雷达的平均脉冲重复频率为 $F_{\text{r}i}$，可进入该设备的平均脉冲流密度为

$$\lambda = \sum_{i=1}^{n} F_{\text{r}i} \qquad (4.2.11)$$

虽然多个辐射源的脉冲同时到达一定会引起脉冲丢失，但不一定丢失指定辐射源的脉冲。在估算脉冲截获能力时，常常需要估算丢失指定辐射源脉冲的概率。图 4.2.2 为脉冲重叠发生脉冲丢失的情况。该图为两个没完全重叠的射频脉冲的合成波形。前一个脉冲为第一个辐射源的，设其角频率、频率、脉宽、振幅和初相分别为 ω_1、f_1、w_1、U_1 和 ϕ_1，与前一脉冲部分重叠的脉冲为第二个辐射源的，其对应参数为 ω_2、f_2、w_2、U_2 和 ϕ_2，$\Delta\tau$ 为两脉冲的到达时间差。在示波器上可观察到合成信号的波形，其重叠部分一般为调幅波。合成脉冲形状不同于任何一个辐射源的脉冲。用矢量求和得重叠部分的包络和相位：

$$\begin{cases} U(t) = \sqrt{U_1^2 + U_2^2 + 2U_1U_2 \cos\phi} \\ \phi_{12} = \phi_1 - \arctan\left(\dfrac{U_2 \sin\phi}{U_1 + U_2 \cos\phi}\right) \end{cases} \qquad (4.2.12)$$

$$\phi = \phi_1 - \phi_2 + (\omega_1 - \omega_2)t$$

合成波形 $u(t)$ 的解析式为

$$u(t) = \begin{cases} U_1 \cos(\omega_1 t + \phi_1) & 0 \leq t \leq \Delta\tau \\ \sqrt{U_1^2 + U_2^2 + 2U_1U_2 \cos\phi}\, \cos(\omega_1 t + \phi_{12}) & \Delta\tau < t < w_1 \\ U_2 \cos(\omega_2 t + \phi_2) & w_1 < t \leq w_1 + \Delta\tau \\ 0 & \text{其他} \end{cases} \qquad (4.2.13)$$

上式表明当 $\omega_1 \neq \omega_2$ 时，两射频脉冲重叠部分的包络为调幅波，调制角频率的绝对值为 $\Omega = |\omega_1 - \omega_2|$。

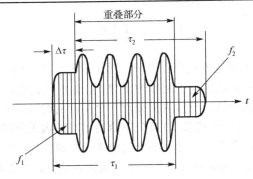

图 4.2.2　两个不完全重叠的射频脉冲的合成波形示意图

参数测量器在射频上测量信号的载频，在视频上测量到达时间、到达角、脉宽和脉冲幅度等。由图 4.2.2 和式 (4.2.12) 知，侦察设备测量的到达时间是第一个脉冲的。脉宽测量值可能是 $w_1+\Delta\tau$，不属于任何一个辐射源。测量的射频和到达角可能是第一脉冲的，也可能是第二个脉冲的，还可能不属于任何一个辐射源。究竟取何值，由以下因素确定：脉冲重叠程度，两脉冲的射频、功率之比和数据锁存时刻。试验证明，要确保丢失某个辐射源的脉冲需要满足以下三个条件：

(1) 脉冲重叠程度大于等于指定辐射源脉宽之半。当两射频脉冲重叠程度过半时，无论甚么时刻锁存测量数据，都不能保证两个射频脉冲的测量参数全部正确。

(2) 在参与重叠的辐射源中至少有一个的脉冲功率高于指定辐射源的脉冲功率 3dB。若功率大于 3dB，瞬时测频接收机只能测量功率较大者的载频，采用鉴频或鉴相器的外差测频接收机也是如此。功率相差 3dB，比幅测向装置测量的到达角将偏离任一辐射源，一般会超过分选容差。如果重叠脉冲的参数还能满足下一个条件，肯定会丢失指定辐射源的脉冲。

(3) 两重叠脉冲的分选参数之差大于分选容差或分选窗口宽度。如果重叠脉冲的参数都在分选容差范围内，侦察设备会把其他雷达的脉冲当成指定辐射源的，相当于没丢失指定辐射源的脉冲。侦察设备分选信号并不使用全部脉冲参数，只用其中较主要的，如到达角、射频等，只要脉冲的信号分选参数之一大于分选窗口，将丢失该脉冲。

根据丢失脉冲的条件可找出能使指定辐射源丢失脉冲的所有辐射源。设这些辐射源构成的平均脉冲流密度为 λ_r，由丢失脉冲的第一个条件和式 (4.2.10) 得因多脉冲同时到达不丢失指定辐射源脉冲的概率：

$$P_{\text{nmo}} \approx \frac{0.5\lambda_r\tau_i}{1-\exp(-0.5\lambda_r\tau_i)}\exp(-0.5\lambda_r\tau) \tag{4.2.14}$$

其中 τ_i 近似等于指定辐射源的脉冲宽度。式 (4.2.14) 表示在 $0.5\tau_i$ 期间只有一个脉冲到来的概率，它就是不丢失指定辐射源脉冲的概率。根据丢失和不丢失指定辐射源脉冲概率之间的关系得多脉冲同时到达丢失指定辐射源脉冲的概率：

$$P_{\text{miso}} = 1-P_{\text{nmo}} = 1-\frac{0.5\lambda_r\tau_i}{1-\exp(-0.5\lambda_r\tau_i)}\exp(-0.5\lambda_r\tau) \tag{4.2.15}$$

参数测量误差引起的脉冲丢失事件和多脉冲同时到达造成的脉冲丢失事件相互独立。由式 (4.2.7) 和式 (4.2.14) 得雷达支援侦察设备不丢失指定辐射源脉冲的概率：

$$P_{\text{nmis}} = P_{\text{pad}}P_{\text{nmo}} \tag{4.2.16}$$

由式 (4.2.8) 和式 (4.2.15) 式得该设备丢失指定辐射源脉冲的概率：

$$P_{\text{mism}} = P_{\text{misd}} + P_{\text{miso}} - P_{\text{misd}}P_{\text{miso}} \tag{4.2.17}$$

4. 脉冲截获概率

只有同时满足进入侦察窗口、能检测到和不丢失三个条件，侦察设备才能截获指定辐射源的 1 个脉冲。上述三个事件彼此独立，它们同时发生的概率就是侦察设备截获指定辐射源一个脉冲的概率：

$$P_{\text{intm}} = P_{\text{ds}} P_{\text{wind}} P_{\text{nmis}} = P_{\text{ds}} P_{\text{nmis}}[1 - (1 - P_0)\exp(-\Delta t / T_0)] \tag{4.2.18}$$

式 (4.2.18) 指出了提高脉冲截获概率的方法：一，提高信噪比或单个脉冲的检测概率 P_{ds}；二，侦察空域、频率宽开，增加脉冲落入侦察窗口的概率；三，用多个接收通道和多个参数测量器从空域或/和频域稀释信号。虽然此方法是稀释脉冲密度的最好方法，但会增加侦察设备的体积、重量和造价。

设侦察设备能收到 n 个辐射源的脉冲，其中截获第 i 个辐射源脉冲的平均概率为 $P_{\text{intm}i}$，侦察设备截获任一辐射源脉冲的平均概率为

$$\bar{P}_{\text{intm}} = \frac{1}{n}\sum_{i=1}^{n} P_{\text{int m}i} \tag{4.2.19}$$

其中 $P_{\text{intm}i}$ 的数值由式 (4.2.18) 确定。

5. 漏警概率

有脉冲且正确截获到脉冲和有脉冲没截获到脉冲构成互斥事件。由侦察设备的脉冲截获概率可确定其截获指定辐射源脉冲的漏警概率：

$$P_{\text{mism}} = 1 - P_{\text{intm}} = 1 - P_{\text{ds}} P_{\text{nmis}}[1 - (1 - P_0)\exp(-\Delta t / T_0)] \tag{4.2.20}$$

由式 (4.2.19) 得侦察设备截获任一辐射源脉冲的平均漏警概率：

$$\bar{P}_{\text{mism}} = 1 - \bar{P}_{\text{intm}} \tag{4.2.21}$$

4.2.3.2　虚警概率和平均脉冲丢失概率

虚警是指机内噪声或/和杂波超过检测门限的事件，该事件发生的概率为虚警概率。雷达对抗对虚警的理解也是如此。对于雷达支援侦察设备，杂波很弱，可忽略不计。根据侦察接收机的噪声功率和检测门限，按照雷达计算虚警概率的方法可得侦察设备的虚警概率。

和雷达一样，雷达支援侦察设备对虚警限制较严，虚警对辐射源截获的影响远小于垃圾脉冲。前节说明垃圾脉冲可能进入其他辐射源的接收脉冲序列，也可能构成垃圾脉冲序列。丢失脉冲不但会降低辐射源截获概率，还会引起增批。所以，垃圾脉冲对侦察性能的影响等效于雷达的虚警。4.2.3.1 节讨论了指定辐射源丢失自身脉冲的概率和条件，按照有关方法可估算侦察设备丢失工作环境中每个辐射源脉冲的概率，由此得侦察设备的平均脉冲丢失概率。虽然侦察设备丢失脉冲的原因都是参数测量误差和多脉冲同时到达，这里的脉冲丢失概率不是指特定辐射源的而是指整个侦察设备的，其计算方法稍有不同。

任一辐射源的任一脉冲的任一分选参数的测量误差超过对应分选窗口宽度，该脉冲就会丢失。式 (4.2.8) 为辐射源因参数测量误差丢失指定辐射源脉冲的概率，它适合任一辐射源，这里用 $P_{\text{mis}j}$ 表示第 j 个辐射源因参数测量误差丢失自身脉冲的概率：

$$P_{\text{mis}j} = 1 - \prod_{i=1}^{k} P_{\text{pax}i} \tag{4.2.22}$$

上式符号的定义见式(4.2.8)。设雷达支援侦察设备可接收 n 个辐射源的脉冲，在一帧数据采集时间内，最多能从第 j 个辐射源接收 $N_{\max j}$ 个脉冲，由此得因参数测量误差引起的平均脉冲丢失概率：

$$\bar{P}_{\mathrm{misd}} = \left[\sum_{j=1}^{n} N_{\max j} P_{\mathrm{mis}j} \right] \Big/ \sum_{j=1}^{n} N_{\max j} \qquad (4.2.23)$$

多个辐射源的脉冲同时到达产生脉冲丢失的原因也是参数测量误差。射频脉冲重叠会改变脉冲的本来形状和参数，参数测量器测到的是合成信号的参数，合成信号的参数可能远远偏离其中任何一个辐射源的对应脉冲参数，使其脱离各自的接收脉冲序列成为垃圾脉冲。多脉冲同时到达一定会引起脉冲丢失，无论丢失那个辐射源的脉冲，对侦察设备的影响相同。计算此种情况下的脉冲丢失概率较 4.2.3.1 节的简单得多。除脉冲重叠外，不必考虑其他条件的影响。因此两个或两个以上脉冲同时达到的概率就是此场合的脉冲丢失概率。多脉冲同时到达侦察设备一定会丢失脉冲，两脉冲同时出现，将丢失其中的一个，三脉冲同时到来将丢失其中的两个，其他情况可以此类推。因合成脉冲只有一个，即使多脉冲同时到达丢失多个脉冲，但只会出现一个垃圾脉冲。如果不计丢失哪个辐射源的脉冲，只考虑丢失和不丢失两种情况，则式(4.2.9)就是因多脉冲重叠引起的平均脉冲丢失概率：

$$\bar{P}_{\mathrm{miso}} = 1 - \frac{\lambda t' \exp(-\lambda t')}{1 - \exp(-\lambda t')}$$

只有检测到的脉冲，才会发生脉冲丢失，$\bar{P}_{\mathrm{misd}}$ 和 $\bar{P}_{\mathrm{miso}}$ 都没有考虑检测问题。设侦察设备检测第 j 个辐射源脉冲的平均概率为 $P_{\mathrm{ds}j}$，由计算 P_{ds} 的方法可得 $P_{\mathrm{ds}j}$，n 个辐射源的平均脉冲检测概率为

$$\bar{P}_{\mathrm{ds}} = \frac{1}{n} \sum_{j=1}^{n} P_{\mathrm{ds}j} \qquad (4.2.24)$$

因两种丢失概率是独立计算的，有的脉冲可能兼有两种脉冲丢失。按照式(4.2.18)的推导方法得侦察设备在实际电磁环境中的平均脉冲丢失概率。因为发生一个脉冲丢失，等效于产生一次虚警。所以平均脉冲丢失概率等效于平均虚警概率，即侦察设备的虚警概率为

$$P_{\mathrm{fam}} = \bar{P}_{\mathrm{ds}}[1 - (1 - \bar{P}_{\mathrm{misd}})(1 - \bar{P}_{\mathrm{miso}})] \qquad (4.2.25)$$

和其他因素引起的虚警相比，机内噪声产生的虚警很小，可忽略不计。所以式(4.2.25)相当于脉冲丢失引起的平均虚警概率。

4.2.4 雷达支援侦察的辐射源检测方法和检测概率

雷达支援侦察设备的辐射源检测内容包括：一、判断去交错后的脉冲序列是否存在辐射源；二、提取其仅存在于脉冲之间的辐射源参数并平滑其脉冲描述参数，构成辐射源特征参数集。提取辐射源参数等操作较简单，方法成熟。本节的辐射源检测只涉及判断辐射源存在的有关问题：一、辐射源检测原理和方法；二、辐射源检测概率的数学建模原理和方法；三、如何估算涉及辐射源检测概率的几个参数。

4.2.4.1 辐射源检测原理和方法

雷达支援侦察设备检测辐射源的原理和工作过程与截获脉冲完全不同。因脉冲丢失，一个辐射源的连续接收脉冲序列经去交错处理后可能成为若干个小脉冲串的组合。这里称这种小脉冲串

为子脉冲串。主处理器要逐个处理这些子脉冲串。雷达支援侦察设备检测辐射源需要两个门限。一个是判断子脉冲串是否值得继续处理的门限，另一个为判断其是否存在辐射源的检测门限即辐射源检测门限。两个门限都需要根据辐射源的类型及其检测方法确定。同一雷达脉冲之间的特有相关性是去交错、设置两个门限和判断辐射源存在的基本依据。判断子脉冲串是否值得继续处理的门限是，不能可靠显示出辐射源特有相关性的最大连续相关脉冲数。辐射源检测门限是，刚好能可靠显示出特有相关性需要的最少连续相关脉冲串的长度或其包含的脉冲数。和雷达检测目标一样，检测门限严重影响辐射源检测概率和增批概率。此外，不同的辐射源检测方法有不同的检测门限和不同的检测概率计算方法。

　　雷达支援侦察设备检测辐射源的方法源自一个辐射源去交错后的接收脉冲序列的排列情况。去交错处理后，一个辐射源的接收脉冲序列一般不等于它在数据采集期间的发射脉冲序列，而是多个子脉冲串的组合，如图 4.2.3 所示。图 4.2.3 是雷达支援侦察设备检测辐射源用的脉冲序列示意图，它是根据某辐射源连续两帧采集数据去交错后的脉冲描述字画出来的。图中的竖线段表示脉冲，它的位置为该脉冲描述字的到达时间，横线为时间轴。其中图 A 为第一帧采集数据的去交错结果，图 B 为紧邻的后一帧采集数据的处理结果。该图表明两脉冲序列均出现了脉冲丢失，丢失脉冲把等间隔的接收脉冲序列分割成多个子脉冲串，每个子脉冲串包含的脉冲数有多有少，子脉冲串的间隔有宽有窄，长短子脉冲串出现的顺序毫无规律。相邻两帧数据的处理结果很相似，但是被分割成的子脉冲串的个数、各子脉冲串包含的脉冲数，子脉冲串的间隔和长短子脉冲串出现的顺序等均有差别，看不出两帧数据的处理结果有何联系，类似于来自随机过程的两个独立样本。雷达支援侦察设备就是在这样的脉冲序列上检测辐射源的。

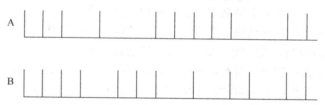

图 4.2.3　雷达支援侦察设备检测辐射源用的脉冲序列示意图

　　雷达支援侦察设备采集雷达发射脉冲的时间足够长或采集脉冲数远大于能可靠显示出其特有相关性需要的脉冲串长度或脉冲数。脉冲丢失是随机出现的，一个辐射源去交错后的子脉冲串必然有长有短，其中的较长子脉冲串有可能显示出该辐射源特有的相关性，可证明它的存在。雷达支援侦察设备检测辐射源用得最早和最多的方法是，把检测门限直接与去交错后的子脉冲串一一比较，看其是否有连续相关长度或其包含的连续相关脉冲数大于等于检测门限的子脉冲串，如果有，哪怕只有一个，就判发现辐射源，否则判为无辐射源。这就是雷达支援侦察设备检测辐射源的第一种方法的具体操作过程，它特别适合检测固定参数的辐射源或信号环境较好的场合。

　　现在参数捷变或采用复杂结构信号的雷达越来越多，刚好能显示出此类辐射源特有相关性的脉冲串较长，其检测门限必然大于固定参数辐射源的检测门限。另外，接收处理这种辐射源，丢失脉冲也会增多，有可能使去交错后的子脉冲串都小于检测门限而发生漏警。第二种辐射源检测方法能降低检测这种辐射源的漏批概率。

　　第二种辐射源检测方法的依据是，主处理器把具有相同相关性的脉冲分离出来，尽管它们被丢失脉冲分割成多个子脉冲串，使得每个子脉冲串都不能可靠显示出该辐射源的特有相关性，但是同一辐射源的不同子脉冲串总是具有某种关联。如果根据这种关联找回丢失脉冲，可使它们连成更长的子脉冲串。有可能证明该辐射源的存在。所以，第二种辐射源检测方法的具体操作是，分析子脉冲之间的关联并结合现有雷达信号类型的先验信息,设想几种相关形式。以去交错后的某个子脉冲串(一般指最长的)为基础,以设想的某种相关性进行补点(补脉冲)外推,把这种相关性延伸下去,使其和后面的子脉冲串相连接。如果两子脉冲串能构成具有同一相关性的更长脉冲串,说明它们来自同一辐射源。如果该种相关性不能延伸下去,则选其他相关形式重试。照此进行下去,就能从去交错后的脉冲序列中找出同一辐射源的所有子脉冲串。把这些子脉冲串聚集起来(下面称这种处理为聚类),并计算它们包含的脉冲总数(下面称为聚类脉冲数),再把聚类脉冲数与检测门限比较。如果聚类脉冲数大于等于检测门限,则判存在辐射源,否则判无辐射源。

在作战期间,雷达支援侦察设备除了搜索新辐射源外,还要监视已发现的辐射源,判断它们是否仍在活动。侦察设备已掌握这种辐射源的所有参数,处理这类辐射源不必象搜索新辐射源那样帧帧照章全程处理,多数时间只做简单处理。具体方法是,从去交错的脉冲序列中,找出与该辐射源的脉冲参数一致的脉冲并统计其个数。如果此类脉冲数大于等于判别门限(相当于检测门限),就确定此辐射源仍然存在。侦察设备有参数测量误差,辐射源的参数也会随时间漂移,使辐射源的脉冲描述字在一定范围内变化,统计脉冲数时,需要设置一定的容错范围。这种检测方法既可用于监视参数固定的已发现辐射源,也可用于检测参数固定的已知辐射源。这里把它称为雷达支援侦察的第三种辐射源检测方法。

类似于雷达在多次扫描基础上的目标检测方法,雷达支援侦察设备的第四种辐射源检测方法是在多帧数据处理基础上判断辐射源的存在。此法可显著减少增批概率。如果反过来用,也能降低漏批概率。究竟用多少帧数据与具体设备和信号环境有关。如有的规定在连续三帧数据中,检测到同一目标的次数大于等于两次,才报告发现目标。基于多帧数据检测辐射源的方法分两步:第一步用第一或第二种方法处理单帧数据,获得单帧检测结果。第二步用雷达基于多次扫描检测目标的方法,处理多个单帧检测结果,得到基于多帧的辐射源检测结果。

第一种检测方法的检测结果比较可靠,能提取辐射源的脉间参数。第二种检测方法也能提取辐射源的脉间参数,但误差比第一种检测方法大。第三种检测方法的检测结果只能证明已有辐射源是否继续存在,若用于检测新辐射源,不但需要用第四种检测方法进行验证,而且不能提取辐射源的脉间参数。第四种检测方法主要用于降低增批、漏批概率。

4.2.4.2　辐射源检测概率的建模原理

雷达支援侦察设备检测辐射源概率的数学模型与检测方法有关。在四种辐射源检测方法中,第四种与雷达基于多次扫描检测目标的方法相似,可用相应的原理和方法建辐射源检测概率的数学模型。只要稍作近似处理,可用重复试验定理建第二和第三种检测方法的辐射源检测概率的数学模型。唯有第一种没有可借鉴的建模原理。这里只讨论第一种辐射源检测方法的检测概率数学模型的建模原理和依据。

图 4.2.3 是雷达支援侦察设备用于检测辐射源的脉冲序列排列示意图。检测辐射源用的脉冲序列被丢失脉冲分割成多个子脉冲串。究竟有多少个子脉冲串,每个子脉冲串包含多少个脉冲以及长短子脉冲串以什么顺序出现等都是随机的,而且不可预测。如果把去交错后一个辐射源该出现的确又出现脉冲的位置用 1 表示,把该出现却没出现脉冲的位置用 0 表示,那么侦察设备检测辐射源用的脉冲序列就成了由 1 和 0 组成的序列,相当于二类元素按任意次序混合排成的一列。这种排列形式和呈现的随机性与概率论中的"连贯定理"或数理统计中的"游程"概念描述的模型十分相似。图 4.2.3 的两个脉冲序列可用 0 和 1 分别表示为 1110100111110011 和 1111011101011011。

概率论中的连贯定理模型是这样描述的:二类元素按任意次序混合排成一列,其中由同类元素组成的不能再长的小段，称为一个连贯。此小段包含的同类元素的个数称为该连贯的长度。数理统计中的游程概念更加具体说明了连贯定理的含义。设有两类元素，一类是有 n 个"A"的元素，另一类是有 m 个"B"的元素。两者随机混合排成一行，称紧挨在一起的同类元素为一个游程，一个游程包含的同类元素的个数为该游程的长度。例如 6 个 A 和 3 个 B 按 AABAAAABB 排列，该排列包含 4 个游程，一个游程长度为 1，两个游程长度为 2，一个游程长度为 4。此排列可用连贯定理的术语表述为，它包含 4 个连贯，两个 A 连贯和两个 B 连贯，两个 A 连贯的长度分别为 2 和 4，两个 B 连贯的长度分别为 1 和 2。在连贯定理描述的模型中，两类元素是随机混合排列的，把其中一种元素的连贯在另一种元素的连贯中的分布方式或排列顺序称为该元素的一种安排方式。

连贯和游程含义的本质相同，下面只用连贯一个术语。按照连贯定理中的术语，把去交错后的子脉冲串称为小连贯。一帧采集数据去交错后，一个辐射源的接收脉冲序列只能出现一种数量的小连贯和其中的一种安排方式。由雷达支援侦察设备的第一、二两种辐射源检测方法知，只要这种安排方式中有一个小连贯的长度或其聚类小连贯的总长度大于等于检测门限，侦察设备就能发现有辐射源存在。超过检测门限的小连贯越多，发现辐射源的可能性越大。连贯定理告诉我们，一旦知道了两类元素的个数，就能知道或确定以下问题：一、此二类元素随机混合排成的序列可能出现多少种数量的小连贯，每种数量的小连贯出现的概率，每种数量的小连贯有多少种安排方式；二、每种安排方式出现的概率以及各种安排方式中其小连贯的长度和各种长度的小连贯出现的概率等。由雷达支援侦察设备的性能参数、信号环境和被检测辐射源的参数，可估算一个辐射源两类元素的平均个数即截获脉冲和丢失脉冲的期望数。用连贯定理可估算出大于等于检测门限的小连贯数及其出现的概率，这些概率之和就是发现辐射源的概率。

估算辐射源检测概率必然要用到连贯定理中的有关公式。连贯定理的性质、应用和公式较多，在概率论和数理统计中有详尽的描述。计算辐射源截获概率将用到其中的四个公式。

（1）在 n 个 A 元素和 m 个 B 元素随机混合排成的一列中，A 或 B 的最大连贯数为

$$k_{\max} = \begin{cases} m+1 & n > m \\ n+1 & m > n \\ m \text{或} m+1 \text{或} m-1 & m = n \end{cases} \tag{4.2.26}$$

如果把 n 和 m 当作一个辐射源去交错后的接收脉冲数和丢失脉冲数，可用式（4.2.26）计算接收脉冲序列可能出现多少种数量的小连贯。

（2）把 n 个 A 元素安排到 $r(r \leqslant n)$ 个连贯中，其最大可分的安排方式数为

$$n_a = C_{n-1}^{r-1} = \frac{(n-1)!}{(r-1)!(n-r)!} \tag{4.2.27}$$

式（4.2.27）用于估算每种数量的小连贯可能包含多少种安排方式。

（3）在 A、B 两类元素构成的连贯中，A 连贯的个数是随机的，恰好有 k 个 A 连贯出现的概率为

$$P_k = \frac{C_{n-1}^{k-1} C_{m+1}^{k}}{C_{n+m}^{n}} \tag{4.2.28}$$

式（4.2.28）用于估算每种数量的小连贯出现的概率。

（4）如果把 n 个 A 安排到 k 个连贯中，其中长度为 1 的连贯有 k_1 个，长度为 2 的连贯有 k_2 个，…，长度为 s 的连贯有 k_s 个，出现这种安排方式的概率为

$$P_s = \frac{k!}{k_1! k_2! \cdots k_s!} C_{m+1}^{k} / C_{n+m}^{n} \tag{4.2.29}$$

其中，$k = k_1 + k_2 + \cdots + k_s$，$m$ 为 B 元素的个数。式 (4.2.29) 用于估算一种特定安排方式出现的概率。该式说明，某种安排方式出现的概率只与 $k_1, k_2, \cdots, k_s$ 的数值和它们包含的元素个数有关，与这些连贯出现的先后次序无关。

前面曾说连贯定理描述的模型与去交错后的脉冲序列的排列情况"十分相似"，意思是说它们还有差别。该差别就是，连贯定理认为，即使 $k_1, k_2, \cdots, k_s$ 的数值和它们包含的元素个数相同，只要它们出现的先后次序不同都是不同的安排方式。例如认为 AAABBAA 和 AABBAAA 是可分的，属于不同的安排方式。由雷达支援侦察设备判断辐射源存在的方法知，只要 $k_1, k_2, \cdots, k_s$ 的数值和它们包含的元素个数相同，即使这些连贯出现的顺序不同，也不影响检测结果，即认为 AAABBAA 和 AABBAAA 是不可区分的，属于同一种安排方式。这里把雷达支援侦察信号处理能区分的安排方式称为独立安排方式。如果一个排列中的小连贯数和它们包含的元素个数相同，仅仅是出现顺序不同，这些安排方式只算一种独立安排方式。只要排列中的小连贯数不同或虽然小连贯数相同但存在含有不同数量元素的小连贯，如 AAABBAA 和 AABABAA 的小连贯数不同，而 AAABBAA 和 ABBAAAA 虽然小连贯数相同但后者出现了包含 1 个和 4 个元素的小连贯，它们都属于独立安排方式。式 (4.2.27) 所谓的最大可分的安排方式数是针对连贯定理的，要把它用于计算雷达支援侦察设备的辐射源检测概率，必须利用上面的说明，从连贯定理可分的安排方式中找出雷达支援侦察设备检测辐射源需要的独立安排方式。

尽管不能预测去交错后究竟会出现哪种数量的小连贯和其中的哪种安排方式，但是只要知道了一个辐射源应该截获的脉冲数或实际截获脉冲数和丢失脉冲数的统计值，就能根据辐射源检测方法和连贯定理中的有关公式估算可能出现的小连贯数、安排方式总数和其中的独立安排方式总数以及每种独立安排方式出现的概率。根据给定的辐射源检测门限，可把独立安排方式总数分成互不重叠的两部分，假设能通过检测门限的独立安排方式的集合为 A 区，不能通过检测门限的独立安排方式的集合为 B 区。一旦给定了接收脉冲数、丢失脉冲数和辐射源检测门限，落入 A、B 区的独立安排方式数及其出现的概率和就是确定数。落入 A 区的独立安排方式出现的概率和就是截获该辐射源的概率，落入 B 区的独立安排方式出现的概率和就是不能截获该辐射源的概率或漏批概率。这两种概率只受截获脉冲数、丢失脉冲数和辐射源检测门限的影响，不随采集数据而变，相当于统计结果。因全部独立安排方式出现的概率和为 1，不难看出雷达支援侦察设备检测辐射源的情况与二择一的雷达统计目标检测相似。依据上面的分析可得雷达支援侦察设备辐射源截获概率的数学建模方法和辐射源截获概率的计算方法。

4.2.4.3 辐射源检测概率的建模方法和计算方法

辐射源截获概率的数学模型特别适合雷达支援侦察设备的论证和设计。一帧采集数据的去交错结果或一种安排方式只相当于来自母体的一个样本，从一个样本只能知道能否检测到某个辐射源，无法知道检测该辐射源的概率。和雷达目标检测概率一样，雷达支援侦察设备的辐射源截获概率也是统计结果，不能期望用一帧采集数据的处理结果得到该设备的辐射源截获概率。即使知道去交错后一个辐射源的接收脉冲数和丢失脉冲数也是如此。因为一帧数据去交错后的接收脉冲数和丢失脉冲数以及出现的独立安排方式都是随机的，要想用测试方法得到侦察设备截获某辐射源的概率必须在相同条件下采集处理多个样本，统计分析对这些样本的处理结果，才可能得到该装备在特定信号环境条件下检测特定辐射源的概率。要用测试法获得辐射源截获概率，必须有实际的信号环境和具体的设备。用辐射源截获概率的数学模型估算辐射源截获概率不需要实际的设备和信号环境，只需其想定或构想。

脉冲截获概率决定去交错后一个辐射源的实际接收脉冲数和丢失脉冲数的统计平均值。在这里，一个辐射源的实际接收脉冲数和丢失脉冲数及其一个辐射源的接收脉冲序列等都是指统计平均意义上的。设 r_{th}、n 和 $m(n>m)$ 分别为用连贯脉冲数表示的辐射源检测门限、去交错后一个辐射源的实际接收脉冲数和丢失脉冲数。由式 (4.2.26) 得可能出现的最大连贯数为 $m+1$，即由 n 个脉冲组成的序列可能被分割成 1，2，3，…，$m+1$ 种数量的小连贯。用式 (4.2.27) 可估算每种数量的小连贯包含的安排方式。所有数量的小连贯包含的安排方式数之和就是该接收脉冲序列可能出现的总安排方式。按照式 (4.2.29) 下面的说明可从总安排方式中找出全部独立安排方式。把每个独立安排方式的小连贯包含的脉冲数与 r_{th} 一一比较，找出能通过 r_{th} 的所有独立安排方式。再用式 (4.2.29) 计算每个能通过 r_{th} 的独立安排方式出现的概率，它们之和就是辐射源截获概率。

设 r 和 P_i 分别为去交错后一个辐射源的接收脉冲序列可能出现的独立安排方式总数和第 i 个独立安排方式出现的概率，依据前一段的分析得雷达支援侦察设备截获该辐射源的概率：

$$P_{intr} = \sum_{i=1}^{r} P_i A_i \qquad (4.2.30)$$

在雷达支援侦察信号处理中，安排方式相当于随机变量，不难看出式 (4.2.30) 就是该随机变量的数学期望。其中 P_i 由式 (4.2.29) 确定，A_i 等于

$$A_i = \begin{cases} 0 & \text{第} i \text{种独立安排方式不能通过} r_{th} \\ 1 & \text{其他} \end{cases}$$

用式 (4.2.30) 计算辐射源截获概率必须确定全部独立安排方式出现的概率，工作量较大。由于落入 A、B 区的独立安排方式出现概率之和分别影响辐射源截获概率和漏批概率，这两种概率之和为 1。只要知道其中的一个，就能利用它们之间的关系得到另一个。设能通过和不能通过 r_{th} 的独立安排方式数分别为 r_y 和 r_n，且 $r=r_y+r_n$，又设第 u 个能通过 r_{th} 的独立安排方式出现的概率为 P_u，第 v 个不能通过 r_{th} 的独立安排方式出现的概率为 P_v，用能通过 r_{th} 的独立安排方式出现的概率和表示的辐射源截获概率为

$$P_{intr} = \sum_{u=1}^{r_y} P_u \qquad (4.2.31)$$

不能通过 r_{th} 的独立安排方式出现的概率和就是漏批概率，用漏批概率表示的辐射源截获概率为

$$P_{intr} = 1 - \sum_{v=1}^{r_n} P_v \qquad (4.2.32)$$

P_u 和 P_v 的数值均由式 (4.2.29) 确定。如果 $r_y>r_n$，用式 (4.2.32) 计算 P_{intr}，否则用式 (4.2.31) 计算 P_{intr}。这样处理至少能将辐射源截获概率的计算量减半。

用式 (4.2.30)、式 (4.2.31) 或式 (4.2.32) 计算辐射源截获概率都需要列出全部独立安排方式。如果 n、m 较大，安排方式很多，难以一次列出全部独立安排方式，容易引起计算错误。一种连贯数包含的独立安排方式出现的概率和等于该连贯数出现的概率，全部连贯数出现的概率和等于所有连贯数包含的独立安排方式出现的概率和。因此，可把连贯数作为单位计算辐射源截获概率。设判断辐射源存在的脉冲序列可能出现 $m+1$ 种连贯数，其中第 j 种连贯数出现的概率为 P_{kj}，它的独立安排方式能通过 r_{th} 的概率和为 P_j，雷达支援侦察设备的辐射源截获概率为

$$P_{intr} = \sum_{j=1}^{m+1} P_j \qquad (4.2.33)$$

只要把 r 限制在一种数量的连贯范围内，就能用类似于式 (4.2.31) 和式 (4.2.32) 的方法来减少

计算 P_j 的工作量。设第 j 种连贯数包含 s 个独立安排方式，其中能通过和不能通过 r_{th} 的独立安排方式分别为 s_y 和 s_n，且 $s = s_y + s_n$。又设第 x 个能通过 r_{th} 的独立安排方式出现的概率为 P_x，第 y 个不能通过 r_{th} 的独立安排方式出现的概率为 P_y，第 j 种连贯数能通过 r_{th} 的概率和为

$$P_j = \sum_{x=1}^{s_y} P_x \qquad (4.2.34)$$

P_j 的另一种表示形式为

$$P_j = P_{kj} - \sum_{y=1}^{s_n} P_y \qquad (4.2.35)$$

其中 P_{kj} 为第 j 种连贯数出现的概率，由式 (4.2.28) 确定。如果 $s_y > s_n$，用式 (4.2.35) 计算 P_j，否则用式 (4.2.34) 计算 P_j。P_x 和 P_y 均用式 (4.2.29) 计算。

　　下面用一个例子来说明如何应用上面的数学模型计算辐射源截获概率。设侦察设备应该从某个辐射源接收 8 个脉冲，因各种原因丢失了 2 个，即 $n = 6$，$m = 2$。由式 (4.2.26) 得最大连贯数为 2+1=3，即 6 个脉冲可能构成 $k = 1, 2, 3$ 种数量的小连贯。由式 (4.2.27) 得 1，2，3 种数量的小连贯包含的安排方式数分别为 1，5 和 10，即

6

5,1；　1,5；　4,2；　2,4；　　3,3

4,1,1；　1,4,1；　1,1,4；　3,2,1；　3,1,2；　2,1,3；　2,3,1；　1,2,3；　1,3,2；　2,2,2

其中 "5,1" 等表示 $k = 2$ 的一种安排方式，即第一个小连贯包含 5 个脉冲，第二个小连贯包含 1 个脉冲。其他排列的含义与此相似。按照式 (4.2.29) 后面的说明知，在 16 种安排方式中只有 7 种是独立的，即

6；　5,1；　4,2；　3,3；　4,1,1；　3,2,1；　2,2,2

设辐射源检测门限 $r_{th} = 3$。在 7 种独立安排方式中，只有 "2,2,2" 一种安排方式的所有小连贯的长度均小于 r_{th}。用式 (4.2.32) 计算辐射源截获概率比较简单。由式 (4.2.29) 得 "2,2,2" 安排方式出现的概率：

$$P_{222} = \frac{3!}{3!} \frac{C_3^3}{C_8^6} = \frac{1}{28}$$

由式 (4.2.32) 得雷达支援侦察设备截获该辐射源的概率：

$$P_{intr} = 1 - P_{222} = 1 - \frac{3!}{3!} \frac{C_3^3}{C_8^6} = \frac{27}{28} = 0.964$$

　　用式 (4.2.33) 也能得到上面的结果。由式 (4.2.28) 得 1，2，3 种数量的小连贯各自出现的概率：

$$P_1 = \frac{C_{6-1}^{1-1} C_{2+1}^1}{C_8^6} = \frac{3}{28}, \quad P_2 = \frac{C_{6-1}^{2-1} C_{2+1}^2}{C_8^6} = \frac{15}{28} \text{ 和 } P_3 = \frac{C_{6-1}^{3-1} C_{2+1}^3}{C_8^6} = \frac{10}{28}$$

$k = 1$ 表示 6 个脉冲处于 1 个连贯中，该连贯肯定能通过检测门限。由式 (4.2.28) 或式 (4.2.29) 得此种安排方式出现的概率：

$$P_{k1} = \frac{C_{6-1}^{1-1} C_{2+1}^{1}}{C_8^6} = \frac{3}{28} \text{ 或 } P_{k1} = \frac{1!}{1!} \frac{C_3^1}{C_8^6} = \frac{3!6!2!}{2!8!} = \frac{3}{28}$$

$k = 2$ 表示把 6 个脉冲分配到两个连贯中。由式 (4.2.27) 得最大可分的安排方式有 5 种，只有 5，1；4，2 和 3，3 为独立安排方式且都能通过检测门限。用式 (4.2.28) 或式 (4.2.29) 得 $k = 2$ 出现的概率：

$$P_{k2} = \frac{C_{6-1}^{2-1} C_{2+1}^{2}}{C_8^6} = \frac{15}{28} \text{ 或 } P_{k2} = \frac{2!}{1!1!} \frac{C_3^2}{C_8^6} \frac{1}{1!1!} + \frac{2!}{1!1!} \frac{C_3^2}{C_8^6} \frac{1}{1!1!} + \frac{2!}{2!} \frac{C_3^2}{C_8^6} \frac{1}{1} = \frac{15}{28}$$

$k = 3$ 表示把 6 个脉冲分配到三个连贯中，共有 10 种可分的安排方式。按照前面的分析方法知，只有三种连贯数相同但连贯长度不同的安排方式，即 4，1，1；3，2，1 和 2，2，2 是独立安排方式。在三种独立安排方式中，只有 "2，2，2" 一种安排方式的三个小连贯的长度均小于 3，不能通过检测门限。由式 (4.2.35) 得该种安排方式出现的概率：

$$P_{k3} = P_3 - P_{222} = \frac{10}{28} - \frac{3!}{3!} \frac{C_3^3}{C_8^6} = \frac{9}{28}$$

用式 (4.2.33) 得截获该辐射源的概率：

$$P_{\text{int}r} = P_{k1} + P_{k2} + P_{k3} = \frac{3}{28} + \frac{15}{28} + \frac{9}{28} = 0.964$$

如果其他条件不变，只把辐射源检测门限从 3 提高到 4。在 7 种独立安排方式中，有三种安排方式不能通过检测门限，它们是 3,3、3,2,1 和 2,2,2。由 (4.2.29) 式得它们各自出现的概率：

$$P_{33} = \frac{2!}{2!} \frac{C_3^2}{C_8^6} = \frac{3}{28}, \quad P_{321} = \frac{3!}{1!1!1!} \frac{C_3^3}{C_8^6} = \frac{6}{28} \text{ 和 } P_{222} = \frac{3!}{3!} \frac{C_3^3}{C_8^6} = \frac{1}{28}$$

用式 (4.2.32) 得截获此辐射源的概率：

$$P_{\text{int}r} = 1 - P_{33} - P_{321} - P_{222} = 1 - \frac{3}{28} - \frac{6}{28} - \frac{1}{28} = 0.643$$

也可用式 (4.2.33) 计算这种情况下的辐射源截获概率。由前面的安排方式知，$k = 1$ 的全部安排方式仍然能通过检测门限。用式 (4.2.35) 和式 (4.2.34) 得 $k = 2$ 和 $k = 3$ 时能通过检测门限的概率：

$$P_{k2} = P_2 - P_{33} = \frac{15}{28} - \frac{2!}{2!} \frac{C_3^2}{C_8^6} = \frac{12}{28} \text{ 和 } P_{k3} = P_{411} = \frac{3!}{1!2!} \frac{C_3^3}{C_8^6} = \frac{3}{28}$$

把有关数据代入式 (4.2.33) 得 $r_{\text{th}} = 4$ 时雷达支援侦察设备截获此辐射源的概率：

$$P_{\text{int}r} = \frac{3}{28} + \frac{12}{28} + \frac{3}{28} = 0.643$$

式 (4.2.30)～式 (4.2.33) 为第一种辐射源检测方法的辐射源截获概率的数学模型。它是依据信号分选原理、辐射源检测方法和其存在判别条件直接推导出来的，准确度较高。分选大多数雷达信号只需几个到十来个脉冲，连贯数少，每种连贯数的独立安排方式不多，用式 (4.2.30)～式 (4.2.33) 容易计算辐射源截获概率。

第二种辐射源检测方法在聚类脉冲数上判断辐射源的存在。设聚类脉冲数为 n_e，辐射源检测门限为 n_{th}。由这种辐射源检测方法的原理知，经过聚类处理后，脉冲已无序列或位置可言，可认为聚类脉冲中的单个脉冲相互独立，即一个脉冲的出现与其他脉冲是否出现无关。做这种假设后，可用重复试验定理近似计算第二种辐射源检测方法的辐射源截获概率，其数学模型为

$$P_{\text{int}r} \approx \sum_{k=n_{\text{th}}}^{n_e} C_{n_e}^k P_{\text{int}m}^k (1-P_{\text{int}m})^{n_e-k} \qquad (4.2.36)$$

其中 $P_{\text{int}m}$ 为脉冲截获概率，由式（4.2.18）确定。n_e 为一个辐射源的接收脉冲序列经去交错处理后具有相同相关性的聚类脉冲数。一个脉冲不能体现脉间相关性，如果从最坏的情况出发，可取 n_e $= n-m$。其中 n 和 m 分别为去交错后一个辐射源的接收脉冲数和丢失脉冲数。如果 n_e 较大，而 n_{th} 较小，可用另一种形式的模型计算辐射源截获概率。

$$P_{\text{int}r} \approx 1 - \sum_{k=0}^{n_{\text{th}}-1} C_{n_e}^k P_{\text{int}m}^k (1-P_{\text{int}m})^{n_e-k}$$

设脉冲截获概率 $P_{\text{int}m} = 0.65$，$m = 10$，$n = 22$，$n_e = 12$，检测门限 n_{th} 分别等于 6 和 7，把有关数据代入式（4.2.36）得截获该辐射源的概率：

$$P_{\text{int}r} \approx 0.88 \text{ 和 } P_{\text{int}r} \approx 0.75$$

第三种辐射源检测方法只用一个辐射源去交错后具有相同脉冲描述字的脉冲数。同样可假设这些脉冲相互独立，用重复试验定理计算此种检测方法的辐射源截获概率。设 n' 为具有相同脉冲描述字的脉冲数（n' 近似等于 n），m_{th} 为判断辐射源存在的门限。第三种检测方法的辐射源截获概率近似为

$$P_{\text{int}r} \approx \sum_{k=m_{\text{th}}}^{n'} C_{n'}^k P_{\text{int}m}^k (1-P_{\text{int}m})^{n'-k} = 1 - \sum_{k=0}^{m_{\text{th}}-1} C_{n'}^k P_{\text{int}m}^k (1-P_{\text{int}m})^{n'-k} \qquad (4.2.37)$$

第四种辐射源检测方法基于多帧数据的处理结果，类似于雷达在多次扫描基础上的目标检测方法。可参照雷达处理有关问题的方法，建第四种辐射源检测方法的辐射源截获概率的数学模型。这种检测方法需要一帧采集数据的处理结果。就预测辐射源截获概率而言，可根据一个辐射源的接收脉冲数和丢失脉冲数的统计值，用式（4.2.30）～式（4.2.33）或式（4.2.36）～式（4.2.37）之一计算辐射源的平均截获概率，设其为 $P_{\text{int}r}$。雷达支援侦察设备基于 l 帧数据的辐射源截获概率为

$$P_{\text{int}r} = \sum_{i=k_{\text{th}}}^{l} C_l^i P_{\text{int}r}^i (1-P_{\text{int}r})^{l-i} = 1 - \sum_{i=0}^{k_{\text{th}}-1} C_l^i P_{\text{int}r}^i (1-P_{\text{int}r})^{l-i} \qquad (4.2.38)$$

式中，k_{th} 为在多帧数据基础上判断辐射源存在的门限。在试验和作战使用中，能获得多帧采集数据，可用式（4.2.33）或式（4.2.36）或式（4.2.37）之一计算每帧采集数据的辐射源截获概率。如果从不同数据帧得到的截获概率相差较大，可用 3.2.2.1 节或 3.5.2 节的有关方法处理。

反辐射导引头的组成和工作过程类似于雷达支援侦察设备。只要把它的参数及其电磁工作环境的参数代入雷达支援侦察设备的辐射源截获概率的有关模型，可得反辐射导引头截获指定雷达的概率 P_{intar}。

r_{th}、n_{th}、m_{th} 和 k_{th} 为四种检测门限，对应着四种辐射源检测方法。它们的区别是，r_{th} 是判断辐射源存在需要的最小连贯的长度，是对每个小连贯长度的要求。n_{th} 为判断辐射源存在需要的最小聚类脉冲数，是对具有相同相关性的所有小连贯的总长度或其包含的脉冲数的要求，对其中的每个小连贯的长度无要求。m_{th} 是对满足一定条件的最小脉冲个数的要求，该条件就是从主处理器一个分选单元输出且具有相同的脉冲描述字。k_{th} 为判断辐射源存在需要的最小数据处理帧数。第一种检测方法适合检测分选参数固定的辐射源。第二种方法适合在密集信号环境中检测分选参数变化的辐射源。第三种检测方法适合在干扰特别严重或信号环境特别复杂的场合中检测已知辐射

源。第四种检测方法在于减少前几种检测方法的增批概率。四种检测方法都存在增批。增批概率由检测门限确定。检测门限越高，增批概率越小，但检测概率也会越小。在四种检测方法中，第四种的增批概率最小，第一种其次，第二种再其次，第三种最大。所以，n_{th} 一般大于 r_{th}，m_{th} 大于 n_{th}。采用第二种特别是第三种检测方法必须根据多帧数据处理结果判断辐射源的存在。

4.2.4.4　漏批概率和计算检测概率需要的几个参数

有辐射源存在但没能处理出来而误认为该辐射源不存在，就发生了漏批。衡量漏批可能性大小的参数是漏批概率。漏批和截获到辐射源构成互斥事件。根据这种关系，由辐射源截获概率得漏批概率：

$$P_{\text{misr}} = 1 - P_{\text{int}r}$$

其中 $P_{\text{int}r}$ 为辐射源截获概率，由式（4.2.30）～式（4.2.33）和式（4.2.36）～式（4.2.38）之一确定。四种检测方法对应着不同形式和不同数值的四种辐射源截获概率。如果用式（4.2.31）的 $P_{\text{int}r}$ 计算漏批概率，漏批概率的表示形式为

$$P_{\text{misr}} = 1 - P_{\text{int}r} = 1 - \sum_{u=1}^{r_y} P_{\text{u}} \qquad (4.2.39)$$

如果用式（4.2.36）的 $P_{\text{int}r}$ 计算漏批概率，漏批概率的数学模型为

$$P_{\text{misr}} = 1 - P_{\text{int}r} = 1 - \sum_{k=n_{th}}^{n_e} C_{n_e}^k P_{\text{int}m}^k (1 - P_{\text{int}m})^{n_e - k} \qquad (4.2.40)$$

若用式（4.2.37）的 $P_{\text{int}r}$ 计算漏批概率，漏批概率可表示为

$$P_{\text{misr}} = 1 - P_{\text{int}r} = 1 - \sum_{k=m_{th}}^{n'} C_{n'}^k P_{\text{int}m}^k (1 - P_{\text{int}m})^{n' - k}$$

如果基于 l 帧数据检测辐射源，其漏批概率为

$$P_{\text{misr}} = 1 - P_{\text{int}r} = 1 - \sum_{i=k_{th}}^{l} C_{l}^i P_{\text{int}r}^i (1 - P_{\text{int}r})^{l - i}$$

式（4.2.30）～式（4.2.33）和式（4.2.36）～式（4.2.40）给出了影响辐射源截获概率和漏批概率的因素，共有四个：一、单个脉冲的截获概率 $P_{\text{int}m}$；二、脉冲不丢失概率 P_{nmis}；三、可采集的最大脉冲数 $N_{\max}$；四、确定辐射源存在需要的最小连贯长度 r_{th}、最小聚类脉冲数 n_{th}、具有相同脉冲描述字的最小脉冲数和判断辐射源存在需要的最小数据处理帧数。这些影响因素有的属于侦察设备，有的属于被侦察辐射源，还有的属于信号环境。对于侦察方，有的是可控制的，有的是不可控制的。

估算第一～第三种检测方法的辐射源截获概率需要确定三个参数：一个辐射源去交错后的接收脉冲数 n，丢失脉冲数 m 和辐射源检测门限。辐射源检测门限是根据辐射源的先验信息和装备的性能参数预先确定的，不受实际信号环境影响。这里的 n 和 m 都是指期望值或平均值，它们不但与信号环境有关，还受侦察设备信号采集机制的影响。因作战环境不同，有的侦察设备限制一帧数据的采集时间，有的限制一个辐射源的采集脉冲数，还有的既限制一帧数据的采集时间又限制一个辐射源的采集脉冲数。下面分三种情况讨论 n 和 m 的估算方法。

雷达支援侦察设备从一个辐射源可接收的最大脉冲数与雷达天线是否扫描有关。设 t_d、$\theta_{0.5}$、n_a、F_r 和 T_r 分别为雷达支援侦察设备一帧数据的采集时间、被侦察雷达天线半功率波束宽度、天线转速（用每分钟的转数表示）、雷达脉冲重复频率和重复周期。对于搜索雷达或跟踪雷达的搜索状态，如果 $\theta_{0.5}/(6n_a) < t_d$，主瓣侦收设备可接收的最大脉冲数为

$$N_{\max} = \frac{\theta_{0.5} F_{\mathrm{r}}}{6 n_{\mathrm{a}}} \qquad (4.2.41)$$

对于单目标跟踪雷达的跟踪状态和 $\theta_{0.5}/(6 n_{\mathrm{a}}) \geqslant t_{\mathrm{d}}$ 的搜索雷达，主瓣侦收设备可接收的最大脉冲数为

$$N_{\max} = \frac{t_{\mathrm{d}}}{T_{\mathrm{r}}} \qquad (4.2.42)$$

不管是脉冲检测概率引起的脉冲丢失，还是参数测量误差和脉冲重叠造成的脉冲丢失，都会影响截获指定辐射源的概率。对于只限制数据采集时间的侦察设备，由脉冲截获概率和最大可接收的脉冲数就能确定 n 和 m：

$$n = N_{\max} P_{\mathrm{int}\,m} \qquad (4.2.43)$$

$$m = N_{\max} (1 - P_{\mathrm{int}\,m}) \qquad (4.2.44)$$

$P_{\mathrm{int}\,m}$ 为辐射源脉冲截获概率，由式 (4.2.18) 确定。若侦察设备的空域、频域宽开，即 $P_{\mathrm{wind}} = 1$，上两式变为

$$n = N_{\max} P_{\mathrm{ds}} P_{\mathrm{nmis}} \qquad (4.2.45)$$

$$m = N_{\max} (1 - P_{\mathrm{ds}} P_{\mathrm{nmis}}) \qquad (4.2.46)$$

P_{nmis} 和 P_{ds} 分别为脉冲不丢失概率和脉冲检测概率，由式 (4.2.16) 和式 (3.2.11) 或式 (3.2.12) 确定。

　　为了防止高重频雷达的采集脉冲占据太多的存储空间或/和防止数据处理器过载，大多数侦察设备限制每个辐射源一帧数据的采集脉冲数。4.2.3.2 节说明，一个辐射源的丢失脉冲将在另一些地方以虚警形式出现。雷达支援侦察设备的虚警主要由丢失脉冲引起。去交错后虚警被去掉。如果限制一个辐射源一帧数据的采集脉冲数，虚警会减少一个辐射源的实际采集脉冲数。设一帧数据采集每个辐射源的脉冲数为 L，平均虚警概率为 P_{fam}，进入一个辐射源采集脉冲序列的虚警脉冲为 $L P_{\mathrm{fam}}$。一个辐射源实际收到的脉冲数为

$$n = L(1 - P_{\mathrm{fam}}) \qquad (4.2.47)$$

限制一个辐射源一帧数据的采集脉冲数并不能降低丢失脉冲的影响，丢失脉冲数为

$$m = L(1 - P_{\mathrm{fam}})(1 - P_{\mathrm{int}\,m}) \qquad (4.2.48)$$

其中 P_{fam} 由式 (4.2.25) 确定。从对侦察不利的角度考虑，上面的 n 只取整，m 按四舍五入取整。

　　如果辐射源多或信号环境复杂，只限制一帧数据的采集时间或只限制一个辐射源一帧数据的采集脉冲数都存在一些问题。大多数雷达支援侦察设备既限制一帧数据的采集时间，又限制一个辐射源的采集脉冲数。对于这种设备，不能简单的用上面的模型计算 n 和 m。如果 $L T_{\mathrm{r}} < t_{\mathrm{d}}$，则 n 和 m 分别由式 (4.2.47) 和式 (4.2.48) 确定。如果 $L T_{\mathrm{r}} \geqslant t_{\mathrm{d}}$，则先用式 (4.2.42) 确定 $N_{\max}$，然后把 $N_{\max}$ 代入式 (4.2.43) 和式 (4.2.44) 或式 (4.2.45) 和式 (4.2.46) 得此条件下的 n 和 m。

　　只有已知 t_{d} 和 L 时，才能用式 (4.2.43)～式 (4.2.48) 确定 n 和 m。确定 t_{d} 和 L 是设计雷达支援侦察设备的工作内容之一。t_{d} 和 L 有确定关系，L 和 n 也有联系。确定 t_{d} 或 L 必须首先确定 n。要在规定信号环境中可靠截获所有需要的辐射源，必须从对侦察最不利的情况确定 n。由辐射源检测原理知，如果规定了一帧数据的采集时间，辐射源的脉冲重复频率越低，截获其脉冲数就会越

少。一个辐射源的接收脉冲数越少，发现它的概率就越低。另外，当脉冲流密度一定时，脉冲重复频率越低，脉冲丢失概率越大。因此，确定 t_d、L 和 n 时，对雷达支援侦察最不利的情况是截获脉冲重复频率最低的辐射源。

确定 n 需要知道辐射源截获概率 $P_{\text{int}r}$，辐射源检测门限 n_{th} 和截获最低脉冲重复频率雷达脉冲的概率 $P_{\text{int}m}$。辐射源截获概率是装备的设计指标，是已知的。前面已说明确定辐射源检测门限的依据和条件，它是装备的作战对象和指标要求，也是已知的。根据侦察设备的作战对象和信号环境不但能得到最低脉冲重复频率雷达的参数，如脉冲重复频率 $F_{r\min}$ 等，还能用式 (4.2.18) 估算截获该雷达脉冲的概率 $P_{\text{int}m}$。根据上述条件，可用尝试法从下式得到 n。

$$P_{\text{int}r} = \sum_{i=n_{\text{th}}}^{n} C_n^i P_{\text{int}m}^i (1-P_{\text{int}m})^{m-i} = 1 - \sum_{i=0}^{n_{\text{th}}-1} C_n^i P_{\text{int}m}^i (1-P_{\text{int}m})^{m-i}$$

根据上式确定的 n 和用式 (4.2.18) 计算得到的 $P_{\text{int}m}$ 可确定 L：

$$L = \begin{cases} \text{INT}\left(\dfrac{n}{P_{\text{int}m}}\right)+1 & n-\text{INT}\left(\dfrac{n}{P_{\text{int}m}}\right) \geq 0.5 \\ \text{INT}\left(\dfrac{n}{P_{\text{int}m}}\right) & \text{其他} \end{cases} \tag{4.2.49}$$

根据 t_d 和 L 的关系，由 L 和 $F_{r\min}$ 可确定 t_d，即

$$t_d = \frac{L}{F_{r\min}} \tag{4.2.50}$$

4.2.4.5　增批概率和减少增批的措施

没有辐射源而处理出辐射源或处理出的辐射源并不存在，就是发生了增批。引起增批的主要因素有三个：一、高脉冲重复频率雷达信号的分频；二、多路径；三、丢失脉冲形成的垃圾脉冲序列。第一个因素引起的增批有明显的特点，适当的软件处理基本上能消除。战术雷达支援侦察设备的灵敏度较低，可忽略多路径引起的增批。最后一个因素引起的增批有一些特点，利用其特点可消除部分增批，但彻底消除是不可能的。

垃圾脉冲可产生增批，用第三种辐射源检测方法可估算产生这种增批的概率。为此要估算进入同一分选窗口的垃圾脉冲数。图 4.2.4 为参数测量误差引起的垃圾脉冲进入指定分选窗口的示意图。图中 A 表示 A 辐射源或指定辐射源第 i 个分选参数的分选窗口。f_{ai}、T、T_{xih} 和 T_{xil} 分别为该分选窗口的中心值、宽度和上、下限。y_i 为 B 辐射源第 i 个分选参数测量误差的概率密度函数的曲线，y_i 服从正态分布，均方差为 σ_{yi}，均值等于分选窗口的中心值 f_{myi}，ε、ε_h 和 ε_l 为 B 辐射源第 i 个参数的分选窗口宽度和上、下限，d 为 f_{myi} 和 f_{ai} 之间的距离。由该图知，B 辐射源脉冲的某个分选参数要进入指定分选窗口，其测量误差必须超出自身的分选窗口。根据分选参数的概率密度函数和 A、B 两分选窗口之间的关系，由式 (4.2.5) 和式 (4.2.6) 得 B 辐射源脉冲的第 i 个分选参数落入指定分选窗口的概率：

$$P_{yi} = \begin{cases} \phi'\left(\dfrac{d+T_{\text{xih}}}{\sigma_{yi}}\right)-\phi'\left(\dfrac{\varepsilon_h}{\sigma_{yi}}\right)=\phi'\left(\dfrac{d+T/2}{\sigma_{yi}}\right)-\phi'\left(\dfrac{\varepsilon/2}{\sigma_{yi}}\right) & \varepsilon_h \geq T_{\text{xil}} \\ & \text{指定分选窗口在右} \\ \phi'\left(\dfrac{d+T_{\text{xih}}}{\sigma_{yi}}\right)-\phi'\left(\dfrac{d-T_{\text{xil}}}{\sigma_{yi}}\right)=\phi'\left(\dfrac{d+T/2}{\sigma_{yi}}\right)-\phi'\left(\dfrac{d-T/2}{\sigma_{yi}}\right) & \text{其他} \end{cases} \tag{4.2.51}$$

$$P_{yi} = \begin{cases} \phi'\left(\dfrac{d+T_{xil}}{\sigma_{yi}}\right) - \phi'\left(\dfrac{\varepsilon_l}{\sigma_{yi}}\right) = \left|\phi'\left(\dfrac{d+T/2}{\sigma_{yi}}\right) - \phi'\left(\dfrac{\varepsilon/2}{\sigma_{yi}}\right)\right| & \varepsilon_1 \leqslant T_{xih} \quad \text{指定分选窗口在左 (4.2.52)} \\[4mm] \phi'\left(\dfrac{d-T_{xih}}{\sigma_{yi}}\right) - \phi'\left(\dfrac{d+T_{xil}}{\sigma_{yi}}\right) = \left|\phi'\left(\dfrac{d-T/2}{\sigma_{yi}}\right) - \phi'\left(\dfrac{d+T/2}{\sigma_{yi}}\right)\right| & \text{其他} \end{cases}$$

上两式说明，垃圾脉冲第 i 个分选参数落入指定分选窗口的概率由以下四个因素决定：一、指定分选窗口的大小；二、B 辐射源分选窗口的大小；三、B 辐射源第 i 个分选参数的概率密度函数；四、指定分选窗口中心到 B 辐射源分选窗口中心的距离。

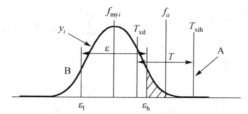

图 4.2.4　参数测量误差引起的垃圾脉冲进入指定分选窗口示意图

设信号分选参数有 k 个，B 辐射源的脉冲要进入 A 辐射源的脉冲序列，其所有分选参数必须落入 A 辐射源的对应分选窗口。信号分选独立处理每个分选参数，各分选参数的测量误差独立。由式 (4.2.7) 得 B 辐射源的一个脉冲进入 A 辐射源脉冲序列的概率：

$$P_{inb} = \prod_{i=1}^{k} P_{yi} \tag{4.2.53}$$

设侦察设备能收到 B 辐射源的最大脉冲数为 N_{mb}，该辐射源因参数测量误差引起的垃圾脉冲能进入指定辐射源脉冲序列的平均数近似为

$$N_b = \text{INT}(N_{mb} P_{dsb} P_{inb})$$

其中 P_{dsb} 为侦察设备检测 B 辐射源脉冲的概率，由式 (3.2.11) 或式 (3.2.12) 确定。N_{mb} 由式 (4.2.41) 或式 (4.2.42) 估算。设有 z 个辐射源的垃圾脉冲能进入指定辐射源的脉冲序列，按照上述处理方法得 z 个辐射源的垃圾脉冲进入指定辐射源脉冲序列的总数：

$$n_e = \sum_{b=1}^{z} N_b \tag{4.2.54}$$

也可用平均概率表示垃圾脉冲进入指定辐射源脉冲序列的可能性，该平均概率近似为

$$\bar{P}_{ind} \approx \sum_{b=1}^{z} w_b P_{dsb} P_{inb} \tag{4.2.55}$$

其中 w_b 为第 B 个辐射源的垃圾脉冲进入指定辐射源脉冲序列的概率的加权系数。参数测量误差服从正态分布，辐射源有关参数的均值离指定分选窗口中心越远，其垃圾脉冲进入该分选窗口的概率越小。由此可确定 w_b：

$$w_b = P_b \Big/ \sum_{i=1}^{z} P_i$$

设 d 和 d_i 分别为第 B 个和第 i 个辐射源所有分选参数的测量值与指定辐射源对应分选参数测量值的距离的平均值，σ 和 σ_i 分别为这两辐射源分选参数测量误差的均值，则

$$P_{\mathrm{b}} = \frac{1}{\sqrt{2\pi}\sigma}\exp\left(-\frac{d^2}{2\sigma^2}\right) \text{和} P_i = \frac{1}{\sqrt{2\pi}\sigma_i}\exp\left(-\frac{d_i^2}{2\sigma_i^2}\right)$$

式 (4.2.54) 和式 (4.2.55) 相当于 z 个辐射源因参数测量误差产生的垃圾脉冲进入指定辐射源脉冲序列的脉冲数和平均概率。由式 (4.2.37) 得这些垃圾脉冲产生增批的概率:

$$P_{\mathrm{efa}} \approx \sum_{k=m_{\mathrm{th}}}^{n_{\mathrm{e}}} C_{n_{\mathrm{e}}}^k \bar{P}_{\mathrm{ind}}^k (1 - \bar{P}_{\mathrm{ind}})^{n_{\mathrm{e}}-k} \tag{4.2.56}$$

参数测量误差引起的垃圾脉冲造成的增批有三个特点:一个是脉冲的某个参数或某几个参数接近相邻辐射源的对应参数。另一个是脉冲序列较短,连贯数较多但每个连贯较短。还有一个特点是连贯数帧间变化大。用第四种辐射源检测方法可显著减少这种增批概率。

除参数测量误差引起脉冲丢失外,多脉冲重叠也会产生垃圾脉冲,这种垃圾脉冲也可能进入指定辐射源的脉冲序列引起增批。多信号同时到达与参数测量误差对增批的影响相同,但两种垃圾脉冲进入指定分选窗口的概率不同,消除增批的方法也不同。下面分三种情况分析多脉冲重叠引起增批的概率。

第一种情况是两辐射源的脉冲重复周期有公倍数关系。设其脉冲重复周期为 T_1 和 T_2,最小公倍数为 T_{12}。T_{12} 与 T_1 和 T_2 有如下关系:

$$T_{12} = aT_1 = bT_2 \tag{4.2.57}$$

式中,a 和 b 均为正整数。如果满足式 (4.2.57) 的两辐射源的脉冲发生重叠,重叠也是周期的,其丢失脉冲自身能构成具有同一相关性的垃圾脉冲序列,特别容易引起增批。设侦察设备可测量的最大脉冲重复周期为 $T_{\max}$,产生增批的条件为

$$(n_{\mathrm{th}} + 1)T_{12} \leqslant T_{\max}$$

增批概率为

$$P_{\mathrm{ov1}} = \begin{cases} 1 & (n_{th} + 1)T_{12} \leqslant T_{\max} \\ 0 & \text{其他} \end{cases} \tag{4.2.58}$$

这种增批的特点是,垃圾脉冲序列的脉冲重复周期分别是两个实际辐射源脉冲重复周期的整数倍,根据此特点可完全消除由此引起的增批。

第二种情况是,T_1 和 T_2 不满足式 (4.2.57) 的关系,但它们十分接近。具有这种关系的两辐射源的脉冲一旦重叠,将连续产生较多垃圾脉冲。和第一种情况不同,重叠产生的垃圾脉冲的参数是变化的。图 4.2.5 可说明合成脉冲视频参数的变化情况。图中两辐射源的脉冲重复周期分别为 T_1 和 T_2,脉宽分别为 w_1 和 w_2。若 $T_1 > T_2$,每次重叠时,第二个辐射源的脉冲相对第一个辐射源的从右向左滑动,或者第一个辐射源的脉冲相对第二个的从左向右滑动,导致合成信号参数重叠到重叠变化。因 T_1、T_2 十分接近,两辐射源的脉冲相对移动很慢,加上脉冲有一定宽度,一段时间内的垃圾脉冲有可能构成有序脉冲串,引起增批。设两脉冲重叠程度大于等于 k 时,会出现脉冲丢失。重叠一次的连续丢失脉冲数近似为

$$l \approx 1 + \mathrm{INT}\left\{\frac{\mathrm{MAX}(w_1, w_2) + (1-k)\mathrm{MIN}(w_1, w_2)}{2|T_1 - T_2|}\right\}$$

式中,$\mathrm{MAX}\{w_1, w_2\}$ 和 $\mathrm{MIN}\{w_1, w_2\}$ 为选大和选小算符。若 $l \geqslant m_{\mathrm{th}}$ 可能发生增批,否则不增批。增批概率为

$$P_{o2} = \begin{cases} 1 & l \geqslant m_{th} \\ 0 & \text{其他} \end{cases} \qquad (4.2.59)$$

这种增批的特点是，不但增批信号的脉冲重复周期与两个真辐射源的十分接近，而且只存在于一帧或连续几帧数据中，这种增批也是不难消除的。

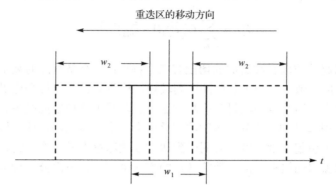

图 4.2.5　脉冲重复周期相近的两辐射源脉冲的重叠情况示意图

　　第三种情况是 T_1、T_2 相差较大或 T_{12} 大于侦察设备的脉冲重复周期的测量范围。这种重叠形成的垃圾脉冲会随机出现，自身不能构成脉冲序列，可能随机进入任一指定辐射源的脉冲序列或垃圾脉冲序列。就近似估算而言，可假设重叠后合成信号的分选参数在侦察设备对应参数测量范围内均匀分布。设侦察设备测量第 i 个分选参数的范围为 W_i，该参数的分选窗口宽度为 T_{hi}，此垃圾脉冲的一个分选参数进入指定分选窗口的平均概率为 T_{hi}/W_i。一个垃圾脉冲的 k 个分选参数同时落入一个辐射源对应分选窗口的平均概率为

$$P_{op} = \prod_{i=1}^{k} \frac{T_{hi}}{W_i}$$

P_{op} 一般很小，对增批概率的影响不大，可忽略不计。

　　前面讨论了侦察设备产生增批的机理和减少增批的方法。虽然这些方法有一定作用，但不是解决问题的根本措施。减小增批的根本措施是：一、提高参数测量精度；二、减少脉冲重叠概率。

4.2.5　识别概率

　　雷达支援侦察设备能截获满足条件的所有辐射源，有雷达辐射源，有非雷达辐射源，有敌方的，有己方的，还有友邻的。雷达对抗只对付敌方的雷达，因资源有限，只对付敌方较高威胁级别的雷达。为此，雷达支援侦察设备要一一审查截获的辐射源，此项工作称为识别。

　　雷达支援侦察的识别内容较多，包括辐射源识别、目标识别和威胁识别等。辐射源识别就是确定那些是雷达，那些是非雷达，那些是有意干扰，那些是无意电磁辐射等。判别依据主要是信号参数及其结构形式等先验信息。为了方便后面的说明，本书把某些雷达工作需要的其他辐射源、其平台运作需要的辐射源和受其控制的武器系统或武器工作需要的辐射源以及平台的特殊无意辐射称为该雷达或/和其平台的伴随辐射源。

　　目标识别在辐射源识别基础上进行。目标识别的主要内容有：一、雷达类型或型号。识别的依据是侦察现场截获的信号参数、其工作需要的伴随辐射源参数和一些其他先验信息。二、雷达平台类型和型号。根据雷达平台的先验信息、侦察获得的目标空间位置、运动情况等确定雷达平台的类型，如飞机、舰艇、战车等。把雷达型号和装载平台及其控制的武器系统的伴随辐射源等

先验信息与实测数据进行比较，推测平台的具体型号，如小鹰号航空母舰等；三、按平台归类辐射源。根据识别处理得到的雷达型号、雷达平台的型号及其位置和作战需要的伴随辐射源的种类等先验信息，把属于一个平台的辐射源放在一起，给予适当名称，有的雷达支援侦察设备干脆将这些辐射源以平台型号命名，如 F-16 等。

　　威胁识别是在目标识别基础上进行的。威胁识别的第一项内容是识别敌友我即属性识别。识别敌友的信息有多种来源，如雷达对抗装备平台的敌我识别器、上级或友邻的指示或预先给定的辐射源及其平台的参数（数据库中的属性）等。把接收的辐射源或平台按敌、友、我和未知分类，并给予属性标记。威胁识别的第二项内容是确定敌方雷达的威胁级别。对于已知威胁，确定威胁级别就是调整基本威胁级别。从雷达数据库可得到基本威胁级别。调整基本威胁级别的依据是，一、雷达平台的作战意图。通过分析雷达及其平台的用途、武器装备情况和相对保护目标的运动趋势（接收信号幅度和到达角的帧间变化情况）等判断雷达平台的作战意图。那些快速靠近保护目标的平台意味着正在发起攻击，其威胁级别较高。在保护目标火力外徘徊或停滞不前的平台表示正在寻找攻击机会，威胁级别较低。快速离开保护目标的平台表示攻击已结束或失去攻击机会而撤离，其威胁级别最低。二、辐射源平台到保护目标的距离。离保护目标越近的威胁级别越高，离保护目标较远的威胁级别较低。三、辐射源当前的工作状态。搜索状态的威胁级别较低，跟踪状态的威胁级别较高。四、雷达和其平台伴随辐射源的工作情况。伴随有连续波雷达信号或/和指令信号的雷达威胁级别最高。对于未知辐射源首先要判断是否有敌意，如有敌意则为未知威胁，对未知威胁也要确定和调整其基本威胁级别。确定基本威胁级别的有关内容见 4.1.2.2 节，调整其基本威胁级别的依据和方法同已知威胁。

　　雷达支援侦察设备一次可能截获多个辐射源，但识别只能逐个进行。对每个辐射源的识别方法和过程相同。识别的内容虽多，但基本上是同时进行的。

　　雷达支援侦察设备采用库识别法或匹配识别法。库就是雷达数据库。雷达数据库的内容多，用途也多，识别是它的主要用途之一。雷达支援侦察设备可设置三个辐射源数据库：现场加载雷达数据库，已知雷达数据库和未知辐射源数据库。现场加载的和已知雷达数据库都是以特定辐射源的类型或型号为栏目。一个栏目的主要内容有，雷达的名称或型号、主要功能、用途、属性和特征参数集，雷达平台的类型或名称、用途、武器装备类型或型号和平台的特征参数集，雷达和雷达平台的伴随辐射源的种类和每种的特征参数集，基本威胁级别和干扰策略（只对敌意辐射源）等。未知辐射源数据库的内容见 4.1.2.2 节。雷达的特征参数集用于辐射源类型和型号识别，雷达和雷达平台的特征参数集用于平台类型和型号识别。伴随辐射源及其特征参数集为雷达及其平台的辅助识别参数。雷达的特征参数集包括，载频的类型或变化方式、变化范围或概率分布和载频的均值，重频的类型或变化方式、变化范围或概率分布和均值，脉宽类型、均值和脉内调制类型及参数，天线扫描方式和扫描速度或扫描周期等。

　　所谓库识别就是把截获的辐射源的特征参数、其平台的特征参数和伴随辐射源的种类及特征参数与数据库中的对应特征参数进行比较。如果用于识别的参数都能落入预先规定的容差范围内，就算识别或匹配成功。把该辐射源判为库中类型的辐射源，即已知辐射源。从库中提取该辐射源的名称、属性、平台类型及用途、武器装备和伴随辐射源的种类及主要性能或基本威胁级别等。如果库中的辐射源没有一个能与截获的辐射源匹配上，判为未知辐射源。对于未知辐射源，需要多次观察其工作状态、平台位置变化情况和运动趋势以及伴随辐射源的工作情况等，才能确定是否对保护目标构成威胁。如果是威胁，则根据其体制和主要特征参数，从未知威胁数据库提取其基本威胁级别。

　　虽然雷达支援侦察的识别内容较多，但识别方法和步骤相似。这里以辐射源型号或类型识别为例讨论识别性能的估算方法。

辐射源型号或类型识别用的特征参数集是辐射源比较稳定或有规律变化的参数，如载频及其类型或变化方式和变化范围，重频及其类型或变化方式和变化范围，脉宽类型及其均值和脉内调制类型和参数，天线扫描方式和扫描速度或扫描周期等。目前用得较多的是射频、重频、脉宽三参数或三维识别或射频、重频、脉宽和天线扫描周期四维识别两种。前者主要用于识别单目标跟踪雷达，后者用于识别搜索雷达和边跟踪边搜索雷达。由库识别方法知，识别概率是全部识别参数落入预先设置的识别窗口或比较门限内的概率。不同识别参数的比较门限独立，影响因素独立，只要一个识别参数不匹配，整个识别将失败。所以，识别概率是各个识别参数的识别概率之积。影响识别概率的主要因素有四个：一、侦察设备有关参数的测量误差；二、测量误差的概率分布；三、比较窗口的大小或容差大小；四、被测参数自身的概率分布。雷达支援侦察设备的参数测量误差服从正态分布，均方差为参数测量误差，其均值等于实际雷达的参数。比较窗口的大小依据侦察设备的参数测量误差和雷达参数的漂移大小设置。下面以三参数识别为例，讨论辐射源型号或类型识别概率的计算方法。

三参数自身的识别内容较多，但计算方法相似。为了简单起见，假设被识别辐射源的射频、重频和脉宽都是单值且固定，侦收设备无系统测量误差。由识别原理知，射频识别概率是其测量值落入识别比较门限内的概率。设 f_i、f_m 和 σ_f 分别为射频瞬时值、均值和均方根误差，测频误差的概率密度函数为

$$P(f_i) = \frac{1}{\sqrt{2\pi}\sigma_f}\exp\left[-\frac{(f_i - f_m)^2}{2\sigma_f^2}\right] \tag{4.2.60}$$

设射频比较窗口的上下限分别为 $f_0 + f_T$ 和 $f_0 - f_T$，f_0 为比较窗口的中心。因无系统测频误差，故 $f_0 = f_m$，$f_0 \pm f_T = f_m \pm f_T$。辐射源的射频测量参数与识别门限间的关系如图 4.2.6 所示。图中 $P(f_i)$ 为射频测量值 f_i 的概率密度函数的曲线。由识别概率的定义和图 4.2.6 知，射频识别概率是 f_i 落入 $f_m - f_T$ ~ $f_m + f_T$ 内的概率：

$$P_{\text{disf}} = \int_{f_m - f_T}^{f_m + f_T} \frac{1}{\sqrt{2\pi}\sigma_f}\exp\left[-\frac{(f_i - f_m)^2}{2\sigma_f^2}\right]\mathrm{d}f_i = 2\phi\left(\frac{f_T}{\sigma_f}\right) \tag{4.2.61}$$

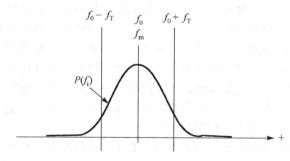

图 4.2.6　计算射频识别概率的示意图

设侦察设备测量脉冲重复频率的误差为 ΔF，ΔF 服从均值为 F_m、均方差为 σ_F 的正态分布。按照计算射频识别概率的方法得重频识别概率：

$$P_{\text{disF}} = 2\phi\left(\frac{F_T}{\sigma_F}\right) \tag{4.2.62}$$

式中，$F_m \pm F_T$ 为脉冲重复频率识别门限的上、下限。

设脉宽测量误差为 Δw，Δw 服从均值为 w_m、均方差为 σ_w 的正态分布，$w_m \pm w_T$ 为脉宽识别窗

$$P_{k1} = \frac{C_{6-1}^{1-1}C_{2+1}^{1}}{C_8^6} = \frac{3}{28} \text{ 或 } P_{k1} = \frac{1!}{1!}\frac{C_3^1}{C_8^6} = \frac{3!6!2!}{2!8!} = \frac{3}{28}$$

$k = 2$ 表示把 6 个脉冲分配到两个连贯中。由式(4.2.27)得最大可分的安排方式有 5 种，只有 5，1；4，2 和 3，3 为独立安排方式且都能通过检测门限。用式(4.2.28)或式(4.2.29)得 $k = 2$ 出现的概率：

$$P_{k2} = \frac{C_{6-1}^{2-1}C_{2+1}^{2}}{C_8^6} = \frac{15}{28} \text{ 或 } P_{k2} = \frac{2!C_3^2}{1!1!}\frac{1}{C_8^6} + \frac{2!C_3^2}{1!1!}\frac{1}{C_8^6} + \frac{2!C_3^2}{2!}\frac{1}{C_8^6} = \frac{15}{28}$$

$k = 3$ 表示把 6 个脉冲分配到三个连贯中，共有 10 种可分的安排方式。按照前面的分析方法知，只有三种连贯数相同但连贯长度不同的安排方式，即 4，1，1；3，2，1 和 2，2，2 是独立安排方式。在三种独立安排方式中，只有"2，2，2"一种安排方式的三个小连贯的长度均小于 3，不能通过检测门限。由式(4.2.35)得该种安排方式出现的概率：

$$P_{k3} = P_3 - P_{222} = \frac{10}{28} - \frac{3!}{3!}\frac{C_3^3}{C_8^6} = \frac{9}{28}$$

用式(4.2.33)得截获该辐射源的概率：

$$P_{intr} = P_{k1} + P_{k2} + P_{k3} = \frac{3}{28} + \frac{15}{28} + \frac{9}{28} = 0.964$$

如果其他条件不变，只把辐射源检测门限从 3 提高到 4。在 7 种独立安排方式中，有三种安排方式不能通过检测门限，它们是 3,3、3,2,1 和 2,2,2。由(4.2.29)式得它们各自出现的概率：

$$P_{33} = \frac{2!}{2!}\frac{C_3^2}{C_8^6} = \frac{3}{28}, \quad P_{321} = \frac{3!}{1!1!1!}\frac{C_3^3}{C_8^6} = \frac{6}{28} \text{ 和 } P_{222} = \frac{3!}{3!}\frac{C_3^3}{C_8^6} = \frac{1}{28}$$

用式(4.2.32)得截获此辐射源的概率：

$$P_{intr} = 1 - P_{33} - P_{321} - P_{222} = 1 - \frac{3}{28} - \frac{6}{28} - \frac{1}{28} = 0.643$$

也可用式(4.2.33)计算这种情况下的辐射源截获概率。由前面的安排方式知，$k = 1$ 的全部安排方式仍然能通过检测门限。用式(4.2.35)和式(4.2.34)得 $k = 2$ 和 $k = 3$ 时能通过检测门限的概率：

$$P_{k2} = P_2 - P_{33} = \frac{15}{28} - \frac{2!}{2!}\frac{C_3^2}{C_8^6} = \frac{12}{28} \text{ 和 } P_{k3} = P_{411} = \frac{3!}{1!2!}\frac{C_3^3}{C_8^6} = \frac{3}{28}$$

把有关数据代入式(4.2.33)得 $r_{th} = 4$ 时雷达支援侦察设备截获此辐射源的概率：

$$P_{intr} = \frac{3}{28} + \frac{12}{28} + \frac{3}{28} = 0.643$$

式(4.2.30)～式(4.2.33)为第一种辐射源检测方法的辐射源截获概率的数学模型。它是依据信号分选原理、辐射源检测方法和其存在判别条件直接推导出来的，准确度较高。分选大多数雷达信号只需几个到十来个脉冲，连贯数少，每种连贯数的独立安排方式不多，用式(4.2.30)～式(4.2.33)容易计算辐射源截获概率。

第二种辐射源检测方法在聚类脉冲上判断辐射源的存在。设聚类脉冲数为 n_e，辐射源检测门限为 n_{th}。由这种辐射源检测方法的原理知，经过聚类处理后，脉冲已无序列或位置可言，可认为聚类脉冲中的单个脉冲相互独立，即一个脉冲的出现与其他脉冲是否出现无关。做这种假设后，可用重复试验定理近似计算第二种辐射源检测方法的辐射源截获概率，其数学模型为

$$P_{\text{int}r} \approx \sum_{k=n_{\text{th}}}^{n_{\text{e}}} C_{n_{\text{e}}}^k P_{\text{int}m}^k (1-P_{\text{int}m})^{n_{\text{e}}-k} \qquad (4.2.36)$$

其中 $P_{\text{int}m}$ 为脉冲截获概率，由式(4.2.18)确定。n_{e} 为一个辐射源的接收脉冲序列经去交错处理后具有相同相关性的聚类脉冲数。一个脉冲不能体现脉间相关性，如果从最坏的情况出发，可取 $n_{\text{e}} = n-m$。其中 n 和 m 分别为去交错后一个辐射源的接收脉冲数和丢失脉冲数。如果 n_{e} 较大，而 n_{th} 较小，可用另一种形式的模型计算辐射源截获概率。

$$P_{\text{int}r} \approx 1 - \sum_{k=0}^{n_{\text{th}}-1} C_{n_{\text{e}}}^k P_{\text{int}m}^k (1-P_{\text{int}m})^{n_{\text{e}}-k}$$

设脉冲截获概率 $P_{\text{int}m}=0.65$，$m=10$，$n=22$，$n_{\text{e}}=12$，检测门限 n_{th} 分别等于 6 和 7，把有关数据代入式(4.2.36)得截获该辐射源的概率：

$$P_{\text{int}r} \approx 0.88 \text{ 和 } P_{\text{int}r} \approx 0.75$$

第三种辐射源检测方法只用一个辐射源去交错后具有相同脉冲描述字的脉冲数。同样可假设这些脉冲相互独立，用重复试验定理计算此种检测方法的辐射源截获概率。设 n' 为具有相同脉冲描述字的脉冲数（n' 近似等于 n），m_{th} 为判断辐射源存在的门限。第三种检测方法的辐射源截获概率近似为

$$P_{\text{int}r} \approx \sum_{k=m_{\text{th}}}^{n'} C_{n'}^k P_{\text{int}m}^k (1-P_{\text{int}m})^{n'-k} = 1 - \sum_{k=0}^{m_{\text{th}}-1} C_{n'}^k P_{\text{int}m}^k (1-P_{\text{int}m})^{n'-k} \qquad (4.2.37)$$

第四种辐射源检测方法基于多帧数据的处理结果，类似于雷达在多次扫描基础上的目标检测方法。可参照雷达处理有关问题的方法，建第四种辐射源检测方法的辐射源截获概率的数学模型。这种检测方法需要一帧采集数据的处理结果。就预测辐射源截获概率而言，可根据一个辐射源的接收脉冲数和丢失脉冲数的统计值，用式(4.2.30)～式(4.2.33)或式(4.2.36)～式(4.2.37)之一计算辐射源的平均截获概率，设其为 $P_{\text{int}r}$。雷达支援侦察设备基于 l 帧数据的辐射源截获概率为

$$P_{\text{int}r} = \sum_{i=k_{\text{th}}}^{l} C_l^i P_{\text{int}r}^i (1-P_{\text{int}r})^{l-i} = 1 - \sum_{i=0}^{k_{\text{th}}-1} C_l^i P_{\text{int}r}^i (1-P_{\text{int}r})^{l-i} \qquad (4.2.38)$$

式中，k_{th} 为在多帧数据基础上判断辐射源存在的门限。在试验和作战使用中，能获得多帧采集数据，可用式(4.2.33)或式(4.2.36)或式(4.2.37)之一计算每帧采集数据的辐射源截获概率。如果从不同数据帧得到的截获概率相差较大，可用 3.2.2.1 节或 3.5.2 节的有关方法处理。

反辐射导引头的组成和工作过程类似于雷达支援侦察设备。只要把它的参数及其电磁工作环境的参数代入雷达支援侦察设备的辐射源截获概率的有关模型，可得反辐射导引头截获指定雷达的概率 $P_{\text{int}ar}$。

r_{th}、n_{th}、m_{th} 和 k_{th} 为四种检测门限，对应着四种辐射源检测方法。它们的区别是，r_{th} 是判断辐射源存在需要的最小连贯的长度，是对每个小连贯长度的要求。n_{th} 为判断辐射源存在需要的最小聚类脉冲数，是对具有相同相关性的所有小连贯的总长度或其包含的脉冲数的要求，对其中的每个小连贯的长度无要求。m_{th} 是对满足一定条件的最小脉冲个数的要求，该条件就是从主处理器一个分选单元输出且具有相同的脉冲描述字。k_{th} 为判断辐射源存在需要的最小数据处理帧数。第一种检测方法适合检测分选参数固定的辐射源。第二种方法适合在密集信号环境中检测分选参数变化的辐射源。第三种检测方法适合在干扰特别严重或信号环境特别复杂的场合中检测已知辐射

源。第四种检测方法在于减少前几种检测方法的增批概率。四种检测方法都存在增批。增批概率由检测门限确定。检测门限越高,增批概率越小,但检测概率也会越小。在四种检测方法中,第四种的增批概率最小,第一种其次,第二种再其次,第三种最大。所以,n_{th} 一般大于 r_{th},m_{th} 大于 n_{th}。采用第二种特别是第三种检测方法必须根据多帧数据处理结果判断辐射源的存在。

4.2.4.4　漏批概率和计算检测概率需要的几个参数

有辐射源存在但没能处理出来而误认为该辐射源不存在,就发生了漏批。衡量漏批可能性大小的参数是漏批概率。漏批和截获到辐射源构成互斥事件。根据这种关系,由辐射源截获概率得漏批概率:

$$P_{misr} = 1 - P_{int\,r}$$

其中 P_{intr} 为辐射源截获概率,由式(4.2.30)~式(4.2.33)和式(4.2.36)~式(4.2.38)之一确定。四种检测方法对应着不同形式和不同数值的四种辐射源截获概率。如果用式(4.2.31)的 P_{intr} 计算漏批概率,漏批概率的表示形式为

$$P_{misr} = 1 - P_{int\,r} = 1 - \sum_{u=1}^{r_y} P_u \tag{4.2.39}$$

如果用式(4.2.36)的 P_{intr} 计算漏批概率,漏批概率的数学模型为

$$P_{misr} = 1 - P_{int\,r} = 1 - \sum_{k=n_{th}}^{n_e} C_{n_e}^k P_{int\,m}^k (1 - P_{int\,m})^{n_e - k} \tag{4.2.40}$$

若用式(4.2.37)的 P_{intr} 计算漏批概率,漏批概率可表示为

$$P_{misr} = 1 - P_{int\,r} = 1 - \sum_{k=m_{th}}^{n'} C_{n'}^k P_{int\,m}^k (1 - P_{int\,m})^{n' - k}$$

如果基于 l 帧数据检测辐射源,其漏批概率为

$$P_{misr} = 1 - P_{int\,r} = 1 - \sum_{i=k_{th}}^{l} C_l^i P_{int\,r}^i (1 - P_{int\,r})^{l - i}$$

式(4.2.30)~式(4.2.33)和式(4.2.36)~式(4.2.40)给出了影响辐射源截获概率和漏批概率的因素,共有四个:一、单个脉冲的截获概率 P_{intm};二、脉冲不丢失概率 P_{nmis};三、可采集的最大脉冲数 N_{max};四、确定辐射源存在需要的最小连贯长度 r_{th}、最小聚类脉冲数 n_{th}、具有相同脉冲描述字的最小脉冲数和判断辐射源存在需要的最小数据处理帧数。这些影响因素有的属于侦察设备,有的属于被侦察辐射源,还有的属于信号环境。对于侦察方,有的是可控制的,有的是不可控制的。

估算第一~第三种检测方法的辐射源截获概率需要确定三个参数:一个辐射源去交错后的接收脉冲数 n,丢失脉冲数 m 和辐射源检测门限。辐射源检测门限是根据辐射源的先验信息和装备的性能参数预先确定的,不受实际信号环境影响。这里的 n 和 m 都是指期望值或平均值,它们不但与信号环境有关,还受侦察设备信号采集机制的影响。因作战环境不同,有的侦察设备限制一帧数据的采集时间,有的限制一个辐射源的采集脉冲数,还有的既限制一帧数据的采集时间又限制一个辐射源的采集脉冲数。下面分三种情况讨论 n 和 m 的估算方法。

雷达支援侦察设备从一个辐射源可接收的最大脉冲数与雷达天线是否扫描有关。设 t_d、$\theta_{0.5}$、n_a、F_r 和 T_r 分别为雷达支援侦察设备一帧数据的采集时间、被侦察雷达天线半功率波束宽度、天线转速(用每分钟的转数表示)、雷达脉冲重复频率和重复周期。对于搜索雷达或跟踪雷达的搜索状态,如果 $\theta_{0.5}/(6n_a) < t_d$,主瓣侦收设备可接收的最大脉冲数为

$$N_{\max} = \frac{\theta_{0.5} F_r}{6 n_a} \qquad (4.2.41)$$

对于单目标跟踪雷达的跟踪状态和 $\theta_{0.5}/(6n_a) \geqslant t_d$ 的搜索雷达，主瓣侦收设备可接收的最大脉冲数为

$$N_{\max} = \frac{t_d}{T_r} \qquad (4.2.42)$$

不管是脉冲检测概率引起的脉冲丢失，还是参数测量误差和脉冲重叠造成的脉冲丢失，都会影响截获指定辐射源的概率。对于只限制数据采集时间的侦察设备，由脉冲截获概率和最大可接收的脉冲数就能确定 n 和 m：

$$n = N_{\max} P_{\text{int} m} \qquad (4.2.43)$$

$$m = N_{\max} (1 - P_{\text{int} m}) \qquad (4.2.44)$$

$P_{\text{int} m}$ 为辐射源脉冲截获概率，由式(4.2.18)确定。若侦察设备的空域、频域宽开，即 $P_{\text{wind}} = 1$，上两式变为

$$n = N_{\max} P_{\text{ds}} P_{\text{nmis}} \qquad (4.2.45)$$

$$m = N_{\max} (1 - P_{\text{ds}} P_{\text{nmis}}) \qquad (4.2.46)$$

P_{nmis} 和 P_{ds} 分别为脉冲不丢失概率和脉冲检测概率，由式(4.2.16)和式(3.2.11)或式(3.2.12)确定。

为了防止高重频雷达的采集脉冲占据太多的存储空间或/和防止数据处理器过载，大多数侦察设备限制每个辐射源一帧数据的采集脉冲数。4.2.3.2 节说明，一个辐射源的丢失脉冲将在另一些地方以虚警形式出现。雷达支援侦察设备的虚警主要由丢失脉冲引起。去交错后虚警被去掉。如果限制一个辐射源一帧数据的采集脉冲数，虚警会减少一个辐射源的实际采集脉冲数。设一帧数据采集每个辐射源的脉冲数为 L，平均虚警概率为 P_{fam}，进入一个辐射源采集脉冲序列的虚警脉冲为 LP_{fam}。一个辐射源实际收到的脉冲数为

$$n = L(1 - P_{\text{fam}}) \qquad (4.2.47)$$

限制一个辐射源一帧数据的采集脉冲数并不能降低丢失脉冲的影响，丢失脉冲数为

$$m = L(1 - P_{\text{fam}})(1 - P_{\text{int} m}) \qquad (4.2.48)$$

其中 P_{fam} 由式(4.2.25)确定。从对侦察不利的角度考虑，上面的 n 只取整，m 按四舍五入取整。

如果辐射源多或信号环境复杂，只限制一帧数据的采集时间或只限制一个辐射源一帧数据的采集脉冲数都存在一些问题。大多数雷达支援侦察设备既限制一帧数据的采集时间，又限制一个辐射源的采集脉冲数。对于这种设备，不能简单的用上面的模型计算 n 和 m。如果 $LT_r < t_d$，则 n 和 m 分别由式(4.2.47)和式(4.2.48)确定。如果 $LT_r \geqslant t_d$，则先用式(4.2.42)确定 $N_{\max}$，然后把 $N_{\max}$ 代入式(4.2.43)和式(4.2.44)或式(4.2.45)和式(4.2.46)得此条件下的 n 和 m。

只有已知 t_d 和 L 时，才能用式(4.2.43)～式(4.2.48)确定 n 和 m。确定 t_d 和 L 是设计雷达支援侦察设备的工作内容之一。t_d 和 L 有确定关系，L 和 n 也有联系。确定 t_d 或 L 必须首先确定 n。要在规定信号环境中可靠截获所有需要的辐射源，必须从对侦察最不利的情况确定 n。由辐射源检测原理知，如果规定了一帧数据的采集时间，辐射源的脉冲重复频率越低，截获其脉冲数就会越

口的上、下门限。按照计算射频或脉冲重复频率识别概率的方法得脉宽识别概率：

$$P_{\text{disw}} = 2\phi\left(\frac{w_{\text{T}}}{\sigma_{\text{w}}}\right) \tag{4.2.63}$$

侦察设备对该辐射源的三参数识别概率为

$$P_{\text{dis}} = P_{\text{disf}} P_{\text{disF}} P_{\text{aisw}} \tag{4.2.64}$$

参数测量误差独立，被测量参数之间不相关。容易将固定三参数识别概率的计算方法推广到被测参数自身可变化的场合，也容易将其推广到采用更多识别参数的场合。

4.2.6　引导概率

所谓引导就是给干扰机或反辐射导引头指示要干扰或要攻击雷达及其平台的特征参数。指示参数又称引导参数。其来源有多种，有雷达支援侦察设备现场侦察得到的，有预先加载到干扰机的，还有雷达对抗装备的上级设备和操作员等提供的。多数雷达干扰机需要频域、空域（角度）、时域引导，有的还要求干扰调制样式（干扰样式及参数和调制方式）引导。要求侦察设备提供四种引导参数：一、频率；二、角度；三、干扰起止时间；四、干扰样式或雷达体制及其信号参数。引导反辐射武器一般需要四种参数：射频、角度、重频和脉宽。

绝大多数雷达支援侦察设备测量威胁存在的起止时间误差较小，加之现代干扰机有自身的时间瞄准机制，一般不需要精确的干扰起止时间引导。另外，只要识别成功，就能选择正确的干扰样式和干扰参数，因此，引导干扰机必不可少的参数是频率、方位角和仰角。这里将方位和仰角引导合称为角度引导。

与其他引导相比，雷达支援侦察设备引导干扰机比较特殊。引导的直接对象是干扰机，但是引导的效果只能从被干扰雷达反映出来。引导质量既受侦察设备参数测量误差的影响，又受干扰机瞄准受干扰雷达工作参数的能力影响。为了方便估算干扰效果，本书把引导分两部分，用两个参数表示。一部分是侦察设备对干扰机的引导，用引导概率表示效果；另一部份是干扰机对受干扰雷达工作参数的瞄准，用干扰瞄准概率表示效果。这一节只讨论引导概率。

在干扰机中，频率、角度引导独立，任何一项引导失败整个引导就会失败。因此，引导概率可定义为各引导参数各自落入被引导设备对应工作参数范围内的概率积。

多数有源干扰装备有转发、回答和应答三个干扰通道或三种干扰机，都需要干扰频率引导，但引导过程不完全相同。应答式干扰机用侦察设备现场测试获得的或战前加载的频率调谐自身振荡器的频率，使其输出十分接近受干扰雷达频率的信号，把该信号作为干扰载波，进行需要的调制后发射出去。判断引导好坏的标准只能是其上级设备即受干扰雷达的中放带宽，若干扰频率落入中放通频带内，则引导成功。为了减少无关信号的影响，转发式干扰通道设有只让受干扰雷达信号通过的窄带滤波器组或可调谐的带通滤波器。对于这类干扰机，要用侦察设备提供的频率选择窄带滤波器或调谐带通滤波器，只要将受干扰雷达信号引导到窄带滤波器或可调谐带通滤波器的通带内，就算引导成功，而且不会产生频率引导误差。回答式干扰机有射频存储器。数字射频储频在较窄的基带上进行，需要上下变频。为了提高储频信号的质量，用开关滤波器组将射频和基带输出细分成若干个小波段。这种频率引导包括两方面的内容：一、用侦察设备提供的受干扰雷达的频率选择本振（频率综合器），用于上下变频；二、用该频率选择小波段，滤除杂散和带外干扰。数字储频误差小，只要侦察设备能将射频引导到小波段或储频基带内，频率引导就会成功。

频率引导概率和识别概率的定义非常相似。如果把被引导设备的瞬时工作带宽当作识别用的比较窗口，那么计算识别概率的方法完全可用于计算频率引导概率，其数学模型在形式上与式（4.2.61）

相同。设 Δf_r 和 f_m 分别为被引导设备的瞬时工作带宽和中心频率，由式 (4.2.61) 得射频引导概率的数学模型：

$$P_{\text{guf}} = \int_{f_m - \Delta f_r/2}^{f_m + \Delta f_r/2} \frac{1}{\sqrt{2\pi}\sigma_f} \exp\left[-\frac{(f_i - f_m)^2}{2\sigma_f^2}\right] df_i = 2\phi\left(\frac{\Delta f_r/2}{\sigma_f}\right) = 2\phi\left(\frac{\Delta f_r}{2\sigma_f}\right) \qquad (4.2.65)$$

上一段说明不同干扰通道的瞬时工作带宽有不同的定义。对于应答式干扰机，Δf_r 为受干扰雷达的中放带宽；转发式干扰机的 Δf_r 为转发通道窄带滤波器或可调谐带通滤波器的带宽；回答式干扰机的 Δf_r 为数字储频的基带或开关滤波器的通频带。

有的雷达对抗装备只有 RWR 和无源干扰器材投放设备。常用的无源干扰器材为箔条或/和无源诱饵。它们的带宽大，不需要频率引导，这时可令频率引导概率为 1，即

$$P_{\text{guf}} = 1$$

有源干扰机的发射天线一般是定向的，为了覆盖较大的空域，干扰机要么用一个可控方向的定向天线，要么用多个窄波束定向天线共同覆盖要求的干扰空域。这种形式的天线需要发射角度引导。小平台的干扰机只需方位引导。大型平台或地面干扰机一般需要方位和仰角二维引导。如果干扰发射天线波束宽度与被干扰雷达的相差不大，可用干扰发射天线波束宽度判断引导是否有效。多数战术自卫干扰机的发射天线波束宽度大于受干扰雷达天线，这时只能用受干扰雷达天线半功率波束宽度判断发射角度引导是否有效。侦察设备测角误差的概率密度函数等效于角度引导概率密度函数，设方位和仰角测角误差相同等于 σ_ϕ，受干扰雷达天线的方位和仰角波束半功率宽度分别为 $\Delta\alpha$ 和 $\Delta\beta$，发射角度引导概率为

$$P_{\text{gue}} = 4\phi\left(\frac{\Delta\alpha}{2\sigma_\phi}\right)\phi\left(\frac{\Delta\beta}{2\sigma_\phi}\right)$$

应答式干扰机没有接收天线和接收机，可用上式估算角度引导概率。转发式和回答式干扰机既有定向的发射天线，又可能有定向的接收天线，两者都需要雷达支援侦察设备引导。设干扰接收天线的方位和仰角半功率波束宽度分别为 $\Delta\alpha_r$ 和 $\Delta\beta_r$，按照发射角度引导概率的计算方法得侦察设备对干扰接收角度的引导概率：

$$P_{\text{gur}} = 4\phi\left(\frac{\Delta\alpha_r}{2\sigma_\phi}\right)\phi\left(\frac{\Delta\beta_r}{2\sigma_\phi}\right)$$

把干扰机的接收天线和发射天线同时引导到受干扰雷达方向才算角度引导成功，回答式和转发式干扰机的角度引导概率为

$$P_{\text{gut}} = P_{\text{gue}}P_{\text{gur}} = 16\phi\left(\frac{\Delta\alpha}{2\sigma_\phi}\right)\phi\left(\frac{\Delta\beta}{2\sigma_\phi}\right)\phi\left(\frac{\Delta\alpha_r}{2\sigma_\phi}\right)\phi\left(\frac{\Delta\beta_r}{2\sigma_\phi}\right) \qquad (4.2.66)$$

小型自卫干扰平台常常只有一个无源干扰器材投放器，其投放方向固定，不需要干扰角度引导，可令角度引导概率为 1。大型自卫干扰平台有根据威胁方向投放干扰器材的能力，需要干扰方向引导。设要求干扰覆盖的方位和仰角范围分别为 $\Delta\alpha_{\text{ch}}$ 和 $\Delta\beta_{\text{ch}}$，侦察设备对无源干扰的角度引导概率为

$$P_{\text{gut}} = 4\phi\left(\frac{\Delta\alpha_{\text{ch}}}{2\sigma_\phi}\right)\left(\frac{\Delta\beta_{\text{ch}}}{2\sigma_\phi}\right) \qquad (4.2.67)$$

多数无源干扰不需要频率引导，式 (4.2.67) 就是无源干扰的引导概率。令 $P_{\text{gur}}=1$，式 (4.2.66)

就能用于应答式干扰机。因此式 (4.2.66) 就是有源干扰角度引导概率的通用模型。干扰引导概率是频率和角度引导概率之积，由式 (4.2.65) 和式 (4.2.66) 得雷达支援侦察设备引导有源干扰的概率：

$$P_{\text{guj}} = 32\phi\left(\frac{\Delta f_{\text{r}}}{2\sigma_f}\right)\phi\left(\frac{\Delta\alpha}{2\sigma_\phi}\right)\phi\left(\frac{\Delta\beta}{2\sigma_\phi}\right)\phi\left(\frac{\Delta\alpha_{\text{r}}}{2\sigma_\phi}\right)\phi\left(\frac{\Delta\beta_{\text{r}}}{2\sigma_\phi}\right) \tag{4.2.68}$$

反辐射武器的导引头由运载平台的雷达支援侦察设备或专用引导设备引导。导引头的引导过程和目标指示雷达引导跟踪雷达的过程十分相似，由引导设备提供要攻击雷达的载频、角度、重频、脉宽等参数。导引头只在角度和频率上搜索指示雷达，搜索仅在以引导参数为中心的小范围内进行，其搜索范围相当于跟踪雷达的捕获搜索区。其他引导参数用于设置只让指示参数通过的确认比较窗口。该窗口有一定宽度，也可等效成该参数的搜索范围。计算引导概率时可认为导引头要在所有引导参数上进行搜索。由于只有全部引导参数都进入导引头的搜索区或落入确认比较窗口内，才可能截获指定雷达，成功引导反辐射导引头的概率是各个引导参数落入对应搜索区或确认比较窗口内的概率积。

与侦察设备引导干扰机一样，影响引导反辐射导引头概率的因素是侦察设备的参数测量误差和导引头的搜索范围。侦察设备中心化后的参数测量误差服从 0 均值正态分布，方差为参数测量误差的平方。设反辐射导引头的频率、方位、仰角搜索范围分别为 Δf_{a}、$\Delta\alpha_{\text{a}}$ 和 $\Delta\beta_{\text{a}}$，重频和脉宽确认比较窗口宽度分别为 ΔF_{a} 和 Δw_{a}，按照式 (4.2.68) 的处理方法得侦察设备引导反辐射武器的概率：

$$P_{\text{gua}} = 32\phi\left(\frac{\Delta f_{\text{a}}}{2\sigma_f}\right)\phi\left(\frac{\Delta\alpha_{\text{a}}}{2\sigma_\phi}\right)\phi\left(\frac{\Delta\beta_{\text{a}}}{2\sigma_\phi}\right)\phi\left(\frac{\Delta F_{\text{a}}}{2\sigma_F}\right)\phi\left(\frac{\Delta w_{\text{a}}}{2\sigma_w}\right) \tag{4.2.69}$$

式中，σ_f、σ_ϕ、σ_F 和 σ_w 分别为引导设备的频率、角度、重频和脉宽测量误差。

4.2.7　参数测量精度或参数测量误差

雷达支援侦察设备的指标论证、验收测试和信号分选、识别的门限设置等都涉及参数测量误差或测量精度。雷达支援侦察设备要测量雷达信号的多个参数，如载频、到达角、到达时间（由脉宽和重频体现）、脉冲幅度等。每个参数的测量误差分两种，基于单个脉冲的和基于多脉冲平均的。前者影响信号分选，后者影响目标识别和对干扰、反辐射武器的引导。雷达支援侦察设备的参数测量能力包括参数测量种类、每种参数的测量范围和测量精度。参数测量种类及其范围由侦察设备的硬件确定，对侦察能力的影响较好确定。参数测量误差主要是随机误差，它是信噪比的函数，服从 0 均值正态分布。下面分别讨论角度、射频、脉冲重复频率和脉宽测量误差，确定它们与信噪比或信干比的函数关系。

1. 射频测量误差

和搜索雷达一样，侦察设备开环测量雷达信号参数。参考资料 [2～4] 研究了射频、角度的理论测量精度，其中测量射频的理论精度为

$$\sigma_f = \frac{\sqrt{3}}{\pi\tau\sqrt{S/N}} \tag{4.2.70}$$

式中，τ 和 S/N 分别为被测信号的射频脉冲宽度和信噪比。S 为信号功率，由侦察方程计算；N 为侦察接收机的内部噪声功率，等于

$$N = KT_{\text{t}}\Delta f_{\text{n}}F_{\text{n}}$$

其中，T_{t}、Δf_{n}、K 和 F_{n} 分别为接收机温度 (K)、等效噪声带宽、波尔兹曼常数 ($K = 1.38\times10^{-23}$ 焦

耳/度(K))和接收机的噪声系数。雷达支援侦察设备也会受到有意、无意的遮盖性干扰。如果遮盖性干扰功率 J 远大于 N，扣除干扰样式质量因素的影响后，可用信干比代替信噪比，此时的测频精度为

$$\sigma_{\mathrm{f}} = \frac{\sqrt{3}}{\pi \tau} \sqrt{\frac{J}{S}} \tag{4.2.71}$$

式(4.2.71)说明，在相同干信比或信噪比条件下，射频脉冲宽度越大，测频精度越高。在确定测频精度指标或论证测频精度以及验收测试时，应指明该指标对应的射频脉冲宽度。

2. 测角误差

测角误差与测角体制有关，侦察设备用得较多的测向体制有：最大或最小信号法测向、比幅测向和干涉仪测向。最大和最小信号法测向原理与雷达测角相同，可直接用雷达测角精度的模型评估侦察设备的测角精度。最小测角误差与天线口面场分布和口径尺寸有关。参考资料[3]用信噪能量比的形式给出了直径和边长为 D、口面场均匀分布的园形和矩形孔径天线的最小测角误差。本书用信噪比表示为：

$$\sigma_{\phi} = \begin{cases} \dfrac{2\lambda}{\pi D \sqrt{B\tau} \sqrt{S/N}} & \text{圆形孔径} \\[3mm] \dfrac{\sqrt{3}\lambda}{\pi D \sqrt{B\tau} \sqrt{S/N}} & \text{矩形孔径} \end{cases} \tag{4.2.72}$$

$B\tau$ 为被测信号的带宽时宽积。对于无脉内调制的常规脉冲雷达信号，$B\tau = 1$。λ/D 与天线波束半功率宽度 $\theta_{0.5}$ 的关系为

$$\theta_{0.5} = k\frac{\lambda}{D} \text{ 或 } \frac{\lambda}{D} = \frac{\theta_{0.5}}{k}$$

其中方位面 $k = k_{\mathrm{H}}$，俯仰面 $k = k_{\mathrm{E}}$，它们的值见表 3.7.1 和表 3.7.2。把式(4.2.72)的 λ/D 换成 $\theta_{0.5}/k$ 得：

$$\sigma_{\phi} = \begin{cases} \dfrac{2\theta_{0.5}}{\pi k \sqrt{B\tau} \sqrt{S/N}} & \text{圆形孔径} \\[3mm] \dfrac{\sqrt{3}\theta_{0.5}}{\pi k \sqrt{B\tau} \sqrt{S/N}} & \text{矩形孔径} \end{cases} \tag{4.2.73}$$

雷达支援侦察设备多数采用比幅测向体制。设相邻波束交点之间的角度宽度为 θ_0，一个测向波束的半功率宽度为 $\theta_{0.5}$，可用式(4.2.72)估算多信道比幅测向体制在 $\theta_0 \pm \theta_{0.5}/2$ 区域的测向误差。

干涉仪测向精度较高。设 d、θ 分别为最长基线的长度和信号入射方向与天线瞄准轴的夹角，如果只考虑机内噪声的影响且无测频误差时，一维多基线干涉仪测角精度为

$$\sigma_{\phi} = \frac{\lambda}{2\pi d \cos\theta \sqrt{S/N}} \text{（弧度）} \tag{4.2.74}$$

与测频精度一样，如果侦察设备受到人为遮盖性干扰，扣除干扰样式质量因素影响后，测角精度可用干信比表示为

$$\sigma_{\phi} = \begin{cases} \dfrac{2\lambda}{\pi D \sqrt{B\tau}} \sqrt{\dfrac{J}{S}} & \text{圆形孔径} \\[3mm] \dfrac{\sqrt{3}\lambda}{\pi D \sqrt{B\tau}} \sqrt{\dfrac{J}{S}} & \text{矩形孔径} \end{cases} \tag{4.2.75}$$

$$\sigma_\phi = \begin{cases} \dfrac{2\theta_{0.5}}{\pi k\sqrt{B\tau}}\sqrt{\dfrac{J}{S}} & \text{圆形孔径} \\[4mm] \dfrac{\sqrt{3}\theta_{0.5}}{\pi k\sqrt{B\tau}}\sqrt{\sqrt{\dfrac{J}{S}}} & \text{矩形孔径} \end{cases} \tag{4.2.76}$$

$$\sigma_\phi = \frac{\lambda}{2\pi d\cos\theta}\sqrt{\frac{J}{S}} \text{（弧度）} \tag{4.2.77}$$

测角精度是信噪比或干信比和雷达工作波长或载频的函数。在相同信噪比或干信比条件下，频率越高，测角精度越高，但波束越窄。在论证或验收或测试测角精度和角度测量范围时，要指明信号的频率或频率范围。

3. 脉宽测量误差

有多篇文章[4,6]介绍了测脉宽和重频的原理和方法。雷达支援侦察设备通过测量脉冲前、后沿过门限电平之间的时间间隔得到脉宽。这种方法的测量误差等效于测两次到达时间的误差。图 4.2.7 是在机内噪声或遮盖性干扰中的脉宽测量示意图。噪声或干扰使实际脉冲前沿过门限的时刻有别于无噪声影响的情况，两者过门限的时间差别就是脉冲前沿到达时间测量误差。测脉冲后沿过门限的时刻也有同样的问题。侦察设备的系统带宽一般大于信号带宽，即脉宽大于机内噪声的相关时间，可认为脉冲前、后沿过门限的时间偏差彼此独立。根据测脉宽的原理和有关的实际条件得脉宽测量误差。

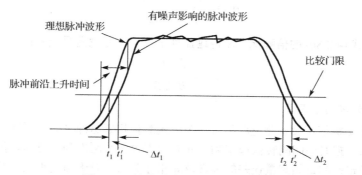

图 4.2.7　计算脉宽测量误差的示意图

图 4.2.7 中的 t_1、t_2 和 t_1'、t_2' 分别为无噪声和有噪声影响时，脉冲前、后沿过门限的时间。由此得有、无噪声影响时的脉宽测量值：

$$\tau' = t_2' - t_1' \text{ 和 } \tau = t_2 - t_1$$

脉宽测量误差为

$$\Delta\tau = |\tau - \tau'| = |(t_2 - t_1) - (t_2' - t_1')| = |(t_2 - t_2') - (t_1 - t_1')| = |\Delta t_1 - \Delta t_2|$$

Δt_1 和 Δt_2 分别为有、无噪声时，脉冲前、后沿过门限的时间差。两者都是随机变量，脉宽测量误差的方差为

$$\overline{(\Delta\tau)^2} = \overline{(\Delta t_1)^2} - 2\overline{(\Delta t_1)(\Delta t_2)} + \overline{(\Delta t_2)^2}$$

符号 $\overline{(*)}$ 表示求平均。因前、后沿测量误差独立，即 $\overline{(\Delta t_1)(\Delta t_2)} = 0$。此外，用同一装置测量 Δt_1 和 Δt_2，有相同的方差，脉宽测量方差可简化为

$$\overline{(\Delta\tau)^2} = \overline{(\Delta t_1)^2} + \overline{(\Delta t_2)^2} = 2\overline{(\Delta t)^2} \tag{4.2.78}$$

Δt 是噪声扰乱脉冲前、沿造成的。扰乱程度与脉冲上升时间、脉冲幅度和噪声电压有关。设 t_r、A 和 $n(t)$ 分别为无噪声影响时脉冲前沿上升时间或后沿的下降时间、脉冲幅度和噪声电压，它们与 Δt 的关系为

$$\frac{\Delta t}{t_r} = \frac{n(t)}{A}$$

$\overline{A^2}$ 和 $\overline{n(t)^2}$ 分别为信号功率和噪声功率，其比值为信噪比 S/N。由上式得 Δt 的方差：

$$\overline{(\Delta t)^2} = t_r^2 \frac{\overline{n(t)^2}}{\overline{A^2}} = \frac{t_r^2}{S/N} \tag{4.2.79}$$

把式(4.2.79)代入式(4.2.78)并作适当整理得脉宽测量误差：

$$\sigma_w = \frac{\sqrt{2}t_r}{\sqrt{S/N}} = \frac{\sqrt{2}}{B\sqrt{S/N}} \tag{4.2.80}$$

测脉宽在视频上进行，信号无脉内调制，t_r 的倒数就是信号瞬时带宽或侦察设备接收机的带宽，设其为 B。雷达支援侦察设备要测量多种信号带宽的脉冲宽度，系统带宽与信号带宽一般不匹配。所以 B 决定于两者中的较小者。设信号带宽为 B_s，侦察设备的系统带宽为 B_s'，则

$$B_s = \begin{cases} B_s & B_s \leqslant B_s' \\ B_s' & \text{其他} \end{cases}$$

用信干比 S/J 代替式(4.2.80)的信噪比 S/N 得遮盖性干扰下的脉宽测量误差：

$$\sigma_w = \frac{\sqrt{2}}{B}\sqrt{\frac{J}{S}} \tag{4.2.81}$$

4. 脉冲重复频率测量误差

绝大多数雷达支援侦察设备测重频的方法为：先测量相邻脉冲之间的时间间隔，再利用重频和脉冲间隔的关系，把时间间隔转换成重频。此方法等效于测两次到达时间。虽然该方法的原理简单，但不方便确定影响重频测量误差的因素及其相互关系。对于固定重频的等幅脉冲串，通过谐振滤波器能将其变为等幅正弦波。借助频率测量误差的计算方法，能方便的得到重频测量误差。当重频固定时，正弦波过 0 点的时间偏差 Δt 与其相位或频率测量误差一一对应，通过计算 Δt 能间接得到重频测量误差。下面用这种方法计算脉冲重复频率测量误差。

图 4.2.8 为计算重频测量误差的示意图。图中 T 为脉冲重复周期，A 为正弦波的振幅，Δt 为噪声引起的正弦波过 0 点的时间偏差。由测量重频的原理知，重频测量误差由图 4.2.8 前、后两个 Δt 引起。因脉冲间隔或重复周期远大于噪声的相关时间，两者的测量误差彼此独立，方差相等。重频测量误差等于正弦波频率测量误差的 $\sqrt{2}$ 倍。

正弦波 $A\sin(2\pi t/T)$ 过 0 点的偏差是噪声或遮盖性干扰引起的，偏差的大小与噪声电压和正弦波过 0 点的斜率之比成正比。对时间微分 $A\sin(2\pi t/T)$ 并令其等于 0，得正弦波过 0 点的斜率，其值为 $2\pi A/T$。设 $n(t)$ 为噪声电压，$\overline{n(t)^2}$ 为噪声功率，Δt 的方差为

$$\overline{(\Delta t)^2} = \frac{\overline{n(t)^2}}{(2\pi A/T)^2} = \frac{T^2}{(2\pi)^2} \frac{1}{S/N}$$

由重频测量误差 ΔF 与周期 T 和频率的关系得：

$$\Delta t = \frac{\Delta F}{F} T^2 = \Delta F T^2$$

根据测射频和测重频的差别，由上式得重频测量方差：

$$\overline{(\Delta F)^2} = 2 \frac{\overline{(\Delta t)^2}}{T^4}$$

把 $\overline{(\Delta t)^2}$ 代入上式并开方得脉冲重复频率测量误差：

$$\sigma_F = \frac{1}{\sqrt{2}} \frac{1}{\pi T} \frac{1}{\sqrt{S/N}} \tag{4.2.82}$$

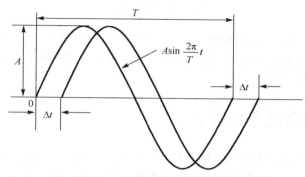

图 4.2.8　计算脉冲重复频率测量误差的示意图

式 (4.2.82) 说明重频测量精度与重频有关。重频越高，测量误差越大。在论证和验收测试有关指标时，一定要指出重频的数值或范围。如果要估算遮盖性干扰下的重频测量性能，只需用信干比替换上式的信噪比，可得该条件下的重频测量精度：

$$\sigma_F = \frac{1}{\sqrt{2}} \frac{1}{\pi T} \sqrt{\frac{J}{S}} \tag{4.2.83}$$

前面是侦察设备基于单个脉冲的参数测量误差。该设备一旦检测到辐射源，除提取仅存在于脉冲序列上的辐射源参数外，还要对该脉冲序列的脉冲参数进行平均，提高参数测量精度。设用 n 个脉冲的测量参数进行平均，上述参数的平均测量误差分别为

多脉冲的载频测量误差

$$\sigma_f = \frac{\sqrt{3}}{\pi \tau} \sqrt{\frac{J}{nS}} \tag{4.2.84}$$

多脉冲的测角误差

$$\sigma_\phi = \begin{cases} \dfrac{2\lambda}{\pi D \sqrt{B\tau}} \sqrt{\dfrac{J}{nS}} & \text{圆形孔径} \\[3mm] \dfrac{\sqrt{3}\lambda}{\pi D \sqrt{B\tau}} \sqrt{\dfrac{J}{nS}} & \text{矩形孔径} \end{cases} \tag{4.2.85}$$

$$\sigma_\phi = \begin{cases} \dfrac{2\theta_{0.5}}{\pi k \sqrt{B\tau}} \sqrt{\dfrac{J}{nS}} & \text{圆形孔径} \\[3mm] \dfrac{\sqrt{3}\theta_{0.5}}{\pi k \sqrt{B\tau}} \sqrt{\sqrt{\dfrac{J}{nS}}} & \text{矩形孔径} \end{cases} \tag{4.2.86}$$

多脉冲的干涉仪测角误差

$$\sigma_\phi = \frac{\lambda}{2\pi d \cos\theta} \sqrt{\frac{J}{nS}} \text{（弧度）} \tag{4.2.87}$$

多脉冲的脉宽测量误差

$$\sigma_w = \frac{\sqrt{2}}{B} \sqrt{\frac{J}{nS}} \tag{4.2.88}$$

多脉冲的重频测量误差

$$\sigma_F = \frac{1}{\sqrt{2}} \frac{1}{\pi T} \sqrt{\frac{J}{nS}} \tag{4.2.89}$$

　　根据侦察设备的参数测量误差和实际情况下的信噪比或信干比，可估算有关的参数测量误差。把实际条件下的参数测量误差代入识别概率、引导概率等模型得识别概率、引导干扰机和引导反辐射武器概率的实际数值。

4.3　雷达对抗装备的干扰能力

　　雷达对抗装备的干扰能力包括干扰瞄准能力、干扰能力(用干扰效果表示)。第一种能力由干扰设备自身的参数确定。后一种能力除了受自身性能影响外，还与受干扰装备的参数(如信号类型及其功率、跟踪器的类型和工作状态等)、保护目标的参数(雷达截面、运动情况)和装备的配置情况等有关。这里只讨论由干扰机自身性能决定的瞄准能力和影响干扰能力的干扰信号的功率利用率，其他的放到第7、第8两章讨论。

4.3.1　瞄准误差和瞄准概率

　　引导参数是侦察设备提供的，针对的是受干扰雷达，但是只能作用到干扰机上。能否达到引导的目的，取决于干扰机的有关能力，干扰瞄准误差和瞄准概率就是该能力的表示形式。由引导参数知，干扰必须瞄准受干扰雷达的频率和角度。如果要求一部干扰机同时对付多个威胁，除瞄频和瞄角外，还需要时间瞄准。瞄准误差定义为，要求干扰机的工作参数与实际工作参数的偏差。干扰机一般有频率瞄准误差和角度瞄准误差要求。这两个指标是装备固有的，与信噪比无关，从装备的说明书可查到。测试结果表明，此误差在持续干扰时间内的漂移较小，可忽略不计。但是对于相同的指定参数，这一次和下一次的瞄准偏差可能不同，是一随机变量。

　　瞄准概率定义为干扰参数与受干扰雷达对应瞬时工作参数范围的重合程度。由该定义知，瞄准概率不同于瞄准误差。瞄准误差是点对点的，与干扰频谱宽度或干扰波束宽度无关。实际上，干扰功率不是集中在一个点频或某个指向上的，它占有一定宽度，即使干扰的中心值没进入雷达对应瞬时工作参数的范围，仍有一定的干扰作用。为了表征干扰机的这种能力，本书引入了瞄准概率的概念。干扰瞄准概率也不同于干扰引导概率。引导概率是指定参数落入雷达或干扰机工作参数范围内的概率，是点对范围的问题。干扰瞄准概率是范围对范围，两者的计算方法有所不同。

　　瞄准概率分频率、角度(包括方位和仰角)和时间三种。三个参数的瞄准概率共同影响干扰效果。三者相互独立，可用三个参数的瞄准概率之积表示干扰瞄准概率。频率瞄准概率定义为干扰信号的带宽与受干扰雷达接收机中放带宽的重叠程度。角度瞄准概率为干扰波束半功率宽度与受干扰雷达接收天线半功率波束宽度的重叠程度。时间瞄准概率定义为干扰时间与雷达脉冲宽度的重合程度。由瞄准概率的定义知，频率瞄准概率与干扰信号带宽、雷达中放带宽、干扰信号的中心频率与雷达接收机中心频率或雷达射频信号中心频率之差有关。角度瞄准概率与干扰天线波束宽度、雷达接收天线波束宽度和两波束瞄准轴指向间的夹角有关。时间瞄准概率受干扰持续时间和雷达脉冲宽度的影响。

只有进入雷达接收机输入端线性区通频带(一般为雷达中放带宽)内的干扰功率才有干扰作用，其他部分将被浪费。设 f_j、Δf_j、f_0 和 Δf_r 分别为干扰信号的中心频率、干扰信号瞬时带宽、雷达接收机中放中心频率和中放带宽，还假设干扰带宽和雷达中放带宽都是矩形，频率瞄准概率近似为

$$P_{\text{shf}} = (\Delta f_r \cap \Delta f_j) / \Delta f_r \tag{4.3.1}$$

雷达信号中心频率和干扰信号中心频率之差就是瞄频误差，即

$$\sigma_{\text{fj}} = \left| f_0 - f_j \right|$$

式(4.3.1)可用瞄频误差表示成另外一种形式：

$$P_{\text{shf}} = \begin{cases} 0 & \sigma_{\text{fj}} \geqslant (\Delta f_j + \Delta f_r)/2 \\ \dfrac{\Delta f_r + \Delta f_j - 2\sigma_{\text{fj}}}{2\Delta f_r} & \dfrac{\left|\Delta f_j - \Delta f_r\right|}{2} \leqslant \sigma_{\text{fj}} < \dfrac{\Delta f_j + \Delta f_r}{2} \\ 1 & \text{其他} \end{cases} \tag{4.3.2}$$

转发式干扰无瞄频误差，$\Delta f_r \cap \Delta f_j = \Delta f_r$ 的关系成立，由式(4.3.1)式得

$$P_{\text{shf}} = \begin{cases} \Delta f_j / \Delta f_r & \Delta f_j < \Delta f_r \\ 1 & \text{其他} \end{cases} \tag{4.3.3}$$

转发式和回答式干扰需要实时接收雷达信号，干扰接收天线需要根据干扰对象的发射方向调整，存在接收角度瞄准问题。设雷达收、发共用一套天线，干扰接收天线和雷达天线波束形状都是矩形，两天线波束半功率宽度分别为 $\Delta\phi_r$ 和 $\Delta\phi$，两天线重叠部分的宽度与雷达天线波束宽度之比即为干扰机的接收角度瞄准概率：

$$P_{\text{shr}} = \frac{(\Delta\phi \cap \Delta\phi_r)}{\Delta\phi}$$

设接收角度瞄准误差为 σ_ϕ，上式可表示为

$$P_{\text{shr}} = \begin{cases} 0 & \sigma_\phi \geqslant (\Delta\phi + \Delta\phi_r)/2 \\ \dfrac{\Delta\phi + \Delta\phi_r - 2\sigma_\phi}{2\Delta\phi} & \dfrac{\left|\Delta\phi - \Delta\phi_r\right|}{2} \leqslant \sigma_\phi < \dfrac{\Delta\phi + \Delta\phi_r}{2} \\ 1 & \text{其他} \end{cases}$$

应答式干扰机不需要实时接收雷达信号，没有接收角度瞄准问题，可令 $P_{\text{shr}} = 1$。设干扰发射天线波束形状为矩形，宽度为 $\Delta\phi_j$；三个干扰通道共用发射天线时，按照接收角度瞄准概率的估算方法得干扰机发射角度瞄准概率：

$$P_{\text{sh}\phi} = \frac{(\Delta\phi \cap \Delta\phi_j)}{\Delta\phi}$$

设发射角度瞄准误差为 σ'_ϕ，上式可表示成另一形式：

$$P_{sh\phi} = \begin{cases} 0 & \sigma'_\phi \geq (\Delta\phi + \Delta\phi_j)/2 \\ \dfrac{\Delta\phi + \Delta\phi_j - 2\sigma'_\phi}{2\Delta\phi} & \dfrac{|\Delta\phi - \Delta\phi_j|}{2} \leq \sigma'_\phi < \dfrac{\Delta\phi + \Delta\phi_j}{2} \\ 1 & 其他 \end{cases} \quad (4.3.4)$$

时间瞄准概率与干扰机对付多威胁的机制有关。雷达干扰机对付多威胁的机制有两种：信号跟踪和时分割。信号跟踪器预测每一部受干扰雷达的脉冲到达时间，提前每个接收脉冲一定时间产生干扰窗口。发射机仅在出现干扰窗口时才发射针对该雷达的干扰。干扰窗口比雷达脉冲重复周期小得多，如果受干扰雷达虽然较多，但其脉冲不同时到达且其干扰窗口不重叠，这种方式能使每部雷达的每个脉冲都受到干扰，相当于一部干扰机同时干扰多部雷达。信号跟踪器同一时刻只能产生一个干扰窗口，干扰一部雷达。当受干扰雷达较多时，多信号同时到达不可避免，中断对某部雷达的干扰是不可避免的。不同雷达的发射脉冲是异步的，它们的发射脉冲在信号跟踪器输入端构成泊松流。设平均脉冲流强度为 $\bar{\lambda}$，干扰窗口的平均宽度为 T_j，用 $\bar{\lambda}$ 和 T_j 代替式 (4.2.10) 中的 λ 和 t' 得雷达的平均受干扰概率，也就是干扰机在时间上对准特定目标回波的概率：

$$P_{sht} = \frac{\bar{\lambda} T_j \exp(-\bar{\lambda} T_j)}{1 - \exp(-\bar{\lambda} T_j)} \quad (4.3.5)$$

设第 i 部受干扰雷达的重频为 F_{ri}，要求同时干扰 n 部雷达，则

$$\bar{\lambda} = \sum_{i=1}^{n} F_{ri}$$

信号跟踪器适合自卫干扰，掩护干扰较难采用。在不能采用信号跟踪器的地方，可用时分割技术对付多威胁。时分割就是在时间上轮流干扰不同的雷达，任一时刻只干扰其中的一部。和信号跟踪机制一样，不同威胁级别的雷达，可给予不同的干扰时间。就每部受干扰雷达而言，干扰时间长度固定，而且是周期的。这种机制对于每一部受干扰雷达来说相当于通断式干扰。如果忽略雷达接收机恢复时间对通断干扰的影响，第 i 部雷达的受干扰概率近似为

$$P_{sht} = \tau_i / T \quad (4.3.6)$$

T 为干扰周期，τ_i 为 T 时间内对第 i 部雷达的持续干扰时间或瞄准该雷达的干扰时间。设参与时分干扰的雷达数为 n，则 T 等于：

$$T = \sum_{i=1}^{n} \tau_i$$

频率、接收角度、发射角度和干扰时间四个参数独立瞄准，任何一个参数没瞄准都会影响干扰效果，干扰机的瞄准概率为

$$P_{sho} = P_{shf} P_{shr} P_{sh\phi} P_{sht} \quad (4.3.7)$$

如果只有无源干扰设备，如箔条和箔条弹投放器等。这些器材的干扰带宽大，持续干扰时间长，在持续作用时间内，可同时干扰多威胁，频率和时间瞄准概率近似为 1。对于小平台如飞机的自卫干扰，无源干扰一般不需要干扰方位瞄准。某些大型平台的无源干扰需要方位瞄准。方位瞄准概率的计算方法同有源干扰。无源干扰设备的干扰瞄准概率可简化为

$$P_{sh} = \begin{cases} P_{sh\phi} & 大型平台 \\ 1 & 小型平台 \end{cases} \quad (4.3.8)$$

4.3.2　干扰信号的功率利用率

当干扰样式的品质因素确定后，可从两方面提高干扰效果：一方面是提高干扰机或干扰发射机的功率利用率，另一方面是提高干扰信号的功率利用率。第六章将定义干扰机或干扰发射机的功率利用率。干扰信号的功率利用率定义为，干扰机输出信号功率中的有用干扰功率与总输出功率之比。设干扰机输出的有用干扰信号功率为 P_{as}，总输出功率为 P_{sj}，干扰信号的功率利用率为

$$P_{pa} = P_{as} / P_{sj} \tag{4.3.9}$$

不同的干扰机或干扰通道(转发式、回答式和应答式)有不同的干扰信号功率利用率。同种干扰机或干扰通道使用不同的干扰样式也会有不同的干扰信号功率利用率。

转发式干扰通道把接收的要干扰雷达的信号作为干扰样式的载体，对其进行需要的调制，经放大后发射出去。根据干扰信号功率利用率的定义，可估算转发式干扰信号的功率利用率。假设干扰机不加任何调制，纯粹转发接收的雷达信号。设转发通道的幅频特性为矩形，瞬时带宽和功率放大倍数分别为 B_j 和 g_p，雷达信号带宽为 B_s，转发通道的总输出功率为

$$P_{sj} = g_p (B_j N_0 + S_0)$$

N_0 为折算到转发式干扰通道输入端的机内噪声功谱密度，S_0 为干扰机输入端的目标回波功率。在干扰机的总输出功率中有用干扰信号的功率为 $g_p S_0$。转发式干扰通道的干扰信号功率利用率为

$$P_{pa} = \frac{g_p S_0}{g_p (B_j N_0 + S_0)} = \frac{S_0}{B_j N_0 + S_0} = \frac{S/N}{1 + S/N} \tag{4.3.10}$$

其中 S/N 为转发通道的输入信噪比，等于

$$\frac{S}{N} = \frac{S_0}{B_j N_0}$$

式 (4.3.10) 只考虑了转发式干扰通道内部噪声的影响。这种干扰机带宽大，大量无关信号能进入发射机，将进一步降低这种干扰机的干扰信号功率利用率。设输入有用信号功率与无关信号功率之和的比为 K，其他参数与只有机内噪声时的相同。按照前面的分析方法得此时的干扰信号功率利用率：

$$P_{pa} = \frac{S/N}{1 + (K+1)S/N}$$

欺骗性干扰和雷达信号相似，式 (4.3.10) 相当于用欺骗性样式时转发通道的干扰信号功率利用率。如果转发通道采用噪声调制样式，有用信号功率包括两部分：噪声已调波占用的功率和与其带宽重合的机内噪声部分的功率。设已调信号功谱为矩形，转发通道输入端的干扰功谱密度为 N_j，带宽为 B_n，干扰机输出的有用信号功率为 $g_p B_n N_j + g_p B_n N_0$，总输出功率为 $g_p B_n N_j + g_p B_j N_0$，此通道的干扰信号功率利用率为

$$P_{pa} = \frac{g_p B_n N_j + g_p B_n N_0}{g_p B_n N_j + g_p B_j N_0} = \frac{J/N + B_n/B_j}{1 + J/N} \tag{4.3.11}$$

J/N 为转发通道的干噪比，定义为

$$\frac{J}{N} = \frac{B_n N_j}{B_j N_0}$$

上面的分析表明提高发射机的输入信噪比和信杂比，都能提高转发式干扰通道的干扰信号功率利用率。其方法是用窄带滤波器把 B_j 和输入信号限制在有用干扰信号的频带内。

回答式干扰通道只取受干扰雷达信号的射频并存储起来，待需要时才取出经调制和放大后发射出去。为此需要记忆雷达信号载频的装置。记忆雷达信号载频的工作为储频。目前用得较多的是数字储频。储频花的时间很短，甚至等于雷达脉冲的前沿，一旦完成储频，可立即实施干扰。只要脉内射频固定，它能实现逐个脉冲存储和逐个脉冲干扰。从本质上看机内噪声对回答式干扰的影响与转发式干扰相似。回答式干扰通道的内部噪声为射频噪声，与输入的雷达信号迭加形成合成信号，合成信号的幅度和相位都含有机内噪声的信息。只要把式(4.2.12)中的 U_1、U_2 分别换成回答式干扰通道接收的雷达信号振幅 U_s 和该通道的机内噪声电压 $u_n(t)$，就能得到噪声与雷达信号的迭加结果：

$$u_{sn}(t) = U_{sj}\cos(\omega_s t + \phi_{sn})$$

合成信号的包络 U_{sj} 和相位 ϕ_{sn} 分别为：

$$\begin{cases} U_{sj} = \sqrt{u_n^2(t) + U_s^2 + 2u_n(t)U_s\cos\phi_\Sigma} \\ \phi_{sn} = \phi_s - \text{arctg}[\dfrac{U_s\sin\phi_\Sigma}{u_n(t) + U_s\cos\phi_\Sigma}] \end{cases} \tag{4.3.12}$$

其中

$$\phi_\Sigma = \phi_s - \phi_n$$

ϕ_s、ω_s 和 ϕ_n 分别为雷达信号的初相、角频率和噪声的初相。如果雷达信号功率远大于机内噪声功率，式(4.3.12)近似为

$$\begin{cases} U_{sj} \approx u_n(t) + U_s\cos\phi_\Sigma \\ \phi_{sn} \approx \phi_s - \phi_\Sigma \end{cases} \tag{4.3.13}$$

目前有两种类型的数字射频存储器：一种为幅度量化，另一种为相位量化。上两式表明，两信号迭加部分的幅度和相位都具有噪声的随机性。无论采用哪种数字储频，接收机内部噪声都会影响储频输出信号的质量。

幅度量化数字射频存储器原原本本的把合成信号的振幅、载频和初相采存下来，骑在信号上的机内噪声也被完整存储下来。如果不计干扰时间延迟和量化噪声的影响，这种回答式干扰信号的功率利用率与转发式干扰相似，等于：

$$P_{pa} = \frac{S_m / N_m}{1 + S_m / N_m} \tag{4.3.14}$$

式中，S_m 和 N_m 分别为储频采存的雷达信号功率和回答式干扰通道的机内噪声功率。若采用遮盖性样式并假设已调波具有矩形频谱，由式(4.3.11)的分析方法得干扰信号的功率利用率：

$$P_{pa} = \frac{J_m / N_m + B_m / B_j}{1 + J_m / N_m} \tag{4.3.15}$$

式中，J_m、B_m 和 B_j 为被调制机内噪声进入有用信号带宽内的功率、已调波带宽和回答式干扰通道的带宽。

相位量化数字射频存储对输入信号要进行适当限幅。限幅会损失合成信号的幅度信息，从而影响干噪比。已经证明[7]若限幅器输入信噪比远小于 1，限幅器输出、输入信噪比之比为 π/4。若限幅器输入信噪比远大于 1，输出、输入信噪比之比为 2。其他情况介于 π/4 和 2 之间。利用有关结果可得相位量化数字射频存储回答式干扰通道的干扰信号功率利用率。设限幅器输出、输入干噪比之比为 R_{jn}，用 $R_{jn}S_m$ 和 $R_{jn}J_m$ 替换式（4.3.14）和式（4.3.15）中的 S_m 和 J_m 得采用欺骗性样式时干扰信号的功率利用率：

$$P_{pa} = \frac{R_{jn}S_m / N_m}{1 + R_{jn}S_m / N_m} \tag{4.3.16}$$

采用遮盖性干扰样式时干扰信号的功率利用率为

$$P_{pa} = \frac{R_{jn}J_m / N_m + B_m / B_j}{1 + R_{jn}J_m / N_m} \tag{4.3.17}$$

上面只分析了机内噪声对两种数字射频存储器输出信号质量的影响。数字储频在基带进行，需要多次变频，将出现大量杂散信号，严重影响储频质量。另外与有用信号处于同于基带的无关信号也会影响储频质量。用窄带滤波器组将储频输入信号限制在储频的基带内能降低机内噪声和外部杂散信号的影响。对数字储频的输出进行窄带滤波可降低内部杂散的影响。

应答式干扰通道不需要实时接收雷达信号，而且干噪比非常高，其干扰信号的功率利用率近似为 1。

4.4　雷达对抗装备的综合作战能力

雷达对抗装备的作战任务包括威胁告警、干扰和反辐射攻击。告警任务由雷达支援侦察设备独立承担。干扰任务由雷达支援侦察设备和干扰机共同完成。反辐射攻击任务由雷达支援侦察设备和反辐射导引头共同完成。三项任务对应着三种能力：告警能力、干扰能力和反辐射攻击能力。

告警能力由脉冲截获能力、信号分选能力、辐射源检测能力和威胁识别能力组成。检测辐射源的能力包括脉冲截获能力和信号分选能力。如果规定了增批、漏批指标，雷达支援侦察设备的综合告警能力可用辐射源截获概率 P_{intr} 和威胁识别概率 P_{dis} 之积表示为

$$P_{rw} = P_{intr}P_{dis} \tag{4.4.1}$$

雷达支援侦察设备引导反辐射导引头和干扰机的过程有较大差别。干扰机只要引导成功就能成功实施干扰。雷达支援侦察设备或专用引导设备只需把攻击辐射源引导到导引头的截获搜索区或确认比较窗口内就算引导成功。导引头能否截获此辐射源取决于自身的截获、识别和参数测量能力。除搜索范围较小外，导引头搜索指定辐射源的过程与侦察设备搜索目标相似。根据导引头的技术参数、工作环境参数等，按照计算雷达支援侦察设备截获和识别辐射源概率的方法可得导引头捕获指定辐射源的概率，具体方法见 4.2.4.1 节、4.2.4.3 节和 4.2.5 节。设导引头截获和识别指定辐射源的概率为 P_{intra} 和 P_{disa}，它截获该辐射源的概率为

$$P_{inta} = P_{intra}P_{disa} \tag{4.4.2}$$

反辐射攻击能力除导引头自身截获和识别指示辐射源的能力外，还包括雷达支援侦察设备的告警能力和引导能力。由此得反辐射攻击能力：

$$P_{zsa} = P_{rw}P_{inta}P_{disa}P_{gua} = P_{intr}P_{dis}P_{inta}P_{disa}P_{gua} \tag{4.4.3}$$

告警概率和引导概率分别由式(4.4.1)和式(4.2.69)确定。

雷达对抗装备的干扰能力包括告警能力、引导能力和瞄准能力等。影响雷达干扰能力的主要因素有：侦察设备的辐射源截获概率 P_{intr}、识别概率 P_{dis}、干扰引导概率 P_{guj}、瞄准概率 P_{sho} 和干扰信号功率利用率 P_{pa}。设干扰机自身能达到的干扰有效性为 E，雷达对抗装备的综合干扰能力为

$$P_{zsj} = P_{intr}P_{dis}P_{guj}P_{sho}P_{pa}E \tag{4.4.4}$$

E 的具体模型将在第 7、第 8 两章讨论。除 P_{pa} 和 E 外，式(4.4.4)中其他部分之积为雷达的受干扰概率，可表示为

$$P_{jam} = P_{intr}P_{dis}P_{guj}P_{sho} \tag{4.4.5}$$

如果雷达支援侦察部分成为受干扰对象，那么式(4.4.5)就是其受干扰概率，也是侦察干扰效果。

4.5　雷达对抗装备的可干扰环节和干扰样式

雷达对抗装备的侦察、干扰部分是可干扰的，反辐射武器的导引头也是可干扰的。干扰雷达支援侦察设备是值得的，它是反电子侦察、反电子干扰和抗反辐射攻击的有效手段，其作用不亚于雷达干扰。与雷达干扰相比，干扰雷达支援侦察设备的样式少、难度大。

4.5.1　可干扰环节和干扰难度

凡是依赖从外界电磁环境获取信息的无线电电子设备都是可干扰的。凡是有意危害对方作战行动的无线电电子设备都可能遭到人为有意干扰。雷达对抗装备通过接收工作环境中的电磁辐射信号获取敌友我作战态势。为己方制定作战行动策略提供依据，为干扰和反辐射攻击指示目标，有针对性地实施干扰和反辐射攻击，其行为严重影响对方的作战行动。早期的雷达对抗装备不能引导武器，当时的干扰技术也难以对付它，没有引起雷达领域和雷达对抗界的太多注意。主要采取被动的战术和技术措施减轻干扰的影响。随着科学技术的发展，雷达对抗装备已从侦察和干扰发展到杀伤性武器的引导和投放，从单纯的软杀伤发展成软硬杀伤兼而有之的装备，给对方的人员、装备构成严重威胁，必将导致对方从被动防御转为主动出击。雷达对抗装备遭受电子干扰是迟早的事。

雷达对抗装备的支援侦察和干扰部分都是可干扰的。雷达支援侦察设备宽开接收雷达信号，伴随雷达信号的有意、无意干扰很容易进入这种设备。干扰不但能进入雷达对抗装备，还会影响其工作质量。遮盖性和欺骗性干扰几乎能同时影响雷达支援侦察的辐射源截获、威胁识别以及干扰和反辐射引导概率。雷达干扰部分有多个干扰通道，其中的转发式和回答式干扰通道需要实时接收雷达信号才能工作，干扰能进入这两个通道。遮盖性干扰能使其无法提取保护雷达的工作参数，欺骗性干扰会给予错误的信号参数，都能降低保护雷达的受干扰概率。反辐射导引头需要连续跟踪辐射源，必须实时接收被跟踪雷达的信号，从中提取要攻击雷达的角度信息，干扰不难进入反辐射导引头。反辐射导引头的组成和信号处理过程与侦察设备相似，能干扰雷达支援侦察设备的样式基本上都能干扰反辐射导引头。干扰能使反辐射导引头不能捕获目标进入跟踪状态，也能使其跟踪虚假辐射源，还能使其脱靶。雷达对抗系统的支援侦察部分、干扰部分的转发式和回答式通道以及反辐射导引头是其可干扰环节。

雷达支援侦察设备为单通道系统，频域、时域宽开，只需简单的方位引导，干扰就能进入其内。该设备接收雷达信号，干扰雷达的大多数样式适合它。同种样式能干扰它的多个环节，能获得多种干扰效果。侦察设备内部是串联功能结构，只要有效干扰其中的一个环节，就能使侦察部

分不能完成作战任务。在雷达对抗系统中，侦察、干扰和反辐射攻击构成串联工作模式。没有雷达支援侦察设备的告警和引导，不能实施有针对性的干扰和反辐射攻击。只要有效干扰雷达支援侦察就能完全阻止敌方对保护雷达的侦察、干扰和反辐射攻击。

雷达干扰部分要辐射电磁波，是有源设备。雷达对抗装备不但能发现和定位它，还能进行干扰和反辐射引导，容易实施有针对性的干扰和反辐射攻击。一般雷达干扰机有三个独立干扰通道，其中的应答式干扰通道不需要实时接收雷达信号就能实施干扰，可以说它是不可干扰的。因此，即使干扰能使转发式和回答式干扰通道完全丧失干扰能力，也不能完全阻止雷达对抗装备施施侦察、干扰和反辐射攻击。此外，尽管转发式和回答式干扰通道是可干扰的，因无法准确知道当前使用的是否为可干扰通道，难以获得预期的干扰效果。

反辐射导引头虽然是单通道系统，也需要实时接收雷达信号，但是其瞬时空域、频域、脉宽和重频工作范围很窄，干扰该设备需要多参数精确引导。反辐射导引头是无源设备，雷达支援侦察设备和专用引导设备不能获取其工作参数，无法引导干扰机实施有针对性的干扰。这也是目前主要用特殊措施对抗反辐射武器的重要原因。此外，干扰反辐射武器并不能阻止雷达对抗装备对保护目标实施侦察、干扰。

前面的分析说明雷达支援侦察部分不但是雷达对抗系统的可干扰环节，还是其关键环节。单独干扰该部分有可能完全阻止敌方对保护目标的侦察、干扰和反辐射攻击。干扰雷达对抗系统的其他部分不可能获得那样的效果。从侦察部分在雷达对抗中的作用和地位看，干扰它是非常值得的。因此，本书只讨论干扰雷达支援侦察部分的有关问题。下面简称此种干扰为侦察干扰。

虽然雷达支援侦察部分、干扰机的转发式和回答式干扰通道以及反辐射导引头都是可干扰的，但是与雷达干扰相比，干扰难度相差很大，具体体现在以下几个方面。

（1）需要其他信息设备支持才能对雷达支援侦察部分实施先发制人的干扰，否则将遭受损失。雷达要工作必须发射信号，干扰方很容易发现雷达的存在及其工作参数。既能把握干扰时机，又能实施有针对性的干扰。雷达对抗装备对干扰最敏感的环节是侦察部分。它是无源设备，只接收信号不辐射信号，干扰方难以发现它的存在。如果无其他信息支持，只有对方实施干扰时才能发现它。如果受干扰后才采取对抗措施，已是马后炮，较难避免第一波电子攻击造成的损失。因为施放干扰表示对方已掌握己方辐射源的准确情报，需要从多方面努力才能改变被动局面。

（2）有效干扰需要很大的等效辐射功率。在雷达干扰中，干扰走单程，目标回波走双程，干扰有距离优势。可显著减少对干扰功率的需求，有效干扰需要的干扰等效辐射功率比受干扰雷达的低得多。然而，无论干扰雷达对抗装备的侦察部分、干扰部分还是反辐射导引头，干扰和保护雷达信号都走单程，干扰失去了距离优势。失去距离优势意味着有效干扰需要很大的等效辐射功率。

（3）对抗手段和战术使用方式都少。对付雷达既可用有源、无源干扰样式进行软杀伤，也可用反辐射武器进行硬摧毁。雷达支援侦察设备是无源的，不辐射电磁信号，无源干扰和反辐射攻击对此无能为力。雷达干扰的战术使用方式有自卫、随队掩护和远距离支援干扰。雷达支援侦察接收机灵敏度低，只接收雷达和干扰的直射波，干扰难以形成大的压制扇面，远距离支援干扰和随队掩护干扰的效果很有限。雷达支援侦察设备的瞬时频域、空域非常宽，干扰机几乎无法完全覆盖它。因此侦察干扰主要用于保护特定目标，以自卫干扰为主。不要期望干扰能使雷达支援侦察设备完全丧失辐射源探测能力。

（4）可用干扰样式少。具体内容详见 4.5.2 节。

雷达有相参或非相参信号积累作用，可显著降低遮盖性干扰效果。侦察设备要检测单个脉冲，只要等效辐射功率相同，不管是保护相参雷达或是非相参雷达，达到相同干扰效果需要的干信比相同。这是对侦察干扰有利的因素。

4.5.2　可用的干扰样式或干扰技术

雷达和雷达支援侦察设备都要接收电磁波。雷达既发射信号又接收信号，但只接收自己发射的经目标反射回来的信号，信号类型少，参数范围窄。雷达支援侦察设备只接收信号不发射信号，但接收信号的类型多，参数范围宽，能适应密集的信号环境。雷达和雷达支援侦察设备都要检测目标。前者基于脉冲或多脉冲积累检测目标，后者基于脉冲序列检测辐射源。两种设备的组成、工作方式和工作参数范围差别很大，使得雷达干扰样式不完全适合侦察干扰。

雷达干扰样式分有源、无源两大类。无源诱饵、箔条偶极子等只向照射源方向反射信号。雷达支援侦察设备不发射信号，只接收辐射源的发射信号，无源干扰样式对它几乎无干扰作用。

雷达干扰常用的有源遮盖性样式有噪声调频或调相，噪声调幅，射频噪声和高密集杂乱脉冲串。噪声调频或调相干扰为等幅波，自身没有幅度起伏成分，不能掩盖规则的雷达信号。6.2.1.4节将介绍把它变成类似噪声波形的原理和条件。一般战术雷达接收机的带宽较窄，即使满足形成较好起伏成分的条件，干扰功率也不算太分散。无论侦察部分还是干扰部分的可干扰通道的瞬时带宽都很大，最小的也上百兆赫兹，远大于雷达接收机的通频带。要使等幅噪声调频、调相波通过它后能形成类似噪声的起伏波形，已调波的带宽大得惊人，干扰功率的分散程度无法容忍。

噪声调幅波自带起伏成分，但干扰带宽难以做宽，只适合干扰窄带雷达。射频噪声的带宽可以做得很大，能压制宽带、窄带雷达信号。这两种样式的共同问题是干扰机的功率利用率低。

高密集等幅杂乱脉冲串有很多特点，是雷达常用的遮盖性干扰样式之一。该样式通过雷达接收机后也能形成类似噪声的起伏波形，有遮盖性干扰作用。雷达支援侦察设备的带宽大，高密集杂乱脉冲串通过它后，不会形成类似噪声的干扰波形，而是以脉冲形式出现。这里的主要干扰作用是使侦察设备丢失保护目标的脉冲，从而降低辐射源检测概率，增加虚警和漏警概率。杂乱脉冲串越密，干扰效果越好。

雷达干扰用的有源欺骗性样式较多，如有源诱饵、拖引式欺骗干扰、多假目标等。雷达支援侦察设备有很强的信号处理能力，能适应密集的信号环境。有源诱饵和单假目标拖引式欺骗干扰因目标少，几乎不影响雷达支援侦察设备截获和识别雷达辐射源。和雷达干扰相比，多假目标干扰雷达支援侦察设备的作用也要打折扣。它很难使信号处理器过载，对检测真目标概率的影响较小。尽管如此，高密集多假目标仍然是侦察干扰的较好干扰样式。它具有高密集杂乱脉冲串的全部干扰作用。此外，它能形成大量假辐射源，可增加侦察设备录取假目标丢失真目标的概率，也能降低用保护雷达参数引导干扰机和反辐射武器的概率。

噪声双调频干扰技术能克服噪声调幅和射频噪声的问题。这种干扰机有两部功率相同的发射机，干扰信号为不相关的噪声调频或调相波。对每部干扰机来说都工作在等幅波状态，可充分利用发射器件的功率。与噪声调频或调相波不同，其幅度起伏成分不是通过受干扰设备形成的，其质量也不受外界影响。它的起伏成分是两信号自身叠加形成的。因调制噪声不相关，两干扰机的瞬时频率或相位不同，它们在空间的合成波形不但是调幅波，而且起伏特性与调制噪声相似，有较高的品质因素。此外，其干扰带宽可宽可窄，很容易控制。是侦察干扰的较好干扰样式。

虽然反辐射导引头的组成和工作原理与雷达支援侦察设备相似，但是其工作方式和要求与雷达支援侦察设备不完全相同，可用的干扰技术也不完全相同。雷达支援侦察设备对所有雷达信号感兴趣，对发现概率要求较高。导引头只对指定目标感兴趣，只跟踪一个目标，但对跟踪精度要求较高。为了提高跟踪精度，需要连续跟踪目标。针对反辐射导引头只跟踪单目标且连续跟踪的特点和雷达支援侦察设备难以对其告警和引导的问题，目前对抗反辐射武器的主要措施有：雷达关机、雷达诱骗、有源诱饵或有源诱饵阵等。为了区别于侦察干扰技术，本书称这些措施为反辐射武器的特殊对抗措施。它们大多数属于欺骗类干扰样式，第 8 章将详细讨论有关的干扰原理、干扰效果和干扰有效性评估方法。

主要参考资料

[1]　D.Curtis Schleher, Introduction to Electronic Warfare, Artech House, 1986.

[2]　D.Curtis Schleher, Electronic Warfare in the Information Age, Artech House, Inc. 1999.

[3]　张有为等编著. 雷达系统分析. 国防工业出版社, 1981.

[4]　林象平著. 雷达对抗原理. 西北电讯工程学院出版社, 1985.

[5]　Barton.D.k., Radar System Analysis, Artech House, Norwood.MA, 1976.

[6]　邵国培等编著. 电子对抗作战效能分析. 解放军出版社, 1998.

[7]　Dawenbot, W.B.,Jr.,and W.L.Root, An Introduction to the Theory of Random Signals and Noise, IEEE Press, 1987.

第 5 章　雷达对抗作战对象 3——武器和武器系统

雷达对抗针对军用雷达，军用雷达直接间接联系着武器或/和武器系统。这里的武器是指杀伤性武器，即靠动能或/和爆炸产生的破片或冲击波破坏设备、设施和杀伤人员等的装置。武器系统有时又称武器控制系统，是指依靠雷达和雷达对抗装备等传感器提供信息而进行军务管理、辅助决策和武器控制等的电子系统。雷达对抗效果评估最感兴趣的是干扰结果对武器和武器控制系统作战能力造成的影响。这类装备的作战任务或作战目的就是摧毁目标。要摧毁目标，必须命中目标。命中概率和摧毁概率既与武器和武器控制系统的种类和战术使用有关，又与要攻击的目标类型及其分布情况和作战环境等有关。本章除了讨论武器和武器控制系统的类型、组成、工作原理和与雷达干扰有关的性能外，还要讨论命中概率和摧毁概率的估算方法，并说明雷达对抗和目标机动结果是如何影响武器和武器系统作战能力的。

5.1　武器及其目标

第 2 章介绍了雷达的目标。和雷达一样，武器和武器控制系统的作战对象也是目标。虽然两者的作战对象都是目标，哪怕指的是同一实体，它们对目标的分类和对目标特性的描述也有很大的差别。雷达和武器都是根据自身的作战任务分类和描述目标的。目标的某些特性与打击它的武器类型有关，目标的抗毁性就是如此。此外，武器的作战效率指标或干扰有效性评价指标也与目标的类型有关。评估作战效果和干扰有效性必须研究武器和它的目标。

5.1.1　武器对目标的分类和作战效果的表述形式

雷达的任务是发现和跟踪目标。它从影响发现概率和跟踪精度的目标参数描述目标，如目标的雷达截面和起伏模型等。武器的基本作战任务是摧毁目标。要摧毁目标，不但必须命中目标，而且命中目标的武器数必须达到一定的数量，两者都与目标特性有关。前者取决于目标的体积或在垂直于射击方向平面上的投影面积和目标中心相对爆炸中心的距离等，后者由目标的易损性决定。易损性由目标的材质和结构决定。因此，武器和武器系统关心目标的形状、大小、分布、易损性及其相对弹着点的位置。

作战效果的表示形式与目标的类型有关。按作战效果的表示形式将武器的目标分为三类：单目标、群目标和面目标。所谓单目标是指能独立完成一定作战任务的单个实体，如飞机、坦克、舰艇等。小目标和点目标属于单目标。小目标定义为，在选定的坐标系中，目标在所有坐标轴上的投影尺寸不大于对应坐标轴的概率偏差（概率偏差又称主概率偏差），或者在各坐标轴上的投影长度与其概率偏差之比不大于 0.5～1。点目标的定义是，其体积或在垂直于射击方向平面上的投影面积比武器的有效杀伤区小得多。

打击单目标的目的是摧毁它。受多种随机因素的影响，武器不能保证 100%地摧毁目标，一般用摧毁概率表示对单目标的作战效果。设摧毁目标的事件为 A，A 事件发生的概率为 $P(A)$，$P(A)$ 就是摧毁概率。因生存概率与摧毁概率之和为 1，也可用生存概率表示对单目标的作战效果。

群目标由多个单目标组成，如编队的战机、舰只等。打击群目标的目的是阻止它行使群目标的整体职能，可将其当作一个整体来打击或攻击，通常要求摧毁目标群中尽可能多的目标。表示作战效果的参数有：摧毁目标数、摧毁全部目标的概率、摧毁目标数大于等于某个指标的概率和摧毁目标百分数等。究竟采用那种形式的作战效果，由给定的作战效果评价指标确定。设群目标由 n 个单目标组成，对第 i 个目标的摧毁概率为 $P_i(A)$，摧毁目标数 m 为

$$m = \sum_{i=1}^{n} w_i P_i(A)$$

式中，

$$\sum_{i=1}^{n} w_i = 1$$

w_i 为第 i 个目标摧毁概率的加权系数，w_i 由该目标在群目标中的重要度确定。如果目标群中每个目标有相同的重要性，则 $w_i = 1$。摧毁所有目标的概率为

$$P_m = \prod_{i=1}^{n} P_i(A)$$

平均相对摧毁目标数和摧毁目标百分数分别为

$$w = \frac{m}{n} = \frac{1}{n} \sum_{i=1}^{n} w_i P_i(A) \text{ 和 } P_{\text{cent}} = \frac{m}{n} \times 100\% = \left[\frac{1}{n} \sum_{i=1}^{n} w_i P_i(A) \right] \times 100\%$$

面目标一般指不规则的分布在一定区域内的一组目标，如防御工事、部队集结地等。和打击群目标一样，打击面目标也是将其作为一个整体来打击。作战效果常用遭到规定破坏程度的平均面积或平均相对面积表示，分别称为平均杀伤面积和平均相对杀伤面积或杀伤面积的百分数。设要打击面目标的总面积为 A，遭到规定破坏程度的平均杀伤面积为 a，相对平均杀伤面积和杀伤面积的百分数分别为

$$D_a = \frac{a}{A} \text{ 和 } P_a = \frac{a}{A} \times 100\%$$

讨论干扰条件下雷达或雷达对抗装备控制的武器或武器系统的作战效果，必然涉及打击武器定义的目标类型。经过目标分配后，同一时刻同一武器只对一个目标作战，可将群目标或面目标化成单目标来处理。本书主要讨论武器和武器系统对单目标的作战效果。

评估武器和武器控制系统对单目标的作战效果必须计算摧毁概率，计算摧毁概率必须计算命中概率。命中概率与目标的形状有关。目标的具体形状太多太复杂，很难完全概括。雷达对抗装备要保护的或要攻击的目标一般是人造的。人造目标的形状相对较规则或可用一些规则物体来近似。如空对空射击时，多数为迎头或尾追，战机、导弹可近似成圆形或椭圆形目标。空对地、海对海、地对海和地对地射击时，战车、战舰可近似成矩形目标。跟踪雷达的天线或固定军事设施如地堡等可近似成圆形或矩形；地对空射击时，战机、导弹可近似成正六面体或圆柱形。即使目标在垂直于射击方向平面上的投影形状为椭圆形，只要其长短轴相差不是太大，也可近似成圆形。因此，本书只讨论武器对单目标中的五种规则目标的作战效果，它们是，一、点目标，包括平面点目标和空间点目标或球形目标；二、矩形目标；三、正六面体目标；四、圆形目标；五、圆柱体目标。

如果不能将实际目标近似成上述五种规则形状之一，可用面积或体积等效方法，将其他形状的目标等效成等面积或等体积的圆形或球形目标。下面称这种等效后的目标为近似目标。不同类型的武器对不同类型的目标有不同的命中概率，其中点目标的命中概率比较容易计算且研究较多。这里主要讨论如何估算武器对后四种形状目标的命中概率和摧毁概率。

　　依据作战效果评估干扰有效性需要评价指标。根据干扰效果的表示形式，对单目标作战的干扰有效性评价指标为摧毁概率。对多目标或群目标作战的有关指标为摧毁所有目标的概率、摧毁目标数、摧毁目标数大于等于某个指标的概率和摧毁目标百分数等。上述评价指标与生存概率、所有目标都生存的概率、生存目标数和生存目标百分数有确定关系，也可用它们表示作战效果的评价指标。

　　摧毁和命中目标有不同的含义。摧毁不是非要使目标消失，而是使其完全丧失完成规定作战任务的能力，不能参与当前的战斗。命中比较好理解，就是武器击中目标。命中目标可能出现如下三种情况：

　　① 打伤目标，目标只丧失部分作战能力，还能继续作战；

　　② 使目标暂时丧失作战能力，不能参加当前的战斗，但能返回，经过修复后还能作战；

　　③ 彻底打坏，不但使其完全丧失作战能力，而且不能返回或修复。

　　本书所谓的摧毁或杀伤是指②和③两种打击效果。

　　除摧毁和命中概率外，讨论作战效果经常用到的另外两个术语是：概率偏差或主概率偏差和园概率偏差。概率偏差是指使正态随机变量 x 落入 $|X-a<E|$ 区间的概率等于 0.5 时 E 的数值。由该定义得：

$$P(|X-a|<E)=0.5 \tag{5.1.1}$$

式中，a 为散布中心。设正态随机变量 x 的均方差为 σ，式 (5.1.1) 可用概率积分表示为

$$\frac{2}{\sqrt{2\pi}\sigma}\int_0^E \exp\left(-\frac{x^2}{2\sigma^2}\right)\mathrm{d}x=0.5$$

令 $y=x/(\sqrt{2}\sigma)$，对上式进行变量代换得：

$$\frac{2}{\sqrt{\pi}}\int_0^{E/(\sqrt{2}\sigma)} \mathrm{e}^{-x^2}\mathrm{d}x=0.5$$

根据积分结果 0.5 查概率积分表得积分上限的数值：

$$\frac{E}{\sqrt{2}\sigma}=0.4769$$

如果用符号 ρ 表示常数 0.4769，可得概率偏差或主概率偏差 E 与正态分布均方差之间的关系：

$$E=\sqrt{2}\rho\sigma=0.6745\sigma \tag{5.1.2}$$

由上式知，只要已知 E 和 σ 中的任何一个，就能得到另一个。

　　圆概率偏差 E_R 定义为这样一个圆 C_R 的半径，C_R 的中心在坐标原点且满足点 (x,y) 落入其内的概率正好等于 0.5 的条件。根据对该圆设定的条件得：

$$P[(x,y)\in C_R]=0.5$$

其中 $P(x,y)$ 为两独立正态随机变量的联合概率密度函数，若 $\sigma=\sigma_x=\sigma_y$，$P(x,y)$ 可表示为

$$P(x,y)=\frac{1}{2\pi\sigma^2}\exp\left[-\frac{1}{2\sigma^2}(x^2+y^2)\right]$$

点 (x,y) 落入圆 C_R 内的概率为

$$P[(x, y) \in C_\mathrm{R}] = \iint\limits_{C_\mathrm{R}} \frac{1}{2\pi\sigma^2} \exp\left[-\frac{1}{2\sigma^2}(x^2 + y^2)\right] \mathrm{d}x\mathrm{d}y = 1 - \exp\left(-\frac{E_\mathrm{R}^2}{2\sigma^2}\right)$$

令

$$1 - \exp\left(-\frac{E_\mathrm{R}^2}{2\sigma^2}\right) = 0.5$$

根据对圆概率偏差的定义，对 E_R 求解得到圆概率偏差：

$$E_\mathrm{R} = \sqrt{2\ln 2}\,\sigma = 1.177\sigma \tag{5.1.3}$$

如果 $\sigma_x \neq \sigma_y$（椭圆分布），E_R 的近似方法较多。其中的一种是，若 $\sigma_{max}/\sigma_{min} = 1/3$，圆概率偏差近似为

$$E_\mathrm{R} = 0.85(\sigma_x + \sigma_y) \tag{5.1.4}$$

式中，$\sigma_{max} = \mathrm{MAX}\{\sigma_x, \sigma_y\}$，$\sigma_{min} = \mathrm{Min}\{\sigma_x, \sigma_y\}$。更粗一些的近似方法是用等面积的园近似椭圆。此时，园概率偏差近似为

$$E_\mathrm{R} \approx 1.177\sqrt{\sigma_x \sigma_y} \tag{5.1.5}$$

5.1.2　武器的种类和命中概率的定义

武器的分类方法较多。有按运行方式分类的，有按有、无自身引导系统分类的，还有按杀伤目标方式分类的。前两种分类方式与目标的关系不大，与控制其发射或投放的系统关系较密切，把它们放到 5.2 节讨论。按杀伤目标的方式可把武器粗分为撞击杀伤式（简称为撞击式）和近炸杀伤式（简称为近炸式）两大类。撞击式武器只有碰到目标才会杀伤它，如子弹和只有触发引信的炮弹等。近炸式武器不但直接碰到目标会杀伤目标，当它靠近目标爆炸时也能杀伤目标。

近炸式武器自身可分直接杀伤式和破片杀伤式两种。直接杀伤式武器是通过爆炸产生的冲击波和其他爆炸物对目标结构产生直接杀伤作用的武器，称为直接杀伤型近炸式武器，本书简称为直接杀伤式武器。破片杀伤式武器是通过爆炸产生的破片对目标致命部分产生杀伤作用的武器，称为破片杀伤型近炸式武器，简称为破片杀伤式武器。破片杀伤式武器比较特殊，只有距目标无穷远时，杀伤概率才为 0。武器的杀伤方式是相对的，与具体情况有关。一种武器有时为撞击杀伤式，有时为破片杀伤式。对同一目标也是如此，对目标的某些部位可能是撞击杀伤式或近炸杀伤式，对另一些部位可能是破片杀伤式。因此，本书把近炸杀伤式武器都当作直接杀伤式武器处理。撞击式武器的弹着点为平面散布，直接杀伤式武器的弹着点既有平面散布，也有空间散布。打击地面或海面目标时为平面散布，打击空中目标时为空间散布。这里把前者称为平面散布直接杀伤式武器，把后者称为空间散布直接杀伤式武器。因此，讨论命中概率的定义和其计算方法时，按杀伤目标的方式将武器分为三类：撞击式，平面散布直接杀伤式和空间散布直接杀伤式。

近炸式武器带有近炸引信。近炸引信按引爆方式分为两类：远距起爆式和非触发式。定时引信或通过接收来自武器发射站的控制信号而引爆的引信称为远距起爆式引信。非触发式引信是通过接收自身发射的经被打击目标反射回来的信号而引爆的引信。带有近炸引信的武器碰到目标会杀伤目标，只要它到目标的距离小于近炸引信的作用距离，即使没碰到目标也能杀伤目标。

在讨论命中概率的定义之前，先作以下约定：一、撞击式武器的目标在垂直于射击方向平面上的投影形状为矩形和圆形，其他形状的目标用等面积的圆形近似；二、平面散布直接杀伤式武器的目标在垂直于射击方向平面上的投影形状有点、矩形和园形，其他形状的目标用等面积的圆

形来近似；三、空间散布直接杀伤式武器的目标为点或球形、圆柱形和正六面体，其他形状的目标用等体积的球形来近似。

三类武器的命中概率有不同的定义，为了叙述方便，先定义几个后面经常要碰到的术语。一、像平面。像平面是指过目标且与射击方向垂直的平面；二、目标的投影形状和投影区。该术语指目标在像平面上的投影形状和投影所占的区域；三、等效目标、等效目标的投影形状和等效目标投影区。等效目标是指目标或近似目标按近炸杀伤半径扩大后的目标。等效目标的投影形状和投影区域分别指它们在像平面上的投影形状和投影区；四、等效目标的体积。它是指目标或近似目标按近炸杀伤半径扩大后的体积；五、脱靶距离。点目标的脱靶距离定义为武器刚好不能杀伤目标时，目标中心与武器散布中心的距离。其他目标的脱靶距离为武器杀伤区刚好不能与目标或等效目标相交时，散布中心到目标中心的距离。

应用前面的术语可定义不同武器的命中概率。撞击式武器的命中概率定义为武器落入目标在像平面上投影区内的概率。平面散布直接杀伤式武器的命中概率定义为武器落入目标在像平面上的等效投影区内的概率。空间散布直接杀伤式武器的命中概率定义为武器落入等效目标体积内的概率。把目标用等效目标处理后，不但使三类武器命中概率的定义极其相似，而且还能简化命中概率的计算。

因多种随机因素的影响，武器的弹着点一般与瞄准点有偏差。如果同种武器连续独立射击若干次，各次的弹着点一般不会重合，而是分布在瞄准点周围。这种现象称为武器的散布。武器的散布存在一定的规律，这种规律称为武器的散布律。有四个方面的因素影响武器的散布律：一、武器自身的，如射程、制造缺陷、飞行方向、运行速度等；二、被打击目标的，如目标位置随机起伏或机动运动等；三、控制武器的发射装置的，如瞄准误差，引导系统的参数测量误差等；四、气象因素。影响武器散布律的随机因素多且相互独立，有些本身服从正态分布，其联合概率密度函数即总散布律是正态的。

不同类型的武器对不同目标可能有不同的散布律。平面散布律是二维的，空间散布律是三维的，它们在直角坐标系每维上的散布律仍然服从正态分布。设平面散布律为 $\phi(x, y)$，目标或等效目标在像平面的投影面积为 D，根据命中概率的定义，单枚撞击式和单枚平面散布直接杀伤式武器落入 D 内的概率即命中该目标的概率为

$$P_{\mathrm{h}} = \iint\limits_{D} \phi(x, y)\mathrm{d}x\mathrm{d}y \tag{5.1.6}$$

设空间散布律为 $\phi(x, y, z)$，目标的体积或等效体积为 V，单枚空间散布直接杀伤式武器落入 V 内的概率就是命中该目标的概率为

$$P_{\mathrm{h}} = \iiint\limits_{V} \phi(x, y, z)\mathrm{d}x\mathrm{d}y\mathrm{d}z \tag{5.1.7}$$

上两式说明，命中概率就是武器的散布与目标或等效目标的体积或在像平面上的投影面积的重合程度。

5.1.3　命中概率的计算方法

计算命中概率除了要考虑武器的类型和目标的种类外，还有一定的计算步骤和简化计算的方法。在计算具体武器对约定类型目标的命中概率前，简要说明命中概率的一般计算方法是很有益的。

5.1.3.1　一般方法和步骤

式(5.1.6)和式(5.1.7)为命中概率的通用数学模型。要用它们计算命中概率，必须知道武器的

散布和它与被攻击目标的相对位置关系等。要估算武器的散布与被攻击目标或等效目标的重合程度即命中概率，必须积分式(5.1.6)和式(5.1.7)。因此，计算特定武器命中指定目标概率的步骤如下：一、确定武器和目标的类型，以便确定武器的散布律；二、建立统一的坐标系，确定散布与要攻击目标之间的关系；三、确定积分限；四、积分运算。

　　计算命中概率必须应用具体函数表示散布律。武器和要攻击目标的类型以及弹着点或散布中心与目标中心之间的关系共同确定武器的散布律。如果使坐标系的三个轴与主散布轴平行，就能用已知函数表示武器的散布律[1]，可减少计算命中概率的工作量。平面散布呈圆形，只要武器正对目标射击，其散布面总能平行于被攻击平面目标。因此，对于二维散布，只要坐标系的 xoy 象限与散布面平行，就能使坐标轴与主散布轴平行。而且，还可以根据目标的具体形状选择坐标轴的指向，进一步简化命中概率的计算。空间散布呈球形，其散布各向相等，更容易做到坐标轴与主散布轴平行。如果满足上述条件，统计结果表明，散布律在 x、y 和 z 轴上的投影值各自服从正态分布[1]。正态分布由均值和方差确定。均值就是目标中心到散布中心的距离在各坐标轴上的投影值。方差由武器的随机散布误差和目标位置的随机抖动共同确定，两者都是可估算的。应用随机变量和的概率密度函数的计算方法，容易得到二维和三维散布律的具体数学模型。设三个坐标轴与对应的主散布轴平行，弹着点沿 ox、oy 和 oz 轴的随机散布误差分别为 σ_x、σ_y 和 σ_z，平面散布律 $\phi(x,y)$ 的通用形式为

$$\phi(x,y) = \frac{1}{2\pi\sigma_x\sigma_y}\exp\left\{-\frac{1}{2}\left[\left(\frac{x-\bar{x}}{\sigma_x}\right)^2 + \left(\frac{y-\bar{y}}{\sigma_y}\right)^2\right]\right\} \tag{5.1.8}$$

式中，$\bar{x}$ 和 $\bar{y}$ 为散布中心的坐标，反映武器散布中心与目标中心的系统偏差。设 E_x、E_y 和 E_z 分别为沿 ox、oy 和 oz 轴散布的主概率偏差，式(5.1.8)可用主概率偏差表示为

$$\phi(x,y) = \frac{\rho^2}{\pi E_x E_y}\exp\left\{-\rho^2\left[\left(\frac{x-\bar{x}}{E_x}\right)^2 + \left(\frac{y-\bar{y}}{E_y}\right)^2\right]\right\} \tag{5.1.9}$$

如果散布中心与目标中心重合，$\bar{x}$ 和 $\bar{y}$ 都等于 0，式(5.1.8)和式(5.1.9)变为

$$\phi(x,y) = \begin{cases} \dfrac{1}{2\pi\sigma_x\sigma_y}\exp\left\{-\dfrac{1}{2}\left[\left(\dfrac{x}{\sigma_x}\right)^2 + \left(\dfrac{y}{\sigma_y}\right)^2\right]\right\} \\[3mm] \dfrac{\rho^2}{\pi E_x E_y}\exp\left\{-\rho^2\left[\left(\dfrac{x}{E_x}\right)^2 + \left(\dfrac{y}{E_y}\right)^2\right]\right\} \end{cases} \tag{5.1.10}$$

如果按照前面的原则选择坐标系，与式(5.1.8)和式(5.1.9)对应的两种空间散布律的具体函数形式为

$$\phi(x,y,z) = \frac{1}{(2\pi)^{3/2}\sigma_x\sigma_y\sigma_z}\exp\left\{-\frac{1}{2}\left[\left(\frac{x-\bar{x}}{\sigma_x}\right)^2 + \left(\frac{y-\bar{y}}{\sigma_y}\right)^2 + \left(\frac{z-\bar{z}}{\sigma_z}\right)^2\right]\right\} \tag{5.1.11}$$

$$\phi(x,y,z) = \frac{\rho^3}{(2\pi)^{3/2}E_x E_y E_z}\exp\left\{-\rho^2\left[\left(\frac{x-\bar{x}}{E_x}\right)^2 + \left(\frac{y-\bar{y}}{E_y}\right)^2 + \left(\frac{z-\bar{z}}{E_z}\right)^2\right]\right\} \tag{5.1.12}$$

式中，$\bar{x}$、$\bar{y}$ 和 $\bar{z}$ 为散布中心的坐标。σ_x、σ_y 和 σ_z 为沿 ox、oy 和 oz 轴的随机散布误差，E_x、E_y 和 E_z 是沿 ox、oy 和 oz 轴散布的主概率偏差。如果无系统偏差，式(5.1.11)和式(5.1.12)变为

$$\phi(x,y,z)=\begin{cases}\dfrac{1}{(2\pi)^{3/2}\,\sigma_x\sigma_y\sigma_z}\exp\left\{-\dfrac{1}{2}\left[\left(\dfrac{x}{\sigma_x}\right)^2+\left(\dfrac{y}{\sigma_y}\right)^2+\left(\dfrac{z}{\sigma_z}\right)^2\right]\right\}\\[4mm]\dfrac{\rho^3}{(2\pi)^{3/2}\,E_xE_yE_z}\exp\left\{-\rho^2\left[\left(\dfrac{x}{E_x}\right)^2+\left(\dfrac{y}{E_y}\right)^2+\left(\dfrac{z}{E_z}\right)^2\right]\right\}\end{cases} \tag{5.1.13}$$

要用式 (5.1.6) 和式 (5.1.7) 计算命中概率必须建立统一的坐标系，把散布和目标有机联系起来。坐标系由坐标原点和坐标轴及其指向确定。在这样的统一坐标系中，坐标原点就是描述散布和目标参数及其位置关系的参考基准，从而将武器的散布与式 (5.1.6) 的 D 和式 (5.1.7) 的 V 联系起来，其积分结果就是武器落入 D 或 V 内的概率。另外由式 (5.1.8)～式 (5.1.13) 式的散布律形式知，选择合适的坐标原点可简化散布律的表示形式，也能简化命中概率的计算。确定坐标轴及其指向不但是确定武器散布律的需要，也是简化积分运算或使积分运算变得可能的需要。例如，若使 ox 和 oy 轴与矩形目标的两个边平行或使 ox、oy 和 oz 轴与正六面体目标的三个棱平行，目标边界在坐标轴上的投影值不但能正确反映目标的形状、大小和目标中心与散布中心的关系，而且各维的积分限、变量相互独立，可分别积分，用它们的积作为命中概率。对于其他规则目标，如圆形和球形目标，仍然可用目标边界在坐标轴上的投影值作为积分限，但需要作一定的坐标变换或/和变量代换，才能使各维的积分独立，或使积分变得简单。如果是非规则目标，积分式 (5.1.6) 和式 (5.1.7) 式可能相当困难。另外，建坐标系时，尽量使系统散布误差仅出现在某一维上，也能简化积分的运算。

计算命中概率需要积分运算，积分运算需要确定积分限。本节的上一段说明，若按有关准则建立坐标系，规则目标的积分限就是其边界在坐标轴上的投影值。非规则目标的边界在坐标轴上的投影值一般不能直接反映其真实的面积或体积和散布中心与目标中心的关系。不但如此，而且积分运算较困难，很难得到需要的结果。虽然目前已有几种计算武器对非规则目标命中概率的方法，如"散布网格法"等，但操作较烦琐。干扰效果和干扰有效性评估需要考虑较坏的情况，可作较多近似。所以，本书将非规则目标等效成规则目标，然后按规则目标处理。

武器自身的散布律为圆平面或球形，方差在各坐标轴上的投影相等。如果无系统散布误差，式 (5.1.6) 和式 (5.1.7) 的积分运算较简单，即使需要进行坐标变换或变量代换，积分运算的工作量也增加不多。如果武器系统的传感器受到干扰或目标机动运动，除了引起系统散布误差外，还会引起随机散布误差。这种随机散布误差在各坐标轴上的投影值一般不等，使武器自身的圆形和球形散布变为椭圆或椭球分布。对于这种情况，式 (5.1.6) 和式 (5.1.7) 的积分运算一般较困难，很多时候甚至无法完成积分运算。本书处理这种问题的方法与处理非规则目标的相同，就是依据面积或体积等效的原则，用等面积的圆形分布近似椭圆分布，用等体积的球形分布近似椭球分布。

在计算三种武器对约定形状目标的命中概率之前，先用一个简单例子说明选择坐标系和坐标原点的重要性。图 5.1.1 是散布律（只表示 x 一维的）、散布中心、目标中心和目标边界在 x 轴上的示意图。图中 $\phi(x)$ 表示的曲线是武器散布在 x 维的分布，x 轴与散布误差 σ_s 的指向重合，A 和 B 为目标边界在 x 轴上的投影值，O 和 q 分别为散布中心和目标中心，两中心在 x 轴上的距离 $\bar{x}$ 对应着 x 维的系统散布误差。若把散布中心作为坐标原点，由式 (5.1.10) 式得武器散布律的具体形式：

$$\phi(x)=\frac{1}{\sqrt{2\pi}\,\sigma_x}\exp\left(-\frac{x^2}{2\sigma_x^2}\right)$$

把 A 和 B 作为积分限并积分上式得武器落入图 5.1.1x 轴上 AB 之间的概率即命中概率：

$$P_{\mathrm{h}}=\int_A^B\frac{1}{\sqrt{2\pi}\,\sigma_x}\exp\left(-\frac{x^2}{2\sigma_x^2}\right)\mathrm{d}x=\varPhi\left(\frac{B}{\sigma_x}\right)-\varPhi\left(\frac{A}{\sigma_x}\right)$$

符号 $\Phi(x)$ 为概率积分，定义为

$$\Phi(x) = \int_0^x \frac{1}{\sqrt{2\pi}} \exp\left(-\frac{t^2}{2}\right) \mathrm{d}t$$

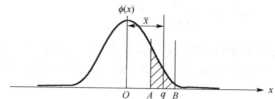

图 5.1.1　散布律、散布中心和目标边界坐标示意图

如果把目标中心作为坐标原点，$-\bar{x}$ 就是散布中心的坐标。由式 (5.1.8) 得武器在此坐标系的散布律：

$$\phi(x) = \frac{1}{\sqrt{2\pi}\sigma_x} \exp\left[-\frac{1}{2}\frac{(x+\bar{x})^2}{\sigma_x^2}\right]$$

在这样的坐标系中，目标边界在 x 轴的投影值即计算命中概率的积分限分别为 $-\bar{x}+A$ 和 $B-\bar{x}$。由命中概率的定义得这种武器命中该目标的概率：

$$P_\mathrm{h} = \int_{-\bar{x}+A}^{B-\bar{x}} \frac{1}{\sqrt{2\pi}\sigma_x} \exp\left[-\frac{1}{2}\frac{(x+x)^2}{\sigma_x^2}\right]\mathrm{d}x = \Phi\left(\frac{B-\bar{x}+\bar{x}}{\sigma_x}\right) - \Phi\left(\frac{-\bar{x}+A+\bar{x}}{\sigma_x}\right) = \Phi\left(\frac{B}{\sigma_x}\right) - \Phi\left(\frac{A}{\sigma_x}\right)$$

这个简单例子说明，虽然命中概率与坐标选择无关，但是不同的坐标系和不同的参考基准可能有不同形式的散布律和不同的命中概率计算量。

5.1.3.2　撞击式武器的命中概率

按约定，撞击式武器只对付 5.1.1 节定义的五种规则目标中的圆形和矩形两类。图 5.1.2 已按 5.1.3.1 节的原则建立了坐标系，并将武器的散布和目标放在同一座标系中，有统一的参考基准 (坐标原点)。两坐标轴的指向与主散布轴平行，随机散布误差的三个分量分别为 σ_x、σ_y 和 σ_z。对于这样的坐标系，可用 5.1.3.1 节的具体函数表示武器的散布律。根据散布中心与目标中心的位置，可将两类目标分为四种，如图 5.1.2 的 (a)、(b)、(c) 和 (d) 所示。其中 (a) 和 (b) 是规定边长的矩形目标，(c) 和 (d) 是半径为 R_c 的圆形目标。图中的 O 和 q 分别表示散布中心和目标中心，$\bar{x}$ 和 $\bar{y}$ 为目标中心与散布中心之间的距离 Oq 在 x 和 y 轴上的投影。图 5.1.2 (a) 和 (c) 的散布中心与目标中心重合，(b) 和 (d) 的散布中心与目标中心不重合。

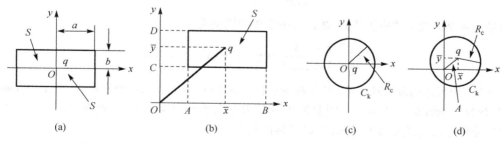

图 5.1.2　命中概率与目标的形状和武器散布中心的位置关系示意图

按照 5.1.3.1 节介绍的命中概率计算方法，容易得到撞击式武器对图 5.1.2 的四种形状目标的命中概率。其中图 (a) 目标中心 O 与散布中心 q 重合，坐标原点既是散布中心又是目标中心，坐标轴与矩形目标的两个边平行，散布律同式 (5.1.10)，即

$$\phi(x, y) = \frac{1}{2\pi\sigma_x\sigma_y} \exp\left[-\frac{1}{2}\left(\frac{x^2}{\sigma_x^2} + \frac{y^2}{\sigma_y^2}\right)\right] \tag{5.1.14}$$

矩形目标具有对称性。由给定的坐标系知，目标边界在 ox 和 oy 轴上的投影值 $\pm a$ 和 $\pm b$ 就是其在 x 和 y 维的积分限。把积分限和式 (5.1.14) 代入式 (5.1.6) 并积分得撞击式武器命中图 5.1.2(a) 目标的概率：

$$P_h = \frac{4}{2\pi\sigma_x\sigma_y} \int_0^a \exp\left[-\left(\frac{x^2}{2\sigma_x^2}\right)\right]dx \int_0^b \exp\left[-\left(\frac{y^2}{2\sigma_y^2}\right)\right]dy = 4\varPhi\left(\frac{a}{\sigma_x}\right)\varPhi\left(\frac{b}{\sigma_y}\right) \tag{5.1.15}$$

图 5.1.2 的 (b) 目标中心与散布中心不重合，其偏差在 x 和 y 轴的投影为 $\bar{x}$ 和 $\bar{y}$。如果以目标中心为坐标原点，散布中心的坐标就是 $(-\bar{x}, -\bar{y})$，散布律的具体形式如式 (5.1.8) 所示。这里以散布中心为坐标原点，散布律同式 (5.1.14)。目标边界在 Ox 轴上的投影分别为 A 和 B，在 Oy 轴上的投影值为 C 和 D。把式 (5.1.14) 和有关积分限代入式 (5.1.6) 并积分得撞击式武器命中图 5.1.2(b) 目标的概率：

$$P_h = \frac{1}{2\pi\sigma_x\sigma_y} \int_A^B \exp\left[-\frac{1}{2}\left(\frac{x}{\sigma_x}\right)^2\right]dx \int_C^D \exp\left[-\frac{1}{2}\left(\frac{y}{\sigma_y}\right)^2\right]dy = \left[\varPhi\left(\frac{B}{\sigma_x}\right) - \varPhi\left(\frac{A}{\sigma_x}\right)\right]\left[\varPhi\left(\frac{D}{\sigma_y}\right) - \varPhi\left(\frac{C}{\sigma_y}\right)\right]$$

$$\tag{5.1.16}$$

如果坐标原点不是散布中心，散布律将出现系统散布误差。假设散布中心的坐标为任意值 $(\bar{x}, \bar{y})$，则散布律同式 (5.1.8)。如果目标边界在坐标轴上的投影值与图 5.1.2(b) 的目标相同，则命中概率为

$$P_h = \frac{1}{2\pi\sigma_x\sigma_y} \int_A^B \exp\left[-\frac{1}{2}\left(\frac{x-\bar{x}}{\sigma_x}\right)^2\right]dx \int_C^D \exp\left[-\frac{1}{2}\left(\frac{y-\bar{y}}{\sigma_y}\right)^2\right]dy = \left[\varPhi\left(\frac{B-\bar{x}}{\sigma_x}\right) - \varPhi\left(\frac{A-\bar{x}}{\sigma_x}\right)\right]\left[\varPhi\left(\frac{D-\bar{y}}{\sigma_y}\right) - \varPhi\left(\frac{C-\bar{y}}{\sigma_y}\right)\right]$$

$$\tag{5.1.17}$$

图 5.1.2(c) 的目标在像平面的投影为圆形，目标中心和散布中心重合，无系统散布误差且武器的散布形状与目标形状相同。随机散布误差在两个坐标轴上的投影值相等，设其为 σ。令式 (5.1.14) 的 $\sigma_x = \sigma_y = \sigma$，撞击式武器对图 5.1.2(c) 目标的散布律为

$$\varphi(x, y) = \frac{1}{2\pi\sigma^2} \exp\left[-\frac{1}{2\sigma^2}(x^2 + y^2)\right] \tag{5.1.18}$$

目标边界在两坐标轴上的投影值为 $\pm R_c$。命中概率的模型为

$$P_h = \int_{-R_c}^{R_c} \int_{-R_c}^{R_c} \frac{1}{2\pi\sigma^2} \exp\left[-\frac{1}{2\sigma^2}(x^2 + y^2)\right]dxdy$$

计算武器对圆形目标的命中概率需要作坐标变换和变量代换，才能使二维积分独立。令 $x = r\cos\theta$，$y = r\sin\theta$ 和 $dxdy = rdrd\theta$，r 的取值范围变为 $0\sim R_c$，θ 的取值范围为 $0\sim 2\pi$。把变换结果代入上式并整理和积分得撞击式武器命中图 5.1.2(c) 目标的概率：

$$P_h = \int_0^{2\pi} d\theta \int_0^{R_c} r \exp\left(-\frac{r^2}{2\sigma^2}\right) dr = 1 - \exp\left[-\left(\frac{R_c}{\sqrt{2}\sigma}\right)^2\right] \tag{5.1.19}$$

如果把均方差换算成主概率偏差，式(5.1.19)变为

$$P_h = 1 - \exp\left[-\rho^2\left(\frac{R_c}{E}\right)^2\right]$$

若用主概率偏差归一化目标半径，即令 $R = R_c/E$，上式变为

$$P_h = 1 - \exp[-(\rho R)^2] \tag{5.1.20}$$

图 5.1.2 的(d)目标也是圆形，除目标中心与散布中心不重合外，其他参数同图 5.1.2(c)的目标。如果把散布中心作为坐标原点，散布律同式(5.1.18)。若把目标中心作为坐标原点，散布中心的坐标为 $(-\bar{x}, -\bar{y})$，散布律的具体形式为

$$\phi(x, y) = \frac{1}{2\pi\sigma^2} \exp\left\{-\frac{1}{2\sigma^2}[(x+\bar{x})^2 + (y+\bar{y})^2]\right\} \tag{5.1.21}$$

比较式(5.1.18)和式(5.1.21)不难发现，用式(5.1.18)计算武器命中图 5.1.2(d)目标的概率将多一次变量代换。这里把目标中心作为坐标原点。目标边界在 Ox 和 Oy 轴的投影值都是 $\pm R_c$。把有关参数代入式(5.1.6)得命中概率的计算模型：

$$P_h = \int_{-R_c}^{R_c} \int_{-R_c}^{R_c} \frac{1}{2\pi\sigma^2} \exp\left\{-\frac{1}{2\sigma^2}[(x+\bar{x})^2 + (y+\bar{y})^2]\right\} dxdy$$

令 $A = \sqrt{\bar{x}+\bar{y}}$，$x = r\cos\theta$，$y = r\sin\theta$，则 $(x+\bar{x})^2 + (y+\bar{y}^2) = (r^2 + A^2) + 2Ar\cos(\theta - \alpha)$ 和 $\alpha = \arctan\frac{\bar{y}}{\bar{x}}$

把有关参数代入 P_h 的模型并整理和对 θ 积分得：

$$P_h = \frac{1}{\sigma^2} \int_0^{R_c} r \exp\left(-\frac{r^2 + A^2}{2\sigma^2}\right) I_0\left(\frac{Ar}{\sigma^2}\right) dr$$

利用贝塞尔函数的如下积分关系

$$\int_{x_0}^{x} z^\nu I_{\nu-1}(z) dz = [z^\nu I_\nu(z)]_{x_0}^{x}$$

得撞击式武器命中图 5.1.2(d)目标的概率：

$$P_h = \exp\left(-\frac{R_c^2 + A^2}{2\sigma^2}\right) \sum_{n=1}^{\infty} \left(\frac{R_c}{A}\right)^n I_n\left(\frac{AR_c}{\sigma^2}\right) \quad A \neq 0 \tag{5.1.22}$$

式中，$I_0(*)$ 和 $I_n(*)$ 分别为 0 阶和 n 阶虚变量贝塞尔函数或修正贝塞尔函数。如果 $A = 0$，式(5.1.22)简化成式(5.1.19)。贝塞尔函数的数值随阶数增加衰减很快，就一般应用而言，n 取 5～6 就足够精确了。如果 $A \ll \sigma$，可将 0 阶修正贝塞尔函数展开成级数并只保留前两项得：

$$P_h \approx \left(1 + \frac{A^2}{2\sigma^2}\right) \exp\left(-\frac{A^2}{2\sigma^2}\right) - \left(1 + \frac{R_c^2 A^2}{4\sigma^4} - \frac{A^2}{2\sigma^2}\right) \exp\left(-\frac{R_c^2 + A^2}{2\sigma^2}\right) \tag{5.1.23}$$

设小目标(定义见 5.1.1 节)在像平面上的投影面积为 S，散布中心的坐标为 $(\bar{x}, \bar{y})$，撞击式武器命中它的概率近似为[1]

$$P_{h} = \frac{S}{2\pi\sigma_{x}\sigma_{y}} \exp\left[-\frac{1}{2}\left(\frac{\bar{x}^{2}}{\sigma_{x}^{2}} + \frac{\bar{y}^{2}}{\sigma_{y}^{2}} \right) \right] \tag{5.1.24}$$

若目标不是小目标且在像平面上的投影形状不规则，无论怎样选择坐标，积分式(5.1.6)都很困难，这时可用散布网格法等近似计算命中概率，也可用面积等效法，将非规则目标等效成等面积的圆形目标，然后按圆形目标近似计算命中概率。

5.1.3.3   平面散布直接杀伤式武器的命中概率

平面散布直接杀伤式武器自身的散布区为平面且呈现圆形。根据前面的约定，这种武器有三种规则形状的目标：平面点目标、圆形目标和矩形目标。平面散布直接杀伤式武器与撞击式武器的主要区别是，前者多了平面点目标和武器带有近炸引信。如果从对干扰不利的角度出发，可近似认为近炸引信等效于扩大目标在像平面的投影面积。近炸引信的作用半径近似等于武器的杀伤半径 R_{k}。如果散布中心与目标中心重合，近炸引信的作用相当于把平面点目标扩大成半径为 R_{k} 的圆形目标，把半径为 R_{c} 的圆形目标扩大成半径为 $R_{c}+R_{k}$ 的等效圆形目标。对于矩形目标，近炸引信的作用近似等效于把边长扩大 $2R_{k}$。如果散布中心与目标中心不重合，近炸引信的作用情况比较复杂，需要根据具体情况处理。如果只作近似计算，仍然可假设近炸引信的作用等效于扩大目标的相关尺寸或在像平面的投影面积。就雷达对抗效果评估而言，这种处理不会给保护目标带来额外风险。按上述方法近似处理后，可按照5.1.3.2节的方法估算平面散布直接杀伤式武器对约定形状目标的命中概率。

平面散布直接杀伤式武器的目标也可按目标中心和散布中心的位置分为两种：一种是两中心重合，无系统散布误差。另一种是两中心不重合，存在系统散布误差。按近炸引信的作用半径扩大后的平面点目标成为半径为 R_{k} 的圆形目标，等效目标类似于图 5.1.2(c)和(d)。若坐标系和两中心的参数与图 5.1.2(c)和(d)完全相同，只需用 R_{k} 替代式(5.1.19)和式(5.1.22)的 R_{c}，就能得到平面散布直接杀伤式武器对点目标的命中概率。其中两中心重合时的命中概率为

$$P_{h} = 1 - \exp\left[-\left(\frac{R_{k}}{\sqrt{2}\sigma} \right)^{2} \right] \tag{5.1.25}$$

两中心不重合时的命中概率为

$$P_{h} = \exp\left(-\frac{R_{k}^{2}+A^{2}}{2\sigma^{2}} \right) \sum_{n=1}^{\infty} \left(\frac{R_{k}}{A} \right)^{n} I_{n}\left(\frac{AR_{k}}{\sigma^{2}} \right) \quad A \neq 0 \tag{5.1.26}$$

上两式没定义的符号见式(5.1.22)。如果 $A = 0$，式(5.1.26)简化成式(5.1.25)。

按照处理点目标的方法可得平面散布直接杀伤式武器对圆形平面目标的命中概率。按目标中心和散布中心是否重合分为两种，与图 5.1.2(c)和(d)相似。如果假设有关参数与图 5.1.2(c)和(d)相同，只需用 $R_{ec} = R_{c}+R_{k}$ 替换式(5.1.19)和式(5.1.22)的 R_{c}，就能得到平面散布直接杀伤式武器对半径为 R_{c} 的圆形目标的命中概率。其中无系统散布误差时的命中概率为

$$P_{h} = 1 - \exp\left[-\left(\frac{R_{ec}}{\sqrt{2}\sigma} \right)^{2} \right] \tag{5.1.27}$$

有系统散布误差时的命中概率为

$$P_{h} = \exp\left(-\frac{R_{ec}^{2}+A^{2}}{2\sigma^{2}} \right) \sum_{n=1}^{\infty} \left(\frac{R_{ec}}{A} \right)^{n} I_{n}\left(\frac{AR_{ec}}{\sigma^{2}} \right) \tag{5.1.28}$$

对于矩形目标，如果无系统散布误差且坐标选择同图 5.1.2(a)目标，则等效目标边界在 Ox 和 Oy 轴上的投影值分别近似为 $\pm(a+R_k)$ 和 $\pm(b+R_k)$。分别用 $\pm(a+R_k)$ 和 $\pm(b+R_k)$ 替换式 (5.1.15) 中的 (a) 和 (b) 得平面散布直接杀伤式武器命中该目标的概率：

$$P_h = 4\Phi\left(\frac{a+R_k}{\sigma_x}\right)\Phi\left(\frac{b+R_k}{\sigma_y}\right) \tag{5.1.29}$$

如果存在系统散布误差且有关参数同图 5.1.2(b)的目标，选坐标原点为散布中心。按等效目标处理后，其边界在 Ox 和 Oy 轴的投影值分别为 $A-R_k$、$B+R_k$ 和 $C-R_k$、$D+R_k$。按照式 (5.1.16) 的处理方法得平面散布直接杀伤式武器命中图 5.1.2(b)目标的概率：

$$P_h \approx \left[\Phi\left(\frac{B+R_k}{\sigma_x}\right)-\Phi\left(\frac{A-R_k}{\sigma_x}\right)\right]\left[\Phi\left(\frac{D+R_k}{\sigma_y}\right)-\Phi\left(\frac{C-R_k}{\sigma_y}\right)\right] \tag{5.1.30}$$

如果坐标原点不是散布中心，正态分布将出现均值。设散布中心的坐标为任意值 $(\bar{x},\bar{y})$，还假设目标参数和坐标选择同图 5.1.2(b)，则命中概率变为

$$P_h \approx \left[\Phi\left(\frac{B+R_k-\bar{x}}{\sigma_x}\right)-\Phi\left(\frac{A-R_k-\bar{x}}{\sigma_x}\right)\right]\left[\Phi\left(\frac{D+R_k-\bar{y}}{\sigma_y}\right)-\Phi\left(\frac{C-R_k-\bar{y}}{\sigma_y}\right)\right] \tag{5.1.30a}$$

5.1.3.4　空间散布直接杀伤式武器的命中概率

按平面散布直接杀伤式武器的处理办法，把空间散布直接杀伤式武器的杀伤范围等效成目标体积的扩大。这样处理后，其命中概率就是它落入等效目标体积内的概率。在 5.1.1 节定义的五种目标中，空间散布直接杀伤式武器有三种规则形状的目标：空间点目标或球形目标、正六面体和圆柱形。

按照平面散布直接杀伤式武器命中平面点目标概率的计算方法，容易得到空间散布直接杀伤式武器对空间点目标或球形目标的命中概率。设球形目标的半径为 R_b，武器的杀伤半径为 R_k，此武器命中空间点目标和球形目标的概率为

$$P_h = \begin{cases} 2\left[\Phi\left(\dfrac{R_k}{\sigma}\right)-\dfrac{R_k}{\sqrt{2\pi}\sigma}\exp\left(-\dfrac{R_k^2}{2\sigma^2}\right)\right] & \text{空间点目标} \\[4mm] 2\left\{\Phi\left(\dfrac{R_{eb}}{\sigma}\right)-\dfrac{R_{eb}}{\sqrt{2\pi}\sigma}\exp\left[-\left(\dfrac{R_{eb}}{\sqrt{2}\sigma}\right)^2\right]\right\} & \text{球形目标} \end{cases} \tag{5.1.31}$$

式中，$R_{eb} = R_b+R_k$ 为等效球形目标的半径。如果目标中心与散布中心不重合，计算命中概率相当复杂，第 7 章将说明有关的近似计算方法。

设空间目标为正六面体，散布中心与目标中心重合，无系统散布误差。若把坐标原点选在目标中心，使三个坐标轴与正六面体的三个棱平行，则散布律同式 (5.1.13)。目标边界在 Ox、Oy、oz 轴上的投影值分别为 $\pm a$、$\pm b$ 和 $\pm c$，等效目标的对应值分别为 $\pm(a+R_k)$、$\pm(b+R_k)$ 和 $\pm(c+R_k)$。把式 (5.1.13) 和目标边界坐标代入式 (5.1.7) 并积分得空间散布直接杀伤式武器命中该正六面体目标的概率：

$$P_h = \iiint_V \frac{1}{(2\pi)^{3/2}\sigma_x\sigma_y\sigma_z}\exp\left\{-\frac{1}{2}\left[\left(\frac{x}{\sigma_x}\right)^2+\left(\frac{y}{\sigma_y}\right)^2+\left(\frac{z}{\sigma_z}\right)^2\right]\right\}\mathrm{d}x\mathrm{d}y\mathrm{d}z = 8\Phi\left(\frac{R_k+a}{\sigma_x}\right)\Phi\left(\frac{R_k+b}{\sigma_y}\right)\Phi\left(\frac{R_k+c}{\sigma_z}\right)$$

$$\tag{5.1.32}$$

如果目标仍然是正六面体，但散布中心和目标中心不重合。坐标的选择和目标的位置参数见图 5.1.3。图中 O 为坐标原点，也是散布中心。目标边界在 Ox、Oy 和 Oz 轴的投影值分别为 A 和 B、C 和 D 以及 E 和 F，等效目标的对应参数分别为 $a' = A - R_k$，$b' = B + R_k$，$c' = C - R_k$，$d' = D + R_k$，$e' = E - R_k$ 和 $f' = F + R_k$，按照式(5.1.32)的计算方法得空间散布直接杀伤式武器命中此正六面体目标的概率：

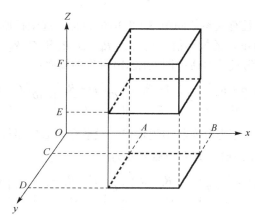

图 5.1.3　坐标系与正六面体目标的位置参数示意图

$$P_h = \int_{a'}^{b'} \int_{c'}^{d'} \int_{e'}^{f'} \frac{1}{(2\pi)^{3/2} \sigma_x \sigma_y \sigma_z} \exp\left\{-\frac{1}{2}\left[\left(\frac{x}{\sigma_x}\right)^2 + \left(\frac{y}{\sigma_y}\right)^2 + \left(\frac{z}{\sigma_z}\right)^2\right]\right\} dx dy dz$$

(5.1.33)

$$= \left[\Phi\left(\frac{b'}{\sigma_x}\right) - \Phi\left(\frac{a'}{\sigma_x}\right)\right]\left[\Phi\left(\frac{d'}{\sigma_y}\right) - \Phi\left(\frac{c'}{\sigma_y}\right)\right]\left[\Phi\left(\frac{f'}{\sigma_y}\right) - \Phi\left(\frac{e'}{\sigma_y}\right)\right]$$

如果坐标系和目标位置参数同图 5.1.3，但散布中心不是坐标原点，设其坐标为任意值 $(\bar{x}, \bar{y}, \bar{z})$，空间散布直接杀伤式武器命中该目标的概率为

$$P_h = \iiint_V \frac{1}{(2\pi)^{3/2} \sigma_x \sigma_y \sigma_z} \exp\left\{-\frac{1}{2}\left[\left(\frac{x-\bar{x}}{\sigma_x}\right)^2 + \left(\frac{y-\bar{y}}{\sigma_y}\right)^2 + \left(\frac{z-\bar{z}}{\sigma_z}\right)^2\right]\right\} dx dy dz$$

(5.1.33a)

$$= \left[\Phi\left(\frac{b'-\bar{x}}{\sigma_x}\right) - \Phi\left(\frac{a'-\bar{x}}{\sigma_x}\right)\right]\left[\Phi\left(\frac{d'-\bar{y}}{\sigma_y}\right) - \Phi\left(\frac{c'-\bar{y}}{\sigma_y}\right)\right]\left[\Phi\left(\frac{f'-\bar{z}}{\sigma_y}\right) - \Phi\left(\frac{e'-\bar{z}}{\sigma_y}\right)\right]$$

设圆柱体目标的底面半径为 R_c，高为 h，空间散布直接杀伤式武器近炸引信的作用半径为 R_k。等效圆柱体的底面半径为 $R_{ec} = R_c + R_k$，高为 $h + 2R_k$。空间散布直接杀伤式武器命中空间目标的概率正比于目标的体积。圆柱体目标的体积等于底面积乘以高。如果坐标系的 xoy 面与圆柱体的底面重合，z 轴与圆柱体的中轴重合，则散布律的 z 变量与 x, y 完全独立，三重积分变为一重和二重之积。因此，空间散布直接杀伤式武器命中圆柱体目标的概率等于武器落在圆柱体底面的概率 P_c 与落入两底之间的概率 P_z 之积[1]：

$$P_h = P_z P_c$$

命中概率由独立的两部分组成，可独立计算两部分的值。计算 P_c 时，按图 5.1.2 的 (c) 和 (d) 选择坐标系，散布律的通用模型同式(5.1.21)。计算 P_z 时，以圆柱体的中心为坐标原点，z 轴为圆柱体的中轴。设散布律在 z 轴上的随机分量为 σ_z，散布中心的坐标为 $\bar{z}$，武器在 z 轴上的散布律模型为

$$\phi(x) = \frac{1}{\sqrt{2\pi}\sigma_z} \exp\left[-\frac{(z-\bar{z})^2}{2\sigma_z^2}\right]$$

系统散布误差可能为 0，可能仅存在于圆柱体的底面，可能仅存在于圆柱体的高方向，还可能同时存在于底面和高的方向。因此，空间散布直接杀伤式武器命中圆柱体目标的概率可能有以下 4 种情况。

1. 无系统散布误差

如果在高方向无系统散布误差，散布中心与目标中心重合，即 $\bar{z} = 0$。等效目标高的边界在 z 轴的坐标为 $h' = R_k + 0.5h$ 和 $-h' = -R_k - 0.5h$，武器落入等效圆柱体两底之间的概率为

$$P_z \approx \int_{-(R_k+0.5h)}^{R_k+0.5h} \frac{1}{\sqrt{2\pi}\sigma_z} \exp\left(-\frac{z^2}{2\sigma_z^2}\right) dx = 2\Phi\left(\frac{R_k + 0.5h}{\sigma_z}\right) = 2\Phi\left(\frac{h'}{\sigma_z}\right) \tag{5.1.34}$$

如果圆柱体底面无系统散布误差且参数和散布律与图 5.1.2 的 (c) 相同，武器落在圆柱体底面的概率为

$$P_c = 1 - \exp\left[-\left(\frac{R_{ec}}{\sqrt{2}\sigma}\right)^2\right]$$

无系统散布误差时，空间散布直接杀伤式武器命中园柱体目标的概率为

$$P_h = P_z P_c = 2\Phi\left(\frac{h'}{\sigma_z}\right)\left\{1 - \exp\left[-\left(\frac{R_{ec}}{\sqrt{2}\sigma}\right)^2\right]\right\} \tag{5.1.35}$$

2. 系统散布误差仅存在于 z 轴

设 z 轴向的系统散布误差为 $\bar{z}$（$\bar{z} < 0$），散布中心的坐标就是 $-\bar{z}$，假设其他参数同第一种情况。等效目标高的边界在 z 轴上的投影值分别为 $h' + \bar{z}$ 和 $-h' + \bar{z}$。按照式 (5.1.34) 的推导方法得武器落入圆柱体两底之间的概率：

$$P_z \approx \Phi\left(\frac{h' + \bar{z}}{\sigma_z}\right) - \Phi\left(\frac{-h' + \bar{z}}{\sigma_z}\right) \tag{5.1.36}$$

设圆柱体底面参数同第一种情况，武器落在圆柱体底面的概率由式 (5.1.27) 确定。空间散布直接杀伤式武器命中该圆柱体目标的概率为

$$P_h = P_z P_c = \left[\Phi\left(\frac{h' + \bar{z}}{\sigma_z}\right) - \Phi\left(\frac{-h' + \bar{z}}{\sigma_z}\right)\right]\left\{1 - \exp\left[-\left(\frac{R_{ec}}{\sqrt{2}\sigma}\right)^2\right]\right\} \tag{5.1.37}$$

3. 系统散布误差仅存在于 x 和 y 轴上

如果系统散布误差仅存在于 Ox 和 Oy 轴向，设其为 A，其他情况同图 5.1.2 (d)。武器落在圆柱体底面的概率同式 (5.1.28)，即

$$P_c = \exp\left(-\frac{R_{ec}^2 + A^2}{2\sigma^2}\right) \sum_{n=1}^{\infty} \left(\frac{R_{ec}}{A}\right)^n I_n\left(\frac{AR_{ec}}{\sigma^2}\right) \tag{5.1.38}$$

在 z 轴方向无系统散布误差，若其参数同第一种情况，则武器落入圆柱体内的概率同式 (5.1.34)。空间散布直接杀伤式武器命中该园柱体目标的概率为

$$P_{\mathrm{h}} \approx 2\varPhi\left(\frac{h'}{\sigma_z}\right)\exp\left(-\frac{R_{\mathrm{ec}}^2 + A^2}{2\sigma^2}\right)\sum_{n=1}^{\infty}\left(\frac{R_{\mathrm{ec}}}{A}\right)^n I_n\left(\frac{AR_{\mathrm{ec}}}{\sigma^2}\right) \tag{5.1.39}$$

4. 在直角坐标系的三个轴上都存在系统散布误差

如果在圆柱体的底面和高方向同时存在系统散布误差，设目标和系统散布误差在 z 轴上的参数同第二种情况，在 Ox 和 Oy 轴向的参数与第三种情况相同。则武器落入等效圆柱体两底之间的概率同式 (5.1.36)，落在其底面的概率同式 (5.1.38)。空间散布直接杀伤式武器命中该目标的概率为

$$P_{\mathrm{h}} \approx \left[\varPhi\left(\frac{h'+\overline{z}}{\sigma_z}\right) - \varPhi\left(\frac{-h'+\overline{z}}{\sigma_z}\right)\right]\exp\left(-\frac{R_{\mathrm{ec}}^2 + A^2}{2\sigma^2}\right)\sum_{n=1}^{\infty}\left(\frac{R_{\mathrm{ec}}}{A}\right)^n I_n\left(\frac{AR_{\mathrm{ec}}}{\sigma^2}\right) \tag{5.1.40}$$

若目标为点目标且其中心与散布中心重合，破片杀伤式武器的命中概率或摧毁概率的经验公式为[2]

$$P_{\mathrm{h}} = 1 - \exp\left(-\frac{0.8\sqrt{G}}{\sigma^{2/3}}\right) \tag{5.1.41}$$

式中，G 为武器战斗部的重量、σ 为武器自身随机散布的均方差。

确定武器的散布律需要估算武器的随机散布误差。如果已知破片杀伤式武器的 G 和 P_{h}，由式 (5.1.41) 可得该武器自身随机散布误差在直角坐标系 x、y 和 z 轴上的投影值：

$$\sigma_{\mathrm{nx}} = \sigma_{\mathrm{ny}} = \sigma_{\mathrm{nz}} = \left[\frac{0.8\sqrt{G}}{\ln(1-P_{\mathrm{h}})}\right]^{3/2} \tag{5.1.42}$$

如果已知平面散布直接杀伤式武器的命中概率 P_{h} 和杀伤半径 R_{k}，由式 (5.1.25) 得这类武器自身随机散布误差在直角坐标系 x、y 和 z 轴上的投影近似值：

$$\sigma_{\mathrm{nx}} = \sigma_{\mathrm{ny}} = \sigma_{\mathrm{nz}} = \frac{R_{\mathrm{k}}}{\sqrt{-2\ln(1-P_{\mathrm{h}})}} \tag{5.1.43}$$

对于空间散布直接杀伤式武器，只要已知命中概率和杀伤半径，由式 (5.1.31) 也能估算该武器的自身随机散布误差在直角坐标系 x、y 和 z 轴上的投影值。式 (5.1.31) 为超越函数，散布误差没有显函数形式，通过数值计算能确定随机散布误差在直角坐标系 x、y 和 z 轴上的投影值。

5.1.4 目标的易损性和摧毁概率

命中概率一般不等于摧毁概率。摧毁概率与命中概率和目标的被毁律有关。被毁律表征目标的易损性。易损性体现目标的抗毁能力。易损性是影响武器摧毁概率的重要因素。目标的抗毁能力受两种因素影响：一、目标自身的结构强度；二、武器的结构、战斗部的重量或威力范围和弹着点的散布特性。目标的抗毁性与武器的种类有关。一旦确定了武器的种类，易损性就成了目标的独立特性。

5.1.4.1 目标的易损性或 4 抗毁性

当目标在像平面上的投影面积相对武器的散布区较小时，该目标对撞击式武器的被毁律 $G(x,y)$ 只与命中目标的武器数 m 有关，与弹着点的具体坐标无关[1]，即 $G(x,y) = G(m)$。在实际应用中，一般不用 $G(m)$ 表示目标的易损性，而用摧毁目标平均必须命中的武器数 ω 描述目标的易损性[1]。ω 越小表示目标越容易被摧毁，抗毁能力越差。$\omega = 1$ 意味着命中一枚武器就能摧毁目标。

摧毁目标平均必须命中的武器数取决于目标的构成。在构成上，有的目标只分致命区和非致命区两部分。命中一枚武器就能摧毁目标的区域称为致命部分，无论命中多少枚武器都不能摧毁目标的部分称为非致命部分。有的目标分三部分。除致命和非致命部分外，还有个中间部分。所谓中间部分是指需要命中一枚以上的武器才能摧毁该目标的部分。前者称为无损伤积累目标，后者为有损失积累目标。如果中间部分的相对面积或体积较小，可按适当比例把它划归致命部分和非致命部分[1]，这样处理后，有损伤积累目标的摧毁概率可用无损伤积累目标来近似。目前无损伤积累模型用得较多，本书把所有目标当作无损伤积累模型处理。如果目标存在非致命部分，命中目标不一定摧毁目标。这就是摧毁概率不同于命中概率的原因，也是摧毁概率与目标易损性有关的原因。

因多种不确定性因素的影响，ω 为随机变量，设其概率密度函数为 $f(m)$，ω 是 $f(m)$ 的统计平均值，即

$$\omega = \int m f(m)\mathrm{d}m \tag{5.1.44}$$

ω 是目标被毁律 $G(m)$ 的函数。被毁律是指在命中 m 枚武器条件下摧毁目标的条件概率。已经证明被毁律 $G(m)$ 与 ω 的具体关系为[1]

$$\omega = \sum_{m=0}^{\infty} [1 - G(m)] \tag{5.1.45}$$

如果目标是无损伤积累的且各枚武器击毁目标的事件为相互独立事件，这时 $G(m)$ 就是 m 枚武器射击目标时的目标被毁概率，它等于 m 枚武器中至少有一枚摧毁目标的概率，即

$$G(m) = 1 - (1-r)^m \tag{5.1.46}$$

式中，r 为一枚武器命中目标且摧毁目标的概率。对于无损伤积累的目标，r 可理解为目标致命部分的相对面积或体积，即致命部分的面积或体积在总面积或总体积中占的比例。雷达干扰保护己方的目标，能详细了解目标的结构组成、功能等，因此不难确定 r。设目标在像平面上的投影面积为 S，致命部分的投影面积为 S_k，r 近似等于：

$$r \approx S_k / S$$

r 为一枚武器命中目标且摧毁目标的概率，由式(5.1.45)可确定 ω 与 r 的关系：

$$\omega = \frac{1}{1-(1-r)} = \frac{1}{r} \tag{5.1.47}$$

式(5.1.47)式说明对于无损伤积累的目标和撞击式武器，摧毁目标平均必须命中的武器数 ω 等于目标致命部分相对面积的倒数。根据 r 与 ω 之间的关系，式(5.1.46)可表示成另一种形式：

$$G(m) = 1 - \left(1 - \frac{1}{\omega}\right)^m \tag{5.1.48}$$

近炸杀伤式武器只要进入目标周围一定区域就能摧毁它，勿需碰到目标的实体。在这个范围之外，武器要么不能引爆，要么引爆了也不能摧毁目标。为了能将计算撞击式武器命中概率的方法用于近炸杀伤式武器，本书引入了等效目标的概念。等效目标就是按武器的杀伤区扩大了的目标。讨论目标易损性时仍将这样处理，即直接杀伤式武器也需要碰到等效目标才能命中它。按武器杀伤区扩大后的等效目标只有致命部分，没有非致命部分。对于这种武器，目标的易损性为

$$G(m) = \omega = r = 1 \tag{5.1.49}$$

目标对近炸杀伤式武器的易损性总是 1，不能反映不同目标的抗毁能力。$G(m)=1$ 表示命中概率等于摧毁概率。式 (5.1.27) 和式 (5.1.31) 说明一旦确定了武器的散布误差，命中目标的概率仅由园或球的半径确定。因此，可把近炸杀伤式武器的目标等效成园形或球体，用等效园或球的半径衡量目标的抗毁能力。

5.1.4.2　摧毁概率或生存概率

武器控制系统一般有多个作战单元，可对单目标作战，也能对多目标或群目标作战。一个作战单元一般只对分配的目标作战。对单目标作战的目的是摧毁它，其效率指标为摧毁概率或生存概率。对多目标作战的目的是摧毁尽可能多的目标，其效率指标较多，详见 5.1.1 节。虽然武器和武器系统的作战效率指标较多，但都与摧毁概率有关。

1.　摧毁单目标的概率

摧毁单个目标的概率与目标的被毁律和武器的命中概率有关。设各枚武器命中同一目标的概率相同并等于 P_h（用 5.1.3 节的有关公式计算），脱靶率就是 $q=1-P_h$，发射 n 枚武器命中 m 枚的概率为

$$P(m,n)=C_n^m P_h^m (1-P_h)^{n-m}=C_n^m P_h^m q^{n-m} \tag{5.1.50}$$

如果各枚武器命中目标的概率不同，可用 3.2.2.1 节和 3.5.2 节的有关方法计算 $P(m,n)$。发射 n 枚武器摧毁目标的概率或目标的被毁率为[1]

$$P_{de}=\sum_{m=1}^{n} P(m,n)G(m) \tag{5.1.51}$$

式 (5.1.51) 适合有损伤积累目标，也适合无损伤积累目标。本书只涉及无损伤积累目标。无损伤积累目标的被毁律比较简单，如式 (5.1.48)。把式 (5.1.48) 和式 (5.1.50) 代入式 (5.1.51) 并令 $m=n=1$ 和 $P_{hi}=P_h$ 得第 i 次射击或第 i 枚武器摧毁无损伤积累目标的概率：

$$P_{dei}=P_{hi}/\omega \tag{5.1.52}$$

式中，P_{hi} 和 ω 分别为第 i 枚武器命中目标的概率和摧毁目标平均必须命中的武器数。P_{dei} 的实际含义是一枚武器命中目标致命部位的概率。独立发射 m 枚撞击式武器摧毁目标的概率等于至少有一枚武器命中目标致命部位的概率；

$$P_{de}=1-\prod_{i=1}^{m}\left(1-\frac{P_{hi}}{\omega}\right) \tag{5.1.53}$$

如果各枚武器命中目标的概率相同，即 $P_{hi}=P_h$，独立发射 m 枚撞击式武器摧毁目标的概率为

$$P_{de}=1-\left(1-\frac{P_h}{\omega}\right)^m \tag{5.1.54}$$

目标被摧毁和生存构成互斥事件。根据此种关系，由式 (5.1.53) 和式 (5.1.54) 得目标的生存概率：

$$P_{al}=1-P_{de}=\prod_{i=1}^{m}\left(1-\frac{P_{hi}}{\omega}\right) \tag{5.1.55}$$

$$P_{al}=\left(1-\frac{P_h}{\omega}\right)^m \tag{5.1.56}$$

5.1.2 节说明把目标进行等效处理后，直接杀伤式武器也可当撞击式武器处理。因等效目标只有致命部分，一枚武器摧毁目标的概率等于命中概率。只要令式 (5.1.52)～式 (5.1.56) 中的 $\omega=1$，撞击式武器摧毁目标的概率和目标的生存概率模型就能用于直接杀伤式武器。

　　与前面的武器不同，破片杀伤式武器摧毁目标的概率随散布中心到目标中心距离的增加而减小，只有该距离为无穷大时，摧毁概率才为 0。设目标的被毁律为 $G(x, y, z)$，该武器的散布律为 $\phi(x, y, z)$，摧毁目标的概率为

$$P_{de} = \int_{-\infty}^{\infty} \int_{-\infty}^{\infty} \int_{-\infty}^{\infty} G(x, y, z) \phi(x, y, z) \, dxdydz$$

　　依据作战效果评估干扰有效性的指标一般为作战要求的摧毁概率或生存概率。若已知武器的种类，易损性就是目标的独立特性，可把对摧毁概率或生存概率的要求转换成对命中目标的武器数的要求，然后就能依据命中概率评估干扰有效性。

　　2. 摧毁目标数和摧毁所有目标的概率

　　式 (5.1.52) 和式 (5.1.53) 分别为一枚和多枚(一组)武器摧毁一个目标的概率。在实战中有用一枚武器攻击一个目标的情况，也有用一组武器(一个作战单元连发或多个作战单元齐射)攻击一个目标的情况，还有用多枚或多组武器攻击多个目标(目标群)的情况。对群目标作战通常要求摧毁尽可能多的目标，其效率指标变为摧毁目标数或摧毁所有目标的概率。下面讨论多枚或多组武器攻击群目标的作战效果评估模型。只要把受雷达影响的参数代入有关模型，就能得到雷达干扰效果对武器或武器控制系统作战能力的影响。这里的方法和有关的数学模型完全适合火控系统和战术指控系统。

　　目标群由多个单目标组成。目标群分疏散目标群和密集目标群。所谓疏散目标群是指目标之间的间隔较大，攻击目标群中某个单目标的武器不能摧毁其他任何目标。射击是对群目标中的单个目标进行的。所谓密集目标群是指这样的一群单目标，用来摧毁目标群中某个单目标的武器，因其散布大或摧毁作用区域大，除了能摧毁要攻击的目标外，还可能伤及群目标中的其他目标。疏散目标群和密集目标群是相对的，由目标之间的间隔大小和一枚武器杀伤区域的大小共同决定的。在实际作战中，一般根据敌方一枚武器的杀伤区域决定目标之间的间隔，使其成为疏散目标群。

　　根据是否从已摧毁目标向未摧毁目标转移火力，把攻击群目标分为两种射击或攻击方式：一、不观测打击效果，不从已摧毁目标向未摧毁目标转移火力。对每个目标的射击次数是预先确定的，但是每个作战单元的打击目标是任意分配的。二、观测打击效果。对群目标中的目标一个接一个的射击，只有目标被摧毁或跑出作战区域时，才将火力转向目标群中的另一个未被摧毁的目标。

　　如果不转移火力，对每个目标的打击结果与对其他目标的打击结果无关，对 N 个目标的打击可看作是 n 次独立试验。由重复试验定理得 N 个被打击目标中有 $m(m<N)$ 个被摧毁的概率为[1]

$$P_m = C_N^m P_{de}^m (1 - P_{de})^{N-m} \tag{5.1.57}$$

式中，P_{de} 为群目标中每个目标的被摧毁概率，由式 (5.1.52) 或式 (5.1.53) 确定。式 (5.1.57) 是估算摧毁目标数分布律的数学模型，即由该式可得摧毁 $0, 1, 2, \cdots, m$ 个目标的概率。只要得到了摧毁目标数的分布律，就容易估算武器系统对群目标的作战效果。由式 (5.1.57) 知，摧毁所有目标的概率就是：

$$P_{deN} = C_N^N P_{de}^N (1 - P_{de})^{N-N} = P_{de}^N \tag{5.1.58}$$

　　式 (5.1.57) 和式 (5.1.58) 只适合各个目标的被毁率相同的群目标。如果各目标的被毁概率不同，可用 3.2.2.1 或 3.5.2 节的有关方法计算 P_m。设摧毁第一个到第 N 个目标的概率分别为 $P_1, P_2, \cdots, P_n$，用摧毁单个目标的概率和未知数 z 构建多项式：

$$\phi_n(z) = [(1-P_1)+P_1z][(1-P_2)+P_2z]\cdots[(1-P_n)+P_nz] \tag{5.1.57a}$$

展开 $\phi_n(z)$，其中 z 的幂次代表摧毁目标的个数，如幂次为 m 项的系数就是摧毁目标数为 m 的概率 P_m。幂次为 n 的项的系数就是摧毁所有目标的概率。

设第 i 个目标的被毁率为 $P_{\mathrm{de}i}$，摧毁目标数为

$$M = \sum_{i=1}^{N} P_{\mathrm{de}i} \tag{5.1.59}$$

如果各目标的被毁概率相同，设其等于 P_{de}，摧毁目标数变为

$$M = NP_{\mathrm{de}} \tag{5.1.60}$$

用式 (5.1.57) 或式 (5.1.57a) 可估算摧毁 $0,1,2,\cdots,N$ 个目标的概率 $P_0,P_1,P_2,\cdots,P_N$，由此得至少摧毁 k 个目标的概率：

$$P_k = P_k + P_{k+1} + \cdots + P_N \tag{5.1.61}$$

根据生存目标数与摧毁目标数之间的关系，由摧毁目标数得生存目标数：

$$M_{\mathrm{al}} = N - M \tag{5.1.62}$$

全部目标都生存的概率为

$$P_{\mathrm{al}N} = C_N^0 P_{\mathrm{de}}^0 (1-P_{\mathrm{de}})^N = (1-P_{\mathrm{de}})^N \tag{5.1.63}$$

设摧毁目标数为 M 和要打击的目标总数或目标群的目标数为 N，则摧毁和生存目标百分数分别为

$$P_{\mathrm{decet}} = \frac{M}{N} \times 100\% \text{ 和 } P_{\mathrm{alcet}} = \frac{N-M}{N} \times 100\%$$

设对 N 个单目标组成的群目标进行了 n 次射击，一次射击摧毁一个目标的概率为 P_{de}，还假设每次射击后观测打击效果，若目标被摧毁或跑出本武器的威力范围，则把火力转向未被摧毁的目标。摧毁目标群中 $m(m<n)$ 个目标的概率即估算摧毁目标数分布律的数学模型为

$$P_m = C_n^m P_{\mathrm{de}}^m (1-P_{\mathrm{de}})^{n-m} \tag{5.1.64}$$

如果 $n > N$，用式 (5.1.64) 只能算出摧毁 $0,1,2,\cdots,N-1$ 个目标的概率 $P_0,P_1,P_2,\cdots,P_{N-1}$，需要用下式计算摧毁 N 个目标的概率[1]：

$$P_{\mathrm{de}N} = 1 - \sum_{m=0}^{N-1} P_m \tag{5.1.65}$$

摧毁目标数为[1]

$$M = 0 \times P_0 + 1 \times P_1 + \cdots + NP_N \tag{5.1.66}$$

如果 $n < N$，摧毁目标数简化为[1]

$$M = nP_{\mathrm{de}}$$

转移火力的其他作战效果可用不转移火力的有关模型计算。

对于密集目标群，摧毁任一目标的概率与射击次数有关。设密集目标群由 N 个目标组成，把它当作一个整体来打击，不观测打击效果，不转移火力。一次射击摧毁各目标的概率分别为 $q_0,q_1,q_2\cdots,q_N$，如果对该目标群进行 n 次射击，计算摧毁其中 m 个目标的概率的方法如下。用给定的摧毁每个目标的概率构建如下多项式：

$$\phi(z_1, z_2, \cdots, z_n) = (q_0 + q_1 z_1 + q_2 z_2 + \dots + q_n z_n)^n \tag{5.1.67}$$

为了方便叙述，称 $z_1, z_2, \cdots, z_n$ 为未知数。展开上式并以项为单位，按未知数含量(不管哪个未知数及其幂次)从少到多排列。其中不含未知数的常数项就是全部目标都生存的概率或一个目标都没摧毁的概率 P_0。只含一个未知数项的系数和就是摧毁一个目标的概率 P_1。摧毁 m 个目标的概率 P_m 就是包含 m 个未知数项的系数和。这里用一例说明式(5.1.67)的具体用法。设对三个目标组成的密集目标群进行 2 次射击，摧毁 0,1,2,3 个目标的概率分别为 q_0, q_1, q_2 和 q_3，用这些数据按照式(5.1.67)构建多项式：

$$\phi(z_1, z_2, z_3) = (q_0 + q_1 z_1 + q_2 z_2 + q_3 z_3)^2$$

展开上式并整理得：

$$\phi(z_1, z_2, z_3) = q_0^2 + q_1^2 z_1^2 + q_2^2 z_2^2 + q_3^2 z_3^2 + 2q_0 q_1 z_1 + 2q_0 q_2 z_2 + 2q_0 q_3 z_3 + 2q_1 q_2 z_1 z_2 + 2q_1 q_3 z_1 z_3 + 2q_2 q_3 z_2 z_3$$

展开式的常数项为 q_0^2，它就是摧毁 0 个目标的概率或三个目标都生存的概率 P_0。含有一个未知数的项共有六项，其系数和就是摧毁一个目标的概率 P_1，即 $P_1 = q_1^2 + q_2^2 + q_3^2 + 2q_0 q_1 + 2q_0 q_2 + 2q_0 q_3$。含有两个未知数的项共 3 项，它们的系数和就是摧毁两个目标的概率 $P_2 = 2q_1 q_2 + 2q_1 q_3 + 2q_2 q_3$。展开式中没有含三个未知数的项，故摧毁三个目标的概率为 $P_3=0$。有了摧毁目标数的分布律 $P_0, P_1, \cdots$, $P_m, \cdots, P_N$，就能用疏散目标群的有关模型估算武器对密集目标群的其他作战性能。

上述分析说明对多目标的作战效果，只有部分情况的摧毁目标数仅与单个目标的摧毁概率和总目标数有关，其他的都与摧毁目标数的分布律有关。式(5.1.64)和式(5.1.67)就是计算摧毁目标数分布律的数学模型。计算摧毁目标数的分布律需要命中概率和摧毁每个目标的概率，用 5.1.3 和 5.1.4 节的数学模型可解决有关问题。

3. 对目标的最大射击次数

摧毁概率和生存概率模型中含有单枚武器的命中概率 P_{hi} 或 P_h 和独立发射的武器数 m。如果武器系统受雷达控制，干扰会通过雷达影响到武器的摧毁概率。干扰可从两个方面影响摧毁概率：一、降低一枚武器的命中概率；二、降低一次(对运动目标)连续作战中能独立发射的武器数 m。降低命中概率的主要因素是雷达的参数测量误差或跟踪误差。其中遮盖性干扰可增大雷达的随机跟踪误差，进而增加武器的随机散布误差。欺骗性干扰引起系统跟踪误差，使散布产生系统误差。两种干扰最终都会降低命中概率。有关内容将在第 7 和第 8 章详细讨论。

影响 m 的因素较多，主要有：一、武器的最大、最小发射距离或发射武器的远界和近界；二、武器的发射方式(单发连射或多发齐射)；三、目标相对武器发射系统的运动速度；四、跟踪雷达在干扰条件下的最大作用距离等。单发射装置的武器系统一次只能发射一枚武器，要连续射击目标，需要重新装填并发射。重新装填和发射都需要时间，设该时间为 t_w，在目标进入武器威力区的整个作战过程中，该武器系统能发射的最大武器数为

$$m = \begin{cases} \mathrm{INT}\left[\dfrac{R_{jmin} - R_{win}}{t_w V_t}\right] & R_{jmin} \leqslant R_{wax} \\[2mm] 0 & R_{jmin} \leqslant R_{win} \\[2mm] \mathrm{INT}\left[\dfrac{R_{wax} - R_{win}}{t_w V_t}\right] & R_{jmin} > R_{wax} \end{cases} \tag{5.1.68}$$

现代雷达控制的武器系统一般拥有多个武器发射装置，如防空高炮火控雷达可控制多门相同的火炮。设受干扰雷达控制的武器系统有 m_a 个相同的发射装置不相关地连续射击同一目标，每个

发射装置到目标的距离相同，在目标进入武器威力区的整个作战过程中，m_a 个武器发射装置射击目标的总次数近似为

$$m = \begin{cases} \mathrm{INT}\left[m_a \dfrac{R_{jmin} - R_{win}}{t_w V_t} \right] & R_{jmin} \leqslant R_{wax} \\ 0 & R_{jmin} \leqslant R_{win} \\ \mathrm{INT}\left[m_a \dfrac{R_{wax} - R_{win}}{t_w V_t} \right] & R_{jmin} > R_{wax} \end{cases} \qquad (5.1.69)$$

在式 (5.1.68) 和式 (5.1.69) 中 R_{wax}、R_{win} 为武器的最大和最小发射距离、R_{jmin} 和 V_t 分别为干扰能达到的最小干扰距离和目标相对武器发射系统的运动速度。

5.2　雷达和雷达对抗装备控制的武器

　　武器是指武器系统中起杀伤性作用的部分。它是武器系统的最后一个环节。武器的种类较多，这里只简单介绍雷达和雷达对抗装备控制发射或引导或投放的武器。它们是炮弹、炸弹、导弹和反辐射武器。

5.2.1　武器的种类、组成和发射或投放方式

　　武器的分类方式较多。5.1.2 节按杀伤目标的方式将武器分为三类：撞击式、平面散布和空间散布直接杀伤式。如果按运行控制方式分类，也可把武器分为三类：一、发射后不管且无自身引导能力的武器，如炮弹等；二、发射后不管但有自身引导能力的武器，如雷达、红外、激光寻的导弹和反辐射武器等；三、发射后需要继续引导的武器，如半主动寻的导弹、指令制导导弹等。发射后不管且无自身引导能力武器的作战效果对发射参数和飞行距离非常敏感。有自身引导能力的武器能修正部分发射偏差，但不能修正自身引导系统产生的误差。三种武器的作战效果都与控制其发射或投放的雷达性能有关。干扰武器系统的雷达既能降低该系统的作战能力，也能降低其控制的武器的作战能力。

　　雷达控制的主要武器有导弹、火炮和炸弹等。其中导弹的组成最复杂且分类方式较多。有按发射地点和目标位置分类的，有按作战使命分类的，也有按结构和弹道特性或射程分类的。雷达对抗最关心的是导弹的制导方式或制导系统。导弹有四种制导系统[2]：一、自主制导系统。如惯性、天文、多普勒和地形匹配制导等；二、遥控制导系统。如指令制导、雷达制导、激光波束制导、无线电制导和 GPS 制导等；三、自动寻的制导系统。包括主动式、半主动式和被动式等；四、复合制导系统。包括自主加自动寻的制导、自主加遥控、遥控加自动寻的和自主加遥控再加自动寻的等。四类制导系统对应着四类导弹。

　　导弹的组成大致相同，如图 5.2.1 所示。导弹的主要部分有：推进器 (包括燃料和发动机)、制导系统、战斗部和导引头。推进器是导弹的动力系统。远程导弹有多级推进器，燃料用完后，自动与主体分离。导引头是导弹的传感器，只有少数导弹的制导信息全部由发射平台的指控系统提供，弹上无导引头。有的导引头只有接收机，有的既有接收机又有发射机。导引头测量目标的运动和位置等参数，计算出导弹飞行方向与目标方向的偏差，给出与偏差成正比的信号，送给制导系统。制导系统又称自动驾驶仪。它把导引头送来的信息和弹体姿态敏感装置测量的信息综合成控制信号，控制翼的位置，调整弹体飞行方向，使其对准目标方向，把导弹引向碰撞点。战斗部装有破坏目标的能源，常规武器的主要能源是炸药。绝大多数导弹有引信，其作用是适时引爆炸药，增加命中概率。

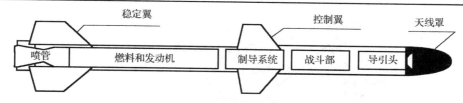

图 5.2.1　导弹组成示意图

导弹的引导和控制系统合称为制导系统。制导系统的组成很复杂，包括测量装置、程序装置、解算装置、敏感装置、综合装置、放大变换装置、执行机构。各部分的作用和工作原理如下：测量装置测量目标和导弹的运动参数；程序装置(只用于自主制导导弹)存储和产生使导弹按预定弹道运行的参数和指令；解算装置从测量装置获取的导弹和目标的运动参数中求解偏差，形成控制指令信息；敏感装置获取导弹的弹体姿态角、重心等信息；综合装置综合控制指令信息和敏感装置提供的信息，形成导弹的综合控制指令信息；放大变换装置对综合控制指令信息进行校正、变换和功率放大，形成可驱动执行机构的工作指令信号；执行机构是舵机和操控元件组合的总称，它按工作指令信号驱动操控元件，调整弹体的飞行姿态。

最早用雷达控制的武器系统为炮瞄系统，其中的雷达称为炮瞄雷达，杀伤性武器为炮弹。和导弹相比，炮弹的组成比较简单，它没有导引头和制导系统以及相关的控制装置。只有弹头(战斗部)和产生推力的炸药，发射出去的只有弹头。小口径炮弹一般采用触发引信，大口径炮弹既有触发引信又有近炸引信。火炮和炮弹按口径或弹头直径分类，如 37 炮、57 炮等。

雷达控制投放的武器除导弹、炮弹外，还有炸弹。和前两种杀伤性武器不同，炸弹不是发射出去的，而是由雷达控制投放，靠重力和惯性滑向目标的。炸弹分有、无自身引导系统两种。除外形稍有不同外，无自身引导系统的炸弹在组成上和炮弹极其相似，只有战斗部和引信。现在不少炸弹有自身引导系统，但仍然没有动力装置。

武器不是发射出去的就是投放出去的。除反辐射导弹外，其他武器的发射或投放控制原理十分相似。现代武器的发射或投放离不开火控系统(武器控制系统的一种)，火控系统发射或投放武器的过程或需要完成的工作内容如下：

(1)利用各种传感器获取发射武器需要的目标数据和跟踪线。如果用雷达传感器获取目标状态测量数据，跟踪线就是跟踪雷达天线的跟踪轴线。发射或投放武器除需要目标数据外，还需要敌我识别、气象、载体姿态、载体位置及运动趋势或遥控遥测等数据。

(2)获取瞄准线和瞄准矢量。在武器的发射或投放过程中，瞄准最为重要。图 5.2.2 为武器瞄准的几何关系示意图。对于雷达传感器，瞄准线是以跟踪雷达天线的转动中心为起点并通过目标中心的射线。瞄准矢量是以跟踪天线旋转中心为起点，目标中心为终点的矢量。火控系统的跟踪雷达一旦捕获指定目标进入稳定跟踪状态，不断将目标现在点(当前)的空间位置数据、运动趋势数据(速度、加速度和角速度、角加速度等)送给火控计算机。火控系统由此获得了目标的实时空间位置，也就得到了瞄准线和瞄准矢量。对于运动目标或运动武器载体，瞄准线和瞄准矢量是不断变化的。

(3)求取发射诸元或射击诸元，获得射击线。要使武器命中目标必须确定射击线。射击线是指在武器发射瞬间，为保证弹头命中目标所需的武器线指向。武器线是指以武器发射架旋转中心为起点与沿炮膛内的或发射架上的弹头将要运动的方向构成的射线。要得到射击线必须进行大量的计算。火控计算机利用雷达提供的目标状态测量数据和弹道方程、目标运动模型、武器载体的运动方程，结合弹的特性、当时的气象条件等计算射击诸元。射击诸元主要指射击线在大地坐标中的方位角 α 和射角 ϕ(见图 5.2.2)。在给定的坐标系中，α 和 ϕ 确定了射击线。

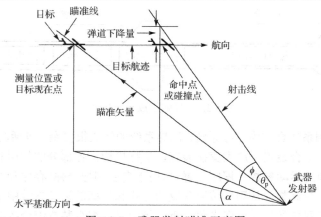

图 5.2.2　武器发射瞄准示意图

（4）用射击诸元控制武器发射随动系统，使射击线和武器线趋于重合。为了使武器线和射击线重合，火控计算机要将射击诸元转换成发射随动系统（如炮、导弹的发射架等）的指向角度，并控制发射随动系统使射击线与瞄准矢量趋于重合。受目标运动、当时的气象条件和弹道特性等影响，射击线和瞄准矢量一般有差别，两者之间的夹角 θ_p（见图 5.2.2）称为发射前置角或发射提前量。θ_p 与弹道特性、目标和载体的运动状态有关。武器控制系统一般存在射击诸元误差，会使射击线和武器线不重合。另外，因弹的重量、空气阻力等影响，弹道有一定下降量，射击线一般不通过命中点。命中点又称碰撞点或拦截点。计算拦截点、判断发射条件和向操作员提示发射标志等由火控计算机完成。

（5）发射或投放武器。对于运动目标或运动武器载体，瞄准过程将自动进行下去，直到目标进入最佳发射区和射击诸元误差达到要求值为止。若满足发射条件，由火控计算机或人工启动发射系统发射武器。

武器类型不同，发射后的控制管理工作也不同。如果武器发射后需要继续引导，传感器不但要继续跟踪目标，还要监视飞行中的武器。根据两者的偏差，通过指令修正武器的航向，直到武器进入杀伤区为止。对于发射后不管的武器，一旦发射，传感器只监视目标，不管武器，测量数据用于杀伤效果评估。如果目标没被摧毁，则根据传感器提供的目标最新数据，重新瞄准和再次发射武器，直到把目标摧毁或目标超出杀伤区为止。

上面的发射方式只适合炮弹、导弹和炸弹，不适合反辐射武器。要发射反辐射导弹，首先由载体的专用引导设备或测量精度较高的雷达支援侦察设备截获、识别或定位雷达辐射源。然后向反辐射武器的导引头指示雷达的参数，如角度、射频、脉宽、脉冲重复频率等。反辐射导引头根据引导设备提供的目标参数设置只让指定雷达信号通过的确认比较窗口和角度、频率搜索中心。反辐射导引头的接收机按照指示参数搜索处理信号，一旦收到并确认为指示辐射源的信号，就锁定（跟踪）该雷达信号，同时向控制该武器发射的操作员送出信息，表示已锁定指定雷达，可以发射导弹。导弹一旦发射，载体的引导就不用管了，整个飞行过程需要的信息由弹上的侦察设备即反辐射导引头提供。

只有射击诸元误差小到一定程度才能发射武器，否则即使发射也不能命中目标。在武器控制系统中引起射击诸元误差的因素很多。它们来自为发射武器提供信息的所有设备。由武器的发射或投放过程知，发射或投放武器除了需要目标的状态测量数据外，还需要许多其他信息，如图 5.2.3 所示。提供这些信息的设备有敌我识别器、气象测量设备、全球定位系统（GPS）、惯导或姿态测量设备和遥控遥测设备等。这些设备不但会引入误差，有的还受环境和雷达对抗影响。虽然各种设备引起的误差有大有小、进入武器控制系统的渠道不同，但是经火控计算机处理后，它们被综合成初始发射偏差。

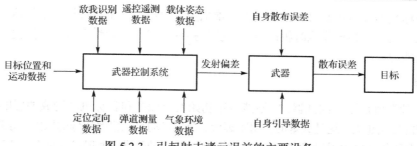

图 5.2.3　引起射击诸元误差的主要设备

　　射击诸元误差会被武器发射随动系统转换成发射偏差。发射的武器将发射偏差、武器自身的散布误差和自身引导系统的误差综合成最终的散布误差，正是该误差影响武器的命中概率或摧毁概率。在干扰条件下，雷达控制的武器系统的射击诸元误差主要由雷达提供的目标状态参数测量误差引起，这就是干扰跟踪雷达能阻止武器发射或使发射的武器脱靶的主要原因，也是为火控系统提供目标参数的传感器如雷达、敌我识别器、GPS 和指令系统等成为干扰对象的主要原因。

5.2.2　武器的工作原理和对抗措施

5.2.2.1　炮弹和炸弹

　　火炮广泛用于舰艇、飞机、坦克。高炮是最早用雷达控制的武器。火炮造价低，可高密度配置，高速发射，形成防火墙，能阻止任何武器运载平台和大杀伤性武器的攻击，是近距防御系统不可少的武器。

　　炮弹的发射器称为炮。炮和炮弹的关系与枪和子弹的关系相似，相当于扩大了的枪和子弹。炮弹发射出去的只有弹头，弹头为战斗部，通过爆炸杀伤目标。弹头靠炮弹内的炸药在炮筒内产生的推力送到目标。炮则控制弹头的飞行方向。炮弹的发射过程见 5.2.1 节。火控计算机根据跟踪雷达提供的目标数据，结合炮弹的物理特性(体积、重量和形状等)和当时的气象条件(温度、湿度、风速和风向等)等计算发射方向、发射条件和发射时刻。调整射击线使其与武器线重合，使炮瞄准目标，一旦发射条件成熟就击发炮弹推出弹头。弹头按照计算的轨迹飞行，当弹头进入杀伤目标的范围，引信自动引爆战斗部，杀伤目标。如果飞行轨迹与目标的最近距离大于近炸引信的作用距离，炮弹就会脱靶。这种武器的主要特点是：一、弹头的飞行轨迹完全由火控计算机预先确定，一旦发射，就不能更改；二、发射系统及其控制部分(包括跟踪雷达)的误差全部反映在发射前置角上。飞行距离越远，脱靶距离和脱靶率越大。单发炮弹的杀伤范围小、作用距离近和对付机动目标的能力差，限制了这种武器的使用范围。

　　炸弹由飞行器控制投放，没有动力装置，通过重力和惯性滑行接近目标。控制炸弹投放的是轰炸瞄准雷达。雷达发现目标后，火控计算机根据飞行器的高度、速度、方向，当时的风速、风向、空温、湿度以及炸弹的重量和形状等因素，计算投弹点。当飞行器到达计算的投弹点时，自动或人工控制投放炸弹。炸弹一旦投放，运载平台失去控制作用，通过自由滑翔接近目标。进入威力区后，由近炸引信引爆杀伤目标。有的炸弹有自身制导系统，在投放前由载体的传感器提供目标信息，装订制导系统，并在投放前使炸弹上的制导系统锁定目标。投放后，弹体在自身制导系统的引导下滑向目标。炸弹的特点是，目标位置参数和运动参数测量误差、环境参数测量误差、投放控制误差等反映在计算的投弹点上。如果计算的投弹点误差大于杀伤半径，炸弹就会脱靶。

　　炮弹和炸弹都是杀伤性武器，作战效用用杀伤概率或摧毁概率表示。有三种电子干扰手段能降低炮弹和炸弹的作战能力：一、干扰火控雷达或轰炸瞄准雷达，使其不能为火控系统提供求取发射诸元的目标数据或增加发射和投放偏差，增加脱靶率；二、干扰目标指示雷达，推迟或阻止武器发射，或使其错过最佳作战时机；三、干扰炮弹或炸弹上的近炸引信，使其提前爆炸或不爆炸，降低杀伤能力。

5.2.2.2　导弹

炮弹是一种发射后不管的武器。它不能修正初始发射偏差和目标机动造成的影响，距离越远，初始发射偏差的影响越大。这是火炮的作用距离近、命中机动目标概率较低的原因。导弹能避免火炮的问题，是它在现代战争中用得越来越多的主要原因。导弹的瞄准、发射过程见 5.2.1 节。导弹的种类较多，在飞行中的控制过程因其种类不同而异。这里简单介绍与雷达和雷达对抗装备有关的指令制导导弹、半主动寻的导弹、主动寻的导弹和反辐射武器的工作原理、特点和降低其作战能力的途径。

1. 指令制导导弹

指令制导导弹的飞行控制信息由弹外的指控点以指令形式提供。指令系统有无线电、有线电等。指令制导系统的设备一部分在弹上，一部分在异地的指控点。弹上设备较简单，有的只有指令接收设备，有的有弹体姿态敏感装置和收发设备。接收设备用于接收指控点的制导指令，发射设备用于发射导弹的姿态信息。

指控点的设备有传感器、指令形成装置和指令发射装置。无线电指令制导系统作用距离较远，传感器一般为雷达，处于指控点。有的指令控制系统用两部雷达，一部跟踪目标，提供目标信息。另一部跟踪导弹，提供导弹的飞行数据。有的由一部雷达采用边跟踪边扫描工作方式获取目标和导弹的运动参数和位置信息。还有的传感器只跟踪目标，导弹的姿态信息由弹上的敏感装置提供，通过弹上的发射设备报告给指控点。指令形成装置根据测量的目标参数、导弹的运动参数和引导方式等计算导弹正确飞行需要的控制信息。控制信息通过编码形成指令，由指令发射装置发送给飞行中的导弹。导弹收到指令后，通过解码等处理把指令变换成推动执行机构工作的指令信息。执行机构根据指令信息驱动操控元件，改变导弹的飞行姿态，使其按要求的方向飞行。此制导过程一直持续下去，当导弹到达能杀伤目标的距离时，由指令启动引信，制导过程就此结束。

指令制导导弹只执行命令，弹上设备简单且无耗电大的设备，可携带较大的战斗部。脱靶距离由跟踪雷达的角跟踪精度和作用距离确定。距离越远，脱靶距离越大，所以指令制导导弹的作用距离较近。

指令制导导弹不接收目标反射信号，靠指令制导。虽然干扰指令接收机是可能的，但困难较多，最主要的原因是：一、干扰方向难以对准；二、指令信号自身的抗干扰能力很强。指令一般是编码的，欺骗干扰因解码困难难以奏效。遮盖性干扰因功率利用率太低，干扰效果差。目前降低这种武器作战能力的主要途径是干扰目标指示雷达和跟踪雷达，既可以使武器系统不能发射导弹，也能使雷达丢失目标，使导弹得不到正确的指令而脱靶。

2. 半主动寻的导弹

半主动寻的导弹除弹上的传感器只有接收机，无发射机外，其他组成与一般导弹相同。这种导弹有两个接收天线，一个在前向，一个在后向。前向天线接收经目标散射的照射雷达的发射信号，从中提取目标的角信息，实现对目标的角跟踪。后向天线接收照射雷达的直射信号，作为提取目标多普勒信息的频率参考基准即本振或测距基准信号。工作开始时，导引头在多普勒频域搜索目标，一旦探测到目标，就从接收信号中提取目标的角信息，进入自动跟踪状态，连续测量目标的方向，并与导弹当前的飞行方向比较，找出偏差。该偏差和弹体姿态测量信息一起形成修正飞行方向的控制信息，执行机构用此信息调整控制翼或舵，使导弹对准目标飞行。一旦进入杀伤区，由近炸引信引爆战斗部，杀伤目标。

半主动寻的导弹的照射雷达可以是连续波雷达，也可以是高重频脉冲多普勒雷达。应用这些体制雷达的好处是，导引头可采用多普勒滤波，工作带宽很窄，可小到 1000Hz 左右。窄的系统带宽能大大提高导引头抗杂波、抗遮盖性干扰和攻击低空目标的能力。这种导弹的另一个优点是，多数采用比例制导原理，不需导弹保持在雷达的波束内，跟踪精度与距离无关。

多数半主动寻的导弹采用单脉冲测角体制。这种测角体制对点源调幅干扰不敏感。半主动寻的导弹的缺点是在导弹的整个飞行过程内，需要照射雷达不间断地照射目标。要想干扰这种武器，最好是先干扰目标指示雷达，然后干扰处于截获和跟踪状态的跟踪雷达。由于照射雷达需要跟踪雷达引导，如果跟踪雷达丢失目标，照射雷达就会偏离目标。弹上的接收机收不到照射雷达的信号，也会丢失目标而脱靶。

有一种介于指令和半主动寻的之间的制导系统，它就是通过导弹进行跟踪的系统，英文缩写为 TVM 系统。图 5.2.4 为 TVM 制导系统各部分之间的工作关系示意图。和半主动寻的导弹一样，弹上有接收机，地面有连续波或高重频脉冲多普勒雷达照射器和跟踪雷达。不同的是，弹上没有接收数据处理和制导信息提取、形成装置，但多了上、下行数传设备。地面设备除多了数传外，还多了一个制导数据处理设备。弹上接收机接收的目标反射信号，通过下行线路将它转发给地面制导数据处理设备。地面制导数据处理设备综合处理弹上来的目标数据和跟踪雷达测量的导弹运动数据、弹体姿态数据和位置数据等形成精确的制导信息，通过上行线路将制导信息发给弹上设备。弹上设备经过简单处理形成控制信号，通过执行机构改变导弹的运动参数和姿态，使其对准目标飞行。

这种系统有两个优点：一、一次性使用的弹上设备很简单、造价低，地面或制导点的设备可多次使用，因而效费比高；二、地面或制导点的设备可做得相当复杂，跟踪精度或命中概率和灵活性均高于半主动寻的导弹。

还有一种既不需要指令也不需要制导数据地面处理设备的导弹。它就是波束式制导导弹，有的文章称其为驾束式导弹。这种导弹只需要一部跟踪雷达，当导弹离开发射点钻入跟踪雷达的波束后，就一直沿着波束前进，直到杀伤目标的范围。和前两种导弹一样，弹上有接收机，但不是接收指令和目标散射的雷达信号，而是用于感知导弹是否处于跟踪雷达的波束之中。它利用接收的信息，自动校准航向，使其与雷达瞄准轴一致。只要雷达能照射到目标且有足够的动力，这种导弹就能命中目标。

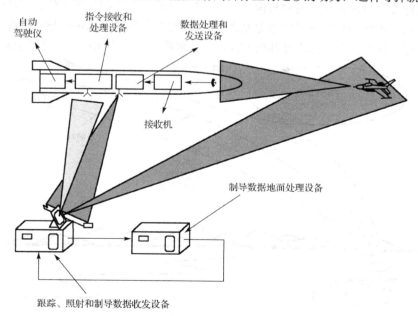

图 5.2.4　TVM 制导系统的组成和工作原理示意图

3. 主动寻的导弹

主动寻的导弹是一种发射后不管的武器。一旦发射，无须任何外部支持，仅靠自身的制导系统就能将其导向目标。这种导弹具有图 5.2.1 所示的全部弹上设备。其中导引头或寻的器有雷达、红外和光学等。雷达寻的器就是一部雷达，具有一般雷达的全部功能。它能自主搜索、跟踪目标和精确测量目标的位置参数，运动参数等。弹上的其他设备把导引头提供的目标信息和敏感装置提供的弹体姿态信息综合成制导指令信息，用于控制弹体的运动，使其朝向目标飞行。

远程主动寻的导弹通常采用双重制导系统。当目标和导弹的距离大于弹上寻的器的作用范围时，采用惯性或指令制导。当目标进入自身寻的器的作用区域时，才打开弹上的雷达。该雷达一旦探测和捕获到目标，导弹就进入主动寻的制导。

雷达寻的导弹一般采用单脉冲测角体制的脉冲多普勒雷达。空域、频域的抗干扰能力很强，单点源和遮盖性样式难以有效干扰这种导引头。对付这种导弹有两个途径：一、干扰弹上的雷达，引起大的跟踪误差，使其脱靶；二、干扰控制导弹发射的目标指示雷达和跟踪雷达，既可以推迟或阻止导弹发射，也能引起大的发射偏差，降到命中概率。

5.2.2.3　反辐射武器

反辐射武器是一种专门攻击电磁辐射源的杀伤性武器，在现代战争中具有十分重要的作用。它不但能摧毁雷达，还会给雷达操作员制造心理压力。反辐射武器包括反辐射导弹、炸弹、反辐射无人机、反辐射直升机等。目前反辐射武器主要用于空对地，执行对敌防空压制的任务。反辐射导弹和反辐射炸弹只能直接攻击雷达。反辐射无人机和直升机可以直接打击雷达，也可以盘旋或悬停待机攻击，迫使雷达关机。后者能获得干扰机无法达到的防空压制作用。图 5.2.5 为反辐射武器的作战方式示意图。

反辐射导弹是最早使用的反辐射武器，属于发射后不管的武器。借助被攻击雷达的信号被动制导。制导系统和其他寻的导弹一样，由引导系统和控制系统两大部分组成。引导系统中有一套与雷达支援侦察设备极其相似的系统，称为反辐射导引头。它从接收的被攻击雷达辐射信号中获取目标的角度信息。引导系统将该信息与弹体姿态敏感装置提供的导弹实际飞行方向进行比较，鉴别出导弹飞行方向与雷达站方向的角偏差，形成修正弹体航向的控制指令信息并送给控制系统。反辐射导弹的控制系统和其他导弹的毫无差别。控制系统综合各种信息形成导弹的综合控制信息。执行机构根据综合控制信息，修正导弹的航向，使其对准雷达方向飞行，将导弹自动导向雷达。

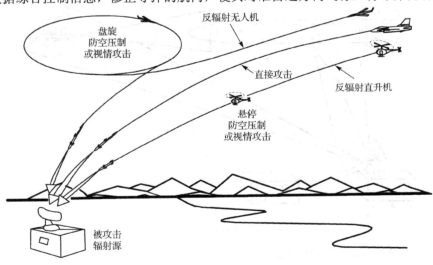

图 5.2.5　反辐射武器的作战方式示意图

反辐射武器的工作频带很宽，可覆盖 0.5～18GHz 频率范围，测角精度较高，约为 1 度。但是瞬时带宽和瞬时空域较小，必须进行搜索。为了减少搜索时间，反辐射武器需要目标指示或引导。引导反辐射武器需要较高的参数测量精度，当雷达支援侦察设备因参数测量精度不足以引导这类武器时，由专用引导设备完成引导。为了防止雷达突然关机，停止发射信号，大多数反辐射武器有记忆跟踪能力，能记忆被跟踪目标的坐标或锁定其飞行方向。如果导引头丢失目标，就转入记忆跟踪，使导弹对着目标消失前的方向飞行。若雷达信号再次出现，将自动退出记忆跟踪，进入正常跟踪。

要使反辐射武器失效，既可以干扰载体的雷达支援侦察设备或专用引导设备，使其不能发现目标或给以错误的雷达参数，也可以干扰弹上的导引头，使其无法分选出要攻击雷达的信号，不能提取雷达辐射源的角度信息。目前反辐射导弹主要攻击地面固定雷达站，对抗用得最多的是摆放式有源诱饵，即在雷达周围布放多个假雷达，吸引导弹跟踪，降低真雷达被命中的概率。

5.3　武器的作战能力

武器是武器控制系统的独立功能单元，其使命是摧毁目标。武器的作战能力包括威力范围、命中或摧毁能力以及处理发射或投放偏差的能力。前两种能力是所有武器必须具备的，后一种能力只有带自身引导系统的武器才有。近炸引信不能修正发射偏差，但能适应较大的发射偏差，等效于扩大武器的杀伤区。武器的作战能力分三种情况：一、武器自身的作战能力，其不受武器控制系统和作战环境影响，属于武器的固有作战能力；二、武器在武器控制系统中的作战能力，此种能力除了受武器固有作战能力影响外，还受武器控制系统、目标和作战环境引入的随机误差影响；三、在人为有意干扰条件下的作战能力，此能力既包括前两种因素的影响，也包括干扰引起的随机或/和系统散布误差的影响。本节只讨论第一、二两种作战能力，第三种作战能力主要用于描述抗干扰效果和干扰效果，放在第 7 和第 8 两章讨论。

5.3.1　威力范围

武器控制系统的威力范围由武器的最大、最小发射距离或发射范围的近界和远界确定。武器的威力范围是指单枚武器摧毁目标的区域，即在距目标中心多大范围内能摧毁或杀伤目标。威力范围与目标和武器的类型有关。撞击式武器只有碰到目标的致命部分才会摧毁目标。目标的致命区域越大，该武器的威力越大。平面散布和空间散布直接杀伤式武器有近炸引信，这种武器碰上目标可杀伤目标，也能杀伤没碰上但处于其近炸引信作用区内的目标。威力范围由目标的体积或面积和近炸引信作用区共同确定。武器自身的杀伤区域呈球形(空间散布型)或圆形(平面散布型)，球的体积和圆的面积由半径唯一确定，一般用杀伤半径 R_k 表示武器自身的威力范围。撞击式武器的 $R_k = 0$，近炸式武器的 R_k 近似等于近炸引信的作用半径。武器的威力范围与目标有关，为便于比较不同武器威力范围的大小，本书用体积或面积等效原理，将不是球形或在像平面上的投影不为圆形的目标用相同体积的球或等面积的圆来等效，用等效后的球形或圆形的半径表示武器的威力范围，称该半径为武器的等效杀伤半径 R_{ek}。

设目标在像平面上的投影面积为 S_a，目标对该武器的易损性为 r，致命面积就是 $S_a r$。撞击式武器对此目标的等效杀伤半径为

$$R_{ek} = \sqrt{\frac{S_a r}{\pi}} \tag{5.3.1}$$

如果目标本身是半径为 R_c 的圆，式(5.3.1)变为

$$R_{ek} = \sqrt{r R_c} \tag{5.3.2}$$

虽然近炸引信没有修正初始发射偏差的能力，但能承受较大的发射偏差，可以说近炸引信是一种扩大武器自身威力范围的有效措施。对于相同目标，近炸式武器命中目标的概率大于撞击式武器。对于直接杀伤式武器，目标的易损性 $r=1$。按照撞击式武器等效杀伤半径的计算方法得平面散布直接杀伤式武器杀伤目标的等效半径：

$$R_{ek} = \sqrt{\frac{S'_a}{\pi}} \tag{5.3.3}$$

式中，S'_a 是按近炸引信的作用半径扩大后的等效目标的面积。如果目标是半径为 R_c 的圆，从不利于干扰的情况考虑，上式近似为

$$R_{ek} \approx R_c + R_k \tag{5.3.4}$$

空间散布直接杀伤式武器一般带有近炸引信。设按近炸引信的作用半径扩大后的等效目标的体积为 V_a，目标对该武器的易损性 $r=1$。空间散布直接杀伤式武器对该目标的等效杀伤半径为

$$R_{ek} = \sqrt[3]{\frac{3V_a}{4\pi}} \tag{5.3.5}$$

如果目标本身是半径为 R_b 的球，等效杀伤半径近似为

$$R_{ek} \approx R_b + R_k \tag{5.3.6}$$

远距离直接杀伤式武器不但带有近炸引信，而且自身杀伤半径很大。如果 R_k 远大于等效球形或圆形目标的半径，可将此目标等效成点目标。按前面的分析方法可得平面散布或空间散布直接杀伤式武器对点目标的等效杀伤半径：

$$R_{ek} = R_k \tag{5.3.7}$$

根据命中目标的条件可说明近炸引信有扩大武器威力范围的作用。设弹着点与目标中心的距离为 r_d，对于圆形或球形目标，r_d 为脱靶距离。撞击式武器命中该目标的条件为

$$R_c \geq r_d \text{ 或 } R_b \geq r_d$$

如果 $R_c < r_d$ 或 $R_b < r_d$，撞击式武器就会脱靶。在相同条件下，只要脱靶距离满足下式，带近炸引信的武器就能命中目标：

$$R_c + R_k \geq r_d \text{ 或 } R_b + R_k \geq r_d$$

比较上两式可知，带近炸引信的武器命中目标的条件比撞击式武器宽松得多，或者说在相同条件下带近炸引信的武器命中目标的概率大于撞击式武器。

武器系统采用直角坐标系，根据目标在像平面上的实际投影形状和选定的坐标轴指向，可将目标和杀伤半径投影到每个坐标轴上，根据目标尺寸在每个坐标轴上的投影分量和武器杀伤半径在对应维上的投影大小，可判断武器能否命中目标。

5.3.2　命中或摧毁能力

武器不是发射出去的，就是投放出去的。因目标运动、当时的气象条件和弹道特性等影响，射击线和瞄准线一般有差别。两者之间的夹角 θ_p 就是发射前置角或发射提前量。对于特定的目标和武器，θ_p 是确定武器能否命中目标的关键条件。如果忽略重力、大气、环境温度等因素的影响，无自身引导系统的武器命中目标的条件为

$$V_w \sin \theta_p = V_t \sin \theta_d \tag{5.3.8}$$

式中，θ_d、V_t 和 V_w 分别为目标的航向角、运行速度和武器的飞行速度。

发射前置角满足式 (5.3.8) 只表示瞄准点正确，不能保证武器一定命中目标。这是因为武器自身有散布误差。5.1.2 节定义的不同类型武器的单枚命中概率只受自身散布误差的影响，是武器的固有命中概率。武器自身的散布误差是制造缺陷造成的，是其战技指标之一。有的说明书不直接给出这种散布误差，而给出杀伤半径、战斗部的重量或对规定目标的命中概率等，应用这些数据也能确定武器自身的散布误差。由武器自身的散布误差和目标的易损性可确定它对指定目标的固有命中概率和摧毁概率。

武器自身的散布为球形或圆形，武器说明书上的或依据其他指标推算得到的散布误差也是球形或圆形散布。设武器制造缺陷引起的散布均方差为 σ_k，它在直角坐标系 Ox、Oy 和 Oz 轴上的投影值 σ_{nx}、σ_{ny}、σ_{nz}，制造缺陷引起的散布误差只有随机成分且下式成立：

$$\sigma_{nx} = \sigma_{ny} = \sigma_{nz} \tag{5.3.9}$$

武器自身的散布误差不会改变散布律的基本模型。如果目标参数、武器参数和坐标系选择与 5.1.3.2 节～5.1.3.4 节中无系统散布误差时的相同，只需用 σ_{nx}、σ_{ny} 和 σ_k 替换式 (5.1.15) 和式 (5.1.19) 中的 σ_x、σ_y 和 σ，可得撞击式武器对矩形目标和圆形目标的固有命中概率：

$$P_{nh} = \begin{cases} 4\Phi\left(\dfrac{a}{\sigma_{nx}}\right)\Phi\left(\dfrac{b}{\sigma_{ny}}\right) & \text{矩形目标} \\[2mm] 1 - \exp\left(-\dfrac{R_c^2}{2\sigma_k^2}\right) & \text{圆形目标} \end{cases} \tag{5.3.10}$$

由式 (5.1.27) 和式 (5.1.29) 得平面散布直接杀伤式武器对矩形目标和圆形目标的固有命中概率：

$$P_{nh} = \begin{cases} 4\Phi\left(\dfrac{a+R_k}{\sigma_{nx}}\right)\Phi\left(\dfrac{b+R_k}{\sigma_{ny}}\right) & \text{矩形目标} \\[2mm] 1 - \exp\left(-\dfrac{R_{ec}^2}{2\sigma_k^2}\right) & \text{圆形目标} \end{cases} \tag{5.3.11}$$

用式 (5.1.32) 和式 (5.1.35) 得空间散布直接杀式武器对正六面体或长方体和圆柱形目标的固有命中概率：

$$P_{nh} = \begin{cases} 8\Phi\left(\dfrac{a+R_k}{\sigma_{nx}}\right)\Phi\left(\dfrac{b+R_k}{\sigma_{ny}}\right)\Phi\left(\dfrac{c+R_k}{\sigma_{nz}}\right) & \text{正六面体目标} \\[2mm] 2\Phi\left(\dfrac{h'}{\sigma_{nz}}\right)\left[1 - \exp\left(-\dfrac{R_{ec}^2}{2\sigma_k^2}\right)\right] & \text{圆柱形目标} \end{cases} \tag{5.3.12}$$

式 (5.3.10)～式 (5.3.12) 中符号的定义见式 (5.1.15)～式 (5.1.35)。计算命中概率的坐标选择原则见 5.1.3.1 节。根据武器的固有命中概率、目标的易损性和独立发射的武器数，用式 (5.1.53) 或式 (5.1.54) 能得到不同武器的摧毁概率。由式 (5.1.55) 或式 (5.1.56) 可计算目标的生存概率。这样计算的摧毁概率和生存概率只能反映武器自身的杀伤能力，主要用于比较武器的优劣。

在作战效果评估中，武器的固有命中概率用得较少。因为武器都是发射或投放出去的，执行发射或投放的设备会引入额外散布误差。计算作战效果可能使用两种命中概率：一、武器在武器系统中的命中概率，本书用 P_{sh} 表示；二、武器在干扰条件下的命中概率。上述两种概率都包含固有命中概率的影响。第 7、第 8 两章将讨论干扰条件下的命中概率，这部分只涉及 P_{sh}。为了突出雷达跟踪误差对 P_{sh} 的影响，这里假设除雷达和武器外，武器系统的其他部分不影响武器的散布误差和命中概率。

不管武器控制系统是否有目标指示雷达，但一定有跟踪雷达。跟踪雷达的参数测量误差即跟踪误差会影响武器的散布误差。无干扰时，雷达的跟踪误差主要来自机内噪声、目标闪烁和目标随机机动。第 3 章已给出雷达机内噪声、目标闪烁和随机机动引起的斜距跟踪误差 σ_{zs}、方位跟踪误差 σ_{za} 和仰角跟踪误差 $\sigma_{z\beta}$，它们分别由式 (3.3.27) 和式 (3.2.35) 确定。火控计算机和发射随动系统将跟踪误差转换成武器的散布误差。雷达的跟踪误差用球面坐标表示，武器的散布律用直角坐标表示。要计算命中概率，需要将两者统一到相同的坐标系中，一般将球面坐标下的跟踪误差转换到直角坐标系中。设雷达测量的目标方位角、仰角和斜距分别为 α、β 和 R，由式 (3.2.39) 得：

$$\begin{cases} \sigma_x = \sigma_{zs} \cos\alpha \cos\beta + R\sigma_{za} \sin\alpha \cos\beta + R\sigma_{z\beta} \cos\alpha \sin\beta \\ \sigma_y = \sigma_{zs} \sin\alpha \cos\beta + R\sigma_{za} \cos\alpha \cos\beta + R\sigma_{z\beta} \sin\alpha \sin\beta \\ \sigma_z = \sigma_{zs} \sin\beta + R\sigma_{z\beta} \cos\beta \end{cases}$$

式中，σ_x、σ_y 和 σ_z 分别为雷达机内噪声、目标闪烁和目标随机机动引起的跟踪误差在直角坐标系 ox、oy 和 oz 维的投影值。σ_x、σ_y、σ_z 与武器制造缺陷引起的散布误差 σ_{nx}、σ_{ny}、σ_{nz} 相互独立且在直角坐标系的任一维上服从 0 均值正态分布。杀伤性武器在直角坐标系每维的总散布误差为

$$\begin{cases} \sigma_{sx} = \sqrt{\sigma_x^2 + \sigma_{nx}^2} \\ \sigma_{sy} = \sqrt{\sigma_y^2 + \sigma_{ny}^2} \\ \sigma_{sz} = \sqrt{\sigma_z^2 + \sigma_{nz}^2} \end{cases} \tag{5.3.13}$$

无干扰时，武器控制系统只影响武器的随机散布误差，不会带来系统散布误差。如果假设除随机散布误差外，武器的其他参数、目标参数和坐标选择与式 (5.3.10)～式 (5.3.12) 对应的相同。设圆形、球形或等效圆形、球形散布的随机误差为 σ_s，只需用 σ_{sx}、σ_{sy}、σ_{sz} 和 σ_s 替换式 (5.3.10)～式 (5.3.12) 中的 σ_{nx}、σ_{ny}、σ_{nz} 和 σ_k，可得在武器系统中，三种武器对几种典型目标的命中概率。其中撞击式武器命中矩形和圆形目标的概率为

$$P_{sh} = \begin{cases} 4\Phi\left(\dfrac{a}{\sigma_{sx}}\right)\Phi\left(\dfrac{b}{\sigma_{sy}}\right) & \text{矩形目标} \\ 1 - \exp\left(-\dfrac{R_c^2}{2\sigma_s^2}\right) & \text{圆形目标} \end{cases} \tag{5.3.14}$$

平面散布直接杀伤式武器命中矩形和圆形目标的概率为

$$P_{sh} = \begin{cases} 4\Phi\left(\dfrac{a+R_k}{\sigma_{sx}}\right)\Phi\left(\dfrac{b+R_k}{\sigma_{sy}}\right) & \text{矩形目标} \\ 1 - \exp\left(-\dfrac{R_{ec}^2}{2\sigma_s^2}\right) & \text{圆形目标} \end{cases} \tag{5.3.15}$$

空间散布直接杀伤式武器命中正六面体和圆柱体目标的概率为

$$P_{sh} = \begin{cases} 8\varPhi\left(\dfrac{a+R_k}{\sigma_{sx}}\right)\varPhi\left(\dfrac{b+R_k}{\sigma_{sy}}\right)\varPhi\left(\dfrac{c+R_k}{\sigma_{sz}}\right) & \text{正六面体目标} \\[4mm] 2\varPhi\left(\dfrac{h'}{\sigma_{sz}}\right)\left[1-\exp\left(-\dfrac{R_{ec}^2}{2\sigma_s^2}\right)\right] & \text{圆柱形目标} \end{cases} \tag{5.3.16}$$

把武器在武器系统中的命中概率、目标的易损性和对指定目标独立发射的武器数代入式(5.1.53)或式(5.1.54)可得不同武器摧毁目标的概率。由式(5.1.55)或式(5.1.56)得目标的生存概率。这样得到的命中概率、摧毁概率和生存概率能反映武器在武器控制系统中的作战能力。

5.3.3　修正发射偏差的能力

根据有、无自身引导系统将杀伤性武器分为两类。绝大多数威力范围大、作用距离远的武器带有自身引导系统。该系统能修正部分发射或投放初始偏差，可提高武器的命中概率或摧毁概率，严重影响干扰效果。武器的初始脱靶距离由初始发射偏差引起，对于特定的目标和武器，摧毁概率由最终脱靶距离确定，最终脱靶距离与武器修正发射偏差的能力有关。这种能力是相对无自身引导系统武器而言的，这里先分析无自身引导系统武器的脱靶距离。

脱靶距离是武器运行轨迹到目标的最小距离。它与目标是否运动、武器类型和射击模式有关。目标相对武器发射器有固定的，有运动的。目标有空中的，有海面的，还有地面的。射击模式有地对空、空对地的等等。就计算脱靶距离来说，其他射击模式可等效成地对空和空对地两种模式。

控制武器发射的雷达会引入多种参数测量误差，如距离、角度和速度等，经过火控计算机和武器发射系统处理后，都会转变成发射前置角误差。就武器而言，发射前置角误差就是初始发射角偏差。第 7 章将讨论雷达的各种参数测量误差是如何影响前置角误差的，这里只讨论武器修正发射偏差的能力。

假设射击在图 5.3.1 所示的平面上进行。图中 O、D、A 和 B 分别为武器发射器的位置，发射武器时的目标位置、预测碰撞点和正确碰撞点，θ_d、θ_p 和 $\Delta\theta_p$ 分别为目标的航向角、预测前置角(武器发射角度)和前置角误差，V_w 和 V_t 为武器和目标的运行速度，R_k、R_c 和 R 为武器的杀伤半径、目标在像平面上的投影半径或等效投影半径和武器发射瞬间目标到武器发射器的距离。因存在发射前置角误差，无自身引导系统的武器将沿着图 5.3.1 的 OA 直线飞行，其飞行轨迹如图中带箭头的实线所示。有自身引导系统的武器将沿着图中带箭头的虚线运行。下面的讨论忽略重力、大气摩擦、环境温度等因素的影响。

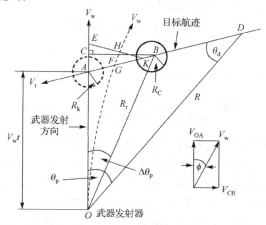

图 5.3.1　武器的脱靶量或脱靶距离

　　无论地对空还是空对地射击模式都有相对固定和相对运动的目标。设目标固定在图 5.3.1 的 B 点、预测碰撞点为 A 且为地对空射击模式。无自身引导系统武器的运行轨迹为直线 OA，目标真实位置到 OA 的最短距离为 CB，CB 就是该条件下的脱靶距离。

　　如果除目标沿 DA 方向运动外，其他条件同空中固定目标。因目标是运动的，当无自身引导系统的武器运行到 A 点时，目标才到 B 点。如果两者的距离大于武器的作用半径，武器将相对目标继续运动，使它们进一步相互靠近。此时 AB 不是目标到武器运行轨迹的最小距离，即不是脱靶距离。设武器和目标分别在 E 点和 K 点时有最短距离，则 EK 为该条件下的脱靶距离。

　　对于地面固定目标和空对地射击模式，DA 相当于地面，武器不能越过地面。这时 AB 就是武器和目标的最短距离，也是该条件下的脱靶距离。如果除目标沿 DA 方向运动外，其他条件同地面固定目标，只要无速度测量误差，脱靶距离仍然为 AB。

　　本书称 AB、CB 和 EK 为武器的初始发射偏差或初始脱靶距离，也是无自身引导系统武器的脱靶距离。这些脱靶距离都与前置角误差有关。

　　如果存在前置角误差且武器在发射架上已经跟踪上目标，有自身引导系统的武器一旦发射，它将以最大过载调整飞行方向，使其靠近目标的真实位置。这就是有自身引导系统武器修正初始发射偏差的功能。设武器一直恒加速修正发射偏差，直到完全消除初始发射偏差为止。这种武器的飞行轨迹不是直线，而是圆弧，如图 5.3.1 带箭头的虚线所示。AB、CB 和 EK 不再是脱靶距离，仅为武器的初始发射偏差。设武器运行轨迹与 AB、CB 和 EK 分别交于 G、F 和 H，则 GB、FB 和 HK 分别为地面目标、空中固定目标和空中运动目标的脱靶距离，AG、CF 和 EH 分别为武器自身引导系统能修正的初始发射偏差。

　　根据脱靶距离的定义和图 5.3.1 的关系，可计算不同射击模式下的初始脱靶距离。若地对空射击空中固定目标，初始发射偏差即无自身引导系统武器的脱靶距离为

$$r_\mathrm{d} = BC = \frac{R\sin\theta_\mathrm{d}}{\sin(\theta_\mathrm{d}+\theta_\mathrm{p}-\Delta\theta_\mathrm{p})}\sin\Delta\theta_\mathrm{p} \tag{5.3.17}$$

设武器到 A 点或目标到 B 点后再经过 t_d 时间，使两者间的距离达到最小值 EK，由图 5.3.1 的关系得武器对空中运动目标的初始发射偏差：

$$r_\mathrm{d} = EK = \sqrt{(V_\mathrm{w}t_\mathrm{d})^2 + (AB - V_\mathrm{t}t_\mathrm{d})^2 - 2V_\mathrm{w}t_\mathrm{d}(AB - V_\mathrm{t}t_\mathrm{d})\cos(\theta_\mathrm{d}+\theta_\mathrm{p})} \tag{5.3.18}$$

根据目标和武器的速度以及使 EK 最短的条件得：

$$t_\mathrm{d} = \frac{AB[V_\mathrm{t} + V_\mathrm{w}\cos(\theta_\mathrm{d}+\theta_\mathrm{p})]}{V_\mathrm{w}^2 + V_\mathrm{t}^2 + 2V_\mathrm{t}V_\mathrm{w}\cos(\theta_\mathrm{d}+\theta_\mathrm{p})}$$

当空对地射击地面固定目标时，初始发射偏差为

$$r_\mathrm{d} = AB = \frac{R\sin\theta_\mathrm{d}}{\sin(\theta_\mathrm{d}+\theta_\mathrm{p})\sin(\theta_\mathrm{d}+\theta_\mathrm{p}-\Delta\theta_\mathrm{p})}\sin\Delta\theta_\mathrm{p} \tag{5.3.19}$$

无测速误差时空对地射击地面运动目标的初始发射偏差也等于 AB。

　　有、无自身引导系统武器的初始发射偏差或初始脱靶距离相同，只要能估算出不同条件下武器自身引导系统能修正的初始发射偏差 r_0，就能得到有自身引导系统武器的最终脱靶距离。r_0 与武器的过载能力、飞行时间和运行速度有关。设武器的过载能力为 n 个 g，g 为重力加速度。如果不计大气摩擦和重力影响，过载只改变总速度的方向，不改变速度的大小。图 5.3.1 的平行四边

形给出了经过 t 秒后，过载使武器偏离发射方向的角度 ϕ，ϕ 是武器飞行速度 V_w 和过载持续时间 t 的函数，等于[1]：

$$\phi \approx \frac{V_w t}{R_{c\min}} = \frac{ngt}{V_w}（弧度）\tag{5.3.20}$$

式中，$R_{c\min}$ 为武器的最小转弯半径。$R_{c\min}$ 与武器的运行速度和过载能力有关，等于：

$$R_{c\min} = \frac{V_w^2}{ng}$$

通过矢量分解可求出飞行速度在 CB 和 OA 两个方向上的分量（见图 5.3.1 中的平行四边形）。武器在 CB 方向上的速度分量就是它向目标靠近的速度，等于：

$$V_{CB} = V_w \sin\phi = V_w \sin\left(\frac{ngt}{V_w}\right)$$

沿着发射方向的速度分量是武器飞向预测碰撞点的速度，其值为

$$V_{CB} = V_w \sin\phi = V_w \sin\left(\frac{ngt}{V_w}\right)$$

武器以 V_{OA} 速度飞到 A、C 和 E 点所花的时间就是它沿着弧线碰到 AB、CB 和 EK 线段的时间，设该时间为 t_0。根据 A、C 和 E 点到武器发射系统的距离 R_w 和武器沿着发射方向的速度分量 V_{OA}，得 R_w 与 t_0 的关系：

$$R_w = \int_0^{t_0} V_{OA} \mathrm{d}t = \int_0^{t_0} V_w \cos\left(\frac{ngt}{V_w}\right)\mathrm{d}t = \frac{V_w^2}{ng}\sin\left(\frac{ngt_0}{V_w}\right)$$

对 t_0 或 $\cos\left(\dfrac{ngt_0}{V_w}\right)$ 求解上式得：

$$t_0 = \frac{V_w}{ng}\arccos\left[\sqrt{1 - \left(\frac{ngR_w}{V_w^2}\right)^2}\,\right] \text{ 或 } \cos\left(\frac{ngt_0}{V_w}\right) = \sqrt{1 - \left(\frac{ngR_w}{V_w^2}\right)^2}$$

根据飞行时间 t_0 和武器向目标靠近的速度分量 V_{CB} 得其自身引导系统能修正的初始发射偏差：

$$r_0 = \int_0^{t_0} V_{CB}\mathrm{d}t = \int_0^{t_0} V_w \sin\left(\frac{ngt}{V_w}\right)\mathrm{d}t = \frac{V_w^2}{ng}\left[1 - \cos\left(\frac{ngt_0}{V_w}\right)\right] = \frac{V_w^2}{ng}\left[1 - \sqrt{1 - \left(\frac{ngR_w}{V_w^2}\right)^2}\,\right]\tag{5.3.21}$$

如果 $(ngR_w / V_w^2)^2 \ll 1$，把式（5.3.21）展开成级数并作一阶近似得：

$$r_0 \approx \frac{ngR_w^2}{2V_w^2}\tag{5.3.22}$$

R_w 的值与配置关系和目标是否运动有关。对于地面固定目标 $R_w = OA$，由图 5.3.1 的关系得：

$$R_w = OA = \frac{R\sin\theta_d}{\sin(\theta_d + \theta_p)}$$

对于空中固定和运动目标，R_w 分别为

$$R_w = OC = \frac{R\sin\theta_d}{\sin(\theta_d + \theta_p - \Delta\theta_p)}\cos\Delta\theta_p$$

$$R_{\mathrm{w}} = OE = OA + V_{\mathrm{w}}t_{\mathrm{d}} = \frac{R\sin\theta_{\mathrm{d}}}{\sin(\theta_{\mathrm{d}} + \theta_{\mathrm{p}})} + V_{\mathrm{w}}t_{\mathrm{d}}$$

如果目标和配置关系与无自身引导系统的武器相同，有自身引导系统武器的最终脱靶距离等于发射偏差或初始脱靶距离 r_{d} 与 r_0 之差，即：

$$r_{\mathrm{d}}' = \begin{cases} r_{\mathrm{d}} - r_0 & r_{\mathrm{d}} > r_0 \\ 0 & \text{其他} \end{cases} \tag{5.3.23}$$

为便于说明自身引导系统的作用，先讨论无自身引导系统武器对几种约定形状目标的命中概率。计算命中概率要用到脱靶距离。脱靶距离来自雷达提供的目标测量数据，用球面坐标系描述。计算命中概率要将球面坐标系描述的有关数据转换到直角坐标系中。根据配置关系、目标相对武器发射器的运动情况和球面坐标与直角坐标系的转换关系，可把球面坐标系中的系统脱靶距离转换到直角坐标系中。转换原则是选择合适的坐标原点和坐标轴指向，尽可能使系统脱靶距离只出现在 x、y 和 z 的一维上。发射偏差属于系统误差，修正发射偏差的能力不影响武器的随机散布误差。设初始发射偏差或初始脱靶距离 r_{d} 在 x、y 和 z 维的投影值分别为 x_{d}、y_{d} 和 z_{d}，把 5.1.3.2～5.1.3.4 节命中概率模型中的散布中心和目标中心的距离 $\bar{x}$、$\bar{y}$ 和 $\bar{z}$ 替换成 r_{d} 在 x、y 和 z 维的投影值 x_{d}、y_{d} 和 z_{d} 得，无自身引导系统武器命中有初始脱靶距离目标的概率。其中无自身引导系统的撞击式武器命中矩形和圆形目标的概率为

$$P_{\mathrm{sh}} = \begin{cases} \left[\Phi\left(\dfrac{B - x_{\mathrm{d}}}{\sigma_{\mathrm{sx}}}\right) - \Phi\left(\dfrac{A - x_{\mathrm{d}}}{\sigma_{\mathrm{sx}}}\right)\right]\left[\Phi\left(\dfrac{D - y_{\mathrm{d}}}{\sigma_{\mathrm{sy}}}\right) - \Phi\left(\dfrac{C - y_{\mathrm{d}}}{\sigma_{\mathrm{sy}}}\right)\right] & \text{矩形目标} \\ \exp\left(-\dfrac{R_{\mathrm{c}}^2 + r_{\mathrm{d}}^2}{2\sigma_{\mathrm{s}}^2}\right)\displaystyle\sum_{n=1}^{\infty}\left[\left(\dfrac{R_{\mathrm{c}}}{r_{\mathrm{d}}}\right)^n I_n\left(\dfrac{R_{\mathrm{c}}r_{\mathrm{d}}}{\sigma_{\mathrm{s}}^2}\right)\right] & \text{圆形目标} \end{cases} \tag{5.3.24}$$

无自身引导系统的平面散布直接杀伤式武器对有初始发射偏差或有初始脱靶距离的矩形和圆形目标的命中概率为

$$P_{\mathrm{sh}} = \begin{cases} \left[\Phi\left(\dfrac{B + R_{\mathrm{k}} - x_{\mathrm{d}}}{\sigma_{\mathrm{sx}}}\right) - \Phi\left(\dfrac{A - R_{\mathrm{k}} - x_{\mathrm{d}}}{\sigma_{\mathrm{sx}}}\right)\right]\left[\Phi\left(\dfrac{D + R_{\mathrm{k}} - y_{\mathrm{d}}}{\sigma_{\mathrm{sy}}}\right) - \Phi\left(\dfrac{C - R_{\mathrm{k}} - y_{\mathrm{d}}}{\sigma_{\mathrm{sy}}}\right)\right] & \text{矩形目标} \\ \exp\left(-\dfrac{R_{\mathrm{ec}}^2 + r_{\mathrm{d}}^2}{2\sigma_{\mathrm{s}}^2}\right)\displaystyle\sum_{n=1}^{\infty}\left[\left(\dfrac{R_{\mathrm{ec}}}{r_{\mathrm{d}}}\right)^n I_n\left(\dfrac{R_{\mathrm{ec}}r_{\mathrm{d}}}{\sigma_{\mathrm{s}}^2}\right)\right] & \text{圆形目标} \end{cases} \tag{5.3.25}$$

无自身引导系统的空间散布直接杀伤式武器对有初始发射偏差或有初始脱靶距离的正六面体和圆柱体目标的命中概率为

$$P_{\mathrm{sh}} = \begin{cases} \left[\Phi\left(\dfrac{b' - x_{\mathrm{d}}}{\sigma_{\mathrm{sx}}}\right) - \Phi\left(\dfrac{a' - x_{\mathrm{d}}}{\sigma_{\mathrm{sx}}}\right)\right]\left[\Phi\left(\dfrac{d' - y_{\mathrm{d}}}{\sigma_{\mathrm{sy}}}\right) - \Phi\left(\dfrac{c' - y_{\mathrm{d}}}{\sigma_{\mathrm{sy}}}\right)\right]\left[\Phi\left(\dfrac{f' - z_{\mathrm{d}}}{\sigma_{\mathrm{sz}}}\right) - \Phi\left(\dfrac{e' - z_{\mathrm{d}}}{\sigma_{\mathrm{sz}}}\right)\right] & \text{六面体目标} \\ \left[\Phi\left(\dfrac{h' - z_{\mathrm{d}}}{\sigma_{\mathrm{sz}}}\right) - \Phi\left(\dfrac{-h' - z_{\mathrm{d}}}{\sigma_{\mathrm{sz}}}\right)\right]\exp\left(-\dfrac{R_{\mathrm{ec}}^2 + r_{\mathrm{d}}^2}{2\sigma_{\mathrm{s}}^2}\right)\displaystyle\sum_{n=1}^{\infty}\left[\left(\dfrac{R_{\mathrm{ec}}}{r_{\mathrm{d}}}\right)^n I_n\left(\dfrac{R_{\mathrm{ec}}r_{\mathrm{d}}}{\sigma_{\mathrm{s}}^2}\right)\right] & \text{圆柱形目标} \end{cases} \tag{5.3.26}$$

式（5.3.24）～式（5.3.26）符号的定义分别见式（5.1.17）和式（5.1.22）、式（5.1.28）和式（5.1.30a）以及式（5.1.33a）和式（5.1.40）。

武器自身引导系统修正初始脱靶距离的作用既可等效于武器杀伤范围的扩大，也可等效于初始脱靶距离的减少，这里采用后一种做法。把修正后的剩余偏差 r_{d}' 转换到直角坐标系中，设它在 x、y 和 z 维的值分别为 x_{d}'、y_{d}' 和 z_{d}'。如果 $x_{\mathrm{d}}' \leqslant 0$，表示武器能完全修正 x 维的系统脱靶距离，

则令 $x_d' = 0$。对其他维也需作同样的处理，即若 $y_d' \leq 0$ 或 $z_d' \leq 0$，则令 $y_d' = 0$ 或 $z_d' = 0$。如果武器性能、目标参数和坐标选择与式 (5.3.24)、式 (5.3.25) 和式 (5.3.26) 对应的相同，只需令有关式中的 $x_d = x_d'$、$y_d = y_d'$ 和 $z_d = z_d'$，可得有自身引导系统的武器对约定形状目标的命中概率。由式 (5.3.24) 得有自身引导能力的撞击式武器命中矩形和圆形目标的概率：

$$P_{sh} = \begin{cases} \left[\Phi\left(\dfrac{B - x_d'}{\sigma_{sx}}\right) - \Phi\left(\dfrac{A - x_d'}{\sigma_{sx}}\right) \right]\left[\Phi\left(\dfrac{(D) - y_d'}{\sigma_{sy}}\right) - \Phi\left(\dfrac{C - y_d'}{\sigma_{sy}}\right) \right] & \text{矩形目标} \\ \exp\left(-\dfrac{R_c^2 + r_d'^2}{2\sigma_s^2}\right) \sum_{n=1}^{\infty} \left[\left(\dfrac{R_c}{r_d'}\right)^n I_n\left(\dfrac{R_c r_d'}{\sigma_s^2}\right) \right] & \text{圆形目标} \end{cases}$$

(5.3.27)

由式 (5.3.25) 得有自身引导能力的平面散布直接杀伤式武器命中矩形和圆形目标的概率：

$$P_{sh} = \begin{cases} \left[\Phi\left(\dfrac{B + R_k - x_d'}{\sigma_{sx}}\right) - \Phi\left(\dfrac{A - R_k - x_d'}{\sigma_{sx}}\right) \right]\left[\Phi\left(\dfrac{D + R_k - y_d'}{\sigma_{sy}}\right) - \Phi\left(\dfrac{C - R_k - y_d'}{\sigma_{sy}}\right) \right] & \text{矩形目标} \\ \exp\left(-\dfrac{R_{ec}^2 + r_d'^2}{2\sigma_s^2}\right) \sum_{n=1}^{\infty} \left[\left(\dfrac{R_{ec}}{r_d'}\right)^n I_n\left(\dfrac{R_{ec} r_d'}{\sigma_s^2}\right) \right] & \text{圆形目标} \end{cases}$$

(5.3.28)

由式 (5.3.26) 得有自身引导能力的空间散布直接杀伤式武器命中正六面体和圆柱体目标的概率：

$$P_{sh} = \begin{cases} \left[\Phi\left(\dfrac{b' - x_d'}{\sigma_{sx}}\right) - \Phi\left(\dfrac{a' - x_d'}{\sigma_{sx}}\right) \right]\left[\Phi\left(\dfrac{d' - y_d'}{\sigma_{sy}}\right) - \Phi\left(\dfrac{c' - y_d'}{\sigma_{sy}}\right) \right]\left[\Phi\left(\dfrac{f' - z_d'}{\sigma_{sz}}\right) - \Phi\left(\dfrac{e' - z_d'}{\sigma_{sz}}\right) \right] & \text{六面体目标} \\ \left[\Phi\left(\dfrac{h' - z_d'}{\sigma_{sz}}\right) - \Phi\left(\dfrac{-h' - z_d'}{\sigma_{sz}}\right) \right]\exp\left(-\dfrac{R_{ec}^2 + r_d'^2}{2\sigma_s^2}\right) \sum_{n=1}^{\infty} \left[\left(\dfrac{R_{ec}}{r_d'}\right)^n I_n\left(\dfrac{R_{ec} r_d'}{\sigma_s^2}\right) \right] & \text{圆柱形目标} \end{cases}$$

(5.3.29)

式 (5.3.27)、式 (5.3.28) 和式 (5.3.29) 没定义的符号分别见式 (5.3.24)、式 (5.3.25) 和式 (5.3.26)。

命中和脱靶为互斥事件，命中概率和脱靶率有确定的函数关系，由命中概率得脱靶率：

$$P_{mish} = 1 - P_{sh}$$

对于其他形状的目标可用体积或面积等效的原则，先将其等效成等体积的球形或等面积的圆形目标，然后就可用上述模型近似计算有关的命中概率。

5.4　武器控制系统或武器系统

现代大多数武器控制系统有雷达且处于该系统的最前端，杀伤性武器处于最末端。雷达的性能影响武器控制系统的作战能力，并通过武器控制系统影响武器的作战能力。这一节通过简单介绍武器控制系统的组成、工作原理和作战能力等来了解雷达性能或雷达干扰如何通过武器控制系统影响武器的作战能力，即雷达干扰效果造成的影响。

5.4.1　武器控制系统的种类和基本构成

在现代军事活动中，武器控制系统具有非常重要的作用。它能有效组织火力资源，提高武器的作战能力和快速反应能力。对于非制导武器如火炮等，它能提高命中概率、射击速度和增强武器适应恶劣战场环境的能力。对于发射后不管的制导武器，它能使武器线尽可能靠近射击线，降低脱靶率。对于发射后需要继续引导的武器，武器控制系统能进行闭环误差修正，提高命中精度。

武器控制系统的种类很多，如火控系统、制导系统、导航系统等。无论哪种系统，都是用传感器获取信息，通过处理传感器提供的信息形成作战策略并执行策略的。如果获取的信息用于敌我识别、威胁等级判别和对多目标射击的火力分配等，其对应装备为指挥控制系统。如果获取的信息用于瞄准目标，形成射击线、调整武器线、预置弹头的运行参数等，对应的装备为火力控制系统。如果有关数据用于实时控制弹头的飞行，对应的设备为制导系统。很多时候同样的设备在不同的时间段起着不同的作用，如有的武器发射前，控制设备起瞄准作用，属于火控的范畴，武器发射后，它要实时修正弹道，控制弹头的飞行，同样的设备又起着制导的作用。从武器控制系统的功能上看，指挥控制系统是面向指挥员的辅助决策系统，其他的是面向武器的。

虽然武器控制系统的种类多，但功能组成非常相似。图 5.4.1 为武器控制系统的主要功能组成框图。包括四个分系统：传感器和数据处理分系统、决策与控制分系统、武器分系统和通信或数传分系统。

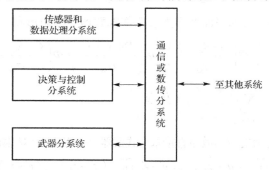

图 5.4.1　武器控制系统的主要功能组成框图

传感器和数据处理分系统的任务是搜索、发现、识别（判明敌、友、我）目标和测量目标的粗略坐标，一般不直接控制武器。传感器的种类很多，包括用电磁能、热能、水声能等探测定位目标的装备。本书只涉及其中利用电磁能的雷达和雷达对抗装备。指挥控制系统的雷达类传感器较多，如预警雷达、目标指示雷达、引导雷达等。火力控制系统的雷达种类和数量较少，主要是目标指示雷达和跟踪雷达，如火控雷达和制导雷达等，但能精确测量目标的坐标、估计目标的运动参数等。传感器提供的信息由数据处理器处理。数据处理器对信息进行汇总、融合，去除干扰，获取准确的目标信息，为指挥员提供完整的战场态势，为制定作战方案提供必要的数据。

决策与控制分系统通过战场态势分析、己方武器状态分析和威胁分析等形成一系列作战方案。这些方案经指挥员修改和认可后，自动形成作战命令和数据，由通信或数传分系统分发给有关的武器分系统或武器运载平台等，并启动作战程序，使有关部队和装备进入战斗状态。在作战中，决策与控制分系统还要监控作战进程和提供战斗状况，实时汇总并显示给指挥员，作为干预作战进程的依据。

通信或数传分系统对外与上级或友邻部队或设备交换信息，对内承担自身系统内部各单元间的信息交换。

武器分系统是受控对象和作战方案的执行者。不同武器控制系统控制的武器种类和数量不相同，一般包括远程武器运载平台、火控系统、制导系统等。

由于武器控制系统有许多相似之处，本书仅以直接与武器有关的火力控制系统和独立战术指挥控制系统为例，讨论其组成、工作原理和作战能力。火力控制是指控制武器自动或半自动瞄准和发射或投放的全过程，简称火控。火力控制系统是指为实现火控全过程所需设备的总称，简称火控系统。火控系统既能在指挥控制系统的管辖下与其他武器控制系统联合作战，也能独立作战。一旦指定了火控系统的作战对象或作战区域，它能独立执行战斗任务。

指挥控制又称作战自动化，简称为指控。指挥控制系统称为作战自动化系统，简称为指控系统。它由自动或半自动设备、器材和设施按一定结构关系组成的有机整体，其作用是为指挥员提供军务管理和作战辅助决策。指控系统有多种，其中战术指挥控制系统直接联系着打击武器，强调火力协调与武器控制，强调情报及决策的实时性，是雷达对抗的主要作战对象。

火控和指控系统的主要差别是，火控系统同一时间只能控制一种武器，但可以有多个武器发射器，能向一个目标同时或分时发射多枚武器。指控系统能控制多种武器运载平台或火控系统，能同时打击远、中、近程和高、中、低空的目标。另外，指控系统作战区域大，着重资源管理和多目标攻击策略的制定和实施，以摧毁敌方全部目标为目的。火控系统作战范围小，强调对单个目标的具体打击措施，以提高摧毁概率为目的。

5.4.2 火控系统

5.4.2.1 组成和工作内容

火控系统是使用最早的武器控制系统，也是使用最多和最简单的武器控制系统。火控系统的组成因平台和用途不同而有较大差别，图 5.4.2 是基本功能组成框图。主要功能模块有：目标搜索分系统，目标跟踪分系统，火控计算机，武器发射随动分系统，弹道和气象测量分系统，载体姿态测量分系统和操作控制台。如果火控系统为地面固定站，没有载体姿态测量分系统，弹道和气象测量分系统常常为多个火控系统共享。

在火控系统中，只有极少数目标搜索分系统能在跟踪分系统丧失作战能力期间承担武器引导。目标搜索分系统的主要任务是，独立完成防区内目标的搜索或在上级指示的目标存在区域搜索、确认目标，粗略估算目标的类型、数量、位置、运动参数等，显示目标的航迹，完成敌我识别与威胁程度估计，为跟踪分系统指示目标。在地面武器控制系统中，目标搜索分系统常常有多个用户，不属于某个指定的火控系统。运动平台的火控系统有自己独立的目标搜索分系统。目标搜索分系统有多种不同作用原理的传感器，如雷达、红外、光学等。与跟踪分系统相比，它们的作用距离远，视场宽，容易发现目标。

目标搜索分系统的参数测量误差大，一般不能直接用于武器控制。几乎每个火控系统都有自己的目标跟踪分系统。目标跟踪分系统通常包括雷达、激光、电视等跟踪器。跟踪分系统视场小，搜索目标较困难，需要目标指示。目标跟踪分系统的主要任务是，在目标搜索分系统引导下捕获目标，确认目标，建立闭环跟踪，精确测量目标的参数(距离、速度、加速度和角度、角速度、角加速度等)，为火控计算机提供求取射击诸元必需的目标数据。

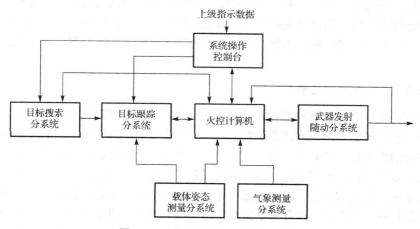

图 5.4.2 火控系统的功能组成框图

现代火控计算机一般为专用数字计算机，既是火控系统的决策者，又是系统的状态监控和管理者。武器发射前，它接收跟踪分系统提供的目标当前数据、武器平台当前的姿态数据和气象测量分系统提供的气象数据等，结合早先装订的被控制武器的参数，求取射击诸元，计算拦截点和判断发射条件。控制武器发射随动分系统把武器线对准射击线，并向操作员提示发射标志。如果测试的目标实际位置与发射标志重合，操作员可发射武器。发射条件由两个因素组成：目标的未来位置处于武器的有效射程内，武器的飞行时间函数对时间的导数小于1，两条件可表示为[3]

$$
\begin{cases}
|D_f| \leqslant D_a \\
\dfrac{\mathrm{d}t_f(t)}{\mathrm{d}t} \leqslant 1
\end{cases}
\tag{5.4.1}
$$

式中，D_f、D_a和$t_f(t)$分别为武器发射分系统到预测命中点或碰撞点的瞬时距离、武器的有效射程和武器运行时间函数。对于发射后需要继续引导的武器，火控计算机是武器闭环控制中的一个环节。根据跟踪分系统提供的目标数据和运行中的武器数据实时计算两者的偏差，并通过指令修正武器的弹道，减小偏差，提高命中率。此外火控计算机还要承担火控系统的状态监控和人机对话等任务。

武器发射随动分系统接受火控计算机输出的射击诸元，并驱动武器发射管或导弹发射架，按照射击程序完成武器发射。火控系统一般有多个发射随动系统，可同时向同一目标发射多枚武器，一个发射随动系统也可分时或连续发射多枚武器。

运动平台的火控系统有独立的载体姿态测量分系统、气象测量分系统。它们是整个武器运载平台的多种设备的共享资源。火控系统仅仅用它的部分数据，主要用于预测拦截点和求取射击诸元。

火控系统的武器种类较多，可以是炮弹、炸弹或导弹，因作战平台和作战对象不同而异，但任一时刻只能控制一种武器，攻击一个目标。

火控系统的作战过程如下。目标搜索分系统按照设定的搜索策略在上级指示区域或在规定的防区内搜索目标。一旦发现并识别（利用敌我识别器）出敌意目标且其威胁程度达到规定值，就把测试的目标数据送给跟踪雷达。跟踪雷达在以搜索分系统指示的目标位置为中心的小区域内搜索目标，一旦捕获目标并确认是指示目标，就截获该目标进入自动跟踪状态。此后跟踪雷达不断将测量的目标数据送给火控计算机。火控计算机完成瞄准计算并用计算结果控制武器发射随动分系统。具体的瞄准和发射过程同5.2.1节。对于发射后需要继续引导的武器，武器发射后，火控职能变为制导。跟踪雷达不但要继续跟踪目标，还要跟踪运行中的武器，把测量得到的目标参数和武器参数一起提供给火控计算机。火控计算机实时计算武器与目标的偏差，形成修正武器运行的参数，该参数经指令发射器处理后发射出去，形成闭环控制。当目标进入武器杀伤区后，通过指令启动近炸引信。此后，武器独立工作。火控系统的最后一件工作是监测作战效果，提供作战效果评估数据。

5.4.2.2　等效作战模型及其性能参数

本书主要讨论雷达干扰效果和干扰有效性评估，假设火控系统只有雷达传感器，还假设该系统除雷达以外的设备不引入额外的武器发射偏差，只起着将受干扰雷达产生的误差传递给武器的作用。火控系统的作战过程可分四个阶段，不同阶段有不同的任务并由不同的设备承担。第一阶段是目标搜索、发现和引导跟踪雷达。此任务由搜索雷达或目标指示雷达承担。第二阶段是捕获目标进入跟踪状态。在跟踪状态，精确测量目标的位置参数和运动趋势的参数，为火控系统提供求取射击诸元的目标状态数据。该任务由跟踪雷达完成。第三阶段是求取射击诸元和确定发射条件并用射击诸元驱动发射随动分系统，使武器瞄准目标。这项任务由火控计算机和武器发射随动分系统共同承担。第四阶段是发射武器，由发射随动分系统按发射程序完成武器发射。雷达干扰引起的误差要经过多个环节才能传给杀伤性武器，传递该误差需要时间，该时间就是系统响应时间，是影响武器系统作战能力的因素。除目标搜索雷达、跟踪雷达和武器外，这里将火控系统中的其余部分合起来考虑，称其为决策控制装置。火控系统的响应时间主要由决策控制装置的响应时间决定。故将系统响应时间放在决策控制装置内。由此得火控系统的等效作战模型，如图 5.4.3 所示。图中虚线框内的部分是火控系统的等效作战模型，虚线框外的部分为对应环节的等效性能参数。

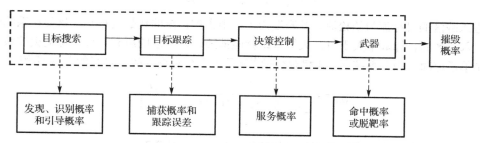

图 5.4.3　火控系统的等效作战模型及等效性能参数

　　火控系统的等效作战模型包括四个环节：目标搜索、目标跟踪、决策控制和杀伤性武器。该等效作战模型为串联型，只要干扰对任一环节的影响程度达到干扰有效性评价指标，可获得对整个火控系统的有效干扰效果。对于这样的作战模型，既可用干扰条件下整个系统的性能表示干扰效果，也可用直接受干扰环节的性能近似表示干扰效果。目标搜索环节的性能参数是发现、识别目标的概率、引导概率和响应时间。目标跟踪环节的性能参数为捕获概率、跟踪误差和响应时间。这里将目标搜索环节和跟踪环节的响应时间综合到火控系统的响应时间内。武器环节的性能参数既可用命中概率或脱靶率表示，也可用摧毁目标的概率和目标的生存概率表示。表面上看，描述火控系统作战能力的参数与描述武器作战效果的参数相同，但是影响因素有区别。3.2 节、3.3 节和 5.3 节分别讨论了目标搜索、目标跟踪和武器环节的性能。下面只讨论决策控制环节的性能参数及其对作战效果和干扰有效性的影响。

　　决策控制环节相当于服务系统，可用服务概率 P_{serv} 表示该环节的响应时间对干扰效果的影响。除系统响应时间外，影响 P_{serv} 的因素还有进入战区的目标流密度或强度。火控系统的武器发射区域有限，对于运动目标，系统响应时间等效于推迟武器的发射时间，减少可射击的区域或射击次数。如果进入战区的是匀速目标流，则会影响摧毁目标数。对于需要命中多枚武器才能摧毁的目标，系统响应时间等效于减少射击同一目标的次数，影响摧毁概率和摧毁目标数。

　　计算服务概率必须估计系统响应时间。令式 (3.2.24) 的 P_{D} 等于武器系统对目标搜索分系统发现概率的要求 P_{rdst}，则目标搜索分系统发现目标的平均时间为

$$t_{\text{r}} = T_{\text{a}} \frac{\ln(1 - P_{\text{rdst}} / P_{\text{l}})}{\ln(1 - \bar{P}_{\text{d}})} \tag{5.4.2}$$

式 (5.4.2) 中有关符号的定义见式 (3.2.24)。

　　跟踪雷达捕获目标的过程和搜索雷达相似。设 T_{at}、P_{tdst} 和 P_{td1} 分别为跟踪雷达捕获搜索周期、要求发现目标的概率和每次搜索检测目标的平均概率。按照式 (5.4.2) 的处理方法得跟踪雷达在 1 次捕获搜索中截获指示目标所需的平均时间：

$$t_{\mathrm{t}} = T_{\mathrm{at}} \frac{\ln(1 - P_{\mathrm{tdst}})}{\ln(1 - P_{\mathrm{td1}})} \tag{5.4.3}$$

除目标搜索和目标跟踪分系统发现、捕获目标的时间外，火控系统其他环节也存在响应时间问题。这些响应时间可从有关说明书中查到。设从跟踪雷达给出目标数据到发射第 1 枚武器之间的时间为 t_{w}，又设摧毁一个目标需要连续发射 m 枚武器，发射相邻两枚武器的最小时间间隔为 τ_{w}，火控系统摧毁一个目标需要的时间为

$$t_{\mathrm{u}} = t_{\mathrm{r}} + t_{\mathrm{t}} + t_{\mathrm{w}} + (m-1)\tau_{\mathrm{w}}$$

设进入战区的目标流为泊松流，其密度为 λ。由火控系统的作战过程知，只要在系统响应时间内，进入战区的目标数不大于 1，火控系统就能摧毁进入战区的所有目标。可把火控系统当成是消失制单通道随机服务系统[1]，其相对容量[4]就是该系统对进入战区目标的服务概率[1]：

$$P_{\mathrm{serv}} = \frac{1}{1 + \dfrac{t_{\mathrm{r}} + t_{\mathrm{t}} + t_{\mathrm{w}} + (m-1)\tau_{\mathrm{w}}}{t_{\lambda}}} = \frac{\mu}{\mu + \lambda} \tag{5.4.4}$$

其中 t_{λ} 为目标进入火控系统防区的平均时间间隔。λ 和 μ 分别等于：

$$\lambda = \frac{1}{t_{\lambda}} \text{ 和 } \mu = \frac{1}{t_{\mathrm{r}} + t_{\mathrm{t}} + t_{\mathrm{w}} + (m-1)\tau_{\mathrm{w}}}$$

火控系统虽然是串联作战模式，可单独干扰各环节而获得对整个系统的干扰效果，但是各环节的工作具有一定的时序关系，干扰必须把握时机。当跟踪雷达已经捕获指定目标进入跟踪状态后，继续干扰目标指示雷达不可能获得有效干扰效果。同样，如果跟踪雷达已进入跟踪状态，仍然采用捕获状态的干扰技术也不会获得好的干扰效果。

5.4.2.3　火控系统的作战能力

火控系统的任务是确保武器以要求的概率摧毁或杀伤目标。该系统既能对单目标作战，也能对多目标或群目标作战，其作战能力或作战效果的表示形式有：命中概率或脱靶率，摧毁概率或生存概率，摧毁所有目标的概率或摧毁目标数，摧毁目标百分数或生存目标百分数等。影响火控系统作战能力或作战效果的因素除了影响武器作战能力的命中概率和目标的易损性外，还有目标指示雷达发现目标的概率，跟踪雷达捕获目标的概率等。对多目标作战时，影响因素还包括系统响应时间即系统服务概率。显然这里的摧毁概率和生存概率与 5.3 节的不同。

在火控系统作战能力的表示形式中，摧毁概率和生存概率用得最多。由火控系统的组成和工作过程知，该系统要摧毁目标，以下三事件必须同时发生：

① 目标指示雷达或搜索雷达正确发现和识别目标；

② 跟踪雷达正确捕获指示目标；

③ m 枚武器命中并摧毁目标。

实际系统或多或少存在着随机因素，一般用目标指示雷达发现和识别目标的概率 P_{rd} 表示第一个条件发生的可能性，用跟踪雷达捕获指示目标的概率 P_{a} 表示第二个条件发生的可能性。P_{a} 包括目标指示雷达的参数测量性能和跟踪雷达的目标检测性能。用 m（m 可等于 1）枚武器摧毁目标的概率 P_{sde} 表示第三个条件发生的可能性。P_{sde} 是命中概率和目标易损性的函数，命中概率受跟踪雷达的参数测量误差或跟踪精度的影响，也受目标位置随机变化即目标机动影响。如果不计其他环节的影响，P_{sde} 是 m 枚武器摧毁目标的概率。三个事件独立，火控系统摧毁第 u 个目标的概率就是三个事件各自发生概率之积：

$$P_{\text{defu}} = P_{\text{rd}} P_{\text{a}} P_{\text{sde}} = P_{\text{rd}} P_{\text{a}} \left[1 - \prod_{i=1}^{m} \left(1 - \frac{P_{\text{h}i}}{\omega_{\text{u}}} \right) \right] \tag{5.4.5}$$

式中，$P_{\text{h}i}$ 和 ω_{u} 分别为第 i 枚武器命中目标的概率和第 u 个目标的易损性。如果每次射击命中目标的概率相同，设其为 P_{h}，式(5.4.5)变为

$$P_{\text{defu}} = P_{\text{rd}} P_{\text{a}} \left[1 - \left(1 - \frac{P_{\text{h}}}{\omega_{\text{u}}} \right)^{m} \right] \tag{5.4.6}$$

如果火控系统用于掩护目标突防，可用被掩护目标的生存概率或突防概率表示作战能力。根据摧毁概率和生存概率之间的关系，由上两式得第 u 个目标的生存概率：

$$P_{\text{alfu}} = 1 - P_{\text{rd}} P_{\text{a}} \left[1 - \prod_{i=1}^{m} \left(1 - \frac{P_{\text{h}i}}{\omega_{\text{u}}} \right) \right] \tag{5.4.7}$$

$$P_{\text{alfu}} = 1 - P_{\text{rd}} P_{\text{a}} \left[1 - \left(1 - \frac{P_{\text{h}}}{\omega_{\text{u}}} \right)^{m} \right] \tag{5.4.8}$$

评估火控系统对多目标或群目标的作战效果或性能需要考虑系统服务概率的影响。系统服务概率就是系统对多个目标作战的实施概率。对多目标作战时，式(5.4.5)和式(5.4.6)分别变为

$$P_{\text{defu}} = P_{\text{rserv}} P_{\text{rd}} P_{\text{a}} P_{\text{sde}} = P_{\text{rserv}} P_{\text{rd}} P_{\text{a}} \left[1 - \prod_{i=1}^{m} \left(1 - \frac{P_{\text{h}i}}{\omega_{\text{u}}} \right) \right] \tag{5.4.9}$$

$$P_{\text{defu}} = P_{\text{serv}} P_{\text{rd}} P_{\text{a}} \left[1 - \left(1 - \frac{P_{\text{h}}}{\omega_{\text{u}}} \right)^{m} \right] \tag{5.4.10}$$

根据武器的类型、目标的种类和具体参数，用 5.1.3 节的命中概率模型可得命中群目标中每个目标的概率。根据目标群中每个目标的易损性及其命中概率、目标搜索雷达发现目标和识别目标的概率、跟踪雷达捕获目标的概率和系统服务概率等，用式(5.4.9)和式(5.4.10)估算火控系统摧毁群目标中每个目标的概率 $q_1, q_2, q_3, \cdots, q_n$。再根据目标群的类型、射击或攻击方式，把目标数、射击次数和摧毁目标群中每个目标的概率代入式(5.1.57)、式(5.1.57a)、式(5.1.64)和式(5.1.67)之一得摧毁目标数的分布律，即摧毁 $0, 1, 2, 3, \cdots, n$ 个目标的概率 $P_0, P_1, P_2, \cdots, P_n$。由摧毁目标数的分布律和 5.1.4.2 节的有关数学模型，可得火控系统对群目标的各种作战效果。摧毁目标数分布律中的第一项就是一个目标也没摧毁的概率即全部目标都生存的概率。最后一项是摧毁所有目标的概率。摧毁目标数大于等于某个指标的概率就是在摧毁目标数分布律中，其摧毁目标数大于等于该指标的所有项之和，由式(5.1.61)确定。摧毁目标数为摧毁每个目标的概率和。根据目标数和攻击次数，由式(5.1.59)或式(5.1.60)式之一确定摧毁目标数。摧毁目标百分数由进入战区的总目标数和摧毁目标数确定。生存目标数和生存目标百分数与摧毁目标数和摧毁目标百分数有确定关系，利用它们之间的关系，由摧毁目标数和摧毁目标百分数可得生存目标数和生存目标百分数。

前面的分析说明，要评估火控系统的作战效果和干扰有效性，必须计算以下参数：一、目标搜索分系统发现和识别目标的概率及其花的时间；二、目标跟踪分系统捕获指示目标的概率和捕获时间；三、干扰条件下的命中概率或脱靶率；四、目标的易损性。

武器一旦确定，目标的易损性 ω 由目标自身的特性确定，不受其他外界因素影响，估算方法见 5.1.4.1 节。P_{rd} 和 P_{a} 由目标指示雷达和跟踪雷达的性能确定，与其他环节无关。在火控系统中，$P_{\text{h}i}$ 或 P_{h} 不但受武器制造缺陷的影响，还受控制武器发射的其他环节特别是跟踪雷

达的影响。跟踪雷达的工作质量受干扰影响，所以干扰会影响单枚武器的命中概率。只要将干扰条件下一枚武器命中目标的概率代入式(5.4.5)～式(5.4.10)，可得火控系统在干扰条件下的作战效果或作战能力。

5.4.3　战术指控系统

指控系统综合应用探测、通信、控制和计算机等技术，把各种传感器、各类武器、各军兵种和各级指战员有机联系起来。它能显著提高部队的战场态势感知能力、武器控制能力、快速反应能力。指控系统有大有小，其中独立战术指控系统强调火力协调和武器控制，相当于多种武器的联合控制系统，是雷达对抗的主要作战对象。

5.4.3.1　系统组成和工作内容

战术指控系统的主要任务是，一、利用各种手段搜集军事情报；二、通过战情分析和己方兵器状况分析，制定作战方案；三、组织兵力、实施作战方案；四、监控作战进程和作战效果评估；五、根据作战情况及时协调兵力，以便获取最好的作战效果；六、记录数据和系统状态；七、显示作战进程、作战效果、战场态势和系统状态等。

图 5.4.4 为战术指控系统的功能结构框图。它包括六个功能分系统：情报分系统、指挥分系统、控制分系统、通信分系统、打击武器分系统和操作控制分系统。

情报分系统由态势感知传感器、情报分析和数据处理器等组成。战术指控系统的传感器较多，有雷达，光电、光学或/和声学等设备。每种传感器由多个装备组成，共同覆盖要求的作战区域，完成预警探测、目标跟踪、武器运载平台的引导等。情报除了来自自身的传感器外，还有来自情报人员和上级或友邻指控系统的。情报的种类包括战区内的目标及目标分布、地理、气象等。情报分系统的具体任务是：一、情报搜集、录入、汇集和分类；二、数据融合。数据融合包括坐标变换、时间对准、目标数据提取、坐标标绘、描绘目标航迹或活动区域、编批、敌我识别、目标型号和威胁程度判别等。最终确定打击对象、重点监视对象以及提取引导和控制武器所需的数据，如需要打击目标的数量、位置、运动方向、速度、加速度、航迹和工作状态等；三、标绘敌、友、我战场态势，提供有关的战场环境、气象情报，以各种形式实时显示给指挥员；四、根据需要控制传感器搜索、监视的区域。

指挥分系统由计算机系统和数据传输网络等组成。其任务是分析情报分系统提供的战场态势、战场环境和气象条件等，预测目标的行动意图等。根据作战目的、作战准则和以往的作战经验，结合己方武器的分布情况、可用状态等信息，进行目标解算、拦截计算、目标分配，作战效果和消耗预测等，从而得到一系列目标和武器分配方案以及攻击程序供指挥员选择。指挥员根据战场态势和辅助决策提供的作战方案，进行分析和修改，综合或挑选其中的最佳者形成最终作战方案，并将最终作战方案及有关数据通过通信分系统送给控制分系统。

控制分系统由计算机、数据接口和外围设备等组成。控制分系统有三项任务：一、按照作战方案将作战任务分解到每个作战单元(武器分系统的独立作战单元)并按进入战斗的先后顺序排序；二、按排序顺序给有关的作战单元下达作战命令并提供有关的数据，如目标参数等；三、作战进程和作战效果监控。命令下达后，控制分系统搜集己方武器和部队的运行状况、作战情况等，随时将作战命令的执行情况和综合作战效果提供给指挥员，作为作战方案调整的依据。

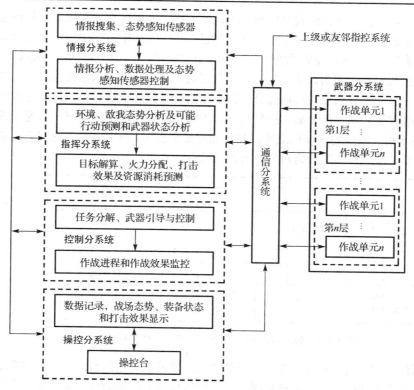

图 5.4.4 独立战术指控系统的功能组成框图

通信分系统由多种通信装备组成,如卫星通信,对空引导电台,数据链和内部通信网等。通信分系统除了与外界交换信息外,还把指控系统各部分联系起来,形成一个有机整体。

操控分系统由计算机、显示器、控制台、数据接口和外围设备等组成。操控分系统有显示功能。它将情报分系统提供的战场态势、指挥分系统的作战方案,控制分系统提供的作战进程、作战效果、武器状态和指控系统本身的状态等实时显示给指挥员。操控分系统有人机对话功能。指挥员通过操控分系统可干预各分系统的工作,如对作战方案的修改或作战资源的调配等。

武器分系统是受控对象。不同级别的指控系统配备不同的武器。战术指控系统的武器一般多层次(远、中、近程和高、中、低空)配置,每个层次有多个作战单元(火控或制导系统)。武器分系统接收控制分系统的命令和数据。收到作战任务和数据的作战单元立即进入战斗状态。自身的雷达在控制分系统的数据引导下进入搜索或捕获状态。整个作战单元的作战过程同火控系统。在作战中,武器分系统把自身设备的状态、执行任务的情况实时报告给控制分系统。由控制分系统汇总整理后显示给指挥员。

5.4.3.2 等效作战模型和性能参数

本书只讨论雷达对抗效果及其影响和干扰有效性,为此先作一些约定:一、忽略人为因素的影响。与火控系统不同,指控系统的作战效果受人为因素影响较大。人为影响难以用数学定量描述。二、与火控系统的等效处理一样,假设通信分系统、指挥分系统、控制分系统不引入额外误差,只起着将雷达获取的目标数据传递给武器分系统的作用。这里将它们合起来考虑并用指控中心表示。把整个系统的响应时间放在该中心。系统响应时间对整个系统作战效果的影响仍用服务概率表示。三、在情报分系统中,雷达和其他传感器构成并联作战模型,它们综合起来才是战术指控系统的一个环节。只有它们同时受到干扰且受干扰程度达到有效干扰要求的程度，才能使整个系统丧失作战能力。这里假设只有雷达一种传感器，其他传感器不参加战斗。四、指控系统的雷达传感器较多，属于多部雷达构成的系统且可能有不同的作战模式，这里将它们等效成一部雷达。

有了上面的假设和约定后，从雷达干扰及其影响来看，独立战术指控系统可等效成三个分系统：情报分系统、武器分系统和其他部分。情报分系统是直接干扰对象，武器分系统的行动结果能反映最终作战效果。其他部分如指挥分系统、控制分系统和通信分系统只传递干扰的影响。图5.4.5为独立战术指控系统的等效作战模型和性能参数示意图。图中虚线内的部分为独立战术指控系统的等效环节，虚线外的部分为对应环节的等效性能参数。

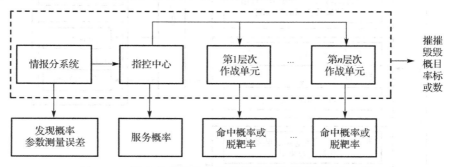

图 5.4.5　独立战术指控系统的等效作战模型和性能参数

与火控系统一样，战术指控系统也是用硬杀伤武器摧毁来犯的目标。与火控系统的主要区别在于，该系统具有多种传感器，多种作战单元，作战范围大，能同时对多个目标作战。一般用摧毁所有目标的概率和摧毁目标数等表示作战能力。干扰条件下的这种作战能力能反映干扰效果。

战术指控系统有多层次部署的武器，每个层次有多个作战单元，来犯的目标既可能遭到同层次的多个作战单元的攻击，也可能受到不同层次部署的多种武器的攻击。按覆盖范围和目标受攻击的时间顺序分，不同层次的作战单元构成串联作战模式。从控制管理方式和摧毁目标的可能性上看，不同层次的武器构成并联作战模式。只要其中之一摧毁了目标，打击就算成功。各个作战单元同一时间只对一个目标作战，一般用摧毁概率或生存概率表示作战能力。一个层次武器的综合作战能力可用摧毁进入该层次所有目标的概率和摧毁目标数表示。

指控系统的雷达种类较多，其等效作用类似于火控系统的目标指示雷达，不同的是这些雷达获取的目标信息不是直接送给武器系统的跟踪雷达，而是经数据处理、分析后，先用于制定作战方案。仅在下达作战命令时，才将目标当前的数据送给指定的作战单元。这些数据相当于引导该作战单元跟踪雷达的目标数据。如果忽略人为因素的影响，这些雷达只起目标指示作用，根据指控系统中雷达的实际构成方式，按照3.2和3.5节的分析方法可得指控系统对每个目标的等效发现、识别概率和引导概率。目标发现概率和引导概率既是该环节自身的性能，也是整个指控系统的性能之一。

指控系统作战区域大，一般远、中、近程和高、中、低空多层次部署作战单元。每个层次有多个作战单元。一般要求它们能同时对多目标作战。整个系统和各层次都存在合理使用或控制管理作战资源的问题。对整个系统或各个层次的作战单元有两种控制方式：一种是集中统一使用作战资源，称为集中统一控制方式。这种方式根据具体情况组织使用作战单元，只有所有的作战单元都投入战斗，否则不会漏掉进入战区的目标。另一种是预先给每个战斗单元界定服务范围，不管出现何种情况，不得擅自超越自己的服务范围。在战斗中各自为战，不受外界干预。这种作战方式称为分散控制方式。一般而言，战斗单元的组织形式不同，系统的服务概率不同、作战能力或作战效果也有所不同。

集中统一控制方式把所有作战单元组成一个消失制多通道服务系统。设指控系统有 n 个完全相同的可用作战单元，每个单元可对进入战区的任何一个目标作战。还假设进入战区的目标流为泊松流，每个作战单元的战斗时间服从指数分布。根据以上假设，由埃尔兰公式得该系统所有作战单元都投入战斗的概率 P_n[1,4]。

$$P_n = \frac{\alpha^n}{n!} \frac{1}{1 + \frac{\alpha}{1!} + \frac{\alpha^2}{2!} + \cdots, + \frac{\alpha^n}{n!}} = \frac{\alpha^n}{n!} \bigg/ \sum_{i=0}^{n} \frac{\alpha^i}{i!}$$

其中

$$\alpha = \lambda t_\mu$$

式中，λ 和 t_μ 分别为进入战区的目标流密度和一个作战单元摧毁一个目标需要的作战时间。t_μ 包括情报分系统发现目标的时间 t_r、系统响应时间 t_s（从发现目标到作战单元开始作战的时间）和一个作战单元与一个目标的持续交战时间 t_w。设 m 和 τ_w 分别为摧毁一个目标需要连续射击的次数和相邻两次射击的平均时间间隔，则 t_μ 等于

$$t_\mu = t_r + t_s + t_w + (m-1)\tau_w$$

式中的 t_r 由式（5.4.2）确定。由此得战术指控系统的服务概率[1]：

$$P_{\text{servc}} = 1 - P_n$$

把 P_n 代入上式并整理得：

$$P_{\text{servc}} = 1 - P_n = 1 - \frac{\alpha^n}{n!} \bigg/ \sum_{i=0}^{n} \frac{\alpha^i}{i!} \qquad (5.4.11)$$

战术指控系统可多层次部署武器。就摧毁目标而言，各层次之间是串联关系。没被前一层次武器摧毁的目标将遭到下一层次武器的打击。由于进入各层次武器作战区域的目标流密度不同，服务概率也不会相同。设进入 $j-1$ 层次武器作战区域的目标流密度为 λ，该层次武器单位时间摧毁目标平均数为 ν，则进入第 j 层次武器作战区域的目标流密度就是 $\lambda_j = \lambda - \nu$。如果各层次武器系统的响应时间相同，设其等于 t_u，则 $\alpha_j = \lambda_j t_u$。设第 j 层有 n_j 个作战单元，用 n_j 和 α_j 替换式（5.4.11）式中的 n 和 α，可得第 j 层次武器系统的服务概率：

$$P_{\text{servj}} = 1 - \frac{\alpha_j^{n_j}}{n_j} \bigg/ \sum_{i=0}^{n_j} \frac{\alpha_j^i}{i!} \qquad (5.4.12)$$

用式（5.4.12）可估算战术指控系统每层武器系统的服务概率。由战术指控系统的作战过程知，如果一个层次的作战单元完全相同，式（5.4.11）和式（5.4.12）也是每个作战单元的服务概率。

分散控制方式把系统所属武器分成若干个独立作战小组，分别给它们指定任务范围即作战区域。如果每个作战小组由 n_k 个作战单元组成且要求对群目标作战，则每个作战小组就是一个消失制多通道随机服务系统。设战术指控系统有 m 个作战小组参与作战且不分层次，目标流总密度为 λ，它们等概率进入每个作战小组的指定作战区域，那么，进入每个作战小组作战区域的目标流密度只有 λ/m。按照集中统一控制方式的系统服务概率的估算方法得每个小组对群目标作战的服务概率：

$$P_{\text{servk}} = 1 - \frac{\beta^{n_k}}{n_k!} \bigg/ \sum_{i=0}^{n_k} \frac{\beta^i}{i!} \qquad (5.4.13)$$

其中 $\beta = t_u \lambda / m$。如果每个作战小组只有一个作战单元，自身构成消失制单通道随机服务系统。根据消失制单通道随机服务系统的相对通过能力[4]，可得这种控制方式下的系统服务概率：

$$P_{\text{serv1}} = \frac{m\mu}{\lambda + m\mu} \tag{5.3.14}$$

上式没定义的符号见式(5.4.4)。

5.4.3.3　战术指控系统的作战能力

战术指控系统一般远、中、近程和高、中、低空多层次部署作战单元。每个层次可以有一个作战单元，也可以有多个作战单元。该系统能对单目标作战，也能对群目标作战。对单目标作战的目的是摧毁它，用摧毁概率或生存概率表示作战效果或作战能力。对群目标作战的任务是摧毁尽可能多的目标，用摧毁目标数和摧毁所有目标的概率等表示作战效果。评估对群目标的作战效果既要考虑系统服务概率的影响，又要考虑作战资源的控制管理问题。战术指控系统对作战单元有集中统一控制和分散控制两种方式。评估该系统对单目标和对群目标作战效果的方法有所不同。

1. 对单目标的作战效果

设战术指控系统用 n 个相同的作战单元不分层次的集中攻击一个目标。和火控系统一样，任一个作战单元要摧毁目标，必须满足三个条件：情报分系统发现目标和正确引导该作战单元的跟踪雷达，跟踪雷达正确截获该目标进入跟踪状态和命中目标的武器数达到规定要求。按照火控系统对单目标作战能力的分析方法，可得战术指控系统第 k 个作战单元摧毁目标的概率：

$$P_{\text{de}k} = P_{\text{rds}} P_{ak} \left[1 - \prod_{i=1}^{m} \left(1 - \frac{P_{\text{h}i}}{\omega} \right) \right] \tag{5.4.15}$$

在式(5.4.15)中，P_{rds}、P_{ak}、ω 和 m 分别为情报分系统的雷达发现和识别目标的等效概率，第 k 个作战单元的跟踪雷达捕获指定目标的概率，被攻击目标的易损性和一个作战单元独立射击该目标的次数。$P_{\text{h}i}$ 为第 k 个作战单元第 i 次射击命中目标的概率。根据武器的类型和目标的种类，用 5.1.3 节的有关数学模型确定 $P_{\text{h}i}$。如果每次射击命中目标的概率相同，设其为 P_{h}，式(5.4.15)变为

$$P_{\text{de}k} = P_{\text{rds}} P_{ak} \left[1 - \left(1 - \frac{P_{\text{h}}}{\omega} \right)^{m} \right] \tag{5.4.16}$$

设战术指控系统有 n 个作战单元，采用集中统一控制方式。n 个作战单元独立攻击同一目标，其联合摧毁该目标的概率为

$$P_{\text{de}1} = 1 - \prod_{k=1}^{n} (1 - P_{\text{de}k}) \tag{5.4.17}$$

如果战术指控系统分层次部署作战单元，在纵深方向和高度方向各层次的作战区域相接但不重迭。设第 j 层有 n_j 个作战单元并采用集中统一控制方式攻击一个目标。由式(5.4.15)或式(5.4.16)得第 j 层作战单元摧毁该目标的概率：

$$P_{\text{de}j} = 1 - \prod_{k=1}^{n_j} (1 - P_{\text{de}k}) \tag{5.4.18}$$

如果该目标没被第 j 层的作战单元摧毁，将遭到后面各层次作战单元的攻击。设有 r 层布防的武器，战术指控系统摧毁进入战区一个目标的概率为

$$P_{\text{dec}1} = 1 - \prod_{j=1}^{r} (1 - P_{\text{de}j}) \tag{5.4.19}$$

式(5.4.17)和式(5.4.19)就是战术指控系统对单目标的作战效果。根据摧毁概率和生存概率的关系可得该目标的生存概率；

$$P_{\text{alc1}} = \prod_{j=1}^{r}(1 - P_{\text{de}j}) \tag{5.4.20}$$

2. 对群目标的作战效果

5.1.4.2 节说明，一旦得到摧毁目标数的分布律，很容易获得对群目标的各种作战效果。讨论战术指控系统对群目标的作战效果时，主要分析如何得到摧毁目标数的分布律。

设群目标由 N 个目标组成，战术指控系统采用集中统一控制方式且不分层次部署作战单元。把 N 个目标分配给 n 个作战单元，每个作战单元只对分配的目标作战，但分配是任意的。设第 k 个作战单元摧毁第 u 个目标的概率为

$$P_{\text{de}k} = P_{\text{servc}}P_{\text{rds}}P_{ak}\left[1 - \prod_{i=1}^{m}\left(1 - \frac{P_{\text{h}i}}{\omega_{\text{u}}}\right)\right] \tag{5.4.21}$$

其中 P_{servc} 和 ω_{u} 分别为战术指控系统在该种控制方式下的系统服务概率和第 u 个目标的易损性，其他符号的定义见式(5.4.15)。P_{servc} 由式(5.4.11)计算。

设一个作战单元只分配一个目标，用式(5.4.21)可算出每个作战单元摧毁分配目标的概率，从而获得战术指控系统摧毁群目标中每个目标的概率。根据群目标的类型、攻击方式，把目标数、作战单元数或射击次数和摧毁群目标中每个目标的概率等代入式(5.1.57)、式(5.1.57a)、式(5.1.64)和式(5.1.67)之一，可得摧毁目标数的分布律。然后按照火控系统处理有关问题的方法，可得在集中统一控制方式下，战术指控系统对群目标的各种作战效果。

战术指控系统一般分层次部署作战单元。设系统按 r 层部署武器，第 j 层有 n_j 个作战单元，都需要对群目标作战，对 n_j 个作战单元采用集中统一控制方式。设该层武器系统的服务概率为 $P_{\text{serv}j}$，$P_{\text{serv}j}$ 由式(5.4.12)式确定。按照式(5.4.21)式的推导方法得第 j 层第 k 个作战单元摧毁第 u 个目标的概率：

$$P_{\text{de}k} = P_{\text{serv}j}P_{\text{rds}}P_{ak}\left[1 - \prod_{i=1}^{m}\left(1 - \frac{P_{\text{h}i}}{\omega_{\text{u}}}\right)\right] \tag{5.4.22}$$

对 j 层各作战单元使用式(5.4.22)，可得第 j 层武器摧毁进入其战区每个目标的概率。再用式(5.1.57)、式(5.1.57a)、式(5.1.64)和式(5.1.67)之一，计算该层武器摧毁目标数的分布律。有了摧毁目标数的分布律，就可用 5.1.4.2 节的有关数学模型计算第 j 层武器的摧毁目标数和摧毁进入其战区的所有目标的概率等。按照上述方法可算出每个层次武器的摧毁目标数和摧毁进入其战区的所有目标的概率。设第 j 层武器的摧毁目标数为 $M_{\text{c}j}$ 和摧毁进入其战区所有目标的概率为 $P_{\text{dec}j}$，则整个战术指控系统的摧毁目标数为

$$M_{\text{dec}} = \sum_{j=1}^{r}M_{\text{c}j} \tag{5.4.23}$$

摧毁所有目标的概率为

$$P_{\text{dec}} = 1 - \prod_{j=1}^{r}(1 - P_{\text{dec}j}) \tag{5.4.24}$$

目标的生存概率为

$$P_{\text{alc}} = \prod_{j=1}^{r}(1 - P_{\text{de}j}) \tag{5.4.25}$$

设战术指控系统把 N 个目标分配给 s 个作战小组，对各小组采取分散控制方式。每个作战小

组有多个作战单元，都要对群目标作战。各小组自身采用集中统一控制方式。按照式(5.4.21)的推导方法得第 j 个作战小组的第 k 个作战单元摧毁第 u 个目标的概率：

$$P_{dek} = P_{servj} P_{rds} P_{ak} \left[1 - \prod_{i=1}^{m} \left(1 - \frac{P_{hi}}{\omega_u} \right) \right] \tag{5.4.26}$$

其中 P_{servj} 为第 j 个作战小组的系统服务概率，由式(5.4.13)式计算。按照计算分层次部署的第 j 层次武器的摧毁目标数和摧毁进入其战区的所有目标概率的方法，可得任一小组的摧毁目标数 M_{gj} 和任一小组摧毁进入其战区的所有目标的概率 P_{degj}。该系统的摧毁目标数为

$$M_{dec} = \sum_{j=1}^{s} M_{gj} \tag{5.4.27}$$

摧毁所有目标的概率为

$$P_{dec} = \frac{1}{s} \sum_{j=1}^{w} P_{deg\,j} \tag{5.4.28}$$

对群目标的作战效果除摧毁目标数和摧毁所有目标的概率外，还有摧毁目标百分数、摧毁目标数大于等于某个指标的概率、生存目标数、目标都生存的概率、生存目标百分数和生存目标数大于等于某个指标的概率等。按照火控系统处理有关问题的方法可得战术指控系统的上述作战效果。

主要参考资料

[1] （苏）E.C. 温特切勒著，周方，玉宇译. 现代武器运筹学导论. 国防工业出版社，1974.

[2] 赵育善，吴斌编著. 导弹引论. 西北工业大学出版社，2002.

[3] 魏云升等编. 火力与指挥控制. 北京理工大学出版社，2003.

[4] [苏]C.A.瓦舍，л.H.舒斯托夫著. 无线电干扰和无线电技术侦察基础，科学出版社，1976.

第6章　雷达对抗效果和干扰有效性评估准则

雷达对抗效果和干扰有效性评估既要判断干扰是否有效，又要估算干扰有效、无效的程度。需要建多种数学模型。要建正确的数学模型和确定合理的干扰有效性评价指标，必须遵循一定的准则。雷达对抗领域已确定了两个准则：信息准则和战术运用准则[1]。信息准则可估计具体干扰信号的品质和为使敌方信息受到损失所采取的措施的优劣。战术运用准则可估计战斗运用中所采取的干扰组织措施的优劣。根据干扰信号的样式和被干扰设备的类型，可得到不同的信息准则[1]。根据战斗的具体运用情况，可用不同的战术运用准则评价各种干扰手段和方法的效果[1]。根据雷达对抗的具体情况，本书将上述两个准则具体化成以下6个：

(1) 信息和接收信息量准则；

(2) 评价干扰装备优劣的信号准则；

(3) 评价干扰技术组织、使用方法优劣的准则；

(4) 压制系数或功率准则；

(5) 战术运用准则；

(6) 同风险准则。

前4个准则属于信息准则的范畴，后2个属于战术运用准则的范畴。之所以称这些准则为评估雷达对抗效果和干扰有效性的准则，是因为它们既给出了产生对抗效果的原理、获得对抗效果的基本条件，又给出了对抗效果、干扰有效性评估模型的建模方法和评价指标的确定方法。

6.1　信息和接收信息量准则

基于有、无信号的接收信息量之差或从真、假目标的接收信息量之差评价干扰信号的优劣、解释干扰现象、描述干扰效果和评估干扰有效性的准则就是信息和接收信息量准则。信息准则是通信、雷达和雷达对抗最基本的准则，应用非常广泛。本书把信息和接收信息量准则的应用具体化为以下四个方面：

① 说明产生干扰效果的原理、条件和方法；

② 综合最佳干扰样式；

③ 评估干扰信号的优劣；

④ 评价干扰技术组织和实施方法的优劣。

6.1.1　信息和接收信息量的基本概念

雷达的主要任务是目标检测、识别、参数测量或目标跟踪，三种性能都与接收信息量有关。接收信号含有随机成分，为了尽量减少随机因素的影响，获得最佳检测和参数测量效果，雷达采用统计目标检测和统计参数估计方法。雷达一般不知道接收信号的概率分布，通常采用最大似然检测方法。最大似然检测能获取最大信息量。在二择一或双择检测条件下，最大似然检测就是雷达目标检测用得最多的似然比检测。似然比定义为有、无目标时的接收信息量之比或从真、假目标接收的信息量之比。在目标检测和参数估计中，对数似然比用得更多。对数似然比相当于雷达有、无目标时的接收信息量之差或从真、假目标接收的信息量之差。干扰雷达目标检测的基本原理就是用无线电手段降低其有、无目标时接收信息量的差别或降低从真、假目标接收信息量的差别。如果有、无目标的接收信息量或从真、假目标接收的信息量相等，雷达无法确定是否有目标存在，也不能确定发现的目标是真目标还是假目标。雷达将丧失目标检测和识别能力。

　　信息和信息量源于通信，在通信中将编码的输入叫作消息，称编码的输出为信号[2]。雷达和通信都要发射信号、接收信号和处理信号。类似于通信的做法，不妨将雷达调制器输入的调制波形或样式叫作消息，把调制器输出的已调波或发射机的输出称为信号。信号是消息的载体，调制是为了更好地传输消息。雷达的工作就是发射信号、接收消息、处理消息获得目标信息，并把获得的目标信息送给用户。和通信设备一样，雷达是一种信息搜集、处理和传输的装置，可用接收信息量、处理信息量或传输信息量衡量其工作能力。大多数雷达以搜集信息为主，主要用接收信息量表示工作能力，用接收信息的变化量表示环境、杂波和人为干扰对雷达工作能力的影响，其中干扰造成的影响就是干扰效果。

　　在通信中，如果消息是离散型随机变量，接收信息量定义为[2]

$$接收信息量 = \log_a \left(\frac{后验概率}{先验概率} \right)$$

在收到任何消息前，接收端所了解的某消息发送的概率称为"先验概率"。在收到某个消息之后，接收端所了解的该消息发送的概率称为"后验概率"。如果消息为连续型随机变量，接收信息量定义为

$$接收信息量 = \log_a \left(\frac{后验概率密度}{先验概率密度} \right)$$

信息量有三种度量单位，因 a 的值不同而不同。a 等于 2、10 和 e 时，信息量的单位分别称为"比特"、"哈特"和"奈特"。

　　雷达和通信的唯一差别是，通信总是接收别人发送的消息，大多数雷达接收自己发射的经目标反射回来的信号。从信息传输的本质看，接收信息量与谁发射无关。通信中有关接收信息量的定义也适合雷达和雷达对抗。

　　设收到信号 x_i 前，雷达所了解到是目标 s_i 的回波或目标存在的概率为先验概率 $P(s_i)$。收到信号 x_i 后，雷达所得到的就是目标 s_i 的回波或目标存在的概率为后验概率 $P(s_i/x_i)$，根据接收信息量的定义和对数运算法则得雷达从离散型消息源获取的信息量：

$$I(s_i, x_i) = \log_a \frac{P(s_i / x_i)}{P(s_i)} = -\log_a P(s_i) - [-\log_a P(s_i / x_i)] \tag{6.1.1}$$

先验概率或后验概率都不会大于 1，对数值小于等于 0，式（6.1.1）式可写成下面的形式：

$$I(S_i, X_i) = \left| \log_a P(s_i) \right| - \left| \log_a P(s_i / x_i) \right|$$

如果收到 n 个信号 $x_1, x_2, \cdots, x_i, \cdots, x_n$ 且彼此不相关，其中第 x_i 个信号的先验概率为 $P(s_i)$、后验概率为 $P(s_i/x_i)$，总接收信息量是 n 个信号接收信息量之和，即

$$I(S_\Sigma, X_\Sigma) = \sum_{i=1}^{n} \log_a \frac{P(s_i / x_i)}{P(s_i)} \tag{6.1.2}$$

如果 x 为连续型随机信号，设 $P(s)$ 和 $P(s/x)$ 分别为其先验概率密度函数和后验概率密度函数。按照离散型信号接收信息量的处理方法得雷达从连续型信息源接收的信息量：

$$I(S, X) = \log_a \frac{P(s / x)}{P(s)} = \left| \log_a P(s) \right| - \left| \log_a P(s / x) \right| \tag{6.1.3}$$

式 (6.1.1) 和式 (6.1.3) 说明接收信息量随先验概率的增加而减少，随后验概率的增加而增加。后验概率的大小反映接收信号不确定性的程度。如果不存在随机因素，后验概率为 1，接收信息量完全等于收到信号前所了解到的该信号所含的信息量。对雷达来说，即使没有人为干扰，后验概率也不会等于 1。在雷达信号传输路径中存在随机因素，如目标雷达截面起伏、机内噪声等，它们与本来是确定的发射信号叠加，产生随机分量，改变信号的时域波形和频谱形状。就二择一目标检测而言，随机因素会使雷达把有目标误判为无目标，造成漏警；也可能作出相反的判断，把无目标误判成有目标，产生虚警。

在实际应用中平均信息量用得更广泛。离散信息源的平均信息量定义为 $I(s_i, x_i)$ 的统计平均值。对式 (6.1.1) 做两次平均得平均信息量。第一次对所有可能的发送消息进行平均，第二次对所有可能的接收信息进行平均，两次平均结果就是平均信息量。设可能发送和接收的消息数都是 n，从离散消息源得到的平均信息量为

$$H(S, X) = \sum_{j=1}^{n} P(x_j) \left[\sum_{i=1}^{n} P(s_i / x_j) \log_a \frac{P(s_i / x_j)}{P(s_i)} \right]$$

展开上式并用概率乘法公式和全概率公式整理得：

$$\begin{aligned} H(S, X) &= \sum_{j=1}^{n} \sum_{i=1}^{n} P(x_j) P(s_i / x_j) \log_a P(s_i / x_j) - \sum_{j=1}^{n} \sum_{i=1}^{n} P(x_j) P(s_i / x_j) \log_a P(s_i) \\ &= \sum_{j=1}^{n} \sum_{i=1}^{n} P(s_i, x_j) \log_a P(s_i / x_j) - \sum_{i=1}^{n} P(s_i) \log_a P(s_i) = H(S) - H(S / X) \end{aligned} \tag{6.1.4}$$

式中，

$$H(S) = -\sum_{i=1}^{n} P(s_i) \log_a P(s_i) \tag{6.1.5}$$

$$H(S / X) = -\sum_{j=1}^{n} \sum_{i=1}^{n} P(s_i, x_j) \log_a P(s_i / x_j)^{[2]} \tag{6.1.6}$$

式 (6.1.5) 和式 (6.1.6) 分别称为离散型信号的熵和条件熵。由式 (6.1.4) 的分析方法得从连续型消息源接收的平均信息量：

$$H(S, X) = H(S) - H(S / X) \tag{6.1.7}$$

式中，$H(S)$ 和 $H(S/X)$ 为连续型信号的熵和条件熵。它们分别为

$$H(S) = -\int P(s) \log_a P(s) \, \mathrm{d}s$$

$$H(S / X) = -\iint P(s / x) \log_a P(s / x) \, \mathrm{d}s \mathrm{d}x$$

信号的先验概率和后验概率与信号的不确定性有对应关系，熵是不确定性的度量。所以式 (6.1.1) 和式 (6.1.3) 式别与式 (6.1.4) 和式 (6.1.7) 等效，都表示接收信息量。两者的区别在于，前者表示每个消息单元的信息量，后两者是大量消息单元的平均信息量。

雷达识别真、假目标的依据是从真、假目标接收信息量之差，具体方法是，把从回波提取的

特征参数集与预先确定的真目标的特征参数集进行比较，把差别大的作为假目标去掉。如果雷达从真、假目标获得的信息量相同，表示真、假目标完全一样，雷达无法区分它们。这是获得多假目标欺骗干扰效果的基本条件。设真、假目标第 i 个特征参数的先验概率密度函数分别为 $P(T_i)$ 和 $P(F_i)$，后验概率密度函数分别为 $P(T_i/x_i)$ 和 $P(F_i/x_i)$，由式(6.1.1)得雷达从真、假目标的第 i 个特征参数获取的信息量 $I(T_i, x_i)$ 和 $I(F_i, x_i)$ 为：

$$\begin{cases} I(T_i, x_i) = \left| \log_a P(T_i) \right| - \left| \log_a P(T_i / x_i) \right| \\ I(F_i, x_i) = \left| \log_a P(F_i) \right| - \left| \log_a P(F_i / x_i) \right| \end{cases} \tag{6.1.8}$$

把真、假目标第 i 个特征参数之间的差别用接收信息量之差表示为

$$I(T_i, x_i) - I(F_i, x_i) = \left[\left| \log_a P(T_i) \right| - \left| \log_a P(T_i / x_i) \right| \right] - \left[\left| \log_a P(F_i) \right| - \left| \log_a P(F_i / x_i) \right| \right]$$

真、假目标的特征参数有多个。设 $P(T)$、$P(F)$、$P(T/x)$ 和 $P(F/x)$ 为真、假目标特征参数集的联合概率密度函数，上式可表示为

$$I(T, X) - I(F, X) = \left[\left| \log_a P(T) \right| - \left| \log_a P(T / x) \right| \right] - \left[\left| \log_a P(F) \right| - \left| \log_a P(F / x) \right| \right] \tag{6.1.9}$$

雷达用于识别真、假目标的特征参数有多个，它们相互独立，联合概率密度函数是各特征参数概率密度函数之积。按照式(6.1.4)的分析方法得雷达从真目标接收的平均信息量或平均接收信息量为

$$H(T, X) = H(T) - H(T / X) \tag{6.1.10}$$

式中

$$H(T) = -\int P(T) \log_a P(T) \mathrm{d}T$$

$$H(T / X) = -\iint P(T / x) \log_a P(T / x) \mathrm{d}T \mathrm{d}x$$

雷达从假目标接收的平均信息量或平均接收信息量为

$$H(F, X) = H(F) - H(F / X) \tag{6.1.11}$$

式中，

$$H(F) = -\int P(F) \log_a P(F) \mathrm{d}F$$

$$H(F / X) = -\iint P(F / x) \log_a P(F / x) \mathrm{d}F \mathrm{d}x$$

真、假目标的差别可用平均接收信息量表示为

$$H(T, X) - H(F, X) = [H(T) - H(T / X)] - [H(F) - H(F / X)] \tag{6.1.12}$$

如果假目标与真目标对应特征参数有相同的分布，即真、假目标特征参数集的熵相等，上式简化为

$$H(T, X) - H(F, X) = H(F / X) - H(T / X) \tag{6.1.12a}$$

6.1.2　干扰效果与接收信息量的关系

受接收信息量影响的雷达性能参数较多，这里以干扰效果评估用得较多的检测概率、识别概率和参数测量误差为例，讨论它们与接收信息量的关系，说明干扰目标检测、识别和参数测量的原理及其获得干扰效果的条件和方法。

6.1.2.1　检测概率与接收信息量

目标检测就是对接收机输出信号进行分析处理，判断有、无目标存在或/和存在哪一类目标的过程。只判断有、无目标存在的检测为双择检测或二择一检测。既要确定有、无目标存在，又要判断存在哪一类目标的检测为多择检测。雷达对虚警限制很严，机内噪声超过门限的概率很低，一般认为雷达在机内噪声中检测目标属于二择一检测。在多假目标或多假目标与遮盖性样式的混合干扰中检测目标属于多择检测。多择检测要先判断有、无目标存在，若发现目标，则判断是真目标还是假目标。无论哪种目标检测，都可能出现两类错误：一类是把有目标判成无目标，另一类是把无目标判成有目标。前者为漏警错误，后者为虚警错误，分别用漏警概率和虚警概率表示出现两类错误可能性的大小。发现目标和漏掉目标构成完备事件，雷达一般用发现概率或检测概率和虚警概率共同衡量目标检测质量或检测性能。检测概率广泛用于评估雷达干扰效果和干扰有效性。检测概率和虚警概率本身有一定联系，都与接收信息量有关。

目标检测就是通过分析处理有限观测时间内接收信号的采样序列，给出有无目标的判断结论。设在 $0 \sim t$ 时间内，雷达接收机获得了信号的 n 个样本，$x_1 = x(t_1)$，$x_2 = x(t_2)$，$\cdots$，$x_n = x(t_n)$，这些样本构成多维随机变量。设有、无信号时的联合概率密度函数分别为 $P(x_1, x_2, \cdots, x_n/s)$ 和 $P(x_1, x_2, \cdots, x_n/0)$，检测概率定义为有信号时联合概率密度函数超过门限的概率：

$$P_{\mathrm{d}} = \int_{T_{\mathrm{h}}}^{\infty} \cdots \int_{T_{\mathrm{h}}}^{\infty} P(x_1, x_2, \cdots, x_n / s)\, \mathrm{d}x_1 \mathrm{d}x_2 \cdots \mathrm{d}x_n \tag{6.1.13}$$

虚警概率定义为无信号时联合概率密度函数超过门限的概率：

$$P_{\mathrm{fa}} = \int_{T_{\mathrm{h}}}^{\infty} \cdots \int_{T_{\mathrm{h}}}^{\infty} P(x_1, x_2, \cdots, x_n / 0)\, \mathrm{d}x_1 \mathrm{d}x_2 \cdots \mathrm{d}x_n \tag{6.1.14}$$

式中，T_{h} 为检测门限。上两式说明当接收信号的概率密度函数确定后，目标检测性能仅由 T_{h} 确定。

为了作出有、无目标的最佳判断，20 世纪三四十年代开始将统计假设检验、统计参量估计、统计判决等数理统计方法引入雷达目标检测，形成了一整套目标统计检测理论。已总结出多个最佳目标检测准则[2~6]，但多数需要预先知道消息的分布律，实际上雷达特别是搜索雷达或预警雷达对消息的分布律常常毫不了解，所以一般采用似然检测方法。最大似然检测等效于能提取最大信息量的准则[5]。在二择一检测条件下，最大似然检测等效于似然比检测[5]。

在统计目标检测和统计参数估计中，把有、无目标存在的联合概率密度函数 $P(x_1, x_2, \cdots, x_n/s)$ 和 $P(x_1, x_2, \cdots, x_n/0)$ 称为它们的似然函数，把下式称为似然函数比或似然比：

$$l(x) = \frac{P(x_1, x_2, \cdots, x_n / s)}{P(x_1, x_2, \cdots, x_n / 0)} \tag{6.1.15}$$

对于二择一检测，目标存在的似然比判别式为

$$l(x) = \frac{P(x_1, x_2, \cdots, x_n / s)}{P(x_1, x_2, \cdots, x_n / 0)} \geqslant 1 \tag{6.1.16}$$

式(6.1.16)的含义是，如果 $l(x) \geqslant 1$，判为存在目标，否则判为无目标。图 6.1.1 为似然比检测系统功能原理图。它由两部分组成，似然比计算器和比较器。似然比计算器利用观测样本序列 x_1，x_2，$\cdots$，x_n 估算似然比 $l(x)$，把估算结果与似然比门限进行比较并输出判决结果。

图 6.1.2 为似然比与有、无目标存在的关系示意图。其中 D 为有、无目标存在的分界线，它将有限观测空间分成两个互不重迭的部分，D 的左边部分为有目标存在的区域，右边部分为无目

标存在的区域。谁的空间较大，谁出现的可能性较大。图 6.1.1 的判别门限就是图 6.1.2 中的分界线 D。对于最大似然比检测，判别门限 D 由 $l(x)=1$ 的所有 $x_1, x_2, \cdots, x_n$ 构成，从图 6.1.2 不难看出有目标存在的空间随似然比增加而增加。

图 6.1.1　似然比检测系统功能原理图　　图 6.1.2　似然比与有、无信目标存在的关系示意图

上面简单介绍了似然比检测原理，接下来分析似然比与接收信息量的关系和检测概率与虚警概率的关系。为了方便后面的分析，令 $x = x_1, x_2, \cdots, x_n$，把式 (6.1.15) 改写为

$$l(x) = \frac{P(x/s)}{P(x/0)} \tag{6.1.17}$$

用概率乘法公式把式 (6.1.17) 的两个条件概率分别表示为

$$P(x/s) = \frac{P(x)P(s/x)}{P(s)}, \quad P(x/0) = \frac{P(x)P(0/x)}{P(0)}$$

把上两式代入式 (6.1.17) 并整理得似然比的另一种表达形式：

$$l(x) = \frac{P(x/s)}{P(x/0)} = \frac{q}{P}\frac{P(s/x)}{P(0/x)} \tag{6.1.18}$$

在式 (6.1.18) 中，$P = P(s)$，$q = P(0)$ 分别为有、无目标存在的先验概率。似然比判别式变为

$$l(x) = \frac{q}{P}\frac{P(s/x)}{P(0/x)} \geqslant 1 \tag{6.1.19}$$

雷达目标检测通常用对数似然比。这是因为噪声或噪声加信号的联合概率密度函数都是指数形式，对数似然比不但可简化有关的表达式，而且对数和非对数似然比的检测结果完全相同。把式 (6.1.18) 两边取对数并整理得对数似然比：

$$\log_a l(x) = \left[\left|\log_a P\right| - \left|\log_a P(s/x)\right|\right] - \left[\left|\log_a q\right| - \left|\log_a P(0/x)\right|\right] \tag{6.1.20}$$

式 (6.1.20) 的前两项为有目标的接收信息量 $I(S, X)$，后两项为无目标的接收信息量 $I(0, X)$。对数似然比就成了有、无目标的接收信息量之差。式 (6.1.20) 可表示为

$$\log_a l(x) = \left[\left|\log_a P\right| - \left|\log_a P(s/x)\right|\right] - \left[\left|\log_a q\right| - \left|\log_a P(0/x)\right|\right] = I(S, X) - I(0, X)$$

统计目标检测用的似然函数由多次观测构成，要用平均信息量表示似然比。设有目标存在的平均接收信息量为 $H(S, X)$，无目标的平均接收信息量为 $H(0, X)$，对数似然比变为有、无目标的平均接收信息量之差：

$$\log_a l(x) = H(S, X) - H(0, X) \tag{6.1.21}$$

平均接收信息量的定义和计算方法见 6.1.1 节。取上式的反对数，把对数似然比还原成非对数形式得：

$$l(x) = a^{[H(S, X) - H(0, X)]} \tag{6.1.22}$$

非对数似然比判别式为

$$a^{[H(S,X)-H(0,X)]} \geqslant 1 \tag{6.1.23}$$

似然比与接收信息量有关，检测概率与似然比有联系，显然检测概率也和接收信息量有关。把式(6.1.22)代入式(6.1.17)并整理得有、无目标接收信息量之差与有、无目标概率密度函数之间的关系：

$$P(x/s) = a^{[H(S,X)-H(0,X)]} P(x/0) \tag{6.1.24}$$

接收信息量用平均值表示后，似然比成为与 x 无关的常数，即 $a^{[H(S,X)-H(0,X)]}$ 为确定量。把式(6.1.24)的两边分别代入式(6.1.13)并积分得：

$$P_d = a^{[H(S,X)-H(0,X)]} P_{fa} \tag{6.1.25}$$

式(6.1.25)就是检测概率、虚警概率与接收信息量的关系，也是检测概率和虚警概率之间的关系。

大多数雷达采用黎曼-皮尔逊检测准则，该准则是在虚警概率预先确定的条件下使检测概率最大的准则。由式(6.1.25)知，该条件下的检测概率为似然比的单值函数，似然比越大，检测概率越大。要降低检测概率，只能通过降低有、无目标的接收信息量之差。无目标的接收信息量近似等于噪声的信息量，干扰方几乎无法单方面改变它，只能通过改变有目标的接收信息量。参考资料[1]指出，如果干扰与有用信号作用，接收信号的后验不确定性的熵近似等于受干扰作用信号的熵。由此可知，用无线电手段干扰雷达目标检测的方法就是，给雷达注入随机性或不确定性很大的信号，尽量减少有、无目标时的接收信息量之差。在所有已知信号中，高斯白噪声的不确性最大，是最好的遮盖性干扰样式。如果雷达接收的是高斯白噪声，其信息量近似等于无目标时机内噪声的信息量，它能使检测概率接近虚警概率。遮盖性干扰现象就是目标回波被噪声化或被噪声淹没。遮盖性干扰效果体现为干扰前、后接收信息的变化量，这种变化量越大，干扰效果越好。

在雷达对抗中，干扰信号的功率十分重要。从式(6.1.25)看不出信号功率与接收信息量的直接关系。当被干扰系统的特性和干扰样式的品质因素确定后，可用干信比度量干扰功率对接收信息量的影响。设包络检波前的随机信号是均值为 0，交变功率或方差为 σ^2 的高斯噪声，信号为斯韦林 I 型起伏目标回波。只有噪声时，经包络检波后，到达目标检测器输入端的电压波形为瑞利分布，概率密度函数为

$$P(u) = \frac{u}{\sigma^2} \exp\left(-\frac{u^2}{2\sigma^2}\right) \tag{6.1.26}$$

包络检波后，信号加噪声的联合概率密度函数为

$$P(u) = \frac{u}{\sigma^2}\left[\exp\left(-\frac{u^2+u_s^2}{2\sigma^2}\right)\right] I_0\left(\frac{uu_s}{\sigma^2}\right) \tag{6.1.27}$$

式中，u 和 u_s 分别为合成信号的电压变量和有用信号的电压振幅，$u_s^2/2$ 为信号的有效功率，信噪功率比为 $x = u_s^2/(2\sigma^2)$，$I_0(*)$ 表示 0 阶虚变量贝塞尔函数。把式(6.1.26)和式(6.1.27)分别代入式(6.1.14)和式(6.1.13)并对 u 积分得单次观测的虚警概率和检测概率。其中虚警概率为

$$P_{fa} = \exp\left(-\frac{T^2}{2\sigma^2}\right) \text{ 或者 } \ln P_{fa} = -\frac{T^2}{2\sigma^2}$$

检测概率为

$$P_{\mathrm{d}} = \exp\left(\frac{\ln P_{\mathrm{fa}}}{1+x}\right) \tag{6.1.28}$$

如果采用遮盖性干扰且其功率远大于雷达接收机的内部噪声功率，x 近似等于信干比。整理式(6.1.28)得检测概率、虚警概率与信干比的关系：

$$P_{\mathrm{d}} = (P_{\mathrm{fa}})^{\frac{1}{1+x}} \tag{6.1.29}$$

虽然式(6.1.29)的关系是在特定条件下得到的，对于其他目标起伏模型，同样能得到类似的关系。由式(6.1.25)和式(6.1.29)容易得出信噪比与接收信息量的关系。令式(6.1.25)中的 $a = \mathrm{e}$(信息单位为奈特)，两边取自然对数得：

$$H(S, X) - H(0, X) = \ln P_{\mathrm{d}} - \ln P_{\mathrm{fa}}$$

对式(6.1.29)进行类似的处理得：

$$x = \frac{\ln P_{\mathrm{fa}} - \ln P_{\mathrm{d}}}{\ln P_{\mathrm{d}}} \tag{6.1.30}$$

式(6.1.30)是式(6.1.29)的另一种表示形式。由上两式得信噪比和接收信息量的关系：

$$x = \frac{H(0, X) - H(S, X)}{\ln P_{\mathrm{d}}} \tag{6.1.31}$$

式(6.1.25)表明当虚警概率确定后，检测概率是接收信息量的单值函数，即检测概率与接收信息量一一对应。在雷达领域，式(6.1.25)和式(6.1.30)都可用来描述雷达目标检测性能。由式(6.1.31)知，一旦确定了要求的检测概率，有、无目标的接收信息量之差由信噪比唯一确定。检测概率比接收信息量更容易测试，这就是为什么在计算压制系数时，不用接收信息变化量而用信干比或干信比的原因。根据检测概率与接收信息量或信噪比的关系，也能得出遮盖性样式干扰雷达目标检测的原理和方法。

6.1.2.2　识别真假目标的概率与接收信息量

高密集多假目标是搜索雷达的主要干扰样式之一。多假目标干扰下的雷达目标检测属于多择检测。多择检测分两步：先判断有无目标(包括真假目标在内)存在，然后判断已发现的目标是真目标还是假目标。前者为目标检测，后者是目标识别的内容之一，这里只涉及识别真、假目标的问题。目标检测和识别属于同一范畴，衡量识别好坏的指标是识别概率或截获真目标的概率，与检测概率一样，识别概率也与接收信息量有关。

3.2.2.2 节用检测概率和识别概率之积表示搜索雷达在多假目标干扰下的性能。多假目标和真目标相似且功率较大，对雷达目标检测影响较小，对识别影响较大。为突出接收信息量对目标识别的影响，假设雷达检测真、假目标的概率为 1。在这种条件下，雷达只需在真、假目标之间作出判决，多择检测近似为二择一检测，可用分析目标检测的方法处理目标识别问题。

和目标检测一样，识别也是在多个接收样本上进行的，一般采用统计目标识别方法。设在真、假目标存在的空间获取了 n 个样本，真、假目标同时存在时样本的联合概率密度函数为 $P(x_1, x_2, \cdots, x_n / T)$，只有假目标存在时的联合概率密度函数为 $P(x_1, x_2, \cdots, x_n / F)$，雷达识别真、假目标的概率，即把真目标判为真目标的概率 P_{dit} 和把假目标当成真目标的概率 P_{dif} 分别为

$$P_{\mathrm{dit}} = \int_{T_{\mathrm{d}}}^{\infty} \cdots \int_{T_{\mathrm{d}}}^{\infty} P(x_1, x_2, \cdots, x_n / T)\, \mathrm{d}x_1 \mathrm{d}x_2 \cdots \mathrm{d}x_n \tag{6.1.32}$$

$$P_{\text{dif}} = \int_{T_d}^{\infty} \cdots \int_{T_d}^{\infty} P(x_1, x_2, \cdots, x_n / F) \, \mathrm{d}x_1 \mathrm{d}x_2 \cdots \mathrm{d}x_n \tag{6.1.33}$$

式中，T_d 为识别门限。令观测 $x = x_1, x_2, \cdots, x_n$，式 (6.1.32) 和式 (6.1.33) 分别简写为

$$P_{\text{dit}} = \int_{T_d}^{\infty} P(x / T) \, \mathrm{d}x \, , \quad P_{\text{dif}} = \int_{T_d}^{\infty} P(x / F) \, \mathrm{d}x$$

目标识别似然比为

$$l(x) = \frac{P(x / T)}{P(x / F)} \tag{6.1.34}$$

目标识别似然比判别式为

$$l(x) = \frac{P(x / T)}{P(x / F)} \geqslant 1 \tag{6.1.35}$$

应用前一节的条件概率变换关系，上两式可变换成下面的形式：

$$l(x) = \frac{P(F)}{P(T)} \frac{P(T / X)}{P(F / x)} \tag{6.1.36}$$

$$l(x) = \frac{P(F)}{P(T)} \frac{P(T / x)}{P(F / x)} \geqslant 1 \tag{6.1.37}$$

对式 (6.1.36) 两边取对数得：

$$\log_a l(x) = -\log_a P(T) - [-\log_a(T / x)] - \{-\log P(F) - [-\log_a P(F / x)]\}$$

式中，$P(T)$ 和 $P(F)$ 分别为真、假目标的先验概率。由式 (6.1.1) 和式 (6.1.9) 知上式的前两项构成真目标的接收信息量 $I(T, X)$，后两项构成假目标的接收信息量 $I(F, X)$。上式可用真、假目标接收信息量之差表示为

$$\log_a l(x) = I(T, X) - I(F, X) \tag{6.1.38}$$

式中，　　$I(T, X) = \left| \log_a P(T) \right| - \left| \log_a P(T / x) \right|, \quad I(F, X) = \left| \log_a P(F) \right| - \left| \log_a P(F / x) \right|$

式 (6.1.38) 说明对数似然比就是用接收信息量表示的真、假目标之间的差别。按照统计目标检测处理有关问题的方法，由上面的关系得接收信息量与识别概率之间的关系。对于单次观测或一维概率密度函数，由式 (6.1.32)、式 (6.1.33) 和式 (6.1.38) 得雷达识别真目标的概率和把假目标当成真目标的概率与接收信息量的关系：

$$\begin{cases} P_{\text{dit}} = a^{[I(T,X)-I(F,X)]} P_{\text{dif}} \\ P_{\text{dif}} = a^{-[I(T,X)-I(F,X)]} P_{\text{dit}} \end{cases} \tag{6.1.39}$$

多假目标主要干扰搜索雷达和跟踪雷达的搜索状态，需要覆盖真目标出现的整个区域及其参数变化范围。雷达从每个假目标接收的信息量不同，需要用平均接收信息量表示从假目标的接收信息量。收到信号前，雷达一般不能确切知道真目标的位置参数和运动参数，也需要用平均信息量表示从真目标接收的信息量。式 (6.1.10) 和式 (6.1.11) 为真、假目标的平均接收信息量，用它们代替式 (6.1.39) 中的 $I(T, X)$ 和 $I(F, X)$ 得：

$$\begin{cases} P_{\text{dit}} = a^{[H(T,X)-H(F,X)]} P_{\text{dif}} \\ P_{\text{dif}} = a^{-[H(T,X)-H(F,X)]} P_{\text{dit}} \end{cases} \qquad (6.1.40)$$

式 (6.1.40) 就是用平均接收信息量表示的雷达识别真、假目标的概率与接收信息量之间的关系。该式说明，如果雷达从真、假目标接收的信息量相同，雷达无法识别真假，只能随机截获或录取真、假目标。雷达把假目标当真目标的概率和把真目标当假目标的概率都可以表示多假目标干扰效果。多假目标的主要干扰作用是降低识别概率。降低从真、假目标接收信息量之差可降低识别概率，这是多假目标干扰目标识别的原理。雷达对自己的目标有一定了解，但是如果没有其他信息支持，在收到目标回波前，它并不知道目标何时出现和出现在防区的什么位置，也不能预先知道目标的数量、编队情况、运行方向、运动速度和目标大小 (回波功率) 等，正是这些因素给雷达提供了有目标的接收信息量。要使雷达把假目标当真目标识别，也需要在上述方面模拟真目标。

当真假目标数和似然比确定后，假目标越多，干扰效果越好。多假目标的干扰现象就是在敌雷达防区内出现大量虚假目标。如果只保护少数特定目标且预先知道保护目标出现的区域，多假目标干扰不必覆盖雷达的整个防区，只需覆盖目标所在的小区域并环绕在其周围即可。虽然假目标的覆盖范围可减小，但假目标的数量一定要大，否则不能获得需要的干扰效果。

6.1.2.3　参数估值误差与接收信息量

测量目标的位置参数和运动参数是雷达的重要任务。参数测量误差或测量精度是雷达的重要战技指标，也是衡量参数测量性能的效率指标。雷达领域称确定目标的参数为参数估值或参数估计。干扰影响参数测量误差，干扰条件下的参数估值误差能反映干扰效果。

和目标检测一样，即使没有干扰，雷达也得在机内噪声或机内噪声加杂波的背景中测量目标的参数，广泛采用统计参数估值方法。已研究出多种最佳参数估值准则，其中用得较多的有贝叶斯准则、最大后验准则和最大似然准则等[3,5]。对于未知参数的估值必须依赖对一组接收数据的处理结果。设接收数据为 $x = (x_1, x_2, \cdots, x_n)$，要估计的参数为 $\theta_i (i = 1, 2, \cdots, n)$，最大后验估值就是寻找使后验概率 $P(\theta_i/x)$ 最大的 θ_{ei} 并把它作为 θ_i 的估值，最大似然估计就是把使似然函数 $P(x/\theta_i)$ 最大的 θ_{ei} 作为 θ_i 的估值。可用求极值的方法实现参数估值，具体做法就是求后验概率 $P(\theta_i/x)$ 和似然函数 $P(x/\theta_i)$ 的极值，极值对应的 θ_{ei} 就是 θ_i 的估值。由于前面提到的采用对数似然函数的好处，在参数估值中也广泛用对数后验概率和对数似然函数。所以，最大后验概率估值方程有非对数和对数两种形式：

$$\frac{\partial}{\partial \theta}[P(\theta/x)] = \frac{\partial[P(\theta_1, \theta_2, \cdots, \theta_n/x)]}{\partial \theta_i}\bigg|_{\theta_i = \theta_{ei}} = 0 \ \text{或} \ \frac{\partial[\log_a P(\theta/x)]}{\partial \theta} = \frac{\partial\{\log_a[P(\theta_1, \theta_2, \cdots, \theta_n/x)]\}}{\partial \theta_i}\bigg|_{\theta_i = \theta_{ei}} = 0$$

最大似然估值方程的两种形式为

$$\frac{\partial}{\partial \theta}[P(x/\theta)] = \frac{\partial P(x/\theta_1, \theta_2, \cdots, \theta_n)}{\partial \theta_i}\bigg|_{\theta_i = \theta_{ei}} = 0 \qquad (6.1.41)$$

和

$$\frac{\partial}{\partial \theta}\{\log_a[P(x/\theta)]\} = \frac{\partial\{\log_a[P(x/\theta_1, \theta_2, \cdots, \theta_n)]\}}{\partial \theta_i}\bigg|_{\theta_i = \theta_{ei}} = 0 \qquad (6.1.42)$$

对 θ 求解估值方程得到需要的估值。最大后验概率估计需要知道测试量的概率分布，实际上常常不能精确知道测试量的概率分布。最大似然法没有上述限制，使用较多。下面以最大似然估值为例说明参数测量误差与接收信息量的关系。

雷达需要测量多个参数才能完整描述目标。测量不同的参数使用不同的装置，实际上一个装置只测量一个参数，可分别计算每个参数的估值。对于单参数估计，式(6.1.42)简化为

$$\left.\frac{\partial[\log_a P(x/\theta)]}{\partial \theta}\right|_{\theta=\theta_e} = 0$$

用概率乘法定理将似然函数 $P(x/\theta)$ 表示成先验概率 $P(\theta)$ 和后验概率 $P(\theta/x)$ 的函数关系，即

$$P(x/\theta) = \frac{P(x)P(\theta/x)}{P(\theta)}$$

把上式代入似然函数再取对数得对数似然函数：

$$\log_a P(x/\theta) = \log_a P(x/\theta) = -\log_a P(\theta) + \log_a P(\theta/x) + \log_a P(x) \tag{6.1.43}$$

和式(6.1.3)比较知，式(6.1.43)前两项为有信号时的接收信息量 $I(\theta, x)$。上式可用接收信息量表示为

$$\log_a P(x/\theta) = I(\theta, X) + \log_a P(x) \tag{6.1.44}$$

式中，$P(x)$ 为测试量的概率密度函数。统计参数估值使用多个接收样本，需要用平均接收信息量代替样本的信息量。用平均接收信息量代替式(6.1.44)中 $I(\theta, x)$，对数似然函数变为

$$\log_a P(x/\theta) = H(\theta) - H(\theta/X) + \log_a P(x) \tag{6.1.45}$$

取式(6.1.45)的反对数，把对数似然函数还原成非对数形式：

$$P(x/\theta) = a^{[H(\theta)-H(\theta/X)]}P(x)$$

把式(6.1.45)代入式(6.1.41)，估值方程变为

$$\left.\frac{\partial P(x/\theta)}{\partial \theta}\right|_{\theta_i=\theta_e} = \frac{\partial}{\partial \theta}\left\{P(x)a^{[H(\theta)-H(\theta/X)]}\right\}\Bigg|_{\theta_i=\theta_e} = 0 \tag{6.1.46}$$

式(6.1.46)含有接收信息量。如果混在测试量中的干扰能改变接收信息量，这种干扰也会影响参数估计质量。单参数估计质量用方差或均方差表示。最大似然估计属于有效估计或最小方差估计，其估值的最小方差满足克拉美-罗不等式[5,7]，即

$$\sigma_\theta^2 \geq \left\{\int_{-\infty}^{\infty}\left[\frac{\partial P(x/\theta)}{\partial \theta}\right]^2 P(x/\theta)\,\mathrm{d}x\right\}^{-1} = \left\{E\left[\frac{\partial P(x/\theta)}{\partial \theta}\right]^2\right\}^{-1}$$

在上式中，$E\{*\}$ 表示求平均，等于

$$E\left[\frac{\partial P(x/\theta)}{\partial \theta}\right]^2 = \int_{-\infty}^{\infty}\left[\frac{\partial P(x/\theta)}{\partial \theta}\right]^2 P(x/\theta)\,\mathrm{d}x$$

把非对数似然函数代入上式得参数估值误差与接收信息量的关系：

$$\sigma_\theta^2 \geq \frac{1}{E\left\{\left[\frac{\partial}{\partial \theta}\left\{P(x)a^{[H(\theta)-H(\theta/X)]}\right\}\right]^2\right\}} \tag{6.1.47}$$

式(6.1.47)表明，接收信号后验不确定性的熵越大，参数测量误差越大。用遮盖性样式干扰雷达参数测量的方法和原理与干扰目标检测一样，就是给雷达注入随机性或不确定性很大的信号，增加雷达接收信号的后验不确定性的熵。

雷达参数统计估值是在大量独立样本或观察上进行的。设有 n 个独立样本 $x = x_1, x_2, \cdots, x_n$ 参与参数估值，它们的概率密度函数相同且独立，设第 j 个样本的概率密度函数为 $P(x_j/\theta)$，联合概率密度函数为

$$P(x/\theta) = \prod_{j=1}^{n} P(x_j/\theta)$$

把上式及条件代入式(6.1.47)并整理得：

$$\sigma_\theta^2 \geqslant \frac{1}{n} \frac{1}{E\left\{\left[\dfrac{\partial}{\partial\theta}\left\{P(x)a^{[H(\theta) - H(\theta/X)]}\right\}\right]^2\right\}} \tag{6.1.48}$$

式(6.1.48)说明，对于遮盖性干扰，参与估值的测量数据越多，参数估值精度越高。

3.2.2.3 节给出了距离、速度和角度测量误差，它们都来自统计参数估值，这里给予详细说明。参数估值误差是干扰的不确定性成分造成的。干扰信号的交流功率反映不确定性的大小，即参数测量误差必然与干扰功率(用干信比表示)有关。参考资料[3,7]给出了式(6.1.47)的最小值，它是信噪比和雷达信号波形参数的函数，通用模型为

$$\sigma_{\min}(\theta) = \frac{1}{k'\sqrt{2E/N_0}} \tag{6.1.49}$$

式中，N_0、E 和 k' 分别为噪声的单边功谱密度、信号能量和与信号波形有关的常数。

在实际使用中，更多地用信噪比，需要将 $2E/N_0$ 转换成信噪比。把 $2E/N_0$ 转换成信噪比时应特别小心。参考资料[3]指出 $2E/N_0$ 等于最大峰值信号功率与匹配滤波器输出的单边噪声功谱密度之比。最大峰值信号功率等于 2 倍的平均峰值信号功率，这里的平均是指在射频一个周期上进行的。对于脉冲雷达，平均峰值信号功率更适合雷达对抗。本书没特别说明的脉冲信噪比一律指平均峰值信号功率 S 与匹配滤波器输出的平均噪声功率 N 之比，即 S/N。脉冲雷达几乎都是匹配滤波器接收机，系统带宽等于信号带宽 B。设矩形脉冲信号的时宽为 τ(指目标检测器或参数测量器输入端的)，振幅为 U_s，平均峰值信号功率为 $S = (U_s)^2/2$，由此得：

$$\frac{2E}{N_0} = \frac{\tau U_s^2/2}{N_0} = \frac{B\tau U_s^2/2}{BN_0} = B\tau\frac{S}{N}$$

把上式代入式(6.1.49)得：

$$\sigma_{\min}(\theta) = \frac{1}{k'\sqrt{B\tau}\sqrt{S/N}} \tag{6.1.50}$$

对于匹配滤波器接收机和无脉内调制的信号，雷达系统带宽与脉宽的关系为

$$B \approx \frac{1}{\tau}$$

此类脉冲雷达的最小参数估值误差为

$$\sigma_{\min}(\theta) = \frac{1}{k'\sqrt{S/N}} \tag{6.1.51}$$

遮盖性干扰与雷达接收机内部噪声相似，考虑干扰信号的品质因素影响后，可当作机内噪声处理。遮盖性干扰功率 J 一般远大于机内噪声，信噪比近似等于信干比 S/J。从式(6.1.50)

或式(6.1.51)不难看出，雷达的参数估值误差是信噪比或信干比的函数，遮盖性干扰能增加参数测量误差。

参考资料[7～9]分析了雷达测距、测速和测角的最小误差。如果用时延表示距离，式(6.1.49)中的 k' 为接收波形的有效带宽 β，β 定义为

$$\beta^2 = \int_{-\infty}^{\infty} (2\pi f)^2 \left| S(f) \right|^2 \mathrm{d}f \Big/ \int_{-\infty}^{\infty} \left| S(f) \right|^2 \mathrm{d}f = \frac{1}{E} \int_{-\infty}^{\infty} (2\pi f)^2 \left| S(f) \right|^2 \mathrm{d}f$$

式中，$S(f)$ 为接收信号的傅氏变换，E 为信号能量。如果用矩形脉冲测距，参考资料[9]给出了 β^2 的值：

$$\beta^2 \approx 2B/\tau$$

用 β 替换式(6.1.50)和式(6.1.51)中的 k' 得矩形脉冲的最小测时误差：

$$\sigma_\tau = \frac{1}{\sqrt{2B}\sqrt{S/N}} = \frac{\tau}{\sqrt{2}\sqrt{S/N}}$$

由雷达测量距离与延时和光速的关系得用距离单位表示的测距误差：

$$\sigma_e = \frac{c\tau}{2\sqrt{2}\sqrt{S/N}} \tag{6.1.52}$$

雷达通过测量目标的多普勒频率来测量目标相对雷达的径向速度。对于多普勒频率测量，式(6.1.49)中的 k' 为信号的有效时宽 α，α 定义为

$$\alpha^2 = \int_{-\infty}^{\infty} (2\pi t)^2 \left| S(t) \right|^2 \mathrm{d}t \Big/ \int_{-\infty}^{\infty} \left| S(t) \right|^2 \mathrm{d}t = \frac{1}{E} \int_{-\infty}^{\infty} (2\pi t)^2 \left| S(t) \right|^2 \mathrm{d}t$$

$S(t)$ 为接收信号的时间函数，对于时宽为 τ 的矩形脉冲，参考资料[9]给出了 α 的近似值：

$$\alpha \approx \frac{\pi\tau}{\sqrt{3}}$$

用 α 替换式(6.1.50)中的 k' 得用矩形脉冲测量多普勒频率的误差：

$$\sigma_f = \frac{\sqrt{3}}{\pi\tau\sqrt{B\tau}\sqrt{S/N}}$$

根据多普勒频率 f_d 与雷达工作波长 λ 和目标径向速度 v 的关系得用线速度单位表示的矩形脉冲的最小测速误差：

$$\sigma_v = \frac{\lambda\sqrt{3}}{2\pi\tau\sqrt{B\tau}\sqrt{S/N}} \tag{6.1.53}$$

最小测角误差与天线口面场的分布和口面尺寸有关。式(4.2.72)和式(4.2.73)式给出了直径和边长为 D 以及口面场均匀分布的圆形孔径和矩形孔径天线的最小测角误差的两种表示形式：

$$\sigma_\phi = \begin{cases} \dfrac{2\lambda}{\pi D\sqrt{B\tau}\sqrt{S/N}} & \text{圆形孔径} \\[3mm] \dfrac{\sqrt{3}\lambda}{\pi D\sqrt{B\tau}\sqrt{S/N}} & \text{矩形孔径} \end{cases} \tag{6.1.54}$$

$$\sigma_\phi = \begin{cases} \dfrac{2\theta_{0.5}}{\pi k\sqrt{B\tau}\sqrt{S/N}} & \text{圆形孔径} \\[3mm] \dfrac{\sqrt{3}\theta_{0.5}}{\pi k\sqrt{B\tau}\sqrt{S/N}} & \text{矩形孔径} \end{cases} \tag{6.1.54a}$$

式(6.1.54)和式(6.1.54a)有关符号的定义见式(4.2.72)和式(4.2.73)。参考资料[9]给出了适合任何口面场分布的在多脉冲积累基础上的近似测角误差模型：

$$\sigma_\phi \approx \frac{0.53\theta_{0.5}}{\sqrt{n(S/N)_1}} \tag{6.1.54b}$$

式中，$\theta_{0.5}$、n 和 $(S/N)_1$ 分别为天线半功率波束宽度、积累脉冲数和单个脉冲的信噪比。

　　式(6.1.52)、式(6.1.53)和式(6.1.54)为雷达在单个脉冲基础上的最小测距、测速和测角误差。和目标检测一样，雷达基于多个脉冲测量目标的参数，只要用积累信噪比代替式(6.1.52)、式(6.1.53)和式(6.1.54)中的信噪比，它们就是在多脉冲积累基础上的最小参数测量误差。雷达实际的参数测量误差一般大于式(6.1.52)、式(6.1.53)和式(6.1.54)的值。影响具体数值的因素很多，关系复杂。雷达参数测量误差越小对干扰越不利，用这些模型估算干扰条件下的参数测量误差符合从不利角度评估干扰效果的原则。

6.1.2.4　拖引式欺骗干扰效果与假信息含量

　　欺骗性干扰使用假目标。要想获得欺骗性干扰效果，必须满足两个基本条件：一，干扰波形与目标回波相似；二，含有雷达难以识别的假信息。两个条件都出自信息准则。真、假目标越相似，受干扰雷达从它们接收的信息量差别越小，分辨它们越困难，把假目标当真目标录取或截获的概率越大，干扰效果越好。由信息准则知，要想获得干扰效果，干扰信号要么具有不确定性，要么含有虚假信息。目标回波为确定性波形，欺骗性干扰不能具有随机性。随机信号与确定性波形的差别太大，雷达和雷达操作员很容易区分它们，使干扰无效。此外，随机信号干扰跟踪器的效果很差。但是欺骗性干扰也不能和真目标回波完全相同。否则不但没有干扰作用，还会起增强目标回波的副作用。欺骗性干扰只能含有雷达难以识别的假信息。这种假信息表现为假目标的空间位置或/和运动参数与真目标的差别，拖引式欺骗干扰既有位置差别又有运动参数差别。遮盖性样式的不确定性越大，干扰效果越好。但是，欺骗性干扰样式的假信息含量不是越大越好。假信息含量太大，要么被雷达识破而丧失应有的干扰作用，要么降低干信比，影响干扰效果。下面以拖引式欺骗干扰为例说明欺骗干扰效果与假信息含量、干信比的定性关系。

　　多数雷达采用二型跟踪器，这种跟踪器利用目标当前的位置、速度等测量数据预测下一时刻的目标位置和运动速度。按预测的目标速度和运动方向将跟踪波门移至预测位置，使其与下一时刻的目标回波重合。拖引式欺骗干扰就是给跟踪器注入含有假速度或假加速度信息的假目标，并逐渐增加干扰与目标的空间位置差别。放干扰初期，目标回波和干扰重叠或部分重叠，且假速度或假加速度处于目标对应参数的变化范围内，跟踪器或操作员不能感知这种干扰，只能跟踪合成信号的能量中心。如果干扰功率大于目标回波功率，合成信号的能量中心将随干扰移动而移动。当跟踪误差大于跟踪波门宽度后，跟踪器将完全按照干扰设定的轨迹运动。如果以目标自身的速度或加速度为参考基准，拖引式欺骗干扰的假信息就是干扰信号相对目标跟踪参数的速度和加速度，这里称其为拖引速度和拖引加速度。

　　拖引初期的干扰与目标回波同处于跟踪波门内且干扰波形与回波相似，雷达不能区分真假，只能从目标与干扰的合成信号提取移动跟踪波门的数据。合成信号含有干扰携带的假信息，按照从合成信号提取的信息预测下一时刻的目标位置必然存在误差，误差的大小由干信比和拖引速度共同确定。假设目标和干扰的加速度都是 0，运动方向相同，目标相对雷达的径向速度为 V_t，干扰相对目标的速度为 V_j。V_j 就是拖引速度或干扰含有的假信息，其大小反映假信息含量。当干信比非常大且可忽略目标回波的影响时，经过 Δt 时间后，干扰引起的跟踪误差近似等于干扰引起的运动距离与目标自身运动距离之差，即

$$\sigma_{\mathrm{g}} \approx \left| V_{\mathrm{t}}\Delta t - (V_{\mathrm{t}} + V_{\mathrm{j}})\Delta t \right| = V_{\mathrm{j}}\Delta t$$

上式表明，如果干扰不含假信息即 $V_{\mathrm{j}} = 0$，跟踪误差为 0，没有干扰效果。

表面上看 V_{j} 越大，在相同时间内产生的跟踪误差越大，干扰效果越好。其实这是一种假象，造成这种假象的原因是忽略了假信息对干信比的影响。跟踪雷达用自动增益控制（AGC）规一化跟踪器的输入信号，维持输入信号的功率为常数，消除其功率变化对跟踪精度的影响。AGC 的控制信号来自跟踪波门内的信号，干扰有机会参与 AGC。假设施放干扰前进入跟踪波门的目标回波功率为 1，放干扰并稳定后，AGC 要使进入跟踪波门的合成信号总功率为 1，目标回波和干扰在跟踪器输入功率中占的比例分别等于：

$$\left(\frac{1}{1 + J/S} \right) \text{ 和 } \left(\frac{J/S}{1 + J/S} \right)$$

式中，J/S 为干信比。在合成信号中，只有目标回波含有目标的真实位置及运动趋势的信息。由前面的假设得干扰条件下跟踪波门的实际移动速度：

$$V_{\mathrm{g}} = \frac{1}{1 + J/S} V_{\mathrm{t}} + \frac{J/S}{1 + J/S} (V_{\mathrm{t}} + V_{\mathrm{j}}) = V_{\mathrm{t}} + \frac{J/S}{1 + J/S} V_{\mathrm{j}}$$

上式说明跟踪波门的实际移动速度是干信比的函数。如果目标和干扰都匀速运动，在 $0 \sim \Delta t$ 时间内干扰引起的跟踪误差为

$$\sigma_{\mathrm{g}} \approx \left| V_{\mathrm{t}}\Delta t - \left(V_{\mathrm{t}} + \frac{J/S}{1 + J/S} V \right)_{\mathrm{j}} \Delta t \right| = \frac{J/S}{1 + J/S} V_{\mathrm{j}}\Delta t \tag{6.1.55}$$

跟踪器的带宽很窄或时间常数很大，要建立起一定的干扰幅度需要相当长的时间。设跟踪器的时间常数为 τ，跟踪波门宽度为 w，目标回波在跟踪波门内的停留时间为 w/V_{t}，干扰的停留时间为 $w/(V_{\mathrm{t}} + V_{\mathrm{j}})$，目标和干扰在跟踪器内能建立的最大幅度分别为

$$U_{\mathrm{s}}\left(1 - \exp\left(-\frac{w}{V_{\mathrm{t}}\tau} \right) \right) \text{ 和 } U_{\mathrm{j}}\left\{ 1 - \exp\left[-\frac{w}{(V_{\mathrm{t}} + V_{\mathrm{j}})\tau} \right] \right\}$$

其中，U_{s} 和 U_{j} 分别为跟踪器输入端目标回波和干扰的电压幅度。设跟踪器的输入干信比为

$$\left(\frac{J}{S} \right)_{\mathrm{i}} = U_{\mathrm{j}}^2 / U_{\mathrm{s}}^2$$

干扰在跟踪波门内能达到的干信比，也是真正起干扰作用的干信比为

$$\frac{J}{S} = \left(\frac{J}{S} \right)_{\mathrm{i}} \left\{ \frac{1 - \exp\left[-\dfrac{w}{(V_{\mathrm{t}} + V_{\mathrm{j}})\tau} \right]}{1 - \exp\left(-\dfrac{w}{V_{\mathrm{t}}\tau} \right)} \right\}^2$$

跟踪器的时间常数是按目标最大可能的运动速度设计的，可近似认为目标回波总能建立起最大幅度 U_{s}，即上式分母的值可近似为 1，实际起干扰作用的干信比近似为

$$\frac{J}{S} \approx \left(\frac{J}{S} \right)_{\mathrm{i}} \left\{ 1 - \exp\left[-\frac{w}{(V_{\mathrm{t}} + V_{\mathrm{j}})\tau} \right] \right\}^2$$

上式表明真正起干扰作用的干信比是拖引速度或假信息含量的函数，拖引速度越大，在相同时间

内能达到的干信比越小。把上式代入式 (6.1.55) 并整理得跟踪误差与干信比和拖引速度或假信息含量的关系：

$$\sigma_{\mathrm{g}} \approx \frac{\left(\dfrac{J}{S}\right)_{\mathrm{i}}\left\{1-\exp\left[-\dfrac{w}{(V_{\mathrm{t}}+V_{\mathrm{j}})\tau}\right]\right\}^{2}}{1+\left(\dfrac{J}{S}\right)_{\mathrm{i}}\left\{1-\exp\left[-\dfrac{w}{(V_{\mathrm{t}}+V_{\mathrm{j}})\tau}\right]\right\}^{2}} V_{\mathrm{j}}\Delta t \tag{6.1.56}$$

式 (6.1.56) 说明当跟踪器输入干信比一定时，干扰引起的跟踪误差随拖引速度的增大而减小。如果拖引速度为无穷大，跟踪误差趋于 0，没干扰效果。如果干扰不含假信息即 V_{j} 等于 0，跟踪误差同样为 0，仍然没有干扰效果。由此知，拖引式欺骗干扰不能没有假信息，也不能含有太多的假信息。

6.2　评价干扰装备优劣的信号准则

目前还没有比较干扰信号和从干扰信号评价干扰装备优劣的准则。干扰样式的品质因素只局限于遮盖性样式，只能说明干扰信号中随机成分的干扰作用，即掩盖目标回波的作用，忽略了干扰信号的功率(直流、交流功率之和)对目标回波的压制作用。评价干扰装备优劣的信号准则既包含干扰样式的品质因素，又涉及干扰机的输出功率，它能反映干扰装备的潜在干扰能力。信息和接收信息量准则既能综合出高品质因素的干扰样式，也能建立评价干扰装备优劣的干扰信号准则。干扰样式分遮盖性和欺骗性两大类，干扰信号也分遮盖性和欺骗性两大类。在具体使用中，它们可适当组合，构成组合干扰信号。这里只涉及几种常用干扰信号，综合应用有关的分析方法，能建立评价各种干扰装备优劣的信号准则。

6.2.1　评价遮盖性干扰装备优劣的信号准则

雷达对抗装备常用的遮盖性干扰信号有三种：射频噪声，噪声调幅和噪声调频或调相，无论哪一种均来自器件的内部噪声。器件内部噪声具有高斯白噪声的特性，能掩盖任何结构形式的信号，其掩盖作用优于目前已知的任何信号。干扰机要对调制样式及其已调波作多种处理，这些处理要影响实际干扰样式的干扰作用，造成干扰样式的品质因素不能真实反映干扰机的能力。评价遮盖性干扰装备优劣的信号准则能把它们整合起来，既能表示干扰信号的优劣，又能说明干扰装备的好坏。

6.2.1.1　遮盖性干扰信号优良度的定义

本节所谓的干扰信号是指干扰机的输出信号，它是射频形式的。多数射频干扰信号含有交、直流两种成分。交流成分代表其中的随机分量，它能通过雷达的包络检波器进入目标检测器或跟踪器，直接掩盖或压制目标回波。这里称其为直接干扰作用或直接干扰能力。直流成分被检波器后的隔直流电容滤掉，不能进入目标检测器或跟踪器，对这两个环节无直接干扰作用。雷达由多个环节串联而成，其中的非线性环节或非线性器件(主要指包络检波器)有小信号抑制作用。小信号抑制作用的大小与信号的形式无关，仅由功率比确定。强干扰通过非线性器件可压制与其同时存在的目标回波，等效于提高输出干信比或增强随机成分的干扰能力。这里称其为间接干扰作用或间接干扰能力。两种干扰能力构成干扰信号的综合干扰能力，直接、间隔干扰效果构成综合干扰效果，干扰信号的优良度能反映其两种干扰能力，是评价干扰装备优劣的信号准则。

干扰样式的品质因素反映干扰信号的直接干扰能力，若补充上间接干扰能力，就能说明干扰信号的综合干扰能力。熵是衡量随机信号不确定性程度的量。为了把熵和信号随机成分的功率联系起来，参考资料[1,2]定义了一个称为"熵功率"的量：若非高斯噪声源的熵为 H，其熵功率 P_H 等于[2]

$$P_{\mathrm{H}} = \frac{1}{2\pi e}\mathrm{e}^{2H} \tag{6.2.1}$$

设连续型非高斯随机信号的概率密度函数为 $P(x)$，该信息源的熵为

$$H = -\int p(x)\log_a p(x)\mathrm{d}x$$

设离散型随机信号有 m 个可取的值，其中取第 i 个值的概率为 P_i，该信号的熵为

$$H = -\sum_{i=1}^{m} p_i \log_a(p_i)$$

式中，

$$\sum_{i=1}^{m} p_i = 1$$

设干扰信号的平均功率为 P_j，干扰信号的熵功率在其平均功率中占的比例为

$$\eta_{mn} = \frac{\text{干扰信号的熵功率}}{\text{干扰信号的平均功率}} = \frac{P_{\mathrm{H}}}{P_{\mathrm{j}}} \tag{6.2.2}$$

把式 (6.2.1) 代入式 (6.2.2) 得：

$$\eta_{mn} = \frac{1}{2\pi e P_{\mathrm{j}}}\mathrm{e}^{2H} \tag{6.2.3}$$

式 (6.2.3) 称为干扰样式的品质因素[1]或质量因素。高斯白噪声只有随机成分，熵功率等于平均功率，其品质因素最高，等于 1。非高斯噪声源存在非随机成分，其熵功率小于平均功率，品质因素小于 1。

遮盖性干扰信号对目标检测有两种干扰能力，抑制和掩盖。抑制能力用检波因子 $C_d(J, S)$ 表示，它是检波器输入干扰功率 J 和信号功率 S 的函数。掩盖能力用信号的熵功率表示。干扰信号的实际干扰效果或干扰能力可表示为

$$\text{实际干扰效果或干扰能力} = KP_H C_d(J, S)$$

若规定了干扰机、雷达、目标参数及其配置关系，K 就确定了。掩盖作用仅由干扰信号的熵功率 P_H 确定，当其熵功率等于平均功率时，P_H 达到最大值 P_{Hmax}。当目标回波功率确定后，$C_d(J, S)$ 是 J 的单调递增函数，J 的最大值 J_{max} 对应着 $C_d(J, S)$ 的最大值 $C_d(J_{max}, S)$。设除干扰样式和干扰机的输出功率外，其他条件与获得实际干扰效果的相同，干扰机的最好干扰效果或干扰信号的最大干扰能力为

$$\text{最好干扰效果或最大干扰能力} = KP_{Hmax} C_d(J_{max}, S)$$

评价遮盖性干扰装备优劣的信号准则定义为

$$\eta_{\mathrm{jn}} = \frac{\text{实际干扰效果或干扰能力}}{\text{最好干扰效果或最大干扰能力}} = \frac{KP_H}{KP_{Hmax}}\frac{C_d(J, S)}{C_d(J_{max}, S)} = \frac{P_H}{P_{Hmax}}\frac{C_d(J, S)}{C_d(J_{max}, S)} \tag{6.2.4}$$

称 η_{jn} 为遮盖性干扰信号的优良度。

高斯白噪声的熵功率最大，等于其平均功率 P_j。令式 (6.2.4) 的 $P_H = e^{2H}/(2\pi e)$ 和 $P_{Hmax} = P_j$ 得：

$$\eta_{jn} = \frac{e^{2H}}{2\pi e P_j} \frac{C_d(J,S)}{C_d(J_{max},S)} = \eta_{mn} \frac{C_d(J,S)}{C_d(J_{max},S)}$$

上式的第一项是遮盖性干扰样式的品质因素 η_{mn}。3.3.5.2 节给出了检波因子的定义和具体模型：

$$C_d(J,S) = \frac{2S+J}{2S}$$

如果 $J \gg S$，则

$$\frac{C_d(J,S)}{C_d(J_{max},S)} \approx \frac{J}{J_{max}}$$

对于特定的雷达，J/J_{max} 近似等于干扰机的实际输出功率 P_{jo} 与最大输出功率 P_{jomax} 之比。η_{jn} 近似为

$$\eta_{jn} \approx \eta_{mn} \frac{P_{jo}}{P_{jomax}} \tag{6.2.5}$$

一旦确定了干扰机的发射器件，其最大输出功率或潜在输出功率就确定了，P_{jo}/P_{jomax} 相当于发射器件的功率利用率。干扰机的功耗主要取决于功率放大器的功耗，发射器件的功率利用率近似等于干扰机的功率利用率。遮盖性干扰信号优良度的最终形式为

$$\eta_{jn} = \eta_{mn} \eta_p \tag{6.2.6}$$

其中 η_p 为干扰机的功率利用率，定义为

$$\eta_p = \frac{\text{发射机的实际输出功率}}{\text{发射机可能的最大输出功率}} \tag{6.2.7}$$

η_{jn} 最大的干扰信号就是最佳干扰信号，获得最好干扰效果的可能性最大。干扰信号的优良度包括两个因素，一个是干扰样式的品质因素，另一个是干扰机的功率利用率。在实际系统中，某些干扰样式的不确定性与发射机功率利用率存在矛盾，导致高品质因素的干扰样式不能获得好的干扰效果。式 (6.2.6) 为设计和使用遮盖性干扰装备指明了三点：

① 不应当单纯追求优良度中的某个指标，应折衷考虑使两者的乘积最大；

② 当干扰样式的品质因素确定后，应努力增加干扰机的输出功率；

③ 只要 $\eta_{mn} \neq 0$ 就能通过增加干扰机输出功率来弥补因干扰样式品质因素较低对干扰效果的影响。

评价遮盖性干扰信号或其装备的优劣必须计算干扰样式的品质因素。参考资料[1,10]给出了遮盖性干扰样式品质因素的定义和估算方法。设实际遮盖性信号的电压概率密度函数为 $P(x)$，该随机变量的一阶和二阶矩分别为

$$U_0 = \int_{-\infty}^{\infty} x P(x)\, dx \text{ 和 } P = \int_{-\infty}^{\infty} x^2 P(x)\, dx$$

一阶矩为干扰信号电压的统计平均值 U_0，其平方就是该信号的直流功率。二阶矩为干扰信号的总功率，交流功率 $P_\sim$ 是总功率与直流功率之差：

$$P_\sim = P - U_0^2$$

遮盖性干扰样式的品质因素近似为

$$\eta_{mn} \approx \frac{P_{\sim}}{P} = \frac{P - U_0^2}{P} = 1 - \frac{U_0^2}{P} \tag{6.2.8}$$

上式给出了干扰样式品质因素的近似计算方法。如果得不到实际信号的电压概率密度函数，可用仪器测量其直流功率和总功率，用下式近似计算其品质因素：

$$\eta_{mn} \approx \frac{干扰信号的交流功率}{干扰信号的总功率} = 1 - \frac{干扰信号的直流功率}{干扰信号的总功率} \tag{6.2.8a}$$

6.2.1.2　射频噪声信号的优良度

射频噪声的功率谱形状和幅度分布同白高斯噪声，品质因素接近 1。其理论幅度分布范围从负无穷到正无穷，没有一种实际功率器件能无失真地放大这种信号。目前广泛使用的倍频程连续波发射器件工作在饱和状态的效率最高[11]。射频噪声的等效调制度很小，发射机的功率利用率很低。干扰样式的品质因素和干扰机的功率利用率存在较大矛盾。解决这对矛盾的方法就是适当限幅射频噪声。限幅有利有弊，其好处是能提高干扰机的平均输出功率或干扰机的功率利用率和降低发射器件的热耗。最大问题是会降低干扰样式的品质因素，影响干扰作用。处理这对矛盾的方法就是折中，折中的关键是选择合适的限幅电平。干扰信号的优良度能确定最佳限幅电平。

限幅射频噪声会出现直流成分，损失起直接干扰作用的交流功率，可用式 (6.2.8) 近似计算限幅射频噪声的品质因素。设射频噪声为各态历经随机过程，具有矩形功率谱，带宽为 ΔF_n，服从均值为 0、方差为 σ^2 的正态分布。又设限幅器为理想双向限幅器，限幅电平为 $\pm U_L$。限幅会把超过 $\pm U_L$ 部分的噪声尖头脉冲变为等幅梯形随机脉冲串 (这里用矩形脉冲串近似)。按照参考资料[5,10]的分析方法得限幅后变为随机脉冲串部分的总功率和直流功率，即 $U_L^2[1 - \varphi(U_L / \sigma)]$ 和 $U_L^2[1 - \varphi(U_L / \sigma)]^2$。没被限幅的部分即落入 $\pm U_L$ 内的射频噪声功率为

$$P_L = \frac{1}{\sqrt{2\pi}\sigma} \int_{-U_L}^{U_L} x^2 \exp\left(-\frac{x^2}{2\sigma^2}\right) dx = \sigma^2 \varphi\left(\frac{U_L}{\sigma}\right) - \frac{2\sigma U_L}{\sqrt{2\pi}} \exp\left(-\frac{U_L^2}{2\sigma^2}\right) \tag{6.2.9}$$

限幅后的脉冲平均功率与未被限幅部分的功率和就是限幅射频噪声的总平均功率，等于：

$$P_j = \sigma^2 \varphi\left(\frac{U_L}{\sigma}\right) - \frac{2\sigma U_L}{\sqrt{2\pi}} \exp\left(-\frac{U_L^2}{2\sigma^2}\right) + U_L^2\left[1 - \varphi\left(\frac{U_L}{\sigma}\right)\right] \tag{6.2.9a}$$

式中，

$$\varphi\left(\frac{U_L}{\sigma}\right) = \frac{2}{\sqrt{2\pi}} \int_0^{U_L/\sigma} \exp\left(-\frac{x^2}{2}\right) dx$$

下面有关符号 $\varphi(*)$ 的定义与上式相同。

在式 (6.2.9) 中，处于积分限上的两个点是脉冲的前、后沿，无幅度随机性。所以，P_L 不等于未限幅部分且还能起直接干扰作用的功率。脉冲一个沿的功率为

$$\frac{U_L^2}{\sqrt{2\pi}\sigma} \exp\left(-\frac{U_L^2}{2\sigma^2}\right)$$

限幅射频噪声将形成等幅随机脉冲串，每个脉冲有两个沿，按照脉冲部分平均功率的计算方法得随机脉冲串所有前、后沿的总平均功率：

$$\left[1 - \varphi\left(\frac{U_L}{\sigma}\right)\right] \frac{2U_L^2}{\sqrt{2\pi}\sigma} \exp\left(-\frac{U_L^2}{2\sigma^2}\right)$$

从式(6.2.9)扣除脉冲串所有前、后沿的总平均功率，可得射频噪声中未被限幅的部分且能起直接干扰作用的功率：

$$P_{ru} = \sigma^2 \varphi\left(\frac{U_L}{\sigma}\right) - \frac{2\sigma U_L}{\sqrt{2\pi}} \exp\left(-\frac{U_L^2}{2\sigma^2}\right) - \left[1 - \varphi\left(\frac{U_L}{\sigma}\right)\right]\frac{2U_L^2}{\sqrt{2\pi}\sigma}\exp\left(-\frac{U_L^2}{2\sigma^2}\right)$$

射频噪声可看成是由幅度、宽度和间隔均服从正态分布的尖头脉冲串组成的信号，限幅仅去掉了幅度维的随机性，不影响宽度和间隔维的随机性。带宽有限的雷达中放能把宽度和间隔维的随机性转变成幅度维的随机性，对熵功率仍有一定贡献。限幅射频噪声形成的平均脉宽与限幅电平有关，$\pm U_L$ 或 $\varphi(U_L/\sigma)$ 越大，脉冲越窄，通过雷达接收机后形成的随机性越好，熵功率越大。按照脉冲部分平均功率的计算方法得等幅脉冲还能起直接干扰作用的功率：

$$U_L^2[1 - \varphi(U_L/\sigma)]\varphi(U_L/\sigma)$$

由此得限幅射频噪声中还能起直接干扰作用的总功率：

$$P_{\sim} = \sigma^2 \varphi\left(\frac{U_L}{\sigma}\right) - \frac{2\sigma U_L}{\sqrt{2\pi}}\exp\left(-\frac{U_L^2}{2\sigma^2}\right) + U_L^2\left[1 - \varphi\left(\frac{U_L}{\sigma}\right)\right]\left[\varphi\left(\frac{U_L}{\sigma}\right) - \frac{2}{\sqrt{2\pi}\sigma}\exp\left(-\frac{U_L^2}{2\sigma^2}\right)\right]$$

由式(6.2.8)得限幅射频噪声品质因素的近似值：

$$\eta_{mnr} = \frac{P_{\sim}}{P_j} = \frac{\sigma^2 \varphi\left(\frac{U_L}{\sigma}\right) - \frac{2\sigma U_L}{\sqrt{2\pi}}\exp\left(-\frac{U_L^2}{2\sigma^2}\right) + U_L^2\left[1 - \varphi\left(\frac{U_L}{\sigma}\right)\right]\left[\varphi\left(\frac{U_L}{\sigma}\right) - \frac{2}{\sqrt{2\pi}\sigma}\exp\left(-\frac{U_L^2}{2\sigma^2}\right)\right]}{\sigma^2 \varphi\left(\frac{U_L}{\sigma}\right) - \frac{2\sigma U_L}{\sqrt{2\pi}}\exp\left(-\frac{U_L^2}{2\sigma^2}\right) + U_L^2\left[1 - \varphi\left(\frac{U_L}{\sigma}\right)\right]} \tag{6.2.10}$$

雷达干扰常用限幅系数表示限幅对干扰信号的综合影响。限幅系数定义为

$$K_L = \frac{\sigma}{U_L} \tag{6.2.11}$$

用 K_L 替换式(6.2.10)的 σ/U_L 并整理得限幅射频噪声的品质因素与限幅系数的关系：

$$\eta_{mnr} = \frac{\varphi\left(\frac{1}{K_L}\right) - \frac{2}{\sqrt{2\pi}K_L}\exp\left(-\frac{1}{2K_L^2}\right) + \frac{1}{K_L^2}\left[1 - \varphi\left(\frac{1}{K_L}\right)\right]\left[\varphi\left(\frac{1}{K_L}\right) - \frac{2}{\sqrt{2\pi}\sigma}\exp\left(-\frac{1}{2K_L^2}\right)\right]}{\frac{1}{K_L^2} + \left(1 - \frac{1}{K_L^2}\right)\varphi\left(\frac{1}{K_L}\right) - \frac{2}{\sqrt{2\pi}K_L}\exp\left(-\frac{1}{2K_L^2}\right)} \tag{6.2.12}$$

式(6.2.12)式说明：一、射频噪声的品质因素随限幅系数的增加而下降，当限幅系数为无穷大时，品质因素为0，完全不限幅时为1；二、品质因素与噪声的方差有关，当限幅系数一定时，方差越大，品质因素越高。

设限幅在功率放大器前进行，功率放大器只线性放大限幅射频噪声。又设限幅射频噪声的最大值正好能将功率放大器推至饱和输出功率 P，该放大器的功率增益为

$$G = P/U_L^2$$

限幅射频噪声分幅度大于等于 $\pm U_L$ 的部分和幅度没超过 $\pm U_L$ 的两部分，前者可获得功率放大器的最大输出功率 P，后者的功率只被放大 G 倍。由式(6.2.9a)得干扰机的总输出功率：

$$P_j = G\left[\sigma^2 \varphi\left(\frac{U_L}{\sigma}\right) - \frac{2\sigma U_L}{\sqrt{2\pi}}\exp\left(-\frac{U_L^2}{2\sigma^2}\right)\right] + P\left[1 - \phi\left(\frac{U_L}{\sigma}\right)\right]$$

根据功率利用率的定义得限幅射频噪声放大器的功率利用率：

$$\eta_{pr} = \frac{P_j}{P} = 1 + (K_L^2 - 1)\varphi\left(\frac{1}{K_L}\right) - \frac{2K_L}{\sqrt{2\pi}}\exp\left(-\frac{1}{2K_L^2}\right) \qquad (6.2.13)$$

式(6.2.13)表明限幅系数为 0 即不限幅时，功率利用率为 0，与实际情况不符。即使不限幅，干扰机仍有一定的输出功率。正态射频噪声的幅度超过$\pm3\sigma$ 的概率很少，不失真放大这种信号的条件可近似为 $\sigma/\sqrt{P} \leqslant 1/3$，由此得 $\sigma^2/P \approx 0.1$。相当于此时的功率利用率仍有 0.1。射频噪声又可看成是无载波的噪声调幅干扰，$\sigma/\sqrt{P}$ 相当于有效调幅系数。噪声的有效调幅系数只有 0.3 左右，同样可得 $\sigma^2/P \approx 0.1$。因此考虑不限幅的功率利用率后，限幅射频噪声干扰机的功率利用率近似为

$$\eta_{pr} \approx 1 + (K_L^2 - 0.9)\varphi\left(\frac{1}{K_L}\right) - \frac{2K_L}{\sqrt{2\pi}}\exp\left(-\frac{1}{2K_L^2}\right) \qquad (6.2.14)$$

式(6.2.14)说明，如果限幅系数为 0 即不限幅，干扰机的功率利用率近似等于 0.1。如果限幅系数为无穷大，功率利用率为 1，与实际情况基本相符。式(6.2.14)的值与 0.1 之比就是限幅使功率利用率提高的倍数。由式(6.2.6)得限幅射频噪声的优良度：

$$\eta_{jnr} = \eta_{mnr}\eta_{pr} \qquad (6.2.15)$$

图 6.2.1 为射频噪声的优良度、品质因素和功率利用率与限幅系数的关系。从该图可看出，与不限幅相比，在 $\sigma = 1$、3 和 ∞ 时，优良度的最大值对应的限幅系数 K_L 分别取 0.7，0.86 和 1.03，与不限幅相比，限幅仅仅使品质因素约下降 1 dB，功率利用率近似提高 6dB。扣除限幅对射频噪声品质因素的影响，还能获得 5dB 好处。限幅射频噪声还有两个好处：一、增加包络检波器的小信号抑制作用，可提高间接干扰效果；二、降低发射机的热耗。

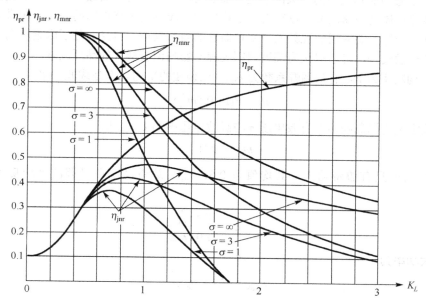

图 6.2.1　射频噪声的优良度、品质因素和干扰机功率利用率与限幅系数的关系

式(6.2.12)说明当限幅系数一定时，射频噪声的品质因素与噪声的方差有关。图 6.2.1a 为最佳限幅系数与射频噪声均方差的关系。该图表明射频噪声的方差越大，最佳限幅系数越大。均方差的平方就是噪声的功率。具体应用时，还要考虑噪声功率对限幅系数的影响。

有关限幅射频噪声对干扰效果综合影响的结论是有条件的。该条件是，限幅后射频噪声的最

大值不能大，也不能小，其最佳值是刚好能把功率放大器推至饱和。如果小于最佳值，不能把放大器推至饱和，功率利用率将随限幅系数的增加而降低。如果大于最佳值，将使其进入过饱和状态，会增加限幅系数，降低射频噪声的品质因素，进而降低干扰信号的优良度。

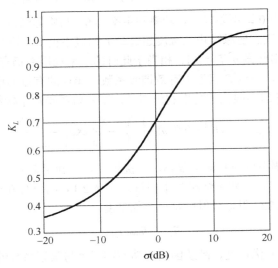

图 6.2.1a 最佳限幅系数与射频噪声均方差的关系

6.2.1.3 噪声调幅信号的优良度

噪声调幅信号和射频噪声的最大区别是，前者有载波，后者无载波。检波后，载波功率变为直流成分，被隔直流滤波器滤掉，没有直接干扰作用。起直接干扰作用的是处于边带中的随机成分。和射频噪声一样，调幅用的视频噪声来自器件的内部噪声，自身的品质因素较高。幅度调制器的幅频特性一般较好，可近似认为幅度调制过程不影响调制样式的品质因素。

设载波平均功率为 P，有效调幅系数为 m_{ea}，已调波的平均功率是载波功率与边带功率之和：

$$P_0 = P(1 + 0.5 m_{ea}^2)$$

有效调幅系数定义为调制噪声的有效电压 σ 与载波电压振幅 U_0 之比：

$$m_{ea} = \sigma / U_0$$

起直接干扰作用的只有边带功率，其均值为 $0.5P\,m_{ea}^2$。边带功率在已调波平均功率中占的比例为

$$\xi = \frac{0.5 m_{ea}^2}{1 + 0.5 m_{ea}^2}$$

已调波的最大功率为

$$P_{max} = P(1 + m_{ea})^2$$

设最大调幅系数为 m_A，如果发射机刚好能不失真放大这种信号，已调波的平均输出功率与最大功率之比近似等于这种干扰机的功率利用率：

$$\eta_{pa} \approx \frac{P(1 + 0.5 m_{ea}^2)}{P(1 + m_A)^2} = \frac{1 + 0.5 m_{ea}^2}{(1 + m_A)^2} \tag{6.2.16}$$

对于正弦波调幅，可取 $m_A = m_{ea} = 1$，已调波的最大功率为 $4P$。要不失真放大此信号，功率

放大器要承受的最大功率或峰峰值功率不能低于 $4P$，否则将产生限幅，影响调幅噪声的品质因素。由此得 $\eta_{pa} = 0.375$，$\xi = 0.33$。正态噪声的有效调幅系数只有 $0.25 \sim 0.3$，当 $m_A = 1$ 时，$\eta_{pa} = 0.26$，$\xi = 0.043$。可见噪声调幅干扰机不但功率利用率低，而且起直接干扰作用的边带功率也很小。提高噪声调幅干扰信号的边带功率和干扰机的功率利用率很有必要。

与射频噪声一样，常用限幅来提高噪声调幅信号的功率利用率和边带功率。限幅噪声调幅信号有两个作用：一是使载波功率和旁频功率再分配，提高边带功率在已调波平均功率中占的比例，增加起直接干扰作用的成分；二是提高发射机的功率利用率。设调制电压最大值为 U_{max}，最大调幅系数为

$$m_A = U_{max} / U_0 \tag{6.2.17}$$

研究噪声调幅干扰信号的特性时，把噪声的最大电压与其有效值 σ 之比定义为噪声的峰值系数 K_c：

$$K_c = U_{max} / \sigma$$

有效调幅系数可用噪声的峰值系数表示为

$$m_{ea} = m_A / K_c \text{ 或 } K_c = m_A / m_{ea}$$

设限幅电平为 U_L，限幅后 $U_{max} = U_L$。噪声的峰值系数与限幅系数 K_L 的关系为

$$K_L = \frac{\sigma}{U_L} = \frac{\sigma}{U_{max}} = \frac{1}{K_c} = \frac{m_{ea}}{m_A} \tag{6.2.18}$$

由上述关系得有效调幅系数与限幅系数的关系：

$$m_{ea} = K_L m_A \tag{6.2.19}$$

上式清楚表明限幅噪声带来的好处。限幅系数越大，有效调制系数越大，边带功率越大，它在已调波平均功率中占的比例也越大。在实际应用中，一般使 $m_A = 1$，该条件下的有效调幅系数等于限幅系数：

$$m_{ea} = K_L$$

限幅虽然可以在发射机的任何一级进行，由于已提到过的原因，一般在小功率的激励级进行限幅。对于噪声调幅，更多的在视频进行限幅处理，功率放大器只线性放大已调波。如果假设调制过程不影响调制噪声的质量，噪声调幅波的品质因素由调制前的噪声质量确定。视频噪声和射频噪声的差别仅仅是中心频率不同，限幅噪声调幅干扰样式的品质因素同式(6.2.12)，即

$$\eta_{mna} = \frac{\varphi\left(\dfrac{1}{K_L}\right) - \dfrac{2}{\sqrt{2\pi}K_L}\exp\left(-\dfrac{1}{2K_L^2}\right) + \dfrac{1}{K_L^2}\left[1 - \varphi\left(\dfrac{1}{K_L}\right)\right]\left[\varphi\left(\dfrac{1}{K_L}\right) - \dfrac{2}{\sqrt{2\pi}\sigma}\exp\left(-\dfrac{1}{2K_L^2}\right)\right]}{\dfrac{1}{K_L^2} + \left(1 - \dfrac{1}{K_L^2}\right)\varphi\left(\dfrac{1}{K_L}\right) - \dfrac{2}{\sqrt{2\pi}K_L}\exp\left(-\dfrac{1}{2K_L^2}\right)} \tag{6.2.20}$$

上式也可用有效调幅系数 m_{ea} 表示为

$$\eta_{mna} = \frac{\varphi\left(\dfrac{1}{m_{ea}}\right) - \dfrac{2}{\sqrt{2\pi}m_{ea}}\exp\left(-\dfrac{1}{2m_{ea}^2}\right) + \dfrac{1}{m_{ea}^2}\left[1 - \phi\left(\dfrac{1}{m_{ea}}\right)\right]\left[\varphi\left(\dfrac{1}{m_{ea}}\right) - \dfrac{2}{\sqrt{2\pi}\sigma}\exp\left(-\dfrac{1}{2m_{ea}^2}\right)\right]}{\dfrac{1}{m_{ea}^2} + \left(1 - \dfrac{1}{m_{ea}^2}\right)\phi\left(\dfrac{1}{m_{ea}}\right) - \dfrac{2}{\sqrt{2\pi}m_{ea}}\exp\left(-\dfrac{1}{2m_{ea}^2}\right)}$$

在实际使用中，m_A 等于 1。此时有效调幅系数 m_{ea} 等于限幅系数 K_L。限幅噪声调幅信号的功率利用为

$$\eta_{pa} = \frac{P(1 + 0.5m_{ea}^2)}{P(1 + m_A)^2} = \frac{1 + 0.5K_L^2}{4}$$

这时边带功率为 $0.5PK_L^2$，平均输出功率为

$$P_0 = P(1 + 0.5K_L^2) \tag{6.2.21}$$

噪声调幅信号的优良度为

$$\eta_{jna} = \eta_{mna}\eta_{pa} \tag{6.2.22}$$

设 $K_L = 0.7$，$m_A = 1$，则 $\eta_{pa} = 0.311$，$\xi = 0.197$。调幅噪声总存在载波，即使采用限幅噪声，载波在总输出功率中占的比例仍然相当大。限幅对噪声调幅干扰机的功率利用率的改善不如射频噪声明显。限幅的主要作用是增加起直接干扰作用的边带功率。就这点而言，限幅的作用是相当大的。例如 $\sigma = 1$ 和 $K_L = 0.7$ 时，与不限幅相比，边带功率近似提高 6dB，干扰样式的品质因素仅降低 1dB。

6.2.1.4 噪声调频或调相信号的优良度

噪声调频波的瞬时频率按调制噪声的幅度随机变化，噪声调相波的瞬时相位按调制噪声的幅度随机变化。理想噪声调频或调相波是等幅的，与宽带功率放大器的特性匹配，能获得最高的功率利用率。如果频率或相位调制是理想的，这种调制只改变调制噪声随机分量的表示形式，即把时域随机起伏变为频率或相位随机抖动，几乎不改变随机信号的熵。这并不意味着噪声调频、调相波的品质因素等于调制样式的品质因素。定义干扰样式品质因素的熵是指随机信号幅度维的熵。等幅噪声调频或调相波幅度维的熵为 0，品质因素为 0，干扰信号的优良度为 0。

在一定条件下，雷达接收机能把噪声调频或调相波频率或相位维的熵转换成幅度维的熵。变换后的信号仍可用优良度表示其干扰能力。调制噪声可看成是由大量幅度、宽度和间隔都按正态分布的三角脉冲串构成的信号。噪声调频实际上是噪声三角波扫频。当调制带宽足够大时，其频率每扫过一次受干扰雷达接收机中放带宽，就输出一个噪声脉冲。如果扫频速度足够快，可形成高密集噪声脉冲串，从而将连续等幅噪声调频干扰变成噪声脉冲串。雷达接收机中放带宽有限，具有一定的惰性，能使密集噪声脉冲相互重叠或叠加。只要满足一定条件，叠加能形成相当好的接近正态分布的幅度起伏信号。该条件就是雷达接收机中放的时间常数(等于带宽的倒数)与噪声脉冲的平均宽度之比为 4～7，如果信号的某个或某几个参数服从正态分布，该比值只需 2～3[12]。对于噪声调频或调相波和雷达干扰，该条件可表示为，已调波的带宽与雷达接收机中放带宽之比为 2～3。为了提高调制质量，还有一个附带条件即调频指数大于等于 3。

就噪声调频或调相波而言，满足上述条件的已调波功率谱不再是调制噪声的矩形分布，而是与调制信号幅度分布相同的高斯分布[10,12]，其中心化功率谱为

$$G(\omega) = \frac{P}{\sqrt{2\pi}\omega_{de}} \exp\left(-\frac{\omega^2}{2\omega_{de}^2}\right)$$

式中，P 和 $\omega_{de} = 2\pi f_{de}$ 分别为干扰机的输出功率和已调波的有效频偏。设调制噪声的均方差为 σ、调频指数为 K_{fm}，已调波的有效频偏为

$$\omega_{de} = K_{fm}\sigma \tag{6.2.23}$$

对于正态功谱密度，已调波的有效干扰带宽为

$$\Delta f_{je} = 2\sqrt{2\ln 2}f_{de} \approx 2.35 f_{de} \tag{6.2.24}$$

　　从已调波的功率谱形状和半功率带宽不难看出这种变换带来的问题。功率谱正态分布意味着功率分散到无穷大频率范围，远大于受干扰对象的瞬时工作带宽，要浪费相当部分的干扰功率。为了改善噪声调频或调相波的功率谱特性，使其接近调制噪声的矩形功谱。在调制前，要对调制噪声进行限幅处理。噪声调频或调相波已经是等幅波，这种限幅只会降低调制噪声的品质因素，不会提高功率利用率。如果假设通过受干扰雷达接收机后，限幅噪声调频或调相波频率或相位维的熵能全部转换成幅度维的熵，可用式 (6.2.12) 近似估算变换后的干扰样式的品质因素，可依据射频噪声的优良度选择最佳限幅系数。

　　雷达接收机能把噪声调频、调相波频率或相位维的熵转换成幅度维的熵，仍可用优良度表示变换后信号的干扰能力。这种优良度既与变换前的信号参数有关，又受被干扰雷达接收机中放带宽影响，如果已知雷达接收机中放的参数，该优良度仍然能反映原信号的干扰能力。因此，估算变换后样式的品质因素和干扰信号的优良度仍然是必要的。

　　根据把等幅噪声调频、调相波变换成近似正态幅度起伏信号的原理，可估算它通过雷达接收机后的实际品质因素和功率利用率。设雷达接收机的中放带宽为 Δf_r，已调波载波的有效幅度为 U_0，通过雷达接收机后的总功率和直流功率分别近似为[10]

$$U_0^2 \varphi\left(\frac{\Delta f_r}{2 f_{de}}\right) \text{ 和 } \left[U_0 \varphi\left(\frac{\Delta f_r}{2 f_{de}}\right)\right]^2$$

起直接干扰作用的功率与总功率之比为

$$k_{nf} = \frac{U_0^2 \varphi\left(\dfrac{\Delta f_r}{2 f_{de}}\right) - \left[U_0 \varphi\left(\dfrac{\Delta f_r}{2 f_{de}}\right)\right]^2}{U_0^2 \varphi\left(\dfrac{\Delta f_r}{2 f_{de}}\right)} = 1 - \varphi\left(\frac{\Delta f_r}{2 f_{de}}\right) \tag{6.2.25}$$

如果假设调制噪声本身的品质因素为 1，则 K_{nf} 等效于通过雷达接收机后噪声调频或调相样式的品质因素。因干扰机的功率利用率为 1，K_{nf} 就是该信号的优良度。设 $\Delta f_{de} = k \Delta f_r$，把此关系代入式 (6.2.25) 得：

$$k_{nf} = 1 - \varphi\left(\frac{\Delta f_r}{2 f_{de}}\right) = 1 - \varphi\left(\frac{1.18}{k}\right)$$

上式说明 k 越大，通过受干扰雷达接收机后干扰样式的品质因素越高。设 $k = 3$，由上式得：

$$k_{nf} = 1 - \varphi\left(\frac{1.18}{k}\right) \approx 0.7$$

　　假设已调波的功谱为理想矩形，真正起干扰作用的功率只有总功率的 $1/k$，k 越大，干扰功率越分散，实际功率利用率越低。噪声调频或调相干扰机的等效功率利用率为

$$k_{pf} = 1/k$$

如果实际使用的噪声调频或调相波的功谱形状不是矩形而近似为正态分布，通过雷达接收机中放后的总功率近似等于 $U_0^2 \varphi[\Delta f_r / (2 f_{de})]$，干扰机的等效功率利用率近似为

$$k_{pf} \approx \varphi\left(\frac{\Delta f_r}{2 f_{de}}\right) = \varphi\left(\frac{1.18}{k}\right)$$

　　上面的分析说明，噪声调频或调相干扰信号的实际品质因素与干扰机的等效功率利用率也存

在矛盾。解决此矛盾的一种方法是窄带双调频干扰。4.5.2节曾提到过这种干扰技术,说明了它的作用原理和实现条件。该技术的优点是既有高的发射机功率利用率,又有高的噪声品质因素。其缺点是需要两个不相干的干扰源。相控阵干扰机不需增加任何硬件就能实现窄带双调频干扰。

6.2.2　评价欺骗性干扰装备优劣的信号准则

欺骗性干扰样式的种类较多,主要是单假目标和多假目标。欺骗性干扰信号的优良度可分两种:一、单、多假目标干扰搜索雷达或跟踪雷达的搜索状态,确定优良度的方法与遮盖性干扰相似。二、拖引式单、多假目标干扰跟踪雷达的跟踪状态,需要确定干信比与假信息含量和跟踪器参数的定量关系。

6.2.2.1　干扰搜索雷达的单、多假目标信号的优良度

多假目标的干扰目的不是压制和掩盖目标回波,而是使雷达真假混淆,错把干扰当真目标录取或错把真目标当干扰丢掉,引起虚警和漏警。当保护目标数一定时,雷达录取的假目标越多干扰效果越好,可用受干扰雷达录取的假目标数表示多假目标干扰能力。影响雷达录取假目标数的主要因素有:一、干扰机能产生的假目标数 m;二、雷达在机内噪声或/和环境杂波中检测假目标的概率 P_{df};三、把假目标当真目标识别的概率 P_{dif}。多假目标的实际干扰效果或干扰能力可表示为

$$实际干扰效果 \ 或干扰能力 \ = KmP_{df}P_{dif}$$

当干扰机、雷达和目标参数以及配置关系确定后, K 为确定数。在上式中, P_{df} 和 P_{dif} 同时取最大值可获得最好的干扰效果。设 P_{df} 和 P_{dif} 的最大值分别为 P_{dfm} 和 P_{difm},最好干扰效果或最大干扰能力为

$$最好干扰效果 \ 或最大干扰能力 \ = KmP_{dfm}P_{difm}$$

多假目标欺骗干扰信号的优良度为

$$\eta_{jd} = \frac{实际干扰效果或干扰能力}{最好干扰效果或最大干扰能力} = \frac{KmP_{df}P_{rf}}{KmP_{dfm}P_{rfm}} = \frac{mP_{df}P_{dif}}{mP_{dfm}P_{difm}} \qquad (6.2.26)$$

P_{df} 和 P_{dif} 的最大值可接近1,式(6.2.26)的分母近似等于干扰机能产生的假目标数,分子为实际起干扰作用的假目标数。多假目标干扰信号的优良度就是能起干扰作用的假目标数在干扰机能产生的假目标总数中占的比例。式(6.1.40)式已说明,当雷达从真目标获取的平均信息量 $H(T, X)$ 等于从假目标获取的平均信息量 $H(F, X)$ 时,雷达不能区分真假,把假目标当真目标的概率达到最大值 P_{dfm},并等于识别真目标的概率。对于一般情况,识别真、假目标概率的关系为

$$P_{dif} = a^{-[H(T,X)-H(F,X)]}P_{dit} = \frac{a^{H(F,X)}}{a^{H(T,X)}}P_{dit}$$

上式有关符号的定义见式(6.1.40)。把上述关系代入式(6.2.26)并整理得(单)多假目标欺骗干扰样式的优良度:

$$\eta_{jd} = \frac{a^{H(F,X)}}{a^{H(T,X)}} \frac{P_{df}}{P_{dfm}}$$

当雷达的机内噪声功率或虚警概率确定后, P_{df} 是干扰功率的单调递增函数,最大干扰功率 P_{jmax} 对应着最大检测概率 P_{dfm},即 P_{df}/P_{dfm} 等效于 η_p(干扰机的功率利用率),上式等效于

$$\eta_{jd} = \frac{a^{H(F,X)}}{a^{H(T,X)}} \eta_p \qquad (6.2.27)$$

式(6.2.27)表明，评价假目标欺骗干扰信号优劣的准则在形式上与遮盖性干扰相似，按照遮盖性干扰样式品质因素的定义，可把多假目标欺骗干扰样式的品质因素定义为

$$\eta_{\mathrm{md}} = \frac{a^{H(F,X)}}{a^{H(T,X)}} \tag{6.2.28}$$

雷达要测量目标的多个参数，用它们构成接收目标的特征参数集，把该特征参数集与根据某类目标的先验信息构建的特征参数集进行比较，如果识别用的特征参数都落在预先设定的误差范围内，该目标属于真目标，否则判为假目标。雷达测量任何一个特征参数的范围是有限的，如果没有上级或友邻设备提供信息支持，它一般不知道目标会出现在甚么位置、具有何种运动参数以及回波的起伏情况等。设真目标第 i 个识别用的特征参数分布的概率密度函数为 $P(\mu_{ti})$，取值范围为 $A \sim B$，该参数分布的熵为

$$H(\mu_{ti}) = -\int_A^B P(\mu_{ti}) \ln[P(\mu_{ti})] \mathrm{d}\mu_{ti}$$

雷达用多个特征参数识别目标，每个特征参数有自身的概率密度函数和分布范围，不同特征参数的概率分布独立。由熵的定义得真目标特征参数集分布的熵：

$$H(T,X) = \sum_{i=1}^n H(\mu_{ti}) \tag{6.2.29}$$

其中 n 为雷达用于识别真、假目标的特征参数个数。设用于识别真、假目标特征参数的个数相同，与真目标第 i 个特征参数相对应的假目标第 i 个特征参数分布的概率密度函数为 $P(\mu_{fi})$，取值范围为 $C \sim D$，按照真目标有关问题的处理方法得假目标第 i 个特征参数分布的熵 $H(\mu_{fi})$，该特征参数集分布的熵为

$$H(F,X) = \sum_{i=1}^n H(\mu_{fi})$$

把 $H(T,X)$ 和 $H(F,X)$ 代入式(6.2.28)得假目标干扰样式的品质因素：

$$\eta_{\mathrm{md}} = \frac{a^{H(F,X)}}{a^{H(T,X)}} = \frac{a^{\sum\limits_{i=1}^n H(\mu_{fi})}}{a^{\sum\limits_{i=1}^n H(\mu_{ti})}} \tag{6.2.30}$$

需要注意的是 $C \sim D$ 不能超过 $A \sim B$，否则超过部分的假目标将被识别成假目标，没有干扰作用。所以，$H(F,X) \leqslant H(T,X)$，假目标的品质因素小于等于 1。欺骗干扰信号的优良度为

$$\eta_{\mathrm{jd}} = \eta_{\mathrm{md}} \eta_{\mathrm{p}} = \frac{a^{H(F,X)}}{a^{H(T,X)}} \eta_{\mathrm{p}} = \frac{a^{\sum\limits_{i=1}^n H(\mu_{fi})}}{a^{\sum\limits_{i=1}^n H(\mu_{ti})}} \eta_{\mathrm{p}} \tag{6.2.31}$$

式(6.2.31)表明，与遮盖性干扰一样，提高假目标欺骗干扰样式的品质因素和干扰机的功率利用率都可提高干扰效果。真、假目标越相似，η_{md} 越接近 1。

雷达有自动和人工目标识别两种。自动目标识别一般根据目标回波的波形参数、运动参数和空间分布情况区分真假，而且容差较大，几乎不考虑有关参数的概率分布。只要假目标的波形参数、出现位置和运动参数能覆盖真目标对应参数的范围，没有明显的规律性，可令其品质因素等于 1。多数地面雷达和舰载雷达有 A 式和 PPI 显示器，操作员不但能通过显示器干预自动目标识

别和目标录取，甚至能利用目标回波幅度的细微起伏特性和位置抖动情况等识别真假，这时需要仔细设计假目标的幅度起伏特性。

要模拟有幅度起伏的假目标，需要调制干扰机的输出功率。发射机输出功率较大，对幅度调制器要求很高，一般通过控制发射机输入功率实现发射功率调制。这种调制使发射器件不能完全工作在饱和状态，影响功率利用率。设假目标的平均功率为 $\overline{P}$，发射机的最大输出功率为 P，这种多假目标干扰信号的优良度为

$$\eta_{\mathrm{jd}} = \eta_{\mathrm{md}} \frac{\overline{P}}{P} \tag{6.2.32}$$

跟踪雷达的自动增益控制很理想，能维持跟踪器输入信号功率恒定。干扰跟踪器的(单)多假目标可采用等幅脉冲串，干扰机的功率利用率为 1。另外，只要假目标的运动参数不超过跟踪器的响应范围，可令 $\eta_{\mathrm{md}} \approx 1$。干扰自动目标跟踪器的(单)多假目标信号的优良度近似为 1。

雷达诱饵常常当作假目标使用，单诱饵主要干扰跟踪雷达或雷达寻的器，多诱饵可干扰搜索雷达。诱饵是一种假目标，也可能被雷达识破，可用多假目标样式的品质因素衡量诱饵的欺骗性，用式(6.2.32)评价有源诱饵的优良度。无源诱饵只能反射信号，没有干扰功率利用率问题，但存在欺骗性问题，其信号优良度等于其品质因素 η_{md}。

6.2.2.2　拖引速度与干信比的关系

拖引式欺骗干扰使用假目标干扰样式，和它的其他应用相比有较多差别，其中最主要的有：

(1)干扰对象是跟踪器，不是目标检测器，需要与目标回波拼功率；

(2)干扰信号不含随机成分，只含雷达难以识别的假信息，但假信息含量不是越多越好；

(3)除移动速度外，干扰波形参数可与目标相同；

(4)要求在规定的时间内达到规定的干扰效果。

基于上述四点，不能象前两种干扰信号那样定义拖引式欺骗干扰样式的品质因素和干扰信号的优良度。拖引式欺骗干扰不能没有假信息，也不能含有太多假信息。干信比和假信息量共同影响干扰效果，两者还相互影响，关系很复杂。设计、使用这种干扰机和评估拖引式欺骗干扰效果都需要确定拖走跟踪波门需要的最小干信比与拖引速度和跟踪系统有关参数的关系。

对拖引式欺骗干扰的基本要求是，波形参数与雷达发射信号相似，拖引速度处于雷达跟踪系统响应范围内，能在要求的时间内以最小干信比产生需要的干扰效果。设需要的干扰效果、要求的干扰时间和跟踪波门的实际移动速度分别为 R、t 和 $f(V, \mathrm{JS}, T_{\mathrm{m}})$，三者之间的关系为

$$R = f(V, \mathrm{JS}, T_{\mathrm{m}})t$$

其中 V、JS 和 T_{m} 分别为拖引速度或假信息含量、拖走跟踪波门需要的最小干信比和跟踪系统的有关参数。在跟踪器内，V 和 JS 相互影响，实际拖引速度 R/t 不等于 V。6.1.2.4 节只说明了跟踪误差与 V 和 JS 的定性关系。这里要确定 JS 与 V 和 T_{m} 的定量关系。

要确定 JS 与 V 和 T_{m} 的关系，需了解自动控制系统的特性。自动跟踪系统又称自动调节系统或自动调整系统，内有积分环节。系统的控制信号由输入信号和输出的反馈信号共同组成。其环路增益既受控制信号的功率影响，又受功率变化速度的影响。图 6.2.2 为自动调节系统的简化结构框图[7,13]，其中 $R(s)$、$E(s)$、$G(s)$、$B(s)$、K_1 和 K_2 分别为复输入信号、复误差信号、规一化的系统传输函数、复反馈信号和正、反向放大倍数，s 为拉氏变换符号。图 6.2.3 为自动控制系统开环增益与系统频率响应的关系示意图。由图 6.2.2 可写出自动调节系统误差信号的微分方程[13]：

$$E(s) = \frac{s^2 R(s)}{s^2 + K_1 K_2 (s\tau_1 + 1)} \tag{6.2.33}$$

其中 $\tau_1 = 1/\omega_1$、ω_1 的定义见图 6.2.3。设系统的初始距离、初始速度、初始距离误差信号和初始速度误差信号分别为 $r(0)$、$e(0)$、$r'(0)$ 和 $e'(0)$，把初始条件代入式 (6.2.33) 得：

$$E(s) = \frac{s^2 R(s) - sr(0) - r'(0) + (s+1)e(0) + e'(0)}{s^2 + K_1 K_2 (s\tau_1 + 1)}$$

上面所谓的距离泛指拖引量。如果是距离拖引式欺骗干扰则为距离，若是角度或速度拖引则为拖引造成的角度或速度变化量。

设只有信号时，系统的初始速度和初始距离为 0，系统的初始距离误差和初始速度误差也是 0。又设系统能响应的目标最大速度为 V_m，求解式 (6.2.33) 得跟踪系统能容许的最大误差[13]：

$$e(t_m) = -V_m A(e^{-at_m} - e^{-bt_m}) \tag{6.2.34}$$

其中

$$t_m = \frac{1}{b-a} \ln \frac{b}{a} = A \ln \frac{b}{a}$$

$$A = \frac{1}{b-a}, \quad a = \frac{K_1 K_2 \tau_1 - \sqrt{(K_1 K_2 \tau_1)^2 - 4K_1 K_2}}{2} \text{ 和 } b = \frac{K_1 K_2 \tau_1 + \sqrt{(K_1 K_2 \tau_1)^2 - 4K_1 K_2}}{2}$$

式 (6.2.34) 指出，拖引式欺骗干扰效果与拖引速度和被干扰跟踪器的电路参数有关。

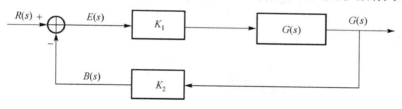

图 6.2.2　自动调节系统的结构框图

设在 $t = 0$ 时加入干扰，干扰和信号的移动速度为 V_j 和 V_T，两者均在跟踪器的速度响应范围内，其他条件与只有信号时的相同，把初始条件代入式 (6.2.34) 并求解得干扰和信号同时存在时的最大误差[13]：

$$e(t_m') = -VA'(e^{-at_m'} - e^{-bt_m'}) \tag{6.2.35}$$

其中

$$V = |V_j - V_T|, \quad t_m' = \frac{1}{b'-a'} \ln \frac{b'}{a'} = A' \ln \frac{b'}{a'}, \quad A' = \frac{1}{b'-a'}$$

$$a' = \frac{K_1' K_2 \tau_1 - \sqrt{(K_1' K_2 \tau_1)^2 - 4K_1' K_2}}{2} \text{ 和 } b' = \frac{K_1' K_2 \tau_1 + \sqrt{(K_1' K_2 \tau_1)^2 - 4K_1' K_2}}{2}$$

由于 AGC 的作用，自动调节系统的正向放大倍数与输入信号的强度即功率有关，K_1' 与 K_1 之比反映干信比[13]。由图 6.2.4 的理想误差鉴别曲线示意图知，系统存在最大响应。如果加入干扰后，误差超过最大值 $e(t_m)$，误差鉴别器实际输出的误差电压 $e(t')$ 反而减少，相当于干扰进入误差鉴别曲线的负斜率区。由式 (6.2.33) 和式 (6.2.35) 得成功拖走跟踪波门的速度限制条件[13]：

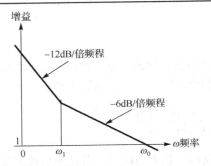

图 6.2.3 自动调节系统的增益与频率关系示意图

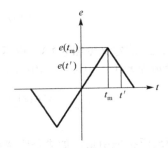

图 6.2.4 跟踪器的理想误差鉴别曲线示意图

$$\frac{V}{V_m} \leqslant \frac{A(e^{-at_m} - e^{-bt_m})}{A'(e^{-a't'_m} - e^{-b't'_m})} \tag{6.2.36}$$

式(6.2.36)为拖引速度与跟踪器输出误差电压的关系。在雷达对抗中，常用干信比表示各种因素对干扰效果的影响。式(6.2.36)非常复杂，以一定速度拖走跟踪波门需要的最小干信比不但与拖引速度有关，还与跟踪器能响应的目标最大速度和伺服系统的带宽有关，要把拖引速度与干信比直接联系起来十分困难。这里先把式(6.2.36)以干信比 J/S 和跟踪系统带宽 B_t(单位为 Hz)作为自变量画成曲线，再用曲线拟合法得到比较直观的近似关系。当拖引速度为 V 时，拖走跟踪波门需要的最小干信比以 dB 形式表示为

$$\left(\frac{J}{S}\right)_v (\text{dB}) \approx 10\left(\frac{V}{V_m}\right) - 5\left(1 - \frac{0.28}{\sqrt{B_t}}\right)\left(\frac{V}{V_m}\right)^2 \tag{6.2.37}$$

上式的十进制形式为

$$\left(\frac{J}{S}\right)_v \approx 10^{\left[\left(\frac{V}{V_m}\right) - 0.5\left(1 - \frac{0.28}{\sqrt{B_t}}\right)\left(\frac{V}{V_m}\right)^2\right]} \tag{6.2.38}$$

上两式只适合 $V \leqslant V_m$ 的情况。如果跟踪环路的带宽 B_t 在 0.5~12Hz 范围内，上述近似式带来的误差小于 0.8dB。式(6.2.37)和式(6.2.38)的干信比定义在跟踪器输入端。

实际拖引速度 V 以目标回波的对应参数为参考，因此式(6.2.37)和式(6.2.38)既是拖走跟踪波门需要的最小干信比与假信息含量、跟踪器有关参数的定量关系，也可理解为拖引速度为 V 相对拖引速度为 0 时的干信比损失。为了后面应用方便，用另一符号表示这种干信比损失。dB 形式的干信比损失为

$$L_v^2 (\text{dB}) \approx 10\left(\frac{V}{V_m}\right) - 5\left(1 - \frac{0.28}{\sqrt{B_t}}\right)\left(\frac{V}{V_m}\right)^2 \tag{6.2.39}$$

用十进制数表示的干信比损失为

$$L_v^2 \approx 10^{\left[\left(\frac{V}{V_m}\right) - 0.5\left(1 - \frac{0.28}{\sqrt{B_t}}\right)\left(\frac{V}{V_m}\right)^2\right]} \tag{6.2.40}$$

6.3 评价干扰技术组织、使用优劣的准则

人为有意干扰总是希望获得一定的干扰效果，并非任意的干扰信号和任意的使用方法都能达

到目的。6.1 和 6.2 节讨论了获得干扰效果时干扰信号自身应具备的特性，它只能说明干扰机或干扰信号的潜在干扰能力。如果使用不当，即使干扰信号具有最高的优良度也不能获得好的干扰效果。要想获得好的干扰效果，干扰信号或干扰技术在具体使用上还得满足一定的条件。评价干扰技术组织、使用优劣的准则将从以下两个方面说明这些条件：一、干扰技术的最佳使用条件即评价干扰技术组织、使用优劣的通用准则；二、遭遇抗干扰时干扰技术的最佳组织使用方法。所谓通用准则是指它能适合所有干扰技术和作战对象，与有、无抗干扰措施无关。

6.3.1　评价干扰技术使用优劣的通用准则

6.1.2 节说明要获得干扰效果，干扰信号必须具有不确定性或含有雷达不能识别的假信息。这些要求只是获得干扰效果的必要条件，如果干扰技术使用不当，仍然不能获得好的干扰效果。这里称有关的使用条件为获得干扰效果的充分条件。根据获得干扰效果的充分条件，可建立评价干扰技术使用优劣的通用准则。

6.3.1.1　干扰技术的使用条件

干扰技术的使用条件涉及范围较广，包括干扰技术的控制、管理、使用时机和应对抗干扰措施的策略等。评价干扰技术使用优劣的通用准则定义为，实际使用条件满足最佳使用条件的程度。最佳使用条件定义为，获得最好干扰效果时干扰技术应具备的使用条件。为便于定量分析、比较，具体处理方法是分别求出实际使用条件和最佳使用条件对干扰效果的影响，用两种情况下的干扰效果之比表示干扰技术使用的好坏。该比值越大，表示干扰技术使用越好，获得好干扰效果的可能性越大。适合所有干扰样式和直接干扰对象的干扰技术使用条件有：

① 干扰信号与被保护目标回波相互作用；

② 干扰与被保护目标回波有足够长的相互作用时间。

遮盖性干扰只需满足上述两条就够了。欺骗性干扰样式有多种，获得干扰效果的条件不完全相同。除了上面两个条件外，还需要与雷达发射信号同步或与其天线扫描同步和特定的实施步骤等。

干扰改变雷达接收信息量的根本原因是，载有目标特征的有用信号在传输过程中与干扰相互作用，使合成信号的概率密度函数既不同于单纯的干扰信号，也不同于单纯的目标回波。参考资料[1]指出，这种相互作用使接收信号的后验不确定性的熵近似等于受干扰作用信号的熵。这说明，如果干扰信号是确定性的或含有不确定性但不能与目标回波相互作用，都不能改变接收信号的后验不确定性。不含随机性的确定性信号与目标回波相互作用，同样不会改变雷达的接收信息量，不会影响雷达的性能，没有干扰作用或没有干扰效果。

在雷达系统中，干扰和目标回波有两种作用途径：直接作用和间接作用。直接作用是指干扰与目标回波直接叠加或相乘，使两者融为一体，雷达不能分开它们，只能根据合成信号检测、识别和跟踪目标。间接作用方式是指干扰通过中间媒体影响雷达的接收信息量。在雷达系统中，这样的中间媒体有 AGC（自动增益控制）和恒虚警处理(CFAR) 器。干扰影响 AGC 电平或 CFAR 门限，受干扰影响的 AGC 或 CFAR 影响有用信号的接收和检测，能产生一定的干扰效果。干扰信号和有用信号的作用形式不同，干扰技术的使用条件也不同。

雷达有多维分辨能力，干扰在任一维不能与有用信号同时出现，雷达就能把它们分开，不影响接收信号的后验不确定性，没有干扰效果。常规脉冲雷达有三维分辨能力，相参雷达有四维分辨能力。它们的检测单元、跟踪波门也是三维或四维的。干扰和目标回波必须处于雷达的同一检测单元或所有跟踪波门内，才表示两者能在所有维相互作用。

干扰和有用信号通过 AGC 或 CFAR 的间接作用也能影响雷达目标检测、识别和跟踪。其原理较简单，接收机的增益随 AGC 控制电压的增加而降低，如果干扰信号足够大，能使接收机放大有用信号的增益变得很小，有可能使目标回波通不过检测门限而漏掉。同样，如果进入 CFAR 门限控制信号采样区的干扰足够强，使恒虚警门限变得足够高，有用信号可能达不到 CFAR 门限而被漏掉。为了获得 AGC 控制电压和 CFAR 门限，AGC 或 CFAR 处理器要采集和处理被检测单元或其附近若干个单元的信号。只要干扰能处于有关数据的采样区，就能通过影响 AGC 的控制电平或 CFAR 门限而起干扰作用。要使干扰和目标回波间接作用，两者不必处于同一检测单元，但要处于有关数据的采样区。AGC 或 CFAR 的通频带很窄，干扰能进入这两个环节的不确定性成分较小，起干扰作用的主要是其中的直流分量和接近直流的少数交流分量，干扰的不确定性损失较多。雷达的 AGC 特别是 CFAR 有一定的抗干扰措施，要想通过 AGC 或 CFAR 起干扰作用，干扰必须首先通过有关的抗干扰检测。

要想获得较好的干扰效果，干扰与目标回波除了要有相互接触的机会外，还要保持足够长的接触时间。这是因为：一、雷达采用统计目标检测或统计参数估值方法，这种方法需要处理大量样本。如果干扰持续时间短，只能和部分有用信号的样本相互作用，没受干扰影响的样本只含目标信息，从一个数据处理周期看，会减少干扰转移到每个有用信号上的平均不确定性，会降低干扰效果。搜索雷达或边跟踪边搜索雷达采集样本的时间近似等于雷达天线照射目标的时间。如果干扰能与受干扰雷达的天线扫描同步，其最佳持续干扰时间就是雷达天线照射目标的时间。单目标跟踪雷达的天线连续照射目标，跟踪器的非相参积累时间可作为最佳持续干扰时间。二、干扰效果用接收信息变化量表示。接收信息变化量与合成信号的概率密度函数有关。概率和概率密度函数本身是大量样本的统计结果。持续干扰时间长，干扰与有用信号重合机会多，雷达采集到干扰加信号的样本多，合成信号的统计特性越准确，越能接近预计的干扰效果。三、干扰效果本身是统计结果。统计用的样本多，干扰效果越准确。四，雷达系统有一定的响应时间，干扰信号要达到一定的电平，也需要持续作用一定时间。

6.3.1.2　评价干扰技术使用优劣的通用准则

6.3.1.1 节从物理概念上说明了获得干扰效果时干扰技术需要满足的使用条件。要定量分析干扰技术使用的好坏，还需要量化那些条件。雷达接收机和信号处理与目标回波参数匹配，可认为目标回波参数是干扰技术最佳使用要满足的条件之一。干扰与目标回波的重合程度能反映两者的相互作用情况，也能反映干扰与雷达信号参数的匹配程度。设目标的方位、俯仰、距离和速度范围分别为 α_t、β_t、R_t 和 V_t，干扰信号对应参数的范围分别为 α_j、β_j、R_j 和 V_j。干扰参数满足目标参数的程度为

$$\eta_{\mathrm{par}} = \frac{\alpha_t \cap \alpha_j}{\alpha_t} \frac{\beta_t \cap \beta_j}{\beta_t} \frac{R_t \cap R_j}{R_t} \frac{V_t \cap V_j}{V_t}$$

式中，符号 $A \cap B$ 表示 A 和 B 的交集或重迭部分，以下类似符号的含义相同。上式中的任何一项为 0，表示干扰和目标回波不能相互作用，没有直接干扰效果。前三项包含了干扰的角度和时间瞄准误差。非相参雷达不测速，其干扰参数满足目标参数的程度为

$$\eta_{\mathrm{par}} = \frac{\alpha_t \cap \alpha_j}{\alpha_t} \frac{\beta_t \cap \beta_j}{\beta_t} \frac{R_t \cap R_j}{R_t}$$

雷达接收机与目标回波匹配，与干扰不一定匹配。这种不匹配主要反映在干扰信号的带宽和功谱形状与目标回波的差别上。不匹配程度反映干扰技术在频域和频谱域满足目标回波对应参数的程度。设雷达接收机中放的频率响应函数为矩形：

$$K(\omega) = \begin{cases} 1 & -2\pi\Delta f_r / 2 \leqslant (\omega - \omega_0) \leqslant 2\pi\Delta f_r / 2 \\ 0 & \text{其他} \end{cases}$$

其中 Δf_r 为雷达中放带宽，ω_0 为中心角频率。影响干扰功率的是雷达中放带宽及通频带的形状。雷达中放的通频带与矩形十分接近，目标的功谱与此相似。如果把干扰功谱形状近似成矩形，干扰在频域和频谱域满足最佳干扰条件的程度近似为

$$\eta_{fr} = \frac{\Delta f_r \cap \Delta f_j}{\Delta f_r}$$

式中，Δf_j 为干扰带宽。对于一般情况为

$$\eta_{fr} = \frac{\displaystyle\int_{-2\pi\Delta f_r/2}^{2\pi\Delta f_r/2} G_t(\omega)\mathrm{d}\omega \cap \int_{-2\pi\Delta f_j/2}^{2\pi\Delta f_j/2} G_j(\omega)\mathrm{d}\omega}{\displaystyle\int_{-2\pi\Delta f_r/2}^{2\pi\Delta f_r/2} G_t(\omega)\mathrm{d}\omega}$$

式中，$G_t(\omega)$ 和 $G_j(\omega)$ 分别为雷达目标回波信号和干扰的功谱密度函数。

上述因素足以评价使用一般遮盖性干扰技术的优劣，但不足以评价使用相参噪声的好坏。虽然相参噪声属于遮盖性干扰样式，因使用目的是想获得雷达的相参或非相参积累增益，要想获得相参积累效果，必须保持脉冲之间射频相位的相关性。对单假目标和多假目标干扰也有同样的要求。在实际干扰设备中，射频漂移不可避免。设干扰频率的相对稳定度为 d_f(单位 Hz/s)，可近似认为在雷达相参积累时间 t_c 内，干扰频率线性的向一个方向漂移。在相参积累时间内，漂移造成的最大相位差为

$$\Delta\phi = 2\pi d_f f_{j0} t_c$$

平均相位差为

$$\Delta\bar{\phi} = \pi d_f f_{j0} t_c$$

式中，f_{j0} 为干扰信号的中心频率。只要 $\Delta\bar{\phi}$ 小于正负 $\pi/2$，就能获得一定的相参积累效果。因假设干扰频率线性漂移，可用平均相位差表示频率漂移对相参积累效果的影响。频率漂移为 0 就是最佳干扰条件，实际条件满足最佳使用条件的程度可表示为

$$\eta_c = \frac{\cos(\Delta\bar{\phi})}{\cos 0} = \cos(\pi d_f f_{j0} t_c)$$

如果不计其他因素影响，η_c 相当于实际电压相参积累增益与最佳电压相参积累增益之比。

要获得非相参积累增益，必须使一段时间内的干扰脉冲落入雷达的同一检测单元，为此干扰还要满足两个条件：一是相参噪声和假目标的重复周期与雷达相同，二是干扰与雷达发射脉冲或目标回波同步。两个条件对干扰效果的影响没有本质差别。如果干扰信号能与雷达的每个发射脉冲同步，可忽略上述两因素对干扰效果的影响。

设雷达天线照射目标的时间为 T_a，干扰持续时间为 T_j，还假设干扰与雷达天线扫描同步，对于搜索雷达或边跟踪边搜索雷达，干扰和目标回波相互作用时间满足最佳使用条件的程度为

$$\eta_a = \frac{T_a \cap T_j}{T_a}$$

跟踪雷达有 3 个独立跟踪器，设第 i 个跟踪器的带宽为 β_{ti}，如果干扰满足有关的实施步骤，对于单目标跟踪雷达，干扰和目标回波相互作用时间满足最佳干扰条件的程度为

$$\eta_{l0} = \prod_{i=1}^{3} \frac{(1/\beta_{ti}) \cap T_j}{(1/\beta_{ti})}$$

综合所有实际使用条件满足最佳使用条件的程度，可得评价干扰技术组织使用优劣的通用准则。所有因素对干扰效果的影响方式相同，总影响为它们之积。遮盖性和多假目标主要干扰雷达的搜索状态，遮盖性干扰带宽远大于雷达的多普勒频率检测范围，对于不能相参积累的遮盖性干扰，评价干扰技术组织使用优劣的通用准则为

$$\eta_u = \eta_a \eta_{fr} \eta_{par} \tag{6.3.1}$$

如果用相参噪声和多假目标干扰相参雷达，不但要求能获得相参积累增益，还要求干扰能覆盖雷达的测速范围，评价其组织使用优劣的通用准则为

$$\eta_u = \eta_a \eta_{fr} \eta_{par} \eta_c \tag{6.3.2}$$

如果用多假目标干扰常规脉冲雷达，式(6.3.2)简化为

$$\eta_u = \eta_a \eta_{fr} \eta_{par}$$

处于单目标跟踪状态的雷达，评价其欺骗干扰技术使用优劣的通用准则为

$$\eta_u = \eta_{fr} \eta_{par} \eta_{l0} \tag{6.3.3}$$

归纳起来，评价搜索雷达干扰技术使用优劣的通用准则涉及干扰的频域、空域、时域和多普勒频域覆盖目标回波对应参数范围的问题。对于跟踪雷达，该准则还涉及干扰的频域、空域、时域和多普勒频域的瞄准问题。

6.3.2　干扰技术的组织、实施方法

在迄今为止的讨论中，既假定整个对抗过程中干扰装备和被干扰对象的参数、工作模式不变，又认为被保护目标的特性和干扰机、雷达、目标的配置关系都是已知的。雷达干扰装备对付军用雷达，现代军用雷达一般具有多种体制或/和多种抗干扰措施，根据受干扰情况人为地或自动选择。要全面评价此种情况干扰技术组织使用的好坏，除通用准则外，还必须考虑如何组织、实施干扰技术的问题。

6.3.2.1　雷达的抗干扰工作模式

没有不能干扰的雷达和没有不能抗的干扰指的是，雷达和雷达对抗方没有一方能永远占有绝对优势。每出现一种新体制雷达或一种新抗干扰措施，雷达可能会暂时领先干扰方一段时间。干扰方经过一番研究之后，就会找到一种新的干扰技术，可大大降低此种技术的抗干扰作用，干扰方将领先雷达而占上风。这种领先仍然是暂时的，因为雷达方又会针对这种干扰技术研究出新的抗干扰技术或新的雷达体制，一旦找到对付这种干扰技术的措施，雷达又会夺回优势。雷达和雷达对抗正是在这样的斗争中不断进步、不断发展的。正因为如此，为了能在战时占优势而领先对方，雷达和雷达对抗双方对新技术特别敏感、特别保密。

虽然从雷达用于军事开始，就致力于研究如何对付干扰，但是至今没有找到一种能对付所有干扰技术的雷达体制和抗干扰措施，如频率捷变虽然能有效对抗瞄准式噪声干扰，却不能与相参体制兼容，无法对付廉价的箔条干扰。现代军用雷达不得不采用多种体制、多种抗干扰措施来对付不同的干扰技术。使用时，凭借以往的经验或通过现场观测的干扰情况，选择一种或几种最有效的雷达体制或抗干扰措施。目前干扰方的情况和雷达方差不多，也没有一种能对付

所有雷达体制或抗干扰措施的干扰技术，不得不象雷达那样，准备多种干扰技术并根据具体情况选择使用这些干扰技术。

尽管雷达有多种工作体制和多种抗干扰措施，但干扰方既能预先知道这些体制和抗干扰措施的工作原理和作用效果，也能知道雷达如何使用这些抗干扰措施。就是说干扰方能知道雷达的抗干扰工作模式，不知道的仅仅是雷达何时采用何种体制或何种抗干扰措施。就目前的情况，可把雷达的抗干扰工作模式分为三种：确定性工作模式，统计确定性工作模式和自适应工作模式。

确定性工作模式是雷达最简单的抗干扰工作方式。对于每种干扰技术，只有一种固定的抗干扰措施。干扰方不但能知道抗干扰措施的工作机理，还能准确知道它的工作参数。即使干扰方不能预先知道雷达是否有这种抗干扰工作模式，在施放干扰过程中也能通过侦察了解和确认。不但如此，干扰方还能根据要达到的干扰效果选择干扰技术和干扰参数，也能根据采用的干扰技术和干扰参数准确评估干扰效果。前面讨论的评价干扰效果和干扰有效性的准则大多数适合这种抗干扰工作模式。

大多数军用雷达采用统计确定性抗干扰工作模式。具有这种工作模式的雷达为每种干扰技术准备了多种抗干扰措施，但只能按照预先确定的准则选择其中的一种。这种选择对干扰方来说仍然是随机的。和确定性抗干扰工作模式一样，干扰方能知道每种抗干扰措施的工作原理和工作参数的大致范围或概率分布，也能知道每种干扰技术对每种抗干扰措施的干扰效果，不知道的是雷达究竟选择哪一种抗干扰措施，或者说无法针对抗干扰措施选择最佳干扰技术。但可根据抗干扰措施的工作原理和工作参数的范围或概率分布，用博弈的方法，选择平均干扰效果较好的干扰技术。

现在不少军用雷达有人工的或自动的干扰检测和干扰效果评估功能，并能根据检测结果人工地或自动地选择下一时刻的工作体制、工作参数或抗干扰措施。这种工作模式称为自适应抗干扰工作模式。和统计确定性工作模式一样，这种雷达也有多种抗干扰措施或工作体制，干扰方也能知道它们的工作原理和工作参数的范围。和统计确定性工作模式不同的是，这种雷达不是按预定方式改变抗干扰措施或工作体制，而是把当前的受干扰情况作为选择下一时刻抗干扰措施或工作体制的依据。对于这种系统，在施放某种干扰技术之前，干扰方可能知道其抗干扰措施或雷达体制，一旦施放针对这种抗干扰措施或体制的干扰，被干扰雷达就会根据对自己最有利的原则马上改变抗干扰措施或雷达体制。如果干扰再次改变干扰技术，雷达方又会立刻选择另外的抗干扰措施或雷达体制。对付这种雷达的最佳干扰技术不再是对付某种特定抗干扰工作模式的干扰技术，也不能采用对付统计确定性抗干扰工作模式的方法选择一种平均干扰效果较好的固定干扰技术，而是把每种抗干扰措施的最佳对抗技术按适当时序和比例组合而成的混合干扰技术。

6.3.2.2　极大极小化原理

在雷达和雷达对抗作战中，雷达方针对干扰选择抗干扰措施，干扰方针对雷达体制或抗干扰措施选择干扰技术。任何一方改变策略都可能导致另一方改变对策，这种对抗模式符合博弈的规则。在雷达对抗中，博弈的规则可描述为，对抗双方的行动是有序的，如果雷达对抗方施放一种干扰样式，获得了一定的干扰效果或使雷达遭受到不能容忍的信息损失。经过一番研究后，雷达方将选择一种抗干扰措施或雷达体制来降低这种干扰效果。如果干扰方不能容忍干扰效果的降低，就会根据干扰效果的减少程度，选择新的干扰技术来降低雷达的作战能力和提高干扰效果。若雷达方不能忍受这种损失，又将采用新的抗干扰措施。由此可见，雷达和雷达对抗技术的发展是一场博弈，雷达和雷达对抗作战也是如此。

在雷达和雷达对抗的博弈中，雷达方不但能知道当前干扰方采用的干扰技术，还能评估当前抗干扰措施的作战效果，可以有针对性的改变体制或抗干扰措施来提高作战能力。在许多场合，干扰方既不知道雷达方当前采用了何种抗干扰技术，也不能确切知道当前的干扰技术是否有干扰作用或有多大的干扰作用，难以选择有针对性的干扰技术。尽管干扰方预先知道雷达有些什么体制、什么抗干扰措施以及每种体制或抗干扰措施对干扰效果的影响，也可以选择干扰时机，主动出击先发制人。但总的来说，干扰方可利用的信息不如雷达多，处于被动地位。在这种劣势下，干扰机的使用方存在如何根据作战对象组织实施干扰技术的问题。此外，虽然干扰技术很多，受体积、重量和功耗等多种条件的限制，只能根据作战对象及其抗干扰措施挑选其中的一部分。因此干扰机的研制和使用方都存在如何挑选干扰技术的问题。博弈论的方法可解决上述问题。

上述分析表明，不仅抗干扰条件下的雷达对抗过程符合博弈的规则，而且雷达对抗双方可利用的条件也与博弈相似。雷达和雷达对抗双方都可用博弈论的方法来组织、实施干扰和抗干扰，使自己能赢或输得较少。可把按照博弈论的方法得到的对抗策略作为评价抗干扰条件下干扰技术组织实施优劣的准则。

博弈的基本思想是，当你选择自己的行动方式时，总是要假设对方是有理智的行动者，他会采取一切措施来阻扰你达到自己的目的。这种指导博弈中的每一方，在考虑对方总是力图采取最不利于自己行动的情况下，来慎重选择自己行动策略的原理就是博弈的基本原理。有时称这种原理为最大最小化原理或极大极小化原理。根据这个原理选出的策略称为最大最小化策略或极大极小化策略，也有称其为最优化策略或最优策略的。所谓最优策略是指在多次重复博弈时，保证某一方能获得最大可能的平均得益或最小可能的平均损失。为了获得起码的干扰效果和可信赖的干扰有效性评估结果，干扰方应根据博弈的基本原理制定作战方案和评估干扰效果及其干扰有效性。在选择干扰技术和制定装备配置方案时，必须时刻考虑到雷达方会采取一切可能的抗干扰手段来降低干扰效果，把干扰的影响减到最小。也就是说干扰方应该立足于较坏的处境来考虑较好的作战策略、选择较可靠的干扰样式，并用比较保守的但比较保险的评价指标评估干扰效果和干扰有效性。

有的文章将最大最小化原理称为极大极小准则，雷达对抗广泛采用该准则。参考资料[1]指出，"在压制系数的实际计算中，不能按照最容易的条件计算。如果最不利的条件存在的概率较大（不小于0.5），在选择压制系数时，必须保证在最不利的条件下压制相应的电子设备"。还有文章[5]指出，在不能得到有关事件的先验知识时，不把它当等概率处理，而是采用比较保守但比较保险的准则，这个准则就是极小极大准则。从所有可能的最小值中选择最大值就是极小极大准则，从所有可能的极大值中选择最小值为极大极小准则。在很宽的条件下，两种准则是一致的[5]。处理不确定性因素的准则很多，在雷达对抗中，以极大极小或极小极大准则用得最多。

要获得极大极小值或极小极大值，需要构建对策矩阵和求解对策矩阵。雷达对抗的对策矩阵是抗干扰得益或其倒数的有序排列。抗干扰得益对应着干扰损失，其倒数就是雷达的损失。如果以抗干扰得益为元素建立对策矩阵，极小极大值对应的干扰技术就是最佳干扰样式。若以抗干扰得益的倒数为元素建立对策矩阵，其极大极小值对应的干扰样式为最佳干扰技术。选择最佳干扰技术的准则既可用极大极小准则，也可用极小极大准则。在抗干扰条件下，根据极大极小化原理选出的干扰技术就是最佳干扰技术。本书将不加区分地将极大极小准则或极小极大准则统称为极大极小准则。用该准则确定的干扰样式能保证获得起码的干扰效果。如果选择其他干扰技术，其平均干扰效果较小。因此，极大极小准则能评价抗干扰条件下干扰技术组织、实施的好坏。

6.3.2.3　求极大极小化策略的方法

雷达对抗相当于二人博弈，即雷达方和雷达干扰方参与的博弈。这里用 A 表示雷达方，用 B 表示雷达干扰方。设 A 有 n 种抗干扰措施（抗干扰策略）$A_1, A_2, \cdots, A_i, \cdots, A_n$，$B$ 有 m 种干扰技术（干扰策略）$B_1, B_2, \cdots, B_j, \cdots, B_m$。对于每一个策略组合 (A_i, B_j)，用 k_{ij} 表示第 $A_i(i=1, 2, \cdots, n)$ 种抗干扰措施对第 $B_j(j = 1, 2, \cdots, m)$ 种干扰技术的抗干扰得益（相对无抗干扰措施而言），其值越大表示抗干扰作用越好。对干扰方来说，k_{ij} 就是第 B_j 种干扰技术对 A_i 种抗干扰措施的干扰效果损失（相对无抗干扰措施而言），其值越小表示干扰效果越好。k_{ij} 是抗干扰对策矩阵的元素。建对策矩阵的工作就是确定对策矩阵的元素并进行有序排列。表 6.3.1 是 $m \times n$ 型对策矩阵或 $m \times n$ 型博弈示意图。

确定 k_{ij} 涉及估算各种抗干扰措施对干扰效果的影响，其方法有两种：理论计算和对比试验。第三章给出了目前常用的几种抗干扰措施对常用干扰技术的影响，建立了抗干扰得益的数学模型。把实际参数代入有关模型，可得抗干扰得益即干扰和抗干扰对策矩阵的元素。有的雷达有多种体制，在工作中也能根据需要进行转换，也可把它当作抗干扰措施来处理。按照处理专用抗干扰措施的方法，可得第 i 种雷达体制对第 j 种干扰样式的抗干扰得益。

表 6.3.1　干扰和抗干扰对策矩阵示意图

干扰技术		抗干扰措施			
		A_1	A_2	...	A_n
	B_1	k_{11}	k_{12}	...	k_{1n}
	B_2	k_{21}	k_{22}	...	k_{2n}
	$\vdots$	$\vdots$	$\vdots$	...	$\vdots$
	B_m	K_{m1}	K_{m2}	...	K_{mn}

寻找最佳抗干扰技术和干扰技术必须求解对策矩阵，求解对策矩阵就是找对策矩阵的极小极大值或极大极小值，它们分别对应着雷达方的最佳抗干扰措施和干扰方的最佳干扰技术。雷达的体制、抗干扰措施和干扰技术都是有限的，雷达和雷达对抗的博弈也是有限的。由博弈的基本原理知，这种博弈总是有解的。

如果对策矩阵很大，求解较困难，可先化简再求解。化简就是去掉多余策略，一般将重复策略和劣策略称为多余策略。这里以表 6.3.2 为例说明求取极大极小值和极小极大值的方法。表 6.3.2 是 $n \times n$ 的对策矩阵。其中抗干扰方有 $A_1, A_2, \cdots, A_i, \cdots, A_n$ 个抗干扰措施，干扰方有 $B_1, B_2, \cdots, B_j, \cdots, B_n$ 种干扰技术。第 $A_i(i = 1, 2, \cdots, n)$ 种抗干扰措施对第 $B_j(j = 1, 2, \cdots, n)$ 种干扰技术的抗干扰得益为 k_{ij}。按照博弈的过程可找出极大极小值和极小极大值。以 A_1 为准，找出它对 $B_1, B_2, \cdots, B_j, \cdots, B_n$ 的最大值，假设为 k_{21}，把它填在该行的极大值位置。接着以 A_2 为准，找出它对 $B_1, B_2, \cdots, B_j, \cdots, B_n$ 的最大值，假设为 k_{22}，把它填在该行的极大值位置。照此方法进行下去，直到 A_n 为止。假设 A_n 列的极大值为 k_{nn} 并把它填在该行的极大值位置。由此构成一列极大值。从极大值列中找出极小值，设其为 k_{22}。k_{22} 就是极大极小值，称其为博弈的上值，用符号 β 表示为

$$\beta = k_{22}$$

表 6.3.2　干扰和抗干扰对策矩阵示意图

干扰技术		抗　干　扰　措　施					
		A_1	A_2	...	A_n	每列的极小值	极大值列的极小值
	B_1	k_{11}	k_{12}	...	k_{1n}	k_{17}	
	B_2	k_{21}	k_{22}	...	k_{2n}	k_{24}	
	$\vdots$	$\vdots$	$\vdots$	...	$\vdots$	$\vdots$	
	B_n	k_{n1}	k_{n2}	...	k_{nn}	k_{n1}	
	每行的极大值	k_{21}	k_{22}	...	K_{nn}		k_{22}
	极小值行的极大值				k_{n1}		

就干扰方 B 而言，k_{ij} 为干扰效果损失，损失越小越好。以 B_1 为准，找出它对 $A_1, A_2, \cdots, A_i, \cdots, A_n$ 的最小值，假设为 k_{17}，把它填在该列的极小值位置。接着以 B_2 为准，找出它对 $A_1, A_2, \cdots, A_i, \cdots, A_n$ 的最小值，设为 k_{24}，把它填在该列的极小值位置。照此进行下去，直到 B_n 为止。设 B_n 行的极小值为 k_{n1}，把它填在该列的极小值位置。由此构成一行极小值。从极小值行中找出极大值，设其为 k_{n1}。K_{n1} 就是极小极大值，称其为博弈的下值。用符号 α 表示为

$$\alpha = k_{n1}$$

对策矩阵的极大极小值和极小极大值对应着对抗双方可采用的策略，根据极大极小值和极小极大值的数值关系，将对策矩阵的解分成三类：

(1) 如果 $\alpha = \beta = v$（称 v 为博弈的值），α 和 β 对应的策略称为最佳策略。对于表 6.3.2 来说，如果 $k_{22} = k_{n1}$，B_n 就是干扰方的最佳干扰技术，A_2 为雷达方的最佳抗干扰措施。任何一方偏离最佳策略就要承受较大的损失。雷达对抗对策矩阵的元素是雷达的抗干扰得益，最佳策略对应的元素就是雷达在抗干扰中能得到的好处。就表 6.3.2 而言，k_{22} 为抗干扰得益，抗干扰得益相当于干扰损失。如果对策矩阵的元素是有、无抗干扰措施时达到相同干扰效果需要的干信比之比，那么最佳干扰样式对应的元素相当于干扰方的功率损失，其含义和数值与 3.6 节定义的 G_k 相同。设无抗干扰措施时，用第 B_n 个干扰样式有效干扰雷达需要的干信比为 $(J/S)_n$，有抗干扰措施后要达到同样的干扰效果需要的干信比为

$$\left(\frac{J}{S}\right)_y = v\left(\frac{J}{S}\right)_n = \alpha\left(\frac{J}{S}\right)_n = \beta\left(\frac{J}{S}\right)_n = G_k\left(\frac{J}{S}\right)_n \tag{6.3.4}$$

式 (6.3.4) 表明，要想获得无抗干扰时的干扰效果，干信比必须增加 v 倍。如果不采用博弈下值对应的干扰技术，要达到无抗干扰时的干扰效果，需要更大的干信比。类似的结论也适合雷达。总之当 $\alpha = \beta$ 时，无论那一方偏离自己的最佳策略，都将遭受更大的损失。

(2) 如果 $\alpha \neq \beta$，但相差不大。这时干扰方仍可采用 α 对应的干扰样式，雷达方也可采用 β 对应的抗干扰措施。这种策略称为纯策略，纯策略在电子对抗中用得较多，这时 G_k 近似等于

$$G_k \approx \alpha = k_{n1} \tag{6.3.5}$$

纯策略特别适合统计确定性系统，该系统只能从几种抗干扰措施中选择一种，干扰方不知道的仅仅是雷达方究竟选择那一种。在这种条件下，虽然不能获得最好的干扰效果，也能获得较好的干扰效果。

(3) 如果 $\alpha \neq \beta$ 且相差较大。这时不能采用纯策略，只能采用混合策略。所谓混合策略就是按一定比例随机时分使用各种干扰技术或抗干扰措施。对策论已经证明只要策略搭配得当，也能获得最好效果。能获得最好效果的混合策略称为最优混合策略。最优混合策略适合自适应抗干扰雷达，采用该策略的关键是确定各种干扰样式的使用比例。令抗干扰方的平均得益等于干扰方的平均损失，设其值为 v，用下面的方法可得不同策略的使用比例。

在表 6.3.2 中，设 $B_1, B_2, \cdots, B_j, \cdots, B_n$ 的使用比例分别为 $P_1, P_2, \cdots, P_j, \cdots, P_n$ 且满足：

$$P_1 + P_2 + \cdots + P_n = 1 \tag{6.3.6}$$

根据表 6.3.2 的对策矩阵可建立如下线性方程组：

$$\begin{cases} P_1 k_{11} + P_2 k_{21} + \cdots + P_n k_{n1} = v \\ P_1 k_{12} + P_2 k_{22} + \cdots + P_n k_{n2} = v \\ \vdots \qquad \vdots \qquad \qquad \vdots \qquad \vdots \\ P_1 k_{1n} + P_2 k_{2n} + \cdots + P_n k_{nn} = v \end{cases} \tag{6.3.7}$$

联立式 (6.3.6) 和式 (6.3.7) 并求解得 $P_1, P_2, \cdots, P_j, \cdots, P_n$ 的值，其解的形式为

$$S_j = \begin{pmatrix} B_1, B_2, \cdots, B_n \\ P_1, P_2, \cdots, P_n \end{pmatrix}$$

上式为不同干扰技术的使用比例，即干扰样式 B_1 在 n 个干扰样式中的使用比例为 P_1，B_2 的使用比例为 P_2 等。在抗干扰条件下，要获得无抗干扰时的干扰效果，其干信比应增加的倍数为

$$G_k = P_1 k_{11} + P_2 k_{21} + \cdots + P_n k_{n1} \tag{6.3.8}$$

用迭代法也能获得抗干扰对策矩阵在混合策略下的近似解。具体做法如下：设在第一轮对抗中，干扰方选择干扰技术 B_i，雷达方经过仔细分析后，选择抗干扰措施 A_i 使干扰方的损失最大。在第二轮对抗中，干扰方针对雷达方的抗干扰措施选择干扰样式 B_j，使雷达方采用 A_i 时的得益最小。接着雷达方选择另一抗干扰措施 A_j 使干扰方在前两次对抗中的积累损失最大。在第三轮对抗中，干扰方选择干扰样式 B_k 使雷达方在前两次对抗中的总得益最小。雷达接着再选择另一抗干扰措施，使干扰方在前三轮对抗中的积累损失最大。如此进行下去，记录每种干扰技术被选中的次数。当对抗试验次数很大时，由干扰方所选用过的干扰样式构成混合策略，各干扰技术在已进行的对抗中出现的频度就是该干扰样式在混合策略中占的使用比例。只要对抗试验次数足够多，就能获得近似的最优混合策略。

6.4　压制系数和功率准则

何谓功率准则？压制系数和功率准则有何关系？使用压制系数有什么限制条件？参考资料[1]给出了有关答案。他指出"干扰信号功率的一个重要特性是压制系数，有时，压制系数称为干扰信号品质的功率准则。功率准则不是一个独立准则，而是作为给定干扰信号与被压制设备的一个功率特性"。在雷达对抗中，压制系数或功率准则十分重要，用得特别多。可以说凡是需要与目标回波拼功率的干扰都可用与干扰功率有关的参数表示干扰效果，用压制系数判断干扰是否有效和评估干扰有效性。不但如此，还能用压制系数评价干扰样式的优劣、说明干扰装备使用方法的有效性和比较雷达抗干扰措施的好坏。

压制系数是判断干扰是否有效和评估干扰有效性的重要标准，但至今只能凭借参考资料[1]中的 5 条曲线计算压制系数。另外，因功率准则不是一个独立准则，仅凭干扰功率的大小不足以说明干扰效果的好坏。尽管压制系数有明确的定义，但是在应用中还是常常出现这样那样的问题。本书将花较大篇幅讨论影响压制系数的因素、计算压制系数的方法和压制系数的应用条件，并给出适合任意检测概率、虚警概率和不需要查表或查曲线就能计算压制系数的近似模型。

6.4.1　压制系数的定义和建模方法

压制系数的概念既能用于雷达对抗，也能用于通信对抗，还可以用于遥控遥测、引信和敌我识别等对抗。本书只讨论雷达对抗中的压制系数。

6.4.1.1　压制系数的定义

雷达系统十分复杂，由多个功能构件组成，其中接收机按其对目标回波信号结构的影响情况分为三大部分：输入端线性部分或线性区，非线性部分和输出端线性部分，如图 6.4.1 所示。在分析雷达接收机对干扰效果的影响时，一般把相参和非相参积累单独考虑。混频器只对大信号呈非线性，对于微弱的目标回波，它属于线性器件。所以，接收机输入端线性部分包括从单个射频

脉冲的匹配滤波器即中放的输出端到接收机输入端之间的所有环节。雷达接收机输入端线性部分只处理射频信号，线性放大目标回波、干扰和机内噪声。这部分虽然能把干扰和机内噪声的功谱限制在中放带宽之内，但不会改变目标回波的波形结构。雷达接收机输出端线性部分包括从非线性部分的输出端到目标检测器输入端之间的所有环节。这部分只处理视频信号，线性放大目标回波或目标回波与干扰或机内噪声合成信号的包络。雷达接收机的非线性部分主要是包络检波器和相位检波器。其功能是获取已调波信号的包络，去除射频，或把射频输入变为视频或直流输出。干扰信号的直流成分就是通过非线性器件起干扰作用的。

　　雷达有两大功能，目标检测（包括自动目标检测和视觉目标检测）和目标跟踪（指自动目标跟踪）。与它们对应的系统称为目标检测器（包括自动目标检测器和视觉目标检测器）和目标跟踪器。有的雷达系统只有目标检测功能，有的兼备目标检测和跟踪两种功能。对目标检测器的压制系数定义为，使被压制无线电电子系统产生规定信息损失时，在被压制电子系统接收设备输入端线性部分通频带内所需的最小干扰信号能量与有用信号能量之比[1]。规定的信息损失由战术运用准则预先确定。信息损失表现为对有用信号的遮盖、模拟或引起参数测量误差甚至中断信息输入等。确定遮盖性样式对目标检测的压制系数时，规定的信息损失一般用受干扰影响的结果即规定虚警概率条件下的检测概率和参数测量误差表示。

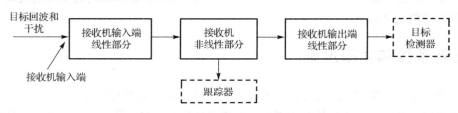

图 6.4.1　定义压制系数用的雷达接收机组成示意图

　　自动目标跟踪器属于自动控制系统。对自动控制系统的压制系数定义为，使系统从坐标原点转换到指定的相空间区域时，在被压制控制系统的接收机输入端线性部分通频带内所需的最小干扰信号能量与有用信号能量之比[1]。对于跟踪器，该定义也可理解为，使被干扰控制系统产生规定跟踪误差时，在其接收机输入端线性部分通频带内所需的最小干扰信号能量与有用信号能量比。

　　雷达对抗压制系数的具体表示形式较多，实际使用的有三种：一、干扰能量 E_j 与信号能量 E_s 之比，称 E_j/E_s 为能量干信比；二、干扰功率 J 与有用信号功率 S 之比，称 J/S 为功率干信比，简称干信比；三、有效干扰电压 U_j 与有用信号电压 U_s 之比，称 U_j/U_s 为电压干信比。用能量比定义的压制系数能适合任何形式的信号波形和干扰波形。使用后两种形式的压制系数需要满足一定的条件，此条件就是规则信号和均匀的近似矩形的干扰功谱。绝大多数雷达使用矩形脉冲信号，这种信号的能量、电压和功率之间存在确定关系。利用这种关系，可把能量比形式的压制系数转换成功率比和电压比的形式。设信号的脉冲电压为 U_s，持续时间为 τ，能量 E_s 与电压 U_s 和功率 S 之间的关系为

$$E_s = U_s^2 \tau = S\tau$$

　　雷达接收机的通频带和干扰噪声功谱都十分接近矩形，把噪声干扰能量转换成功率同样比较方便。这就是为什么在雷达和雷达干扰领域，功率干信比和电压干信比用得特别多的原因。

　　压制系数有严格的定义，如果用功率干信比表示压制系数，对干扰功率和被压制信号功率的形式有明确的规定。具体规定为：对于脉冲雷达和脉冲干扰，J 和 S 为脉冲功率。对于连续波雷达和正弦波干扰，J 和 S 为平均功率。对于噪声干扰，J 为有效功率。对于调幅、调频和调相噪声干扰，J 为载波功率。

　　压制系数是干扰效果的评价指标或判断干扰是否有效的标准。若用干信比表示压制系数，其评价对象也是干信比。雷达系统的不同环节对干扰和目标回波功率的影响不同，定义在不同环节上的干信比可能有不同的数值，有可能得出不同的评估结果。评估干扰效果和干扰有效性，必须使用同一环节的干扰效果和压制系数，比较干扰样式和抗干扰措施的优劣也是如此，否则可能得出不同的结论。

　　雷达接收机由多个功能环节组成，每个环节对目标回波和机内噪声或干扰信号的传输函数是已知的或者是可计算的，两种传输函数之比的模平方就是雷达系统的信号处理功率增益或对干扰功率的衰减。如果已知有效干扰时，在雷达任一环节输出端需要的最小干信比，就能利用有关环节的传输函数将其转换到定义压制系数的环节，同样可将压制系数转换到雷达接收机的任一指定环节。总之根据方便应用的原则，既可把压制系数转换到计算干信比的环节，也可把指定环节的干信比转换到定义压制系数的节点。

　　现代雷达接收机可能采用多次变频，有多种不同带宽的中放，即雷达接收机输入端线性部分由多个环节组成。虽然这些环节对信号能量无影响。但是对干扰能量有不同的影响，定义在接收机输入端线性区不同环节通频带内的干扰信号能量与有用信号能量比可能有不同的数值。为了避免对同一干扰样式和同一干扰对象得出不同的压制系数或出现不同的干扰效果评估结论，定义压制系数必须指定有关的环节。本书将压制系数定义在雷达接收机输入端线性区的输入端，该节点在任何雷达接收机中是唯一的。

　　有的文章称参考资料[1]定义的压制系数为相对压制系数，它没有考虑干扰信号的品质因素、目标起伏、抗干扰措施和接收机各环节的影响。实际使用的压制系数是考虑了上述影响后的相对压制系数。为了避免计算错误和方便使用，本书的压制系数一律指实际使用的压制系数。

　　压制系数或功率准则包含三个要素：一、受干扰环节或直接干扰环节；二、干扰样式的类型；三、干扰要达到的目的或作战要求的干扰效果。实际使用的压制系数意味着：不同类型的样式干扰雷达接收机的同一环节可能有不同的压制系数，同一样式干扰雷达的不同环节也可能有不同的压制系数。雷达系统有三个直接干扰环节：自动目标检测器，视觉目标检测器（显示器）和自动目标跟踪器。雷达对抗有两大类干扰样式：遮盖性或噪声和欺骗性。因此雷达对抗的压制系数可分成以下 5 种：

　　① 遮盖性样式干扰自动目标检测器的压制系数 K_{jd}；

　　② 遮盖性样式干扰自动目标跟踪器的压制系数 K_{jtn}；

　　③ 多假目标或欺骗性样式干扰自动目标检测器和视觉目标检测器的干噪比 J/N；

　　④ 欺骗性样式干扰自动目标跟踪器的压制系数 K_{jt}；

　　⑤ 遮盖性样式干扰视觉目标检测器的压制系数 K_{jv}。

　　欺骗性干扰样式较多，其中的单假目标主要干扰自动目标跟踪器。多假目标既能干扰自动目标跟踪器，也能干扰目标检测器，但是主要干扰目标检测器。欺骗性样式干扰自动目标跟踪器的压制系数不但与具体干扰样式、跟踪器的类型和它们的参数有关，还受多种使用条件限制。因此，把第 4 种压制系数的建模放到欺骗干扰效果和干扰有效性部分讨论。多假目标干扰自动目标检测器和视觉目标检测器不需要与目标回波拼功率，但是需要与受干扰雷达接收机的内部噪声较量功率。所以，第 3 种情况不是压制系数，而是使受干扰雷达按要求的概率检测假目标需要的最小干噪比。这种干噪比仅为有效干扰的条件，不能作为干扰有效性的评价指标或判断干扰是否有效的标准。因此最小干噪比的确定方法与压制系数相似，故将其放在压制系数部分讨论。

6.4.1.2 压制系数的建模方法及其基本形式

在一定条件下，用干信比表示的干扰效果都可用压制系数判断干扰是否有效和评估干扰有效性。由干扰有效、无效和干扰有效性的定义知，干扰效果及其干扰有效性评价指标是相对的。被干扰雷达系统各环节对干信比的影响既可以看作是对干扰效果的影响，也可以看作是对干扰有效性评价指标的影响。究竟把哪些放在压制系数中，把哪些放在干扰效果中，没有原则性的规定。已有压制系数将雷达和雷达对抗的系统损失、干扰极化失配损失、干扰方向失配损失和电波传播衰减放在干扰效果中，其他影响因素放在压制系数中。本书也将采用这种处理方式。

已有压制系数的计算方法分两步：第一步不考虑其他因素的影响，只根据要求的检测概率和虚警概率或要求的干扰效果，从相关曲线[1]上查出需要的信噪比或信干比 R。第二步不考虑影响 R 的各种因素，只计算被干扰雷达接收机各环节（除非线性环节外）、目标起伏、干扰样式的品质因素和抗干扰措施等引起的干信比总损失 F。把 F/R 作为实际使用的压制系数。这种方法把压制系数分成互不影响且可独立计算的两部分。雷达接收机有线性环节和非线性环节。线性环节的传输函数为常数，不随输入干信比或信噪比变化。非线性环节的传输函数不是常数，与输入干信比或信噪比有关。雷达接收机的主要非线性环节是包络检波器和相位检波器。严格的讲，相参和非相参积累器也是非线性环节，不过一般把它们近似成线性环节或当作抗干扰措施处理，这里将其近似成线性环节。除非线性环节对压制系数的影响包含在 R 中外，其他影响压制系数的因素都放在 F 中。显然本书定义的 F 与已有压制系数的相同。本书定义了 5 种压制系数，必然有 5 种 R 和 5 种 F。如果泛指其中的任何一个，则用 R_i 和 F_i 表示。

非线性环节的传输函数不是常数，与输入干信比有关。如果把 R_i 和非线性环节对压制系数的影响捆绑在一起，有可能限制压制系数计算方法的应用范围。为了建立不查曲线就能计算压制系数的模型并能借助被干扰雷达的检测因子、可见度因子和跟踪器的滑动跟踪条件推导压制系数的近似模型。本书将 R_i 定义在直接干扰环节的输入端，其形式为干信比。利用受干扰雷达接收机各环节对干信比或信噪比的传输函数和压制系数的定义，可将 R_i 逐级转换到定义压制系数的节点。最后加上目标起伏、干扰样式的质量因素和抗干扰措施等的影响，得到实际使用的压制系数。显然它是由 R_i 的转换关系和 F_i 的数学模型组成的。F_i 自身由多个独立影响因素的数学模型组成，因此实际使用的压制系数由一些可独立计算的小数学模型组成。

要得到实际使用的压制系数必须把 R_i 逐级转换到受干扰雷达接收机输入端。由 F_i 的定义和图 6.4.1 知，把 R_i 转换到非线性环节的输入端等效于将其转换到接收机输入端或定义压制系数的节点。设满足作战要求的干扰效果时，在第 i 个直接干扰环节输入端需要的最小干信比为 R_i，由图 6.4.1 知 R_i 也是非线性环节的输出干信比。利用非线性环节的传输函数 $f(*)$ 可将 R_i 转换到该环节的输入端。设 R_i 转换到非线性环节输入端的值为 K_i，则 $K_i = f(R_i)$ 为它们之间的转换关系。设从第 i 个直接干扰环节输入端到定义压制系数的节点需要经过 n 个对干信比有影响的环节（除非线性环节外），其中第 j 个环节对干信比的影响为 F_{ij}，则压制系数可表示为

$$K_j = \left(\prod_{j=1}^{n} F_{ij} \right) f(R_i) = F_i f(R_i) = F_i K_i \tag{6.4.1}$$

式中

$$F_i = \prod_{j=1}^{n} F_{ij}$$

上面的分析说明，要用本书的压制系数计算方法，必然要定义 5 种 R_i。五种 R_i 的具体定义如下：

① R_1 为遮盖性样式有效干扰自动目标检测器时在其输入端需要的最小干信比;
② R_2 为遮盖性样式有效干扰自动目标跟踪器时在其输入端需要的最小干信比;
③ R_3 是雷达按规定检测概率和虚警概率检测假目标时在自动目标检测器或视觉目标检测器输入端需要的最小干噪比;
④ R_4 是欺骗性样式有效干扰跟踪器时在其输入端需要的最小干信比;
⑤ R_5 为遮盖性样式有效干扰显示器时在其输入端需要的最小干信比。

雷达有三个直接干扰环节:自动目标检测器,自动目标跟踪器和视觉目标检测器。从它们的输入端到定义压制系数的节点要经过的环节不完全相同,有的虽然环节相同但其影响数值因干扰样式不同而不同。所以,F_i 与直接干扰环节和干扰样式的类型有关。根据受干扰雷达接收机的功能组成可确定不同类型的干扰样式对不同直接干扰环节的干信比总损失 F_i。

图 6.4.2 为计算压制系数用的雷达系统功能组成示意图。图中虚线表示常规脉冲雷达目标回波信号的流向。早期的雷达只用显示器检测目标,显示器有非相参积累作用。为了与显示器的视觉目标检测作用相对应,现代雷达系统把非相参积累器和门限比较器合起来称为自动目标检测器,其组成如图中大虚线框内的部分所示。抗干扰电路可能位于从目标检测器或跟踪器的输入端到接收机输入端的任何地方。虽然目标和干扰样式不属于雷达系统的组成部分,但已使用的压制系数包含目标起伏、干扰样式的品质因素和抗干扰措施的影响。为了保持压制系数已有的内涵,本书仍将目标和干扰样式作为独立环节处理。根据 F_i 的定义,从图 6.4.2 中不难找出各种情况下被干扰雷达接收机影响压制系数的环节。

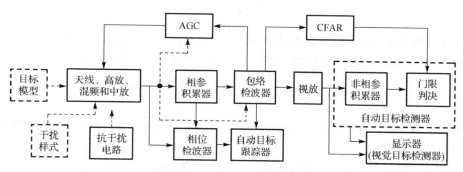

图 6.4.2 雷达系统功能组成示意图

从三个直接干扰环节的输入端到定义压制系数的节点之间且对干扰有影响的公共环节有:包络检波器或相位检波器、相参积累器、接收机输入端线性区、自动增益控制器(AGC)和恒虚警处理器(CFAR)。为了方便计算压制系数,这里将非相参积累器从自动目标检测器、显示器和跟踪器中挪出来,作为独立环节考虑。这样处理使得各种场合影响 F_i 因素的种类相同。雷达接收机各环节对不同干扰样式有不同的响应,即对不同的干扰样式和不同的直接干扰环节,F_i 可能有不同的值。

遮盖性样式干扰自动目标检测器时,除包络检波器外,影响 F_i 的主要因素有:非相参积累增益 G_{nc},相参积累增益 G_c,抗干扰得益 G_k,接收机输入端线性部分对干信比的影响 G_f,遮盖性干扰的非相参积累增益 G_{nj} 和干扰样式的品质因素 η_{mn}。此场合的 F_i 模型为

$$F_d = \frac{G_f G_k G_c G_{nc}}{G_{nj}\eta_{mn}} \tag{6.4.2}$$

式(6.4.2)适合任何雷达和任何遮盖性干扰样式。对于不可积累的遮盖性样式,令 $G_{nj}=1$。如果干扰对象为非相参雷达,则令 $G_c = 1$。η_{mn} 是各种噪声调制样式品质因素的总称,对于射频噪声、

噪声调幅和噪声调频或调相干扰样式分别为 η_{mnr}、η_{mna} 和 k_{nf}，它们的数值分别由式(6.2.10)、式(6.2.20)和式(6.2.25 确定。如果对无任何抗干扰措施的常规脉冲雷达实施不可积累的遮盖性干扰，式(6.4.2)式简化为

$$F_d = \frac{G_f G_{nc}}{\eta_{mn}} \tag{6.4.2a}$$

F_d 没包括包络检波器的影响。设把 R_1 转换到包络检波器输入端的数值为 K_{j0}，则 $K_{j0} = f(R_1)$。把 K_{j0} 和 F_d 代入式(6.4.1)得遮盖性样式干扰自动目标检测器的压制系数的基本形式：

$$K_{jd} = F_d f(R_1) = F_d K_{j0} = \frac{G_f G_k G_c G_{nc}}{G_{nj} \eta_{mn}} K_{j0} \tag{6.4.3}$$

在一定条件下遮盖性样式也能有效干扰自动目标跟踪器，仍可用压制系数评估干扰效果和干扰有效性，而且实际应用不少。有关的干扰原理和条件将在第 7 章详细说明，这里只讨论压制系数的建模方法，不涉及建模和数值计算。自动目标跟踪器的带宽窄，有非相参积累作用，但积累增益一般不同于 G_{nc}。同样，自动目标跟踪器对可积累遮盖性样式的非相参积累增益也不一定等于 G_{nj}。除此之外，影响 F_i 的其他因素与 F_d 相同。设自动目标跟踪器对目标回波和对干扰的非相参积累增益分别为 G_{nt} 和 G_{jt}，除包络检波器或相位检波器外，受干扰雷达接收机各环节对遮盖性干扰的总影响模型为

$$F_{tn} = \frac{G_f G_k G_c G_{nt}}{G_{jt} \eta_{mn}} \tag{6.4.3a}$$

设遮盖性样式有效干扰自动目标跟踪器时在包络或相位检波器输入端需要的最小干信比为 D_j，$D_j = f(R_2)$。把 D_j 和 F_{tn} 代入式(6.4.1)得遮盖性样式干扰自动目标跟踪器的压制系数基本模型：

$$K_{jtn} = F_{tn} f(R_2) = F_{tn} D_j = \frac{G_f G_k G_c G_{nt}}{G_{jt} \eta_{mn}} D_j \tag{6.4.4}$$

如果令相参积累增益 $G_c = 1$，式(6.4.4)就能用于非相参雷达。若令 $G_{jt} = 1$，该模型就能用于不可非相参积累的遮盖性样式。

在已有的干扰样式中，唯有多假目标对自动目标检测器和显示器的干扰不需要与目标回波拼功率，但仍然需要一定的干噪比。前面已说明把它放在这里讨论的原因。假目标与雷达接收机匹配，接收机线性区一般不影响假目标的干扰功率。假目标的相参和非相参积累增益不一定与目标回波相同，例如，干扰机的频率稳定度较相参雷达低或干扰与雷达发射脉冲同步不好以及干扰的脉冲重复周期不稳定等，都将影响干扰的相参和非相参积累增益。与遮盖性干扰不同的还有抗假目标干扰的得益和假目标的品质因素。设多假目标的相参积累增益、非相参积累增益、抗干扰得益和干扰样式的品质因素分别为 G_c'，G_{nc}'，G_k' 和 η_{md}，除非线性环节外，从目标检测器输入端到定义压制系数节点之间各环节对多假目标干噪比的总影响模型为

$$F_m = \frac{G_c G_{nc} G_k'}{G_c' G_{nc}' \eta_{md}}$$

设雷达以要求检测概率和虚警概率检测多假目标时，在包络检波器输入端需要的最小干噪比为 D_0，令 $D_0 = f(R_3)$。把 F_m 和 D_0 代入式(6.4.1)得多假目标干扰目标检测器需要的干噪比：

$$\frac{J}{N} = F_m f(R_3) = F_m D_0 = \frac{G_c G_{nc} G_k'}{G_c' G_{nc}' \eta_{md}} D_0 \tag{6.4.5}$$

式 (6.4.5) 仅为多假目标干扰自动目标检测器或视觉目标检测器的条件之一，并非压制系数，不能把它作为多假目标干扰有效性的评价指标。

干扰自动目标跟踪器的欺骗性干扰样式较多，如拖引式，倒相、扫频方波，两点源和雷达诱饵等，这些样式必须与目标回波拼功率。要用功率准则评估欺骗干扰样式对自动目标跟踪器的干扰有效性，需要满足多种条件，如含有雷达不能识别的假信息、遵守干扰实施步骤、干扰与雷达发射脉冲同步等。如果干扰能满足有效干扰条件，就能用压制系数评估欺骗性样式对跟踪器的干扰效果和干扰有效性。

虽然干扰自动目标跟踪器的欺骗性样式与目标回波是同步的，但干扰的相参积累增益一般低于目标回波。另外自动目标跟踪器识别目标的能力较差，该样式的品质因素对自动目标跟踪器的影响很小，只要干扰能通过抗干扰电路就能进入跟踪波门起干扰作用。拖引式欺骗干扰有干扰机的固有延时和拖引速度引起的干信比损失，这两种损失都放在干扰效果模型中，计算压制系数时不必考虑它们的影响。设雷达对欺骗性干扰样式的相参积累增益为 G_{cj}，目标和雷达接收机各环节对欺骗性干扰的总影响模型为

$$F_t = \frac{G_c G_k}{G_{cj}} \tag{6.4.6}$$

对于没有抗欺骗干扰措施的常规脉冲雷达，接收机对这种干扰几乎无影响，即

$$F_t \approx 1 \tag{6.4.6a}$$

包络检波器有小信号抑制作用，影响同时到达信号的输出功率比。对于欺骗性干扰，干扰和目标都是脉冲且欺骗干扰电平一般大于目标回波。若两者同时到达，检波器将抑止目标回波，对干扰有利。干扰既有与目标回波完全重叠和部分重叠的情况，也有完全不重叠的情况。不重叠对干扰最不利且出现概率较大，计算压制系数时，可近似认为包络检波器不影响两输出信号的功率比，即下式成立：

$$K_{t0} = f(R_4) = R_4$$

K_{t0} 为成功干扰某自动目标跟踪器时在包络检波器或相位检波器输入端需要的最小干信比。由式 (6.4.1) 得该样式干扰自动目标跟踪器的压制系数模型基本形式：

$$K_{jt} = F_t f(R_4) = \frac{G_c G_k}{G_{cj}} R_4 = \frac{G_c G_k}{G_{cj}} K_{t0} \tag{6.4.7}$$

大多数雷达有显示器，操作员借助显示器能完成目标检测、识别、跟踪和选择干预自动目标检测、截获和跟踪的时机。遮盖性样式和多假目标都能干扰显示器。设有效干扰显示器时在其输入端需要的最小干信比为 R_5，把 R_5 折算到包络检波器输入端的数值为 K_v，根据前面的有关定义得 K_v 和 R_5 的关系：

$$K_v = f(R_5)$$

显示器有非相参积累作用，K_v 包含显示器的非相参积累增益的影响。影响 F_i 的其他因素与遮盖性样式干扰自动目标检测器的相同。该样式干扰显示器的压制系数基本形式为

$$K_{jv} = F_d f(R_5) = F_d K_v = \frac{G_f G_k G_c}{G_{nj} \eta_{mn}} K_v \tag{6.4.8}$$

粗略估算遮盖性样式干扰目标检测器的压制系数时，常常单独考虑抗干扰得益和相参积累增

益。对于常规脉冲雷达，影响压制系数的因素只有以下三种：一、干扰样式的品质因素；二、接收机线性部分的影响；三、非相参积累增益。一般将非相参积累增益近似为$\sqrt{n}$，把接收机线性部分的影响用$\Delta f_j / \Delta f_r$近似。F_d的模型近似为

$$F_d = \frac{\sqrt{n}}{\eta_{mn}} \frac{\Delta f_j}{\Delta f_r} \tag{6.4.2b}$$

式中，n、Δf_j和Δf_r分别为非相参积累脉冲数、干扰带宽和雷达接收机与射频脉冲匹配的中放带宽。

6.4.2　影响 F_i 的因素及其数学模型

F_i与实际受干扰雷达接收机的功能组成及其参数有关，影响因素多且关系复杂。R_i只与要求的干扰效果有关。两者的建模方法完全不同。这一节只建 F_i 的数学模型，6.4.3 节建 R_i 的数学模型。具体应用时，只需把实际装备的有关参数和具体作战要求代入有关数学模型，可得 F_i 和 R_i 的数值，进而可得到压制系数的数值。

F_i包括抗干扰得益和干扰样式的品质因素，3.6 和 6.2 节已建立了它们的数学模型。由定义知，影响 F_i 的其他因素都包含在受干扰雷达接收机内。它们的数学模型是接收机各环节输出、输入干信比之比的函数关系，具体包括以下 6 个方面：一、接收机输入端线性部分的影响；二、相参和非相参积累增益；三、目标起伏对信噪比的影响；四、自动增益控制（AGC）和恒虚警处理（CFAR）的影响；五、包络检波器或相位检波器的影响；六、接收机内部噪声的影响。

6.4.2.1　接收机输入端线性区对干扰的影响

雷达接收机输入端线性部分对干扰的影响主要是干扰与接收机不匹配造成的。雷达几乎都采用匹配滤波器接收机。目标回波与接收机输入端的特性匹配，不会产生功率损失。干扰与目标回波信号的差别是引起干扰功率或干信比损失的主要原因。干扰和目标回波信号在参数上的差别主要表现在带宽、时宽、中心频率和频率变化速度四个方面。干扰和信号的带宽差别对干信比的影响与其中心频率差别有联系，所以四种差别将带来三种损失，分别称为带宽失配损失、时宽失配损失和频率变化速度失配损失。

1. 射频中心频率和带宽失配损失

雷达信号带宽有限，与其匹配的雷达接收机带宽同样有限。雷达接收机中放带宽和中心频率与自己的信号一致，如果干扰信号的带宽和中心频率与雷达接收机的不一致可能引起干扰功率损失。该损失程度取决于三个因素：一、雷达接收机中心频率或目标回波中心频率与干扰信号中心频率之差；二、目标回波信号的带宽；三、干扰信号的带宽。

雷达接收机中放带宽和干扰带宽的重叠程度能反映三因素的共同影响。设雷达接收机中放带宽和干扰带宽分别为 Δf_r 和 Δf_j，射频中心频率和带宽失配引起的干信比损失为

$$L_{f0} = \begin{cases} \Delta f_j / (\Delta f_r \cap \Delta f_j) & \Delta f_r \geq \Delta f_j \\ 1 & \Delta f_r < \Delta f_j \end{cases}$$

设 f_{0j} 和 f_{0r} 分别为干扰信号的中心频率和目标回波的中心频率或雷达接收机中放中心频率，两者之差为

$$f_{jr} = \left| f_{0j} - f_{0r} \right|$$

应答式干扰的 f_{jr} 包括雷达支援侦察设备的频率测量误差和干扰机的瞄频误差，其数值等于两种方

差和的均方根；回答式干扰的 f_{jr} 就是储频误差，转发式干扰的 $f_{jr} = 0$。对于矩形干扰功谱和矩形接收机通频带，L_{f0} 可表示为

$$L_{f0} = \begin{cases} \infty & f_{jr} \geqslant (\Delta f_j + \Delta f_r)/2 \\ \dfrac{(2\Delta f_j)}{(\Delta f_r + \Delta f_j - 2f_{jr})} & |\Delta f_j - \Delta f_r|/2 \leqslant f_{jr} < (\Delta f_j + \Delta f_r)/2 \\ \Delta f_j / \Delta f_r & f_{jr} < |\Delta f_j - \Delta f_r|/2 \text{和} \Delta f_j \geqslant \Delta f_r \\ 1 & f_{jr} < |\Delta f_j - \Delta f_r|/2 \text{和} \Delta f_j < \Delta f_r \end{cases} \tag{6.4.9}$$

2. 时宽失配损失

遮盖性干扰持续时间长，能覆盖雷达的多个脉冲重复周期，没有时宽失配损失问题。干扰跟踪器的脉冲必须通过选通波们才能进入目标回波所在的跟踪波门。选通波门和跟踪波门的宽度、移动速度与目标回波匹配。如果干扰脉冲宽度和移动速度与目标回波有差别，有可能出现时宽失配损失。该损失来自两个方面，一个是干扰的脉宽本身小于雷达脉宽，另一个是干扰机的固有延时和移动速度不匹配使干扰和目标回波脉冲的中心不能对齐引起的时宽失配损失。

干扰机有两种产生干扰脉冲的方法：一、数字储频全脉宽采集存储雷达信号并复制。为了与雷达发射脉冲同步采样，通常将接收的雷达信号整形作为同步采样或控制信号。同步信号的处理和产生需要时间，导致采样信号滞后雷达射频信号，使采集存储的射频脉宽小于实际雷达信号的时宽，复制的射频干扰因其脉宽较小，可能引起干信比损失。二、用测量的脉宽参数引导干扰脉冲产生器，产生视频干扰脉冲。因脉宽测量误差较大，实际干扰脉宽可能小于雷达脉宽。设 τ_t 和 τ_j 分别为雷达发射脉宽和干扰脉宽，脉宽失配引起的干信比损失为

$$L_{wt} = \begin{cases} \tau_t / \tau_j & \tau_j \leqslant \tau_t \\ 1 & \text{其他} \end{cases}$$

单目标脉冲跟踪雷达有距离选通波门，只有与其重合的干扰才能进入跟踪波门起干扰作用。距离选通波门宽度小于等于目标回波宽度且按目标回波速度移动。干扰机的固有延时和移动速度与目标回波的差别都会使两脉冲中心不能对齐，选通波门将把干扰的多余延时部分去掉，造成进入跟踪波门的干扰脉宽小于目标回波脉宽，从而引起时宽失配损失。设干扰机的固有延时或移动速度差别引起的延时为 $\Delta \tau_j$，由此引起的干扰失配损失为

$$L_{vt} = \begin{cases} \tau_t / (\tau_t - \Delta \tau_j) & (\tau_t - \Delta \tau_j) \leqslant \tau_t \\ 1 & \text{其他} \end{cases}$$

搜索雷达没有选通波门和跟踪波门，可忽略 L_{vt} 的影响，但 L_{wt} 的影响仍然存在。假目标干扰要与雷达接收机的机内噪声拼功率，脉宽小，能量小，相同条件下检测目标的概率大于检测假目标的，相当于干噪比损失，等效于干扰时宽失配损失。干扰时宽失配引起的总干信比损失为

$$L_t = \begin{cases} L_{wt} L_{vt} & \text{跟踪雷达} \\ L_{wt} & \text{搜索雷达} \end{cases} \tag{6.4.10}$$

3. 频率变化速度失配损失

接收机的放大倍数或增益分动态和静态两种。放大频率变化信号的增益为动态增益，相反为静态增益。动态增益的大小与输入信号的频率变化速度有关，频率变化速度越快，动态增益越小。雷达接收机的动态增益与自身信号匹配，如果干扰信号的频率变化速度超过雷达信号的频率变化速度，该接收机放大干扰信号的增益将低于放大目标回波的增益，其输出干信比小于输入干信比，等效于干扰功率损失。此损失就是干扰信号频率变化速度失配损失。

噪声调频、调相和扫频干扰信号的载频是变化的，有可能引起频率变化速度失配损失。设干扰信号的频率相对雷达信号载频的变化速度为 f_v，若雷达接收机中放的频率响应为高斯形，带宽为 Δf_r，根据参考资料[14]的分析结果得干扰信号频率变化速度失配损失：

$$L_{fv} = \begin{cases} 1 & f_v / \Delta f_r^2 \leqslant 1 \\ \sqrt{1+0.196\left(\dfrac{f_v}{\Delta f_r^2}\right)^2} & \dfrac{f_v}{\Delta f_r^2} > 1 \end{cases} \tag{6.4.11}$$

对于正弦波或三角波扫频干扰，平均频率变化速度近似为

$$f_v \approx \frac{2\Delta f_j}{T} = 2F_r \Delta f_j$$

锯齿波扫频干扰信号的平均频率变化速度为

$$f_v = \frac{\Delta f_j}{T} = F_r \Delta f_j$$

噪声可当作是宽度、幅度、间隔随机变化的三角脉冲串组成的信号。其调频、调相干扰信号的平均频率变化速度为

$$f_v \approx 2\Delta f_j \Delta F_n$$

上面各式中的 F_v、T、ΔF_n 和 Δf_j 分别为正弦波、三角波或锯齿波的重复频率、重复周期、调频或调相视频噪声带宽和已调波干扰信号的带宽。

由上面的分析结果得雷达接收机线性部分引起的干扰功率总损失：

$$G_f = \begin{cases} L_{f0}L_t L_{fv} & \text{脉冲干扰} \\ L_{f0}L_{fv} & \text{连续噪声干扰} \end{cases} \tag{6.4.12}$$

6.4.2.2 脉冲积累对干扰的影响

常规脉冲雷达只有非相参积累，许多相参雷达既有相参积累又有非相参积累。目前有三种形式的相参积累器：脉冲压缩装置(脉内相参积累)，多普勒滤波器和梳形滤波器。设 τ_T 和 τ 分别为脉压雷达的发射脉宽和压缩处理后的脉宽，脉冲压缩处理增益为

$$G_c = \eta_c \tau_T / \tau = \eta_c \tau_T B \tag{6.4.13}$$

式中，B 和 η_c 分别为脉内调频带宽和压缩效率。若把 τ_T 和 τ 分别当作相位编码脉冲的总宽度和其子脉冲的宽度，式(6.4.13)也适合相位编码雷达。脉压会出现距离旁瓣，压缩效率 η_c 小于 1，一般为 0.6~0.8[1]。常规脉冲雷达的 τ_T 和 τ 相等，相参积累增益 $G_c = 1$。

连续波雷达虽然无脉冲概念，但典型 CW 雷达的信号处理过程和脉冲系统相似，即在带通滤波后进行包络检波(整流)，然后进行低通滤波。为了能采用脉冲雷达的有关检测理论，参考资料[15]给 CW 雷达定义了一个等效相参积累脉冲数或相参积累增益的模型，该模型为

$$G_c = T_1 B_1 \tag{6.4.14}$$

式中，B_1、T_1 分别为接收机检波前的信号带宽和检波器后低通滤波器带宽的倒数。显然式(6.4.14)和式(6.4.13)在形式上是一致的。

大多数脉冲多普勒雷达的脉冲重复频率 F_r 近似等于可检测的目标最高多普勒频率 f_d。设 Δf_d 和 T 分别为单个多普勒滤波器的带宽和脉冲重复周期，该雷达的相参积累增益为

$$G_c = f_d / \Delta f_d \approx F_r / \Delta f_d = T_0 / T = T_0 B_0 \tag{6.4.15}$$

式中，T_0 为相参积累时间，$T_0 = 1/\Delta f_{\rm d}$，$B_0 = 1/T$。

　　合成孔径雷达不但有距离压缩(脉压)还有方位压缩(多普勒滤波)。这里将总压缩比定义为此雷达的相参积累增益或综合信号处理增益，其值等于[16]

$$G_{\rm c} = \eta_{\rm c}\frac{\tau_{\rm T}}{\tau}\frac{L_{\rm s}}{V_1 T} = \eta_{\rm c}\frac{\tau_{\rm T}}{\tau}\frac{2\theta_{0.5}^2 R}{\lambda} = \eta_{\rm c}\tau_{\rm T}B\frac{2\theta_{0.5}^2 R}{\lambda} \tag{6.4.16}$$

式中，$L_{\rm s}$、V_1 和 T 分别为合成孔径雷达天线的有效孔径长度、雷达平台的空速和脉冲重复周期，$\theta_{0.5}$、R 和 λ 分别为合成孔径雷达的波束宽度、雷达平台到目标的距离和工作波长，B 为脉内调频带宽。

　　动目标指示(MTI)雷达采用梳形滤波器，能滤除静止目标，也能消除 0 速附近的噪声干扰，有相参积累能力，但积累效率较低，不如前几种雷达。式(3.2.6)~式(3.2.8)给出了不同加权梳形滤波器的输入、输出信噪比的关系。根据这些关系可得 MTI 雷达对遮盖性干扰的相参积累增益。设动目标处理脉冲数为 n，均匀矩形加权梳形滤波器的相参积累增益为

$$G_{\rm c} = 10\log 0.45n \quad ({\rm dB})$$

矩形的 $(\sin x/x)^2$ 加权梳形滤波器的相参积累增益为

$$G_{\rm c} = 10\log 0.45n + 2.1 \quad ({\rm dB})$$

匹配的 $(\sin x/x)^2$ 加权梳形滤波器的相参积累增益为

$$G_{\rm c} = 10\log 0.45n + 4.3 \quad ({\rm dB})$$

　　动目标检测(MTD)雷达在脉冲对消器后有多普勒滤波器组。虽然这种雷达不能测量目标的真实速度，但能把多普勒滤波器的带宽做到与目标速度匹配，有相参积累作用。MTD 雷达的单个多普勒滤波器的带宽和脉冲多普勒雷达相当，可用式(6.4.15)估算相参积累增益。

　　非相参雷达只能采用非相参积累，用 $G_{\rm nc}$ 表示非相参积累对目标检测和干扰效果的影响，$G_{\rm nc}$ 与参加积累的脉冲数有关。计算非相参积累对干扰功率的影响时，一般将雷达天线波束形状近似成矩形，非相参积累脉冲数 $N_{\rm 3dB}$ 由式(2.4.11)确定。在上述假设条件下，常规脉冲雷达的非相参积累脉冲数为

$$n_{\rm nc} = N_{\rm 3dB}$$

　　雷达的自动目标跟踪器有非相参积累作用。设单目标跟踪雷达的脉冲重复频率为 $F_{\rm r}$，跟踪器的带宽为 ΔB，跟踪器的等效非相参积累脉冲数为

$$n_{\rm nc} = F_{\rm r}/\Delta B$$

　　雷达领域根据检测目标需要的信噪比把脉冲积累增益定义为[3]

$$G_{\rm n} = R(1)/R(n_{\rm n}) \tag{6.4.17}$$

式中，$R(1)$ 和 $R(n_{\rm n})$ 分别为相同检测概率和虚警概率条件下，在单个脉冲基础上和在 $n_{\rm n}$ 个脉冲相参或非相参积累基础上检测同一目标需要的信噪比之比。式(6.4.17)表明对于相同的积累脉冲数，有效干扰目标检测器需要的干信比还受雷达要求的检测概率和虚警概率的影响。前面的非相参积累增益都没涉及检测概率和虚警概率，它们都偏高，如果用积累脉冲数的平方根表示积累增益则偏低。有关检测稳定目标的信噪比与检测概率、虚警概率和非相参积累脉冲数的近似关系式较多[15,17]，利用这些关系式可得非相参积累增益的近似式。Albersheim 关系式[17]描述了以检测概率 $P_{\rm d}$ 和虚警概率 $P_{\rm fa}$ 发现稳定目标需要的信噪比与非相参积累脉冲数 $n_{\rm e}$ 的近似关系：

$$D_a(\text{dB}) = -5\log(n_e) + k\left(6.2 + \frac{4.54}{\sqrt{n_e + 0.44}}\right) \tag{6.4.18}$$

式中，

$$k = \log(A + 0.12AB + 1.7B)$$

$$A = \ln(0.62/P_{fa}) \text{ 和 } B = \ln[P_d/(1-P_d)]$$

有的著作将式(6.4.18)式称为检测因子。由 Albersheim 关系式和积累增益的定义得在指定检测概率 P_d 和虚警概率 P_{fa} 条件下非相参积累 n_e 个脉冲的增益：

$$\begin{cases} G_{nc} = 4.54k\left(\dfrac{1}{\sqrt{1.44}} - \dfrac{1}{\sqrt{n_e + 0.44}}\right) + 5\log n_e & \text{(dB)} \\[4mm] G_{nc} = \sqrt{n_e} \times 10^{0.454k\left(\frac{1}{\sqrt{1.44}} - \frac{1}{\sqrt{n_e + 0.44}}\right)} & \text{十进制数} \end{cases} \tag{6.4.19}$$

参考资料[15]给出了另一种检测稳定目标的检测因子与探测概率、虚警概率和非相参积累脉冲数之间的近似关系式：

$$D_0(n_e) = \frac{X_0}{4n_e}\left(1 + \sqrt{1 + \frac{16n_e}{\xi X_0}}\right) \tag{6.4.18a}$$

式中，

$$X_0 = (g_{fa} + g_d)^2, \quad g_d = \frac{1.231t}{\sqrt{1-t^2}}, \quad g_{fa} = 2.36\sqrt{-\log P_{fa}} - 1.02 \text{ 和 } t = 0.9(2P_d - 1)$$

式中，P_{fa} 和 P_d 分别为目标检测要求的虚警概率和探测概率；n_e 为等效非相参积累脉冲数，是双程信号功率电平从天线波束的最大值变化到 $1/e$ 点之间接收到的脉冲数。就高斯形天线方向图而言，n_e 和 N_{3dB} 之间的关系为

$$n_e = 0.4246N_{3dB}$$

干扰通常将雷达天线方向图近似成矩形，此时 $n_e = N_{3dB}$；ξ 为包络检波器的效率。对于普通的均匀加权积累器和恒定信号电平以及平方率检波器($y=x^2$) $\xi = 1$；线性检波器($y=x$) $\xi = 0.915$；对数检波器($y=\ln x$)的 $\xi = 0.618$。由积累增益的定义和式(6.4.18a)得非相参积累增益：

$$G_{nc} = \left[n_e\left(1 + \sqrt{1 + \frac{16}{\xi X_0}}\right)\right]\bigg/\left(1 + \sqrt{1 + \frac{16n_e}{\xi X_0}}\right) \tag{6.4.19a}$$

当 n_e 很大时，式(6.4.19)和式(6.4.19a)的值都趋于

$$G_{nc} \approx \sqrt{n_e} \tag{6.4.19b}$$

式(6.4.19)或式(6.4.19a)为任意非相参积累脉冲数、检测概率和虚警概率条件下的非相参积累增益模型。3.2.1.2 节曾指出当积累脉冲数较少且要求较精确时，可用下式近似估算非相参积累增益：

$$G_{nc} \approx n_e^\gamma \tag{6.4.19c}$$

由式(6.4.19)式得任意非相参积累脉冲数、检测概率和虚警概率条件下 γ 的数值：

$$\gamma = \frac{G_{nc}(\text{dB})}{10\log n_e} = \frac{1}{10\log n_e}\left[4.54k\left(\frac{1}{\sqrt{1.44}} - \frac{1}{\sqrt{n_e + 0.44}}\right) + 5\log n_e\right] \tag{6.4.20}$$

按照同样的处理方法，从式(6.4.19a)也能得到 γ 的近似值：

$$\gamma \approx \frac{\log\left\{n_{\mathrm{e}}\left[\left(1+\sqrt{1+\dfrac{16}{\xi X_0}}\right)\middle/\left(1+\sqrt{1+\dfrac{16n_{\mathrm{e}}}{\xi X_0}}\right)\right]\right\}}{\log_{n_{\mathrm{e}}}} \tag{6.4.20a}$$

由于 n_{e} 的定义不同，用上两式计算的 γ 值有差别。从对干扰不利的原则出发，计算压制系数时应选择其中的较大者。

计算积累增益时，可把遮盖性干扰近似成雷达的机内噪声，式(6.4.19)和式(6.4.19a)可直接用于雷达目标检测。自动目标跟踪器没有检测概率和虚警概率要求，且积累脉冲很多，可用式(6.4.19b)近似估算非相参积累增益。

6.4.2.3　目标起伏对干扰的影响

目标特性对雷达和雷达干扰同等重要，本书将它作为一个独立环节来研究。复杂目标的回波可看成是许多反射点的反射信号之矢量和。如果目标的运动姿态相对雷达变化，这些反射点的信号入射角将发生变化，它们的矢量和也会跟着变化，从而引起目标处反射场强的变化，反射场强变化会引起目标雷达截面的变化。2.4 节已说明目标雷达截面起伏将导致雷达接收信号幅度起伏，其平均幅度小于最大幅度。与稳定目标回波相比，目标起伏将引起脉冲积累损失。要获得与检测稳定目标相同的检测概率，必须增加信噪比或信杂比。需要增加的信噪比或信杂比就是目标起伏引起的积累损失。2.4 节还说明目标起伏对目标检测和干扰有相同的影响，与压制稳定目标回波相比，获得同样干扰效果需要更大的压制系数。估算压制系数时，也需要考虑目标起伏的影响。

研究检测起伏目标性能的方法有两种，一种是只建稳定目标的检测概率与虚警概率和信噪比之间的定量关系，在此基础上增加各种起伏目标相对稳定目标的积累信噪比损失，可得雷达检测特定起伏目标的性能。这种研究方法需要确定稳定目标单个脉冲检测性能和各类起伏目标的非相参脉冲积累损失。确知信号就是稳定目标回波，式(3.2.11)为该信号单个脉冲的检测概率模型：

$$D^2 = [\Phi^{-1}(P_{\mathrm{fa}}) - \Phi^{-1}(P_{\mathrm{d}})]^2$$

2.4.2 节给出了斯韦林Ⅰ、Ⅱ、Ⅲ、Ⅳ型起伏目标的脉冲积累损失模型，分别如式(2.4.6)～式(2.4.9)所示。把式(3.2.11)的值与式(2.4.6)～式(2.4.9)之一的值相乘，可得 4 种起伏目标信号之一的检测性能。

研究检测起伏目标性能的另一种方法是，直接建立各种起伏目标的检测概率与虚警概率和平均信噪比之间的关系。这种研究方法又分两种。一种是基于单脉冲的，另一种是基于多脉冲的。基于单个脉冲的目标起伏模型有三种：未知相位信号，斯韦林Ⅰ、Ⅱ型Ⅲ、Ⅳ型起伏目标。它们的检测性能如式(3.2.12)～式(3.2.14)所示。这里用平均信噪比形式，其中检测确知信号的性能为

$$\bar{D}^2 \approx [\sqrt{2\ln(1/P_{\mathrm{fa}})} - \Phi^{-1}(P_{\mathrm{d}})]^2 \tag{6.4.21}$$

其中，$\bar{D}^2$ 和下面的 $\bar{D}_{12}^2$、$\bar{D}_{34}^2$ 都是指平均信噪比，有干扰时它们就是平均信干比。斯韦林Ⅰ、Ⅱ型起伏目标回波的检测性能为

$$\bar{D}_{12}^2 = \frac{\ln P_{\mathrm{fa}} - \ln P_{\mathrm{d}}}{\ln P_{\mathrm{d}}} \tag{6.4.22}$$

斯韦林Ⅲ、Ⅳ型起伏目标的检测性能 $\bar{D}_{34}^2$ 可用隐函数或检测曲线表示，由式(3.2.14)式能得到隐函数的具体表示形式。

基于多脉冲的起伏目标的积累检测性能如式(3.2.19)～式(3.2.23)式所示，下面用信噪比的形式表示这些模型。非闪烁非相参信号的积累检测性能为

$$\bar{D}_{N0} = \frac{2[\Phi^{-1}(P_{\mathrm{fa}}) - \Phi^{-1}(P_{\mathrm{d}})]}{\Phi^{-1}(P_{\mathrm{d}}) + \sqrt{N}} \tag{6.4.23}$$

其中，N 为非相参积累脉冲数，条件是 $N \gg 1$。斯韦林 I 型起伏目标的积累检测性能为

$$\bar{D}_{N1}^2 \approx \frac{2[\sqrt{N}\Phi^{-1}(P_{\mathrm{fa}}) + 1]}{N\ln(1/P_{\mathrm{d}})} \tag{6.4.24}$$

斯韦林 II 型起伏目标的积累检测性能与式 (6.4.23) 相同。斯韦林 III 型起伏目标的积累检测性能为

$$\bar{D}_{N3}^2 \approx \frac{4\Phi^{-1}(P_{\mathrm{fa}})}{M\sqrt{N}} \tag{6.4.25}$$

其中，M 是检测概率的函数，等于

$$\ln(1/P_{\mathrm{d}}) = M - \ln(1 + M)$$

斯韦林 IV 型起伏目标的积累检测性能为

$$\bar{D}_{N4} = \frac{2[\Phi^{-1}(P_{\mathrm{fa}}) - \Phi^{-1}(P_{\mathrm{d}})]}{\sqrt{N}} \tag{6.4.26}$$

本书将非相参积累对干扰效果的影响作为独立因素考虑，计算压制系数只涉及单个脉冲的检测问题，此条件下的目标起伏模型只有三种：未知相位信号、斯韦林 I、II 型和斯韦林 III、IV 型起伏目标。

6.4.2.4 自动增益控制（AGC）和恒虚警（CFAR）对干扰的影响

目标有大有小，距雷达有远有近，回波电平变化很大。处理小信号需要高增益放大器，大信号可能使其饱和，成为限幅器。限幅可能丢失信号的包络信息，也可能引入新的频率成分，影响目标检测。为防止接收机饱和而丢失信息或引入虚假信息，所有雷达都有控制增益的措施。有的雷达只有人工增益控制，有的只有自动增益控制，还有的既有自动增益控制（AGC），又有人工增益控制，通过开关选择其中的一种或者大范围用人工方式，小范围内用 AGC 方式。AGC 对单目标跟踪雷达尤其重要，除了防止接收机饱和、归一化跟踪器的输入信号、降低目标回波幅度起伏对跟踪精度的影响外，还能增大误差鉴别曲线的线性区。虽然 AGC 可防止接收机饱和，却有加剧强干扰压制目标回波的副作用。

图 6.4.3 为无延迟理想 AGC 控制特性曲线，其中 U_{in}、$K_{\max}$、$\tan\alpha$ 和 K_{ag} 分别为 AGC 电路的输入信号、接收机最大增益（AGC 控制电压为 0 时的增益）、AGC 控制曲线的斜率和在 AGC 作用下接收机的实际放大倍数。AGC 电路是带积分环节的闭环自动调整系统，根据具体电路可写出微分方程，求解微分方程得接收机输出、输入电压的关系或接收机增益与输入信号电平的关系。假设接收机对信号无非线性作用，接收机的带宽远大于 AGC 电路的带宽（所有接收机都能满足此条件），还假设 AGC 电路只用单节 RC 滤波器，在 AGC 作用下接收机的输出电压可表示为[19]

$$U_0 = \frac{1 + K_{\mathrm{ef}}U_{\mathrm{in}}\exp\left(-\dfrac{t}{\tau_{\mathrm{a}}}\right)}{1 + K_{\mathrm{ef}}U_{\mathrm{in}}}K_{\max}U_{\mathrm{in}}$$

式中，

$$\tau_{\mathrm{a}} = \frac{T_{\mathrm{A}}}{1 + K_{\mathrm{ef}}U_{\mathrm{in}}} \quad \text{和} \quad K_{\mathrm{ef}} = K_{\mathrm{fb}}\tan\alpha$$

K_{fb}、τ_a 和 T_A 分别为 AGC 环路中反馈电路的放大倍数，反馈环路的等效时间常数和 AGC 电路的时间常数。受 AGC 控制后雷达接收机的实际放大倍数为

$$K_{ag} = \frac{1 + K_{ef}U_{in}\exp\left(-\dfrac{t}{\tau_a}\right)}{1 + K_{ef}U_{in}}K_{max}$$

信号和干扰的持续作用时间远大于 AGC 电路的时间常数，可用 AGC 的稳态性能描述它对干扰效果的影响。令 $t\to\infty$，即令上两式中负指数项的值等于 0，可得稳态条件下接收机增益 K_∞ 和稳态输出电压 U_∞：

$$K_\infty = \frac{K_{max}}{1 + K_{ef}U_{in}} = \frac{K_{max}}{1 + K_{ef}\sqrt{S}} \tag{6.4.27}$$

$$U_\infty = \frac{K_{max}U_{in}}{1 + K_{ef}U_{in}} \tag{6.4.28}$$

式中，S 为无干扰时接收机输入信号的脉冲功率。如果 $K_{ef}U_{in} \gg 1$，上两式可进一步简化为

$$U_\infty = \frac{K_{max}}{K_{ef}} \tag{6.4.29}$$

$$K_\infty = \frac{K_{max}}{K_{ef}U_{in}} = \frac{K_{max}}{K_{ef}\sqrt{S}} \tag{6.4.30}$$

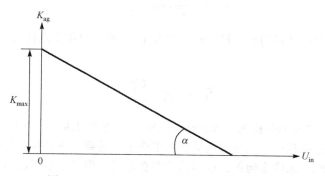

图 6.4.3　无延迟理想 AGC 控制特性示意图

式 (6.4.29) 说明，对于理想 AGC 控制特性，不管输入是单纯的目标回波还是目标回波加干扰，接收机的稳态输出信号电平与输入信号电平无关，维持常数，这就是 AGC 电路归一化接收机输出信号的作用。很长一段时间以来，认为 AGC 是维持接收机输出信号幅度为常数，该结论只对规则波形的信号成立。对于一般信号，AGC 不是维持接收机输出信号幅度为常数，而是保持输出功率为常数[9]。设放干扰前只有目标回波，接收机输出功率维持在某个固定电平上，为了使有干扰后接收机输出功率仍然保持在该电平上，AGC 要用部分干扰功率置换部分信号功率，以维持接收机输出总功率不变。干扰越强，置换出的信号功率越多，目标回波功率在总输出功率中占的比例越小。如果干扰和目标回波同时存在，控制接收机增益的是两种信号的合成电压有效值。如果两者不相关，合成电压的平均值近似为 $\sqrt{S+J}$，其中 J 为干扰功率，式 (6.4.30) 变为

$$K_\infty \approx \frac{K_{max}}{K_{ef}\sqrt{S+J}} \tag{6.4.31}$$

如果目标和干扰同时存在，AGC 会降低目标回波功率在雷达接收机总输出功率中占的比例。无干扰时目标回波功率在总输出功率中占的比例为 1，有干扰后该比例将降低到 $S/(S+J)$，干扰功率的比例将从 0 升至 $J/(S+J)$。因干扰大于目标回波，AGC 的作用等效于降低接收机放大目标回波的增益。研究表明，AGC 将使接收机的稳态功率增益减少到正常值的 $1/C_a$[18]。C_a 称为自动增益因子。由式 (6.4.30) 和式 (6.4.31) 得 C_a 的值：

$$C_a = \left[\left(\frac{K_{max}}{K_{ef}\sqrt{S}} \right) \bigg/ \left(\frac{K_{max}}{K_{ef}\sqrt{S+J}} \right) \right]^2 = \frac{S+J}{S} = 1 + \frac{J}{S} \tag{6.4.32}$$

式 (6.4.32) 表明，干信比越大，接收机放大目标回波的增益下降越厉害，输出的目标回波功率越小。雷达的检测门限是按要求的虚警概率预先设定的，干信比大到一定程度后，可使目标回波小于检测门限而成为漏警。尽管雷达接收机放大干扰的增益同等减小，因干扰比目标回波强得多，大部分干扰成分仍然能通过检测门限起干扰作用。

前面已说明 AGC 对单目标跟踪雷达尤其重要。若存在强干扰，AGC 不但会影响目标检测和人工目标跟踪，而且会影响跟踪性能。跟踪器伺服系统的等效带宽和克服基座摩擦的转矩都按 $1/\sqrt{C_a C_d}$ 变化[9]（C_d 为检波因子）。在强干扰条件下，AGC 不但会增加跟踪误差，还可能使跟踪不稳定而丢失目标。

虚警概率是机内噪声、杂波或遮盖性干扰等随机信号超过检测门限的概率。遮盖性干扰可近似成高斯白噪声，通过雷达接收机后，其包络的概率密度函数为

$$P(x) = \frac{x}{\sigma^2} \exp\left(-\frac{x^2}{2\sigma^2} \right)$$

式中，σ^2 为包络检波前的噪声功率。设检测门限为 U_T，把门限和上式代入式 (6.1.14) 并积分得虚警概率：

$$P_{fa} = \exp\left(-\frac{U_T^2}{2\sigma^2} \right) \tag{6.4.33}$$

式 (6.4.33) 说明虚警概率是检测门限和输入随机信号功率的函数。当 U_T 为固定值时，随机信号的功率越大，虚警概率越高。维持雷达恒虚警工作十分重要。虚警概率的变化会给雷达及其服务的作战指挥控制系统带来许多问题。过多的虚警会造成操作员、指挥员精神紧张，有可能发现不了本来应该发现的威胁，也可能使武器系统错误的分配目标或使指挥控制中心错误的调动兵力等等。

CFAR 的作用就是维持虚警概率恒定，使其不随输入随机信号功率变化而变化。恒虚警处理的实质就是对目标检测器前的随机信号进行适当变换，把它的功率归一化成固定值 1，把均值变为 0。随机信号的概率分布函数不同，恒虚警变换方式不同，导致 CFAR 的类型较多，但工作原理相同。下面以使用较早且用得较多的单元平均恒虚警（CA-CFAR）为例，讨论其作用原理和对干扰效果的影响。

图 6.4.4 为 CA-CFAR 处理器原理图。图中的 $V_1 \sim V_n$ 表示接收机的部分相邻检测单元及其接收信号，也是参与恒虚警处理的检测单元。处于 $V_1 \sim V_n$ 中间的 V_s 为被检测单元及其接收信号，靠近被检测单元两边的一个或几个检测单元称为保护单元。保护单元在不同的雷达信号处理中可能有不同的用途，但一般不影响恒虚警门限。求和及加权处理从干扰信号或环境杂波中获得恒虚警门限。规一化处理完成对干扰功率的规一化，使其变为常数 1。

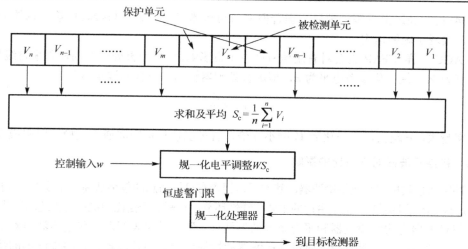

图 6.4.4　单元平均恒虚警处理器原理图

CA-CFAR 的具体工作过程分三步：

(1)计算除保护单元和检测单元以外单元的接收信号平均值，把它作为恒虚警门限的参考电平。如果随机信号的包络为瑞利分布，统计平均值为

$$m = \sigma\sqrt{\pi/2}$$

对于各态历经平稳随机过程，只要样本数足够大，干扰样本的平均值 S_c 等于随机信号的统计平均值 m：

$$S_c = \frac{1}{n}\sum_{i=1}^{n}V_i = m = \sigma\sqrt{\pi/2}$$

(2)计算规一化电平。规一化电平就是所谓的恒虚警门限。规一化就是把随机信号的功率变换成常数。为了刚好能将随机信号的功率规一化成 1，需要计算规一化参考电平的加权系数。由上式知，如果加权系数为

$$W = \sqrt{2/\pi}$$

规一化电平或恒虚警门限为

$$WS_c = \sqrt{\frac{2}{\pi}}\left(\sigma\sqrt{\frac{\pi}{2}}\right) = \sigma$$

(3)规一化处理。规一化由规一化处理器完成。如果输入来自非对数电路，规一化处理器为除法运算器。如果输入来自对数放大器，则为减法器。如果用减法处理，其输出还要进行反对数处理，以便用线性幅度比例显示信号。设恒虚警处理器的输入为瑞利分布，变量为 x 且来自线性放大器。规一化就是完成除法运算。设除法运算器输出的随机变量为 y，作变换 $y = x/\sigma$，用计算函数概率密度函数的方法得除运算后输出信号的概率密度函数：

$$P(y) = y\exp\left(-\frac{y^2}{2}\right)$$

把上式和门限 U_T 代入式(6.1.14)并积分得恒虚警处理后的虚警概率：

$$P_{fa} = \exp\left(-\frac{U_T^2}{2}\right) \tag{6.4.34}$$

式(6.4.34)说明经过恒虚警处理后，虚警概率只与检测门限有关，与接收机输入端的随机信号功率无关，实现了虚警恒定。

和 AGC 一样，CFAR 也会对有用信号产生不良影响。设恒虚警处理器的输入来自线性放大器，信号幅度为 V_s，规一化参考电平为 σ，恒虚警处理器输出的目标回波幅度为

$$V_0 = \frac{V_s}{\sigma}$$

干扰功率越大，σ 越大，规一化后 V_0 减小 σ 倍，有可能使目标回波通不过检测门限成为漏警。

6.4.2.5　包络检波器对干信比的影响

脉冲雷达接收机都有包络检波器，其作用是把含有目标信息的包络从高频振荡中分离出来。包络检波器是雷达的重要环节，也是雷达的主要非线性环节，它影响干信比的机理与雷达的其他环节不同。

包络检波器有线性检波器和平方率检波器两种。研究结果表明两种包络检波器对干信比的影响相似，差别很小，一般用平方律包络检波器的性能近似其他检波器。包络检波器的特性是指其输出、输入信噪比之间的关系。参考资料[5,20]等研究了包络检波器对输出信噪比的影响，其中参考资料[20]用下式描述包络检波器输入、输出信噪比的关系：

$$\left(\frac{S}{N}\right)_o = \frac{1}{k_s}\frac{(S/N)_i^2}{1+2(S/N)_i}$$

式中，$(S/N)_o$ 和 $(S/N)_i$ 分别为包络检波器的输出、输入信噪比，k_s 是与信号波形有关的常数，对于矩形包络信号 $k_s \approx 1$，对于钟形(高斯形)包络信号 $k_s = \sqrt{2}$。脉冲雷达采用矩形脉冲，从对干扰不利的角度考虑，令 $k_s = 1$，上式变为

$$\left(\frac{S}{N}\right)_o = \frac{(S/N)_i^2}{1+2(S/N)_i} \tag{6.4.35}$$

遮盖性干扰样式的特性与高斯白噪声相似，用干信比 $(J/S)_o$ 和 $(J/S)_i$ 分别替代式(6.4.35)中的输出、输入信噪比的倒数得包络检波器输出、输入干信比之间的关系：

$$\left(\frac{J}{S}\right)_o = \left(\frac{J}{S}\right)_i\left[2+\left(\frac{J}{S}\right)_i\right]$$

式是，$(J/S)_o$ 和 $(J/S)_i$ 分别为包络检波器的输出和输入干信比。

式(6.4.35)说明如果输入信噪比远大于 1，包络检波器输出信噪比与输入信噪比成正比。如果输入信噪比远小于 1，输出信噪比与输入信噪比的平方成正比。对于上述两个极端情况，式(6.4.35)近似为

$$\left(\frac{S}{N}\right)_o \approx \begin{cases} \frac{1}{2}\left(\frac{S}{N}\right)_i & \left(\frac{S}{N}\right)_i \gg 1 \\ \left(\frac{S}{N}\right)_i^2 & \left(\frac{S}{N}\right)_i \ll 1 \end{cases} \tag{6.4.36}$$

式(6.4.36)可用干信比表示为

$$\left(\frac{J}{S}\right)_o \approx \begin{cases} 2\left(\frac{J}{S}\right)_i & \left(\frac{J}{S}\right)_i \ll 1 \\ \left(\frac{J}{S}\right)_i^2 & \left(\frac{J}{S}\right)_i \gg 1 \end{cases}$$

上式说明当干信比远大于 1 时，包络检波器输出干信比与输入不成正比，这种现象称为小信号抑

制效应。所有非线性器件都有小信号抑制效应。小信号抑制效应会改变非线性器件输入、输出信号之间的功率比例关系，这种改变究竟对谁有利，取决于输入信号功率和噪声或干扰功率的相对大小，谁大对谁有利。

式(6.4.35)是在以下两个假设条件下得到的，一、精确知道输入信号加噪声的概率分布且噪声为高斯白噪声；二、检波器后接低通滤波器。如果输入信号与假设有差别，对于输入信噪比或干信比很大和很小的两个极端情况，实际输出干信比与式(6.4.36)相差很小。如果输入信噪比或干信比处于两个极端之间的过渡区会引入较大误差，参考资料[8]推荐用下式近似过渡区输出、输入干信比的关系：

$$\left(\frac{J}{S}\right)_o = \left(\frac{J}{S}\right)_i \left(\frac{2S+J}{2S}\right)_d \tag{6.4.37}$$

式(6.4.37)中带下标 d 的项称为检波因子 C_d，表示检波器大信号对小信号的抑制作用，C_d 等于：

$$C_d = \frac{2S+J}{2S} \tag{6.4.38}$$

式(6.4.37)和式(6.4.38)中的 S 和 J 分别为包络检波器的输入信号功率和干扰功率。图 6.4.5 为平方律包络检波器的 C_d 与输入干信比的关系曲线，可说明非线性器件的小信号抑制作用。有关参考资料未给出干信比或信干比处于什么程度才是过渡区。测试表明，大约在 $(+8\sim-8)\,dB$ 内的区域可近似为过渡区。图 6.4.5 的曲线只适合包络检波器输入干信比在 $\pm 8dB$ 范围内的场合。若输入干信比大于 $8dB$ 或小于 $-8dB$，可从图 3.3.6 查到 C_d。上述分析说明，包络检波器对输出信噪比的总影响可分三段解析近似为

$$\left(\frac{S}{N}\right)_o \approx \begin{cases} (S/N)_i^2 & (S/N)_i \ll 1 \\ 0.5(S/N)_i & (S/N)_i \gg 1 \\ (S/N)_i / C_d & \text{过渡区} \end{cases} \tag{6.4.39}$$

根据式(6.4.39)的关系，可把输出信噪比转换到非线性器件(包络检波器)的输入端，由此得：

$$\left(\frac{S}{N}\right)_i \approx \begin{cases} \sqrt{(S/N)_o} & (S/N)_o \ll 1 \\ 2(S/N)_o & (S/N)_o \gg 1 \\ (S/N)_o C_d & \text{过渡区} \end{cases} \tag{6.4.39a}$$

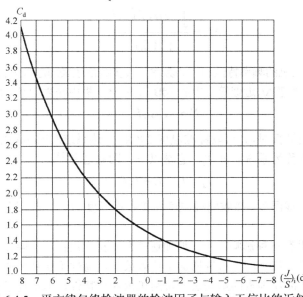

图 6.4.5　平方律包络检波器的检波因子与输入干信比的近似关系

一般而言，遮盖性干扰功率远大于雷达机内噪声功率，可忽略机内噪声的影响。由上式得检波器输入、输出干信比的分段解析近似式：

$$\left(\frac{J}{S}\right)_o \approx \begin{cases} (J/S)_i^2 & (J/S)_i \gg 1 \\ 2(J/S)_i & (J/S)_i \ll 1 \\ C_d(J/S)_i & \text{过渡区} \end{cases} \tag{6.4.40}$$

式 (6.4.3)～式 (6.4.8) 中的函数 $f(R_i)$ 表示包络检波器输入与输出干信比的关系。对 $(J/S)_i$ 求解式 (6.4.40) 得 K_i 与 R_i 的转换关系：

$$K_i = f(R_i) = \left(\frac{J}{S}\right)_i \approx \begin{cases} \sqrt{(J/S)_o} & (J/S)_i \gg 1 \\ (J/S)_o/2 & (J/S)_i \ll 1 \\ (J/S)_o/C_d & \text{过渡区} \end{cases} \tag{6.4.40a}$$

6.4.2.6　机内噪声对干扰效果的影响

雷达接收机的内部噪声称机内噪声。机内噪声包括天线及其馈线的热阻噪声和有源器件的噪声等。就战术雷达而言，机内噪声是噪声的主要来源，也是限制战术雷达接收机灵敏度或作用距离的主要因素。这里简单分析雷达接收机内部噪声对干扰效果的影响。

在接收技术中用噪声系数表示接收机对噪声电平的影响或接收机对噪声的"贡献"。噪声系数 F_n 定义为接收机输入信噪比 $(S/N)_i$ 与输出信噪比 $(S/N)_o$ 之比：

$$F_n = \frac{(S/N)_i}{(S/N)_o} \tag{6.4.41}$$

噪声系数 F_n 与机内噪声功率的关系为

$$N = kT_t\Delta f_n F_n$$

其中 k 为波尔兹曼常数，$k = 1.38 \times 10^{-23}$ 焦耳/度（K）；T_t 和 Δf_n 分别为接收机温度（开氏温度）和接收机的噪声带宽，根据功率等效原理得 Δf_n[15]的数值：

$$\Delta f_n = \frac{\int_{-\infty}^{\infty}|H(f)|^2\,\mathrm{d}f}{|H(f_0)|^2}$$

式中，$H(f)$ 和 f_0 分别为接收机的频率特性和中心频率。大多数雷达采用超外差接收机，通频带的矩形系数较好，接收机的噪声带宽 Δf_n 近似等于中放 3dB 带宽 Δf_r，机内噪声功率可用下式近似：

$$N \approx kT_t\Delta f_r F_n \tag{6.4.42}$$

在雷达对抗中或只作粗略计算时，T_t 可取标准温度 290K。雷达系统对噪声功率的计算要求较精确。雷达距离方程中用的温度称为系统温度 T_s，它是以下三因素之和[21]

$$T_s = T_a + T_r + L_rT_e$$

其中 T_a、T_r 和 T_e 分别为天线温度、接收路径温度和接收机温度，L_r 为天线到接收机的馈线损耗（用十进制数表示）。

机内噪声对干扰效果有三种影响：一、增加遮盖性干扰作用；二、降低雷达检测假目标的概率，影响假目标干扰效果；三、产生虚警增加干扰效果。遮盖性干扰和机内噪声都能掩盖目标回波，考虑遮盖性干扰样式品质因素的影响后，可用机内噪声特性近似描述遮盖性干扰掩盖目标回波的能力。机内噪声和遮盖性干扰不相关，真正影响雷达目标检测的是机内噪声功率与考虑干扰样式品质因素影响后的干扰功率 P_j 之和：

$$J = P_j + N$$

设雷达目标检测器输入端的有用信号功率为 S，可用有、无机内噪声的干信比表示机内噪声对遮盖性干扰的影响：

$$K_{pn} = \frac{P_j + N}{S} / \frac{P_j}{S} = 1 + \frac{N}{P_j}$$

其中 N/P_j 为噪干比（机内噪声功率与干扰功率之比）。上式表明机内噪声对遮盖性干扰有好处，它增加了起掩盖作用的干扰功率，等效于增加干信比。上式还表明当机内噪声功率一定时，干扰功率越大，机内噪声对干扰效果的相对影响越小。雷达接收机的内部噪声功率一般较小，只在远距离上才影响目标检测，计算遮盖性干扰效果时，可忽略机内噪声的影响。

雷达只有检测到假目标，假目标才可能起干扰作用。影响雷达检测假目标的因素是机内噪声。机内噪声降低检测假目标的概率意味着它会降低假目标干扰作用。

雷达接收机的内部噪声不但能降低真、假目标的检测概率，还会引起虚警。式 (6.1.14) 为高斯白噪声引起的虚警概率。该式说明，即使检测门限很高，也不能完全消除虚警的影响。虚警对遮盖性和多假目标干扰都有好处。无虚警时，雷达在遮盖性干扰中发现的目标一定是真目标。一旦发现目标，就能 100% 的截获真目标。如果存在虚警，雷达必须通过真、假判别后才能作出决定。任何雷达无法完全区分真、假，有可能将虚警当成目标处理。所以虚警能降低雷达发现真目标的概率，有利于遮盖性干扰。虚警以假目标的形式出现，出现一次虚警就是出现一次假目标。显然虚警能增加假目标数量，能提高干扰效果。雷达的机内噪声功率是固定的且对虚警限制很严，机内噪声引起的虚警非常低，就评估多假目标干扰效果而言，可忽略虚警的影响。但是计算压制系数时，必须对虚警概率提出具体要求。

虚警有不同的度量方法，虚警概率是用得最多的一种形式。除虚警概率外还有虚警率或虚警数。虚警率定义为单位时间内虚警出现的平均次数。如果对信号加噪声的检波输出进行独立采样，且采样时间间隔 Δt 大于信号的相关时间，则虚警率为[15]

$$R_{fa} = P_{fa} / \Delta t \tag{6.4.43}$$

式中，P_{fa} 为虚警概率。只要检波器输出的取样率等于或低于系统带宽 B（对于常规脉冲雷达 B 为脉宽的倒数）就能得到独立或近似独立的样本。在这种条件下，式 (6.4.43) 可写成如下形式[15]：

$$R_{fa} = BP_{fa} \tag{6.4.44}$$

对于把检波器输出与门限进行连续比较的系统，常常采用平均虚警率。平均虚警率定义为[15]

$$R_{fa} = \sqrt{4\pi \ln P_{fa}} \, B_{rms} P_{fa}$$

式中，B_{rms} 为接收机的均方根带宽，定义为

$$B_{rms}^2 = \frac{1}{B_n} \int_{-\infty}^{\infty} f^2 G(f) \, \mathrm{d}f$$

式中，$G(f)$、B_n 分别为接收机的幅频特性和噪声带宽。有时用虚警数表示发生虚警的大小，虚警数与虚警概率的近似关系为[15]

$$n_{fa} = \frac{\ln 0.5}{\ln(1 - P_{fa})} \approx \frac{0.693}{P_{fa}}$$

雷达有多种专用抗干扰电路，可处于雷达系统的任何部位，但多数处于接收机内。第 3 章讨论了几种常用抗干扰电路的作用，已得到了压制系数中 G_k 的模型。只要将抗干扰电路的参数、干扰参数和信号参数代入有关的数学模型，就能得到 G_k 的数值。

6.4.3 R_1 和 K_{j0} 的数学模型

为了能用雷达检测因子、可见度因子和滑动跟踪条件确定压制系数，把非线性环节对压制系数的影响从已有压制系数的 R_i 中分离出来。为了方便说明压制系数的推导方法和建模过程，6.4.1.2 节定义了两组参数，即 $R_1 \sim R_5$ 和 K_{j0}、D_j、D_0、K_{t0}、K_v（下面用 K_i 表示其中的任何一个）。两组参数有一一对应关系，其定义环节仅差一个非线性环节。根据包络检波器或相位检波器输入、输出干信比的函数关系，两组参数可进行相互转换，计算压制系数的关键是确定 $R_1 \sim R_5$。

受机内噪声或杂波等影响，为避免过多错误引起较大风险，无论雷达目标检测还是目标跟踪都设置了信噪比门限。检测因子或识别系数、可见度因子和稳定跟踪条件就是这些门限的具体表现形式。执行门限判别的装置有自动目标检测器、视觉目标检测器和跟踪器。如果这些装置的输入信噪比低于有关门限，雷达无法完成规定的作战任务。只要遮盖性干扰能使这些装置的输入信干比小于有关门限，就能获得需要的干扰效果。

雷达目标检测门限就是检测因子 D^2，D^2 是满足规定虚警概率和检测概率时，在目标检测器输入端需要的最小信噪比。R_1 是有效干扰时，在目标检测器输入端需要的最小干信比，相当于有效干扰要求的干信比门限。有效干扰条件同样由规定的虚警概率和检测概率确定。不难看出 R_1 与 D^2 的相似之处很多。如果能用确定 D^2 的方法来计算 R_1，不但能显著简化压制系数的计算，还能借助检测因子的近似模型得到压制系数的近似模型。只要找到了 R_1 与 D^2 的关系，就能用雷达确定 D^2 的方法计算 R_1。

D^2 定义在目标检测器输入端，是满足规定虚警概率和检测概率需要的最小信噪比，反映信噪比与检测概率和虚警概率之间的函数关系。R_1 定义在目标检测器输入端，同样是满足规定检测概率和虚警概率要求需要的最小干信比，反映干信比与检测概率和虚警概率之间的函数关系。两者的主要差别有：一、表示形式不同。D^2 用信噪比表示，噪声为接收机内部噪声。R_1 用干信比表示，干扰为各种调制形式的噪声；二、两者对检测概率的要求不同，雷达要求较高的检测概率或高信噪比，干扰要求小检测概率或低信噪比。两者的相同之处有：一、都与要求的检测概率和虚警概率有关；二、与目标回波功率和干扰信号功率有关；三、两者都定义在目标检测器输入端。由雷达系统组成、目标检测原理和各环节的信噪比传输函数，可化解有关的差异，得到两者之间的定量关系。

D^2 与 R_1 的第一个差别包括两点：噪声与遮盖性干扰和信噪比与干信比。噪声和遮盖性干扰的差别是后者掩盖目标回波的能力较差，如果从干扰功率上扣除遮盖性干扰样式品质因素的影响，可消除机内噪声和遮盖性样式的第一个差别。遮盖性干扰样式的品质因素已包含在 F_i 中，D^2 与 R_1 的第一点差别实际上并不存在。当遮盖性干扰远大于雷达接收机的内部噪声时，信噪比近似等于信干比。信干比和干信比具有倒数关系，即可用检测因子的倒数近似 R_1 即

$$R_1 \approx \frac{1}{D^2} \tag{6.4.45}$$

虽然雷达和干扰要求的检测概率有很大差别，对应的信噪比和干信比也有较大的差别，但是 D^2 适应的检测概率和虚警概率的范围非常宽，完全能满足确定 R_1 的需要。由此知 D^2 与 R_1 的第二个差别不是本质的。只要把干扰要求的检测概率和虚警概率代入 D^2 的表达式，再把所得结果取倒数即得 R_1。显然用检测因子直接推导 R_1 的数学模型是可行的。

确定遮盖性样式对目标检测器的压制系数需要知道 K_{j0}，K_{j0} 与 R_1 的差别是前者定义在包络检波器的输入端，后者定义在包络检波器的输出端。包络检波器的输入、输出信噪比或干信比有确定的函数关系，如式 (6.4.40a) 所示。利用这种关系可把 R_1 转换到包络检波器输入端，由此得 K_{j0}。雷达在多脉冲非相参积累基础上检测目标，D^2 与 R_1 都是多脉冲积累结果。设受干扰雷达的非相参积累增益为 G_{nc}，单个脉冲的平均信噪比为 q^2，则

$$\begin{cases} D^2 = q^2 G_{nc} \\ R_1 = 1/(q^2 G_{nc}) \end{cases} \tag{6.4.46}$$

如果非相参积累脉冲数 n 较大，$G_{nc} \approx \sqrt{n}$，式 (6.4.46) 近似为

$$\begin{cases} D^2 = q^2 \sqrt{n} \\ R_1 \approx 1/D^2 = 1/(q^2 \sqrt{n}) \end{cases}$$

包络检波器只处理单个脉冲，不影响非相参积累脉冲数或积累增益。由式 (6.4.40a)、式 (6.4.45) 和上式得 K_{j0} 与 D 或 R_1 的函数关系：

$$K_{j0} = f(R_1) \approx \frac{1}{D} = \begin{cases} 1/(q G_{nc}) & K_{j0} \gg 1 \\ 2/(q^2 G_{nc}) & K_{j0} \ll 1 \\ 1/(C_d q^2 G_{nc}) & \text{其他} \end{cases} \tag{6.4.46a}$$

雷达干扰要求较低的检测概率，低检测概率对应着小信噪比。要获得遮盖性样式对目标检测器的干扰效果，包络检波器必然工作在小信噪比或小信干比状态，此时式 (6.4.46a) 近似为

$$K_{j0} = \frac{1}{D} = \frac{1}{q G_{nc}} \approx \frac{1}{q \sqrt{n}} \tag{6.4.47}$$

把式 (6.4.47) 代入式 (6.4.3) 得遮盖性样式干扰目标检测器的压制系数模型：

$$K_{jd} = F_d K_{j0} = \frac{F_d}{D} \tag{6.4.48}$$

只要有效干扰要求的检测概率和虚警概率相同，不管是基于单个脉冲还是基于多脉冲的非相参积累检测目标，D 或 K_{j0} 的值相同，下面只讨论 D 的确定方法。为方便后面的叙述，这里称式 (6.4.47) 中的 D 为等效检测因子。K_{j0} 为有效干扰目标检测器时在包络检波器输入端需要的最小干信比。式 (6.4.48) 中的 F_d 包括从目标检测器输入端到接收机输入端之间各环节（除包络检波器外）、目标起伏、抗干扰措施和干扰样式品质因素等对遮盖性干扰的总影响，由式 (6.4.2) 确定。

按照上述分析方法，根据自动目标跟踪器对遮盖性干扰的响应和非线性环节的干信比或信噪比传输函数可确定 R_2 和 D_j 的数学模型。由可见度因子和积累信噪比的关系得 R_5 和 K_v 的数学模型。把它们分别代入式 (6.4.1) 得遮盖性样式干扰自动目标跟踪器和视觉目标检测器的压制系数。虽然 R_3 和 D_0 的定义和它们之间的关系与 R_1 和 K_{j0} 非常相似，建模方法完全相同，但是由此确定的不是压制系数，而是多假目标有效干扰自动目标检测器和视觉目标检测器的干噪比条件。

6.4.4　遮盖性样式干扰目标检测器的压制系数

依据前面确定的压制系数建模条件和建模方法可进行具体建模。压制系数除了与干扰样式、直接干扰环节有关外，还与被压制目标回波的概率分布有关，即同种遮盖性样式掩盖不同概率分布的目标回波需要不同的压制系数。遮盖性样式干扰自动目标检测器的压制系数有三种：一、确知信号的压制系数；二、未知相位信号的压制系数；三、起伏目标回波的压制系数。

6.4.4.1　确知信号的压制系数

确知信号没有幅度起伏而且相位已知，概率密度函数为高斯型，相当于雷达在白高斯噪声背景中检测规则信号。雷达目标回波没有真正的确知信号，研究确知信号的压制系数有两个目的：一、高斯概率密度函数比较容易处理，方便详细说明压制系数的建模全过程；二、能得到近似适合各种概率分布目标回波的压制系数模型。

压制系数与有效干扰要求的检测概率和虚警概率有关，检测概率和虚警概率都是雷达目标检测器输入信号概率分布的函数。如果不能确知雷达目标检测器输入信号的概率密度函数，就无法精确计算检测因子和压制系数。在讨论雷达目标检测性能时，都要对干扰(或机内噪声)加信号的概率分布作出假设。实际信号的概率密度函数与假设的差别是引起检测性能估计误差的根本原因。雷达接收机严重影响遮盖性干扰的质量，干扰方一般不能精确知道雷达接收机的参数，也不可能精确知道遮盖性干扰通过雷达接收机后的概率分布。估计的干扰效果必然不准确，这种不准确性将给干扰方带来风险。虽然高斯白噪声掩盖目标回波的能力最强，但雷达十分了解确知信号和高斯白噪声的特性，检测这种信号需要的信噪比较小或检测因子 D^2 接近最小值。D^2 越小，掩盖这种信号需要的压制系数越大。只要干扰能掩盖确知信号，就能掩盖其他信号。

无信号时，目标检测器输入端只有背景噪声且为白高斯噪声。其概率密度函数服从 0 均值高斯分布。设方差为 σ^2，其概率密度函数为

$$P(X/0) = P(t) = \frac{1}{\sqrt{2\pi}\sigma}\exp\left(-\frac{t^2}{2\sigma^2}\right)$$

确知信号的幅度恒定，设其为 U_s，用函数概率密度函数的计算方法得确知信号与白高斯噪声的联合概率密度函数：

$$P(X/S) = P(t,U_s) = \frac{1}{\sqrt{2\pi}\sigma}\exp\left[-\frac{(t-U_s)^2}{2\sigma^2}\right]$$

绝大多数雷达采用黎曼-皮尔逊检测准则，预先规定虚警概率，再根据要求的虚警概率确定检测门限。虚警概率 P_{fa} 是无信号时噪声尖头超过检测门限的概率。设检测门限为 T_d，虚警概率为

$$P_{fa} = \int_{T_d}^{\infty} P(X/0)\mathrm{d}X = \frac{1}{\sqrt{2\pi}\sigma}\int_{T_d}^{\infty}\exp\left(-\frac{t^2}{2\sigma^2}\right)\mathrm{d}t = \frac{1}{\sqrt{2\pi}}\int_{T_d/\sigma}^{\infty}\exp\left(-\frac{x^2}{2}\right)\mathrm{d}x = \Phi\left(\frac{T_d}{\sigma}\right) \quad (6.4.49)$$

$\Phi(*)$ 为概率积分或误差积分，定义为

$$\Phi(x)\frac{1}{\sqrt{2\pi}}\int_{x}^{\infty}\exp\left(-\frac{y^2}{2}\right)\mathrm{d}y$$

以下同类符号的定义与此相同。概率积分已制成数值表，由给定的虚警概率和噪声功率，容易得到检测门限 T_d。T_d/σ 可用虚警概率的反函数表示为

$$T_d/\sigma = \Phi^{-1}(P_{fa}) \quad (6.4.50)$$

其中 $\Phi^{-1}(*)$ 是 $\Phi(*)$ 的反函数，下面类似符号的定义与此相同。由式(6.4.50)和概率积分表得不同虚警概率对应的检测门限。设包络检波器输出信噪比即规定条件下的检测因子为 D^2，确知信号的 D^2 等于

$$D^2 = U_s^2/(2\sigma^2)$$

由信号和噪声的联合概率密度函数和检测概率的定义得：

$$P_d = \int_{T_d}^{\infty} P(X/S)\mathrm{d}X = \frac{1}{\sqrt{2\pi}\sigma}\int_{T_d}^{\infty}\exp\left[-\frac{(t-U_s)^2}{2\sigma^2}\right]\mathrm{d}t = \frac{1}{\sqrt{2\pi}}\int_{\frac{T_d}{\sigma}-D}^{\infty}\exp\left(-\frac{x^2}{2}\right)\mathrm{d}x = \Phi\left(\frac{T_d}{\sigma}-D\right)$$

(6.4.51)

式(6.4.51)也可用反函数表示为

$$\frac{T_d}{\sigma}-D = \Phi^{-1}(P_d) \tag{6.4.52}$$

把式(6.4.50)代入式(6.4.52)并整理得检测确知信号需要的信噪比与虚警概率和检测概率的关系:

$$D^2 = [\Phi^{-1}(P_{fa}) - \Phi^{-1}(P_d)]^2 \tag{6.4.52a}$$

D^2就是根据统计目标检测方法得到的检测因子,它是以有效干扰要求的检测概率和虚警概率发现指定目标需要的最小信噪比。遮盖性干扰远大于接收机的内部噪声,最小信噪比近似为最小信干比。把D^2转换到包络检波器输入端得等效检测因子:

$$D = [\Phi^{-1}(P_{fa}) - \Phi^{-1}(P_d)] \tag{6.4.53}$$

把D代入式(6.4.48)得遮盖性样式掩盖确知信号的压制系数:

$$K_{jd} = F_d K_{j0} = \frac{F_d}{D} = \frac{G_f G_k G_c G_{nc}}{\eta_{mn} G_{nj}[\Phi^{-1}(P_{fa}) - \Phi^{-1}(P_d)]} \tag{6.4.54}$$

用式(6.4.2b)替换式(6.4.54)中的F_d得压制系数的近似模型:

$$K_{jd} \approx \frac{\sqrt{n}}{\eta_{mn}[\Phi^{-1}(P_{fa}) - \Phi^{-1}(P_d)]}\frac{\Delta f_j}{\Delta f_r} \tag{6.4.55}$$

式(6.4.54)和式(6.4.55)近似适合各种概率分布的遮盖性干扰样式。

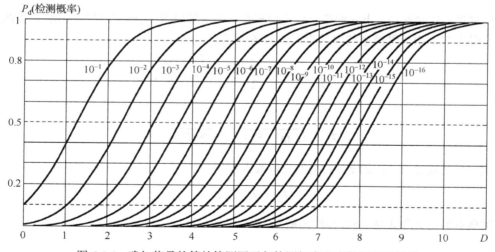

图 6.4.6 确知信号的等效检测因子与检测概率和虚警概率的关系

用式(6.4.54)和式(6.4.55)计算压制系数需要查概率积分表。这里将式(6.4.53)的检测概率P_d、虚警概率P_{fa}和等效检测因子D之间的关系绘成曲线族,如图6.4.6所示。根据有效干扰要求的检测概率和虚警概率,从该图可查出等效检测因子D。把D代入式(6.4.54)或式(6.4.55)得需要的压制系数。图 6.4.6 的曲线适合的虚警概率和检测概率的范围非常宽,完全能满足雷达对抗的实际应用。

6.4.4.2 未知相位信号的压制系数和压制系数通用近似模型

1. 未知相位信号及其压制系数

参考资料[3]定义了未知相位信号(见 3.2.2.1 节),并给出了有、无目标回波时的概率密度函数。无目标回波时,只有机内噪声。设噪声的方差为 σ^2,n 为自变量,该信号包络的概率密度函数为

$$P(r) = r \exp\left(-\frac{r^2}{2}\right) \tag{6.4.56}$$

其中 $r = n/\sigma$。有目标回波时合成信号包络的联合概率密度函数为[3]

$$P(x, D_\phi) = x \exp\left[-\frac{1}{2}(x^2 + D_\phi^2)\right] I_0(xD_\phi) \tag{6.4.57}$$

其中 $x = u/\sigma$(u 为合成信号的幅度变量)、D_ϕ^2 为信噪比、$I_0(*)$ 为第一类 0 阶虚变量贝塞尔函数。未知相位信号相当于射频脉冲加机内噪声,是雷达研究目标检测性能常用的信号形式,已有的目标检测曲线大多数是基于此类信号得到的。研究该信号的压制系数很有意义,一方面因为这种信号十分接近实际遮盖性干扰下的目标检测情况,雷达检测此信号的性能与确知信号相差较小,可以预计压制该信号的干信比与确知信号十分接近。另一方面是未知相位信号的检测因子有适应范围很宽的近似式,不但能由此得到该信号压制系数的近似式,还能得到压制系数的通用近似数学模型。

式(3.2.12)为未知相位信号检测因子的近似式,为了与已有文章的符号一致,把式(3.2.12)改写成下面的形式:

$$D_\phi^2 \approx [\sqrt{2\ln(1/P_{\mathrm{fa}})} - Q^{-1}(P_{\mathrm{d}})]^2$$

若用黎曼皮尔逊检测准则,上式的第一项是根据要求的虚警概率 P_{fa} 确定的检测门限。设 P_{fa} 对应的检测门限为 T_{d},由虚警概率的定义和式(6.4.56)式得:

$$P_{\mathrm{fa}} = \int_{T_{\mathrm{d}}}^{\infty} r \exp\left(-\frac{r^2}{2}\right) \mathrm{d}r = \exp\left(-\frac{T_{\mathrm{d}}^2}{2}\right)$$

或

$$T_{\mathrm{d}} = \sqrt{2\ln(1/P_{\mathrm{fa}})} = \sqrt{-2\ln(P_{\mathrm{fa}})}$$

按照确知信号的处理方法,把 T_{d} 用 P_{fa} 的反函数表示为

$$T_{\mathrm{d}} = Q^{-1}(P_{\mathrm{fa}})$$

根据检测概率的定义和式(6.4.57)得检测概率:

$$P_{\mathrm{d}} = \int_{T_{\mathrm{d}}}^{\infty} x \exp\left[-\frac{1}{2}(x^2 + D_\phi^2)\right] I_0(xD_\phi) \mathrm{d}x$$

参考资料[3]用多项式表示上式,如果只保留其中的第一项,检测未知相位信号的概率近似为

$$P_{\mathrm{d}} = \frac{1}{\sqrt{2\pi}} \int_{T_{\mathrm{d}} - D_\phi}^{\infty} \exp\left(-\frac{t^2}{2}\right) \mathrm{d}t = Q(T_{\mathrm{d}} - D_\phi)$$

用反函数表示 P_{d} 并对 D_ϕ 求解得未知相位信号的等效检测因子式:

$$D_\phi \approx Q^{-1}(P_{\mathrm{fa}}) - Q^{-1}(P_{\mathrm{d}}) \tag{6.4.58}$$

比较式 (6.4.58) 和式 (6.4.53) 知除检测门限不同外，两种信号的等效检测因子有相似的形式。参考资料 [15] 已证明：

$$D_\phi \approx g_{\mathrm{fa}} + g_{\mathrm{d}} \tag{6.4.59}$$

其中 g_{fa} 和 g_{d} 的定义同式 (2.4.12)。用 $g_{\mathrm{fa}} + g_{\mathrm{d}}$ 替换式 (6.4.54) 中的 $Q^{-1}(P_{\mathrm{fa}}) - Q^{-1}(P_{\mathrm{d}})$ 得未知相位信号的压制系数：

$$K_{\mathrm{jd}} \approx \frac{G_f G_k G_c G_{\mathrm{nc}}}{\eta_{\mathrm{mn}} G_{\mathrm{nj}}(g_{\mathrm{fa}} + g_{\mathrm{d}})} \tag{6.4.60}$$

2. 通用压制系数的数学模型

用式 (6.4.60) 计算未知相位信号的压制系数，既不需要查概率积分表，也不需要查等效检测曲线，十分简单的计算器就能完成压制系数的计算。实际上式 (6.4.60) 不适合计算一般信号和任意检测概率条件下的压制系数。这是因为，一、式 (6.4.58) 只适合未知相位信号，而干扰方一般不知道被压制信号的真实类型。二、式 (6.4.58) 是为雷达计算检测因子而做的近似，雷达要求的检测概率大于等于 0.5，虚警概率低于 10^{-5}。在此条件下，式 (6.4.59) 的近似带来的误差很小，而且检测概率越高和虚警概率越低，估计精度越高。雷达对抗对虚警概率的要求和雷达相同，对检测概率的要求与雷达正好相反，主要用低检测概率部分的检测因子，式 (6.4.60) 在这部分偏离实际值较大。要使该式能适合任意类型的信号和任意检测概率、虚警概率，需要作适当的修改。若对 g_{fa} 和 g_{d} 作如下修改，既能降低等效检测因子在低检测概率和高虚警概率部分的值又不太影响其他部分的值，使整个等效检测因子在很宽的虚警概率和检测概率范围内能近似适合各种类型的信号。

$$\begin{cases} g_{\mathrm{fr}} = g_{\mathrm{fa}} = 2.36\sqrt{-\log P_{\mathrm{fa}}} - 1.02 \\ g_{\mathrm{dr}} = g_{\mathrm{d}} + 0.18(2P_{\mathrm{d}} - 1) = \dfrac{1.231t}{\sqrt{1 - t^2}} + 0.2t \end{cases}$$

其中

$$t = 0.9(2P_{\mathrm{d}} - 1)$$

$$D'_\phi = g_{\mathrm{fr}} + g_{\mathrm{dr}} \tag{6.4.53a}$$

用 g_{fr} 和 g_{dr} 替换式 (6.4.60) 中的 g_{fa} 和 g_{d} 得通用压制系数的近似模型：

$$K_{\mathrm{jd}} \approx \frac{G_f G_k G_c G_{\mathrm{nc}}}{\eta_{\mathrm{mn}} G_{\mathrm{nj}}(g_{\mathrm{fr}} + g_{\mathrm{dr}})} \tag{6.4.61}$$

把式 (6.4.53a) 代入式 (6.4.55) 得压制系数的近似模型：

$$K_{\mathrm{jd}} \approx \frac{\sqrt{n}}{\eta_{\mathrm{mn}}(g_{\mathrm{fr}} + g_{\mathrm{dr}})]} \frac{\Delta f_{\mathrm{j}}}{\Delta f_{\mathrm{r}}} \tag{6.4.62}$$

为了比较近似等效检测因子带来的误差，按图 6.4.6 的检测概率和虚警概率范围绘制了式 (6.4.53a) 的等效检测因子曲线，如图 6.4.7 所示。与参考资料 [1] 的图 2.10 比较可知，在雷达对抗应用范围内的部分即检测概率低于 0.5 的部分，两者十分一致。如果用下式近似 g_{dr}，可显著降低两者在高检测概率部分的偏差又不影响低检测概率部分的数值。

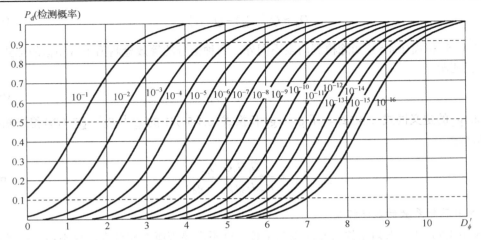

图 6.4.7　近似等效检测因子与检测概率和虚警概率的关系

$$g'_{dr} \approx g_d + 0.2(1.5t + 0.5|t|) = \frac{1.231t}{\sqrt{1-t^2}} + 0.2(1.5t + 0.5|t|)$$

6.4.4.3　用现有雷达检测曲线计算压制系数的方法

6.4.3 节得到了雷达检测因子与压制系数的关系，根据有关分析方法，也能得到用已有雷达检测曲线族计算压制系数的方法。目前容易得到的雷达检测曲线几乎都是针对未知相位信号的，其形式如图 6.4.8[15]所示。如果手边有这种曲线，可用来计算压制系数。

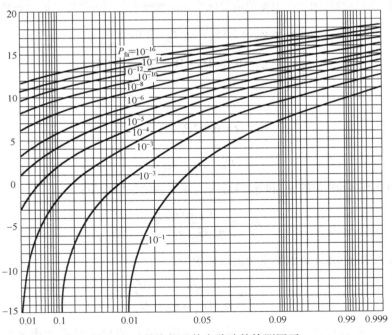

图 6.4.8　雷达基于单个脉冲的检测因子

要用雷达检测曲线上指定检测概率和虚警概率条件下的信噪比计算压制系数，需要该信噪比与等效检测因子之间的转换关系。雷达检测曲线上的信噪比是基于单个脉冲的检测因子，设其为 Q。

Q 意味着高信噪比, 计算压制系数用的检测因子对应着低信噪比 D。只要找到了 Q 和 D 之间的关系, 就能把雷达检测曲线对应的信噪比转换成计算压制系数用的检测因子。式 (6.4.18a) 是雷达基于多脉冲的积累检测因子的近似式, 对应着低信噪比。令该式的 $D_0(n_e) = Q$ 和 $D^2 = X_0$, 再对 D^2 求解得:

$$D^2 = n_e \frac{\xi Q^2}{1 + 0.5\xi Q} \tag{6.4.63}$$

n_e 和 ξ 的定义见式 (6.4.18a)。上式的后一项相当于包络检波器输出的单个脉冲的信噪比 q^2, 也是特定检测概率、虚警概率条件下检测单个脉冲需要的信噪比。本书将积累脉冲数或积累增益作为压制系数的独立影响因素单独考虑, 计算压制系数用的等效检测因子是针对单个脉冲的, 令式 (6.4.64) 的 $n_e = 1$ 得:

$$D^2 = \frac{\xi Q^2}{1 + 0.5\xi Q}$$

压制系数定义在雷达接收机输入端, 需要把 D^2 转换到接收机输入端。在低信噪比时, 转换就是取上式的平方根。由此得 D 和 Q 的关系:

$$D = \sqrt{\frac{\xi Q^2}{1 + 0.5\xi Q}} \tag{6.4.64}$$

式 (6.4.64) 就是雷达检测曲线上的信噪比 Q 和计算压制系数用的等效检测因子 D 之间的转换关系。如果绘制雷达检测曲线用的是线性检波器, 则令 $\xi = 0.915$, 等效检测因子为

$$D = \sqrt{\frac{Q^2}{1.0929 + 0.5Q}} \tag{6.4.65}$$

如果绘制雷达检测曲线用的是平方律检波器, 则令 $\xi = 1$, 等效检测因子为

$$D = \sqrt{\frac{Q^2}{1 + 0.5Q}} \tag{6.4.65a}$$

用 D 替换式 (6.4.60) 中的 $(g_{fa} + g_d)$ 得此种情况下的压制系数模型:

$$K_{jd} \approx \frac{G_f G_k G_c G_{nc}}{\eta_{mn} G_{nj} D} \tag{6.4.60a}$$

　　用雷达检测曲线计算压制系数的步骤是, 根据有效干扰要求的检测概率和虚警概率从雷达检测曲线上查到 Q, 把它代入式 (6.4.65) 或式 (6.4.65a) 得计算压制系数需要的等效检测因子 D, 用 D 替换式 (6.4.61) 和式 (6.4.62) 中的 $g_{fr}+g_{dr}$ 得需要的压制系数。式 (6.4.63)～式 (6.4.65a) 的参数均为十进制数, 如果从雷达检测曲线得到的 Q 是对数的, 要先将其换算成十进制数。例如 $P_{fa}=10^{-6}$ 和 $P_d = 0.1$ 时, 从图 6.4.8 查出 $Q = 8.7\text{dB}$, 换成十进制数为 $Q = 7.413$。把 $Q = 7.413$ 代入式 (6.4.65) 得 $D = 3.38$。

　　如果用式 (6.4.65) 和图 6.4.8 的曲线, 把 Q 对应的值转换成 D 并绘制成图, 再把该图与参考资料[1]的图 2.10 比较知, 在 $0.05 \leqslant P_d \leqslant 0.95$ 和 $10^{-12} \leqslant P_{fa} \leqslant 10^{-3}$ 区域内, 式 (6.4.65) 近似带来的误差很小。

6.4.4.4　起伏目标回波信号的压制系数

　　基于单个脉冲检测目标时, 目标起伏模型只有两种类型。基于多脉冲积累检测目标时, 有四

种目标起伏类型。参考资料[3]给出了基于单个脉冲检测斯韦林Ⅰ、Ⅱ型和Ⅲ、Ⅳ型起伏目标回波信号的概率密度函数、检测概率、虚警概率和检测因子的数学模型。按照计算确知信号压制系数的方法，可得掩盖起伏目标回波信号的压制系数。把确知信号的有关处理方法用于起伏目标要注意两点：一、计算雷达检测因子用的是目标回波的平均功率，虽然不同起伏目标回波的平均功率不同，但检测因子和等效检测因子已包含目标幅度起伏的影响；二、与确定遮盖性样式掩盖确知信号的压制系数一样，应该从对干扰不利的情况出发确定压制系数，即斯韦林Ⅰ、Ⅱ和Ⅲ、Ⅳ型起伏目标回波的 K_{j0} 应取为

$$K_{j0} = \frac{1}{\overline{D}_{12}} \text{ 和 } K_{j0} = \frac{1}{\overline{D}_{34}}$$

式中，$\overline{D}_{12}$ 和 $\overline{D}_{34}$ 分别为斯韦林Ⅰ、Ⅱ型和Ⅲ、Ⅳ型起伏目标的等效检测因子。

按照计算未知相位信号等效检测因子的方法，由式(3.2.13)得斯韦林Ⅰ、Ⅱ型起伏目标回波信号的等效检测因子：

$$\overline{D}_{12} = \sqrt{\frac{\ln P_{fa} - \ln P_d}{\ln P_d}} \qquad (6.4.66)$$

把式(6.4.66)代入式(6.4.3)得掩盖斯韦林Ⅰ、Ⅱ型起伏目标回波的压制系数模型：

$$K_{jd12} = F_d K_{j0} = \frac{F_d}{\overline{D}_{12}} = F_d \sqrt{\frac{\ln P_d}{\ln P_{fa} - \ln P_d}} \qquad (6.4.67)$$

斯韦林Ⅰ、Ⅱ型起伏目标的等效检测因子没做过任何近似，其压制系数是精确的。不但如此，计算该类信号的压制系数比较简单，不需要查概率积分表。为了方便与前两种信号的等效检测因子进行直观比较，这里用曲线形式给出了斯韦林Ⅰ、Ⅱ型起伏目标的等效检测因子与检测概率和虚警概率的关系，如图6.4.9所示。

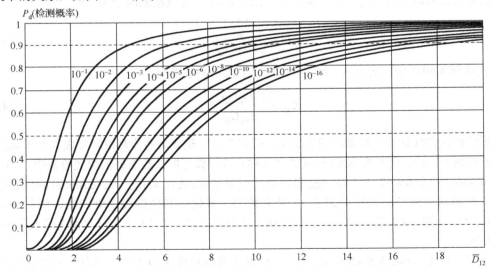

图 6.4.9   斯韦林Ⅰ、Ⅱ型起伏目标回波信号的等效检测因子与检测概率和虚警概率的关系曲线

斯韦林Ⅲ、Ⅳ型起伏目标回波信号的检测因子没有显函数表示形式。根据有效干扰要求的检测概率和虚警概率，从图6.4.10的曲线查到 $\overline{D}_{34}$。用 $\overline{D}_{34}$ 代替式(6.4.54)中的 D 得遮盖性干扰掩盖斯韦林Ⅲ、Ⅳ型起伏目标回波的压制系数：

$$K_{jd34} = F_d K_{j0} = \frac{F_d}{\overline{D}_{34}} \tag{6.4.68}$$

式 (6.4.67) 和式 (6.4.68) 是依据起伏目标回波的平均信噪比得到的压制系数。如果虚警概率和检测概率相同，检测起伏目标需要的信噪比检测稳定目标的小，检测慢起伏目标比检测快起伏目标更容易。斯韦林Ⅰ、Ⅱ型为慢起伏目标，尽管其平均幅度可能较低，但最小和最大值都可能持续相当长的时间，雷达可能在起伏的峰值期间发现目标。所以发现这种目标需要的信噪比较快起伏的斯韦林Ⅲ、Ⅳ型目标小。例如在虚警概率为 10^{-6} 和检测概率为 0.1 时，由图 6.4.7、6.4.9 和 6.4.10 可查出，检测随机相位信号需要的信噪比为 3.36、检测斯韦林Ⅰ、Ⅱ型起伏目标为 2.1、检测斯韦林Ⅲ、Ⅳ型起伏目标为 2.2。压制目标与检测目标正好相反，由上述数据可看出掩盖慢起伏目标的压制系数大于快起伏目标，掩盖快起伏目标的压制系数大于稳定目标回波。等效检测因子是针对单个脉冲，起伏对目标检测的影响主要体现在脉冲积累损失上。压制系数包括脉冲积累损失，所以两类目标的实际压制系数有较大差别。如果把通用压制系数模型用于起伏目标，应增加目标起伏造成的脉冲积累损失 G_g（见 2.4.2.1 节），这时式 (6.4.61) 和式 (6.4.62) 分别变为

$$K_{jd} \approx \frac{G_f G_k G_c G_{nc} G_g}{\eta_{mn} G_{nj}(g_{fr} + g_{dr})} \tag{6.4.61a}$$

$$K_{jd} \approx \frac{G_g \sqrt{n}}{\eta_{mn}(g_{fr} + g_{dr})} \frac{\Delta f_j}{\Delta f_r} \tag{6.4.62a}$$

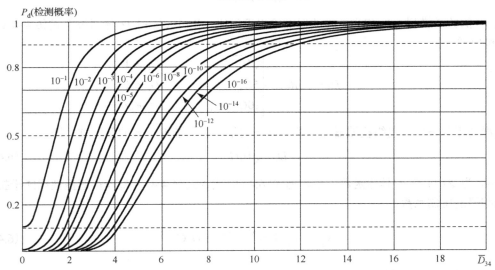

图 6.4.10　斯韦林Ⅲ、Ⅳ型起伏目标的等效检测因子与检测概率和虚警概率的关系曲线

6.4.5　其他压制系数的数学模型

6.4.1.1 节定义了 4 种压制系数和一种干噪比，前面确定了遮盖性样式干扰自动目标检测器的压制系数。欺骗性样式干扰自动目标跟踪器的压制系数与具体使用条件有关，放在有关的干扰效果和干扰有效性建模部分讨论。本节确定其他压制系数的模型。包括遮盖性样式干扰自动目标跟踪器的压制系数模型、多假目标干扰自动目标检测器需要的干噪比和遮盖性样式干扰视觉目标检测器的压制系数模型。

6.4.5.1　依据跟踪器对遮盖性干扰的特殊响应确定 R_2 和 K_{jtn}

和计算遮盖性样式干扰自动目标检测器的压制系数一样，计算 K_{jtn} 必须确定 D_j，计算 D_j 必须首先确定 R_2。按照处理 K_{j0} 和 R_1 关系的方法，由 R_2 可得 D_j。

虽然自动目标跟踪性能与检测概率和虚警概率无关，但是对最小信噪比仍有要求。计算压制系数的关键就是找出跟踪器正常跟踪目标需要的最小信噪比。大多数设计良好的跟踪回路都将被高水平的噪声干扰"冻结"，跟踪波门将继续沿着在干扰启动前为目标建立的跟踪路径上"滑行"。这就是跟踪器对遮盖性干扰的特殊响应，第 7 章将加以详细说明。如果跟踪器处于"冻结"状态，它不能响应目标运动参数的变化，即使目标回波远离跟踪波门也是如此。进一步定量分析表明，如果跟踪器输出干信比大于等于 10，跟踪电路将维持"冻结"状态，处于滑动跟踪状态。如果干信比在 1/7～10 之间，跟踪有可能进行下去，也有可能丢失目标，是否丢失目标取决于目标加速度（机动）的大小。由此知跟踪器一旦进入"冻结"或"滑动"跟踪状态，将失去正常跟踪目标的能力。可把使跟踪器进入滑动跟踪需要的单个脉冲的最小输入干信比可作为 R_2。

干扰方一般不知道跟踪器的加速度系数，不能精确估算使雷达丢失目标需要的机动参数和最小干信比。根据对干扰不利的原则，可把 10dB 当作进入滑动跟踪的最小干信比。10dB 是指跟踪器的输出干信比，是多个脉冲的非相参积累结果，计算压制系数需要单个脉冲的最小信噪比并要将其转换到跟踪器输入端。设跟踪器的非相参积累增益为 G_{nt}，折算到跟踪器输入端的单个脉冲的最小干信比为

$$R_2 = 10G_{nt}$$

上式为 R_2 的数学模型。R_2 相当于检波器的输出干信比。用 $10G_{nt}$ 和 D_j 分别替换式（6.4.40a）中的 $(J/S)_o$ 和 $(J/S)_i$ 得：

$$D_j = f(R_2) = \begin{cases} \sqrt{10G_{nt}} & D_j \gg 1 \\ 5G_{nt} & D_j \ll 1 \\ 10G_{nt}/C_d & \text{过渡区} \end{cases}$$

若满足滑动跟踪条件，包络检波器输入信干比一定很小，只能取上式的第一项，即

$$D_j = \sqrt{10G_{nt}} \tag{6.4.69}$$

式（6.4.69）为 R_2 与 D_j 的具体函数关系。把式（6.4.69）代入式（6.4.4）并整理得遮盖性样式干扰自动目标跟踪器的压制系数：

$$K_{jtn} = F_{tn}D_j = \frac{\sqrt{10G_{nt}}}{\eta_{mn}G_{tj}}G_fG_kG_c \tag{6.4.70}$$

其中 F_{tn} 由式（6.4.3a）确定。

6.4.5.2　根据检测因子确定 R_3、D_0 和 J/N

前面已说明将多假目标干扰自动目标检测器需要的最小干噪比放到这里讨论的原因。按照雷达根据要求的检测概率和虚警概率确定检测因子的方法可得 R_3 的模型。根据 R_3 和 D_0 的关系可得 D_0 的具体数学模型，用式（6.4.1）可把 D_0 和 F_m 组成多假目标干扰自动目标检测器或视觉目标检测需要的最小干噪比 J/N。

如果要求雷达检测真、假目标的概率和虚警概率相同，则 R_3 等于雷达目标检测因子 D^2，即

$$R_3 = D^2$$

D_0 与雷达检测因子 D^2 的主要差别仍然出自包络检波器和干扰样式的品质因素。干扰样式的品质因素已包含在 F_m 中，只要把要求的检测概率和虚警概率代入式 (6.4.52a) 可得 D^2 或 R_3。

式 (6.4.39) 式为包络检波器输入、输出信噪比的关系式，对于多假目标干扰，信噪比等效于干噪比。用 D_0 和 D^2 分别替换式 (6.4.39a) 中的 $(S/N)_i$ 和 $(S/N)_o$ 并作适当处理得 D_0 和 D^2 的函数关系：

$$D_0 = f(R_3) \approx \begin{cases} D & D_0 \gg 1 \\ 2D^2 & D_0 \ll 1 \\ D^2 C_d & \text{过渡区} \end{cases} \tag{6.4.71}$$

实施多假目标干扰希望雷达能检测到假目标，检测概率越高越好，低检测概率对干扰不利。在虚警概率一定的条件下，高检测概率对应着大的干噪比。多假目标的干扰功率一般远大于雷达的机内噪声，干噪比越大，检测假目标的概率越大，干扰效果越好。由此得多假目标的等效检测因子 D_0：

$$D_0 = 2D^2 / \xi \tag{6.4.72}$$

ξ 为包络检波器的检波效率。对于欺骗性干扰，若干噪比大大于 1，包络检波器为线性检波器，$\xi = 0.915$。把式 (6.4.72) 代入式 (6.4.5) 得多假目标干扰目标检测器时，在雷达接收机输入端需要的最小干噪比：

$$\frac{J}{N} = F_m D_0 = \frac{2D^2}{\xi} \frac{G_c G_{nc} G_k}{G_c' G_{nc}' \eta_{md}} \tag{6.4.73}$$

不同目标起伏模型有不同的 D_0，式 (6.4.73) 适合确知信号。对于未知相位信号和斯韦林 I、II 型及 III、IV 型起伏目标回波，分别用 $\bar{D}$、$\bar{D}_{12}$ 和 $\bar{D}_{34}$ 的平方替换上式中的 D^2 得雷达按要求的检测概率和虚警概率发现多假目标需要的最小干噪比：

$$\begin{cases} \left(\dfrac{J}{N}\right)_\phi = \dfrac{2\bar{D}^2}{\xi} \dfrac{G_c G_{nc} G_k}{G_c' G_{nc}' \eta_{md}} \\ \left(\dfrac{J}{N}\right)_{12} = \dfrac{2\bar{D}_{12}^2}{\xi} \dfrac{G_c G_{nc} G_k}{G_c' G_{nc}' \eta_{md}} \\ \left(\dfrac{J}{N}\right)_{34} = \dfrac{2\bar{D}_{34}^2}{\xi} \dfrac{G_c G_{nc} G_k}{G_c' G_{nc}' \eta_{md}} \end{cases}$$

其中 D、$\bar{D}$ 和 $\bar{D}_{12}$ 分别由式 (6.4.53)、式 (6.4.21) 和式 (6.4.22) 确定。根据要求的检测概率和虚警概率，由图 6.4.10 的曲线可查到 $\bar{D}_{34}$。

6.4.5.3 由可见度因子确定 R_5 和 K_{jv}

在电子设备中，显示器的应用非常普遍。早期的雷达和绝大多数现代雷达有显示器。显示器是雷达系统的重要环节，它把接收信号以一定形式显示给操作员。操作员通过显示器能了解所处的威胁环境。观察显示器上的波形或辉亮程度可完成门限比较、目标检测、目标识别、参数测量、目标截获和跟踪等操作。此外，操作员通过显示情况，还能干预自动目标检测、自动目标捕获和自动目标跟踪等。显示器不但能显示目标回波，也能显示干扰及其对目标回波的压制、掩盖和模拟等干扰现象。因此，显示器也成了雷达对抗的重要直接干扰环节。有的著作[15]将雷达操作员通过显示器检测目标称为视觉目标检测。早期的雷达只有视觉目标检测，用可见度因子[15]表示通过显示器检测目标的性能。

可见度因子与显示器的类型有关，雷达用的显示器大约有 15 种之多。根据对可见度因子的影响情况，将显示器分为两大类：一类是幅度偏转显示器，如 A 式、J 式等，这类显示器能显示目标回波和干扰的视频波形，用幅度大小表示信号强弱。另一类是辉度显示器，如 PPI 和 B 式等，以亮点表示目标回波，辉亮程度和亮点的大小反映信号的强弱和目标的大小。与自动目标检测相比，视觉目标检测有三个特点：一、检测性能受多种不能用数学定量描述的主客观因素影响，如操作员的能力、经验、疲劳程度和显示器的分辨率、亮度以及照明条件等；二、视觉目标检测性能没有严格的虚警概率限制，而且因人的介入，可用的先验信息较多，学习能力强，检测、识别目标的能力和抗干扰能力比自动目标检测器强，但反应速度较慢；三、可见度因子不但是多脉冲的积累检测因子，还包括包络检波器的影响。

显示器有非相参积累作用，积累对检测因子的改善程度与积累脉冲数有关。非相参积累时间长度由显示器的余晖时间确定。如果已知显示器的余晖时间和雷达的脉冲重复频率，可估算显示器能积累的最大脉冲数。二次世界大战期间，麻省理工学院辐射实验室研究了 A 式和 PPI 显示器的检测因子与积累脉冲数的关系。研究表明，当虚警概率为 10^{-6}，探测概率为 0.5 和对数检波特性（检波效率为 0.608）时，视觉目标检测性能和自动目标检测十分一致。若积累脉冲数不小于 600，误差不超过 1dB。因此，只要积累时间在 2～10 秒之间[15]，可用图 6.4.7 的曲线或式（6.4.61）估算遮盖性样式对显示器的压制系数。

研究表明视觉目标检测器有"饱和"效应[15]，当积累脉冲数达到一定数量后，显示器的辉度变化极其微小，人的视觉难以发现这种微小变化，在这种条件下，即使继续增加积累脉冲数也不能改善检测因子。试验结果还表明，-4～-6dB（对于 PPI 显示器）和 -8～-9dB（对于 A 式显示器）是视觉目标检测因子的临界值。信噪比低于该值，操作员不能判断有、无目标存在。所以只要遮盖性干扰能把检测因子降低到上述值，干扰就能有效掩盖显示器上的目标回波，获得有效干扰效果。

视觉目标检测因子或可见度因子包含了包络检波器的影响，其临界值的倒数就是遮盖性样式有效干扰显示器时，在包络检波器输入端需要的最小干信比 K_v。根据从不利情况确定压制系数的原则得：

$$K_v = f(R_5) = \begin{cases} 4 & \text{PPI显示器} \\ 8 & \text{A式显示器} \end{cases} \tag{6.4.74}$$

把上式代入式（6.4.8）得遮盖性样式干扰视觉目标检测器的压制系数模型：

$$K_{jv} = F_d K_v = \begin{cases} 4\dfrac{G_f G_k G_c}{G_{nj}\eta_{mn}} & \text{PPI显示器} \\[3mm] 8\dfrac{G_f G_k G_c}{G_{nj}\eta_{mn}} & \text{A式显示器} \end{cases} \tag{6.4.75}$$

6.4.6　用功率准则评估干扰效果和干扰有效性的条件

雷达干扰效果和干扰有效性评估者乐于使用功率准则。凡是需要与目标回波拼功率的干扰，都在用压制系数判断干扰是否有效。功率准则不是一个独立准则，要用压制系数评估干扰效果和干扰有效性，必须附加一定的条件。一般来说用不同的干扰样式干扰雷达的同一环节或用同一样式干扰雷达的不同环节，使用功率准则的具体条件有所不同，但这些条件都能从干扰样式和被干扰雷达系统的特性得到。

遮盖性样式能掩盖任何结构形式的雷达信号，主要干扰自动目标检测器和显示器。在已使用的干扰样式中，用功率准则评价遮盖性样式干扰自动目标检测器的效果需要的条件最少且最简单，它们是：

① 已知遮盖性样式的品质因素；

② 已知被干扰雷达系统各环节对干信比的影响。

遮盖性样式干扰自动目标跟踪器能引起跟踪误差。如果只满足上述两个条件，干扰难以使大多数武器脱靶。要获得足以使武器脱靶的跟踪误差，还需满足施放干扰后被保护目标机动的条件。如果要获得使雷达从跟踪转搜索的干扰效果，还需要满足第 4 个条件，即在被保护目标机动足够长时间后关干扰且关干扰时间大于雷达跟踪器的记忆跟踪时间。

如果要用功率准则评估单假目标（拖引式，非拖引式）欺骗干扰样式对自动目标跟踪器的干扰效果和干扰有效性，需要满足以下 5 个条件：

① 干扰波形与目标回波相似；
② 已知欺骗性样式所含的假信息量，如拖引速度等；
③ 已知被干扰雷达系统各环节对干信比的影响；
④ 与雷达发射脉冲或天线扫描同步；
⑤ 满足实施欺骗性干扰的使用步骤。

有源、无源诱饵干扰雷达跟踪器的使用方式较多，都需要与目标回波拼功率，可用功率准则评估干扰效果和干扰有效性。与前两种干扰跟踪器的样式相比，使用功率准则的条件更多，主要有：

① 已知诱饵的品质因素即诱饵与目标的相似程度；
② 雷达有关环节对干信比的影响；
③ 已知干扰平台、诱饵和被保护平台之间的几何关系；
④ 施放干扰的时机；
⑤ 持续干扰时间。

计算压制系数首先要确定规定的信息损失，遮盖性样式干扰目标检测的信息损失用有效干扰要求的检测概率表示，该检测概率也是对雷达在干扰条件下发现目标概率的要求。雷达目标分点目标和面目标。点目标的散布范围小于雷达的脉冲体积，其回波信号处在一个检测单元内。只要雷达在该检测单元的检测概率小于等于要求值，就能获得要求的干扰效果。干信比与距离有关，距离越短，干信比越小，对干扰越不利。因此，这样的检测单元应处于作战要求的最小干扰距离上。面目标或大型目标的回波可能覆盖雷达的多个检测单元，且不同位置的反射系数可能不同，即进入不同检测单元的回波功率不同。如果压制系数不够大，干扰不能掩盖强反射部位的回波信号，在雷达显示器上就会出现所谓的"亮点"，雷达就会发现该目标。如果一个面目标出现多个亮点，操作人员根据亮点的分布和目标形状的先验信息就能判断发现的目标是否为指示目标。因此要从对干扰不利的情况确定压制系数。另外，压制系数与虚警概率有关，虚警概率越高，要求的压制系数越大，一般用雷达要求的最大虚警概率计算压制系数。

6.5　战术运用准则

战术运用准则是评价武器优劣和作战行动策略有效性的准则。该准则是极其通用的准则，应用很多。这里主要用战术运用准则解决 4 个问题：

① 从作战效果评估干扰效果；
② 评价雷达对抗装备使用策略优劣的准则；
③ 确定表示干扰效果的参数；
④ 确定干扰有效性评价指标。

这部分只讨论前三个问题，第四个问题放到第 9 章处理。目前，还没有找到在任何条件下可以根据战术运用准则评估干扰效果和干扰有效性的一般的定量方法[1]，必须根据对抗作战的具体情况，用不同的战术运用准则解决不同的实际问题。这里涉及三个准则：一、摧毁概率和生存概率；二、摧毁目标数或摧毁全部目标的概率；三、命中概率或脱靶率。

6.5.1　作战效果与干扰效果

根据干扰结果造成的影响评估作战效果和依据作战效果评估干扰有效性是必要的。作战效果和干扰效果关系密切，有时干扰效果就是作战效果或作战效果等同于干扰效果。干扰效果是干扰对直接受干扰对象作战能力造成的影响，作战效果是干扰结果通过受干扰装备对其控制的武器系统或/和杀伤性武器综合作战能力造成的影响。雷达干扰效果用受干扰影响的雷达性能参数或与此有函数关系的参数表示，作战效果用杀伤性武器与其攻击目标的作用结果表示。雷达干扰的最终目的是保护己方的目标不被摧毁。雷达干扰效果是局部的，有条件的，没有直接联系最终作战目的。雷达对抗不但涉及对抗双方的雷达、雷达对抗装备、武器控制系统、杀伤性武器、目标、平台、作战环境、装备配置关系，还涉及装备的控制方式、战斗的组织形式、对抗时机和装备之间的相互影响。在许多场合，任何一种装备的性能或者整个对抗大系统所有装备性能影响之和都不足以全面评估干扰效果和干扰有效性。作战效果是杀伤性武器与目标的作用结果，它能概括所有因素的影响，能全面、直观和真实反映干扰效果。有文章说(见第3章)测定抗干扰能力应看它对与其相连的武器摧毁概率的影响，指的就是这层意思。由此知，依据作战效果评估干扰有效性是非常必要的。

依据作战效果评估干扰有效性是必要的，也是可行的。作战效果是干扰结果引起的，是干扰效果的一种表示形式，完全可以用来评估干扰有效性。作战效果是用杀伤性武器与目标作用结果描述的干扰结果。雷达干扰引入的信息由雷达传给武器控制系统，由武器控制系统传给杀伤性武器，杀伤性武器与目标的作用结果必然带有干扰的影响。如果假设只有雷达和雷达对抗装备能获取作战必须的目标、电磁环境、气象环境和地理环境等信息，武器控制系统和杀伤性武器等中间环节只变换信息的表现形式，使其适应有关控制的需要。只要这些设备是理想的，变换信息的表示形式不会引入额外信息，就是说雷达干扰引入的信息能完全进入杀伤性武器与目标的作用结果中。就这一点而言，杀伤性武器与目标的作用结果既是作战效果也是干扰效果，两者是等价的。雷达是直接干扰对象，它与该系统的其他部分构成串联作战模式。若雷达因受干扰不能完成规定任务，整个武器系统就无法完成规定任务，这时的雷达干扰效果等同于作战效果。干扰可以影响雷达的某项指标使武器控制系统不能完成规定的任务，也可以同时影响雷达的多项性能，其综合影响也能使武器控制系统不能完成规定的任务。5.4.2.3节给出了火控系统的作战能力，用摧毁目标的概率或目标的生存概率表示。在摧毁概率模型中有三个主要参数即发现概率、捕获概率和命中概率(受雷达跟踪误差影响)与雷达性能有关。如果武器是理想的，命中概率只与雷达干扰引起的跟踪误差有关，这时的摧毁概率与干扰效果等效。

雷达对抗属于作战行动，雷达对抗效果属于作战效果的范畴。评估作战效果既需要表示作战效果的参数，又需要评价其好坏的指标。评价作战效果好坏的指标是作战行动的效率[22]。作战行动的效率是指完成作战任务的有效程度。作战效果受随机因素影响，通常用某事件发生的概率或某个随机变量的平均值或数学期望作为评价效率的数量指标。一般根据作战行动需要完成的具体任务选择作战效果及其评价指标的具体形式。不少作战效果有与其同名称的评价指标。

作战效果是杀伤性武器与被攻击目标的作用结果，描述这种作用结果的参数都能表示作战效果。杀伤性武器与目标的作用结果不外乎两种，命中目标或脱靶，摧毁目标或没摧毁目标(目标生存)。受多种随机因素的影响，一般用命中概率或脱靶率和摧毁概率或生存概率表示对单目标的作战效果。如果只考虑作战结果，对多目标的作战结果可看成是对多个单目标的作战结果之和，其描述参数都与摧毁概率或生存概率有关。具体包括摧毁目标数或生存目标数，摧毁所有目标的概率或所有目标都生存的概率。如果目标很多，还可用摧毁目标或生存目标百分数表示作战效果。由此知，能表示干扰效果的作战效果有六种形式：摧毁概率和生存概率、摧毁所有目标的概率和所有目标都生存的概率，摧毁目标数和生存目标数。它们两两构成互斥事件，实际只有 3 种独立形式。根据具体情况，可选择其中之一描述作战效果。

　　上述作战效果适合对抗双方。战争无论大小，无论是否有雷达对抗装备参与，都存在交战双方(防御方和进攻方)。双方的作战任务和作战目的不但非常明确而且十分相似，就是通过消灭对方的作战人员、摧毁其装备或设施来保护己方的作战人员、设备或设施。防御方既可用摧毁进攻方目标的概率或数量等表示战果，也可用己方目标的生存概率或生存目标数等表示战绩。进攻方的作战目的就是消灭既定目标，用摧毁目标的概率或摧毁目标数表示作战效果较为直观。进攻方要摧毁对方的目标，必须保护自己的战斗力并安全突破对方的防线，同样可用己方目标被摧毁概率和生存概率、被摧毁目标数和生存目标数表示作战效果。

6.5.2　评价雷达对抗装备组织使用策略优劣的准则和方法

　　雷达干扰有 4 种对抗组织模式：一对一、多对一、一对多和多对多。一对一作战模式不存在对抗装备的组织使用策略问题。如果参战的雷达对抗装备和要干扰的雷达数量都较多，必须合理组织使用雷达对抗装备，才能获得好的作战效果。组织使用雷达对抗装备要解决的问题有：一，用哪部或哪些部雷达对抗装备对付哪部或哪些部雷达能获得最好的作战效果；二，怎样用最小数量的装备或最小使用费用获得需要的作战效果。前一个属于资源分配，后一个属于资源需求分析。

　　什么样的组织使用方案是最好的或最合理的，必须进行评价。为此需要研究评价雷达对抗装备组织使用策略优劣的准则和评估方法。武器运筹学给出了评价武器分配方案好坏的效率指标，它就是摧毁目标数和摧毁所有目标的概率。雷达对抗装备属于软杀伤武器，处理武器有关问题的准则和评价方法也适合雷达对抗装备。在雷达对抗中，衡量武器组织使用好坏的两个效率指标变为，有效干扰的雷达数和有效干扰所有雷达的概率。

　　雷达对抗活动属于作战行动，武器分配中的问题在雷达对抗作战中同样存在，其中经常碰到的有以下 3 种情况：

① 每部雷达对抗装备对每部雷达的有效干扰概率相同，但数量上占优势，即雷达对抗装备的数量大于要干扰的雷达数量；

② 不同雷达对抗装备对不同雷达的干扰能力不同但已知，而且在整个作战过程中维持不变；

③ 除不同的雷达对抗装备对不同的雷达有不同的干扰能力外，在作战中，对方还可能选择不同的作战方案。

　　第一种目标分配比较简单，需要解决的不是用哪部雷达对抗装备干扰哪部雷达的问题，而是用多少部雷达对抗装备对付一部雷达的问题。如果多部雷达对抗装备独立工作，都采用遮盖性样式，综合干扰效果(仅指用干信比表示的)等于各自的干扰效果之和。此时，雷达对抗装备的目标分配方法与战术指控系统给作战单元分配目标的方法完全相同，即可采用"有组织"或"无组织"两种目标分配方法[22]。所谓"有组织"是指尽可能以均匀的方式给每部雷达对抗装备分配要干扰的雷达。如果每部雷达对抗装备独立随机选择要干扰的对象且选中任一雷达的概率相同并已知，就是"无组织"的目标分配方法。

　　设用 n 部相同的雷达对抗装备干扰 m 部雷达，其中 $n \geqslant m$。每部干扰机对任一雷达的干扰能力相同，若采用"有组织"的目标分配方案，有效干扰目标的平均数为

$$M_{cac} = m\{[1-(1-E_{ew})^k](1-\theta)+[1-(1-E_{ew})^{k+1}]\theta\} \tag{6.5.1}$$

式中，
$$\begin{cases} k = \text{INT}\left\{\dfrac{m}{n}\right\} \\ \theta = \dfrac{m}{n} - k \end{cases}$$

INT{*}表示取整，只保留整数部分；E_{ew}为任一雷达对抗装备对任一雷达的干扰有效性。

"无组织"目标分配是指，每部雷达对抗装备独立选择自己的作战对象。如果假设所有条件与"有组织"的目标分配相同，则一部雷达对抗装备选择任一指定雷达的概率相同且等于 $1/m$，有效干扰指定雷达的概率就是 E_{ew}/m，n 部雷达对抗装备有效干扰同一雷达的概率为

$$P_E = 1 - \left(1 - \frac{E_{ew}}{m}\right)^n$$

"无组织"目标分配方案有效干扰雷达数为

$$M_{sp} = mP_E = m\left[1 - \left(1 - \frac{E_{ew}}{m}\right)^n\right] \tag{6.5.2}$$

有组织和无组织目标分配方案并非一种绝对好于另一种，具体情况与实际作战条件有关。使用时，应在相同条件下计算两种方案的作战效果，从中选择较好的一种。

第二种目标分配问题仍然是要解决多对多的干扰问题，但条件与第一种不完全相同，其中最主要的区别有：一、可用的作战模式多。干扰机的数量和雷达数量既可以相同，也可以不同。有的干扰机可能要工作在多对一或一对多的作战模式，有的要工作在一对一的作战模式。二、分配方法较少。因为不同的干扰机对不同的雷达有不同的作战效果，不能采用无组织的分配方法，只能采取有组织的目标分配方法。与第一种分配方法相同的条件是，任何一部干扰机可选择任何一部雷达。

解决第二种目标分配问题的简单方法为穷举法。穷举法就是列出所有可能的作战方案，并在预先确定的效率指标下，通过比较优劣，选出最好的方案。用穷举法寻找最佳目标分配方案分四步：第一步确定优化方案用的约束条件即效率指标。在战术应用中，一般把要求的最终作战效果作为效率指标。前面曾指出这样的效率指标有两种形式。

（1）把所有雷达都被有效干扰的概率作为目标分配的效率指标。如果一部雷达对抗装备只能独立干扰一部雷达，m 部雷达都被有效干扰的概率等于各自被有效干扰的概率积。这里的有效干扰概率就是干扰有效性。设对第 i 部雷达的干扰有效性为 E_{ewi}，有效干扰 m 雷达的概率等于：

$$P_E = \prod_{i=1}^{m} E_{ewi} \tag{6.5.3}$$

用式(6.5.3)可计算每种分配方案有效干扰所有目标的概率，其中最大概率对应的分配方案为最优目标分配方案。式(6.5.3)只适合一对一的作战场合。如果是一对多，首先要将多个目标折算成一个目标。当多对一时，则将多部干扰机等效成一部干扰机，这种等效是从有效干扰概率上的等效。设有 k 部干扰机独立干扰同一雷达，其中第 i 部干扰机独立干扰该雷达的有效性为 E_i，等效成一部干扰机对一部雷达的干扰有效性为

$$E_e = 1 - \prod_{i=1}^{k} (1 - E_i) \tag{6.5.4}$$

式(6.5.4)适合雷达对抗装备的任何作战模式。

（2）把有效干扰目标数作为目标分配的效率指标。在多平台对多平台的战斗中，有效干扰的目标数越多对战斗越有利，有效干扰雷达数等于有效干扰每部雷达的概率和，即

$$P_{\Sigma} = \sum_{i=1}^{m} E_{\text{ew}i} \qquad (6.5.5)$$

式(6.5.5)中的符号含义同式(6.5.3)。不管是计算所有雷达被干扰的概率，还是计算有效干扰目标数，首先需要计算每部干扰机对每部雷达的干扰有效性，然后用式(6.6.5)计算每种分配方案的有效干扰目标数，其中有效干扰目标数最大的方案为最优目标分配方案。

用穷举法确定最佳目标分配方案的关键是要知道所有可能的分配方案，目标分配表可保证一个不漏地列出所有可能的分配方案。因此，用穷举法寻找最佳目标分配方案的第二步是列出全部的目标分配表。表 6.5.1 为目标分配表的一般形式，可用来说明制作此表的方法。首先对干扰机和要干扰的雷达进行编号，然后确定每部干扰机对每部雷达的干扰有效性，并填在对应编号的雷达下面，如表中的 E_{11} 表示一号雷达对抗装备对一号雷达的干扰有效性，E_{21} 为二号雷达对抗装备对一号雷达的干扰有效性，E_{nm} 为第 n 号雷达对抗装备对 m 号雷达的干扰有效性，其他的情况可照此类推。这里的干扰有效性是根据最佳干扰样式和参数计算的。根据干扰机和雷达的参数以及配置关系，用第 7、第 8 章的有关模型可计算一对一、多对一和一对多三种作战模式的干扰有效性。

表 6.5.1　$n \times m$ 型目标分配表

干扰机编号 i	要干扰的雷达编号 j			
	1	2	$\cdots$	m
1	E_{11}	E_{12}	$\cdots$	E_{1m}
2	E_{21}	E_{22}	$\cdots$	E_{2m}
$\vdots$	$\vdots$	$\vdots$	$\vdots$	$\vdots$
n	E_{n1}	E_{n2}	$\cdots$	E_{nm}

下面用一个例子说明如何根据目标分配表，用穷举法确定目标分配方案数的具体方法。假设要用 1 号、2 号和 3 号三部雷达对抗装备对付 1 号、2 号两部雷达，每部雷达对抗装备对每部雷达的干扰有效性示于目标分配表 6.5.2 中。由该表的数据知，可能的分配方案数是 3 取 1 的全排列，即

$$
\begin{array}{cccccc}
\text{I} & \text{II} & \text{III} & \text{IV} & \text{V} & \text{VI} \\
\begin{pmatrix} i & j \\ 1 & 1 \\ 2 & 2 \\ 3 & 2 \end{pmatrix} &
\begin{pmatrix} i & j \\ 1 & 2 \\ 2 & 1 \\ 3 & 1 \end{pmatrix} &
\begin{pmatrix} i & j \\ 1 & 2 \\ 2 & 1 \\ 3 & 2 \end{pmatrix} &
\begin{pmatrix} i & j \\ 1 & 1 \\ 2 & 2 \\ 3 & 1 \end{pmatrix} &
\begin{pmatrix} i & j \\ 1 & 1 \\ 2 & 1 \\ 3 & 2 \end{pmatrix} &
\begin{pmatrix} i & j \\ 1 & 2 \\ 2 & 2 \\ 3 & 1 \end{pmatrix}
\end{array}
$$

其中 i, j 分别表示雷达对抗装备和雷达的编号。第 I 个分配方案的含义是：1 号干扰机干扰 1 号雷达，2、3 号干扰机同时干扰 2 号雷达。根据第 I 个分配方案的内容，可知道其他方案的含义。

表 6.5.2　3×2 型目标分配表

干扰机编号 i	要干扰的雷达编号 j	
	1	2
1	$E_{11}=0.8$	$E_{12}=0.7$
2	$E_{21}=0.6$	$E_{22}=0.2$
3	$E_{31}=0.1$	$E_{32}=0.5$

用穷举法分配目标的第三步是根据选定的效率指标和所列目标分配表，计算各方案的作战效果。如果把所有雷达都被有效干扰的概率作为目标分配的效率指标，可用式(6.5.3)和式(6.5.4)估算 6 种分配方案的有效干扰概率，算结果如下：

第一方案：$P_1 = E_{11}E_{e232} = 0.8 \times [1-(1-0.2) \times (1-0.5)] = 0.48$

第二方案：$P_2 = E_{12}E_{e231} = 0.7 \times [1-(1-0.6) \times (1-0.1)] = 0.448$

第三方案：$P_3 = E_{e132}E_{21} = [1-(1-0.7) \times (1-0.5)] \times 0.6 = 0.51$

第四方案：$P_4 = E_{e131}E_{22} = [1-(1-0.8) \times (1-0.1)] \times 0.2 = 0.18$

第五方案：$P_5 = E_{121}E_{32} = [1-(1-0.8) \times (1-0.6)] \times 0.5 = 0.46$

第六方案：$P_6 = E_{e122}E_{31} = [1-(1-0.7) \times (1-0.2)] \times 0.1 = 0.076$

其中 E_{e232} 表示用第 2、第 3 号干扰机同时有效干扰 2 号雷达的概率或干扰有效性，上面其他符号的含义可照此类推。

　　用穷举法选择最优分配方案的最后一步是比较计算结果，找出其中的最大值，该值对应的分配方案就是最优目标分配方案。比较 6 种计算结果知，第三方案的值最大，是该种效率指标下的最优目标分配方案。此方案就是用 1、3 号干扰机同时对付 2 号雷达，用 2 号干扰机单独干扰 1 号雷达。

　　如果用有效干扰目标数作为目标分配的效率指标，可用式 (6.6.5) 分别计算 6 种目标分配方案的作战效果即有效干扰目标数。计算结果如下：

第一方案：$P_1 = E_{11} + E_{e232} = 0.8 + [1-(1-0.2) \times (1-0.5)] = 1.4$

第二方案：$P_2 = E_{12} + E_{e231} = 0.7 + [1-(1-0.6) \times (1-0.1)] = 1.34$

第三方案：$P_3 = E_{e132} + E_{21} = [1-(1-0.7) \times (1-0.5)] + 0.6 = 1.45$

第四方案：$P_4 = E_{e131} + E_{22} = [1-(1-0.8) \times (1-0.1)] + 0.2 = 1.02$

第五方案：$P_5 = E_{e121} + E_{32} = [1-(1-0.8) \times (1-0.6)] + 0.5 = 1.42$

第六方案：$P_6 = E_{e122} + E_{31} = [1-(1-0.7) \times (1-0.2)] + 0.1 = 0.86$

比较 6 种计算结果知，仍然是第三方案最优。

　　上面的例子多次出现两部干扰机同时干扰一部雷达的情况，用干信比表示遮盖性干扰效果时，干扰效果可直接相加。其他样式的干扰效果不能简单直接相加，如多部干扰机同时用多假目标干扰一部雷达时，由于假目标自身的重叠，使多部干扰机的总干扰效果小于各自干扰效果之和。如果出现这种情况，应按实际情况计算干扰效果，即扣除重叠假目标数的影响。

　　前面的分配方法适合雷达对抗装备的数量大于、等于要干扰雷达数量的情况。如果可用的干扰机比要干扰的雷达少，且一部干扰机只能干扰一部雷达，则有部分雷达不受干扰。如果雷达的威胁级别或优先级不同，可选择威胁级别较高的雷达，去掉优先级较低的雷达，使两者在数量上相等。如果雷达的优先级相同，则选择有效干扰概率大的同数量的雷达进行干扰。经过上述处理后，可按 $n=m$ 的目标分配方法进行分配。

　　如果可用的干扰机比要干扰的雷达少，但它们都有同时干扰多部雷达的能力。此时，有的干扰机要工作在一对多的模式。还是用一个例子来说明此情况下的目标分配方法。设有两部雷达对抗装备，编号为 1，2，要求它们干扰编号为 1，2，3 的三部雷达。在本例中，雷达比干扰机多一部，必然至少有一部干扰机要同时干扰两部雷达。三部雷达共有 C_3^2 种组合，即有 12，13，23 三种组合，其中 12 表示一部干扰机同时干扰 1 号和 2 号雷达，13，23 分别表示一部干扰机同时干扰 1、3 号雷达和 2、3 号雷达。不同干扰机对不同雷达及其不同组合的干扰有效性如表 6.5.3 所示。表中 E_{11} 表示用 1 号干扰机对 1 号雷达的干扰有效性，E_{112} 表示用 1 号干扰机同时干扰 1、2 号雷达的干扰有效性，其他符号的含义可照此类推。由表 6.5.3 可得六种对抗方案，它们分别是：

第一方案：1 号干扰机同时干扰 1、2 号雷达，2 号干扰机单独干扰 3 号雷达；

第二方案：1 号干扰机同时干扰 1、3 号雷达，2 号干扰机单独干扰 2 号雷达；

第三方案：1 号干扰机同时干扰 2、3 号雷达，2 号干扰机单独干扰 1 号雷达；

第四方案：2 号干扰机同时干扰 1、2 号雷达，1 号干扰机单独干扰 3 号雷达；

第五方案：2 号干扰机同时干扰 1、3 号雷达，1 号干扰机单独干扰 2 号雷达；

第六方案：2 号干扰机同时干扰 2、3 号雷达，1 号干扰机单独干扰 1 号雷达。

表 6.5.3　2×3 型目标分配表

干扰机编号	要干扰的雷达编号						
	1	2	3	12	13	23	
1	E_{11}	E_{12}	E_{13}	E_{112}	E_{113}	E_{123}	
2	E_{21}	E_{22}	E_{23}	E_{212}	E_{213}	E_{223}	

若目标分配的效率指标为有效干扰目标数，可用式 (6.6.5) 计算每种分配方案有效干扰的雷达数，即

第一方案：$P_{E112} = E_{112} + E_{23}$；　　第四方案：$P_{E212} = E_{212} + E_{13}$；

第二方案：$P_{E113} = E_{113} + E_{22}$；　　第五方案：$P_{E213} = E_{213} + E_{12}$；

第三方案：$P_{E123} = E_{123} + E_{21}$；　　第六方案：$P_{E223} = E_{223} + E_{11}$。

比较 6 种方案有效干扰的雷达数，其中数值最大者就是最佳目标分配方案。

如果干扰机和要干扰的雷达都不多，容易列出所有的作战方案，不需要作太多的计算就能找出最佳分配方案，而且能直观看出分配的好坏。如果干扰机和要干扰的雷达都很多，列出全部目标分配方案很麻烦，计算更费时。现在有许多减少尝试次数的方法。蒙特卡罗法是解决目标分配问题的原始方法，其具体做法是：先随机的获得各种目标分配方案，再从这些方案中选择最好的一种。

前面介绍的目标分配方法能解决一些简单的所谓"静态"的或可近似成"静态"的目标分配问题。因作战双方的雷达、雷达对抗装备、武器系统及其平台都是有人指挥或操作的。最常见的就是受干扰平台采取规避机动来躲避雷达侦察和干扰，或者采取某些战术、技术抗干扰措施来降低雷达干扰的影响。如果能够找出对干扰最不利的情况且该情况出现的概率大于等于 0.5，则可用上面的方法，仅根据最不利的情况进行目标分配。除此之外，只能用博弈论的方法进行目标分配。博弈论的目标分配过程是，首先列出敌方可能采用的对抗措施和雷达对抗装备的所有分配方案，然后计算敌方每种抗干扰措施对每种分配方案的影响，用这些数据建雷达对抗对策矩阵，最后用 6.3.2.3 节的方法求解对策矩阵得到雷达对抗装备的最优目标分配方案。

目标分配方法也可用于雷达对抗资源需求分析。进行干扰资源需求分析时，一般把要求的作战效果作为效率指标，将达到要求作战效果需要的干扰资源或经费最少的方案作为最优方案。该方案所需的雷达对抗装备数量就是资源需求分析结果。显然，雷达对抗资源需求分析方法和步骤与雷达对抗装备的目标分配方法基本相同。

6.5.3 表示干扰效果的参数及其评价指标

雷达对抗装备的内场测试、外场试验、干扰技术和抗干扰技术研究以及作战使用常常需要用不同的参数表示干扰效果。表示干扰效果的参数应满足一定的条件，这里把描述干扰效果参数的基本条件细化成以下五点：

① 是参与对抗作战装备的战技指标或与其有函数关系的参数；

② 直接、间接受干扰影响；

③ 直接、间接影响到最终作战效果或能反映达到最终作战目的的程度；

④ 能全面反映一种干扰样式或对抗装备一种作战使用方式的干扰作用；

⑤ 有对应的干扰有效性评价指标。

雷达对抗不但涉及己方的雷达对抗装备、保护目标和受干扰方的雷达、雷达对抗装备，还涉及双方有关的武器系统和武器等。对抗的最终目的是保护己方的目标和消灭敌方的目标。武器与目标的作用结果能反映最终作战效果和达到最终作战目的的程度。确定表示干扰效果的参数必须从作战效果入手。摧毁概率和生存概率是用得最广的单目标作战效率指标，摧毁目标数和摧毁所有目标的概率是多目标作战的效率指标，一般用它们表示作战效果。作战效果涉及雷达对抗装备、雷达、武器和武器控制系统的战技指标，只要这些战技指标还能满足上面的其他条件，就能用来表示干扰效果。雷达对抗分单目标对抗和多目标对抗两种，由于对多目标的作战效果包含对单目标的作战效果，下面只根据单目标作战效果确定表示干扰效果和干扰有效性评价指标的参数。

5.4.2.3 节建立了火控系统摧毁单个目标的概率和目标的生存概率模型。如果各枚武器命中目标的概率相同，摧毁概率 P_{de} 和生存概率 P_{al} 为

$$\begin{cases} P_{de} = P_{rd} P_a \left[1 - \left(1 - \dfrac{P_h}{\omega} \right)^m \right] \\ P_{al} = 1 - P_{de} = 1 - P_{rd} P_a \left[1 - \left(1 - \dfrac{P_h}{\omega} \right)^m \right] \end{cases} \tag{6.5.6}$$

式 (6.5.6) 的符号定义见式 (5.2.6) 和式 (5.2.8)。式 (6.5.6) 表明有 5 个参数影响 P_{de} 和 P_{al}。它们分别是摧毁目标必须平均命中的武器数 ω、向同一目标独立射击的次数或独立发射的武器数 m、搜索雷达或目标指示雷达发现目标的概率 P_{rd}、跟踪雷达捕获目标的概率 P_a 和一枚武器命中目标的概率 P_h。

ω 反映目标的抗毁能力或易损性，是目标的性能参数。对于特定的武器，ω 是目标的固有能力，不受干扰影响，与有、无干扰无关。尽管它影响作战效果，也能全面、完整反映作战效果，一般不能直接用来表示干扰效果。

m 不是有关设备的战技指标，而是某些装备战技指标的函数。式 (5.1.68) 和式 (5.1.69) 给出了影响 m 的因素，其中最小干扰距离与雷达在干扰条件下的最大作用距离有关，最大作用距离是雷达的战技指标，受干扰影响。干扰通过最小干扰距离或雷达的最大作用距离影响 m。式 (5.1.68) 和式 (6.1.69) 指出，如果最小干扰距离 R_{jmin} 小于武器的最小发射距离 R_{win}，可使 m 为 0。m 为 0 能使摧毁概率为 0，生存概率为 1。这说明 m 能全面、完整反映遮盖性样式的干扰作用。若给定了有效干扰要求的摧毁概率和其他影响 P_{de} 的参数，由战术应用准则可确定 m 的干扰有效性评价指标。由于 m 受最小干扰距离和压制区域影响，一般不用 m 而用最小干扰距离和压制扇面或压制区域表示干扰效果。

P_{rd} 是目标指示雷达发现目标的概率，发现概率是该种雷达的战技指标，满足表示干扰效果的全部条件。对于遮盖性干扰，它是干信比的函数，干信比受干扰影响，P_{rd} 必然受遮盖性干扰影响。

对于多假目标干扰，它是检测概率和识别概率的函数，识别概率受多假目标干扰影响，P_{rd} 必然受多假目标干扰影响。在战术使用中，目标指示雷达、跟踪雷达、武器控制系统和武器构成串联工作模式，若该种雷达因干扰不能发现目标，摧毁概率必然为 0，目标肯定能得到保护。可见 P_{rd} 不但受干扰影响，还能全面反映遮盖性和多假目标的干扰作用。根据对作战效果的要求，能确定 P_{rd} 的干扰有效性评价指标。

按照分析 P_{rd} 可表示干扰效果的方法，也能说明捕获概率 P_a 是有关装备的战技指标。它不但受干扰影响，还能全面反映遮盖性、欺骗性样式的干扰作用，也能反映达到最终作战目的的程度，还有对应的干扰有效性评价指标，可表示干扰效果和评估干扰有效性。

P_h 为单枚武器命中目标的概率，是武器的战术指标。如果 $P_{rd} = P_a = \omega = 1$，命中概率等于摧毁概率。根据作战要求的摧毁概率，可确定命中概率的干扰有效性评价指标。命中概率是多种因素的函数，如果指定了武器和目标，影响命中概率的主要因素是跟踪雷达的跟踪误差。跟踪误差受干扰影响。因此，P_h 适合描述干扰效果和评估干扰有效性。

影响 m、P_{rd}、P_a 和 P_h 的参数肯定会影响最终作战效果。影响这 4 个参数的因素即与它们有函数关系的参数也能表示干扰效果。在影响 m 的参数中有最小干扰距离或雷达在干扰条件下的最大作用距离。自卫干扰时，只要最小干扰距离小于武器的最小发射距离，武器系统就不能发射武器。在此条件下，单纯的最小干扰距离就能全面、完整反映任何干扰样式的干扰作用。掩护干扰时，需要保护较大角度范围内的目标或一个目标的较大活动范围。如果雷达天线在该范围内任一波位的最小作用距离满足不能发射武器的条件，该区域内的目标都能得到保护。相对雷达而言，这样的范围有的是规则扇面，有的是形状复杂的区域，由战术运用准则可确定最小干扰距离和有效干扰扇面或压制区域的干扰有效性评价指标。最小干扰距离和有效干扰扇面既受干扰影响，又能全面、完整反映干扰能力，还具有干扰有效性评价指标，两者都能用来评估干扰效果。

参数测量误差是目标指示雷达的战技指标，跟踪误差是跟踪雷达的战技指标，都受干扰影响。前者不但影响捕获概率和通过捕获概率影响最终作战效果，还能导致武器系统不能发射武器，后者影响命中概率，只此一项就能使武器脱靶。由同风险准则容易得到它们的干扰有效性评价指标。目标指示雷达的参数测量误差和跟踪雷达的跟踪误差都适合评估干扰效果和干扰有效性。

干信比不是任何装备的战技指标，在雷达干扰效果和干扰有效性评估中用得特别多。其主要原因是它与许多可表示干扰效果的参数有确定的函数关系，如检测概率、捕获概率、命中概率、最小干扰距离、有效干扰扇面等都受干信比影响。可以说在一定条件下，凡是与干信比有关的战技指标几乎都能转换成干信比来处理。压制系数就是专门为它设置的干扰有效性评价指标。不难证明干信比满足表示干扰效果的所有条件。类似的还有可检测的真、假目标数和真、假目标总数等。但是，用干信比和真、假目标数等表示干扰效果还必须满足一些其他条件，这些条件将在第 7 和第 8 两章中详细讨论。

摧毁目标数或生存目标数，摧毁所有目标的概率和所有目标都生存的概率或摧毁目标百分数和生存目标百分数是对多目标作战的效率指标，都是摧毁概率或生存概率的函数，本身属于作战效果的范畴。都能表示对多目标的作战效果。

干扰有效性评价指标是作战要求达到的最低干扰效果，与干扰效果有相同的量纲。多数干扰效果有同名称的干扰有效性评价指标，但不是所有的干扰效果都是如此，如跟踪误差的干扰有效性评价指标是作战要求的脱靶距离。如果出现这种情况，需要借助战术运用准则和特定的物理关系，或者把干扰效果转换成干扰有效性评价指标的量纲，或者进行相反的转换。因此，同一干扰效果可能有多种等效的干扰有效性评价指标。在干扰有效性评估中，适当变换评价指标的表示形式常常能简化干扰有效性的计算。干扰有效性评价指标来自战术应用准则或与其等效的同风险准则，确定干扰有效性评价指标很重要但也比较难，第9章将专门讨论干扰有效性评价指标的确定方法。表6.5.4列出了本书表示干扰效果的参数及其对应的干扰有效性评价指标。

内场测试或干扰和抗干扰技术研究时，只有雷达对抗装备，一般用测量仪器模拟雷达，适合用第1～第4种参数表示干扰效果。外场试验有雷达对抗装备和雷达，但不一定总有雷达控制的武器或武器系统，适合用第5种～第8种参数表示干扰效果。在作战使用中，既有雷达对抗装备和雷达，又有它们控制的武器或武器系统，可用第7种～第11种参数表示干扰效果，最适合的是第9种～第11种。

表6.5.4　表示干扰效果的参数和对应的干扰有效性评价指标

	表示干扰效果的参数		表示干扰有效性评价指标的参数
1	干信比	1	压制系数
2	检测概率	2	检测概率或检测识别概率
3	参数测量误差或跟踪误差	3	参数测量误差、跟踪误差和脱靶距离
4	可检测的真假目标数或真假目标总数，能同时跟踪或能同时攻击目标数	4	能处理的或能同时跟踪、攻击的最大目标数
5	引导概率	5	引导概率
6	捕获概率	6	捕获捕获概率
7	最小干扰距离	7	最小干扰距离
8	有效干扰扇面或压制区	8	压制扇面或压制区
9	命中概率或脱靶率	9	命中概率或脱靶率
10	摧毁概率或生存概率	10	摧毁概率或生存概率
11	摧毁目标数和摧毁所有目标的概率	11	摧毁目标数和摧毁所有目标的概率

6.6　同风险准则

干扰有效性评价指标非常重要，但不是越高越好，也不是越低越好，把握适度较难。影响干扰有效性评价指标的因素多，有的还相互制约。它既涉及有关装备的作战能力或战技指标、制造费用和使用费用，又涉及其作战效果和作战效果对整个战局的影响等。虽然战术运用准则既能用来建雷达干扰效果和干扰有效性评估模型，又能用来确定它们的评价指标，但是只有在十分具体的条件下，才能根据该准则确定干扰有效性评价指标。在实际应用中，特别需要在十分一般的条件下，就能合理确定干扰有效性评价指标的方法和准则，同风险准则就是这样的准则。

同风险准则是这样一种设计、使用雷达对抗装备和评价其作战能力的准则，即雷达对抗方在作战中的风险或失误的代价不大于作战对象方的风险或失误的代价。和战术运用准则一样，同风险准则是一种通用准则，既可用于雷达对抗，也可用于其他军事领域。在雷达对抗效果和干扰有效性评估中，同风险准则主要用于：

① 简化确定干扰有效性评价指标的条件和过程；

② 获得数值形式的干扰有效性评价指标；

③ 从战术、技术和经济性三方面保证评价指标的合理性。

雷达对抗装备的作战对象是军用雷达及其为之服务的武器控制系统和武器。作战对象要求的功能、性能或作战能力是根据战术运用准则确定的。装备的性能指标或作战能力与制造费用和使用费用有关。有关的指标越高，需要的费用越高，受此限制，任何装备都不可能做得十全十美。例如，任何武器系统都不能保证 100％的命中目标，任何雷达都存在一定的虚警、漏警。如果不计主观因素的影响，军事装备在性能、功能上的不足是给军事行动带来风险的根源。战争是你死我的拼搏，有风险就会出现失误，有失误就会有损失，有损失就得付出代价。要求低风险，必然导致高费用。低风险和高费用是一对不可调和的矛盾，解决这对矛盾的最佳方法就是折中。实际上，武器系统、武器和雷达的功能、性能都是制造费用、使用费用、风险、代价等的折中结果，存在某些不足是必然的。

设计雷达对抗装备的原则与武器系统、武器和雷达相同。按照这种设计原则和方法研制的雷达对抗装备不会十全十美，在军事行动中，干扰方必然要承担一定的风险。就雷达对抗作战的双方而言，风险的影响方式和影响的结果完全相同。如果武器控制系统没能摧毁干扰机保护的目标，自己及其平台可能被摧毁，造成损失并付出代价。如果干扰方未能实施有效干扰，干扰平台或被保护目标也可能被摧毁，同样要付出代价。雷达是武器控制系统的关键环节，雷达的风险几乎要全部转嫁给武器控制系统及其平台，就是说雷达的风险等效于为其服务对象的风险。同样干扰方的风险也会全部转嫁给干扰机保护的目标。如果干扰方能保证自己担当的风险不大于作战对象方承担的风险，即使在对抗活动中有失误，付出的代价只不过与作战对象方相当，不会更大。对干扰方而言，这样的风险是可承受的。这就是同风险准则的基本概念。

同风险准则可描述如下。在雷达对抗作战中，假设有 m 个独立的可能给雷达对抗方带来风险的不利事件，m 个事件发生的概率分别为 $P_1, P_2, \cdots, P_i, \cdots, P_m$，每个事件发生必须付出的代价分别为 $C_1, C_2, \cdots, C_i, \cdots, C_m$，在作战中雷达对抗方需要承担的风险为

$$R_{rsj} = C_1 P_1 + C_2 P_2 + \cdots + C_m P_m = \sum_{i=1}^{m} C_i P_i \tag{6.6.1}$$

假设有 n 个事件在作战中可能给受干扰方或对抗作战的对象方带来风险，其中第 i 个事件发生的概率为 P_i，若该事件发生，受干扰方将遭受损 C_i，受干扰方的风险为

$$R_{rsw} = \sum_{i=1}^{n} C_i P_i \tag{6.6.2}$$

在设计和使用雷达对抗装备或确定其干扰有效性评价指标时，若能使下式成立：

$$R_{rsj} \leqslant R_{rsw} \tag{6.6.3}$$

则该装备的设计、使用方案或确定的干扰有效性评价指标是合理的。

雷达干扰效果和干扰有效性评价指标分为两类：第一类涉及武器或武器系统(间接干扰对象)等的战技指标的设计值或对其作战效果的要求。第二类涉及雷达、雷达对抗装备(直接干扰对象)等的战技指标的设计值或要求的作战效果或干扰效果。根据与间接作战对象同风险的方法，可确定第一类干扰有效性评价指标。确定第二类干扰有效性评价指标只能采用与直接干扰对象同风险的方法。

和战术运用准则一样，同风险准则也是一个通用准则，可用于许多领域。在雷达对抗中，同风险准则有多种用途，既可用来确定雷达对抗装备的技术、战术指标，也可用来确定干扰有效性评价指标。在雷达干扰效果和干扰有效性评估中，同风险准则主要用来建干扰效果和作战效果的干扰有效性评价指标的数学模型或确定其数值。对抗双方在作战中的风险可从不同的角度来描述，如技术指标、战术指标和作战要求等等，如果假设对抗双方的风险只来自双方装备的技术指标，

且已知雷达的有关指标和双方失误的代价，就能根据式(6.6.3)确定雷达对抗装备的技术指标；若对抗双方的风险只来自战术指标且已知任何一方的有关指标，由式(6.6.3)可确定另一方的战术指标。类似地有，当风险只来自对雷达或对雷达控制的武器系统作战效果的要求时，由该准则可确定对干扰效果的要求，该要求就是判断干扰是否有效和评价干扰有效性的指标。

由同风险准则的定义知，使用该准则需要参与雷达对抗的直接、间接作战对象的有关战技指标或它们对作战效果的要求。作战对象的性能、功能及其他们对作战效果的要求都是根据战术运用准则确定的。所以，同风险准则不是一个独立的干扰效果和干扰有效性评价准则，它属于战术运用准则的范畴。虽然用同风险准则确定干扰有效性评价指标需要的条件比战术运用准则需要的少，但是仍然要满足一定的条件。此条件有两个：一，已知雷达对抗直接、间接作战对象要求的作战效果或有关装备对应战技指标的设计值；二，已知对抗双方作战失误的代价。雷达对抗的直接、间接作战对象的战技指标具有多种表示形式。同风险准则只适合用概率或相对值表示的指标或对作战效果的要求。如果其他形式的战技指标或对作战效果的要求能被规一化，规一化后的这些指标也适用于同风险准则。

确定雷达干扰有效性评价指标需要多个准则，每个准则都无法确定全部干扰有效性评价指标的数学模型或数值。第 9 章将详细讨论干扰有效性评价指标的建模方法，并综合应用战术运用准则、同风险准则和数理统计方法确定干扰效果和作战效果的干扰有效性评价指标的数学模型和部分指标的数值或数值的范围。

主要参考资料

[1]　[苏]C.A.瓦金, Л.H.舒斯托夫著. 无线电干扰和无线电技术侦察基础. 科学出版社, 1976.

[2]　[英]A.M.罗斯著, 钟义信等译. 信息和通信理论. 邮电出版社, 1979.

[3]　Meyer, D.D.and H.A.Mayer, Radar Detection,Academic Press, New York, 1973.

[4]　Peyton ,Z.Peebles, Jr.John, Radar Principles, WILEY & Sons INC., 1998.

[5]　吴祈耀等著. 统计无线电技术. 国防工业出版社, 1980.

[6]　CHARLES E. COOK MARVIN BERNFELD, Radar Signals An Introduction to Theory and Application，Artech House Boston London, 1967.

[7]　张有为等编著. 雷达系统分析. 国防工业出版社, 1981.

[8]　M.I.Skoinik, Theoretical Accuacy of Radar Mesurments, IRE Trans.on Aeronautical Navigatianal Electronics, Vol. ANE-7, December, 1960.

[9]　Barton.D.k., Radar System Analysis, Artech House, Norwood.MA, 1976.

[10]　林象平著. 雷达对抗原理. 西北电讯工程学院, 1986.

[11]　D.Curtis Schleher, Electronic Warfare in the Information Age, Artech House, Inc.1999.

[12]　[苏联]И.C.高诺罗夫斯基著, 冯秉铨等译. 无线电信号及电路中的瞬变现象. 人民邮电出版社, 1958.

[13]　Probability of Gate Steal as a Function of Oscillator Stability Technical Report NO. ESD-TR-66-4, May, 1966.

[14]　Wiley, R.G., Electronic Intellingence: The Interception of Radar Signals, Artech House, Norwood, MA, 1986.

[15]　Lamont V. Blake Radar Range-Performance Analysis,Artech House INC., 1986.

[16]　[俄]Sergei A.Vakin, Lev N.Shustov, [美]Robert H.Dunwell 著, 吴汉平, 等译, 邵国培等审. 电子战基本原理. 电子工业出版社, 2004 年.

[17] Maurice W. Long, Airborne Early Warning system Concepts, Artech House Boston London, 1991.

[18] Barton.D.k., Modern Radar System Analysis, Artech House, Norwood, MA, 1988.

[19] А.И.ЛЕОНОВ, К.И.ФОМИЧЕВ МОНОИМУЛьСНАЯ РАДИОЛОКАЦИЯ ИЗДАТЕЛьСТВО "СОВЕТСКОЕ РАДИО", МОСКВА, 1970.

[20] Dawenbot, W.B.,Jr., and W.L.Root,An Introduction to the Theory of Random Signals and Noise, McGraw-Hill Book Company, Inc., New York Toronto London, 1987.

[21] （苏）E.C.温特切勒著，周方，玉宇译. 现代武器运筹学导论. 国防工业出版社, 1974.

第7章 遮盖性对抗效果及干扰有效性评估方法

7.1 引言

评估雷达对抗效果和干扰有效性需要五种数学模型。它们是对抗效果的均值模型，概率密度函数模型，干扰有效性评价指标模型，判断对抗是否有效的模型和干扰有效性评估模型。研究雷达对抗效果和干扰有效性评估方法就是探讨这些数学模型的建模方法、具体建模和模型的使用条件。雷达对抗效果的数学模型是指对抗效果与其影响因素的定量关系，数学建模是确定它与影响因素的定量关系的工作过程。影响雷达对抗效果的因素分两大类，一类包含在对抗效果的数学模型中，另一类为使用这些数学模型的条件，在对抗效果数学建模的同时将指出其使用条件。

影响雷达对抗效果的主要因素有作战目的、作战环境、保护目标、受干扰对象的特性和装备的配置关系以及干扰环节、干扰样式、干扰原理和干扰的战术使用方式等。第1章和第2章分析了雷达对抗的作战目的、环境和雷达目标。第3章至第5章讨论了雷达对抗的作战对象。第6章是对抗效果和干扰有效性的建模依据、干扰的作用机理、获得对抗效果的条件以及选择描述对抗效果和干扰有效性评价指标参数的原则。至此，已具备雷达对抗效果和干扰有效性的数学建模条件。

本书把雷达的基本干扰样式分为遮盖性和欺骗性两大类。遮盖性样式分有源和无源两类，每类还可细分成多种。所有有源遮盖性样式的干扰环节、干扰现象、干扰效果和干扰有效性评估模型以及模型的使用条件基本相同，故将它们当作一种干扰样式来研究。大多数有源遮盖性干扰效果评估模型适合无源遮盖性干扰样式。对于无源遮盖性干扰样式，本章只讨论大量箔条偶极子形成的遮盖性干扰效果，并把重点放在与有源遮盖性干扰不同的箔条干扰效果，如箔条走廊的有效长度和宽度等。

遮盖性样式有多种作战对象。它能同时干扰一个作战对象的多个环节，对有的环节还有多种不同的干扰作用。其对抗效果和干扰有效性评估模型较多，本章要建的模型有以下几种。

（1）干扰雷达目标检测的效果模型。包括干信比、检测概率、最小干扰距离、压制扇面或有效干扰区、干扰等效辐射功率、箔条走廊的有效长度和宽度等。

（2）干扰雷达参数测量的效果模型。主要是参数测量误差或定位误差、引导跟踪雷达的概率和跟踪雷达捕获指示目标的概率。

（3）对自动目标跟踪器的干扰效果模型。涉及使雷达从跟踪转搜索的跟踪误差和使武器脱靶的跟踪误差或脱靶距离。

（4）对武器和武器系统的作战效果模型。对单目标的有命中概率或脱靶率、摧毁概率或生存概率等；对多目标的主要是摧毁目标数和摧毁所有目标的概率等。

（5）干扰雷达支援侦察设备的效果模型。包括辐射源截获概率、威胁识别概率、告警概率、引导干扰机和反辐射武器的概率。

（6）对反辐射导引头的干扰效果模型主要是发射概率(含捕获概率)、跟踪误差、命中概率或摧毁概率。

对抗效果评估模型和干扰有效性评估模型一一对应，两种模型一起建。虽然干扰有效性评价指标与干扰效果也是一一对应的，但是它们的建模方法完全不同，故将其数学建模放在第9章。这里将不加说明地应用有关的评价指标。

在雷达干扰中，遮盖性样式用得最早最广、研究最多且内容也最多。为便于理解干扰效果的建模方法和建模依据，在具体建模前，先简要说明遮盖性干扰样式的种类、掩盖目标回波的机理、提高干扰效果的方法和此样式的特点等。

7.2　有源遮盖性干扰样式的种类、干扰作用原理和特点

有源遮盖性干扰样式主要是噪声和各种调制形式的噪声或通过雷达接收机能形成类似噪声的杂乱脉冲串。它们有相同的干扰环节、干扰作用原理和描述干扰效果的参数。

7.2.1　有源遮盖性干扰样式的种类

早期的有源遮盖性干扰样式只有噪声，目前已扩展到脉冲形式，而且脉冲形式用得越来越多。早期的噪声是不可积累的，现在已有可积累噪声。可积累噪声是一种很有发展前途的有源遮盖性干扰样式。这一节除了介绍常用的有源遮盖性干扰样式外，还将说明雷达信号的积累原理和可积累条件。

7.2.1.1　噪声类

雷达对抗最早使用的遮盖性样式是噪声类，包括射频噪声、噪声调幅和噪声调频或调相。这些噪声类干扰样式的共同问题是不能相参和非相参积累。除此之外，它们各有所长，也有所不足，不是一种绝对好于另一种，需要根据具体情况选择和合理使用，才能充分发挥其长处而避免其不足。

噪声在结构形式上可看成宽度、间隔和幅度随机分布的三角脉冲串组成的信号。带宽越宽，三角脉冲越窄。以时间为变量的随机函数称为随机过程。噪声的三个参数都随时间随机变化，是一随机过程。随机过程通常按其概率密度函数和功谱密度的形状分类。如果随机过程的功谱密度在无穷大范围内均匀分布，类似白色光谱，则称其为白噪声，其他的称为有色噪声。如果白噪声幅度的概率密度函数服从正态分布律，则称其为白高斯噪声或高斯白噪声。使用遮盖性样式的目的是掩盖雷达目标回波。雷达目标回波是以时间为变量的确定性波形。由信息准则知，能掩盖这种信号的一定是以时间为变量的不确定性波形。不确定性越大，掩盖目标回波的效果越好。在目前已知的所有随机过程中，白高斯噪声的不确定性最大，成为遮盖性样式的首选对象。

白高斯噪声是一种理想化的噪声模型。实际使用的噪声一般来自电子器件的内部噪声，其幅度服从高斯分布。受处理器件幅频特性的限制，功谱不可能均匀地扩展到无穷大频率区域，但比受干扰雷达接收机的通频带大得多。在窄带范围内，其功谱近似均匀分布。因此，干扰机实际使用的噪声可用白高斯噪声近似。

射频噪声是器件内部噪声的直接应用，可近似看成对白高斯噪声进行滤波、放大得到的噪声。在三种噪声中，真正射频噪声的品质因素为 1，掩盖目标回波的能力最强。另外，射频噪声的带宽可做得很宽，适合干扰宽带雷达。射频噪声的产生、不失真放大等存在一定问题。它与目前干扰机广泛使用的功率器件的特性极不匹配，发射机的功率利用率较低。干扰机实际使用的射频噪声都要经过限幅等处理。这些处理虽然能增加干扰机的平均输出功率，但是会降低此样式的品质因素。

鉴于射频噪声存在的问题，目前应用较多的是噪声调幅、调频或调相干扰样式。噪声调幅是使射频信号的幅度随调制噪声的幅度变化而变化。理想噪声调幅样式的品质因素相当高。噪声调幅干扰存在三个问题：一，已调波带宽窄，只有调制噪声带宽的两倍，难以实现宽带噪声调幅干扰，主要用于对付窄带雷达，如连续波雷达、脉冲多普勒雷达等；二，直接压制目标回波的边带

功率很小；三，和射频噪声一样，噪声调幅波与目前广泛使用的宽带功率器件的特性极不匹配，功率利用率较低。通常用限幅等处理来提高边带功率和干扰机的平均输出功率，但是会牺牲干扰样式的品质因素。

噪声调频和调相波能弥补射频噪声和噪声调幅波的某些不足，在雷达干扰中使用较多。噪声调频使干扰信号的载频随调制噪声的幅度变化而变化。噪声调相使干扰信号载频的相位随调制噪声的幅度变化而变化。与噪声调幅相比，理想噪声调频或调相波是等幅的，与目前干扰机使用的发射器件特性匹配，功率利用率较高。另外，噪声调频干扰的带宽可以做得很大，适合压制宽带雷达的目标检测。只有幅度起伏成分才有掩盖目标回波的作用。等幅噪声调频或调相波的直接干扰成分是通过受干扰雷达接收机形成的。该样式作用到受干扰环节的品质因素和功率都受被干扰对象影响，其自身的特性不能完全反映其潜在干扰能力。已经证明，若已调波的带宽与雷达接收机中放带宽之比为 3 左右，等幅噪声调频或调相干扰通过它后则能形成较高质量的噪声干扰。使用这种干扰样式的问题是要预先知道雷达接收机的中放带宽。

7.2.1.2　高密集杂乱脉冲串

高密集等幅杂乱脉冲串由等幅但宽度和间隔随机的脉冲串组成。在干扰机内部，它是等幅脉冲串，可充分利用发射器件的功率。和噪声类样式一样，此样式也不能相参和非相参积累。

等幅杂乱脉冲串无幅度随机起伏成分，不能压制或掩盖规则的目标回波。和等幅噪声调频或调相波一样，需要雷达接收机把它变换成类似噪声的起伏波形。这种变换的原理较简单，但需要满足一定的条件。雷达接收机是有限带宽的设备，输入脉冲的建立和消失均需要一定的时间。设理想矩形脉冲的时宽、幅度和接收机的时间常数分别为 τ_j、U_j 和 τ_r，接收机输出脉冲前、后沿建立过程为

$$U_{op} = U_j \left[1 - \exp\left(-\frac{t}{\tau_r} \right) \right] \text{和} U_{oa} = U_j \exp\left(-\frac{t}{\tau_r} \right)$$

上式表明只有当 $t \rightarrow \infty$ 时，干扰脉冲才会从 0 上升到最大值或从最大值下降到 0。就某时刻的输出幅度而言，宽脉冲持续时间长，输出幅度大，窄脉冲输出幅度小，使宽度和间隔随机的等幅脉冲串出现幅度起伏。如果输入脉冲足够密，还会出现这样的现象，即前一个脉冲还没完全消失，后一个就到来了，使前后脉冲部分重叠。如果多个脉冲相互重叠，叠加部分的幅度将呈现随机起伏。由数理统计的中心极限定理知，不管何种形式的信号波形，只要它们叠加的次数足够多，合成信号的幅度起伏就趋于正态分布。这就是高密集等幅杂乱脉冲串形成遮盖性干扰的机理。

参考资料[1]指出，只要电路的时间常数和输入脉冲信号的持续时间之比在 4～7 倍之间，就能得到相当好的接近正态分布的随机信号。如果信号本身的某个或某几个参数具有正态分布特性，该比值只需 2～3 倍。该条件适合包括脉冲在内的任何波形。雷达接收机的时间常数与其信号带宽匹配。对于常规脉冲雷达，该时间常数近似等于雷达信号带宽的倒数。形成较好干扰波形的条件可表述为，只要雷达信号的时宽与干扰脉冲的平均时宽之比为 4～7，就能得到相当好的接近正态分布的随机信号。根据上述条件可确定杂乱脉冲串的基本参数。设受干扰雷达信号的带宽为 B，时宽带宽积为 A，要使杂乱脉冲串通过雷达接收机能形成较好幅度起伏的干扰，其平均宽度应满足：

$$\tau_j = \frac{A}{7B} \sim \frac{A}{4B} \tag{7.2.1}$$

如果干扰脉冲串的宽度或/和间隔服从正态分布，上述条件可降低为：

$$\tau_j = \frac{A}{4B} \sim \frac{A}{3B} \tag{7.2.2}$$

由上两式可确定杂乱脉冲串的平均脉宽范围。为了容易形成接近正态起伏的干扰，脉宽一般按正态分布，式(7.2.2)为其均值取值范围。

除脉冲宽度外，描述杂乱脉冲串的另一个参数是平均脉冲间隔或密度。脉冲越密，平均功率越大，对 AGC 和 CFAR 都有好的干扰作用。平均功率大，交流成分或随机起伏成分必然小，压制或掩盖目标回波的效果差。杂乱脉冲串的平均间隔也不能太大，否则通过雷达接收机时相互迭加次数少，形成的起伏成分的质量不高，掩盖目标回波的效果差。确定杂乱脉冲的宽度和密度时应在平均干扰功率和起伏成分的品质因素之间进行折中。

7.2.1.3　雷达信号的积累原理、条件和可积累噪声

随着雷达发射功率和积累时间的增加，抗遮盖性干扰的能力越来越强，有效干扰需要的等效辐射功率越来越大。受带宽限制，难以大幅度提高干扰发射器件的输出功率。解决大功率噪声干扰的途径有：

(1)提高干扰发射机的功率利用率。目前可用的措施有限幅噪声、将高斯分布的噪声变换成均匀分布的噪声或将噪声变成杂乱脉冲等。这些措施有一定作用，但作用十分有限。

(2)空间功率合成(有源相控阵干扰技术)。相控阵技术通过增加阵元数就能增加等效辐射功率。另外相控阵天线的波束控制灵活，既可形成高增益波束干扰大功率雷达，也可组成多个波束同时干扰不同角度的雷达。该技术的主要问题是设备复杂。

(3)可积累噪声。可积累噪声能获得雷达的信号积累增益，等效于提高干扰机的等效辐射功率，是一种很有发展前途的遮盖性干扰样式。

提高干扰发射机功率利用率的技术已在干扰机中广泛应用，相控阵技术已用于雷达对抗。这里只简单介绍雷达信号的积累原理、积累条件以及可积累噪声的工作原理。

1. 信号积累原理和条件

信号积累能提高信噪比或信干比，可增加目标检测概率、参数测量精度和跟踪精度。积累成了雷达检测微弱信号和抗遮盖性干扰的主要措施。设计可积累噪声需要了解雷达信号的积累原理和可积累条件。

雷达发射周期信号，接收目标回波的时间与发射脉冲严格同步，使同一目标的回波呈现周期性。目标的运动速度比光速或电波传播速度慢得多，在一个脉冲重复间隔内的相对移动量很小，不同发射周期的回波能落入同一个检测单元或打在显示器上的同一点，即不同发射周期的目标回波能在时间上对齐，可进行幅度相加，从而实现非相参积累。图 7.2.1 可形象地说明雷达信号的积累原理。图中的触发脉冲既控制发射脉冲的时刻又控制接收信号的起始时刻，是实现同步发射和接收的控制信号。由于前面提到的原因，对同一目标，从第 1 个到第 n 个周期的目标回波信号的相对延时很小，使它们能出现在同一检测单元或跟踪波门内并能在时间上重叠或部分重叠。检测单元有储能作用，能将这些脉冲按幅度加起来。因目标运动，相邻周期的目标回波有少量延时或错位，使合成脉冲变为梯形甚至三角形。正是这些原因，无论相参还是非相参积累时间或积累增益都是有限的。由雷达信号积累原理得信号的可积累条件：

① 不同周期的发射信号波形相同；

② 接收与发射脉冲严格同步；

③ 脉冲间的相位具有确定关系(只对相参积累)。

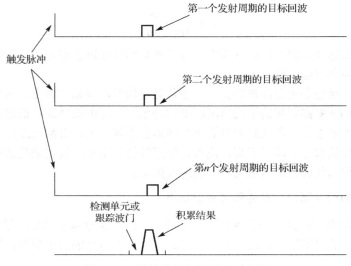

图 7.2.1　雷达信号积累原理示意图

无论相参积累还是非相参积累都要满足第一、二两个条件。发射完全相同的信号波形在于保证不同发射周期的目标回波能峰峰值相加，提高积累效率。接收与发射脉冲严格同步在于保证不同发射周期的目标回波能落入同一检测单元或同一跟踪波门内并能在时间上对齐。相参积累必须同时满足上述三个条件。为了利用不同发射周期目标回波信号间的特有相位关系，相参积累在包络检波器前完成幅度相加。为了消除相邻接收信号间的随机相位影响，非相参积累只能在检波后进行。一般遮盖性干扰的相关时间很短，相位和幅度随机变化。实施干扰时，通常不与雷达发射信号同步，无限延续下去，导致不同发射周期进入同一检测单元或跟踪波门的干扰波形不同，幅度有大有小，峰值出现时间有前有后，不能按幅度相加，只能按功率相加。

上面从物理概念上说明了信号积累的原理和条件。信号积累的好处是提高信噪比或信干比。设相参积累器输入端单个脉冲的幅度为恒定值 U_s 并满足可积累条件，在一个脉冲重复周期内雷达接收的噪声干扰功率为 J_n，接收机输出的单个脉冲的信干比为

$$\left(\frac{S}{J}\right)_1 = \frac{U_s^2}{J_n}$$

信号是可积累的，积累 N 个脉冲后的信号幅度为 NU_s，积累器输出信号功率为 $(NU_s)^2$。不同周期的噪声干扰只能按功率相加，N 个周期的噪声积累结果为 NJ_n。积累 N 个脉冲后的信干比为

$$\left(\frac{S}{J}\right)_0 = \frac{N^2 U_s^2}{N J_n} = N \frac{U_s^2}{J_n} = N \left(\frac{S}{J}\right)_1$$

根据积累增益的定义，由式 (6.4.17) 得相参积累增益：

$$G_c = \frac{(S/J)_0}{(S/J)_1} = N \tag{7.2.4}$$

式 (7.2.4) 说明在理想条件下，相参积累 N 个脉冲能使信干比提高 N 倍。要想获得无相参积累条件下的遮盖性干扰效果，必须将噪声干扰机的等效辐射功率提高 N 倍。

非相参积累在包络检波后进行。如果信干比很小，检波器具有平方律特性，设其效率为 1 且忽略检波器的小信号抑制效应，平方律包络检波器的输入、输出电压信干比的关系可表示为

$$\frac{u_{s0}}{j_{n0}} = \frac{u_{si}^2}{j_{ni}^2} \tag{7.2.5}$$

式中，u_{si} 和 j_{ni} 分别为检波器输入目标回波信号的幅度和噪声电压有效值，u_{s0} 和 j_{n0} 为检波器输出的目标回波幅度和噪声电压有效值。式 (7.2.5) 表明平方律包络检波器的作用等效于把输入电压变成功率输出，即 u_{s0} 和 j_{n0} 等效于包络检波器输出的信号功率和噪声干扰功率，两者之比等于输出信干比。当非相参积累脉冲数为 1 时，输出信干比为

$$\left(\frac{S}{J}\right)_1 = \frac{u_{si}^2}{j_{ni}^2}$$

经过 N 个脉冲重复周期后，目标回波按电压相加 N 次，其和为 $u'_{s0} = Nu_{s0}$。不同周期的噪声只能按功率相加 N 次，积累 N 个周期后的噪声有效电压为

$$j'_{n0} = \sqrt{Nj_{n0}^2} = \sqrt{N}j_{n0}$$

包络检波器只处理单个脉冲，N 个脉冲非相参积累后的输出信干比为

$$\left(\frac{S}{J}\right)_0 = \frac{u'_{s0}}{j'_{n0}} = \frac{Nu_{s0}}{\sqrt{N}j_{n0}} = \sqrt{N}\frac{u_{si}^2}{j_{ni}^2} = \sqrt{N}\left(\frac{S}{J}\right)_1$$

非相参积累增益为

$$G_{nc} = \left(\frac{S}{J}\right)_0 \bigg/ \left(\frac{S}{J}\right)_1 = \sqrt{N} \tag{7.2.6}$$

上述分析表明信号积累的好处很大。信号积累等效于增加雷达发射机的输出功率。如果干扰是可积累的，积累等效于提高干扰发射机的输出功率。

2. 产生和实施可积累噪声的方法

针对已有噪声干扰不能获得雷达信号积累增益的问题，提出了可积累噪声的概念。噪声的积累原理与雷达积累目标回波相同。从理论上讲只要满足可积累条件，任何形式的波形都是可积累的，与信号是不是噪声波形无关。噪声干扰要满足可积累的第一个条件，必须把一般噪声干扰样式周期化。所谓周期化就是只取噪声或杂乱脉冲串的一小段（以下称为干扰样本）存储起来，使用时按受干扰雷达的脉冲重复周期重复干扰样本，就能保证每次发射的信号波形结构严格相同，使噪声干扰满足了可积累的第一个条件。要使噪声干扰满足可积累的第二个条件，必须做到发射干扰的时间与雷达接收信号的时刻严格同步。雷达的接收和发射是严格同步的，只要能与雷达发射脉冲同步就能实现与其接收同步。干扰机不能准确预测雷达发射脉冲的时刻，只能与干扰机接收的雷达发射脉冲同步。这种同步方法是，每收到一个雷达发射脉冲，立即从头到尾发射一次干扰样本。如此重复下去，不但能使每个脉冲重复周期的噪声干扰波形完全相同，还能使它们落入相同的检测单元或跟踪波门内并能峰值对齐。这样的噪声干扰满足可积累条件，能进行幅度相加，可获得雷达信号积累增益。

积累的好坏取决于干扰样本的波形结构、干扰重复周期的稳定性和与雷达发射信号的同步质量。噪声干扰可看成宽度、幅度和间隔随机的三角脉冲串。噪声的带宽越宽，三角脉冲越窄或越尖锐，干扰平台运动或同步不理想都将导致不同周期接收的噪声峰值不能对齐，即使干扰做到了周期性，也不能获得好的积累效果。因此，真正的噪声样本只适合干扰脉冲多普勒之类的窄频带雷达，不宜直接作为脉冲雷达的可积累噪声干扰样本，好的可积累噪声样本是精心设计、加工出来的。

实施可积累噪声干扰需要与受干扰雷达的发射脉冲同步，干扰机只有收到雷达发射信号并进行适当处理后才能获得同步信号。接收、处理雷达信号需要一定的时间，使发射干扰的时间滞后干扰平台的反射信号，有可能露出干扰平台自身回波脉冲的前沿，也就是说这种干扰不能完全掩盖自身的或同距离的其他目标的雷达回波，有可能导致干扰无效。因此，实施可积累噪声干扰必须解决两个问题：第一，掩护干扰时除考虑能量压制外，还要考虑时间压制，即这种干扰只能掩护比干扰平台离受干扰雷达更远的目标。因干扰滞后自身平台的反射信号，如果简单按照雷达脉冲重复周期重复干扰样本，必然露出干扰平台回波的前沿，对于自卫遮盖性干扰这是不能容忍的。这就是实施可积累噪声干扰必须解决的第二个问题。

可积累噪声干扰机比一般遮盖性干扰机复杂。它不但需要实时接收、处理被干扰雷达发射信号的设备，还需要存储噪声干扰样本的装置等。可积累噪声样本是通用的，可作为通用件预先设计。这种干扰机不需要模拟被干扰雷达的信号，其设备仍然比回答式干扰机简单。

7.2.2　遮盖性样式的干扰作用原理和干扰现象

不管遮盖性样式是噪声、噪声调制波形还是杂乱脉冲串，通过雷达接收机后都能形成幅度随机起伏的类似机内噪声的波形。各种遮盖性样式的干扰原理和干扰现象基本相同，它们影响雷达性能的机理也相同。遮盖性干扰能掩盖目标回波，破坏目标回波的波形结构和使回波质心随机摆动，既影响自动目标检测和视觉目标检测，也影响目标定位精度。

7.2.2.1　改变目标回波的概率分布降低自动目标检测概率

3.2.1.2 节介绍了雷达目标检测原理。检测概率是衡量检测性能的重要指标。检测概率 P_d 是目标回波与噪声干扰合成信号包络的概率密度函数 $P(u)$ 超过检测门限 T 的概率：

$$P_d = \int_T^\infty P(u)\mathrm{d}u$$

多数雷达用黎曼-皮尔逊检测准则，T 由要求的虚警概率预先确定。上式说明一旦确定了检测门限，检测概率完全取决于目标回波与噪声干扰合成信号包络的概率密度函数。噪声干扰持续时间长，能连续覆盖雷达的多个脉冲重复周期，干扰必然要与目标回波相互作用，噪声干扰样式的不确定性必然会转移到目标回波上，目标回波幅度的概率分布因此而改变，从而影响目标检测概率。这就是噪声干扰影响雷达自动目标检测的基本原理。

大多数雷达采用矩形脉冲信号，无噪声干扰、杂波和机内噪声影响时，在目标回波存在期间，雷达接收机的输出是一固定电平，无信号时该电平为 0。雷达很容易判断有、无目标存在。目标检测概率接近 1。假设只有噪声干扰，它服从均值为 0 均方差为 σ_n 的高斯分布，其概率密度函数为

$$P(u_n) = \frac{1}{\sqrt{2\pi}\sigma_n}\exp\left(-\frac{u_n^2}{2\sigma_n^2}\right) \tag{7.2.7}$$

设信号为恒定电平 U_s，它与噪声干扰在射频叠加后，经变量变换得其联合概率密度函数：

$$P(u) = \frac{1}{\sqrt{2\pi}\sigma_n}\exp\left[-\frac{(u-U_s)^2}{2\sigma_n^2}\right] \tag{7.2.8}$$

式(7.2.7)和式(7.2.8)的 u 和 u_n 分别为合成信号的幅度变量和噪声干扰的幅度变量。式(7.2.8)说明噪声干扰改变了目标回波幅度的概率分布，从恒定电平 U_s 变为均值为 U_s 且方差为 σ_n^2 的高斯分布。

式(7.2.7)和式(7.2.8)是包络检波器前射频信号的概率密度函数。目标检测在视频上进行，只

需信号的包络。参考资料[3,4]已证明只有噪声时，接收机中放输出噪声包络的概率密度为狭义瑞利分布：

$$P(u_{1n}) = \frac{u_{1n}}{\sigma_n^2} \exp\left(-\frac{u_{1n}^2}{2\sigma_n^2}\right) \tag{7.2.9}$$

噪声干扰与目标回波合成信号包络的概率密度函数为广义瑞利分布：

$$P(u_1) = \frac{u_1}{\sigma_n^2} \exp\left(-\frac{u_1^2 + U_s^2}{2\sigma_n^2}\right) I_0\left(\frac{u_1 U_s}{\sigma_n^2}\right) \tag{7.2.10}$$

式中，u_{1n}、u_1 和 $I_0(*)$ 分别为噪声包络的电压变量、合成信号包络的电压变量和第一类 0 阶纯虚数变量贝塞尔函数，也有文章称自变量为纯虚数的贝塞尔函数为修正贝塞尔函数。令 $x = U_s/\sigma$，对于较大的变量 x，第一类 ν 阶纯虚数变量贝塞尔函数可展开成如下形式的级数[5]

$$I_\nu(x) \approx \frac{1}{\sqrt{2\pi x}} \exp(x) \left[1 - \frac{4\nu^2 - 1^2}{1!8x} + \frac{(4\nu^2 - 1^2)(4\nu^2 - 3^2)}{2!(8x)^2} + \cdots\right]$$

0 阶修正贝塞尔函数的级数展开式收敛很快。若 x 很大，只需保留级数的第一项，式(7.2.10)近似为

$$P(u) \approx \frac{1}{\sqrt{2\pi}\sigma_n} \exp\left[-\frac{(u_1 - U_s)^2}{2\sigma_n^2}\right]$$

上式说明如果信噪比很大，目标回波和噪声干扰合成信号包络的概率密度函数趋于正态分布。此时目标检测概率较高。对于很小的变量 x，第一类 ν 阶纯虚数变量贝塞尔函数近似为[5]：

$$I_\nu(x) \approx \frac{x^\nu}{2^\nu \Gamma(1 + \nu)}$$

如果信干比很小，$I_0(x) \approx 1$，式(7.2.10)近似为

$$P(u_{1n}) \approx \frac{u_1}{\sigma_n^2} \exp\left(-\frac{u_1^2}{2\sigma_n^2}\right)$$

该近似式说明，如果噪声干扰功率远大于目标回波功率，合成信号包络的概率密度函数近似为纯噪声干扰时的狭义瑞利分布，此时的目标检测概率趋于 0。

　　上面的分析说明，当噪声干扰从弱逐渐变强时，目标回波和噪声干扰合成信号包络的概率密度函数将从近似正态分布逐渐变为广义瑞利分布，再由广义瑞利分布逐渐变为纯噪声包络的狭义瑞利分布。检测概率则由大逐渐变小，最后趋于 0。噪声干扰影响雷达目标检测概率的机理就是干扰改变了目标回波幅度的概率分布。干扰信号的熵功率越大，这种改变越大，对检测概率的影响越大。各种遮盖性干扰样式通过雷达接收机的窄带中放后都能形成类似高斯分布的噪声，上述结论适合所有遮盖性干扰样式。

7.2.2.2　改变目标回波的时域结构增加视觉目标检测难度

　　大多数现代雷达既有自动目标检测器又有视觉目标检测器，只要有一种检测器发现目标，目标就被雷达发现。遮盖性干扰样式既能改变目标回波幅度的概率分布影响自动目标检测，又能改变目标回波的时域波形影响视觉目标检测。设 τ、ω_s 和 U_s 分别为目标回波射频脉冲的持续时间、角频率和振幅，假设初相为 0，目标回波一个射频脉冲的时间函数可表示为

$$u_s(t) = \begin{cases} U_s \cos \omega_s t & |t| \leq \tau / 2 \\ 0 & \text{其他} \end{cases}$$

设 ω_j、ϕ_j 和 $n(t)$ 分别为连续噪声调幅干扰的角频率、初相和包络函数，干扰信号的时间函数为

$$u_j(t) = n(t)\cos(\omega_j t + \phi_j)$$

遮盖性干扰持续时间很长，干扰容易和目标回波叠加形成合成信号。用式 (4.2.12) 的分析方法得合成信号的包络 U_{js} 和相位 ϕ_{js}：

$$U_{js} = \sqrt{n^2(t) + U_s^2 + 2n(t)U_s \cos\phi} \tag{7.2.11}$$

$$\phi_{js} = \phi_j - \text{arctg}\left(\frac{U_s \sin\phi}{n(t) + U_s \cos\phi}\right) \tag{7.2.12}$$

式 (7.2.11) 和式 (7.2.12) 的 ϕ 等于：

$$\phi = (\omega_j - \omega_s)t + \phi_j = \Delta\omega t + \phi_j$$

如果信号幅度远大于噪声干扰的有效值，合成信号的包络即式 (7.2.11) 近似为

$$U_{js} \approx U_s + n(t)\cos\phi \tag{7.2.13}$$

合成射频信号近似为

$$u_{js}(t) = \begin{cases} U_s\left[1 + \dfrac{n(t)}{U_s}\cos\phi\right]\cos(\omega_s t + \phi_{js}) & |t| \leq \tau / 2 \\ n(t)\cos(\omega_j t + \phi_j) & \text{其他} \end{cases} \tag{7.2.14}$$

式 (7.2.14) 表明在无目标存在期间，遮盖性干扰构成噪声基底。如果 $U_s \gg n(t)$ 或信噪比很大，在目标回波与干扰的重叠区，合成信号为调幅波，载频是目标回波的，噪声干扰扮演着幅度调制信号的角色。在示波器上可以看到，噪声干扰骑在目标回波上。因干扰较弱，调幅度小，目标回波的轮廓清晰可见，图 7.2.2(a) 为其示意图。从时域波形上很容易区分目标和干扰，完全不会影响人工目标检测。因干扰改变了目标回波幅度的概率密度函数，对自动目标检测有一定影响，但影响不大。

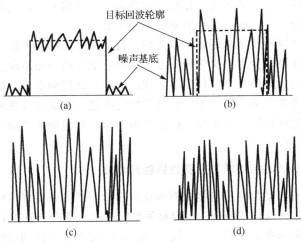

图 7.2.2　噪声干扰和目标回波相互作用后的合成信号包络波形的示意图

如果噪声干扰有效值远大于信号幅度或信噪比很低,合成信号的包络可近似成另一种形式为

$$U_{js} \approx n(t) + U_s \cos\phi \tag{7.2.15}$$

低信噪比时合成射频信号为

$$u_{js}(t) = \begin{cases} n(t)\left[1 + \dfrac{U_s}{n(t)}\cos\phi\right]\cos(\omega_j t + \phi_{js}) & |t| \leq \tau/2 \\ n(t)\cos(\omega_j t + \phi_j) & \text{其他} \end{cases} \tag{7.2.16}$$

式(7.2.15)和式(7.2.16)表明,在无目标回波存在期间,遮盖性干扰形成噪声基底。干扰与目标回波重叠部分仍然为调幅波,但参数不同于 $U_s \gg n(t)$ 时的。其中合成信号的载频是干扰信号的,目标回波成为幅度调制信号而且被噪声化。从示波器上可看到被噪声化的目标回波轮廓骑在干扰上,高出噪声基底,图 7.2.2(b)为其示意图。这种波形被检波和显示器积累后,有经验的雷达操作员仍有可能从干扰中发现目标,但自动目标检测较难发现目标。

上面是两个极端情况下的噪声干扰现象,而且没有考虑雷达接收机的非线性和包络检波器的小信号抑制作用。随着噪声干扰强度缓慢增加,噪声干扰对目标回波的调制深度逐渐增加,在 A 式显示器上可看到原本空心的目标回波脉冲逐渐被噪声填满,即目标回波被噪声化。与此同时,噪声基底逐渐升高,噪声化的目标回波脉冲的轮廓仍然高于噪声基底,相当于目标回波骑在噪声干扰上。雷达接收机的动态范围有限。随着噪声干扰强度进一步增加,合成信号中较大的部分将进入饱和区或非线性区。另外,非线性器件的小信号抑制效应也会变得明显起来,使骑在干扰上的被噪声化的目标回波幅度增加变缓慢,而较小的噪声基底增加较快,就好像目标回波逐渐下沉,使有、无目标回波区的噪声幅度差别逐渐消失。随着噪声干扰功率继续增加,目标回波最终完全处于噪声干扰中无法辨认。这种现象就是所谓的噪声"掩盖"有用信号或有用信号被噪声"淹没"。该情况下的合成信号包络如图 7.2.2(c)和(d)所示。对于这种波形,无论自动目标检测还是人工目标检测都难以发现淹没在噪声中的目标。遮盖性干扰持续时间长,能覆盖雷达的多个检测单元。即使操作员知道有目标存在,也无法确定目标的位置。

射频噪声对雷达目标检测的影响与噪声调幅干扰相似。噪声调频或调相干扰对目标回波的影响大于前两种噪声,除了压制和掩盖目标回波的干扰作用外,还有破坏目标回波波形结构的作用。噪声调频或调相波的射频按调制噪声的幅度随机变化,已调波带宽一般为被干扰雷达接收机中放带宽的2~3倍,只有其瞬时频率扫过雷达接收机中放通频带时才有干扰输出。这些输出是宽度和间隔都随机的尖头脉冲,经雷达接收机中放平滑后,在无目标回波存在区形成噪声基底。如果干扰较弱,在目标回波存在期间,合成信号的载频就是目标回波的,虽然目标回波能完整通过雷达接收机中放,但是与噪声干扰重叠的部分回波形成合成波形。两者同相时,合成幅度为两者之和,反相时为两者之差,使目标回波幅度出现随机起伏,合成波形的包络类似噪声调幅波,如图 7.2.2(a)所示。这种干扰不能破坏目标回波的波形结构,干扰现象和干扰作用与小强度噪声调幅干扰相同。

如果噪声调频或调相干扰很强,无目标回波区间的干扰仍然构成噪声基底。有目标回波区间的情况与小强度干扰时的大不一样。这时合成信号的载频是干扰的,目标回波不能随意通过雷达接收机中放,只有合成信号的载频扫过雷达接收机中放通频带时,目标回波才有输出,其余时间为空隙,相当于目标回波被切割。因干扰载频随机快速大范围变化,在目标回波存在期间能多次扫过雷达接收机中放通频带,多次切割目标回波,最终把目标回波的宽脉冲变成宽度、间隔随机的窄射频脉冲串。这些窄射频脉冲串被雷达接收机中放平滑后,形成噪声类波形,见不到目标回波的轮廓,其波形如图 7.2.2(d)所示。无论人工还是自动目标检测都难以发现在这种干扰中的目标。

如果干扰由弱逐渐变强，在 A 式显示器上也能看到目标回波逐渐被噪声化和目标回波轮廓逐渐"下沉"并最终被噪声完全"淹没"的干扰现象。

7.2.2.3　改变目标回波质心或重心引起参数测量误差

遮盖性干扰除了能降低目标检测概率外，还能使目标回波的重心或质心随机摆动，引起参数测量误差和跟踪误差。其作用原理如下。

只要目标的体积或其纵向和横向尺寸不超过雷达脉冲体积，雷达就会把它作为一个点来处理。用球面坐标系的斜距、方位角和仰角三个参数描述其空间位置。实际上目标在角度和距离上占有一定范围，从它的不同部位测量的距离和角度数值不同，雷达领域约定用目标质心或重心的参数表示目标的空间位置。一般雷达不能感知目标的形状，不能根据目标的实体确定其质心或重心。幸好，目标回波的质心与其实体的质心有对应关系，雷达可用目标回波质心对应的距离和角度描述其空间位置。目标实体质心因目标闪烁、随机机动等使其随机变化，机内噪声、杂波和干扰又会造成目标回波质心随机变化，两者都会引起参数测量误差或定位误差。

无线电干扰不能改变目标的实体质心，但能改变回波质心。遮盖性干扰既可使目标回波质心随机变化引起参数测量误差，也能使其找不到目标回波，无法确定目标的空间位置。遮盖性干扰持续时间长，能连续与多个目标回波脉冲重叠，同相时合成信号幅度为两者之和，反相时为两者之差。噪声调幅干扰的幅度和相位随机变化，使合成波形的幅度和相位随机变化。如果干扰与目标回波脉冲前半部分的同相时间大于后半部分，或干扰与其脉冲后半部分的反相时间多于前半部分，将导致目标回波脉冲前半部分的平均幅度或宽度大于后半部分，使目标回波质心前移，偏离实际质心。强噪声调频或调相波对目标回波有切割作用，能把目标回波的一个脉冲分割成宽度、间隔随机的小脉冲串。如果目标回波脉冲前半部分的平均空隙大于后半部分，目标回波质心将向后移。图 7.2.3 是干扰使目标回波质心偏移的示意图。其中图(a)为没受干扰影响的目标回波包络波形，图(b)为遮盖性干扰与目标回波合成信号的包络。因目标回波被干扰切割，前沿出现宽度为 $\Delta\tau$ 的缺口，后沿因同相较多而升高，使质心后移。遮盖性干扰的相位和幅度(噪声调幅或射频噪声)或频率和相位(噪声调频或调相)随机变化，合成信号质心偏离实际质心的方向和大小是随机的，从而引起随机参数测量误差和跟踪误差。

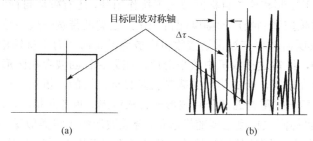

图 7.2.3　遮盖性干扰影响定位误差的原理示意图

遮盖性干扰样式对目标回波有多种影响，上面仅考虑了目标回波与噪声干扰叠加对其质心位置的影响。由 7.2.2.2 节的说明可知，随着遮盖性干扰功率的增加，压制目标回波的作用增强，噪声基底快速升高，有、无目标回波的差别逐渐缩小。那些进入检测单元或跟踪波门但没与目标回波重叠的噪声尖头脉冲可能单方向展宽合成波形或者被当作目标回波的一部分引起质心偏离。如果干扰非常强，目标回波被噪声完全淹没，尽管雷达知道有目标存在，因找不到目标回波的质心，无法确定其位置参数和运动参数，从而只能把检测单元或跟踪波门中心位置对应的参数当作目标参数，这也是强遮盖性干扰使跟踪器进入滑动跟踪状态的原因。

遮盖性样式既能干扰雷达，也能干扰雷达对抗装备和反辐射导引头。它能降低侦察设备的脉冲截获概率、增加漏警、虚警和参数测量误差。遮盖性干扰影响侦察性能的机理与雷达相同。

7.2.3　遮盖性干扰样式的特点

遮盖性干扰样式有多种，无论哪一种通过雷达接收机后都是以貌似机内噪声的波形出现，对雷达的干扰原理基本相同。与其他干扰样式相比，它有以下四个优点。

(1)遮盖性样式是名副其实的"通用"干扰样式。它通过雷达接收机后呈现的特性与机内噪声相似。在机内噪声作用下，雷达正确发现有用信号的概率仅取决于信号能量与噪声功率谱密度之比，与有用信号的具体形式无关。因此，该样式能掩盖或压制任何结构(样式)的有用信号即能干扰目前所有体制的雷达。除雷达外，遮盖性样式还能干扰许多其他无线电电子设备，如雷达对抗装备、反辐射导引头、敌我识别器，遥控遥测设备等。

(2)噪声干扰设备简单、造价低(除可积累噪声外)。实施噪声干扰不需要模拟被干扰雷达的信号波形，也不需要与雷达发射脉冲或天线扫描同步，仅需知道被干扰雷达的大致频率范围。噪声干扰对发射干扰的时机不敏感，不需要特定的实施步骤。这些因素大大简化了遮盖性干扰设备。

(3)遮盖性样式能同时干扰雷达的多个环节。它能同时干扰雷达自动目标检测，视觉目标检测、目标识别、参数测量和自动目标跟踪。可从多个方面评估干扰效果和干扰有效性。

(4)迄今为止的抗干扰措施都无法彻底消除遮盖性干扰的影响。尽管雷达和雷达操作员容易发现噪声干扰，但是抗噪声干扰的措施不能完全消除其影响。与此相反，虽然雷达发现欺骗性干扰较困难，但抗欺骗性干扰的措施常常能彻底消除其影响。

没有十全十美的干扰样式，遮盖性干扰样式既有对干扰有利的优点，也有对干扰不利的缺点或不足。与欺骗性干扰样式相比，它存在以下不足。

(1)大多数遮盖性干扰是武断的，用功率压制目标回波，不能获得雷达的信号处理增益。和欺骗性干扰相比，为了达到同样的干扰效果，需要较大的干扰等效辐射功率。

(2)噪声干扰样式无欺骗性，对自卫干扰无异于自我暴露。在波形上遮盖性干扰与目标回波有很大的差别，雷达和雷达操作员不但容易发现干扰，也容易估算干扰参数和干扰效果，可对症下药及时采取抗干扰措施，降低干扰效果。

(3)干扰自动目标跟踪器的效果较差。一方面因为跟踪系统的带宽窄，非相参积累脉冲数多，能显著降低遮盖性干扰作用。另一方面是纯噪声干扰引起的跟踪误差一般超不过跟踪波门宽度，既难以使雷达从跟踪转搜索，也不足以使有自身引导系统的武器脱靶。要获得好的干扰效果，不但需要大的干扰等效辐射功率，还需要保护目标机动运动相配合。不是所有的目标都能机动运动，限制了遮盖性样式干扰跟踪雷达的使用范围。

(4)多数遮盖性干扰机的功率利用率较低。射频噪声和噪声调幅干扰的平均功率较小，不能充分利用连续波发射器件的功率。噪声调频、调相干扰的输出虽为等幅波，但带宽必须远大于受干扰雷达的中放带宽，同样要损失有限的干扰功率。

7.3　干扰目标检测的效果和干扰有效性

7.3.1　引言

雷达易受干扰的主要环节有自动目标检测器、视觉目标检测器和自动目标跟踪器。遮盖性样式主要干扰目标检测器，欺骗性样式主要针对自动目标跟踪器。自动目标检测器和视觉目标检测器有相同的工作原理、干扰原理、干扰效果描述参数和干扰有效性评价指标。评估遮盖性样式干扰自动目标检测器的效果和干扰有效性评估方法、结果和结论，原则上适合视觉目标检测器。

雷达的种类和用途较多，不但都有目标检测器，而且其组成、工作原理和功能完全相同。尽管如此，根据目标检测性能对雷达系统整体作战能力的影响情况，可将其分为两类：一类是，如果目标检测器不能完成自身的任务，整个雷达系统就不能完成规定的作战任务，例如，如果搜索雷达、目标指示雷达的目标检测器不能发现目标或参数测量错误，整个雷达系统就不能完成规定的作战任务。干扰这类目标检测器的效果能单独、全面、完整反映遮盖性样式对雷达整体作战能力的影响。另一类是，在一定条件下，即使目标检测器不能发现目标，雷达仍有可能完成规定的作战任务。如处于自动目标跟踪状态的单目标跟踪雷达，即使强遮盖性干扰使其目标检测器完全检测不到目标，只要目标不机动，跟踪器一般不会丢失目标。这里只分析遮盖性样式对第一类目标检测器的干扰效果和干扰有效性。

第一类自动目标检测器涉及绝大多数雷达，目标指示雷达是其中的典型。尽管它不直接控制武器，只是为武器系统的跟踪雷达指示目标，但是它对目标检测和参数测量性能均有较高要求。干扰这种雷达的目标检测器的效果既能单独、全面、完整反映遮盖性样式对其自身作战能力的影响，也能直接影响其上级设备即跟踪雷达的作战能力，还能通过跟踪雷达间接影响武器系统的作战能力。本节以该类雷达为例，讨论遮盖性样式干扰雷达目标检测器的效果和干扰有效性。

目标检测器有目标检测和参数测量两种基本任务。衡量两者好坏的效率指标是检测概率和参数测量精度或误差。它们也是雷达的重要战技指标。对参数测量的干扰效果本质上属于对目标检测器的干扰效果。因评估干扰目标检测和参数测量效果的方法完全不同，后者还涉及被干扰雷达的上级设备。为此将两者分开讨论，7.3 节只讨论遮盖性样式干扰目标检测的效果和干扰有效性，7.4 节讨论干扰参数测量的有关内容。

遮盖性干扰样式分有源和无源两种。7.3 节和 7.4 节只讨论有源遮盖性样式对目标检测和参数测量的干扰效果和干扰有效性。有源遮盖性样式包括射频噪声、噪声调幅、噪声调频或调相和杂乱脉冲串。这些样式通过受干扰对象的接收机后，都能形成类似机内部噪声的干扰波形。本书把它们统称为有源遮盖性干扰样式。

干扰效果与雷达对抗装备的战术使用方式或作战目的和对抗组织模式或形式有关。雷达对抗装备的战术使用方式有自卫、随队掩护和远距离支援三种。战术使用方式对应着装备的配置关系，自卫干扰机配置在被保护平台上，干扰平台就是保护对象。随队掩护干扰机一般要保护多个目标或目标编队，干扰平台处于编队中，随编队一起运动。远距离支援干扰既有保护一个目标的情况，也有保护目标群的情况。它配置在被保护目标群外。干扰平台远离战区，与保护目标有不同的运行轨迹。因有关的数学模型能反映战术使用方式对干扰效果和干扰有效性的影响，故建模时不分战术使用方式，统一成一类模型。和战术使用方式不同，不同的对抗组织模式有不同的干扰效果评估模型，有的还有不同的干扰有效性评价指标。无论雷达对抗装备是用于自卫、随队掩护还是远距离支援，其对抗组织模式不外乎以下四种之一：

① 一对一，一部干扰机对付一部雷达；

② 一对多，一部干扰机同时干扰多部雷达；

③ 多对一，多部干扰机同时干扰一部雷达；

④ 多对多，多部干扰机对付多部雷达。

雷达对抗作战特别是对多目标作战时，首先要制定作战方案并按作战方案分配目标。一旦确定了目标分配方案，对抗组织模式就确定了。就某一特定干扰机而言，其对抗组织模式仅为上述四种之一。目标分配问题已在第 6 章讨论过，这里只讨论遮盖性干扰效果和干扰有效性的评估方法。

7.3.2　信干比或干信比

不管是遮盖性干扰还是欺骗性干扰，凡是要与目标回波拼功率的都在用干信比表示干扰效果，并依据干信比判断干扰是否有效。其评价指标就是压制系数。6.4.6 节说明干信比不是受干扰对象的战技指标，需要满足一定条件才能用来表示干扰效果、评估干扰有效性和判断干扰是否有效。以下各节将根据具体情况说明用干信比评估干扰效果和干扰有效性的条件。

7.3.2.1　一对一对抗组织模式的干信比和干扰有效性

一对一是四种对抗组织模式中最简单的一种。根据干扰平台、被保护目标和受干扰雷达之间的几何位置关系，用雷达方程和侦察方程可得一对一对抗组织模式的干信比。

设雷达发射功率、收发天线增益、工作波长和系统损失分别为 P_t、G_t、λ 和 L_r，目标的雷达截面、电波传播衰减系数和目标到雷达的距离分别为 σ、δ 和 R_t，由雷达方程得单站雷达接收的目标回波功率：

$$S = \frac{P_t G_t^2 \sigma \lambda^2}{(4\pi)^3 R_t^4 L_r} e^{-0.46\delta R_t} \tag{7.3.1}$$

设 R_T、R_R、G_T、G_R 和 L_{rt} 分别为双基地雷达发射站到目标的距离、接收站到目标的距离、发射天线增益、接收天线增益和发收系统总损失，双基地雷达接收的目标回波功率为

$$S_b = \frac{P_t G_T G_R \sigma \lambda^2}{(4\pi)^3 R_T^2 R_R^2 L_{rt}} e^{-0.23\delta(R_T+R_R)} \tag{7.3.2}$$

设干扰机的发射功率、发射天线增益和系统损失分别为 P_j、G_j 和 L_j（L_j 包括极化失配损失、天线馈电损失以及没包含在压制系数的 F 中的其他干扰损失），R_j 和 $K(\theta_j)$ 分别为干扰机到雷达的距离和干扰方向失配损失，由侦察方程得雷达接收的干扰功率：

$$J = K(\theta_j) \frac{P_j G_j G_r \lambda^2}{(4\pi)^2 R_j^2 L_j} e^{-0.23\delta R_j} \tag{7.3.3}$$

式中，θ_j 为被保护目标与干扰平台相对雷达的张角。如果忽略机内噪声和杂波的影响，由式（7.3.1）和式（7.3.3）得一对一对抗组织模式下单站雷达的信干比模型：

$$\frac{S}{J} = \frac{1}{K(\theta_j)} \frac{\sigma}{4\pi} \frac{P_t G_t L_j}{P_j G_j L_r} \frac{R_j^2}{R_t^4} e^{-0.23\delta(2R_t - R_j)} \tag{7.3.4}$$

取式（7.3.4）的倒数得干信比模型：

$$\frac{J}{S} = K(\theta_j) \frac{4\pi}{\sigma} \frac{P_j G_j L_r}{P_t G_t L_j} \frac{R_t^4}{R_j^2} e^{0.23\delta(2R_t - R_j)} \tag{7.3.5}$$

由式（7.3.2）和式（7.3.3）得双基地雷达的接收干信比：

$$\left(\frac{J}{S}\right)_b = K(\theta_j) \frac{4\pi}{\sigma} \frac{P_j G_j L_{rt}}{P_t G_T L_j} \frac{R_T^2 R_R^2}{R_j^2} e^{0.23\delta(R_T + R_R - R_j)} \tag{7.3.6}$$

比较上两式知，单基地和双基地雷达的干信比模型没有本质区别。若发射站和接收站到目标的距离相等，则两种雷达的干信比模型相同，下面只讨论遮盖性样式对单基地雷达的干扰效果和干扰有效性。

影响雷达目标检测的因素除遮盖性干扰外，还有接收机的内部噪声和环境杂波。遮盖性干扰和杂波类似机内噪声，都影响目标检测，对遮盖性干扰有利，对欺骗性干扰有害。6.4.2.6 节给出了雷达接收机的内部噪声功率：

$$N = KT_t \Delta f_n F_n$$

上式符号的定义见 6.4.2.6 节，根据该节的有关说明可用接收机中放 3dB 带宽 Δf_r 近似噪声带宽 Δf_n，机内噪声功率近似为

$$N \approx KT_t \Delta f_r F_n \tag{7.3.7}$$

式 (7.3.7) 的符号定义与式 (6.4.42) 相同。由式 (7.3.1) 和式 (7.3.7) 得雷达接收信噪比：

$$\frac{S}{N} = \frac{P_t G_t^2 \sigma \lambda^2}{(4\pi)^3 R_t^4 L_r KT_t \Delta f_r F_n} e^{-0.46\delta R_t} \tag{7.3.8}$$

上式的倒数为噪信比：

$$\frac{N}{S} = \frac{(4\pi)^3 R_t^4 L_r KT_t \Delta f_r F_n}{P_t G_t^2 \sigma \lambda^2} e^{0.46\delta R_t} \tag{7.3.9}$$

杂波是雷达工作环境的反射信号形成的。具有噪声的某些特性，能掩盖目标回波，影响目标检测。式 (2.3.13) 和式 (2.3.14) 分别给出了雷达主瓣和旁瓣接收的杂波功率，其中主瓣接收的杂波功率为

$$P_{mc} = \frac{P_t G_t^2 \sigma_c \lambda^2}{(4\pi)^3 R_c^4 L_r} e^{-0.46\delta R_c} \tag{7.3.10}$$

旁瓣接收的杂波功率为

$$P_{lc} = \frac{P_t G_t G(\theta_c) \sigma_c \lambda^2}{(4\pi)^3 R_c^4 L_r} e^{-0.46\delta R_c} \tag{7.3.11}$$

在上两式中，σ_c、θ_c 和 R_c 分别为杂波的等效雷达截面、杂波反射中心偏离主瓣指向的角度和杂波中心到雷达的距离。由式 (7.3.1) 和式 (7.3.10) 得主瓣信杂比：

$$\frac{S}{C} = \frac{R_c^4 \sigma}{R_t^4 \sigma_c} e^{-0.46\delta(R_t - R_c)} \tag{7.3.12}$$

主瓣杂信比为

$$\frac{C}{S} = \frac{R_t^4 \sigma_c}{R_c^4 \sigma} e^{0.46\delta(R_t - R_c)} \tag{7.3.13}$$

由式 (7.3.1) 和式 (2.3.14) 或式 (2.3.15) 得某个特定旁瓣接收的信杂比或平均旁瓣信杂比。其中平均旁瓣信杂比为

$$\left(\frac{S}{C}\right)_m = \frac{G_t^2 R_c^4 \sigma}{\bar{G}_{sl}^2 R_t^4 \sigma_c} e^{-0.46\delta(R_t - R_c)} \tag{7.3.14}$$

式中，$\bar{G}_{sl}$ 为平均旁瓣增益。偏离主瓣 θ_c 角度的旁瓣信杂比为

$$\left(\frac{S}{C}\right)_{\theta_c} = \frac{G_t}{K(\theta_c)} \frac{R_c^4 \sigma}{R_t^4 \sigma_c} e^{-0.46\delta(R_t - R_c)} \tag{7.3.15}$$

$K(\theta_c)$ 相当于杂波的方向失配损失，由式(3.7.23)确定。式(7.3.14)和式(7.3.15)中没定义的符号见式(7.3.1)、式(2.3.13)、式(2.3.14)和式(2.3.15)。式(7.3.12)、式(7.3.14)和式(7.3.15)仅差一个常数，对总信干比的影响相似。对于非相参雷达，主瓣信杂比对目标检测影响大，下面只用主瓣信杂比。

机内噪声和杂波不同。机内噪声能覆盖雷达的所有检测单元，不同检测单元的机内噪声功率基本相同。杂波不但分布不均匀，一般不能覆盖雷达的所有检测单元，而且不同检测单元可能有不同的杂波强度。只有进入目标所在检测单元的杂波才影响目标检测，下面的杂波都是指影响目标检测的杂波。

影响雷达目标检测的主要因素是遮盖性干扰、杂波和机内噪声，三种因素相互独立。雷达的输入信号很小，接收机输入端线性区可近似成线性系统，适用叠加原理。如果把影响雷达目标检测的因素都当作干扰，其总干信比就是干信比、噪信比和杂信比三者之和，这里仍称为干信比。由式(7.3.5)、式(7.3.9)和式(7.3.13)得总瞬时干信比：

$$j_{snc} = \frac{R_t^4 e^{0.46\delta R_t}}{\sigma}\left[K(\theta_j)\frac{4\pi P_j G_j L_r}{P_t G_t L_j R_j^2}e^{-0.23\delta R_j} + \frac{(4\pi)^3 L_r K T_t \Delta f_r F_n}{P_t G_t^2 \lambda^2} + \frac{\sigma_c}{R_c^4}e^{-0.46\delta R_c} \right] \tag{7.3.16}$$

判断干扰是否有效只需平均干扰效果。计算平均干信比的方法与已有计算方法完全相同。遮盖性干扰一般采用噪声调幅、调频或调相，干扰功率 J 为载波功率。式(7.3.16)的干扰功率和机内噪声功率已经是平均值，只需令目标的雷达截面 σ 和杂波等效雷达截面 σ_c 为其平均值 $\bar{\sigma}$ 和 $\bar{\sigma}_c$，可得平均干信比：

$$\bar{J}_{snc} = \frac{R_t^4 e^{0.46\delta R_t}}{\bar{\sigma}}\left[K(\theta_j)\frac{4\pi P_j G_j L_r}{P_t G_t L_j R_j^2}e^{-0.23\delta R_j} + \frac{(4\pi)^3 L_r K T_t \Delta f_r F_n}{P_t G_t^2 \lambda^2} + \frac{\bar{\sigma}_c}{R_c^4}e^{-0.46\delta R_c} \right] \tag{7.3.17}$$

把上两式合起来表示为

$$\begin{cases} j_{snc} = \dfrac{R_t^4 e^{0.46\delta R_t}}{\sigma}\left[K(\theta_j)\dfrac{4\pi P_j G_j L_r}{P_t G_t L_j R_j^2}e^{-0.23\delta R_j} + \dfrac{(4\pi)^3 L_r K T_t \Delta f_r F_n}{P_t G_t^2 \lambda^2} + \dfrac{\sigma_c}{R_c^4}e^{-0.46\delta R_c} \right] \\[3mm] \bar{J}_{snc} = \dfrac{R_t^4 e^{0.46\delta R_t}}{\bar{\sigma}}\left[K(\theta_j)\dfrac{4\pi P_j G_j L_r}{P_t G_t L_j R_j^2}e^{-0.23\delta R_j} + \dfrac{(4\pi)^3 L_r K T_t \Delta f_r F_n}{P_t G_t^2 \lambda^2} + \dfrac{\bar{\sigma}_c}{R_c^4}e^{-0.46\delta R_c} \right] \end{cases} \tag{7.3.17a}$$

机内噪声较弱，仅影响远距离上的目标或弱小目标的检测。杂波有强有弱，与具体工作环境有关。机内噪声和杂波对遮盖性干扰都有利。如果从对干扰不利的角度出发，忽略杂波和机内噪声对遮盖性干扰效果的影响。这时瞬时干信比和平均干信比变为

$$\begin{cases} j_{snc} = \dfrac{R_t^4 e^{0.46\delta R_t}}{\sigma}\dfrac{4\pi K(\theta_j) P_j G_j L_r}{P_t G_t L_j R_j^2}e^{-0.23\delta R_j} \\[3mm] \bar{J}_{snc} = \dfrac{R_t^4 e^{0.46\delta R_t}}{\bar{\sigma}}\dfrac{4\pi K(\theta_j) P_j G_j L_r}{P_t G_t L_j R_j^2}e^{-0.23\delta R_j} \end{cases} \tag{7.3.18}$$

式(7.3.18)的平均干信比就是常用来计算掩护干扰的干信比模型。如果 $K(\theta_j)=1$，$R_t = R_j$，该式就是自卫干扰的干信比模型。干信比和信干比有倒数关系，按照干信比的分析方法得瞬时信干比和平均信干比：

$$\begin{cases} s_{jnc} = \dfrac{P_t G_t^2 \sigma \lambda^2 e^{-0.46\delta R_t}}{(4\pi)^3 R_t^4 L_r \left[K(\theta_j)\dfrac{P_j G_j G_r \lambda^2}{(4\pi)^2 R_j^2 L_j} e^{-0.23\delta R_j} + KT_t\Delta f_r F_n + \dfrac{P_t G_t^2 \sigma_c \lambda^2}{(4\pi)^3 R_c^4 L_r} e^{-0.46\delta R_c} \right]} \\[4mm] \bar{S}_{jnc} = \dfrac{P_t G_t^2 \bar{\sigma} \lambda^2 e^{-0.46\delta R_t}}{(4\pi)^3 R_t^4 L_r \left[K(\theta_j)\dfrac{P_j G_j G_r \lambda^2}{(4\pi)^2 R_j^2 L_j} e^{-0.23\delta R_j} + KT_t\Delta f_r F_n + \dfrac{P_t G_t^2 \bar{\sigma}_c \lambda^2}{(4\pi)^3 R_c^4 L_r} e^{-0.46\delta R_c} \right]} \end{cases} \tag{7.3.19}$$

已有判断干扰是否有效的方法是，若平均干信比大于等于压制系数，则干扰有效，否则无效。设干扰有效性的干信比评价指标即压制系数为 K_j，依据干信比确定干扰是否有效的判别式为

$$\begin{cases} 干扰有效 & \bar{J}_{snc} \geqslant K_j \\ 干扰无效 & 其他 \end{cases} \tag{7.3.20}$$

这里的干信比就是干扰效果，依据干信比评估干扰有效性需要计算干信比的概率密度函数。在式(7.3.16)中，目标的雷达截面 σ、杂波的雷达截面 σ_c 和电波传播衰减系数 δ 可能随时间随机变化，不能预测某时、某处的具体数值，除此之外的量都是可预测或可精确测量的。由第 2 章的分析知，在三种随机变量中，变化较快、变化范围较宽和对干扰效果影响较大的是目标的雷达截面，必须当随机变量处理。δ 在干扰持续时间内变化较小或不变化。虽然 σ_c 可能和 σ 一样变化较快，但方差较小，对干扰效果的影响较小，可把它近似成平均值 $\bar{\sigma}_c$。基于上述原因，这里仅将 σ 作为随机变量处理。σ 是目标的雷达截面。目标有起伏和非起伏(稳定)两大类。如果雷达和目标都是静止不动的，且目标的雷达截面为恒定值，除干信比的瞬时值近似等于平均值。干信比为效益型指标，用式(1.2.11)计算干扰有效性。对于雷达截面恒定的目标，依据干信比评估的干扰有效性为

$$E = \begin{cases} \bar{J}_{snc} / K_j & K_j > \bar{J}_{snc} \\ 1 & 其他 \end{cases} \tag{7.3.21}$$

军用雷达目标绝大多数为起伏目标,以下只讨论遮盖性样式对起伏目标的干扰效果和干扰有效性。

目标的雷达截面有四种随机起伏模型，分别称为斯韦林Ⅰ、Ⅱ、Ⅲ、Ⅳ型。基于单个脉冲检测目标时，只有两种随机起伏模型，即斯韦林Ⅰ、Ⅱ型和斯韦林Ⅲ、Ⅳ型。式(2.4.2)和式(2.4.4)式分别为斯韦林Ⅰ、Ⅱ型和Ⅲ、Ⅳ型起伏目标雷达截面的概率密度函数：

$$P(\sigma) = \begin{cases} \dfrac{1}{\bar{\sigma}}\exp\left(-\dfrac{\sigma}{\bar{\sigma}}\right) & 斯韦林Ⅰ、Ⅱ型起伏目标 \\[3mm] \dfrac{4\sigma}{\bar{\sigma}^2}\exp\left(-\dfrac{2\sigma}{\bar{\sigma}}\right) & 斯韦林Ⅲ、Ⅳ型起伏目标 \end{cases}$$

根据随机变量函数的概率密度函数的计算方法，由式(7.3.16)和式(2.4.2)得斯韦林Ⅰ、Ⅱ型起伏目标干信比的概率密度函数：

$$P(j_{snc}) = \frac{\bar{J}_{snc}}{j_{snc}^2}\exp\left(-\frac{\bar{J}_{snc}}{j_{snc}}\right) \tag{7.3.22}$$

由式(7.3.16)和式(2.4.4)得斯韦林Ⅲ、Ⅳ型起伏目标干信比的概率密度函数：

$$P(j_{snc}) = \frac{4\bar{J}_{snc}}{j_{snc}^3}\exp\left(-\frac{2\bar{J}_{snc}}{j_{snc}}\right) \tag{7.3.23}$$

压制系数 K_j 是依据干信比评估干扰有效性的指标。干信比为效益型指标，其值越大越好。从 $K_j \sim \infty$ 分别积分式 (7.3.22) 和式 (7.3.23) 得遮盖性样式对斯韦林 Ⅰ、Ⅱ 型和 Ⅲ、Ⅳ 型起伏目标的干扰有效性。其中对斯韦林 Ⅰ、Ⅱ 型起伏目标的干扰有效性为

$$E_{js} = \int_{K_j}^{\infty} \frac{\overline{J}_{snc}}{j_{snc}^2} \exp\left(-\frac{\overline{J}_{snc}}{j_{snc}}\right) dj_{snc} = 1 - \exp\left(-\frac{\overline{J}_{snc}}{K_j}\right) \tag{7.3.24}$$

对斯韦林 Ⅲ、Ⅳ 型起伏目标的干扰有效性为

$$E_{js} = \int_{K_j}^{\infty} \frac{4\overline{J}_{snc}}{j_{snc}^3} \exp\left(-\frac{2\overline{J}_{snc}}{j_{snc}}\right) dj_{snc} = 1 - \left(1 + \frac{2\overline{J}_{snc}}{K_j}\right) \exp\left(-\frac{2\overline{J}_{snc}}{K_j}\right) \tag{7.3.25}$$

由式 (7.3.24) 和式 (7.3.25) 知，一旦得到了压制系数和平均干信比，很容易得到干扰有效性。已有判断干扰是否有效的方法同样需要计算压制系数和平均干信比，由此知评估干扰有效性的计算量增加不多，但干扰有效性能说明更多的问题。依据干扰有效性也能判断干扰是否有效。令上两式的平均干信比等于压制系数得 $E_{js} = 0.63$ 和 0.6，即只要干扰有效性大于等于 0.63 和 0.6，对两类起伏目标的干扰是有效的。

在依据干信比评估干扰有效性的模型中，平均干信比含有目标到雷达的距离因子 R_t，即干扰有效性是 R_t 的函数。R_t 越小，干信比越小，对干扰越不利。用干信比判断干扰是否有效和评估干扰有效性时，必须用有效干扰要求的或作战要求的最小干扰距离计算平均干信比，这是用干信比评估遮盖性干扰效果和干扰有效性的条件之一。

7.3.2.2　一对多对抗组织模式的干信比和干扰有效性

为了适应多威胁作战环境，许多雷达对抗装备有同时干扰多部雷达或对付多威胁的作战能力。一对多是指用一部干扰机通过同时干扰多部雷达来保护一个目标。4.1.2 节和 4.1.3 节介绍了一部干扰机同时干扰多部雷达的真正含义，给出了信号跟踪器和时分割两种多威胁处理机制。与一对一对抗组织模式的干扰效果相比，无论采用哪种多威胁处理机制，干扰效果都会受到一定程度的影响。要用干信比表示遮盖性干扰效果和用压制系数评估干扰有效性，必须将一对多对抗组织模式对干扰效果的影响转换成对干信比的影响。

雷达在多脉冲积累基础上检测目标和测量目标的参数。7.2.1.3 节简要介绍了雷达脉冲积累原理和作用。不同脉冲重复周期的目标回波能按电压相加，遮盖性干扰只能按功率相加，积累对雷达和干扰都有作用，仅仅是对雷达的好处大于干扰。因多威胁的干扰窗口重叠，只能干扰其中的一部雷达，与其重叠的其他雷达不受干扰。因此，多威胁处理机制会减少某些雷达的受干扰脉冲数，等效于减少干扰功率的相加次数，使相同时间内的积累干信比减少。基于上述原理，可将多威胁处理机制对干扰效果的影响转换成对干信比的影响。

设第 i 部雷达的积累脉冲数为 m_i，每个脉冲重复周期接收的目标回波电压相等，脉冲幅度有效值为 U_{si}，单个脉冲的功率 $S_i = U_{si}^2$。又设雷达在每个脉冲重复周期接收的干扰功率为 J，该雷达的受干扰概率为 P_{shti}。在目标回波积累时间内，干扰功率的平均相加次数为 $m_i P_{shti}$，按照式 (7.2.4) 的分析方法得积累信干比与受干扰概率和相参积累脉冲数的关系：

$$\left(\frac{S_i}{J}\right)_m = \frac{m_i^2 U_{si}^2}{m_i J P_{shti}} = \frac{m_i}{P_{shti}} \frac{U_{si}^2}{J} = \frac{m_i}{P_{shti}} \left(\frac{S_i}{J}\right)_1$$

等效的相参积累增益为

$$G_{ci} = \frac{(S_i / J)_m}{(S_i / J)_1} = \frac{m_i}{P_{shti}} \tag{7.3.26}$$

式中，$(S_i/J)_1$ 和 $(S_i/J)_m$ 分别为单个脉冲的信干比和 m_i 个脉冲的积累信干比。m_i 由式 (2.4.11) 确定。按照类似的分析方法，由式 (7.2.6) 得等效的非相参积累增益：

$$G_{nci} = \sqrt{m_i / P_{shti}} \tag{7.3.27}$$

和一对一对抗组织模式相比，一对多的多威胁处理机制降低了雷达的受干扰概率，等效于增加了目标回波的积累增益，也可等效于降低了遮盖性干扰的积累增益，引起的干信比损失为

$$L_{di} = \begin{cases} P_{shti} & \text{相参雷达} \\ \sqrt{P_{shti}} & \text{非相参雷达} \end{cases} \tag{7.3.28}$$

多威胁处理机制不同，对干信比的影响程度不同。时分割多威胁干扰机制是在时间上轮流干扰不同的雷达，对任一雷达来说干扰是周期的和间断的，在一个干扰周期中，持续干扰时间可能小于不干扰的时间。时分割有两种方式，不同雷达采用相同的干扰时间和不同雷达采用不同的干扰时间。一般对高威胁级别的雷达干扰时间较长，对低威胁级别的雷达干扰时间较短。设第 i 部雷达的受干扰时间为 t_{ji}，要干扰的雷达总数为 n，该雷达的受干扰周期为

$$T_j = \sum_{i=1}^{n} t_{ji}$$

设接收机的恢复时间为 t_{rc}，第 i 部雷达的受干扰概率为

$$P_{shti} = \frac{t_{ji} + t_{rc}}{T_j} \tag{7.3.29}$$

如果不同雷达采用相同的干扰时间 t_j，第 i 部雷达也就是任一雷达的受干扰概率为

$$P_{shti} = \frac{t_j + t_{rc}}{T_j} \tag{7.3.30}$$

信号跟踪器处理多威胁的机制与时分割不同。它是受干扰雷达的脉冲为处理单位设置干扰窗口的大小和启动产生窗口的时刻。信号跟踪器有两种处理多威胁同时到达的原则：一种是先来先干扰，另一种是按优先级干扰。

雷达脉冲出现在信号跟踪器输入端的时间是随机的，受干扰概率与三个因素有关：一，进入信号跟踪器的信号密度；二，受干扰雷达的脉冲重复频率；三，脉冲平均不重叠概率。设第 i 部雷达的脉冲重复频率为 F_{ri}，同时干扰的雷达数为 n，第 i 部雷达的平均受干扰概率为

$$P_{shti} = P_{shm} \frac{F_{ri}}{\lambda} \tag{7.3.31}$$

其中 λ 为受干扰雷达脉冲构成的平均脉冲流密度，等于

$$\lambda = \sum_{i=1}^{n} F_{ri}$$

P_{shm} 为每个脉冲的平均受干扰概率。如果同时干扰的雷达数大于等于 4，可用泊松分布近似信号跟踪器输入端的脉冲流。设干扰窗口的平均宽度为 τ，在 τ 时间内只有一个脉冲到来和有两个或两个以上脉冲到来的概率 P_1 和 $P_{\geqslant 2}$ 分别等于：

$$P_1 = \lambda\tau\exp(-\lambda\tau)\,\text{和}\,P_{\geqslant 2} = 1 - (1+\lambda\tau)\exp(-\lambda\tau)$$

如果只考虑进入信号跟踪器的脉冲是否受到干扰，由上两式得每个脉冲的平均受干扰概率：

$$P_{\text{shm}} = \frac{\lambda\tau}{1-\exp(-\lambda\tau)}\exp(-\lambda\tau)$$

把上式代入式(7.3.31)得第 i 部雷达的受干扰概率：

$$P_{\text{sh}i} = \frac{\lambda\tau}{1-\exp(-\lambda\tau)}\frac{F_{ri}}{\lambda}\exp(-\lambda\tau) \tag{7.3.32}$$

式(7.3.32)说明，如果采用先来先干扰的原则，重频越高的雷达受干扰概率越大，相反受干扰概率越小。

　　信号跟踪器一般按优先级解决多部雷达的脉冲同时到来引起的干扰窗口重叠问题。干扰窗口重叠的定义因设备而异，一般定义为两雷达的干扰窗口重叠程度大于等于 0.5。处理干扰窗口重叠的原则一般为，若两部不同优先级雷达的干扰窗口重叠，只干扰高优先级的雷达。若优先级相同或干扰窗口重叠程度小于 0.5，则先来先干扰，即如果在某雷达的干扰期间出现其他雷达的干扰窗口，则立即转入干扰新出现的雷达，放弃对原威胁的干扰。因雷达接收机有恢复时间，这种处理方式基本上不影响对前一雷达的干扰效果。下面的重叠都是指重叠程度大于等于 0.5 的情况。雷达的优先级或威胁等级由雷达支援侦察设备按一定准则预先确定。干扰窗口的大小、出现时刻、与其他雷达的脉冲是否重叠和重叠程度均由信号跟踪器预置、预测和处理。

　　设优先级按 1, 2, 3, … 递减且每部雷达的威胁级别不同，由信号跟踪器的有关处理原则知，威胁级别为 1 的雷达的受干扰概率为 1，即

$$P_{\text{sht1}} = 1 \tag{7.3.33}$$

　　优先级低于 1 的雷达的受干扰概率小于 1。这里的受干扰概率定义为，在干扰窗口重叠周期内，某雷达的受干扰脉冲数与该雷达在此期间的发射脉冲总数之比。

　　设雷达 1 和 2 的优先级分别为 1 和 2，当两雷达的干扰窗口重叠时，雷达 2 不受干扰。这时，只有雷达 1 影响雷达 2 的受干扰概率，只需考虑 1、2 两部雷达的脉冲重叠情况。因雷达数少，它们的脉冲到达时间不服从泊松分布，可用下面的方法近似估算雷达 2 的受干扰概率。在讨论具体处理方法前，先作两点约定：一，受干扰雷达非同步工作且脉冲重复间隔不同；二，只考虑两辐射源干扰窗口的重叠问题，忽略三个和三个以上辐射源干扰窗口重叠问题。

　　设雷达 1 的脉冲重复周期为 T_1、干扰窗口宽度为 τ_1，雷达 2 的对应参数为 T_2 和 τ_2，T_1 和 T_2 的最小公倍数为 T_{12}，T_{12} 就是两雷达干扰窗口的重叠周期。干扰窗口有一定宽度，一旦重叠，可能连续重叠的脉冲数近似为

$$n \approx \begin{cases} \text{INT}\left[\dfrac{\Delta\tau_{12}}{|T_1-T_2|}\right]+1 & \dfrac{\Delta\tau_{12}}{|T_1-T_2|}\,\text{不为整数} \\[3mm] \dfrac{\Delta\tau_{12}}{|T_1-T_2|} & \dfrac{\Delta\tau_{12}}{|T_1-T_2|}\,\text{为整数} \end{cases} \tag{7.3.34}$$

其中，

$$\Delta\tau_{12} = \begin{cases} \text{MAX}(\tau_1,\tau_2)+0.5\text{MIN}(\tau_1,\tau_2) & \tau_1 \neq \tau_2 \\ \tau_1 + 0.5\tau_2 & \tau_1 = \tau_2 \end{cases}$$

符号 INT[*] 表示取整数，MAX(τ_1,τ_2) 和 MIN(τ_1,τ_2) 分别表示选大和选小算符。就两部雷达而言，

上式也是一个重叠周期内雷达 2 不受干扰的脉冲数，由此得一个重叠周期内雷达 2 的受干扰脉冲数

$$\frac{T_{12}}{T_2} - n$$

根据受干扰概率的定义得雷达 2 的受干扰概率：

$$P_{\text{sht2}} = 1 - \frac{nT_2}{T_{12}} \tag{7.3.35}$$

设雷达 3 的优先级为 3，出现下面三种情况之一，雷达 3 不受干扰：一，雷达 3 的干扰窗口与雷达 1 的同时出现；二，雷达 3 的干扰窗口与雷达 2 的同时出现；三，三部雷达的干扰窗口同时出现。根据前面的约定，忽略三部雷达的脉冲同时出现的概率。设雷达 3 的脉冲重复周期和干扰窗口宽度分别为 T_3 和 τ_3，T_{13}、T_{23} 和 T_{123} 分别为 T_1 与 T_3、T_2 与 T_3 和 T_1、T_2、T_3 的最小公倍数。雷达 3 在 T_{123} 期间发射的脉冲总数为 T_{123}/T_3，它与雷达 1 的脉冲重叠次数为 T_{123}/T_{13}，重叠的脉冲总数为 $n_{13}T_{123}/T_{13}$。由上述推导方法得雷达 3 与雷达 2 的重叠脉冲总数 $n_{23}T_{123}/T_{23}$。按照式 (7.3.35) 的处理方法得雷达 3 的平均受干扰概率：

$$P_{\text{sht3}} \approx 1 - \frac{n_{13}T_{123}}{T_{13}} \frac{T_3}{T_{123}} - \frac{n_{23}T_{123}}{T_{23}} \frac{T_3}{T_{123}} = 1 - \frac{n_{13}T_3}{T_{13}} - \frac{n_{23}T_3}{T_{23}} \tag{7.3.36}$$

由式 (7.3.34) 的方法得 n_{13} 和 n_{23}：

$$n_{13} = \begin{cases} \text{INT}\left[\dfrac{\Delta\tau_{13}}{|T_1 - T_3|}\right] + 1 & \dfrac{\Delta\tau_{13}}{|T_1 - T_3|} \text{不为整数} \\[3mm] \dfrac{\Delta\tau_{13}}{|T_1 - T_3|} & \dfrac{\Delta\tau_{13}}{|T_1 - T_3|} \text{为整数} \end{cases} \quad \text{和} \quad n_{23} = \begin{cases} \text{INT}\left[\dfrac{\Delta\tau_{23}}{|T_2 - T_3|}\right] + 1 & \dfrac{\Delta\tau_{23}}{|T_2 - T_3|} \text{不为整数} \\[3mm] \dfrac{\Delta\tau_{23}}{|T_2 - T_3|} & \dfrac{\Delta\tau_{23}}{|T_2 - T_3|} \text{为整数} \end{cases}$$

其中

$$\Delta\tau_{13} = \begin{cases} \text{MAX}(\tau_1, \tau_3) + 0.5\text{MIN}(\tau_1, \tau_3) & \tau_1 \neq \tau_3 \\[2mm] \tau_1 + 0.5\tau_3 & \tau_1 = \tau_3 \end{cases} \quad \text{和} \quad \Delta\tau_{23} = \begin{cases} \text{MAX}(\tau_3, \tau_2) + 0.5\text{MIN}(\tau_3, \tau_2) & \tau_3 \neq \tau_2 \\[2mm] \tau_3 + 0.5\tau_2 & \tau_3 = \tau_2 \end{cases}$$

若再增加一部优先级为 4 的雷达，设其脉冲重复周期为 T_4，干扰窗口为 τ_4，按照上面的推导方法得雷达 4 的平均受干扰概率：

$$P_{\text{sht4}} = 1 - \frac{n_{14}T_4}{T_{14}} - \frac{n_{24}T_4}{T_{24}} - \frac{n_{34}T_4}{T_{34}}$$

其中 T_{14}、T_{24}、T_{34} 和 T_{1234} 分别为 T_1 与 T_4、T_2 与 T_4、T_3 与 T_4 和 T_1、T_2、T_3、T_4 的最小公倍数。按照式 (7.3.34) 的方法得 n_{14}、n_{24} 和 n_{34}：

$$n_{14} = \begin{cases} \text{INT}\left[\dfrac{\Delta\tau_{14}}{|T_1 - T_4|}\right] + 1 & \dfrac{\Delta\tau_{14}}{|T_1 - T_4|} \text{不为整数} \\[3mm] \dfrac{\Delta\tau_{14}}{|T_1 - T_4|} & \dfrac{\Delta\tau_{14}}{|T_1 - T_4|} \text{为整数} \end{cases} \quad \text{和} \quad n_{24} = \begin{cases} \text{INT}\left[\dfrac{\Delta\tau_{24}}{|T_2 - T_4|}\right] + 1 & \dfrac{\Delta\tau_{24}}{|T_2 - T_4|} \text{不为整数} \\[3mm] \dfrac{\Delta\tau_{24}}{|T_2 - T_4|} & \dfrac{\Delta\tau_{24}}{|T_2 - T_4|} \text{为整数} \end{cases}$$

$$n_{34} = \begin{cases} \text{INT}\left[\dfrac{\Delta\tau_{34}}{|T_3 - T_4|}\right] + 1 & \dfrac{\Delta\tau_{34}}{|T_3 - T_4|} \text{不为整数} \\[3mm] \dfrac{\Delta\tau_{34}}{|T_3 - T_4|} & \dfrac{\Delta\tau_{34}}{|T_3 - T_4|} \text{为整数} \end{cases}$$

其中

$$\Delta\tau_{14} = \begin{cases} \mathrm{MAX}(\tau_1,\tau_4)+0.5\mathrm{MIN}(\tau_1,\tau_4) & \tau_1 \neq \tau_4 \\ \tau_1+0.5\tau_4 & \tau_1=\tau_4 \end{cases} \text{和} \; \Delta\tau_{24} = \begin{cases} \mathrm{MAX}(\tau_2,\tau_4)+0.5\mathrm{MIN}(\tau_2,\tau_4) & \tau_2 \neq \tau_4 \\ \tau_2+0.5\tau_4 & \tau_2=\tau_4 \end{cases}$$

$$\Delta\tau_{34} = \begin{cases} \mathrm{MAX}(\tau_3,\tau_4)+0.5\mathrm{MIN}(\tau_3,\tau_4) & \tau_3 \neq \tau_4 \\ \tau_3+0.5\tau_4 & \tau_3=\tau_4 \end{cases}$$

按照前面的分析方法，可算出需要同时干扰的任何一部雷达的平均受干扰概率 $P_{\mathrm{sht}i}$，分别把它们代入式 (7.3.28)，就能把每部雷达的受干扰概率转换成干信比损失 $L_{\mathrm{d}i}$。

考虑一对多对抗组织模式对干信比的影响后，可按一对一对抗组织模式计算干扰机对每部雷达的干扰效果和干扰有效性。由式 (7.3.17a) 得一对多对抗组织模式第 i 部雷达的瞬时干信比和平均干信比：

$$\begin{cases} j_{\mathrm{snc}i} = \dfrac{R_{\mathrm{t}i}^4 \mathrm{e}^{0.46\delta R_u}}{\sigma}\left[K(\theta_{ji})\dfrac{4\pi P_j G_j L_{\mathrm{r}i} L_{\mathrm{d}i}}{P_{\mathrm{t}i} G_{\mathrm{t}i} L_j R_j^2}\mathrm{e}^{-0.23\delta R_j} + \dfrac{(4\pi)^3 L_{\mathrm{r}i} K T_{\mathrm{t}} \Delta f_{\mathrm{r}} F_{\mathrm{n}}}{P_{\mathrm{t}i} G_{\mathrm{t}i}^2 \lambda^2} + \dfrac{\sigma_{\mathrm{c}}}{R_{\mathrm{c}}^4}\mathrm{e}^{-0.46\delta R_{\mathrm{c}i}} \right] \\[4mm] \overline{J}_{\mathrm{snc}i} = \dfrac{R_{\mathrm{t}i}^4 \mathrm{e}^{0.46\delta R_u}}{\overline{\sigma}}\left[K(\theta_{ji})\dfrac{4\pi P_j G_j L_{\mathrm{r}i} L_{\mathrm{d}i}}{P_{\mathrm{t}i} G_{\mathrm{t}i} L_j R_j^2}\mathrm{e}^{-0.23\delta R_j} + \dfrac{(4\pi)^3 L_{\mathrm{r}i} K T_{\mathrm{t}} \Delta f_{\mathrm{r}} F_{\mathrm{n}}}{P_{\mathrm{t}i} G_{\mathrm{t}i}^2 \lambda^2} + \dfrac{\overline{\sigma}_{\mathrm{c}}}{R_{\mathrm{c}}^4}\mathrm{e}^{-0.46\delta R_{\mathrm{c}i}} \right] \end{cases} \tag{7.3.37}$$

式 (7.3.37) 中带下标 i 的参数为第 i 部雷达的有关参数，其他符号的含义见式 (7.3.17a)。如果忽略杂波和机内噪声的影响，式 (7.3.37) 简化为

$$\begin{cases} j_{\mathrm{snc}i} = \dfrac{R_{\mathrm{t}i}^4 \mathrm{e}^{0.46\delta R_u}}{\sigma}\left[K(\theta_{ji})\dfrac{4\pi P_j G_j L_{\mathrm{r}i} L_{\mathrm{d}i}}{P_{\mathrm{t}i} G_{\mathrm{t}i} L_j R_j^2}\mathrm{e}^{-0.23\delta R_j} \right] \\[4mm] \overline{J}_{\mathrm{snc}i} = \dfrac{R_{\mathrm{t}i}^4 \mathrm{e}^{0.46\delta R_u}}{\overline{\sigma}}\left[K(\theta_{ji})\dfrac{4\pi P_j G_j L_{\mathrm{r}i} L_{\mathrm{d}i}}{P_{\mathrm{t}i} G_{\mathrm{t}i} L_j R_j^2}\mathrm{e}^{-0.23\delta R_j} \right] \end{cases}$$

本书下面有关模型已将 $L_{\mathrm{d}i}$ 合并到 L_j 中，后面不再给予说明。上两式在形式上与式 (7.3.17a) 和式 (7.3.18) 一样。设有效干扰第 i 部雷达要求的压制系数为 K_{ji}，对第 i 部雷达的干扰是否有效的判别式为

$$\begin{cases} \text{干扰有效} & \overline{J}_{\mathrm{snc}i} \geqslant K_{ji} \\ \text{干扰无效} & \text{其他} \end{cases} \tag{7.3.38}$$

由式 (7.3.22) 和式 (7.3.23) 的分析方法得一对多对抗组织模式第 i 部雷达干信比的概率密度函数：

$$P(j_{\mathrm{snc}i}) = \begin{cases} \dfrac{\overline{J}_{\mathrm{snc}i}}{j_{\mathrm{snc}i}^2}\exp\left(-\dfrac{\overline{J}_{\mathrm{snc}i}}{j_{\mathrm{snc}i}}\right) & \text{斯韦林 I 、II 型起伏目标} \\[4mm] \dfrac{4\overline{J}_{\mathrm{snc}i}^2}{j_{\mathrm{snc}i}^3}\exp\left(-\dfrac{2\overline{J}_{\mathrm{snc}i}}{j_{\mathrm{snc}i}}\right) & \text{斯韦林 III 、IV 型起伏目标} \end{cases} \tag{7.3.39}$$

由上式和该条件下的压制系数 K_{ji} 得遮盖性样式对第 i 部雷达的干扰有效性：

$$E_{jsi} = \begin{cases} 1-\exp\left(-\dfrac{\overline{J}_{\mathrm{snc}i}}{K_{ji}}\right) & \text{斯韦林 I 、II 型起伏目标} \\[4mm] 1-\left(1+\dfrac{2\overline{J}_{\mathrm{snc}i}}{K_{ji}}\right)\exp\left(-\dfrac{2\overline{J}_{\mathrm{snc}i}}{K_{ji}}\right) & \text{斯韦林 III 、IV 型起伏目标} \end{cases} \tag{7.3.40}$$

按照上面的分析方法能计算遮盖性样式对每部雷达的干扰有效性。

一对多对抗组织模式需要同时干扰多部雷达，式(7.3.40)仅为遮盖性样式对每部雷达的干扰有效性，它不能直接反映该样式对所有雷达的总干扰情况。一对多和多对多对抗组织模式属于对多目标作战，需要用对多目标作战的效率指标评估干扰有效性，此问题放到多对多对抗组织模式中一起讨论。

7.3.2.3　多对一对抗组织模式的干信比和干扰有效性

雷达对抗领域一般根据战术应用或作战目的将干扰机分为自卫干扰机、随队掩护干扰机和远距离支援干扰机。在实际使用中，既可能用三种干扰机同时干扰一部雷达，保护同一目标，也可能用多部远距离支援干扰机或多部随队掩护干扰机干扰同一部雷达，保护同一目标。这就是多对一的对抗组织模式。

现代雷达接收机的动态范围较大，干扰和目标回波很难使其饱和。如果多部干扰机之间的干扰信号不相关，可把雷达接收机输入端线性区当作线性系统处理。雷达从多部干扰机接收的总干扰功率等于从各干扰机接收的干扰功率之和。根据图 7.3.1 的配置关系得任一干扰机在受干扰雷达接收机输入端线性区产生的干扰功率。把每部干扰机产生的干扰功率加起来，就是总干扰功率。再按一对一对抗组织模式的干信比计算方法得多对一对抗条件下的总干信比。如果该干信比是从作战要求的最小干扰距离上计算的，它就是多对一对抗组织模式下的干扰效果，可用来判断干扰是否有效和评估干扰有效性。

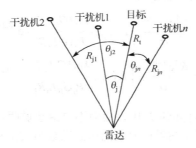

图 7.3.1　雷达、干扰机和目标的配置关系示意图

设用 n 部遮盖性干扰机干扰同一雷达，这些干扰机相对雷达有不同的距离和不同的方位，还可能有不同的干扰等效辐射功率和系统损失等。设第 i 部干扰机的发射功率、天线增益、系统损失及其干扰方向失配损失为 P_{ji}、G_{ji}、L_{ji} 和 $K(\theta_{ji})$，由式(7.3.5)得第 i 部干扰机在雷达接收机输入端产生的干信比：

$$j_{si}(\theta_j) = K(\theta_{ji})\frac{4\pi P_{ji}G_{ji}R_t^4 L_r}{P_t G_t \sigma L_{ji}R_{ji}^2}e^{0.23\delta(2R_t - R_{ji})} \tag{7.3.41}$$

式(7.3.41)未定义的符号见式(7.3.5)。n 部遮盖性干扰机共同产生的干信比为

$$j_{sn}(\theta_j) = \frac{4\pi R_t^4 L_r}{P_t G_t \sigma}e^{0.46\delta R_t}\sum_{i=1}^{n}K(\theta_{ji})\frac{P_{ji}G_{ji}}{L_{ji}R_{ji}^2}e^{-0.23\delta R_{ji}} \tag{7.3.42}$$

考虑雷达接收机内部噪声和杂波影响后，由式(7.3.42)、式(7.3.9)和式(7.3.13)得总干信比：

$$j_{sncn}(\theta_j) = \frac{R_t^4 e^{0.46\delta R_t}}{\sigma}\left[\sum_{i=1}^{n}K(\theta_{ji})\frac{4\pi P_{ji}G_{ji}L_r}{P_t G_t L_{ji}R_{ji}^2}e^{-0.23\delta R_{ji}} + \frac{(4\pi)^3 L_r KT\Delta f_r F_n}{P_t G_t^2 \lambda^2} + \frac{\sigma_c}{R_c^4}e^{-0.46\delta R_c}\right] \tag{7.3.43}$$

设被保护目标的平均雷达截面为 $\bar{\sigma}$，总平均干信比为

$$\bar{J}_{\text{sncn}}(\theta_j) = \frac{R_t^4 e^{0.46\delta R_t}}{\bar{\sigma}}\left[\sum_{i=1}^n K(\theta_{ji})\frac{4\pi P_{ji}G_{ji}L_t}{P_t G_t L_{ji}R_{ji}^2}e^{-0.23\delta R_{ji}} + \frac{(4\pi)^3 L_t KT_t\Delta f_t F_n}{P_t G_t^2\lambda^2} + \frac{\bar{\sigma}_c}{R_c^4}e^{-0.46\delta R_c}\right] \quad (7.3.44)$$

若令式(7.3.44)中的 $n = 1$，该式与式(7.3.16)和式(7.3.17)完全相同，不难看出它们是式(7.3.43)的特殊情况。如果忽略杂波和机内噪声对干扰效果的影响，多对一对抗组织模式下的总瞬时干信比 $j_{\text{sncn}}(\theta_j)$ 和总平均干信比 $\bar{J}_{\text{sncn}}(\theta_j)$ 分别为

$$\begin{cases} j_{\text{sncn}} = \frac{4\pi R_t^4 L_r e^{0.46\delta R_t}}{P_t G_t\sigma}\sum_{i=1}^n K(\theta_{ji})\frac{P_{ji}G_{ji}}{L_{ji}R_{ji}^2}e^{-0.23\delta R_{ji}} \\ \bar{J}_{\text{sncn}} = \frac{R_t^4 L_r e^{0.46\delta R_t}}{P_t G_t\bar{\sigma}}\sum_{i=1}^n K(\theta_{ji})\frac{P_{ji}G_{ji}}{L_{ji}R_{ji}^2}e^{-0.23\delta R_{ji}} \end{cases} \quad (7.3.45)$$

用 $\bar{J}_{\text{sncn}}$ 和 j_{sncn} 分别代替式(7.3.22)和式(7.3.23)中的 $\bar{J}_{\text{snc}}$ 和 j_{snc} 得该条件下两类起伏目标回波干信比的概率密度函数：

$$P(j_{\text{sncn}}) = \begin{cases} \dfrac{\bar{J}_{\text{sncn}}}{j_{\text{sncn}}^2}\exp\left(-\dfrac{\bar{J}_{\text{sncn}}}{j_{\text{sncn}}}\right) & \text{斯韦林 I 、II 型起伏目标} \\[3mm] \dfrac{4\bar{J}_{\text{sncn}}^2}{j_{\text{sncn}}^3}\exp\left(-\dfrac{2\bar{J}_{\text{sncn}}}{j_{\text{sncn}}}\right) & \text{斯韦林 III 、IV 型起伏目标} \end{cases} \quad (7.3.46)$$

设有效干扰要求的干信比即压制系数为 K_j，干扰有效性是总干信比大于等于 K_j 的概率。从 $K_j\sim\infty$ 积分式(7.3.46)得多对一对抗组织模式的干扰有效性：

$$E_{\text{jsn}} = \begin{cases} 1-\exp\left(-\dfrac{\bar{J}_{\text{sncn}}}{K_j}\right) & \text{斯韦林 I 、II 型起伏目标} \\[3mm] 1-\left(1+\dfrac{2\bar{J}_{\text{sncn}}}{K_j}\right)\exp\left(-\dfrac{2\bar{J}_{\text{sncn}}}{K_j}\right) & \text{斯韦林 III 、IV 型起伏目标} \end{cases} \quad (7.3.47)$$

根据平均干信比和压制系数确定干扰是否有效的判别式为

$$\begin{cases} \text{干扰有效} & \bar{J}_{\text{sncn}}\geqslant K_j \\ \text{干扰无效} & \text{其他} \end{cases} \quad (7.3.48)$$

7.3.2.4　多对多对抗组织模式的干信比和干扰有效性

和评估前三种对抗组织模式的干扰效果不同，要评估多对多对抗组织模式的干扰效果，首先要确定效率指标，然后根据效率指标制定干扰资源分配方案，再根据分配方案估算干扰效果和干扰有效性。6.5.2 节曾指出，多对多对抗组织模式有两种效率指标：一，有效干扰所有雷达的概率；二，有效干扰雷达数。这两个效率指标也是判断一对多和多对多对抗组织模式下干扰是否有效和评估干扰有效性的指标。两指标本身可相互转换。设有 n 个作战对象即有 n 部雷达需要干扰，要求有效干扰所有雷达的概率和有效干扰雷达数分别为 P_{jst} 和 n_{jst}，P_{jst} 和 n_{jst} 的转换关系为

$$n_{\text{jst}} = \begin{cases} \text{INT}\{nP_{\text{jst}}\}+1 & nP_{\text{jst}}-\text{INT}\{nP_{\text{jst}}\}\geqslant 0.5 \\ \text{INT}\{nP_{\text{jst}}\} & \text{其他} \end{cases}$$

按照 6.5.2 节的干扰资源分配方法得具体的作战方案，即用哪部干扰机或哪几部干扰机对付

哪部雷达或哪些部雷达。一旦确定了作战方案，任一干扰机不是一对一，就是一对多或多对一对抗组织模式。根据前三种对抗组织模式的干扰效果和干扰有效性评估数学模型，可计算遮盖性样式对每部雷达的干扰效果和干扰有效性。设遮盖性干扰对第 i 部雷达的有效干扰概率即干扰有效性为 E_i，由式 (6.5.3) 得有效干扰所有雷达的概率：

$$P_{jam} = \prod_{i=1}^{n} E_i \tag{7.3.49}$$

其中 n 为需要干扰的雷达总数。由式 (6.5.5) 得有效干扰雷达数：

$$n_j = \sum_{i=1}^{n} E_i \tag{7.3.50}$$

在多对多对抗组织模式中，有的干扰机可能属于一对一对抗组织模式，有的可能属于一对多对抗组织模式，还有的可能属于多对一对抗组织模式。三种对抗组织模式的干扰有效性分别由式 (7.3.24) 和式 (7.3.25)、式 (7.3.40) 和式 (7.3.47) 确定。如果这些干扰有效性相差不大，由式 (7.3.50) 得有效干扰任一部雷达的平均概率：

$$P_{ji} = \frac{1}{n} \sum_{i=1}^{n} E_i \tag{7.3.51}$$

式 (7.3.49) 和式 (7.3.50) 相当于一对多或多对多的综合干扰效果，可用此判断干扰是否有效，其判别式为

$$\begin{cases} \text{干扰有效} & \overline{P}_{jam} \geq P_{jst} \\ \text{干扰无效} & \text{其他} \end{cases} \text{或} \begin{cases} \text{干扰有效} & n_j \geq n_{jst} \\ \text{干扰无效} & \text{其他} \end{cases}$$

如果把有效干扰所有雷达的概率 P_{jst} 转换成对有效干扰雷达数 n_{jst} 的要求，一对多和多对多对抗组织模式的干扰有效性就是有效干扰雷达数大于等于 n_{jst} 的概率，即

$$E_{jam} = \sum_{k=n_{jst}}^{n} C_n^k P_{ji}^k (1 - P_{ji})^{n-k} \tag{7.3.52}$$

如果有效干扰不同雷达的概率不同且相差较大或者需要精确估算一对多和多对多情况下的干扰有效性，可用 3.2.2.1 节的类似方法处理。

7.3.3　检测概率及干扰有效性

在雷达和雷达对抗理论研究、抗干扰效果和干扰效果评估中，检测概率和干信比或信干比一样用得特别多。可以说凡是与目标检测有关的战技指标都与检测概率有关，如最小干扰距离、有效干扰扇面等都隐含着对检测概率或干信比的要求。检测概率是雷达的重要战技指标且受遮盖性干扰影响，可表示干扰效果和评估干扰有效性。

检测概率与虚警概率、干信比和目标起伏模型有关。3.2.2.1 节给出了雷达检测确知信号、未知相位信号、斯韦林Ⅰ、Ⅱ型和Ⅲ、Ⅳ型起伏目标的概率。其中式 (3.2.11)～式 (3.2.14) 是基于单个脉冲的检测概率，式 (3.2.19)～式 (3.2.23) 为基于多脉冲的积累检测概率。计算检测概率用的干信比为平均值，由上述模型可得实际条件下的平均检测概率。

雷达在多脉冲基础上检测目标。如果采用滑窗检测，可根据单个脉冲的平均检测概率估算基于多脉冲的检测概率。滑窗检测准则是，在 m 个脉冲中，检测到的脉冲数大于等于 $k(k < m)$ 个的

概率就是基于多脉冲的检测概率。根据雷达要求的虚警概率 P_{fa}、遮盖性干扰可达到的干信比（由 7.3.2 节的有关模型确定）和目标起伏模型，由式（3.2.11）~式（3.2.14）之一可得基于单个脉冲的平均检测概率 P_d，基于 m 个脉冲的滑窗检测概率为

$$\overline{P}_d = \sum_{n=k}^{m} C_m^n P_d^n (1-P_d)^{m-n} \tag{7.3.53}$$

3.2.2.1 节说明，在雷达领域称 m 为滑窗的宽度。m 一般等于雷达天线 3dB 波束宽度扫过目标所收到的脉冲总数。m 由式（3.2.16）或式（2.4.11）确定。k 的最佳值及其条件见式（3.2.15）。如果已知目标起伏模型且积累脉冲数较多，可用式（3.2.19）~式（3.2.23）之一估算有关的积累检测概率。

搜索雷达或目标指示雷达的天线一般周期扫描，除了每次扫描的积累检测概率外，有时还要考虑基于多次扫描的检测概率。如果每次扫描的检测概率相同或采用各次扫描的平均检测概率，由式（3.2.25）得采用 m/n 检测准则时在 n 次扫描基础上的检测概率：

$$P_{rd} = P_l \left[\sum_{i=m}^{n} C_n^i \overline{P}_d^i (1-\overline{P}_d)^{n-i} \right] \tag{7.3.54}$$

式中 P_l 的定义见式（3.2.27）；$\overline{P}_d$ 为各次扫描的平均检测概率，由式（7.3.53）计算。如果已知每次扫描的检测概率且相差较大，可按 3.2.2.1 节的有关方法处理。

$\overline{P}_d$ 和 P_{rd} 都是平均检测概率，对干扰方来说，均为成本型指标。设作战要求的单次扫描的检测概率为 P_{dst}，根据 $\overline{P}_d$ 判断干扰是否有效的模型为

$$\begin{cases} 干扰有效 & \overline{P}_d \leqslant P_{dst} \\ 干扰无效 & 其他 \end{cases} \tag{7.3.55}$$

如果干扰有效性的评价指标是对多次扫描的要求，设为 P'_{dst}，依据 P_{rd} 确定干扰是否有效的判别式为

$$\begin{cases} 干扰有效 & P_{rd} \leqslant P'_{dst} \\ 干扰无效 & 其他 \end{cases} \tag{7.3.56}$$

由干扰有效性的定义知，依据检测概率计算干扰有效性需要检测概率的概率密度函数。检测概率是干信比或信干比的函数。信干比或干信比是随机变量，检测概率必然是随机变量。虽然影响检测概率的主要因素是干信比和虚警概率，但具体关系较复杂，很难得到方便应用的概率密度函数。如果将干扰有效性的检测概率评价指标转换成对干信比即对压制系数的要求，则可根据干信比的概率密度函数和压制系数评估干扰有效性。

把干扰有效性的检测概率评价指标转换成对干信比的要求是可能的。影响检测概率的主要因素是干信比和虚警概率，只要已知其中的任意两个，就能根据它们之间的关系得到另一个。虚警概率是雷达的设计指标，即使不知道具体数值，也知道它的范围，对于搜索雷达一般为 10^{-5}~10^{-6}。在这里，检测概率是干扰有效性的评价指标，由作战要求预先确定。显然容易确定满足检测概率和虚警概率要求的干信比即压制系数，从而将检测概率的评价指标转换成干信比的评价指标。

6.4.4.1 节~6.4.4.3 节给出了检测稳定目标、未知相位信号、斯韦林Ⅰ、Ⅱ型和斯韦林Ⅲ、Ⅳ型起伏目标的概率、虚警概率和干信比的关系，分别如式（6.4.54）、式（6.4.60）、式（6.4.67）和式（6.4.68）所示。把检测概率的评价指标 P_{dst} 和受干扰雷达要求的虚警概率 P_{fa} 代入上述模型，就能把对检测概率的要求转换成对干信比或压制系数的要求。军用目标几乎都是非稳定目标，未知相位信号的有关转换关系为

$$K_{jd} \approx \frac{F_d}{g_{fa} + g_d} \qquad (7.3.57)$$

斯韦林 I 、 II 型起伏目标的转换关系为

$$K_{jd} = F_d \sqrt{\frac{\ln P_{dst}}{\ln P_{fa} - \ln P_{dst}}} \qquad (7.3.58)$$

斯韦林III、IV型起伏目标的转换关系为

$$K_{jd} = \frac{F_d}{\overline{D}_{34}} \qquad (7.3.59)$$

根据要求的检测概率 P_{dst} 和虚警概率 P_{fa}，查图 6.4.10 的曲线可得 $\overline{D}_{34}$，把 $\overline{D}_{34}$ 代入式(7.3.59)得需要的干信比。式(7.3.57)~式(7.3.59)中其他符号的定义见式(6.4.60)、式(6.4.67)和式(6.4.68)。

把干扰有效性的检测概率评价指标转换成对干信比或压制系数的要求后，就可根据干信比评估遮盖性样式对目标检测的干扰有效性。根据具体对抗组织模式，由式(7.3.17)、式(7.3.37)和式(7.3.44)之一得平均干信比 $\overline{J}_{snc}$。对干扰方来说，检测概率是成本型指标，把检测概率的评价指标转换成压制系数后，评估干扰有效性用的干扰效果为干信比，干信比为效益型指标，其值越大越好。把 $\overline{J}_{snc}$ 和 K_{jd} 代入式(7.3.24)和式(7.3.25)得依据检测概率评估的对两类起伏目标的干扰有效性：

$$E_{pd} = \begin{cases} 1 - \exp\left(-\dfrac{\overline{J}_{snc}}{K_{jd}}\right) & \text{斯韦林 I 、 II 型起伏目标} \\[2mm] 1 - \left(1 + \dfrac{2\overline{J}_{snc}}{K_{jd}}\right)\exp\left(-\dfrac{2\overline{J}_{snc}}{K_{jd}}\right) & \text{斯韦林 III 、 IV 型起伏目标} \end{cases} \qquad (7.3.60)$$

由上两式知，若干信比的评价指标相同，不同对抗组织模式的干扰有效性的差别仅体现在 $\overline{J}_{snc}$ 上。

按照上面的方法，原则上能得到雷达在机内噪声作用下的干扰有效性。用噪信比 N/S 代替式(7.3.60)中的 $\overline{J}_{snc}$ 得该条件下的干扰有效性 E_{pd}。E_{pd} 一般很小，可近似为 0。

7.3.4　最小干扰距离及干扰有效性

在作战使用或外场试验中，常用最小干扰距离表示自卫遮盖性干扰效果，用压制扇面或有效干扰区表示掩护干扰效果。最小干扰距离是指干信比刚好满足压制系数或检测概率要求时被保护目标到被干扰雷达的距离。最小干扰距离不等于雷达在受干扰条件下的最大作用距离。因为雷达对抗对检测概率的要求与雷达不同，但两者有确定的关系，最小干扰距离越小，雷达在干扰条件下的最大作用距离也越小。最小干扰距离不仅能表示自卫干扰效果，还是用干信比、检测概率以及后面要讨论的压制扇面和有效干扰区等评估干扰有效性的条件。作战要求的最小干扰距离不仅仅是干扰有效性的最小干扰距离评价指标，它还隐含在干信比、检测概率和压制扇面等干扰有效性评价指标中。

当用多部干扰机对付同一雷达保护同一目标时，可用式(7.3.43)和式(7.3.44)计算瞬时干信比和平均干信比。令遮盖性干扰可达到的最小干扰距离为 R_{min} 和令式(7.3.43)中的 j_{sncn} 等于有效干扰要求的压制系数 K_j，再对 R_{min} 求解得干扰可达到的瞬时最小干扰距离：

$$R_{min} e^{0.115\delta R_{min}} = (K_j \sigma_y)^{1/4} \qquad (7.3.61)$$

式中，

$$y = \left[\frac{4\pi L_r}{P_t G_t} \sum_{i=1}^{n} K(\theta_{ji}) \frac{P_{ji} G_{ji}}{L_{ji} R_{ji}^2} e^{-0.23\delta R_{ji}} + \frac{(4\pi)^3 L_r K T_i \Delta f_r F_n}{P_t G_t^2 \lambda^2} + \frac{\sigma_c}{R_c^4} e^{-0.46\delta R_c} \right]^{-1}$$

式(7.3.61)为多对一对抗组织模式的最小干扰距离，式中没有说明的符号见式(7.3.43)和式(7.3.44)。

在最小干扰距离上，信噪比和信杂比都较高，可忽略杂波和机内噪声的影响，式(7.3.61)简化为

$$R_{\min} e^{0.115\delta R_{\min}} = \left[K_j \sigma \frac{P_t G_t}{4\pi L_r} \sum_{i=1}^{n} \frac{R_{ji}^2 L_{ji}}{K(\theta_{ji}) P_{ji} G_{ji}} e^{0.23\delta R_{ji}} \right]^{1/4} \tag{7.3.62}$$

当 $n = 1$ 时，式(7.3.62)就是一对一对抗组织模式的最小干扰距离。如果用一部干扰机跟踪掩护一个目标，这时 $\theta_i = \theta_j$，去掉式(7.3.62)中有关符号的下标 i 得该对抗组织模式的最小干扰距离：

$$R_{\min} e^{0.115\delta R_{\min}} = \left[K_j \sigma \frac{P_t G_t R_j^2 L_j}{4\pi K(\theta_j) P_j G_j L_r} e^{0.23\delta R_j} \right]^{1/4} \tag{7.3.63}$$

在实际作战中，如果最小干扰距离较近或工作频率较低，可忽略电波传播衰减的影响。这时，多对一对抗组织模式的最小干扰距离和平均最小干扰距离近似为

$$\begin{cases} R_{\min} = \left[K_j \sigma \frac{P_t G_t}{4\pi L_r} \sum_{i=1}^{n} \frac{R_{ji}^2 L_{ji}}{K(\theta_{ji}) P_{ji} G_{ji}} \right]^{1/4} \\ \overline{R}_{\min} = \left[K_j \overline{\sigma} \frac{P_t G_t}{4\pi L_r} \sum_{i=1}^{n} \frac{R_{ji}^2 L_{ji}}{K(\theta_{ji}) P_{ji} G_{ji}} \right]^{1/4} \end{cases} \tag{7.3.64}$$

自卫干扰机配置在被保护目标上，$K(\theta_j) = 1$ 和 $R_{\min} = R_j$ 的关系成立。若 $n = 1$，则式(7.3.64)简化为

$$\begin{cases} R_{\min} = \left[K_j \sigma \frac{P_t G_t L_j}{4\pi P_j G_j L_r} \right]^{1/2} \\ \overline{R}_{\min} = \left[K_j \overline{\sigma} \frac{P_t G_t L_j}{4\pi P_j G_j L_r} \right]^{1/2} \end{cases} \tag{7.3.65}$$

式(7.3.61)为超越函数，计算最小干扰距离的概率密度函数比较困难。为了应用方便，这里将最小干扰距离及其评价指标进行形式上的转换，令

$$R_{e\min} = R_{\min} e^{0.115\delta R_{\min}} \tag{7.3.66}$$

只要已知 δ 和 $R_{\min}$ 或 $R_{e\min}$ 中的任一个，就能从图 2.2.2 的曲线查到另一个，因此式(7.3.61)可表示为

$$R_{e\min} = (K_j \sigma_y)^{1/4} \tag{7.3.67}$$

为了用式(7.3.66)的 $R_{e\min}$ 评估干扰有效性，干扰有效性的评价指标也要进行相应的转换。设有效干扰要求的最小干扰距离为 $R_{\min st}$，依据式(7.3.66)的关系，可把 $R_{\min st}$ 转换成与干扰效果相同的等效形式：

$$R_{e\min st} = R_{\min st} e^{0.115\delta R_{\min st}}$$

与干信比一样，影响 $R_{e\min}$ 的主要随机因素是目标的雷达截面 σ，令式(7.3.67)中的 σ 等于其平均值 $\bar{\sigma}$ 得平均最小干扰距离 $\bar{R}_{e\min}$

$$\bar{R}_{e\min} = (K_j \bar{\sigma} y)^{1/4} \tag{7.3.68}$$

最小干扰距离属于成本型指标。由式(7.3.68)和式(1.2.5)得干扰是否有效的判别式：

$$\begin{cases} \text{干扰有效} & \bar{R}_{e\min} \leq R_{e\min st} \\ \text{干扰无效} & \text{其他} \end{cases} \tag{7.3.69}$$

如果用式(7.3.64)或式(7.3.65)的平均干扰效果判断干扰是否有效，则需要原始形式的干扰有效性评价指标。此时干扰是否有效的判别式为

$$\begin{cases} \text{干扰有效} & \bar{R}_{\min} \leq R_{\min st} \\ \text{干扰无效} & \text{其他} \end{cases} \tag{7.3.70}$$

根据最小干扰距离评估干扰有效性需要最小干扰距离的概率密度函数，影响最小干扰距离的主要随机因素是目标的雷达截面。式(2.4.2)和式(2.4.4)给出了目标雷达截面的概率密度函数，按照式(7.3.22)和式(7.3.23)的处理方法得遮盖性样式对两类起伏目标最小干扰距离的概率密度函数。式(7.3.64)或式(7.3.65)和式(7.3.67)为不同最小干扰距离的模型，每类起伏目标的最小干扰距离的概率模型有两种。对于斯韦林Ⅰ、Ⅱ型起伏目标，由式(7.3.61)和式(7.3.67)得两种最小干扰距离的概率密度函数：

$$P(R_{e\min}) = \frac{4R_{e\min}^3}{\bar{R}_{e\min}^4} \exp\left(-\frac{R_{e\min}^4}{\bar{R}_{e\min}^4}\right) \tag{7.3.71}$$

$$P(R_{\min}) = \frac{4R_{\min}^3}{\bar{R}_{\min}^4} \exp\left(-\frac{R_{\min}^4}{\bar{R}_{\min}^4}\right) \tag{7.3.72}$$

斯韦林Ⅲ、Ⅳ型起伏目标最小干扰距离的概率密度函数也有两种，分别为

$$P(R_{e\min}) = \frac{16R_{e\min}^7}{(\bar{R}_{e\min}^4)^2} \exp\left(-\frac{2R_{e\min}^4}{\bar{R}_{e\min}^4}\right) \tag{7.3.73}$$

$$P(R_{\min}) = \frac{16R_{\min}^7}{(\bar{R}_{\min}^4)^2} \exp\left(-\frac{2R_{\min}^4}{\bar{R}_{\min}^4}\right) \tag{7.3.74}$$

要用式(7.3.71)和式(7.3.73)计算干扰有效性，需要用变换后的最小干扰距离评价指标 $R_{e\min st}$。若用式(7.3.72)和式(7.3.74)评估干扰有效性，则用转换前的评价指标。根据干扰有效性的定义，$R_{e\min}$ 小于等于 $R_{e\min st}$ 或 $R_{\min}$ 小于等于 $R_{\min st}$ 的概率就是依据最小干扰距离评估的遮盖性干扰有效性。从 $0 \sim R_{e\min st}$ 积分式(7.3.71)和从 $0 \sim R_{\min st}$ 积分式(7.3.72)得遮盖性样式对斯韦林Ⅰ、Ⅱ型起伏目标两种形式的干扰有效性评估模型：

$$E_R = \begin{cases} 1 - \exp\left(-\dfrac{R_{e\min st}^4}{\bar{R}_{e\min}^4}\right) \\ 1 - \exp\left(-\dfrac{R_{\min st}^4}{\bar{R}_{\min}^4}\right) \end{cases} \tag{7.3.75}$$

按照式(7.3.75)式的处理方法得遮盖性干扰对斯韦林Ⅲ、Ⅳ型起伏目标两种形式的干扰有效性评估模型:

$$E_{R} = \begin{cases} 1-(1+2\dfrac{R_{e\min st}^{4}}{\overline{R}_{e\min}^{4}})\exp\left(-\dfrac{2R_{e\min st}^{4}}{\overline{R}_{e\min}^{4}}\right) \\ 1-\left(1+2\dfrac{R_{\min st}^{4}}{\overline{R}_{\min}^{4}}\right)\exp\left(-\dfrac{2R_{\min st}^{4}}{\overline{R}_{\min}^{4}}\right) \end{cases} \tag{7.3.76}$$

7.3.5　压制扇面及干扰有效性

7.3.5.1　引言

如果干扰保护目标或目标群的尺寸或其活动范围小于受干扰雷达的波束宽度,单纯的最小干扰距离能全面反映干扰效果,否则需要用有效干扰区(隐含对最小干扰距离的要求)表示干扰效果。当受干扰雷达天线扫描时,点干扰源在雷达 PPI(平面位置显示器)上形成的干扰区呈现扇形,称为干扰扇面。在干扰扇面中,雷达发现目标的概率满足作战要求的区域也呈现扇形,称为有效干扰扇面或压制扇面。图 7.3.2 表示干扰扇面、有效干扰扇面和最小干扰距离之间的关系。图中的大圆为雷达的方位威力区,小圆为有效干扰要求的最小干扰距离的端点在方位面的轨迹。圆环内画横线的部分为干扰扇面,画斜方块的部分为有效干扰扇面。由此知,压制扇面既要满足最小干扰距离要求,又要满足检测概率要求。不难看出最小干扰距离和压制扇面评价指标的关系,最小干扰距离是压制扇面等于雷达天线方位波束宽度的特殊情况下的干扰效果。

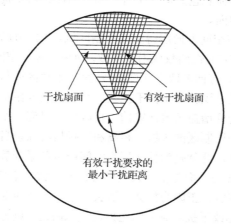

图 7.3.2　干扰扇面、有效干扰扇面和最小干扰距离之间的关系

早期的雷达是二维的,只能测量目标的距离和方位。目标检测、识别和跟踪主要通过观察 PPI 显示画面完成,PPI 成了雷达的主要干扰环节。目标是立体的,在方位和俯仰上占有一定的范围,两个面的尺寸都有可能超过雷达的角分辨单元。对于不能从俯仰上区分目标的两坐标雷达,可单独用空间压制区在 PPI 显示画面对应平面上的投影范围表示干扰效果。空间压制区的形状和大小与雷达天线波束形状及其宽度有关。天线波束是立体的,用其中一个面的干扰效果表示干扰效果是有条件的或是有使用限制的。如果满足以下三个条件之一,可用 PPI 显示画面对应平面(可以是方位面,也可以是俯仰面)的压制扇面表示雷达干扰效果和评估干扰有效性:

① 两坐标雷达或可近似成平面的目标;

② 方位和俯仰波束宽度近似相同的雷达，如单目标跟踪雷达；

③ 目标在雷达天线一个面的投影尺寸远大于它在另一个面的投影尺寸。

绝大多数现代雷达是三坐标的，能从距离、方位和俯仰三维检测、分辨目标。由第 6 章评价干扰技术组织、使用方法优劣的准则知，干扰在任何一维不能压制目标，雷达就能发现目标，使干扰无效。由式 (3.7.18) 和表 3.7.1 及表 3.7.2 的数据知，如果方位和俯仰波束宽度不同，则相同偏角在方位和俯仰面产生的方向失配损失不同，即相同干扰机在雷达天线两个面产生的有效干扰扇面不同，要正确评估此种情况下的干扰效果必须考虑对天线两个面的干扰情况。综合处理两个面的干扰效果有四种方法：

① 用空间压制区表示干扰效果和评估干扰有效性；

② 用干扰方向失配损失较大的面表示干扰效果和评估干扰有效性；

③ 综合分析干扰机和雷达天线的半功率波束宽度、目标尺寸或其活动范围相对雷达的纵向和横向投影尺寸及其装备的配置关系，找出干扰较弱的面计算干扰效果和评估干扰有效性；

④ 分别计算两个面的干扰效果及其对应的干扰有效性，当两个面的压制区分别大于等于各自的干扰有效性评价指标时，干扰有效，否则无效。把干扰效果和干扰有效性中的较小者作为评估结果。

第一种方法可得到较精确的干扰效果和干扰有效性，但不能利用已有的压制扇面计算公式。第二种方法虽然可用已有的压制扇面计算模型，但误差较大，可信度较低。第三、四种方法没有本质差别，计算干扰效果的方法与已有的毫无差别。第三种方法需要在计算前找出干扰较弱的面，可能出错，带来风险。第四种方法是在定量分析干扰结果的基础上找出其中的较小者作为评估结果，不但可靠性较第三种高，而且也是从对干扰不利的角度评估干扰效果和干扰有效性。本书采用第四种方法计算综合压制扇面。

由空间能量关系和天线的空间方向图得空间压制区域。3.7 节已说明虽然雷达天线波束是立体的，但具体使用时不用立体方向性函数或增益函数，而用立体或空间方向图与两个相互垂直（方位和俯仰）平面的交线表示天线方向图或方向性函数。空间干扰区域与方位面增益函数之积就是方位干扰区，与俯仰面增益函数之积就是俯仰干扰区。空间压制区由空间能量关系确定，由空间能量关系和雷达天线的方位及俯仰增益函数计算的干扰区分别对应于空间干扰区在方位面和俯仰面的投影，这是计算方位和俯仰压制区的依据。距离和干扰机与保护目标相对受干扰雷达的张角是影响空间能量关系的主要因素，这就是为什么要用空间能量关系计算方位和俯仰压制区的原因。早期雷达的 PPI 显示画面对应的平面与雷达天线的方位面一致，干扰的方位压制区等于它在 PPI 显示画面对应平面产生的压制区，正因为如此，过去一直用方位压制区表示干扰效果。

如果点干扰源保护的目标或干扰对象从固定方向进入战区，则方位和俯仰压制区是规则的扇面。如果它们能从不同方向进入而且不能确定具体的进入角度，则必须分析各进入方向的压制扇面。各进入方向压制扇面的合成区域一般是不规则的复杂形状。同样，不在同一位置的多个点干扰源形成的综合有效干扰区也是不规则的。回答式干扰机用于掩护干扰时，除了应答式的干扰区及其有效干扰区外，还有时间干扰和时间压制，它们都不是扇形的。为了区分两种压制区，本书将前者称为能量压制区，后者称为时间压制区。归纳起来，在实际雷达对抗中，需要用压制区或压制扇面表示干扰效果的情况有以下四种：

① 点干扰源保护的目标或干扰对象从已知固定方向进入，但目标的尺寸或活动范围超过雷达的角分辨单元；

② 点干扰源保护的目标或干扰对象可能从任意角度进入；

③ 点源回答式掩护干扰；

④ 多点源分布式干扰。

第一种情况适合用压制扇面表示干扰效果，其他情况需要用压制区表示干扰效果和评估干扰有效性。压制扇面尤其是压制区的研究内容较多，7.3.5.2 节讨论压制扇面及其干扰有效性，其他内容放到 7.3.6 节和 7.3.7 节讨论。

干扰效果用有效干扰扇面或压制区表示，对应的干扰有效性评价指标必然是作战要求的或有效干扰要求的压制扇面或压制区。压制扇面或压制区与作战要求的检测概率有关。检测概率是干信比的函数，干信比与目标到雷达的距离有关。有效干扰扇面或压制区与最小干扰距离有关，或者说干扰有效性的压制扇面或压制区的评价指标隐含着干扰有效性的最小干扰距离评价指标。本章只讨论上述四种情况下的干扰效果、干扰有效性评估方法，对应的干扰有效性评价指标将在第 9 章讨论。

7.3.5.2　压制扇面及其干扰有效性的通用模型

压制扇面取决于空间压制区或空间能量关系。这种关系与雷达、干扰机和目标的配置(指几何位置关系)有关。实际作战中的配置方式多种多样，不可能给出一切配置的干扰效果和干扰有效性的评估模型。这里主要讨论有关干扰效果和干扰有效性的建模方法，只分析一般情况。图 7.3.3 和图 7.3.3a 可概括地对空或舰对空、空对地或空对舰、地对地、舰对舰和空对空等作战配置。按干扰平台的相对位置又可分两种情况：一种是干扰机处于保护目标外，如图 7.3.3 所示。另一种是干扰机配置在被保护目标的中心，如图 7.3.3a 所示。其他的可看成这两种配置的特殊情况。本节讨论图 7.3.3 和图 7.3.3a 两种配置情况下的干扰效果和干扰有效性的一般评估模型，即压制扇面的通用模型，下一节将结合几种典型配置情况说明有关模型的具体应用。

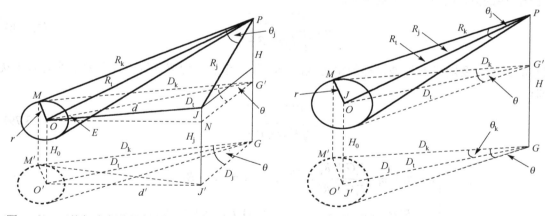

图 7.3.3　干扰机在保护目标外的配置关系示意图　　　图 7.3.3a　干扰机在保护目标内的配置关系示意图

为便于计算方位面和俯仰面的压制扇面，假设图 7.3.3 的目标形状或其活动范围呈球形(图中只画出了过直径的截面)。其中 $M'O'J'G$ 为雷达 PPI 显示画面对应的平面，下面简称为显示平面。$MOJG'$ 是与显示平面平行且过目标中心的横截面所在的平面。P、O 和 J 分别为雷达、目标(用中心表示)和干扰机的空间位置，G、O' 和 J' 是它们在显示平面上的投影位置，H、H_j 和 H_0 分别为三者相对显示平面的高度。R_t、R_j 和 d 分别为雷达到目标或雷达到目标群中心的距离、干扰机到雷达的距离和干扰机到目标中心的距离。D_t、D_j 和 d' 分别为 R_t、R_j 和 d 在显示平面的投影距离。r 可以是球的半径，也可以是目标或目标群中心到最远边沿的距离。θ_j 和 θ 分别为干扰天线与雷达天线指向的空间夹角和投影夹角。假设图 7.3.3a 的目标与图 7.3.3 相同。其中 $M'O'J'G$ 为显示平面，MOG' 为过目标中心的横截面所在平面，它平行于显示平面。图 7.3.3a 其他符号的定义见图 7.3.3。

设图 7.3.3 和图 7.3.3a 的雷达相同，方位和仰角波束宽度分别为 $\theta_{0.5}$ 和 $\phi_{0.5}$。根据 7.3.5.1 节的说明，确定图 7.3.3 配置的有效干扰扇面需要分别计算方位面和俯仰面的压制扇面，需要用雷达天线在两个面的增益函数。式 (3.7.20) 和式 (3.7.21) 分别为雷达天线波束指向偏离干扰天线指向 θ（方位面）和 ϕ（俯仰面）的增益或增益函数。对于掩护干扰，两种偏角一般大于雷达波束宽度而小于 90°，在这种条件下，式 (3.7.20) 和式 (3.7.21) 分别简化为

$$G(\theta) = k_\alpha \left(\frac{\theta_{0.5}}{\theta} \right)^2 G(0) \text{ 和 } G(\phi) = k_\beta \left(\frac{\phi_{0.5}}{\phi} \right)^2 G(0)$$

根据图 7.3.3 的配置关系，由式 (3.7.23) 和式 (7.3.16) 得雷达方位波束接收的瞬时干信比：

$$j_{snc} = k_\alpha \left(\frac{\theta_{0.5}}{\theta} \right)^2 \frac{4\pi P_j G_j L_r R_t^4}{P_t G_t \sigma L_j R_j^2} e^{0.23\delta(2R_t - R_j)} + \frac{(4\pi)^3 R_t^4 L_r KT_t \Delta f_r F_n}{P_t G_t^2 \sigma \lambda^2} e^{0.46\delta R_t} + \frac{R_t^4 \sigma_c}{R_c^4 \sigma} e^{0.46\delta(R_t - R_c)} \tag{7.3.77}$$

式 (7.3.77) 为方位增益函数与空间能量关系之积，没定义的符号见式 (3.7.23) 和式 (7.3.16)。由图 7.3.3 知，对于点干扰源，方位面、俯仰面和空间压制区均对称于 JP，式 (7.3.77) 的 θ 仅等于干扰机能产生的压制区的一半，相当于要浪费一半的压制扇面。7.3.5.1 节指出有效干扰扇面必须同时满足两个条件，即压制系数和作战要求的最小干扰距离。最小干扰距离是指空间的，根据配置关系和目标形状确定。如果目标小，则 R_t 近似等于有效干扰要求的最小干扰距离 R_{st}。如果目标大，则需要从对干扰不利的情况确定最小干扰距离。令式 (7.3.77) 中的 $j_{snc} = K_j$，$R_t = R_{st}$，对 θ 求解得干扰机能产生的方位瞬时有效干扰扇面：

$$\theta = \sqrt{\frac{A}{K_j \sigma - B - C}} \tag{7.3.78}$$

式 (7.3.78) 的主要随机变量是目标的雷达截面 σ，令 σ 等于其均值 $\bar{\sigma}$ 得方位面的平均有效干扰扇面：

$$\bar{\theta} = \sqrt{\frac{A}{K_j \bar{\sigma} - B - C}} \tag{7.3.79}$$

其中
$$\begin{cases} A = 4\pi k_\alpha \theta_{0.5}^2 \dfrac{P_j G_j L_r R_{st}^4}{P_t G_t L_j R_j^2} e^{0.23\delta x}, \qquad x = 2R_{st} - R_j \\[3mm] B = \dfrac{R_{st}^4 \sigma_c}{R_c^4} e^{0.46\delta(R_{st} - R_c)}, \qquad C = \dfrac{(4\pi)^3 R_t^4 L_r KT_t \Delta f_r F_n}{P_t G_t^2 \lambda^2} e^{0.46\delta R_{st}} \\[3mm] \theta_m^2 = \dfrac{A}{K_j \bar{\sigma}} = \dfrac{4\pi k_\alpha \theta_{0.5}^2}{K_j \bar{\sigma}} \dfrac{P_j G_j L_r R_{st}^4}{P_t G_t L_j R_j^2} e^{0.23\delta x}, \qquad D = \dfrac{B+C}{A} \end{cases} \tag{7.3.80}$$

由图 7.3.3 得 R_{st} 和 R_j 与其在显示平面的投影关系：

$$R_{st}^2 = D_t^2 + (H - H_0)^2 \text{ 和 } R_j^2 = D_j^2 + (H - H_j)^2$$

如果用投影关系替换式 (7.3.80) 的 R_{st} 和 R_j，由式 (7.3.78) 得用投影关系表示的瞬时有效干扰扇面。

用斯韦林 I、II 型和 III、IV 型起伏目标雷达截面的概率密度函数的计算方法得 θ 的概率密度函数：

$$P(\theta) = \begin{cases} \dfrac{2\overline{\theta}^2}{\theta^3(1+D\overline{\theta}^2)}\exp\left[-\dfrac{\overline{\theta}^2(1+D\theta^2)}{\theta^2(1+D\overline{\theta}^2)}\right] & \text{斯韦林 I 、 II 型起伏目标} \\[4mm] \dfrac{8\overline{\theta}^4(1+D\theta^2)}{\theta^5(1+D\overline{\theta}^2)^2}\exp\left[-2\dfrac{\overline{\theta}^2(1+D\theta^2)}{\theta^2(1+D\overline{\theta}^2)}\right] & \text{斯韦林 III 、 IV 型起伏目标} \end{cases} \tag{7.3.81}$$

设有效干扰要求的方位有效干扰扇面为 θ_{st}，根据干扰有效性的定义，从 $\theta_{st}\sim\infty$ 积分式 (7.3.81) 得遮盖性样式对两类起伏目标的干扰有效性：

$$E_\theta = \begin{cases} 1-\exp\left[-\dfrac{\overline{\theta}^2(1+D\theta_{st}^2)}{\theta_{st}^2(1+D\overline{\theta}^2)}\right] & \text{斯韦林 I 、 II 型起伏目标} \\[4mm] 1-\left[1+2\dfrac{\overline{\theta}^2(1+D\theta_{st}^2)}{\theta_{st}^2(1+D\overline{\theta}^2)}\right]\exp\left[-2\dfrac{\overline{\theta}^2(1+D\theta_{st}^2)}{\theta_{st}^2(1+D\overline{\theta}^2)}\right] & \text{斯韦林 III 、 IV 型起伏目标} \end{cases} \tag{7.3.82}$$

如果不计杂波和机内噪声影响，$\overline{\theta}=\theta_m$，则式 (7.3.82) 简化为

$$E_\theta = \begin{cases} 1-\exp\left(-\dfrac{\theta_m^2}{\theta_{st}^2}\right) & \text{斯韦林 I 、 II 型起伏目标} \\[4mm] 1-\left(1+2\dfrac{\theta_m^2}{\theta_{st}^2}\right)\exp\left(-2\dfrac{\theta_m^2}{\theta_{st}^2}\right) & \text{斯韦林 III 、 IV 型起伏目标} \end{cases} \tag{7.3.83}$$

如果雷达或目标属于 7.3.5.1 节的三种情况之一，可用一个面的有效干扰扇面表示干扰效果，否则需要综合考虑对方位和俯仰两个面的干扰情况。计算俯仰面的有效干扰扇面也需要空间能量关系，空间能量关系仍然由配置关系确定。这种配置关系对天线的两个面是相同的。方位面的有效干扰扇面和干扰有效性模型的建模方法也适合俯仰面。按照式 (7.3.78) 和式 (7.3.79) 的推导方法得俯仰面的瞬时有效干扰扇面 ϕ 和平均有效干扰扇面 ϕ_e：

$$\phi = \sqrt{\dfrac{A_l}{K_j\sigma-B-C}} \quad \text{和} \quad \phi_e = \sqrt{\dfrac{A_l}{K_j\overline{\sigma}-B-C}}$$

其中，$\quad A_l = 4\pi k_\beta\phi_{0.5}^2\dfrac{P_jG_jL_rR_{st}^4}{P_tG_tL_jR_j^2}e^{0.23\delta x}, \quad \phi_m^2 = \dfrac{A_l}{K_j\overline{\sigma}} = \dfrac{4\pi k_\beta\phi_{0.5}^2}{K_j\overline{\sigma}}\dfrac{P_jG_jL_rR_{st}^4}{P_tG_tL_jR_j^2}e^{0.23\delta x}$

上两式未定义符号的含义见式 (7.3.80)。设干扰有效性的俯仰压制扇面的评价指标为 ϕ_{st}，用 ϕ、ϕ_m 和 ϕ_{st} 替换式 (7.3.81) 和式 (7.3.82) 中的 θ、θ_m 和 θ_{st} 得依据俯仰面的有效干扰扇面评估的干扰有效性：

$$E_\phi = \begin{cases} 1-\exp\left[-\dfrac{\phi_e^2(1+D\phi_{st}^2)}{\phi_{st}^2(1+D\phi_e^2)}\right] & \text{斯韦林 I 、 II 型起伏目标} \\[4mm] 1-\left[1+2\dfrac{\phi_e^2(1+D\phi_{st}^2)}{\phi_{st}^2(1+D\phi_e^2)}\right]\exp\left[-2\dfrac{\phi_e^2(1+D\phi_{st}^2)}{\phi_{st}^2(1+D\phi_e^2)}\right] & \text{斯韦林 III 、 IV 型起伏目标} \end{cases} \tag{7.3.84}$$

如果不计杂波和机内噪声影响，$\phi_m=\phi_e$，式 (7.3.84) 简化为

$$E_\phi = \begin{cases} 1-\exp\left(-\dfrac{\phi_m^2}{\phi_{st}^2}\right) & \text{斯韦林 I 、 II 型起伏目标} \\[4mm] 1-\left(1+2\dfrac{\phi_m^2}{\phi_{st}^2}\right)\exp\left(-2\dfrac{\phi_m^2}{\phi_{st}^2}\right) & \text{斯韦林 III 、 IV 型起伏目标} \end{cases} \tag{7.3.85}$$

除 7.3.5.1 节提到的三种情况外，其他情况必须综合考虑两个面的干扰情况。判断干扰是否有效也不例外。有效干扰扇面或压制区为效益型指标，用式 (1.2.4) 判断干扰是否有效：

$$\begin{cases} 干扰有效 & \bar{\theta} \geqslant \theta_{st} 和 \phi_e \geqslant \phi_{st} \\ 干扰无效 & 其他 \end{cases} \tag{7.3.86}$$

综合干扰有效干扰性是两个面干扰有效性中的较小者，即

$$E_\gamma = \mathrm{MIN}\{E_\theta, E_\phi\} \tag{7.3.87}$$

如果可用方位面的干扰效果和干扰有效性表示干扰效果和干扰有效性，上两式分别变为

$$\begin{cases} 干扰有效 & \bar{\theta} \geqslant \theta_{st} \\ 干扰无效 & 其他 \end{cases} \tag{7.3.88}$$

$$E_\gamma = E_\theta \tag{7.3.89}$$

图 7.3.3a 的目标和干扰机处于同一点，空间压制扇面对称于 OP，与干扰机实际能产生的有效干扰扇面的形状一致，即干扰机能产生的方位压制扇面为 $\theta = 2\theta_k$。按照式 (7.3.78) 的推导方法得干扰能达到的方位瞬时有效干扰扇面：

$$\theta' = 2\theta_k = 2\sqrt{\frac{A'}{K_j\sigma - B' - C'}} \tag{7.3.78a}$$

和方位面的平均有效干扰扇面：

$$\bar{\theta}' = 2\sqrt{\frac{A'}{K_j\bar{\sigma} - B' - C'}} \tag{7.3.79a}$$

令式 (7.3.80) 的 $R_t = R_j = R_{st}$，得：

$$\begin{cases} A' = 4\pi k_\alpha \theta_{0.5}^2 \dfrac{P_j G_j L_r R_{st}^2}{P_t G_t L_j} \mathrm{e}^{0.23\delta x'}, & x' = R_{st} \\[3mm] B' = \dfrac{R_{st}^4 \sigma_c}{R_c^4} \mathrm{e}^{0.46\delta(R_{st} - R_c)}, & C' = \dfrac{(4\pi)^3 R_{st}^4 L_r KT_t \Delta f_r F_n}{P_t G_t^2 \lambda^2} \mathrm{e}^{0.46\delta R_{st}} \\[3mm] \theta_m'^2 = \dfrac{A'}{K_j\bar{\sigma}} = \dfrac{4\pi k_\alpha \theta_{0.5}^2}{K_j\bar{\sigma}} \dfrac{P_j G_j L_r R_{st}^2}{P_t G_t L_j} \mathrm{e}^{0.23\delta x'}, & D' = \dfrac{B' + C'}{4A'} \end{cases} \tag{7.3.80a}$$

上两式其他符号的定义见式 (7.3.78)～式 (7.3.80)。

按照式 (7.3.81) 的处理方法得遮盖性干扰对两类起伏目标方位面的有效干扰扇面的概率密度函数：

$$P(\theta') = \begin{cases} \dfrac{8\bar{\theta}'^2}{\theta'^3(4 + D'\bar{\theta}'^2)} \exp\left[-\dfrac{\bar{\theta}'^2(4 + D'\theta'^2)}{\theta'^2(4 + D'\bar{\theta}'^2)}\right] & 斯韦林 Ⅰ 、Ⅱ 型起伏目标 \\[5mm] \dfrac{32\bar{\theta}'^4(4 + D'\theta'^2)}{\theta'^5(4 + D'\bar{\theta}'^2)^2} \exp\left[-2\dfrac{\bar{\theta}'^2(4 + D'\theta'^2)}{\theta'^2(4 + D'\bar{\theta}'^2)}\right] & 斯韦林 Ⅲ 、Ⅳ 型起伏目标 \end{cases} \tag{7.3.81a}$$

设干扰有效性的评价指标为 θ_{st}'，由式 (7.3.81a) 得方位面的干扰有效性：

$$E_{\theta'} = \begin{cases} 1 - \exp\left[-\dfrac{\overline{\theta}'^2(4+D'\theta_{st}'^2)}{\theta_{st}'^2(4+D'\overline{\theta}'^2)} \right] & \text{斯韦林 I 、 II 型起伏目标} \\[4mm] 1 - [1 + 2\dfrac{\overline{\theta}'^2(4+D'\theta_{st}'^2)}{\theta_{st}'^2(4+D'\overline{\theta}'^2)}]\exp\left[-2\dfrac{\overline{\theta}'^2(4+D'\theta_{st}'^2)}{\theta_{st}'^2(4+D'\overline{\theta}'^2)} \right] & \text{斯韦林III、IV型起伏目标} \end{cases} \tag{7.3.82a}$$

若忽略杂波和机内噪声影响，式(7.3.82a)简化为

$$E_{\theta'} = \begin{cases} 1 - \exp\left(-\dfrac{\theta_m'^2}{\theta_{st}'^2} \right) & \text{斯韦林 I 、 II 型起伏目标} \\[4mm] 1 - \left(1 + 2\dfrac{\theta_m'^2}{\theta_{st}'^2} \right)\exp\left(-2\dfrac{\theta_m'^2}{\theta_{st}'^2} \right) & \text{斯韦林III、IV型起伏目标} \end{cases} \tag{7.3.83a}$$

图 7.3.3 和图 7.3.3a 的区别是干扰机处于保护目标的中心，其他条件完全相同。按照式(7.3.78a)和式(7.3.79a)的推导方法得俯仰面的瞬时有效干扰扇面 ϕ' 和平均有效干扰扇面 $\overline{\phi}'$ ：

$$\phi' = 2\sqrt{\frac{A_1'}{K_j\sigma - B' - C'}} \quad \text{和} \quad \phi' = 2\sqrt{\frac{A_1'}{K_j\overline{\sigma} - B' - C'}}$$

其中

$$\begin{cases} A_1' = 4\pi k_\beta \phi_{0.5}^2 \dfrac{P_jG_jL_rR_{st}^2}{P_tG_tL_j}e^{0.23\delta x'} \\[4mm] \varphi_m'^2 = \dfrac{A_1'}{K_j\overline{\sigma}} = \dfrac{4\pi k_\beta \phi_{0.5}^2}{K_j\overline{\sigma}}\dfrac{P_jG_jL_rR_{st}^2}{P_tG_tL_j}e^{0.23\delta x'} \end{cases}$$

设有效干扰要求的俯仰面的有效干扰扇面为 ϕ_{st}' ，用 ϕ_{st}' 和 ϕ_m' 替换式(7.3.81a)和式(7.3.82a)中的 θ_{st}' 和 θ_m' ，可得依据俯仰面有效干扰扇面评估的干扰有效性：

$$E_{\phi'} = \begin{cases} 1 - \exp\left[-\dfrac{\overline{\phi}'^2(4+D'\phi_{st}'^2)}{\phi_{st}'^2(4+D'\overline{\phi}'^2)} \right] & \text{斯韦林 I 、 II 型起伏目标} \\[4mm] 1 - \left[1 + 2\dfrac{\overline{\phi}'^2(4+D'\phi_{st}'^2)}{\phi_{st}'^2(4+D'\overline{\phi}'^2)} \right]\exp\left[-2\dfrac{\overline{\phi}'^2(4+D'\phi_{st}'^2)}{\phi_{st}'^2(4+D'\overline{\phi}'^2)} \right] & \text{斯韦林III、IV型起伏目标} \end{cases} \tag{7.3.84a}$$

若不计杂波和机内噪声影响，则式(7.3.84a)简化为

$$E_{\phi'} = \begin{cases} 1 - \exp\left(-\dfrac{\phi_m'^2}{\phi_{st}'^2} \right) & \text{斯韦林 I 、 II 型起伏目标} \\[4mm] 1 - \left(1 + 2\dfrac{\phi_m'^2}{\phi_{st}'^2} \right)\exp\left(-2\dfrac{\phi_m'^2}{\phi_{st}'^2} \right) & \text{斯韦林III、IV型起伏目标} \end{cases} \tag{7.3.85a}$$

对于图 7.3.3a 的配置，如果需要根据两个面的干扰情况评估雷达干扰效果和干扰有效性，干扰是否有效的判别式和干扰有效性分别为

$$\begin{cases} \text{干扰有效} & \overline{\theta}' \geqslant \theta_{st}' \text{和} \overline{\phi}' \geqslant \phi_{st}' \\ \text{干扰无效} & \text{其他} \end{cases} \tag{7.3.86a}$$

$$E_{\gamma'} = \text{MIN}\{E_{\theta'}, E_{\phi'}\} \tag{7.3.87a}$$

如果可用方位面的干扰效果和干扰有效性表示对整个雷达的干扰效果和干扰有效性，干扰是否有效的判别式和干扰有效性评估模型分别为

$$\begin{cases} 干扰有效 & \overline{\theta}' \geqslant \theta'_{st} \\ 干扰无效 & 其他 \end{cases} \tag{7.3.88a}$$

$$E_{\gamma'} = E_{\theta'} \tag{7.3.89a}$$

7.3.5.3　几种常用配置的干扰效果和干扰有效性

根据装备的配置关系和作战目的，可把掩护干扰分为空对空、地对地或舰对舰，空对地或空对舰，地对空或舰对空等对抗方式。对于相同的对抗方式，又分同平面配置和非平面配置以及干扰机处于保护目标群中和处于保护目标群外等多种情况。在具体作战使用中，还可能出现它们的多种组合，雷达对抗经常遇到的需要用有效干扰扇面表示干扰效果的情况有以下四种：

① 地对空干扰掩护地面目标（包括舰对空干扰掩护海面目标）；

② 空对地干扰掩护空中目标（包括空对舰干扰掩护空中目标）；

③ 地对地干扰掩护空中目标（包括舰对舰干扰掩护空中目标）；

④ 空对空干扰掩护空中目标（包括地对地干扰掩护地面目标和舰对舰干扰掩护海上目标）。

不管哪种配置情况，它们与图 7.3.3 和图 7.3.3a 的本质差别仅在雷达、目标和干扰机相对显示平面的高度。如果目标、干扰机和雷达相同，相对高度只影响方位面和俯仰面的有效干扰扇面或干扰有效性评价指标，不影响干扰效果和干扰有效性评估模型的形式。

1. 地对空干扰掩护地面目标

如果目标和干扰机处于地面或显示平面而雷达处于空中，则图 7.3.3 简化成图 7.3.4。图 7.3.4 中有关符号的定义与图 7.3.3 相同。比较两图可知，除 $H_0 = H_j = 0$ 外，无其他差别。可用式（7.3.82）或式（7.3.83）计算方位面的干扰有效性，用式（7.3.84）或式（7.3.85）计算俯仰面的干扰有效性，用式（7.3.86）和式（7.3.87）或式（7.3.88）和式（7.3.89）计算该种情况下的综合干扰效果和干扰有效性。

如果 $H_0 = H_j = 0$，则图 7.3.3a 可简化成图 7.3.5。和图 7.3.3（a）一样，可分别用式（7.3.82）或式（7.3.83a）和式（7.3.84a）或式（7.3.85a）计算方位面和俯仰面的干扰有效性，用式（7.3.86a）和式（7.3.87a）或式（7.3.88a）和式（7.3.89a）计算此种配置的综合干扰效果和干扰有效性。

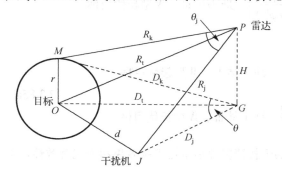

图 7.3.4　地对空干扰掩护地面目标和干扰机
在保护目标外的配置关系示意图

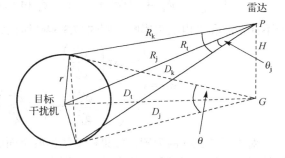

图 7.3.5　地对空干扰掩护地面目标和干扰机
在保护目标中心的配置关系示意图

2. 空对地干扰掩护空中目标

远距离支援干扰平台一般为飞机，可在远离战区的安全空域来回飞行。通过干扰地对空远程预警雷达、目标指示雷达等掩护空中目标突防，装备配置关系如图 7.3.6。不难看出该图是图 7.3.3 中 $H = 0$ 的特殊情况。可分别用式（7.3.82）或式（7.3.83）和式（7.3.84）或式（7.3.85）计算方位面和俯仰面的干扰有效性，用式(7.3.86)和式(7.3.87)或式(7.3.88)和式(7.3.89)计算对整个雷达的综合干扰效果和干扰有效性。

若令图 7.3.3(a)中的 $d = H = 0$ 和 $H_0 = H_j$，则可将其简化成图 7.3.7。可分别用式(7.3.82a)或式(7.3.83a)和式(7.3.84a)或式(7.3.85a)计算方位面和俯仰面的干扰有效性，用式(7.3.86a)和式(7.3.87a)或式(7.3.88a)和式(7.3.89a)计算此种配置的综合干扰效果和干扰有效性。

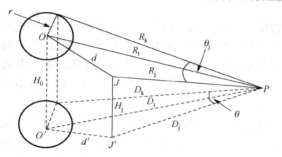
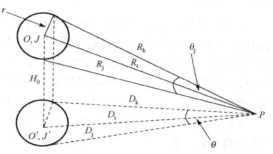

图 7.3.6　空对地干扰保护空中目标和干扰　　　　图 7.3.7　空对地干扰保护空中目标和干扰机
　　　　机在保护目标外的配置关系示意图　　　　　　　　　在保护目标中心的配置关系示意图

3. 地对地干扰掩护空中目标

地对地干扰掩护空中目标和舰对舰干扰保护空中目标的配置关系相似。如果干扰机处于被保护目标外，则相当于掩护干扰，干扰平台与保护目标相对雷达有一张角，其配置关系如图 7.3.8 所示。此种配置关系相当于图 7.3.3 中的 $H_j = H = 0$ 和 $r = 0$ 的情况。如果只考虑方位面的干扰情况，可用式(7.3.83)和式(7.3.88)计算干扰有效性和判断干扰是否有效。

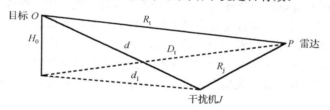

图 7.3.8　地对地干扰掩护空中点目标的配置关系示意图

4. 空对空干扰掩护空中目标

空对空干扰掩护空中目标、舰对舰干扰掩护海面目标或地对地干扰保护地面目标的配置相似。如果三种装备的高度差较小，则可近似认为它们处于显示平面。图 7.3.9 为干扰机处于保护目标中心的配置情况示意图，图 7.3.10 是干扰机处于保护目标外的配置情况示意图。

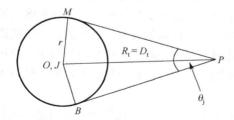
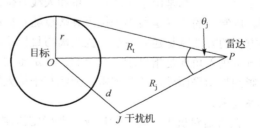

图 7.3.9　空对空干扰保护空中目标和干　　　　图 7.3.10　空对空干扰保护空中目标和干
　　　　扰机在保护目标内的配置示意图　　　　　　　　　扰机在保护目标外的配置示意图

对于点目标，只需考虑方位面的干扰情况，可用式(7.3.83)计算干扰有效性。如果干扰机处于保护目标中心，则用式(7.3.83a)计算干扰效果。

7.3.6　压制区、压制区边界方程和有效掩护区

7.3.6.1　引言

在雷达对抗中，既有保护目标或雷达平台从特定方向进入战区的情况，也有从任意方向进入的情况。7.3.5 节的有关方法只适合前一种情况，对于后一种情况，必须考虑对所有可能进入方向的干扰情况。为此要确定压制区的完整形状和描述其形状的边界方程。研究压制区的形状及其边界方程是评估干扰效果、干扰有效性和制定装备配置方案的需要，也是确定保护目标进入或退出战区的最佳路径、重点保护区域和干扰资源需求分析的需要。

压制区边界方程描述的是一条封闭曲线。该曲线将整个作战区域分为互不重叠的两部分，处于其内的部分为暴露区，其外的为压制区。压制区的定义与有效干扰扇面相同。压制区或暴露区的大小和形状能反映干扰机自身能达到的或预计可达到的作战能力，也能比较装备的优劣。因为它与作战要求的干扰有效、无效评价标准无联系，不能反映装备完成规定任务的能力。为此要确定依据压制区的大小评估干扰有效性的指标或判断干扰有效、无效的标准。实际能达到的干扰效果用压制区表示，评价指标必然是一个区域。

不管雷达干扰是通过防御敌方武器运载平台突防来保护己方的目标，还是掩护己方的武器运载平台突防去攻击敌方的目标，都要设置一条判断防御或突防成败的分界线，这里不妨称它为"防线"。在雷达对抗中，这道"防线"就是作战要求的干扰有效、无效的分界线，是判断干扰有效、无效的标准。和压制区与暴露区的分界线一样，"防线"也是一条封闭的曲线，反映作战要求的有效掩护区的大小和形状。对于可从任意方向进入的点目标，此标准是以保护目标或受干扰雷达为圆心、以有效干扰要求的最小干扰距离为半径的圆，这里称其为干扰是否有效的分界圆，简称分界圆。只有实际最小干扰距离大于等于分界圆半径的区域才能有效掩护目标，称这样的压制区为有效掩护区。有效掩护区和有效干扰扇面等效，可用作战要求的有效掩护区判断干扰是否有效和评估干扰有效性。

与压制扇面一样，压制区也是指空间压制区在方位面或俯仰面的投影，需要用空间能量对抗关系确定压制区及其边界方程。多数雷达如地对空、舰对空、地对地或舰对舰等的 PPI 显示平面对应着雷达的方位面，这里只讨论干扰的方位压制区、方位压制区边界方程及其建模方法。此方法也适合确定俯仰面的压制区及其边界方程。如果只评估一个面的干扰效果，可假设雷达天线的方位和俯仰波束形状完全相同，用式(3.7.23)计算干扰方向失配损失。尽管方位压制区与方位压制扇面一样，都是由空间能量关系和天线方位面的增益函数确定的，但是确定方法与压制扇面不同。压制区的边界是最小干扰距离端点随目标或雷达平台进入角的变化轨迹，确定压制区及其边界方程的方法就是建立最小干扰距离与目标或雷达平台进入角的函数关系，其中的最小干扰距离和方位进入角都是指显示平面上的。确定压制区及其边界方程时，除了需要将空间最小干扰距离投影到显示平面外，还要把雷达天线与干扰天线指向的空间夹角与目标或雷达平台的方位进入角联系起来。

在雷达对抗中，有三种情况需要确定压制区及其边界方程：一、干扰机和雷达固定，被保护目标运动并能从任一方向接近雷达。这种情况相当于掩护目标突防；二、保护目标和干扰机固定，雷达平台运动且可能从任一方向攻击保护目标。该情况相当于防御；三、回答式干扰机用于掩护干扰。三种情况的压制区边界方程不同，这里将其分开讨论。

为了简单起见，在确定压制区及其边界方程之前，先作四点假设：一、除目标距离 R_t、雷达平台和目标的进入方位可变化外，其他配置参数维持不变；二、目标为点目标；三、忽略杂波、机内噪声和电波传播衰减因子的影响；四、对抗组织模式为一对一。

7.3.6.2 干扰机和雷达固定，目标可从任意方向进入

图 7.3.11 为雷达和干扰机固定但保护目标可能从任意方向接近雷达的配置示意图。假设受干扰雷达和干扰机同处于显示平面上，相当于地对地干扰或舰对舰干扰保护空中目标。图中 T、J 和 O 分别表示目标、干扰机和雷达站的位置，G、θ_j 和 β 分别为目标在显示平面上的投影点、目标的方位进入角和仰角，R_j、R_t、D_t 和 H 分别为干扰机到雷达的距离、目标到雷达的距离、雷达到 G 点的距离和目标相对显示平面的高度。

依据图 7.3.11 和有关假设条件以及式 (7.3.63) 得干扰机实际能达到的空间最小干扰距离：

$$R_{j\min} = \left[\frac{P_t G_t \sigma K_j}{4\pi L_r} \frac{L_j R_j^2}{K(\theta_j) P_j G_j} \right]^{1/4}$$

$R_{j\min}$ 是干扰机自身能达到的空间最小干扰距离，上式其他符号的定义见式 (7.3.63)。根据目标的高度 H 或仰角 β，可将空间距离 R_t 和空间最小干扰距离 $R_{j\min}$ 投影到显示平面，设两距离在显示平面的投影分别为 D_t 和 $D_{j\min}$。它们与 R_t、$R_{j\min}$ 和 H 的关系为

$$D_t = \sqrt{R_t^2 - H^2} \quad \text{和} \quad D_{j\min} = \sqrt{R_{j\min}^2 - H^2}$$

若选择 OJ 射线为方位参考基线，θ_j 既是干扰天线与雷达天线指向的夹角在显示平面上的投影，也是方位角。干扰能达到的最小干扰距离在显示平面的投影为

$$D_{j\min} = \sqrt{\left[\frac{P_t G_t \sigma K_j}{4\pi L_r} \frac{L_j R_j^2}{K(\theta_j) P_j G_j} \right]^{1/2} - H^2} \tag{7.3.90}$$

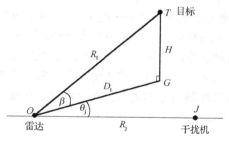

图 7.3.11   雷达、干扰机固定和保护目标运动的配置关系示意图

在图 7.3.11 中，θ_j 的变化范围很大，可从 0° 变化到 ±180°，需要考虑遮盖性样式对雷达天线主瓣区、平均旁瓣区和从主瓣到平均旁瓣过渡区的压制性干扰情况。把式 (3.7.23) 代入式 (7.3.90) 并整理得此种情况的压制区边界方程：

$$D_{j\min} = \begin{cases} \sqrt{R_j \sqrt{k_a A} - H^2} & -\dfrac{\theta_{0.5}}{2} \leqslant \theta_j \leqslant \dfrac{\theta_{0.5}}{2} \\[2mm] \sqrt{\dfrac{\theta_j R_j A}{\theta_{0.5}} - H^2} & -\dfrac{\theta_{0.5}}{2} > \theta_j > -\theta_{\text{rm}} \text{和} \dfrac{\theta_{0.5}}{2} < \theta_j < \theta_{\text{rm}} \\[2mm] \sqrt{\dfrac{\theta_{\text{rm}} R_j A}{\theta_{0.5}} - H^2} & -\theta_{\text{rm}} \leqslant \theta_j \text{和} \theta_j \geqslant \theta_{\text{rm}} \end{cases} \tag{7.3.91}$$

式(7.3.90)和式(7.3.91)中没定义的符号见式(7.3.63)和式(3.7.23)。若三种装备同处于显示平面，即 $H=\beta=0$，则上式简化为

$$D_{jmin} = \begin{cases} \sqrt{R_j\sqrt{k_a}\,A} & -\dfrac{\theta_{0.5}}{2} \leqslant \theta_j \leqslant \dfrac{\theta_{0.5}}{2} \\[2mm] \sqrt{\dfrac{\theta_j R_j A}{\theta_{0.5}}} & -\dfrac{\theta_{0.5}}{2} > \theta_j > -\theta_{rm}\text{和}\dfrac{\theta_{0.5}}{2} < \theta_j < \theta_{rm} \\[2mm] \sqrt{\dfrac{\theta_{rm} R_j A}{\theta_{0.5}}} & -\theta_{rm} \leqslant \theta_j \text{和} \theta_j \geqslant \theta_{rm} \end{cases} \tag{7.3.92}$$

当雷达、干扰机、目标参数和压制系数确定后，A 为常数并有

$$A^2 = \frac{P_t G_t \sigma L_j K_j}{4\pi k_a P_j G_j L_r} \tag{7.3.93}$$

由假设条件知，在式(7.3.92)中只有 θ_j 是变量。如果令 θ_j 从 0° 等步长变化到±180°，θ_j 每增加一步，就用式(7.3.92)计算干扰可达到的最小干扰距离 D_{jmin}。适当选择 θ_j 的步长，就能得到在任意方位可达到的最小干扰距离。若以图 7.3.11 的雷达位置 O 为极点，OJ 射线为极轴，最小干扰距离 D_{jmin} 为极径，θ_j 为极角，建立极坐标系。按 θ_j 从小到大的顺序把其对应的 D_{jmin} 画到上述极坐标系中，并将这些最小干扰距离的端点顺序连接起来，构成闭合曲线。该闭合曲线就是干扰实际可达到的或预计能达到的压制区边界曲线，其形状为心形，如图 7.3.12 的实线所示。图中实线内的部分为暴露区，实线外的部分为压制区。为了便于直观判断干扰是否有效或确定满足有效干扰要求的程度，图中用虚线给出了作战要求的最小干扰距离 $D_{min\,st}$ 端点随 θ_j 的变化轨迹，即分界圆。由压制区与分界圆的关系可确定满足作战要求的有效掩护区 θ_{sc}，即图 7.3.12 的 OA 和 OB 两射线之间的且处于压制区边界曲线以外的部分。

按照上面的作图方法，不难绘出任意高度的压制区。由式(7.3.91)和图 7.3.11 知，β 随 H 的增加而增加，而 D_{jmin} 随 β 的增加而减小，暴露区随 D_{jmin} 的减小而减小，最后变为一个点。虽然暴露区随高度增加而减小，但不同高度的暴露区的形状相同，即压制区平行于显示平面的截面形状与 $H=0$ 时的相同。出现这种现象的原因是，目标到雷达的距离随高度而增加，但干扰机到雷达的距离固定不变。令式(7.3.91)等于 0 并对高度求解得使暴露区为 0 的 H 值，设该高度等于 H_m。虽然暴露区缩小成一个点，但仍然随目标的进入方向而变化，在接近±θ_{rm} 方向有最大值，在 0° 方向有最小值。

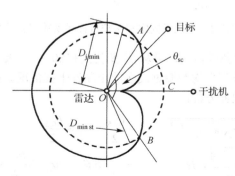

图 7.3.12   目标、干扰机和雷达处于同一平面的压制区边界示意图

暴露区随目标进入高度的变化关系说明，$H=0$ 时暴露区最大，对干扰最不利。只要 $H=0$

时的有效掩护区能满足作战要求，其他高度的有效掩护区一定能满足作战要求。由压制区的形状知，对干扰最有利的目标攻击方向是沿干扰机与雷达连线的干扰机一侧进入，飞行高度大于等于 H_m。如果雷达、干扰机和目标不在同一平面，则应根据目标的最小进入高度确定有效掩护区和选择合适的干扰机。根据图 7.3.12 的暴露区形状不但能知道多部干扰机围绕雷达分散配置能显著增加有效掩护区，而且还能确定干扰机的最佳配置关系和数量。

在实际作战中，干扰方能知道雷达和干扰机的位置，目标可选择比较有利的区域进入，不一定要求有效掩护区覆盖 360° 范围。设用角度范围表示的有效干扰要求的掩护区为 θ_{scst}，θ_{scst} 就是这种场合的干扰有效性评价指标，其最大值为 360°。设干扰机自身可达到的或预计可达到的有效掩护区为 θ_{sc}，干扰是否有效的判别式为

$$\begin{cases} \text{干扰有效} & \theta_{sc} \geqslant \theta_{scst} \\ \text{干扰无效} & \text{其他} \end{cases} \tag{7.3.94}$$

θ_{sc} 在形式上和 7.3.5.2 节的压制扇面 θ 一样用角度表示，都是指两条射线内除暴露区外的部分，但两者的内涵不同。差别就在暴露区和有效掩护区的边界上。θ_{sc} 内的暴露区边界不规则，只要两射线上的最小干扰距离刚好等于要求值，其他部分均小于 D_{minst}。压制扇面内的暴露区边界是规则的圆弧，圆弧半径就是 $D_{min\,st}$。如果不计处于 θ_{sc} 内且小于 $D_{min\,st}$ 的部分，则两者是等效的。

确定有效掩护区 θ_{sc} 有两种方法，一种是作图法，另一种为解析法。作图法详见图 7.3.12 实曲线的作法和过程的说明。只要 θ_j 的步长取得足够小，用作图法能得到十分精确的压制区边界和有效掩护区。解析法就是联立压制区边界方程和分界圆方程，求两者的交点。因压制区对称于雷达和干扰机的连线，这种交点有两个，对称于 OJ 连线。两交点在干扰机方向相对雷达的张角就是所求的有效掩护区 θ_{sc}。令式 (7.3.91) 的 $D_{jmin} = D_{min\,st}$ 并对 θ_j 求解得三种情况下的 θ_{sc}。其中第一、二两种情况是

$$D_{min\,st} < \sqrt{R_j\sqrt{k_a}\,A - H^2} \quad \text{和} \quad D_{min\,st} > \sqrt{\frac{\theta_{rm}R_jA}{\theta_{0.5}} - H^2}$$

第一种情况表示两曲线没有交点，实际可获得的压制区全部不能满足作战要求，即 $\theta_{sc} = 0°$。第二种情况也表示两曲线没有交点，实际可获得的最小干扰距离全部处于分界圆内，即 $\theta_{sc} = 360°$。因压制区边界在 $|\theta_j| \geqslant \pm\theta_{rm}$ 区域呈圆弧形，只要在 θ_{rm} 方向上的最小干扰距离满足作战要求，大于 θ_{rm} 方位上的最小干扰距离肯定能满足有关要求，有效掩护区为 360°。其他的为第三种情况，其值为

$$\theta_{sc} = 2\frac{\theta_{0.5}}{R_jA}(D_{min\,st}^2 + H^2)$$

三种情况的解可合写为

$$\theta_{sc} = \begin{cases} 0° & D_{min\,st} < \sqrt{R_j\sqrt{k_a}\,A - H^2} \\ 360° & D_{min\,st} > \sqrt{\dfrac{\theta_{rm}R_jA}{\theta_{0.5}} - H^2} \\ 2\dfrac{\theta_{0.5}}{R_jA}(D_{min\,st}^2 + H^2) & \text{其他} \end{cases} \tag{7.3.95}$$

如果作战要求的最小干扰距离是空间距离 $R_{\min st}$，计算有效掩护区时需要将其投影到显示平面，即

$$D_{\min st} = \sqrt{R_{\min st}^2 - H^2}$$

由图 7.3.12 知，如果不考虑 θ_{sc} 内能掩护目标的部分，θ_{sc} 和 7.3.5.2 节的 θ 有相同含义。可用依据压制扇面评估干扰有效性的方法近似估算该条件下的干扰有效性。这样做虽有些保守，但可靠且可用 7.3.5 节的推导方法得到干扰有效性的数学模型。把 A 代入式 (7.3.95) 并整理得 θ_{sc} 的瞬时值：

$$\theta_{sc} = B / \sqrt{\sigma} \tag{7.3.96}$$

令目标的雷达截面等于其均值 $\bar{\sigma}$ 得 θ_{sc} 的平均值：

$$\bar{\theta}_{sc} = B / \sqrt{\bar{\sigma}} \tag{7.3.97}$$

其中

$$B = \frac{2\theta_{0.5}}{R_j} \sqrt{\frac{4\pi k_a P_j G_j L_r (D_{\min st}^2 + H^2)}{P_j G_j L_j K_j}}$$

用 $\bar{\theta}_{sc}$ 和 θ_{scst} 替换式 (7.3.83a) 中的 θ'_m 和 θ'_{st} 得依据有效掩护区评估的干扰有效性的近似模型：

$$E_{sc\theta} = \begin{cases} 1 - \exp\left(-\dfrac{\bar{\theta}_{sc}^2}{\theta_{scst}^2}\right) & \text{斯韦林 I、II 型起伏目标} \\[4mm] 1 - \left(1 + 2\dfrac{\bar{\theta}_{sc}^2}{\theta_{scst}^2}\right)\exp\left(-2\dfrac{\bar{\theta}_{sc}^2}{\theta_{scst}^2}\right) & \text{斯韦林 III、IV 型起伏目标} \end{cases} \tag{7.3.98}$$

7.3.6.3 干扰机和目标固定，雷达可从任意方向进入

保护目标是己方的，干扰机可配置在被保护目标内，也可配置在被保护目标外。图 7.3.13 是干扰机配置在保护目标外的关系示意图。假设目标和干扰机固定且同处于显示平面，雷达平台可从任意方位进入。图中 P、J、O 和 G 分别为雷达的瞬时位置、干扰机和保护目标的位置以及 P 点在显示平面上的投影，R_t、R_j 和 H 为雷达到目标的距离、到干扰机的距离和相对显示平面的高度，D_t、D_j 和 d 分别为 R_t 和 R_j 在显示平面的投影以及目标到干扰机的距离，θ_j 和 β 为目标和干扰机相对雷达的张角以及目标相对雷达的仰角。如果以 OJ 方向为方位参考基准，α 就是雷达平台的方位进入角在显示平面的投影。

和目标可以从任意方向接近雷达一样，暴露区和掩护区的边界仍然是干扰机实际能达到的最小干扰距离随 α 变化形成的轨迹在显示平面上的投影，同样需要根据空间能量对抗关系确定空间最小干扰距离。根据前面的假设条件，当雷达平台从 θ_j 方向进入时，按照式 (7.3.90) 的推导方法得干扰机实际能达到的最小干扰距离在显示平面上的投影：

$$D_{j\min} = \sqrt{\left[\frac{P_t G_t \sigma K_j}{4\pi L_r} \frac{L_j R_j^2}{K(\theta_j) P_j G_j}\right]^{1/2} - H^2} = \sqrt{\frac{\theta_j R_j A}{\theta_{0.5}} - H^2}$$

虽然上式与式 (7.3.90) 的形式相同，但 θ_j 的定义不同。在图 7.3.13 中的 θ_j 是雷达天线指向与干扰天线指向的夹角。当装备的参数和配置关系确定后，θ_j 是影响不同方位最小干扰距离的主要因素。

与目标运动的情况相比，要得到此配置的压制区边界方程，不但需要将最小干扰距离 R_{jmin} 投影到显示平面，还要确定 θ_j 与方位进入角 α 的关系。由图 7.3.13 得 θ_j 与 α 的关系：

$$\theta_j = \arccos\left(\frac{D_t^2 + H^2 - D_t d\cos\alpha}{R_j\sqrt{D_t^2 + H^2}}\right)$$

其中

$$D_t = d\cos\alpha + \sqrt{R_j^2 - H^2 - d^2\sin^2\alpha} = \sqrt{R_t^2 - H^2}$$

因 θ_j 一般小于 θ_{rm}，把上述关系代入式（7.3.91）得压制区的边界方程：

$$D_{jmin} = \begin{cases} \sqrt{R_j\sqrt{k_a}A - H^2} & -\dfrac{\theta_{0.5}}{2} \leqslant \theta_j \leqslant \dfrac{\theta_{0.5}}{2} \\[4mm] \sqrt{\dfrac{R_j A}{\theta_{0.5}}\arccos\left(\dfrac{D_t^2 + H^2 - D_t d\cos\alpha}{R_j\sqrt{D_t^2 + H^2}}\right) - H^2} & -\dfrac{\theta_{0.5}}{2} > \theta_j > -\theta_{rm} \text{和} \dfrac{\theta_{0.5}}{2} < \theta_j < \theta_{rm} \end{cases} \tag{7.3.99}$$

A 的定义见式（7.3.93），其他符号的定义同式（7.3.91）。

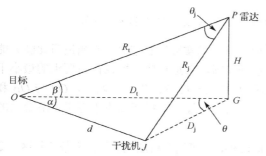

图 7.3.13　目标、干扰机固定和雷达
平台运动的对抗关系示意图

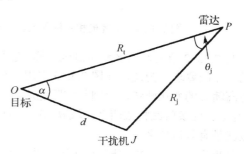

图 7.3.14　三种装备处于同一平
面的配置关系示意图

由式（7.3.99）知，暴露区随高度的变化关系与 7.3.6.2 节的情况相同。$H = 0$ 对干扰方最不利，用此条件下的有效掩护区表示干扰效果较为可靠。假设目标、干扰机和雷达同处于雷达显示平面，图 7.3.13 可简化成图 7.3.14。这时 $\theta_j = \theta$，$H = 0$，$R_j = D_j$，$R_t = D_t$ 和 $R_{jmin} = D_{jmin}$，式（7.3.99）简化为

$$D_{jmin} = R_{jmin} = \begin{cases} \sqrt{R_j\sqrt{k_a}A} & -\dfrac{\theta_{0.5}}{2} \leqslant \theta_j \leqslant \dfrac{\theta_{0.5}}{2} \\[4mm] \sqrt{\dfrac{R_j A}{\theta_{0.5}}\arcsin\left(\dfrac{d\sin\alpha}{R_j}\right)} & -\dfrac{\theta_{0.5}}{2} > \theta_j > -\theta_{rm} \text{和} \dfrac{\theta_{0.5}}{2} < \theta_j < \theta_{rm} \end{cases} \tag{7.3.100}$$

目标和干扰机位置固定，d 固定且已知。如果设 R_j 为常数，在式（7.3.100）中只有 α 是变量，其值可从 $0°$ 变化到 $360°$。按照图 7.3.12 的压制区边界曲线的作图方法，由式（7.3.100）可得 D_{jmin} 随雷达平台进入角 α 的变化轨迹，其形状如图 7.3.15 的实线所示。实线内的部分为暴露区，实线外的为压制区。该图说明，α 在接近 $0°$ 和 $180°$ 的区域，D_{jmin} 较小，在 $90°$ 和 $270°$ 附近区域，D_{jmin} 较大。这是因为在 $0°$ 和 $180°$ 的区域，θ_j 接近 0，近似为主瓣干扰，最小干扰距离较小。α 在 $90°$ 和 $270°$ 区域对应着最大的 θ_j，干扰方向失配损失最大，最小干扰距离较大。对于图 7.3.15 的坐标系，压制区对称于 OJ。当 $H = 0$ 时，式（7.3.99）的压制区边界形状与式（7.3.100）的相似，随着高度的增加，压制区边界形状不变，但暴露区逐渐缩小，其变化规律与 7.3.6.2 节的情况相同。

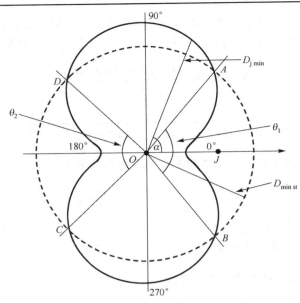

图 7.3.15   干扰机和目标固定但雷达平台可从任意方向进入的压制区示意图

与 7.3.6.2 节的暴露区和压制区一样，它只能说明干扰机的实际干扰能力，不能说明此能力能否满足作战要求。为此，在图 7.3.15 中用虚线圆表示分界圆，它是有效干扰或作战要求的最小干扰距离随 α 的变化轨迹。该圆与实际能达到的压制区边界交于 A、B、C 和 D 四点，OA 与 OB 和 OC 与 OD 四条射线构成两个区域 θ_1 和 θ_2，处于 θ_1 和 θ_2 内的且最小干扰距离小于等于作战要求的区域就是有效掩护区。

如果目标、干扰机和雷达处于同一平面上，除作图法外，还可用解析法近似计算有效掩护区。令式 (7.3.100) 等于有效干扰要求的最小干扰距离 $D_{\min st}$，对 α 求解得干扰实际可达到的有效掩护区：

$$\theta_{sc} = \theta_1 + \theta_2$$

其中

$$\begin{cases} \theta_1 = 2\arcsin\left[\dfrac{R_j}{d}\sin\left(\dfrac{\theta_{0.5}D_{\min st}^2}{R_j A}\right)\right] & \text{在}0°\text{方向} \\[3mm] \theta_2 = 2\arcsin\left[\dfrac{R_j}{d}\sin\left(\dfrac{\theta_{0.5}D_{\min st}^2}{R_j A}\right)\right] & \text{在}180°\text{方向} \end{cases}$$

虽然 θ_1 和 θ_2 的表达式完全相同，如果 R_j 在 $0°$ 和 $180°$ 附近有不同的值，则 θ_1 和 θ_2 有不同的值。和 7.3.6.2 节的情况相似，$\theta_1 + \theta_2$ 仅表示一种情况的有效掩护区。若分界圆与实际可达到的压制区无交点，则有效掩护区不是 $0°$，就是 $360°$。如果分界圆的半径大于等于实际压制区在 $\alpha = 90°$ 或 $\alpha = 270°$ 时的 $D_{j\min}$，则有效掩护区为 $360°$。如果分界圆的半径小于等于实际压制区在 $\alpha = 0°$ 或 $\alpha = 180°$ 时的 $D_{j\min}$，则有效掩护区等于 $0°$。由此得干扰机和目标固定但雷达平台可从任意方位进入时的干扰效果：

$$\theta_{sc} = \begin{cases} 0° & D_{\min st} \leqslant \sqrt{R_j\sqrt{k_a}A} \\[3mm] 360° & D_{\min st} \geqslant \sqrt{\dfrac{R_j A}{\theta_{0.5}}\arcsin\left(\dfrac{d}{R_j}\right)} \\[3mm] \theta_1 + \theta_2 & \text{其他} \end{cases} \qquad (7.3.101)$$

如果三种装备不在同一平面，可用式(7.3.99)计算有效掩护区。

原则上可用式(7.3.98)评估雷达平台从任意方向接近目标时的干扰有效性。因 θ_{sc} 与目标雷达截面的关系较复杂，计算有效掩护区的概率密度函数较困难，这里只近似计算干扰有效性。θ_{sc} 为效益型指标，由式(1.2.11)得依据有效掩护区评估的干扰有效性：

$$E_{sc\theta} \approx \begin{cases} \theta_{sc}/\theta_{scst} & \theta_{scst} > \theta_{sc} \\ 1 & \text{其他} \end{cases} \tag{7.3.102}$$

7.3.6.4　回答式干扰机掩护干扰的压制区

回答式干扰机用数字储频，储频精度高且储频时间长，还能跟上雷达的频率捷变速度。在一定条件下，窄带瞄准式噪声能对付频率捷变雷达，保护比干扰平台稍远的目标。此条件就是在功率或能量和时间上同时压制目标回波。

所谓时间压制就是遮盖性干扰在时间上完全覆盖保护目标的回波。应答式干扰能持续干扰雷达的多个脉冲重复周期，没有时间压制问题。欺骗干扰一般不存在时间压制问题。因该样式与目标回波相似，自动目标跟踪器无法区分它们，只能跟踪它们的能量中心或面积中心。只要干扰滞后目标回波不是太多，人工也难发现受到干扰。使用遮盖性样式的转发式和回答式干扰都存在时间压制问题。干扰机有机内延时，机内延时使干扰滞后目标回波而露出脉冲前沿。遮盖性干扰与雷达目标回波差别太大，即使只露出目标回波的前沿，雷达和雷达操作员也容易区分干扰和目标，可依据此前沿完成目标检测、参数测量和目标跟踪，使干扰无效。回答式干扰机要用遮盖性样式进行掩护干扰，除了在功率上必须压制目标回波外，还需在时间上完全掩盖目标回波，其有效掩护区是能量压制区和时间压制区的重叠部分。和讨论能量压制区一样，这里也只讨论方位面的时间压制区及其边界方程。

图 7.3.16 为回答式干扰机用于掩护干扰的配置示意图。图中 T、P 和 J 分别为目标、雷达和干扰机的位置，H 和 G 为雷达相对显示平面的高度及其投影位置，t_t、t_j 和 t_z 分别为电波在目标和雷达之间、在雷达与干扰机之间的来回传播时间和它在干扰机内部的传输时间(机内延时)，R_t、R_j、R_z 和 d 分别为雷达到保护目标的距离、雷达到干扰机的距离、干扰机内部延时的等效距离和目标到干扰机的距离。电波在干扰机内部的传输时间等效于增加干扰平台与雷达的距离，相当于干扰机的位置处于图 7.3.16 的 J' 点。它到雷达的等效距离为 $R_j + R_z$。要使目标回波完全处于干扰之中，干扰必须同时或先于目标回波到达雷达接收机，即电波在目标和雷达之间的来回传播时间 t_t 应大于等于 t_j 与 t_z 之和，由此得回答式干扰机用遮盖性样式掩护目标的时间压制条件：

$$t_t - t_j \geq t_z \tag{7.3.103}$$

或者

$$t_t \geq t_j + t_z$$

电波在雷达和目标之间、在雷达和干扰机之间走双程。在干扰系统内部走单程(从干扰接收天线经干扰机到干扰发射天线)。电波传播速度为光速 c，根据时间、距离和速度的关系，可把时间压制条件转换成装备之间的距离关系：

$$R_t - R_j \geq 2R_z \tag{7.3.104}$$

其中

$$R_t = ct_t/2 \text{，} R_j = ct_j/2 \text{和} R_z = ct_z$$

由解析几何知，与两定点的距离之差等于定量的点的轨迹为双曲线，两定点为双曲线的焦点。若式(7.3.104)取等号，它就是双曲线方程。如果把图 7.3.16 的 T 和 J 作为双曲线的两个焦点，该双曲线就是回答式干扰机用于掩护干扰的时间压制区的边界方程。两焦点间的距离为干扰机和被保护目标之间的距离 d。参考资料[8]研究了以下两种情况的时间压制区：一、干扰机、目标和雷达处于同一平面；二、雷达相对目标和干扰机所在的平面有一高度 H。按照参考资料[8]的推导方法得两种情况下的时间压制区边界方程：

$$\begin{cases} \dfrac{x^2}{a^2} - \dfrac{y^2}{b^2} = 1 & \text{干扰机、目标和雷达处于同一平面} \\[3mm] \dfrac{x^2}{a'^2} - \dfrac{y^2}{b'^2} = 1 & \text{干扰机相对目标或雷达有一高度差} \end{cases} \tag{7.3.105}$$

其中　　　　$\begin{cases} a = 0.5R_z \\ b = 0.5\sqrt{d^2 - R_z^2} \end{cases}$ 和 $\begin{cases} a' = \dfrac{a}{b}\sqrt{b^2 + H^2} \\ b' = \sqrt{b^2 + H^2} \end{cases}$

图 7.3.17 为回答式掩护干扰的时间压制区示意图。图中的粗实线是依据式(7.3.105)画出的时间压制区边界曲线，它是双曲线。双曲线的内部为时间压制区，外部为时间暴露区。图中 α、θ 和 ϕ 分别为雷达和干扰机相对目标的张角、目标和干扰机相对雷达的张角以及双曲线的渐近线与 ox 轴的夹角，图中其他符号的定义同图 7.3.16。

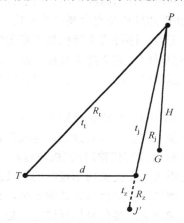

图 7.3.16　回答式干扰机用于掩护
干扰的配置关系示意图

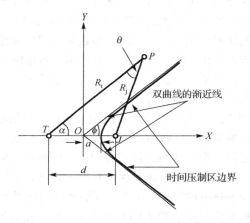

图 7.3.17　回答式掩护干扰的
时间压制区示意图

回答式干扰机用于掩护干扰时能达到的压制区是时间压制区和能量压制区的重叠区域，确定重叠区有两种方法，即作图法和解析近似法。要用作图法确定两压制区的重叠部分，必须将时间压制区和能量压制区的边界方程放在同一坐标系中。已有能量压制区的边界方程用极坐标系，极点为目标，极轴为目标和干扰机的连线。时间压制区的边界方程用直角坐标系，原点为 d 的中点，x 轴与干扰机和目标连线重合。根据两者的差别，容易将能量压制区的边界方程式(7.3.100)转换到图 7.3.17 所示双曲线的直角坐标系中，它在直角坐标系的参数方程为

$$\begin{cases} x = D_{jmin}\cos\alpha - 0.5d \\ y = D_{jmin}\sin\alpha \end{cases} \tag{7.3.106}$$

7.3.6.3 节已建立上述两种配置的能量压制区边界方程，利用式(7.3.100)、式(7.3.106)和 7.3.6.3 节画能量压制区边界的方法，可把干扰实际能达到的能量压制区边界画在时间压制区的坐标系中，如图 7.3.18 的虚线所示。虚线内的部分为能量暴露区，虚线外的部分为能量压制区。两种压制区

的重叠区不会超过 2ϕ，作为能量压制区边界时，可把式 (7.3.99) 的变量 α 限制在 $0 \sim \pm\phi$ 内。ϕ 是双曲线的渐近线与 Ox 轴的夹角，等于：

$$\phi = \arctan\frac{b}{a}$$

根据图 7.3.18 中两种压制区的边界线可确定它们的重叠区。确定重叠区时可能出现以下两种情况：一、两压制区边界线只有一个交点或无交点，这种情况表示时间压制区完全处于能量压制区内，整个双曲线的内部为两压制区的重叠区；二、若两压制区的边界线有两个或两个以上的交点，如图中的 E、F、G 和 H 四点，此情况表示两种压制区只有部分重叠。若扣除 EF 和 GH 分别与双曲线围成的面积，则双曲线内的其余部分就是两压制区的重叠区，就是回答式掩护干扰实际可达到的或预计可达到的掩护区。

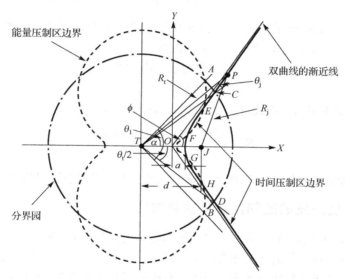

图 7.3.18　用作图法确定回答式掩护干扰压制区的示意图

预计可达到的能量压制区和时间压制区的重叠部分不一定都是有效掩护区。能量压制区的边界是干扰实际能达到的最小干扰距离的变化轨迹，不一定所有方位的最小干扰距离均能满足作战要求。对于回答式掩护干扰，压制区必须同时满足三个条件：能量压制、时间压制和作战要求的最小干扰距离。为了方便用作图法确定有效掩护区，在图 7.3.18 中用点划线给出了分界圆，圆的半径就是作战要求的最小干扰距离 D_{minst}。在该图中，作战要求的压制区边界与能量压制区的边界交于 A、B 两点，与时间压制区的边界交于 C 和 D 两点，处于 TC、TD 两条射线之间的两压制区的重叠区能同时满足有效干扰的三个条件，是回答式干扰机用于掩护干扰的有效掩护区，设其为 θ_{tn}。

根据有效掩护区的三个条件用解析法确定其大小非常繁琐，如果用两压制区中各自满足有效干扰要求的重叠部分表示有效掩护区，可减少计算量。用式 (7.3.101) 可确定能量压制区单独满足有效干扰条件的区域，这里不能取 θ_1 和 θ_2 之和，只能取时间压制区一侧的，假设为 θ_1（不包括处于能量压制边界内的部分）。要用解析法确定时间压制区单独满足有效干扰条件的区域，需要确定有效干扰要求的压制区边界方程。根据图 7.3.18 的坐标系及其有关参数，可得分界圆的方程：

$$(x + 0.5d)^2 + y^2 = D_{\mathrm{minst}}^2 \tag{7.3.107}$$

联立式(7.3.105)和式(7.3.107)并对 x 求解得：

$$x = \frac{R_z \sqrt{D_{\min st}^2 + H^2} - 0.25 R_z^2}{2d}$$

时间压制区单独满足有效干扰要求的区域为

$$\theta_t = 2 \arccos \left[\frac{d^2 - 0.25 R_z^2 + R_z \sqrt{D_{\min st}^2 + H^2}}{2d D_{\min st}} \right] \qquad (7.3.108)$$

根据 θ_1 和 θ_t 的大小可确定两者的重叠区，即回答式掩护干扰实际能达到的有效掩护区 θ_{tn}，即

$$\theta_{tn} = \begin{cases} \theta_1 & \theta_1 < \theta_t \\ \theta_t & \text{其他} \end{cases} \qquad (7.3.109)$$

式 7.3.109)为回答式掩护干扰实际可达到的干扰效果。设作战要求的有效掩护区或有效掩护区的干扰有效性评价指标为 θ_{tcst}，干扰是否有效的判别式为

$$\begin{cases} \text{干扰有效} & \theta_{tn} \geq \theta_{tcst} \\ \text{干扰无效} & \text{其他} \end{cases}$$

影响 θ_{tn} 的因素多，关系复杂，用式(1.2.11)近似计算干扰有效性：

$$E_{tn\theta} = \begin{cases} \theta_{tn} / \theta_{tcst} & \theta_{tn} < \theta_{tcst} \\ 1 & \text{其他} \end{cases} \qquad (7.3.110)$$

与 7.3.6.3 节的 θ_{scst} 和 θ_{sc} 一样，θ_{tcst} 和 θ_{tn} 均表示范围或区域，其形状不是扇面。

7.3.7　分布式干扰系统的压制区和干扰有效性

多部干扰机在空间分散布设，合成干扰效果满足作战要求。干扰机的这种组合形式称为分布式干扰系统。分布式干扰系统的含义非常广泛，只有三个要素：一、多部干扰机；二、空间分散布放；三、合成干扰效果满足作战要求。组成该系统的可以是遮盖性干扰机，也可以是欺骗性干扰机。对干扰机的数量、等效辐射功率、平台类型等均无特殊要求。分布式干扰的突出特点是：一、所有干扰机对付相同的雷达和保护相同的目标；二、所有干扰机实施主瓣干扰，能对付低副瓣和超低副瓣雷达以及旁瓣匿隐和旁瓣对消等抗干扰措施；三、比相同等效辐射功率的集中式干扰效果好、效率高。实施分布式干扰需要解决三个问题：一、装备的投放和布设；二、电磁兼容；三、系统控制管理。本节只讨论分布式干扰系统的配置方法、几种典型情况的干扰效果和干扰有效性评估方法，并假设实施干扰的有关问题已解决。

7.3.7.1　干扰机的配置和数量的确定方法

就某个特定雷达或某个特定保护目标而言，分布式干扰系统与多对一对抗组织模式相似，其目的是形成较大的压制区。这种压制区一般不规则，但多数情况与扇形相似，仍称压制扇面。要获得好的分布式对抗效果，需要最佳配置干扰机。所谓最佳配置就是用最少的干扰机获得需要的压制区。分布式干扰系统的配置关系可用两个参数来描述：一，每部干扰机到受干扰雷达的距离；二，相邻两干扰机相对雷达的张角或角度间隔。如果规定了压制扇面和相邻两干扰机的角度间隔，就能确定构成分布式干扰系统的干扰机数量。为了简单起见，确定分布式干扰系统的配置参数时，假设干扰机、目标和雷达处于同一平面，在整个作战过程中，其位置关系近似不变，相当于只考虑对干扰最不利的情况。根据上述假设和分布式干扰的特点，容易确定它的两个关键参数。

式 (7.3.78) 表明，当干扰机、目标和雷达的参数确定后，压制扇面与干扰机到受干扰雷达的距离 R_j 成反比，R_j 越小越好。受多种条件限制，不能无限减少 R_j。根据作战目的、布设能力和具体的战场态势，干扰方能预先确定最佳的 R_j。由此知，分布式干扰系统的最佳布设形状或基本形式是等距离成圆弧形。如果干扰机的等效辐射功率相同，则等距离等角度间隔放置干扰机。如果干扰机的等效辐射功率不同，则等距离非等角度间隔配置干扰机。

图 7.3.19 为分布式干扰原理示意图。图中 O、L 和 R 分别为目标和雷达的位置以及目标到雷达的距离，J_1, J_2, $\cdots$, J_n 表示第 1 部～第 n 部干扰机相对受干扰雷达的位置，R_{j1}, R_{j2}, $\cdots$, R_{jn} 为第 1 部～第 n 部干扰机到受干扰雷达的距离，θ_{12}, θ_{23}, $\cdots$, $\theta_{(n-1)n}$ 为相邻两干扰机的角度间隔，θ_1 和 θ_n 为第 1 部和第 n 部干扰机各自产生的不构成角度间隔部分的压制扇面。有了配置距离和配置的基本形状，根据干扰机的具体参数和一定的原则就能确定该系统的另一个参数，即角度间隔。确定角度间隔的原则是，充分考虑干扰机之间的相互影响，用最少的干扰机产生需要的压制扇面。为了减少角度间隔的种类，尽量将相同等效辐射功率的干扰机放在一起，有时还需要做一些其他方面的近似处理。

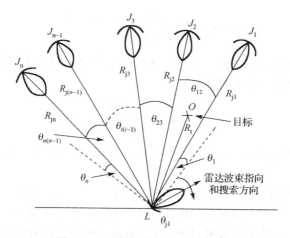

图 7.3.19　分布式干扰原理示意图

如果干扰机相同但信号互不相关且等距离和等角度间隔配置，在第 i 部和第 $i+1$ 部干扰机的角度间隔内，对合成干扰功率影响最大的除第 i 部和第 $i+1$ 部干扰机外，就是第 $i+2$ 部和第 $i-1$ 部。就图 7.3.19 的 J_3 和 J_4 之间的角度间隔而言，对合成干扰功率影响较大的干扰机有：J_3 与 J_4、J_2 与 J_5 和 J_1 与 J_6。如果这些干扰机按等距离、等角度间隔 θ 配置，不难证明当目标处于 J_3 与 J_4 的角平分线即 $\theta/2$ 方向时，雷达接收的干信比最小，对干扰最不利。由干扰方程可得 J_3 与 J_4、J_2 与 J_5 和 J_1 与 J_6 各自在 $\theta/2$ 方向产生的干信比，设其分别等于 J_{23}、J_{25} 和 J_{16}，可以证明这些干信比存在以下关系：

$$J_{25} = J_{34}/9 \text{ 和 } J_{16} = J_{34}/25$$

上述分析说明在确定第 i 部和第 $i+1$ 部干扰机的角度间隔时，不必考虑太多干扰机的影响，计入第 $i+2$ 部和第 $i-1$ 部干扰机的影响就够了。下面就三种情况讨论分布式干扰系统角度间隔的确定方法：一，相同干扰机等距离、等角度间隔配置，只考虑构成某角度间隔的两干扰机的影响；二，相同干扰机等距离、等角度间隔配置，除考虑第 i 部和第 $i+1$ 部干扰机的影响外，还计入第 $i+2$ 部和第 $i-1$ 部干扰机的影响；三，不同等效辐射功率的干扰机等距离、非等角度间隔配置且只考虑构成该角度间隔的两干扰机的影响。综合应用上述三种情况得到的关系可解决绝大多数分布式干扰系统的配置和干扰效果评估问题。

对于第一种情况以下关系成立：

$$P_{j1}G_{j1} = P_{j2}G_{j2} = \cdots = P_{jn}G_{jn} = P_jG_j$$

$$R_{j1} = R_{j2} = \cdots = R_{jn} = R_j$$

$$\theta_{12} = \theta_{23} = \cdots = \theta_{(n-1)n} = \theta$$

其中 P_jG_j、R_j 和 θ 分别为任一干扰机的等效辐射功率、干扰机到雷达的距离和任意两相邻干扰机的角度间隔。设 $R_{t\min st}$、θ_{st} 和 σ 分别为作战要求的最小干扰距离、压制扇面和目标的雷达截面。上面的分析表明，只要 $\theta/2$ 方向上的合成干信比刚好能满足压制系数要求，就能保证在整个 θ 范围内压制目标回波，由此得两相邻干扰机的最大角度间隔。由干扰方程可确定需要的干信比：

$$J_{js} = 2\frac{K}{(0.5\theta)^2}\frac{R_{t\min st}^4}{\sigma R_j^2} \tag{7.3.111}$$

其中

$$K = 4\pi k_a \theta_{0.5}^2 \frac{P_jG_jL_r}{P_tG_tL_j} e^{0.23\delta(2R_{t\min st}-R_j)} \tag{7.3.112}$$

式（7.3.112）未定义的符号见式（3.7.23）和式（7.3.5）。令式（7.3.111）的干信比等于压制系数 K_j，再对 θ 求解得能压制目标回波的最大角度间隔：

$$\theta = \frac{2R_{t\min st}^2}{R_j}\sqrt{\frac{2K}{\sigma K_j}} \tag{7.3.113}$$

n 部干扰机可构成 $n-1$ 个角度间隔，每个角度间隔的数值等于 θ。由此构成第一种形式的分布式干扰系统。

评估分布式干扰系统的干扰效果需要估算压制扇面。在图 7.3.19 中，第 1 部和第 n 部干扰机各有一半的压制扇面不能构成角度间隔，设其为 θ_1 和 θ_n。它们不影响分布式干扰系统的构成，但影响该系统的压制扇面，计算干扰效果和确定干扰机数量时不能忽略它们的影响。按照 7.3.5.2 节的方法，容易得到 θ_1 和 θ_n 的数学模型。设

$$\begin{cases} K_1 = 4\pi k_a \theta_{0.5}^2 \dfrac{P_{j1}G_{j1}L_r}{P_tG_tL_{j1}} e^{0.23\delta(2R_{t\min st}-R_{j1})} \\[2mm] K_n = 4\pi k_a \theta_{0.5}^2 \dfrac{P_{jn}G_{jn}L_r}{P_tG_tL_{jn}} e^{0.23\delta(2R_{t\min st}-R_{jn})} \end{cases} \tag{7.3.114}$$

按照式（7.3.113）的分析方法得：

$$\begin{cases} \theta_1 = \dfrac{2R_{t\min st}^2}{R_j}\sqrt{\dfrac{K_1}{\sigma K_j}} \\[3mm] \theta_n = \dfrac{2R_{t\min st}^2}{R_j}\sqrt{\dfrac{K_n}{\sigma K_j}} \end{cases} \tag{7.3.115}$$

因干扰机相同，故 $K_1 = K_n = K$，式（7.3.115）可写成：

$$\theta_1 = \theta_n = \frac{2R_{t\min st}^2}{R_j}\sqrt{\frac{K_n}{\sigma K_j}} \tag{7.3.116}$$

第一种形式的分布式干扰系统共有 $n-1$ 个角度间隔，其总压制扇面为

$$\theta_j = (n-1)\theta + 2\theta_1 = \frac{2R_{t\min st}^2}{R_j}\sqrt{\frac{K}{\sigma K_j}}[(n-1)\sqrt{2}+1] \tag{7.3.117}$$

令上式的 θ_j 等于作战要求的压制扇面 θ_{st}，再对 n 求解得满足压制扇面要求所需的干扰机数量：

$$n = \frac{1}{\sqrt{2}}\left(\frac{\theta_{st} R_j}{2R_{t\min st}^2}\sqrt{\frac{\sigma K_j}{K}}-2\right)+1 \tag{7.3.118}$$

第二种情况要考虑跨一个角度间隔的两干扰机的影响，可进一步减少满足压制扇面要求所需的干扰机数量。尽管干扰机相同，几乎不能等间隔配置干扰机。为了减少角度间隔的计算工作量，先做一些近似处理。在图 7.3.19 中，设从第 2 部干扰机起到第 $n-1$ 部干扰机止，它们之间近似为等距离等角度间隔配置，其角度间隔为 θ_s。第 1 部与第 2 部和第 n 部与第 $n-1$ 部干扰机之间有相同的角度间隔，近似等于第一种情况的 θ，但计算 θ_s 时，假设它近似等于 θ_s。第 1 部和第 n 部干扰机不构成角度间隔部分的压制扇面等于第一种情况的 θ_1 和 θ_n。有了上述近似，第二种形式的分布式干扰系统由两种角度间隔 θ_s 和 θ 组成。按照式 (7.3.111) 的分析方法可确定最小干信比与 θ_s 和最小干扰距离之间的关系：

$$J_{js} = \frac{10}{9}\frac{2K}{(0.5\theta_s)^2}\frac{R_{t\min st}^4}{\sigma R_j^2} \tag{7.3.119}$$

令式 (7.3.119) 的干信比等于压制系数 K_j，对 θ_s 求解得：

$$\theta_s = \frac{2R_{t\min st}^2}{R_j}\sqrt{\frac{20K}{9\sigma K_j}} \tag{7.3.120}$$

和第一种情况一样，如果已确定了干扰机的参数以及分布式干扰系统、目标和雷达的配置关系，就能确定第二种分布式干扰系统的总压制扇面和干扰机数量。第二种情况的压制扇面包括 $n-3$ 个 θ_s、两个 θ 和两个 θ_1，其总压制扇面为

$$\theta_j = (n-3)\theta_s + 2\theta + 2\theta_1 = \frac{2R_{t\min st}^2}{R_j}\sqrt{\frac{K}{\sigma K_j}}\left[(n-3)\sqrt{\frac{20}{9}}+2\sqrt{2}+2\right] \tag{7.3.121}$$

其中 θ 和 θ_1 分别用式 (7.3.113) 和式 (7.3.116) 计算。满足 θ_{st} 要求需要的干扰机数量为

$$n = \sqrt{\frac{9}{20}}\left(\frac{\theta_{st} R_j}{2R_{t\min st}^2}\sqrt{\frac{\sigma K_j}{K}}-2\sqrt{2}-2\right)+3 \tag{7.3.122}$$

第三种情况是用不同等效辐射功率的 n 部干扰机构成的分布式干扰系统，其中第 i 部干扰机的等效辐射功率为 $P_{ji}G_{ji}$。假设除等效辐射功率外，干扰机的其他参数相同。因等效辐射功率不同，要维持圆弧形配置，只能非等角度间隔放置干扰机。距离确定后，下列参数为常数：

$$\begin{cases} K_1 = 4\pi k_a \theta_{0.5}^2 \dfrac{P_{j1}G_{j1}L_r}{P_t G_t L_{j1}}e^{0.23\delta(2R_{t\min st}-R_j)} \\ \vdots \qquad \vdots \qquad \vdots \qquad \vdots \\ K_i = 4\pi k_a \theta_{0.5}^2 \dfrac{P_{ji}G_{ji}L_r}{P_t G_t L_j}e^{0.23\delta(2R_{t\min st}-R_j)} \\ \vdots \qquad \vdots \qquad \vdots \qquad \vdots \\ K_n = 4\pi k_a \theta_{0.5}^2 \dfrac{P_{jn}G_{jn}L_r}{P_t G_t L_j}e^{0.23\delta(2R_{t\min st}-R_j)} \end{cases} \tag{7.3.123}$$

上式其他符号的定义见式(7.3.112)。计算第 i 部和第 $i+1$ 部干扰机的角度间隔 $\theta_{i,i+1}$ 时，只考虑构成该角度间隔的两干扰机的影响。因相邻干扰机的等效辐射功率不同，确定角度间隔时，也需要做一定近似。如果相邻两干扰机的等效辐射功率相差不大，用其平均等效辐射功率估算角度间隔。如果两者的等效辐射功率相差较大，则用叠加原理将较大者的等效辐射功率分成两部分，一部分与较小者相同，则用于计算考虑相互影响后的角度间隔，剩下的部分作为独立辐射源计算其在该角度间隔内产生的压制扇面。把计算的角度间隔和压制扇面之和作为这两干扰机的角度间隔。在分布式干扰系统中，干扰机的等效辐射功率相差不大，可按平均等效辐射功率近似估算第三种情况的角度间隔。第 i 部和第 $i+1$ 部干扰机的平均等效辐射功率为

$$(P_j G_j)_e = 0.5(P_{ji} G_{ji} + P_{j(i+1)} G_{j(i+1)})$$

用平均等效辐射功率替代式(7.3.123) K_i 项的 $P_{ji} G_{ji}$ 并整理得：

$$K' = 4\pi k_a \theta_{0.5}^2 \frac{(P_j G_j)_e L_r}{2 P_t G_t L_j} e^{0.23\delta(2R_{t\min st} - R_j)} = \frac{K_i + K_{i+1}}{2}$$

由式(7.3.111)得第 i 部和第 $i+1$ 部干扰机在角平分线上的干信比：

$$J_{js} = 2\frac{K'}{(0.5\theta_{i(i+1)})^2} \frac{R_{t\min st}^4}{\sigma R_j^2} \tag{7.3.124}$$

按照前两种情况的分析方法得第 i 部和第 $i+1$ 部干扰机的角度间隔：

$$\theta_{i(i+1)} = \frac{2R_{t\min st}^2}{R_j}\sqrt{\frac{2K'}{\sigma K_j}} = \frac{2R_{t\min st}^2}{R_j}\sqrt{\frac{K_i + K_{i+1}}{\sigma K_j}} \tag{7.3.125}$$

用式(7.3.125)可确定整个分布式干扰系统的 $n-1$ 个角度间隔的数值。如果其他条件同第一、二两种情况，按照式(7.3.121)的分析方法得此分布式干扰系统的压制扇面：

$$\theta_j = \theta_1 + \theta_2 + \sum_{i=1}^{n-1}\theta_{i(i+1)} = \frac{R_{t\min st}^2}{R_j}\sqrt{\frac{1}{\sigma K_j}}\left[\sqrt{K_1} + \sqrt{K_n} + \sum_{i=1}^{n-1}(2\sqrt{K_i + K_{i+1}})\right] \tag{7.3.126}$$

令式(7.3.126)的 $\theta_j = \theta_{st}$ 并整理得：

$$\sqrt{K_1} + \sqrt{K_n} + \sum_{i=1}^{n-1}(2\sqrt{K_i + K_{i+1}}) = \frac{\theta_{st} R_j}{R_{t\min st}^2}\sqrt{\sigma K_j} \tag{7.3.127}$$

要根据作战要求的压制扇面 θ_{st} 确定分布式干扰系统的干扰机数量，必须先确定每部干扰机的参数。

7.3.7.2 干扰效果和干扰有效性

分布式干扰系统的干扰效果用压制扇面表示。要依据压制扇面评估干扰有效性，需要干扰效果的瞬时值和均值的数学模型以及干扰有效性评价指标。在确定系统参数时，已得到压制扇面 θ_j 的数学模型，也用到了干扰有效性的压制扇面评价指标 θ_{st}。如果分布式干扰系统采用最佳配置方案，任何两干扰机之间的压制扇面能刚好覆盖它们的角度间隔，计算这种情况的干扰效果和干扰有效性十分简单。若忽略杂波和机内噪声的影响，式(7.3.117)、式(7.3.121)和式(7.3.126)就是由 n 部干扰机构成的三种形式的分布式干扰系统的瞬时压制扇面，三式的具体应用条件见 7.3.7.1 节。为了能区分三种不同情况又能使表达式简单明了，下面用 $\theta_{ji}(i=1,2,3)$ 表示三种情况的瞬时压制扇面，其中

$$\theta_{j1} = \frac{2R_{\text{t min st}}^2}{R_j} \sqrt{\frac{K}{\sigma K_j}}[(n-1)\sqrt{2}+1] \tag{7.3.128}$$

$$\theta_{j2} = \frac{2R_{\text{t min st}}^2}{R_j} \sqrt{\frac{K}{\sigma K_j}}\left[(n-3)\sqrt{\frac{20}{9}}+2\sqrt{2}+1\right] \tag{7.3.129}$$

$$\theta_{j3} = \frac{R_{\text{t min st}}^2}{R_j} \sqrt{\frac{1}{\sigma K_j}}\left[\sqrt{K_1}+\sqrt{K_n}+\sum_{i=1}^{n-1}(2\sqrt{K_i+K_{i+1}})\right] \tag{7.3.130}$$

令 $A_i(i=1, 2, 3)$ 分别等于：

$$A_1 = \frac{2R_{\text{t min st}}^2}{R_j} \sqrt{\frac{K}{K_j}}[(n-1)\sqrt{2}+1], \quad A_2 = \frac{2R_{\text{t min st}}^2}{R_j} \sqrt{\frac{K}{K_j}}\left[(n-3)\sqrt{\frac{20}{9}}+2\sqrt{2}+1\right] 和$$

$$A_3 = \frac{R_{\text{t min st}}^2}{R_j} \sqrt{\frac{1}{K_j}}\left[\sqrt{K_1}+\sqrt{K_n}+\sum_{i=1}^{n-1}(2\sqrt{K_i+K_{i+1}})\right]$$

式 (7.3.128)～式 (7.3.130) 可统一表示为

$$\theta_{ji} = A_i / \sqrt{\sigma} \tag{7.3.131}$$

令式 (7.3.131) 的目标雷达截面等于其平均值 $\bar{\sigma}$，可得三种情况的平均压制扇面 $\bar{\theta}_{ji}$ ($i=1, 2, 3$)：

$$\bar{\theta}_{ji} = A_i / \sqrt{\bar{\sigma}} \tag{7.3.132}$$

压制扇面为效益型指标，用式 (1.2.4) 判断干扰是否有效。

在式 (7.3.131) 中只有目标的雷达截面为随机变量。式 (2.4.2) 和式 (2.4.4) 分别为斯韦林 I 、 II 型和 III 、 IV 型起伏目标雷达截面的概率密度函数，用函数的概率密度函数的计算方法，由式 (7.3.131) 得分布式干扰系统压制扇面的概率密度函数：

$$P(\theta_{ji}) = \begin{cases} \dfrac{2\bar{\theta}_{ji}^2}{\theta_{ji}^3}\exp\left(-\dfrac{\bar{\theta}_{ji}^2}{\theta_{ji}^2}\right) & \text{斯韦林 I 、 II 型起伏目标} \\[4mm] \dfrac{8\bar{\theta}_{ji}^4}{\theta_{ji}^5}\exp\left(-2\dfrac{\bar{\theta}_{ji}^2}{\theta_{ji}^2}\right) & \text{斯韦林 III 、 IV 型起伏目标} \end{cases}$$

压制扇面越大越好，干扰有效性是压制扇面大于等于评价指标 θ_{st} 的概率，从 θ_{st}～∞ 积分上式得三种分布式干扰系统对两类起伏目标的干扰有效性：

$$E_{\theta i} = \begin{cases} 1-\exp\left(-\dfrac{\bar{\theta}_{ji}^2}{\theta_{st}^2}\right) & \text{斯韦林 I 、 II 型起伏目标} \\[4mm] 1-\left(1+2\dfrac{\bar{\theta}_{ji}^2}{\theta_{st}^2}\right)\exp\left(-2\dfrac{\bar{\theta}_{ji}^2}{\theta_{st}^2}\right) & \text{斯韦林 III 、 IV 型起伏目标} \end{cases} \tag{7.3.133}$$

其中 $E_{\theta i}$ 下标中的 i 的定义同式 (7.3.131)。

如果分布式干扰系统没按本书定义的最佳方案或最佳参数构建，则不能保证相邻两干扰机产生的压制扇面刚好能覆盖其角度间隔。可能出现这样的情况，即有的两相邻干扰机产生的压制扇面大于其角度间隔，造成浪费，有的又不能完全覆盖其角度间隔，使压制扇面不能连成一片，影响总干扰效果。要估算此情况的压制扇面，必须逐个角度间隔计算干扰实际可达到的压制扇面，然后把它们加起来，其和就是此种分布式干扰系统的总压制扇面。用确定第三种情况角度间隔的方法可计算每个角度间隔内的压制扇面。为了减少计算工作量，如果用不同等效辐射功率的干扰机构建分布式干扰系统，那么在计算相邻两干扰机之间的压制扇面时，不必考虑其他干扰机的影响。设第 i 部和第 $i+1$ 部干扰机的角度间隔为 $\theta_{i(i+1)}$，两者实际能产生的压制扇面为 $\alpha_{i(i+1)}$，这两部干扰机在 $\theta_{i(i+1)}$ 内能产生的压制扇面为

$$\beta_{i(i+1)} = \begin{cases} \alpha_{i(i+1)} & \alpha_{i(i+1)} < \theta_{i(i+1)} \\ \theta_{i(i+1)} & \text{其他} \end{cases} \tag{7.3.134}$$

用式(7.3.125)计算 $\alpha_{i(i+1)}$。由 n 部干扰机构成的这种分布式干扰系统的总压制扇面为

$$\phi = \theta_1 + \theta_n + \sum_{i=1}^{n-1} \beta_{i(i+1)} \tag{7.3.135}$$

θ_1 和 θ_n 的定义和计算方法同式(7.3.115)。因保护目标相同，受干扰雷达相同，影响干扰效果的随机因素只有保护目标的雷达截面，而且能把它从压制扇面模型中分离出来。因此，仍可用式(7.3.133)计算这种分布式干扰系统的干扰有效性。

7.3.8　用干扰等效辐射功率评估干扰有效性

干扰机的等效辐射功率是技术指标，不受干扰影响，但是一旦确定了干扰机、目标和雷达的参数以及它们之间的配置关系，由干信比可确定干扰等效辐射功率 ERP_j 和依据等效辐射功率评估干扰有效性的指标 $(\text{ERP}_j)_{st}$。这里的 ERP_j 相当于实际能达到的干扰等效辐射功率，相当于干扰效果。$(\text{ERP}_j)_{st}$ 相当于有效干扰需要的干扰等效辐射功率，相当于该干扰效果的干扰有效性评价指标。ERP_j 是干信比的函数并影响最终作战效果，满足描述干扰效果的条件。

凡是与干信比、干噪比有关的干扰效果评估模型都含有干扰等效辐射功率的因子，可从多方面得到干扰效果的等效辐射功率模型。这里只根据干信比和最小干扰距离评估模型确定干扰等效辐射功率模型。式(7.3.16)和式(7.3.17)分别为一对一对抗组织模式的瞬时干信比和平均干信比，令

$$A = K(\theta_j) \frac{4\pi R_{\min st}^4 L_r}{P_t G_t L_j R_j^2} e^{0.23\delta(2R_{\min st} - R_j)}, \quad B = \frac{(4\pi)^3 R_{\min st}^4 L_r K T_t \Delta f_r F_n}{P_t G_t^2 \lambda^2} e^{0.46\delta R_{\min st}},$$

$$C = \frac{R_{\min st}^4 \sigma_c}{R_c^4 \sigma} e^{-0.46\delta(R_{\min st} - R_c)}, \quad (\text{ERP}_j) = P_j G_j \text{ 和 } D = \frac{B+C}{A}$$

式(7.3.16)和式(7.3.17)可分别表示为

$$j_{snc} = \frac{1}{\sigma}[A(\text{ERP}_j) + B + C] \tag{7.3.136}$$

$$\bar{J}_{snc} = \frac{1}{\overline{\sigma}}[A(\text{ERP}_j) + B + C] \tag{7.3.137}$$

令式(7.3.136)的瞬时干信比 j_{snc} 等于压制系数 K_j，再对 ERP_j 求解得：

$$(\text{ERP}_j) = \frac{K_j \sigma}{A} - D \tag{7.3.138}$$

式(7.3.138)就是干扰等效辐射功率与目标雷达截面、机内噪声功率和杂波功率的关系式，也

是瞬时等效辐射功率模型。令式(7.3.138)的目标雷达截面 σ 等于其平均值 $\bar{\sigma}$，得等效辐射功率的平均值：

$$\overline{(\mathrm{ERP_j})} = \frac{K_j \bar{\sigma}}{A} - D \tag{7.3.139}$$

式(7.3.139)相当于依据干扰等效辐射功率评估的干扰效果，可用其判断干扰是否有效。如果忽略杂波和机内噪声的影响，瞬时和平均干扰等效辐射功率分别简化为

$$(\mathrm{ERP_j}) = \frac{K_j \sigma}{A} \text{ 和 } \overline{(\mathrm{ERP_j})} = \frac{K_j \bar{\sigma}}{A}$$

在干扰等效辐射功率模型中，目标的雷达截面为随机变量，实际可达到的干扰等效辐射功率必然是随机变量。由 σ 的概率密度函数和式(7.3.138)得干扰等效辐射功率的概率密度函数。对于斯韦林 Ⅰ 、Ⅱ 型起伏目标为

$$P(\mathrm{ERP_j}) = \frac{1}{\overline{(\mathrm{ERP_j})} + D} \exp\left[-\frac{(\mathrm{ERP_j}) + D}{\overline{(\mathrm{ERP_j})} + D} \right] \tag{7.3.140}$$

对于斯韦林Ⅲ、Ⅳ型起伏目标为

$$P(\mathrm{ERP_j}) = 4 \frac{(\mathrm{ERP_j}) + D}{[\overline{(\mathrm{ERP_j})} + D]^2} \exp\left[-2\frac{(\mathrm{ERP_j}) + D}{\overline{(\mathrm{ERP_j})} + D} \right] \tag{7.3.141}$$

干扰等效辐射功率为效益型指标，越大越好，根据干扰有效性的定义，从 $(\mathrm{ERP_j})_{st} \sim \infty$ 积分式(7.3.140)和式(7.3.141)得依据干扰等效辐射功率评估的遮盖性干扰对两类起伏目标的干扰有效性：

$$E_{\mathrm{ERP}} = \begin{cases} \exp\left[-\dfrac{(\mathrm{ERP_j})_{st} + D}{\overline{(\mathrm{ERP_j})} + D} \right] & \text{斯韦林 Ⅰ 、Ⅱ 型起伏目标} \\[4mm] \left[1 + 2\dfrac{(\mathrm{ERP_j})_{st} + D}{\overline{(\mathrm{ERP_j})} + D} \right] \exp\left[-2\dfrac{(\mathrm{ERP_j})_{st} + D}{\overline{(\mathrm{ERP_j})} + D} \right] & \text{斯韦林Ⅲ、Ⅳ型起伏目标} \end{cases} \tag{7.3.142}$$

如果忽略杂波和机内噪声的影响，式(7.3.140)~式(7.3.142)分别简化为

$$P(\mathrm{ERP_j}) = \begin{cases} \dfrac{1}{\overline{(\mathrm{ERP_j})}} \exp\left[-\dfrac{(\mathrm{ERP_j})}{\overline{(\mathrm{ERP_j})}} \right] & \text{斯韦林 Ⅰ 、Ⅱ 型起伏目标} \\[4mm] \dfrac{4(\mathrm{ERP_j})}{[\overline{(\mathrm{ERP_j})}]^2} \exp\left[-2\dfrac{(\mathrm{ERP_j})}{\overline{(\mathrm{ERP_j})}} \right] & \text{斯韦林Ⅲ、Ⅳ型起伏目标} \end{cases} \tag{7.3.143}$$

$$E_{\mathrm{ERP}} = \begin{cases} \exp\left[-\dfrac{(\mathrm{ERP_j})_{st}}{\overline{(\mathrm{ERP_j})}} \right] & \text{斯韦林 Ⅰ 、Ⅱ 型起伏目标} \\[4mm] \left[1 + 2\dfrac{(\mathrm{ERP_j})_{st}}{\overline{(\mathrm{ERP_j})}} \right] \exp\left[-2\dfrac{(\mathrm{ERP_j})_{st}}{\overline{(\mathrm{ERP_j})}} \right] & \text{斯韦林Ⅲ、Ⅳ型起伏目标} \end{cases} \tag{7.3.144}$$

按照式(7.3.140)~式(7.3.144)的推导方法，也可用干扰效果的最小干扰距离和有效压制扇面等模型得到干扰效果的等效辐射功率模型。如果忽略机内噪声和杂波的影响，由等效辐射功率模型可得它们的干扰有效性评估模型，其形式与式(7.3.143)~式(7.3.144)完全相同。式(7.3.61)为干扰效果的最小干扰距离模型，由该式得 n 部干扰机的等效辐射功率之和：

$$(P_j G_j)_n = \sum_{i=1}^{n} P_{ji} G_{ji} = \dfrac{\dfrac{K_j \sigma}{R_{\min st}^4 \exp(0.46\delta R_{\min st})} - \dfrac{(4\pi)^3 L_r K T_t \Delta f_r F_n}{P_t G_t^2 \lambda^2} - \dfrac{\sigma_c}{R_c^4 \exp(0.46\delta R_c)}}{\displaystyle\sum_{i=1}^{n} \dfrac{4\pi L_r K(\theta_{ji})}{P_t G_t L_{ji} R_{ji}^2} \exp(-0.23\delta R_{ji})} \tag{7.3.145}$$

其中 $R_{\min st}$ 为作战要求的最小干扰距离，其他符号的定义见式(7.3.61)。令

$$E = \sum_{i=1}^{n} \frac{4\pi L_r K(\theta_{ji})}{P_t G_t L_{ji} R_{ji}^2} \exp(-0.23\delta R_{ji}), \quad A' = E R_{\min st}^4 \exp(0.46\delta R_{\min st}), \quad B' = \frac{\sigma_c}{R_c^4 \exp(0.46\delta R_c)},$$

$$C' = \frac{(4\pi)^3 L_r K T_t \Delta f_r F_n}{P_t G_t^2 \lambda^2} \text{ 和 } D' = \frac{B' + C'}{E}$$

式(7.3.145)可表示为

$$(\mathrm{ERP_j})_n = (P_j G_j) = \frac{K_j \sigma}{A'} - D' \tag{7.3.146}$$

令目标的雷达截面等于其平均值 $\bar{\sigma}$ 得平均等效幅辐射功率:

$$\overline{(\mathrm{ERP_j})_n} = \frac{K_j \bar{\sigma}}{A'} - D' \tag{7.3.147}$$

式(7.3.146)为此条件下的瞬时干扰等效辐射功率，式(7.3.147)为干扰效果。可用其判断干扰是否有效。设对应的干扰有效性评价指标为 $(\mathrm{ERP_j})_{nst}$，可用式(1.2.4)判断干扰是否有效。若忽略杂波和机内噪声的影响，式(7.3.146)和式(7.3.147)简化为

$$\begin{cases} (\mathrm{ERP_j})_n = \dfrac{K_j \sigma}{A'} \\[3mm] \overline{(\mathrm{ERP_j})_n} = \dfrac{K_j \bar{\sigma}}{A'} \end{cases} \tag{7.3.148}$$

在形式上，式(7.3.146)和式(7.3.147)与式(7.3.138)和式(7.3.139)相同。用 $(\mathrm{ERP_j})_{nst}$、$\overline{(\mathrm{ERP_j})_n}$ 和 D' 替换式(7.3.140)~式(7.3.144)的 $(\mathrm{ERP_j})_{st}$、$\overline{(\mathrm{ERP_j})}$ 和 D，可得此种情况下干扰效果的概率密度函数和干扰有效性评估模型。

按照式(7.3.140)~式(7.3.144)的推导过程，由干扰效果的有效干扰扇面或有效掩护区模型也能得到依据干扰等效辐射功率评估干扰效果和干扰有效性的模型。这类模型较多，有关的分析方法相同。

7.4　对参数测量的干扰效果及干扰有效性

7.4.1　引言

任何雷达都有参数测量器，都有参数测量误差，都受遮盖性干扰影响。参数测量误差或测量精度是所有雷达的重要性能指标，可表示干扰效果和评估干扰有效性。搜索雷达或跟踪雷达搜索状态的参数测量装置、测量方法和参数测量误差的表述形式与跟踪状态不同，需要将它们分开讨论。先讨论遮盖性样式干扰搜索雷达参数测量的效果和干扰有效性评估方法。

遮盖性干扰可增加搜索雷达的参数测量误差，受此影响的有其自身的性能和其上级设备的性

能。军用搜索雷达的种类多、用途多,一般与武器系统有联系。联系路径有两种,一种是与武器系统的跟踪雷达联合工作,为其提供目标数据,称为目标指示,称该雷达为目标指示雷达。另一种是将目标数据送指控中心,经其综合分析处理,若需武力摧毁,则把该目标的当前数据转送给武器系统的跟踪雷达。由此知,军用搜索雷达的上级设备就是武器系统的跟踪雷达,它们获取的目标数据直接、间接用于引导跟踪雷达。这里以目标指示雷达为例,讨论遮盖性样式对自身和对上级设备性能的影响。

雷达一般有反映参数测量的性能指标,但那些指标不能说明参数测量性能对其上级设备的影响,根据目标指示雷达和跟踪雷达的工作关系能解决有关问题。在目标指示雷达和跟踪雷达组成的联合系统中,目标指示雷达一旦发现并确认是威胁目标,立即将其位置参数送给跟踪雷达。称目标指示雷达的此项工作为目标引导,其效率指标为引导概率。跟踪雷达收到指示目标的参数后,立即把目标的位置数据转换到自己的坐标系中,确定其可能出现的中心位置。为了降低目标指示雷达参数测量误差对捕获的影响,跟踪雷达通常以指示目标位置为中心,在距离、方位和仰角上各扩展一定范围搜索指示目标,称该范围为捕获搜索区。跟踪雷达一般按要求的捕获概率和目标指示雷达的参数测量误差设置捕获搜索范围,其大小固定。如果跟踪雷达在捕获搜索区发现指示目标且参数测量精度达到了自动跟踪的要求,就用目标当前的测量参数设置初始跟踪数据并闭环跟踪系统。此后,目标回波直接进入跟踪器,由跟踪器完成目标的参数测量和确定测量值与初始跟踪数据的偏差,并自动修正这种偏差和更新初始跟踪数据,实现自动目标跟踪。跟踪雷达从接收指示目标数据到自己截获目标进入自动跟踪的过程为捕获搜索。捕获搜索过程很短,但工作内容很多。捕获搜索的效率指标为捕获概率。

目标指示雷达和跟踪雷达的联合工作关系说明,引导和捕获过程是目标指示雷达和跟踪雷达"交接"目标的过程。引导就是目标指示雷达将发现的目标移交给跟踪雷达的过程,捕获为跟踪雷达从目标指示雷达接过目标并建立初始跟踪的过程。引导概率表示"交"目标的好坏,衡量"接"收目标好坏的是跟踪雷达在捕获搜索区发现指示目标的概率,评价"交接"好坏的综合指标为捕获概率。

搜索雷达独立工作时,其参数测量误差有两种形式:一种是各个独立参数的测量误差,如距离、角度和速度测量误差。另一种是多个独立参数测量误差的综合形式,即定位误差。定位误差是指目标真实位置与测量位置之间的距离。当目标指示雷达和跟踪雷达联合工作时,引导概率和捕获概率能反映参数测量误差对其作战能力的影响。因此,可表示遮盖性样式干扰搜索雷达参数测量效果的参数有四个:一,特定维或所有维的参数测量误差;二,定位误差;三,引导概率;四,捕获概率。

第一、二两种干扰效果只涉及目标指示雷达,而且都有对应的指标要求,由战术运用准则或同风险准则可确定其干扰有效性评价指标。后两种干扰效果同时涉及目标指示雷达和跟踪雷达,两种雷达都没有明确的要求。引导概率是指示目标的引导参数各自落入对应捕获搜索区的概率积,根据参数测量误差的概率密度函数和捕获搜索范围能确定对引导概率的要求。捕获概率是跟踪雷达在捕获搜索区发现指示目标的概率与引导概率之积,一旦确定了检测概率和引导概率的干扰有效性评价指标,不难确定捕获概率的评价指标。显然上述四个参数符合表示干扰效果的条件。

7.4.2　引导概率的定义

3.3.5.1 节讨论了捕获概率的定义和计算方法,顺便说明了引导概率如何计算。引导概率 P_g 定义为指示目标落入跟踪雷达捕获搜索区的概率。纯遮盖性干扰只能引起随机参数测量误差,其定位误差也是随机的。设目标位于捕获搜索区的概率密度函数为 $P(r, \alpha, \beta)$,目标期望位置在坐标原点,引导概率为

$$P_g = \iiint\limits_{\pm r, \pm\alpha, \pm\beta} P(r, \alpha, \beta)drd\alpha d\beta \tag{7.4.1}$$

雷达用距离 r、方位角 α 和仰角 β 三个参数描述目标的空间位置。上式的积分限$\pm r$、$\pm\alpha$ 和$\pm\beta$ 分别为跟踪雷达的距离、方位角和仰角捕获搜索范围。搜索中心由目标指示雷达提供。三维捕获搜索范围构成搜索体积 V，$drd\alpha d\beta$ 就是微分搜索体积 dv，式(7.4.1)可表示为

$$P_g = \int_V P(v)dv$$

一般不用式(7.4.1)计算引导概率，因为三维引导独立，任何一维引导失败，整个引导就会失败，可将三维引导化成三个一维引导。引导概率就是指示目标在距离、方位和仰角落入各自捕获搜索区的概率积或各参数引导概率之积。设第 i 维引导参数的概率密度函数为 $P(x_i)$，该维的捕获搜索范围为 $x_{i1} \sim x_{i2}$，对该维的引导概率为

$$P_{gi} = \int_{x_{i1}}^{x_{i2}} P(x_i)dx_i \tag{7.4.2}$$

式(3.3.8)为目标在距离维、方位维和仰角维落入各自捕获搜索区概率的数学模型，相当于上式的 P_{gi}。式(3.3.7)的引导概率可表示为

$$P_g' = \prod_{i=1}^{3} P_{gi} \tag{7.4.3}$$

为了方便计算捕获概率，3.3.5.1 节从对干扰不利的角度考虑，用目标位于捕获搜索区中心检测单元的检测概率 P_c 近似跟踪雷达在捕获搜索区发现指示目标的平均概率，并说明了具体的计算方法。把式(7.4.3)代入式(3.3.6)得捕获概率的近似模型：

$$P_a \approx P_c \prod_{i=1}^{3} P_{gi} = P_c P_g \tag{7.4.4}$$

如果 P_g 或/和 P_c 是在遮盖性干扰条件下得到的，式(7.4.4)就是遮盖性样式对跟踪雷达捕获搜索阶段的干扰效果。式(7.4.1)和式(7.4.4)说明，引导概率和捕获概率都涉及两种设备和三种参数。两种设备为目标指示雷达和跟踪雷达。三种参数是目标指示雷达的定位误差、跟踪雷达捕获搜索范围和它在捕获搜索区发现指示目标的概率。

跟踪雷达对引导概率有要求，体现在捕获搜索范围的设置上。捕获搜索范围一般等于无任何干扰时目标指示雷达参数测量误差的 2～3 倍。无干扰时，雷达的参数测量误差服从零均值正态分布，由此可确定跟踪雷达对引导概率的要求，该要求可作为引导概率的干扰有效性评价指标。另外，无干扰时捕获状态的信噪比很高，跟踪雷达在捕获搜索区发现指示目标的概率接近 1，引导概率近似等于捕获概率，即

$$P_a \approx P_g \tag{7.4.5}$$

若从对干扰不利的角度考虑，可用跟踪雷达捕获概率的设计指标确定干扰有效性的引导概率评价指标。

7.4.3　参数测量误差及其概率密度函数

搜索雷达要测量目标的多个参数，因遮盖性干扰、杂波和机内噪声等影响，参数测量值是随

机变量且服从正态分布。概率分布的均值等于目标有关参数的真实值。设第 i 个参数为 x_i，均值为 x_{mi}，测量误差为 σ_i，测量值概率密度函数为

$$P(x_i) = \frac{1}{\sqrt{2\pi}\sigma_i} \exp\left[-\frac{(x_i - x_{\mathrm{mi}})^2}{2\sigma_i^2}\right] \tag{7.4.6}$$

式（6.1.52）～式（6.1.54）给出了雷达在机内噪声中基于单个矩形脉冲的测距、测速和测角最小误差。压制系数包含了遮盖性干扰与机内噪声的差别及其对干扰效果的影响，雷达在机内噪声中的参数测量误差模型也适合遮盖性干扰。3.2.2.3 节给出了搜索雷达在机内噪声中基于多脉冲的参数测量误差，只要用积累信干比 S/J 或干信比 J/S 替换有关模型中单个脉冲的信噪比 S/N 或干信比 J/S，那些模型就能用来表示雷达在遮盖性干扰中基于多脉冲的参数测量性能。如果非相参积累脉冲数较多，测距误差近似为

$$\sigma_{\mathrm{r}} = \frac{c\tau}{2} \frac{1}{\sqrt{nS/J}} = \frac{c\tau}{2\sqrt{n}} \sqrt{\frac{J}{S}} \tag{7.4.7}$$

多普勒测速误差为

$$\sigma_{\mathrm{v}} = \frac{\lambda}{5.13} \frac{1}{\sqrt{n}} \sqrt{\frac{J}{S}} \tag{7.4.8}$$

测角（方位角和仰角）误差为

$$\sigma_{\phi} = \frac{0.445\theta_{0.5}}{\sqrt{n}} \sqrt{\frac{J}{S}} \tag{7.4.9}$$

式（7.4.7）～式（7.4.9）符号的定义见式（3.2.32）～式（3.2.34）。在球面坐标系中，它们的定位误差由测距和测角误差确定。有的目标指示雷达或搜索雷达的方位角和仰角波束宽度不同，测量方位角和仰角的误差不同。设两者的半功率波束宽度分别为 $\theta_{0.5}$ 和 $\phi_{0.5}$，式（7.4.7）～式（7.4.9）可表示为

$$\begin{cases} \sigma_{\mathrm{r}} = k_{\mathrm{r}}\sqrt{J/S} \\ \sigma_{\alpha} = k_{\alpha}\sqrt{J/S} \\ \sigma_{\beta} = k_{\beta}\sqrt{J/S} \end{cases} \tag{7.4.10}$$

其中

$$\begin{cases} k_{\mathrm{r}} = 0.5c\tau/\sqrt{n} \\ k_{\alpha} = 0.445\theta_{0.5}/\sqrt{n} \\ k_{\beta} = 0.445\varphi_{0.5}/\sqrt{n} \end{cases}$$

式（7.4.10）中只有干信比是随机变量。设干信比的瞬时值为 j_{js}，平均干信比为 $\overline{J}_{\mathrm{js}}$，三种参数测量误差的瞬时值和平均值分别为

$$\begin{cases} \sigma_{\mathrm{r}} = k_{\mathrm{r}}\sqrt{j_{\mathrm{js}}} \\ \sigma_{\alpha} = k_{\alpha}\sqrt{j_{\mathrm{js}}} \\ \sigma_{\beta} = k_{\beta}\sqrt{j_{\mathrm{js}}} \end{cases} \tag{7.4.11}$$

$$\begin{cases} \bar{\sigma}_r = k_r \sqrt{\bar{J}_{js}} \\ \bar{\sigma}_\alpha = k_\alpha \sqrt{\bar{J}_{js}} \\ \bar{\sigma}_\beta = k_\beta \sqrt{\bar{J}_{js}} \end{cases} \tag{7.4.12}$$

　　7.3.2 节给出了不同对抗组织模式下的瞬时干信比和平均干信比的数学模型。根据干扰机的实际对抗组织模式和装备的具体参数及配置关系，可选择合适的模型计算实际情况下的平均干信比 $\bar{J}_{js}$，把计算得到的平均干信比代入式 (7.4.12) 得参数测量误差的平均值 $\bar{\sigma}_r$、$\bar{\sigma}_\alpha$ 和 $\bar{\sigma}_\beta$。

　　如果没有遮盖性干扰和杂波影响，参数测量误差只受机内噪声影响，由式 (7.3.8) 得该条件下的瞬时噪信比 j_{sn} 和平均噪信比 $\bar{J}_{sn}$：

$$\begin{cases} j_{sn} = \dfrac{(4\pi)^3 L_r R_t^4 KT\Delta f_r F_n}{P_t G_t^2 \sigma \lambda^2} \mathrm{e}^{0.46\delta R_t} \\ \bar{J}_{sn} = \dfrac{(4\pi)^3 L_r R_t^4 KT\Delta f_r F_n}{P_t G_t^2 \bar{\sigma} \lambda^2} \mathrm{e}^{0.46\delta R_t} \end{cases} \tag{7.4.13}$$

把式 (7.4.13) 分别代入式 (7.4.11) 和式 (7.4.12) 得，在机内噪声作用下的平均参数测量误差 $\bar{\sigma}_{sr}$、$\bar{\sigma}_{s\alpha}$ 和 $\bar{\sigma}_{s\beta}$ 以及瞬时参数测量误差 σ_{sr}、$\sigma_{s\alpha}$ 和 $\sigma_{s\beta}$。

　　式 (7.4.11) 的瞬时干信比是随机变量，主要随机因素是目标的雷达截面。7.3.2 节得到了两类起伏目标干信比的概率密度函数，分别如式 (7.3.22) 和式 (7.3.23) 所示。采用同样的计算方法，由干信比的概率密度函数和式 (7.4.11) 得三种参数测量误差的概率密度函数。为了简化书写，设第 i 维参数测量误差的瞬时值和均值分别为 σ_i 和 $\bar{\sigma}_i$，$i = 1, 2, 3$ 分别代表距离维、方位维和仰角维。还假设在机内噪声作用下对应维参数测量误差的瞬时值和均值分别为 σ_{si} 和 $\bar{\sigma}_{si}$，斯韦林 I、II 型起伏目标参数测量误差的概率密度函数为

$$P(\sigma_i) = \frac{2\bar{\sigma}_i^2}{\sigma_i^3} \exp\left(-\frac{\bar{\sigma}_i^2}{\sigma_i^2}\right) \quad (i = 1, 2, 3) \tag{7.4.14}$$

斯韦林 III、IV 型起伏目标参数测量误差的概率密度函数为

$$P(\sigma_i) = \frac{8\bar{\sigma}_i^4}{\sigma_i^5} \exp\left(-\frac{2\bar{\sigma}_i^2}{\sigma_i^2}\right) (i = 1, 2, 3) \tag{7.4.15}$$

设第 i 个参数的瞬时测量值为 e_i，均值为 e_{mi}，第 i 个参数测量误差的概率密度函数简写为

$$P(e_i) = \frac{1}{\sqrt{2\pi}\sigma_i} \exp\left[-\frac{(e_i - e_{mi})^2}{2\sigma_i^2}\right] \tag{7.4.16}$$

式 (7.4.14) ～式 (7.4.16) 就是参数测量误差的概率密度函数模型。

7.4.4　干扰参数测量的效果和干扰有效性

　　遮盖性样式干扰搜索雷达的参数测量有四种干扰效果，本节除了建有关干扰效果和干扰有效性评估模型外，还要讨论此样式对搜索雷达或目标指示雷达与跟踪雷达组成的系统的综合干扰效果。

7.4.4.1　特定维或所有维参数测量误差及干扰有效性

　　雷达用三维空间的点表示目标，用距离、方位角和仰角描述目标的位置，其中任一参数的测

量误差都会影响目标的定位精度。军用搜索雷达直接、间接引导武器系统的跟踪雷达，跟踪雷达的捕获搜索区有限，搜索雷达的参数测量误差或定位误差直接影响引导概率。任何一个参数的测量误差大于对应的捕获搜索范围，引导就会失败，整个雷达系统就不能完成作战任务。因此既可用特定维的参数测量误差，也可用定位误差表示遮盖性干扰效果。其效率指标就是跟踪雷达捕获搜索范围。

依据特定维参数测量误差评估遮盖性干扰效果比较简单，7.4.3 节已建立参数测量误差的数学模型。把雷达、干扰机、目标参数及其配置关系代入式 (7.3.16) 和式 (7.3.17) 得干信比的瞬时值和均值，把瞬时和平均干信比分别代入式 (7.4.11) 和式 (7.4.12) 得瞬时和平均距离、方位角和仰角测量误差，其平均值就是依据单个参数测量误差评估的遮盖性干扰效果。参数测量误差属于效益型指标，越大越好。设对第 i 个参数的干扰效果为 $\bar{\sigma}_{ei}$，干扰有效性评价指标为 σ_{esti}，$i=1,2,3$ 分别代表距离维、方位维和仰角维的干扰效果及干扰有效性评价指标。因任一维的参数测量误差大于捕获搜索范围，指示目标将落在捕获搜索区外，引导就会失败，目标就能得到保护。依据参数测量误差确定干扰是否有效的判别式为

$$\begin{cases} 干扰有效 & \bar{\sigma}_{e1} \geq \sigma_{est1} 或 \bar{\sigma}_{e2} \geq \sigma_{est2} 或 \bar{\sigma}_{e3} \geq \sigma_{est3} \\ 干扰无效 & 其他 \end{cases} \tag{7.4.17}$$

对于斯韦林 Ⅰ、Ⅱ 型和 Ⅲ、Ⅳ 型起伏目标，遮盖性干扰引起的参数测量误差的概率密度函数分别如式 (7.4.14) 和式 (7.4.15) 所示。根据干扰有效性的定义，从 $\sigma_{esti} \sim \infty$ 积分式 (7.4.14) 和式 (7.4.15) 得依据每维参数测量误差评估的遮盖性干扰有效性。其中对于斯韦林 Ⅰ、Ⅱ 型起伏目标，干扰有效性为

$$E_{ei} = 1 - \exp\left(-\frac{\bar{\sigma}_{ei}^2}{\sigma_{esti}^2}\right) \tag{7.4.18}$$

对斯韦林 Ⅲ、Ⅳ 型起伏目标干扰有效性为

$$E_{ei} = 1 - \left(1 + 2\frac{\bar{\sigma}_{ei}^2}{\sigma_{esti}^2}\right) \exp\left(-2\frac{\bar{\sigma}_{ei}^2}{\sigma_{esti}^2}\right) \tag{7.4.19}$$

和判别干扰是否有效一样，只要有一个参数的测量误差大于对应的捕获搜索范围，干扰就会成功。可用各维干扰有效性中的较大者近似遮盖性干扰对搜索雷达参数测量的总干扰有效性 E_{em}：

$$E_{em} = \text{MAX}\{E_{ei}\} \tag{7.4.20}$$

虽然干扰条件下特定维或所有维的参数测量误差能反映干扰效果，但不如定位误差全面直观，依据定位误差评估遮盖性样式对搜索雷达参数测量的干扰效果和干扰有效性仍然是必要的。

7.4.4.2　定位误差及干扰有效性

定位误差是目标的测量位置与其真实位置的距离。定位误差是各维参数测量误差的综合结果，就此一个参数就能全面反映遮盖性样式对搜索雷达参数测量的干扰效果。雷达用球面坐标系描述目标的空间位置，武器控制系统用直角坐标系。球面坐标系和直角坐标系各有各的好处，描述定位误差用直角坐标系较方便。式 (3.2.38) 和式 (3.2.39) 是直角坐标系与球面坐标系的转换关系。利用这两式能把球面坐标下的目标参数及参数测量误差转换到直角坐标系的每一维，也可把直角坐标系下的目标参数及参数测量误差转换到球面坐标系的每一维。

设目标在球面坐标系中的斜距、方位角和俯仰角分别为 R、α 和 β，对应的参数测量误差为 σ_r、σ_α 和 σ_β，对于三坐标雷达，目标在直角坐标系中的参数为

$$\begin{cases} x = R\cos\beta\cos\alpha \\ y = R\cos\beta\sin\alpha \\ z = R\sin\beta \end{cases}$$

在直角坐标系的参数测量误差为

$$\begin{cases} \sigma_x = \sigma_r\cos\beta\cos\alpha + R\sigma_\alpha\cos\beta\sin\alpha + R\sigma_\beta\sin\beta\cos\alpha \\ \sigma_y = \sigma_r\cos\beta\sin\alpha + R\sigma_\alpha\cos\beta\cos\alpha + R\sigma_\beta\sin\beta\sin\alpha \\ \sigma_z = \sigma_r\sin\beta + R\sigma_\beta\cos\beta \end{cases} \tag{7.4.21}$$

对于两坐标雷达，上两式分别变为

$$\begin{cases} x = R\cos\alpha \\ y = R\sin\alpha \end{cases}$$

$$\begin{cases} \sigma_x = \sigma_r\cos\alpha + R\sigma_\alpha\sin\alpha \\ \sigma_y = \sigma_r\sin\alpha + R\sigma_\alpha\cos\alpha \end{cases} \tag{7.4.22}$$

设参数测量误差在直角坐标系每个坐标轴上的瞬时投影值分别为 r_x、r_y 和 r_z，对于纯遮盖性干扰或机内噪声，测量误差在每个坐标轴上的投影值服从零均值正态分布，其概率密度函数为

$$\begin{cases} P(r_x) = \dfrac{1}{\sqrt{2\pi}\sigma_x}\exp\left(-\dfrac{r_x^2}{2\sigma_x^2}\right) \\[2mm] P(r_y) = \dfrac{1}{\sqrt{2\pi}\sigma_y}\exp\left(-\dfrac{r_y^2}{2\sigma_y^2}\right) \\[2mm] P(r_z) = \dfrac{1}{\sqrt{2\pi}\sigma_z}\exp\left(-\dfrac{r_z^2}{2\sigma_z^2}\right) \end{cases} \tag{7.4.23}$$

三坐标雷达的定位误差为

$$\sigma_s = \sqrt{\sigma_x^2 + \sigma_y^2 + \sigma_z^2} \tag{7.4.24}$$

两坐标雷达的定位误差为

$$\sigma_s = \sqrt{\sigma_x^2 + \sigma_y^2} \tag{7.4.25}$$

式(7.4.24)或式(7.4.25)是用定位误差表示的遮盖性样式对搜索雷达参数测量的干扰效果。设作战要求的定位误差为 R_{mkst}，定位误差属于效益型指标，用式(1.2.4)判断干扰是否有效。三坐标雷达定位误差的瞬时值为

$$r_s = \sqrt{r_x^2 + r_y^2 + r_z^2} \tag{7.4.26}$$

两坐标雷达定位误差的瞬时值为

$$r_s = \sqrt{r_x^2 + r_y^2} \tag{7.4.27}$$

虽然参数测量误差在直角坐标系每个轴上的瞬时值是正态分布的，因每个轴的方差不一定相等，式(7.4.26)的概率分布呈椭球形，两坐标雷达定位误差的概率分布呈椭圆形。用函数概率密度函数的计算方法，由式(7.4.27)得无系统参数测量误差时两坐标雷达定位误差的概率密度函数：

$$P(r_s) = \frac{r_s}{\sigma_x \sigma_y} \exp\left[-\frac{r_s^2}{4}\left(\frac{\sigma_x^2 + \sigma_y^2}{\sigma_x^2 \sigma_y^2} \right) \right] I_0\left[\frac{r_s^2}{4}\left(\frac{\sigma_y^2 - \sigma_x^2}{\sigma_x^2 \sigma_y^2} \right) \right] \tag{7.4.28}$$

如果遮盖性样式与某些欺骗性样式混合使用，有可能同时引起随机和系统参数测量误差。设系统参数测量误差在直角坐标系 x 和 y 轴的投影分别为 a 和 b，定位误差的概率密度函数为[5]

$$P(r_s) = \frac{r_s}{\sigma_x \sigma_y} \exp\left(-\frac{k r_s^2}{4} - \frac{\mu}{2} \right) \left\{ I_0\left(\frac{v r_s^2}{4} \right) I_0(r_s \sqrt{w}) + \left[2 \sum_{m=1}^{\infty} (-1)^m I_m\left(\frac{v r_s^2}{4} \right) I_{2m}(r_s \sqrt{w}) \right] \cos\left(2m \, \mathrm{arctg} \, \frac{b \sigma_x^2}{a \sigma_y^2} \right) \right\} \tag{7.4.29}$$

其中　　　　　$k = \dfrac{1}{\sigma_x^2} + \dfrac{1}{\sigma_y^2}$，　$\mu = \dfrac{a^2}{\sigma_x^2} + \dfrac{b^2}{\sigma_y^2}$，　$v = \dfrac{1}{\sigma_x^2} - \dfrac{1}{\sigma_y^2}$ 和 $w = \dfrac{a^2}{\sigma_x^4} + \dfrac{b^2}{\sigma_y^4}$

式 (7.4.29) 是两坐标雷达定位误差概率密度函数的通用模型，其他的可看作是其特殊情况。如果 $a = b = 0$，则式 (7.4.29) 简化成式 (7.4.28)。如果 $\sigma_x = \sigma_y = \sigma_{cs}$，则式 (7.4.29) 简化为

$$P(r_s) = \frac{r_s}{\sigma_{cs}^2} \exp\left(-\frac{r_s^2 + a^2 + b^2}{2\sigma_{cs}^2} \right) I_0\left(\frac{r_s}{\sigma_{cs}^2} \sqrt{a^2 + b^2} \right) \tag{7.4.30}$$

适当选择欺骗干扰的种类和参数，可使系统参数测量误差只出现在某一维上，假设出现在 x 维，其值为 a，式 (7.4.30) 可进一步简化为

$$P(r_s) = \frac{r_s}{\sigma_{cs}^2} \exp\left(-\frac{r_s^2 + a^2}{2\sigma_{cs}^2} \right) I_0\left(\frac{r_s a}{\sigma_{cs}^2} \right) \tag{7.4.31}$$

如果不但 $\sigma_x = \sigma_y = \sigma_{cs}$，而且 $a = b = 0$，两坐标雷达定位误差的概率密度函数有最简单的形式：

$$P(r_s) = \frac{r_s}{\sigma_{cs}^2} \exp\left(-\frac{r_s^2}{2\sigma_{cs}^2} \right) \tag{7.4.32}$$

计算干扰有效性需要积分式 (7.4.29)。就一般情况而言，积分该式较困难。这里用 σ_x 不等于 σ_y 时的圆概率偏差的近似计算方法，用等效圆形分布近似椭圆分布。令式 (5.1.5) 左边等于圆概率偏差 $1.177\sigma_{cs}$（σ_{cs} 为等效圆形分布的均方差），对 σ_{cs} 求解得等效圆形分布的均方差：

$$\sigma_{cs} \approx \sqrt{\sigma_x \sigma_y} \tag{7.4.33}$$

用三坐标雷达的定位误差评估干扰有效性也存在上述问题。用类似式 (7.4.33) 的等效处理方法，将椭球分布用等体积的球形分布近似，等效球形分布的均方差近似为

$$\sigma_{bs} \approx \sqrt[3]{\sigma_x \sigma_y \sigma_z} \tag{7.4.34}$$

对随机参数测量误差等效处理后，式 (7.4.23) 近似为

$$\begin{cases} P(r_x) = \dfrac{1}{\sqrt{2\pi}\sigma_{bs}} \exp\left(-\dfrac{r_x^2}{2\sigma_{bs}^2} \right) \\[3mm] P(r_y) = \dfrac{1}{\sqrt{2\pi}\sigma_{bs}} \exp\left(-\dfrac{r_y^2}{2\sigma_{bs}^2} \right) \\[3mm] P(r_z) = \dfrac{1}{\sqrt{2\pi}\sigma_{bs}} \exp\left(-\dfrac{r_z^2}{2\sigma_{bs}^2} \right) \end{cases} \tag{7.4.35}$$

设两坐标雷达的系统定位误差在 x、y 轴上的投影分别为 a 和 b，用圆形分布近似椭圆分布后，其定位误差在直角坐标系每维的概率密度函数近似为

$$\begin{cases} P(r_x) = \dfrac{1}{\sqrt{2\pi}\sigma_{cs}} \exp\left[-\dfrac{(r_x - a)^2}{2\sigma_{cs}^2} \right] \\[3mm] P(r_y) = \dfrac{1}{\sqrt{2\pi}\sigma_{cs}} \exp\left[-\dfrac{(r_y - b)^2}{2\sigma_{cs}^2} \right] \end{cases} \tag{7.4.36}$$

遮盖性干扰只能引起随机定位误差，用球形分布近似椭球分布后，由式(7.4.35)容易得到三坐标雷达定位误差的概率密度函数，它近似服从马克斯韦尔(Maxwell)分布：

$$P(r_s) \approx \begin{cases} \dfrac{2r_s^2}{\sqrt{2\pi}\sigma_{bs}^3} \exp\left(-\dfrac{r_s^2}{2\sigma_{bs}^2} \right) & r_s > 0 \\[3mm] 0 & \text{其他} \end{cases} \tag{7.4.37}$$

与两坐标雷达一样，也可通过选择合适的欺骗干扰样式和参数，使三坐标雷达的系统参数测量误差仅出现在直角坐标系的一维上，假设只出现在 z 轴上，其值为 a。按照式(7.4.37)的分析方法得该情况下三坐标雷达定位误差的概率密度函数：

$$P(r_s) = \dfrac{r_s}{\sqrt{2\pi}a\sigma_{bs}} \left\{ \exp\left[-\dfrac{(r_s - a)^2}{2\sigma_{bs}^2} \right] - \exp\left[-\dfrac{(r_s + a)^2}{2\sigma_{bs}^2} \right] \right\} \tag{7.4.38}$$

定位误差为效益型指标。根据干扰有效性的定义，对于两坐标雷达，从 $R_{est} \sim \infty$ 积分式(7.4.30)和式(7.4.32)得依据定位误差评估的遮盖性干扰有效性：

$$E_{rs} = \begin{cases} \exp\left(-\dfrac{R_{est}}{\sqrt{2}\sigma_{cs}} \right)^2 & a = b = 0 \\[4mm] 1 - \left\{ \exp\left(-\dfrac{R_{est}^2 + a^2 + b^2}{2\sigma_{cs}^2} \right) \displaystyle\sum_{n=1}^{\infty} \left[\left(\dfrac{R_{est}}{\sqrt{a^2 + b^2}} \right)^n I_n\left(\dfrac{R_{est}\sqrt{a^2 + b^2}}{\sigma_{cs}^2} \right) \right] \right\} & \text{其他} \end{cases} \tag{7.4.39}$$

对于三坐标雷达，从 $R_{est} \sim \infty$ 积分式(7.4.37)和式(7.4.38)得依据定位误差评估的遮盖性干扰有效性：

$$E_{rs} = \begin{cases} 1 - \left\{ F\left(\dfrac{R_{est}}{\sqrt{2}\sigma_{bs}} \right) + \dfrac{2R_{est}}{\sqrt{2\pi}\sigma_{bs}} \exp\left[-\left(\dfrac{R_{est}}{\sqrt{2}\sigma_{bs}} \right)^2 \right] \right\} & a = 0 \\[4mm] 1 - \dfrac{\sigma_{bs}}{\sqrt{2\pi}a} \left\{ \exp\left[-\dfrac{(R_{est} + a)^2}{2\sigma_{bs}^2} \right] - \exp\left[-\dfrac{(R_{est} - a)^2}{2\sigma_{bs}^2} \right] \right\} - \dfrac{1}{2} \left[F\left(\dfrac{R_{est} - a}{\sqrt{2}\sigma_{bs}} \right) + F\left(\dfrac{R_{est} + a}{\sqrt{2}\sigma_{bs}} \right) \right] & a \neq 0 \end{cases} \tag{7.4.40}$$

其中 $F(*)$ 定义为

$$F(x) = \dfrac{2}{\sqrt{\pi}} \int_0^x \exp(-t^2)\, dt$$

7.4.4.3　引导概率及干扰有效性

军用搜索雷达直接、间接联系着跟踪雷达，如果只干扰目标指示雷达，不干扰跟踪雷达，可从检测概率和引导概率评估干扰效果和干扰有效性。7.3.3 节已讨论了依据检测概率评估干扰效果和干扰有效性的方法，这里讨论根据引导概率评估干扰效果和干扰有效性的方法。

多数早期的目标指示雷达是两坐标的，只能为跟踪雷达提供目标的距离和方位数据，由专门的测高雷达提供目标的高度或折算成仰角，由人工完成仰角或高度引导。现代目标指示雷达多数是三坐标的，能对跟踪雷达进行距离、方位和仰角三维引导。7.4.2 节已说明可用三参数独立引导概率之积表示总引导概率。每维引导参数的测量误差服从正态分布，见式(7.4.6)。设跟踪雷达第 i 维引导参数的捕获搜索范围为 $\pm\varepsilon_i$，积分式(7.4.6)得指示目标第 i 维引导参数落入跟踪雷达对应捕获搜索范围内的概率：

$$P_{gi} = \int_{-\varepsilon_i}^{\varepsilon_i} \frac{1}{\sqrt{2\pi}\sigma_i} \exp\left[-\frac{(x_i - x_{mi})^2}{2\sigma_i^2}\right] de_i = 2\phi\left(\frac{\varepsilon_i}{\sigma_i}\right) \tag{7.4.41}$$

式(7.4.41)中 i 的取值为 1，2，3，其中 P_{g1}、P_{g2}、P_{g3} 和 $\pm\varepsilon_1$、$\pm\varepsilon_2$、$\pm\varepsilon_3$ 分别为距离、方位角、仰角引导概率和跟踪雷达对应维的捕获搜索范围。由式(7.4.3)得目标指示雷达成功引导跟踪雷达的概率：

$$P_g = \prod_{i=1}^{3} P_{gi} \tag{7.4.42}$$

设跟踪雷达对引导概率的要求为 P_{gst}，引导概率为成本型指标，其值越小越好。用引导概率确定遮盖性干扰是否有效的判别式为

$$\begin{cases} 干扰有效 & \bar{P}_g \leqslant P_{gst} \\ 干扰无效 & 其他 \end{cases} \tag{7.4.43}$$

如果跟踪雷达在捕获搜索区检测指示目标的概率很高，可把作战要求的捕获概率 P_{ast} 作为引导概率的干扰有效性评价指标。此时干扰是否有效的判别式为

$$\begin{cases} 干扰有效 & \bar{P}_g \leqslant P_{ast} \\ 干扰无效 & 其他 \end{cases} \tag{7.4.44}$$

如果目标指示雷达没受遮盖性干扰，只需令式(7.4.41)的参数测量均方差等于机内噪声的数值 σ_{si}，可得在机内噪声作用下第 i 维的引导概率，这里称其为第 i 维的固有引导概率：

$$P_{gsi} = 2\phi\left(\frac{\varepsilon_i}{\sigma_{si}}\right) \tag{7.4.45}$$

其中 P_{gs1}、P_{gs2} 和 P_{gs3} 分别为在机内噪声作用下距离维、方位维和仰角维的引导概率，把 P_{gsi} 代入式(7.4.3)得在机内噪声作用下的总引导概率：

$$P_{hg} = \prod_{i=1}^{3} P_{gsi} = \prod_{i=1}^{3}\left[2\phi\left(\frac{\varepsilon_i}{\sigma_{si}}\right)\right] \tag{7.4.46}$$

总引导概率是各维引导概率之积。各维引导概率的最大值不大于 1，其乘积不会大于其中的最小值，因此可用 P_{gi} 和 P_{gsi} 中的最小值近似引导概率。

依据引导概率评估干扰有效性需要引导概率的概率密度函数，无论直接计算或微分式(7.4.42)都得不到简单形式的概率密度函数。当捕获搜索区确定后，引导概率仅为参数测量误差的函数。若把干扰有效性的评价指标转换成对参数测量误差的要求，就能根据参数测量误差的概率密度函数评估干扰有效性，为此需要转换干扰有效性的评价指标。令式(7.4.41)的引导概率等于有效干扰要求的捕获概率 P_{ast} 或引导概率 P_{gst}，再对 σ_i 求解得有效干扰要求的参数测量误差 σ_{sti}：

$$\sigma_{sti} = \varepsilon_i / \phi^{-1}(0.5P_{ast}) \tag{7.4.47}$$

或

$$\sigma_{sti} = \varepsilon_i / \phi^{-1}(0.5P_{gst})$$
(7.4.48)

其中 σ_{st1}、σ_{st2} 和 σ_{st3} 分别为距离维、方位维和仰角维参数测量误差的干扰有效性评价指标。

　　参数测量误差大于等于 σ_{sti} 的概率就是依据第 i 个参数测量误差评估的干扰有效性。参数测量误差越大对干扰越有利。从 $\sigma_{sti} \sim \infty$ 积分式(7.4.14)和式(7.4.15)得依据第 i 维引导概率评估的干扰有效性：

$$E_{gi} = \begin{cases} 1 - \exp\left(-\dfrac{\bar{\sigma}_i^2}{\sigma_{st}^2}\right) & \text{斯韦林 I、II 型起伏目标} \\[3mm] 1 - \left(1 + 2\dfrac{\bar{\sigma}_i^2}{\sigma_{st}^2}\right)\exp\left(-2\dfrac{\bar{\sigma}_i^2}{\sigma_{st}^2}\right) & \text{斯韦林 III、IV 型起伏目标} \end{cases}$$
(7.4.49)

由式(1.2.21)得依据引导概率评估的遮盖性样式对搜索雷达和跟踪雷达组成的联合系统的干扰有效性：

$$E_g = 1 - \prod_{i=1}^{3}(1 - E_{gi})$$
(7.4.50)

每维引导独立进行，任一维的参数测量误差大于其对应的捕获搜索范围，就能获得有效干扰效果，因此可用其中的最大值近似干扰有效性，即

$$E_g = \underset{1 \leq i \leq 3}{\text{MAX}}\{E_{gi}\}$$
(7.4.51)

　　用机内噪声作用下的参数测量误差 $\bar{\sigma}_{si}$ 替换式(7.4.49)的 $\bar{\sigma}$ 得在机内噪声作用下第 i 维引导概率大于等于要求值的概率 E_{hgi}：

$$E_{hgi} = \begin{cases} 1 - \exp\left(-\dfrac{\bar{\sigma}_{si}^2}{\sigma_{sti}^2}\right) & \text{斯韦林 I、II 型起伏目标} \\[3mm] 1 - \left(1 + 2\dfrac{\bar{\sigma}_{si}^2}{\sigma_{sti}^2}\right)\exp\left(-2\dfrac{\bar{\sigma}_{si}^2}{\sigma_{sti}^2}\right) & \text{斯韦林 III、IV 型起伏目标} \end{cases}$$
(7.4.52)

在机内噪声作用下，引导概率大于等于要求值的概率近似为

$$E_{hg} = \underset{1 \leq i \leq 3}{\text{MAX}}\{E_{hgi}\}$$
(7.4.53)

E_{hg} 很小(接近 0)，一般可忽略其影响。

7.4.4.4　捕获概率及干扰有效性

　　遮盖性样式干扰捕获状态的效果用捕获概率表示。捕获概率包含引导概率和跟踪雷达在捕获搜索区发现指示目标的概率。单独干扰目标指示雷达或单独干扰跟踪雷达的捕获搜索状态都能降低捕获概率，同时干扰两者能获得更好的干扰效果。在实际对抗作战中存在三种情况：一、只干扰目标指示雷达；二、只干扰跟踪雷达的捕获搜索状态；三、同时干扰目标指示雷达和跟踪雷达的捕获搜索状态。

　　跟踪雷达的捕获搜索区不大，可用目标位于捕获搜索区中心分辨单元的检测概率 P_c 近似整个捕获搜索的平均检测概率。式(7.4.4)为此种情况下的捕获概率：

$$P_{\mathrm{a}} \approx P_{\mathrm{g}} P_{\mathrm{c}} \tag{7.4.54}$$

P_{g} 由 7.4.4.3 节的有关模型确定。计算 P_{c} 前,先作三点假设:一、指示目标位于捕获搜索区中心分辨单元,它到雷达的距离为 R_{jc};二、战术使用方式为自卫,信干比或干信比模型中的 $K(\theta_{\mathrm{j}}) = 1$ 和 $R_{\mathrm{t}} = R_{\mathrm{j}} = R_{\mathrm{jc}}$;三、忽略杂波和机内噪声影响。由上述假设和式 (7.3.19) 得瞬时信干比 s_{js} 和平均信干比 $\bar{S}_{\mathrm{js}}$:

$$\begin{cases} s_{\mathrm{js}} = \dfrac{\sigma}{4\pi} \dfrac{P_{\mathrm{t}} G_{\mathrm{t}} L_{\mathrm{j}}}{P_{\mathrm{j}} G_{\mathrm{j}} L_{\mathrm{r}}} \dfrac{1}{R_{\mathrm{jc}}^2} \mathrm{e}^{-0.23\delta R_{\mathrm{js}}} \\[3mm] \bar{S}_{\mathrm{js}} = \dfrac{\bar{\sigma}}{4\pi} \dfrac{P_{\mathrm{t}} G_{\mathrm{t}} L_{\mathrm{j}}}{P_{\mathrm{j}} G_{\mathrm{j}} L_{\mathrm{r}}} \dfrac{1}{R_{\mathrm{jc}}^2} \mathrm{e}^{-0.23\delta R_{\mathrm{js}}} \end{cases} \tag{7.4.55}$$

由式 (7.3.18) 得瞬时干信比 j_{js} 和平均干信比 $\bar{J}_{\mathrm{js}}$:

$$\begin{cases} j_{\mathrm{js}} = \dfrac{4\pi}{\sigma} \dfrac{P_{\mathrm{j}} G_{\mathrm{j}} L_{\mathrm{r}}}{P_{\mathrm{t}} G_{\mathrm{t}} L_{\mathrm{j}}} R_{\mathrm{jc}}^2 \mathrm{e}^{0.23\delta R_{\mathrm{js}}} \\[3mm] \bar{J}_{\mathrm{js}} = \dfrac{4\pi}{\bar{\sigma}} \dfrac{P_{\mathrm{j}} G_{\mathrm{j}} L_{\mathrm{r}}}{P_{\mathrm{t}} G_{\mathrm{t}} L_{\mathrm{j}}} R_{\mathrm{jc}}^2 \mathrm{e}^{0.23\delta R_{\mathrm{js}}} \end{cases} \tag{7.4.56}$$

把平均信干比和跟踪雷达要求的虚警概率分别代入式 (3.2.13) 和式 (3.2.14) 得检测斯韦林 Ⅰ、Ⅱ 型起伏目标的概率:

$$P_{\mathrm{d1}} = (P_{\mathrm{fa}})^{1/(1+\bar{S}_{\mathrm{js}})} \tag{7.4.57}$$

和检测斯韦林 Ⅲ、Ⅳ 型起伏目标的概率:

$$P_{\mathrm{d1}} = \left(\frac{\bar{S}_{\mathrm{js}}}{2 + \bar{S}_{\mathrm{js}}} \right) \left(1 + \frac{2}{\bar{S}_{\mathrm{js}}} - \frac{\ln P_{\mathrm{fa}}}{1 + 0.5\bar{S}_{\mathrm{js}}} \right) \exp\left(\frac{\ln P_{\mathrm{fa}}}{1 + 0.5\bar{S}_{\mathrm{js}}} \right) \tag{7.4.58}$$

把 P_{d1} 代入式 (3.2.15) 得基于 m 个脉冲的滑窗检测概率:

$$P_{\mathrm{c}} = \sum_{n=k}^{m} C_m^n P_{\mathrm{d1}}^n (1 - P_{\mathrm{d1}})^{m-n} \tag{7.4.59}$$

式 (7.4.59) 没定义的符号见式 (3.2.15)。对于其他检测方法,根据目标的起伏模型,用式 (3.2.19) ~ 式 (3.2.23) 之一估算有关的积累检测概率。把引导概率 P_{g} 和检测概率 P_{c} 代入式 (7.4.54) 得捕获概率。

　　上面的情况只适合同时干扰目标指示雷达和跟踪雷达的捕获搜索状态。如果只干扰目标指示雷达,遮盖性干扰只影响引导概率 P_{g},P_{c} 仅受跟踪雷达机内噪声的影响。如果信噪比很高,$P_{\mathrm{c}} \approx 1$,P_{a} 近似等于 P_{g}。如果目标较远或信噪比较低,P_{c} 小于 1,需要根据实际情况估算 P_{c}。令式 (7.3.18) 和式 (7.3.19) 的 $R_{\mathrm{j}} = R_{\mathrm{jc}}$ 和目标的雷达截面 σ 等于其平均值 $\bar{\sigma}$ 得平均信噪比和平均噪信比:

$$\begin{cases} \bar{S}_{\mathrm{sn}} = \dfrac{P_{\mathrm{t}} G_{\mathrm{t}}^2 \bar{\sigma} \lambda^2}{(4\pi)^3 R_{\mathrm{t}}^4 L_{\mathrm{r}} KT_{\mathrm{t}} \Delta f_{\mathrm{r}} F_{\mathrm{n}}} \mathrm{e}^{-0.46\delta R_{\mathrm{t}}} \\[3mm] \bar{J}_{\mathrm{sn}} = \dfrac{(4\pi)^3 R_{\mathrm{t}}^4 L_{\mathrm{r}} KT_{\mathrm{t}} \Delta f_{\mathrm{r}} F_{\mathrm{n}}}{P_{\mathrm{t}} G_{\mathrm{t}}^2 \bar{\sigma} \lambda^2} \mathrm{e}^{0.46\delta R_{\mathrm{t}}} \end{cases} \tag{7.4.60}$$

用 $\bar{S}_{\mathrm{sn}}$ 替换式 (7.4.57) 和式 (7.4.58) 的 $\bar{S}_{\mathrm{js}}$ 得雷达在机内噪声作用下对两类起伏目标基于单个脉冲的

检测概率 P_{dn1}。把 P_{dn1} 代入式 (7.4.59) 得在 m 个脉冲基础上发现指示目标的概率 P_{cs}。此情况的引导概率由式 (7.4.42) 确定。把 P_g 和 P_{cs} 代入式 (7.4.54) 得只干扰目标指示雷达的捕获概率。

如果只干扰跟踪雷达的捕获搜索状态，不干扰目标指示雷达，引导概率 P_{hg} 由式 (7.4.46) 确定。跟踪雷达发现指示目标的概率 P_c 由式 (7.4.59) 确定。把 P_{hg} 和 P_c 代入式 (7.4.54) 得只干扰跟踪雷达捕获搜索状态的捕获概率：

$$P_a = P_{hg} P_c \tag{7.4.61}$$

设干扰有效性的捕获概率评价指标为 P_{ast}，捕获概率为成本型指标，干扰是否有效的判别式为

$$\begin{cases} \text{干扰有效} & P_a \leqslant P_{ast} \\ \text{干扰无效} & \text{其他} \end{cases} \tag{7.4.62}$$

引导和捕获两事件独立，只有引导成功了，捕获才可能成功。可用式 (1.2.21) 或式 (1.2.22) 计算干扰有效性。为此需要分别依据引导概率和检测概率评估干扰有效性。式 (7.4.51) 和式 (7.4.53) 是有、无遮盖性干扰条件下依据引导概率评估的干扰有效性 E_g 和 E_{hg}。跟踪雷达捕获阶段检测目标的情况与搜索雷达相同，只要把干扰有效性的检测概率评价指标转换成对干信比的要求，就能用干信比代替检测概率评估有关的干扰有效性。用 P_{ast} 替换式 (7.3.58) 的 P_{dst}，就能把对捕获概率的要求转换成对干信比的要求：

$$K_{jd} = F_d \sqrt{\frac{\ln P_{ast}}{\ln P_{fa} - \ln P_{ast}}} \tag{7.4.63}$$

上式适合斯韦林Ⅰ、Ⅱ型起伏目标。根据要求的捕获概率 P_{ast} 和虚警概率 P_{fa}，查图 6.4.10 的曲线得等效检测因子 $\overline{D}_{34}$，再用式 (7.3.59) 得遮盖性干扰对斯韦林Ⅲ、Ⅳ型起伏目标的压制系数：

$$K_{jd} = F_d / \overline{D}_{34} \tag{7.4.64}$$

式 (7.4.63) 和式 (7.4.64) 没定义的符号见式 (7.3.58) 和式 (7.3.59)。把式 (7.4.56) 的瞬时干信比 j_{js} 和平均干信比 $\overline{J}_{js}$ 代入式 (7.3.22) 和式 (7.3.23) 得斯韦林Ⅰ、Ⅱ型和Ⅲ、Ⅳ型起伏目标干信比的概率密度函数。按照式 (7.3.24) 和式 (7.3.25) 的处理方法得依据捕获概率评估的干扰有效性：

$$E_{pc} = \begin{cases} 1 - \exp\left(-\dfrac{\overline{J}_{js}}{K_{jd}}\right) & \text{斯韦林Ⅰ、Ⅱ型起伏目标} \\ 1 - \left(1 + 2\dfrac{\overline{J}_{js}}{K_{jd}}\right)\exp\left(-2\dfrac{\overline{J}_{js}}{K_{jd}}\right) & \text{斯韦林Ⅲ、Ⅳ型起伏目标} \end{cases} \tag{7.4.65}$$

用式 (7.4.60) 的平均噪信比 $\overline{J}_{sn}$ 代替上两式的平均干信比 $\overline{J}_{js}$ 得噪信比大于等于压制系数的概率：

$$E_{hpc} = \begin{cases} 1 - \exp\left(-\dfrac{\overline{J}_{sn}}{K_{jd}}\right) & \text{斯韦林Ⅰ、Ⅱ型起伏目标} \\ 1 - \left(1 + 2\dfrac{\overline{J}_{sn}}{K_{jd}}\right)\exp\left(-2\dfrac{\overline{J}_{sn}}{K_{jd}}\right) & \text{斯韦林Ⅲ、Ⅳ型起伏目标} \end{cases} \tag{7.4.66}$$

根据 E_g、E_{hg}、E_{pc} 和 E_{hpc} 的值，由式 (1.2.21) 得依据捕获概率评估的干扰有效性：

同时干扰目标指示雷达和跟踪雷达捕获搜索状态时依据捕获概率评估的干扰有效性为

$$E_a = 1 - (1 - E_g)(1 - E_{pc}) \tag{7.4.67}$$

只干扰目标指示雷达时依据捕获概率评估的干扰有效性为

$$E_a = 1 - (1 - E_g)(1 - E_{hpc}) \tag{7.4.68}$$

只干扰跟踪雷达捕获搜索状态时依据捕获概率评估的干扰有效性为

$$E_a = 1 - (1 - E_{hg})(1 - E_{pc}) \tag{7.4.69}$$

如果只作近似计算，可分别用 E_g 和 E_{pc}、E_{hg} 和 E_{hpc} 中的较大者近似三种情况依据捕获概率评估的干扰有效性。

跟踪雷达的捕获工作阶段十分重要，但该过程时间短而且干扰机难以把握干扰时机。所以，干扰机一般不专门干扰跟踪雷达的捕获搜索状态。如果只有一部干扰机，要么单独干扰搜索雷达，要么单独干扰跟踪雷达。

7.4.4.5　综合干扰效果和干扰有效性

目标指示雷达的目标检测器同时承担目标检测和参数测量的任务，遮盖性样式能降低检测概率，也能增加参数测量误差。7.3 节只讨论了遮盖性样式对雷达检测概率的影响，没有涉及对参数测量的干扰效果。7.4 节仅讨论了该样式对参数测量的干扰效果，又没涉及对目标检测的干扰作用。搜索雷达或目标指示雷达单独工作时，可根据检测概率或参数测量误差单方面评估遮盖性干扰效果和干扰有效性。在作战应用中，目标指示雷达联系着武器或武器系统的跟踪雷达，其检测概率和参数测量误差同时影响上级设备的作战能力，需要研究该样式对目标指示雷达的目标检测和参数测量的综合干扰效果。

遮盖性样式对搜索雷达的综合干扰效果表现为两方面：一方面是有目标但没检测到目标的概率，另一方面是发现了目标但因参数测量误差而使引导失败的概率。只要上述两事件中有一件发生，目标就能得到保护。遮盖性样式对目标指示雷达的目标检测和参数测量的综合干扰效果为

$$P_{rz} = (1 - P_{rd}) + P_{rd}(1 - P_g) = 1 - P_{rd}P_g \tag{7.4.70}$$

其中 P_{rd} 和 P_g 分别为目标指示雷达发现目标的概率和引导概率。P_{rz} 是遮盖性样式对搜索雷达的综合干扰效果，可用其判断干扰是否有效。

设有效干扰对综合干扰效果的要求为 P_{zst}，P_{zst} 近似等于有效干扰要求的捕获概率 P_{ast}。P_{rz} 越大越好，为效益型指标。根据实际可获得的综合干扰效果 P_{rz}，用式 (1.2.4) 判断干扰是否有效。式 (7.3.60) 为依据检测概率评估的干扰有效性 E_{pd}，式 (7.4.51) 为依据引导概率评估的干扰有效性 E_g。为了可靠，用式 (1.2.22) 估算综合干扰有效性：

$$E_{rz} = \mathrm{MAX}\{E_{pd}, E_g\} \tag{7.4.71}$$

按照上述分析方法，也能得到遮盖性样式对目标指示雷达和跟踪雷达组成的系统的综合干扰效果和干扰有效性。跟踪雷达不能捕获指定目标进入跟踪状态，干扰有效或目标能得到保护，其条件为：一、目标指示雷达没发现目标；二、发现目标但引导失败；三、引导正确但跟踪雷达在捕获搜索区没有发现指示目标。由上述三条件发生的概率得遮盖性样式对此系统的综合干扰效果：

$$P_{zt} = (1 - P_{rd}) + P_{rd}(1 - P_g) + P_{rd}P_g(1 - P_c) = 1 - P_{rd}P_a \tag{7.4.72}$$

和 P_{rz} 一样，P_{zt} 也是效益型指标，越大越好，用式 (1.2.4) 判断干扰是否有效。目标指示雷达发现目标和跟踪雷达捕获目标串联进行，遮盖性样式对目标指示雷达和跟踪雷达构成的系统的干扰有效性为

$$E_{zy} = 1 - (1 - E_{pd})(1 - E_a) \tag{7.4.73}$$

根据具体干扰情况，可用式 (7.4.67)～式 (7.4.69) 之一确定 E_a。

7.5　跟踪器对运动目标和遮盖性干扰的响应

　　大多数跟踪雷达有搜索和跟踪两种工作状态。遮盖性样式对搜索雷达的干扰效果和干扰有效性评估模型也适合跟踪雷达的搜索状态。跟踪状态的主要性能指标为跟踪误差。跟踪误差和搜索状态的参数测量误差有较大差别，主要体现在三个方面：一、参数测量原理和测量装置不同。搜索雷达由目标检测器开环测量目标参数，跟踪雷达用跟踪器闭环测量目标参数；二、影响参数测量误差的因素和表示形式有所不同；三、目标检测性能对自动目标跟踪性能影响不大，主要影响人工目标跟踪。

　　干扰自动目标跟踪的实质是干扰跟踪器。第 3 章从功能组成上介绍了跟踪器的特点，但没涉及跟踪器对运动目标和对遮盖性干扰的响应问题。为了解遮盖性样式对跟踪器的干扰原理，先分析跟踪器对运动目标和对遮盖性干扰的响应，然后讨论遮盖性样式对跟踪状态的干扰效果，最后分析它对雷达和雷达控制的武器或武器系统的综合干扰效果。

7.5.1　跟踪器对运动目标的响应

　　跟踪雷达有多种跟踪器，它们对运动目标的响应十分相似。这里以自动距离跟踪器为例分析它对运动目标的响应情况，其结论完全适合其他跟踪器。

　　为理解跟踪器对运动目标的响应能力，这里对 3.3.2 节有关距离跟踪器的组成和工作原理做一些补充说明。图 7.5.1 为前、后门或分裂门自动距离跟踪器的功能组成框图。自动距离跟踪器由时间鉴别器(坐标误差鉴别器)、误差信号滤波和放大器、执行机构及延时和波门产生器等组成。这里的延时和波门产生器就是 3.3.2 节距离跟踪器的波门调整器。

　　时间鉴别器是自动距离跟踪器的误差鉴别器。它有两个输入：一个是来自接收机并经过距离选通的目标回波视频信号，另一个是两个邻接脉冲组成的距离跟踪波门。时间鉴别器比较落入前、后跟踪波门内的目标回波面积得到面积差，通过积分形成与面积差成正比的距离误差信号。距离误差信号反映实际测量的目标距离与前一时刻设置距离(又称初始跟踪参数或数据)的偏差，其幅度表示偏差大小，正负表示偏离方向。距离误差信号经平滑滤波和放大等处理后送给执行机构。

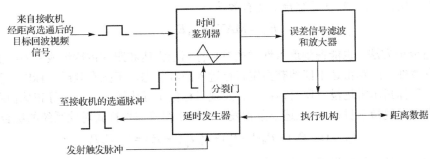

图 7.5.1　自动距离跟踪器的功能组成框图

　　距离选通脉冲由距离跟踪器产生，其宽度一般为雷达脉宽的 0.7～1 倍。3.3.2 节已说明距离选通的作用。选通波们和跟踪波门的中心位置是根据前一时刻测量的目标距离设置的(一型跟踪器)或测量的目标距离和速度设置的 (二型跟踪器)。

　　距离跟踪器的执行机构有电子式和机电式两种。机电式执行机构很复杂，但测距精度较高。

其主要组成包括直流放大器、校正电路、极性调制器、交流放大器、两相电动机，距离电位器，移相电容器和距离度盘等。距离电位器和移相电容器是距离或延时的敏感器件。距离电位器的输出称为距离电压。距离电压对应着目标的距离(粗测距离)。移相电容器控制着高稳定晶振输出信号的相位，当该信号变为脉冲串后，其相位对应着脉冲串的延时(精测距离)。直流放大器、校正电路和极性调制器等都是为电机有效工作服务的。电机按照距离误差的大小和极性调整距离电位器的输出电压、移相电容器的数值和距离度盘的指示，使距离跟踪波门和距离度盘的指示朝减少距离误差的方向移动，一旦距离误差为 0，距离跟踪波门不再移动，距离度盘停止转动。此时的距离电压代表目标的测量距离，距离度盘的指示就是目标的距离输出数据。对于一型跟踪器，此时的距离电压和脉冲串的延时就是新的初始距离跟踪数据。二型跟踪器的初始距离跟踪数据是根据测量的目标距离和速度(距离误差电压)预测的下一时刻的目标回波相对发射触发脉冲的延时，执行机构将该延时变成距离电压和脉冲串的延时。两种信号同时送延时和波门产生器。

延时和波门产生器由锯齿波电压产生器、比较器和跟踪波门及选通波门产生器等组成。延时和波门产生器有三个输入，除了执行机构来的距离电压和高稳定脉冲串外，还有发射触发脉冲。发射触发脉冲启动锯齿波电压产生器，输出线性增长的电压，该电压和一定比例的距离电压在比较器中相比，两者相同时比较器输出距离选择脉冲。距离选择脉冲和高稳定脉冲串相与，从脉冲串选出一个脉冲，该脉冲相对发射触发脉冲的延时精确等于下一时刻目标预测距离对应的延时(二型跟踪器)，用选中的脉冲触发距离跟踪波门和选通波门产生器，生成距离跟踪波门和选通波门。距离跟踪波门送时间鉴别器，选通波们送接收机的选通级。

距离跟踪器内部以时间为参数运作。设 c、Δt、V_τ 和 T 分别为光速、目标回波相对发射触发脉冲的延时、用时间变化率表示的目标速度和雷达脉冲重复周期，V_τ 与速度 V(米/秒)的关系为

$$V_\tau = \frac{V(\text{m}/\text{s})}{c(\text{m}/\mu\text{s})}$$

下面的速度和距离分别指延时变化率和相对发射触发脉冲的延时。目标当前的距离与其回波相对发射触发脉冲延时的关系为

$$R = 0.5c\Delta t \text{ 或 } \Delta t = 2R/c$$

由距离跟踪器各部分的工作原理知，跟踪器能跟踪恒速运动目标，也能响应目标速度的阶跃变化。设目标改变速度之前恒速运动，跟踪器稳定跟踪目标，当前距离对应的延时为 Δt，从某个发射触发脉冲开始其速度从 V_τ 阶跃到 V_x，两速度的方向相同，都是离开雷达。因距离选通波门和跟踪波门的中心是根据前一时刻的目标距离和速度设置的，下一时刻的目标回波脉冲必然滞后选通波门前沿一段时间，设其为 $\Delta\tau$，此时选通波门、跟踪波门与目标回波的时间关系如图 7.5.2 所示。图中的 τ 为距离选通波门、前后跟踪波门和目标回波的脉宽。$\Delta\tau$ 与目标速度的关系为

$$\Delta\tau = (V_x - V_\tau)T$$

由图 7.5.2 的时序关系知，目标回波落入前、后跟踪波门的面积分别为 $(0.5\tau - \Delta\tau)A$ 和 $0.5\tau A$。经时间鉴别器处理后的距离误差电压为

$$U_e = K_t(V_x - V)TA = K_t\Delta\tau A$$

其中 A 为跟踪器输入目标回波幅度，K_t 为时间鉴别曲线的误差斜率。U_e 经滤波放大后，被执行机构用于调整前一时刻预测的目标回波延时，使其等于目标回波当前的延时 $\Delta t + \Delta\tau$，消除目标速度

阶跃造成的测距误差。执行机构根据目标的最新距离和速度更新前一时刻设置的初始跟踪数据，即预置再下一时刻的目标距离，其对应的延时为 $\Delta t + 2\Delta\tau$。延时发生器用更新后的初始跟踪数据调整选通波门和跟踪波门中心，使其相对下一发射触发脉冲的延时为 $\Delta t + 2\Delta\tau$。如果目标速度不再变化且跟踪器正常工作，两波门中心必定对准目标下一个回波脉冲的中心。跟踪器能给出此时目标的正确距离，即能响应目标速度的阶跃变化。

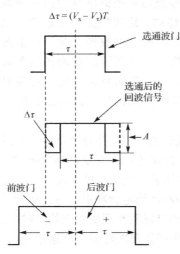

$\Delta\tau = (V_x - V_\tau)T$

选通波门

选通后的回波信号

前波门　　后波门

图 7.5.2　时间鉴别器中各信号之间的时间关系示意图

设目标从某个发射触发脉冲开始加速，加速度为恒定值 $a\,(\mu s/s^2)$，加速前瞬间的速度为 V_x，目标的距离对应的延时为 Δt。由距离跟踪原理知，目标下一回波脉冲的前沿必然滞后选通波门前沿 $0.5aT^2$（设加速度方向和径向速度方向相同，都是离开雷达）。误差鉴别器将给出 $V_e = 0.5K_taAT^2$ 的距离误差电压。执行机构根据该距离误差电压调整前一时刻预置的目标距离，消除目标机动造成的测距误差，输出目标当前的距离 $\Delta t + 0.5aT^2$。执行机构还要根据目标当前的距离 $\Delta t + 0.5aT^2$ 和速度 $V_x + aT$ 更新初始跟踪数据，即下一时刻距离选通波门和跟踪波门中心相对下一时刻发射触发脉冲的延时 $\Delta t + 1.5aT^2$。如果下一脉冲重复周期目标继续恒加速运动，除初始跟踪数据不同外，其他情况与初次加速完全相同，即距离跟踪误差为 $0.5aT^2$。目标当前的距离变为 $\Delta t + 2aT^2$，本次的速度增量为 aT，相对初次加速的速度增量为 $2aT$。目标加速后的第三个脉冲重复周期的初始跟踪数据为 $\Delta t + 4aT^2$。若目标继续恒加速下去，每个脉冲重复周期的距离误差信号相同，速度增量相同，跟踪器的工作过程完全相同。显然跟踪器能正确给出每个脉冲重复周期的目标距离，即跟踪器能响应恒加速运动目标。

从跟踪器对目标单个回波的响应情况知，跟踪器能响应目标速度、加速度变化。实际上，距离误差信号要进行较长时间的平滑，速度阶跃引起的距离跟踪误差需要多个脉冲重复周期才能完全消除。如果速度或加速度连续变化，会产生一定的跟踪误差。此种跟踪误差称为滞后误差。自动跟踪器对目标加速度的响应能力用加速度系数衡量，跟踪加速目标的性能用滞后误差表示。设距离跟踪系统的开环频率响应特性 0dB 对应的频率为 f_c，加速度系数近似等于[10]

$$K_e \approx 2.5\beta_n = 1.25f_c$$

其中 β_n 为跟踪环路或伺服系统的等效噪声带宽。如果目标的加速度为 a，滞后误差为[10]

$$\sigma_e \approx \frac{a}{K_e} = \frac{a}{2.5\beta_n} = \frac{a}{1.25f_c} \tag{7.5.1}$$

式 (7.5.1) 表明加速度系数越大，滞后误差越小，跟踪器越能响应较大加速度。因机内噪声等限制，任何跟踪器的加速度响应能力都是有限的，式 (7.5.1) 是跟踪精度和加速度响应能力的折衷结果。提高加速度系数必然增加伺服系统的带宽，会增加噪声对跟踪精度的影响。正因为如此，目标加速或机动运动会增加跟踪误差，严重时能使雷达丢失目标。由式 (7.5.1) 得使目标摆脱跟踪需要的加速度：

$$a > K_e\tau = 2.5\beta_n\tau = 1.25f_c\tau \tag{7.5.2}$$

其中 τ 为距离选通波门的宽度。

7.5.2　跟踪器对遮盖性干扰的响应

7.5.1 节说明无干扰时跟踪器能跟踪恒速运动目标,也能跟踪恒加速目标,还能响应目标速度的阶跃变化。只要目标的加速度在跟踪器的响应范围内,跟踪器不会丢失目标。前面的分析和结论都未涉及信噪(机内噪声)比或信干比的影响。

跟踪器在低信噪比时的性能如何?会不会丢失目标或者在什么条件下会丢失目标?参考资料[2]给出了这样的结论:"在跟踪回路中没有摩擦或类似的非线性时,即使信号小到不能肯定目标是否存在,跟踪器也能保持对目标的跟踪"。图 7.5.3 为距离选通波门、跟踪波门和经过距离选通后的遮盖性干扰波形的时间关系示意图,它能说明跟踪器对遮盖性干扰的响应情况和解释此干扰不能破坏目标跟踪的原因。

多数跟踪雷达用 AGC 规一化信号。AGC 的控制电压来自跟踪波门内的信号,只要干扰能进入跟踪波门,就会提高 AGC 的控制电压,降低接收机增益。若进入跟踪波门的干扰足够强,AGC 会把接收机的增益变得很小,目标回波得不到足够的放大,完全有可能出现目标检测器和雷达操作员都不能确定是否有目标存在的情况。遮盖性干扰的持续时间较长,可覆盖雷达的多个脉冲重复周期。在持续干扰时间内,不管距离选通波门或跟踪波门中心处于什么位置,经过距离选通波门后的信号,都能形成一个与选通波门一样宽的噪声脉冲,如图 7.5.3 所示。跟踪波门的中心在时间上始终能与选通后的噪声脉冲中心一致,即落入前后两波门的噪声脉宽相等。虽然落入两波门的噪声幅度是随机起伏的,因跟踪器的带宽很窄,平滑时间长且高质量噪声的自相关时间远小于选通波门的宽度。

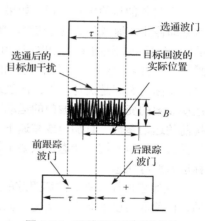

图 7.5.3　距离跟踪器对遮盖性干扰的响应示意图

经过长时间平滑后,落入前后波门的噪声均值相等,没有系统误差。跟踪波门不会朝一个方向运动,二型跟踪器会误认为目标处于恒速运动状态,将根据放干扰前瞬间测量的目标速度和加速度预置跟踪波门。放干扰前,信噪比高,参数测量精度高,控制跟踪波门的参数基本上与目标的一致。因此尽管目标检测器或操作员都不能确定是否存在目标,实际上跟踪波门内一直存在目标,或者说只要干扰一停,目标就会出现在跟踪波门内。如果遮盖性干扰不够强或间断干扰,误差鉴别器能鉴别目标运动参数的变化,跟踪波门的移动方向和移动大小将受目标控制,跟踪器更不会丢失目标。只要在干扰期间目标不改变运动参数,跟踪器就能将目标一直跟踪下去,不会丢失目标。

进入前、后两跟踪波门的遮盖性干扰有相同的均值,不能引起系统跟踪误差,但干扰的方差不为 0。方差使跟踪波门围绕其中心左右摆动,形成随机跟踪误差。随机跟踪误差的大小与进入跟踪波门的干扰方差有关,此方差近似等于进入跟踪器的遮盖性干扰功率。6.4.3.5 节已说明高质量噪声干扰引起的跟踪误差不会超过波门宽度[2]。如果噪声幅度起伏较慢或噪声质量较差,可能产生较大的随机误差。品质因素较差的遮盖性干扰掩盖目标回波的效果差,操作员可能发现目标,并进行人工干预,同样不能提高干扰效果。

试验结果也能证明上述结论的正确性。在某次对抗试验中记录到这样的数据:总共飞了 17 个进入,其中有 2 个进入是一放强遮盖性干扰,雷达立即从跟踪转搜索。有 6 次是持续干扰 2~3 分钟后才丢失目标转入搜索状态的。有 9 次是在目标和雷达平台开始脱离时才丢失目标。在持续干扰 2~3 分钟后才丢失目标的 6 次中,有 5 次是放干扰后,雷达指示的目标距离很快减小到 0~2km,然后丢失目标,这时指示距离与真实距离相差 10~20km。在开始脱离时才转入搜索状态的 9 个进入中，有 7 次在开始脱离前一直能给出比较正确的目标距离和角度数据。

根据跟踪器对遮盖性干扰的响应不难解释上述试验现象。在 17 个进入中，都是雷达稳定跟踪目标后才施放连续遮盖性干扰，干扰强度足以使雷达和雷达操作员不能发现目标。对抗试验的干扰平台和雷达平台都是有机动能力的飞机。为保证两机能按规定的航线飞行，驾驶员一直在微调飞机的航向。所以尽管没有人为有意机动飞行，实际上放干扰前后，目标出现或大或小的运动速度和运动方向变化是不可避免的。这种变化有大有小，使得有时一放干扰雷达立即丢失目标，有时需要较长时间才丢失目标，还有的时候几乎一直能正确跟踪目标。从试验结果还能看出，尽管越临近脱离距离干信比越小，但丢失目标的概率反而较大。这是因为两平台开始脱离时，距离较近且角加速度较大，增加了跟踪器的滞后误差，另外，脱离时的机动是有意朝一个方向的，能形成系统滞后误差，可增加雷达丢失目标从跟踪转搜索的概率。

在另外的试验中还发现，如果目标和雷达平台相对飞行且施放干扰前瞬间目标加速，放干扰后立即停止加速或降低飞行速度，受干扰雷达指示的目标距离很快变到 0 千米附近，指示距离减小的速度比实际的快得多。如果雷达和目标两平台变为追尾方式且雷达平台速度大于目标，施放干扰前瞬间目标加速，放干扰后立即停止加速或降低飞行速度。照理讲在这种情况下，指示距离应逐渐减少，实际情况却是快速增加。产生这种现象的原因是，在强遮盖性干扰下，跟踪器不能响应目标运动参数的变化，跟踪波门的运动方向和速度被"冻结"在放干扰前瞬间的数值上，只能按放干扰前的运动参数一直加速或减速下去，这种跟踪状态就是滑动跟踪。在强遮盖性干扰下，雷达一旦丢失目标转入搜索状态，只要干扰维持不变，在最小干扰距离之外，雷达一般不能再次截获目标进入跟踪状态。

纯遮盖性样式不能破坏跟踪的原因和试验现象表明，用遮盖性样式有效干扰跟踪状态是可能的，但要满足以下条件或实施步骤：

(1)干扰必须强且品质因素高。只有强遮盖性干扰才能使跟踪器进入滑动跟踪状态。品质因素高不但能使自动目标检测器和视觉目标检测器都不能发现目标，而且能使跟踪误差的均值为 0，既可避免目标位置参数和运动参数对跟踪行为的影响，又能避免人工干预。这种干扰能迫使跟踪器依据放干扰前瞬间测量的目标参数记忆跟踪，此条件是遮盖性样式有效干扰跟踪器的必要条件。

(2)施放强遮盖性干扰且持续干扰足够长时间后，目标才进行大范围机动。跟踪器带宽窄，时间常数大，只有持续干扰时间大于跟踪器的时间常数后，干扰才能建立起足够的强度，使跟踪器进入滑动跟踪状态。

(3)持续机动运动时间足够长，至少要使其中一维的系统跟踪误差大于对应跟踪波门的宽度。

(4)当机动引起的系统跟踪误差大于跟踪波门对应宽度一段时间后，关断干扰且持续关干扰时间大于雷达的记忆跟踪时间。

有两种方法能获得对跟踪器的有效干扰效果：一、雷达一旦从跟踪转搜索，立即施放强遮盖性干扰，使雷达不能发现目标再次进入跟踪状态。二、雷达从跟踪转入搜索后暂不放干扰，等到它重新捕获目标后才放遮盖性干扰并重复前面的干扰步骤。使雷达总在跟踪和搜索之间转换，无法稳定跟踪目标。

7.6　跟踪误差与前置角误差

7.6.1　引言

　　干扰武器系统的跟踪雷达只能引起跟踪误差，跟踪误差如何影响武器的作战效果以及目标应如何机动配合才能获得更好的干扰效果，必须分析雷达的跟踪误差与武器发射前置角误差的关系。发射或投放武器必不可少的工作是计算发射提前量或前置角。前置角是指射击线与瞄准矢量的空间夹角（见 5.2.1 节）。具体处理时一般将其分解成方位前置角和俯仰前置角两个分量。发射前置角误差是武器的初始发射偏差。武器能否命中目标，还受多种因素影响，后面有专门章节讨论。这里只分析干扰引起的前置角误差和提高前置角误差的目标机动方案。

　　武器系统发射武器有一个称为瞄准的过程。在瞄准期间，武器控制系统利用雷达提供的目标当时的状态数据，不断更新前置角直到发射武器前瞬间。在瞄准期间，发射前置角及其误差是不断变化的，只有发射前瞬间的前置角误差才真正影响作战效果。本节计算的前置角误差都是指武器发射前瞬间的。

　　计算前置角不但需要武器和武器发射系统自身的信息，还需要以下三类信息：一、目标参数。主要是目标当前的位置和运动趋势的数据；二、武器运行环境的信息。主要指重力和气象信息。气象信息包括风向、风速和湿度等；三、武器发射器与提供目标信息的雷达位置及其变化关系。这里讨论干扰对武器作战能力的影响，假设武器发射器和跟踪雷达处于同一位置且固定不变。武器运行环境变化慢且作战时间较短，重力和气象现象的影响近似为常数，对干扰条件下的作战效果影响不明显。就单纯评估作战效果而言，可忽略武器运行环境的影响。

　　有的跟踪雷达有距离、方位角、仰角和速度四种跟踪器，有的只有距离、方位角和仰角三种跟踪器。不管那种跟踪雷达要稳定跟踪目标，至少要测量目标的六个参数：距离、径向速度、径向加速度、角度、角速度和角加速度。径向速度和径向加速度与距离有确定关系，他们的测量误差最终体现为距离跟踪误差。类似地，角速度和角加速度测量误差最终体现为角跟踪误差。为了便于区分和建模，这里将距离、径向速度和径向加速度划归距离维，将角度、角速度和角加速度划归角度维。

　　雷达要跟踪目标的多个参数，每个参数都有跟踪误差，它们通过火控计算机处理后都被转换成一种误差即武器发射前置角误差。其实不只是雷达引入的误差，武器系统各部分引入的误差都会被火控计算机转换成前置角误差。跟踪雷达用不同的装置独立测量目标的距离、速度和角度，影响它们测量误差的随机因素多数服从正态分布，它们各自引起的前置角误差也服从正态分布，但总前置角误差不是正态分布的，而且计算联合概率密度函数较困难。雷达和武器系统都用空间的点表示目标，用距离、方位角和仰角表示目标的位置。只要有一维的误差超过指标要求，武器就会脱靶。因此，本书把前置角误差分三种：距离维、方位维和俯仰维。用其中的较大者近似总前置角误差，用其概率分布近似总前置角误差的概率分布。本节的内容分两部分，一部分是前置角误差的建模，另一部分是确定前置角误差的概率分布。

7.6.2　跟踪误差与前置角误差

　　干扰使跟踪雷达产生跟踪误差，跟踪误差引起前置角误差。前置角误差是武器的初始发射偏差，直接影响武器的作战能力，可表示干扰效果和作战效果。跟踪误差有随机和系统两种，它们引起的前置角误差也分随机和系统两种。随机前置角误差是遮盖性干扰、机内噪声、目标闪烁和随机机动共同引起的。系统前置角误差是欺骗性干扰和目标有意朝一个方向机动造成的。7.6.1 节把前置角误差分三种：距离维、方位维和俯仰维。就前置角误差的建模方法和过程而言，方位和俯仰维相差不大，放在一起讨论，把距离维作为独立一节。

7.6.2.1　距离维跟踪误差和前置角误差

图 7.6.1 是估算距离跟踪误差引起前置角误差的原理示意图。图中假设雷达和武器发射系统处于同一点 O，战术使用方式为自卫，战斗在图示平面上进行；R、Δr、θ_d 和 $\Delta\theta_r$ 分别为发射武器前瞬间测量的目标距离、测距误差、测量的航向角和测距误差引起的前置角误差；D、C 和 θ_p 分别为目标与武器的正确碰撞点、预测碰撞点和预测前置角；V_t 和 V_m 分别为目标和武器的速度。假设除距离有测量误差外，其他参数无测量误差。由目标与武器的碰撞条件[见式(5.3.8)]得预测前置角：

$$\theta_p = \arcsin \frac{V_t \sin\theta_d}{V_m} \tag{7.6.1}$$

在三角形 AOC 中，由正弦定理得武器从发射点飞到预测碰撞点的时间：

$$t = \left| \frac{R \sin\theta_p}{V_t \sin(\theta_d + \theta_p)} \right| \tag{7.6.2}$$

如果已知目标和武器的飞行速度以及目标到武器发射系统的距离，就能知道预测的前置角和武器的运行时间。下面将 θ_p 和 t 当作已知量处理。

根据图 7.6.1 所示的关系和平面几何定理得距离跟踪误差引起的前置角误差 $\Delta\theta_r$。利用三角形 BOD、CED、BDO 和 DEO 的边角关系得：

$$OD = \frac{V_t t \sin\theta_d}{\sin(\theta_p - \Delta\theta_r)}, \quad DE = \Delta r \sin\theta_p \text{ 和 } \sin\Delta\theta_r = \frac{\Delta r \sin\theta_p \sin(\theta_p - \Delta\theta_r)}{V_t t \sin\theta_d}$$

整理上述关系得距离跟踪误差与前置角误差的关系：

$$\Delta\theta_r = \arctan\left[\frac{\Delta r \sin^2\theta_p}{V_t t \sin\theta_d + 0.5\Delta r \sin 2\theta_p} \right] \tag{7.6.3}$$

如果距离跟踪误差很小，前置角误差一定很小，把式(7.6.3)展开成级数并作一阶近似得：

$$\Delta\theta_r \approx \frac{\Delta r \sin^2\theta_p}{V_t t \sin\theta_d + 0.5\Delta r \sin 2\theta_p} \tag{7.6.4}$$

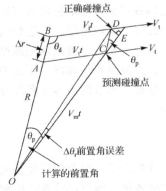

图 7.6.1　测距误差引起前置角误差的示意图

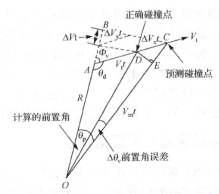

图 7.6.2　测速误差与前置角误差关系示意图

跟踪器(二型跟踪器)预测下一时刻的目标位置需要速度和加速度,火控系统计算目标与武器的碰撞点也需要目标的速度和加速度。雷达只能测量目标的径向速度,目标的径向速度与实际速度的方向由航向角确定,根据航向角可确定实际速度与径向速度的夹角(见图 7.6.2 的 θ_d 和 Φ_v)。设 ΔV、ΔV_x、V、V_t、Φ_v 和 $\Delta\theta_v$ 分别为目标的径向速度测量误差、该径向速度测量误差对应的实际速度测量误差,径向速度、实际速度、实际速度与径向速度方向的夹角和速度跟踪误差引起的前置角误差。它们的关系如图 7.6.2。图中其他符号的定义见图 7.6.1。为分析方便,假设除速度或加速度有测量误差外,目标的其他参数无测量误差。

因径向速度测量误差的影响,武器从发射器飞到预测碰撞点 C 期间,目标不是从 A 点飞到 C,而是从 A 点飞到了 D 点,C、D 两点相对雷达的张角就是测速误差引起的前置角误差。根据图 7.6.2 的关系得速度测量误差引起的前置角误差:

$$\Delta\theta_v = \arctan\left[\frac{\Delta V_x \sin(\theta_d + \theta_p)\sin\theta_p}{(V_t - \Delta V_x)\sin\theta_d + \Delta V_x \sin(\theta_d + \theta_p)\cos\theta_p}\right] \tag{7.6.5}$$

式(7.6.5)是用实际速度及其测量误差表示的前置角误差。径向速度与实际速度和径向速度测量误差与实际速度测量误差的关系为

$$V = V_t \cos\Phi_v \ \text{和} \ \Delta V = \Delta V_x \cos\Phi_v$$

把上述关系代入式(7.6.5)得:

$$\Delta\theta_v = \arctan\left[\frac{\Delta V \sin(\theta_d + \theta_p)\sin\theta_p}{(V - \Delta V)\sin\theta_d + \Delta V \sin(\theta_d + \theta_p)\cos\theta_p}\right] \tag{7.6.6}$$

如果 $(V - \Delta V)\sin\theta_d + \Delta V\sin(\theta_d + \theta_p)\cos\theta_p \gg \Delta V\sin(\theta_d + \theta_p)\sin\theta_p$,式(7.6.6)近似为

$$\Delta\theta_v \approx \frac{\Delta V \sin(\theta_d + \theta_p)\sin\theta_p}{(V - \Delta V)\sin\theta_d + \Delta V \sin(\theta_d + \theta_p)\cos\theta_p} \tag{7.6.7}$$

在一般情况下,$V \gg \Delta V$ 的关系成立,式(7.6.6)和式(7.6.7)可分别近似为

$$\Delta\theta_v \approx \arctan\left[\frac{\Delta V \sin(\theta_d + \theta_p)\sin\theta_p}{V \sin\theta_d + \Delta V \sin(\theta_d + \theta_p)\cos\theta_p}\right] \tag{7.6.8}$$

$$\Delta\theta_v \approx \frac{\Delta V \sin(\theta_d + \theta_p)\sin\theta_p}{V \sin\theta_d + \Delta V \sin(\theta_d + \theta_p)\cos\theta_p} \tag{7.6.9}$$

和测速一样,雷达也只能测量目标的径向加速度。设 Δa、Δa_x、a、a_t、Φ_a 和 $\Delta\theta_a$ 分别为目标的径向加速度测量误差、该径向加速度测量误差对应的实际加速度测量误差,径向加速度、实际加速度、实际加速度与径向加速度方向的夹角和加速度测量误差引起的前置角误差。只要把图 7.6.2 的 ΔV、ΔV_x、V、V_t、Φ_v 和 $\Delta\theta_v$ 分别换成 Δa、Δa_x、a、a_t、Φ_a 和 $\Delta\theta_a$,就能按照式(7.6.5)的推导方法得到加速度测量误差引起的前置角误差:

$$\Delta\theta_a = \arctan\left[\frac{\Delta a_x \sin(\theta_d + \theta_p)\sin\theta_p}{(a_t - a_x)\sin\theta_d + \Delta a_x \sin(\theta_d + \theta_p)\cos\theta_p}\right]$$

径向加速度与实际加速度和径向加速度测量误差与实际加速度测量误差的关系为

$$a = a_t \cos\Phi_a \ \text{和} \ \Delta a = \Delta a_x \cos\Phi_a$$

由上述关系得:

$$\Delta\theta_a = \text{arctg}\left[\frac{\Delta a\sin(\theta_d+\theta_p)\sin\theta_p}{(a-\Delta a)\sin\theta_d+\Delta a\sin(\theta_d+\theta_p)\cos\theta_p}\right] \qquad (7.6.10)$$

如果 $(a-\Delta a)\sin\theta_d+\Delta a\sin(\theta_d+\theta_p)\cos\theta_p \gg \Delta a\sin(\theta_d+\theta_p)\sin\theta_p$，按照式(7.6.7)的近似处理方法得：

$$\Delta\theta_a \approx \frac{\Delta a\sin(\theta_d+\theta_p)\sin\theta_p}{(a-\Delta a)\sin\theta_d+\Delta a\sin(\theta_d+\theta_p)\cos\theta_p} \qquad (7.6.11)$$

对于绝大多数情况，$a \gg \Delta a$ 的关系成立，式(7.6.10)和式(7.6.11)分别近似为

$$\Delta\theta_a \approx \text{arctg}\left[\frac{\Delta a\sin(\theta_d+\theta_p)\sin\theta_p}{a\sin\theta_d+\Delta a\sin(\theta_d+\theta_p)\cos\theta_p}\right] \qquad (7.6.12)$$

$$\Delta\theta_a \approx \frac{\Delta a\sin(\theta_d+\theta_p)\sin\theta_p}{a\sin\theta_d+\Delta a\sin(\theta_d+\theta_p)\cos\theta_p} \qquad (7.6.13)$$

　　不管是否有遮盖性干扰，也不管目标是否有意机动，雷达测距、测径向速度和径向加速度的随机跟踪误差都很小，它们各自引起的随机前置角误差同样很小，可对小前置角误差作进一步近似处理。如果式(7.6.4)分母中的两项满足 $V_t t\sin\theta_d \gg 0.5\Delta r\sin2\theta_p$，可去掉分母中含 Δr 的项，该式近似为

$$\Delta\theta_r \approx \frac{\Delta r\sin^2\theta_p}{V_t t\sin\theta_d} \qquad (7.6.14)$$

按照式(7.6.14)的近似处理方法，由式(7.6.9)和式(7.6.13)得：

$$\Delta\theta_v \approx \frac{\Delta V\sin(\theta_d+\theta_p)\sin\theta_p}{V\sin\theta_d} \qquad (7.6.15)$$

$$\Delta\theta_a \approx \frac{\Delta a\sin(\theta_d+\theta_p)\sin\theta_p}{a\sin\theta_d} \qquad (7.6.16)$$

　　上面的模型既适合随机跟踪误差，也适合小系统跟踪误差。不管是否有干扰。目标朝一个方向有意机动都能引起系统跟踪误差。如果遮盖性干扰能使跟踪器进入滑动跟踪状态，目标机动能引起与机动时间成正比的系统跟踪误差。如果无遮盖性干扰或干扰很弱，机动只能引起与加速度成正比的系统跟踪误差。机动就是改变目标的速度或加速度，如速度阶跃或恒加速等。设目标在强遮盖性干扰中作速度阶跃机动，阶跃量为 V_v，机动方向与径向速度方向相同，速度阶跃后的持续运动时间为 t_1，其他参数同图 7.6.1。速度阶跃引起的距离跟踪误差为 $\Delta r = V_v t_1$。如果在相同条件下目标作恒加速 a 机动，持续机动时间仍为 t_1，由此引起的距离跟踪误差为 $\Delta r=0.5a t_1^2$。如果遮盖性干扰较弱，此机动只能引起距离滞后误差，其值为

$$\Delta r = \frac{a}{2.5\beta_{ns}^2}$$

上式其他符号的定义见式(3.3.26)。把三种机动方式引起的距离跟踪误差分别代入式(7.6.3)得三种系统前置角误差：

$$\Delta\theta_{pr} = \begin{cases} \Delta\theta_{rv} & \text{速度阶跃机动} \\ \Delta\theta_{ra} & \text{恒加速度机动} \\ \Delta\theta_{rz} & \text{无干扰，恒加速度机动} \end{cases} \qquad (7.6.17)$$

7.6.2.2　角度维跟踪误差与前置角误差

图 7.6.3 为直角坐标系中角跟踪误差引起前置角误差的原理示意图。图中 A 和 B 分别为正确碰撞点和预测碰撞点，R、α 和 β 分别为发射武器前瞬间的目标斜距、方位角和仰角，$\Delta\theta_\phi$、$\Delta\alpha$ 和 $\Delta\beta$ 分别为该时刻的空间前置角误差、方位角和仰角跟踪误差。如果把空间前置角误差分解成方位和俯仰两个分量，则 $\Delta\alpha$ 和 $\Delta\beta$ 就是方位和俯仰前置角误差。与距离和速度跟踪误差对前置角误差的影响不同，角度维跟踪误差直接引起前置角误差。假设除角跟踪误差外，用于计算前置角的其他参数无测量误差。

根据图 7.6.3 所示的关系和两矢量（OA 和 OB）夹角余弦的计算公式得：

$$\cos\Delta\theta_\phi = \cos(\beta+\Delta\beta)\cos\beta\cos\Delta\alpha + \sin(\beta+\Delta\beta)\sin\beta \tag{7.6.18}$$

由上式得空间前置角误差：

$$\Delta\theta_\phi = \arccos[\cos(\beta+\Delta\beta)\cos\beta\cos\Delta\alpha + \sin(\beta+\Delta\beta)\sin\beta] \tag{7.6.19}$$

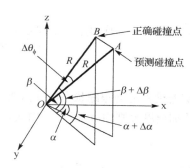

图 7.6.3　测角误差引起前置角误差的机理示意图

根据测角误差在式（7.6.19）中的关系可得以下三种特殊情况的前置角误差：一，如果无角跟踪误差，即 $\Delta\alpha$ 和 $\Delta\beta$ 同时为 0，前置角误差为 0；二，如果方位角跟踪误差为 0，空间前置角误差等于仰角跟踪误差，即 $\Delta\theta_\phi = \Delta\beta$；三，只有仰角和仰角跟踪误差同时为 0，方位角跟踪误差才等于其引起的空间前置角误差。如果角跟踪误差仅出现在方位角或仰角上，式（7.6.19）可写为

$$\Delta\theta_\phi = \begin{cases} \arccos[\cos^2\beta(\cos\Delta\alpha-1)+1)] & \Delta\beta=0 \\ \Delta\beta & \Delta\alpha=0 \end{cases} \tag{7.6.20}$$

如果目标在遮盖性干扰下不有意机动，角度维只有随机跟踪误差而且很小，它引起的空间前置角误差也很小。可对式（7.6.19）和式（7.6.20）作近似处理。把两式中的 $\cos\Delta\alpha$、$\cos\Delta\beta$ 和 $\cos\Delta\theta_\phi$ 展开成级数并舍去二阶以上的项（包括它们的乘积项），上两式分别近似为

$$\Delta\theta_\phi \approx \sqrt{\Delta\alpha^2\cos^2\beta + \Delta\beta^2} \tag{7.6.21}$$

$$\Delta\theta_\phi \approx \begin{cases} \Delta\alpha\cos\beta & \Delta\beta=0 \\ \Delta\beta & \Delta\alpha=0 \end{cases} \tag{7.6.22}$$

式（7.6.21）和式（7.6.22）表明，前置角误差除受角跟踪误差影响外，还与目标的仰角有关。在高仰角时，单独在方位维机动产生的前置角误差很小，最好进行俯仰上机动。在低仰角时，可单独在仰角上机动，也可单独在方位上机动，还可在两维同时机动。和距离维机动一样，角度维机动也只能改变角速度和角加速度。设在滑动跟踪状态，目标在方位维和俯仰维的角速度阶跃量为 α_v 和 β_v，阶跃后的持续运动时间为 t_2，由此引起的方位维和仰角维系统角跟踪误差分别为 $\Delta\alpha_v = \alpha_v t_2$

和 $\Delta\beta_{\mathrm{v}} = \beta_{\mathrm{v}}t_2$。如果目标在方位维和俯仰维作恒加速机动,加速度分别为 α_{a} 和 β_{a},持续时间仍为 t_2,由此引起的方位维和俯仰维系统角跟踪误差分别为 $\Delta\alpha_{\mathrm{a}} = 0.5\alpha_{\mathrm{a}}t_2^2$ 和 $\Delta\beta_{\mathrm{a}} = 0.5\beta_{\mathrm{a}}t_2^2$。把机动引起的四种系统角跟踪误差分别代入式 (7.6.19) 得两种机动方式引起的空间前置角误差:

$$\begin{cases} \Delta\theta_{\phi v} = \arccos[\cos(\beta + \Delta\beta_{\mathrm{v}})\cos\beta\cos\Delta\alpha_{\mathrm{v}} + \sin(\beta + \Delta\beta_{\mathrm{v}})\sin\beta] & \text{角速度阶跃机动} \\ \Delta\theta_{\phi a} = \arccos[\cos(\beta + \Delta\beta_{\mathrm{a}})\cos\beta\cos\Delta\alpha_{\mathrm{a}} + \sin(\beta + \Delta\beta_{\mathrm{a}})\sin\beta] & \text{恒角加速度机动} \end{cases} \quad (7.6.23)$$

把角速度阶跃机动引起的方位维和俯仰维系统角跟踪误差代入式 (7.6.20) 得这两维的系统前置角误差:

$$\begin{cases} \Delta\theta_{v\alpha} = \arccos[\cos^2\beta(\cos\Delta\alpha_{\mathrm{v}} - 1) + 1] & \text{单独方位维角速度阶跃机动} \\ \Delta\theta_{v\beta} = \Delta\beta_{\mathrm{v}} & \text{单独俯仰维角速度阶跃机动} \end{cases} \quad (7.6.24)$$

把恒角加速度机动引起的方位维和俯仰维系统角跟踪误差代入式 (7.6.20) 得这两维的系统前置角误差:

$$\begin{cases} \Delta\theta_{a\alpha} = \arccos[\cos^2\beta(\cos\Delta\alpha_{\mathrm{a}} - 1) + 1] & \text{单独方位维恒加速度机动} \\ \Delta\theta_{a\beta} = \Delta\beta_{\mathrm{a}} & \text{单独俯仰维恒加速度机动} \end{cases} \quad (7.6.25)$$

上面各式中的 β 为目标的仰角。

如果遮盖性干扰不能使角跟踪器进入滑动跟踪状态,目标朝一个方向恒角加速度机动只能引起角度滞后误差。设方位角和仰角加速度分别为 a_α 和 a_β,由式 (3.3.33) 得方位角和仰角滞后跟踪误差:

$$\Delta\alpha_{\mathrm{s\beta}} \approx \frac{a_\beta}{2.56\beta_{\mathrm{n\theta}}^2} \text{ 和 } \Delta\beta_{\mathrm{s\beta}} \approx \frac{a_\beta}{2.56\beta_{\mathrm{n\theta}}^2}$$

上两式没定义的符号见式 (3.3.33)。这种机动方式引起的系统角跟踪误差一般较小,把它们分别代入式 (7.6.21) 和式 (7.6.22) 得其引起的空间、方位维和俯仰维系统前置角误差:

$$\Delta\theta_{\mathrm{sa}} \approx \sqrt{\Delta\alpha_{\mathrm{sa}}^2\cos^2\beta + \Delta\beta_{\mathrm{s\beta}}^2} \quad (7.6.26)$$

$$\begin{cases} \Delta\theta_{a\alpha} \approx \Delta\theta_{\mathrm{sa}}\cos\beta \\ \Delta\theta_{a\beta} \approx \Delta\theta_{\mathrm{s\beta}} \end{cases} \quad (7.6.27)$$

假设目标只在方位维进行上述三种方式机动,它们引起的方位维系统前置角误差为

$$\Delta\theta_{\mathrm{p}\alpha} = \begin{cases} \arccos[\cos^2\beta(\cos\Delta\alpha_{\mathrm{v}} - 1) + 1] & \text{单独在方位维角速度阶跃机动} \\ \arccos[\cos^2\beta(\cos\Delta\alpha_{\mathrm{a}} - 1) + 1] & \text{单独在方位维恒角加速度机动} \\ \Delta\alpha_{\mathrm{sa}}\cos\beta & \text{无干扰,在方位维恒角加速度机动} \end{cases} \quad (7.6.28)$$

假设三种机动方式仅出现在俯仰维,它们引起的俯仰维系统前置角误差为

$$\Delta\theta_{\mathrm{p}\beta} = \begin{cases} \Delta\theta_{v\beta} & \text{单独在俯仰维角速度阶跃机动} \\ \Delta\theta_{a\beta} & \text{单独在俯仰维恒角加速度机动} \\ \Delta\theta_{\mathrm{s\beta}} & \text{无干扰,在俯仰维恒角加速度机动} \end{cases} \quad (7.6.29)$$

7.6.3 前置角误差的概率分布

跟踪误差分距离维和角度维两种,角度维又分方位维和俯仰维两种。每种跟踪误差都含随机

和系统两种成分，它们引起的前置角误差也含随机和系统两种成分。决定前置角误差概率分布形式的是其中的随机成分。影响跟踪雷达参数测量误差的随机因素主要是机内噪声、遮盖性干扰、目标闪烁和目标随机机动，其中遮盖性干扰影响最大。由跟踪器的特点知，即使很强的遮盖性干扰引起的随机跟踪误差也不会超过跟踪波门宽度，它们引起的随机前置角误差同样很小。式(7.6.14)～式(7.6.16)适合计算小距离维跟踪误差引起的前置角误差，式(7.6.24)～式(7.6.26)适合计算小角度维跟踪误差引起的前置角误差。

　　3.3.5.3 和 3.3.5.5 节讨论了影响距离维随机跟踪误差的因素，建立了有关的数学模型，分别为式(3.3.27)、式(3.3.37)或式(3.3.39)。只要把影响距离维随机跟踪误差因素的数值代入有关模型可得距离和径向速度随机跟踪误差 σ_{zs} 和 σ_{v}，由受干扰雷达说明书或统计分析可得径向加速度测量误差 σ_{a}，用它们替换式(7.6.14)～式(7.6.16)中的 Δr、ΔV 和 Δa 得随机跟踪误差引起的距离维随机前置角误差：

$$\sigma_{\theta r} = \frac{\sigma_{zs} \sin^2 \theta_p}{V_t t \sin \theta_d}, \quad \sigma_{\theta v} = \frac{\sigma_v \sin(\theta_d + \theta_p) \sin \theta_p}{V \sin \theta_d} \text{ 和 } \sigma_{\theta a} = \frac{\sigma_a \sin(\theta_d + \theta_p) \sin \theta_p}{a \sin \theta_d}$$

式中，$\sigma_{\theta r}$、$\sigma_{\theta v}$ 和 $\sigma_{\theta a}$ 分别为随机距离、径向速度和径向加速度测量误差引起的随机前置角误差。式(7.6.14)～式(7.6.16)表明 $\Delta\theta_r$、$\Delta\theta_v$ 和 $\Delta\theta_a$ 分别是 Δr、ΔV 和 Δa 的线性函数，因 Δr、ΔV 和 Δa 各自服从正态分布，故 $\Delta\theta_r$、$\Delta\theta_v$ 和 $\Delta\theta_a$ 也服从正态分布。因此，距离维三种随机前置角误差的联合概率密度函数服从正态分布，总方差是三种方差之和：

$$\sigma_{\Sigma r}^2 = \sigma_{\theta r}^2 + \sigma_{\theta v}^2 + \sigma_{\theta a}^2$$

距离维随机跟踪误差引起的总随机前置角误差为

$$\sigma_{\Sigma r} = \sqrt{\sigma_{\theta r}^2 + \sigma_{\theta v}^2 + \sigma_{\theta a}^2} \tag{7.6.30}$$

　　如果角度维无有意机动，该维只有随机跟踪误差。无论是否有遮盖性干扰，角度维的随机跟踪误差都很小。式(7.6.21)和式(7.6.22)适合计算此种情况的空间、方位维和俯仰维随机前置角误差。影响角度维随机跟踪误差的因素与距离维相同，自身服从正态分布，方位维和俯仰维随机跟踪误差服从正态分布，它们各自引起的前置角误差也服从正态分布，但是它们共同引起的空间前置角误差不是正态分布的。如果雷达使用对称波束且目标的横向和纵向尺寸相差不大，方位维和俯仰维随机跟踪误差相同，其值为

$$\sigma_{z\theta} = \sqrt{\sigma_{n\theta}^2 + \sigma_{s\theta}^2 + \sigma_{a\theta}^2}$$

上式符号的定义见式(3.3.34)。如果雷达天线波束的方位面和俯仰面的宽度或/和目标的横向和纵向尺寸相差较大，方位维和俯仰维的随机角跟踪误差不同，设其分别等于 $\sigma_{s\alpha}$ 和 $\sigma_{s\beta}$，两维的随机角跟踪误差为

$$\begin{cases} \sigma_{z\alpha} = \sqrt{\sigma_{n\theta}^2 + \sigma_{s\alpha}^2 + \sigma_{a\theta}^2} & \text{方位维} \\ \sigma_{z\beta} = \sqrt{\sigma_{n\theta}^2 + \sigma_{s\beta}^2 + \sigma_{a\theta}^2} & \text{俯仰维} \end{cases} \tag{7.6.31}$$

按照函数方差的计算方法，把 $\sigma_{z\alpha}$ 和 $\sigma_{z\beta}$ 代入式(7.6.21)得空间随机前置角误差：

$$\sigma_{\phi} \approx \sqrt{\sigma_{z\alpha}^2 \cos^2 \beta + \sigma_{z\beta}^2} \tag{7.6.32}$$

把 $\sigma_{z\alpha}$ 和 $\sigma_{z\beta}$ 代入式(7.6.22)得方位维和俯仰维随机前置角误差：

$$\begin{cases} \sigma_{\Sigma\alpha} = \sigma_{z\alpha}\cos\beta \\ \sigma_{\Sigma\beta} = \sigma_{z\beta} \end{cases} \tag{7.6.33}$$

两种类型的随机因素引起了三种类型的前置角误差 $\sigma_{\Sigma r}$、$\sigma_{\Sigma\alpha}$ 和 $\sigma_{\Sigma\beta}$，虽然三种前置角误差各自服从正态分布，但是其联合概率密度函数不是正态的。由于 7.6.1 节提到的原因，可用其中的较大者近似干扰效果，即随机前置角误差近似为

$$\sigma_{\theta} \approx \text{MAX}\{\sigma_{\Sigma r}, \sigma_{\Sigma\alpha}, \sigma_{\Sigma\beta}\} \tag{7.6.34}$$

设前置角误差变量为 θ_{sp}，总随机前置角误差的概率密度函数近似为

$$P(\theta_{sp}) \approx \frac{1}{\sqrt{2\pi}\sigma_{\theta}} \exp\left(-\frac{\theta_{sp}^2}{2\sigma_{\theta}^2}\right) \tag{7.6.35}$$

如果没有欺骗性干扰，只有目标有意机动才会引起系统前置角误差。系统前置角误差就是前置角误差概率分布的均值。目标有多种机动方式。机动可以单独在距离维进行，也可以单独在方位维或俯仰维进行。一般而言集中在一维机动的效果较好，但是受条件限制，也可能在各维同时机动。7.6.2.1 节已得到距离维三种机动方式引起的前置角系统误差 $\Delta\theta_{pr}$，7.6.2.2 节得到了方位维和俯仰维三种机动方式产生的系统前置角误差 $\Delta\theta_{p\alpha}$ 和 $\Delta\theta_{p\beta}$。按照处理随机前置角误差方法，只取其中的较大值近似总系统前置角误差，即

$$\overline{\theta}_p = MAX\{\Delta\theta_{pr}, \Delta\theta_{p\alpha}, \Delta\theta_{p\beta}\} \tag{7.6.36}$$

如果 $\overline{\theta}_p > \sigma_{\theta}$，把 $\overline{\theta}_p$ 作为总前置角误差概率密度函数的均值，并把 $\overline{\theta}_p$ 对应维的随机前置角误差的平方作为总前置角误差概率密度函数的方差 σ_p^2，否则把 σ_{θ}^2 作为 σ_p^2，把 σ_{θ} 维对应的系统前置角误差作为 $\overline{\theta}_p$。总系统前置角误差的概率密度函数近似为

$$P(\theta_{sp}) \approx \frac{1}{\sqrt{2\pi}\sigma_p} \exp\left[-\left(\frac{\theta_{sp}-\overline{\theta}_p}{\sqrt{2}\sigma_p}\right)^2\right] \tag{7.6.37}$$

7.7 遮盖性样式对跟踪雷达的干扰效果及干扰有效性

7.7.1 引言

遮盖性样式干扰目标检测器为的是压制目标回波。干扰跟踪器强调的是跟踪误差。大的干信比和高的品质因素是获得前一种干扰效果的条件。但是，即使有大的干信比和高的品质因素，纯遮盖性干扰引起的跟踪误差也不会超过跟踪波门宽度。要想引起更大的跟踪误差，必须满足更多的条件。除干扰目标检测器的条件外，还需要被保护目标机动运动相配合和一定的干扰实施步骤。

高质量强遮盖性干扰能使跟踪器进入滑动跟踪状态。在该状态，跟踪器不能感知目标运动参数的变化。利用跟踪器的这一不足可制定保护目标的机动方案和干扰实施步骤。强遮盖性干扰持续足够长时间使跟踪器进入稳定跟踪状态后，目标在距离维或角度维朝一个方向加速或减速或进行速度阶跃，就能产生与机动时间成正比的跟踪误差。只要机动时间足够长，可引起使武器脱靶的跟踪误差，但一般不会使雷达从跟踪转搜索。要获得使雷达从跟踪转搜索的干扰效果，必须在机动足够长时间后关干扰且关干扰时间大于等于跟踪器的最长记忆跟踪时间。

跟踪器响应加速度的能力有限。分析表明，不管受干扰跟踪器是否处于滑动跟踪状态，目标

有意机动都能增加干扰效果。但不同跟踪状态(滑动和非滑动)机动产生的干扰效果不同。在实际干扰中，遮盖性干扰可能使跟踪器进入滑动跟踪状态，也可能达不到进入滑动跟踪状态的强度。另外有的目标可以有意机动，有的受条件限制不能机动或不能随意机动。为方便应用，这里分四种情况讨论遮盖性样式干扰跟踪器的效果和干扰有效性：

① 滑动跟踪和目标无有意机动；

② 滑动跟踪和目标有意机动；

③ 非滑动跟踪和目标无有意机动；

④ 非滑动跟踪和目标有意机动。

和遮盖性样式干扰搜索雷达的参数测量一样，它对跟踪雷达的干扰既能影响自身的性能，也会影响其上级设备的性能。既需要依据对直接受干扰装备的影响评估干扰效果和干扰有效性，也需要根据干扰对其上级设备的影响评估干扰效果和干扰有效性。表示干扰跟踪器效果的基本参数是跟踪误差。对于直接受干扰雷达有三种表示形式：

(1)特定维或所有维的跟踪误差。雷达有多个跟踪器分别跟踪目标的不同参数，特定维是指其中的一个跟踪参数，如距离、方位角、仰角等。所有维则是指全部跟踪参数。

(2)综合跟踪误差。综合跟踪误差定义为目标的真实位置到其测试位置的距离，由所有维跟踪误差共同确定，主要是脱靶距离或前置角误差。

(3)改变雷达的工作状态。如果满足前面的实施步骤，跟踪误差达到一定程度就能使雷达改变工作状态，从跟踪转搜索。

军用跟踪雷达的上级设备一般为武器和武器系统。武器和武器系统的作战目的是摧毁目标，需要用作战效果表示干扰的影响和评估干扰有效性。前几章已说明其中的原因。作战效果可分两类：

① 对单目标的作战效果，主要描述参数为摧毁概率和生存概率；

② 对多目标的作战效果，描述参数是摧毁所有目标的概率或全部目标的生存概率和摧毁目标数或生存目标数等。

跟踪雷达对参数测量精度要求较高，而且有具体的指标要求，根据同风险准则能确定各维跟踪误差的干扰有效性评价指标。如果遵循要求的实施步骤，只要跟踪误差大于对应跟踪波门的宽度，就能使雷达从跟踪转搜索。跟踪波门的宽度可作为使雷达从跟踪转搜索的干扰有效性评价指标，实施步骤就是获得该干扰效果的条件。综合跟踪误差的评价指标就是武器的杀伤半径或脱靶距离。

摧毁概率和生存概率是武器或武器系统的战技指标，根据同风险准则能确定对单目标作战效果的评价指标。对多目标作战效果的评价指标既可从对单目标的作战效果评价指标推演得到，也可根据具体作战要求确定。

7.7.2　"滑动"跟踪条件

合理使用遮盖性干扰、准确评估遮盖性样式对跟踪器的干扰效果、正确选择目标机动方案和机动时机都需要知道跟踪器是否进入了滑动跟踪状态。分析和试验表明大信噪比时，跟踪器不但能正常感知和修正目标的指示坐标与实际坐标的偏差，还能响应目标运动参数的变化。在低信噪比时，跟踪器响应目标速度和加速度变化的能力变差，跟踪误差增加。当遮盖性干扰强到一定程度或信干比小到一定程度后，雷达和操作员都不能发现目标，跟踪器无法确定目标当前坐标与实际坐标的偏差，也不能获取目标当前的运动参数，失去正常跟踪目标的能力，只能依据放干扰前瞬间获得的目标运动参数外推跟踪它。这就是滑动跟踪状态。6.4.5 节给出了滑动跟踪需要的最小干信比，该干信比就是滑动跟踪的条件。

遮盖性干扰必须满足两个条件才能使跟踪器进入滑动跟踪状态，这两个条件也是对遮盖性干扰的两种要求。它们是高品质和高强度。当遮盖性干扰样式的品质因素确定后，使跟踪器进入滑动跟踪状态的条件由干扰强度确定。跟踪器是否进入了滑动跟踪状态由其输出端的干信比确定。

Barton 在分析跟踪器在噪声影响下丢失目标的原因时指出[11]：实际上雷达丢失目标往往是因为目标运动，伺服系统不平衡，或者信噪比还没达到−10dB 就出现低频振荡(伺服系统增益减少)所引起的。还有文章说，大多数设计良好的跟踪回路都将被高"水平"的噪声干扰"冻结"，跟踪波门将继续沿着在干扰启动前为目标建立的跟踪路径上"滑行"。这意味着，如果在干扰启动后目标机动，跟踪可能中断，雷达需要对目标再截获。如果跟踪器输出信噪比小于 1/10，跟踪电路将维持"冻结"状态。如果信噪比在 1/7～1/10 之间，跟踪有可能进行下去，也有可能丢失目标，是否丢失目标取决于目标加速度(机动)的大小。上述分析表明，当跟踪器输出信噪比小于等于 1/10 时，跟踪器将丧失正常的目标跟踪能力，只能滑动跟踪目标。信噪比在 1/7～1/10 之间时，较大机动能使跟踪器丢失目标。如果信噪比大于 1/7，跟踪器具有正常跟踪目标的能力。上述有关情况可综合成：

$$
\begin{cases}
S/N \leqslant 1/10 & \text{跟踪器丧失正常跟踪目标的能力} \\
1/10 < S/N < 1/7 & \text{目标机动可能破坏跟踪} \\
S/N \geqslant 1/7 & \text{跟踪器具有正常跟踪目标的能力}
\end{cases}
\tag{7.7.1}
$$

考虑遮盖性干扰样式品质因素影响后，式(7.7.1)可用干信比 J/S 表示为

$$
\begin{cases}
J/S \geqslant 10 & \text{跟踪器丧失正常跟踪目标的能力} \\
7 < J/S < 10 & \text{目标机动可能破坏跟踪} \\
J/S \leqslant 7 & \text{跟踪器具有正常跟踪目标的能力}
\end{cases}
\tag{7.7.2}
$$

虽然目标机动能减少进入滑动跟踪需要的干信比，但机动需要条件，不是任何目标都能机动。如果从对干扰不利的角度考虑，可把跟踪器输出干信比 $J/S=10$ 作为可靠进入滑动跟踪的条件。要与目标回波拼功率的遮盖性干扰可用干信比表示干扰效果，用压制系数评估干扰有效性。为了用压制系数判断干扰是否有效，需要把该条件转换到雷达接收机输入端。设 $(J/S)_{ti}$ 和 $(J/S)_{to}$ 分别为跟踪器输入和输出干信比，n、β_n 和 f_r 分别为跟踪器的非相参积累脉冲数，跟踪环路的闭环噪声带宽和雷达脉冲重复频率，跟踪器输入、输出干信比的关系为

$$
\left(\frac{J}{S}\right)_{to} = \frac{1}{\sqrt{n}}\left(\frac{J}{S}\right)_{ti} = \sqrt{\frac{2\beta_n}{f_r}}\left(\frac{J}{S}\right)_{ti}
$$

设从跟踪器输入端到接收机输入端的干信比损失为 F_t，F_t 由式(6.4.6)确定。滑动跟踪状态的信干比很低，包络检波器为平方律检波器。用受干扰雷达接收机输入干信比 $(J/S)_{in}$ 表示的滑动跟踪条件为

$$
\left(\frac{J}{S}\right)_{ti} = F_t\sqrt{10\left(\frac{f_r}{2\beta_n}\right)^{1/2}}
\tag{7.7.3}
$$

跟踪雷达重频较高，跟踪器带宽窄，非相参积累脉冲数多，要使跟踪器进入滑动跟踪状态，对干信比要求较高。例如当 $f_r = 1600\text{Hz}$、$\beta_n = 2\text{Hz}$ 和 $F_t=2$ 时，由式(7.7.3)得使跟踪器进入滑动跟踪状态的干信比大于等于 28.3 或 14.5dB。

有些跟踪雷达有操作员或人工干预能力。如果人工能发现目标且目标数较少，可进行人工目标跟踪，也可用人工测量的目标参数更新初始跟踪参数。此时，即使干扰能使跟踪器进入"滑动"

跟踪状态和目标有意机动，雷达也不一定丢失目标。这是要求高质量噪声的原因之一。人工目标检测或跟踪是通过显示器完成的，若遮盖性干扰能掩盖显示器上的目标回波，则无法进行人工干预。6.4.7 节指出当可见度因子低于 -6dB 和 -9dB 时，PPI 和 A 式显示器的亮度进入饱和，即使增加积累脉冲数，也不能改善可见度因子或视觉目标检测效果。由此得使人工不能利用显示器检测和跟踪目标需要的干信比：

$$\frac{J}{S} \geqslant \begin{cases} 4 & \text{PPI显示器} \\ 8 & \text{A式显示器} \end{cases} \tag{7.7.4}$$

设遮盖性样式的品质因素为 η_{mn}，从显示器输入端到接收机输入端干信比损失为 F_t。考虑两种影响后，使人工不能利用显示器检测和跟踪目标需要的干信比 $(J/S)_{in}$（指受干扰雷达接收机输入端）应大于等于：

$$\left(\frac{J}{S}\right)_{in} \geqslant \begin{cases} 4F_t / \eta_{mn} & \text{PPI显示器} \\ 8F_t / \eta_{mn} & \text{A式显示器} \end{cases} \tag{7.7.5}$$

要同时满足滑动跟踪和压制目标回波，应从两种干信比中选其较大者。这是因为，遮盖性样式掩盖目标回波的能力由熵功率确定，熵功率与干扰样式的品质因素有关。评估干扰效果时，遮盖性样式品质因素的影响已放在压制系数中，用干信比表示干扰效果时不必考虑它的影响。但是，若依据使雷达进入滑动跟踪的干信比选择目标机动时机，必须考虑遮盖性干扰样式品质因素的影响。

滑动跟踪条件是针对单个跟踪器的，不是指整个跟踪雷达系统。雷达有多个跟踪器，不同跟踪器进入滑动跟踪需要的干信比不相同。一般而言，跟踪器的带宽越宽，积累时间越短、非相参积累增益越低，进入滑动跟踪需要的干信比越小。在角度、距离和速度三种跟踪器中，速度跟踪器的带宽大，进入滑动跟踪需要的干信比最小，角跟踪器的带宽最窄，进入滑动跟踪需要的干信比最大。只要干信比能使角跟踪器进入滑动跟踪状态，其他跟踪器一定能进入滑动跟踪状态。干信比由干扰平台到受干扰雷达的距离确定，雷达对抗装备无测距能力，若没有其他设备提供距离数据，难以准确知道跟踪器是否进入滑动跟踪状态，无法确定机动时机。因机动的干扰效果总是好于不机动，目标可以在放干扰后不断加速、减速，获得使武器脱靶的干扰效果是没问题的。要使雷达从跟踪转搜索只能用试探法。试探法就是施放遮盖性干扰足够长时间后目标机动，机动足够长时间后关干扰。若一停干扰发现目标仍被跟踪，说明跟踪器还没进入滑动跟踪状态，需要继续干扰和机动。否则表示跟踪器已进入滑动跟踪状态，可按计划施放干扰和机动。

7.7.3　滑动跟踪状态的干扰效果及干扰有效性

遮盖性样式干扰跟踪器的效果和干扰有效性既与跟踪器是否处于滑动跟踪状态有关，也与被保护目标是否有意机动有关。7.7.1 节将其分为四种情况，先讨论滑动跟踪的两种情况。

7.7.3.1　滑动跟踪和目标无有意机动

如果滑动跟踪状态目标无有意机动，遮盖性干扰只能引起随机跟踪误差。此误差不会大于跟踪波门宽度。随机跟踪误差与干信比有关，滑动跟踪需要很大的干信比，可用小信噪比的跟踪误差模型计算滑动跟踪状态的随机跟踪误差。

7.3.2 节分析了该情况干信比的影响因素，建立了有关的数学模型。把滑动跟踪和目标无有意机动的实际对抗参数代入有关模型得干信比。把计算得到的干信比、跟踪器的参数、目标的加速度和有关尺寸等代入式 $(3.3.24) \sim$ 式 $(3.3.26)$，得小信干比时遮盖性干扰引起的距离跟踪误差 σ_{ns}、距离闪烁引起的跟踪误差 σ_{ss} 和距离维随机机动引起的滞后误差 σ_{as}。把这些误差代入式 $(3.3.27)$ 得距离维的综合随机跟踪误差 σ_{ts}。按照类似的处理方法，由式(3.3.31)～式(3.3.33)得遮盖性干扰、目标角度闪烁和随机角度机动引起的随机角跟踪误差。把计算得到的三种角跟踪误差代入式(3.3.35)得方位角和仰角总随机跟踪误差 $\sigma_{t\alpha}$ 和 $\sigma_{t\beta}$。如果雷达有速度跟踪器，用式(3.3.37)或式(3.3.39)计算速度随机跟踪误差 σ_{tv}。σ_{ts}、$\sigma_{t\alpha}$、$\sigma_{t\beta}$ 和 σ_{tv} 就是该条件下的干扰效果，可用其判断干扰是否有效。

1. 依据特定维或所有维跟踪误差评估干扰效果和干扰有效性

依据每维跟踪误差评估干扰有效性的指标有两种：一种是有效干扰对每维跟踪误差的要求，另一种是判断雷达是否从跟踪转搜索要求的跟踪误差。雷达系统将多个跟踪器串联起来，任一维的跟踪误差大于等于指标要求，就能获得有效干扰效果。设 R_{st}、α_{st}、β_{st} 和 V_{st} 分别为距离、方位、仰角和速度维的干扰有效性评价指标，跟踪误差为效益型指标，用式(1.2.4)判断干扰是否有效，判别式为

$$\begin{cases} \text{干扰有效} & \sigma_{ts} \geqslant R_{st} \text{ 或 } \sigma_{t\alpha} \geqslant \alpha_{st} \text{ 或 } \sigma_{t\beta} \geqslant \beta_{st} \text{ 或 } \sigma_{tv} \geqslant V_{st} \\ \text{干扰无效} & \text{其他} \end{cases} \tag{7.7.6}$$

基于同样的原因，任一维的跟踪误差大于跟踪波门宽度且满足有关的干扰实施条件，就能使雷达从跟踪转搜索。判断雷达是否从跟踪转搜索的标准与跟踪波门宽度有关，设距离、方位角、仰角和速度维的有关指标分别为 R_{bst}、α_{bst}、β_{bst} 和 V_{bst}，确定干扰是否有效的判别式为

$$\begin{cases} \text{干扰有效} & \sigma_{ts} \geqslant R_{bst} \text{ 或 } \sigma_{t\alpha} \geqslant \alpha_{bst} \text{ 或 } \sigma_{t\beta} \geqslant \beta_{bst} \text{ 或 } \sigma_{tv} \geqslant V_{bst} \\ \text{干扰无效} & \text{其他} \end{cases} \tag{7.7.7}$$

在滑动跟踪状态和目标无有意机动时，每维的随机跟踪误差都服从 0 均值正态分布。令式(3.3.15)中的 ΔR、$\Delta\alpha$ 和 $\Delta\beta$ 等于 0 得距离、方位角和仰角维随机跟踪误差的概率密度函数：

$$\begin{cases} P(e_r) = \dfrac{1}{\sqrt{2\pi}\sigma_{ts}} \exp\left(-\dfrac{e_r^2}{2\sigma_{ts}^2}\right) \\[3mm] P(e_\alpha) = \dfrac{1}{\sqrt{2\pi}\sigma_{t\alpha}} \exp\left(-\dfrac{e_\alpha^2}{2\sigma_{t\alpha}^2}\right) \\[3mm] P(e_\beta) = \dfrac{1}{\sqrt{2\pi}\sigma_{t\beta}} \exp\left(-\dfrac{e_\beta^2}{2\sigma_{t\beta}^2}\right) \end{cases} \tag{7.7.8}$$

三种跟踪器独立工作，可用式(1.2.21)或式(1.2.22)估算干扰有效性。根据干扰有效性的定义、距离跟踪误差的概率密度函数及其评价指标得依据距离维跟踪误差评估的干扰有效性：

$$E_{er} = 1 - \int_{-R_{st}/2}^{R_{st}/2} P(e_r) de_r = 1 - 2\phi\left(\frac{R_{st}}{2\sigma_{ts}}\right)$$

按照上述计算方法得方位维和仰角维的干扰有效性：

$$E_{e\alpha} = 1 - 2\phi\left(\frac{\alpha_{st}}{2\sigma_{t\alpha}}\right) \text{ 和 } E_{e\beta} = 1 - 2\phi\left(\frac{\beta_{st}}{2\sigma_{t\beta}}\right)$$

雷达的多个跟踪器各自独立工作，用式(1.2.21)计算总干扰有效性：

$$E_{ss} = 1 - \left[1 - 2\phi\left(\frac{R_{st}}{2\sigma_{ts}}\right)\right]\left[1 - 2\phi\left(\frac{\alpha_{st}}{2\sigma_{t\alpha}}\right)\right]\left[1 - 2\phi\left(\frac{\beta_{st}}{2\sigma_{t\beta}}\right)\right] \tag{7.7.9}$$

最好用式(1.2.22)估算干扰有效性，上式近似为

$$E_{ss} \approx \text{MAX} \left\{ \left[1 - 2\phi\left(\frac{R_{st}}{2\sigma_{ts}}\right) \right], \left[1 - 2\phi\left(\frac{\alpha_{st}}{2\sigma_{t\alpha}}\right) \right], \left[1 - 2\phi\left(\frac{\beta_{st}}{2\sigma_{t\beta}}\right) \right] \right\} \tag{7.7.10}$$

只要把以上五式中的干扰有效性评价指标换成使雷达从跟踪转搜索需要的跟踪误差，就能得到依据雷达从跟踪转搜索的跟踪误差评估的遮盖性干扰有效性。按照上面的分析方法，不难确定遮盖性干扰对具有速度跟踪能力雷达的干扰有效性。

2. 依据脱靶距离或前置角误差评估干扰效果和干扰有效性

脱靶距离是目标真实位置到雷达与预测碰撞点连线或其延长线的距离。计算脱靶距离需要前置角误差，把根据实际情况计算得到的跟踪误差 σ_{ts}、$\sigma_{t\alpha}$ 和 $\sigma_{t\beta}$ 代入 7.6.3 节的随机前置角误差模型，可得距离维、方位维和仰角维的随机前置角误差 $\sigma_{\Sigma r}$、$\sigma_{\Sigma\alpha}$ 和 $\sigma_{\Sigma\beta}$，由式(7.6.34)得总随机前置角误差：

$$\sigma_\theta \approx \text{MAX}\{\sigma_{\Sigma r}, \sigma_{\Sigma\alpha}, \sigma_{\Sigma\beta}\} \tag{7.7.11}$$

前置角误差是武器发射前瞬间的数值，此时武器到目标的距离 R 是已知的，由脱靶距离的定义得：

$$\sigma_{re} = R \sin \sigma_\theta$$

纯遮盖性干扰只能引起很小的前置角随机误差，上式近似为

$$\sigma_{re} \approx R\sigma_\theta \tag{7.7.12}$$

σ_{re} 是用脱靶距离表示的滑动跟踪状态和目标无有意机动的综合遮盖性干扰效果。脱靶距离的干扰有效性评价指标与武器的杀伤距离有关，设其为 R_{mkst}。对于无自身引导系统的武器，它就是武器的杀伤半径。对于有自身引导系统的武器，它是武器自身引导系统能修正的初始系统发射偏差与武器的杀伤半径之和。用式(1.2.4)判断干扰是否有效。

设 θ_{sp} 为前置角误差变量，按照式(7.7.12)的近似处理方法得瞬时脱靶距离：

$$r_r = R \sin \theta_{sp} \approx R\theta_{sp} \tag{7.7.13}$$

根据函数概率密度函数的计算方法，由式(7.6.35)和式(7.7.13)得脱靶距离的概率密度函数：

$$P(r_r) = \frac{1}{\sqrt{2\pi}\sigma_{re}} \exp\left(-\frac{r_r^2}{2\sigma_{re}^2}\right) \tag{7.7.14}$$

根据干扰有效性的定义，脱靶距离大于 R_{mkst} 的概率就是依据脱靶距离评估的干扰有效性：

$$E_{re} = 1 - 2\phi\left(\frac{R_{mkst}}{2\sigma_{re}}\right) \tag{7.7.15}$$

如果把干扰有效性的脱靶距离评价指标转换成对前置角误差的要求，可直接依据前置角误差评估干扰有效性。令式(7.7.13)的 r_r 等于 R_{mkst}，再对 θ_{sp} 求解得两者的转换关系：

$$\theta_{pst} = \frac{R_{mkst}}{R} \tag{7.7.16}$$

如果脱靶距离对应的前置角较大，用下式进行转换：

$$\theta_{pst} = \arcsin \frac{R_{mkst}}{R} \tag{7.7.16a}$$

根据干扰有效性的定义，由式(7.6.35)得依据前置角误差评估的干扰有效性：

$$E_{\theta p} = 1 - 2\phi\left(\frac{\theta_{pst}}{\sigma_\theta}\right) \tag{7.7.17}$$

7.7.3.2 滑动跟踪和目标有意机动

滑动跟踪状态目标有意、无有意机动的差别是，无有意机动，遮盖性干扰只能引起随机跟踪误差；有意机动，能同时引起随机和系统跟踪误差。如果假设除目标有意机动外其他条件同 7.7.3.1 节，则随机跟踪误差的数值与该节相同，系统跟踪误差与机动时间成正比。另外，不管跟踪器是否处于滑动跟踪状态，也不管目标是否有意机动，干扰有效性评价指标不变。

有意机动是人为的，目的是产生大的系统跟踪误差，通常能保证机动引起的系统跟踪误差远大于随机跟踪误差。评估该条件下的干扰效果可忽略随机跟踪误差的影响。

1. 依据特定维或所有维跟踪误差评估干扰效果和干扰有效性

设目标恒加速机动，在距离维、方位维和俯仰维的加速度分别为 a_r、a_α 和 a_β，持续机动时间为 t，机动在距离维、方位维和俯仰维产生的系统跟踪误差为

$$\Delta R = 0.5a_t t^2, \quad \Delta\alpha = 0.5a_\alpha t^2 \text{ 和 } \Delta\beta = 0.5a_\beta t^2$$

系统跟踪误差等于各维概率分布的均值，由式 (7.7.8) 得每维跟踪误差的概率密度函数：

$$\begin{cases} P(e_r) = \dfrac{1}{\sqrt{2\pi}\sigma_{ts}} \exp\left[-\dfrac{(e_r - \Delta R)^2}{2\sigma_{ts}^2} \right] \\[2mm] P(e_\alpha) = \dfrac{1}{\sqrt{2\pi}\sigma_{t\alpha}} \exp\left[-\dfrac{(e_\alpha - \Delta\alpha)^2}{2\sigma_{t\alpha}^2} \right] \\[2mm] P(e_\beta) = \dfrac{1}{\sqrt{2\pi}\sigma_{t\beta}} \exp\left[-\dfrac{(e_\beta - \Delta\beta)^2}{2\sigma_{t\beta}^2} \right] \end{cases} \tag{7.7.18}$$

因系统跟踪误差远大于随机跟踪误差，ΔR、$\Delta\alpha$ 和 $\Delta\beta$ 就是该条件下的平均干扰效果。按照式 (7.7.6) 的处理方法得干扰是否有效的判别式：

$$\begin{cases} \text{干扰有效} \quad \Delta R \geqslant R_{st} \text{ 或} \Delta\alpha \geqslant \alpha_{st} \text{ 或} \Delta\beta \geqslant \beta_{st} \\ \text{干扰无效} \quad \text{其他} \end{cases} \tag{7.7.19}$$

如果把中断跟踪需要的跟踪误差作为干扰有效性的评价指标，按照式 (7.7.7) 的处理方法得干扰是否有效的判别式：

$$\begin{cases} \text{干扰有效} \quad \Delta R \geqslant R_{bst} \text{ 或} \Delta\alpha \geqslant \alpha_{bst} \text{ 或} \Delta\beta \geqslant \beta_{bst} \\ \text{干扰无效} \quad \text{其他} \end{cases} \tag{7.7.20}$$

由每维跟踪误差的概率密度函数及其对应的干扰有效性评价指标得依据距离、方位和仰角跟踪误差评估的干扰有效性：

$$\begin{cases} E_{\Delta R} = 1 + \phi\left(\dfrac{\Delta R - R_{st}}{\sigma_{ts}} \right) - \phi\left(\dfrac{\Delta R + R_{st}}{\sigma_{ts}} \right) \\[2mm] E_{\Delta\alpha} = 1 + \phi\left(\dfrac{\Delta\alpha - \alpha_{st}}{\sigma_{t\alpha}} \right) - \phi\left(\dfrac{\Delta\alpha + \alpha_{st}}{\sigma_{t\alpha}} \right) \\[2mm] E_{\Delta\beta} = 1 + \phi\left(\dfrac{\Delta\beta - \beta_{st}}{\sigma_{t\beta}} \right) - \phi\left(\dfrac{\Delta\beta + \beta_{st}}{\sigma_{t\beta}} \right) \end{cases} \tag{7.7.21}$$

如果目标有意机动的目的是使雷达从跟踪转搜索，只需用 R_{bst}、α_{bst} 和 β_{bst} 替换式 (7.7.21) 中的 R_{st}、α_{st} 和 β_{st} 就能得到依据雷达从跟踪转搜索的跟踪误差评估的干扰有效性：

$$
\begin{cases}
E_{bR} = 1 + \phi\left(\dfrac{\Delta R - R_{bst}}{\sigma_{ts}}\right) - \phi\left(\dfrac{\Delta R + R_{bst}}{\sigma_{ts}}\right) \\[3mm]
E_{b\alpha} = 1 + \phi\left(\dfrac{\Delta \alpha - \alpha_{bst}}{\sigma_{t\alpha}}\right) - \phi\left(\dfrac{\Delta \alpha + \alpha_{bst}}{\sigma_{t\alpha}}\right) \\[3mm]
E_{b\beta} = 1 + \phi\left(\dfrac{\Delta \beta - \beta_{bst}}{\sigma_{t\beta}}\right) - \phi\left(\dfrac{\Delta \beta + \beta_{bst}}{\sigma_{t\beta}}\right)
\end{cases}
\tag{7.7.22}
$$

把依据每维跟踪误差评估的干扰有效性代入式(1.2.21)得滑动跟踪和目标有意机动时的两种干扰有效性评估模型：

$$
\begin{cases}
E_{fm} = 1 - (1 - E_{\Delta R})(1 - E_{\Delta \alpha})(1 - E_{\Delta \beta}) \\[2mm]
E_{fm} = 1 - (1 - E_{bR})(1 - E_{b\alpha})(1 - E_{b\beta})
\end{cases}
\tag{7.7.23}
$$

和式(7.7.10)一样，最好用式(1.2.22)近似估算干扰有效性，即

$$
\begin{cases}
E_{fm} = \mathrm{MAX}\{E_{\Delta R}, E_{\Delta \alpha}, E_{\Delta \beta}\} \\[2mm]
E_{fm} = \mathrm{MAX}\{E_{bR}, E_{b\alpha}, E_{b\beta}\}
\end{cases}
\tag{7.7.24}
$$

如果忽略随机跟踪误差的影响，可用式(1.2.11)近似计算该条件下的干扰有效性。

2. 依据脱靶距离或前置角误差评估干扰效果和干扰有效性

设目标机动足够长时间后，雷达测量的目标距离、方位角和仰角为 R'、α' 和 β'，目标真实位置对应的距离、方位角和仰角为 R、α 和 β，由式(3.2.38)得机动后目标的测量位置和实际位置的参数在直角坐标系 x、y 和 z 轴上的投影值：

$$
\begin{cases}
x' = R'\cos\beta'\cos\alpha' \\
y' = R'\cos\beta'\sin\alpha' \\
z' = R'\sin\beta'
\end{cases}
\text{和}
\begin{cases}
x = R\cos\beta\cos\alpha \\
y = R\cos\beta\sin\alpha \\
z = R\sin\beta
\end{cases}
$$

用计算空间两点间的距离公式得滑动跟踪状态下目标有意机动引起的系统定位误差：

$$
\Delta R_e = \sqrt{\Delta R_x^2 + \Delta R_y^2 + \Delta R_z^2}
\tag{7.7.25}
$$

式中，$\Delta R_x = x - x'$，$\Delta R_y = y - y'$ 和 $\Delta R_z = z - z'$ 是 ΔR_e 在三个轴上的投影。二维跟踪雷达的系统定位误差为

$$
\Delta R_e = \sqrt{\Delta R_x^2 + \Delta R_y^2}
$$

令 $OM = \sqrt{x^2 + y^2 + z^2}$ 和 $OM' = \sqrt{x'^2 + y'^2 + z'^2}$，由余弦定理得目标机动引起的空间系统前置角误差：

$$
\overline{\theta}_p = \arccos\frac{(OM)^2 + (OM')^2 - \Delta R_e}{2(OM)(OM')}
\tag{7.7.26}
$$

设 $(OM) = R$，R 为雷达到目标的真实距离，不含随机成分。平均系统脱靶距离为

$$
\overline{r}_r = R\sin\overline{\theta}_p
$$

脱靶距离为效益型指标，用式(1.2.4)判断干扰是否有效。按照脱靶距离均值的计算方法得其瞬时值：

$$
r_r = R\sin\theta_{sp}
\tag{7.7.27}
$$

其中 θ_{sp} 是前置角变量。由于 7.6.2 节提到的原因,总前置角误差的概率密度函数只能用近似模型,如式(7.6.37)。根据函数概率密度函数的计算方法,由式(7.6.37)得脱靶距离的概率密度函数:

$$P(r_r) = \frac{1}{\sqrt{2\pi}\sigma_\theta} \frac{1}{R\sqrt{1-(r_r/R)^2}} \exp\left\{ -\frac{[\arcsin(r_r/R)-\bar{\theta}_p]^2}{2\sigma_\theta^2} \right\}$$

根据干扰有效性的定义得依据脱靶距离评估的遮盖性干扰有效性:

$$E_{rr} = 1 - 2\int_0^{R_{mkst}} P(r_r)\mathrm{d}r_r = 1 + \frac{2}{\sqrt{\pi}}\exp\left(-\frac{\bar{\theta}_p^2}{2\sigma_\theta^2} \right) - \frac{2}{\sqrt{\pi}}\exp\left\{ -\frac{[\arcsin(R_{mkst}/R)-\bar{\theta}_p]^2}{2\sigma_\theta^2} \right\} \tag{7.7.28}$$

滑动跟踪状态目标有意机动引起的系统脱靶距离通常远大于随机误差,可用式(1.2.11)或式(1.2.12)近似计算依据系统脱靶距离评估的干扰有效性:

$$E_{rr} \approx \begin{cases} \bar{r}_r/R_{mkst} & \bar{r}_r < R_{mkst} \\ 1 & \text{其他} \end{cases} \tag{7.7.29}$$

根据脱靶距离与前置角误差的关系,可直接依据前置角误差评估此情况的干扰有效性。把机动引起的系统跟踪误差 ΔR、$\Delta\alpha$ 和 $\Delta\beta$ 代入 7.6.2.1 和 7.6.2.2 节有关系统前置角误差计算模型,得距离维、方位维和俯仰维的系统前置角误差 $\Delta\theta_{pr}$、$\Delta\theta_{p\alpha}$ 和 $\Delta\theta_{p\beta}$,由式(7.6.36)得总系统前置角误差 $\bar{\theta}_p$。这里的 $\bar{\theta}_p$ 是近似的,式(7.7.26)的是精确的。由系统和随机前置角误差的数值关系得总随机前置角误差 σ_p。

要用前置角误差评估干扰有效性,需要用式(7.7.16)或式(7.7.16a)转换干扰有效性评价指标。根据干扰有效性的定义,把转换后的指标作为上、下限,积分式(7.6.37)得依据前置角误差评估的干扰有效性:

$$E_{\theta p} = 1 + \phi\left(\frac{\theta_{pst}-\bar{\theta}_p}{\sigma_p} \right) - \phi\left(\frac{\theta_{pst}+\bar{\theta}_p}{\sigma_p} \right) \tag{7.7.30}$$

在相同条件下,有意机动的干扰效果较好。机动范围越大,干扰效果越好。在连续强遮盖性干扰下,单纯的目标机动能引起大的跟踪误差,可使武器脱靶。要想通过目标机动使雷达从跟踪转搜索必须配合适当的干扰实施步骤,7.5.2 节介绍了有关的内容。

7.7.4　非滑动跟踪状态下的干扰效果和干扰有效性

就评估干扰效果而言,非滑动跟踪与滑动跟踪相比,主要差别是:一,干信比小,可能需要用小信噪比模型计算随机跟踪误差;二,计算机动引起的系统跟踪误差模型不同。除此之外,滑动跟踪的其他模型可用于非滑动跟踪。为方便与前一节的结果比较,假设除干扰强度不同外,其他参数同 7.7.3 节。

7.7.4.1　非滑动跟踪和目标无有意机动

在非滑动跟踪状态,跟踪器能正确测量目标当前的位置参数和运动参数,可正常跟踪目标。如果目标无有意机动,遮盖性干扰引起的跟踪误差只有随机分量,其值由干信比确定。计算遮盖性干扰引起的随机跟踪误差的模型分大、小干信比两种情况。非滑动跟踪状态的干信比有大有小,可能处于小干信比范围,需要根据实际情况选择计算随机跟踪误差的模型。3.3.5.3 和 3.3.5.4 节给出了大、小干信比的定义,如果跟踪器输入端的干信比大于等于 4 或 6dB 属于大干信比,否则属于小干信比。设从跟踪器输入端到受干扰雷达接收机输入端之间各环节对干信比的总影响为 F_t,$4F_t$ 就是从受干扰雷达接收机输入端判断大、小干信比的分界点。

干扰跟踪雷达属于一对一对抗作战组织模式，式(7.3.17)为该条件下的平均干信比模型，把实际装备的参数及其配置关系代入该式得遮盖性干扰在雷达接收机输入端线性区产生的平均干信比：

$$\bar{J}_{\text{snc}} = \frac{R_t^4 e^{0.46\delta R_t}}{\bar{\sigma}} \left[K(\theta_j) \frac{4\pi P_j G_j L_r}{P_t G_t L_j R_j^2} e^{-0.23\delta R_j} + \frac{(4\pi)^3 L_t K T_t \Delta f_r F_n}{P_t G_t^2 \lambda^2} + \frac{\bar{\sigma}_c}{R_c^4} e^{-0.46\delta R_c} \right]$$

对于自卫干扰，令 $R_t = R_j$ 和 $K(\theta_j) = 1$。如果平均干信比大于等于 $4F_t$，用大干信比跟踪误差模型即式(3.3.20)～式(3.3.23)计算距离维随机跟踪误差，否则用式(3.3.24)和式(3.3.25)。距离闪烁造成的跟踪误差和随机机动引起的滞后误差不分大、小信噪比，分别由式(2.4.14)和式(3.3.26)确定。把三种误差代入式(3.3.27)得总随机距离跟踪误差 σ_{zr}。

和随机距离跟踪误差一样，计算干扰引起的随机角度跟踪误差也分大、小信噪比两种情况，判断条件同距离维。如果平均干信比大于等于 $4F_t$，用式(3.3.28)和式(3.3.30)计算遮盖性干扰引起的角跟踪误差，否则用式(3.3.29)和式(3.3.31)。角闪烁和角度无意机动造成的随机角跟踪误差由式(3.3.32)和式(3.3.33)确定。把计算得到的三种随机角度跟踪误差代入式(3.3.35)得方位角和仰角随机跟踪误差 σ_{za} 和 $\sigma_{z\beta}$。

如果目标无有意机动，滑动和非滑动跟踪的差别就是计算随机跟踪误差的模型可能不同，一旦得到了随机跟踪误差，两者不再有差别，7.7.3.1 节计算遮盖性干扰效果和干扰有效性的模型和过程完全适合本节的情况。只要把本节得到的随机跟踪误差代入 7.7.3.1 节的有关模型，可得非滑动跟踪状态和目标无有意机动时的干扰效果和干扰有效性。

非滑动跟踪状态的干信比小于滑动跟踪状态，干扰引起的随机跟踪误差和随机前置角误差较小。若除干信比外，其他参数同 7.7.3.1 节，则非滑动跟踪的干扰效果和干扰有效性都会小于滑动跟踪状态。

7.7.4.2　非滑动跟踪和目标有意机动

7.7.4 节开始部分说明滑动和非滑动跟踪的两点差别。7.7.4.1 节涉及其中的第一点，本节将涉及其中的第二点，就是非滑动跟踪和目标有意机动只能引起与加速度成正比的滞后误差，与机动时间长度无关。这种滞后误差仍然属于系统跟踪误差，但计算模型与滑动跟踪状态不同。为了利用前面的结果和结论，假设除目标有意机动和机动参数同 7.7.3.2 节外，其他条件同 7.7.4.1 节。

目标有意机动只影响系统跟踪误差，不影响随机跟踪误差。7.7.4.1 节计算距离、方位、仰角维随机跟踪误差和随机前置角误差的方法和数学模型完全适合本节，即距离、方位、仰角维随机跟踪误差分别等于 σ_{zr}、σ_{za} 和 $\sigma_{z\beta}$。

影响滞后误差的因素除目标的加速度外，还有跟踪器的参数。设距离、方位、仰角跟踪器的加速度系数分别为 β_s、β_α 和 β_β，把目标机动参数和跟踪器的有关参数代入式(3.3.26)和式(3.3.33)得其引起的距离、方位角和仰角维系统跟踪误差：

$$\begin{cases} \Delta R_1 = a_s / (2.5\beta_s^2) \\ \Delta \alpha_1 = a_\alpha / (2.5R\beta_\alpha^2) \\ \Delta \beta_1 = a_\beta / (2.5R\beta_\beta^2) \end{cases} \tag{7.7.31}$$

由滑动和非滑动跟踪的差别知，一旦得到随机和系统跟踪误差，就消除了两者之间的所有差别，就可用滑动跟踪和目标有意机动的干扰效果和干扰有效性模型处理本节的有关问题。把根据本节情况计算得到的有关参数代入式(7.7.18)得该条件下跟踪误差的概率密度函数：

$$\begin{cases} P(e_r) = \dfrac{1}{\sqrt{2\pi}\sigma_{zr}} \exp\left[-\dfrac{(e_r - \Delta R_1)^2}{2\sigma_{zr}^2} \right] \\[3mm] P(e_\alpha) = \dfrac{1}{\sqrt{2\pi}\sigma_{z\alpha}} \exp\left[-\dfrac{(e_\alpha - \Delta\alpha_1)^2}{2\sigma_{z\alpha}^2} \right] \\[3mm] P(e_\beta) = \dfrac{1}{\sqrt{2\pi}\sigma_{z\beta}} \exp\left[-\dfrac{(e_\beta - \Delta\beta_1)^2}{2\sigma_{z\beta}^2} \right] \end{cases} \tag{7.7.32}$$

不管跟踪器是否处于滑动跟踪状态，干扰有效性评价指标相同。根据干扰有效性的定义得依据各维跟踪误差评估的干扰有效性：

$$\begin{cases} E_{\Delta R} = 1 + \phi\left(\dfrac{\Delta R_1 - R_{st}}{\sigma_{zr}} \right) - \phi\left(\dfrac{\Delta R_1 + R_{st}}{\sigma_{zr}} \right) \\[3mm] E_{\Delta\alpha} = 1 + \phi\left(\dfrac{\Delta\alpha_1 - \alpha_{st}}{\sigma_{z\alpha}} \right) - \phi\left(\dfrac{\Delta\alpha_1 + \alpha_{st}}{\sigma_{z\alpha}} \right) \\[3mm] E_{\Delta\beta} = 1 + \phi\left(\dfrac{\Delta\beta_1 - \beta_{st}}{\sigma_{z\beta}} \right) - \phi\left(\dfrac{\Delta\beta_1 + \beta_{st}}{\sigma_{z\beta}} \right) \end{cases} \tag{7.7.33}$$

由式(1.2.21)或式(1.2.22)得此条件下依据所有维跟踪误差评估的干扰有效性：

$$\left\{ E_{nhm} = 1 - (1 - E_{\Delta R})(1 - E_{\Delta\alpha})(1 - E_{\Delta\beta}) \approx \mathrm{MAX}\{E_{\Delta R}, E_{\Delta\alpha}, E_{\Delta\beta}\} \right.$$

脱靶距离与前置角误差有确定关系，这里只依据前置角误差评估非滑动跟踪和目标有意机动的干扰有效性。把机动引起的系统跟踪误差 ΔR_1、$\Delta\alpha_1$ 和 $\Delta\beta_1$ 和随机跟踪误差 σ_{zr}、$\sigma_{z\alpha}$ 和 $\sigma_{z\beta}$ 代入 7.6.2.1 节和 7.6.2.2 节有关系统前置角误差计算模型得距离维、方位维和俯仰维系统前置角误差 $\Delta\theta_{pr}$、$\Delta\theta_{p\alpha}$ 和 $\Delta\theta_{p\beta}$，由式(7.6.36)得总系统前置角误差 $\overline{\theta}_p$，根据系统和随机前置角误差的数值关系得总随机前置角误差 σ_p。用式(7.7.16)或式(7.7.16a)把脱靶距离的干扰有效性评价指标转换成前置角误差的干扰有效性评价指标。把评价指标作为上、下限积分式(7.6.37)得依据前置角误差评估的干扰有效性：

$$E_{\theta p} = 1 + \phi\left(\dfrac{\theta_{pst} - \overline{\theta}_p}{\sigma_p} \right) - \phi\left(\dfrac{\theta_{pst} + \overline{\theta}_p}{\sigma_p} \right) \tag{7.7.34}$$

目标在非滑动跟踪状态下有意机动引起的系统跟踪误差一般小于滑动跟踪状态，干扰效果也会小于滑动跟踪状态和目标有意机动的情况。但是在相同条件下，机动的干扰效果总是好于不机动。所以，用遮盖性样式干扰跟踪雷达的跟踪状态，被保护目标有意机动只有好处而无坏处。

7.7.5　作战效果和干扰有效性

到此为止讨论的遮盖性样式对跟踪器的干扰效果及干扰有效性都是基于干扰对雷达自身性能的影响，没有反映干扰通过跟踪雷达对其上级设备作战能力的影响。军用跟踪雷达的上级设备就是武器系统。干扰结果对武器系统作战能力造成的影响就是作战效果。作战效果是干扰效果但胜于干扰效果。它不但能概括所有因素的影响，还能直接体现最终作战目的。

7.7.5.1　作战效果及其影响因素

战术雷达对抗主要针对武器系统的雷达。特别是直接控制武器和武器系统的跟踪雷达。跟踪雷达控制的武器系统主要是火控系统和战术指控系统。火控系统同一时刻只能对付一个目标，用摧毁概率和生存概率表示作战效果或作战能力。战术指控系统包括多个作战单元，能同时对多目标作战，除摧毁概率和生存概率外，表示作战能力用得最多的就是摧毁目标数和摧毁所有目标的概率等。干扰条件下的这些参数可表示作战效果。

依据作战效果评估干扰有效性的指标有：作战要求的摧毁概率、生存概率、摧毁目标或生存目标数和摧毁所有目标的概率或目标生存概率等。这些评价指标不因干扰样式、战术使用方式和作战对象不同而变化。

5.4.2 和 5.4.3 节分别建立了火控系统和战术指控系统的作战效果模型。影响武器系统作战能力的主要因素有：一、每个战斗单元摧毁目标的概率或目标的生存概率；二、对同一目标作战的战斗单元(火控系统)数；三、战斗组织模式；四、目标流密度；五、武器系统的服务概率。在影响作战效果的五个因素中，影响摧毁概率和生存概率的因素最多且复杂，主要有：一、命中概率；二、目标指示雷达发现目标的概率 P_{rd}；三、跟踪雷达捕获目标的概率 P_a；四、摧毁目标必须平均命中的武器数 ω(反映目标的易损性)；五、武器系统向目标独立发射的武器数 m。每种因素自身还包括多种影响，如 ω 与武器的类型、目标的功能结构和材质等有关，m 与目标的运动参数、武器系统的响应时间和最小干扰距离等有关。本章前几节已讨论了遮盖性干扰对雷达自身性能的影响，给出了 P_{rd} 和 P_a 的数学模型。在摧毁概率和生存概率模型中，只有干扰条件下的命中概率尚未确定。

命中概率与雷达干扰效果有联系，正是这种联系使干扰影响武器系统或武器的作战能力。跟踪雷达获取的目标信息直接送火控计算机。火控计算机用雷达提供的信息计算武器的发射前置角。受遮盖性干扰影响，跟踪雷达提供的目标信息必然含有干扰引起的跟踪误差。火控计算机会把跟踪误差转换成武器发射前置角误差，并用其控制武器发射随动系统。武器发射随动系统把发射前置角误差转换成瞄准误差或武器的初始发射偏差。瞄准误差或初始发射偏差等效于增加武器的散布误差，影响命中概率。

归纳起来，影响命中概率的主要因素有综合散布误差、目标类型、武器类型、目标的体积和形状或目标在像平面上的投影形状和面积。综合散布误差受雷达干扰效果影响。雷达干扰效果与装备参数、目标特性和装备配置等有关。作战中的装备配置关系可能千差万别，实际应用时必须根据装备的实际配置情况、目标类型等选择对干扰不利的状态估算命中概率。

7.7.5.2　命中概率及其计算方法

计算命中概率需要知道弹着点的分布律。武器自身的散布误差只有随机成分，要么是平面圆形散布，要么是空间球形散布。在直角坐标系每个轴上的投影为 0 均值正态分布[14]。设圆形分布在 x、y、z 轴上的投影值为 $\sigma_{wx} = \sigma_{wy} = \sigma_{wc}$，球形散布为 $\sigma_{wx} = \sigma_{wy} = \sigma_{wz} = \sigma_{wb}$。如果没有武器自身的散布律，可根据说明书上的命中概率推算或用其统计平均值。

如果控制武器系统的跟踪雷达受到干扰，将给武器引起额外散布误差。根据干扰样式的类型、强度和保护目标的机动情况，用 7.7.3 和 7.7.4 节介绍的方法和有关的数学模型可估算干扰情况下的距离、方位和仰角维随机和系统跟踪误差。要把武器自身的散布误差和雷达干扰引起的额外散布误差综合起来，必须统一描述目标位置的坐标系。把雷达测量的目标距离、方位和仰角及其对应的跟踪误差代入式(3.2.39)，可得它们在直角坐标系中的数值。设转换到直角坐标系 x、y 和 z 轴上的随机跟踪误差为 σ_{tx}、σ_{ty} 和 σ_{tz}，系统跟踪误差为 a，b，c。由坐标转换关系知，转换到直角坐标系任一维的跟踪误差仍然服从正态分布。

干扰给武器造成的额外随机散布误差和武器自身的散布误差相互独立，它们的联合概率

密度函数在直角坐标系任一维仍然服从正态分布。其联合概率密度函数在直角坐标系每维的均方差为

$$
\begin{cases}
\sigma_x = \sqrt{\sigma_{tx}^2 + \sigma_{wx}^2} \\
\sigma_y = \sqrt{\sigma_{ty}^2 + \sigma_{wy}^2} \\
\sigma_z = \sqrt{\sigma_{tz}^2 + \sigma_{wz}^2}
\end{cases}
\tag{7.7.35}
$$

武器自身的散布误差呈圆形(平面散布)或球形(空间散布),各维的均方差相同。干扰引起的散布误差在 x、y 和 z 轴上的投影值一般不等,而且其数值一般大于武器自身的散布误差,使联合散布误差呈现椭圆或椭球形。如果干扰引起的散布只有随机成分,平面散布的联合散布律如式(5.1.14)所示:

$$
\phi(x, y) = \frac{1}{2\pi\sigma_x\sigma_y} \exp\left[-\frac{1}{2}\left(\frac{x^2}{\sigma_x^2} + \frac{y^2}{\sigma_y^2}\right)\right]
\tag{7.7.36}
$$

空间散布的联合散布律为

$$
\phi(x, y, z) = \frac{1}{(2\pi)^{3/2}\sigma_x\sigma_y\sigma_z} \exp\left[-\frac{1}{2}\left(\frac{x^2}{\sigma_x^2} + \frac{y^2}{\sigma_y^2} + \frac{z^2}{\sigma_z^2}\right)\right]
\tag{7.7.37}
$$

武器自身的散布误差只有随机成分。欺骗性干扰和目标有意机动能引起系统跟踪误差,联合分布律的均值不为 0。如果选择目标中心为坐标原点,散布中心的坐标为 (a,b,c),式(7.7.36)和式(7.7.37)分别变为

$$
\phi(x, y) = \frac{1}{2\pi\sigma_x\sigma_y} \exp\left\{-\frac{1}{2}\left[\frac{(x-a)^2}{\sigma_x^2} + \frac{(y-b)^2}{\sigma_y^2}\right]\right\}
\tag{7.7.38}
$$

$$
\phi(x, y, z) = \frac{1}{(2\pi)^{3/2}\sigma_x\sigma_y\sigma_z} \exp\left\{-\frac{1}{2}\left[\frac{(x-a)^2}{\sigma_x^2} + \frac{(y-b)^2}{\sigma_y^2} + \frac{(z-c)^2}{\sigma_z^2}\right]\right\}
\tag{7.7.39}
$$

用 5.1.3.1 节介绍的方法,根据散布律的具体形式和目标的实际形状选择积分限。由命中概率的定义得平面散布型武器命中平面目标的概率为

$$
P_h = \iint\limits_{S_k} \phi(x, y)\mathrm{d}x\mathrm{d}y
\tag{7.7.40}
$$

式中,S_k 为目标在像平面的投影面积。设空间目标的体积为 V_k,空间散布型武器命中空间目标的概率为

$$
P_h = \iiint\limits_{V_k} \phi(x, y, z)\mathrm{d}x\mathrm{d}y\mathrm{d}z
\tag{7.7.41}
$$

计算圆形或球散布武器对矩形和正六面体目标的命中概率比较简单。如果武器的散布律为椭球分布或为有系统误差的椭圆分布,命中概率的计算不但非常烦琐,而且得不到简单的表达式。下面用一个例子介绍一种近似处理方法。设武器为撞击式,目标在像平面的投影为圆形,半径为 R_c,武器的综合散布律见式(7.7.38),命中概率模型见式(7.7.40)。由目标形状和选定的坐标系容易得到有关的积分限,把积分限代入式(7.7.40)并进行适当的变量代换和整理得:

$$P_{\mathrm{h}} = \frac{1}{2\sigma_x \sigma_y b} \int_0^{bR_c^2} \exp\left[-\left(\frac{ar}{b}\right)I_0(r)\mathrm{d}r\right] \tag{7.7.42}$$

式中，

$$a = \frac{1}{4}\left(\frac{1}{\sigma_x^2} + \frac{1}{\sigma_y^2}\right), \quad b = \frac{1}{4}\left|\frac{1}{\sigma_x^2} - \frac{1}{\sigma_y^2}\right|$$

$I_0(r)$ 为 0 阶虚变量贝塞尔函数。将 $I_0(r)$ 展开成如下级数：

$$I_0(r) = \sum_{n=0}^{\infty} \frac{1}{n\Gamma(n+1)}\left(\frac{r}{2}\right)^{2n}$$

式（7.7.42）变为

$$P_{\mathrm{h}} = \frac{1}{2\sigma_x \sigma_y b} \int_0^{bR_c^2} \sum_{n=0}^{\infty} \frac{1}{n\Gamma(n+1)}\left(\frac{r}{2}\right)^{2n} \exp\left[-\left(\frac{ar}{b}\right)\mathrm{d}r\right] \tag{7.7.43}$$

逐项积分式（7.7.43）相当简单，根据要求的精度选择级数的项数。撞击式武器对圆形目标的命中概率为

$$P_{\mathrm{jh}} = A_0 + A_1 +, \cdots, A_n +, \cdots \tag{7.7.44}$$

其中

$$A_0 = \frac{1}{2\sigma_x \sigma_y a}[1 - \exp(-aR_c^2)]$$

$$A_1 = \frac{1}{2\sigma_x \sigma_y a}\left\{\frac{b^2}{2a^2} - \left[\frac{b^2}{2a^2} + \frac{b}{a}\frac{bR_c^2}{2} + \left(\frac{bR_c^2}{2}\right)^2\right]\exp(-aR_c^2)\right\}$$

....

$$A_n = \frac{1}{2\sigma_x \sigma_y a}\frac{(2n)!}{n!n!}\left\{\frac{1}{2^{2n}}\left(\frac{b}{a}\right)^{2n} - \left[\frac{1}{2^0}\frac{1}{(2n)!}\left(\frac{b}{a}\right)^0\left(\frac{bR_c^2}{2}\right)^{2n-0} + \frac{1}{2^1}\frac{1}{(2n-1)!}\left(\frac{b}{a}\right)^1\left(\frac{bR_c^2}{2}\right)^{2n-1}\right.\right.$$

$$+ \frac{1}{2^2}\frac{1}{(2n-2)!}\left(\frac{b}{a}\right)^2\left(\frac{bR_c^2}{2}\right)^{2n-2} + \cdots + \frac{1}{2^{2n-2}}\frac{1}{3!}\left(\frac{b}{a}\right)^{2n-2}\left(\frac{bR_c^2}{2}\right)^2$$

$$\left.\left. + \frac{1}{2^{2n-1}}\frac{1}{2!}\left(\frac{b}{a}\right)^{2n-1}\left(\frac{bR_c^2}{2}\right)^1 + \frac{1}{2^{2n}}\left(\frac{b}{a}\right)^{2n}\right]\exp(-aR_c^2)\right\}$$

处理椭球分布更困难，可用 7.4.4.2 节的近似处理方法，将椭圆和椭球散布近似为圆形和球形散布。

军事目标多为人工建造，形状比较规则。5.1.2 节约定了本书涉及的三种武器及其打击目标的形状。其中撞击式武器只有矩形和圆形两种目标，平面散布直接杀伤式武器有点、矩形和圆形目标，空间散布直接杀伤式武器有点或球形、正六面体和圆柱形目标。撞击式武器只有碰到目标才能命中目标，命中矩形目标的概率由综合散布律和目标在像平面的投影面积确定。如果投影形状为圆形，其面积由半径唯一确定。命中此类目标的概率由综合散布律和目标半径 R_c 确定。空间和平面散布直接杀伤式武器有近炸引信，设其作用半径为 R_k。从对干扰方不利的角度考虑，近炸引

信的作用近似等效于扩大目标在像平面的投影面积，对于圆形目标近似等于把其半径扩大 R_k，对于矩形目标近似等于把边长扩大 $2R_k$。

计算干扰条件下的命中概率可能碰到以下三种情况：一、只有随机分量；二、既有随机分量又有系统分量，但武器没有修正系统散布误差的能力或无自身引导系统；三、既有随机分量又有系统分量，但武器有自身引导系统。

如果在遮盖性干扰中目标无有意机动，雷达只有随机跟踪误差，武器的总散布误差同样只有随机分量，散布中心与目标中心重合。7.7.3 和 7.7.4 节已给出干扰引起的额外散布误差，利用前一节的方法和有关的数学模型可得武器的综合散布误差，设其在直角坐标系 x、y、z 轴上的投影为 σ_x、σ_y、σ_z，如果武器为圆形或球形散布，设散布误差为 σ_{cs}，用 σ_x、σ_y、σ_z 和 σ_{cs} 替换式 (5.3.14)～式 (5.3.16) 中的 σ_{sx}、σ_{sy}、σ_{sz} 和 σ_s 得无自身引导系统的撞击式、平面散布直接杀伤式和空间散布直接杀伤式武器命中这些目标的概率 P_{jh}。

不管是否实施干扰，只要目标有意朝一个方向机动，就会使雷达产生系统跟踪误差，也会给武器带来系统散布误差。设干扰引起的系统散布误差为 r_d，它在 x、y 和 z 维的投影值分别为 x_d、y_d 和 z_d。如果假设总随机散布误差与目标不有意机动时的相同，则用 σ_x、σ_y、σ_z、σ_{cs} 和 x_d、y_d、z_d 替换式 (5.3.24)～式 (5.3.26) 中的有关参数，得无自身引导系统的三种武器命中约定形状目标的概率 P_{jh}。

现在大多数武器特别是作用距离较远的武器带有自身引导系统，这种武器能修正部分系统散布偏差，可提高命中概率。按照 5.3.3 节的方法可估算自身引导系统能修正的发射偏差 r_0 和修正后的剩余系统误差 r_d'。由式 (5.3.27)～式 (5.3.29) 得有自身引导系统的三种武器命中约定形状目标的概率 P_{jh}。

7.7.5.3　作战效果和干扰有效性

雷达控制的武器系统一般能对单目标作战，也能对多目标作战。对单目标作战的效率指标为摧毁概率或生存概率。式 (5.4.5)～式 (5.4.8) 分别为雷达控制的武器系统独立发射 m 枚武器摧毁目标的概率和目标的生存概率。把前面计算得到的三种武器对不同目标的命中概率代入这些数学模型，可得它们对约定形状目标的摧毁概率 P_{de} 和生存概率 P_{al}。如果各枚武器命中目标的概率相同，设其等于 P_{jh}。雷达控制的武器系统摧毁目标的概率和目标的生存概率分别为

$$P_{de} = P_{rd}P_a\left[1-\left(1-\frac{P_{jh}}{\omega}\right)^m\right] \tag{7.7.45}$$

$$P_{al} = 1-P_{rd}P_a\left[1-\left(1-\frac{P_{jh}}{\omega}\right)^m\right] \tag{7.7.46}$$

上两式中其他符号的定义见式 (5.4.5) 和式 (5.4.8)。如果各枚武器命中目标的概率不同，设第 i 枚武器命中目标的概率为 P_{jhi}，这种武器系统摧毁目标的概率和目标的生存概率分别为

$$P_{de} = P_{rd}P_a\left[1-\prod_{i=1}^{m}\left(1-\frac{P_{jhi}}{\omega}\right)\right] \tag{7.7.47}$$

$$P_{al} = 1-P_{rd}P_a\left[1-\prod_{i=1}^{m}\left(1-\frac{P_{jhi}}{\omega}\right)\right] \tag{7.7.48}$$

式 (7.7.45)～式 (7.7.48) 为两种形式的摧毁概率和生存概率模型，它们均受以下三种因素影

响：一、目标指示雷达发现目标的概率 P_{rd}；二、跟踪雷达捕获目标的概率 P_a；三、m 枚武器摧毁目标的概率 P_{hm}。从武器系统的组成和作战过程看，发现目标，捕获目标和 m 武器摧毁目标三项任务由三种设备串联执行，可用式 (1.2.21) 或式 (1.2.22) 评估干扰有效性。设依据目标指示雷达的发现概率、跟踪雷达的捕获概率评估的干扰有效性分别为 E_{pd} 和 E_a，单独依据 m 枚武器摧毁目标概率评估的干扰有效性为 E_{hm}，依据雷达控制的武器系统摧毁目标概率评估的干扰有效性为

$$E_{de} = 1 - (1 - E_{pd})(1 - E_a)(1 - E_{hm}) \tag{7.7.49}$$

摧毁概率为成本型指标，若从对干扰不利的角度考虑，可用 E_{pd}、E_a 和 E_{hm} 中的较大者近似干扰有效性：

$$E_{de} \approx \mathrm{MAX}\{E_{pd}, E_a, E_{hm}\} \tag{7.7.50}$$

依据生存概率评估的干扰有效性为

$$E_{al} = (1 - E_{pd})(1 - E_a)(1 - E_{hm}) \tag{7.7.51}$$

式 (7.3.60) 为计算 E_{pd} 的数学模型，式 (7.4.67)～式 (7.4.69) 为计算三种干扰方式下 E_a 的数学模型。因此，依据雷达控制的武器系统的摧毁概率或生存概率评估干扰有效性的主要工作是计算 E_{hm}。

$P_{rd} = P_a = 1$ 相当于既忽略干扰对目标指示雷达发现目标概率的影响，又忽略干扰对跟踪雷达捕获指示目标概率的影响，是对干扰最不利的情况。这时式 (7.7.45) 和式 (7.7.47) 既是武器系统摧毁目标的概率 P_{de}，又是 m 枚武器单独摧毁目标的概率 P_{dhm}。下面根据对干扰不利的情况确定 E_{hm} 的近似模型。令 $P_{rd} = P_a = 1$，式 (7.7.45) 和式 (7.7.47) 近似为

$$P_{dhm} \approx P_{de} = \begin{cases} 1 - \left(1 - \dfrac{P_{jh}}{\omega}\right)^m \\ 1 - \displaystyle\prod_{i=1}^{m}\left(1 - \dfrac{P_{jhi}}{\omega}\right) \end{cases} \tag{7.7.52}$$

式中，P_{jh}/ω 和 P_{jhi}/ω 是一枚或单枚武器摧毁目标的概率。ω 为目标的易损性。对于特定的武器和目标，它是确定量。m 为独立发射的武器数。由目标易损性的定义知，只要命中目标的武器数大于等于 ω，目标必然被摧毁。如果把对摧毁概率的要求转换成对摧毁目标必须命中的最少武器数，就能用单枚武器摧毁目标的概率计算单独依据 m 枚武器摧毁目标概率评估的干扰有效性。设作战要求的摧毁目标的概率为 P_{dest}，摧毁目标必须命中的最少武器数为

$$\omega_{st} = \begin{cases} \mathrm{INT}\{\omega P_{dest}\} + 1 & \omega P_{dest} - \mathrm{INT}\{\omega P_{dest}\} \geq 0.5 \\ \mathrm{INT}\{\omega P_{dest}\} & \text{其他} \end{cases} \tag{7.7.53}$$

若 $\omega_{st} \geq \omega$，令 $\omega_{st} = \omega$。若 $\omega_{st} \leq 1$，令 $\omega_{st} = 1$。设依据生存概率评估干扰有效性的指标为 P_{alst}，根据摧毁概率和生存概率的关系以及 P_{dest} 和 ω_{st} 的关系得 P_{alst} 与目标生存能承受的最大平均命中武器数的关系：

$$\omega_{ast} = \begin{cases} \mathrm{INT}\{\omega P_{alst}\} & \omega P_{alst} = \mathrm{INT}\{\omega P_{alst}\} \\ \mathrm{INT}\{\omega P_{alst}\} - 1 & \text{其他} \end{cases} \tag{7.7.54}$$

若 $\omega_{ast} < 1$，令 $\omega_{ast} = 0$。由摧毁概率和生存概率的关系得两种评价指标之间的关系：

$$\omega_{ast} = \omega - \omega_{st} \tag{7.7.55}$$

如果各枚武器摧毁目标的概率相同，设其为

$$P_{\text{dh}1} = P_{\text{jh}} / \omega$$

评价指标转换后，单独依据 m 枚武器摧毁目标概率评估的干扰有效性为

$$E_{\text{h}m} = 1 - \sum_{k=\omega_{\text{st}}}^{m} C_m^k P_{\text{dh}1}^k (1 - P_{\text{dh}1})^{m-k} \tag{7.7.56}$$

式 (7.7.56) 不适合 m 小于 ω_{st} 的场合。命中概率是武器落入目标在像平面等效投影面积内或落入目标等效体积内的概率，等效面积或等效体积已考虑了武器杀伤半径的影响。杀伤半径是判断武器能否杀伤目标的标准，相当于干扰有效性的最低评价指标，即脱靶率是依据一枚武器摧毁目标概率评估的最大干扰有效性。作战要求的摧毁概率一般不等于计算得到的命中概率，为了可靠起见，可用作战要求的摧毁概率 P_{dest} 代替命中概率 P_{jh} 计算 $E_{\text{h}m}$，即

$$E_{\text{h}m} = \left(1 - \frac{P_{\text{dest.}}}{\omega}\right)^m \quad (m < \omega_{\text{st}}) \tag{7.7.56a}$$

式 (7.7.56) 和式 (7.7.56a) 只适合撞击式武器。对于直接杀伤式武器，$\omega_{\text{st}} = \omega = 1$。单独依据 m 枚直接杀伤式武器摧毁目标概率评估的干扰有效性为

$$E_{\text{h}m} = (1 - P_{\text{jh}})^m \tag{7.7.57}$$

如果用 ω_{ast} 作为干扰有效性的评价指标，对于撞击式武器，单独依据 m 枚武器摧毁目标概率评估的干扰有效性为

$$E_{\text{h}m} = \sum_{k=0}^{\omega_{\text{ast}}} C_m^k P_{\text{dh}1}^k (1 - P_{\text{dh}1})^{m-k}$$

对于直接杀伤式武器，上式变为

$$E_{\text{h}m} = (1 - P_{\text{jh}})^m$$

如果各枚武器有不同的摧毁概率，用它们摧毁目标的概率构建如式 (3.2.18a) 的母函数并按有关的处理方法得命中 $0, 1, 2, \cdots, \omega_{\text{st}}, \cdots, m$ 枚武器的概率 $P_0, P_1, P_2, \cdots, P_{\omega_{\text{st}}}, \cdots, P_m$。然后用式 (3.2.18b) 计算单独依据 m 枚武器摧毁目标概率评估的干扰有效性：

$$E_{\text{h}m} = P_0 + P_1 + \cdots + P_{\omega_{\text{st}}}$$

把计算得到的 E_{pd}、E_{a} 和 $E_{\text{h}m}$ 代入式 (7.7.49)～式 (7.7.51) 得依据摧毁概率评估的遮盖性样式对受干扰雷达控制的武器系统的干扰有效性。

式 (7.7.45)～式 (7.7.48) 只适合评估对单目标的作战效果。火控系统能分时攻击多个目标，战术指控系统能同时对多目标作战。评估对单目标和对多目标作战效果的主要差别是，一，效率指标不同。对多目标作战的主要效率指标是摧毁所有目标的概率或摧毁目标数。二，武器系统的服务概率影响作战效果。设武器系统的服务概率为 P_{serv}，P_{serv} 的定义和计算方法见 5.4.2.2 和 5.4.3.2 节。如果各枚武器的命中概率相同，武器系统摧毁第 i 个目标的概率和该目标的生存概率为

$$\begin{cases} P_{\text{de}i} = P_{\text{serv}} P_{\text{rd}i} P_{\text{a}i} \left[1 - \left(1 - \dfrac{P_{\text{jh}}}{\omega_i}\right)^m\right] \\[4mm] P_{\text{al}i} = 1 - P_{\text{serv}} P_{\text{rd}i} P_{\text{a}i} \left[1 - \left(1 - \dfrac{P_{\text{jh}}}{\omega_i}\right)^m\right] \end{cases} \tag{7.7.58}$$

其中 P_{rdi}、P_{ai} 和 ω_i 分别为目标指示雷达发现第 i 个目标的概率，跟踪雷达捕获第 i 个目标的概率和该目标的易损性。设雷达控制的武器系统要分时或同时对 n 个目标作战，用式(7.7.58)可计算摧毁每个目标的概率 P_{dei}，再用 P_{dei} 构建如式(3.2.18a)所示的母函数，按照 5.1.4.2 节的有关方法计算摧毁 0, 1, 2, $\cdots$, n 个目标的概率 $P_0, P_1, P_2, \cdots, P_n$，由此构成摧毁目标数的分布律。最后按照 5.4.2.3 和 5.4.3.3 节的方法，用摧毁目标数的分布律计算需要形式的作战效果并依据该效果计算干扰有效性。

7.8　箔条干扰效果和干扰有效性

箔条是最古老但仍在广泛使用的无源干扰器材。在雷达对抗中，箔条既可以单独使用，也可以与有源干扰配合或组合使用。因使用方式不同，箔条可起遮盖性干扰作用，也可起欺骗性干扰作用。大面积或大体积分布的箔条偶极子散射的合成信号与噪声相似，有遮盖性干扰作用。箔条弹能起假目标干扰作用。这里只讨论由大量箔条偶极子形成的遮盖性干扰效果及其干扰有效性，其中的主要关系式及其推导依据和有关数据来自参考资料[12]和[13]。有关箔条弹的假目标干扰作用将在第 8 章讨论。

7.8.1　箔条干扰特点

箔条偶极子由涂覆导电层的材料如纸、玻璃纤维、化学纤维等制成，也有直接使用金属箔片的。目前用得较多的是敷铝玻璃丝，铝箔条，镀银尼龙丝等。选择箔条偶极子材料的基本原则是反射强、轻且易于散开。箔条云由大量偶极子反射体组成，为了便于散开并连成一片，箔条偶极子反射体通常以包或束的形式组装和投放。有的从飞机上投下自行散开，有的以炮弹形式发射出去，通过爆炸加速散开。箔条的掩护干扰作用与有源遮盖性干扰相同。描述有源遮盖性干扰效果的大多数参数适合箔条干扰。和有源遮盖性干扰相比，箔条干扰有以下特点。

(1)容易扩展干扰带宽

要获得较大的电磁反射能量和较宽的工作带宽，对偶极子的长度和配装有一定要求。箔条偶极子反射电磁波的强度或箔条偶极子的雷达截面与入射电波的波长有关。设偶极子长度为 l，入射电波波长为 λ，当波长和偶极子相对入射波的取向确定后，$l = \lambda$ 时，箔条的雷达截面最大，并随着 l 的增加或减少振荡式下降，其峰值出现在 $l = n\lambda$ 和 $l = \lambda/n$（n 为正整数）位置上，n 越大，箔条偶极子雷达截面的峰值越低。利用箔条偶极子雷达截面随长度变化的特点，只需将箔条偶极子加工成不同长度并混装在一起，就能扩展干扰带宽。所以，箔条偶极子的干扰带宽很容易扩展。

(2)能真正同时干扰多个威胁

箔条云与一对多的有源遮盖性干扰不同，能真正同时干扰多部雷达，无有源干扰一对多的干信比损失。箔条云有一定的持续干扰时间和干扰带宽，且反射信号总是指向照射源方向。只要干扰足够强且雷达的工作频率处于箔条干扰频带内，无论多少部雷达无需频率引导都将受到有效干扰。此外，在箔条云的持续干扰时间内即使出现这样的新威胁，也不需要重新分配干扰资源或增加箔条投放量。

(3)持续干扰时间有限

当受干扰雷达、干扰机和目标的配置关系确定后，有源遮盖性干扰效果几乎不随时间变化，其持续干扰时间仅由干扰机的开机时间长度确定。箔条因重力下降，因风扩散，导致配置关系和反射强度不断变化，限制了箔条的持续干扰时间。箔条的持续干扰时间主要由箔条偶极子的下降速度确定。铝箔箔条的平均下降速率在海平面上为 0.4~0.55m/s，镀铝玻璃丝箔条的下降速率是

0.3m/s 的量级。箔条的降落速度与大气密度的平方根成反比，4 万英尺高空的大气密度约为海平面的 1/4，在此高空的铝箔箔条的平均降落速度为 0.8～1.1m/s，敷铝玻璃丝箔条为 0.6m/s。在 4 万英尺高空播撒的敷铝玻璃丝箔条的"悬空"时间可达 2～3 小时。

（4）箔条干扰效果随时间变化

箔条干扰效果与箔条云的有效雷达截面有关，有效雷达截面与箔条的密度有关，箔条云的密度因扩散和重力等原因随时间变化，使箔条干扰效果成为时间的函数。在投放初期，箔条偶极子的密度很大，其雷达截面由箔条云在垂直于雷达波束方向的几何投影面积确定，这个数值比其最大值小得多。随着箔条的散开，其物理面积和雷达截面(RCS)逐渐扩大。当偶极子之间的平均间隔约为 2 倍雷达波长时，RCS 达到最大值 σ_n，干扰效果最好。σ_n 相当于箔条云的平均最大雷达截面，等于：

$$\sigma_n = (0.15 \sim 0.17) N \lambda^2$$

式中，N 为箔条云包含的箔条偶极子数，λ 为受干扰雷达的工作波长。敷铝玻璃丝箔条从投放到达到其平均最大值 σ_n 大约需要 100 秒；25×50μm 的铝箔条的对应值为 40 秒。箔条云的 RCS 达到最大值后，又会随密度的降低而逐渐降低。

引起箔条云 RCS 变化的原因是，箔条偶极子有一定重量，重力使箔条偶极子下降。因取向随机，水平取向的下降慢，垂直取向的下降快。不同的下降速度使箔条偶极子散开，密度降低。此外箔条偶极子密度的变化速度与当时的气象条件特别是风速有关。水平极化箔条偶极子的 RCS 典型下降情况为：敷铝玻璃丝箔条从体分辨单元的最大值下降到最大值的 50% 需要的时间为 250 秒左右，25×50μm 的铝箔条的 RCS 降到同样数值大约需要 80 秒。垂直极化箔条云的变化情况大约是，铝箔条的 RCS 从其最大值降到 90% 要花去 80 秒，敷铝玻璃丝的 RCS 从最大值降到 50% 需要 280 秒。

除密度变化影响干扰效果外，箔条云的位置或有效掩护区域也会随时间变化，具体变化规律与当时的气象条件有关。实际使用时应根据箔条偶极子的密度变化规律，确定箔条的投放量。根据当时的风速、风向、箔条的下降速度和需要的持续干扰时间，选择投放区域和投放高度。被掩护目标也要根据当时的气象条件，实时调整运行路线，使其始终处于箔条云的有效掩护区内。

（5）箔条干扰需要散开时间

为了储存和投放方便，箔条偶极子通常以包或束的形式组装和投放，需要一定的散开时间。箔条偶极子只有散开到一定程度后才能掩盖目标回波。所以掩护干扰时必须先投放箔条，待到其 RCS 达到能有效掩护目标时才可使用。

（6）箔条是一次性使用的干扰器材

箔条是一次性使用的消耗性干扰器材。机动作战平台的箔条储量有限，在作战过程中一般不能补充。使用时必须仔细计划，做到物尽其用。

7.8.2　箔条干扰效果和干扰有效性

7.8.2.1　引言

箔条干扰强度用干信比表示，但是和有源干扰有本质区别。箔条的干信比是其雷达截面(RCS)和被保护目标的 RCS 之比。箔条的 RCS 是指落入目标所在的雷达脉冲体积内的箔条偶极子的 RCS 之和。讨论箔条的遮盖性干扰效果时，经常要用到脉冲体积一词，雷达的脉冲体积近似为[12]

$$V = R_t^2 \theta_A \Phi_E \frac{c\tau}{2} \tag{7.8.1}$$

式中，θ_A 和 Φ_E 为雷达天线方位波束和仰角波束半功率宽度（单位为弧度）；R_t、τ 和 c 分别为雷达到被考察脉冲体积中心的距离（单位为米）、脉冲宽度（秒）和光速（米/秒）。

大面积或大体积的箔条偶极子能产生类似噪声的干扰背景，有掩盖目标回波的干扰作用，可降低雷达的目标检测概率和增加参数测量误差。箔条偶极子当作遮盖性样式使用时，一般用于掩护干扰。箔条使用较灵活，能方便地播撒成需要的形状。在掩护远程作战平台突防时，通常将箔条偶极子播撒成走廊形式。描述箔条走廊的参数有三个：一、有效干扰长度或有效掩护长度；二、有效干扰宽度或有效掩护宽度；三、每个脉冲体积内的箔条偶极子的 RCS。有效掩护长度应覆盖被掩护飞行器或远程作战平台的航行路线。有效掩护宽度应覆盖编队目标群相对雷达的横向尺寸或目标相对雷达的横向活动范围。箔条的干扰强度用处于一个脉冲体积内的箔条偶极子的总雷达截面表示。如果箔条偶极子在走廊中均匀分布，落入一个脉冲体积的偶极子数与箔条的密度和脉冲体积的大小有关，此时箔条偶极子的密度也能反映干扰强度。

估算箔条云的干扰效果必须估算其雷达截面。一根箔条相当一个小天线，用分析天线等效反射面积的方法可得一根半波长箔条的有效散射面积或 RCS：

$$\sigma_1 = 0.86\lambda^2 \cos^4\theta$$

θ 为入射电波电场矢量与偶极子取向的夹角，是随机变量。测试结果表明单根箔条的平均 RCS 近似为

$$\sigma_1 = h\lambda^2$$

实际使用的箔条偶极子的典型长度 $(0.46 \sim 0.48)\lambda$，h 的取值范围为[12]

$$h = 015 \sim 0.17$$

箔条偶极子的长度越接近波长的 0.5，h 越接近其最大值 0.17。当箔条偶极子之间的间隔约为被干扰雷达波长的两倍时，由 N 根有效偶条极子组成的箔条云的平均雷达截面为

$$\sigma_n = hN\lambda^2 \tag{7.8.2}$$

形成箔条干扰的偶极子通常以包（弹以发）为单位计算。设每包的有效偶极子数为 N_e，同时投放 n_p 包箔条偶极子的总 RCS 为

$$\sigma_n = hn_p N_e \lambda^2 \tag{7.8.3}$$

只有与被保护目标处于同一脉冲体积内的箔条偶极子才有压制该目标回波的作用。其干扰强度由箔条云的平均体密度 $\bar{n}$ 和脉冲体积 V 共同决定。由式(7.8.1)和式(7.8.2)得任一雷达脉冲体积内的箔条偶极子的有效散射面积：

$$\sigma_{ch} = h\lambda^2 \bar{n} V = h\lambda^2 \bar{n} R_t^2 \theta_A \Phi_E \frac{c\tau}{2} \tag{7.8.4}$$

用 σ_{ch} 替换式(7.3.1)中的目标雷达截面得雷达从距离为 R_t 的脉冲体积接收的箔条干扰功率：

$$J_{ch} = \frac{P_t G_t^2 \sigma_{ch} \lambda^2}{(4\pi)^3 R_t^4 L_r} e^{-0.46\delta R_t} \tag{7.8.5}$$

上式的其他符号见式(7.3.1)。式(7.8.5)说明当其他参数一定时，干扰强度与箔条云的雷达截面成正比。

箔条偶极子有部分干扰效果描述参数同有源遮盖性干扰，如干信比，检测概率，最小干扰距离等。箔条与有源遮盖性干扰有许多差别，有源遮盖性样式的干扰效果模型不完全适合箔条遮盖性干扰，其中差别较大的有：干信比、最小干扰距离和有效压制扇面。

7.8.2.2 干信比及其干扰有效性

箔条干扰的干信比定义为雷达从目标所在的脉冲体积接收的箔条干扰功率和从目标接收的回波功率之比。由式(7.3.1)和式(7.8.5)得箔条干扰的干信比：

$$\frac{J_{ch}}{S} = \frac{\dfrac{P_t G_t^2 \sigma_{ch} \lambda^2}{(4\pi)^3 R_t^4 L_r} e^{-0.46\delta R_t}}{\dfrac{P_t G_t^2 \sigma \lambda^2}{(4\pi)^3 R_t^4 L_r} e^{-0.46\delta R_t}} = \frac{\sigma_{ch}}{\sigma} \tag{7.8.6}$$

式(7.8.6)说明，如果受干扰雷达没有动目标检测能力，箔条干扰的干信比等于其雷达截面与保护目标雷达截面之比，与雷达的等效辐射功率、电波传播衰减系数和作用距离等无关。

相参雷达体制如动目标指示雷达、脉冲多普勒雷达等有抗箔条干扰的作用。箔条的反射信号经相参处理后，只有小部分功率能起干扰作用。和有源遮盖性干扰一样，抗箔条遮盖性干扰的措施不能完全消除其影响，但是要达到干扰非相参雷达的效果，必须增加箔条云的RCS，以弥补雷达抗箔条遮盖性干扰措施造成的干信比损失。雷达抗箔条干扰的能力和脉冲积累抗有源遮盖性干扰不相同，3.6.6节已得到脉冲对消和多普勒滤波抗箔条干扰的得益 g_3，g_3等效于箔条雷达截面的降低程度。考虑抗箔条干扰措施影响后，仍可用箔条的雷达截面与目标雷达截面之比表示箔条对相参雷达的干信比，这时式(7.8.6)变为

$$\frac{J_{ch}}{S} = \frac{\sigma_{ch}}{g_3 \sigma} \tag{7.8.7}$$

使用式(7.8.6)和式(7.8.7)必须注意的是，这里的箔条雷达截面仅指处于被掩护目标所在的脉冲体积内的箔条总雷达截面。

如果目标处于箔条偶极子中，此时的箔条除反射电磁波外，还会吸收入射电磁波，衰减目标回波功率。通常用吸收系数表示箔条云衰减电磁波的作用。该吸收系数定义为[12]

$$\beta = 0.73\lambda^2 \overline{n} \ (dB/m) \tag{7.8.8}$$

设电磁波要穿过厚度为 x(m)的箔条云才能到达目标，电磁波往返两次穿过箔条云，对目标回波的总衰减量为

$$L_{ch} = 10^{-0.2\beta x}$$

因箔条云的吸收作用，目标的实际雷达截面将减小到：

$$\sigma' = L_{ch}\sigma = 10^{-0.2\beta x}\sigma \tag{7.8.9}$$

箔条云的吸收作用相当于降低目标的雷达截面，也可等效成增加箔条的有效反射面积。把式(7.8.9)代入式(7.8.7)得箔条云的瞬时干信比模型：

$$j_{sch} = \frac{\sigma_{ch}}{g_3 \sigma} \times 10^{0.2\beta x} \tag{7.8.10}$$

式(7.8.10)适合所有雷达，相当于箔条干扰干信比的通用模型。若令 $g_3 = 1$，它就能用于常规脉冲雷达。

　　评估箔条走廊的干扰效果和干扰有效性需要估算目标要经过的每一个脉冲体积内箔条的 RCS。如果箔条走廊由播撒飞机均匀投放，可认为形成的箔条云具有连续性和均匀性，就是说经过一定时间后，在整个箔条走廊上箔条云的体密度近似相同。雷达的脉冲体积随距离变化，距离越近，脉冲体积越小，箔条云的雷达截面越小。如果已知最小干扰距离上的脉冲体积内的箔条雷达截面，就能判断干扰是否有效。把式 (7.8.4) 代入式 (7.8.10) 得箔条云在距离为 R_t 的雷达脉冲体积内的瞬时干信比：

$$j_{sch} = \frac{h\lambda^2 \bar{n} R_t^2 \theta_A \Phi_E c\tau}{2g_3 \sigma} \times 10^{0.2\beta x} \tag{7.8.11}$$

设目标的平均雷达截面为 $\bar{\sigma}$，用 $\bar{\sigma}$ 替换式 (7.8.11) 的 σ 得箔条的平均干信比：

$$\bar{J}_{sch} = \frac{h\lambda^2 \bar{n} R_t^2 \theta_A \Phi_E c\tau}{2g_3 \bar{\sigma}} \times 10^{0.2\beta x} \tag{7.8.12}$$

　　和有源遮盖性干扰一样，雷达的机内噪声和杂波起遮盖性干扰作用。式 (7.8.11)、式 (7.3.9) 和式 (7.3.13) 之和就是箔条干扰的总瞬时干信比：

$$j_{snch} = \frac{h\lambda^2 \bar{n} R_t^2 \theta_A \Phi_E c\tau}{2g_3 \sigma} \times 10^{0.2\beta x} + \frac{(4\pi)^3 R_t^4 L_r KT_t \Delta f_r F_n}{P_t G_t^2 \sigma \lambda^2} e^{0.46\delta R_t} + \frac{R_t^4 \sigma_c}{R_c^4 \sigma} e^{0.46\delta(R_t - R_c)} \tag{7.8.13}$$

箔条云的总平均干信比为

$$\bar{J}_{snch} = \frac{h\lambda^2 \bar{n} R_t^2 \theta_A \Phi_E c\tau}{2g_3 \bar{\sigma}} \times 10^{0.2\beta x} + \frac{(4\pi)^3 R_t^4 L_r KT_t \Delta f_r F_n}{P_t G_t^2 \bar{\sigma} \lambda^2} e^{0.46\delta R_t} + \frac{R_t^4 \bar{\sigma}_c}{R_c^4 \bar{\sigma}} e^{0.46\delta(R_t - R_c)} \tag{7.8.14}$$

　　评估箔条干扰效果和干扰有效性需要确定箔条的压制系数。用 3.6.6 节的方法可估算箔条干扰的压制系数 K_{jch}。和有源遮盖性干扰一样，干信比为效益型指标，用式 (1.2.4) 判断干扰是否有效。把总瞬时干信比和总平均干信比代入式 (7.3.22) 和式 (7.3.23) 得箔条对两类起伏目标干信比的概率密度函数：

$$P(j_{snch}) = \begin{cases} \dfrac{\bar{J}_{snch}}{j_{snch}^2} \exp\left(-\dfrac{\bar{J}_{snch}}{j_{snch}}\right) & \text{斯韦林 I 、 II 型起伏目标} \\[4mm] \dfrac{4\bar{J}_{snch}^2}{j_{snch}^3} \exp\left(-\dfrac{2\bar{J}_{snch}}{j_{snch}}\right) & \text{斯韦林 III 、 IV 型起伏目标} \end{cases} \tag{7.8.15}$$

根据干扰有效性的定义，从 $K_{jch} \sim \infty$ 积分式 (7.8.15) 得依据干信比评估的箔条干扰有效性：

$$E_{jch} = \begin{cases} 1 - \exp\left(-\dfrac{\bar{J}_{snch}}{K_{jch}}\right) & \text{斯韦林 I 、 II 型起伏目标} \\[4mm] 1 - \left(1 + 2\dfrac{\bar{J}_{snch}}{K_{jch}}\right) \exp\left(-2\dfrac{\bar{J}_{snch}}{K_{jch}}\right) & \text{斯韦林 III 、 IV 型起伏目标} \end{cases} \tag{7.8.16}$$

　　箔条是一次性使用的干扰资源，如果作战平台在作战期间无法补充箔条器材，需要在战前估算箔条用量。掩护干扰一般将箔条播撒成走廊形式。根据箔条走廊的长度、宽度和压制系数等可确定满足有效干扰要求的箔条数量。设投放的箔条偶极子都出现在雷达的脉冲体积内且每包箔条偶极子散开后形成的箔条宽度满足有效掩护目标的要求，要在长度为 L 区间用箔条云保护平均雷达截面为 $\bar{\sigma}$ 的目标需要投放的箔条偶极子包数为[12]

$$n_{\mathrm{p}} = \frac{23.5\bar{\sigma}K_{\mathrm{jch}}v_j t_j L}{\lambda^2 c^2 \tau^2 N_{\mathrm{e}}} \tag{7.8.17}$$

式中，v_j 和 t_j 为箔条投放平台的飞行速度和投放时间长度。

雷达的检测概率和参数测量误差与干信比有关，箔条干扰可降低信干比。按照 7.3.3 节的分析方法，可估算大范围箔条云对雷达目标检测的干扰效果和干扰有效性，按照 7.4.4 节的分析方法得依据定位误差和引导概率评估的箔条干扰效果和干扰有效性。

7.8.2.3 箔条走廊的最小干扰距离及干扰有效性

和有源遮盖性干扰不同，箔条干扰器材的基本单位很小，很容易播撒成需要的形状。用箔条干扰掩护飞行器突防时一般播撒成走廊形式。其长度可能跨过不同距离的多个雷达脉冲体积或覆盖雷达的整个作用距离。如果箔条偶极子的宽度和厚度在需要的距离范围内都不超过雷达脉冲体积的对应尺寸，无须考虑箔条走廊的最小干扰距离问题。如果不能满足上述条件，则可能出现这样的问题，即在远距离能掩护特定目标，在近距离则不能保护它。原因很简单。对于均匀分布的箔条偶极子，其干信比与落入目标所在的脉冲体积内的箔条偶极子数成正比。脉冲体积与距离的平方成正比，距离越近，脉冲体积越小，落入其内的箔条偶极子数越少，干信比也越小。因此，评估箔条走廊类的掩护干扰效果时，需要根据具体情况确定是否需要依据最小干扰距离评估干扰效果。本书用三个参数描述箔条走廊（见 7.8.2.1 节），其中的第三个参数就是为此而设置的。

如果箔条走廊的有效干扰长度和宽度满足作战要求，则可单独依据最小干扰距离评估干扰有效性。依据最小干扰距离评估箔条走廊干扰有效性的方法很简单。式 (7.8.11) 是箔条云在距离为 R_t 的雷达脉冲体积内的瞬时干信比，令该干信比等于箔条干扰的压制系数 K_{jch}，再对 R_t 求解得最小干扰距离的瞬时值：

$$R_{\mathrm{tmin}} = \left(10^{-0.2\beta x} \frac{2K_{\mathrm{jch}}\sigma g_3}{h\lambda^2 \bar{n}\theta_{\mathrm{A}}\Phi_{\mathrm{E}}c\tau}\right)^{1/2} \tag{7.8.18}$$

最小干扰距离的平均值为

$$\bar{R}_{\mathrm{tmin}} = \left(10^{-0.2\beta x} \frac{2K_{\mathrm{jch}}\bar{\sigma} g_3}{h\lambda^2 \bar{n}\theta_{\mathrm{A}}\Phi_{\mathrm{E}}c\tau}\right)^{1/2} \tag{7.8.19}$$

设有效干扰要求的最小干扰距离为 R_{tnst}，最小干扰距离为成本型指标，越小越好，用式 (1.2.5) 判断干扰是否有效。式 (2.4.2) 和式 (2.4.4) 为目标雷达截面的概率密度函数，按照式 (7.3.22) 和式 (7.3.23) 的分析方法得箔条走廊对两类起伏目标的最小干扰距离的概率密度函数：

$$P(R_{\mathrm{tmin}}) = \begin{cases} \dfrac{2R_{\mathrm{tmin}}}{\bar{R}_{\mathrm{tmin}}^2} \exp\left(-\dfrac{R_{\mathrm{tmin}}^2}{\bar{R}_{\mathrm{tmin}}^2}\right) & \text{斯韦林 I 、II 型起伏目标} \\ \dfrac{8R_{\mathrm{tmin}}^3}{\bar{R}_{\mathrm{tmin}}^4} \exp\left(-\dfrac{2R_{\mathrm{tmin}}^2}{\bar{R}_{\mathrm{tmin}}^2}\right) & \text{斯韦林 III 、IV 型起伏目标} \end{cases} \tag{7.8.20}$$

从 $0 \sim R_{\mathrm{tnst}}$ 积分式 (7.8.20) 得依据最小干扰距离评估的箔条走廊的干扰有效性：

$$E_{\mathrm{rch}} = \begin{cases} 1 - \exp\left(-\dfrac{R_{\mathrm{tnst}}^2}{\bar{R}_{\mathrm{tmin}}^2}\right) & \text{斯韦林 I 、II 型起伏目标} \\ 1 - \left(1 + 2\dfrac{R_{\mathrm{tnst}}^2}{\bar{R}_{\mathrm{tmin}}^2}\right)\exp\left(-2\dfrac{R_{\mathrm{tnst}}^2}{\bar{R}_{\mathrm{tmin}}^2}\right) & \text{斯韦林 III 、IV 型起伏目标} \end{cases} \tag{7.8.21}$$

7.8.2.4　箔条走廊的有效掩护宽度和长度及干扰有效性

箔条走廊掩护区的有效宽度定义为，目标相对箔条走廊两个边界之间长度的数学期望[12]。箔条走廊的有效掩护宽度与多种因素有关，除箔条走廊自身的宽度外，还有被考察雷达脉冲体积到被干扰雷达的距离、雷达的角度分辨率以及波束指向与箔条走廊走向的夹角。图 7.8.1 是箔条走廊与雷达波束指向的两种特殊情况即纵向箔条走廊和横向箔条走廊。图 7.8.1(a)为雷达天线指向与箔条走廊中心线重合的纵向箔条走廊，图 7.8.1(b)为两者相垂直的横向箔条走廊。图中 R_t、$\theta_{0.5}$、τ 和 c 分别为雷达到目标的距离、天线半功率波束宽度、脉冲宽度和光速，L_{ch} 为箔条走廊自身的宽度。箔条的 RCS 或干信比由落入目标所在的雷达脉冲体积内的偶极子反射面积之和确定。如果两图的箔条偶极子均匀分布且密度相同，对于相同距离的脉冲体积，图 7.8.1(b)的横向箔条走廊的干扰强度大于图 7.8.1(a)的纵向箔条走廊。只要图 7.8.1(a)的有效掩护宽度满足作战要求，其他情况均能有效掩护相同的目标，也就是说纵向箔条走廊对干扰最不利。下面只讨论纵向箔条走廊有效掩护宽度的计算方法。

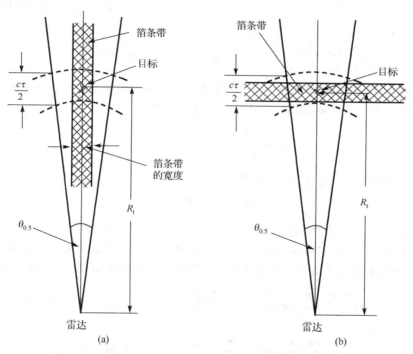

图 7.8.1　箔条走廊有效掩护宽度和它与雷达波束指向的几何关系示意图

箔条走廊掩护的目标可当作点目标，其尺寸可能远小于雷达脉冲体积。只要落入脉冲体积内的箔条偶极子的总反射信号强度满足压制系数要求，并不需要箔条偶极子填满整个脉冲体积，所以有效掩护宽度可能大于箔条偶极子的实际分布宽度。图 7.8.1(a)所示箔条走廊的有效掩护宽度等于[12]

$$w_{ch} = L_{ch} + \theta_{0.5} R_t$$

如果出现 7.8.2.3 节说明的情况，需要考虑箔条走廊最小干扰距离对有效掩护宽度的影响。设干扰实际可达到的最小干扰距离为 R_{tmin}，箔条走廊有效掩护宽度的瞬时值为

$$w_{ch} = L_{ch} + \theta_{0.5} R_{tmin} \tag{7.8.22}$$

式(7.8.19)为箔条最小干扰距离的平均值，把它代入上式得箔条走廊有效掩护宽度的平均值：

$$\overline{w}_{\text{ch}} = L_{\text{ch}} + \theta_{0.5}\overline{R}_{\text{tmin}} \tag{7.8.23}$$

设作战要求的箔条走廊宽度为 w_{chst}，用式(1.2.4)判断干扰是否有效。

最小干扰距离为随机变量，箔条走廊有效掩护宽度也是随机变量。式(7.8.20)为最小干扰距离的概率密度函数，由函数概率密度函数的计算方法得箔条走廊有效掩护宽度的概率密度函数：

$$P(w_{\text{ch}}) = \begin{cases} \dfrac{2(w_{\text{ch}} - L_{\text{ch}})}{(\overline{w}_{\text{ch}} - L_{\text{ch}})^2}\exp\left[-\left(\dfrac{w_{\text{ch}} - L_{\text{ch}}}{\overline{w}_{\text{ch}} - L_{\text{ch}}}\right)^2\right] & \text{斯韦林 I 、 II 型起伏目标} \\[4mm] \dfrac{8(w_{\text{ch}} - L_{\text{ch}})^3}{(\overline{w}_{\text{ch}} - L_{\text{ch}})^4}\exp\left[-2\left(\dfrac{w_{\text{ch}} - L_{\text{ch}}}{\overline{w}_{\text{ch}} - L_{\text{ch}}}\right)^2\right] & \text{斯韦林 III 、 IV 型起伏目标} \end{cases} \tag{7.8.24}$$

根据干扰有效性的定义，从 $w_{\text{chst}} \sim \infty$ 积分上式得依据箔条走廊有效掩护宽度评估的干扰有效性：

$$E_{\text{wch}} = \begin{cases} \exp\left[-\left(\dfrac{w_{\text{chst}} - L_{\text{ch}}}{\overline{w}_{\text{ch}} - L_{\text{ch}}}\right)^2\right] & \text{斯韦林 I 、 II 型起伏目标} \\[4mm] \left[1 + 2\left(\dfrac{w_{\text{chst}} - L_{\text{ch}}}{\overline{w}_{\text{ch}} - L_{\text{ch}}}\right)^2\right]\exp\left[-2\left(\dfrac{w_{\text{chst}} - L_{\text{ch}}}{\overline{w}_{\text{ch}} - L_{\text{ch}}}\right)^2\right] & \text{斯韦林 III 、 IV 型起伏目标} \end{cases} \tag{7.8.25}$$

如果箔条均匀分布且在作战要求的整个距离范围内，箔条走廊的宽度和厚度都不大于受干扰雷达脉冲体积的对应尺寸，这时 w_{ch} 近似为确定数，干扰有效性为

$$E_{\text{wch}} = \begin{cases} w_{\text{ch}} / w_{\text{chst}} & w_{\text{ch}} \leqslant w_{\text{chst}} \\ 1 & \text{其他} \end{cases} \tag{7.8.26}$$

箔条走廊的有效掩护长度 R_{ch} 定义为箔条走廊的实际长度 R_{L} 与最小干扰距离 R_{tmin} 之差：

$$R_{\text{ch}} = R_{\text{L}} - R_{\text{tmin}}$$

如果出现 7.8.2.3 节说明的情况，需要考虑箔条走廊最小干扰距离的影响，即箔条走廊的有效掩护长度可能不等于箔条带的实际长度。R_{ch} 是随机变量 R_{tmin} 的函数，R_{tmin} 的概率密度函数如式(7.8.20)所示。由函数概率密度的计算方法和 R_{tmin} 的概率密度函数得 R_{ch} 的概率密度函数：

$$P(R_{\text{ch}}) = \begin{cases} \dfrac{2(R_{\text{L}} - R_{\text{ch}})}{(R_{\text{L}} - \overline{R}_{\text{ch}})^2}\exp\left[-\dfrac{(R_{\text{L}} - R_{\text{ch}})^2}{(R_{\text{L}} - \overline{R}_{\text{ch}})^2}\right] & \text{斯韦林 I 、 II 型起伏目标} \\[4mm] \dfrac{8(R_{\text{L}} - R_{\text{ch}})^3}{(R_{\text{L}} - \overline{R}_{\text{ch}})^4}\exp\left[-2\dfrac{(R_{\text{L}} - R_{\text{ch}})^2}{(R_{\text{L}} - \overline{R}_{\text{ch}})^2}\right] & \text{斯韦林 III 、 IV 型起伏目标} \end{cases} \tag{7.8.27}$$

设作战要求的箔条走廊长度为 R_{chst}，箔条走廊的有效干扰长度属于效益型指标，其值越大越好。从 $R_{\text{chst}} \sim \infty$ 积分式(7.8.27)得依据箔条走廊长度评估的对两类起伏目标的干扰有效性：

$$E_{\text{Rch}} = \begin{cases} \exp\left[-\left(\dfrac{R_{\text{L}} - R_{\text{chst}}}{R_{\text{L}} - \overline{R}_{\text{ch}}}\right)^2\right] & \text{斯韦林 I 、 II 型起伏目标} \\[4mm] \left[1 + 2\left(\dfrac{R_{\text{L}} - R_{\text{chst}}}{R_{\text{L}} - \overline{R}_{\text{ch}}}\right)^2\right]\exp\left[-2\left(\dfrac{R_{\text{L}} - R_{\text{chst}}}{R_{\text{L}} - \overline{R}_{\text{ch}}}\right)^2\right] & \text{斯韦林 III 、 IV 型起伏目标} \end{cases} \tag{7.8.28}$$

如果没有最小干扰距离问题，箔条走廊的实际有效掩护长度等于箔条带的长度 R_{L}。这时 R_{ch} 为确定量。干扰有效性为

$$E_{\mathrm{Rch}} = \begin{cases} R_{\mathrm{ch}} / R_{\mathrm{chst}} & R_{\mathrm{ch}} \leqslant R_{\mathrm{chst}} \\ 1 & 其他 \end{cases} \tag{7.8.29}$$

箔条走廊的干扰有效性由有效掩护长度和宽度共同决定。任何一个不能满足对应的评价指标，干扰均无效。由此得干扰是否有效的判别式

$$\begin{cases} 干扰有效 & \bar{R}_{\mathrm{ch}} \geqslant R_{\mathrm{chst}} 和 \bar{w}_{\mathrm{ch}} \geqslant w_{\mathrm{chst}} \\ 干扰无效 & 其他 \end{cases} \tag{7.8.30}$$

为保险起见，可用两种干扰有效性中的较小者表示箔条走廊的干扰有效性，即

$$E_{\mathrm{rwch}} = \mathrm{MIN}\{E_{\mathrm{Rch}}, E_{\mathrm{wch}}\} \tag{7.8.31}$$

7.9　遮盖性样式对雷达对抗装备的干扰效果及干扰有效性

7.9.1　引言

4.5.1 节指出凡是需要从外界电磁环境获取信息的无线电电子设备都是可干扰的。凡是有意影响他人无线电电子设备正常工作的无线电电子设备都可能遭到人为有意干扰。雷达对抗装备依赖从外界电磁环境获取辐射源信息，干扰直接影响对方的作战行动和作战效果，遭到他人有意干扰是必然的。干扰雷达对抗装备的目的是为了保护己方的雷达免遭技术侦察、干扰和反辐射武器攻击，使其有安全稳定的工作环境并能发挥应有的作战能力。

雷达对抗装备由雷达支援侦察和干扰两部分组成，两部分都是可干扰的。单独干扰雷达对抗装备的侦察部分有可能完全阻止敌方实施干扰和反辐射攻击。雷达干扰部分有不需要现场接收信息而用装订数据工作的干扰通道，只干扰该部分难以完全阻止敌方实施干扰。另外，就已有的干扰技术及其干扰效果而言，干扰雷达支援侦察部分相对容易些，效果明显些。遮盖性和欺骗性样式都能干扰雷达支援侦察设备，都能达到保护目标的目的。本节只讨论遮盖性样式对雷达支援侦察部分的干扰效果和干扰有效性。

遮盖性干扰几乎能影响雷达支援侦察设备的所有重要性能，可从多方面实现侦察干扰目的。此样式与机内噪声相似，能降低雷达支援侦察设备的接收信噪比，受此影响的性能参数有：参数测量精度、脉冲截获概率、辐射源检测概率、威胁识别概率、引导干扰和反辐射攻击的概率。告警概率受辐射源检测概率和威胁识别概率影响，也受遮盖性干扰影响。

雷达支援侦察设备有两大任务，告警和引导干扰机或/和反辐射武器。要告警必须截获辐射源和正确识别威胁。告警概率为辐射源截获概率和威胁识别概率之积。雷达对抗装备要实施有效干扰和反辐射攻击，支援侦察部分必须正确发现和识别干扰方的保护目标且其参数测量精度又能满足引导要求。在一定条件下引导干扰和反辐射攻击的概率等效于保护目标的受干扰和受反辐射武器攻击的概率。辐射源截获概率、威胁识别概率、引导干扰机和反辐射武器的概率不但受遮盖性干扰影响，而且能反映达到最终作战目的的程度。除引导干扰机和反辐射武器的概率外，其他参数都是受干扰侦察设备的战技指标。用同风险准则能确定它们的干扰有效性评价指标。雷达支援侦察设备一般没有对引导概率的要求，但其上级设备对引导概率是有要求的。根据侦察设备的参数测量误差和被引导干扰机和反辐射导引头的瞬时工作参数范围，能确定它们对引导概率的要求。另外，告警概率与辐射源截获概率和威胁识别概率有函数关系，保护目标的受干扰和受反辐射武器攻击的概率与告警概率和引导概率有函数关系，它们也能表示遮盖性干

扰效果。根据第 6 章选择表示干扰效果参数的原则，可用以下五个参数表示遮盖性样式对雷达支援侦察设备的干扰效果：

① 辐射源截获概率；
② 威胁识别概率；
③ 告警概率（辐射源截获概率与威胁识别概率之积）；
④ 引导干扰和反辐射攻击的概率；
⑤ 保护目标的受干扰和受反辐射武器攻击的概率。

7.9.2　辐射源截获概率和干扰有效性

威胁告警是雷达支援侦察设备的主要任务之一，要告警必须截获和识别辐射源。遮盖性干扰能同时影响雷达支援侦察设备的辐射源截获概率和威胁识别概率。影响截获指定辐射源概率的主要因素有三个：脉冲截获概率、一帧数据采集时间内一个辐射源最大可接收的脉冲数和确定一个辐射源存在需要的最小连贯脉冲数。其中，只有脉冲截获概率受遮盖性干扰影响。影响脉冲截获概率的主要因素也有三个：脉冲与侦察窗口的重合概率、单个脉冲的检测概率和脉冲不丢失概率。脉冲与侦察窗口重合的概率取决于侦察体制和保护雷达的工作状态。脉冲不丢失概率受信号密度和参数测量误差影响。参数测量误差与机内噪声功率和遮盖性干扰功率有关。单个脉冲的检测概率同样受机内噪声和遮盖性干扰影响。

在影响脉冲截获概率的三个因素中，只有脉冲与侦察窗口重合的概率与遮盖性干扰无关。根据侦察设备的角度、频率搜索参数和雷达的工作状态及参数，用式(4.2.3)可计算第 i 个辐射源的脉冲与侦察窗口重合的概率 P_{winds}。第 i 个辐射源可以是指定辐射源，也可以是侦察干扰要保护的雷达辐射源。

雷达支援侦察设备截获辐射源一个脉冲的概率取决于信干比。根据侦察设备、干扰机和指定辐射源的参数及其配置关系，由侦察方程计算实际可达到的或预计可达到的信干比。设第 i 个或指定辐射源的峰值发射功率、发射天线增益、工作波长和发射系统损失分别为 P_t、G_t、λ 和 L_{rr}，受干扰雷达支援侦察设备从该辐射源接收的信号功率为

$$S = \frac{P_t G_t G_{jr} \lambda^2}{(4\pi)^2 L_{rr} L_{jr} R_{jr}^2} \mathrm{e}^{-0.23\delta R_{jr}} \tag{7.9.1}$$

式中，G_{jr}、R_{jr}、L_{jr} 和 δ 分别为侦察天线在雷达方向的增益、侦察设备到指定辐射源的距离、系统损失和电波传播衰减系数。设干扰机的输出功率、发射天线增益、发射系统损失、侦察天线在干扰方向的增益和干扰机到侦察设备的距离分别为 P_j、G_j、L_j、G_{jrj} 和 R_j，侦察设备从干扰机接收的干扰功率为

$$J = \frac{P_j G_j G_{jrj} \lambda^2}{(4\pi)^2 R_j^2 L_j L_{jr}} \mathrm{e}^{-0.23\delta R_j} \tag{7.9.2}$$

侦察接收机有机内噪声，机内噪声起遮盖性干扰作用。设 F_n、Δf_{jr}、T_t 和 K 分别为侦察接收机的噪声系数、瞬时工作带宽，接收机系统温度和波尔兹曼常数，侦察接收机的机内噪声功率为

$$N_n = KT_t \Delta f_{jr} F_n \tag{7.9.3}$$

由上两式得起遮盖性干扰的总功率为

$$J_{jn} = J + N_n$$

由式(7.9.1)～式(7.9.3)得侦察设备从第 i 个辐射源或保护雷达接收的信干比:

$$S_{jn} = \frac{P_t G_t G_{jr} \lambda^2 L_j R_j^2 e^{-0.23\delta R_{jr}}}{L_{rr} L_{jr} R_{jr}^2 [P_j G_j G_{jrj} \lambda^2 e^{-0.23\delta R_j} + (4\pi)^2 R_j^2 L_j K T_t \Delta f_{jr} F_n]} \tag{7.9.4}$$

人为有意干扰不但干扰功率稳定,而且远大于机内噪声功率,总干扰功率可近似成常数。侦察设备接收雷达的直射波,接收功率不受雷达平台起伏影响,可当作稳定目标处理。设雷达支援侦察设备要求的虚警概率为 P_{fa},用 S_{jn} 替换式(3.2.11)中的 S_n 得该设备检测第 i 个辐射源一个脉冲的概率:

$$P_{ds} = \Phi[\Phi^{-1}(P_{fa}) - \sqrt{S_{jn}}] \tag{7.9.5}$$

在式(7.9.5)中,虚警概率是雷达支援侦察设备的战技指标,是已知的或可预先确定的,P_{ds} 只与 S_{jn} 有关。

脉冲不丢失概率由独立的两部分组成。第一部分只受信号环境及其参数影响,第二部分只受参数测量误差影响。参数测量误差与遮盖性干扰有关。根据 4.2.3.1 节丢失指定辐射源脉冲的三个条件,从满足前两个条件的辐射源中,找出能使受干扰侦察设备丢失第 i 个或指定辐射源脉冲的所有辐射源,并计算它们构成的脉冲流密度 λ_r 和平均脉宽 τ_r。把 λ_r 和 τ_r 代入式(4.2.14)得因脉冲重叠不丢失该辐射源脉冲的概率 P_{nmo}。根据被干扰雷达支援侦察设备的脉冲分选参数,用 J_{jn} 替换式(4.2.6)中的 σ_{xi} 得第 i 个辐射源脉冲的每个分选参数通过分选窗口的概率 P_{Paxi},把它们代入式(4.2.7)得因参数测量误差不丢失此辐射源脉冲的概率 P_{Pad}。把两种不丢失概率代入式(4.2.16)得不丢失指定辐射源脉冲的概率 P_{nmis}。把 P_{winds}、P_{ds} 和 P_{nmis} 代入式(4.2.18)得受干扰雷达支援侦察设备截获指定辐射源脉冲的概率 P_{intm}。

雷达支援侦察设备必须在多个脉冲组成的脉冲序列上检测辐射源。因接收雷达和干扰的直射波,雷达信号和干扰都比较稳定,检测脉冲序列中每个脉冲的概率近似相同。根据 P_{intm} 和被干扰侦察设备采集数据的机制,用 4.2.4.4 节的有关模型估算在一帧采集数据中能截获指定辐射源的平均脉冲数 n 和丢失脉冲 m。再根据雷达支援侦察设备的辐射源检测方法和检测门限,用式(4.2.30)～式(4.2.35)或式(4.2.36)之一计算检测第 i 个或指定辐射源的概率 P_{intri}。

P_{intri} 就是用截获第 i 个辐射源概率表示的遮盖性干扰效果。雷达支援侦察设备一般有辐射源截获概率要求,它可作为依据截获辐射源概率评估干扰有效性的指标,设其为 P_{intst}。截获概率为成本型指标,用式(1.2.5)判断干扰是否有效,判别式为

$$\begin{cases} 干扰有效 & P_{intr} \geqslant P_{intst} \\ 干扰无效 & 其他 \end{cases} \tag{7.9.6}$$

影响辐射源截获概率的因素多且关系复杂,这里将 P_{intst} 转换成要求截获第 i 个辐射源的脉冲数 n_{mst},再根据脉冲截获概率评估干扰有效性。设侦察设备一帧数据采集时间内能截获第 i 个或指定辐射源的最大脉冲数为 N_{max},P_{intst} 和 n_{mst} 的转换关系为

$$n_{mst} = \begin{cases} INT\{N_{max} P_{intst}\} + 1 & N_{max} P_{intst} - INT\{N_{max} P_{intst}\} \geqslant 05 \\ INT\{N_{max} P_{intst}\} & 其他 \end{cases} \tag{7.9.7}$$

评价指标转换后,依据辐射源截获概率评估的干扰有效性等效于侦察设备在一帧数据采集期间截获指定辐射源的脉冲数小于等于 n_{mst} 的概率:

$$E_{intri} = \sum_{k=0}^{n_{mst}} C_m^k P_{intm}^k (1 - P_{intm})^{m-k} \tag{7.9.8}$$

前面的方法只适合保护一个辐射源的场合。如果侦察干扰要保护 $n_r(n_r>1)$ 部雷达，必须采用对多目标作战的效率指标。就干扰而言，对多目标作战的效率指标主要是有效干扰时，被干扰侦察设备截获所有干扰保护目标的概率 P_{rst} 或要求截获保护目标的最大数 n_{rst}。两指标有一定联系，若已知 n_r，可将 P_{rst} 转换成 n_{rst}。转换关系为

$$n_{rst} = \begin{cases} INT\{n_r P_{rst}\}+1 & n_r P_{rst} - INT\{n_r P_{rst}\} \geq 05 \\ INT\{n_r P_{rst}\} & 其他 \end{cases} \tag{7.9.9}$$

按照被干扰侦察设备截获第 i 个或指定辐射源概率的计算方法，可得该设备截获每个目标的概率 $P_{itr1}, P_{itr2}, \cdots, P_{itri}, \cdots, P_{itrn_r}$。如果截获各目标的概率相差不大，可用它们的平均截获概率评估干扰有效性。平均截获概率等于：

$$\overline{P}_{itr} = \frac{1}{n_r} \sum_{i=1}^{n_r} P_{irti}$$

截获概率为成本型指标，依据截获所有保护目标概率评估的干扰有效性等效于截获保护目标数小于等于 n_{rst} 的概率：

$$\overline{E}_{intr} = \sum_{k=0}^{n_{rst}} C_{n_r}^k P_{itri}^k (1-P_{itri})^{n_r-k} \tag{7.9.10}$$

如果截获各目标的概率相差较大，可用截获各目标的概率构建如式(3.2.18a)的模型并按有关的处理方法得，截获 $0, 1, 2, \cdots, n_{rst}, \cdots, n_r$ 个目标的概率 $P_0, P_1, \cdots, P_{n_{rst}}, \cdots, P_{n_r}$。$P_{n_r}$ 就是截获所有保护目标的概率，可用它判断干扰是否有效。判别式为

$$\begin{cases} 干扰有效 & P_{n_r} \leq P_{rst} \\ 干扰无效 & 其他 \end{cases}$$

也可用发现目标数表示干扰效果。发现目标数为

$$n_{intr} = \sum_{i=1}^{n_r} P_{irti}$$

用式(3.2.18b)的模型计算依据截获所有保护目标的概率评估的干扰有效性：

$$\overline{E}_{intr} = P_0 + P_1 + P_2 + ... + P_{n_{rst}} \tag{7.9.11}$$

7.9.3 辐射源识别和告警概率及干扰有效性

雷达支援侦察设备用库识别法，用识别概率表示识别性能。库识别就是把截获的辐射源特征参数集(识别参数)与存储在数据库中的特定类型辐射源的对应特征参数集进行比较，只要两者对应参数的差别不大于预先设置的门限，就算识别成功，截获的辐射源属于库中类型的辐射源。识别用的参数是侦察设备现场测试获得的，识别参数必然存在测量误差，有可能超出识别门限。因参数测量误差独立，识别门限独立，只要有一个识别参数不能通过识别门限，整个识别将失败。所以，识别概率为各识别参数落入自身识别门限内的概率积。

不同雷达支援侦察设备可能采用不同数量的识别参数，对不同类型的辐射源还可能有不同的识别门限。这里只讨论遮盖性样式对侦察设备识别环节的干扰效果和干扰有效性的评估方法。假设侦察干扰保护目标的参数固定，被干扰侦察设备采用射频、重频和脉宽三参数识别。

影响识别参数测量误差的主要因素是侦察设备的机内噪声和遮盖性干扰，要计算识别概率必

须计算干信比。设雷达、干扰机等装备的参数和配置关系与 7.9.2 节相同。取式 (7.9.4) 的倒数得雷达支援侦察设备从第 i 个或指定辐射源接收的干信比：

$$J_{\mathrm{js}} = \frac{L_{\mathrm{rr}} L_{\mathrm{jr}} R_{\mathrm{jr}}^2 [P_j G_j G_{\mathrm{jrj}} \lambda^2 \mathrm{e}^{-0.23\delta R_j} + (4\pi)^2 R_j^2 L_j KT_{\mathrm{t}} \Delta f_{\mathrm{jr}} F_{\mathrm{n}}]}{P_{\mathrm{t}} G_{\mathrm{t}} G_{\mathrm{jr}} \lambda^2 L_j R_j^2 \mathrm{e}^{-0.23\delta R_{\mathrm{jr}}}} \tag{7.9.12}$$

把 J_{js} 分别代入式 (4.2.61)～式 (4.2.63) 得该设备的射频、脉宽和重频测量误差 σ_{f}、σ_{w} 和 σ_{F}。把这些测量误差和其对应的识别门限代入式 (4.2.71)、式 (4.2.81) 和式 (4.2.83) 得射频、脉宽和重频识别概率 P_{disf}、P_{disw} 和 P_{disF}，再把它们代入式 (4.2.64) 得第 i 个或指定辐射源的三参数识别概率：

$$P_{\mathrm{dis}i} = P_{\mathrm{disf}} P_{\mathrm{disF}} P_{\mathrm{disw}} \tag{7.9.13}$$

设干扰有效性的识别概率评价指标为 P_{dist}。识别概率为成本型指标，用式 (1.2.5) 判断干扰是否有效。式 (7.9.13) 的每一项都不会大于 1，三项之积不会大于其中的最小值。因此可用其中的最小值近似识别该辐射源的概率，即第 i 个辐射源的三参数识别概率近似为

$$P_{\mathrm{dis}i} \approx \mathrm{MIN}\{P_{\mathrm{disf}}, P_{\mathrm{disF}}, P_{\mathrm{disw}}\} \tag{7.9.14}$$

三参数识别独立、参数测量误差独立，但影响因素相同，可用下式近似计算依据识别第 i 个辐射源概率评估的干扰有效性：

$$E_{\mathrm{dis}i} \approx \mathrm{MAX}\{E_{\mathrm{dif}}, E_{\mathrm{diF}}, E_{\mathrm{diw}}\} \tag{7.9.15}$$

式中，E_{dif}，E_{diF} 和 E_{diw} 分别为单独依据射频、重频和脉宽识别概率评估的干扰有效性。

把评价指标进行形式上的转换可简化干扰有效性的计算。令式 (4.2.61) 中的 $P_{\mathrm{disf}} = P_{\mathrm{dist}}$，再对 σ_{f} 求解得干扰有效性的射频识别概率评价指标与射频测量误差评价指标 σ_{fst} 之间的转换关系：

$$\sigma_{\mathrm{fst}} = \frac{f_{\mathrm{T}}}{\varPhi^{-1}(P_{\mathrm{dist}}/2)} \tag{7.9.16}$$

上式其他符号的定义见式 (4.2.61)。遮盖性干扰只能引起随机测频误差，中心化的测频误差服从 0 均值正态分布。测频误差大于 σ_{fst} 的概率就是依据射频识别概率评估的干扰有效性：

$$E_{\mathrm{dif}} = 1 - 2\phi\left(\frac{\sigma_{\mathrm{fst}}}{\sigma_{\mathrm{f}}}\right) \tag{7.9.17}$$

按照依据射频识别概率评估干扰有效性的步骤和方法，由式 (4.2.62) 和式 (4.2.63) 得有效干扰对重频和脉宽测量误差的要求：

$$\begin{cases} \sigma_{\mathrm{Fst}} = \dfrac{F_{\mathrm{T}}}{\varPhi^{-1}(P_{\mathrm{dist}}/2)} \\[2mm] \sigma_{\mathrm{wst}} = \dfrac{w_{\mathrm{T}}}{\varPhi^{-1}(P_{\mathrm{dist}}/2)} \end{cases} \tag{7.9.18}$$

上两式有关符号的定义见式 (4.2.62) 和式 (4.2.63)。按照依据射频识别概率评估干扰有效性的方法得依据脉宽和重频识别概率评估的干扰有效性：

$$\begin{cases} E_{\mathrm{diw}} = 1 - 2\phi\left(\dfrac{\sigma_{\mathrm{wst}}}{\sigma_{\mathrm{w}}}\right) \\[2mm] E_{\mathrm{diF}} = 1 - 2\phi\left(\dfrac{\sigma_{\mathrm{Fst}}}{\sigma_{\mathrm{F}}}\right) \end{cases} \tag{7.9.19}$$

式(7.9.13)、式(7.9.14)和式(7.9.15)只适合保护一个目标，如果侦察干扰要保护多个目标，需要用对多目标作战的效率指标评估干扰有效性。就受干扰雷达支援侦察设备而言，对多目标作战的效率指标就是正确识别所有保护目标的概率 P_{dmst} 或有效干扰要求识别保护目标的最大数 n_{dmst}。

把式(7.9.13)、式(7.9.14)和式(7.9.15)用于每个保护目标，可得被干扰侦察设备识别 1, 2, …, n_r 个保护目标的概率 P_{dis1}，P_{dis2}，…，P_{disi}，……，P_{disn_r}。如果识别每个目标的概率相差不大，可用平均识别概率计算干扰有效性。平均识别概率为

$$\overline{P}_{dis} = \frac{1}{n_r} \sum_{i=1}^{n_r} P_{disi}$$

其中 P_{disi} 为被干扰侦察设备识别第 i 个保护目标的概率，由式(7.9.14)确定。依据对多目标识别概率评估的干扰有效性为

$$\overline{E}_{dis} = \sum_{k=0}^{n_{dmst}} C_{n_r}^k \overline{P}_{dis}^k (1 - \overline{P}_{dis})^{n_r - k} \tag{7.9.20}$$

如果识别不同目标的概率相差较大，可用 7.9.2 节依据截获多个辐射源概率评估干扰有效性的方法，用类似式(7.9.11)的模型计算依据识别多目标概率评估的干扰有效性。

4.4 节把雷达支援侦察设备的告警概率定义为辐射源截获概率与威胁识别概率之积。该设备对增批概率限制校严，即遮盖性干扰和机内噪声引起的假目标很少，可忽略不计。因此，对受干扰侦察设备而言，干扰保护的目标就是威胁目标，本节的辐射源识别概率就是威胁识别概率。根据告警概率的定义，对第 i 个保护目标的告警概率为

$$P_{rwi} = P_{itri} P_{disi} \tag{7.9.21}$$

告警保护目标数为

$$n_{rw} = \sum_{i=1}^{n_r} P_{rwi}$$

如果只有一个目标，告警概率为

$$P_{rw1} = P_{itr1} P_{dis1} \tag{7.9.22}$$

三上式为遮盖性样式干扰告警环节的效果。单目标告警概率的干扰有效性评价指标就是有效干扰要求的告警概率 P_{rwst}，多目标告警概率的评价指标为作战要求的对所有保护目标的告警概率 P_{wst} 或告警保护目标数 N_{wst}。告警概率和告警保护目标数为成本型指标，用式(1.2.5)判断干扰是否有效。7.9.2 节给出了单独依据辐射源截获概率评估干扰有效性的模型，本节的前面部分又得到单独依据威胁识别概率评估干扰有效性的模型。根据两种概率在告警概率中的关系，由式(1.2.21)得依据告警概率评估干扰有效性的模型：

$$\begin{cases} E_{rw1} = 1 - (1 - E_{intri})(1 - E_{disi}) & \text{单目标} \\ E_{rw} = 1 - (1 - \overline{E}_{intr})(1 - \overline{E}_{dis}) & \text{多目标} \end{cases} \tag{7.9.23}$$

7.9.4　引导干扰的概率和受干扰概率及干扰有效性

雷达支援侦察设备一旦截获到需要干扰或反辐射攻击的辐射源，立即告警并把测量获得的该辐射源的有关参数送给干扰机或/和反辐射武器的导引头。在雷达对抗中，给干扰机指示要干扰雷达的参数称为干扰引导，给反辐射武器提供要攻击雷达的参数称为反辐射引导。这里的引导是指

受干扰侦察设备用干扰方保护雷达的参数引导自身的干扰机或反辐射武器的导引头。引导干扰的好坏用干扰引导概率表示。干扰引导概率定义为侦察设备指示的雷达参数落入受干扰雷达或被引导干扰机对应瞬时工作参数范围内的概率。影响引导概率的主要因素有两个：一个是侦察设备的参数测量误差，另一个是受干扰雷达或被引导干扰机有关参数的瞬时工作范围。一旦指定了要干扰的对象，引导概率由引导参数的测量误差确定。引导参数的测量误差受遮盖性干扰和侦察设备机内噪声影响，干扰条件下的引导概率可表示遮盖性样式对侦察设备的干扰效果。

4.3 节说明只要正确识别就能保证正确的干扰参数，干扰机有自身的时间同步机制，一般不需要干扰样式和干扰时间引导。干扰机有三个通道或三种类型的干扰机：应答式、转发式和回答式。应答式干扰不需要实时接收被干扰雷达的信号，只需发射频率和发射角度引导。转发式和回答式干扰既需要发射频率和发射角度引导，又需要接收频率和接收角度引导。可见不管什么样的干扰机都需要发射频率和发射角度引导。

识别概率是有关参数落入识别比较门限内的概率。干扰引导概率是有关参数落入受干扰雷达对应瞬时工作参数范围内的概率。影响两种概率的共同因素是侦察设备的参数测量误差。如果将识别概率模型中的比较门限换成受干扰雷达有关参数的瞬时工作范围，在数值上识别概率等于干扰引导概率。因此，可按照识别概率的计算方法确定干扰引导概率。为了能用前两节的有关结果，假设装备参数、配置关系和保护目标参数与 7.9.2 节相同。

把实际设备的参数和装备配置关系等代入式 (7.9.12) 得遮盖性干扰下的干信比，把它代入式 (4.2.71) 得侦察设备的射频参数测量误差 σ_{f}。根据该设备的测角体制，用式 (4.2.75)～式 (4.2.77) 之一确定到达角测量误差 σ_{ϕ}。设被干扰雷达接收机的瞬时带宽和天线波束宽度分别为 Δf、$\Delta\alpha$（方位角）和 $\Delta\beta$（仰角），按照频率和角度识别概率的计算方法得侦察设备对干扰机的发射频率、方位和仰角引导概率：

$$\begin{cases} P_{\mathrm{gef}} = 2\phi(0.5\Delta f / \sigma_{\mathrm{f}}) \\ P_{\mathrm{ge\alpha}} = 2\phi(0.5\Delta\alpha / \sigma_{\phi}) \\ P_{\mathrm{ge\beta}} = 2\phi(0.5\Delta\beta / \sigma_{\phi}) \end{cases} \tag{7.9.24}$$

频率和角度引导独立，对应答式干扰机或应答式干扰通道的引导概率为

$$P_{\mathrm{gue}} = P_{\mathrm{gef}} P_{\mathrm{ge\alpha}} P_{\mathrm{ge\beta}} \tag{7.9.25}$$

设转发式或回答式干扰接收机的瞬时带宽为 Δf_{r}、干扰机接收天线的瞬时波束宽度为 $\Delta\alpha_{\mathrm{r}}$（方位）和 $\Delta\beta_{\mathrm{r}}$（仰角），按照发射频率和发射角度引导概率的计算方法得侦察设备对转发式或回答式干扰机的接收频率、方位和仰角引导概率：

$$\begin{cases} P_{\mathrm{grf}} = 2\phi(0.5\Delta f_{\mathrm{r}} / \sigma_{\mathrm{f}}) \\ P_{\mathrm{gr\alpha}} = 2\phi(0.5\Delta\alpha_{\mathrm{r}} / \sigma_{\phi}) \\ P_{\mathrm{gr\beta}} = 2\phi(0.5\Delta\beta_{\mathrm{r}} / \sigma_{\phi}) \end{cases} \tag{7.9.26}$$

雷达支援侦察设备引导转发式和回答式干扰机的接收频率和接收角度的概率为

$$P_{\mathrm{gur}} = P_{\mathrm{grf}} P_{\mathrm{gr\alpha}} P_{\mathrm{gr\beta}} \tag{7.9.27}$$

干扰机的收、发独立，引导独立，侦察设备引导转发式和回答式干扰机的总概率为

$$P_{\mathrm{guj}} = P_{\mathrm{gue}} P_{\mathrm{gur}} \tag{7.9.28}$$

令 $P_{\mathrm{gur}} = 1$，式 (7.9.28) 就能用于应答式干扰机，该式可作为干扰引导概率的通用数学模型。

式 (7.9.28) 就是遮盖性样式干扰侦察设备引导环节的效果。设有效干扰要求的引导概率为 P_{gujst}，引导概率属于成本型指标，用式(1.2.5)判断干扰是否有效。如果侦察干扰要保护多个目标且不同目标有不同的射频和角度，引导概率也会不同。按照推导式(7.9.25)、式(7.9.27)和式(7.9.28)式的方法可得用第 i 个保护目标引导干扰的概率：

$$P_{guji} = P_{guei} P_{guri} \qquad (7.9.28a)$$

干扰引导概率为干扰发射频率、发射天线指向和接收频率、接收天线指向引导概率之积。任何一项引导失败，整个干扰引导就会失败，可用式(1.2.21)或式(1.2.22)式计算干扰有效性。按照依据识别概率评估干扰有效性的方法很容易得到依据引导概率评估的干扰有效性。先把有效干扰要求的引导概率转换成对引导参数测量误差的要求，然后根据引导参数测量误差评估干扰有效性。有关的计算步骤和模型详见 7.9.3 节。设依据干扰发射频率、发射角度和接收频率、接收角度引导概率评估的干扰有效性分别为 E_{gef}、$E_{ge\alpha}$、$E_{ge\beta}$ 和 E_{grf}、$E_{gr\alpha}$、$E_{gr\beta}$，依据干扰引导概率评估的干扰有效性近似为

$$E_{guj1} \approx 1-(1-E_{E1})(1-E_{R1}) \qquad (7.9.29)$$

其中 $\qquad\qquad E_{E1} \approx \mathrm{MAX}\{E_{gef}, E_{ge\alpha}, E_{ge\beta}\}$ 和 $E_{R1} \approx \{E_{grf}, E_{gr\alpha}, E_{grf}\}$

如果雷达支援侦察设备成功截获和识别指定辐射源，就会告警并引导干扰机或反辐射武器。如果假设干扰机能正确瞄准并能输出有效干扰需要的干扰样式和等效辐射功率，那么只要成功告警和引导，侦察干扰保护的雷达将受到应有的干扰。保护目标的受干扰概率为告警概率和引导概率之积。式(7.9.22)就是对指定辐射源的告警概率 P_{rw1}，用式(7.9.28a)可得对指定辐射源的干扰引导概率 P_{guj1}。侦察干扰保护目标的受干扰概率为

$$P_{jam1} = P_{rw1} P_{guj1} \qquad (7.9.30)$$

7.9.2 和 7.9.3 节分别给出了遮盖性干扰条件下，侦察设备截获和识别指定辐射源的概率及其评估的干扰有效性 E_{intr1} 和 E_{dis1}。本节的前面部分推导了遮盖性干扰下侦察设备用指定辐射源的参数引导干扰机的概率及其评估的干扰有效性 E_{guj1}。告警和引导独立进行，可用式(1.2.21)计算依据受干扰概率评估的干扰有效性。

$$E_{jam1} = 1-(1-E_{intr1})(1-E_{dis1})(1-E_{guj1}) = 1-(1-E_{rw1})(1-E_{guj1}) \qquad (7.9.31)$$

式(7.9.28)、式(7.9.29)和式(7.9.31)只适合评估对指定辐射源或对单目标作战的干扰效果和干扰有效性。如果侦察干扰要保护多个目标，需要对多目标作战的效率指标，该指标就是所有干扰保护目标都被用于引导干扰的概率 P_{gjst} 或用来引导干扰机的保护雷达数 n_{gjst}。用式(7.9.28a)可得用每个保护雷达引导干扰机的概率 P_{guj1}, P_{guj2}, $\cdots$, P_{gujn}。用式(3.2.18a)的模型得到 0, 1, 2, $\cdots$, n_{gjst}, $\cdots$, n_t 个保护目标引导干扰机的概率 $P_0, P_1, P_2, \cdots, P_{gjst}, \cdots, P_{n_t}$。用保护目标引导干扰机的概率成本型指标，用式(3.2.18b)的模型得依据对多目标引导概率评估的干扰有效性：

$$E_{gujn} = P_0 + P_1 + P_2 + \cdots + P_{n_{gjst}} \qquad (7.9.29a)$$

7.9.2 和 7.9.3 节给出了依据发现、识别所有保护目标概率评估的干扰有效性，式(7.9.29a)为依据所有保护目标用于引导干扰机的概率评估的干扰有效性。依据所有保护目标受干扰概率评估的干扰有效性为

$$E_{jamn} = 1-(1-\bar{E}_{intr})(1-\bar{E}_{dis})(1-E_{gujn}) \qquad (7.9.31a)$$

7.9.5 引导反辐射武器的概率和目标受攻击的概率及干扰有效性

反辐射武器的传感器是导引头,虽然其组成与雷达支援侦察设备非常相似,但工作方式有所不同,它需要其他设备引导。引导在于缩小导引头的搜索范围,减少发现确认指定目标的时间和被干扰的概率。专用引导设备和雷达支援侦察设备都能引导反辐射武器,这里假设引导设备为雷达支援侦察装备。

引导反辐射武器就是给其导引头提供要攻击雷达的特征参数,一般包括射频、角度、重频,有的还需要脉宽等其他参数。与侦察设备引导干扰机不同,反辐射导引头用一部分引导参数设置确认目标的比较窗口中心,另一部分作为截获搜索中心。搜索仅在部分参数的小范围(截获搜索区)内进行。反辐射导引头一旦检测到进入截获搜索区且能通过所有确认比较窗口的目标,就认为捕获到指示目标,立即从搜索转入跟踪并向平台操作员发出截获指定目标的标志,由平台操作员确定是否发射反辐射武器。

引导行动的效率指标也是引导概率。侦察设备引导反辐射导引头的概率定义为指示雷达的引导参数全部落入截获搜索区或确认比较窗口内的概率。对于特定的反辐射导引头,截获搜索区是固定的,侦察设备的参数测量误差是影响引导质量的主要因素。遮盖性干扰会增加侦察设备的参数测量误差,可使指示目标处于截获搜索区或确认比较窗口之外,导致反辐射导引头找不到目标,不能实施反辐射攻击。一般雷达支援侦察设备没有引导反辐射武器概率的要求,根据无干扰时侦察设备的参数测量误差和截获搜索范围或确认比较窗口宽度能确定有关的要求。

引导反辐射导引头的参数较多,不管这些参数是用作设置确认比较窗口中心还是截获搜索中心,从对指示目标的搜索、确认原理和过程看,只要有一个指示参数处于导引头的截获搜索区或确认比较窗口外,引导就会失败。多参数搜索或确认指示目标相当于各参数串联搜索或确认比较,引导概率是各个引导参数落入自身截获搜索区或确认比较窗口内的概率积。影响引导概率和识别概率的是雷达支援侦察设备的参数测量误差。如果把对应参数的截获搜索范围或确认比较窗口宽度当作辐射源识别门限,则由识别概率模型计算得到的就是该参数的引导概率。用这种方法能得到每个参数的引导概率,由此可得引导反辐射武器的概率。为了应用前面的结果,本节仍然假设有关设备及其参数和配置关系与 7.9.2 节相同。

把装备的有关参数和配置关系代入式 (7.9.12) 得侦察干扰实际能达到的干信比,再把得到的干信比代入式 (4.2.71)、式 (4.2.75)~式 (4.2.77) 之一和式 (4.2.81)、式 (4.2.83) 得侦察设备的射频、角度(包括方位和俯仰)、脉宽和重频测量误差 σ_f、σ_α、σ_β、σ_w 和 σ_F。设反辐射导引头的频率、方位角、仰角、重频和脉宽的截获搜索范围或确认比较窗口的大小分别为 $\pm\Delta f_a$、$\pm\Delta\alpha_a$、$\pm\Delta\beta_a$、$\pm\Delta F_a$ 和 $\pm\Delta w_a$,把上述参数代入式 (4.2.69) 得侦察设备用指定目标参数引导反辐射导引头的概率:

$$P_{\text{gua1}} = 32\phi\left(\frac{\Delta f_a}{\sigma_f}\right)\phi\left(\frac{\Delta\alpha_a}{\sigma_\alpha}\right)\phi\left(\frac{\Delta\beta_a}{\sigma_\beta}\right)\phi\left(\frac{\Delta F_a}{\sigma_F}\right)\phi\left(\frac{\Delta w_a}{\sigma_w}\right) \tag{7.9.32}$$

式 (7.9.32) 是遮盖性样式干扰侦察设备引导反辐射导引头的效果。设有效干扰要求的引导概率为 P_{guast},引导概率越小对干扰越有利,用式 (1.2.5) 判断干扰是否有效。

根据各引导参数的引导概率间的关系,可用式 (1.2.21) 或式 (1.2.22) 计算干扰有效性。上面说明可用计算识别概率的方法确定引导概率,基于同样的理由,可按照依据识别概率评估干扰有效性的方法确定依据引导概率评估的干扰有效性。先把对引导概率的要求转换成对参数测量误差的要求,然后根据各引导参数的概率密度函数和对应的截获搜索范围或确认比较窗口宽度计算干扰有效性。设依据射频、方位、俯仰、重频和脉宽引导概率评估的干扰有效性分别为 E_{guaf}、$E_{\text{gua}\alpha}$、$E_{\text{gua}\beta}$、E_{guaF} 和 E_{guaw},由式 (1.2.22) 得依据引导反辐射导引头的概率评估的干扰有效性:

$$E_{\text{gua1}} = \text{MAX}\{E_{\text{guaf}}, E_{\text{gua}\alpha}, E_{\text{gua}\beta}, E_{\text{guaF}}, E_{\text{guaw}}\} \tag{7.9.33}$$

一枚反辐射武器只能攻击一个辐射源，一部侦察设备可引导多枚反辐射武器。设有 m_a 个保护目标。只要被反辐射武器攻击的目标数小于等于 n_{gast}，就是有效干扰。由式(7.9.32)可得用每个保护雷达引导反辐射武器的概率 $P_{\text{gua1}}, P_{\text{gua2}}, \cdots, P_{\text{guan}}$。用式(3.2.18a)的模型得用 0，1，2，$\cdots$，$n_{\text{gast}}$，$\cdots$，$m_a$ 个保护目标引导反辐射武器的概率 $P_0, P_1, P_2, \cdots, P_{n_{\text{gast}}}, \cdots, P_{m_a}$。用式(3.2.18b)的模型得依据引导多枚反辐射武器的概率评估的干扰有效性：

$$E_{\text{guan}} = P_0 + P_1 + P_2 + \cdots + P_{n_{\text{gast}}} \tag{7.9.34}$$

如果用每个保护目标引导反辐射武器的概率相差不大，用任一保护目标引导反辐射武器的平均概率为

$$\overline{P}_{\text{gua}} = \frac{1}{m_a} \sum_{i=1}^{m_a} P_{\text{gua}i} \tag{7.9.35}$$

依据引导反辐射武器的平均概率评估的干扰有效性为

$$E_{\text{gua}} = \sum_{k=0}^{n_{\text{guast}}} C_{m_a}^k \overline{P}_{\text{gua}}^k (1 - \overline{P}_{\text{gua}})^{m_a - k} \tag{7.9.36}$$

如果反辐射导引头能瞄准指定辐射源的特征参数并能精确跟踪它，那么只要保护目标被受干扰雷达支援侦察设备正确告警和引导，就会遭受反辐射武器攻击。其受攻击概率为

$$\begin{cases} P_{\text{am1}} = P_{\text{rw1}} P_{\text{gua1}} = P_{\text{intr1}} P_{\text{dis1}} P_{\text{gua1}} & \text{单辐射源} \\ P_{\text{am}} = P_{\text{rw}} P_{\text{gua}} = P_{\text{intr}} P_{\text{dis}} P_{\text{gua}} & \text{多辐射源} \end{cases} \tag{7.9.37}$$

式(7.9.23)为依据保护目标被告警的概率评估的干扰有效性 E_{rw1}(对单目标)和 E_{rw}(对多目标)。式(7.9.33)和式(7.9.34)或式(7.9.36)分别为依据引导反辐射武器概率评估的干扰有效性 E_{gua1}(对单目标)和 E_{gua}(对多目标)。由式(1.2.21)得依据保护目标受反辐射武器攻击概率评估的干扰有效性：

$$\begin{cases} E_{\text{am1}} = 1 - (1 - E_{\text{rw1}})(1 - E_{\text{gua1}}) & \text{单辐射源} \\ E_{\text{am}} = 1 - (1 - E_{\text{rw}})(1 - E_{\text{gua}}) & \text{多辐射源} \end{cases} \tag{7.9.38}$$

7.10 对抗反辐射武器的效果和干扰有效性

反辐射导引头是反辐射武器的直接干扰环节，组成与雷达支援侦察设备相似。工作过程与跟踪雷达相似，需要其他设备指示目标。该类武器有目标截获搜索和跟踪两种工作状态。因此，可单独干扰雷达支援侦察设备或专用引导设备，也可单独干扰反辐射导引头，还可同时干扰两种设备。遮盖性样式能干扰反辐射导引头的两种工作状态。干扰截获搜索状态可阻止该类武器的发射，干扰跟踪状态可增加跟踪误差，降低摧毁保护目标的概率。这里只讨论比较复杂的情况，即同时干扰雷达支援侦察设备和反辐射导引头两种工作状态的干扰效果和干扰有效性。一枚反辐射武器只能攻击一个目标。一个平台可携带多枚反辐射武器，一部雷达支援侦察设备也能引导多枚这种武器，用多目标作战效果的分析方法，可计算对多枚反辐射武器的平均干扰效果和作战效果，这里只讨论对一枚反辐射武器的干扰效果。

反辐射导引头的瞬时工作参数范围窄，自身难以发现指定目标，需要其他设备指示目标。第

五章和前一节都说明了发射反辐射武器的大致过程。该武器一旦发射,其导引头自主跟踪目标,把武器导向目标。这种武器为硬杀伤式,作战目的就是摧毁指示目标。要摧毁指示目标,反辐射导引头必须精确跟踪指示目标。其作战过程分两个阶段:第一阶段为发射前和发射,第二阶段为发射后的辐射源跟踪。发射前的任务有五项,由雷达支援侦察设备和反辐射导引头共同承担。其中雷达支援侦察设备承担三项任务:一、发现侦察干扰保护的目标(雷达);二、识别保护目标;三、用保护目标的特征参数引导反辐射导引头。反辐射导引头承担两项项任务:一、在截获搜索区发现指示目标;二、识别指示目标。发射后的任务只有一项,就是跟踪指示目标。该任务由反辐射导引头单独承担。本书用发射概率表示对第一阶段的综合干扰效果,用跟踪误差表示对第二阶段的干扰效果。

7.9.2 和 7.9.3 节说明雷达支援侦察设备检测和识别指定目标就是执行告警任务,用告警概率表示遮盖性样式对告警环节的干扰效果。告警概率反映雷达支援侦察设备完成发射反辐射武器前两项任务的可能性。雷达支援侦察设备要完成的第三项任务就是给反辐射导引头指示目标,用引导概率表示完成此项任务的能力。由雷达支援侦察设备的工作原理和过程知,检测、识别指定辐射源和用指定辐射源的参数引导反辐射导引头独立进行,可用检测概率、识别概率和引导概率之积表示该设备完成上述三项任务的综合能力,由式(7.9.37)知,它就是保护目标受反辐射武器攻击的概率:

$$P_{am1} = P_{rw1}P_{gua1} = P_{intr1}P_{dis1}P_{gua1} \tag{7.10.1}$$

一枚反辐射武器的导引头只能跟踪一个目标,式(7.10.1)的 P_{rw1} 和 P_{gua1} 分别为告警概率和引导概率,由式(7.9.22)和式(7.9.32)确定。式(7.9.38)是依据保护目标受反辐射武器攻击概率评估的干扰有效性 E_{am1}。

遮盖性样式能干扰反辐射导引头的两种工作状态,干扰截获搜索状态可降低它在截获搜索区发现和识别指示目标的概率。发现和识别指示目标是为了捕获目标进入跟踪状态,为了不与跟踪雷达的捕获概率相混,这里用跟踪概率表示发现和识别概率之积。反辐射导引头的瞬时工作参数范围小,可检测的辐射源很少,如果只有遮盖性干扰,增批或虚警概率很低,评估干扰效果时可忽略增批概率的影响,即认为通过识别的目标就是指示目标,这里用跟踪概率表示反辐射导引头为发射武器而完成自身两项任务的能力,也是遮盖性样式对截获搜索环节的综合干扰效果。由此得反辐射武器的发射概率:

$$P_{lach} = P_{am1}P_{ta} \tag{7.10.2}$$

式中,P_{ta} 为跟踪概率。它等于反辐射导引头在截获搜索区检测和识别指示目标的概率 P_{intra} 和 P_{disa} 之积。

除搜索范围较小外,反辐射导引头发现和识别指示辐射源的过程与侦察设备检测和识别指定辐射源的过程十分相似,侦察设备的有关数学模型可用于反辐射导引头。只需把反辐射导引头的参数、指示目标的参数和电磁工作环境的参数等代入 7.9.2 和 7.9.3 节的有关模型,按照计算雷达支援侦察设备截获和识别指定辐射源概率的方法,可得反辐射导引头截获指示目标的概率 P_{intra} 和识别概率 P_{disa}。反辐射导引头跟踪指示目标的概率为

$$P_{ta} = P_{intra}P_{disa} \tag{7.10.3}$$

按照 E_{intr1} 和 E_{dis1} 的计算方法,由式(7.9.8)和式(7.9.18)得依据发现和确认指示目标概率评估的干扰有效性 E_{intra} 和 E_{disa}。依据跟踪概率评估的干扰有效性为

$$E_{ta} \approx MAX\{E_{intra}, E_{disa}\} \tag{7.10.4}$$

把式(7.10.1)和式(7.10.3)代入式(7.10.2)得反辐射武器发射概率的完整形式:

$$P_{\text{lach}} = P_{\text{am1}} P_{\text{ta}} = P_{\text{intr1}} P_{\text{dis1}} P_{\text{gua1}} P_{\text{intra}} P_{\text{disa}} = P_{\text{rw1}} P_{\text{gua1}} P_{\text{ta}} \tag{7.10.5}$$

对抗双方对发射反辐射武器的概率都有要求，这种要求来自对保护目标的摧毁概率或生存概率的要求。该要求就是遮盖性样式对雷达支援侦察设备和反辐射导引头的综合干扰效果评价指标，设其为 P_{last}。发射反辐射武器对干扰不利，其概率越小越好，用式(1.2.5)判断干扰是否有效。告警、引导和跟踪过程独立，用式(1.2.21)或式(1.2.22)计算依据 P_{lach} 评估的干扰有效性：

$$E_{\text{lach}} = 1 - (1 - E_{\text{am1}})(1 - E_{\text{ta}}) = 1 - (1 - E_{\text{rw1}})(1 - E_{\text{gua1}})(1 - E_{\text{ta}}) \approx \text{MAX}\{E_{\text{wr1}}, E_{\text{gua1}}, E_{\text{ta}}\} \tag{7.10.6}$$

式中，E_{rw1} 和 E_{gua1} 为依据指示目标被告警的概率和引导反辐射武器的概率评估的干扰有效性，分别由式(7.9.23)和式(7.9.33)确定。

遮盖性样式能干扰反辐射导引头的跟踪状态，增加跟踪误差，降低命中概率。导引头只需自动跟踪要攻击辐射源的角度(方位角和仰角)，指示辐射源的其他参数仅用于设置只让该辐射源的特征参数通过的确认窗口且窗口固定，不需要连续跟踪，因此遮盖性干扰只影响角跟踪误差。反辐射导引头的角跟踪和雷达的单目标角跟踪不同，它是开环跟踪，可用雷达支援侦察设备的测角误差模型计算角跟踪误差。现在多数导引头采用干涉仪测向体制，如果把测角分为方位和俯仰两个一维多基线干涉仪测向，可分别用式(4.2.87)计算方位和仰角跟踪精度。设 d 和 θ 分别为方位维最长基线的长度和信号的方位入射方向与天线瞄准轴指向的夹角，d' 和 θ' 为俯仰维最长基线的长度和信号在俯仰维的入射方向与天线瞄准轴的夹角，把反辐射导引头实际接收的信干比 S/J 代入式(4.2.87)得方位维和俯仰维的测角误差：

$$\begin{cases} \sigma_\alpha = \dfrac{\lambda}{2\pi d \cos\theta \sqrt{S/J}} & \text{方位} \\[3mm] \sigma_\beta = \dfrac{\lambda}{2\pi d' \cos\theta' \sqrt{S/J}} & \text{俯仰} \end{cases} \quad (\text{弧度}) \tag{7.10.7}$$

对于方阵天线，方位和俯仰波束相同，即 $d = d'$，$\theta = \theta'$ 和 $\sigma_\alpha = \sigma_\beta$。

设反辐射导引头的接收天线在雷达方向的增益为 G_a，接收雷达信号和干扰信号的系统损失为 L_a、到雷达的距离为 R_a，反辐射导引头接收雷达直射波，信号和干扰都走单程，按照式(7.9.4)的分析方法得信干比：

$$\frac{S}{J} = \frac{P_t G_t G_a \lambda^2 L_j R_j^2 e^{-0.23\delta R_a}}{L_{\text{rr}} R_a^2 [P_j G_j G_{\text{ja}} \lambda^2 e^{-0.23\delta R_j} + (4\pi)^2 R_j^2 L_a L_j K T_t \Delta f_{\text{jr}} F_n]} \tag{7.10.8}$$

式中，G_{ja} 为反辐射导引头的接收天线在干扰方向的增益，$K T_t \Delta f_{\text{jr}} F_n$ 为反辐射导引头接收机的噪声功率。其他符号的定义见式(7.9.2)和式(7.9.3)。在这里信干比可近似成常数，把式(7.10.8)的信干比代入式(7.10.7)得导引头的测角误差 σ_α 和 σ_β。

角跟踪误差能使反辐射武器脱靶，可单独用来表示干扰效果和评估干扰有效性。设有效干扰要求的方位和俯仰测角误差分别为 $\sigma_{\alpha\text{st}}$ 和 $\sigma_{\beta\text{st}}$，测角误差为效益性指标，用式(1.2.4)判断干扰是否有效。

遮盖性干扰和机内噪声只能引起随机误差，其中心化测角误差服从 0 均值正态分布，依据反辐射导引头的方位和俯仰测角误差评估的干扰有效性为

$$\begin{cases} E_\alpha = 1 - 2\phi\left(\dfrac{\sigma_{\alpha\text{st}}}{\sigma_\alpha}\right) & \text{方位} \\[3mm] E_\beta = 1 - 2\phi\left(\dfrac{\sigma_{\beta\text{st}}}{\sigma_\beta}\right) & \text{俯仰} \end{cases} \tag{7.10.9}$$

由上两式得依据角跟踪误差评估的干扰有效性：

$$E_{\alpha\beta} \approx \text{MAX}\{E_\alpha, E_\beta\} \tag{7.10.10}$$

反辐射武器为杀伤性武器，需要计算作战效果。对单目标的作战效果为保护目标的摧毁概率或生存概率。遮盖性干扰只能增加反辐射导引头的角跟踪误差，按照 7.7.5.2 节的方法，把角跟踪误差转换成散布误差并与武器自身的散布误差综合，形成综合散布误差。反辐射武器带近炸引信且主要针对地面固定雷达站，可把它当作平面散布直接杀伤式武器处理，被攻击目标在像平面的投影可近似成矩形(雷达站)或圆形(雷达天线)，由式(5.3.15)得命中概率：

$$P_{jh} = \begin{cases} 4\Phi\left(\dfrac{a+R_k}{\sigma_x}\right)\Phi\left(\dfrac{b+R_k}{\sigma_y}\right) & \text{矩形目标} \\[3mm] 1-\exp\left(-\dfrac{R_{ec}^2}{2\sigma_{cs}^2}\right) & \text{圆形目标} \end{cases} \tag{7.10.11}$$

式(7.10.11)符号的定义见式(5.3.15)。

使用反辐射武器的目的是摧毁目标，该类武器要摧毁目标需要满足四个条件：一，侦察设备成功告警；二，正确引导反辐射导引头；三，导引头跟踪指示目标；四，反辐射武器命中目标。反辐射武器一般单枚使用，即摧毁目标必须平均命中的武器数 $\omega=1$。影响摧毁概率的四个因素独立，由此得在遮盖性干扰下反辐射武器摧毁指定目标的概率：

$$P_{dea} = P_{lach}P_{jh} = P_{am1}P_{ta}P_{jh} \tag{7.10.12}$$

设作战要求的摧毁概率为 P_{dast}，摧毁概率为成本型指标，用式(1.2.5)判断干扰是否有效。

式(7.10.6)为依据发射概率评估的干扰有效性。令式(7.7.57)的 $m=1$ 得依据命中概率评估的遮盖性样式对反辐射武器的综合干扰有效性 E_{hw}，由式(1.2.21)得依据摧毁概率评估的遮盖性干扰有效性：

$$E_{arm} = 1-(1-E_{lach})(1-E_{hw}) \tag{7.10.13}$$

主要参考资料

[1]　[苏]И.С.高诺罗夫斯基著，冯秉铨等译. 无线电信号及电路中的瞬变现象，人民邮电出版社，1958.

[2]　Barton, D.K.,Radar System Analysis, Artech House, Norwood.MA. 1976.

[3]　Б.Р. ЛЕВИН, ТЕОРЕТИЧЕСКИЕ ОСНОВЫ СТАТИСТЧЕСКОВ РАДИОТЕХНИКИ, КНИГА ПЕРВАЯ ИЗДЕЛьСТВО "СОВЕТСКОЕ РАДИО" МОСКВА, 1966.

[4]　Dawenbot, W.B.,Jr.,and W.L.Root, An Introduction to the Theory of Random Signals and Noise,IEEEE Press, 1987.

[5]　[法]安德烈.安戈著，陆志高等译校. 电工电信工程师数学，下册. 人民邮电出版社，1979.

[6]　林象平等著. 电子对抗原理，上册. 国防工业出版社，1981.

[7]　[苏]尼.季.薄瓦讲，南京大学物理系无线电教研组译. 超高频天线. 人民教育出版社，1959.

[8]　林象平著. 雷达对抗原理. 西北电讯工程学院出版社，1985.

[9]　[俄]Sergei A.Vakin, Lev N.Shustov, [美]Robert H.Dunwell 著，吴汉平等译，邵国培等审. 电子战基本原理. 电子工业出版社，2004 年.

[10]　张有为等编著，雷达系统分析，国防工业出版社，1981.

[11]　Barton, D.K.,Modern Radar System Analysis, ArtechHouse,Norwood. MA.1988.

[12]　[苏]C.A.瓦金, Л.Н. 舒斯托夫著. 无线电干扰和无线电技术侦察基础. 科学出版社，1977.

[13]　D.Curtis Schleher, Introduction to Electronic Warfare, Artech House, 1987.

[14]　[苏]E.C.温特切勒著，周方，玉宇译. 现代武器运筹学导论. 国防工业出版社，1974.

第8章 欺骗性对抗效果和干扰有效性评估方法

雷达干扰样式分遮盖性和欺骗性两大类。第7章介绍了遮盖性样式的干扰原理、干扰现象以及对抗效果和干扰有效性评估方法。本章除讨论欺骗性样式与遮盖性样式的对应内容外，还要分析获得欺骗性对抗效果的条件，建立部分欺骗性干扰样式的压制系数模型。

8.1 欺骗性干扰样式的种类和特点

欺骗性干扰样式的种类较多，可分为五小类：拖引式，非拖引式（单点源调幅干扰），雷达诱饵（以下简称诱饵），两点源或多点源和多假目标。距离、速度和部分角度欺骗干扰可用拖引类。倒相、低频扫频方波、同步挖空和随机挖空等样式属于非拖引类。诱饵分有源和无源两类。诱饵的使用方式较多，有摆放式、拖曳式和投掷式等。两点源有相参、非相参、闪烁和非闪烁几种。多假目标分有源和无源两种。两种多假目标的干扰原理完全相同，本书只讨论有源多假目标。

遮盖性和欺骗性干扰样式各有所长，不能完全相互替代。大多数干扰机拥有两类干扰样式，根据作战对象的体制、工作状态和作战目的等选择干扰样式的类型和参数。两类干扰样式的主要区别有：

（1）作用原理和干扰目的不同。遮盖性样式主要干扰目标检测器。通过压制、掩盖目标回波或破坏其波形结构使其噪声化，降低雷达发现保护目标的概率或增加漏警、虚警和参数测量误差等。欺骗性样式主要通过以假换真或鱼目混珠并辅之一定的实施步骤，对不同用途的雷达或其不同的工作状态产生不同的干扰作用，主要包括，一、跟踪假目标丢失真目标而引起大的跟踪误差或改变雷达的工作状态；二、录取假目标而丢失真目标或用录取的假目标引导跟踪雷达；三、截获、跟踪假目标或用假参数制导武器，降低雷达或雷达对抗装备控制的武器摧毁干扰机保护目标的概率或增加生存概率。

（2）干扰波形和干扰现象不同。遮盖性样式是各种调制形式的噪声或杂乱脉冲串，它们通过雷达接收机后都能形成类似机内噪声的起伏波形。欺骗性干扰样式的波形与目标回波相似，但含有雷达难以识别的假信息，以貌似目标的面目出现。

（3）实施步骤和施放时机不同。遮盖性干扰使用简单，在雷达发现或跟踪目标前、后都可使用，没有特定实施步骤的要求。欺骗性干扰特别是对付自动目标跟踪器的干扰，除了要求干扰在雷达稳定跟踪目标后才实施外，还需要遵循特殊的实施步骤，否则难以获得需要的干扰效果。

强遮盖性干扰能使雷达丢失压制区内目标的数量和位置等信息，没有特殊的措施无法实施武器打击。遮盖性样式要有效干扰自动目标跟踪器除需要大的等效辐射功率外，还需要保护目标机动配合。一般认为欺骗性样式才是自动目标跟踪器的较好干扰样式，这是因为：

（1）雷达容易发现受到遮盖性干扰并能采取有针对性的抗干扰措施。雷达目标回波是规则波形，遮盖性干扰呈现噪声状，两者有明显的差别。雷达或雷达操作员容易察觉到干扰，也能估计干扰参数和干扰效果。可对症下药，采取恰当的战术、技术抗干扰措施来降低干扰效果。

（2）对自动目标跟踪器的干扰效果较差。纯遮盖性干扰引起的跟踪误差不会超过跟踪波门宽度。既不足以破坏跟踪，也难使有自身引导系统的武器脱靶。现代跟踪雷达广泛采用跟踪干扰源或无源定位技术，对连续噪声干扰源的定位精度可满足引导大多数武器的要求。这种抗干扰技术几乎能使自卫遮盖性干扰完全失效。

（3）干扰功率利用率较低。遮盖性干扰带宽一般远大于跟踪器的闭环带宽，只有少量干扰功率能进入跟踪器起干扰作用。获得相同干扰效果需要的干扰功率比欺骗性干扰大得多。

早期的欺骗性干扰的针对性很强，只能干扰自动目标跟踪器。现在的某些欺骗性干扰样式和遮盖性干扰样式一样具有一定的"通用性"，既能干扰自动目标跟踪器，也能干扰自动目标检测器。和遮盖性样式相比，欺骗性样式在对付自动目标跟踪器方面具有以下五个有利因素：

（1）干扰功率利用率高。欺骗性干扰波形和目标回波相似，既能与干扰发射器件的特性匹配，又能与雷达接收机和信号处理器匹配，可获得雷达的部分信号处理增益。

（2）欺骗性干扰被抗的风险小。欺骗性干扰波形与目标回波相似，容易通过雷达的抗干扰检测。雷达及其操作员不易发觉受到干扰，一般要在雷达丢失目标或改变工作状态后才会发觉上当受骗。

（3）欺骗性干扰效果显著。容易使雷达从跟踪转搜索或使控制的武器脱靶。

（4）欺骗性干扰效率高，容易实现一部干扰机同时干扰多个威胁。欺骗性干扰与雷达回波信号同步，在每个脉冲重复周期内的干扰占用时间很短，空闲时间较多，可用空闲时间干扰其他威胁或作他用。

（5）自动目标跟踪器识别目标的能力差，抗欺骗性干扰的能力不如人工目标跟踪，也不如目标检测器，容易受欺骗干扰。

欺骗性干扰并非十全十美，也有自身的问题。与遮盖性干扰相比，它有以下不足：

（1）欺骗性干扰设备复杂。欺骗性干扰必须与雷达发射脉冲或天线扫描同步，除了需要高灵敏度接收机实时接收雷达信号外，还需要整形同步电路、仿制或复制雷达信号的装置和解决收发隔离的特殊保障措施等。随着雷达信号波形的日益复杂，仿制和复制雷达信号越来越难，导致欺骗性干扰设备越来越复杂、造价越来越高。

（2）研制欺骗性干扰机和使用欺骗性干扰样式需要更多、更详细地了解受干扰雷达及其信号特性。使用欺骗性干扰不但要知道雷达的工作频率，还需要知道雷达的波形参数、跟踪器类型、工作原理及其关键参数等。实施遮盖性干扰只需知道雷达的大致工作频率就够了。

（3）欺骗干扰效果与使用步骤和干扰时机有关。欺骗性干扰有一套严格的实施程序，使用得当，纯距离或速度拖引式欺骗干扰就能使单脉冲跟踪雷达丢失目标从跟踪转搜索或产生足以使武器脱靶的角跟踪误差。使用不当，不但无干扰效果，还可能起增强目标回波的反作用。遮盖性干扰对使用步骤和干扰时机均无特殊要求。

（4）使用欺骗性干扰要承担较大风险。虽然雷达识别欺骗性干扰较困难，但是抗欺骗性干扰的措施十分有效，常常能彻底消除其影响。然而所有抗遮盖性干扰的技术均难以彻底消除其影响。

8.2　欺骗性干扰样式干扰跟踪器的原理

自动目标跟踪器或自动目标坐标跟踪器是单目标跟踪雷达的特有功能组件，也是其关键环节。相参跟踪雷达有距离、方位角、仰角和速度四种跟踪器。非相参雷达只有距离、方位角、仰角三种跟踪器。有时将方位和仰角跟踪器合称为角跟踪器，因此，有的文章说相参跟踪雷达有三种跟踪器，非相参跟踪雷达有两种跟踪器。3.3 节介绍了跟踪器的种类、组成、工作原理和特点。虽然跟踪器的分类方式较多，但组成、工作原理和干扰原理相似。本书只把跟踪器分为质心跟踪器和面积中心跟踪器两类。

8.2.1 质心跟踪器及欺骗干扰原理

　　跟踪信号质量中心或能量中心的跟踪器为质心跟踪器。所有跟踪器只响应进入跟踪波门的信号并总是企图维持误差鉴别器的输出为 0。只有跟踪波门中心或误差鉴别曲线的 0 点对准进入跟踪波门的信号质心时，质心跟踪器的输出才会变为 0，否则有误差信号输出。误差信号驱动伺服系统，使跟踪波门朝减少误差的方向移动，直到跟踪波门中心或误差鉴别曲线的 0 点对准进入跟踪波门的信号质心为止。如果跟踪波门内只有目标，跟踪器的平衡点与信号质心重合。如果信号质心移动，跟踪波门也会朝着质心移动的方向移动。正是跟踪器的这一特性实现对目标连续自动跟踪的，同样也是这一特性使拖引式欺骗干扰成为可能的。如果跟踪波门内除目标回波外，还有干扰且两者的质心不重合，跟踪器既不平衡在目标回波质心上，也不平衡在干扰质心上，而是平衡在它们合成信号的质心上。在角跟踪波门内，合成信号质心与目标回波质心之差就是角跟踪误差。在距离和速度跟踪波门内，合成信号质心与目标回波质心之差就是距离和速度跟踪误差。

　　干扰质心跟踪器的效果与两个因素有关：一、目标回波质心和干扰质心的间距；二、干信比。图 8.2.1 为二维或在一个平面上的质心跟踪原理示意图。由该图的关系可确定干扰效果与两影响因素之间的定量关系。图中 U_s 和 U_j 分别为目标回波和干扰信号的脉冲幅度，(x_1, y_1) 和 (x_2, y_2) 为两信号的质心坐标，C 是目标回波和干扰信号的合成质心，设其坐标为 (x_c, y_c)。由图 8.2.1 的关系可建立跟踪误差与干信比和两信号质心间距之间的定量关系，还可从中得出获得欺骗干扰效果的部分条件。

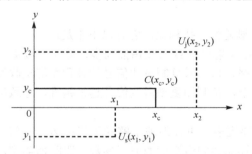   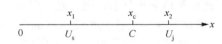

图 8.2.1　二维质心或能量中心跟踪 原理示意图　　　图 8.2.2　一维质心或能量中心跟踪原理示意图

　　脉冲干扰用脉冲功率表示干信比。欺骗干扰时，有的用电压干信比，有的用功率干信比。根据给定的信号和干扰波形参数可得目标回波脉冲功率 P_s 和干扰脉冲功率 P_j：

$$P_s = U_s^2 \quad 和 \quad P_j = U_j^2$$

利用上述关系，容易得到矩形脉冲的功率干信比和电压干信比之间的转换关系：

$$\frac{J}{S} = \frac{P_j}{P_s} = \frac{U_j^2}{U_s^2} = \left(\frac{U_j}{U_s} \right)^2$$

　　只有信号时，跟踪器平衡在目标回波信号的质心 (x_1, y_1)。放干扰后，它平衡在合成信号的质心 C 点 (x_c, y_c)。根据图 8.2.1 的关系和物理学上有关质心的定义得跟踪点 C 在跟踪平面上的坐标：

$$\begin{cases} x_c = \dfrac{P_s x_1 + P_j x_2}{P_s + P_j} = \dfrac{x_1 + x_2(J/S)}{1 + (J/S)} \\[3mm] y_c = \dfrac{P_s y_1 + P_j y_2}{P_s + P_j} = \dfrac{y_1 + y_2(J/S)}{1 + (J/S)} \end{cases} \tag{8.2.1}$$

　　根据质心的定义和计算方法，容易将式 (8.2.1) 推广到更一般的场合。设三维空间有 n 个独立点源，其中，第 i 个点源的功率为 P_i，质心坐标为 x_i、y_i 和 z_i，n 个点源合成质心的坐标为

$$\begin{cases} x_{\mathrm{nc}} = \left[\sum_{i=1}^{n} (P_i x_i) \right] \bigg/ \sum_{i=1}^{n} P_i \\ y_{\mathrm{nc}} = \sum_{i=1}^{n} (P_i y_i) \bigg/ \sum_{i=1}^{n} P_i \\ z_{\mathrm{nc}} = \sum_{i=1}^{n} (P_i z_i) \bigg/ \sum_{i=1}^{n} P_i \end{cases} \tag{8.2.2}$$

式 (8.2.2) 中的 x_{nc}、y_{nc} 和 z_{nc} 为 n 个独立点源合成质心在直角坐标系 x、y 和 z 轴上的投影值。

　　雷达要同时跟踪目标的多个参数，如角度、距离等。在实际系统中，每个参数由独立跟踪器跟踪，相当于每个跟踪器都是一维的，图 8.2.1 可简化成图 8.2.2。在图 8.2.2 中 x_1、x_2 和 x_c 分别为信号、干扰和合成信号质心的坐标。令式 (8.2.1) 中的 $y_1 = 0$ 得一维跟踪时两个点源合成质心的坐标：

$$x_{\mathrm{c}} = \left(x_1 + x_2 \frac{J}{S} \right) \bigg/ \left(1 + \frac{J}{S} \right) \tag{8.2.3}$$

令式 (8.2.2) 中的 $y_i = z_i = 0$ 得一维跟踪情况下 n 个独立点源的合成质心坐标：

$$x_{\mathrm{nc}} = \left[\sum_{i=1}^{n} (P_i x_i) \right] \bigg/ \sum_{i=1}^{n} P_i \tag{8.2.4}$$

　　干扰跟踪器时，表示干扰效果用得最多的是跟踪误差。跟踪误差定义为有、无干扰时跟踪器平衡点之间的距离。对于一维跟踪器，无干扰时，它平衡在目标回波的质心即图 8.2.2 的 x_1 点，加入干扰后它平衡在合成质心 C 点，干扰引起的跟踪误差为

$$\Delta x = \left| x_{\mathrm{c}} - x_1 \right| = \left(\Delta x_{\mathrm{c}} \frac{J}{S} \right) \bigg/ \left(1 + \frac{J}{S} \right) \tag{8.2.5}$$

式中，Δx_{c} 为两独立点源质心间的距离，等于：

$$\Delta x_{\mathrm{c}} = \left| x_2 - x_1 \right|$$

式 (8.2.5) 是用功率干信比表示的跟踪误差。由功率和电压的关系，可把功率干信比转换成电压干信比：

$$b = U_{\mathrm{j}} / U_{\mathrm{s}} = \sqrt{J/S} \tag{8.2.6}$$

式中，b 为电压干信比。若用 b^2 替换式 (8.2.5) 的功率干信比 J/S 得用电压干信比表示的跟踪误差：

$$\Delta x = \Delta x_{\mathrm{c}} \frac{b^2}{1 + b^2} \tag{8.2.7}$$

　　式 (8.2.5) 和式 (8.2.7) 为跟踪误差与干信比和两独立点源质心间距的关系，它能说明三个问题：一、当干信比较小时，跟踪误差与两点源质心的间距和干信比成正比。当干信比很大时，近似与两点源质心之间的距离成正比；二、如果干扰信号的质心与目标回波质心重合，即使干信比为无穷大，跟踪误差也是 0，无干扰效果；三、若两点源质心不重合且维持不变，跟踪误差随干信比增加而增加。若干信比大于 1，跟踪器的平衡点靠近干扰的质心，相反靠近目标回波的质心。即使干信比为无穷大，跟踪误差也不会超过两信号质心间的距离。

　　要想获得超过跟踪波门宽度对应的跟踪误差，必须逐渐拉大干扰质心与目标回波质心的间

距。若逐渐移动干扰质心，使合成信号质心相对目标回波质心移动，跟踪误差将逐渐增加。因跟踪波门宽度有限且随合成信号质心移动。当两信号质心间距大于跟踪波门宽度时，离跟踪器平衡点较远的那个点源将逐渐离开跟踪波门，失去对跟踪波门的控制作用，跟踪波门中心将逐渐对准功率较大者的质心。如果干信比较大，跟踪器的平衡点靠近干扰。当两质心的间距大于跟踪波门宽度时，目标回波将率先离开跟踪波门，失去控制跟踪波门的作用。这就是拖引式欺骗干扰质心跟踪器的原理。

上面的分析表明获得欺骗干扰效果需要满足多个条件，如干扰必须进入目标回波所在的跟踪波门，进入跟踪波门的干扰功率大于目标回波功率。要想获得超过跟踪波门宽度对应的跟踪误差，干扰质心必须相对目标回波质心移动。有两种方法可实现干扰质心相对目标回波质心移动：一、主动拖引。干扰信号的质心以一定速度主动相对目标回波质心移动。二、被动拖引。干扰信号质心固定，目标回波质心相对干扰质心移动。前者既可用于相对运动的平台，也可用于相对固定的平台，后者只适合相对运动的平台。如果要获得相同的干扰效果，后者需要更大的干信比。

实际跟踪器的误差鉴别曲线如图 3.3.3 所示，有线性区、非线性区和负斜率区。式(8.2.5)和式(8.2.7)的干扰效果模型只适合误差鉴别曲线的线性区，完整的拖引式欺骗干扰过程和跟踪误差的变化情况较复杂，有关问题将在 8.3.3 节讨论。

8.2.2 面积中心跟踪器和欺骗干扰原理

如果输入信号的形状不规则，跟踪器不是平衡在进入跟踪器的合成信号质心，而是它的面积中心。跟踪信号面积中心的跟踪器为面积中心跟踪器。这种跟踪器可分两类，一类是跟踪单个接收脉冲的面积中心，从一个接收脉冲获取误差信号。另一类是跟踪有序脉冲串的面积中心，从脉冲串获取目标的测量坐标与实际坐标的偏差。距离跟踪器属于前者，线扫、锥扫雷达的角跟踪器属于后者。这里以分离门距离跟踪器为例，讨论面积中心跟踪器的工作原理和干扰原理。

3.3.2 和 3.3.4 节介绍了跟踪器的组成和各部分的工作原理，7.5.1 节说明了分离门距离跟踪器的详细工作原理。图 8.2.3 为受欺骗干扰距离跟踪器关键部位的波形及其时间关系示意图，它能说明面积中心跟踪器的工作原理及其干扰原理。为分析方便，先做如下四点假设：一、前后跟踪波门宽度和选通波门宽度等于跟踪器输入目标回波的宽度 τ；二、目标回波和干扰均为规则矩形脉冲，设 U_s、U_j 和 U_Σ 分别为目标回波幅度、干扰信号幅度和它们的合成信号幅度；三、干扰脉冲前沿相对目标回波前沿的延时为 $\Delta\tau_j$；四、施放干扰前跟踪器已稳定跟踪目标。

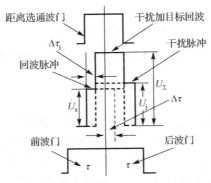

图 8.2.3 面积中心跟踪器关键部位的波形及关系示意图

目标回波为矩形脉冲，面积中心等于质心。无干扰时，选通波门和跟踪波门中心线均平分目标回波。误差鉴别器输出为 0，无跟踪误差。放干扰后，两信号部分重叠，合成信号波形变得不对称。跟踪器将跟踪在合成信号的面积中心，即跟踪波门中心线平分合成信号的面积。由图 8.2.3 的关系得进入跟踪波门的合成信号的总面积：

$$S_\Sigma = \Delta\tau_j U_s + (\tau - \Delta\tau_j)U_\Sigma \tag{8.2.8}$$

如果干扰与目标回波完全重叠，$\Delta\tau_j = 0$，合成波形变为矩形，面积中心和质心重合。这时既可认为跟踪波门平衡在合成信号的面积中心，也可认为跟踪在合成信号的质心上。就跟踪器的组成而言，两种跟踪器没有差别。跟踪器究竟属于哪一种，完全由被跟踪的信号波形确定。与质心跟踪器一样，若干扰与目标回波完全重合，干扰起目标回波作用，不会引起跟踪误差，没有干扰效果。

在图 8.2.3 中，干扰质心与目标回波质心相距 $\Delta\tau_j$，两者同时进入跟踪器，跟踪轴线将平分合成信号的面积，由式 (8.2.8) 得合成信号一半的面积：

$$0.5[\Delta\tau_j U_s + (\tau - \Delta\tau_j)U_\Sigma]$$

有、无干扰时跟踪轴线之间的面积差就是该型跟踪器的跟踪误差。由上两式和图 8.2.3 的关系得用面积为单位表示的跟踪误差：

$$\Delta S = 0.5[\Delta\tau_j U_s + (\tau - \Delta\tau_j)U_\Sigma] - 0.5\tau U_s = 0.5[(\tau - \Delta\tau_j)U_\Sigma - (\tau - \Delta\tau_j)U_s] \tag{8.2.9}$$

雷达通过测量收、发脉冲之间的时间差来确定目标的距离。可用有、无干扰时跟踪波门中心的时间差表示距离跟踪误差。用信号幅度归一化式 (8.2.9) 并整理得用时间单位表示的距离跟踪误差：

$$\Delta t = \frac{\Delta S}{U_s} = \frac{\tau - \Delta\tau_j}{2}\left(\frac{U_\Sigma}{U_s} - 1\right) \tag{8.2.10}$$

与质心跟踪器一样，式 (8.2.10) 只适合误差鉴别曲线的线性区。U_Σ 为合成信号的视频幅度，它既与两信号的幅度有关，又受两信号相位差的影响。理想目标回波的单个射频脉冲可表示为

$$U_s(t) = \begin{cases} U_s\cos(\omega_s t + \phi_s) & t \leqslant \tau \\ 0 & \text{其他} \end{cases}$$

式中，U_s，ω_s，ϕ_s 和 τ 分别为目标回波的振幅，角频率、初相和脉宽。设 U_j，ω_j，ϕ_j 和 τ_j 分别为雷达接收的欺骗干扰脉冲的振幅、角频率、初相和脉宽。如果干扰和目标回波之间无延时，雷达接收的且与目标回波同步的理想射频干扰脉冲为

$$U_j(t) = \begin{cases} U_j\cos(\omega_j t + \phi_j) & t \leqslant \tau_j \\ 0 & \text{其他} \end{cases}$$

在拖引式欺骗干扰的起始阶段，干扰和目标回波必然重叠或部分重叠。距离跟踪器只处理合成信号的包络。用矢量求和方法得重叠部分的包络：

$$U_\Sigma = \sqrt{U_j^2 + U_s^2 + 2U_s U_j \cos\phi_\Sigma} = U_s\sqrt{1 + b^2 + 2b\cos\phi_\Sigma} \tag{8.2.11}$$

其中

$$\phi_\Sigma = \phi_j - \phi_s + (\omega_j - \omega_s)t \tag{8.2.12}$$

如果 $U_j \gg U_s$，式 (8.2.11) 根号内的部分可近似为

$$b\sqrt{1 + 2\cos\phi_\Sigma / b}$$

把根号内的部分展开成级数并作一阶近似得该条件下合成信号的包络：

$$U_\Sigma = U_s(b + \cos\phi_\Sigma) \tag{8.2.13}$$

跟踪雷达的脉宽较窄，现代欺骗干扰机的瞄频误差很小，可假设干扰和目标回波重叠部分的相位差为常数ϕ_Σ。雷达特别是常规脉冲雷达和干扰都不能保证脉间相位的一致性，将导致ϕ_Σ脉冲到脉冲随机变化，成为随机变量。尽管ϕ_Σ在脉冲之间的变化量可能很大，但其主值即ϕ_Σ（模360°）只能在0～360°内随机取值。式(8.2.11)的最大值出现在ϕ_Σ（模360°）=0，即干扰和目标回波同相时合成信号包络取最大值。最小值出现在ϕ_Σ（模360°）=180°，即两信号反相时合成信号包络取最小值。设包络检波器为线性检波器且效率为1，合成信号经线性包络检波器后，其最大值、最小值分别为

$$\begin{cases} U_{\Sigma\max} = U_j + U_s \\ U_{\Sigma\min} = U_j - U_s \end{cases} \tag{8.2.14}$$

把式(8.2.14)代入式(8.2.10)得两种极端情况下面积中心跟踪器的跟踪误差：

$$\Delta t = \begin{cases} \dfrac{\tau - \Delta\tau_j}{2}b & U_\Sigma = U_{\Sigma\max} \\ \dfrac{\tau - \Delta\tau_j}{2}(b-2) & U_\Sigma = U_{\Sigma\min} \end{cases} \tag{8.2.15}$$

式把(8.2.11)和式(8.2.13)分别代入式(8.2.10)得一般情况下面积中心跟踪器的跟踪误差：

$$\Delta t = \begin{cases} \dfrac{\tau - \Delta\tau_j}{2}(b-1+\cos\phi_\Sigma) & U_j \gg U_s \\ \dfrac{\tau - \Delta\tau_j}{2}\sqrt{1+b^2+2b\cos\phi_\Sigma}-1 & 其他 \end{cases} \tag{8.2.16}$$

如果跟踪波门内只有一个信号，面积中心跟踪器的跟踪轴线始终处于平分该信号面积的位置。如果跟踪波门内既有目标回波又有干扰且两者的面积中心不重合，跟踪器不会平衡在某个信号的面积中心，而是平衡在它们合成信号的面积中心，相对任一信号的面积中心都有偏差。合成信号的面积中心相对目标回波的面积中心之差就是跟踪误差。这种干扰引起的最大跟踪误差不会超过跟踪波门宽度。距离拖引相当于逐渐增加图8.2.3中的$\Delta\tau_j$，若b较大，随着$\Delta\tau_j$的增加，跟踪波门中心逐渐向干扰信号的面积中心靠近，并逐渐离开目标回波的面积中心。当两信号面积中心的间距大于跟踪波门宽度时，目标回波离开跟踪波门。随着$\Delta\tau_j$继续增加，跟踪波门中心将快速对准干扰信号的面积中心。干扰完全控制跟踪波门，拖距干扰成功。如果b较小，随着$\Delta\tau_j$的增加，跟踪波门中心将逐渐向目标回波的面积中心靠近。随着两信号面积中心间距的增加，干扰逐渐离开跟踪波门，对跟踪波门的控制作用逐渐减小。当间距大于跟踪波门宽度时，干扰完全离开跟踪波门，拖距干扰失败。和质心跟踪器一样，式(8.2.15)和式(8.2.16)只适合描述目标回波和干扰同处于误差鉴别曲线线性区的干扰现象和干扰效果。显然，干扰质心跟踪器的条件也适合面积中心跟踪器。

虽然距离跟踪器能从目标的单个回波脉冲获取距离跟踪误差，但该误差要经过较长时间的平滑才用于控制选通波门和跟踪波门，实际起干扰作用的是多个回波脉冲的平均跟踪误差。目标回波与干扰的相位差是随机变量，只要两者幅度之和不大于干扰就是对干扰不利，因不利情况出现概率占50%，需要从对干扰最不利的角度评估干扰效果。所以本书基于单个脉冲且相位相反来分析距离拖引式欺骗干扰效果和干扰有效性以及获得干扰效果的条件。

8.3　拖引式欺骗对抗效果和干扰有效性

8.3.1　拖引式欺骗干扰的实施步骤

只要已知干扰信号的品质因素和被干扰雷达接收机的特性，单凭干信比和压制系数就能确定遮盖性干扰是否有效。要用干信比和压制系数评估欺骗性干扰效果，除上述条件外，还必须满足一些其他方面的条件。适合所有欺骗性干扰的通用条件有：

① 需要一定的干信比或干噪比，它们都是在有效干扰要求的最小干扰距离上估算或测试的；

② 干扰波形与目标回波相似；

③ 表征目标位置或/和运动的参数含有雷达不能识别的假信息；

④ 干扰与雷达发射脉冲或/和雷达天线扫描同步。

除上述通用条件外，不同的欺骗性干扰样式还有自身的要求，其中拖引式欺骗干扰最为特殊。该样式有三种拖引方式：一、来回拖引直到要求的最小干扰距离为止。这种拖引方式在于使跟踪波门来回摆动，不能稳定跟踪目标，使雷达控制的武器系统不能发射武器。二、把跟踪波门拖离目标回波一定距离后彻底关干扰，使雷达从跟踪转搜索。待到雷达重新捕获目标进入跟踪状态后，重复前面的拖引步骤，直到要求的最小干扰距离为止。这种干扰能使雷达总在跟踪和搜索之间转换，不能稳定跟踪目标，无法控制武器发射。三、把跟踪波门完全拖离目标回波一定距离后停止拖引，但不停干扰。在停拖期间加入能干扰其他跟踪器的样式，以便获得一种拖引样式难以达到的干扰效果。由第三种拖引方式知，如果停拖期间仍然采用拖引样式干扰其他跟踪器，在其拖引结束时，必须有一个关干扰的步骤，才能使雷达从跟踪转搜索。如果停拖期间采用非拖引样式干扰其他跟踪器，一般要停拖到该干扰任务结束。不管哪种拖引方式，要获得需要的干扰效果，必须将跟踪波门完全拖离目标回波。从这一点看，都可用拖引是否成功或拖引成功的概率表示干扰效果和评估干扰有效性。

实施第一种拖引方式需要两个步骤：俘获和拖引。进行第二种拖引方式需要三个步骤：俘获、拖引和关干扰。第三种拖引方式的实施步骤分三步和四步两种。所谓三步就是俘获、拖引和停拖或维持拖引结束时的参数，在停拖期间采用其他样式干扰其他跟踪器。所谓四步为俘获、拖引、停拖和关干扰。停拖期间的工作内容与三步相同。

不管采用何种拖引方式，只要是拖引式欺骗干扰都有俘获、拖引两个步骤。俘获是干扰夺取跟踪波门控制权的过程。俘获是通过 AGC 的作用完成的，有文章干脆把俘获跟踪波门称为俘获 AGC。拖引就是使干扰信号的质心或面积中心相对目标回波的对应参数移动，把跟踪波门拖离目标回波，使其完全受干扰控制。关干扰就是停止发射干扰。停拖只停止拖引，维持拖引结束时的基本干扰参数继续干扰。

图 8.3.1 可形象地说明距离拖引式欺骗干扰中的四个实施步骤的作用原理和干扰现象。图中的 S 表示目标回波，J 表示干扰，矩形框为跟踪波门。图 8.3.1(a) 为无干扰时，跟踪器稳定跟踪目标的情况。图 8.3.1(b) 为刚放干扰时的情况。刚放干扰时，AGC 来不及响应干扰，尽管其幅度很大，但对跟踪波门内的目标回波幅度和跟踪误差的影响很小，跟踪波门近似跟踪在目标回波中心。图 8.3.1(c) 为俘获 AGC 的情况。强干扰持续作用一定时间后，干扰通过 AGC 使接收机增益降低。虽然目标回波和干扰幅度按同样比例降低，但干扰功率大于目标回波，跟踪波门中心将向干扰中心靠近，把部分目标回波抛到跟踪波门外，跟踪波门内的干扰占据主导地位。图 8.3.1(d) 和 (e) 为拖引阶段的干扰示意图。拖引阶段一直持续到将目标回波完全拖离跟踪波门为止，使跟踪

波门内只剩干扰。图 8.3.1(f) 为停拖阶段的情况。把目标回波完全拖离跟踪波门后，跟踪波门内只剩下干扰并处于跟踪波门中心，这时干扰停止移动，维持已有的干扰效果。图 8.3.1(g) 为刚关干扰的情形。刚停止干扰，接收机的增益因 AGC 电路时间常数的影响还未恢复，噪声电平很低，造成跟踪波门内既无目标，也无干扰和机内噪声的现象。图 8.3.1(h) 为持续关干扰时间大于 AGC 的时间常数后的情况。随着关干扰时间的增加，接收机增益逐渐恢复到最大值，机内噪声被充分放大并填满了整个跟踪波门。雷达跟踪器之间有相互制约的机制，距离跟踪器丢失目标，角跟踪器必然丢失目标，角跟踪器的各个通道都会充满机内噪声。和外部来的噪声干扰不同，机内噪声不含干扰源的角信息，各通道的噪声完全不相干，误差鉴别器输出的随机误差较大。加之天线惯性和低信噪比时的环路增益降低等影响，跟踪器将失去平衡，雷达就会从跟踪转搜索。

　　比较不同拖引方式的干扰实施步骤和工作内容不难发现，虽然拖引步骤有两步、三步和四步三种，但相同的地方很多，获得干扰效果的基本条件相同。这里将两步和三步看作是四步的特殊情况。下面将三种拖引方式的欺骗干扰实施步骤和条件综合在一起讨论，统称为拖引式欺骗干扰的实施步骤，并详细说明每个步骤的作用原理和干扰现象。

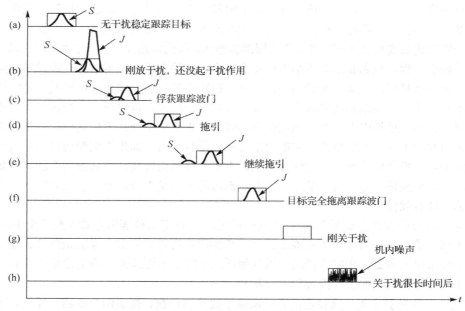

图 8.3.1　拖引式欺骗干扰实施步骤的作用原理和干扰现象示意图

1. 俘获跟踪波门

　　所谓俘获跟踪波门就是夺取跟踪波门的控制权，把受目标回波主控的跟踪波门转为受干扰主控。俘获跟踪波门的干扰步骤对拖引式欺骗干扰非常重要。由跟踪器的干扰原理知，夺取跟踪波门控制权的本质就是拼能量，谁进入跟踪波门的能量大，跟踪波门受谁控制。如果无俘获阶段，一开始就进行拖引，干扰将遭受以下两种损失。

　　(1) 跟踪电路时间常数引起的损失。跟踪环路的带宽窄，时间常数大，无论目标回波还是干扰都必须作用足够长的时间才能建立起足够的幅度。拖引式欺骗干扰一般用于自卫，总是在雷达稳定跟踪目标后才施放干扰。放干扰前，目标回波的过渡过程已结束，在跟踪环路内已建立起足够的幅度，牢牢控制着跟踪波门。突然加入的干扰也要经历同样的过渡过程。刚加入干扰时，表面上看进入跟踪波门的干扰功率很大，因跟踪环路时间常数的影响，实际起干扰作用的功率很小，等效于跟踪环路的时间常数引起了干扰功率损失。因此干扰引起的跟踪误差很小，其现象如图 8.3.1(b)所示。跟踪电路时间常数引起的干扰功率损失随着干扰持续作用时间的增加而减少。设跟踪系统的时间常数为 t_t，若不计积分环节的影响，实际起干扰作用的电压与 t_t 和持续作用时间 t 的关系为

$$U_t = U_j \left[1 - \exp\left(-\frac{t}{t_t} \right) \right]$$

其中 U_j 为跟踪器输入端的干扰脉冲幅度。跟踪器有积分环节，对干扰功率的影响比上式还大。

（2）干扰机固有延时引起的损失。即使干扰机纯粹转发雷达信号，其干扰信号也会滞后干扰平台的雷达回波。这是因为干扰信号要经过干扰机的内部电路，干扰信号走的路程大于目标回波，造成干扰滞后目标回波。放干扰瞬间目标回波已处于跟踪波门中心，因选通脉冲和跟踪波门宽度小于等于信号脉冲宽度，滞后目标回波意味着干扰不能完全通过选通波门，使进入跟踪器的干扰信号宽度小于目标回波，从而引起干扰能量损失，其现象如图 8.3.1(b)所示。

第六章曾说明拖引速度是拖引式欺骗干扰所含的假信息，加入假信息的代价是损失干信比。这种损失是跟踪器的时间常数和积分环节的共同作用结果。如果拖引速度为 0，积分环节基本上不影响干信比。为了减少拖引速度引起的干扰功率损失，俘获阶段不加任何假信息，只转发雷达信号，干扰机相当于回波增强器。此时干扰只受跟踪电路时间常数的影响，此影响随干扰作用时间的增加而减小。此外俘获阶段能减轻固有延时对拖引阶段的影响。其原因是，干扰滞后目标回波，两者的面积中心或质心不重合，跟踪器最终平衡在合成信号的面积中心或质心。强干扰能使合成信号的面积中心或质心靠近干扰信号的面积中心或质心，可增加进入跟踪波门的干扰信号，有时还能将部分目标回波抛到跟踪波门外，其现象如图 8.3.1(c)所示。可见俘获阶段对拖引式欺骗干扰非常重要。

为消除目标回波功率变化对跟踪精度的影响，跟踪雷达有完善的 AGC 电路，用来规一化跟踪器的输入信号。跟踪波门主控权的转移是通过 AGC 实现的。AGC 有维持接收机输出信号功率恒定的作用。在跟踪状态，AGC 的控制电压来自进入跟踪波门的合成信号。加入干扰后，AGC 的控制作用加强，接收机增益降低，输出的目标回波功率减少。为了维持接收机输出总功率不变，目标回波输出功率的减少部分由干扰功率填补，相当于干扰置换出部分目标回波功率。干扰越强，AGC 的作用越大，被置换的目标回波功率越多。如果干扰功率大于目标回波且持续干扰时间足够长，接收机输出干信比等于甚至大于输入干信比。所以俘获阶段能减少甚至能消除干扰机固有延时引起的干扰功率损失。如果输入干信比较大，跟踪波门主控权就会转移到干扰方，这是俘获跟踪波门的干扰机理和干扰作用。

在跟踪状态，干扰受两个环路时间常数影响，一个是 AGC，另一个是跟踪环路。对于大多数跟踪雷达，AGC 的时间常数大于跟踪环路。要使干扰在跟踪波门内建立起足够的幅度或置换出较多的信号功率，持续干扰时间必须大于 AGC 电路的时间常数，否则获得同样干扰效果需要更大的干扰功率。

2. 拖引阶段

持续俘获时间大于等于 AGC 电路的时间常数后，可结束俘获阶段，进入拖引阶段。拖引就是给干扰赋予假信息。假信息用干扰参数相对目标回波对应参数的变化速度即拖引速度表示。拖引式欺骗干扰的假信息就是干扰信号的面积中心或质心相对目标回波的面积中心或质心的移动速度。速度拖引的假信息为干扰的多普勒频率相对目标回波多普勒频率的变化速度。拖引速度越大，

假信息含量越多，获得同样干扰效果需要的时间越短，但是需要的干扰等效辐射功率也会越大。拖引过程一直要持续到将目标回波完全拖离跟踪波门或产生有效干扰需要的跟踪误差为止。拖引阶段本身分两个小阶段：一个是目标回波和干扰同处于跟踪波门内，跟踪波门受合成信号控制。另一个是只有一个信号留在跟踪波门内，谁留在跟踪波门内，谁将控制跟踪波门。第一个小阶段是决定干扰能否成功的关键，能否将跟踪波门完全拖离目标回波由干信比和拖引速度共同决定。

3. 关干扰阶段

拖引时间或拖引量达到要求值后，可进入关干扰阶段。关干扰就是停止干扰，其目的是迫使雷达进入记忆跟踪状态并从跟踪转搜索。由跟踪器的第三个特点知，若跟踪波门内只有干扰，跟踪器会把干扰当成目标跟踪。只要干扰一直存在，跟踪器不会进入记忆跟踪状态，更不会从跟踪转入搜索。拖引阶段最多只能将目标回波拖离跟踪波门，能引起跟踪误差，但不会改变雷达的工作状态。如果把目标回波完全拖离跟踪波门后关干扰，使跟踪波门内既无目标也无干扰，跟踪器将进入记忆跟踪状态。在记忆跟踪时间内，如果跟踪波门内再次出现干扰或目标，跟踪器将自动退出记忆跟踪状态，进入正常跟踪状态，不会转入搜索状态。记忆跟踪只能持续一定的时间，若超过记忆跟踪时间后跟踪波门内仍然无信号，雷达就会从跟踪转搜索。要获得关干扰阶段的干扰效果，除关干扰时间应大于雷达的记忆跟踪时间外，还需要保证在记忆跟踪期间目标回波不能进入跟踪波门。

4. 停拖阶段

有的拖引式欺骗干扰在拖引和关干扰之间插入一个称为停拖的阶段。停拖就是让干扰停止移动，维持已有的干扰效果。在停拖期间加入其他干扰样式常常能有效干扰正常条件下难以干扰的跟踪器，停拖阶段就是为此而设置的。拖引式欺骗干扰一旦将跟踪波门拖离目标，跟踪波门内只有干扰没有目标，干信比变为无穷大，很小的干扰功率就能维持对本维跟踪器的干扰效果，同样很小干扰功率的假信息就能有效干扰其他跟踪器。例如先用距离拖引将目标回波完全拖离跟踪波门，再用交叉眼或相参两点源干扰单脉冲雷达的角跟踪系统，很容易引起大的角跟踪误差。

停拖是对本维跟踪器而言的。一种拖引样式只能干扰一种跟踪器，但是能产生很大的跟踪误差。干扰不同跟踪器需要不同的假信息，如果把多种假信息混在一起企图同时干扰所有的跟踪器，有时可能出现减弱干扰的副作用，导致不能有效干扰任何跟踪器。这就是为什么只在停拖期间才插入干扰其他跟踪器的干扰样式的原因，也是设置停拖阶段的原因。从四个干扰步骤的作用原理知，第四种拖引方式包括了前三种的全部干扰过程和干扰原理。

严格按照拖引程序实施干扰，只能使雷达从跟踪转为搜索，不能保证雷达不再次截获目标进入跟踪状态。为了尽快再次截获丢失的目标，雷达有一套完善的寻找丢失目标的搜索程序。如果在丢失目标转为搜索后不再施放干扰，雷达很快就会再次截获目标进入跟踪状态。要使雷达不能稳定跟踪目标或不能重新捕获目标进入跟踪状态，还需要一套处理程序。目前广泛采用两种对付跟踪雷达再次截获目标的干扰方法：一种是在雷达丢失目标进入搜索状态后不放干扰，等到雷达再次截获目标后重复前次的干扰过程，使雷达总在跟踪和搜索之间转换，不能进入稳定跟踪状态。另一种方法是雷达一旦进入搜索状态，立即采用遮盖性样式使雷达不能发现丢失的目标，只要干扰足够强，在需要的距离范围内也能使雷达不能再次截获目标进入跟踪状态。前一种措施只需一种干扰样式或一种干扰机，后一种需要两种干扰样式或两种干扰机。

8.3.2　拖引式欺骗干扰成功的基本条件

获得不同阶段的干扰效果需要不同的保障条件。获得俘获阶段干扰效果的条件是干信比和持续干扰时间。持续干扰时间可转换成对干信比的影响。获得拖引阶段干扰效果的条件是干信比和拖引速度。拖引速度同样可转换成对干信比的影响。获得关干扰阶段效果的条件比较简单，只有持续关干扰时间要求。停拖阶段的条件用干噪比和持续停拖时间表示。

8.3.2.1　成功俘获跟踪波门的条件

俘获阶段的干扰目的是降低目标回波对跟踪波门的控制作用，使干扰能最大限度地控制跟踪波门，减少拖引阶段的干扰难度。所谓成功俘获跟踪波门是指干扰成为控制跟踪波门的主要因素。判断干扰是否起主控作用的标志是跟踪器输入合成信号中的干扰功率是否大于目标回波。影响俘获阶段干扰效果的因素是干扰与目标回波的差别。这些差别有：一、功率差别；二、干扰相对目标回波的初始延时 $\Delta\tau_j$；三、目标回波先于干扰控制跟踪波门和控制 AGC。

不管是质心跟踪器还是面积中心跟踪器，在俘获阶段，干扰和目标回波总会部分或全部重合。干扰和目标回波合成信号的初相会影响干扰效果，可用式(8.2.14)确定成功俘获两种跟踪波门的条件。跟踪雷达的 AGC 较理想，接收机的输出电压变化情况能反映 AGC 的变化情况或跟踪波门控制权的转移情况。设目标回波和干扰都是相同的理想矩形脉冲，无干扰时雷达接收机输入端的目标回波幅度为 U_s，在稳定跟踪目标后加入干扰，雷达接收机输入端的干扰幅度为 U_j。还假设干扰和目标回波的脉冲宽度相同且无相对延时，即干扰与目标回波完全重叠。由俘获跟踪波门的条件和 AGC 的作用原理知，要使干扰在跟踪器输入端占主导地位，接收机输出的合成信号幅度 U_Σ 应大于目标回波幅度 U_s。根据俘获跟踪波门的条件和式(8.2.14)得俘获跟踪波门需要的最大、最小干信比：

$$\begin{cases} (J/S)_{max} = 4 \\ (J/S)_{min} = 1 \end{cases} \tag{8.3.1}$$

上式可用电压干信比表示为

$$\begin{cases} b_{max} = 2 \\ b_{min} = 1 \end{cases}$$

根据俘获阶段的干扰和目标回波总会部分重叠的条件，令式(8.2.11)的值大于 U_s 得一般条件下成功俘获跟踪波门需要的干信比和电压干信比：

$$\begin{cases} J/S \geq 4\cos^2\phi_\Sigma \\ b \geq 2|\cos\phi_\Sigma| \end{cases} \tag{8.3.2}$$

俘获阶段的干扰不含假信息，合成信号的幅度只受初相影响。成功俘获跟踪波门需要的干信比也与合成信号的初相有关，而且干扰方无法控制和预测合成信号的初相。由式(8.3.2)知，要想100%地俘获跟踪波门，跟踪器输入端的干信比必须大于 4 或 6dB。如果该干信比小于 4，可能俘获跟踪波门，也可能不能俘获跟踪波门，取决于干扰和目标回波的初相。当两信号同相时，只要干信比大于 1 就能俘获跟踪波门。因此干信比和俘获跟踪波门的关系为

$$\begin{cases} (J/S) \geq 4 & \text{可靠俘获跟踪波门} \\ 1 < (J/S) < 4 & \text{可能俘获跟踪波门} \\ (J/S) \leq 1 & \text{不能俘获跟踪波门} \end{cases} \tag{8.3.3}$$

合成信号初相 ϕ_Σ 为随机变量，其主值在 $0\sim2\pi$ 内均匀分布。电压干信比 b 是 ϕ_Σ 的函数，利用随机变量函数概率密度函数的计算方法，由式(8.3.2)得 b 的概率密度函数：

$$P(b) = \frac{1}{\pi\sqrt{1-(b/2)^2}} \qquad (8.3.4)$$

$P(b)$ 就是一般条件下干扰成功俘获跟踪波门的概率密度函数，也是用概率表示的俘获阶段的干扰效果。

　　式(8.3.3)和式(8.3.4)的干扰功率是指跟踪器输入端的，是在假设干扰和目标回波完全重合的条件下得到的。真正起干扰作用的是进入跟踪波门的干扰。进入跟踪波门的干扰功率受以下三个因素的影响：一、干扰机的固有延时；二、跟踪电路的时间常数；三、跟踪器输入端到接收机输入端各环节对干扰功率的影响。

　　拖引式欺骗干扰都是在雷达稳定跟踪目标后才实施。稳定跟踪目标意味着目标回波与选通波门完全重合，控制跟踪波门的是其全部功率。干扰机的固有延时使干扰到达雷达接收机的时间滞后目标回波，不能完全与选通波门重合，只有部分干扰能进入跟踪波门起干扰作用。由此引起该阶段的干信比损失。图 8.3.2 为距离跟踪器的跟踪波门、选通门、目标回波和干扰波形之间的时间关系示意图。图中 U_s、U_j 和 $\Delta\tau_j$ 分别为目标回波幅度、干扰信号幅度和干扰与目标回波之间的相对延时，实线表示放干扰前的情况，虚线为俘获跟踪波门后的情况。设干扰信号的脉宽和目标回波的脉宽相同且等于选通波门宽度 τ，由图 8.3.2 的关系得进入跟踪波门的平均干扰幅度 $U_j(\tau-\Delta\tau_j)/\tau$。相对 $\Delta\tau_j=0$ 时的电压干信比损失为

$$L_\tau = \frac{U_j\tau}{U_j(\tau-\Delta\tau_j)} = \frac{\tau}{\tau-\Delta\tau_j} \qquad (8.3.5)$$

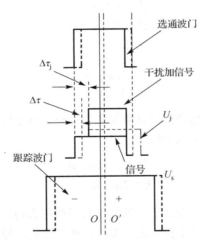

图 8.3.2　干扰俘获跟踪波门的示意图

　　拖引式欺骗干扰要在跟踪器稳定跟踪目标回波后才加入，目标回波的过渡过程已结束，AGC和跟踪器的时间常数只影响干扰。如果持续干扰时间小于有关电路的时间常数，干扰幅度将小于最大值，相当于干信比损失。若不计积分环节的影响，由电路过渡过程的理论得电压干信比损失：

$$L_A = [1-\exp(-t/T_A)]^{-1} \qquad (8.3.6)$$

式中，t 为俘获阶段的持续干扰时间，T_A 为有关电路的时间常数。自动跟踪系统有两个闭环系统，一个是 AGC，另一个为跟踪器。两者的时间常数不同，T_A 为其中的较大者。锥扫、线扫跟踪雷达 AGC 电路的时间常数大于跟踪器的时间常数。有的单脉冲跟踪雷达与此相反，跟踪器的时间

常数大于 AGC 电路的时间常数。由式 (8.3.6) 知，若持续俘获时间大于或等于 T_A，能减少或消除 L_A 的影响。

第 6 章已将从跟踪器输入端到定义压制系数节点之间各环节对干扰功率的影响定义为 F_t。为了用电压干信比表示俘获跟踪波门的条件，这里将 F_t 转换成电压干信比损失：

$$F_t' = \sqrt{F_t}$$

L_τ 和 L_A 是干扰机和实施干扰过程带来的干扰功率损失，没包含在 F_t' 中。由此得干扰成功俘获跟踪波门时，在雷达接收机输入端需要的最小电压干信比：

$$b' = 2F_t'L_\tau L_A \left|\cos\phi_\Sigma\right| \tag{8.3.7}$$

式 (8.3.7) 为俘获跟踪波门三个条件的综合形式。在该式中，ϕ_Σ 是干扰和目标回波合成信号的初相，由式 (8.2.12) 确定。ϕ_Σ 是随机变量，它能使合成信号的幅度在 $(U_s-U_j) \sim (U_s+U_j)$ 之间变化。b 除了受合成信号初相影响外，还是目标雷达截面的函数。当干信比较小时，目标的雷达截面对干信比的影响小于合成信号初相的影响。相反 ϕ_Σ 的影响小于目标雷达截面的影响。为了方便近似估算干扰效果，这里做如下近似处理：若 $b' \leqslant 2F_t'L_\tau L_A$，假设只有 ϕ_Σ 为随机变量。若 $b' > 2F_t'L_\tau L_A$，则认为只有目标的雷达截面是随机变量。式 (8.3.7) 的最大值为 $2F_t'L_\tau L_A$，只要雷达接收机输入端的实际干信比大于 $2F_t'L_\tau L_A$，就能确保干扰俘获跟踪波门。评估拖引式欺骗干扰对面积中心跟踪器的干扰效果和干扰有效性时，干信比可限制在 $F_t'L_\tau L_A \sim 2F_t'L_\tau L_A$ 范围内。把俘获跟踪波门需要的干信比折算到雷达接收机输入端后，电压干信比与干扰效果的关系可表示为

$$\begin{cases} b' \geqslant 2F_t'L_\tau L_A & \text{可靠俘获跟踪波门} \\ F_t'L_\tau L_A < b' < 2F_t'L_\tau L_A & \text{可能俘获跟踪波门} \\ b' \leqslant 1 & \text{不能俘获跟踪波门} \end{cases} \tag{8.3.8}$$

根据 ϕ_Σ 的概率分布和 b' 与 ϕ_Σ 的关系 [见 (式 8.3.7)] 得 b' 的概率密度函数：

$$P(b') = \cfrac{1}{\pi F_t'L_\tau L_A \sqrt{1 - \left(\cfrac{b'}{2F_t'L_\tau L_A}\right)^2}} \tag{8.3.9}$$

式 (8.3.9) 为俘获跟踪波门阶段干扰效果的概率密度函数。一旦确定了接收机输入端的电压干信比，由该式可确定成功俘获跟踪波门的概率。

8.3.2.2　把跟踪波门完全拖离目标回波的条件

拖引阶段的干扰目的是把跟踪波门完全拖离目标回波，使干扰完全控制跟踪波门并把跟踪波门拖引到要求的位置。8.2 节说明要拖走跟踪波门，必须逐渐改变干扰质心或其面积中心相对目标回波的质心或面积中心的间距，即逐渐增加图 8.3.2 中的 $\Delta\tau_j$。由式 (8.2.16) 知在整个拖引过程中，不管 $\Delta\tau_j$ 如何变化，只要干信比总能使式 (8.2.16) 的值大于 0，就能拖走跟踪波门。按照式 (8.3.2) 的分析方法，令式 (8.2.16) 大于 0 并对 b 求解得拖走面积中心跟踪波门需要的电压干信比 (指跟踪器输入端的)：

$$b > 2\left|\cos\phi_\Sigma\right| \tag{8.3.10}$$

与俘获阶段相比，拖引期间的干扰与目标回波的主要差别是，干扰相对目标回波有移动速度或拖引速度，它是拖引式欺骗干扰所含的假信息，会影响实际起干扰作用的干信比。设拖引速度为 V，假信息引起的干信比损失为

$$L_v^2 \approx \left(\frac{J}{S}\right)_v = 10^{\left[\frac{V}{V_m}-0.5\left(1-\frac{0.28}{\sqrt{B_t}}\right)\left(\frac{V}{V_m}\right)^2\right]} \tag{8.3.11}$$

式 (8.3.11) 的符号定义见式 (6.2.40)。如果拖引速度不大于跟踪系统的最大响应速度，L_v^2 的值在 0～6dB 之间。拖引速度对干信比的影响与跟踪器的类型无关，式 (8.3.11) 适合所有类型的跟踪器。

除拖引速度影响干信比外，有的拖引式欺骗干扰还有其他失配损失。对于暴露式线扫雷达的角度拖引式欺骗干扰，放干扰的时间要逐渐偏离雷达天线照射目标的时间，等效于干扰天线逐渐偏离雷达和保护目标的连线。雷达天线在目标方向的增益最高，随着干扰天线指向与雷达和目标连线夹角的增加，雷达接收天线在干扰方向的增益迅速下降。这种拖引式欺骗干扰除了拖引速度引起的干信比损失外，还有干扰方向失配损失。单目标跟踪雷达天线主瓣的规一化方向图函数可用指数函数近似为[3]

$$F(\theta) = \exp\left[-1.4\left(\frac{\theta}{\theta_{0.5}}\right)^2\right] \tag{8.3.12}$$

式中，$\theta_{0.5}$ 和 θ 分别为天线波束半功率宽度和干扰偏离雷达接收天线最大增益方向的角度。受角度拖引式欺骗干扰后，雷达天线最大增益方向不但要偏离干扰方向，也会偏离目标方向。设雷达天线最大增益方向偏离目标和干扰的角度分别为 θ_t 和 θ_x，进入跟踪波门的干扰相对目标回波的功率损失为

$$L_\theta^2 \approx \frac{F^2(\theta_t)}{F^2(\theta_x)} \tag{8.3.13}$$

拖引速度和干扰方向失配损失没有包含在 F_t 中，可当作拖引式欺骗干扰的额外损失。质心跟踪器和面积中心跟踪器都有这种损失。按照分析成功俘获跟踪波门所需干信比的方法得成功把面积中心跟踪波门完全拖离目标回波需要的电压干信比：

$$b'' = F_t'L_vL_\theta b = 2F_t'L_vL_\theta|\cos\phi_\Sigma| \tag{8.3.14}$$

8.3.1 节指出拖引阶段自身分两个小阶段，拖引是否成功由第一小阶段的干信比确定。在此小阶段，干扰和目标回波同处于跟踪波门内，必然有部分重叠，干信比受合成信号初相 ϕ_Σ 的影响。拖走跟踪波门需要的最大电压干信比为 $2F_t'L_vL_\theta$，最小电压干信比为 $F_t'L_vL_\theta$。对于面积中心跟踪器，按照式 (8.3.9) 的分析方法得拖引阶段干扰效果的概率密度函数：

$$P(b'') = \frac{1}{\pi F_t'L_vL_\theta\sqrt{1-\left(\dfrac{b''}{2F_t'L_vL_\theta}\right)^2}} \tag{8.3.15}$$

在拖引阶段，ϕ_Σ 不影响质心跟踪器的干扰效果。若不计拖引速度和干扰方向失配损失，按照面积中心跟踪器有关问题的分析方法，由式 (8.2.7) 得拖走质心跟踪波门需要的最小电压干信比：

$$b > 0 \tag{8.3.14a}$$

实际上即使不计拖引速度和干扰方向失配损失，拖走质心跟踪波门需要的最小干信比不是大于 0 而是大于 1。这是因为误差鉴别曲线不全是线性的且有内部噪声扰动。如果干扰和目标回波同时存在，谁先进入误差鉴别曲线的非线性区，谁将被拖离跟踪波门。在拖引过程中，干扰或目标回波中至少有一个要经历从误差鉴别曲线的线性区，到非线性区再到负斜率区的全过程。如果干信

比为 1，跟踪器的平衡点将处于目标回波和干扰质心的中间。如果误差鉴别曲线是对称的理想曲线且无噪声等随机因素影响，干扰和目标回波会同时离开线性区，进入非线性区和负斜率区，跟踪波门位置不变。实际上不存在上述情况。因误差鉴别曲线是不均匀的且有机内噪声影响，必然有一个会先进入误差鉴别曲线的非线性区。设 N_n、Δk 和 P_s 分别为机内噪声功率、误差鉴别曲线的非对称性和目标回波功率，确保目标回波先离开跟踪波门需要的最小干扰功率为

$$P_j = (1+\Delta k)(N_n + P_s) \tag{8.3.16}$$

式(8.3.16)可用干信比表示为

$$L_p = \frac{P_j}{P_s} = (1+\Delta k)\left(1+\frac{N_n}{P_s}\right) \tag{8.3.17}$$

式(8.3.17)表明，即使不考虑拖引速度的影响，成功拖走质心跟踪波门需要的最小干信比也大于 1。

在距离拖引过程中，干扰和目标回波可能要经历图 8.3.3 所示的最坏情况。该图也能说明 b 等于 1 并不总能使式(8.2.7)的值大于 0。图 8.3.3 为干扰和目标回波刚好不重叠时的拖引情况，此时目标回波有一半能进入跟踪波门，但进入跟踪波门的干扰却不足一半，其原因是干扰相对目标回波有移动速度，使干扰离开跟踪轴线的距离比目标回波远。这是距离拖引式欺骗干扰可能要遇到的严酷点，只要干扰能突破此点，就能将目标回波完全拖离跟踪波门。根据图 8.3.3 的关系和面积中心跟踪原理，可求出干扰突破严酷点需要的最小电压干信比。仍然假设跟踪波门、距离选通波门和干扰脉冲宽度等于跟踪器输入目标回波的脉宽 τ，拖走跟踪波门的条件是跟踪误差大于 0，由此得：

$$(0.5\tau - \Delta\tau_p)U_j - 0.5\tau U_s > 0 \text{ 或 } (0.5\tau - \Delta\tau_p)b - 0.5\tau > 0$$

对电压干信比 b 求解上式得：

$$b > \frac{\tau}{\tau - 2\Delta\tau_p}$$

$\Delta\tau_p$ 是一个脉冲重复周期内的拖引量。设拖引速度为 V_τ(微秒/秒)，雷达脉冲重复周期为 T(秒)，则

$$\Delta\tau_p = V_\tau T \text{（微秒）}$$

由此得距离拖引式欺骗干扰要突破图 8.3.3 所示的严酷点，其电压干信比应满足：

$$b > \frac{\tau}{\tau - 2V_\tau T}$$

图 8.3.3 除了能解释拖引速度越大拖走跟踪波门需要的干信比越大外，还能说明可靠拖走跟踪波门需要的最小干信比必须大于 1 或 0dB。

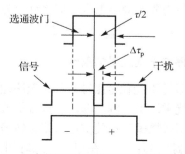

图 8.3.3　距离拖引可能遇到的最坏情况示意图

拖引速度和干扰方向失配损失也会影响质心跟踪器的干扰效果。按照拖引样式欺骗干扰面积中心跟踪器效果的分析方法，可得拖走质心跟踪波门需要的最小电压干信比：

$$b''_{\min} = F'_t L_v L_\theta \tag{8.3.18}$$

在拖引式欺骗干扰的三个阶段中只有俘获和拖引阶段的干扰效果与干信比有关。如果假设俘获和关干扰时间足够长，只要干信比满足成功俘获和成功拖引中的较大者，就能获得需要的拖引式欺骗干扰效果。比较式(8.3.8)和式(8.3.14)得成功干扰面积中心跟踪器需要的最大、最小电压干信比：

$$\begin{cases} b_{\max} = \mathrm{MAX}\{2F'_t L_\tau L_A, 2F'_t L_v L_\theta\} \\ b_{\min} = \mathrm{MAX}\{F'_t L_\tau L_A, F'_t L_v L_\theta\} \end{cases} \tag{8.3.19}$$

其中 MAX{*} 为选大算符。拖走质心跟踪波门需要的干信比与合成信号的初相无关，无最大最小干信比之分。比较(8.3.8)和式(8.3.18)得成功干扰质心跟踪器需要的最大和最小电压干信比：

$$\begin{cases} b'_{\max} = \mathrm{MAX}\{2F'_t L_\tau L_A, F'_t L_v L_\theta\} \\ b'_{\min} = \mathrm{MAX}\{F'_t L_\tau L_A, F'_t L_v L_\theta\} \end{cases} \tag{8.3.20}$$

距离跟踪器为面积中心跟踪器，距离拖引式欺骗干扰主要用于自卫，即 $L_\theta=1$。由式(8.3.19)得成功实施距离拖引式欺骗干扰需要的最大、最小电压干信比：

$$\begin{cases} b_{r\max} = \mathrm{MAX}\{2F'_t L_\tau L_A, 2F'_t L_v\} \\ b_{r\min} = \mathrm{MAX}\{F'_t L_\tau L_A, F'_t L_v\} \end{cases} \tag{8.3.21}$$

一般情况为

$$b_r = b_{r\max}\left|\cos\phi_\Sigma\right| \tag{8.3.22}$$

速度跟踪器为质心跟踪器，速度拖引式欺骗干扰与距离拖引式相同，主要用于自卫，无干扰方向失配损失。由式(8.3.20)得成功速度拖引需要的最大、最小电压干信比：

$$\begin{cases} b_{v\max} = \mathrm{MAX}\{2F'_t L_\tau L_A, F'_t L_v\} \\ b_{v\min} = \mathrm{MAX}\{F'_t L_\tau L_A, F'_t L_v\} \end{cases} \tag{8.3.23}$$

一般表达式为

$$b_v = b_{v\max}\left|\cos\phi_\Sigma\right| \tag{8.3.24}$$

线扫跟踪雷达的角度跟踪器为面积中心跟踪器，对它的角度拖引式欺骗干扰必然有方向失配损失。跟踪雷达的波束很窄，干扰方向失配损失随拖引角度迅速增加，把目标回波完全拖离跟踪波门需要的干信比远大于成功俘获跟踪波门需要的干信比。所以，成功角度拖引需要的最大干信比由成功拖引的干信比确定。此外，成功角度拖引需要的干信比大于 6dB，合成信号初相的影响较小。由此得成功拖走角跟踪波门需要的最小电压干信比近似为

$$b_\theta = b_{\theta\max} \approx F'_t L_v L_\theta \tag{8.2.25}$$

8.3.2.3　持续关干扰时间和取得停拖干扰效果的条件

拖引式欺骗干扰的目的是使雷达不能稳定跟踪目标，无法控制武器发射或者引起大的跟踪误差使发射的武器脱靶。如果受干扰雷达不控制武器，干扰目的就是使其丢失目标从跟踪转搜索。由跟踪器的特点知，要想通过拖引式欺骗干扰使雷达从跟踪转搜索必须满足两个条件：一、持续关干扰时间大于跟踪器的记忆跟踪时间；二、在记忆跟踪时间内，目标回波和干扰都不能进入跟踪波门，否则雷达会自动从记忆跟踪状态回到正常跟踪状态。第一个条件由实施干扰的步骤

满足，第二个条件由干扰平台（自卫干扰）或目标（掩护干扰）的运动轨迹满足，这里只定量分析第一个条件。

跟踪雷达有多个跟踪器且相互独立，系统组成使它们相互制约。只要有一个跟踪器丢失目标，其他跟踪器也会丢失目标，同时进入记忆跟踪状态。不同跟踪器有不同的记忆跟踪时间、不同的搜索速度和不同的搜索策略。一般而言，记忆跟踪时间越长，搜索目标越慢，再次截获目标进入跟踪状态的时间越长。再次截获目标的时间越长对干扰越有利。不管直接受干扰跟踪器的记忆跟踪时间是长是短，都要以最长记忆跟踪时间选择持续关干扰时间。设最长记忆跟踪时间为 t_{ty}，持续关干扰时间为

$$t_{off} \geqslant t_{ty} \tag{8.3.26}$$

在雷达的多个跟踪器中，角跟踪器的记忆跟踪时间最长，可达 3～5 秒。无论对哪种跟踪器实施拖引式欺骗干扰，持续关干扰时间都要大于角跟踪器的记忆跟踪时间，一般取 5～6 秒。

有的拖引式欺骗干扰需要停拖步骤。8.3.1 节已说明停拖的目的。要达到停拖的干扰目的，必须满足两个条件，一个是维持停拖瞬间的干扰效果需要的干噪比，另一个是维持停拖的时间长度。根据雷达稳定跟踪目标需要的最小信噪比可确定维持停拖需要的干噪比。由停拖采用的干扰样式、干扰目的和受干扰跟踪器的参数可确定持续停拖时间。

停拖步骤在拖引成功后实施。拖引成功，跟踪波门内只有干扰，影响已有干扰效果的是雷达接收机的机内噪声。要使跟踪器维持停拖时的干扰效果，干噪比应满足雷达稳定跟踪目标所需的最小信噪比，以免雷达操作员因跟踪不稳定而发觉受干扰并采取抗干扰措施。在分析滑动跟踪条件时曾说明（详见 7.7.2 节），只要跟踪器输出信噪比大于 1/7，雷达就能正常跟踪目标。由此得维持已有干扰效果时，在跟踪器输入端需要的最小干噪比：

$$\left(\frac{J}{N}\right)_{tin} \geqslant \frac{1}{7}\sqrt{\frac{2\beta_n}{F_r}}$$

其中 β_n 和 F_r 分别为跟踪环路的噪声带宽和雷达的脉冲重复频率，β_n 近似为跟踪器的闭环带宽。设从跟踪器输入端到雷达接收机输入端之间各环节对干信比的影响为 F_t，F_t 的定义见式 (6.4.6) 或式 (6.4.6a)。由此得保持已有干扰效果时在雷达接收机输入端需要的最小干信比：

$$\left(\frac{J}{N}\right)_{tin} \geqslant \frac{F_t}{7}\sqrt{\frac{2\beta_n}{F_r}} \tag{8.3.27}$$

为保证在停拖期间能采用其他干扰样式并获得需要的干扰效果，除干噪比外，还要满足持续停拖的时间要求。停拖后的干扰样式一般用于干扰角跟踪器，如交叉眼技术等。要使这种样式起干扰作用，持续干扰时间应大于角跟踪环路的时间常数，至少应大于等于拖引式欺骗干扰一个拖引周期的时间。

前面讨论的获得距离拖引式欺骗干扰效果的条件都是针对距离后拖的，这种干扰只能使雷达指示的目标距离越来越远。在一定条件下，也能实现距离前拖，使雷达指示的目标距离逐渐向雷达靠近。距离拖引需要实时接收雷达信号，很多时候需要采取特殊措施才能解决收发隔离问题。8.8 节将讨论实现距离前拖和解决收发隔离问题的方法。

8.3.3　跟踪误差与干信比和拖引量的近似关系

拖引就是干扰的面积中心或质心相对目标回波的面积中心或质心主动移动，使跟踪波门离开目标回波。两者的质心或面积中心之间的距离就是干扰的移动量或拖引量。在一个完整拖引过程

中，目标回波和干扰必有一个要经历从完全处于跟踪波门内到部分处于跟踪波门内，再到完全离开跟踪波门的全过程。若拖引成功，目标回波将经历上述过程，否则干扰信号要经历上述过程。式 (8.2.5) 和式 (8.2.7) 为质心跟踪器的跟踪误差与拖引量和干信比之间的关系式，式 (8.2.15) 和式 (8.2.16) 为面积中心跟踪器的对应关系式。当干信比一定时，跟踪误差与拖引量成正比变化。严格讲，这种关系只适合目标回波和干扰都完全处于跟踪波门内的情况，任何一个不能完整处于跟踪波门内，跟踪误差与拖引量的关系将偏离线性规律。当某个信号只有部分处于跟踪波门内时，跟踪误差与拖引量的变化关系十分复杂。图 8.3.4 为整个拖引过程中跟踪误差与拖引量的变化规律示意图。

图 8.3.4 的曲线是根据一些试验数据整理而成的。其中 Δt 和 $\Delta \tau_j$ 是用时间单位表示的距离跟踪误差和拖引量，两者均被跟踪波门宽度归一化。$(J/S)_1 \sim (J/S)_4$ 表示不同的干信比，其中 $(J/S)_1$ 和 $(J/S)_2$ 对应的曲线为拖引失败时跟踪误差或滞后误差（拖引量与跟踪误差之差）随拖引量的变化关系，其他的对应着拖引成功的情况。

图 8.3.4 表明，拖引失败的曲线可分三部分。第一部分为拖引量从 0 到 0.6～0.7 个跟踪波门宽度的区域。这部分有三个特点：一、跟踪误差与拖引量近似成线性关系；二、干信比越大，线性区越向两端扩展；三、对于相同的拖引量，干信比越大，跟踪误差越大。第二部分为拖引量处于 0.7 个跟踪波门宽度附近的小区域。这一段不但范围小，而且跟踪误差不随拖引量一直增加下去，而是先缓慢增加然后缓慢下降。第三部分为拖引量处于 0.7～0.9 个跟踪波门宽度的区域。这部分的跟踪误差随拖引量的增加迅速减少，很快变为 0。干信比越大，使跟踪误差为 0 的拖引量越向 0.9 个跟踪波门宽度靠近。

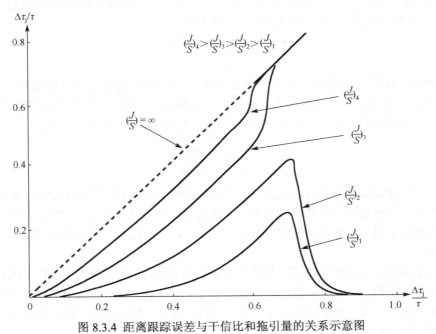

图 8.3.4 距离跟踪误差与干信比和拖引量的关系示意图

图 8.3.4 中的 $(J/S)_3$ 和 $(J/S)_4$ 对应的曲线表示拖引成功时跟踪误差或滞后误差随拖引量的变化情况。这些曲线也可分成三部分。第一部分与拖引失败的情况相似，跟踪误差与拖引量近似成线性关系。对于相同的拖引量，干信比越大，跟踪误差越大。与拖引失败不同的是，干信比越大线性越好，线性区也越大，跟踪误差的起点越向 0 拖引量靠近。从跟踪误差与拖引量的变化趋势知，

如果干信比非常大，跟踪误差与拖引量全部成线性关系。第二部分是拖引量为 0.6～0.7 个跟踪波门宽度的区域。与拖引失败的曲线的第二种部分相比，主要差别是进入该区域后跟踪误差不是随拖引量的增加缓慢减小，而是快速增加。干信比越大，进入该区的拖引量越小。拖引量大于 0.6～0.7 个跟踪波门宽度的区域为第三部分。这部分的特点是跟踪误差随拖引量增加的速度大于第二部分，滞后误差很快降为 0，干信比越大，使滞后误差变为 0 的拖引量越小。

　　并非距离拖引式欺骗干扰的跟踪误差与拖引量才有如图 8.3.4 所示的变化规律，其实所有拖引式欺骗干扰都是如此。由跟踪器的误差鉴别曲线足以解释该现象。图 3.3.3 表明，三种跟踪器的误差鉴别特性十分相似，有线性区 (AB)，非线性区 (AD, BC) 和负斜率区 (CE, DF)。不管是质心跟踪器还是面积中心跟踪器，也不管拖引是否成功，在一个完整的拖引过程中，干扰或目标回波总有一个要经历误差鉴别曲线的三个区。对于特定的干信比，在误差鉴别曲线的线性区，跟踪误差随拖引量的增加而线性增加。在拖引的起始阶段，干扰和目标回波完整处于跟踪波门内，跟踪误差处于误差鉴别曲线的线性区。只要拖引量没有使其中一个进入非线性区，这种关系就会一直维持下去。这就是为什么图 8.3.4 所有曲线的起始部分都是近似线性的原因。在误差鉴别曲线的三个区中线性部分最大，这也是图 8.3.4 所示曲线的近似线性部分最长，占了大半个跟踪波门宽度的原因。

　　跟踪波门或误差鉴别曲线的线性区有一定宽度，目标回波和干扰中有一个将随拖引量的增加而逐渐移出跟踪波门，误差信号与拖引量的关系逐渐进入误差鉴别曲线的非线性区或负斜率区。在这两个区域，式 (8.2.7) 和式 (8.2.16) 不再适用。误差鉴别曲线的非线性区包括从线性区到负斜率区的过渡区域。在非线性区，跟踪误差随拖引量的增加而上升的斜率较线性区小，下降的斜率比负斜率区小。如果目标回波逐渐离开跟踪波门 (相当于拖引成功的情况)，干信比将随拖引量的增加而逐渐增加，跟踪误差加速增加，滞后误差加速减小。如果干扰信号逐渐离开跟踪波门 (相当于拖引失败的情况) 干信比随拖引量的增加反而逐渐减小，使跟踪误差随拖引量增加的速度放缓。当干信比小于 1 后，跟踪误差就会随拖引量的增加而下降。跟踪误差随拖引量开始快速增加 (拖引成功的曲线) 的区域或缓慢增加到缓慢减小 (拖引失败的曲线) 的区域对应着误差鉴别曲线的非线性区。误差鉴别曲线的非线性区很短，所以图 8.3.4 的对应区域也特别短。

　　在负斜率区，若拖引失败，拖引量越大引起的误差信号越小。拖引失败的曲线在大于 0.7 个跟踪波门宽度的区域，跟踪误差快速降为 0。与前者相反，拖引成功的曲线在该区域会快速上升到最大斜率。干信比随目标回波逐渐离开跟踪波门而增加，当目标回波完全离开跟踪波门后，干信比变为干噪比，其值非常大，这时跟踪误差与拖引量具有完全线性关系。

　　图 8.3.4 所有曲线起始部分的跟踪误差与拖引量的关系稍稍偏离线性，只有拖引量增加到一定程度后，两者才具有真正的线性关系。造成这种现象的主要原因是干扰机的固有延时。在拖引的起始阶段，固有延时使干扰信号不能完全进入跟踪波门起干扰作用，计算干信比时没有扣除其影响，用了全部干扰能量。随着拖引量的增加，干扰信号全部进入跟踪波门，固有延时的影响全部消除，跟踪误差与拖引量才有了真正的线性关系。

8.3.4　拖引式欺骗对抗效果和干扰有效性

8.3.4.1　引言

　　在雷达的三种跟踪器中，距离和速度跟踪器的体制单一，可进行单点源拖引式欺骗干扰。角跟踪器的体制较多，单点源角度拖引式欺骗干扰只能对付暴露式线扫跟踪雷达，多点源角度拖引式欺骗干扰能对付所有角跟踪体制。这一节只讨论配置在保护目标上的单点源拖引式欺骗样式对距离、速度和暴露式线扫雷达角跟踪器的对抗效果和干扰有效性。

　　要获得可信赖的干扰有效性评估结果，需要从对干扰不利的角度出发。前面已说明，基于单个脉冲评估拖引式欺骗干扰效果和干扰有效性符合这一原则。拖引式欺骗干扰总是在雷达稳定跟踪目标后才实施，这时信噪比和干噪比都比较高，它们对干扰和目标回波的影响相似，估算拖引式欺骗干扰效果时，忽略机内噪声和环境杂波的影响。

　　拖引式欺骗干扰为一对一对抗组织模式，针对武器系统的跟踪雷达，目的在于使其控制的武器系统不能发射武器或使发射的武器脱靶，以保护目标的安全。武器系统很复杂，包括雷达、火控计算机、发射随动系统和杀伤性武器等。雷达是其中的直接干扰环节，其他部分为受干扰影响的环节。跟踪雷达与武器系统的其他环节构成串联工作模式，既可根据干扰对雷达性能的影响情况评估干扰效果，也可依据干扰对整个武器系统作战能力的综合影响评估干扰效果。第 1 章把前者称为干扰效果，把后者称为作战效果。本节讨论单点源拖引式欺骗干扰对抗效果的评估方法。

　　评估干扰效果需要表示干扰效果的参数，对拖引式欺骗干扰也不例外。根据 6.5 节的原则，不难确定表示拖引式欺骗干扰效果的参数。拖引式欺骗干扰是专门针对自动目标跟踪器的，任何样式干扰自动目标跟踪器都是希望引起跟踪误差。跟踪误差不但能使武器脱靶，大到一定程度的跟踪误差还能使雷达改变工作状态，从跟踪转搜索，使武器系统不能发射武器。跟踪误差具有表示拖引式欺骗干扰效果和评估干扰有效性的全部条件。跟踪误差受干扰影响，能全面反映遮盖性和欺骗性干扰作用和对最终作战效果的影响程度。跟踪误差既是雷达的系统战技指标，也是跟踪器的性能参数。其干扰有效性评价指标就是武器的脱靶距离和使雷达从跟踪转搜索对应的跟踪误差。除跟踪误差外，可表示拖引式欺骗干扰效果的参数还有三个：干信比、拖引成功率和拖引成功的次数。它们都与跟踪误差有关。

　　拖引式欺骗干扰要与目标回波拼功率，它引起的跟踪误差是干信比的函数。8.2 节建立了拖距误差与干信比的定量关系。如果干扰步骤满足 8.3.1 节的要求，可用已建立的关系，用干信比表示拖引式欺骗干扰效果，用压制系数判断干扰是否有效。拖引式欺骗干扰一般用于自卫，有最小干扰距离要求。干信比与保护目标到受干扰雷达的距离有关，该距离越小，对干扰越不利。用干信比表示干扰效果时需要用作战要求的最小干扰距离上的值。

　　与其他干扰样式相比，拖引式欺骗干扰有两个比较特殊的地方，一个是要么产生需要的干扰效果即干扰成功，要么无干扰效果即干扰失败，没有其他中间结果。受合成信号初相和目标雷达截面起伏等随机因素影响，无法预测哪一次拖引会成功，哪一次会失败，能确定的是干信比越高，成功的可能性越大。本书用拖引成功率表示这种干扰效果。拖引成功率就是拖引成功的概率或可能性。拖引式欺骗干扰的另一个特殊的地方是，一个完整的拖引过程很短，一个作战过程需要实施多次相同的近似周期的干扰，有必要从整个作战过程的干扰情况描述干扰效果。成功拖引的次数在总拖引次数中占的比例等效于拖引成功率，它能反映整个作战过程的干扰情况。如果已知一个作战过程的总拖引次数，可把拖引成功率转换成成功拖引的次数，即可用成功拖引次数表示干扰效果。拖引成功，武器系统不能发射武器，即使发射也会脱靶，相反则可能摧毁目标。可把对摧毁概率的要求作为拖引成功率的干扰有效性评价指标。拖引成功率的评价指标也能转换成成功拖引次数的干扰有效性评价指标。

　　干信比的变化范围很大且拖引周期长，拖引失败在所难免。一旦拖引失败，响应速度快的武器系统可能发射武器，这说明拖引式欺骗干扰不可能完全阻止雷达控制的武器系统发射武器，干扰机保护的目标仍有被摧毁的可能，有必要依据作战效果评估干扰有效性。杀伤性武器存在制造缺陷，控制武器发射的其他部分也存在随机因素影响，即使在拖引失败期间发射武器，也不能保证 100%的命中目标，只能用概率表示作战效果。拖引式欺骗干扰为一对一对抗组织模式，可用摧毁概率和生存概率表示作战效果,其干扰有效性评价指标就是作战要求的摧毁概率和生存概率。

　　雷达有三种跟踪器,它们共性多。除共性外,还有个性,个性也会影响干扰效果。下面分别讨论拖引式欺骗干扰对距离、速度和线扫雷达角跟踪器的干扰效果、作战效果和干扰有效性。

8.3.4.2　距离拖引式欺骗干扰效果和干扰有效性

　　影响距离拖引式欺骗干扰(下面简称拖距干扰)效果的主要随机因素有两个:一、目标回波与干扰合成信号的初相;二、目标雷达截面起伏。如果实际电压干信比小于 $b_{rmax}+b_{rmin}$,合成信号初相的影响较大,可忽略目标雷达截面起伏的影响。这时,既可从单次拖距干扰结果也可从整个拖距作战过程的干扰情况评估干扰效果和干扰有效性。如果实际电压干信比大于等于 $b_{rmax}+b_{rmin}$ 或有效干扰要求的电压干信比大于等于 b_{rmax},可忽略合成信号初相的影响,按一对一对抗组织模式的遮盖性干扰效果模型计算拖距干扰效果和干扰有效性。因此,可从三个方面评估拖距干扰效果和干扰有效性:一、单次拖距干扰结果;二、不计合成信号初相的影响;三、整个拖距干扰作战过程的平均干扰结果。

　　式(8.3.19)给出了成功拖距干扰需要的最大、最小电压干信比 b_{rmax} 和 b_{rmin}。如果满足如下三个条件:一、忽略目标雷达截面起伏的影响;二、干扰机的固有延时为 0;三、$F_t=L_v=1$ 即 $b_{rmin}=0$,则成功拖距干扰需要的最小干信比在 0~6dB 之间。一般而言,只要电压干信比大于等于 b_{rmin},干扰就有成功的可能。干信比越大,拖引成功的可能性越大。

　　拖距干扰的第一种情况为实际电压干信比小于 $b_{rmax}+b_{rmin}$,这时只需考虑目标回波与干扰合成信号初相的影响。式(8.3.22)为其电压干信比的一般表达式,其中 ϕ_c 为随机变量。按照式(8.3.9)的推导方法,由式(8.3.22)得拖距干扰电压干信比的概率密度函数:

$$P(b_{js}) = \frac{2}{\pi b_{rmax}\sqrt{1-\left(\dfrac{b_{js}}{b_{rmax}}\right)^2}} \tag{8.3.28}$$

设单次拖距干扰实际达到的或预计可达到的电压干信比为 b_{js},b_{js} 定义在雷达接收机输入端。从 b_{rmin} 到 b_{js} 积分式(8.3.28)得单次拖距干扰的成功率:

$$P_{pr} = \int_{b_{rmin}}^{b_{js}} P(b_r)\mathrm{d}b_r = \begin{cases} \dfrac{1}{90}\left[\arcsin\left(\dfrac{b_{js}}{b_{rmax}}\right) - \arcsin\left(\dfrac{b_{rmin}}{b_{rmax}}\right)\right] & b_{rmin} \leqslant b_{js} \leqslant b_{rmax} \\ 0 & b_{js} < b_{rmin} \\ A + \dfrac{1}{90}\left[\arcsin\left(\dfrac{b_{js}}{b_{rmax}} - A\right) - \arcsin\left(\dfrac{b_{rmin}}{b_{rmax}}\right)\right] & b_{rmax} \leqslant b_{js} \leqslant b_{rmax}+b_{rmin} \\ 1 & \text{其他} \end{cases}$$

$$\tag{8.3.29}$$

式中,$A=\mathrm{INT}\{b_{js}/b_{rmax}\}$,$\mathrm{INT}\{*\}$ 表示取整,舍弃小数。上式和下面各式中反正弦函数的单位为度。式(8.3.29)不含干扰有效性评价指标,P_{pr} 不是干扰有效性而是拖距干扰效果的一种表示形式。如果把拖走距离跟踪波门需要的最小电压干信比 b_{rmin} 当作效率指标,则式(8.3.29)就是 b_{js} 小于 b_{rmax} $+b_{rmin}$ 时单次拖距干扰有效性 E_{pr}。由此知在一定条件下,拖引式欺骗干扰的成功率与其干扰有效性是一致的。

　　b_{js} 是距离的函数,距离越近它越小,拖距干扰成功率越低。拖距干扰一般用于自卫。对于自卫干扰,在作战要求的最小干扰距离上的 b_{js} 最小,对干扰最不利。如果 b_{js} 是作战要求的最小干扰距离上的平均电压干信比且干扰样式和实施步骤满足 8.3.1 节的有关条件，可用 P_{pr} 判断整个作战过程的拖距干扰是否有效。设拖距干扰有效性的评价指标为 P_{prst}，干扰是否有效的判别式为

$$\begin{cases} \text{干扰有效} \quad\quad P_{pr} \geqslant P_{prst} \\ \text{干扰无效} \quad\quad \text{其他} \end{cases} \tag{8.3.30}$$

令式 (8.3.29) 的 P_{pr} 等于拖距干扰有效性的评价指标 P_{prst}，再对 b_{js} 求解得达到规定干扰效果时在雷达接收机输入端需要的最小电压干信比，其平方就是压制系数。尽管式 (8.3.29) 有四种情况，因 $0 < P_{prst} \leqslant 1$ 且压制系数为有效干扰需要的最小功率干信比，就确定压制系数而言，只需考虑第一种情况。由此得：

$$b_{prst} = \begin{cases} b_{rmax} \sin\left(90 P_{prst} + \arcsin \dfrac{b_{rmin}}{b_{rmax}} \right) & 90 P_{prst} + \arcsin \dfrac{b_{rmin}}{b_{rmax}} < 90 \\ b_{rmax} \left[1 + \sin\left(90 P_{prst} + \arcsin \dfrac{b_{rmin}}{b_{rmax}} - 90 \right) \right] & \text{其他} \end{cases} \tag{8.3.31}$$

b_{prst} 就是该条件下评价拖距干扰有效性的指标。根据干扰有效性的定义得单次拖距干扰有效性：

$$E_{pr} = \int_{b_{prst}}^{b_{js}} P(b_r) \mathrm{d}b_r = \begin{cases} \dfrac{1}{90}\left[\arcsin\left(\dfrac{b_{js}}{b_{rmax}} \right) - \arcsin\left(\dfrac{b_{prst}}{b_{rmax}} \right) \right] & b_{prst} \leqslant b_{js} < b_{rmax} \\ 0 & b_{js} < b_{prst} \\ A + \dfrac{1}{90}\left[\arcsin\left(\dfrac{b_{js}}{b_{rmax}} - A \right) - \arcsin\left(\dfrac{b_{prst}}{b_{rmax}} \right) \right] & b_{rmax} \leqslant b_{js} \leqslant b_{rmax} + b_{prst} \\ 1 & \text{其他} \end{cases} \tag{8.3.32}$$

如果 b_{js} 是作战要求的最小干扰距离上的电压干信比，则式 (8.3.32) 的值近似等于整个拖距干扰作战过程的干扰有效性。

根据电压干信比与功率干信比的关系得拖距干扰的压制系数：

$$K_{pr} = (b_{prst})^2 \tag{8.3.33}$$

和遮盖性干扰不一样，欺骗性干扰的干信比必须满足一定的条件才能用其判断干扰是否有效。如果拖距干扰样式和实施步骤满足 8.3.1 节的条件且 b_{js} 小于 $b_{rmax} + b_{rmin}$，可把 b_{js} 作为干扰效果，把 b_{prst} 当作判断拖距干扰是否有效的标准。如果干扰样式和实施步骤满足 8.3.1 节的条件且 b_{js} 大于等于 $b_{rmax} + b_{rmin}$ 或 b_{rmax} 小于等于 b_{prst}，可把 b_{js}^2 当作干扰效果，把 K_{pr} 作为判断干扰是否有效的标准。

拖距干扰的第二种情况是 b_{js} 大于等于 $b_{rmax} + b_{rmin}$ 或 b_{rmax} 小于等于 b_{prst}。这时，目标雷达截面起伏成为影响拖距干扰效果和干扰有效性的主要因素，可忽略干扰与目标回波合成信号初相的影响。干信比 b_{js}^2 就是此种情况的干扰效果，压制系数 K_{pr} 为其干扰有效性评价指标。式 (7.3.22) 和式 (7.3.23) 为两类起伏目标干信比的概率密度函数。把 b_{js}^2 和 K_{pr} 作为上下限分别积分式 (7.3.22) 和式 (7.3.23) 得，拖距干扰对两类起伏目标的干扰有效性：

$$E_{pr} = \begin{cases} 1 - \exp\left(-\dfrac{b_{js}^2}{K_{pr}} \right) & \text{斯韦林 I 、 II 型目标} \\ 1 - \left(1 + \dfrac{2b_{js}^2}{K_{pr}} \right) \exp\left(-\dfrac{2b_{js}^2}{K_{pr}} \right) & \text{斯韦林 III、IV 型目标} \end{cases} \tag{8.3.34}$$

比较式(8.3.29)和式(8.3.32)知，拖引成功率 P_{pr} 和拖距干扰有效性 E_{pr} 的差别仅仅在于积分的下限不同。若把式(8.3.32)的 b_{prst} 换成 b_{rmin}，该式就成为拖距成功率的数学模型。根据这种关系，由式(8.3.34)可直接得到计算第二种拖距情况的拖引成功率模型。把上式的 K_{pr} 换成 b_{rmin}^2 得拖距干扰成功率模型：

$$P_{pr} = \begin{cases} 1 - \exp\left(-\dfrac{b_{js}^2}{b_{rmin}^2}\right) & \text{斯韦林 I 、 II 型目标} \\[4mm] 1 - \left(1 + \dfrac{2b_{js}^2}{b_{rmin}^2}\right)\exp\left(-\dfrac{2b_{js}^2}{b_{rmin}^2}\right) & \text{斯韦林 III、IV 型目标} \end{cases} \tag{8.3.34a}$$

和式(8.3.29)一样，如果式(8.3.34a)的 b_{js} 是作战要求的最小干扰距离上的电压干信比，则可用此条件的 P_{pr} 判断整个拖距干扰作战过程的干扰是否有效。其判别式同式(8.3.30)。

式(8.3.32)和式(8.3.34)只适合根据装备参数和配置关系估算拖距干扰有效性，不适合外场试验或测试使用。试验或测试一般要在相同条件下进行多次，每次测试只能得到成功或失败的结果，得不到拖距干扰的成功率。要想估算这种情况的干扰有效性，必须用整个试验中的成功拖距周期数在总拖距周期数中占的比例表示干扰效果。评估实际作战情况下的拖距干扰有效性也存在类似问题。由拖引式欺骗干扰的实施步骤知，一个拖引周期很短，只有几秒到十几秒，一个拖距干扰作战过程可能要持续好多分钟。这种干扰必须按拖引周期反复进行直到一个拖距干扰作战过程结束为止。因为目标雷达截面是随机变量，实际干信比不但是随机变量，而且变化范围可能很大，不能保证每次拖引都能成功，需要依据整个拖距干扰作战过程的平均干扰效果评估干扰有效性。

设在一个拖距干扰作战过程中，对同一作战对象进行了 n 个拖引周期，其中成功拖引的平均周期数为 m，m 和 n 之比就是每个拖距干扰周期的平均拖引成功率 P_r，也是该条件下整个拖距干扰作战过程的平均拖引成功率 P_{pr}。由此得：

$$P_r = P_{pr} = \frac{m}{n} \tag{8.3.34b}$$

为方便计算干扰有效性，将干扰有效性的评价指标转换为成功拖距干扰要求的周期数 L_{prst}。设拖距干扰评价指标为 P_{prst}，按照推导式(7.7.53)的方法得有关的转换关系：

$$L_{prst} = \begin{cases} \text{INT}\{nP_{prst}\} + 1 & nP_{prst} - \text{INT}\{nP_{prst}\} \geqslant 0.5 \\ \text{INT}\{nP_{prst}\} & \text{其他} \end{cases} \tag{8.3.35}$$

评价指标转换后，依据每个拖引周期的平均成功率评估的整个拖距干扰作战过程的干扰有效性就是拖距成功的周期数大于等于 L_{prst} 的概率，即干扰有效性为

$$E_{pr} = \sum_{k=L_{prst}}^{n} C_n^k P_r^k (1-P_r)^{n-k} \tag{8.3.36}$$

电压干信比是距离的函数，如果雷达平台相对干扰平台运动，每个拖引周期的干信比不同，会导致不同拖引周期有不同的拖引成功率，因不能确切知道每次拖引失败时干扰机到受干扰雷达的距离，也需要根据每个拖引周期的平均成功率估算整个拖距干扰作战过程的干扰有效性。

计算拖距干扰的作战效果需要拖距干扰失败的概率，由拖距干扰的成功率得其失败的概率：

$$P_{pf} = 1 - P_{pr} \tag{8.3.37}$$

和第一、二两种拖距干扰情况一样，可用拖引成功率判断干扰是否有效，判别式同式(8.3.30)。

估算拖距干扰效果并依据其评估干扰有效性或设计干扰机都需要计算电压干信比。根据雷达、干扰机和目标的配置关系及其装备参数等，由雷达方程和侦察方程得干扰实际能达到的干信比。设雷达发射功率、收发天线增益、工作波长和系统损失分别为 P_t、G_t、λ 和 L_r，目标的雷达截面、电波传播衰减系数和目标到雷达的距离分别为 σ、δ 和 R，由雷达方程得受干扰雷达接收的目标回波功率：

$$S = \frac{P_t G_t^2 \sigma \lambda^2}{(4\pi)^3 R^4 L_r} e^{-0.46\delta R} \tag{8.3.38}$$

设干扰发射功率、干扰发射天线增益和系统损失分别为 P_j、G_j 和 L_j，由侦察方程得雷达接收的干扰功率：

$$J = \frac{P_j G_j G_t \lambda^2}{(4\pi)^2 R^2 L_j} e^{-0.23\delta R} \tag{8.3.39}$$

前面曾说明除极化失配损失和多目标干扰机制引起的干信比损失外，干扰的其他损失已放在压制系数中。这里的 L_j 只包括干扰的极化失配损失、干扰发射馈线损失、发射天线效率和多目标干扰机制引起的损失。以下同类符号的含义相同。压制系数定义在被干扰雷达接收机输入端，评估干扰有效性用的干信比也需要定义在同一节点上，由上两式得瞬时干信比：

$$j_{js} = \frac{4\pi P_j G_j L_r}{P_t G_t \sigma L_j} R^2 e^{0.23\delta R} \tag{8.3.40}$$

用目标的平均雷达截面 $\bar{\sigma}$ 代替式 (8.3.40) 中的 σ 得受干扰雷达接收机输入端的平均干信比：

$$\bar{J}_{js} = \frac{4\pi P_j G_j L_r}{P_t G_t \bar{\sigma} L_j} R^2 e^{0.23\delta R} \tag{8.3.41}$$

低信噪比时合成信号初相是影响拖距干扰效果的主要随机因素。如果要估算整个拖距干扰作战过程的干扰有效性和拖引成功率，b_{js} 必须是作战要求的最小干扰距离上的平均电压干信比。设作战要求的最小干扰距离为 R_{minst}，b_{js} 等于：

$$b_{js} = \sqrt{\frac{4\pi P_j G_j L_r}{P_t G_t \bar{\sigma} L_j} R_{minst}^2 e^{0.23\delta R_{minst}}} \tag{8.3.42}$$

把式 (8.3.42) 的值代入式 (8.3.29)、式 (8.3.32)、式 (8.3.34) 和式 (8.3.34a) 得整个拖距干扰作战过程拖引成功率和干扰有效性。

在一定条件下雷达控制的武器系统在拖引失败期间可能发射武器，需要从作战效果评估干扰有效性。设拖引周期为 T_{pr}，武器系统的响应时间为 t_w，如果 $t_w \leqslant T_{pr}$，受干扰雷达控制的武器系统在拖引失败期间可能发射武器。拖引是周期的，拖引成功，跟踪雷达一般会从跟踪转搜索，需要再次指示目标和捕获目标。发射武器的条件包括目标指示雷达发现干扰保护目标、跟踪雷达捕获指示目标和干扰失败。三个条件独立，发射武器的概率为三事件独立发生的概率积：

$$P_{rd} P_a P_{pf} = P_{rd} P_a (1 - P_{pr}) \tag{8.3.43}$$

式中，P_{rd} 和 P_a 分别为目标指示雷达发现干扰保护目标的概率和跟踪雷达捕获该目标的概率。式 (8.3.43) 为干扰条件下雷达控制的武器系统发射武器的条件，不是命中概率，也不是摧毁概率。因拖引周期短，拖引失败一次，一个作战单元只能射击一次。一枚武器摧毁目标的概率 P_{de1} 和目标的生存概率 P_{all} 为

$$\begin{cases} P_{\text{de1}} = P_{\text{rd}}P_{\text{a}}(1-P_{\text{pr}})\dfrac{P_{\text{sh}}}{\omega} \\[2mm] P_{\text{al1}} = 1 - P_{\text{rd}}P_{\text{a}}(1-P_{\text{pr}})\dfrac{P_{\text{sh}}}{\omega} \end{cases} \tag{8.3.44}$$

式中，P_{sh} 和 ω 分别为一枚武器命中目标的概率和目标的易损性。对于直接杀伤式武器，$\omega=1$，式 (8.3.44) 变为

$$\begin{cases} P_{\text{de1}} = P_{\text{rd}}P_{\text{a}}(1-P_{\text{pr}})P_{\text{sh}} \\[2mm] P_{\text{al1}} = 1 - P_{\text{rd}}P_{\text{a}}(1-P_{\text{pr}})P_{\text{sh}} \end{cases} \tag{8.3.45}$$

拖引失败，雷达不受干扰，发射的武器能否命中目标取决于武器的固有散布误差、目标闪烁和雷达机内噪声引起的跟踪误差。式 (5.3.14)～式 (5.3.16) 为该条件下三种武器对约定形状目标的命中概率 P_{sh}。P_{sh} 包含武器系统和目标特性的影响，用体积或面积等效原理，可将它推广到任意形状的目标。式 (8.3.44) 和式 (8.3.45) 为单次拖引失败目标可能被一枚武器摧毁的概率或生存概率，可用它判断干扰是否有效。摧毁概率为成本型指标，用式 (1.2.5) 判断干扰是否有效。不管拖引失败后，武器系统可向保护目标发射多少枚武器，干扰有效性的摧毁概率评价指标 P_{dest} 不会变。干扰是否有效的判别式为

$$\begin{cases} \text{干扰有效} & P_{\text{de1}} \leqslant P_{\text{dest}} \\[2mm] \text{干扰无效} & \text{其他} \end{cases}$$

武器系统发现、捕获、跟踪和摧毁目标的任务由四种装备串联执行，可用式 (1.2.21) 或式 (1.2.22) 评估干扰有效性。设依据目标指示雷达发现保护目标的概率、跟踪雷达捕获指示目标的概率和一枚武器摧毁目标的概率评估的干扰有效性分别为 E_{Pd}、E_{phc} 和 E_{h}，依据受干扰雷达控制的武器系统摧毁目标概率评估的干扰有效性为

$$E_{\text{der}} = 1 - (1-E_{\text{pd}})(1-E_{\text{phc}})(1-E_{\text{pr}})(1-E_{\text{h}}) \tag{8.3.46}$$

如果从对干扰不利或可靠的角度考虑，式 (8.3.46) 可近似为

$$E_{\text{der}} \approx \text{MAX}\{E_{\text{pd}},\ E_{\text{phc}},\ E_{\text{pr}},\ E_{\text{h}}\} \tag{8.3.47}$$

拖引样式只能干扰雷达的跟踪状态，既不影响目标指示雷达发现干扰保护目标的概率，也不影响跟踪雷达捕获指示目标的概率。两种概率只受雷达机内噪声和环境杂波的影响。设目标指示雷达从保护目标接收的噪信比为 N_{sc}，这里的噪声功率包括雷达接收机的机内噪声功率和接收的杂波功率。用 N_{sc} 替换式 (7.3.60) 的 $\overline{J}_{\text{snc}}$ 得依据目标指示雷达发现保护目标概率评估的干扰有效性 E_{pd}。按照类似的方法，由式 (7.4.66) 得依据跟踪雷达捕获指示目标概率评估的干扰有效性 E_{hpc}。按照 7.7.5.3 节的说明，用式 (7.7.56a) 计算依据一枚武器摧毁目标概率评估的干扰有效性：

$$E_{\text{h}} = 1 - P_{\text{dest}}/\omega \tag{8.3.48}$$

如果在整个拖距干扰作战过程中，拖引失败 k 次，一个武器发射器或只有一个武器发射器的一个作战单元最多能发射 k 枚武器。若在该作战过程中，目标距离变化较小或者用作战要求的最小干扰距离上的干信比评估干扰效果或干扰有效性，可把 P_{rd}、P_{a} 和 P_{sh} 当常数处理，即它们不受拖引周期数的影响，近似在相同条件下独立发射 k 枚武器。拖引失败是随机的，相邻两次拖引失败的平均时间间隔一般大于武器系统的响应时间，可忽略武器系统服务概率的影响，该情况摧毁目标的概率和目标的生存概率为

$$\begin{cases} P_{\text{Pde}} = 1 - (1 - P_{\text{de1}})^k \\ P_{\text{Pal}} = (1 - P_{\text{de1}})^k \end{cases} \tag{8.3.49}$$

式 (8.3.49) 为整个拖距干扰作战过程中保护目标被摧毁的概率和生存概率，可用其判断干扰是否有效。依据该作战过程中保护目标被摧毁概率评估的拖距干扰有效性为

$$E_{\text{der}} = 1 - \sum_{k=\omega_{\text{st}}}^{m} C_m^k P_{\text{de1}}^k (1 - P_{\text{de1}})^{m-k} \tag{8.3.50}$$

式中，ω_{st} 为摧毁目标必须命中的最小武器数。根据有效干扰要求的摧毁概率 P_{dest}，由式 (7.7.53) 得 ω_{st}。依据该作战过程中保护目标生存概率评估的干扰有效性为

$$E_{\text{alr}} = \sum_{k=0}^{\omega_{\text{ast}}} C_m^k P_{\text{de1}}^k (1 - P_{\text{de1}})^{m-k} \tag{8.3.51}$$

式中，ω_{ast} 为目标生存能承受的最大命中武器数。根据有效干扰要求的生存概率 P_{alst} 和目标的易损性，由式 (7.7.54) 得 ω_{ast}。

如果武器系统有 n 个作战单元或一个作战单元有 n 个武器发射器，它们能同时独立射击保护目标。在一次拖引失败期间，目标可能受到 n 枚武器同时独立攻击，保护目标被摧毁的概率或生存概率为

$$\begin{cases} P_{\text{pd}n} = P_{\text{rd}} P_{\text{a}} (1 - P_{\text{pr}}) \left[1 - \left(1 - \dfrac{P_{\text{sh}}}{\omega} \right)^n \right] \\ \\ P_{\text{pa}n} = 1 - P_{\text{rd}} P_{\text{a}} (1 - P_{\text{pr}}) \left[1 - \left(1 - \dfrac{P_{\text{sh}}}{\omega} \right)^n \right] \end{cases} \tag{8.3.52}$$

式中，$P_{\text{pd}n}$ 和 $P_{\text{pa}n}$ 分别为保护目标被摧毁的概率和生存概率。其条件是单个拖引失败周期和目标受到 n 枚武器同时独立射击。摧毁概率为成本型指标，用式 (1.2.5) 判断干扰是否有效。判别式为

$$\begin{cases} \text{干扰有效} & P_{\text{pd}n} \leqslant P_{\text{dest}} \\ \text{干扰无效} & \text{其他} \end{cases} \tag{8.3.53}$$

按照式 (8.3.46) 的处理方法得依据摧毁概率评估的拖距干扰有效性：

$$E_{\text{der}} = 1 - (1 - E_{\text{pd}})(1 - E_{\text{phc}})(1 - E_{\text{pr}})(1 - E_{\text{hn}}) \tag{8.3.54}$$

上式可近似为

$$E_{\text{der}} \approx \text{MAX}\{E_{\text{pd}}, \ E_{\text{phc}}, \ E_{\text{pr}}, \ E_{\text{h}n}\} \tag{8.3.55}$$

如果 n 大于等于 ω_{st}，E_{hn} 由下式确定，否则用式 (7.7.56a) 计算 E_{hn}。

$$E_{\text{hn}} = 1 - \sum_{k=\omega_{\text{st}}}^{n} C_m^k P_{\text{sh}}'^k (1 - P_{\text{sh}}')^{m-k} \tag{8.3.56}$$

式 (8.3.56) 中的 $P_{\text{sh}}' = P_{\text{sh}} / \omega$。

假设在整个作战过程中，拖距干扰失败 k 次，每个拖引失败周期保护目标将遭到 n 枚武器独立射击，如果武器的性能与单次拖引失败时的相同。目标被摧毁的概率和生存概率为

$$\begin{cases} P_{\text{dem}} = 1 - (1 - P_{\text{pd}n})^k \\ P_{\text{alm}} = (1 - P_{\text{pa}n})^k \end{cases} \tag{8.3.57}$$

如果用最小干扰距离上的干信比评估拖距干扰效果，则式(8.3.57)相当于发射 $n×k$ 枚武器摧毁目标的概率和目标的生存概率，可用式(8.3.54)～式(8.3.56)的模型估算拖距干扰有效性。

外场试验的测试设备多，能知道每次拖引失败的时间、目标到受干扰雷达的距离等，可准确估算每次拖引失败时武器摧毁目标的概率。一般而言不同拖引失败周期，武器有不同的命中概率，可用两种方法计算这种情况依据摧毁概率即作战效果评估的拖距干扰有效性：一种是 3.2.2.1 节计算滑窗检测概率的方法，另一种是 3.5.2 节的"穷举法"。这里再用一个例子说明用"穷举法"计算干扰有效性的具体方法。设 $\omega_{st}=3$ ，在整个拖距干扰作战过程中失败 4 个周期，即 $k=4$ ，武器系统发射了 4 枚武器。每次命中目标的概率为 P_1、P_2、P_3 和 P_4，脱靶率为 $\overline{P}_1$、$\overline{P}_2$、$\overline{P}_3$ 和 $\overline{P}_4$，摧毁概率等于至少有三枚武器命中目标的概率：

$$P_{prde} = P_1P_2P_3P_4 + P_1P_2P_3\overline{P}_4 + P_1P_2\overline{P}_3P_4 + P_1\overline{P}_2P_3P_4 + \overline{P}_1P_2P_3P_4 \tag{8.3.58}$$

依据摧毁概率评估的干扰有效性等于：

$$E_{prde} = 1 - (P_1P_2P_3P_4 + P_1P_2P_3\overline{P}_4 + P_1P_2\overline{P}_3P_4 + P_1\overline{P}_2P_3P_4 + \overline{P}_1P_2P_3P_4) \tag{8.3.59}$$

如果武器为直接杀伤式，则 $\omega_{st}=1$ ，即只要命中一枚武器目标将被摧毁。设第 i 枚武器命中目标的概率为 P_i，脱靶概率为 $\overline{P}_i$。摧毁概率等于至少有一枚武器命中目标的概率：

$$P_{prde} = 1 - \prod_{i=1}^{4}(1-P_i) = 1 - \prod_{i=1}^{4}\overline{P}_i \tag{8.3.60}$$

依据摧毁概率评估的干扰有效性为

$$E_{prde} = \prod_{i=1}^{4}(1-P_i) = \prod_{i=1}^{4}\overline{P}_i \tag{8.3.61}$$

8.3.4.3　速度拖引式欺骗干扰效果和干扰有效性

速度跟踪器为质心跟踪器。只要满足 8.3.1 和 8.3.2 节的条件，可用干信比或电压干信比评估干扰效果和干扰有效性。由式(8.3.23)和式(8.3.24)知，只要速度跟踪器输入端的干信比在 0～6dB，速度拖引式欺骗干扰就有成功的可能。如果忽略目标雷达截面起伏的影响，只要干信比大于 6dB，干扰就能 100%地拖走速度跟踪波门。雷达接收机对干扰有一定影响，从接收机输入端看，拖走速度跟踪波门需要的干信比大于 0～6dB。下面简称速度拖引式欺骗干扰为拖速干扰。

虽然速度跟踪器为质心跟踪器，但是俘获阶段的干扰效果仍然受干扰与目标回波合成信号初相的影响，而且该阶段的干扰效果是决定拖速成败的关键。所以，影响拖速干扰效果的主要随机因素与拖距干扰相同，是干扰与目标回波合成信号的初相和目标雷达截面的起伏。和拖距干扰一样，如果实际电压干信比 b_{jv} 小于 $b_{vmax}+b_{vmin}$，合成信号的初相影响较大，可忽略目标雷达截面起伏的影响。若 b_{jv} 大于等于 $b_{vmax}+b_{vmin}$ 或有效干扰要求的电压干信比大于 b_{vmax}，可忽略合成信号初相的影响。另外拖速干扰的实施步骤和作战过程与拖距干扰相同，也可分三种情况评估拖速干扰效果和干扰有效性，三种情况的具体定义见 8.3.4.2 节。

拖速干扰的第一种情况是 b_{jv} 小于 $b_{vmax}+b_{vmin}$，这时可忽略目标雷达截面起伏的影响，式(8.3.24)为拖速干扰电压干信比的一般表达式，按照式(8.3.9)的分析方法，由式(8.3.24)得拖速干扰电压干信比的概率密度函数，其形式与拖距干扰相似，等于：

$$P(b_{jv}) = \frac{2}{\pi b_{vmax}\sqrt{1-\left(\dfrac{b_{jv}}{b_{vmax}}\right)^2}} \qquad (8.3.62)$$

b_{vmax} 由式(8.3.23)确定。按照计算单次拖距干扰成功率的方法得单次拖速干扰的成功率:

$$P_{pv} = \begin{cases} \dfrac{1}{90}\left[\arcsin\left(\dfrac{b_{jv}}{b_{vmax}}\right) - \arcsin\left(\dfrac{b_{vmin}}{b_{vmax}}\right)\right] & b_{vmin} \leqslant b_{jv} \leqslant b_{vmax} \\ 0 & b_{jv} < b_{vmin} \\ B + \dfrac{1}{90}\left[\arcsin\left(\dfrac{b_{jv}}{b_{vmax}} - B\right) - \arcsin\left(\dfrac{b_{vmin}}{b_{vmax}}\right)\right] & b_{vmax} \leqslant b_{jv} \leqslant b_{vmax} + b_{vmin} \\ 1 & 其他 \end{cases} \qquad (8.3.63)$$

式中, b_{jv} 为受干扰雷达接收机输入端的平均电压干信比; $B = \text{INT}(b_{jv}/b_{vmax})$。和拖距干扰一样,因为式(8.3.63)没涉及干扰有效性评价指标,它不是干扰有效性而是拖速干扰效果的一种表示形式。如果把拖走速度跟踪波门需要的最小电压干信比 b_{vmin} 作为效率指标,式(8.3.63)就是 b_{jv} 小于 b_{vmax} ＋b_{vmin} 时单次拖速干扰有效性 E_{pv}。

设有效拖速干扰要求的拖引成功率为 P_{pvst},按照确定拖距干扰压制系数的方法,由式(8.3.63)的第一种情况得有效拖速干扰需要的最小电压干信比:

$$b_{pvst} = \begin{cases} b_{vmax}\sin\left(90P_{pvst} + \arcsin\dfrac{b_{vmin}}{b_{vmax}}\right) & 90P_{pvst} + \arcsin\dfrac{b_{vmin}}{b_{vmax}} < 90 \\ b_{vmax}\left[1 + \sin\left(90P_{pvst} + \arcsin\dfrac{b_{vmin}}{b_{vmax}} - 90\right)\right] & 其他 \end{cases} \qquad (8.3.64)$$

b_{pvst} 是用电压干信比表示的拖速干扰效果的评价指标,根据干扰有效性的定义得依据单次拖速干扰结果评估的干扰有效性:

$$E_{pv} = \int_{b_{pvst}}^{b_{jv}} P(b_v)\mathrm{d}b_v = \begin{cases} \dfrac{1}{90}\left[\arcsin\left(\dfrac{b_{jv}}{b_{vmax}}\right) - \arcsin\left(\dfrac{b_{pvst}}{b_{vmax}}\right)\right] & b_{pvst} \leqslant b_{jv} < b_{vmax} \\ 0 & b_{jv} < b_{pvst} \\ B + \dfrac{1}{90}\left[\arcsin\left(\dfrac{b_{jv}}{b_{vmax}} - B\right) - \arcsin\left(\dfrac{b_{pvst}}{b_{vmax}}\right)\right] & b_{vmax} \leqslant b_{jv} \leqslant b_{vmax} + b_{pvst} \\ 1 & 其他 \end{cases}$$

$$(8.3.65)$$

压制系数是依据干信比评估干扰有效性的指标,定义在雷达接收机输入端。由电压干信比与功率干信比的关系得拖速干扰的压制系数:

$$K_{pv} = (b_{pvst})^2 \qquad (8.3.66)$$

评估拖速干扰效果和干扰有效性的第二种情况是 b_{jv} 大于等于 b_{vmax} ＋b_{vmin} 或 b_{vmax} 小于等于 b_{pvst},这时可忽略干扰与目标回波合成信号初相的影响。b_{jv}^2 为干扰效果, K_{pv} 为干扰有效性评价指标。两类起伏目标干信比的概率密度函数同式(7.3.22)和式(7.3.23)。按照拖距干扰有关问题的处理方法得拖速干扰对两类起伏目标的干扰有效性:

$$E_{pv} = \begin{cases} 1 - \exp\left(-\dfrac{b_{jv}^2}{K_{pv}}\right) & \text{斯韦林 I 、 II 型目标} \\[4mm] 1 - \left(1 + \dfrac{2b_{jv}^2}{K_{pv}}\right)\exp\left(-\dfrac{2b_{jv}^2}{K_{pv}}\right) & \text{斯韦林III、IV型目标} \end{cases} \tag{8.3.67}$$

和拖距干扰的第二种情况一样，也能由上式直接得到该情况的拖速干扰成功率：

$$P_{pv} = \begin{cases} 1 - \exp\left(-\dfrac{b_{jv}^2}{b_{vmin}^2}\right) & \text{斯韦林 I 、 II 型目标} \\[4mm] 1 - \left(1 + \dfrac{2b_{jv}^2}{b_{vmin}^2}\right)\exp\left(-\dfrac{2b_{jv}^2}{b_{vmin}^2}\right) & \text{斯韦林III、IV型目标} \end{cases}$$

　　和拖距干扰一样也存在第三种拖速干扰情况，即用试验数据或从整个拖速干扰作战过程的平均干扰结果评估干扰有效性。这时需要用成功拖引周期数在总拖引周期数中占的比例表示平均干扰效果。假设对同一目标进行了 n 次拖速干扰，成功 m 次，每个拖引周期的平均拖速成功率或整个拖速干扰作战过程的平均成功率为

$$P_v = P_{pv} = \frac{m}{n}$$

　　按照拖距干扰有关问题的处理方法，将拖速干扰有效性的评价指标 P_{pvst} 转换成成功干扰要求的拖引周期数 l_{pvst}。由式(8.3.36)得整个拖速干扰作战过程的干扰有效性：

$$E_{pv} = \sum_{k=l_{pvst}}^{n} C_n^k P_v^k (1-P_v)^{n-k} \tag{8.3.68}$$

　　拖速失败是发射武器的条件，由拖速干扰成功率得拖引失败的概率：

$$P_{pf} = 1 - P_{pv} \tag{8.3.69}$$

　　拖速干扰效果有三种形式：拖速成功率、电压干信比和干信比。它们直接间接涉及干信比。因拖速干扰样式属于欺骗类，必须满足一定条件才能用功率准则判断干扰是否有效。8.3.1 节有关干扰样式和实施步骤的条件适合拖速干扰。若满足这些条件，可用三种拖速成功率判断干扰是否有效，其判别式为

$$\begin{cases} \text{干扰有效} & P_{pv} \geqslant P_{pvst} \\ \text{干扰无效} & \text{其他} \end{cases}$$

除 8.3.1 和 8.3.2 节的条件外，若 b_{jv} 小于 $b_{vmax} + b_{vmin}$，可用电压干信比和 b_{pvst} 判断拖速干扰是否有效。若 b_{jv} 大于等于 $b_{vmax} + b_{vmin}$ 或 b_{vmax} 小于等于 b_{pvst}，可用干信比和压制系数判断干扰是否有效。

　　拖速干扰也是针对跟踪雷达或雷达寻的器的，需要估算作战效果和依据作战效果评估干扰有效性，拖速干扰作战效果的评估方法与拖距干扰完全相同。如果假设装备参数及其配置关系和目标特性等与拖距干扰相同，只需将式(8.3.44)、式(8.3.45)、式(8.3.49)和式(8.3.52)中的 P_{pr} 换成拖速干扰的 P_{pv}，那些模型就成为拖速干扰的作战效果评估模型。如果把式(8.3.50)、式(8.3.51)、式(8.3.54)和式(8.3.55)中的 P_{pr} 换成拖速干扰的 P_{pv} 和把 E_{der} 换成 E_{dev}，那些模型就能用于依据拖速干扰的作战效果评估干扰有效性。其中 E_{dev} 为依据拖速干扰摧毁概率评估的干扰有效性。

8.3.4.4　角度拖引式欺骗干扰效果和干扰有效性

暴露式线扫雷达角跟踪器的工作原理与距离跟踪器相似，可进行点源角度拖引式欺骗干扰。式 (8.3.25) 为拖走角跟踪波门需要的最小电压干信比。它受两个因素影响，一个是拖引速度引起的电压干信比损失 L_v，另一个是干扰方向失配损失 L_θ。前者由式 (8.3.11) 确定，后者由角度拖引式欺骗干扰原理确定。一般情况下，L_θ 远大于 L_v，下面只考虑 L_θ 的影响，即式 (8.3.25) 可近似为

$$b_\theta \approx F' L_\theta$$

线扫雷达的测角方法属于最大信号定向法。在跟踪状态，两正交天线在目标附近不大的扇区来回扫描，每扫过一次目标，每个天线接收到一个幅度受天线方向性函数调制的脉冲串。在一个跟踪平面上，雷达接收的脉冲串包络的形状近似为天线波束在该平面上的投影形状。如果把这种包络看作是距离拖引式欺骗干扰中目标回波的一个脉冲，那么点源角度拖引式欺骗干扰的过程、原理与拖距干扰相同。因两个跟踪平面的干扰情况相同，下面只根据一个面的干扰情况评估干扰效果和干扰有效性。

线扫雷达角跟踪器的跟踪波门由左波门和右波门组成，左、右波门宽度相等，近似等于雷达天线波束宽度。图 8.3.5 为角度拖引式欺骗干扰在一个跟踪平面的干扰情况示意图。图中 θ_x 和 θ_τ 分别为跟踪波门中心偏离目标方向的角度和左右波门的宽度，O 和 O' 为目标位置和受干扰后跟踪波门中心对应的位置。该图左边部分为无干扰时，雷达接收的目标回波脉冲串的包络，包络的最大值对应着目标方向。雷达天线波束不是矩形，在天线照射目标期间接收的目标回波脉冲串的包络同样不是矩形，这种角跟踪器为面积中心跟踪器。由面积中心跟踪器的工作原理知，当接收脉冲串的包络进入两邻接波门的面积相等时，角误差信号为 0。角跟踪器处于平衡状态，天线正对目标，无跟踪误差。若目标在角度上相对前次的天线扫描有所变化，将导致本次扫描接收的脉冲串包络的最大值偏离前次扫描最大值一定角度，使落入左右波门的脉冲串包络的面积不等，面积差与目标偏离跟踪轴线的角度成比例，跟踪器将输出与角偏差成正比的误差信号。误差信号被转换成驱动电压，驱动伺服系统，改变天线扫描的起点和跟踪波门的中心位置，使目标处于扫描范围的中心，也使跟踪波门对准目标回波脉冲串包络的中心，消除目标运动引起的角跟踪误差。如果目标相对雷达的角度不断变化，该调整过程将一直持续下去，实现对运动目标角度的连续自动跟踪。

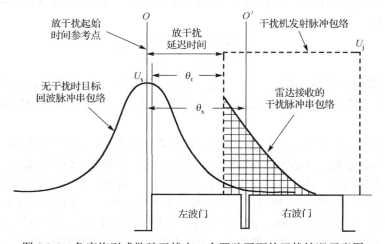

图 8.3.5　角度拖引式欺骗干扰在一个跟踪平面的干扰情况示意图

暴露式线扫雷达的天线在目标存在的方位和俯仰角附近来回扫描，干扰机能检测到雷达天线扫描周期，扫描方向和对准目标的时间，通过适当处理，能使干扰只出现在目标回波包络的一边并实现逐个扫描周期同步延时发射干扰。与拖距干扰不同，角度拖引式欺骗干扰不是以接收的雷达发射脉冲为干扰延时发射的时间基准，而是以雷达天线扫描周期为基准。逐个扫描周期相对接收目标回波包络的峰值推迟发射干扰的时间，若干扰幅度大于雷达目标回波幅度，合成脉冲串包络的最大值将随发射干扰的时间推迟而移动。使角跟踪波门随干扰的延时而逐渐离开目标回波中心，从而获得角度拖引式欺骗干扰效果。

虽然角跟踪器为面积中心跟踪器，而且目标回波中的某个脉冲可能与干扰脉冲串中某个脉冲重叠，使合成信号的初相影响其中某些脉冲的幅度和形状。因角度拖引式欺骗干扰的干信比较大，合成信号的初相对干信比的影响不大，可假设目标回波和干扰互不影响。还假设在同一扫描周期内的干扰脉冲串之间无相对延时，且天线每个扫描周期的持续干扰时间大于等于它照射目标的时间，即可近似认为拖引速度引起的损失 $L_v = 1$。在这些假设条件下，目标回波与干扰的主要差别是，目标回波受雷达天线方向性函数两次调制，干扰只受一次调制。

由干扰原理和干扰过程知，配置在保护目标上的点源角度拖引式欺骗干扰就是干扰出现角度逐渐偏离雷达与目标的连线，等效于逐渐增加干扰与保护目标相对雷达的张角，可用干扰方向失配损失 L_θ 的平方近似产生角误差 θ_x 需要的干信比。角度拖引范围较小，不会进入平均旁瓣区，此时的雷达天线增益与偏角的近似关系式为

$$G(\theta) \approx k_a \left(\frac{\theta_{0.5}}{\theta} \right)^2 G_t \qquad (8.3.70)$$

上式符号的定义见式(3.7.23)。由式(8.3.70)得产生角误差 θ_x 需要承受的干扰方向失配损失：

$$\frac{G(\theta)}{G_t} \approx k_a \left(\frac{\theta_{0.5}}{\theta_x} \right)^2$$

上式的倒数近似等于产生角误差 θ_x 需要的干信比：

$$\frac{J}{S} \approx \frac{1}{k_a} \left(\frac{\theta_x}{\theta_{0.5}} \right)^2 \qquad (8.3.71)$$

如果 $\theta_\tau = (0.8 \sim 1) \theta_{0.5}$，$\theta_x = (1 \sim 1.2) \theta_\tau$ 和 $k_a = 0.04 \sim 0.1$，由式(8.3.71)得产生要求的 θ_x 需要的干信比为 $12 \sim 16$dB。式(8.3.71)的干信比定义在跟踪器输入端，把它折算到定义压制系数的节点后变为

$$\frac{J}{S} \approx \frac{F_t}{k_a} \left(\frac{\theta_x}{\theta_{0.5}} \right)^2 \qquad (8.3.72)$$

由式(8.3.72)得角跟踪误差与接收机输入端干信比的近似关系：

$$\theta_x = \theta_{0.5} \sqrt{\frac{k_a}{F_t} \frac{J}{S}} \qquad (8.3.72a)$$

若给定了有效干扰要求的角跟踪误差 θ_{st} 和雷达的参数，由上式可得有效干扰需要的最小干信比即压制系数。令式(8.3.72a)的 θ_x 等于有效干扰要求的角跟踪误差 θ_{st}，再对干信比求解得压制系数：

$$K_{p\phi} = \frac{F_t}{k_a} \left(\frac{\theta_{st}}{\theta_{0.5}} \right)^2 \qquad (8.3.73)$$

设受干扰雷达接收机输入端的平均干信比为 $\overline{J}_{\mathrm{js}}$，$\overline{J}_{\mathrm{js}}$ 由式(8.3.41)计算。用 $\overline{J}_{\mathrm{js}}$ 替换式(8.3.72a)中的干信比得角度拖引式欺骗干扰对暴露式线扫雷达的平均干扰效果：

$$\overline{\theta}_{\mathrm{x}} = \theta_{0.5}\sqrt{\frac{k_{\mathrm{a}}}{F_{\mathrm{t}}}\overline{J}_{\mathrm{js}}} \tag{8.3.74}$$

虽然角度拖引式欺骗性干扰也是周期性的，但与距离和速度拖引式欺骗干扰不同。这种干扰不一定总能使雷达从跟踪转搜索，但能使雷达天线在 0～最大角跟踪误差之间来回摆动，不能稳定跟踪目标。角跟踪误差为效益型指标，用式(1.2.4)判断干扰是否有效。

因有效干扰需要的干信比大于 6dB，合成信号初相的影响较小。由式(8.3.40)式(8.3.41)得角度拖引式欺骗干扰的瞬时干信比 j_{js} 和平均干信比 $\overline{J}_{\mathrm{js}}$，按照式(7.3.22)和式(7.3.23)的处理方法得两种起伏目标干信比的概率密度函数：

$$P(j_{\mathrm{js}}) = \begin{cases} \dfrac{\overline{J}_{\mathrm{js}}}{j_{\mathrm{js}}^2}\exp\left(-\dfrac{\overline{J}_{\mathrm{js}}}{j_{\mathrm{js}}}\right) & \text{斯韦林 I 、 II 型目标} \\[3mm] \dfrac{4\overline{J}_{\mathrm{js}}}{j_{\mathrm{js}}^3}\exp\left(-\dfrac{2\overline{J}_{\mathrm{js}}}{j_{\mathrm{js}}}\right) & \text{斯韦林III、IV型目标} \end{cases} \tag{8.3.75}$$

用干信比表示干扰效果时，其干扰有效性评价指标为压制系数 $K_{\mathrm{p\phi}}$。角度拖引式欺骗干扰对暴露式线扫雷达的干扰有效性为

$$E_{\mathrm{p\phi}} = \begin{cases} 1-\exp\left(-\dfrac{\overline{J}_{\mathrm{js}}}{K_{\mathrm{p\phi}}}\right) & \text{斯韦林 I 、 II 型目标} \\[3mm] 1-\left(1+\dfrac{2\overline{J}_{\mathrm{js}}}{K_{\mathrm{p\phi}}}\right)\exp\left(-\dfrac{2\overline{J}_{\mathrm{js}}}{K_{\mathrm{p\phi}}}\right) & \text{斯韦林III、IV型目标} \end{cases} \tag{8.3.76}$$

式(8.3.73)为压制系数 $K_{\mathrm{p\phi}}$ 与作战要求的角跟踪误差的关系式，两者可相互转换，既可依据干信比评估干扰有效性，也可由角跟踪误差直接评估干扰有效性。由式(8.3.73)和式(8.3.75)得对两类起伏目标角跟踪误差的概率密度函数：

$$P(\theta_{\mathrm{x}}) = \begin{cases} \dfrac{2\overline{\theta}_{\mathrm{x}}^2}{\theta_{\mathrm{x}}^3}\exp\left(-\dfrac{\overline{\theta}_{\mathrm{x}}^2}{\theta_{\mathrm{x}}^2}\right) & \text{斯韦林 I 、 II 型目标} \\[3mm] \dfrac{8\overline{\theta}_{\mathrm{x}}^4}{\theta_{\mathrm{x}}^5}\exp\left(-\dfrac{2\overline{\theta}_{\mathrm{x}}^2}{\theta_{\mathrm{x}}^2}\right) & \text{斯韦林III、IV型目标} \end{cases} \tag{8.3.77}$$

依据角跟踪误差评估的干扰有效性为

$$E_{\mathrm{p\phi}} = \begin{cases} 1-\exp\left(-\dfrac{\overline{\theta}_{\mathrm{x}}^2}{\theta_{\mathrm{st}}^2}\right) & \text{斯韦林 I 、 II 型目标} \\[3mm] 1-\left(1+\dfrac{2\overline{\theta}_{\mathrm{x}}^2}{\theta_{\mathrm{st}}^2}\right)\exp\left(-\dfrac{2\overline{\theta}_{\mathrm{x}}^2}{\theta_{\mathrm{st}}^2}\right) & \text{斯韦林III、IV型目标} \end{cases} \tag{8.3.78}$$

如果角度拖引式欺骗干扰失败，雷达控制的武器系统可能发射武器，保护目标可能被摧毁。拖引失败是发射武器的条件。由式(8.3.76)或式(8.3.78)得角度拖引失败的概率：

$$P_{\mathrm{P\phi f}} = 1-E_{\mathrm{P\phi}} \tag{8.3.79}$$

角度拖引式欺骗干扰是针对武器系统的跟踪雷达或雷达寻的器的,需要依据作战效果评估干扰有效性。如果干扰引起的角误差大于角跟踪波门宽度且严格按照拖距干扰的步骤实施干扰,可使雷达从跟踪转搜索,其干扰现象和从整个作战过程评估干扰有效性的方法同拖距干扰。

如果干扰引起的角误差不大,拖引失败后跟踪雷达不需要再次引导和捕获目标就能消除跟踪误差,继续跟踪目标。除第一个拖引周期的命中概率和脱靶率与上一种情况相同外,其他不含目标指示雷达发现目标的概率和跟踪雷达捕获目标的概率。设第 i 个拖引周期的干扰有效性为 $E_{\mathrm{p}\phi i}$,$E_{\mathrm{p}\phi i}$ 由式(8.3.76)或式(8.3.78)计算。该拖引周期的命中概率和脱靶率为

$$\begin{cases} P_{\mathrm{P}\phi hi} = (1 - E_{\mathrm{P}\phi i})P_{\mathrm{sh}} \\ P_{\mathrm{m}\phi hi} = 1 - (1 - E_{\mathrm{P}\phi i})P_{\mathrm{sh}} \end{cases} \tag{8.3.80}$$

P_{sh} 为无干扰时雷达控制武器的命中概率。评估此种情况的干扰有效性的方法与不同拖引周期有不同命中概率的拖距干扰相同。

如果 $P_{\mathrm{p}\phi hi}$ 是从作战要求的最小干扰距离上的有关参数估算的或测试得到的,设其为 $P_{\mathrm{p}\phi h}$,则可用它近似估算整个作战过程的作战效果。若角度拖引式欺骗干扰失败,一枚撞击式武器摧毁目标的概率为

$$P_{\phi \mathrm{de}1} = P_{\mathrm{P}\phi h} / \omega \tag{8.3.81}$$

一枚直接杀伤式武器摧毁目标的概率为

$$P_{\phi \mathrm{de}1} = P_{\mathrm{P}\phi h} \tag{8.3.82}$$

评估此情况的作战效果需要考虑目标指示雷达发现目标的概率和跟踪雷达捕获目标的概率。发现、捕获和 m 枚武器命中目标的事件独立,干扰保护目标被摧毁的概率和生存概率分别为

$$P_{\mathrm{p}\phi \mathrm{de}} = P_{\mathrm{rd}}P_{\mathrm{a}}[1 - (1 - E_{\phi \mathrm{de}1})^m] \tag{8.3.83}$$

$$P_{\mathrm{p}\phi \mathrm{al}} = 1 - P_{\mathrm{rd}}P_{\mathrm{a}}[1 - (1 - E_{\phi \mathrm{de}1})^m] \tag{8.3.84}$$

式(8.3.83)和式(8.3.84)为小角误差时的作战效果。根据给定的干扰有效性评价指标,用式(8.3.54)和式(8.3.55)判断干扰是否有效。影响摧毁概率的三因素独立,用式(1.2.21)或式(1.2.22)计算干扰有效性:

$$E_{\mathrm{de}} = 1 - (1 - E_{\mathrm{pd}})(1 - E_{\mathrm{a}})(1 - E_{\mathrm{p}\phi \mathrm{al}}) \tag{8.3.85}$$

其中 $E_{\mathrm{p}\phi \mathrm{al}}$ 为依据 m 枚武器命中目标概率评估的干扰有效性:

$$E_{\mathrm{p}\phi \mathrm{al}} = 1 - \sum_{k=\omega_{\mathrm{st}}}^{m} C_m^k P_{\mathrm{p}\phi h}^k (1 - P_{\mathrm{p}\phi h})^{m-k} = \sum_{k=0}^{\omega_{\mathrm{st}}} C_m^k P_{\mathrm{p}\phi h}^k (1 - P_{\mathrm{p}\phi h})^{m-k} \tag{8.3.86}$$

E_{Pd} 为依据目标指示雷达发现目标概率评估的干扰有效性,E_{a} 为依据跟踪雷达捕获指示目标概率评估的干扰有效性。E_{Pd} 和 E_{a} 的具体计算方法见 7.3.3 和 7.4.4 节。由式(1.2.22)得干扰有效性的近似值:

$$E_{\mathrm{de}} = \mathrm{MAX}\{E_{\mathrm{pd}}, E_{\mathrm{a}}, E_{\mathrm{p}\phi \mathrm{al}}\} \tag{8.3.87}$$

8.4　单点源非拖引式角度欺骗对抗效果和干扰有效性

单点源非拖引式角度欺骗干扰是指,配置在保护目标上的一个干扰源采用幅度调制样式进行的角度欺骗干扰。这类干扰样式包括倒相、低频扫频方波、同步挖空和随机挖空等。主要干扰锥

扫和线扫跟踪雷达。倒相是暴露式锥扫雷达的最好角度欺骗干扰样式，低频扫频方波能干扰暴露式锥扫雷达，也能干扰隐蔽式锥扫雷达，但主要干扰隐蔽式锥扫雷达。同步挖空只能干扰暴露式线扫雷达，随机挖空能干扰隐蔽式线扫雷达，也能干扰暴露式线扫雷达，但主要干扰隐蔽式线扫雷达。若干信比足够大，倒相和低频扫频方波都能使锥扫雷达从跟踪转搜索或者使雷达天线转到与目标相反的方向。同步挖空和随机挖空只能使线扫跟踪雷达产生一定的角跟踪误差，增加武器的脱靶率。单点源调幅干扰效果与干扰样式、干扰对象的角跟踪体制和配置情况等有关。这里以倒相和低频扫频方波干扰锥扫跟踪雷达为例，分析自卫单点源非拖引式角度欺骗干扰效果和干扰有效性。

8.4.1　倒相和扫频方波的干扰原理

锥扫雷达的角跟踪原理比较简单。它用一个偏离天线瞄准轴一定角度的针状波束围绕瞄准轴旋转，使接收信号或/和发射信号受到幅度调制。波束指向与瞄准轴线的夹角称为波束偏角。发射和接收同时扫描的为暴露式锥扫跟踪雷达，仅在接收时扫描的为隐蔽式锥扫跟踪雷达。调制深度和调制信号的相位反映角跟踪误差的大小和偏离跟踪轴的方向。图 8.4.1(a) 为目标位置与天线扫描示意图，图 8.4.1(b) 为对应的角误差信号波形。图中 O 和 O' 分别表示天线瞄准轴的指向和目标方向，θ、θ_0 和 Ω 分别为目标与天线瞄准轴的偏角、波束偏角和波束旋转角频率。如果目标位于 O 方向，波束旋转一周在任一位置接收的信号幅度相同，即在一个扫描周期内接收信号为等幅波，其幅度等于图 8.4.1b 中的 U_{os}。这种现象表示目标位于跟踪轴上，角误差鉴别器的输出为 0，跟踪器处于平衡状态。如果接收信号出现调幅，表示目标偏离天线瞄准轴方向，有跟踪误差。假设目标偏离 O 方向，处于 O' 方向，波束在右边位置接收的信号幅度大于它在左边位置接收的信号幅度。天线波束旋转一周接收信号的包络形状如图 8.4.1(b)所示。当调制度不大时，接收信号的包络近似为正弦波幅度调制。由图 8.4.1(a)知，在一定范围内目标偏离跟踪轴线的方向越远，接收信号的幅度调制越深。锥扫雷达角跟踪器通过处理接收信号的包络和包络的相位得到目标偏离跟踪轴线的大小和方向，并用该误差信号驱动伺服系统，使天线瞄准轴对准目标方向 O'。一旦天线轴线对准目标，接收信号变为等幅波，角跟踪系统处于平衡状态。如果目标相对雷达的角度不断变化，该调整过程将一直进行下去，实现对运动目标的连续自动角跟踪。

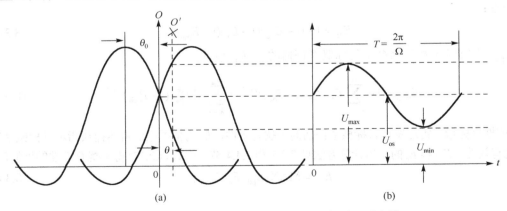

图 8.4.1　锥扫跟踪雷达形成角误差信号的原理示意图

设隐蔽式锥扫跟踪雷达发射信号的角频率、射频脉冲电压振幅和初相分别为 ω_0、U_e 和 0，该信号可表示为

$$u(t) = U_e \cos \omega_0 t$$

设接收信号的锥扫调制度为 m_s，调制信号的初相为 0，若目标偏离跟踪轴线的角度较小，经锥扫调制和滤波处理后，接收信号为

$$u_s(t) = U_s(1 + m_s \cos \Omega t)\cos(\omega_0 t + \phi) \tag{8.4.1}$$

式中，U_s 为雷达接收机输入目标回波的射频电压幅度，ϕ 为接收信号的射频初相。U_s 和 U_e 的关系由雷达方程确定。接收信号通过包络检波器和滤波处理后，只保留锥扫调制频率成分，该成分就是角跟踪误差信号。由式(8.4.1)得隐蔽式锥扫雷达的角误差信号：

$$u_e(t) = U_s m_s \cos \Omega t \tag{8.4.2}$$

干扰锥扫雷达的点源调幅样式一般为倒相和低频扫频信号。干扰效果与干信比和调幅度或调制度有关。当干信比一定时，调制度越大，干扰效果越好。正弦波的最大调制度为 1，方波的调制度可大于 1，由于这个原因，倒相和低频扫频信号都使用方波调幅。虽然方波的频率成分非常丰富，但是锥扫角跟踪器的带宽很窄，只有方波的基波成分才能进入角跟踪器。图 8.4.2 为倒相干扰原理示意图。图中为正弦调幅的脉冲串是含有目标角信息的目标回波视频信号，U_{max}、U_{min} 和 U_{os} 分别为角误差信号的最大值、最小值和平均值，图中的方波为干扰机发射的射频脉冲串的包络，幅度有效值为 U_j。假设干扰和目标回波的锥扫调制周期相同等于 T 且干扰在时间上正好出现在目标回波包络的负半周。通过窄带滤波后，干扰方波只留下基波部分，方波的基波与代表目标角偏差的锥扫调制包络正好反相，如图 8.4.3 所示。正因为如此，这种干扰称为倒相干扰。

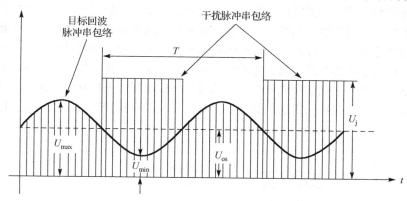

图 8.4.2　倒相干扰原理示意图

设 τ 和 T 为干扰脉冲串的脉宽和脉冲重复周期，矩形周期脉冲串可展开成如下形式的付氏级数：

$$u_j = \frac{U_j \tau}{T}\left[1 + 2\sum_{n=1}^{\infty} \frac{\sin(n\Omega\tau/2)}{n\Omega\tau/2}\cos(n\Omega t + \phi_n)\right]$$

倒相干扰的周期与目标回波的调制包络同周期，但相位相差 180°。对于图 8.4.2 的方波，$\phi_n = n\pi$，把此关系代入上式得：

$$u_j = \frac{U_j}{2}\left[1 + 2\sum_{n=1}^{\infty} \frac{\sin(n\pi/2)}{n\pi/2}\cos(n\Omega t + n\pi)\right]$$

经过窄带低通滤波后，只留下矩形周期脉冲串的直流和基波分量，倒相方波变为正弦调幅信号，即

$$u_j = \frac{U_j}{2}\left(1 + \frac{4}{\pi}\right)\cos(\Omega t + \pi) \tag{8.4.3}$$

把式 (8.4.3) 与标准正弦调幅信号进行比较得方波的调制度：

$$m_j = 4/\pi = 1.27 \tag{8.4.4}$$

经过包络检波和滤波后，由式 (8.4.3) 得干扰产生的角误差信号：

$$u_j = \frac{U_j}{2}\frac{4}{\pi}\cos(\Omega t + \pi)$$

　　倒相干扰与目标回波叠加，雷达无法区分它们，只能根据合成信号包络的幅度和相位判断目标偏离跟踪轴线的大小和方向。由图 8.4.3 知，当干扰的基波频率与锥扫调制频率相同且反相时，干扰会降低目标角偏差引起的调幅深度，使合成误差信号的包络不能正确反映目标的角偏差，由此引起角跟踪误差。如果干扰能使合成信号的包络调制度为 0，即使目标已偏离跟踪轴线，跟踪器也检测不出目标的角偏差，会误认为目标处于跟踪轴线上，这时的角跟踪误差正好等于目标相对跟踪轴线的偏角。如果干扰的基波幅度大于目标回波的锥扫调制幅度，雷达天线将转到与目标相反的方向。

　　暴露式锥扫雷达的天线对发射和接收信号同时调幅，干扰机不但能检测到天线的扫描参数，还能根据雷达天线扫描参数实时控制发射干扰的时机，实现倒相干扰。隐蔽式锥扫雷达的天线只在接收时扫描。干扰机很难检测到雷达天线的锥扫参数，干扰机的发射信号无法与雷达锥扫周期同步，难以实施倒相干扰。根据雷达的用途，干扰方能知道锥扫频率的范围，对隐蔽式锥扫雷达进行扫频方波干扰并获得类似倒相样式干扰暴露式锥扫雷达的效果是可能的。当干扰方波的频率缓慢扫过锥扫频率范围时，总存在扫频方波的周期与雷达锥扫周期相同且相位相反的时刻。此时刻扫频方波满足倒相干扰的条件，只要方波的扫描速度足够慢，使干扰信号能在跟踪器内停留足够长的时间，则扫频方波干扰隐蔽式锥扫雷达的效果同倒相样式干扰暴露式锥扫雷达的效果。这是低频扫频方波干扰隐蔽式锥扫雷达的原理。由扫频方波的干扰原理知，该样式也能干扰暴露式锥扫雷达。

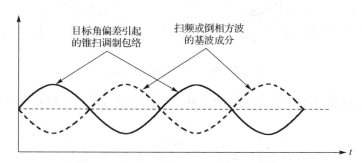

图 8.4.3　倒相干扰的基波分量与目标回波锥扫包络的相位关系

　　虽然倒相方波和扫频方波干扰锥扫跟踪雷达的原理非常简单，但是定量分析十分困难。这是因为，只有当目标偏离天线瞄准轴较小或干扰引起的角偏差较小时，雷达接收信号的包络才能用正弦波近似。当目标偏离跟踪轴线较远或干扰引起的角跟踪误差较大时，雷达接收的锥扫调制包络严重偏离正弦波，很难精确估算倒相方波或扫频方波的干扰效果。参考资料[1, 2]分析了小角偏差时，角跟踪误差与干信比和干扰调制度的关系。

8.4.2　干扰效果和干扰有效性

倒相和扫频干扰均采用方波调幅，真正起干扰作用的是其中的基波成分。设 U_s 和 U_j 分别为被干扰雷达接收机输入端的目标回波和干扰的基波幅度，m_s、m_j 和 m_{sj} 分别为目标回波的锥扫调制度、干扰的调制度和锥扫对干扰信号的调制度。当干扰和目标回波的合成信号经包络检波、滤波处理后，进入角跟踪器的信号由以下三部分组成：

(1) 干扰方波的基波成分 $m_j U_j$。当干扰调制信号与目标回波的角误差信号正好倒相时，$m_j U_j$ 就是干扰信号中可起干扰作用的成分。

(2) 目标回波的锥扫调制成分 $m_s U_s$。它是能正确反映目标角度偏离跟踪轴线的成分。

(3) 干扰被锥扫调制的成分 $m_{sj} U_j$。当倒相和扫频方波用于自卫时，有部分干扰功率起信标作用，它能正确反映目标的角偏差，影响干扰效果。$m_{sj} U_j$ 就是干扰信号中起目标回波作用的成分。

当干扰和目标回波的角误差信号正好反相时，在上述三个信号中，只有 $m_j U_j$ 使雷达天线离开目标，引起角跟踪误差。其他两个成分使天线指向目标，起减小角跟踪误差的作用。在三个信号共同作用下，雷达天线将平衡在使下式成立的位置上：

$$m_j U_j = m_s U_s + m_{sj} U_j \tag{8.4.5}$$

由式 (8.4.5) 得电压干信比与目标回波调制度和干扰调制度的关系：

$$b = \frac{U_j}{U_s} = \frac{m_s}{m_j - m_{sj}} \tag{8.4.6}$$

式 (8.4.6) 中的 b 为电压干信比，等于 U_j/U_s。起目标回波作用的干扰成分只受天线单程扫描调制。跟踪雷达的自动增益控制较理想，对干扰信号的锥扫调制度可近似为[3]

$$m_{sj} = \frac{F(\theta_0 - \theta) - F(\theta_0 + \theta)}{F(\theta_0 - \theta) + F(\theta_0 + \theta)} \tag{8.4.7}$$

隐蔽式锥扫跟踪雷达只对接收信号调制，这时 $m_{sj} = m_s$。式 (8.4.6) 变为

$$b = \frac{m_{sj}}{m_j - m_{sj}}$$

暴露式锥扫跟踪雷达接收的目标回波受天线双程扫描调制，若目标距离较近且偏离跟踪轴线不大或角误差较小时，暴露式锥扫跟踪雷达的电压干信比为[1]

$$b \approx \frac{2m_{sj}}{m_j - m_{sj}} \tag{8.4.8}$$

在式 (8.4.7) 中，θ 和 θ_0 分别为目标的角偏差和锥扫偏角。符号 $F(x)$ 表示天线规一化电压方向性函数，x 为目标偏离跟踪轴线的角度。单目标跟踪雷达一般用针状波束，$F(x)$ 可近似为[3]

$$F(x) \approx \exp\left[-1.4\left(\frac{x}{\theta_{0.5}}\right)^2\right] \tag{8.4.9}$$

式中，$\theta_{0.5}$ 为波束半功率宽度。

8.4.1 节简要说明了低频扫频方波的干扰机理和实施方法。当方波的频率等于锥扫频率且相位与目标回波的调制波形正好反相时，能获得最好的干扰效果。按照式 (8.4.6) 的分析方法得干信比与方波的扫频速度和调制度的关系：

$$b = \frac{1}{L_{sw}} \frac{m_{sj}}{m_j - m_{sj}} \tag{8.4.10}$$

式中，L_{sw} 为扫频速度失配损失,相当于频率变化速度引起的失配损失。L_{sw} 是扫频速度和被干扰雷达角跟踪系统带宽的函数。设扫频速度为 f_v,角跟踪系统的带宽为 Δf_t,扫频引起的额外电压干信比损失为

$$L_{sw} = \begin{cases} 1 & f_v / \Delta f_t^2 \leqslant 1 \\ \left[1 + \left(\frac{\ln 2}{\pi^2} \frac{f_v}{\Delta f_t^2} \right)^2 \right]^{-0.25} & \frac{f_v}{\Delta f_t^2} > 1 \end{cases} \tag{8.4.11}$$

隐蔽式锥扫雷达只对接收信号扫描,目标回波和干扰有相同的锥扫调制度。把式(8.4.9)代入式(8.4.7)并整理得调制度:

$$m_s = m_{sj} = \frac{1 - \exp(-5.6\theta\theta_0 / \theta_{0.5}^2)}{1 + \exp(-5.6\theta\theta_0 / \theta_{0.5}^2)}$$

把上式代入式(8.4.10)并整理得电压干信比与角跟踪误差 θ、锥扫偏角 θ_0 和锥扫调制度 m_j 之间的关系:

$$b = \frac{1}{L_{sw}} \frac{1 - \exp(-5.6\theta\theta_0 / \theta_{0.5}^2)}{(1 + m_j) \exp(-5.6\theta\theta_0 / \theta_{0.5}^2) + (m_j - 1)} \tag{8.4.12}$$

式(8.4.12)也可表示成角跟踪误差与锥扫偏角、干扰调制度和电压干信比的函数:

$$\theta = \frac{\theta_{0.5}^2}{5.6\theta_0} \ln \left[\frac{L_{sw} b(1 + m_j) + 1}{L_{sw} b(1 - m_j) + 1} \right] \tag{8.4.13}$$

按照低频扫频方波干扰隐蔽式锥扫雷达效果的计算方法,把式(8.4.7)代入式(8.4.8)并整理得低频扫频方波对暴露式锥扫雷达产生的角跟踪误差:

$$\theta = \frac{\theta_{0.5}^2}{5.6\theta_0} \ln \left[\frac{L_{sw} b(1 + m_j) + 2}{L_{sw} b(1 - m_j) + 2} \right] \tag{8.4.14}$$

干扰暴露式锥扫雷达一般采用倒相干扰样式,令上式的 $L_{sw}=1$ 得倒相方波对暴露式锥扫雷达的干扰效果:

$$\theta = \frac{\theta_{0.5}^2}{5.6\theta_0} \ln \left[\frac{b(1 + m_j) + 2}{b(1 - m_j) + 2} \right] \tag{8.4.15}$$

把 $m_j=1.27$ 代入式(8.4.12)和式(8.4.13)并整理得扫频方波干扰隐蔽式锥扫雷达的电压干信比与角跟踪误差、锥扫偏角和锥扫调制度的关系:

$$b = \frac{1}{L_{sw}} \frac{1 - \exp(-5.6\theta\theta_0 / \theta_{0.5}^2)}{2.27 \exp(-5.6\theta\theta_0 / \theta_{0.5}^2) + 0.27} \tag{8.4.16}$$

上式也可表示成角跟踪误差与锥扫偏角、干扰调制度和电压干信比的关系:

$$\theta = \frac{\theta_{0.5}^2}{5.6\theta_0} \ln \left(\frac{1 + 2.27 L_{sw} b}{1 - 0.27 L_{sw}} \right) \tag{8.4.17}$$

式 (8.4.17) 为低频扫频方波对隐蔽式锥扫雷达的干扰效果。式 (8.4.13) 的对数项可写成下面的形式:

$$\ln\left[\frac{L_{sw}b(1+m_j)+1}{L_{sw}b(1-m_j)+1}\right]=\ln\left(\frac{1+\dfrac{L_{sw}bm_j}{1+L_{sw}b}}{1-\dfrac{L_{sw}bm_j}{1+L_{sw}b}}\right)$$

如果下式成立

$$\frac{L_{sw}bm_j}{1+L_{sw}b}<1$$

可把 $L_{sw}bm_j/(1+L_{sw}b)$ 作为自变量,将式 (8.4.13) 的对数部分展开成级数并作一阶近似得:

$$\theta\approx\frac{1}{2.8}\frac{\theta_{0.5}^2}{\theta_0}\frac{L_{sw}b}{1+L_{sw}b}m_j \tag{8.4.18}$$

式 (8.4.18) 还可表示成另一种形式:

$$\frac{\theta}{\theta_{0.5}}\approx\frac{1}{2.8}\frac{\theta_{0.5}}{\theta_0}\frac{L_{sw}b}{1+L_{sw}b}m_j$$

如果扫频速度很慢, $L_{sw}=1$,上式可进一步近似为

$$\frac{\theta}{\theta_{0.5}}\approx\frac{1}{2.8}\frac{\theta_{0.5}}{\theta_0}\frac{b}{1+b}m_j \tag{8.4.19}$$

对式 (8.4.14) 作类似的近似处理得扫频方波干扰暴露式锥扫雷达的效果 (用角跟踪误差表示):

$$\frac{\theta}{\theta_{0.5}}\approx\frac{1}{2.8}\frac{\theta_{0.5}}{\theta_0}\frac{L_{sw}b}{2+L_{sw}b}m_j \tag{8.4.20}$$

令式 (8.4.20) 中的 $L_{sw}=1$ 得用角跟踪误差表示的倒相方波干扰暴露式锥扫雷达的效果:

$$\frac{\theta}{\theta_{0.5}}\approx\frac{1}{2.8}\frac{\theta_{0.5}}{\theta_0}\frac{b}{2+b}m_j \tag{8.4.21}$$

式 (8.4.14) 和式 (8.4.15) 是用角跟踪误差表示的扫频方波或倒相方波的干扰效果。令上两式中的电压干信比等于平均值 $\bar{b}$ 得平均角跟踪误差 $\bar{\theta}$ 。设作战要求的角跟踪误差为 θ_{st} ,角跟踪误差为效益型指标,用式 (1.2.4) 判断干扰是否有效。

　　点源调幅干扰需要与目标回波拼功率,在一定条件下可用干信比表示干扰效果,压制系数为干扰有效性评价指标。当扫频速度很慢时,式 (8.4.17) 中只有电压干信比可控,使分母为 0 的电压干信比为

$$b=\frac{1}{0.27L_{sw}} \tag{8.4.22}$$

式 (8.4.22) 适合隐蔽式锥扫雷达。对于暴露式锥扫雷达,使分母为 0 的电压干信比为

$$b=\begin{cases}\dfrac{2}{0.27L_{sw}} & \text{扫频方波}\\[2mm]\dfrac{2}{0.27} & \text{倒相}\end{cases} \tag{8.4.23}$$

如果电压干信比满足式(8.4.22)和式(8.4.23)，理论上可引起无穷大的角跟踪误差。实验发现在这种条件下，雷达天线一般转到与目标相反的方向(对于倒相方波)或逐渐加速旋转下去(对于扫频波)。如果 $L_{sw}=1$，获得上述干扰效果需要的干信比(指跟踪器输入端)为，对于暴露式锥扫雷达为18dB，对于隐蔽式锥扫雷达为 12dB。如果要十分可靠地获得上述干扰效果，可用式(8.4.22)和式(8.4.23)的 b^2 与 F_t 之积作为压制系数。F_t 的定义见 6.4.1.2 节。

雷达天线有较大惯性和内部噪声扰动，实验表明只要干扰引起的角跟踪误差大于等于 $1.8\theta_{0.5}$，就能中断隐蔽式锥扫雷达的角跟踪。把 $\theta=1.8\theta_{0.5}$ 代入式(8.4.16)并整理得低频扫频方波有效干扰隐蔽式锥扫雷达角跟踪器需要的最小电压干信比：

$$b = \frac{1}{L_{sw}} \frac{1 - \exp(-10.1\theta_0 / \theta_{0.5})}{2.27\exp(-10.1\theta_0 / \theta_{0.5}) + 0.27} \tag{8.4.24}$$

隐蔽式锥扫雷达的波束偏角范围为 $\theta_0 = (0.5 \sim 0.6)\theta_{0.5}$。如果不考虑雷达其他部分对干扰的影响，把 θ_0 的数值代入式(8.4.24)得扫频方波有效干扰隐蔽式锥扫雷达角跟踪器需要的干信比为10～12dB。

前面讨论的干扰效果是假设扫频方波的频率与锥扫频率相同且相位刚好相反的条件下得到的，也是扫频方波能达到的最好干扰效果。实际上只要扫频方波的频率与锥扫频率接近但能进入角跟踪系统，即使相位差不为180°，也有一定的干扰效果，有关情况的分析见参考资料[1]。

由式(8.4.18)、式(8.4.20)和式(8.4.21)知，扫频方波和倒相方波引起的角跟踪误差是电压干信比的函数，电压干信比是目标雷达截面的函数。雷达截面为随机变量，角误差必然是随机变量。由式(8.4.17)难以得到角误差的概率密度函数，用有效干扰要求的角误差评估干扰有效性不方便。式(8.4.16)为干信比与角误差的关系式，利用该式能将对角跟踪误差的要求转换成对干信比的要求。这样处理后，就能根据干信比的概率密度函数计算干扰有效性。用有效干扰要求的角跟踪误差 θ_{st} 替换式(8.4.16)中的 θ 得有效干扰要求的电压干信比：

$$b_{s\phi} = \frac{1}{L_{sw}} \frac{1 - \exp(-5.6\theta_{st}\theta_0 / \theta_{0.5}^2)}{2.27\exp(-5.6\theta_{st}\theta_0 / \theta_{0.5}^2) + 0.27} \tag{8.4.25}$$

式(8.4.8)表明，要用扫频方波干扰暴露式锥扫雷达且能引起与隐蔽式锥扫雷达相同的角跟踪误差，其电压干信比需要增加一倍。由式(8.4.14)和式(8.4.15)得倒相方波和扫频方波有效干扰暴露式锥扫雷达需要的电压干信比：

$$b_{s\phi} = \frac{2}{L_{sw}} \frac{1 - \exp(-5.6\theta_{st}\theta_0 / \theta_{0.5}^2)}{2.27\exp(-5.6\theta_{st}\theta_0 / \theta_{0.5}^2) + 0.27} \quad 扫频方波 \tag{8.4.26}$$

$$b_{s\phi} = 2 \frac{1 - \exp(-5.6\theta_{st}\theta_0 / \theta_{0.5}^2)}{2.27\exp(-5.6\theta_{st}\theta_0 / \theta_{0.5}^2) + 0.27} \quad 倒相方波 \tag{8.4.26a}$$

上两式中的 $b_{s\phi}$ 定义在角跟踪器输入端，不是雷达接收机输入端的干信比，需要将其转换到接收机输入端。把 $b_{s\phi}$ 平方并转换到雷达接收机输入端得扫频方波或倒相方波干扰锥扫雷达角跟踪器的压制系数：

$$K_\phi = F_t b_{s\phi}^2 \tag{8.4.27}$$

式(8.3.40)和式(8.3.41)为雷达接收机输入端的瞬时干信比 j_{sj} 和平均干信比 $\overline{J}_{js}$，式(7.3.22)和式(7.3.23)为斯韦林Ⅰ、Ⅱ型和Ⅲ、Ⅳ型起伏目标回波干信比的概率密度函数，由这些关系和干扰有效性的定义得扫频方波或倒相方波对锥扫跟踪雷达的干扰有效性：

$$E_\phi = \begin{cases} 1 - \exp\left(-\dfrac{\overline{J}_{js}}{K_\phi}\right) & \text{斯韦林 I 、 II 型目标} \\[4mm] 1 - \left(1 + \dfrac{2\overline{J}_{js}}{K_\phi}\right)\exp\left(-\dfrac{2\overline{J}_{js}}{K_\phi}\right) & \text{斯韦林III、IV型目标} \end{cases} \qquad (8.4.28)$$

　　点源调幅角度欺骗干扰是针对跟踪雷达的。如果受干扰雷达控制着武器，需要用作战效果评估干扰有效性。当点源调幅角度欺骗干扰有效时，受干扰雷达的天线要么转到与目标相反的方向，要么加速转下去。操作人员会立即发现雷达丢失目标，马上利用目标指示雷达提供的目标当前位置信息，转入捕获状态。点源调幅角度欺骗干扰样式无遮盖性干扰作用，雷达很快会捕获目标再次进入跟踪状态。所以，可近似认为倒相和扫频方波对锥扫跟踪雷达的干扰需要周期进行，可按拖距干扰的作战效果及其干扰有效性的计算方法近似处理点源调幅角度欺骗干扰的有关问题。

　　在军用锥扫角跟踪雷达中隐蔽式的居多。干扰隐蔽式锥扫跟踪雷达的最好样式为扫频方波。扫频方波按扫频速度分快扫频和慢扫频两种。如果扫频周期小于或远小于锥扫雷达角跟踪系统的响应时间就是快扫频，若扫频周期大于锥扫雷达角跟踪系统的响应时间就是慢扫频。前面讨论的是慢扫频方波对锥扫跟踪雷达的干扰效果和干扰有效性。这种样式的优点是干扰效果好，一般能使雷达丢失目标从跟踪转搜索。其不足是，如果不知道雷达的锥扫频率，必须扫过整个锥扫频率范围。尽管锥扫频率范围不大，但是因角跟踪器的带宽很窄，扫频速度很慢，扫过此频率范围需要花很长的时间。响应速度快的武器系统完全有可能在雷达未受干扰前就发射武器。为了降低干扰机保护目标被摧毁的风险，可采用快扫频方波。在相同条件下，快扫频方波的干扰效果不如慢扫频干扰显著，一般不能使雷达丢失目标从跟踪转搜索，但能引起较大的角跟踪误差，可使雷达控制的武器系统不能发射武器或使发射的武器脱靶。有关快扫频方波干扰锥扫跟踪雷达的原理和干扰效果的定量分析见参考资料[3]。

8.5　雷达诱饵对抗效果和干扰有效性

　　雷达诱饵(以下简称诱饵)主要用于自卫，干扰跟踪雷达和雷达寻的器。诱饵分有源、无源两大类。无源诱饵只反射入射的雷达信号，有源诱饵能产生并发射干扰信号。诱饵能使受干扰对象放弃目标而跟踪诱饵，也能使武器摧毁诱饵而不伤及目标。在一定条件下，还能同时保护目标和诱饵。诱饵的使用方式较多，最常用的有投掷式、摆放式、拖曳式和协同式。诱饵以个为单位，既可以单个使用，也可以多个同时使用，可以单个或多个等间隔或不等间隔连续投放或摆放。这一节只分析单诱饵的干扰效果和干扰有效性。多诱饵的干扰作用与多假目标相同，有关问题将在 8.7 节讨论。虽然诱饵的使用方式较多，获得有效干扰的条件不完全相同，但干扰原理、干扰现象和描述干扰效果的参数基本相同。

8.5.1　配置关系和干扰原理

　　诱饵属于欺骗类干扰样式，要想获得干扰效果必须满足一定条件，其中适合所有诱饵的通用条件有：

　　① 能产生一定的干信比；
　　② 干扰波形与目标回波相似、运动规律与保护目标相似；
　　③ 恰当的使用时机；
　　④ 含有雷达不能识别的能引起定位误差或跟踪误差的假信息。

第一个条件是有效干扰的功率条件，是所有干扰必须具备的基本条件。第二个条件旨在使受干扰对象（包括雷达和雷达寻的器）不能从波形参数和运动规律上区分目标和诱饵，使假信息能顺利进入跟踪器或目标检测器起干扰作用。无源诱饵只反射雷达信号，能保证波形参数与目标回波相同，只需考虑运动规律问题。如果无源诱饵用于自卫且作用时间较短，因存在惯性运动，对非相参雷达不必考虑运动规律问题。有源诱饵既要模仿雷达的目标回波，又要模拟目标的运动规律。

诱饵是一次使用的干扰设备或器材，用于平台外干扰且持续干扰时间十分有限，对使用时机有严格要求。选择使用时机在于保证受干扰对象在不能分辨诱饵和目标之前起干扰作用，并在能分辨它们之后还能持续干扰一定时间，否则无干扰效果或者需要再次投放诱饵，浪费干扰资源。

含有雷达难以识别的假信息是获得欺骗干扰效果的必要条件。不含假信息的欺骗干扰不但无干扰效果，还可能起增强目标回波的信标作用。假信息含量也不能太多，否则会被雷达识破，要么失去干扰作用，要么遭到抗干扰。诱饵的干扰作用是引起跟踪误差或定位误差。诱饵与被保护目标相对受干扰对象之间的位置差别确定跟踪误差，此位置差别也是诱饵所含的假信息。有的诱饵能相对被保护目标运动，通过运动逐渐增加与目标之间的位置差别，以此逐渐增加假信息含量，这种诱饵的干扰原理和干扰效果与拖引式欺骗干扰相似。另一种是在整个干扰过程中，诱饵与保护目标间的位置保持不变，假信息含量由初始配置关系确定。

诱饵所含的假信息由目标和诱饵相对受干扰对象的配置关系确定，合理配置诱饵是获得干扰效果的关键。所谓配置关系是指诱饵、保护目标和受干扰对象之间的几何关系。图 8.5.1 是用诱饵保护目标的常用配置关系示意图，其中图 a 为摆放式或拖曳式诱饵的配置情况，图 b 为投掷式诱饵的干扰情况。图中 T、F 和 O 分别为目标、诱饵和受干扰对象的位置，R、R_F 和 q 分别为受干扰对象到目标的距离、到诱饵的距离和诱饵与目标合成信号的能量中心或质心，Oq 和 TF 为干扰对象到质心的距离和诱饵与目标连线的长度，θ、L 和 α 分别为诱饵与目标相对受干扰对象的张角、诱饵到目标的距离和受干扰对象天线指向与 L 的夹角。这里称 α 为武器的攻击角；R_e 和 r 分别为合成质心到目标的距离和武器运行轨迹到目标的距离，称 R_e 为线跟踪误差，r 为脱靶距离。要获得诱饵干扰效果，对 L、θ、α 和 R_e 或 r 都有一定要求，这些要求将在 8.5.2 和 8.5.3 节中详细讨论。

图 8.5.1(a) 的配置情况可说明诱饵的干扰原理和干扰过程。在起干扰作用瞬间，诱饵和目标在距离、角度和速度上都处于同一跟踪波门内。雷达不能区分它们，只能跟踪它们的合成质心。随着雷达平台或武器向目标靠近或目标相对诱饵运动，诱饵和目标相对受干扰对象的张角、距离或速度差别逐渐变大，当这些差别之一或全部大于受干扰对象刚好能分辨目标和诱饵时，受干扰对象只能选择其中之一继续跟踪下去。究竟选中谁由当时合成质心到目标和到诱饵的距离确定。如果诱饵到合成质心的距离小于目标到合成质心的距离，受干扰对象将选中诱饵，否则选中目标。合成质心到目标和到诱饵的距离由 L 和干信比共同确定。设 J 和 S 分别为受干扰对象从诱饵接收的干扰功率和从目标接收的回波功率，若 J/S 大于 1，合成质心靠近诱饵，相反靠近目标。如果在诱饵干扰作用消失之前，雷达已选中诱饵且目标完全离开跟踪波门，由跟踪器的特点知，只要干信比和配置关系满足一定条件，就能使受干扰对象继续跟踪诱饵。诱饵的持续干扰时间十分有限，当诱饵的干扰作用消失后，就会出现跟踪波门内既无目标也干扰的情况，受干扰对象就会从跟踪转搜索。如果受干扰对象为雷达寻的器，它要么命中诱饵，要么脱靶。

和其他干扰样式一样，诱饵也是通过干扰雷达来降低其控制的武器和武器系统的作战能力的。在雷达不能分辨诱饵和目标前，它为武器控制系统提供的数据是诱饵和目标回波合成质心的参数。该数据与目标实际位置有差别。如果用该数据控制武器系统，只能对准合成质心发射武器，必然引起初始发射偏差，可降低武器命中保护目标的概率。只要该偏差足够大，就能使武器脱靶。

因为武器的过载能力有限且运行速度高，转弯半径大，即使在能分辨目标和诱饵瞬间从跟踪质心转为跟踪目标，也可能来不及完全修正初始发射偏差而脱靶。

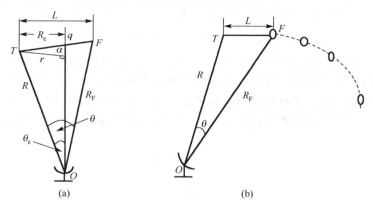

图 8.5.1   固定和移动式诱饵的干扰原理图

从诱饵干扰跟踪雷达的原理看，它与拖引式欺骗干扰的相似之处很多，主要有：一、干扰都是在雷达稳定跟踪目标后才实施，在初始干扰阶段诱饵信号和目标回波必须同处于跟踪波门内；二、都是使目标回波逐渐离开跟踪波门，最终使跟踪波门内只剩下诱饵；三、受干扰对象从跟踪转搜索都是因为干扰消失后，跟踪波门内既无干扰信号也无目标回波引起的。与拖引式欺骗干扰不同的是，诱饵信号相对目标回波的移动是雷达平台相对诱饵运动引成的。拖引式欺骗干扰中的这种移动是干扰信号有意相对目标回波移动造成的。诱饵的干扰过程和原理与拖引式欺骗干扰的相似之处很多，拖引式欺骗干扰的大多数条件适合诱饵。

8.5.2   诱饵有效干扰跟踪雷达的条件、效果和干扰有效性

8.5.2.1   有效干扰跟踪雷达的条件

诱饵能干扰任何体制的跟踪雷达，特别适合其他样式难以干扰的单脉冲跟踪雷达和单脉冲雷达寻的器等。诱饵干扰跟踪雷达的效果是指它对雷达自身性能的影响，不涉及雷达控制的武器和武器系统等上级装备。干扰跟踪雷达的效果为跟踪误差，有效干扰对跟踪误差有两种要求：一种是使武器脱靶的跟踪误差，另一种是使雷达从跟踪转搜索的跟踪误差。两种要求都来自诱饵有效干扰跟踪雷达的条件。获得诱饵干扰效果的条件较多，除 8.5.1 节的四个条件外，还有以下三个：

① 在诱饵起干扰作用瞬间，其信号必须和保护目标回波同处于受干扰雷达的所有跟踪波门内；

② 在雷达刚好能分辨目标和诱饵瞬间能可靠跟踪诱饵且合成质心到目标的距离大于要求值；

③ 在诱饵干扰作用消失前瞬间，受干扰雷达的所有跟踪波门内只有诱饵信号。

第一个条件在于使雷达从跟踪目标转为跟踪目标和诱饵的合成质心，使诱饵所含的位置假信息能进入跟踪器起干扰作用。跟踪雷达有多个独立工作的跟踪器，第一个条件可具体表述为，在诱饵起干扰作用瞬间，其信号必须落入目标回波所在的距离、角度和速度跟踪波门内。

设投放诱饵时刻(假设目标和诱饵处于空间的同一点)，目标相对雷达的距离、角度(包括方位角和仰角)和径向速度分别为 R_1、ϕ_1 和 V_1，诱饵起干扰作用瞬间,对应的距离、角度和径向速度分别为 R_2、ϕ_2 和 V_2，此时两者的位置和速度差为

$$\Delta R_1 = |R_2 - R_1|, \quad \Delta\phi_1 = |\phi_2 - \phi_1| \text{ 和 } \Delta V = |V_2 - V_1|$$

要满足有效干扰的第一个条件，必须使 ΔR_1、$\Delta\phi_1$ 和 ΔV_1 小于对应跟踪波门的宽度。设距离、角度

和径向速度跟踪波门宽度(指相邻两半波门之和)分别为 R_g、ϕ_g 和 V_g，又假设跟踪器稳定跟踪目标后才放干扰，即诱饵起干扰作用前目标回波质心位于跟踪波门中心，它到跟踪波门两个边缘的距离分别为 $R_g/2$、$\phi_g/2$ 和 $V_g/2$。由此得诱饵有效干扰跟踪雷达的第一个条件：

$$\Delta R_1 < R_g/2， \quad \Delta\phi_1 < \phi_g/2 \text{和} \Delta V_1 < V_g/2 \tag{8.5.1}$$

上述分析没有考虑随机因素的影响，即使无干扰雷达测量的目标距离、角度和速度也存在随机误差。要使诱饵信号可靠的与目标回波同处于所有跟踪波门内，需要考虑随机因素的影响。式(2.4.13)和式(2.4.14)给出了目标闪烁引起的距离跟踪误差 σ_{ss} 和角跟踪误差 $\sigma_{s\theta}$，式(3.3.25)和式(3.3.31)为机内噪声引起的距离跟踪误差 σ_{ns} 和角跟踪误差 $\sigma_{n\theta}$。两种误差独立，总距离和总角跟踪误差为

$$\begin{cases} \sigma_s = \sqrt{\sigma_{ss}^2 + \sigma_{ns}^2} \\ \sigma_\theta = \sqrt{\sigma_{s\theta}^2 + \sigma_{n\theta}^2} \end{cases} \tag{8.5.2}$$

目标闪烁和机内噪声只能引起随机跟踪误差，单边超过其均方差的概率小于 10%。若在 ΔR_1、$\Delta\phi_1$ 和 ΔV_1 上增加目标闪烁和机内噪声的共同影响，可减小干扰失误的概率，此时式(8.5.1)变为

$$\Delta R_1 + \sigma_s < R_g/2， \quad \Delta\phi_1 + \sigma_\theta < \phi_g/2 \text{和} \Delta V_1 + \sigma_{nv} < V_g/2 \tag{8.5.3}$$

式中，σ_{nv} 是机内噪声引起的速度跟踪误差，由式(3.3.38)和式(3.3.39)确定。

有的诱饵从投放时刻起能逐渐增加干扰作用，只是到位时干扰作用才达到期望值。这种诱饵能使合成质心随投放时间的推移逐渐靠近干扰到位时的位置。此时式(8.5.3)的条件可放宽到：

$$\Delta R_1 + \sigma_s < R_g， \quad \Delta\phi_1 + \sigma_\theta < \phi_g \text{和} \Delta V_1 + \sigma_{nv} < V_g \tag{8.5.4}$$

比较上两式知，只要干扰能满足式(8.5.3)的条件必然满足式(8.5.4)的要求。

摆放式诱饵和拖曳式诱饵与目标的径向速度相同，有效干扰的第一个条件可简化为

$$\begin{cases} \Delta R_1 + \sigma_s < R_g/2 \text{和} \Delta\phi_1 + \sigma_\theta < \phi_g/2 & \text{投放到位后才有干扰作用的诱饵} \\ \Delta R_1 + \sigma_s < R_g \text{和} \Delta\phi_1 + \sigma_\theta < \phi_g & \text{从投放起就开始起干扰作用的诱饵} \end{cases}$$

上式也适合没有速度跟踪器的常规脉冲雷达。目标闪烁对雷达和干扰均不利，除保护特别重要的目标需要足够的富裕量外，一般可忽略目标闪烁和机内噪声的影响。

上述条件由装备间的配置关系和相对运动关系来满足。设雷达固定，目标运动，跟踪仅在图 8.5.2 的 AOC 平面上进行。图中 A、B 和 O 为起干扰作用瞬间诱饵、目标和雷达的位置，C 为干扰作用消失瞬间的目标位置，R_F、R 和 L 为诱饵到雷达的距离、目标到雷达的距离和目标与诱饵之间的距离，θ、θ_d 和 θ_g 为目标和诱饵相对雷达的张角、目标的航向角和角跟踪波门宽度，V_r 和 V_{bt} 为目标相对雷达的径向速度和目标相对诱饵的运动速度，R_{en} 和 θ_{en} 为诱饵干扰作用消失前瞬间目标到雷达的距离和诱饵与目标相对雷达的张角。设诱饵从投放到起干扰作用需要的时间为 Δt，其持续干扰时间为 t_m。由图 8.5.2 的配置关系和余弦定理得诱饵信号与目标回波同处于角跟踪波门内的条件：

$$\Delta\phi_1 = \arccos\frac{R^2 + R_F^2 - L^2}{2RR_F} < \frac{\theta_g}{2}$$

按照角度维有关条件的分析方法得目标回波和诱饵信号同处于距离跟踪波门内的条件：

$$\Delta R_1 = |R - R_F| < \frac{R_g}{2}$$

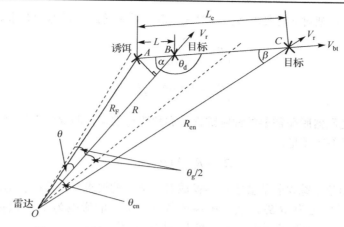

图 8.5.2 诱饵、目标和受干扰雷达的配置关系示意图

如果诱饵无动力装置且质地较轻，可近似认为诱饵相对雷达固定。目标和诱饵相对雷达的径向速度之差近似等于目标相对雷达的径向速度。设投放诱饵后目标匀速运动，径向速度等于：

$$V_r = V_{bt} \cos \theta_d = \frac{L \cos \theta_d}{\Delta t}$$

目标和诱饵相对雷达的径向速度同处于速度跟踪波门内的条件为

$$\frac{L \cos \theta_d}{\Delta t} < \frac{V_g}{2}$$

对于图 8.5.2 的配置情况，有效干扰的第一个条件可综合为

$$\left| R - R_F \right| < \frac{R_g}{2}, \quad \arccos \frac{R^2 + R_F^2 - L^2}{2RR_F} < \frac{\theta_g}{2} \text{ 和 } \frac{L \cos \theta_d}{\Delta t} < \frac{V_g}{2}$$

根据图 8.5.1(a) 的配置关系和质心跟踪原理得在雷达刚好能分辨目标和诱饵瞬间可靠选中诱饵且合成质心到目标的距离大于要求值的条件：

$$\begin{cases} R_e > L/2 \text{或} \theta_e > \theta/2 \\ r > R_{mkst} \end{cases} \tag{8.5.5}$$

式中，R_e、r 和 θ_e（见图 8.5.1(a)）分别为目标到合成质心的距离、目标到雷达与合成质心的连线或其延长线的距离和目标与合成质心相对雷达的张角。L、θ 和 R_{mkst} 分别为目标到诱饵的距离、目标与诱饵相对雷达的张角和武器的脱靶距离。式 (8.5.5) 的第一项可保证在雷达刚好能分辨目标和诱饵时可靠选中诱饵并继续跟踪下去，第二项是获得起码干扰效果的条件，即如果干扰雷达没能阻止发射武器，也能保证目标的安全。当目标、诱饵和雷达的配置关系确定后，式 (8.5.5) 的条件由干信比来满足。所以第二个条件相当于诱饵有效干扰跟踪雷达的功率条件。

要使目标安全，r 必须大于武器的脱靶距离。由图 8.5.1(a) 的关系可确定线跟踪误差 R_e、角跟踪误差 θ_e 和 r 之间的关系：

$$\begin{cases} R_e = \frac{r}{\sin \alpha} \\ \theta_e = \arcsin \frac{r}{R} \end{cases} \tag{8.5.5a}$$

利用上面得到的关系可把对 r 的要求转换成对线跟踪误差和角跟踪误差的要求。令 $r = R_{mkst}$ 得：

$$\begin{cases} R_{est} = \dfrac{R_{mkst}}{\sin \alpha} \\ \theta_{est} = \arcsin \dfrac{R_{mkst}}{R} \end{cases} \tag{8.5.6}$$

式中，R_{est} 和 θ_{est} 为使武器脱靶需要的线跟踪误差和角跟踪误差，即要使干扰有效，干扰引起的线跟踪误差和角跟踪误差应满足：

$$R_e \geqslant R_{est} \text{ 和 } \theta_e \geqslant \theta_{est}$$

对线跟踪误差和角跟踪误差的要求可转换成对干信比的要求。设目标和诱饵在受干扰雷达接收机输入端产生的干信比为 (J/S)，接收机各环节对干信比的影响为 F_t，根据质心干扰原理和图 8.5.1(a) 的配置关系得线跟踪误差与配置和干信比的关系：

$$R_e = L \frac{J/S}{F_t + J/S} \tag{8.5.7}$$

就诱饵的绝大多数使用情况而言，配置关系满足 $R \gg L$ 和 $R \approx R_F$ 的条件，诱饵和目标相对雷达的张角 θ 和角跟踪误差 θ_e 可近似为

$$\begin{cases} \theta \approx L/R \\ \theta_e \approx R_e/R \end{cases}$$

和线跟踪误差一样，角跟踪误差也可用干信比和配置关系表示为

$$\theta_e = \frac{L}{R} \frac{J/S}{F_t + J/S} \approx \theta \frac{J/S}{F_t + J/S} \tag{8.5.8}$$

令式 (8.5.7) 和式 (8.5.8) 的线跟踪误差和角跟踪误差分别等于有效干扰要求的 R_{est} 和 θ_{est}，对干信比求解得压制系数：

$$K_b = \begin{cases} \dfrac{F_t R_{est}}{1 - R_{est}} \\ \dfrac{F_t \theta_{est}}{\theta - \theta_{est}} \end{cases} \tag{8.5.9}$$

式 (8.5.9) 不但能保证雷达或雷达寻的器在刚好能分辨两者时选中诱饵，还能保证干扰引起的跟踪误差能使武器脱靶。

　　第三个条件是使雷达从跟踪转搜索的条件。要使雷达从跟踪转搜索需要满足三个条件：一、诱饵的干扰作用消失后所有跟踪波门内无目标回波也无诱饵信号，迫使其进入记忆跟踪状态；二、跟踪波门内无目标回波也无诱饵信号的持续时间大于跟踪器的记忆跟踪时间；三、在记忆跟踪结束之前，目标回波和诱饵信号都不能再次进入跟踪波门。诱饵的持续干扰时间较短，容易满足一、二两个条件。如果目标能有效配合，有效干扰跟踪雷达的第三个条件主要由干扰消失前瞬间的跟踪误差确定。根据跟踪器的第四个特点可把有效干扰的第三个条件转换成：在干扰消失前瞬间诱饵与目标到雷达的距离之差应大于距离跟踪波门宽度，目标与诱饵相对雷达的张角大于角跟踪波门宽度和两者的径向速度之差大于速度跟踪波门宽度。

　　根据前面的假设，干扰作用消失前瞬间诱饵仍然处于投放时的位置，设此时目标相对雷达的距离、角度和径向速度分别为 R_3、ϕ_3 和 V_3，它们与投放诱饵时的对应参数之差分别为

$$\Delta R_2 = |R_3 - R_1|, \quad \Delta\phi_2 = |\phi_3 - \phi_1| \text{ 和 } \Delta V_2 = |V_3 - V_1|$$

要使诱饵干扰作用消失后所有跟踪波门内无目标回波，ΔR_2、$\Delta\phi_2$ 和 ΔV_2 应满足：

$$\Delta R_2 > R_g \text{ 或 } \Delta\phi_2 > \phi_g \text{ 或 } \Delta V_2 > V_g \tag{8.5.10}$$

根据确定线跟踪误差评价指标的方法，由式 (8.5.10) 得雷达从跟踪转搜索需要的跟踪误差：

$$\begin{cases} R_{gst} > c\tau_g \\ \theta_{gst} > \theta_g \\ V_{gst} > f_g\lambda \end{cases} \tag{8.5.11}$$

式中，τ_g 和 f_g 是以时间为单位的距离跟踪波门宽度和以频率为单位的多普勒频率跟踪波门宽度，c 和 λ 为光速和雷达工作波长。τ_g 与 R_g 和 f_g 与 V_g 的关系分别为

$$R_g = c\tau_g \text{ 和 } V_g = f_g\lambda$$

和第一个条件一样，第三个条件也是由配置关系和相对运动关系来满足的。由图 8.5.2 的关系和有关假设条件得：

$$\Delta\phi_2 = \arccos\frac{R_{en}^2 + R_F^2 - L^2}{2R_{en}R_F}$$

$$\Delta R_2 = |R_{en} - R_F|$$

其中

$$R_{en} = \sqrt{R^2 + (L_e - L)^2 - 2R(L_e - L)\cos\theta_d}$$

由假设条件知，目标与诱饵的多普勒频率差就是干扰结束瞬间目标的多普勒频率。由图 8.5.2 的配置关系得诱饵与目标的相对速度：

$$\Delta V_2 = \frac{2L_2}{\lambda(\Delta t + t_m)}\cos\beta$$

其中

$$\beta = \arcsin\left(\frac{R}{R_{en}}\sin\theta_d\right)$$

把根据实际配置关系得到的 ΔR_2、$\Delta\phi_2$ 和 ΔV_2 代入式 (8.5.10) 可判断能否满足有效干扰的第三个条件。

不管投掷式诱饵是用于自卫还是用于掩护，它与目标之间都会有相对运动，满足式 (8.5.10) 比较容易。对于摆放式诱饵和拖曳式诱饵，目标和诱饵无相对运动，要使雷达丢失目标从跟踪转搜索，只能从角度上满足第三个条件。当雷达平台向目标和诱饵连线靠近时，两者相对雷达的张角会逐渐增加，只要在要求的最小干扰距离上，目标和诱饵相对雷达的张角大于 θ_{gst}，就能使雷达从跟踪转搜索。虽然增加 L 的长度能增加张角，受第一个条件的限制，增加量十分有限。

8.5.2.2　干扰效果和干扰有效性

诱饵的干扰作用就是引起跟踪误差或参数测量误差。因干扰有效性评价指标不同，诱饵对跟踪雷达的干扰效果有四种形式：一、线跟踪误差和角跟踪误差；二、定位误差或单参数跟踪误差；三、脱靶距离；四、干信比。

线跟踪误差和角跟踪误差就是图 8.5.1 中的 R_e 和 θ_e，其数值与雷达描述目标位置的坐标选择无关，只受目标、诱饵和雷达的相对位置影响。跟踪误差或定位误差是指目标的真实位置或坐标与测量位置或测量坐标之差。雷达用斜距、方位角和仰角三参数确定目标的空间位置。定位误差

也可用距离、方位角和仰角误差表示。跟踪雷达需要测量目标的角速度和速度，以便预测目标下一时刻的位置。跟踪误差包括距离、角度和速度三种。脱靶距离是武器运行轨迹到目标的最小距离，如图 8.5.1(a) 中的 r。四种干扰效果及其干扰有效性评价指标可相互转换。只要满足 8.5.2.1 节的第一和第二个条件，可从上述四个方面评估诱饵对跟踪雷达的干扰效果和干扰有效性。如果干扰还能满足第三条件，可获得使雷达从跟踪转搜索的干扰效果。计算跟踪误差和依据跟踪误差评估干扰有效性的方法见 7.7 节，这里只讨论其余三种干扰效果和干扰有效性的评估方法。

1. 依据线跟踪误差和角跟踪误差评估干扰效果和干扰有效性

式 (8.5.7) 和式 (8.5.8) 为干扰效果的线跟踪误差和角跟踪误差的数学模型，两者都含有干信比因子。有源诱饵的等效辐射功率和无源诱饵的雷达截面起伏较小，可当作恒定量处理。目标特别是运动目标的雷达截面起伏较大，必须作为随机变量处理。设 j_{js} 和 $\overline{J}_{js}$ 分别为瞬时干信比和平均干信比，把 j_{js} 代入式 (8.5.7) 和式 (8.5.8) 得瞬时线跟踪误差和瞬时角跟踪误差：

$$\begin{cases} R_e = L\dfrac{j_{js}}{F + j_{js}} \\ \theta_e = \theta\dfrac{j_{js}}{F + j_{js}} \end{cases} \tag{8.5.12}$$

把 $\overline{J}_{js}$ 代入上式得平均线跟踪误差和平均角跟踪误差：

$$\begin{cases} \overline{R}_e = L\dfrac{\overline{J}_{js}}{F + \overline{J}_{js}} \\ \overline{\theta}_e = \theta\dfrac{\overline{J}_{js}}{F + \overline{J}_{js}} \end{cases} \tag{8.5.13}$$

判断诱饵对跟踪雷达的干扰是否有效的评价标准来自诱饵有效干扰的条件。因使用目的不同，对线跟踪误差和角跟踪误差的要求不同。如果干扰目的是使武器脱靶，评价指标 R_{est} 和 θ_{est} 由式 (8.5.6) 确定。如果干扰目的是使雷达从跟踪转搜索，R_{est} 和 θ_{est} 由式 (8.5.11) 确定。两种跟踪误差都是效益型指标，根据干扰效果的均值和干扰有效性评价指标，用式 (1.2.4) 判断干扰是否有效。

式 (8.5.12) 为跟踪误差的瞬时值与瞬时干信比的关系。式 (7.3.22) 和式 (7.3.23) 分别为斯韦林 I、II 型和 III、IV 型起伏目标回波干信比的概率密度函数。利用这些关系得线跟踪误差的概率密度函数：

$$P(R_e) = \begin{cases} \dfrac{\overline{J}_{js}L}{F_t R_e^2}\exp\left[-\dfrac{\overline{J}_{js}(L - R_e)}{F_t R_e}\right] & \text{斯韦林 I、II 型目标} \\ \dfrac{4\overline{J}_{js}^2 L(L - R_e)}{F_t^2 R_e^3}\exp\left[-2\dfrac{\overline{J}_{js}(L - R_e)}{F_t R_e}\right] & \text{斯韦林 III、IV 型目标} \end{cases} \tag{8.5.14}$$

根据干扰有效性的定义和线跟踪误差的干扰有效性评价指标，从 $R_{est} \sim \infty$ 积分式 (8.5.14) 得依据线跟踪误差评估的干扰有效性：

$$E_{bre} = \begin{cases} 1 - \exp\left(-\dfrac{L - R_{est}}{L - \overline{R}_e}\dfrac{\overline{R}_e}{R_{est}}\right) & \text{斯韦林 I、II 型目标} \\ 1 - \left(1 + 2\dfrac{L - R_{est}}{L - \overline{R}_e}\dfrac{\overline{R}_e}{R_{est}}\right)\exp\left(-2\dfrac{L - R_{est}}{L - \overline{R}_e}\dfrac{\overline{R}_e}{R_{est}}\right) & \text{斯韦林 III、IV 型目标} \end{cases} \tag{8.5.15}$$

按照线跟踪误差的概率密度函数及其干扰有效性的计算方法得角跟踪误差的概率密度函数和干扰有效性评估模型。其中概率密度函数的模型为

$$P(\theta_e) = \begin{cases} \dfrac{\overline{J}_{js}\theta}{F_t\theta_e^2}\exp\left[-\dfrac{\overline{J}_{js}(\theta-\theta_e)}{F_t\theta_e}\right] & \text{斯韦林 I 、II 型目标} \\[4mm] \dfrac{4\overline{J}_{js}^2\theta(\theta-\theta_e)}{F_t^2\theta_e^3}\exp\left[-2\dfrac{\overline{J}_{js}(\theta-\theta_e)}{F_t\theta_e}\right] & \text{斯韦林III、IV型目标} \end{cases}$$

干扰有效性评估模型为

$$E_{b\theta e} = \begin{cases} 1-\exp\left(-\dfrac{\theta-\theta_{est}}{\theta-\overline{\theta}_e}\dfrac{\overline{\theta}_e}{\theta_{est}}\right) & \text{斯韦林 I 、II 型目标} \\[4mm] 1-\left(1+2\dfrac{\theta-\theta_{est}}{\theta-\overline{\theta}_e}\dfrac{\overline{\theta}_e}{\theta_{est}}\right)\exp\left(-2\dfrac{\theta-\theta_{est}}{\theta-\overline{\theta}_e}\dfrac{\overline{\theta}_e}{\theta_{est}}\right) & \text{斯韦林III、IV型目标} \end{cases} \tag{8.5.16}$$

这里的干扰有效性是诱饵干扰成功的概率，由成功和失败概率之间的关系得诱饵干扰的失败概率：

$$P_{bff} = \begin{cases} 1-E_{bre} \\ 1-E_{b\theta e} \end{cases} \tag{8.5.17}$$

干扰失败，雷达不受干扰，它控制的武器系统或武器能发挥正常的作战能力。此时 P_{bff} 就是受干扰雷达控制的武器系统发射武器的概率。

诱饵可以是有源的，也可以是无源的。上面的关系是根据有源诱饵得到的，只要用无源诱饵的平均干信比代替有源诱饵的平均干信比，有源诱饵的干扰效果和干扰有效性评估模型也能用于无源诱饵。对于以下各种情况都可照此处理，以后不再说明。

设目标的雷达截面为 σ，由侦察方程和雷达方程得雷达从诱饵接收的干扰功率和从目标接收的信号功率，两者之比为干信比。诱饵干扰雷达的跟踪状态，距离较近，信噪比较高，可忽略电播传播衰减、机内噪声和杂波的影响。有源诱饵的瞬时干信比为

$$j_{js} = \frac{4\pi P_j G_j G_F R^4 L_r}{P_t G_t G_T \sigma R_F^2 L_j} \tag{8.5.18}$$

式中，G_T 和 G_F 分别为雷达天线在目标和在诱饵方向上的增益，R 和 R_F 分别为雷达到目标和到诱饵的距离。上式其他符号的定义见式(8.3.38)。按照计算有源诱饵干信比的方法得无源诱饵的瞬时干信比：

$$j_{js} = \frac{G_F R^4 \sigma_F}{G_T R_F^4 \sigma} \tag{8.5.19}$$

式中 σ_F 为诱饵的雷达截面。诱饵一般用于自卫，目标和诱饵的距离较近，$R \approx R_F$ 和 $G_T \approx G_F$ 的关系成立，上两式可分别近似为

$$j_{js} = \frac{4\pi P_j G_j R^2 L_r}{P_t G_t \sigma L_j} \tag{8.5.20}$$

$$j_{js} = \frac{\sigma_F}{\sigma} \tag{8.5.21}$$

设目标的平均雷达截面为 $\bar{\sigma}$，有源、无源诱饵在雷达接收机输入端产生的平均干信比分别为

$$\bar{J}_{js} = \frac{4\pi P_j G_j R^2 L_r}{P_t G_t \bar{\sigma} L_j} \tag{8.5.22}$$

$$\bar{J}_{js} = \frac{\sigma_F}{\bar{\sigma}} \tag{8.5.23}$$

把诱饵干扰可达到的平均干信比和干扰有效性评价指标代入式(8.5.15)和式(8.5.16)，可得依据线跟踪误差和角跟踪误差评估的干扰有效性。

2. 用脱靶距离表示干扰效果和评估干扰有效性

用脱靶距离表示干扰效果和评估干扰有效性需要脱靶距离的干扰有效性评价指标。5.3.1 节用武器的等效杀伤半径 R_{ek} 表示武器的杀伤能力。应用该节的方法可确定不同目标和不同武器的等效杀伤半径。脱靶距离 R_{mkst} 和杀伤距离 R_{kst} 与等效杀伤半径的关系为

$$\begin{cases} R_{kst} = R_{ek} \\ R_{mkst} > R_{ek} \end{cases} \tag{8.5.24}$$

干扰有效性的杀伤距离和脱靶距离评价指标的计算方法将在第 9 章讨论。

对于点目标，脱靶距离是目标中心到武器运行轨迹的距离。和线跟踪误差和角跟踪误差一样，脱靶距离不但与干信比有关，还与目标、诱饵和雷达的几何位置有关。由图 8.5.1 和式(8.5.5a)得瞬时脱靶距离与线跟踪误差的关系：

$$r = R_e \sin \alpha$$

把上式代入式(8.5.7)并对干信比求解得瞬时干信比与瞬时脱靶距离和装备配置的关系：

$$j_{js} = \frac{F_t r}{L \sin \alpha - r} \tag{8.5.25}$$

式(8.5.25)也可表示成瞬时脱靶距离与瞬时干信比和装备配置的关系：

$$r = L \frac{j_{js}}{F_t + j_{js}} \sin \alpha \tag{8.5.26}$$

令式(8.5.26)的瞬时干信比等于平均值 $\bar{J}_{js}$ 得平均脱靶距离：

$$\bar{r} = L \frac{\bar{J}_{js}}{F_t + \bar{J}_{js}} \sin \alpha$$

对干扰方而言，脱靶距离为效益型指标，其值越大越好。根据平均脱靶距离及其干扰有效性评价指标，用式(1.2.4)判断干扰是否有效。

式(8.5.26)为脱靶距离与干信比和有关装备的配置关系，其中只有干信比是随机变量。由干信比的概率密度函数和函数概率密度函数的计算方法得两类起伏目标脱靶距离的概率密度函数：

$$P(r) = \begin{cases} \dfrac{\bar{J}_{js} L \sin \alpha}{F_t r^2} \exp\left[-\dfrac{\bar{J}_{js}(L \sin \alpha - r)}{F_t r}\right] & \text{斯韦林 I 、II 型目标} \\[4mm] \dfrac{4\bar{J}_{js}^2 L \sin \alpha (L \sin \alpha - r)}{F_t^2 r^3} \exp\left[-2\dfrac{\bar{J}_{js}(L \sin \alpha - r)}{F_t r}\right] & \text{斯韦林III、IV型目标} \end{cases} \tag{8.5.27}$$

式(8.5.27)的平均干信比由式(8.5.22)和式(8.5.23)确定。根据干扰有效性的定义，从 $R_{mkst} \sim \infty$ 积

分上式得依据脱靶距离评估的干扰有效性：

$$E_{br} = \begin{cases} 1 - \exp\left(-\dfrac{L\sin\alpha - R_{mkst}}{L\sin\alpha - \overline{r}}\dfrac{\overline{r}}{R_{mkst}}\right) & \text{斯韦林 I 、 II 型目标} \\ 1 - \left(1 + 2\dfrac{L\sin\alpha - R_{mkst}}{L\sin\alpha - \overline{r}}\dfrac{\overline{r}}{R_{mkst}}\right)\exp\left(-2\dfrac{L\sin\alpha - R_{mkst}}{L\sin\alpha - \overline{r}}\dfrac{\overline{r}}{R_{mkst}}\right) & \text{斯韦林III、IV型目标} \end{cases}$$

$$(8.5.28)$$

如果脱靶距离大于武器的杀伤半径，诱饵干扰成功，否则失败。由干扰有效性得诱饵干扰的失败概率：

$$P_{bf} = 1 - E_{br} \tag{8.5.29}$$

3. 用干信比表示诱饵干扰效果和评估干扰有效

诱饵干扰需要与目标回波拼功率。如果满足 8.5.2.1 节的条件，可用干信比表示干扰效果，用压制系数评估干扰有效性。压制系数由诱饵有效干扰的条件确定，用式(8.5.9)计算。由式(8.5.22)和式(8.5.23)得诱饵能达到的平均干信比 $\overline{J}_{js}$。根据实际可达到的平均干信比和压制系数，用式(1.2.4)判断诱饵干扰是否有效。

如果用式(8.5.22)或式(8.5.23)计算平均干信比，式(7.3.22)和式(7.3.23)的概率密度函数适合诱饵。干扰有效性是诱饵实际可达到的干信比落入 $K_b \sim \infty$ 区域内的概率。从 $K_b \sim \infty$ 积分式(7.3.22)和式(7.3.23)得用诱饵保护斯韦林 I 、 II 型和III、IV型起伏目标的干扰有效性：

$$E_{bj1} = 1 - \exp\left(-\frac{\overline{J}_{js}}{K_b}\right) \tag{8.5.30}$$

$$E_{bj2} = 1 - \left(1 + 2\frac{\overline{J}_{js}}{K_b}\right)\exp\left(-2\frac{\overline{J}_{js}}{K_b}\right) \tag{8.5.31}$$

干信比大于压制系数的概率为干扰成功的概率，用干信比评估干扰有效性时，干扰失败的概率为

$$P_{bf} = \begin{cases} 1 - E_{bj1} & \text{斯韦林 I 、 II 型目标} \\ 1 - E_{bj2} & \text{斯韦林III、IV型目标} \end{cases} \tag{8.5.32}$$

在设计和选择诱饵时，需要根据预先指定的干扰效果或干扰有效性确定诱饵的主要参数，如有源诱饵的等效辐射功率，无源诱饵的雷达截面等。如果预先指定了要求的干扰有效性 E_{bj}，由式(8.5.30)和式(8.5.31)得有效干扰需要的干信比即压制系数 K_{bst}。K_{bst} 与 K_b 有不同的含义。如果保护目标的起伏模型属于斯韦林 I 、 II 型，则 K_{bst} 等于：

$$K_{bst} = \overline{J}_{js}\left|\ln(1 - E_{bj1})\right| \tag{8.5.33}$$

如果保护目标的起伏模型属于斯韦林III、IV型，K_{bst} 可用隐函数表示为

$$\left(1 + 2\frac{\overline{J}_{js}}{K_{bst}}\right)\exp\left(-2\frac{\overline{J}_{js}}{K_{bst}}\right) = 1 - E_{bj2} \tag{8.5.34}$$

若要求的干扰有效性为 0.9，由式(8.5.33)和式(8.5.34)得有效干扰需要的压制系数。对于斯韦林 I 、 II 型起伏目标，$K_{bst}=3F_t$。对于斯韦林III、IV型起伏目标，$K_{bst}=2F_t$。如果不知道目标的起伏模型，则取 $K_{bst}=3F_t$。若已知目标和雷达的具体参数以及要求的最小干扰距离，可令式(8.5.22)

的平均干信比 $\overline{J}_{js}$ 等于 K_{bst}，再对干扰等效辐射功率求解得有源诱饵需要的等效辐射功率：

$$P_j G_j = \frac{K_{bst} P_t G_t \overline{\sigma} L_j}{4\pi R^2 L_r}$$

按照上述处理方法，令式（8.5.23）的平均干信比等于压制系数得无源诱饵的平均雷达截面：

$$\sigma_F = \overline{\sigma} K_{bst}$$

8.5.3 诱饵干扰雷达武器控制阶段的条件、效果和干扰有效性

8.5.3.1 引言

目标一旦进入武器的威力范围，火控系统将用雷达提供的目标数据计算发射武器的参数和条件，跟踪雷达从此进入武器控制阶段，武器系统进入目标瞄准过程。诱饵对此阶段的干扰将着眼于杀伤性武器。干扰的一个目的是把武器引向诱饵，通过牺牲诱饵来保护目标；另一个目的是把武器引向指定方向，使目标和诱饵同时得到保护。获得此阶段干扰效果的条件和单纯干扰雷达目标跟踪有所不同，除 8.5.1 节的三个基本条件外，还得附加以下四个：

① 在诱饵起干扰作用瞬间，诱饵和目标同处于雷达或雷达寻的器的视场内；

② 合成质心到目标的距离大于等于它到诱饵的距离；

③ 脱靶距离大于武器的杀伤距离；

④ 武器攻击角大于临界攻击角。

第一个条件在于保证雷达或雷达寻的器跟踪诱饵和保护目标的合成质心，把诱饵所含的位置假信息转移到目标回波上，使其能进入武器系统，增加其瞄准误差。要把武器引向诱饵或指定方向必须满足第二个条件。第三个条件是保证武器命中诱饵不伤及目标的条件。最后一个条件是为解决诱饵干扰中的特殊问题而设置的。上述条件将在接下来的两节给予定量分析。

诱饵的使用方式很多。投掷式诱饵可干扰跟踪雷达，也可干扰雷达寻的器。摆放式、拖曳式和协同式诱饵主要干扰雷达寻的器和反辐射武器。适当配置的两个带有干扰机的目标互为诱饵、互为保护目标。它能干扰雷达和雷达寻的器，这里称为协同式干扰。协同式干扰的目的是同时保护两个目标。在一定条件下同时保护两个目标是可能的。因此，诱饵干扰雷达的武器控制阶段有两种不同的要求：一、只保护目标；二、同时保护两目标（协同式干扰）或目标和诱饵。

诱饵的干扰原理说明，只要干信比大于一，就能把武器引向诱饵。如果可通过牺牲诱饵来保护目标且满足上面的条件，可用干信比表示干扰效果，用压制系数评估干扰有效性。如果要同时保护两目标或目标和诱饵，必须通过控制武器的飞行方向，使其在穿越两目标或诱饵和目标的连线时，到两者的距离同时大于脱靶距离。对于这种情况，可用脱靶距离表示干扰效果，用杀伤距离评估干扰有效性。在一定条件下，脱靶距离可转换成干信比。机动平台的诱饵是一次性使用的干扰器材或设备。它们作用时间短，一般对单目标作战，用摧毁概率或生存概率表示作战效果。

8.5.3.2 只保护目标

诱饵有效干扰跟踪雷达的第一个条件几乎与干扰目的无关，8.5.2 节的第一个条件也适合雷达的武器控制阶段和雷达寻的器。武器和武器控制系统对测角误差特别敏感，对 8.5.2 节的第一个条件进行适当简化可得目标和诱饵同处于雷达或雷达寻的器视场内的条件：

$$\Delta\phi_t < \theta_g / 2$$

由于 8.5.2 节提到过的原因，对于投掷式箔条诱饵或在离开载体就开始起干扰作用的其他诱饵，上述条件可放宽到：

$$\Delta\phi_1 < \theta_g$$

与诱饵有效干扰雷达的目标跟踪状态一样，当干信比确定后，第一个条件也是由装备的配置关系来保证的。图 8.5.3 为目标、诱饵和武器的攻击态势示意图。图中 L 和 r 为诱饵起干扰作用瞬间目标到诱饵的距离和脱靶距离，q、α 和 R 为诱饵和目标的合成质心、武器攻击角和诱饵起干扰作用瞬间雷达或雷达寻的器到合成质心的距离，R_e 和 θ 为合成质心到目标的距离、诱饵与目标相对雷达或雷达寻的器的张角，M 为诱饵起干扰作用瞬间雷达或雷达寻的器的位置或武器发射器的位置，带箭头的虚线和实线分别为有、无自身引导系统武器的运行轨迹。武器的运行速度快，可近似认为在整个作战过程中，目标、诱饵相对武器发射系统的位置近似不变，或者从最不利的条件估算对抗效果。还假设战斗在图 8.5.3 所示的平面上进行。

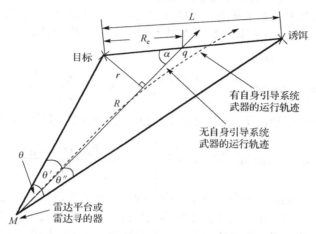

图 8.5.3 诱饵、目标和武器攻击态势示意图

由图 8.5.3 知，目标和诱饵相对雷达或雷达寻的器的张角 θ 等于 θ' 和 θ'' 之和，根据图中的几何关系和 $R \gg L$ 以及 θ' 和 θ'' 都很小的条件得：

$$\theta = \theta' + \theta'' = \frac{R_e \sin\alpha}{R} + \frac{L - R_e}{R}\sin\alpha = \frac{L}{R}\sin\alpha$$

在诱饵起干扰作用瞬间，要使目标和诱饵都处于雷达或雷达寻的器的视场或角跟踪波门内，θ 必须满足：

$$\theta = (L\sin\alpha)/R < \theta_g/2$$

对于投掷式箔条诱饵或离开载体就开始起干扰作用的其他诱饵，上述条件可放宽到：

$$\theta = (L\sin\alpha)/R < \theta_g$$

8.5.2.1 节已说明满足第一个条件只能保证受干扰对象在能分辨目标和诱饵时选择诱饵，不一定能保证目标安全。要保证目标安全，干扰还需要满足第二和第三两个条件。如果满足第一个条件且线跟踪误差满足式 (8.5.6) 的要求，则能使受干扰对象在能分辨目标和诱饵时选中诱饵，也能保证武器命中诱饵时不伤及目标，该条件可用干信比和配置关系表示为

$$\frac{J}{S} \geqslant \frac{F_t R_{est}}{L - R_{est}} \tag{8.5.35}$$

式中，R_{est} 为干扰有效性的线跟踪误差评价指标，由式 (8.5.6) 确定。式 (8.5.35) 涉及配置关系、脱靶距离和武器攻击角，它是诱饵有效干扰武器控制状态的第二、第三两条件的综合形式。诱饵有

效干扰雷达武器控制状态的前三个条件可综合成:

$$\begin{cases} \dfrac{L\sin\alpha}{R} < \theta_g/2 \\[3mm] \dfrac{J}{S} \geq \dfrac{F_t R_{est}}{L - R_{est}} \end{cases} \tag{8.5.36}$$

拖曳式或近距离投掷式诱饵的干扰效果与武器攻击角 α 有关,α 因此成为诱饵有效干扰雷达武器控制状态或雷达寻的器的第四个条件。由图 8.5.3 知,$\alpha=0°$ 或 $\alpha=180°$ 表示武器沿着目标和诱饵的连线攻击。$\alpha=0°$ 为迎头攻击,武器首先碰到目标,不管干信比多大,L 多长,目标都会被摧毁。$\alpha=180°$ 为尾追攻击,武器首先碰到的是诱饵,只要 L 大于武器的杀伤距离或脱靶距离,目标就能得到保护。显然前三个条件没有包括这种情况。这里将有效干扰要求的最小攻击角称为临界攻击角 $\alpha_{\min}$。一旦确定了干信比 J/S、L 和武器的杀伤距离 R_{kst} 或脱靶距离 R_{mkst},由式(8.5.5a)和式(8.5.7)可确定临界攻击角:

$$\alpha_{\min} = \arcsin\left[\frac{R_{kst}(F_t + J/S)}{L(J/S)}\right] = \arcsin\left[\frac{R_{mkst}(F_t + J/S)}{L(J/S)}\right]$$

估算临界攻击角可用平均干信比 $\bar{J}_{js}$,$\bar{J}_{js}$ 由式(8.5.22)或式(8.5.23)确定。用 $\bar{J}_{js}$ 替换上式的 J/S 得:

$$\alpha_{\min} = \arcsin\left[\frac{R_{kst}(F_t + \bar{J}_{js})}{L\bar{J}_{js}}\right] = \arcsin\left[\frac{R_{mkst}(F_t + \bar{J}_{js})}{L\bar{J}_{js}}\right] \tag{8.5.37}$$

若诱饵干扰能满足上述四个条件,可依据给定的干扰有效性评价指标选择表示干扰效果的参数。在武器控制状态,既可用雷达受干扰影响的战技指标表示干扰效果和评估干扰有效性,也可用最终作战效果表示干扰效果。作战效果及干扰有效性的评估方法将在 8.5.3.4 节讨论,这里讨论干扰效果和干扰有效性的评估方法。

诱饵干扰要与目标回波拼功率,如果满足式(8.5.36)和式(8.5.37)的条件,可用干信比表示干扰效果。式(8.5.35)的最小值就是干扰有效性的干信比评价指标,设其为 K_{y1}。式(8.5.20)和式(8.5.22)分别为干信比的瞬时值和平均值,式(7.3.22)和式(7.3.23)为两类起伏目标干信比的概率密度函数,用 K_{y1} 替换式(8.5.30)和式(8.5.31)中的 K_b 得依据干信比评估的诱饵干扰有效性:

$$\begin{cases} E_{by1} = 1 - \exp\left(-\dfrac{\bar{J}_{js}}{K_{y1}}\right) & \text{斯韦林 I、II 型目标} \\[3mm] E_{by2} = 1 - \left(1 + 2\dfrac{\bar{J}_{js}}{K_{y1}}\right)\exp\left(-2\dfrac{\bar{J}_{js}}{K_{y1}}\right) & \text{斯韦林III、IV 型目标} \end{cases} \tag{8.5.38}$$

干扰失败的概率等于雷达控制的武器系统发射武器的概率:

$$P_{bf} = \begin{cases} 1 - E_{by1} & \text{斯韦林 I、II 型目标} \\ 1 - E_{by2} & \text{斯韦林III、IV 型目标} \end{cases} \tag{8.5.39}$$

对于雷达的武器控制阶段,既可依据干信比也可依据线跟踪误差判断干扰是否有效。式(8.5.13)和式(8.5.6)分别为平均线跟踪误差和依据线跟踪误差评估干扰有效性的指标。用式(8.5.22)或式(8.5.23)估算平均干信比。干信比的干扰有效性评价指标为压制系数。线跟踪误差和干信比都是效益型指标,用式(1.2.4)判断干扰是否有效。

前面只分析了诱饵对无自身引导系统武器的干扰效果和干扰有效性。由分析过程和结果知,如果武器有自身引导系统且在能分辨目标和诱饵时选中诱饵，目标会更安全，即只要脱靶距离或干信比满足有效干扰无自身引导系统武器的要求，就能有效干扰有自身引导系统的武器。

8.5.3.3　同时保护目标和诱饵

式 (8.5.36) 和式 (8.5.37) 的条件能保证目标安全，但不一定能保证诱饵或协同式干扰中另一个目标的安全。根据脱靶距离和配置关系可确定同时保护目标和诱饵的条件。图 8.5.4 是估算武器脱靶距离的示意图。图中带箭头的虚线和实线分别为有、无自身引导系统武器的运行轨迹，M、T 和 F 分别为被干扰对象刚好能分辨目标和诱饵瞬间的武器位置、目标和诱饵相对武器的位置，q、TO 和 FO' 分别为目标和诱饵的合成质心、目标和诱饵到无自身引导系统武器运行轨迹的距离或脱靶距离，R、R_e 和 α 分别为被干扰对象刚好能分辨目标和诱饵瞬间武器到合成质心的距离、目标到合成质心的距离和武器的攻击角，L、R_{kst} 和 r_0 分别为诱饵与目标的距离、武器的杀伤距离和武器自身引导系统能修正的初始发射偏差。分析用的有关假设条件同 8.5.3.2 节。

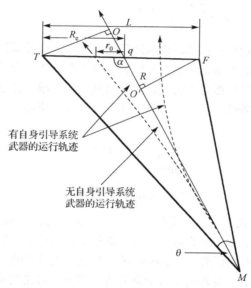

图 8.5.4　同时保护目标和诱饵时估算武器脱靶距离的示意图

比较图 8.5.3 和图 8.5.4 知，有效干扰雷达武器控制阶段的第一个条件与是否要同时保护目标和诱饵无关，即只保护目标的第一个条件也适合同时保护目标和诱饵。对于投放到位后才有干扰作用的诱饵，该条件可简化为

$$\theta = \frac{L}{R}\sin\alpha < \frac{\theta_g}{2}$$

诱饵有效干扰的第一个条件也可表示为

$$L < \frac{R}{\sin\alpha}\frac{\theta_g}{2}$$

对于无自身引导系统的武器，要同时保护目标和诱饵，最理想的情况是雷达或雷达寻的器在能分辨目标和诱饵瞬间，跟踪点或进攻方向既不偏向目标，也不偏向诱饵，而是对准两者连线的中心。由图 8.5.4 得此种情况下有效干扰的第二个条件：

$$R_e = L - R_e > R_{kst}$$

把上式与式(8.5.7)联合起来，可用干信比把上述条件表示为

$$J/S = F_t$$

如果忽略重力和气象条件影响，无自身引导系统的武器将沿着图 8.5.4 中带箭头的实线直线飞行。这条直线离目标和诱饵的最近距离分别为 TO 和 FO'，如果 TO 和 FO' 同时大于武器的杀伤距离，就能同时保护目标和诱饵。由图 8.5.4 得同时保护目标和诱饵的第三个条件：

$$\begin{cases} TO > R_{kst} \\ FO' > R_{kst} \end{cases} \text{或} \begin{cases} TO > R_{mkst} \\ FO' > R_{mkst} \end{cases} \tag{8.5.40}$$

令 $Tq=Fq$，由图 8.5.4 的关系可将第三个条件与配置关系联系起来：

$$TO = FO' = 0.5L\sin\alpha > R_{kst} > R_{mkst}$$

对于特定的武器和配置关系，上式又可表示为

$$L > \frac{2R_{kst}}{\sin\alpha} > \frac{2R_{mkst}}{\sin\alpha} \tag{8.5.41}$$

投掷式和拖曳式诱饵一般要在武器即将或刚发射时使用。投放诱饵时刻，武器到目标的距离近似等于武器到合成质心的距离 R。上面的分析表明第三个条件包含了第二个条件。不难看出同时保护目标和诱饵的前三个条件都与 L 有关。武器的视场角有限且固定，在 R 已确定的条件下，可通过调整 L 来满足前三个条件。对于无自身引导系统的武器要同时保护目标和诱饵，前三个条件可综合为

$$\frac{2R_{kst}}{\sin\alpha} < L < \frac{\theta_g R}{2\sin\alpha} \tag{8.5.42}$$

或

$$2R_{kst} < L\sin\alpha < R\theta_g/2$$

和只保护目标一样，要获得有效干扰效果，必须使 $\alpha > \alpha_{min}$。式(8.5.41)表明，α 越小，要求的 L 越大。对于拖曳式诱饵，L 不但有限，而且在施放干扰过程中无法调整，只能靠干扰平台通过机动来调整 α，以减小对 L 的要求。当 $\alpha=90°$ 时，有效干扰需要的 L 最小。

若 L 的长度满足式(8.5.42)且攻击角大于临界值，可用干信比表示干扰效果，压制系数为干扰有效性评价指标。对于稳定目标和无自身引导系统的武器，只要压制系数 K_{y1} 等于 F_t 或跟踪器输入端的干信比 $(J/S)_{it}$ 等于 1，就能获得有效干扰效果。复杂目标的雷达截面为随机变量，$(J/S)_{it}$ 刚好等于 1 的概率极小。如果 $(J/S)_{it}$ 大于 1，质心到诱饵的距离小于 $L/2$，在受干扰对象能分辨目标和诱饵时将选中诱饵，诱饵可能被摧毁。如果 $(J/S)_{it}$ 小于 1，情况刚好相反，武器可能命中目标。若能增加 L 的长度以弥补因干信比不等于 1 对脱靶距离的影响，有可能获得同时保护目标和诱饵的干扰效果，实验证明在一定干信比范围内是能做到的。

式(8.5.42)表明 L 的下限与干信比有关，上限不但与干信比无关，还有一定的调整空间。设受干扰对象在能分辨目标和诱饵瞬间 $(J/S)_{it}$ 大于 1，武器将靠近诱饵飞行，目标肯定能得到保护，此时只需考虑诱饵的安全。按照质心干扰效果的计算方法得此时诱饵到质心的距离：

$$Fq = \frac{L}{1+(J/S)_{it}} \tag{8.5.43}$$

与 $(J/S)_{it}$ 等于 1 的情况相比，诱饵到质心的距离减少了，减少量等于

$$g = \frac{L}{2} - \frac{L}{1+(J/S)_{it}} = \frac{L}{2}\frac{(J/S)_{it}}{1+(J/S)_{it}} \tag{8.5.44}$$

要在此种条件下保护诱饵，L 的长度应增加到 $L+g$。$(J/S)_{it}$ 为随机变量，既可能大于 1，也可能小于 1。如果干信比小于 1，武器偏向目标，同样可通过增加 L 的长度来满足同时保护目标和诱饵的条件。按照上面的分析方法得 L 的增加量：

$$g' = \frac{L}{2} \frac{1-(J/S)_{it}}{1+(J/S)_{it}} \tag{8.5.45}$$

g 和 g' 一般不等，选其中的较大者作为 L 的增加量，设：

$$g_{max} = \mathrm{MAX}(g, g')$$

要获得同时保护目标和诱饵的干扰效果，L 的长度应增加到：

$$L' = L + 2g_{max}$$

式 (8.5.44) 和式 (8.5.45) 表明，跟踪器输入干信比越偏离 1，L 的增加量越大。L 的长度不但受干信比、攻击角和杀伤距离的影响，还受被干扰对象视场角的限制。对于特定的作战对象，L 不能任意增加下去。因实际干信比变化较大，要在任何情况下 100%的同时保护目标和诱饵是不可能的。

上面讨论了同时保护目标和诱饵时 L 的确定方法，下面各式中的 L 相当于 L'。如果装备的参数和配置关系已确定，可根据有效干扰条件确定压制系数。由图 8.5.4 的配置关系得目标到质心的距离 Tq 和相对目标的脱靶距离 r_t：

$$Tq = L \frac{J/S}{F_t + J/S}$$

$$r_t = L \sin\alpha \frac{J/S}{F_t + J/S} \tag{8.5.46}$$

诱饵到合成质心的距离为

$$Fq = L \frac{F_t}{F_t + J/S}$$

相对诱饵的脱靶距离为

$$r_f = L \sin\alpha \frac{F_t}{F_t + J/S} \tag{8.5.47}$$

要同时保护目标和诱饵，r_t 和 r_f 都应大于武器的杀伤距离或脱靶距离评价指标，该条件可表示为

$$\begin{cases} r_t = L \sin\alpha \dfrac{J/S}{F_t + J/S} > R_{kst} > R_{mkst} \\ r_f = L \sin\alpha \dfrac{F_t}{F_t + J/S} > R_{mkst} \end{cases} \tag{8.5.48}$$

干信比越小，武器越偏向目标，所以干信比不能太小，有一下限。干信比越大，武器越偏向诱饵，显然，它也有一上限，对干信比求解上式得同时保护目标和诱饵所需干信比的上限：

$$B = F_t \frac{L \sin\alpha - R_{mkst}}{R_{mkst}} \tag{8.5.49}$$

干信比的下限为

$$A = F_{t} \frac{R_{mkst}}{L \sin \alpha - R_{mkst}} \tag{8.5.50}$$

要同时保护目标和诱饵，干信比应满足的条件为

$$A < J/S < B \tag{8.5.51}$$

如果干信比满足式(8.5.51)，可用它表示干扰效果和评估干扰有效性。式(8.5.51)表明该情况下的干信比既不是效益型指标，也不是成本型指标，属于双指标型。用式(1.2.3)计算干扰有效性。把 B 和 A 作为积分上、下限分别积分式(7.3.22)和式(7.3.23)得干扰有效性：

$$\begin{cases} E_{b21} = \exp\left(-\frac{\overline{J}_{js}}{B}\right) - \exp\left(-\frac{\overline{J}_{js}}{A}\right) & \text{斯韦林 I 、 II 型目标} \\ B_{b22} = \left(1 + \frac{2\overline{J}_{js}}{B}\right) \exp\left(-\frac{2\overline{J}_{js}}{B}\right) - \left(1 + \frac{2\overline{J}_{js}}{A}\right) \exp\left(-\frac{2\overline{J}_{js}}{A}\right) & \text{斯韦林III、 IV 型目标} \end{cases} \tag{8.5.52}$$

按照只保护目标的作战效果分析方法得诱饵干扰的失败概率：

$$P_{bf} = \begin{cases} 1 - E_{b21} & \text{斯韦林 I 、 II 型目标} \\ 1 - E_{b22} & \text{斯韦林III、 IV 型目标} \end{cases} \tag{8.5.53}$$

因为干扰有效性评价指标为双指标型，需要用式(1.2.6)判断干扰是否有效。就同时保护目标和诱饵而言，可从平均干信比和平均脱靶距离两方面判断干扰是否有效。设根据实际情况由式(8.5.22)和式(8.5.23)计算的平均干信比为 $\overline{J}_{js}$，干扰是否有效的判别式为

$$\begin{cases} \text{干扰有效} & A < \overline{J}_{js} < B \\ \text{干扰无效} & \text{其他} \end{cases} \tag{8.5.54}$$

干扰雷达寻的器或雷达的武器控制阶段，需要根据脱靶距离判断干扰是否有效。若已知目标和诱饵之间的距离、平均干信比和武器的有关参数，就能根据脱靶距离判断干扰是否有效。用计算的或测试得到的 $\overline{J}_{js}$ 替换式(8.5.48)的干信比可得武器到目标和到诱饵的平均脱靶距离：

$$\begin{cases} \overline{r}_{t} = L \sin \alpha \frac{\overline{J}_{js}}{F_{t} + \overline{J}_{js}} \\ \overline{r}_{f} = L \sin \alpha \frac{F_{t}}{F_{t} + \overline{J}_{js}} \end{cases} \tag{8.5.55}$$

这里的平均脱靶距离就是干扰效果，武器的杀伤距离为干扰有效性评价指标。干扰是否有效的判别式为

$$\begin{cases} \text{干扰有效} & \overline{r}_{t} > R_{kst}\text{和}\overline{r}_{f} > R_{kst} \\ \text{干扰无效} & \text{其他} \end{cases} \tag{8.5.56}$$

式(8.5.52)～式(8.5.56)只适合无自身引导系统的武器，是否命中目标由初始发射偏差唯一确定，初始发射偏差由干信比和 L 确定。有自身引导系统的武器不但能修正部分初始发射偏差，而且既可能修正质心到诱饵的初始发射偏差，也可能修正目标到合成质心的初始发射偏差，究竟修正哪一个仍然由可分辨目标和诱饵瞬间的干信比 $(J/S)_{it}$ 确定。如果 $(J/S)_{it}$ 大于1，它将修正诱饵到合成质心的距离，此时要保护诱饵，需要增加 L 的长度。L 的增加量包括两部分，一部分是 $(J/S)_{it}$ 大于1使合成质心向诱饵靠近的长度，另一部分是武器过载向诱饵靠近的长度。如果 $(J/S)_{it}$ 小于

1，情况刚好相反，武器将修正目标到合成质心的距离，要使保护目标安全也需要增加 L 的长度，其增加量仍然包括两部分，一部分是 $(J/S)_{it}$ 小于 1 使武器向目标靠近的长度，另一部分是武器自身引导系统能修正的初始发射偏差。如果要求适应的干信比变化范围同无自身引导系统的武器，诱饵到目标的距离应为 $L+2(g_{max}+r_0)$。其中 L 和 r_0 分别为 $(J/S)_{it}$ 等于 1 且能同时保护目标和诱饵时，目标到诱饵的距离和武器自身引导系统能修正的初始发射偏差。r_0 由 5.3.3 节的有关模型确定。上述分析说明，如果有关条件和要求的干扰效果与干扰无自身引导系统的武器相同，有效干扰有自身引导系统的武器需要更长的 L。

影响诱饵干扰有自身引导系统武器效果的因素较多，除了有效干扰无自身引导系统武器的因素外，还有武器的飞行速度、过载能力、发射距离。适当控制发射干扰的时机、L 的长度和干信比，在一定范围内也能同时保护目标和诱饵。现代武器从迎头和尾后攻击的概率较大，使用投掷式和拖曳式诱饵时，施放干扰后目标适当机动使武器的攻击角尽可能接近 $90°$，能减少对 L 的要求。

与诱饵干扰无自身引导系统的武器一样，L 的长度是关键。若目标和诱饵之间的距离大于等于 $L+2(g_{max}+r_0)$，可获得一定的干扰效果。分析作战效果时，常将武器能修正的初始发射偏差当作武器杀伤半径的扩大，此时武器的等效杀伤距离和脱靶距离为

$$\begin{cases} R'_{kst} = R_{kst} + r_0 \\ R'_{mkst} = R_{mkst} + r_0 \end{cases} \tag{8.5.57}$$

按照诱饵对无自身引导系统武器的干扰效果和干扰有效性的分析方法，可得诱饵对有自身引导系统武器的干扰效果。按照式 (8.5.49) 和式 (8.5.50) 的推导方法和步骤得所需干信比的上、下限：

$$D = F_t \frac{L \sin\alpha - R'_{mkst}}{R'_{mkst}} \tag{8.5.58}$$

$$C = F_t \frac{R'_{mkst}}{L \sin\alpha - R'_{mkst}} \tag{8.5.59}$$

上式的 L 相当于 $L+2(g_{max}+r_0)$。同时保护目标和诱饵时干信比应满足的条件为

$$c < J/S < D \tag{8.5.60}$$

用 C 和 D 替换式 (8.5.52) 中的 A 和 B 得该条件下的干扰有效性：

$$\begin{cases} E_{b31} = \exp\left(-\dfrac{\overline{J}_{js}}{D}\right) - \exp\left(-\dfrac{\overline{J}_{js}}{C}\right) & \text{斯韦林 I、II 型目标} \\[3mm] B_{b32} = \left(1+\dfrac{2\overline{J}_{js}}{D}\right)\exp\left(-\dfrac{2\overline{J}_{js}}{D}\right) - \left(1+\dfrac{2\overline{J}_{js}}{C}\right)\exp\left(-\dfrac{2\overline{J}_{js}}{C}\right) & \text{斯韦林III、IV 型目标} \end{cases} \tag{8.5.61}$$

由上两式得同时保护目标和诱饵时干扰失败的概率：

$$P_{bf} = \begin{cases} 1-E_{b31} & \text{斯韦林 I、II 型目标} \\ 1-E_{b32} & \text{斯韦林III、IV 型目标} \end{cases} \tag{8.5.62}$$

如果 E_{b21}、E_{b22} 或 E_{b31}、E_{b32} 的值小于等于 0，表示不能获得同时保护目标和诱饵的干扰效果，干扰无效或者需要进一步调整 L 的长度。要同时保护目标和诱饵，可按 $\overline{J}_{js}$ 设计诱饵和确定 L 的

初始长度，再根据需要的干扰有效性和武器能修正的初始发射偏差确定 L 的增加量。

对于有自身引导系统的武器，可用干信比判断干扰是否有效，也可用脱靶距离判断干扰是否有效。干信比的判别式同式 (8.5.54)。用脱靶距离确定干扰是否有效的判别式为

$$\begin{cases} 干扰有效 & \overline{r_t} > R'_{kst} 和 \overline{r_f} > R'_{kst} \\ 干扰无效 & 其他 \end{cases} \tag{8.5.63}$$

8.5.3.4　作战效果和干扰有效性

计算作战效果的关键是计算命中概率，计算干扰条件下的命中概率有两种方法：一、直接法。所谓直接法就是直接计算干扰条件下的命中概率，即把跟踪误差折算成武器的散布误差，再根据综合散布误差、武器的类型和目标的特性计算命中概率；二、间接法。间接计算命中概率的方法就是认为武器不受干扰影响，总是维持无干扰条件下的命中概率 P_{sh}，干扰引起的跟踪误差只影响发射武器的概率 P_{bf}，用 P_{sh} 和 P_{bf} 之积表示单枚武器的命中概率。目标的雷达截面、跟踪误差或脱靶距离和武器的散布误差都是随机变量，计算它们的联合概率密度函数很困难，这里采用第二种方法计算诱饵干扰条件下的命中概率。

前面曾说明诱饵干扰效果等效于雷达控制的武器系统不能发射武器的概率，或干扰失败的概率等效于发射武器的概率。式 (8.5.17)、式 (8.5.29)、式 (8.5.32)、式 (8.5.39)、式 (8.5.53) 和式 (8.5.62) 为各种情况下诱饵干扰的失败概率 P_{bf}。5.3.2 节给出了武器在武器控制系统中对几种约定形状目标的命中概率 P_{sh}。由此可得干扰条件下的命中概率 P_{jh} 和脱靶率 P_{jmh}：

$$\begin{cases} P_{jh} = P_{bf} P_{sh} \\ P_{jmh} = 1 - P_{bf} P_{sh} \end{cases} \tag{8.5.64}$$

箔条、红外诱饵体积小，重量轻，使用简单，携带量较大，可连续等间隔或不等间隔投放。一旦干扰失败，立即再次投放，可近似成周期性干扰。因干信比为随机变量，干扰成功或失败都是随机的，可象距离拖引那样，从整个作战过程的干扰效果评估干扰有效性。干扰失败一次，武器控制系统只能发射一次武器。按照处理拖距干扰有关问题的方法，可得这种诱饵的作战效果和干扰有效性。

对于摆放式和拖曳式诱饵，如果干扰失败，雷达不需要再引导和再截获目标就能发射多枚相同的武器。设目标对指定武器的易损性为 ω，一枚撞击式和直接杀伤式武器摧毁目标的概率为

$$P_{del} = \begin{cases} P_{jh} / \omega & 撞击杀伤式武器 \\ P_{jh} & 直接杀伤式武器 \end{cases} \tag{8.5.65}$$

设干扰失败后武器控制系统独立发射了 m 枚相同的武器，由式 (5.4.6) 得诱饵保护目标被摧毁的概率 P_{deb} 和生存概率 P_{alb}：

$$\begin{cases} P_{deb} = P_{rd} P_a [1 - (1 - P_{del})^m] \\ P_{alb} = 1 - P_{rd} P_a [1 - (1 - P_{del})^m] \end{cases} \tag{8.5.66}$$

如果各枚武器命中目标的概率不同，设第 i 枚武器命中目标的概率为 P_{jhi}，该枚武器摧毁目标的概率为

$$P_{dei} = \begin{cases} P_{jhi} / \omega & 撞击杀伤式武器 \\ P_{jhi} & 直接杀伤式武器 \end{cases}$$

m 枚武器摧毁目标的概率和目标的生存概率为

$$
\begin{cases}
P_{\mathrm{deb}} = P_{\mathrm{rd}} P_{\mathrm{a}} \left[1 - \prod_{i=1}^{m} (1 - P_{\mathrm{de}i}) \right] \\
P_{\mathrm{alb}} = 1 - P_{\mathrm{rd}} P_{\mathrm{a}} \left[1 - \prod_{i=1}^{m} (1 - P_{\mathrm{de}i}) \right]
\end{cases}
\tag{8.5.67}
$$

摧毁概率和生存概率都是作战效果，一个为成本型指标，一个为效益型指标。根据给定的干扰有效性评价指标，用式 (8.3.54) 或式 (8.3.55) 判断干扰是否有效。

计算干扰有效性需要摧毁概率或生存概率的密度函数，这里采用 8.3.4.4 节的方法，先分别计算依据目标指示雷达发现目标的概率、跟踪雷达捕获目标的概率和 m 枚武器命中目标的概率评估的干扰有效性，然后用式 (1.2.21) 或式 (1.2.22) 计算依据作战效果评估的干扰有效性。诱饵干扰要在雷达稳定跟踪目标后才实施，检测概率和捕获概率只受机内噪声影响。7.3.3 和 7.4.4.4 节已分别得到了依据目标指示雷达发现目标的概率、跟踪雷达捕获目标的概率评估的干扰有效性 E_{pd} 和 E_{a}。由单枚武器的命中概率和生存概率评价指标可得命中目标的武器数小于等于 ω_{ast} 的概率，即依据摧毁概率评估的干扰有效性为

$$
E_{\mathrm{b}} = \sum_{k=0}^{\omega_{\mathrm{ast}}} C_{\mathrm{m}}^{k} P_{\mathrm{jh}}^{k} (1 - P_{\mathrm{jh}})^{m-k}
\tag{8.5.68}
$$

对于直接杀伤式武器，目标的易损性 $\omega = 1$ 或 $\omega_{\mathrm{ast}} = 0$，把有关参数代入上式得：

$$
E_{\mathrm{b}} = (1 - P_{\mathrm{jh}})^{m}
\tag{8.5.69}
$$

如果各枚武器的命中概率不同但已知，可用式 (8.3.58) 或式 (8.3.60) 计算依据摧毁概率或生存概率评估的干扰有效性。把以上计算结果代入式 (1.2.21) 或式 (1.2.22) 得依据作战效果评估的干扰有效性：

$$
E_{\mathrm{de}} = 1 - (1 - E_{\mathrm{pd}})(1 - E_{\mathrm{a}})(1 - E_{\mathrm{b}})
\tag{8.5.70}
$$

其近似模型为

$$
E_{\mathrm{de}} = \mathrm{MAX}\{E_{\mathrm{pd}}, \ E_{\mathrm{a}}, \ E_{\mathrm{b}}\}
\tag{8.5.71}
$$

8.6　两点源和多点源欺骗对抗效果及干扰有效性

和诱饵一样，两点源或多点源能干扰任何角跟踪体制的雷达。这里的两点源或多点源是指干扰源自身的数量，不包括目标的反射信号。除干扰源的数量外，诱饵与两点源或多点源干扰的另一个差别是干扰效果有所不同，诱饵能使武器脱靶，也能使雷达从跟踪转搜索。两点源或多点源一般只能引起一定的角跟踪误差，很难使雷达从跟踪转搜索。

两点源或多点源有相参和非相参两种形式，其中非相参两点源又分闪烁和非闪烁两种。闪烁两点源干扰是指两点源按一定规律间断施放干扰，非闪烁两点源或多点源则各自连续发射干扰。非闪烁非相参两点源或多点源的干扰效果和干扰有效性评估方法以及有效干扰的条件与诱饵相似。相参两点源和闪烁非相参两点源的干扰原理比较特殊些。

8.6.1　相参两点源干扰效果和有效干扰条件

大多数相参两点源配置在保护目标上，能满足两点源在角度、距离和速度上与保护目标回波同处于跟踪波门内的条件。影响相参两点源干扰效果的主要因素有：一、两干扰源在雷达天线孔

径中心的合成功率与目标回波功率之比，这里称为相参两点源的干信比；二、相参两点源的间距或相对受干扰对象的张角；三、两干扰源在受干扰雷达接收天线孔径中心的场的振幅比和相位差。

相参两点源干扰实际作用在雷达上的有三个点源，两个干扰源和一个目标的反射信号。三个点源在干扰中的作用分别是，两个干扰源构成相参两点源。在一定条件下，能在两干扰源之外(两干扰源连线的延长线上)形成一个虚假点辐射源。虚假点辐射源和目标反射信号构成非相参两点源。当雷达或雷达寻的器不能从角度上区分目标和虚假辐射源时，它将跟踪目标回波与虚假点辐射源的能量中心，这时的干扰机理与诱饵相同。根据三个源在干扰中的作用，可分两步计算相参两点源的干扰效果：第一步计算不考虑目标回波影响时相参两点的干扰效果，第二步按照分析诱饵干扰效果的方法计入目标回波功率的影响得需要的干扰结果。

相参两点源的干扰原理并不复杂，雷达角跟踪器总是使天线指向入射电波相位波前的法线方向。相参两点源能使电波的相位波前发生崎变。崎变后的相位波前法线方向与不崎变的有一定偏差，该偏差就是这种干扰引起的角跟踪误差。研究相参两点源干扰单脉冲雷达角跟踪系统的文章较多[1][3]，都分析了相参两点源干扰引起的角跟踪误差与其影响因素的定量关系。图 8.6.1 为相参两点源干扰示意图。图中 L 和 θ 为两干扰源之间的距离和两点源相对受干扰对象的张角，O 是目标中心，它处于两点源连线的中心即目标的质心，P_{j1}、P_{j2}、P_s 和 P_j 分别为雷达从干扰源 1、2 和目标接收的干扰功率、目标回波功率以及两干扰源在受干扰雷达接收天线孔径中心的合成信号功率，θ_e 为不计目标回波影响时干扰引起的角跟踪误差，带箭头的点画线和实线分别为有、无自身引导系统武器的飞行轨迹，α、R、L_e 和 r 分别为武器攻击角、雷达到目标中心的距离、目标中心到虚假点辐射源的距离和脱靶距离。

设 β 和 ϕ 分别为相参两点源的发射信号在受干扰雷达接收天线孔径中心的场的振幅比和相位差。根据图 8.6.1 的关系，容易得到不计目标回波影响时干扰引起的角跟踪误差[3]：

$$\theta_e = \frac{\theta}{2} \frac{1-\beta^2}{1+2\beta\cos\phi+\beta^2} \tag{8.6.1}$$

如果雷达到两点源中点的距离 R 远大于 L，式(8.6.1)可用系统线跟踪误差表示为

$$L_e = \frac{L}{2} \frac{1-\beta^2}{1+2\beta\cos\phi+\beta^2} \tag{8.6.2}$$

式(8.6.1)和式(8.6.2)做过较多近似，只适合 $\theta_e/\theta_{0.5} \leq 0.02 \sim 0.04$[3]（$\theta_{0.5}$ 为受干扰对象天线波束半功率宽度）和 $\beta \leq 0.9$ 或 $\beta \geq 1.1$[3]的较小参数范围，其他情况的跟踪误差需要根据受干扰对象天线的实际方向性函数计算。由式(8.6.1)知，$\phi=0°$ 和 $\phi=180°$ 时，角跟踪误差分别取最小值和最大值，也是不计目标回波影响时相参两点源干扰能获得的最小和最大干扰效果，其值为

$$\theta_e = \begin{cases} \dfrac{\theta}{2} \dfrac{1-\beta}{1+\beta} & \phi=0° \\[2mm] \dfrac{\theta}{2} \dfrac{1+\beta}{1-\beta} & \phi=180° \end{cases} \tag{8.6.3}$$

式(8.6.1)说明，如果 β 固定且 $\phi=180°$，该式取最大值。虚假辐射源处于两干扰源连线的延长线上。图 8.6.2 是 θ_e 与 θ、ϕ 和 β 的关系曲线[3]。从该图能看到，当 $\phi=180°$ 时，θ_e 取最大值。就大多数实际应用而言，β 和 ϕ 含有随机影响因素，较难准确控制。设干扰源 1 和 2 到受干扰雷达接收天线孔径中心的距离为 R_1 和 R_2，其场的振幅分别为 E_{01} 和 E_{02}，β 的值为

$$\beta = \frac{E_{01}}{E_{02}} = \frac{R_2}{R_1}\sqrt{\frac{P_{j1}}{P_{j2}}} = \left(1-\frac{\Delta R}{R_1}\right)\sqrt{\frac{P_{j1}}{P_{j2}}}$$

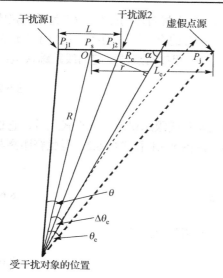

图 8.6.1　相参两点源干扰示意图

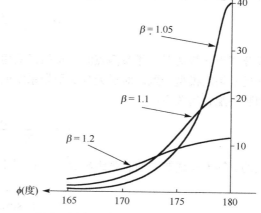

图 8.6.2　相参两点源引起的角误差 θ_e 与 θ、ϕ 和 β 的关系

其中 $\Delta R=R_1-R_2$ 为电波传播路程差。设干扰源 1 和 2 自身的相位为 ϕ_1 和 ϕ_2，其相位差为 $\Delta\phi=\phi_1-\phi_2$。又设两干扰源的波长相同等于 λ，它们的信号在受干扰雷达接收天线孔径中心的相位差为

$$\phi = \phi_1 + \frac{2\pi}{\lambda}R_1 - \left(\phi_2 + \frac{2\pi}{\lambda}R_2\right) = \Delta\phi + \frac{2\pi}{\lambda}\Delta R$$

上两式表明 β 和 ϕ 除受两干扰源发射信号自身的功率和相位影响外，还是其电波传输路程差的函数。干扰源自身的参数是可控制的，可当作常数处理。军用雷达平台或目标一般是运动的。如果相对运动速度较快或工作波长较短，目标相对雷达的微小姿态变化，就会影响 β 和 ϕ 的值，其中对 ϕ 的影响特别大。运动目标的姿态变化一般是随机的，很难通过控制两干扰源自身的参数来消除路程差的影响。有两种方法可减轻或消除路程差的影响：一个是扫相法，使一个干扰源的相位相对另一个线性周期变化。只要扫相速度适当且扫描范围足够大，可保证在每个扫描周期内有一小段时间的相位差接近 180°（指两点源的信号在受干扰对象接收天线孔径中心的值）。另一个方法就是所谓的交叉眼干扰技术。这种技术能保证两干扰信号的路程差相同，可消除路程差对 β 和 ϕ 的影响。这时只需控制两干扰源自身的相位差和功率比就能使 ϕ 接近 180°，使 $\beta\leqslant0.9$ 或 $\beta\geqslant1.1$，从而获得稳定的最好干扰效果。虽然交叉眼干扰技术明显优于扫相法，但该技术复杂，需要两个完全相同的干扰源和两套收发天线及其有关的控制部件。

如果在实施干扰前，用其他干扰技术将目标回波拖离跟踪波门，则可用式(8.6.1)、式(8.6.2)或图 8.6.2 的曲线估算相参两点源干扰效果，否则它们不能代表一般情况的干扰效果。如果在实施相参两点源干扰时，目标和干扰都处于跟踪波门内，目标回波会减少虚假点辐射源与目标的偏角，严重影响相参两点源干扰效果，这时必须考虑目标回波的影响。相参两点源在雷达角跟踪平面上形成的虚假点辐射源相当于诱饵，用分析诱饵干扰效果的方法可估算目标回波对干扰效果的影响。

虚假点源的相位和目标回波的相位一般不相干，两者构成非相参两点源干扰。由式(8.5.8)得考虑目标回波影响后相参两点源干扰引起的角跟踪误差：

$$\Delta\theta_e = \theta_e \frac{J/S}{F_t + J/S} \tag{8.6.1a}$$

$\Delta\theta_e$（见图 8.6.1）为目标和目标与虚假点辐射源合成质心相对受干扰对象的张角，J/S 为雷达接收机输入干信比。其中 J 为相参两干扰源在雷达接收天线孔径中心的合成干扰功率，相当于雷达从虚假辐射源接收的干扰功率，S 为目标回波功率。由式（8.5.7）得相参两点源引起的线跟踪误差：

$$R_e = L_e \frac{J/S}{F_t + J/S} \tag{8.6.2a}$$

上两式分别为一般情况下相参两点源干扰引起的角跟踪误差和线跟踪误差。从形式上看，它们与诱饵干扰效果的模型一致。对于无自身引导系统的武器，由图 8.6.1 和式（8.6.2a）得脱靶距离与干信比和装备配置的关系：

$$r = L_e \frac{J/S}{F_t + J/S} \sin\alpha \tag{8.6.4}$$

令上式的 r 等于作战要求的脱靶距离 R_{mkst}，再对干信比求解得压制系数：

$$K_{mj} = \frac{F_t R_{mkst}}{L_e \sin\alpha - R_{mkst}} \tag{8.6.5}$$

和诱饵的干扰效果一样，相参两点源的干扰效果也有四种形式，分别为角跟踪误差、线跟踪误差、脱靶距离和干信比。式（8.6.1a）、式（8.6.2a）和式（8.6.4）分别为角跟踪误差、线跟踪误差、脱靶距离的数学模型。根据有关装备的参数、几何位置关系和式（8.5.14）～式（8.5.16）的分析方法得，依据线跟踪误差和角跟踪误差评估的干扰有效性。按照式（8.5.27）和式（8.5.28）的分析过程和相参两点源的有关参数可得依据脱靶距离评估的干扰有效性。角跟踪误差、线跟踪误差和脱靶距离都能转换成干信比，下面只依据干信比计算相参两点源的干扰效果和干扰有效性。

设两干扰源的等效辐射功率相同，受干扰对象从相参两点源中第二个干扰源接收的功率为 P_{j2}，受干扰对象从相参两干扰源接收的合成干扰功率为[3]

$$J = P_{j2}(1 + 2\beta\cos\phi + \beta^2) \tag{8.6.6}$$

如果不计电波传播衰减，由图 8.6.1 的配置关系和雷达方程、干扰方程得目标回波功率 S 和 P_{j2} 的值：

$$S = \frac{P_t G_t^2 \sigma \lambda^2}{(4\pi)^3 R^4 L_r} \text{ 和 } P_{j2} = \frac{P_j G_j G_t \lambda^2}{(4\pi)^2 R^2 L_j}$$

上两式符号的定义见式（8.3.36）和式（8.3.37）。相参两点源干扰一般用于自卫，受干扰对象接收的合成干扰功率与目标回波功率之比就是干信比，其瞬时值为

$$j_{js} = \frac{(4\pi)P_j G_j R^2 L_r}{P_t G_t \sigma L_j}(1 + 2\beta\cos\phi + \beta^2) \tag{8.6.7}$$

实施相参两点源干扰总是设法控制两干扰源的相位差，使 ϕ 近似为常数，而且尽可能接近 180°。这时在式（8.6.7）中，只有目标的雷达截面为随机变量，设目标雷达截面的平均值为 $\bar{\sigma}$，平均干信比为

$$\bar{J}_{js} = \frac{(4\pi)P_j G_j R^2 L_r}{P_t G_t \bar{\sigma} L_j}(1 + 2\beta\cos\phi + \beta^2) \tag{8.6.8}$$

根据实际装备可达到的平均干信比和由式（8.6.5）确定的压制系数，用式（1.2.4）判断干扰是否有效。相参两点源干扰需要与目标回波拼功率，可用干信比评估干扰有效性。把相参两点源实际能达到的平均干信比 $\bar{J}_{js}$ 和压制系数 K_{mj} 代入式（8.5.30）和式（8.5.31）得，依据干信比评估的相参两

点源保护两类起伏目标的干扰有效性：

$$\begin{cases} E_{\mathrm{mj1}} = 1 - \exp\left(-\dfrac{\overline{J}_{\mathrm{js}}}{K_{\mathrm{mj}}}\right) & \text{斯韦林 I 、II 型目标} \\[4mm] E_{\mathrm{mj2}} = 1 - \left(1 + \dfrac{2\overline{J}_{\mathrm{js}}}{K_{\mathrm{mj}}}\right)\exp\left(-\dfrac{2\overline{J}_{\mathrm{js}}}{K_{\mathrm{mj}}}\right) & \text{斯韦林III、IV 型目标} \end{cases} \tag{8.6.9}$$

如果用干噪比表示干扰效果，因干噪比近似为确定量，可用式(1.2.11)估算干扰有效性。干扰失败或干扰无效的概率为

$$P_{\mathrm{bf}} = \begin{cases} 1 - E_{\mathrm{mj1}} & \text{斯韦林 I 、II 型目标} \\ 1 - E_{\mathrm{mj2}} & \text{斯韦林III、IV 型目标} \end{cases} \tag{8.6.10}$$

如果给定的评价指标是脱靶距离，这时需要把其他形式的干扰效果转换成脱靶距离。把瞬时干信比和平均干信比代入式(8.6.4)得相参两点源引起的瞬时脱靶距离和平均脱靶距离：

$$r = L_{\mathrm{e}}\frac{j_{\mathrm{js}}}{F_{\mathrm{t}} + j_{\mathrm{js}}}\sin\alpha \quad 和 \quad \overline{r} = L_{\mathrm{e}}\frac{\overline{J}_{\mathrm{js}}}{F_{\mathrm{t}} + \overline{J}_{\mathrm{js}}}\sin\alpha$$

脱靶距离的评价指标近似等于武器的杀伤半径 R_{kst}，干扰是否有效的判别式为

$$\begin{cases} \text{干扰有效} & \overline{r} > R_{\mathrm{kst}} \\ \text{干扰无效} & \text{其他} \end{cases}$$

按照式(8.5.27)和式(8.5.28)的分析方法和相参两点源的有关参数得依据脱靶距离评估的干扰有效性。

只要相参两点源一直工作，目标和虚假辐射源形成的合成能量中心或质心一直存在。如果武器无自身引导系统，它将对准合成质心飞行。若脱靶距离大于武器的杀伤距离或杀伤半径，武器就会脱靶，能获得有效干扰效果。对于有自身引导能力的武器，只要保证在受干扰对象能分辨目标和虚假点源时，可靠选中虚假点源，干扰也能成功。由此知，若将虚假点辐射源当作诱饵，就能用诱饵的有关模型计算相参两点源干扰条件下的命中概率、摧毁概率、目标生存概率和依据作战效果评估的干扰有效性。

相参两点源干扰技术的最大问题是功率利用率低，与目标回波对抗的或真正起干扰作用的是两干扰源对消后的剩余功率。式(8.6.3)表明如果两干扰源的等效辐射功率相等，相位接近 180°，虽然此时的 θ_{e} 最大，但合成功率很小，干信比接近 0，考虑目标回波功率影响后，实际的干扰作用很小。如果两干扰源的相位相反，功率不同，虽然干信比会随功率不平衡程度快速增加，但 θ_{e} 会快速下降，干扰效果同样较小。解决此矛盾的方法是，先用距离或速度拖引式欺骗干扰将目标回波拖离角跟踪波门，然后实施相参两点源干扰，这样就能彻底消除目标回波的影响。为了获得较好的拖引式欺骗干扰效果，两点源的射频相位最好可控，实施拖引式欺骗干扰时，使两干扰源同相，以获得最大干扰效果。使用相参两点源干扰时，使其近似反相，以获得最大的角跟踪误差 θ_{e}。

8.6.2　非相参闪烁两点源干扰效果和干扰有效性

8.6.2.1　闪烁干扰的作用及原理

非相参闪烁两点源是指不相参的两个点源按一定程序开、关干扰机形成的干扰。以下简称为闪烁两点源干扰或闪烁干扰。与其他两点源干扰一样，这种技术能干扰任何角跟踪体制的雷达或雷达寻的器。闪烁干扰一般由相同的平台(目标)和相同的干扰机实施，主要用于破坏雷达或雷达

寻的器对任一平台的稳定跟踪或引起较大的角跟踪误差，使两目标同时得到保护。闪烁干扰不但具有一般两点源的干扰作用，还能通过影响雷达或雷达寻的器天线的定向特性而提高干扰效果。闪烁干扰优于一般两点源干扰。

闪烁干扰的作用原理与雷达的测向特性或定向原理有关。跟踪雷达的测向特性就是角误差鉴别器的输出与角偏差的关系曲线。图 8.6.3～图 8.6.6 是几种常见角跟踪体制的定向特性[3]，图中的角偏差已被天线半功率波束宽度归一化。这些测向特性的共同特点是，除了有一个对称于 0 误差或瞄准轴线的主瓣外，还有多个较小的副瓣，它们对称分布在主瓣两边，这里将它们分别称为主定向特性和副定向特性。不同角跟踪体制的主定向特性的宽度、形状和副定向特性的峰值不相同。图 8.6.3 为振幅和差式单脉冲跟踪雷达的定向特性。图中的 $\Delta\theta_{\max}$ 和 θ_1 分别为主定向特性峰到峰的宽度和从瞄准轴线到第一个 0 点之间的宽度，μ、θ 和 $\theta_{0.5}$ 为信号强度、目标的角偏差和天线波束半功率宽度。图 8.6.4 为相位和差式单脉冲跟踪雷达的定向特性，图 8.6.5 和图 8.6.6 分别为暴露式和隐蔽式锥扫跟踪雷达的定向特性。后两图中的 θ_0 为锥扫偏角，其他符号的定义同图 8.6.3。

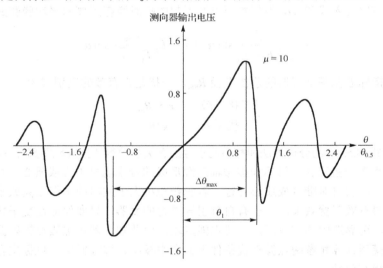

图 8.6.3　振幅和差式单脉冲跟踪雷达的定向特性

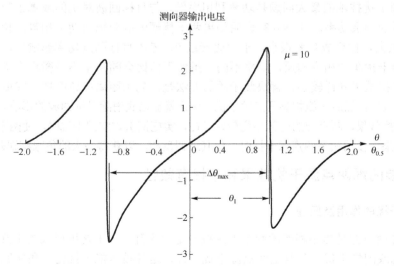

图 8.6.4　相位和差式单脉冲跟踪雷达的定向特性

由角跟踪器的定向特性容易理解闪烁干扰的原理。定向特性具有对称性，除隐蔽式锥扫雷达的定向特性外，其他角跟踪器定向特性的第一副瓣的极性或相位与主瓣相反，适当的闪烁频率和干信比能改变副瓣的极性，使其与主瓣同相，两者叠加使主瓣展宽。对于振幅和差式、相位和差式单脉冲角跟踪器，闪烁还能通过 AGC 间接影响角误差鉴别器的基准信号（和信号）的相位，有可能破坏和、差信号应有的相位关系，使定向特性的主瓣进一步扩展。主瓣展宽的效果与闪烁频率、干信比和雷达的定向特性有关。闪烁干扰最大能将振幅及相位和差式单脉冲角跟踪器的主瓣扩展到 $2.5\theta_{0.5}$。对于其他角跟踪器，闪烁干扰最大能使主瓣扩展到 $2\theta_{0.5}$。

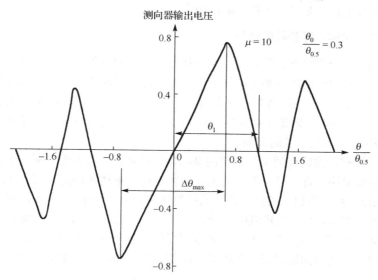

图 8.6.5　暴露式锥扫跟踪雷达的定向特性

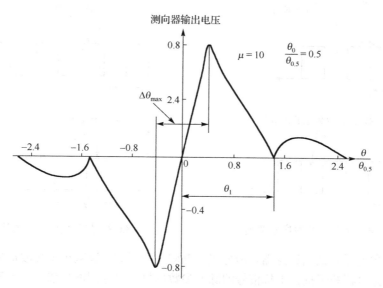

图 8.6.6　隐蔽式锥扫跟踪雷达的定向特性

定向特性的主瓣和副瓣宽度与天线波束的主、副瓣宽度有对应关系。展宽定向特性的主瓣宽度等效于增加雷达天线波束宽度，导致角分辨力下降。其他角干扰样式只能引起角跟踪误差，不能改变定向特性副瓣的极性，不会增加定向特性的主瓣宽度，也不会降低雷达的角分辨力。角分辨力与波束宽度有关。一般而言，宽波束对应着低角度分辨力。由式(3.2.35)和式(6.1.54a)知遮盖性干扰引起的角跟踪误差与天线波束宽度成正比，波束越宽，相同干信比引起的角跟踪误差越大。

式(8.5.8)表明诱饵干扰效果与它和目标相对雷达的张角成正比。当张角一定时，雷达的角分辨力越低，分辨目标和诱饵的距离越近，武器修正初始发射偏差的时间越短，越容易脱靶。非闪烁非相参两点源干扰不影响雷达的定向特性，两干扰源相对雷达的张角不能超过雷达天线波束宽度。在配置上，闪烁两干扰源相对雷达的张角可取为主瓣宽度的两倍甚至超过两倍。如果其他条件相同，闪烁干扰效果好于非闪烁非相参两点源。

8.6.2.2　闪烁干扰方式和闪烁参数的选择

闪烁干扰分同步和异步两种。同步闪烁两干扰源不但有相同的开关干扰的周期，而且严格轮流发射干扰，开关干扰的时间严格相等。异步闪烁两点源有不同的开关干扰的周期，对任一干扰源开关干扰的时间严格相等。图 8.6.7 为同步闪烁干扰时序示意图。图中 J_1 和 J_2 表示两干扰源及其放干扰时序关系，T_g 为同步闪烁干扰周期。图 8.6.8 为异步闪烁干扰时序示意图。图中 T_{g1} 和 T_{g2} 分别为干扰源 J_1 和 J_2 开、关干扰的周期。

同步和异步闪烁都可按闪烁频率分为快闪烁和慢闪烁两种。若闪烁频率大于雷达角跟踪系统通频带的上限频率就是快闪烁，低于其下限频率为慢闪烁。雷达角跟踪系统的闭环带宽较窄，通频带范围为 1～5Hz。其中锥扫、线扫角跟踪系统的通频带为 1～3Hz，单脉冲雷达角跟踪系统的带宽较宽，有的可达 5Hz。所以同步慢闪烁频率一般为 0.2～1Hz。同步快闪烁频率大于角跟踪系统通频带上限频率的 10 倍，即 30～50Hz。异步闪烁两干扰源的闪烁频率不同，实施异步闪烁干扰需要两种闪烁频率，选择的原则是：两闪烁频率都在雷达角跟踪系统的通频带内，两闪烁频率相差 2～3 倍。

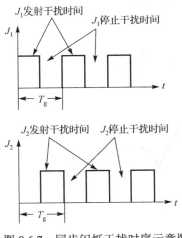

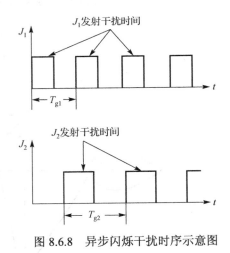

图 8.6.7　同步闪烁干扰时序示意图　　　　图 8.6.8　异步闪烁干扰时序示意图

闪烁干扰对象是雷达的角跟踪器，最好采用欺骗干扰样式，以减少干扰波形失配损失和防止雷达从波形上区分目标和干扰。干扰信号的脉冲参数尽量与目标回波相似，相当于把干扰当成目标回波增强器。此外要尽量减小干扰与目标回波之间的相对延时，使目标回波和干扰在时间上重叠。闪烁干扰虽然分快、慢两种，但并非一种绝对好于另一种，究竟谁更好取决于跟踪雷达定向特性的形状、闪烁频率和干信比。就定向特性的形状而言，如果 $\Delta\theta_{max}>\theta_1$（见图 8.6.3）宜采用快闪烁。若 $\Delta\theta_{max}<\theta_1$ 适合慢闪烁。若 $\Delta\theta_{max}\approx\theta_1$ 快、慢闪烁均可用。振幅和差式及相位和差式单脉冲跟

踪雷达的 $\Delta\theta_{max} > \theta_1$，快闪烁能使其定向特性的主瓣扩大到 $(2\sim2.5)\theta_{0.5}$，慢闪烁只能达到 $(1\sim 1.5)\theta_{0.5}$；隐蔽式锥扫雷达的 $\Delta\theta_{max} < \theta_1$（见图 8.6.6），适合慢闪烁。慢闪烁可使其定向特性的主瓣区扩大到 $(1.4\sim2)\theta_{0.5}$，快闪烁几乎不影响其定向特性。暴露式锥扫雷达的 $\Delta\theta_{max}\approx\theta_1$（见图 8.6.5），快、慢闪烁的效果相当，可使定向特性的主瓣扩大到 $(1.4\sim2)\theta_{0.5}$。除定向特性的形状外，影响定向特性的因素还有闪烁频率和干信比。目前尚无定量估算方法，只能用实验方法确定。为了可靠起见，评估干扰效果时，可用主瓣展宽量的最小值或中间值。

相同条件下的同步闪烁干扰效果优于异步闪烁干扰，但异步闪烁干扰比较容易实现。执行闪烁干扰需要两个在空间分离的干扰平台，不但要求两干扰平台保持一定的姿态，还需要通信或遥控设备支持。高速机动平台较难实施严格的同步闪烁干扰，宜采用异步闪烁干扰。固定平台或慢速运动平台可用同步闪烁干扰。

8.6.2.3　快闪烁干扰效果和干扰有效性

闪烁干扰原理与诱饵相同的地方有：一、获得干扰效果的主要条件相同。如干扰波形与目标回波相似，起干扰作用瞬间两干扰平台的回波必须同处于受干扰雷达的跟踪波门内等。二、干扰效果的表示形式相同，有线跟踪误差、角跟踪误差和干信比等。与诱饵干扰不同的是，诱饵干扰不影响雷达的定向特性，它与保护目标相对雷达的张角不能大于雷达的角分辨单元。适当的闪烁频率和干信比能展宽定向特性的主瓣宽度。在配置上，闪烁两点源相对雷达的张角可接近两倍的雷达角分辨单元。对于相同的干信比，闪烁干扰效果比诱饵好。与诱饵相比，实施闪烁两点源干扰除需要较多的设备外，还需要预先知道雷达的定向特性。

闪烁两点源干扰能使合成质心来回摆动。如果雷达不能分辨两个点源，跟踪轴线要么随质心摆动，不能稳定跟踪任一干扰平台，要么跟踪质心，引起系统跟踪误差。图 8.6.9 为闪烁两点源干扰的配置关系和作用原理示意图。图中 O 为两点源的几何中心，M 为受干扰对象刚好能分辨两点源时雷达平台或武器的位置，A、B 和 R 分别为干扰源 1、2 的位置和受干扰对象到两点源的距离，θ_e、$2L$ 和 r_0 分别为角跟踪误差，两干扰平台间的距离和有自身引导系统武器能修正的初始脱靶距离或发射偏差。带箭头的虚线和实线分别为有、无自身引导系统武器的运行轨迹，不带箭头的两条曲线为慢闪烁干扰时脱靶距离的概率分布。有关慢闪烁的干扰情况将在下一节讨论。这一节只讨论快闪烁干扰效果。

快闪烁使角跟踪器来不及跟随合成质心摆动，只能跟踪其平均位置即两点源的能量中心。假设执行快闪烁两点源干扰的平台和干扰机完全相同，两点源的几何中心就是能量中心。它与任一平台相对雷达的张角相同，设其为 θ_e。在图 8.6.9 中，θ_e 就是角跟踪误差。L 既是干扰引起的初始发射偏差，也是线跟踪误差。由该图的关系得快闪烁干扰引起的距离跟踪误差：

$$\Delta R_e = R(1-\cos\theta_e) \tag{8.6.11}$$

ΔR_e、θ_e 和 L 就是快闪烁两点源的干扰效果，可用来判断干扰是否有效和评估干扰有效性。

和诱饵的干扰作用一样，可用线跟踪误差和角跟踪误差表示干扰效果。闪烁干扰使雷达从跟踪转搜索较难，可把使武器脱靶需要的跟踪误差作为评价指标。把雷达、武器的参数和装备的配置关系代入式 (8.5.6) 得线跟踪误差和角跟踪误差的干扰有效性评价指标 R_{est} 和 θ_{est}。

闪烁干扰功率一般远大于干扰平台（目标）的回波功率，干扰平台的雷达截面起伏对干扰效果的影响较小，θ_e 和 L 可近似为确定量。线跟踪误差和角跟踪误差都是效益型指标，用式 (1.2.4) 判断干扰是否有效，用式 (1.2.11) 计算干扰有效性。其中干扰是否有效的判别式为

$$\begin{cases} \text{干扰有效} & L-r_0 > R_{est} \text{或} \theta_e > \theta_{est} \\ \text{干扰无效} & \text{其他} \end{cases}$$

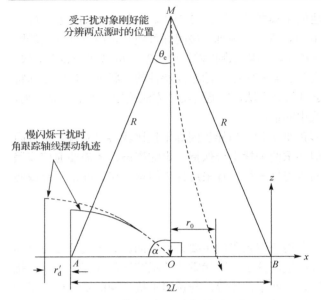

图 8.6.9　闪烁两点源配置关系和作用原理示意图　　　图 8.6.10　攻击角不为 90 度时武器攻击示意图

干扰有效性近似为

$$E_{jrsh} = \begin{cases} (L - r_0) / R_{est} & L - r_0 < R_{est} \\ 1 & \text{其他} \end{cases} \quad \text{或} \quad E_{j\theta sh} = \begin{cases} \theta_e / \theta_{est} & \theta_e < \theta_{est} \\ 1 & \text{其他} \end{cases}$$

r_0 为有自身引导系统武器能修正的初始脱靶距离或发射偏差，由 5.3.3 节的有关模型确定。对于无自身引导系统的武器，$r_0=0$。

上面是快闪烁对雷达的干扰效果和干扰有效性。闪烁干扰主要对付雷达控制的武器和武器系统，需要从作战效果评估干扰有效性。计算作战效果必须计算命中概率，计算命中概率的关键是选择坐系的原点和坐标轴指向。闪烁干扰平台是干扰的保护对象，一般为飞行器，可近似成圆柱体，设圆柱体的高为 $2a$，底面半径为 R_c。攻击这类目标的武器为空间散布直接杀伤式。按照 5.1.3.4 节的建议，选圆柱体的轴线为直角坐标系的 z 轴。对于 B 目标，选图 8.6.9 的 BZ 为 z 轴，x 轴与 AB 重合，坐标原点为 B 点，也是圆柱体轴线的中心。

因两干扰机和两干扰平台完全相同，当雷达或雷达寻的器能从角度上分辨两点源时，只能选择其中之一继续跟踪下去。假设武器在能分辨两者时选择了 B 干扰平台，还假设只要命中其中之一，就算干扰失败。快闪烁引起的脱靶距离为确定量，相当于武器的系统散布误差。由已建的坐标系知，干扰引起的系统偏差只存在于与圆柱体底面平行的园平面上，z 轴上只有随机散布误差，因此

$$\bar{y} = \bar{z} = 0 \tag{8.6.12}$$

$$\bar{x} = L - r_0 \tag{8.6.13}$$

如果 $L - r_0 \leqslant 0$，令 $\bar{x} = \bar{y} = \bar{z} = 0$，表示武器的过载能完全修正初始系统跟踪误差。对于无自身引导系统的武器，$r_0=0$。式 (5.3.13) 为雷达或雷达寻的器的随机跟踪误差和武器自身散布误差之和，设其在直角坐标系 x、y 和 z 轴上的投影值分别为 σ_{sx}、σ_{sy} 和 σ_{sz}。

设武器近炸引信的作用半径或杀伤半径为 R_k，从最坏的情况考虑，等效圆柱体的高度为 $2a+2R_k$，等效底面园的半径为 $R_c+R_k=R_{ec}$。设武器在 z 轴向和在底面上的随机散布误差分别为 σ_{sz}

和 σ_s。由式(5.1.34)得武器落入等效圆柱体内的概率：

$$P_z = 2\Phi\left(\frac{a + R_k}{\sigma_{sz}}\right) \tag{8.6.14}$$

由式(5.1.38)得武器落在圆柱体底面的概率：

$$P_c = \exp\left[-\frac{R_{ec}^2 + \overline{x}^2}{2\sigma_s^2}\right]\sum_{n=1}^{\infty}\left(\frac{R_{ec}}{\overline{x}}\right)^n I_n\left(\frac{\overline{x}R_{ec}}{\sigma_s^2}\right) \tag{8.6.15}$$

由式(5.1.39)得该条件下武器命中 B 目标的概率：

$$P_{jsh} = 2\Phi\left(\frac{a + R_k}{\sigma_{sz}}\right)\exp\left[-\frac{R_{ec}^2 + \overline{x}^2}{2\sigma_s^2}\right]\sum_{n=1}^{\infty}\left(\frac{R_{ec}}{\overline{x}}\right)^n I_n\left(\frac{\overline{x}R_{ec}}{\sigma_s^2}\right) \tag{8.6.16}$$

闪烁两点源干扰一般不能使受干扰对象从跟踪转搜索，干扰一旦失败，雷达控制的武器系统可连续发射多枚武器。对于空间散布直接杀伤式武器，一枚武器摧毁目标的概率为

$$P_{del} = P_{jsh}$$

把目标指示雷达或跟踪雷达搜索状态发现目标的概率 P_{rd}、跟踪雷达捕获指示目标的概率 P_a、连续发射同类武器的数量 m 和 P_{del} 代入式(8.5.66)得摧毁目标的概率和目标的生存概率。根据要求的作战效果和计算得到的摧毁概率和生存概率，用式(1.2.4)和式(1.2.5)判断干扰是否有效。由式(8.5.69)或式(8.5.70)得依据摧毁概率评估的快闪烁两点源干扰有效性。

前面的干扰效果和干扰有效性是在假设攻击角 $\alpha=90°$ 的条件下得到的，如果 $\alpha<90°$，武器攻击态势如图 8.6.10 所示。应用前面的分析方法也能依据作战效果评估快闪烁两点源的干扰有效性。图 8.6.10 中的 AC 和 BD 为无自身引导系统武器的脱靶距离或初始发射偏差；r_0' 和 r_0'' 分别为受干扰对象选中 A 和 B 干扰平台时武器自身引导系统能修正的初始发射偏差。如果两干扰机和两干扰平台完全相同，在受干扰对象能分辨两干扰源时，究竟选中谁是随机的。由图 8.6.10 知，因初始脱靶距离 AB=BD 和 $r_0''>r_0'$，选中 B 的可能性大，这里按受干扰对象选中 B 来计算干扰效果和干扰有效性。此时，初始脱靶距离为 $r_d'' = L\sin\alpha$，只要用 r_d'' 和 r_0'' 替换式(8.6.13)中的 L 和 r_0，则 $\alpha=90°$ 的有关模型可用于 $\alpha \neq 90°$ 的场合。

实际上快闪烁两点源和非闪烁两点源的干扰效果和干扰有效性评估模型完全相同，只是在配置上，闪烁两点源相对雷达的张角可大于雷达的角分辨单元。因此，即使受干扰对象、干扰机和保护目标完全相同，闪烁两点源干扰引起的初始脱靶距离或角跟踪误差也会大于非闪烁两点源干扰。

8.6.2.4　慢闪烁干扰效果和干扰有效性

如果闪烁频率较慢，在角跟踪器不能分辨两点源时，跟踪天线能响应合成质心的变化，产生追摆。因天线惯性大，若干信比和闪烁频率适当，可使天线摆幅大于两点源相对受干扰对象的张角。慢闪烁干扰有两个作用，一个是降低雷达角分辨率，另一个是使天线产生追摆。如果这种干扰效果能维持到作战要求的最小干扰距离，雷达控制的武器系统不能发射武器，目标能获得保护。如果受干扰对象是雷达寻的器，随着武器向目标靠近，两干扰源相对雷达的张角逐渐增加。当距离小到一定程度后，雷达寻的器就能从角度上分辨两干扰源，并最终选中一个目标继续跟踪下去。能否命中此目标，由初始发射偏差和武器的过载能力确定。

追摆角由两点源相对受干扰对象的张角和干信比确定，追摆角不是越大越好，也不是越小越好。追摆角大，干扰方向失配损失大，需要较大等效辐射功率的干扰机，会增加干扰平台的负担。

追摆角小，角误差不大，雷达控制的武器系统可发射武器并命中其中一个目标。只有雷达明显感觉到不能稳定跟踪目标，才不会发射武器。要使雷达明显感觉到不能稳定跟踪任一目标，追摆角应大于受干扰对象的角分辨单元。

图 8.6.11 为慢闪烁两点源干扰使雷达天线产生追摆的示意图。图中阴影部分为追摆区，O 和 R 为受干扰对象某瞬间的位置及其到两点源连线中点的距离，A 和 B 为干扰源 1 和 2 分别放干扰时合成质心的位置，θ 和 θ_b 为实施闪烁干扰两平台或两干扰机相对雷达的张角和雷达天线的追摆角，θ_c 为 A 点与目标 1 或 B 点与目标 2 相对受干扰对象的张角。

由图 8.6.11 的关系可得 θ_b 和 θ 与干信比的关系。同步闪烁干扰中的放干扰平台相当于诱饵，按照诱饵有关问题的分析方法可得慢闪烁对雷达的干扰效果和干扰有效性。和快闪烁一样，慢闪烁也可采用相同干扰机和相同干扰平台，雷达到两干扰源的距离近似相等。目标 2 放干扰和目标 1 停止干扰时，雷达从目标 1 接收的干扰功率就是该目标的回波功率 P_{s1}。雷达从目标 2 接收的信号功率既有目标回波功率 P_{s2}，又有干扰功率 P_{j2}。若目标 1 发射干扰和目标 2 停止干扰，可得类似结果。受干扰对象在两种情况下接收的合成信号功率为

$$\begin{cases} P_1 = P_{j1} + P_{s1} \\ P_2 = P_{j2} + P_{s2} \end{cases}$$

其中 P_{j1}、P_1 和 P_2 分别为雷达从目标 1 接收的干扰功率和目标 1、目标 2 分别放干扰时雷达接收的合成信号功率。如果目标 2 放干扰和目标 1 停止干扰，干信比定义为

$$j_{js} = \frac{P_2}{P_{s1}} = \frac{P_{j2} + P_{s2}}{P_{s1}} \tag{8.6.17}$$

如果目标 1 放干扰和目标 2 停止干扰，干信比定义为

$$j_{js} = \frac{P_1}{P_{s2}} = \frac{P_{j1} + P_{s1}}{P_{s2}} \tag{8.6.18}$$

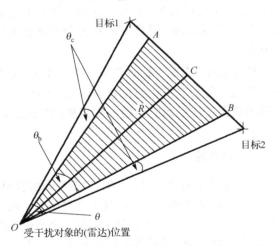

图 8.6.11　慢闪烁干扰造成雷达天线追摆的示意图

因假设两目标和两干扰机完全相同，上两式的值完全相同。同步闪烁干扰在任何时刻只有一部干扰机工作，可把放干扰的目标当成诱饵，另一个当目标处理。如果忽略天线惯性的影响，根据诱饵干扰原理和干扰效果的分析方法，由图 8.6.11 和式 (8.5.8) 得：

$$\theta_b + \theta_c = \theta \frac{j_{js}}{F_t + j_{js}} \tag{8.6.19}$$

其中

$$\theta_c = (\theta - \theta_b)/2$$

由上两式得追摆角：

$$\theta_b = \theta \frac{j_{js} - F_t}{j_{js} + F_t} \tag{8.6.20}$$

式(8.6.20)为追摆角与干信比和两点源相对雷达张角的关系，也是慢闪烁两点源的干扰效果。

若干信比远大于 F_t，追摆角近似等于张角 θ。假设根据作战要求预先指定了 θ_b，这时 θ_b 就是干扰有效性的评价指标 θ_{bst}。由式(8.6.20)可确定压制系数：

$$K_{sh} = F_t \frac{\theta + \theta_{bst}}{\theta - \theta_{bst}} \tag{8.6.21}$$

确定 θ_{bst} 的方法与 θ_{est} 相似，详见式(8.5.6)。

式(8.6.21)说明评估慢闪烁两点源干扰效果需要确定两个参数，一个是追摆角(隐含着对最小干扰距离的要求)，另一个是两目标相对雷达的张角。两者都与干信比有关。追摆角越接近两点源相对雷达的张角，需要的干信比越大，必须根据实际情况折中选择张角和追摆角。

依据干信比评估干扰有效性需要平均干信比和瞬时干信比的概率密度函数。先假设目标 2 停止干扰，目标 1 放干扰，雷达天线指向图 8.6.11 的 A 点，该点与目标 1 相对雷达的张角为 θ_c，A 与目标 2 相对雷达的张角为 $\theta_c + \theta_b$。由侦察方程、干扰方程和式(8.6.18)得此时的瞬时干信比：

$$j_{js} = \frac{P_{j1} + P_{s1}}{P_{s2}} = \frac{4\pi P_j G_j G(\theta_c) R^2 L_r}{P_t G_t G(\theta_b + \theta_c)\sigma L_j} + \frac{G(\theta_c)}{G(\theta_b + \theta_c)}$$

式中，$G(\theta_c)$ 和 $G(\theta_c + \theta_b)$ 分别为雷达天线在目标 2 和目标 1 方向的增益，式中其他符号的含义见式(8.5.20)。θ_c 一般小于雷达天线波束宽度，即 $G(\theta_c) \approx G_t$，$\theta_c + \theta_b < 90°$。把天线增益与偏角的近似关系代入上式得：

$$j_{js} = \frac{1}{k_a} \left(\frac{\theta_b + \theta_c}{\theta_{0.5}} \right)^2 \left(1 + \frac{4\pi P_j G_j R^2 L_r}{P_t G_t \sigma L_j} \right) \tag{8.6.22}$$

k_a 的定义见式(3.7.17a)。令

$$k = \frac{1}{k_a} \left(\frac{\theta_b + \theta_c}{\theta_{0.5}} \right)^2$$

式(8.6.22)可简写为

$$j_{js} = k \left(1 + \frac{4\pi P_j G_j R^2 L_r}{P_t G_t \sigma L_j} \right) \tag{8.6.23}$$

目标的雷达截面为随机变量，令其等于平均值 $\bar{\sigma}$ 得平均干信比：

$$\bar{J}_{js} = k \left(1 + \frac{4\pi P_j G_j R^2 L_r}{P_t G_t \bar{\sigma} L_j} \right) \tag{8.6.24}$$

干信比为效益型指标，用式(1.2.4)判断干扰是否有效。设计干扰机和实施闪烁干扰需要确定干扰

机的等效辐射功率。如果确定了压制系数或有效干扰要求的干信比 K_{sh}，令式(8.6.24)的平均干信比等于压制系数，再对 P_jG_j 求解得有效干扰需要的干扰等效辐射功率：

$$P_jG_j = \frac{K_{sh}-k}{k}\frac{P_tG_t\bar{\sigma}L_j}{4\pi R^2 L_r} \tag{8.6.25}$$

根据函数概率密度函数的计算方法，由目标雷达截面的概率密度函数和式(8.6.23)得两种起伏目标干信比的概率密度函数：

$$P(j_{js}) = \begin{cases} \dfrac{\bar{J}_{js}-k}{(j_{js}-k)^2}\exp(-\dfrac{\bar{J}_{js}-k}{j_{js}-k}) & \text{斯韦林 I 、II 型目标} \\[4mm] \dfrac{4(\bar{J}_{js}-k)^2}{(j_{js}-k)^3}\exp(-2\dfrac{\bar{J}_{js}-k}{j_{js}-k}) & \text{斯韦林III、IV型目标} \end{cases} \tag{8.6.26}$$

根据干扰有效性的定义和压制系数得慢闪烁两点源干扰保护两类起伏目标的干扰有效性：

$$E_{sh} = \begin{cases} 1-\exp\left(-\dfrac{\bar{J}_{js}-k}{K_{sh}-k}\right) & \text{斯韦林 I 、II 型目标} \\[4mm] 1-\left(1+2\dfrac{\bar{J}_{js}-k}{K_{sh}-k}\right)\exp\left(-2\dfrac{\bar{J}_{js}-k}{K_{sh}-k}\right) & \text{斯韦林III、IV型目标} \end{cases} \tag{8.6.27}$$

如果使天线追摆的干扰效果不能维持到武器的最小发射距离，在受干扰对象能分辨两点源时，将跟踪两目标中离天线跟踪轴线较近的一个，闪烁干扰失去作用。如果此时发射武器，能否命中目标取决于以下三个因素：初始脱靶距离，武器自身引导系统能修正的初始脱靶距离和武器自身的散布误差。图 8.6.9 给出了两种特殊情况，一个是追摆范围刚好等于两干扰源之间的距离 $2L$，另一个是追摆范围超过 $2L$，达到 $2L+2r_d'$。因受干扰对象必须在追摆过程中分辨两点源或两目标，在能分辨它们瞬间，角跟踪轴线可能指向追摆范围中的任一点，初始脱靶距离为随机变量。因天线追摆速度不均匀，跟踪轴线指向追速较低部分的概率大。由图 8.6.9 的两条天线追摆轨迹知，追摆速度在两目标处较低，对干扰不利。根据追摆运动轨迹，可用反正弦函数近似初始脱靶距离 r 的概率密度函数。对于第一种情况，L 相当于正弦函数的振幅，脱靶距离的概率密度函数近似为

$$P(r) = \frac{2}{\pi L}\frac{1}{\sqrt{1-\left(\dfrac{r}{L}\right)^2}} \tag{8.6.28}$$

图 8.6.9 虚线所示脱靶距离的概率密度函数为

$$P(r) \approx \frac{2}{\pi(L+r_d')}\frac{1}{\sqrt{1-\left(\dfrac{r}{L+r_d'}\right)^2}} \tag{8.6.29}$$

脱靶距离为随机变量，不能象快闪烁那样计算命中概率，这里仅从对干扰最不利的情况近似计算慢闪烁干扰条件下武器的命中概率。在干扰失败瞬间，武器的脱靶距离为 0 对干扰最不利，设干扰失败后武器能以无干扰时的概率 P_{sh} 命中目标，干扰失败概率 P_{bf} 与 P_{sh} 之积就是慢闪烁干扰条件下武器的命中概率。对于无自身引导系统的武器，由武器的杀伤距离 R_{kst} 和式(8.6.28)得慢

闪烁干扰失败的概率即武器控制系统发射武器的概率：

$$P_{bf} = \int_{L-R_{kst}}^{L} P(r)dr = \begin{cases} 1 - \dfrac{1}{90}\arcsin\left(\dfrac{L-R_{kst}}{L}\right) & R_{kst} \leqslant L \\ 1 & \text{其他} \end{cases} \tag{8.6.30}$$

根据武器的参数和装备的配置关系，用 5.3.3 节的方法可估算有自身引导系统武器能修正的初始系统脱靶距离 r_0，按照式 (8.6.30) 的处理方法得慢闪烁干扰对付有自身引导系统武器的失败概率：

$$P_{bf} = \begin{cases} 1 - \dfrac{1}{90}\arcsin\left(\dfrac{L-R_{kst}-r_0}{L}\right) & R_{kst}+r_0 \leqslant L \\ 1 & \text{其他} \end{cases} \tag{8.6.31}$$

上两式和以下各式中反正弦函数的单位为度。

当雷达天线摆动范围正好等于两点源相对雷达的张角时，可用式 (8.6.30) 和式 (8.6.31) 计算干扰失败概率。若摆动范围超过两点源相对受干扰对象的张角，对于无自身引导系统的武器，慢闪烁两点源干扰失败的概率为

$$P_{bf} = \int_{L-R_{kst}}^{L+R_{kst}} P(r)dr = \frac{1}{90}\left[\arcsin\left(\frac{L+R_{kst}}{L+r_d'}\right) - \arcsin\left(\frac{L-R_{kst}}{L+r_d'}\right)\right] \tag{8.6.32}$$

在式 (8.6.32) 中，如果 $R_{kst} \geqslant r_d'$，令 $R_{kst} = r_d'$。若反正弦函数为负，令其等于 0。用 $R_{kst}+r_0$ 替换上式的 R_{kst} 得相同条件下慢闪烁两点源干扰有自身引导系统武器的失败概率：

$$P_{bf} = \frac{1}{90}\left[\arcsin\left(\frac{L+R_{kst}+r_0}{L+r_d'}\right) - \arcsin\left(\frac{L-R_{kst}-r_0}{L+r_d'}\right)\right] \tag{8.6.33}$$

在式 (8.6.33) 中，如果 $R_{kst}+r_0 \geqslant r_d'$，令 $R_{kst}+r_0 = r_d'$。若反正弦函数为负，则令其等于 0。依据脱靶距离评估的干扰有效性为

$$E_{br} = 1 - P_{bf}$$

按照上面的分析方法，不难计算摆动范围小于两点源间隔时的干扰失败概率。如果武器攻击角不等于 90 度，按照快闪烁两点源有关问题的处理方法得慢闪烁两点源干扰失败概率。

和快闪烁两点源干扰一样，慢闪烁干扰主要用于保护空中目标，可把目标当圆柱体处理，假设目标参数同快闪烁。根据有关假设，慢闪烁干扰失去作用后，武器只有随机散布误差，其值与快闪烁相同。武器落入等效圆柱体内的概率为

$$P_z = 2\Phi\left(\frac{a+R_k+r_0}{\sigma_{sz}}\right)$$

武器落在圆柱体等效底面的概率为

$$P_c = 1 - \exp\left[-\frac{(R_{ec}+r_0)^2}{2\sigma_s^2}\right]$$

慢闪烁干扰失去作用后，武器命中目标的概率为

$$P_{sh} = 2\Phi\left(\frac{a+R_k+r_0}{\sigma_{sz}}\right)\left\{1 - \exp\left[-\frac{(R_{ec}+r_0)^2}{2\sigma_s^2}\right]\right\} \tag{8.6.34}$$

式中，R_k 为武器自身的杀伤距离。在慢闪烁干扰条件下，武器命中目标的概率为

$$P_{jsh} = P_{bf} P_{sh} \qquad\qquad (8.6.35)$$

计算作战效果和依据作战效果评估干扰有效性的方法同快闪烁两点源干扰。

8.6.3 多点源角度欺骗干扰技术、干扰效果和干扰有效性

多点源角度欺骗干扰是指，适当配置的多个点干扰源通过顺序开关机形成的干扰。它兼有角度拖引和诱饵的欺骗干扰作用，能对付任何角跟踪体制的雷达和反辐射导引头。下面称此技术为多点源角度拖引式欺骗干扰技术。该技术对每部干扰机的等效辐射功率要求不高，选择适当的干扰功率、恰当的配置关系和不同的开关机程序可获得不同的干扰效果。它能使雷达丢失目标从跟踪转搜索，也能使其控制的武器脱靶；能使雷达寻的导弹和反辐射武器命中干扰机而不伤及目标，也能把它引向安全区爆炸，使目标和干扰机都得到保护。使用该技术的问题是需要多部干扰机和有关的控制管理设备，一般用来保护地面固定目标。

实施多点源角度拖引式欺骗干扰的关键是配置方案和开、关机时序。图 8.6.12 为等间隔直线配置的多点源干扰原理示意图。其中 n、A 和 R 为干扰源或干扰机的数量、受干扰对象的位置和它到保护目标的距离，θ 和 L 为保护目标与最近干扰机相对受干扰对象的张角和距离。等间隔配置时，该间隔也是相邻干扰机相对受干扰对象的张角和它们之间的距离。$n\theta$ 为保护目标与最近干扰机相对受干扰对象的张角。带箭头的曲线为受干扰平台的运行轨迹。多点源角度拖引式欺骗干扰的开关机方式较多，可以从最靠近保护目标的干扰机开始，每次开一部干扰机，也可同时开多部相邻干扰机。这里假设每次开一部干扰机，θ_1 和 θ_n 分别为开第一部和开第 n 部干扰机引起的角跟踪误差。

多点源和单点源角度拖引式欺骗干扰原理不同。从任一时刻的干扰作用来看，它与诱饵干扰相似。按照诱饵干扰效果的分析方法可得其干扰效果。为方便分析和确定干扰效果与影响因素间的定量关系，先做如下假设：

(1) 目标与最远干扰机之间的距离远小于它到受干扰对象 (这里假设为雷达) 的距离 R，即可认为雷达到目标和到各干扰机的距离近似相等。此时，雷达从各干扰机接收的干扰功率只受相对偏角的影响。

(2) 一个完整拖引过程耗时很短，雷达到目标和到各干扰机的距离变化量很小，可认为在一个拖引周期中，装备的配置关系近似不变。

(3) 干扰机和干扰平台完全相同且等间隔成直线配置，即目标与最近干扰机相对雷达的张角等于相邻两干扰机相对雷达的张角。

(4) 假设实施干扰前受干扰对象已稳定跟踪目标。

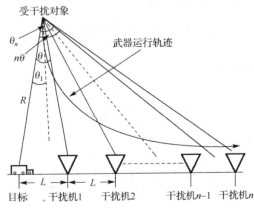

图 8.6.12 等间隔配置的多点源角度拖引式欺骗干扰原理图

　　根据图 8.6.12 的配置关系和有关的假设可得多点源角度拖引式欺骗干扰效果。开第一部干扰机且持续干扰时间大于雷达角跟踪系统的响应时间后，雷达天线将指向目标和第一部干扰机的能量中心或质心。由式 (8.5.8) 得雷达天线指向偏离目标的角度：

$$\theta_1 = \theta \frac{(J/S)_1}{F_t + (J/S)_1} \tag{8.6.36}$$

式中，$(J/S)_1$ 为第一部干扰机在受干扰对象接收机输入端产生的干信比。由雷达方程和侦察方程得：

$$\left(\frac{J}{S}\right)_1 = \frac{4\pi P_j G_j G(\theta) R^2 L_r}{P_t G_t G(0) \sigma L_j} = \frac{G(\theta)}{(S/J)_0 G(0)} \tag{8.6.37}$$

式中，$G(\theta)$、$G(0)$ 和 G_t 分别为雷达天线在干扰机 1 方向、在目标方向的增益和其最大增益，$(S/J)_0$ 相当于该干扰机执行自卫干扰时在角跟踪器输入端产生的信干比，其他符号的定义见式 (8.6.23)。自卫干扰无方向失配损失，即 $(S/J)_0$ 等于：

$$\left(\frac{S}{J}\right)_0 = \frac{P_t G_t \sigma L_j}{4\pi P_j G_j R^2 L_r}$$

把式 (8.6.37) 代入式 (8.6.36) 并整理得：

$$\theta_1 = \theta \frac{G(\theta)}{(S/J)_0 F_t G(0) + G(\theta)} \tag{8.6.38}$$

如果 θ 或 $n\theta$ 大于受干扰对象接收天线半功率波束宽度 $\theta_{0.5}$，可用天线增益与偏角的近似关系替换上式的 $G(\theta)$。设 $G(\theta_0) \approx G_t$，式 (8.6.38) 近似为

$$\theta_1 = \theta \frac{\theta_{0.5}^2}{(S/J)_0 F_t \theta^2 + \theta_{0.5}^2} \tag{8.6.39}$$

式 (8.6.39) 中没定义的符号见式 (8.6.22)。

　　当开第一部干扰机且持续干扰时间大于雷达角跟踪系统的时间常数后，即雷达稳定跟踪目标和第一部干扰机合成信号的能量中心后，开第二部干扰机。当其跟踪稳定后，关第一部干扰机。因干扰机的转换时间短，关第一部干扰机且持续时间大于角跟踪系统的响应时间后，雷达天线不得不指向目标回波和第二部干扰机合成信号的能量中心。由第一部干扰机的干扰效果及第二部干扰机与目标的几何位置关系知，雷达与第二部干扰机相对雷达的张角为 2θ。开第二部干扰机瞬间，雷达天线偏离目标的角度为 θ_1，偏离第二部干扰机的角度为 $2\theta-\theta_1$。设此时的干信比为 $(J/S)_2$，由质心干扰原理和图 8.6.12 的配置关系及其有关假设条件得雷达天线指向偏离目标的角度或角跟踪误差：

$$\theta_2 = 2\theta \frac{(J/S)_2}{F_t + (J/S)_2} \tag{8.6.40}$$

按照式 (8.6.37) 的分析方法得此条件下的干信比：

$$\left(\frac{J}{S}\right)_2 = \frac{4\pi P_j G_j G(2\theta - \theta_1) R^2 L_r}{P_t G_t G(\theta_1) \sigma L_j} = \frac{G(2\theta - \theta_1)}{(S/J)_0 G(\theta_1)}$$

把上式代入式 (8.6.40) 并整理得开第二部干扰机产生的角跟踪误差：

$$\theta_2 = 2\theta \frac{\theta_1^2}{(S/J)_0 F_t (2\theta - \theta_1)^2 + \theta_1^2} \tag{8.6.41}$$

按上述步骤开第三部干扰机和关第二部干扰机。设此时的干信比为 $(J/S)_3$。在开第三部干扰机瞬间，雷达天线指向偏离目标的角度为 θ_2，偏离第三部干扰机的角度为 $3\theta - \theta_2$。按照式 (8.6.41) 的推导方法得该条件下的角跟踪误差：

$$\theta_3 = 3\theta \frac{\theta_2^2}{(S/J)_0 F_t (3\theta - \theta_2)^2 + \theta_2^2} \tag{8.6.42}$$

按上述过程进行下去，可得开第 n 部干扰机和关第 $n-1$ 部干扰机引起的角跟踪误差，也是 n 部干扰机通过顺序开、关机引起的总角跟踪误差：

$$\theta_n = n\theta \frac{\theta_{n-1}^2}{(S/J)_0 F_t (n\theta - \theta_{n-1})^2 + \theta_{n-1}^2} \tag{8.6.43}$$

式 (8.6.43) 为多点源角度拖引式欺骗干扰效果。其条件是干扰机等间隔成直线配置，相同干扰机和顺序开关干扰机且每次只开一部。根据给定的角跟踪误差评价指标 θ_{st}，用式 (1.2.4) 判断干扰是否有效。

多点源角度拖引式欺骗干扰需要多个干扰源且需保持一定的几何关系，一般通过干扰空中威胁来保护地面固定目标。对这种作战对象，目标的雷达截面是影响干信比的主要随机变量。因总干扰效果与前面各干扰机在不同时刻引起的角跟踪误差有关，由式 (8.6.43) 很难得到角误差的概率密度函数，难以精确计算干扰有效性。这里用式 (1.2.11) 近似计算这种拖引式欺骗干扰的有效性：

$$E_{mpk} \approx \begin{cases} \theta_n / \theta_{st} & \theta_n < \theta_{st} \\ 1 & 其他 \end{cases} \tag{8.6.44}$$

干扰失败的概率为

$$P_{mbk} = 1 - E_{mpk} \tag{8.6.45}$$

如果干扰目的仅在于使武器脱靶，根据装备的配置关系，可把对脱靶距离的要求 R_{mkst} 转换成对角跟踪误差 θ_{st} 的要求：

$$\theta_{st} = 2\arcsin \frac{R_{mkst}}{2R} \tag{8.6.46}$$

用转换后的干扰有效性评价指标，可分别用式 (8.6.44) 和式 (8.6.45) 计算干扰有效性和干扰失败的概率。

多点源角度拖引式欺骗干扰主要对付来自空中的威胁，保护地面或海面相对固定目标。保护目标在像平面的投影可近似成矩形或点目标。设目标的长和宽分别为 a 和 b，武器的杀伤半径为 R_k。等效目标的长度和宽度近似为 $a+2R_k$ 和 $b+2R_k$。干扰失败后，武器系统不受干扰，其总散布误差由式 (5.3.13) 确定，由式 (5.3.15) 得无干扰时的命中概率 P_{sh}。该武器在干扰条件下的命中概率为

$$P_{jh} = P_{mbf} P_{sh} / \omega$$

式中，ω 为目标的易损性。对于直接杀伤式武器，一枚武器摧毁目标的概率为

$$P_{de1} = P_{mbf} P_{sh}$$

按照计算诱饵作战效果和依据作战效果评估干扰有效性的方法，可得多点源角度拖引式欺骗干扰的作战效果和干扰有效性。

在多点源角度欺骗干扰过程中，单个点干扰源的作用相当于诱饵，顺序开关的多部干扰机的共同作用类似于角度拖引式欺骗干扰。这种干扰技术至少能获得三种形式的干扰效果：一、使武器脱靶；二、使受干扰对象的天线来回摆动，不能稳定跟踪目标，无法引导武器发射；三、使受干扰对象从跟踪转搜索。当配置关系和干扰机的参数确定后，只需用不同的开、关干扰机时序就能获得不同的干扰效果。如果开某部干扰机产生了足以使武器脱靶的角跟踪误差后，不再开其他干扰机，维持已有的干扰效果，构成诱饵干扰的态势，就能获得上述第一种干扰效果。获得上述第二种干扰效果的方法比较简单。就是开到某部干扰机产生的总角跟踪误差大于受干扰对象的角分辨单元后，不再开后面的干扰机，而是采用和前面相反的顺序开关干扰机，直到第一部干扰机为止。然后重复前面的步骤直到要求的最小干扰距离为止，就能受干扰对象的天性按开、关干扰机的顺序来回摆动。获得第三种干扰效果的操作步骤和单点源拖距干扰相似。通过顺序开关干扰机，把角跟踪波门完全拖离目标回波后，关掉所有的干扰机，使角跟踪波门内既无目标回波也无干扰。当这种状态的持续时间大于角跟踪器的记忆跟踪时间后，受干扰对象就会从跟踪转搜索。当受干扰对象再次稳定跟踪目标后，重复前面的开关机程序直到要求的最小干扰距离为止。对于反辐射导引头，在停止干扰期间，它可能靠记忆跟踪继续飞行。因停止干扰前瞬间，它跟踪的是目标和最后一部干扰机的能量中心。只要该中心到目标和到最近一部干扰机的距离同时大于其杀伤半径，目标和干扰机都有可能得到保护。

无论哪种干扰样式，要想获得一定的干扰效果，必须具有一定的干信比或干噪比。组织实施多点源角度拖引式欺骗干扰不但需要确定干扰机的等效辐射功率，还需要确定有效干扰条件、开关干扰机的操作程序和干扰机的配置关系。如果干扰机完全相同且等间隔直线配置和顺序开关干扰机，根据诱饵的干扰原理不难知道，要拖走角跟踪波门，必须使每部干扰机的信号与目标回波的能量中心更靠近干扰机。当干扰机的配置关系和开关程序确定后，能否拖走角跟踪波门仅由干信比或信干比确定。由于假设受干扰对象到目标和到各干扰机的距离相等，干信比仅取决于受干扰对象的天线在目标方向和在执行对抗的干扰机方向的增益之比。天线的增益与偏角有关。设天线指向偏离目标的角度为 θ_t，目标和干扰机的角度间隔为 θ_j，有效干扰条件为 $\theta_t \geq 0.5\theta_j$。由天线增益与偏角的关系得有效干扰需要的干信比：

$$\frac{J}{S} \geq \frac{\theta_j^2}{\theta_t^2} = 4 \text{ 或 } \left(\frac{S}{J}\right)_0 = 0.25$$

上面的干信比和信干比是指跟踪器输入端的。设受干扰对象接收机各环节对干信比的总影响为 F_t，折算到接收机收入端的干信比和信干比为

$$\frac{J}{S} \geq F_t \frac{\theta_j^2}{\theta_t^2} = 4F_t \text{ 或 } \left(\frac{S}{J}\right)_0 / F_t = 0.25/F_t$$

不同等效辐射功率的干扰机也能组成多点源角度拖引式欺骗干扰，只要预先确定了干扰机的等效辐射功率和作战目的，通过计算机仿真，容易找到最佳配置关系和最佳开关干扰机的程序。

8.7　多假目标的雷达对抗效果和干扰有效性

欺骗性干扰样式都是假目标，有单假目标和多假目标两大类。区分单、多假目标不但要看干扰源的数量或干扰机能产生的假目标数，更要看雷达收到的并当作目标处理的数量。前面讨论的两点源和多点源干扰样式都不是多假目标。因为雷达任一时刻收到的并当作目标处理的要么是一

个目标的回波，要么是多个目标回波的合成信号。所以，到此为止所讨论的欺骗性干扰原理、有效干扰条件和干扰效果等都是针对单假目标的。如果雷达收到的并当作目标处理的假目标数远大于1就是多假目标。

8.7.1　多假目标的干扰原理和干扰作用

多假目标正在成为一种应用广泛的"通用"干扰样式。它由一定分布方式的多个假目标构成。该样式具有单假目标的大部分特点，如欺骗性、可充分利用干扰发射器件的功率和能获得雷达的信号处理增益等。两种假目标在作用上有较多差别，其中主要的有：

① 单假目标主要干扰自动目标跟踪器，对目标检测器几乎无干扰作用。多假目标既能干扰自动目标跟踪器，也能干扰目标检测器；

② 单假目标只有欺骗性干扰作用，无压制性干扰作用。多假目标既有表现形式多样的欺骗性干扰作用，又有掩盖目标回波的压制性干扰作用；

③ 单假目标一般用于自卫。多假目标既能用于自卫，也能用于掩护；

④ 单假目标只能干扰单目标跟踪雷达。多假目标能干扰单目标跟踪雷达，也能干扰多目标跟踪雷达和搜索雷达。

单假目标的欺骗性干扰作用是偷梁换柱，以假换真，不知不觉地把跟踪器引向远离真目标的错误位置，使武器脱靶或使雷达丢失目标从跟踪转搜索。多假目标的欺骗性干扰作用是鱼目混珠，以假乱真，乱中取胜。除单假目标的欺骗性干扰作用外，多假目标还有多种其他形式的欺骗性干扰作用，如：

① 使雷达在不知不觉中丢失真目标并录取大量假目标，造成频繁报告目标，使敌方作战人员精神紧张，决策困难或决策错误，贻误战机等；

② 既能造成大举进攻的态势，使对方错误调动兵力、调整部署，又能构成伴攻架势，转移对方的注意力；

③ 多假目标有类似冲淡式干扰作用，多假目标数量大，雷达不能完全区分真假，通过识别的假目标可能用于引导跟踪雷达或控制武器，可减少保护目标被跟踪或被摧毁的概率；

④ 太多假目标能使雷达信号或/和数据处理过载。过载会使无过载保护措施的雷达完全丧失目标检测、识别能力，出现既不报告目标，也不报告干扰的现象。雷达及操作人员会误认为什么都没发现。

多假目标虽然没有直接压制雷达检测真目标的作用，但能通过雷达的其他环节间接影响目标检测。此种干扰作用表现在以下两方面：

① 使雷达信号或数据处理过载，降低检测真、假目标的概率；

② 抬高恒虚警门限影响目标检测概率。严重时，不但小目标回波过不了门限，就连强地物、干扰也会从显示器上消失，雷达完全丧失检测目标的能力。

搜索雷达或目标指示雷达要直接、间接引导跟踪雷达。多假目标既能降低雷达发现真目标的概率，又能降低用录取的真目标引导跟踪雷达的概率。如果多假目标不能产生上述干扰作用，则无干扰效果。例如，如果目标指示雷达录取了假目标又录取了全部真目标并都用于引导跟踪雷达，因多假目标不能增加参数测量误差，凡是用真目标引导的跟踪雷达都能给武器系统或武器提供准确的目标信息，能以要求的概率命中或摧毁全部真目标。由此知，并非雷达检测或录取了大量假目标就是获得了干扰效果，判断多假目标是否有干扰效果必须看其能否使雷达丢失真目标。

多假目标能使受干扰雷达在目标检测、识别和引导跟踪雷达的环节丢失保护目标。干扰使雷达过载或/和抬高恒虚警门限都能降低检测真目标的概率。这就是该样式对目标检测环节的干扰原理。在识别环节，因杂波和机内噪声影响，可能把真目标当干扰丢掉引起目标丢失，也可能把假目标当真目标录取。如果雷达不能区分真假且录取的真假目标总数远大于被引导跟踪雷达的处理能力，受干扰雷达只能选择少数较高威胁级别的目标引导跟踪雷达，其余的或者留下继续观察或者清除。因雷达不能区分真假，真目标可能被留下，相当于在引导环节丢失了真目标。

多假目标属于欺骗类干扰样式，要获得上述干扰效果或出现上述干扰现象，必须满足多个条件，干扰搜索雷达或跟踪雷达搜索状态的多假目标尤其如此。除了单假目标的波形参数与目标回波相似、具有一定的干扰功率、含有雷达不能识别的假信息和与雷达发射脉冲同步外，还有以下三点基本要求：一、与雷达天线扫描同步，以便形成平滑稳定的假目标或假目标航迹；二、具有空间、时间和幅度随机分布特性；三、雷达能收到的假目标数量必须非常大。若要保护特定目标，还要求假目标在角度、距离和速度上环绕在真目标周围。获得多假目标干扰效果需要满足的条件较多，本书将它们分成三类：一、欺骗性；二、可检测性；三、其他保障措施。8.7.2 节和 8.7.3 节将详细讨论这些条件。

多假目标可以是电子设备产生的（电子多假目标），也可以是多个有源、无源诱饵形成的。它们有相同的作用原理、有效干扰条件、干扰效果和干扰有效性。产生电子多假目标的成本低，使用方便且用得较多。本书只涉及电子多假目标。

8.7.2　获得多假目标干扰效果的条件

假目标要起干扰作用必须过两关，一个是雷达能发现它，另一个是能通过真假识别。第 6 章从干扰影响雷达接收信息量的角度出发，提出了获得欺骗干扰效果的必要条件和充分条件。就多假目标欺骗干扰而言，那些条件可细化成以下五点：一、波形参数；二、时间同步；三、空间分布；四、干扰功率；五、构成和实施步骤。前三个为欺骗性条件，在于赋予多假目标欺骗性，使雷达不能从波形参数、空间分布、航迹和优先级等方面区分真假，增加把假目标当真目标录取的概率。第四个为功率条件，在于使雷达按要求的概率发现假目标。最后一个为多假目标的组成和实施条件。

8.7.2.1　获得欺骗性干扰的条件

波形参数是雷达识别真、假的主要依据。干扰波形参数与雷达信号十分接近是其顺利进入雷达接收机、通过其抗干扰检测和信号处理或数据处理的基本条件。波形参数包括射频、视频等参数。射频参数有载频及其变化方式、脉内调制和相参性（对于相参雷达）等。视频参数有脉宽、脉冲重复频率及变化方式和天线扫描及目标随机起伏对脉冲串的幅度调制等。合理选择干扰信号的波形参数不但可使雷达不能从波形上区分真假，还能减少干扰与雷达接收机的失配损失。分析侦察设备截获的雷达信号参数和一些先验信息，干扰机能确定要干扰雷达信号的波形参数。现代干扰机有复制接收的雷达信号或依据侦察设备提供的信号参数仿制雷达信号的能力，产生需要形式的假目标是可能的。

雷达不但能从波形参数区分真假目标，还能从目标的稳定程度和空间分布情况区分真假，为此提出了干扰信号的时间同步条件。时间同步有三个作用：一、产生相对稳定的假目标或形成需要的假目标航迹；二、控制假目标的空间位置、分布形式和分布范围；三、获得雷达信号处理增益，降低对干扰功率的要求。时间同步包括与雷达发射脉冲同步和与其天线扫描同步。

在跟踪状态，单目标跟踪雷达的天线不扫描，连续照射目标，只处理跟踪波门内的目标，一般只有一个目标，无比较对象，可用于识别真假的信息少。干扰这种雷达无需考虑假目标的空间分布、幅度起伏，也没有与天线扫描同步的问题。只要干扰与雷达发射脉冲同步就能产生稳定的假目标。与雷达发射脉冲同步指的是，多假目标的产生和时延(模拟距离变化)等都要与雷达发射脉冲保持一定关系。干扰机一般不知道雷达发射脉冲的准确时刻，所谓与雷达发射脉冲同步实际上是与干扰机接收的雷达发射脉冲同步。图 8.7.1 为多假目标距离拖引式欺骗干扰的时间同步示意图。干扰机每接收一个雷达发射脉冲，就相对接收脉冲前沿延迟一定时间产生一串干扰脉冲，并逐个接收脉冲增加其延时量，直到规定的最大延迟量为止。然后停拖或关干扰。以后的干扰周期完全重复上述过程。

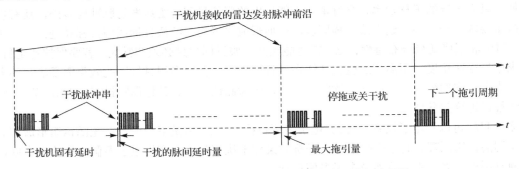

图 8.7.1　多脉冲距离拖引式欺骗干扰的时间同步示意图

　　搜索雷达的天性连续扫描，照射区域大，接收目标多，能从多方面区分真假。除波形参数外，对假目标的数量、空间分布、目标大小(信号幅度大小)、运动规律、幅度起伏特性和持续存在时间等都有要求。形成稳定假目标是控制其他参数的前提条件。要形成稳定的假目标和假目标航迹，干扰不但要与被干扰雷达的发射脉冲同步，还需要与其天线扫描同步。由雷达的工作原理知，与雷达发射脉冲同步能实现精确控制假目标的距离、距离分布形式和分布范围；与雷达天线扫描同步为的是准确控制假目标的角度、角度分布形式和分布范围。时间同步也能使扫描到扫描的干扰具有相关性，容易形成稳定的假目标和建立平滑稳定的假目标航迹。另外，多假目标的以下两种欺骗性也需要时间同步：一、形成大小随机或有特定运动规律的假目标；二、使假目标环绕在真目标周围。

　　和雷达发射脉冲同步的含义和方法与多假目标干扰雷达跟踪状态相同。与雷达天线扫描同步的方法和与雷达发射脉冲同步相似，图 8.7.2 为干扰与雷达天线扫描同步示意图。搜索雷达的天性周期扫描，每扫一周，主、副瓣轮流照射干扰平台。干扰机收到的雷达发射脉冲串的包络形状与雷达天线方向图相似。选择适当的比较门限，可将大于某电平的包络变成脉冲，该脉冲的前沿可作为发射干扰的角度同步基准。控制干扰相对同步基准的延时量就能控制假目标的角度位置。雷达天线扫描周期长且有副瓣，干扰机收到的雷达发射信号有起伏且随干扰平台到雷达的距离变化，不能采用固定比较门限，只能用相对门限，即取前一扫描周期测量的脉冲串包络最大值的某个百分数作为下一扫描周期的比较门限。一旦接收信号幅度超过门限，就开始按设计好的波位顺序和起止时间发射基本脉冲串，直到需要的角度位置为止，下一扫描周期重复前面的过程。干扰波位数即基本脉冲串越多，持续干扰时间越长，干扰扇面越大。控制发射的波位数就能控制干扰扇面。

　　由于前面提到过的原因，干扰单目标跟踪雷达跟踪状态的多假目标可用等幅等间隔脉冲串。干扰搜索雷达的假目标既要有进攻性或威胁性，又要有随机性。随机性是指假目标应有不同的距离、角度、运动方向、运动速度和幅度。具有进攻性或威胁性是指有一直逼近对方重要目标的编队假目标或模拟某种杀伤性武器的假目标。与干扰单目标跟踪雷达的多假目标相比，干扰搜索雷达的脉冲串在结构上有以下两点要求：一、除模拟编队假目标的脉冲间隔、幅度、移动速度和移动方向具有一定的相关性外，其余脉冲串内的假目标为非等幅等间隔分布，使其在距离分布上呈现随机性；二、假目标数量大且能连续覆盖较大的距离和角度范围。

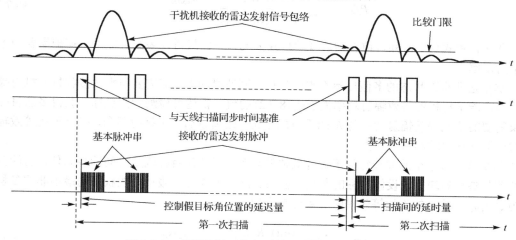

图 8.7.2　多假目标干扰与雷达天线扫描同步示意图

搜索雷达的天线波束窄，照射目标时间短。照射期间的目标位置变化很小，脉冲到脉冲之间的变化更小。搜索雷达的天线扫描周期长，运动目标在扫描到扫描之间可能有较大位置变化。干扰这种雷达的多假目标宜采取扫描到扫描改变距离和角度，在照射期间只与发射脉冲同步，不必逐个接收脉冲改变假目标的位置。为了有欺骗性，多假目标的位置分布、运动速度和方向以及幅度都应具有一定的随机性，具体要求和实施方法见 8.7.3.2 节。

8.7.2.2　获得干扰效果的功率条件

多假目标要起干扰作用，雷达必须发现它。雷达发现假目标的概率与干噪比有关，干噪比越高，检测概率越高。获得多假目标干扰效果的功率条件就是干噪比大于受干扰雷达接收机的工作灵敏度，可具体化为使雷达按要求概率发现假目标需要的干噪比。它也是使假目标在角度上环绕在真目标周围和模拟目标大小及其起伏特性的基本条件。如果干扰跟踪雷达，干扰功率还需满足获得要求干扰效果的条件。

雷达检测假目标的过程及其条件与检测真目标完全相同。在搜索状态，判断有无目标存在的标准是检测门限。如果采用黎曼皮尔逊检测准则，检测门限由要求的虚警概率预先确定。如果已知雷达接收机的工作灵敏度和装备的配置关系，可把功率条件转换成对干扰等效辐射功率的要求。设 P_{rmin}、G_t 和 G_{rj} 分别为雷达接收机的工作灵敏度、接收天线的最大增益和在干扰机方向的增益，由侦察方程得获得多假目标干扰效果需要的最小干扰等效辐射功率：

$$P_j G_j = P_{rmin} \frac{(4\pi)^2 R_j^2 L_j}{G_{rj} \lambda^2 L_r} e^{0.23\delta R_j} \tag{8.7.1}$$

式中，R_j 为雷达到干扰机的距离，其他符号的定义见式 (8.3.37) 和式 (8.3.39)。式 (8.7.1) 适合自卫干扰。设干扰平台与保护目标相对雷达的张角为 θ_j，θ_j 一般小于 90 度而大于雷达天线波束半功率宽度 $\theta_{0.5}$，由式 (3.7.19) 得雷达天线在干扰方向的增益：

$$G_{rj} = k_a \left(\frac{\theta_{0.5}}{\theta_j} \right)^2 G_t$$

把上式代入式(8.7.1)并整理得多假目标用于掩护干扰需要的等效辐射功率:

$$P_j G_j = P_{rmin} \frac{(4\pi)^2 R_j^2 L_j}{\lambda^2 L_r k_a G_t} \left(\frac{\theta_j}{\theta_{0.5}}\right)^2 e^{0.23\delta R_j} \tag{8.7.2}$$

比较式(8.7.1)和式(8.7.2)知,前者是后者的特殊情况。下面只讨论多假目标用于掩护需要的干扰等效辐射功率。

干扰雷达非跟踪状态的多假目标不需要与目标回波拼功率,但需要与雷达接收机的机内噪声较量功率。若干扰机的等效辐射功率大于式(8.7.2)的值,雷达可检测到假目标。获得多假目标干扰效果需要的干扰等效辐射功率与 R_j 的平方成正比,距离越远对干扰越不利,确定干扰等效辐射功率时应取作战要求的最大距离。

式(8.7.2)是按单个脉冲计算的干扰等效辐射功率。只要假目标满足时间同步条件,它能获得雷达的非相参积累增益。设假目标的非相参积累脉冲数为 N_{3dB},假目标能获得的最小非相参积累增益为 $\sqrt{N_{3dB}}$ 。此时的干扰等效辐射功率可减少到:

$$P_j G_j = \frac{P_{rmin}}{\sqrt{N_{3dB}}} \frac{(4\pi)^2 R_j^2 L_j}{\lambda^2 L_r k_a G_t} \left(\frac{\theta_j}{\theta_{0.5}}\right)^2 e^{0.23\delta R_j} \tag{8.7.3}$$

如果干扰与雷达发射脉冲同步较好且干扰时间能覆盖雷达照射目标的全部时间,则 N_{3dB} 由式(2.4.11)确定,否则需要根据具体情况计算假目标的非相参积累脉冲数或确定一个合理的积累增益打折系数。

如果不能确切知道雷达接收机的工作灵敏度或要求检测假目标的概率与雷达的指标不同,则用雷达检测因子计算干扰等效辐射功率。只要已知雷达的虚警概率和要求雷达检测假目标的概率,就能从雷达检测特性曲线(见图6.4.8)查出需要的最小信噪比。若不知道雷达要求的虚警概率,可用其统计数据。搜索雷达的虚警概率一般为 10^{-5} 。设根据雷达要求的虚警概率和干扰方要求的假目标检测概率从雷达检测特性曲线查到的检测因子为 D^2,D^2 相当于满足要求的检测概率和虚警概率需要的单个脉冲的最小干噪比。把它和机内噪声功率 N 代入式(8.7.3)得达到规定假目标检测概率需要的最小干扰等效辐射功率:

$$P_j G_j = \frac{D_2 KT\Delta f_n F_n}{\sqrt{N_{3dB}}} \frac{(4\pi)^2 R_j^2 L_j}{\lambda^2 L_r k_a G_t} \left(\frac{\theta_j}{\theta_{0.5}}\right)^2 e^{0.23\delta R_j} \tag{8.8.4}$$

机内噪声功率 N 等于:

$$N = KT\Delta f_r F_n$$

上式有关符号的定义见6.4.2.6节。

目前已有基于多个脉冲的积累检测因子与检测概率和虚警概率的近似公式,如式(6.4.18a)所示。这里用 D_n 表示基于多脉冲的积累检测因子:

$$D_n = \frac{X_0}{4n_e} \left(1 + \sqrt{1 + \frac{16n_e}{\xi X_0}}\right)$$

设雷达对假目标的非相参积累脉冲数 $N_{3dB} = n_e$,式(8.7.4)可表示为

$$P_j G_j = D_n KT\Delta f_n F_n \frac{(4\pi)^2 R_j^2 L_j}{\lambda^2 L_r k_a G_t} \left(\frac{\theta_j}{\theta_{0.5}}\right)^2 e^{0.23\delta R_j} \tag{8.7.5}$$

如果已知保护目标的大致位置，假目标不必覆盖雷达的全部作战区域，只需环绕在真目标周围即可。选择适当的 θ_j，可使假目标在角度上环绕保护目标。θ_j 与装备的配置有关，按照 7.3.5 节的方法能估算不同配置需要的 θ_j。

多假目标干扰效果的表示形式较多，都与假目标数有关，将 θ_j 转换成受干扰雷达的角分辨单元数更方便估算干扰效果和设计多假目标干扰样式。要确定 θ_j 覆盖的角分辨单元数，需要知道雷达角分辨单元的大小。雷达角分辨常数 Δ_v 等于：

$$\Delta_v = \frac{1}{f_0 L_e} \tag{8.7.6}$$

式中，f_0 和 L_e 分别为雷达的工作频率和天线有效孔径长度。设天线的照射函数为 $I(x)$，则

$$L_e = \left[\int_{-\infty}^{\infty} |I(x)|^2 \mathrm{d}x \right] \Big/ \left[\int_{-\infty}^{\infty} |I(x)|^4 \mathrm{d}x \right]$$

式 (8.7.6) 是雷达的理论角分辨率，是对稳定目标和理想照射函数的，其值很高。实际目标不但几何形状不规则，而且其雷达截面随机起伏，导致雷达接收信号幅度随机起伏，影响实际角分辨能力。雷达的实际角分辨率用概率描述。已经证明[2]保精度（测角精度）又能分辨两目标的最小角度为：单脉冲雷达 $1.3\theta_{0.5}$（$\theta_{0.5}$ 为天线波束半功率宽度），锥扫雷达 $1.7\theta_{0.5}$。如果不保角度测量精度且两目标回波信号的幅度相等，雷达分辨它两的最小角度间隔为 $0.85\theta_{0.5}$。假目标以个为单位，要在角度上形成离散假目标，它们之间的角度间隔必须大于雷达的角分辨单元。干扰信号比较稳定且形状较规则，雷达分辨它们的角度较小，本书把 $\theta_{0.5}$ 作为形成角度离散假目标的最小角度间隔。

设多假目标在方位和俯仰上的平均角度间隔分别为 $\Delta\theta_\alpha$ 和 $\Delta\theta_\beta$，其值大于雷达的角分辨单元，多假目标在方位和俯仰面的覆盖区域可表示为

$$\begin{cases} \theta_{j\alpha} = n_\alpha \Delta\theta_\alpha \\ \theta_{j\beta} = n_\beta \Delta\theta_\beta \end{cases} \tag{8.7.7}$$

式中，n_α 和 n_β 分别为要求干扰在方位和俯仰上覆盖的雷达角分辨单元数，$\theta_{j\alpha}$ 和 $\theta_{j\beta}$ 相当于有效干扰要求覆盖的方位和俯仰范围。如果雷达天线两个面的波束宽度相等，以下关系成立：

$$\begin{cases} \Delta\alpha = \Delta\beta = \Delta\theta \\ n_\alpha = n_\beta = n_\theta \end{cases}$$

$$\theta_j = \theta_{j\alpha} = \theta_{j\beta} = n_\theta \Delta\theta \tag{8.7.8}$$

为了后面应用方便，将雷达的一个角分辨单元（方位角和俯仰角分辨单元之组合）称为一个波位，式 (8.7.8) 中的 n_θ 就是干扰覆盖 θ_j 角度范围需要的波位数。

如果干扰天线的俯仰波束宽度大于雷达天线的俯仰波束宽度，估算干扰等效辐射功率时，不必仔细考虑俯仰面的干扰覆盖情况。下面只讨论方位面的多假目标干扰问题。把 $\theta_j = n_\theta\theta_{0.5}$ 分别代入式 (8.7.3)、式 (8.7.4) 和式 (8.7.5) 得三种干扰等效辐射功率的数学模型：

$$P_j G_j = \begin{cases} P_{\mathrm{rmin}} \dfrac{(4\pi)^2 R_j^2 L_j}{\lambda^2 L_r k_a G_t} n_\theta^2 \mathrm{e}^{0.23\delta R_j} \\[4mm] \dfrac{D^2 K T \Delta f_n F_n}{\sqrt{N_{3\mathrm{dB}}}} \dfrac{(4\pi)^2 R_j^2 L_j}{\lambda^2 L_r k_a G_t} n_\theta^2 \mathrm{e}^{0.23\delta R_j} \\[4mm] D_n K T \Delta f_n F_n \dfrac{(4\pi)^2 R_j^2 L_j}{\lambda^2 L_r k_a G_t} n_\theta^2 \mathrm{e}^{0.23\delta R_j} \end{cases} \tag{8.7.9}$$

当假目标的脉冲参数、幅度和空间分布与目标相似时，自动目标检测器一般不能区分真假。只要雷达接收的干扰功率大于其工作灵敏度，自动目标检测器就会把假目标当真目标录取。如果雷达有人工操作，估算干扰功率时必须考虑人为因素的影响。为了不让操作员从幅度上区分真假，干扰功率既不能太大于也不能太小于目标回波功率，应仔细设计假目标的幅度分布，使其覆盖真目标的幅度变化范围。

上面有关多假目标的干扰等效辐射功率只适合搜索雷达或跟踪雷达的搜索状态。要用多假目标干扰雷达的跟踪状态，如拖距干扰等，干扰要与目标回波拼功率。根据干扰方程和拖引式欺骗干扰原理，可估算多假目标有效干扰自动目标跟踪器需要的干扰等效辐射功率。设有效干扰跟踪器需要的干信比为 J/S，干扰机的等效辐射功率为

$$P_jG_j = \frac{P_tG_t\theta_j^2}{k_a\theta_{0.5}^2}\frac{\sigma}{4\pi}\frac{L_j}{L_r}\frac{R_j^2}{R_t^4}\frac{J}{S}\mathrm{e}^{0.23\delta(R_j-2R_t)} \tag{8.7.10}$$

令式 (8.7.10) 中的 $R_t=R_j$，$\theta_j = \theta_{0.5}\sqrt{k_a}$，该式就能用于自卫干扰。它需要的干扰等效辐射功率为

$$P_jG_j = \frac{P_tG_t}{R_t^2}\frac{\sigma}{4\pi}\frac{L_j}{L_r}\frac{J}{S}\mathrm{e}^{0.23\delta R_t} \tag{8.7.11}$$

如果 J/S 是根据要求的干扰有效性确定的，它就是压制系数。

8.7.3　多假目标干扰雷达的构成和使用条件

与单假目标欺骗干扰一样，获得多假目标欺骗干扰效果也需要满足一定的实施步骤或使用条件。因该样式干扰跟踪器和目标检测器的原理不同，故实施步骤、使用条件和对其构成的要求也不同。单、多假目标干扰跟踪器的实施步骤和使用条件基本相同，对多假目标的构成要求较少。干扰搜索雷达的多假目标不但构成复杂，要求的使用条件也较多。

8.7.3.1　多假目标干扰跟踪雷达的构成和实施步骤

多假目标和单假目标一样能干扰距离、速度和角度自动目标跟踪器。可以说，凡是能用单假目标干扰的跟踪器都能使用多假目标，而且两者的实施步骤和使用条件基本相同。干扰自动目标跟踪器的假目标必须含有假信息，虽然干扰不同跟踪器的假信息表示形式不同，但其产生方法相似。这里以多假目标干扰自动距离跟踪器为例，说明干扰跟踪器的多假目标的构成、实施步骤和使用条件。

对受干扰雷达而言，一个干扰脉冲就是一个假目标。多假目标拖距干扰样式可看作是具有特定关系的脉冲串。单、多假目标的拖距方式基本相同，其中以下两种使用较多：

① 与当前接收的雷达发射脉冲逐个同步的距离后拖脉冲串；
② 与前一周期接收的雷达发射脉冲逐个同步的距离前拖脉冲串。

图 8.7.3 是多假目标距离后拖干扰样式的结构和实施过程示意图。为了方便后面的说明，把图中第 1、2 两个接收脉冲间的干扰脉冲串称为基本脉冲串，其他接收脉冲间的干扰是基本脉冲串的整体延时。将第一个完整的距离后拖干扰周期称为基本拖引周期，以后的拖引周期完全重复基本拖引周期。一个完整的拖引周期包括俘获、拖引、停拖和关干扰四个步骤或四个拖引阶段。如果没有附带干扰其他跟踪器的任务，只有俘获、拖引和关干扰三个步骤。

多假目标距离后拖样式的基本脉冲串由等幅等间隔脉冲组成，脉冲串的长度远小于受干扰雷达的脉冲重复间隔，每个脉冲的视频参数与雷达脉冲相同或相似。脉冲间隔约大于雷达的距离分辨单元。对脉冲个数没有严格要求，但其数量应能体现出一个"多"字。

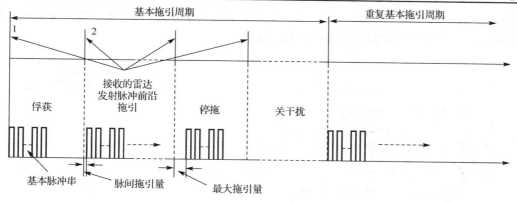

图 8.7.3　多假目标距离后拖干扰样式的结构和实施步骤示意图

俘获阶段的持续时间与单假目标距离后拖完全相同。俘获结束进入拖引阶段。拖引以基本脉冲串为单位逐个接收脉冲后移，脉间移动量和一个拖引周期的最大移动量同单假目标距离后拖。拖引过程一直持续到要求的最大拖引量，然后停拖或关干扰。如果雷达再次跟踪目标，则重复基本拖引周期，直到要求的最小干扰距离为止。若把基本脉冲串当作一个大脉冲，这种干扰的实施步骤和有效干扰条件与单假目标拖距干扰完全相同。对实施步骤和有效干扰条件的具体要求详见8.3.1 节和 8.3.2 节。

图 8.7.4 为多假目标距离前拖干扰样式的组成、结构和实施过程示意图。其中 T 和 ΔT 分别为受干扰雷达的脉冲重复周期和干扰领前量。所谓领前是相对干扰机当前接收的雷达发射脉冲而言的。比较图 8.7.3 和图 8.7.4 知，两种干扰脉冲串的组成和结构基本相同，都是等幅等间隔脉冲，脉冲的视频参数与雷达脉冲相似。距离前拖脉冲串的长度必须覆盖下一周期雷达接收的目标回波脉冲。基本脉冲串和基本拖引周期的定义与多脉冲距离后拖相同。拖引步骤究竟是四步还是三步由实际需要确定。在设计和实施多脉冲拖距干扰样式时，要注意前拖和后拖的差别。该差别有三点：一、前拖与发射脉冲同步的不是当前接收的雷达发射脉冲，而是领前脉冲。产生领前脉冲的同步基准是前一周期接收的雷达发射脉冲的前沿，相当于领前当前接收脉冲 ΔT 时间。虽然距离前拖的基本脉冲串也是等幅等间隔的，但是间隔和宽度不是任意的，必须保证在俘获期间有干扰脉冲能与目标回波重叠。二、拖引以领前脉冲为参考基准逐个领前脉冲整体前移基本脉冲串。脉间移动量和一个基本拖引周期的最大移动量同距离后拖。三、距离前拖干扰先于当前接收的雷达发射脉冲，回答式干扰机必须存储雷达前一个发射脉冲的载频。为了产生稳定的领前脉冲，需要准确知道受干扰雷达的脉冲重复周期。

距离后拖的最大有利之处是雷达的射频、重频捷变不影响干扰效果。其不足在于：一、干扰机的固有延时和雷达脉冲前沿跟踪技术影响干扰效果。二、只能用于自卫和距离后拖。这是因为，在俘获阶段至少需要有一个干扰脉冲能在时间上与目标回波重合或大部分重合，为此必须知道雷达发射脉冲到达保护目标的时间，就现有干扰技术而言，只有自卫干扰能做到。自卫干扰保护的目标就是干扰平台本身，干扰机收到雷达发射脉冲的时刻就是其发射脉冲到达保护目标的时刻。回答式干扰机可从接收脉冲前沿获取雷达载频，接着就能实施干扰，能做到干扰脉冲与目标回波的主要部分重叠。三、在俘获阶段，干扰脉冲与目标回波重叠，存在收、发隔离问题。回答式干扰机能在接收脉冲前沿完成射频存储，其余时间进行干扰。用时分割技术能解决这种收、发隔离问题。图 8.7.5 为时分割收、发时序关系示意图。接收窗口一直打开等着雷达发射脉冲到来，一旦收到雷达发射脉冲并完成射频存储。立即关闭接收窗口和打开发射窗口实施干扰。干扰发射结束，立即关闭发射窗口并打开接收窗口。如此周而复始地重复下去。图中收、发之间和发、收之间的时间间隔需要根据实际器件的响应时间适当调整。

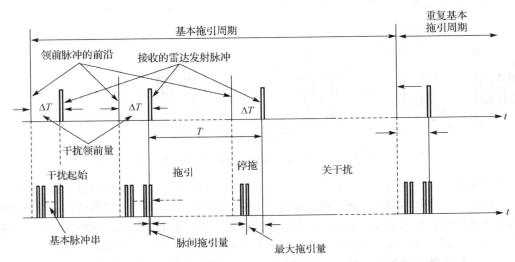

图 8.7.4　多假目标距离前拖干扰样式的结构和实施步骤示意图

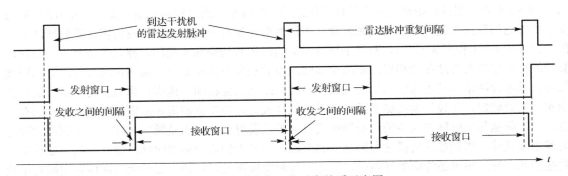

图 8.7.5　时分收、发时序关系示意图

与多脉冲距离后拖相比，距离前拖的特点是，一、干扰脉冲领前目标回波，干扰机的固有延时和雷达的脉冲前沿跟踪技术都不影响干扰效果，即使雷达脉宽小于干扰机的固有延时也是如此。二、既能进行距离前拖，也能实现距离后拖。多假目标距离前拖的不足在于：一、只能干扰固定参数的雷达。雷达的重频或/和射频随机变化严重影响干扰效果，甚至能使干扰完全无效。二、和距离后拖一样存在收、发隔离问题。因干扰领前并完全覆盖接收脉冲，不能用时分割技术解决此种收、发隔离问题，只能依靠空间隔离。此要求大大限制了该样式的使用范围。三、和距离后拖一样，需要准确知道保护目标到雷达的距离，也只能用于自卫。

多假目标距离拖引式欺骗干扰可用等幅等间隔脉冲串。设计基本脉冲串比较简单，利用数字技术产生和实施这种干扰十分方便。

8.7.3.2　多假目标干扰搜索雷达的构成和使用条件

自动目标跟踪器识别目标的能力差，基本脉冲串可由等幅等间隔脉冲组成，对数量也没有严格要求。干扰搜索雷达的多假目标结构复杂，使用条件多。搜索雷达与跟踪雷达不同，它的搜索范围宽、目标多，用于区分真、假的信息较多。除波形参数外，对假目标的数量、分布形式、脉冲串的构成（在距离上的分布形式）、运动规律、幅度起伏特性和持续存在时间等都有要求。具体要求与假目标的形式有关。在形式上，干扰搜索雷达的多假目标有以下三种：

① 遍布受干扰雷达的防区；

② 环绕在真目标周围；

③ 在一般多假目标干扰背景上有少量特殊假目标。

多假目标干扰搜索雷达的目的是使其丢失真目标或丢失真目标而录取假目标，降低用真目标引导跟踪雷达的概率。第一种形式的多假目标纯粹在于使受干扰雷达的信号或/和数据处理过载而丢失真目标。获得这种干扰效果有两个条件：一个是雷达可检测到的真假目标数必须很大，大于雷达能处理的最大目标数。另一个是假目标遍布雷达防区。这是因为许多雷达通过限制每个波位上的接收目标数来防止信号或数据处理器过载。要对付这种抗干扰措施，多假目标不能集中在少数波位上，最好遍布受干扰雷达的整个防区。设真目标数为 n_t，受干扰雷达检测真、假目标的概率分别为 P_{dt} 和 P_{df}，干扰机需要产生的假目标数应大于：

$$n_j > \frac{N_{st} - n_t P_{dt}}{P_{df}} \qquad (8.7.12)$$

式中，N_{st} 为有效干扰要求的目标数即此种情况的干扰有效性评价指标。如果保护目标较少，上式可近似为

$$n_j > \frac{N_{st}}{P_{df}} \qquad (8.7.13)$$

除假目标的分布和数量外，其他条件应满足 8.7.2.1 节的有关要求。

第二种形式的多假目标主要在于降低用真目标引导跟踪雷达的概率，类似于冲淡式干扰作用。搜索雷达特别是目标指示雷达要用录取的目标引导跟踪雷达，跟踪雷达能同时跟踪的目标数远小于搜索雷达能处理或录取的最大目标数。如果搜索雷达录取了大量真假目标且不能区分真假，只能选择少量目标引导跟踪雷达。假目标在录取的真假目标总数中占的比例越大，真目标得到保护的概率就越大，这就是多假目标的冲淡式干扰作用。要获得这种干扰效果，多假目标除了应满足 8.7.2.1 节的有关条件外，还要满足以下两个条件：

（1）假目标环绕在真目标周围。假目标环绕在保护目标周围有四个作用：一、能获得类似冲淡式的干扰作用，降低保护目标被跟踪的概率。二、使部分假目标的威胁级别高于真目标，增加雷达录取假目标和用其引导跟踪雷达的概率。三、与第一种形式的多假目标相比，可用较少的假目标获得需要的干扰效果。四、增加数据处理难度和参数测量误差，严重时可中断真目标的航迹。

（2）受干扰雷达能录取的假目标数应满足有效干扰的要求。雷达检测到的目标必须经过真假识别、属性识别、作战意图分析和威胁程度判断等处理。雷达检测假目标的概率、假目标的品质因素和威胁程度等都会影响雷达录取假目标的概率或数量。设假目标环绕 A 个真目标，干扰机需要产生的假目标数应大于等于：

$$n_j \geq \frac{A}{\eta_{md} P_{gst} P_{df}} \qquad (8.7.14)$$

式中，η_{md} 和 P_{gst} 分别为假目标的品质因素和有效干扰要求用真目标引导跟踪雷达的概率。

第三种形式的多假目标在于把敌方的注意力从真目标转移到假目标上。这种样式由两类假目

标组成：背景假目标和特殊假目标。背景假目标大范围、近似均匀分布，不刻意环绕在真目标周围，但数量应足够大。背景假目标的组成和结构要求与第一种形式的多假目标相似。特殊假目标以前一类假目标为背景，模拟编队目标、攻击性武器或反辐射导弹等。对这类假目标的要求是航迹或运动轨迹较稳定且持续时间较长，运动趋势直逼对方的重要目标或受干扰雷达，给对方造成一定威胁以吸引其注意力。

设计干扰搜索雷达或目标指示雷达的多假目标样式可参考以下四个步骤：

(1)确定假目标的总数和基本脉冲串的总数。根据干扰目的、干扰有效性评价指标和保护目标数以及多假目标的分布形式，用式(8.7.12)～式(8.7.14)之一确定干扰机需要产生的假目标总数。根据要求的干扰扇面和受干扰雷达的波位大小，把干扰扇面换算成波位数。波位数就是要设计的基本脉冲串的总数。

(2)确定基本脉冲串的参数。基本脉冲串的主要参数包括假目标数、基本脉冲串的长度、假目标在距离和角度上的分布、与雷达天线扫描同步基准或基本脉冲串的发射顺序等。根据假目标总数、基本脉冲串总数和三种分布形式，可给每个基本脉冲串分配假目标数。为了增加欺骗性，应使相邻波位的假目标数不等。每个波位的假目标在距离上也不能均匀分布。根据要求的距离覆盖范围确定基本脉冲串的长度。第一种和第三种形式的背景多假目标要覆盖雷达的整个防区，基本脉冲串的长度近似覆盖雷达的整个脉冲重复间隔。根据要求假目标覆盖的扇区位置，确定它与雷达天线扫描同步的基准和发射基本脉冲串的顺序。第二种形式的多假目标要环绕在保护目标周围，只需在距离和角度上覆盖保护目标的对应参数范围。根据该角度和距离覆盖范围确定干扰的波位数和基本脉冲串的长度。此外，还需要确定以下两个参数：一、干扰的起始和结束波位；二、每个波位的干扰起始和结束距离。第三种形式中的特殊假目标数量少，具体数量、运动规律等需要根据实际模拟对象确定。

(3)确定基本脉冲串的运动参数。在同一扫描周期内，第一、二种和第三种的背景假目标的基本脉冲串只整体与接收的雷达发射脉冲同步，不需逐个接收脉冲延时，但要按一定规律逐个扫描周期移动基本脉冲串并调整其内部结构。除上述要求外，第二种形式的多假目标需要与保护目标整体同步移动，运动规律与保护目标相同。特殊假目标数量少，运动规律明确且与保护目标无关。在保持特殊假目标内部结构不变的前提下，逐个扫描周期整体同步延时特殊假目标，延时量由模拟对象确定，

(4)设计基本脉冲串。干扰搜索雷达的基本脉冲串组成复杂、使用同样复杂，现场产生这些样式需要较多时间，可预先设计成模版并存储起来，实施时一帧帧直接调用。设计基本脉冲串是设计假目标干扰样式的主要工作。第(1)～(3)步确定了设计基本脉冲串的要素，可独立设计每个波位的基本脉冲串。

实施干扰搜索雷达的多假目标除了要与接收的雷达发射脉冲同步外，还要与受干扰雷达的天线扫描同步。具体实现方法见8.7.2.1节。

8.7.4　多假目标干扰跟踪雷达的效果和干扰有效性

表示单、多假目标干扰跟踪雷达的效果和作战效果的参数相同。其中拖距干扰效果包括拖引成功率、跟踪误差和干信比等，作战效果主要是摧毁概率或生存概率。

干扰机有固有延时，干扰脉冲有间隔而且跟踪波门较窄。在俘获和拖引初期，多脉冲距离后拖真正能起干扰作用的只有第一个脉冲，距离前拖只有最后一个脉冲。其他的要么进不去跟踪波门，要么与目标回波重叠太少，干扰作用很小。从本质上看，单、多假目标距离拖引式欺骗干扰原理、有效干扰条件、实施步骤和有效干扰需要的干信比相同。对于自卫多假目标距离后拖干扰，

只要单、多假目标的干扰条件相同，它们的干扰效果、作战效果和干扰有效性完全相同，8.3.4 节的有关数学模型也适合自卫多假目标距离后拖干扰。

不管是单假目标还是多假目标，也不管是距离前拖还是后拖，要想获得好的干扰效果，干扰必须与照射保护目标的雷达发射脉冲严格同步。距离前拖要预测雷达发射脉冲到达保护目标的时刻，提前产生干扰脉冲，不但要求雷达的载频和重频固定，还要求干扰机能精确测量雷达的脉冲重复周期并能准确稳定控制干扰提前量。如果能满足这些条件，只要适当调整干扰脉冲的间隔或领前量，自卫多假目标距离前拖也能做到一开始就有干扰脉冲进入跟踪波门并与目标回波重叠，距离前拖各阶段的作用原理、实施步骤和有效干扰条件与距离后拖无本质差别。可用距离后拖的有关数学模型计算此条件下距离前拖的干扰效果、作战效果和干扰有效性。

除自卫干扰外，其他战术使用方式很难做到干扰与照射保护目标的雷达发射脉冲同步。无论距离前拖还是距离后拖，都会遭到额外干信比损失。对于距离前拖，如果领前量不能稳定控制，即使做到了干扰与照射保护目标的雷达发射脉冲同步，照样要遭到额外干信比损失。这种额外损失是跟踪器的时间常数引起的。拖距干扰要在雷达稳定跟踪目标后才实施，跟踪器的时间常数只影响干扰。俘获阶段不加任何假信息，纯粹转发雷达信号，就是为了减少各种干信比损失并让干扰尽可能多的进入目标所在的跟踪波门和维持足够长的干扰时间。同步不理想或提前量不稳定都会影响俘获阶段的干扰效果，引起额外干信比损失。如果从最坏的情况考虑，可把同步不理想或提前量不稳定当作无俘干扰获阶段处理。设选通波门宽度与目标回脉宽相同并等于 τ，干扰机的固有延时、跟踪器的时间常数和拖引速度分别为 $\Delta\tau$、T_t 和 V_τ，如果不计跟踪器积分环节的影响，干扰的额外电压损失为

$$L_t \approx \frac{\tau}{\tau - \Delta\tau}\left[1 - \exp\left(-\frac{\tau}{T_t V_\tau}\right)\right]^{-1} \tag{8.7.15}$$

设自卫干扰以一定速度拖走距离跟踪波门需要的电压干信比为 L_v，无俘获阶段拖走跟踪波门需要的电压干信比就是 $L_v L_t$。与有俘获干扰阶段相比，获得同样干扰效果需要的电压干信比要大 L_t 倍。由 8.3.2.2 节的分析知，只要用 $L_v L_t$ 代替式(8.3.21)中的 L_v，可得该条件下拖走距离跟踪器需要的最大和最小电压干信比：

$$\begin{cases} b_{rmm} = 2F_t' L_t L_v \\ b_{rmm} = F_t' L_t L_v \end{cases} \tag{8.7.16}$$

用 b_{rmm} 和 b_{rmm} 代替 8.3.4.2 节有关数学模型中的 b_{rmax} 和 b_{rmin} 可得此条件下的拖距干扰效果、作战效果和干扰有效性。

多假目标能干扰距离跟踪器，也能干扰速度和角度跟踪器。按照多假目标对距离跟踪器的干扰效果和作战效果的分析方法，容易得到该样式对速度和角度跟踪器的干扰效果和作战效果。

8.7.5　多假目标干扰搜索雷达的效果和干扰有效性

搜索雷达的种类多，其中目标指示雷达与武器控制系统或杀伤性武器联系较密切，本节以它为例讨论多假目标对搜索雷达的干扰效果和干扰有效性。虽然多假目标也能通过 AGC 和 CFAR 影响雷达目标检测和跟踪，但其作用原理、干扰现象和干扰效果与遮盖性干扰相似，详见第 6 和第 7 两章的有关内容。这里仅依据多假目标对搜索雷达的直接干扰作用评估干扰效果和干扰有效性。

8.7.5.1　表示干扰效果的参数和干扰有效性评价指标

评估干扰效果需要表示干扰效果的参数和评价其好坏的效率指标。6.5 节给出了选择该类参数的原则。它们与作战任务、干扰目的、干扰作用原理和受干扰影响装备的性能参数有关。

雷达干扰目的就是保护己方的目标免遭敌方雷达控制的武器摧毁或降低摧毁概率。武器系统有多种用途的雷达，干扰不同用途的雷达有不同的具体目的。搜索雷达和目标指示雷达不直接控制武器，其作用是目标发现、参数测量、目标识别或威胁程度评估等，直接、间接引导作战单元的跟踪雷达或为其指示目标。多假目标能干扰这两种雷达的目标检测、识别和目标指示。干扰目标检测的目的是使雷达丢失干扰保护的目标或/和产生大量虚警(检测到假目标)。干扰目标识别为的是让检测到的假目标能顺利进入引导环节。干扰目标引导则是为了用假目标替代真目标引导跟踪雷达，使保护目标不被雷达跟踪。多假目标也能干扰跟踪雷达的捕获搜索状态，目的在于使其发现假目标而丢失指示真目标。

8.7.1 节说明多假目标使雷达在目标检测环节丢失真目标的原理和条件。雷达能处理的目标数量有限，如果检测到的真假目标总数大于它能处理的最大目标数，信号或数据处理器就会过载。如果没有防止信号或数据处理器过载的措施，过载会使雷达完全丧失目标检测能力，不能发现任何目标。即使有过载保护措施，也不能完全消除过载的影响，仍然会增加丢失真假目标的概率。在目标检测环节丢失真目标的条件是，可检测到的真假目标总数超过雷达的目标处理能力，超过该能力越多，丢失真目标越多，干扰效果越好。多假目标干扰该环节的另一个作用是检测到大量假目标。丢失真目标就是发生漏警，检测到假目标就是发生虚警，雷达用漏警概率或发现概率和虚警概率共同表示目标检测性能，有具体的指标要求。可用丢失真目标的概率和检测假目标的概率表示干扰效果，用同风险准则可确定其干扰有效性评价指标。在一定条件下，可把丢失真目标和检测假目标的概率转换成丢失真目标和检测假目标数。按照类似的转换方法可得对应的干扰有效性评价指标。对于无过载保护措施的雷达，可用能检测到的真假目标总数表示干扰效果，把雷达能处理的最大目标数作为干扰有效性评价指标。

在目标识别环节，虽然多假目标与真目标回波脉冲重叠会增加参数测量误差，但该误差不超过检测单元的宽度，对识别真目标概率的影响不大，从对干扰不利的角度考虑，可认为干扰不影响识别真目标的概率。多假目标干扰识别环节纯粹在于欺骗即蒙混过关。可用错误识别(把假目标当真目标)的概率或通过识别的假目标数表示干扰效果。根据雷达要求的引导概率或捕获概率可推导出有关的干扰有效性评价指标。

雷达把通过识别的目标记录下来，送上级设备或显示给操作人员。目标指示雷达的上级设备是跟踪雷达，把经过识别的目标送上级设备就是引导跟踪雷达。指控系统的作战单元数和跟踪雷达能同时跟踪的目标数十分有限。如果用于引导的真假目标数超过被引导装备的跟踪能力且其不能从威胁级别区分真假和真假目标自身不可分，只能用部分录取的真假目标引导跟踪雷达，若目标指示雷达用假目标引导跟踪雷达，引导概率为 0，捕获概率必然为 0。可用真假目标引导跟踪雷达的概率或引导跟踪雷达的真假目标数表示多假目标对引导环节的干扰效果。由目标指示雷达的参数测量误差和跟踪雷达的捕获搜索范围可确定干扰有效性的引导概率评价指标。

多假目标既能干扰目标指示雷达或搜索雷达，也能干扰跟踪雷达的捕获搜索状态。捕获概率定义为引导概率和跟踪雷达在捕获搜索区发现指示目标的概率积。如果目标指示雷达用假目标引导跟踪雷达，捕获必然失败。如果虽然指示目标为真目标，但跟踪雷达在捕获搜索区发现的是假目标，捕获同样会失败。所以，无论多假目标是单独干扰目标指示雷达还是单独干扰跟踪雷达的捕获搜索状态，都会影响捕获概率，可用捕获真假目标的概率表示干扰效果。跟踪雷达对捕获概率有具体要求，由同风险准则可得有关的干扰有效性评价指标。

军用搜索雷达和目标指示雷达发现的目标直接、间接用于引导跟踪雷达。跟踪雷达直接控制武器和武器系统。干扰搜索雷达或目标指示雷达的结果能通过跟踪雷达影响武器或武器系统的作战能力，需要从作战效果评估干扰有效性。武器系统能对单目标作战，也能对多目标作战。表示作战效果的参数较多，包括摧毁概率、生存概率、摧毁所有目标的概率、目标生存概率、摧毁目标数和生存目标数等。

根据上面的分析和 6.5.3 节选择表示干扰效果参数的原则，可用以下 6 个参数表示多假目标对目标指示雷达或搜索雷达的干扰效果和作战效果：

① 可检测到的真假目标总数。此参数只适合无过载保护措施的雷达；
② 检测真假目标的概率或发现的真假目标数；
③ 录取真假目标的概率或通过识别而录取的真假目标数；
④ 用真假目标引导跟踪雷达的概率；
⑤ 捕获真假目标的概率；
⑥ 摧毁概率或生存概率和摧毁目标数或生存目标数等。

在上述 6 个参数中，前五个为干扰效果，反映多假目标干扰对搜索雷达自身作战能力的影响。第六个为作战效果，反映干扰结果对武器系统或武器综合作战能力的影响。上述干扰效果和作战效果对应的干扰有效性评价指标为

① 雷达能处理的最大目标数；
② 有效干扰对检测真假目标的概率或发现真假目标数的要求；
③ 有效干扰对录取真假目标的概率或录取真假目标数的要求；
④ 跟踪雷达要求的引导概率；
⑤ 跟踪雷达要求的捕获概率；
⑥ 作战要求的摧毁概率或生存概率和摧毁所有目标的概率或摧毁目标数等。

8.7.5.2　可检测的真假目标总数及干扰有效性

雷达都有最大处理目标数的性能指标。该指标的内涵是一旦要处理的目标数超过它，其信号或/和数据处理就会过载。过载要么使雷达丢失部分目标，要么使其完全丧失目标检测能力。多假目标干扰搜索雷达或目标指示雷达目标检测的直接效果就是使其信号或数据处理过载而降低目标检测概率。在一定条件下，可依据使雷达信号或/和数据处理过载的概率表示多假目标干扰效果和评估干扰有效性。

不管雷达检测到的是真目标还是假目标，都要进行识别等后续处理。只要可检测到的真、假目标总数超过其目标处理能力，信号或数据处理就会过载。如果只依据过载的可能性评估干扰效果，不必区分真假，就用雷达能检测到的真、假目标总数表示干扰效果和评估干扰有效性。

雷达要处理的目标一定是可检测到的目标。判断雷达信号或数据处理是否过载，必须估算雷达检测真、假目标的概率。真目标是干扰方要保护的目标，假目标是干扰机产生的，干扰方能知道雷达工作环境中存在的真、假目标数及其参数和装备的配置关系等，有条件计算雷达发现它们的概率。

和雷达支援侦察设备不同，雷达不会因脉冲重叠而丢失真目标。计算雷达发现真目标概率时，不必考虑脉冲重叠的影响。设雷达工作环境中有 n_t 个真目标，用雷达方程可估算它从每个真目标接收的信号功率。设雷达从第 i 个真目标接收的信号功率为 S_{ti}，机内噪声功率和杂波功率之和为 N_{zi}，信噪比为

$$S_{\mathrm{tn}i} = \frac{S_{\mathrm{t}i}}{N_{\mathrm{z}i}}$$

用该信噪比和 3.2.2.1 节检测概率的计算模型得搜索雷达或目标指示雷达检测或发现每个真目标的概率。设发现第 i 个真目标的概率为 $P_{\mathrm{dt}i}$，雷达可检测到的真目标数为

$$N_{\mathrm{t}} = \sum_{i=1}^{n_{\mathrm{t}}} P_{\mathrm{dt}i} \tag{8.7.17}$$

如果假目标由一部干扰机产生，没有脉冲重叠问题，干扰机能产生的假目标数就是受干扰雷达工作环境中存在的假目标数。干扰搜索雷达的假目标需要覆盖一定的扇面。因假目标多，可选择适当角度上的假目标，用侦察方程计算雷达从该假目标接收的干扰功率并把它近似为从任一假目标接收的干扰功率 $S_{\mathrm{j}i}$，其干噪比为

$$S_{\mathrm{jn}} = \frac{S_{\mathrm{j}i}}{N_{\mathrm{z}i}}$$

用 S_{jn} 替换 3.2.2.1 节有关检测概率模型中的信噪比得雷达检测任一假目标的概率，它近似等于雷达检测假目标的平均概率 $\overline{P}_{\mathrm{df}}$ 或检测第 i 个假目标的概率 $P_{\mathrm{df}i}$。设雷达工作环境中有 n_{f} 个假目标，它能检测到的假目标数为

$$N_{\mathrm{f}} = \sum_{i=1}^{n_{\mathrm{f}}} P_{\mathrm{df}i} = n_{\mathrm{f}} \overline{P}_{\mathrm{df}} \tag{8.7.18}$$

与雷达发射脉冲同步的假目标能获得雷达的非相参积累增益。计算雷达在多脉冲基础上检测假目标要注意两点：第一点是，如果干扰与雷达发射脉冲同步较差，积累脉冲数可能低于 $N_{3\mathrm{dB}}$ [见式 (2.4.11)]。处理这种问题的方法是用 $\mu N_{3\mathrm{dB}}$ 作为积累脉冲数，μ 是小于等于 1 的打折系数，其值应根据干扰与雷达发射脉冲的同步情况而定；第二点是雷达接收的假目标功率与距离平方成反比，计算干噪比时必须用最大干扰距离。

雷达能检测到的真、假目标总数为

$$n_{\mathrm{s}} = N_{\mathrm{t}} + N_{\mathrm{f}} = \sum_{i=1}^{n_{\mathrm{t}}} P_{\mathrm{dt}i} + \sum_{i=1}^{n_{\mathrm{f}}} P_{\mathrm{df}i} \tag{8.7.19}$$

雷达目标以个为单位，对上式取整得：

$$n_{\mathrm{s}} = \mathrm{INT} \left\{ \sum_{i=1}^{n_{\mathrm{t}}} P_{\mathrm{dt}i} + \sum_{i=1}^{n_{\mathrm{f}}} P_{\mathrm{df}i} \right\} \tag{8.7.20}$$

在这里 n_{s} 就是该条件下的干扰效果。设雷达能处理的最大目标数为 N_{rst}，干扰有效性评价指标为

$$N_{\mathrm{st}} = N_{\mathrm{rst}} + 1 \tag{8.7.21}$$

可检测到的真、假目标总数为效益型指标，用式 (1.2.4) 判断干扰是否有效，其判别式为

$$\begin{cases} \text{干扰有效} & n_{\mathrm{s}} \geqslant N_{\mathrm{st}} \\ \text{干扰无效} & \text{其他} \end{cases} \tag{8.7.22}$$

如果雷达能检测到的假目标数远大于真目标数，可忽略真目标的影响，直接用可检测到的假目标数判断雷达信号或数据处理是否过载。此时，N_{f} 相当于干扰效果。

雷达能处理的目标数很大，人为有意干扰使雷达能检测到的真假目标数也会很大，用类似式(3.2.18a)和式(3.2.18b)的模型计算干扰有效性的工作量很大。这里用发现真假目标的平均概率近似估算干扰有效性。由实际存在的和可检测到的真假目标总数得雷达检测真假目标的平均概率：

$$P_{tf} = \frac{\sum\limits_{i=1}^{n_t} P_{dti} + \sum\limits_{i=1}^{n_f} P_{dfi}}{n_t + n_f} = \frac{\sum\limits_{i=1}^{n_t} P_{dti} + n_f \bar{P}_{df}}{n_t + n_f} \tag{8.7.23}$$

设 $n_{zs}=n_t+n_f$，可检测到的真、假目标总数超过 N_{st} 的概率就是该条件下的干扰有效性：

$$E_{ov} = \begin{cases} \sum\limits_{n=N_{st}}^{n_{zs}} C_{n_{zs}}^n P_{tf}^n (1-P_{tf})^{n_{zs}-n} & N_{st} < n_{zs} \\ 0 & 其他 \end{cases} \tag{8.7.24}$$

如果 $n_{zs}>10$ 和 $P_{tf}\leqslant0.1$ 或 $1-P_{tf}\leqslant0.1$，可用泊松分布近似计算二项式分布的概率，式(8.7.24)可近似为

$$E_{ov} = \begin{cases} e^{-n_{zs}P_{tf}} \sum\limits_{n=N_{st}}^{n_{zs}} \dfrac{(n_{zs}P_{tf})^n}{n!} & P_{tf} \leqslant 0.1 \\ 1-e^{-n_{zs}(1-P_{tf})} \sum\limits_{n=N_{st}}^{n_{zs}} \dfrac{[n_{zs}(1-P_{tf})]^n}{n!} & 1-P_{tf} \leqslant 0.1 \end{cases} \tag{8.7.25}$$

如果 $0.1\leqslant P_{tf}\leqslant0.9$ 和 $\sqrt{n_{zs}P_{tf}(1-P_{tf})}\geqslant3$，可用正态分布近似计算式(8.7.24)的值，即

$$E_{ov} = \Phi'\left[\frac{n_{zs}-n_{zs}P_{tf}}{\sqrt{n_{zs}P_{tf}(1-P_{tf})}}\right] - \Phi'\left[\frac{N_{st}-n_{zs}P_{tf}}{\sqrt{n_{zs}P_{tf}(1-P_{tf})}}\right] \tag{8.7.26}$$

$\Phi'(*)$ 的定义见式(3.2.18)。如果假目标数很大，满足 $n_t \ll n_f$ 的条件，式(8.7.24)可近似为

$$E_{ov} = \begin{cases} \sum\limits_{n=N_{st}}^{n_f} C_{n_f}^n \bar{P}_{df}^n (1-\bar{P}_{df})^{n_f-n} & N_{st} < n_f \\ 0 & 其他 \end{cases} \tag{8.7.27}$$

如果式(8.7.27)满足式(8.7.25)和式(8.7.26)的有关条件，可进行类似的近似计算。

多数高速运动平台的雷达兼有搜索和跟踪两种功能。搜索过程及其工作方式与搜索雷达相同，上述模型也适合这种雷达的搜索工作状态。

8.7.5.3　检测真、假目标的概率和干扰有效性

不少军用雷达有过载保护措施，式(8.7.22)和式(8.7.24)不适合这种雷达。过载保护的原理就是限制采集目标数。如有的雷达限定每个波位上的目标数，当其超过限定值时，只处理规定数量的目标，有意丢掉后面的数据。虽然该措施有防止雷达因过载完全丧失目标检测能力的作用，但不能完全消除过载的影响，仍有可能丢失真目标或保护目标。搜索雷达一般不知道真目标的出现位置，有的可能被过载保护措施限掉，成为漏警。对于这种雷达，可用检测真假目标的概率表示多假目标干扰效果。

　　设雷达、干扰机和真、假目标参数以及装备配置关系等与 8.7.5.2 节完全相同。考虑过载影响后，雷达检测第 i 个真、假目标的概率 $P_{\mathrm{ot}i}$ 和 $P_{\mathrm{of}i}$ 分别为

$$\begin{cases} P_{\mathrm{ot}i} = (1 - E_{\mathrm{ov}})P_{\mathrm{dt}i} \\ P_{\mathrm{of}i} = (1 - E_{\mathrm{ov}})P_{\mathrm{df}i} \end{cases} \tag{8.7.28}$$

式 (8.7.28) 符号的定义见 8.7.5.2 节。前一节说明雷达检测第 i 个假目标的概率近似等于检测任一个假目标的平均概率，有过载保护措施也是如此，即 $P_{\mathrm{of}i}$ 就是有过载保护时雷达检测任一假目标的概率，下面用 P_{of} 表示。

　　干扰要保护多个真目标，干扰有效性评价指标是要求雷达发现所有真目标的概率 P_{tst} 或要求发现真目标的最大数 N_{tst}。两种评价指标可相互转换，转换关系为

$$N_{\mathrm{tst}} = \begin{cases} \mathrm{INT}\{n_{\mathrm{t}}P_{\mathrm{tst}}\} + 1 & n_{\mathrm{t}}P_{\mathrm{tst}} - \mathrm{INT}\{n_{\mathrm{t}}P_{\mathrm{tst}}\} \geqslant 05 \\ \mathrm{INT}\{n_{\mathrm{t}}P_{\mathrm{tst}}\} & \text{其他} \end{cases} \tag{8.7.29}$$

把 N_{tst} 转换成 P_{tst} 的模型为

$$P_{\mathrm{tst}} = N_{\mathrm{tst}} / n_{\mathrm{t}} \tag{8.7.30}$$

　　用式 (8.7.28) 可确定雷达检测任一真目标的概率。如果检测每个真目标的概率相差不大，可用平均检测概率 P_{ot} 代替检测每个真目标的概率 $P_{\mathrm{ot}i}$，用二项式计算干扰有效性。P_{ot} 等于：

$$P_{\mathrm{ot}} = \frac{1}{n_{\mathrm{t}}} \sum_{i=1}^{n_{\mathrm{t}}} P_{\mathrm{ot}i}$$

发现所有真目标的概率 $P_{n_{\mathrm{t}}}$ 等于 $(P_{\mathrm{ot}})^{n_{\mathrm{t}}}$。干扰有效性是检测到的真目标数小于等于 N_{tst} 的概率：

$$E_{\mathrm{int}} = \sum_{k=0}^{N_{\mathrm{tst}}} C_{n_{\mathrm{t}}}^{k} P_{\mathrm{ot}}^{k} (1 - P_{\mathrm{ot}})^{n_{\mathrm{t}}-k}$$

如果检测各真目标的概率相差较大，可用式 (3.2.18a) 计算检测各种数量真目标的概率。其方法是，用检测每个真目标的概率和未知数 z 构成母函数：

$$\phi(z) = \prod_{i=1}^{n_{\mathrm{t}}} [(1 - P_{\mathrm{ot}i}) + P_{\mathrm{ot}i} z] \tag{8.7.31}$$

展开 $\phi(z)$ 并按 z 的幂次由小到大排列，从中找出 z^0，z^1，z^2，$\cdots$，$z^{N_{\mathrm{tst}}}$，$\cdots$，$z^{n_{\mathrm{t}}}$ 项的系数，它们分别对应着检测到 0，1，2，$\cdots$，N_{tst}，$\cdots$，n_{t} 个真目标的概率 P_0，P_1，$\cdots$，$P_{N_{\mathrm{tst}}}$，$\cdots$，$P_{n_{\mathrm{t}}}$。其中 $P_{N_{\mathrm{tst}}}$ 是发现 N_{tst} 个真目标的概率，$P_{n_{\mathrm{t}}}$ 是发现所有真目标的概率。发现真目标的概率为成本型指标，干扰是否有效的判别式为

$$\begin{cases} \text{干扰有效} & P_{n_{\mathrm{t}}} \leqslant P_{\mathrm{tst}} \\ \text{干扰无效} & \text{其他} \end{cases}$$

发现真目标数小于等于 N_{tst} 的概率就是依据检测真目标概率评估的干扰有效性。用式 (3.2.18b) 计算干扰有效性，其值为

$$E_{\mathrm{int}} = P_0 + P_1 + P_2 + \cdots + P_{N_{\mathrm{tst}}} \tag{8.7.32}$$

如果只有一个真目标，假设为其中的第 i 个。令 $N_{\mathrm{tst}} = 0$ 和 $n_{\mathrm{t}} = 1$，由式 (8.7.31) 和式 (8.7.32) 得：

$$E_{\mathrm{int}i} = P_0 = 1 - P_{\mathrm{ot}i} \tag{8.7.32a}$$

在一定条件下，可用有效干扰要求发现假目标的最小数 N_{fst} 或发现所有假目标的概率 P_{fst} 作为干扰有效性评价指标。如果指定的是 P_{fst} 而需要的是 N_{fst}，可用下式进行转换：

$$N_{fst} = INT\{n_f P_{fst}\}$$

雷达检测到假目标对干扰有利，干扰是否有效的判别式为

$$\begin{cases} 干扰有效 & n_f P_{of} \geqslant N_{fst} \\ 干扰无效 & 其他 \end{cases}$$

依据检测假目标概率评估的干扰有效性等效于检测到的假目标数大于等于 N_{fst} 的概率：

$$E_{\text{int}f} = \sum_{k=N_{fst}}^{n_f} C_{n_f}^k P_{of}^k (1 - P_{of})^{n_f - k} \tag{8.7.33}$$

如果式(8.7.33)的有关参数满足式(8.7.25)或式(8.7.26)的条件，可做类似的近似处理。

8.7.5.4　识别概率及干扰有效性

多假目标能干扰雷达目标检测，也会影响目标识别。雷达目标识别的内容较多，这里只涉及识别真假目标的问题。识别和确认目标总是联在一起的，下面称这一过程为目标录取。为了直接利用前面已得到的结果和结论，仍然假设真、假目标数和其他有关参数及条件与 8.7.5.2 节相同。

8.7.1 节已说明雷达目标识别影响多假目标干扰效果的原因。受杂波和机内噪声的影响，雷达有可能把真目标当成假目标丢掉，也会把假目标当成真目标录取。8.7.5.1 节已说明，若从对干扰不利的角度出发，可认为干扰不影响识别真目标的概率，即可假设雷达把真目标当真目标录取的概率为 1。在此条件下，雷达录取第 i 个真目标的概率等于检测此目标的概率：

$$P_{cti} = \begin{cases} (1 - E_{ov}) P_{dti} & 有过载保护措施或不过载 \\ 0 & 无过载保护措施且过载 \end{cases} \tag{8.7.34}$$

式(8.7.34)有关符号的定义同式(8.7.28)。由 P_{cti} 和 n_t 可得通过识别而录取的真目标数：

$$n_{ct} = \sum_{i=1}^{n_t} P_{cti}$$

在这里，录取的真目标数就是干扰效果。

设录取所有真目标概率的干扰有效性评价指标为 P_{cst}，按照式(8.7.29)的处理方法，可把 P_{cst} 转换成对录取真目标数的要求，设该要求为 N_{cst}。干扰是否有效的判别式为

$$\begin{cases} 干扰有效 & n_{ct} \leqslant N_{cst} \\ 干扰无效 & 其他 \end{cases}$$

因假设识别真目标的概率为 1，故依据录取和依据检测真目标概率评估干扰有效性的模型完全相同。

由假目标品质因素的定义知，雷达把假目标当真目标录取的概率近似等于其品质因素 η_{md}。录取第 i 个假目标的概率为

$$P_{cfi} = \begin{cases} (1 - E_{ov}) \eta_{md} P_{dfi} & 有过载保护措施或不过载 \\ 0 & 无过载保护措施 \end{cases} \tag{8.7.35}$$

同一部干扰机产生的假目标具有相同的品质因素，P_{cfi} 近似等于雷达录取任一假目标的概率 P_{rcf}。设有效干扰要求录取所有假目标的概率为 P_{cfst}，录取假目标数的指标为 N_{cfst}。两指标的转换关系为

$$N_{\text{cfst}} = \begin{cases} \text{INT}\{n_f P_{\text{cfst}}\} + 1 & n_t P_{\text{cfst}} - \text{INT}\{n_t P_{\text{cfst}}\} \geqslant 05 \\ \text{INT}\{n_t P_{\text{cfst}}\} & \text{其他} \end{cases} \tag{8.7.36}$$

通过识别而录取的假目标数为

$$n_{\text{rcf}} = n_f P_{\text{rcf}}$$

干扰是否有效的判别式为

$$\begin{cases} \text{干扰有效} & n_{\text{rcf}} \geqslant N_{\text{cfst}} \\ \text{干扰无效} & \text{其他} \end{cases}$$

若用有效干扰要求录取假目标的数量表示评价指标，依据录取假目标概率评估的多假目标干扰有效性等效于录取的假目标数大于等于 N_{cfst} 的概率，即

$$E_{\text{rcf}} = \sum_{k=N_{\text{cfst}}}^{n_f} C_{n_f}^k P_{\text{rcf}}^k (1 - P_{\text{rcf}})^{n_t - k} \tag{8.7.37}$$

雷达目标检测、识别和引导跟踪雷达级联进行，同种样式对不同环节可能有不同的干扰效果。只要对任一环节的干扰效果达到了有效干扰要求的程度，不管干扰对其他环节是否有影响，干扰都有效。对于这样的系统，不能只从一个环节的干扰效果判断干扰是否有效，需要从干扰对目标检测、识别、引导和捕获全过程的影响判断干扰是否有效。

8.7.5.5　引导概率和干扰有效性

军用搜索雷达间接联系着武器系统，它录取的目标一般送指控中心，经其综合分析、制定作战方案后，再进行目标分配。在目标分配时，才将要打击目标的当前参数送作战单元的跟踪雷达。目标指示雷达将录取目标直接送作战单元的跟踪雷达。如果搜索雷达录取的真、假目标总数大于被引导装备能跟踪的最大目标数，指控中心一般选择较高威胁级别的目标分配作战单元。如果指控中心不能从威胁级别区分真假，就有可能选中部分录取的假目标。如果作战单元数和真目标数相同，则选中一个假目标就意味着有一个真目标不会作为指示目标而得到保护。如果目标指示雷达录取的真、假目标数大于被引导跟踪雷达能同时跟踪的目标数，也会像指控中心那样，只选择部分录取目标引导跟踪雷达，也能使部分真目标得到保护。这就是多假目标干扰引导环节而产生干扰效果的原理和条件。

被引导的可以是一部能跟踪 m_t 个目标的跟踪雷达，也可以是只能跟踪一个目标的 m_t 部跟踪雷达组成的系统，这里假设为前者。不管目标指示雷达录取了多少个真、假目标，最多只能用 m_t 个录取目标引导跟踪雷达。就是说要在引导环节获得多假目标干扰效果，受干扰雷达录取的真假目标总数必须大于 m_t。m_t 为整数，需要对前节录取的真、假目标数取整。取整后的真目标数为

$$n_{\text{tt}} = \begin{cases} \text{INT}\left(\sum_{i=1}^{n_t} P_{\text{cti}}\right) + 1 & \sum_{i=1}^{n_t} P_{\text{cti}} - \text{INT}\left(\sum_{i=1}^{n_t} P_{\text{cti}}\right) \geqslant 05 \\ \text{INT}\left(\sum_{i=1}^{n_t} P_{\text{cti}}\right) & \sum_{i=1}^{n_t} P_{\text{cti}} - \text{INT}\left(\sum_{i=1}^{n_t} P_{\text{cti}}\right) < 05 \end{cases}$$

对 n_{rcf} 取整得可用于引导的假目标数 n_{ff}。可用于引导的真、假目标总数为

$$n_{\text{gtf}} = n_{\text{tt}} + n_{\text{ff}} \tag{8.7.38}$$

引导概率定义为指示目标落入被引导跟踪雷达捕获搜索区的概率，要用录取的真假目标引导

跟踪雷达必须首先选中它。对于多假目标干扰,用真假目标引导跟踪雷达的概率是从录取总目标数中选中它们的概率和用它们引导跟踪雷达的概率积。选中 i 个真目标的概率为

$$P_{ti} = \frac{1}{C_{n_{gtf}}^{m_t}} \sum_{j=1}^{m_t} C_{n_{tt}}^j C_{n_{ff}}^{m_t-j} \tag{8.7.39}$$

选中 j 个假目标的概率为

$$P_{tj} = \frac{1}{C_{n_{gtf}}^{m_t}} \sum_{j=1}^{m_t} C_{n_{ff}}^j C_{n_{tt}}^{m_t-j} \tag{8.7.40}$$

如果真假目标自身不可分,则 $i=1$ 和 $j=1$ 就是选中任一录取真、假目标的概率。

多假目标干扰引起的额外参数测量误差很小可忽略不计,用选中的真假目标引导跟踪雷达的概率就是在机内噪声作用下的引导概率。把式(7.3.9)的分子换成被干扰雷达的机内噪声功率,分母换成第 i 个保护目标的回波功率得受干扰雷达接收的噪信比。把它和被引导跟踪雷达捕获搜索区的范围代入 7.4.4.3 节的有关数学模型得,在机内噪声作用下用第 i 个真目标引导跟踪雷达的概率 P_{gni}。用选中的第 i 个真目标引导跟踪雷达的概率为

$$P_{gti} = \frac{1}{C_{n_{gtf}}^{m_t}} P_{gni} C_{n_{tt}}^1 C_{n_{ff}}^{m_t-1} \tag{8.7.41}$$

由式(8.7.41)能算出用选中的第 1,2,$\cdots$,i,$\cdots$,n_{tt} 个真目标引导跟踪雷达的概率,设其分别为 p_1,p_2,$\cdots$,p_i,$\cdots$,$P_{n_{tt}}$。目标指示雷达不能区分经过识别而录取的真假目标,哪怕只有一个真目标,只要录取的假目标数不为 0,就是对多目标作战。在这里,对多目标作战的效率指标就是把所有真目标用于引导跟踪雷达的概率 P_{gtst} 或引导跟踪雷达的最大真目标数 n'_{tst}。按照式(8.7.29)和式(8.7.36)的处理方法得两种指标的转换关系。

用 p_i 替换式(8.7.31)中的 P_{oti} 得:

$$\phi(z) = \prod_{i=1}^{n_{tt}} [(1-p_i) + p_i z] \tag{8.7.42}$$

展开 $\phi(z)$ 并整理得用选中的 0,1,2,$\cdots$,n'_{tst},$\cdots$,n_{tt} 个真目标引导跟踪雷达的概率 P_0,P_1,$\cdots$,$P_{n'_{tst}}$,$\cdots$,$P_{n_{tt}}$。其中 $P_{n'_{tst}}$ 和 $P_{n_{tt}}$ 分别为选中 n'_{tst} 个和全部真目标引导跟踪雷达的概率。引导概率为成本型指标,依据用真目标引导跟踪雷达概率评估的干扰有效性是引导跟踪雷达的真目标数小于等于 n'_{tst} 的概率:

$$E_{gt} = P_0 + P_1 + P_2 + \cdots + P_{n'_{tst}} \tag{8.7.43}$$

如果目标指示雷达或跟踪雷达防区内只有一个真目标,则干扰有效性为

$$E_{gt1} = P_0 = 1 - p_1 \tag{8.7.43a}$$

如果干扰有效性的评价指标是要求引导跟踪雷达的录取假目标数 n'_{fst},则需要计算选中假目标的概率和在机内噪声作用下用其引导跟踪雷达的概率。把被干扰雷达的机内噪声功率和它接收的假目标平均功率代入式(7.3.9),然后按照计算 P_{gni} 的方法得用假目标引导跟踪雷达的概率 P_{gnf}。由前两节的说明知,该概率也是用任一录取假目标引导跟踪雷达的概率。该概率为效益型指标,其干扰有效性是用于引导跟踪雷达的假目标数大于等于 n'_{fst} 的概率:

$$E_{gf} = \frac{1}{C_{n_{gtf}}^{m_t}} P_{gnf} \sum_{j=n'_{fst}}^{m_t} C_{n_{ff}}^j C_{n_{tt}}^{m_t-j} \tag{8.7.44}$$

8.7.5.6　捕获真目标的概率及干扰有效性

跟踪雷达捕获搜索的效率指标是捕获概率。式 (3.3.6) 把捕获概率定义为引导概率与指示目标位于捕获搜索区中心检测单元的检测概率之积。该概率涉及目标指示雷达的参数测量误差和被引导跟踪雷达的目标检测识别能力，多假目标干扰其中的任一雷达都会影响捕获概率。尽管侦察设备难以区分捕获搜索状态和跟踪状态，但容易区分跟踪状态和搜索状态。对于兼有搜索、跟踪功能的雷达，只要干扰从搜索状态持续到跟踪状态，必然能分时或同时干扰两种工作状态。因此，多假目标干扰对捕获性能的影响可分三种情况：一，单独干扰目标指示雷达；二，单独干扰跟踪雷达的捕获搜索状态；三，分时或同时干扰目标指示雷达和跟踪雷达的捕获搜索状态。为了能应用前面的分析结果，无论哪种情况，都假设多假目标的干扰参数和雷达参数等与 8.7.5.2 节相同。

(1) 只干扰目标指示雷达

只干扰目标指示雷达意味着多假目标只影响用真目标引导跟踪雷达的概率，不影响跟踪雷达在捕获搜索区发现和识别指示目标的概率。8.7.5.5 节已得到用选中的第 i 个真目标或保护雷达引导跟踪雷达的概率 P_{gti}，如式 (8.7.41) 所示。要计算第一种情况的捕获概率，只需计算在机内噪声作用下，被引导跟踪雷达在捕获搜索区发现指示目标的概率。设雷达从第 i 个指示目标接收的信号功率为 S_{ti}，机内噪声功率为 N_i，把它们代入式 (8.7.19) 得信噪比 S_{ni}。按照 8.7.5.2 节计算 P_{dti} 的方法得跟踪雷达在捕获搜索区发现第 i 个指示目标的概率 P_{ci}。捕获该目标的概率为

$$P_{ai}^1 = P_{gti}P_{ci} = P_{gni}P_{ci}\frac{1}{C_{n_{gtf}}^{m_t}}C_{n_{tt}}^1 C_{n_{tt}}^{m_t-1} \tag{8.7.45}$$

设有效干扰要求捕获所有真目标的概率为 P_{ast} 或要求捕获真目标的最大数为 n_{ast}。捕获概率为成本型指标，用式 (1.2.5) 判断干扰是否有效。如果给定的评价指标为 P_{ast} 而需要的是 n_{ast}，可用下式进行转换：

$$n_{ast} = \text{INT}\{m_t P_{ast}\} \tag{8.7.46}$$

不管目标指示雷达是同时引导多部跟踪雷达还是引导一部能跟踪多个目标的雷达，都可按指示目标的数量和位置划分捕获搜索区，再按划分的区域逐个计算跟踪雷达发现和捕获指示目标的概率。不管哪种情况都可用式 (8.7.45) 计算跟踪雷达捕获指示目标的概率。用 P_{ai}^1 替换式 (8.7.31) 中的 P_{oti} 得：

$$\phi(z) = \prod_{i=1}^{n_{tt}}[(1-P_{ai}^1) + P_{ai}^1 z] \tag{8.7.47}$$

按照式 (8.7.31) 的处理方法得跟踪雷达捕获 0，1，2，$\cdots$，n_{ast}，$\cdots$，n_{tt} 个真目标的概率 P_0，P_1，$\cdots$，$P_{n_{ast}}$，$\cdots$，$P_{n_{tt}}$。其中 $P_{n_{ast}}$ 和 $P_{n_{tt}}$ 分别为捕获 n_{ast} 个和捕获所有真目标的概率。$P_{n_{tt}}$ 是该种情况的干扰效果。按照式 (8.7.32) 的处理方法得依据捕获真目标数评估的干扰有效性：

$$E_a^1 = P_0 + P_1 + P_2 + \cdots + P_{n_{ast}} \tag{8.7.48}$$

如果被引导跟踪雷达只能跟踪一个目标，令 $n_{ast}=0$ 和 $n_{tt}=1$，把有关条件代入上式式得：

$$E_{a1}^1 = P_0 = 1 - P_{a1}^1 \tag{8.7.49}$$

(2) 只干扰跟踪雷达的捕获搜索状态

如果多假目标只干扰跟踪雷达的捕获搜索状态，目标指示雷达不受任何干扰。选中录取真目标引导跟踪雷达的概率为 1，引导概率只受目标指示雷达机内噪声影响，此时式 (8.7.41) 的引导概率变为

$$P_{gti} = P_{gni} \tag{8.7.50}$$

设跟踪雷达第 i 个捕获搜索区有 m_{fi} 个假目标，品质因素为 η_{mdi}，用 8.7.5.2 节的方法得跟踪雷达检测假目标的平均概率 $\overline{P}_{afi}$，检测指示目标的概率为 P_{ci}，跟踪雷达录取第 i 个指示真目标的概率为

$$\overline{P}_{ci} = \frac{P_{ci}}{P_{ci} + m_{fi}\eta_{mdi}\overline{P}_{afi}} \tag{8.7.51}$$

被引导跟踪雷达捕获第 i 个指示真目标的概率为

$$P_{ai}^2 = P_{gni}\overline{P}_{ci} = \frac{P_{gni}P_{ci}}{P_{ci} + m_{fi}\eta_{mdi}\overline{P}_{afi}} \tag{8.7.52}$$

虽然捕获概率因干扰环节不同而不同，但其干扰有效性的评价指标相同。用 P_{ai}^2 替换式 (8.7.50) 中的 P_{ai}^1 并展开 $\phi(z)$ 得跟踪雷达捕获 0，1，2，$\cdots$，n_{ast}，$\cdots$，n_{tt} 个真目标的概率 P_0，P_1，$\cdots$，$P_{n_{ast}}$，$\cdots$，$P_{n_{tt}}$。由此得跟踪雷达捕获所有真目标的概率 $P_{n_{tt}}$。把幂次小于等于 n_{ast} 项的系数代入式 (8.7.48) 得此情况的干扰有效性 E_a^2。按照 E_{a1}^1 的计算方法容易得到 E_{a1}^2。

（3）分时干扰搜索状态和捕获搜索状态

兼有搜索、跟踪功能的雷达仍然有引导和捕获过程，其工作方式与分离式目标指示和跟踪的情况相同。多假目标干扰搜索状态既影响录取真、假目标的概率，又影响用录取真假目标引导跟踪雷达的概率。干扰捕获搜索状态只影响跟踪雷达录取指示目标的概率。由捕获概率的定义知，分时干扰一部雷达的两种工作状态或同时干扰分离的两部雷达，其总干扰效果等于单独干扰目标指示雷达的引导概率和单独干扰跟踪雷达捕获搜索状态录取指示目标的概率积。

本节的（1）是多假目标单独干扰目标指示雷达的情况，得到了用第 i 个录取真目标引导跟踪雷达的概率，式 (8.7.45) 为其数学模型。本节的（2）是多假目标单独干扰跟踪雷达捕获搜索状态的情况，得到了被引导跟踪雷达在捕获搜索区录取指示目标的概率，式 (8.7.51) 为其数学模型。由此得多假目标分时或同时干扰两种雷达时，跟踪雷达在第 i 个捕获搜索区捕获第 i 个指示真目标的概率：

$$P_{ai}^3 = P_{gti}\overline{P}_{ci} = \frac{P_{gti}P_{ci}}{P_{ci} + m_{fi}\eta_{mdi}\overline{P}_{afi}} \tag{8.7.53}$$

用 P_{ai}^3 替换式 (8.7.47) 中的 P_{ai}^1，按照 E_a^1 和 E_{a1}^1 的计算方法得多假目标分时或同时干扰目标指示雷达和跟踪雷达捕获搜索状态时依据捕获概率评估的干扰有效性 E_a^3 和 E_{a1}^3。

8.7.5.7 摧毁概率或生存概率及干扰有效性

武器系统对单目标作战的效率指标为摧毁概率或生存概率，对多目标作战的效率指标为摧毁所有目标的概率和摧毁目标数大于等于或小于等于某指标的概率。式 (5.4.6) 和式 (5.4.8) 为独立发射 m 枚相同武器摧毁目标概率和目标生存概率的一般模型。两种作战效果均涉及目标指示雷达发现干扰保护目标的概率、跟踪雷达捕获该目标的概率和 m 枚武器命中它的概率。多假目标干扰既影响目标指示雷达录取真目标的概率 P_{cti}，又影响跟踪雷达捕获指示目标的概率 P_{ai}^j。由式 (5.4.6) 和式 (5.4.8) 得该条件下武器系统摧毁第 i 个真目标的概率 P_{dei} 和该目标的生存概率 P_{ali}：

$$\begin{cases} P_{dei} = P_{cti}P_{ai}^j\left[1 - \left(1 - \dfrac{P_h}{\omega_i}\right)^m\right] \\[4mm] P_{ali} = 1 - P_{cti}P_{ai}^j\left[1 - \left(1 - \dfrac{P_h}{\omega_i}\right)^m\right] \end{cases} \tag{8.7.54}$$

式 (8.7.54) 中的 j=1，2 和 3 分别对应于 8.7.5.6 节的(1)，(2)和(3)三种情况的捕获概率。ω_i 为第 i 个真目标的易损性或摧毁它必须平均命中的武器数。

与遮盖性干扰不同，可忽略多假目标干扰引起额外跟踪误差，即该样式不影响武器的综合散布误差。只要跟踪雷达捕获真目标，武器将以固有命中概率 P_{sh} 命中它。根据武器的类型和每个真目标的体积或在像平面的投影面积，可从式 (5.3.14)～式 (5.3.16) 中选择一合适模型计算 P_{sh}。把根据实际情况计算得到的 P_{sh} 代入上两式得在多假目标干扰下，m 枚相同武器摧毁第 i 个真目标的概率和其生存概率：

$$\begin{cases} P_{dei} = P_{cti}P_{ai}^{j}\left[1-\left(1-\dfrac{P_{sh}}{\omega_i}\right)^{m}\right] \\ P_{ali} = 1-P_{cti}P_{ai}^{j}\left[1-\left(1-\dfrac{P_{sh}}{\omega_i}\right)^{m}\right] \end{cases} \tag{8.7.55}$$

前一节已分别得到依据三种捕获概率评估的干扰有效性 E_{ai}^{1}、E_{ai}^{2} 和 E_{ai}^{3}，因假设雷达识别真目标的概率为 1，依据录取真目标概率评估的干扰有效性如式 (8.7.32a)，其值等于 E_{intti}。保护目标是己方的，易损性已知，具有把对摧毁概率的要求转换成对命中目标武器数的要求。把有关参数代入式 (7.7.50) 或式 (7.7.51) 得有效干扰要求命中第 i 个真目标的武器数 ω_{st} 或 ω_{ast}。依据 m 枚武器命中第 i 个真目标概率评估的干扰有效性为

$$E_{dhi} = \sum_{k=0}^{\omega_{ast}} C_m^k P_{sh}^k (1-P_{sh})^{m-k}$$

把 E_{intti}、E_{ai}^{j} 和 E_{dhi} 代入式 (1.2.21) 得依据摧毁第 i 个真目标概率评估的干扰有效性：

$$E_{dei} = 1-(1-E_{intti})(1-E_{ai}^{j})(1-E_{dhi}) \approx \text{MAX}\{E_{intti}, E_{ai}^{j}, E_{dhi}\} \tag{8.7.56}$$

如果要依据对多目标的作战效果评估干扰有效性，需要考虑武器系统服务概率的影响。设武器系统的服务概率为 P_{serv}，P_{serv} 的计算方法见 5.4.2.2 和 5.4.3.2 节。考虑服务概率影响后，式 (8.7.55) 变为

$$\begin{cases} P_{dei} = P_{serv}P_{cti}P_{ai}^{j}\left[1-\left(1-\dfrac{P_{sh}}{\omega_i}\right)^{m}\right] \\ P_{ali} = 1-P_{serv}P_{cti}P_{ai}^{j}\left[1-\left(1-\dfrac{P_{sh}}{\omega_i}\right)^{m}\right] \end{cases} \tag{8.7.57}$$

用式 (8.7.57) 能算出摧毁每个真目标的概率 P_{dei}，再用 5.1.4.2 节的方法和 P_{dei} 得摧毁 0，1，2，$\cdots$，n_t 个真目标的概率 P_0，P_1，P_2，$\cdots$，P_{n_t}，这些概率构成摧毁目标数的分布律。按照 5.4.2.3 和 5.4.3.3 节的方法，用摧毁目标数的分布律可得需要形式的干扰效果和干扰有效性。

8.8　欺骗性样式干扰雷达支援侦察设备的效果和干扰有效性

雷达对抗装备由雷达支援侦察设备和干扰机组成，两部分都是可干扰的。4.5 节分析了该装备的可干扰环节和可用的干扰样式。从受干扰环节、干扰难易程度和干扰对其整体作战能力的影响程度看，其中侦察部分较容易干扰，也最值得干扰。雷达侦察分情报侦察和电子战支援侦察，侦察干扰一般针对后者。7.9 节讨论了遮盖性样式对雷达支援侦察设备的干扰效果

和干扰有效性评估方法，本节将作类似处理，只分析欺骗性样式干扰雷达支援侦察设备的效果和干扰有效性。

8.8.1　欺骗性干扰的作用原理和表示干扰效果的参数

4.5 节说明在雷达支援侦察装备的欺骗性干扰样式中，较好的是多假目标和高密集杂乱脉冲串。这里的假目标是指干扰机模拟的已知、未知雷达信号。多假目标干扰样式是干扰机模拟的多部雷达脉冲序列的有机组合。要获得好的欺骗性干扰效果，假目标最好模拟侦察干扰要保护的雷达信号或受干扰方认为的高威胁辐射源，其位置参数和运动趋势的参数应覆盖真目标的对应参数或对应参数的变化范围。这些要求大大复杂了多假目标干扰设备。杂乱脉冲串由大量密集的无序脉冲组成，它们的射频、视频参数可在被干扰侦察设备的工作参数范围内脉冲到脉冲随机变化。雷达接收机能改变高密集杂乱脉冲串的波形结构，使其成噪声状，起压制性干扰作用。它属于压制类干扰样式。雷达支援侦察接收机不改变该样式的波形结构，维持脉冲状，它属于欺骗类干扰样式。虽然高密集杂乱脉冲串只有使侦察设备丢失真辐射源脉冲的干扰作用，但是其产生和实施很简单，干扰设备也简单。在实际应用中，应根据具体情况和条件选择干扰样式和干扰机。多假目标的干扰原理和干扰效果包含了高密集杂乱脉冲串的，这里只讨论多假目标对雷达支援侦察设备的干扰效果和干扰有效性。

多假目标属于欺骗性干扰样式，要获得期望的欺骗性干扰效果必须满足以下起码条件：

① 脉冲的射频、视频参数应处于被干扰侦察设备的工作参数范围内；

② 脉冲功率大于受干扰侦察设备的工作灵敏度，大于等于该设备从保护目标(或称真目标)接收的平均信号电平；

③ 脉冲数量很大；

④ 代表一部假雷达的有序脉冲串的长度或其包含的脉冲数大于受干扰侦察设备确定辐射源存在的门限；

⑤ 反映优先级的参数与保护目标相当。

前三个条件既适合多假目标也适合高密集杂乱脉冲串。它们不但能保证雷达支援侦察设备检测到干扰，还能为干扰与保护目标的回波脉冲重叠创造机会。脉冲重叠是丢失辐射源的前提条件。第四、五两个条件在于形成有欺骗性的多假目标并能顺利通过侦察设备的识别而进入其告警和引导环节。

多假目标能干扰雷达支援侦察设备的目标检测、目标识别、威胁告警和引导干扰或反辐射攻击环节，可获得多种形式的干扰效果。干扰目标检测的作用就是降低辐射源截获概率。多假目标能从以下三方面降低辐射源截获概率。

(1)丢失保护目标的脉冲而丢失真辐射源。4.2.3 节分析了侦察设备在密集信号环境中的工作性能和高密集信号使其丢失辐射源的原理。多假目标和高密集杂乱脉冲串都能构成高密度脉冲流，它们与真目标的回波脉冲在时间上有极高的重叠概率，干扰在功率和其他参数方面也容易满足丢失同时到达的真目标回波脉冲的条件。丢失真目标的回波脉冲既能造成侦察设备截获的脉冲数小于确定辐射源存在的门限而丢失该目标，脉冲丢失还会破坏一个辐射源脉冲间应有的相关性，使信号分选失败而丢失真目标。

(2)使信号处理器过载而丢失辐射源。告警时间和能处理的最大目标数是雷达支援侦察设备的重要性能指标。这两指标反映侦察设备的软、硬件资源和时间资源的有限程度。为充分利用有限的时间资源，信号处理中的数据采集、预处理和主处理等按严格的时序工作，任何一个环节的软、硬件超时超负荷工作都会影响后续数据的采集和处理，造成死机、错误反应或无任何反应等。

此现象就是信号处理器过载。过载不但能降低新辐射源的发现概率，还会丢失已确认目标是否继续存在的信息。多假目标干扰样式能从辐射源数量和复杂性两方面增加侦察设备的信号处理负担，完全能使其信号处理器过载。

（3）增加参数测量误差，降低识别真目标的概率而丢失真辐射源。这种干扰作用既影响辐射源检测又影响真假目标识别。两辐射源的两个脉冲重叠可能使其中一个辐射源的脉冲脱离自身的脉冲序列成为垃圾脉冲，造成脉冲丢失。也可能增大真目标的参数测量误差，影响目标识别。若两脉冲重叠过半，必丢失其中的一个。若重叠程度较小，侦察设备只能测量其合成信号的波形参数，引起参数测量误差。虽然这种参数测量误差不会超过检测单元的宽度，但是该设备还有其他因素引起的参数测量误差，它们之和可能影响识别真假目标的概率，即把真目标识别成假目标造成漏批。多假目标不但会使侦察设备丢失真目标，还会使其截获大量假目标。多假目标的特征参数覆盖真目标的对应参数范围，侦察设备不能从波形参数、目标分布情况和威胁程度等方面区分真假，会把假目标当真目标录取而产生增批。

多假目标干扰雷达支援侦察设备的告警和引导环节可降低保护目标的受干扰和受反辐射攻击的概率。经过识别而录取的真、假目标都可能用于告警。威胁太多或告警太频繁都会造成指战员精神紧张，引起决策延误或决策错误，甚至错误调用干扰资源。对告警目标一般会采取对抗措施。因干扰和反辐射攻击资源有限，如果告警真假目标总数超过干扰机或反辐射武器的作战能力且侦察设备又不能从威胁级别区分它们，只能选择部分告警目标引导干扰机或反辐射武器，有部分真目标可能不受干扰或不受反辐射武器攻击。这就是多假目标对告警和引导环节的干扰作用和作用原理。

评估干扰效果和干扰有效性既需要表示干扰效果的参数，又需要判断干扰好坏的评价指标。6.5 节讨论了选择表示干扰效果及其评价指标参数的原则。根据该原则，可用如下参数表示多假目标对雷达支援侦察设备的干扰效果：

① 发现指定目标的概率；
② 发现所有真、假目标的概率或发现的真、假目标数；
③ 错误识别概率或把假目标当真目标识别的概率；
④ 识别所有真、假目标的概率和通过识别的真、假目标数；
⑤ 用真、假目标告警的概率或用于告警的真、假目标数；
⑥ 用于引导的真、假目标数或保护目标受干扰和受反辐射攻击的的概率。

发现、识别真目标的概率是雷达支援侦察设备的战技指标，由同风险准则可得其干扰有效性评价指标。和雷达一样，雷达支援侦察设备一般没有对引导概率的要求。根据对引导参数测量误差的要求和被引导设备有关参数的瞬时工作范围能确定干扰有效性的引导概率评价指标。侦察干扰的最终目的是使保护目标免遭干扰和反辐射攻击，干扰侦察设备的目标检测、识别、告警和引导都是为此目的服务的。这些环节的干扰效果评价指标都能由作战要求的保护目标的受干扰和受反辐射攻击的概率推导出来。

8.8.2　辐射源截获概率和干扰有效性

雷达支援侦察活动始于辐射源截获或目标检测。在辐射源截获环节，多假目标有三种干扰作用：一，丢失真目标的脉冲；二，使信号处理过载；三，截获大量假目标。前两个干扰作用在于增加漏批或漏批概率，后一个在于增加增批或增批概率。增加漏批概率意味着降低检测概率。多假目标干扰引起的增批就是被干扰侦察设备发现假目标，增批概率近似等于发现假目标的概率。

评价截获辐射源好坏的指标有两种：一种是对单目标的，就是对截获指定辐射源概率的要求。

另一种是对多目标的，称为有效干扰对截获所有真、假目标概率的要求或对截获真、假目标数的要求。要评估多假目标干扰雷达支援侦察设备辐射源截获环节的效果，必须估算能截获的真、假目标数，其分析步骤和方法与 8.7.5.2 和 8.7.5.3 节相似。

雷达支援侦察设备检测辐射源的方法是先截获脉冲，在截获的脉冲序列上检测辐射源。要计算辐射源截获概率必须先计算脉冲截获概率。脉冲截获概率由三部分组成：脉冲与侦察窗口重合的概率，该脉冲的检测概率和不丢失概率。根据侦察设备的角度、频率搜索参数和第 i 个部雷达或第 i 个目标的天线扫描参数，用式 (4.2.3) 计算该雷达脉冲与侦察窗口的重合概率 P_{windi}。由雷达的等效辐射功率、侦察设备的机内噪声功率和它到雷达的距离等，用侦察方程计算信噪比。把该信噪比代入式 (3.2.11) 或式 (3.2.12) 得检测该辐射源一个脉冲的概率 P_{dsi}。根据侦察设备的参数测量误差和采用的脉冲分选参数，由式 (4.2.7) 得因参数测量误差不丢失此脉冲的概率。从侦察设备的电磁工作环境中找出能使第 i 部雷达丢失脉冲的所有辐射源并统计出它们的平均脉宽和平均脉冲重复间隔。把这两个参数代入式 (4.2.14) 得因脉冲重叠不丢失该脉冲的概率。再把两种不丢失概率代入式 (4.2.16) 得脉冲不丢失概率 P_{nmisi}。把 P_{windi}、P_{dsi} 和 P_{nmisi} 代入式 (4.2.18) 得截获第 i 部雷达一个脉冲的概率 P_{intm}^{i}。

根据 P_{intm}^{i} 和侦察设备的数据采集机制，用 4.2.4.4 节的模型估算在一帧数据采集期间能截获该雷达的平均脉冲数 n 和丢失脉冲数 m。根据侦察设备的辐射源检测方法和检测门限，用式 (4.2.30)～式 (4.2.35) 和式 (4.2.36) 之一计算检测第 i 个真目标的概率，设其为 P_{inti}。按照上述方法能算出该侦察设备检测每个真目标的概率。设侦察设备工作环境中有 n_{et} 个真目标，它们都是侦察干扰要保护的目标。该设备能截获的真目标数为

$$n_{it} = \sum_{i=1}^{n_{et}} P_{inti} \qquad (8.8.1)$$

n_{it} 是多假目标干扰效果的一种表示形式，可用来判断干扰是否有效。设有效干扰要求发现所有真目标的概率为 P_{ist} 或要求发现真目标的最大数 N_{ist}。两者可相互转换，转换关系为

$$N_{ist} = \text{INT}\{n_{et}P_{ist}\} \qquad (8.8.2)$$

发现真目标对干扰不利，截获真目标的概率或发现的真目标数为成本型指标，干扰是否有效的判别式为

$$\begin{cases} 干扰有效 & n_{it} \geqslant N_{ist} \\ 干扰无效 & 其他 \end{cases}$$

截获不同真目标的概率一般相差较大，但真目标数一般不是很大，可用类似于式 (8.7.34) 和式 (8.7.35) 的模型估算截获所有真目标的概率和干扰有效性。用截获每个真目标的概率和未知数 z 构成母函数：

$$\phi(z) = \prod_{i=1}^{n_{et}} [(1 - P_{inti}) + P_{inti}z] \qquad (8.8.3)$$

展开 $\phi(z)$ 并按 z 的幂次由小到大排列，从中找出 z^0，z^1，z^2,…，$z^{n_{et}}$ 项的系数，它们就是检测到 0，1，…，N_{ist}，…，n_{et} 个真目标的概率 P_0，P_1，…，$P_{N_{ist}}$，…，$P_{n_{et}}$。其中的 $P_{n_{et}}$ 就是截获所有真目标的概率，也是此种情况下的干扰效果。发现所有真目标的概率为成本型指标，干扰是否有效的判别式为

$$\begin{cases} 干扰有效 & P_{n_{et}} \leqslant P_{ist} \\ 干扰无效 & 其他 \end{cases} \qquad (8.8.4)$$

发现真目标数小于等于 N_{ist} 的概率就是依据截获所有真目标概率评估的干扰有效性 E_{intr}。由式 (8.7.35) 的数学模型得：

$$E_{\mathrm{intr}} = P_0 + P_1 + P_2 + \cdots + P_{N_{\mathrm{ist}}} \tag{8.8.5}$$

和多假目标干扰雷达一样，也能用雷达支援侦察设备检测假目标的概率或数量评估干扰效果和干扰有效性。设被干扰侦察设备工作环境中有 n_{ef} 个假目标，按照计算截获第 i 个真目标概率的方法可得该设备截获第 i 个假目标的概率 $P_{\mathrm{inj}i}$。设假目标由一部干扰机产生，它们到侦察设备的距离相同且功率差别较小，$P_{\mathrm{inj}i}$ 近似等于截获假目标的平均概率 P_{intf}。被干扰侦察设备能检测到的假目标数为

$$n_{\mathrm{if}} = \sum_{i=1}^{n_{\mathrm{ef}}} P_{\mathrm{inj}i} = n_{\mathrm{ef}} P_{\mathrm{intf}} \tag{8.8.6}$$

设有效干扰要求截获全部假目标概率的为 P_{Pst} 或要求截获假目标的最小数 N_{pst}。两指标可相互转换，转换关系为

$$N_{\mathrm{pst}} = \begin{cases} \mathrm{INT}\{n_{\mathrm{ef}} P_{\mathrm{pst}}\} + 1 & n_{\mathrm{ef}} P_{\mathrm{pst}} - \mathrm{INT}\{n_{\mathrm{ef}} P_{\mathrm{pst}}\} \geqslant 0.5 \\ \mathrm{INT}\{n_{\mathrm{ef}} P_{\mathrm{pst}}\} & \text{其他} \end{cases}$$

和

$$P_{\mathrm{pst}} = N_{\mathrm{pst}} / n_{\mathrm{ef}}$$

由二项式定理得依据截获所有假目标概率评估的干扰有效性，它是截获的假目标数大于等于 N_{pst} 的概率：

$$E_{\mathrm{intf}} = \sum_{k=N_{\mathrm{pst}}}^{n_{\mathrm{ef}}} C_{n_{\mathrm{ef}}}^{k} P_{\mathrm{intf}}^{k} (1 - P_{\mathrm{intf}})^{n_{\mathrm{ef}} - k} \tag{8.8.7}$$

令式 (8.8.7) 中的 $k = n_{\mathrm{ef}}$，可得被干扰侦察设备截获全部假目标的概率 $(P_{\mathrm{intf}})^{n_{\mathrm{ef}}}$。截获假目标数和截获全部假目标的概率都是干扰效果，都是效益型指标，用式 (1.2.4) 判断干扰是否有效。

为了防止因信号处理过载完全丧失辐射源截获能力，多数雷达支援侦察设备在数据采集环节既限制一个辐射源的采集脉冲数，又限制采集辐射源数。和雷达的过载保护措施一样，侦察设备的这些措施也不能完全消除过载的影响，过载仍然会降低截获真、假目标的概率。和多假目标干扰雷达一样，要判断截获的真、假目标数能否使信号处理器过载，必须计算截获真假目标的平均概率和可截获到的真假目标总数。式 (8.8.1) 为可截获到的真目标数，式 (8.8.6) 为可截获到的假目标数。如果只判断信号处理是否过载，不必区分真假。截获真假目标的平均概率为

$$P_{\mathrm{itf}} = \frac{n_{\mathrm{it}} + n_{\mathrm{if}}}{n_{\mathrm{et}} + n_{\mathrm{ef}}} \tag{8.8.8}$$

设雷达支援侦察设备能处理的最大目标数为 n_{rst}，可截获到的真、假目标总数超过 n_{rst} 的概率为

$$E_{\mathrm{sat}} = \begin{cases} \displaystyle\sum_{k=n_{\mathrm{rst}}+1}^{n_{\mathrm{iz}}} C_{n_{\mathrm{iz}}}^{k} P_{\mathrm{itf}}^{k} (1 - P_{\mathrm{itf}})^{n_{\mathrm{iz}} - k} & n_{\mathrm{iz}} > n_{\mathrm{rst}} \\ 0 & \text{其他} \end{cases} \tag{8.8.9}$$

其中 $n_{\mathrm{iz}} = n_{\mathrm{et}} + n_{\mathrm{ef}}$ 是受干扰雷达支援侦察设备工作环境中实际存在的真、假目标总数。

考虑过载影响后，截获第 i 个真目标的概率为

$$P_{\mathrm{ins}i} = (1 - E_{\mathrm{sat}}) P_{\mathrm{int}i} \tag{8.8.10}$$

不管侦察设备是否有过在保护措施，也不管干扰能否使它过载，干扰有效性评价指标不会变，仍然是 P_{ist} 和 N_{ist}。用 P_{insi} 替换式 (8.8.3) 中的 P_{inti} 得：

$$\phi(z) = \prod_{i=1}^{n_{et}} [(1 - P_{insi}) + P_{insi}z] \tag{8.8.11}$$

按照式 (8.8.3) 的处理方法得有过载保护措施后，截获 0，1，$\cdots$，N_{ist}，$\cdots$，n_{et} 个真目标的概率为 P_0，P_1，$\cdots$，$P_{N_{ist}}$，$\cdots$，$P_{n_{et}}$。$P_{n_{et}}$ 为截获所有真目标的概率，为该条件下的干扰效果。截获真目标的概率为成本型指标，用式 (1.2.5) 判断干扰是否有效。发现真目标数小于等于 N_{ist} 的概率就是依据截获所有真目标概率评估的该条件下的干扰有效性 E_{intr}。由式 (8.8.5) 的模型得：

$$E_{intr} = P_0 + P_1 + P_2 + \cdots + P_{N_{ist}} \tag{8.8.12}$$

过载不但会降低截获真目标的概率，也会降低截获假目标的概率。考虑过载影响后，截获假目标的平均概率为

$$P_{insf} = (1 - E_{sat})P_{intf}$$

依据检测假目标概率评估的干扰有效性为

$$E_{insf} = \sum_{k=N_{pst}}^{n_{ef}} C_{n_{ef}}^k P_{insf}^k (1 - P_{insf})^{n_{ef}-k}$$

从多假目标对雷达支援侦察设备辐射源截获环节的干扰原理和干扰效果知，增加信号密度或假目标数量和假目标信号结构的复杂性都能提高多假目标干扰效果。

8.8.3　辐射源识别概率和干扰有效性

辐射源识别是雷达支援侦察设备的重要工作内容。识别就是判断真假、找出有威胁的辐射源并确定其威胁程度或威胁级别。通过威胁识别的目标将被采取并用于告警或引导干扰机和反辐射武器。假目标一旦被判为假目标，侦察设备将清除它，对识别、告警和引导环节均无干扰作用。影响真、假目标威胁识别的因素是侦察设备的参数测量误差。纯多假目标干扰引起的参数测量误差很小，从对干扰不利的角度出发可忽略不计，即可近似认为影响该设备参数测量误差的只有机内噪声，而且对真、假目标的威胁识别有相同影响。假目标一般模拟干扰机要保护的真目标或被对方认为是高威胁的目标。这些假目标只要能通过真假识别，就能保证其基本威胁级别。因此，真假识别近似等于威胁识别。

识别概率是衡量识别好坏的效率指标。识别概率定义为把截获的真目标判为真目标的概率和把假目标判为假目标的概率和。如果把前者称为正确识别的概率，则错误识别的概率就是把假目标当真目标和把真目标当假目标识别的概率和。为了应用前一节的结果，假设真、假目标的参数、装备的参数和配置关系等与 8.8.2 节相同。

雷达支援侦察接收机的灵敏度较低，只有机内噪声影响识别真目标。设第 i 个真目标的发射功率、发射天线增益和工作波长分别为 P_{ti}、G_{ti} 和 λ_i，受干扰雷达支援侦察设备到第 i 个辐射源的距离、接收天线增益、接收机系统损失和电波传播衰减系数分别为 R_{ri}、G_r、L_r 和 δ，由侦察方程得受干扰雷达支援侦察设备从第 i 个辐射源接收的噪信比：

$$N_{si} = \frac{(4\pi)^2 R_{ri}^2 L_r K T_t \Delta f_{jr} F_n}{P_{ti} G_{ti} G_r \lambda_i^2} e^{0.23\delta R_r} \tag{8.8.13}$$

式中，F_n、Δf_{jr}、T_t 和 K 分别为受干扰侦察接收机的噪声系数、瞬时工作带宽，接收机系统温度和

波尔兹曼常数。假设所有真目标为固定参数的辐射源且受干扰侦察设备采用三参数识别。把根据实际情况计算得到的噪信比分别代入式(4.2.71)、式(4.2.81)和式(4.2.83)得射频、脉宽和重频测量误差。把这三种参数测量误差和对应的识别门限代入式(4.2.61)~式(4.2.63)得第 i 个真目标的三参数识别概率，设其为 $P_{\mathrm{dit}i}$。

设有效干扰对识别所有真目标概率的要求为 P_{dist} 或对正确识别真目标数的要求为 N_{dist}，两种类型的指标可用下式进行相互转换：

$$N_{\mathrm{dist}} = \begin{cases} \mathrm{INT}\{n_{\mathrm{et}}P_{\mathrm{dist}}\}+1 & n_{\mathrm{et}}P_{\mathrm{dist}} - \mathrm{INT}\{n_{\mathrm{et}}P_{\mathrm{dist}}\} \geqslant 0.5 \\ \mathrm{INT}\{n_{\mathrm{et}}P_{\mathrm{dist}}\} & \text{其他} \end{cases}$$

和

$$P_{\mathrm{dist}} = N_{\mathrm{dist}}/n_{\mathrm{et}}$$

按照依据辐射源截获概率评估干扰效果和干扰有效性的方法可得需要的结果。用 $P_{\mathrm{dit}i}$ 替换式(8.8.3)中的 $P_{\mathrm{int}i}$ 得母函数：

$$\phi(z) = \prod_{i=1}^{n_{\mathrm{et}}} [(1-P_{\mathrm{dit}i}) + P_{\mathrm{dit}i}z] \tag{8.8.14}$$

按照式(8.8.3)的处理方法得识别任一数量真目标的概率 P_0，P_1，$\cdots$，$P_{N_{\mathrm{dist}}}$，$\cdots$，$P_{n_{\mathrm{et}}}$。$P_{n_{\mathrm{et}}}$ 就是识别所有真目标的概率，也是此种情况的干扰效果。识别真目标的概率为成本型指标，用式(1.2.5)判断干扰是否有效：

$$\begin{cases} \text{干扰有效} & P_{n_{\mathrm{et}}} \leqslant P_{\mathrm{dist}} \\ \text{干扰无效} & \text{其他} \end{cases}$$

依据识别所有真目标概率评估的干扰有效性是识别真目标数小于等于 N_{dist} 的概率，按照式(8.8.5)的处理方法和类似的模型得其干扰有效性：

$$E_{\mathrm{intr}} = P_0 + P_1 + P_2 + \cdots + P_{N_{\mathrm{dist}}} \tag{8.8.15}$$

在辐射源截获环节，真、假目标因脉冲重叠和信号处理过载而直接、间接相互作用，使侦察设备丢失辐射源，影响截获真目标的概率。在识别环节，真、假目标没有相互作用，干扰不影响识别真目标的概率，多假目标对识别环节无直接干扰作用。该样式对识别环节后的告警和引导环节都有干扰作用。要评估该样式对这两环节的干扰效果，必须分析识别对多假目标干扰的影响。多假目标在这两个环节能否产生干扰作用和能产生多大干扰作用，取决于能通过识别的假目标数。通过识别而告警的假目标数在告警真、假目标总数中占的比例越大，保护目标遭干扰和反辐射攻击的概率越小，干扰效果越好。实际应用时，应根据对保护目标遭干扰和反辐射攻击概率的要求，提出衡量识别假目标好坏的指标。该指标就是把所有假目标当真目标识别的概率或能通过识别的假目标数。因此在识别环节，可依据所有假目标通过识别的概率或通过识别的假目标数评估干扰效果和干扰有效性。

影响把假目标识别成真目标概率的因素有两个，一个是多假目标干扰样式的品质因素 η_{md}，另一个是受干扰侦察设备的机内噪声。两种影响因素彼此独立，可分别估算它们对识别假目标概率的影响。设干扰机的发射功率、发射天线增益和工作波长分别为 P_{j}、G_{j} 和 λ，受干扰雷达支援侦察设备到干扰机的距离、接收天线增益、接收机系统损失和电波传播衰减系数分别为 R、G_{r}、L_{r} 和 δ，由侦察方程得受干扰雷达支援侦察设备的接收噪干比：

$$N_{\mathrm{j}i} = \frac{(4\pi)^2 R^2 L_{\mathrm{r}} KT_{\mathrm{t}}\Delta f_{\mathrm{j}r} F_{\mathrm{n}}}{P_{\mathrm{j}}G_{\mathrm{j}}G_{\mathrm{r}}\lambda^2} \mathrm{e}^{0.23\delta R} \tag{8.8.16}$$

式(8.8.16)没定义的符号见式(8.8.13)。如果不考虑假目标品质因素的影响并把噪干比当噪信比对待，就能按照识别真目标的方法计算把假目标当真目标识别的概率。设该概率为 P'_{dif}。根据假目标的具体情况，用式(6.2.30)计算多假目标样式的品质因素 η_{md}。考虑干扰样式品质因素影响后，侦察设备把假目标当真目标识别的概率为

$$P_{\text{dif}} = \eta_{\text{md}} P'_{\text{dif}} \tag{8.8.17}$$

由于前节提到的原因，P_{dif} 也是被干扰雷达支援侦察设备把任一假目标当真目标识别的概率。

设有效干扰要求把假目标当真目标识别的概率为 P_{pfst} 或要求把假目标当真目标识别的最小数为 N_{pfst}。把假目标当真目标识别或错误识别的概率为效益型指标，用式(1.2.4)判断干扰是否有效。依据把假目标当真目标识别概率评估的干扰有效性是通过识别的假目标数大于等于 N_{pfst} 的概率：

$$E_{\text{dif}} = \sum_{k=N_{\text{pfst}}}^{n_{\text{ef}}} C_{n_{\text{ef}}}^{k} P_{\text{dif}}^{k} (1-P_{\text{dif}})^{n_{\text{ef}}-k} \tag{8.8.18}$$

能通过识别的真、假目标一定是可检测到的目标，根据真、假目标的检测概率和识别概率得能通过识别的真、假目标数；

$$n_{\text{dit}} = \sum_{i=1}^{n_{\text{et}}} P_{\text{diti}} P_{\text{insi}} \text{ 和 } n_{\text{dit}} = n_{\text{ef}} P_{\text{dif}} P_{\text{intf}}$$

8.8.4　告警概率和干扰有效性

雷达支援侦察设备有告警和引导干扰机或反辐射武器两项任务。在一次作战中有可能单独执行告警，也可能同时执行告警和引导。尽管不是任何时候都需要同时引导干扰机和反辐射武器，但是威胁告警都是必须的。告警就是把经过识别而录取的且威胁程度达到规定要求的目标给予特别标志提供给用户。

表示告警效果的参数是告警概率，评价告警的效率指标也是告警概率。该指标来自侦察干扰的目的。就雷达支援侦察而言，其目的就是保护己方的雷达免遭干扰或/和反辐射攻击。一般根据要求的作战效果确定告警概率的评价指标。其实不只是告警概率的评价指标如此，多假目标干扰效果的其他指标也是如此。在这里该指标是有效干扰用全部保护目标告警的概率 P_{wst} 或要求告警的真目标数 N_{wst}。两种指标可用下式进行转换：

$$N_{\text{wst}} = \text{INT}\{n_{\text{et}} P_{\text{wst}}\}$$

式中，n_{et} 为干扰方要保护的目标数。若只针对特定目标，评价指标就是要求用该目标告警的概率 P_{wst1}。

要告警必须截获辐射源并正确识别它。告警概率定义为辐射源截获概率和威胁识别概率之积。设真、假目标参数、装备参数和配置关系等与 8.8.2 节相同。对受干扰方而言，侦察干扰要保护的目标都是威胁目标，即 n_{et} 个真目标都是需要告警的真威胁。8.8.2 节得到了被干扰雷达支援侦察设备截获真目标的概率，8.8.3 节给出了识别真目标的概率。其中截获和识别第 i 个真威胁的概率分别为 P_{insi} 和 P_{diti}，用第 i 个保护目标或真目标告警的概率为

$$P_{\text{rwi}} = P_{\text{insi}} P_{\text{diti}} \tag{8.8.19}$$

用于告警的保护目标数为

$$n_{wt} = \begin{cases} \text{INT}\left\{\sum_{i=1}^{n_{et}} P_{rwi}\right\}+1 & \sum_{i=1}^{n_{et}} P_{rwi} - \text{INT}\left\{\sum_{i=1}^{n_{et}} P_{rwi}\right\} \geqslant 0.5 \\ \text{INT}\left\{\sum_{i=1}^{n_{et}} P_{rwi}\right\} & \sum_{i=1}^{n_{et}} P_{rwi} - \text{INT}\left\{\sum_{i=1}^{n_{et}} P_{rwi}\right\} < 0.5 \end{cases} \quad (8.8.20)$$

截获不同真目标的概率一般相差较大,同样,用不同真目标告警的概率也会有较大差别,不能用二项式定理计算干扰效果和干扰有效性。用 P_{rwi} 替换式 (8.8.3) 中的 P_{inti} 得母函数:

$$\phi(z) = \prod_{i=1}^{n_{et}} [(1-P_{rwi}) + P_{rwi}z] \quad (8.8.21)$$

按照式 (8.8.3) 的处理方法得用 $0, 1, 2, \cdots, N_{wst}, \cdots, n_{et}$ 个真目标告警的概率 $P_0, P_1, \cdots, P_{N_{wst}}, \cdots,$ $P_{n_{et}}$。$P_{n_{et}}$ 就是用全部真目标告警的概率。告警概率为成本型指标,用式 (1.2.5) 判断干扰是否有效。告警真目标数小于等于 N_{wst} 的概率就是依据告警概率评估的干扰有效性:

$$E_{rw} = P_0 + P_1 + P_2 + \cdots + P_{N_{wst}} \quad (8.8.22)$$

8.8.2 和 8.8.3 节已分别得到截获第 i 个假目标的概率 P_{intf} 和把第 i 个假目标识别成真目标的概率 P_{dif}。由告警概率的定义得用第 i 个假目标告警的概率:

$$P_{wfi} = P_{intf} P_{dif} \quad (8.8.23)$$

用不同假目标告警的概率相差不大,可近似认为 P_{wfi} 就是用任何一个假目标告警的概率或用假目标告警的平均概率 P_{wf}。全部假目标用于告警的概率为

$$P_{n_{ef}} = (P_{wf})^{n_{ef}} \quad (8.8.24)$$

用于告警的假目标数为

$$n_{wf} = \text{INT}\{n_{ef} P_{wf}\} \quad (8.8.24a)$$

用假目标告警的概率和告警假目标数都是效益型指标,用式 (1.2.4) 判断干扰是否有效。设有效干扰要求用所有假目标告警的概率为 P_{wfst} 或要求用于告警的假目标数为 N_{wfst}。两种评价指标的转换关系为

$$N_{wfst} = \begin{cases} \text{INT}\{n_{ef} P_{wfst}\}+1 & n_{ef} P_{wfst} - \text{INT}\{n_{ef} P_{wfst}\} \geqslant 0.5 \\ \text{INT}\{n_{ef} P_{wfst}\} & \text{其他} \end{cases}$$

依据用假目标告警概率评估的干扰有效性是告警假目标数大于等于 N_{wfst} 的概率:

$$E_{rwf} = \sum_{k=N_{wfst}}^{n_{wf}} C_{n_{wf}}^k P_{wf}^k (1-P_{wf})^{n_{wf}-k} \quad (8.8.25)$$

8.8.5 引导干扰和反辐射攻击的概率及干扰有效性

引导干扰机或/和反辐射武器是雷达支援侦察设备的任务之一。有的雷达支援侦察设备既能引导干扰机,也能引导反辐射武器。有的只能引导干扰机,需要专用设备引导反辐射武器。雷达支援侦察设备和反辐射武器的专用引导设备的工作原理相同,都是可干扰的。这里假设受干扰雷达支援侦察设备能引导干扰机和反辐射武器。

引导干扰机或/和反辐射武器的效果都用引导概率表示,其效率指标来自对保护目标或真目标的受干扰和受反辐射攻击概率的要求。在这里它们是要求用真、假目标引导干扰机或/和反辐射武

器的概率，或有效干扰要求引导干扰和反辐射武器的真、假目标数。下面用 P_{gst} 和 P_{gfst} 表示有效干扰要求用真、假目标引导干扰机的概率，用 N_{gst} 和 N_{gfst} 表示有效干扰要求引导干扰机的真、假目标数。用 P_{gast} 和 P_{gafst} 表示有效干扰要求用真、假目标引导反辐射武器的概率，用 N_{gast} 和 N_{gafst} 表示有效干扰要求引导反辐射武器的真、假目标数。

通过识别而告警的真假目标都有可能用于引导干扰机和反辐射武器，用它们引导两种设备的概率都能表示多假目标干扰效果。如果告警的真假目标数大于被引导设备的作战能力，要用告警真目标引导干扰机或反辐射导引头，必须首先选中它。所以用真目标引导干扰的概率是它被选中的概率与其在机内噪声作用下的引导概率之积。假目标的功率较大且稳定，引导概率近似相等，机内噪声作用下的引导概率可近似为 1。因此用假目标引导干扰机和反辐射武器的概率近似等于选中它的概率。

一部干扰机能同时干扰的雷达数十分有限，干扰或侦察平台携带的反辐射武器也是有限的。设被干扰雷达支援侦察设备能同时对 m_j 个目标作战。只有被告警的真假目标才会用于引导。如果告警威胁数小于等于 m_j，被告警的真假目标都将用于引导，全部保护目标将遭干扰或反辐射攻击，这样的干扰是无效的。多假目标干扰机能产生大量的假目标，大多数能通过侦察设备的目标检测和识别而用于告警，实际能用于引导的真假目标总数可能大于甚至远大于 m_j。如果被干扰侦察设备不能从威胁级别区分真假，只能从告警真、假目标中选择部分目标引导干扰机和反辐射武器，有的真目标可能不受干扰或反辐射攻击而获得保护。告警真假目标总数超过 m_j 和侦察设备不能从威胁级别区分真假是获得多假目标对引导环节干扰效果的必要条件。

要计算多假目标干扰下的引导概率，必须计算能用于引导的真假目标数。式 (8.8.20) 和式 (8.8.24a) 分别给出了可用于引导干扰机的真假目标数 n_{wt} 和 n_{wf}，可用于引导干扰机的真假目标总数为

$$n_g = n_{wt} + n_{wf}$$

根据反辐射攻击条件，也能确定可用于引导反辐射攻击的告警真、假目标数和真假目标总数，设其分别为 n_{at}、n_{af} 和 n_a。设用第 i 个保护目标和假目标对反辐射攻击的告警概率分别为 P_{awi} 和 P_{awf}，则

$$\begin{cases} n_{at} = \text{INT} \left\{ \sum_{i=1}^{n_{et}} P_{awi} \right\} \\ n_{af=\text{INT}} \{ n_{ef} P_{awf} \} \end{cases} \tag{8.8.24b}$$

$$n_a = n_{at} + n_{af}$$

要用告警真假目标引导干扰机和反辐射武器必须首先选中它。用告警真、假目标数和式 (3.2.31) 得选中 0，1，2，$\cdots$，i，$\cdots$，m_j 个真目标引导干扰机的概率。其中选中 i 个真目标的概率为

$$P_{si} = \frac{1}{C_{n_g}^{m_j}} \sum_{k=1}^{i} C_{n_{wt}}^{k} C_{n_{wf}}^{m_j-k} \tag{8.8.26}$$

设侦察或干扰平台的反辐射武器能对 m_a 个目标作战，按照上面的分析方法得选中 j 个真目标引导反辐射武器的概率：

$$P_{aj} = \frac{1}{C_{n_a}^{m_a}} \sum_{k=1}^{j} C_{n_{at}}^{k} C_{n_{af}}^{m_a-k} \tag{8.8.27}$$

即使选中保护目标，它也不一定受到干扰或反辐射攻击。因受干扰雷达支援侦察设备有参数测量误差，引导参数可能超出被引导设备的工作参数范围。和多假目标干扰影响识别环节一样，影响引导概率的也是受干扰侦察设备的机内噪声功率。把式(8.8.16)的分母换成该设备从保护目标接收的信号功率可得噪信比。由该噪信比和7.9.4和7.9.5节的方法及有关的数学模型得在机内噪声作用下用第i个真目标引导干扰机和反辐射导引头的概率。再用式(8.8.21)的类似模型得用0，1，2，$\cdots$，i，$\cdots$，m_j个真目标引导干扰机的概率P_0，P_1，$\cdots$，P_i，$\cdots$，P_{m_j}。选中i个真目标引导干扰机的概率为

$$P_{si} = P_i \frac{1}{C_{n_g}^{m_j}} \sum_{k=1}^{i} C_{n_{wt}}^{k} C_{n_{wf}}^{m_j-k} \tag{8.8.28}$$

按照上面的分析方法容易得到在机内噪声作用下用j个真目标引导反辐射武器的概率P_j。选中j个真目标引导反辐射武器的概率为

$$P_{aj} = P_j \frac{1}{C_{n_a}^{m_a}} \sum_{k=1}^{j} C_{n_{at}}^{k} C_{n_{af}}^{m_a-k} \tag{8.8.29}$$

由式(8.8.28)和式(8.8.29)可确定选中0，1，2，$\cdots$，N_{gst}，$\cdots$，m_j个真目标引导干扰机的概率P_0，P_1，$\cdots$，$P_{N_{gst}}$，$\cdots$，P_{m_j}和选中0，1，2，$\cdots$，N_{gast}，$\cdots$，m_a个真目标引导反辐射武器的概率P_0，P_1，$\cdots$，$P_{N_{gast}}$，$\cdots$，P_{ma}。用式(3.2.18b)得依据选中真目标引导干扰机和反辐射武器概率评估的干扰有效性：

$$\begin{cases} E_{git} = P_0 + P_1 + P_2 + ... + P_{N_{gst}} \\ E_{gat} = P_0 + P_1 + P_2 + ... + P_{N_{gast}} \end{cases} \tag{8.8.30}$$

如果干噪比较大，用假目标引导干扰机和反辐射武器的概率近似等于选中它们的概率。依据该概率评估的干扰有效性近似等于用于引导的假目标数大于等于N_{gfst}和N_{gafst}的概率：

$$\begin{cases} E_{gjf} \approx \frac{1}{C_{n_g}^{m_j}} \sum_{k=N_{gfst}}^{m_j} C_{n_{wf}}^{k} C_{n_{wt}}^{m_j-k} \\ E_{gaf} = \frac{1}{C_{n_a}^{m_a}} \sum_{k=N_{gafst}}^{m_a} C_{n_{af}}^{k} C_{n_{at}}^{m_a-k} \end{cases} \tag{8.8.31}$$

在式(8.8.30)和式(8.8.31)中，E_{git}和E_{gat}分别为依据用真目标引导干扰机和反辐射武器概率评估的干扰有效性，E_{gjf}和E_{gaf}分别为依据用假目标引导干扰机和反辐射武器概率评估的干扰有效性。如果干噪比不够大，可按处理真目标有关问题的方法解决假目标的类似问题。

如果干扰机有正确的干扰样式和足够的等效辐射功率并能瞄准受干扰对象的有关参数，反辐射导引头能检测到指示辐射源且能瞄准其特征参数并能精确跟踪它，则只要引导正确，保护目标将受到应有的干扰和反辐射攻击。式(8.8.28)和式(8.8.29)就是保护目标受干扰和受反辐射武器攻击的概率P_{jati}和P_{amj}。式(8.8.30)和式(8.8.31)就是依据受干扰和受反辐射攻击概率评估的干扰有效性E_{jati}和E_{amj}。

8.9 多假目标干扰反辐射导引头的对抗效果和干扰有效性

反辐射导引头需要雷达支援侦察设备或专用引导设备引导，其组成与引导设备相似，是可干

扰的。多假目标能单独干扰雷达支援侦察设备，也能单独干扰反辐射导引头。无论干扰那种设备都会影响反辐射武器的发射概率。这里讨论同时干扰两种设备的综合干扰效果和干扰有效性。一部干扰机能干扰多个目标，但一枚反辐射武器只能攻击一个辐射源。和遮盖性干扰一样，只讨论多假目标对一枚反辐射武器的干扰效果和干扰有效性。

发射反辐射武器的概率能表示干扰效果。反辐射武器的发射过程与干扰样式无关，遮盖性干扰下的发射概率模型即式(7.10.2)也适合多假目标干扰：

$$P_{\text{lach}} = P_{\text{am1}} P_{\text{ta}} \tag{8.9.1}$$

式中，P_{am1} 和 P_{ta} 分别为保护目标受反辐射武器攻击的概率和导引头跟踪该目标的概率。

8.8.5 节说明，如果反辐射导引头能检测到保护目标并能瞄准其特征参数和精确跟踪它，只要正确引导，保护目标将受到应有的反辐射攻击。式(8.8.29)既是用告警真目标引导反辐射武器的概率，也是侦察干扰保护目标受反辐射武器攻击的概率。如果令其中的 $j=m_{\text{a}}=n_{\text{at}}=1$，它就是保护目标受一枚反辐射武器攻击的概率：

$$P_{\text{am1}} \approx P_1 \frac{1}{C_{n_{\text{a}}}^1} \sum_{k=1}^1 C_1^1 C_{n_{\text{af}}}^{1-1} = \frac{P_1}{n_{\text{a}}} = \frac{P_1}{1+n_{\text{af}}}$$

P_1 是侦察设备机在内噪声作用下，用保护目标引导反辐射武器的概率。因保护目标和假目标数都取过整，误差较大。因此上式可用没取整的保护目标数和假目标数表示为

$$P_{\text{am1}} = \frac{P_1 P_{\text{aw1}}}{P_{\text{aw1}} + n_{\text{ef}} P_{\text{awf}}} \tag{8.9.2}$$

依据保护目标受反辐射攻击概率评估的干扰有效性为

$$E_{\text{am1}} = 1 - P_{\text{am1}} = \frac{P_1 P_{\text{aw1}}}{P_{\text{aw1}} + n_{\text{ef}} P_{\text{awf}}} \tag{8.9.3}$$

要在多假目标干扰中跟踪保护目标或指定辐射源，导引头既要在机内噪声中检测到它，又要从截获搜索区录取的真假目标中选中它。所以 P_{ta} 是导引头检测和选中保护目标的概率积。除截获搜索区较小和不是所有特征参数都用于设置截获搜索中心外，反辐射导引头搜索和录取目标的方法和步骤与雷达支援侦察设备相似，可用有关数学模型计算它在多假目标干扰中发现和识别指示辐射源的概率。设截获搜索区只有一个保护目标和 n_{fa} 个假目标，假目标的品质因素为 η_{md}。把保护目标、假目标、导引头和电磁工作环境等的有关参数代入 8.8.2 节的有关模型，可得反辐射导引头在截获搜索区检测保护目标的概率 P_{intat} 和检测任一假目标的概率 P_{intaf}。把导引头的机内噪声功率，截获搜索区或确认比较窗口宽度和参数测量误差等代入 8.8.3 节的有关模型得导引头识别真、假目标的概率 P_{dita} 和 P_{difa}。

由上述计算结果得检测和识别真目标的概率和检测识别任一假目标的概率，由此得导引头选中保护目标进行跟踪的概率：

$$P_{\text{ta}} = \frac{P_{\text{intat}} P_{\text{dita}}}{P_{\text{intat}} P_{\text{dita}} + n_{\text{fa}} \eta_{\text{md}} P_{\text{intaf}} P_{\text{difa}}} \tag{8.9.3}$$

依据跟踪保护目标概率评估的干扰有效性为

$$E_{\text{ta}} = 1 - P_{\text{ta}} = \frac{n_{\text{fa}} \eta_{\text{md}} P_{\text{intaf}} P_{\text{difa}}}{P_{\text{intat}} P_{\text{dita}} + n_{\text{fa}} \eta_{\text{md}} P_{\text{intaf}} P_{\text{difa}}} \tag{8.9.4}$$

把式(8.9.2)和式(8.9.3)代入式(8.9.1)得发射反辐射武器的概率：

$$P_{\text{lach}} = P_{\text{am1}} P_{\text{ta}} = \frac{P_1 P_{\text{aw1}}}{P_{\text{aw1}} + n_{\text{ef}} P_{\text{awf}}} \frac{P_{\text{intat}} P_{\text{dita}}}{P_{\text{intat}} P_{\text{dita}} + n_{\text{fa}} \eta_{\text{md}} P_{\text{intaf}} P_{\text{difa}}} \tag{8.9.6}$$

设有效干扰要求发射反辐射武器的概率为 P_{last}。多假目标只能干扰截获搜索状态，不会引起跟踪误差，故 P_{last} 等效于对摧毁概率的要求，其值越小越好。用式 (1.2.5) 判断干扰是否有效。

$$\begin{cases} 干扰有效 & P_{\text{lach}} \leqslant P_{\text{last}} \\ 干扰无效 & 其他 \end{cases}$$

由式 (1.2.21) 得依据发射反辐射武器概率评估的干扰有效性：

$$E_{\text{lach}} = 1 - (1 - E_{\text{am1}})(1 - E_{\text{ta}}) = 1 - P_{\text{am1}} P_{\text{ta}} \tag{8.9.7}$$

如果干扰没能阻止导引头跟踪保护目标，反辐射武器将以要求的概率摧毁它。把无干扰条件下的命中概率及其依据命中概率评估的干扰有效性(其方法见 7.7.5.2 和 7.7.5.3 节)和发射概率及其依据发射概率评估的干扰有效性代入式 (7.10.12) 和式 (7.10.13) 得，摧毁概率和依据摧毁概率评估的多假目标干扰有效性。

8.10　反辐射武器的特殊对抗措施、对抗效果和对抗有效性

反辐射武器具有其他对抗手段无法相比的防空压制作用，在现代战争中的地位越来越重要。它能摧毁雷达，威胁雷达操作人员的人生安全，迫使雷达关机或不敢开机。反辐射武器的种类较多，它们的共同点是其导引头的组成和工作原理与雷达支援侦察设备相似，是这种武器的可干扰环节和薄弱环节。因体积、重量和耗电等限制，反辐射导引头的瞬时空域、频域很窄，信号处理能力较弱，需要雷达支援侦察设备或专用引导设备指示目标。

7.9 节和 8.8 节有关遮盖性和欺骗性样式对雷达支援侦察设备的干扰效果和干扰有效性评估方法原则上适合反辐射导引头。目前的雷达对抗装备对付反辐射导引头存在很多困难。其中最主要的有两个：一、没有其他信息设备支持，雷达对抗装备难以实施有针对性的干扰。反辐射导引头是无源探测设备，只靠接收辐射源信号获取信息的雷达支援侦察设备和反辐射武器的专用引导设备不能发现它，失去对它的告警和引导干扰的作用。二、干扰技术很少。对于反辐射武器，有源干扰平台特别是自卫干扰存在被摧毁的风险。干扰机是辐射源，自卫干扰无异于引火烧身。无源干扰样式完全失去作用，可大胆使用的有源干扰样式也很少。欺骗干扰信号模拟的是被保护雷达信号，容易引诱反辐射武器截获并摧毁干扰平台。噪声样式比较保险，但效率低，比较好一点又比较保险的只有高密集杂乱脉冲串和多假目标。正因为如此，目前对抗反辐射武器更侧重一些特殊措施，如雷达关机、雷达诱骗、有源诱饵阵等。

之所以称这些措施为特殊对抗措施，是因为：一、被保护雷达直接参与对抗作战，而且起着重要作用。它除了是对抗设施的一部分外，还起作监视反辐射武器的活动情况并确定其攻击对象的作用，相当于反辐射武器的告警和引导设备。二、只用于自卫，不需要雷达支援侦察设备等进行对抗参数引导。因为保护对象的信号参数就是反辐射导引头的工作参数，是已知的，可预先设置。

反辐射武器的种类较多，除最常见的反辐射导弹外，还有反辐射炸弹、反辐射无人机和反辐射直升机等。前两种反辐射武器的主要作用是摧毁辐射源或杀伤操作人员。后两种除了有前两种的摧毁作用外，还有防空压制作用。所谓防空压制作用是指，反辐射武器围绕辐射源巡航或在其上空悬停，胁迫雷达关机或不敢开机而达到对抗作战目的。不过后两种反辐射武器更容易被对方的雷达发现而遭到打击，需要有反发现和抗摧毁的能力。这部分不打算分门别类的讨论不同对抗

措施对不同反辐射武器的对抗效果，仅以应用最早和使用最多的反辐射导弹为例，讨论除雷达体制外的几种特殊对抗措施的对抗原理、实施方法、对抗效果和依据对抗效果评估的对抗有效性。

8.10.1　对抗效果及对抗有效性的一般数学模型

反辐射导弹为硬杀伤性武器，用作战效果表示对抗效果。反辐射武器单枚使用且一枚足以摧毁目标。可用单目标作战的效率指标即摧毁概率或生存概率表示对抗效果和评估对抗有效性。

7.10 节把反辐射武器的作战过程分成两个阶段：发射前的工作和发射为第一阶段，发射后的工作为第二阶段。第一阶段的对抗效果用发射概率表示，第二阶段的对抗效果用跟踪误差表示，用摧毁概率或生存概率表示综合作战效果。7.10 和 8.9 节用受攻击概率 P_{am1} 和跟踪概率 P_{ta} 之积表示发射反辐射武器的概率：

$$P_{lach} = P_{am1}P_{ta}$$

计算遮盖性和多假目标干扰下的发射概率及其干扰有效性的模型不同，遮盖性干扰用式(7.9.37)、式(7.10.3)计算 P_{am1} 和 P_{ta}，用式(7.9.38)和式(7.10.4)计算干扰有效性 E_{am1} 和 E_{ta}。多假目标干扰用式(8.9.2)和式(8.9.4)计算 P_{am1} 和 P_{ta}，用式(8.9.3)和式(8.9.5)计算 E_{am1} 和 E_{ta}。依据发射概率评估的干扰有效性为

$$E_{lach} = 1 - (1 - E_{am1})(1 - E_{ta})$$

反辐射导引头有参数测量误差，反辐射导弹存在制造缺陷，即使发射成功，也不一定能命中目标。发射成功和命中目标两事件独立，该武器命中目标的概率为

$$P_{ah} = P_{lach}P_h = P_{am1}P_{ta}P_h \tag{8.10.1}$$

式中，P_h 为不计发射概率影响时反辐射导弹的固有命中概率。命中和脱靶为互斥事件，脱靶概率为

$$P_{amh} = 1 - P_{ah} = 1 - P_{lach}P_h = 1 - P_{am1}P_{ta}P_h$$

反辐射导弹有近炸引信，为直接杀伤式武器，一枚足以摧毁目标且单枚使用，摧毁概率等于命中概率：

$$P_{ade} = P_{ah} = P_{lach}P_h = P_{am1}P_{ta}P_h \tag{8.10.2}$$

摧毁和生存为互斥事件，保护目标的生存概率为

$$P_{aal} = P_{amh} = 1 - P_{ah} = 1 - P_{lach}P_h = 1 - P_{am1}P_{ta}P_h \tag{8.10.3}$$

式(8.10.2)和式(8.10.3)为反辐射武器的对抗效果。摧毁概率为成本型指标，生存概率为效益型指标。根据有效对抗要求的摧毁概率或生存概率，分别用式(1.2.5)和式(1.2.4)判断对抗是否有效。用式(1.2.21)或式(1.2.22)计算对抗反辐射导弹的有效性：

$$E_{ade} = 1 - (1 - E_{lach})(1 - E_h) \tag{8.10.4}$$

对抗有效性的近似为

$$E_{ade} \approx MAX\{E_{lach}, E_h\} \tag{8.10.5}$$

反辐射攻击方依据生存概率评估的对抗有效性为

$$E_{aal} = 1 - P_{aal} = P_{lach}P_h = P_{am1}P_{ta}P_h \tag{8.10.6}$$

如果 E_{ade} 是针对受干扰方的，则上式变为

$$E_{aal} = 1 - E_{ade}$$

在反辐射导弹的对抗效果模型中只有命中概率 P_h 尚未确定。在对抗有效性模型中仅有依据命

中概率评估的干扰有效性 E_h 没确定。对于反辐射导弹，$\omega=\omega_{st}=1$、$\omega_{ast}=0$ 和 $m=1$。命中或摧毁目标的概率为成本型指标。设命中概率为 P_h，由式 (7.7.57) 得依据命中概率评估的对抗有效性：

$$E_h = 1 - P_h \tag{8.10.7}$$

上述分析说明只要解决了 P_h 的计算问题，就能得到特殊对抗措施对抗反辐射导弹的效果和对抗有效性。下面只讨论 P_h 的计算方法。

　　式 (8.10.2)～式 (8.10.7) 为反辐射导弹对抗效果和对抗有效性的一般数学模型。具体应用时，只需把根据实际情况计算的 P_{am1}、P_{ta} 和 P_h 代入有关模型并完成数值运算，可得对抗效果和对抗有效性。如果只采用特殊对抗措施，即对运载平台的雷达支援侦察设备和反辐射导引头的截获搜索状态均不实施干扰，可令 $P_{am1}=P_{ta}=1$ 和 $E_{am1}=E_{ta}=0$。

　　目前反辐射导弹的主要作战对象是固定雷达站，绝大多数是地面固定雷达站，该武器瞄准的是雷达天线或与其紧密相连的雷达车。这种目标在像平面的投影形状可近似成圆形或矩形，这时反辐射导弹为平面散布型直接杀伤式武器。因其杀伤区远大于一般雷达天线和雷达车在像平面的投影，可把大多数雷达站当成点目标处理。对于少数较大的不能当成点目标处理的目标，可按 5.1.1 节介绍的方法将其等效成圆形目标。这里将所有投影形状不是圆形的复杂目标按圆形等效。设等效目标的半径为 R_c，反辐射武器的杀伤半径为 R_k，该武器的等效杀伤半径或等效杀伤距离 R_{kst} 为

$$R_{ek} = R_{kst} = \begin{cases} R_k & \text{点目标} \\ R_c + R_k & \text{等效圆形目标} \end{cases} \tag{8.10.8}$$

8.10.2　反辐射导弹的特殊对抗措施及作用原理

　　反辐射导弹的特殊对抗措施包括雷达关机、雷达诱骗、有源诱饵阵（有源诱饵和保护雷达组阵）等。对抗效果与对抗措施有关，也与对抗措施的使用方法和装备的配置有关。讨论特殊对抗措施的对抗效果之前，先简单介绍这些措施的作用原理、实施方法和装备配置关系。

8.10.2.1　雷达关机和雷达诱骗

　　雷达关机对抗反辐射导弹是用得最早的对抗措施，这种方法对抗现代反辐射导弹仍然有一定效果。具体实施方法是，雷达一旦发现反辐射导弹跟踪，立即关发射机或彻底关雷达，停止发射信号。

　　雷达关机对抗反辐射导弹的原理较简单。雷达关机，不发射信号，导引头失去目标，它要么沿着信号消失前瞬间测量的雷达方向记忆飞行，要么从跟踪转搜索，截获其他雷达信号（反辐射导弹一般没有在飞行中接收目标指示并从跟踪转搜索的功能，但其他反辐射武器可具备此能力。就现有技术而言，使反辐射导弹具有该能力是不困难的。下面假设它具有这种能力）。如果导引头转为搜索或跟踪上其他辐射源，关机可获得有效对抗效果。反辐射导弹飞行速度快，作用距离近，从跟踪一个目标转为跟踪另一个目标需要较长的机动时间，因此绝大多数反辐射导弹有记忆跟踪能力。若被跟踪雷达信号突然消失，它将沿着记忆的方向继续飞行。记忆跟踪方向是导引头测量得到的，即使没受到有源干扰，也存在测角误差。测角误差可使记忆跟踪方向偏离雷达的实际方向，有可能使武器脱靶。所以，即使对抗有记忆跟踪能力的反辐射导弹，雷达关机对抗措施仍然能增加雷达的生存概率。导引头的测角误差越大或记忆跟踪时间越长，命中概率越低，具体情况与发射后不管且无自身引导系统的其他武器相同。提高雷达发现反辐射武器的距离，可提高关机对抗反辐射导弹的效果。

　　雷达关机对抗反辐射武器存在两个问题：一、关雷达会丢失正在跟踪的目标，将影响该雷达

控制的武器系统的作战能力。如果跟踪对象就是反辐射武器，则不能采用这种对抗措施；二、对抗有记忆跟踪能力的反辐射导弹的效果较差。针对雷达关机对抗措施存在的问题，提出了用雷达诱骗反辐射导弹的对抗措施。这种措施需要两部雷达。在配置上，两雷达之间的距离应大于反辐射导弹的杀伤半径，相对来袭导弹有一定张角，主要特征参数之差大于导引头的跟踪波门宽度。

　　诱骗雷达的组合方式很多，可以是两部功能完全相同的雷达，也可以由功能完全不同的搜索雷达和跟踪雷达组成。如果诱骗系统由两部相同功能的跟踪雷达组成，一部雷达主动引诱反辐射导弹跟踪，起诱饵作用，这里称它为诱骗雷达，另一雷达称为保护雷达。没有发现反辐射导弹时，诱骗雷达按雷达方式工作，发射信号，跟踪目标和控制武器系统。保护雷达处于从动工作方式，除发射机处于预热状态外，其他部分均进入正常工作状态，并按诱骗雷达提供的目标数据人工调整角度和距离，被动跟踪目标。诱骗雷达一旦发现反辐射导弹跟踪，立即让保护雷达发射信号，接替诱骗雷达继续跟踪目标。若诱骗雷达关机或关发射机，利用保护雷达提供的目标信息进入被动跟踪状态。如果导弹转为跟踪保护雷达，则保护雷达关机，诱骗雷达再次开机工作，如此重复下去。这种组合工作方式特别适合对抗具有悬停功能的反辐射武器。若诱骗系统由搜索雷达和跟踪雷达组成，搜索雷达为诱骗雷达，保护雷达为跟踪雷达。诱骗雷达先开机工作，引诱导弹跟踪并为跟踪雷达指示目标。若搜索雷达发现导弹跟踪且完成目标指示，则立即关机。跟踪雷达按指示的目标数据截获目标并进入自动跟踪状态。

　　雷达诱骗不但不会降低己方武器系统的作战能力，还能有效对付有悬停功能的反辐射武器。若被反辐射导弹跟踪的雷达关机，导引头失去目标，它要么靠记忆继续向已关机的雷达方向飞行，要么重新搜索目标。如果它继续攻击已关机的雷达，雷达诱骗的对抗效果与单部雷达的关机对抗效果相同。因为有另一部雷达继续为武器系统提供目标信息，不会降低己方雷达控制的武器系统的作战能力。前面已说明反辐射导弹从跟踪一部雷达转入截获另一部雷达并建立稳定跟踪较困难，只要适当选择两雷达的参数、相对导弹的张角或两者之间的距离，即使反辐射导弹转入搜索，也很难截获另一雷达，脱靶率很高。有悬停功能的反辐射武器有足够的时间机动，如果被跟踪的诱骗雷达关机，它完全能转入搜索并跟踪上另一雷达。因两雷达交替发射信号，可使反辐射武器无法稳定跟踪任一雷达而丧失最佳作战时机。因此，雷达诱骗的对抗效果一般优于单部雷达的关机对抗效果。

8.10.2.2　有源诱饵阵

　　雷达诱骗存在的问题是需要两部雷达，两部雷达都受到反辐射导弹的威胁。目前地面固定雷达站对抗反辐射导弹的主要措施是，用多个廉价的有源诱饵与被保护雷达组阵，这里称为有源诱饵阵，简称诱饵阵。诱饵阵对抗反辐射导弹的原理与诱饵干扰雷达寻的器十分相似，能使反辐射导引头在不能从角度上分辨诱饵和雷达时，只能跟踪某个诱饵或诱饵阵的能量中心。在能分辨它们时，又因过载能力和机动时间有限，不能完全修正干扰引起的跟踪偏差而脱靶。

　　诱饵阵类似于欺骗性干扰，需要满足一定的条件才能获得需要的对抗效果。反辐射导引头既能从角度上分辨辐射源，也能从信号参数上滤除其他辐射源，有的还能从幅度差别选择需要的辐射源。反辐射武器攻击搜索雷达时一般跟踪天线的副瓣信号，攻击单目标跟踪雷达时可跟踪主瓣，也可跟踪副瓣。诱饵的信号电平一般低于雷达天线主瓣信号而高于副瓣信号。跟踪副瓣时，相对电平较低者为雷达，跟踪主瓣时，较高电平者为雷达。当导引头能从角度上区分雷达和诱饵时，它们的信号在时间上不再重叠，有幅度选择能力的导引头可能选中雷达，使导弹从跟踪某个诱饵或诱饵阵的能量中心转为跟踪雷达。尽管这种能力会增加导引头的复杂性，但实现是可能的。分析诱饵阵的干扰效果时，本书把反辐射导引头分两种：一、能根据信号幅度差别选择辐射源；二、不能根据信号幅度差别选择辐射源。归纳起来，诱饵阵有效对抗反辐射导弹应满足以下四个条件。

(1)诱饵信号的特征参数与保护雷达相似。反辐射武器只跟踪雷达的角度，诱饵要起干扰作用，其信号必须进入导引头的角跟踪通道。反辐射导引头对辐射源有严格的选择，只有特征参数能通过预先设定窗口的辐射源才能进入角跟踪通道。要获得诱饵阵对抗反辐射武器的效果，其特征参数如射频、重频、脉宽等必须与保护雷达相似，但又不能完全相同，否则会影响雷达的工作。

(2)具有一定的功率。诱饵电平高于导引头接收机工作灵敏度可保证检测到诱饵信号，但不一定能获得需要的对抗效果。诱饵阵的对抗效果与诱饵和雷达信号的功率有关，它们的比值决定了诱饵阵的能量中心。反辐射导引头在不能从角度上分辨辐射源时，与雷达或雷达寻的器一样，将跟踪诱饵阵的能量中心。能量中心到雷达的距离就是反辐射导弹的初始系统脱靶距离，该距离越大，雷达越安全。诱饵的功率需要根据要求的脱靶距离、诱饵阵的形状、大小和反辐射导弹的参数等确定。诱饵的功率也不能太大，否则会影响雷达的工作。

(3)诱饵阵的形状和大小。与诱饵干扰雷达一样，其信号必须含有假信息，干扰反辐射导引头需要角度假信息，角度假信息及其大小由配置关系确定。诱饵阵在形状上应保证它与雷达相对导弹来袭方向有一定的张角。在要求的距离上，此张角不能大于导引头的角分辨单元。诱饵之间和诱饵与雷达之间保持一定的距离，使导引头即使在能分辨各个辐射源时跟踪上雷达，也不会命中雷达，或者命中任一诱饵不会伤及雷达。诱饵之间和诱饵与雷达之间的距离不是越大越好，该距离大，既可能使它们间的张角大于导引头的角分辨率，使导弹一开始就跟踪上雷达，没有干扰作用。也可能增加导引头分辨各辐射源的距离，增加机动时间，增加命中雷达的概率。根据上述要求并结合导引头的参数、导弹的杀伤半径和来袭方向以及保护雷达的参数可确定诱饵阵的形状和大小。

(4)诱饵和雷达信号同步并保持一定的时序关系，使雷达信号总处于诱饵信号之中。为防止雷达参数不稳定而丢失目标，反辐射导引头的窗口较宽。为了抗干扰，只采集雷达脉冲某时刻的角度数据用于跟踪，干扰方一般不知道取样数据的确切位置。要保证诱饵所含的假角度信息能进入角跟踪通道，诱饵信号应在时间上完全覆盖雷达脉冲，既要先于雷达脉冲出现，又要后于雷达脉冲结束。有两种情况能使诱饵信号不能总是覆盖雷达脉冲：一、雷达和诱饵信号的定时精度、同步精度有限和脉宽参数的一致性等问题；二、诱饵和雷达的位置不同，相对导弹有不同的距离并随导弹进入方向而变化，距离差别会引起到达时间差别，可导致诱饵信号不能总是覆盖雷达脉冲。为克服上述问题，诱饵可采用脉位抖动工作方式，使诱饵信号在出现时间上相对雷达脉冲抖动。脉位抖动可使导引头要么采存某个诱饵的信号，要么采存诱饵阵的合成信号，能降低采集到纯雷达信号的概率。按抖动速度分快抖动和慢抖动两种。慢抖动是指抖动速度小于导弹跟踪系统的响应速度，它能使导弹运行方向在诱饵和雷达之间来回摆动。快抖动是指干扰脉位变化速度大于导弹制导系统的响应速度，使其只能跟踪诱饵阵的能量中心对应的方向，适当的抖动方式和布阵形状，有可能使诱饵和雷达同时得到保护。这种方法特别适合诱饵数量较少的场合。

第一、二两个条件是保证诱饵信号进入导引头角跟踪通道的条件；第三、四两个条件有两个作用：一个是迫使导引头跟踪某个诱饵或诱饵阵的能量中心，另一个是即使在能分辨每个辐射源时跟踪上雷达，也不能命中它。

8.10.3 雷达关机对抗反辐射导弹的效果和对抗有效性

雷达发现反辐射导弹跟踪后立即关机，导引头失去信号。它要么记忆跟踪关机的雷达，要么转为搜索。如果导引头转为搜索，可能截获其他辐射源，也可能因无目标而自毁，关机的雷达一定安全。大多数反辐射武器有记忆跟踪能力，一旦失去目标，就会转入记忆跟踪，即朝着关机雷达的方向飞行。下面只讨论雷达关机对抗有记忆跟踪能力的反辐射导弹的效果和对抗有效性。

即使没有受到干扰，导引头也有机内噪声引起的测角误差，正是这种误差影响反辐射导弹的作战能力。图 8.10.1 为脱靶距离与测角误差和雷达关机距离的关系示意图。图中 A 和 M 分别为雷达位置和雷达关机瞬间反辐射导弹的位置，R 和 r 为雷达关机瞬间导弹到雷达的距离和脱靶距离或雷达到导弹飞行轨迹的瞬时最近距离。根据雷达参数、导弹的雷达截面，由雷达方程可估算 R 的值。因存在测角误差，导弹记忆跟踪的方向可能偏离雷达方向 MA 而沿着 MB 方向飞行，设其偏角为 α，α 等于雷达关机瞬间导引头的瞬时测角误差。α 一般很小。由图 8.10.1 的关系得瞬时脱靶距离：

$$r = R\sin\alpha \approx R\alpha \tag{8.10.9}$$

反辐射导引头类似侦察设备，中心化测角误差服从 0 均值正态分布，其概率密度函数为

$$P(\alpha) = \frac{1}{\sqrt{2\pi}\sigma_\alpha}\exp\left(-\frac{\alpha^2}{2\sigma_\alpha^2}\right) \tag{8.10.10}$$

式中，σ_α 为导引头的测角误差。根据 α 的概率密度函数及其与脱靶距离的关系，由式 (8.10.9) 得脱靶距离的概率密度函数：

$$P(r) = \frac{1}{\sqrt{2\pi}R\sigma_\alpha}\exp\left(-\frac{r^2}{2R^2\sigma_\alpha^2}\right) \tag{8.10.11}$$

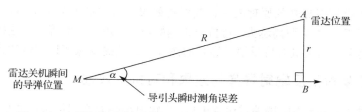

图 8.10.1　脱靶距离与测角误差和雷达关机距离的关系示意图

导弹为复杂巨系统，存在制造缺陷，即使导引头无测角误差，也不能保证 100% 的命中目标。导弹的制造缺陷引起的散布误差只有随机成分，服从 0 均值正态分布。根据反辐射导弹的参数，用 5.1.3.4 节的方法可确定反辐射导弹自身的散布误差 σ_k。制造缺陷引起的散布误差和测角误差引起的散布误差的联合概率密度函数仍然服从 0 均值正态分布，其方差为

$$\sigma_{\alpha k}^2 = \sigma_\alpha^2 R^2 + \sigma_k^2 \tag{8.10.12}$$

反辐射导弹记忆跟踪时的脱靶距离或合成散布均方差为

$$\sigma_{\alpha k} = \sqrt{\sigma_\alpha^2 R^2 + \sigma_k^2} \tag{8.10.13}$$

如果 $\sigma_k \ll \sigma_\alpha R$，上式近似为

$$\sigma_{\alpha k} \approx \sigma_\alpha R \tag{8.10.13a}$$

雷达不关机，反辐射导弹将沿图 8.10.1 的 MA 方向飞行，直到俯冲攻击点。有的导弹俯冲时不再用传感器提供的目标信息，而是依据俯冲前瞬间的目标参数按程序工作。设俯冲攻击起点到雷达的距离为 R_p，此时的脱靶距离为

$$\sigma_r = \sqrt{\sigma_\alpha^2 R_p^2 + \sigma_k^2} \tag{8.10.14}$$

如果 $\sigma_k \ll \sigma_\alpha R_p$，上式近似为

$$\sigma_r \approx \sigma_\alpha R_p \tag{8.10.15}$$

比较式(8.10.13a)和式(8.10.15)知，因 $R \gg R_p$，$\sigma_{\alpha k} \gg \sigma_r$，雷达关机对抗反辐射导弹的效果是明显的。

反辐射导弹有近炸引信，只要脱靶距离小于导弹的等效杀伤半径，就能命中并摧毁目标。雷达关机和反辐射导引头记忆跟踪时，导弹的总散布误差只有随机成分。把总散布误差代入式(5.1.27)得反辐射武器在雷达关机条件下的命中概率：

$$P_h = 1 - \exp\left[-\left(\frac{R_{kst}}{\sqrt{2}\sigma_{\alpha k}}\right)^2\right] \tag{8.10.16}$$

由干扰有效性的定义得依据命中概率评估的雷达关机对抗反辐射导弹的有效性：

$$E_h = \exp\left[-\left(\frac{R_{kst}}{\sqrt{2}\sigma_{\alpha k}}\right)^2\right]$$

把 E_h 代入式(8.10.4)或式(8.10.5)得依据摧毁概率评估的雷达关机对抗反辐射导弹的有效性：

$$E_{ade} = 1 - (1 - E_{lach})(1 - E_h) = 1 - (1 - E_{lach})\left\{1 - \exp\left[-\left(\frac{R_{kst}}{\sqrt{2}\sigma_{\alpha k}}\right)^2\right]\right\} \approx \text{MAX}\left\{E_{lach}, \exp\left[-\left(\frac{R_{kst}}{\sqrt{2}\sigma_{\alpha k}}\right)^2\right]\right\}$$

把 P_h 代入式(8.10.3)得保护目标的生存概率：

$$P_{aal} = 1 - P_{lach}P_h$$

雷达关机对抗反辐射导弹的原理表明，其对抗效果主要取决于关机距离(雷达关机瞬间反辐射导弹到雷达的距离)，关机距离越大，对抗效果越好。关机距离近似等于雷达探测反辐射导弹的最大距离。要想提高雷达关机对抗反辐射导弹的效果，必须提高探测该武器的距离。

8.10.4 雷达诱骗对抗反辐射导弹的效果和对抗有效性

由雷达诱骗的工作原理知，诱骗雷达关机后，反辐射导弹要么记忆跟踪并攻击已关机的雷达，要么轮流跟踪两部雷达。这种对抗方法可能获得两种不同的对抗效果：一、与单部雷达关机对抗效果相当，前一节已说明有关的原理；二、从跟踪诱骗雷达转为跟踪另一雷达。如果反辐射武器的作用距离较远或有旋停功能，有可能在飞行途中改变攻击对象，从跟踪诱骗雷达转为跟踪保护雷达或者进行相反的转换。导弹速度高，转换次数十分有限，很快就能分辨开两雷达。假设反辐射导弹在发现跟踪雷达瞬间正好能分辨两雷达，不能再次转向诱骗雷达。这时即使跟踪雷达关机，也无法避免反辐射导弹的攻击，这是对雷达诱骗最不利的情况。尽管如此，因为诱骗引起了初始系统脱靶距离，仍然比纯粹关机对抗效果好。下面只分析此情况的雷达诱骗对抗效果。

图 8.10.2 为雷达诱骗对抗原理示意图。它表示诱骗雷达关机瞬间导弹与雷达的几何位置关系。图中 A、B 和 M 分别为诱骗雷达(下面称 A 雷达)、保护雷达(称 B 雷达)和反辐射导弹的位置，L 为 A、B 雷达之间的距离，R_a、R 和 θ 分别为 M 到 A 雷达的距离、M 到 B 雷达的距离和两雷达相对导弹的张角，R_k、r_d 和 r_0 分别为反辐射导弹的杀伤半径、初始脱靶距离和过载能修正的初始脱靶距离，V_m、V_{cb} 和 V_{ma} 为导弹的飞行速度、飞行速度在 CB 方向和在 MA 方向的分量，图中带箭头的虚线为反辐射导弹的运行轨迹。根据雷达参数和导弹的雷达截面，由雷达方程和两雷达之间的距离可估算 R_a、R 和 θ，在下面的分析中假设它们都是已知的。

根据前面的假设，A 雷达关机后，导引头立即发现 B 雷达，它将以最大过载从 MA 方向转向 MB 方向。此时 r_d 为初始系统脱靶距离，相当于雷达诱骗引起的初始系统跟踪误差。设导弹飞行

轨迹在 D 点与 BC 线相交，过载能修正的初始系统脱靶距离为 $CD=r_0$。导弹相对 B 雷达的最终系统脱靶距离为

$$\bar{r} = R\sin\theta - r_0 \tag{8.10.17}$$

借助图 8.10.2 的几何关系，可估算此情况下的雷达诱骗对抗反辐射导弹的效果。设反辐射导弹的最大过载为 n 个 g（g 为重力加速度）。如果不计大气摩擦和重力影响，过载只改变导弹的运行方向，不影响总速度的大小。设导弹一直恒加速下去直到修正全部初始脱靶距离或飞过目标为止。由上述假设知，导弹在飞行过程中，过载一直改变着速度的方向，使其产生一个指向 B 雷达的速度分量 V_{cb}。正是 V_{cb} 使导弹飞行方向偏离 MA 而靠近 MB。设经过 t 秒后导弹偏离 MA 方向的角度为 ϕ，ϕ 是飞行时间、过载能力和飞行速度的函数。从对干扰不利的角度考虑，可按 5.3.3 节的方法计算导弹最大过载能修正的初始系统脱靶距离：

$$r_0 = \frac{V_m^2}{ng}\left[1 - \sqrt{1 - \left(\frac{ngR_a}{V_m^2}\right)^2}\right] \tag{8.10.18}$$

把 r_0 代入式 (8.10.17) 得导弹相对 B 雷达的系统脱靶距离：

$$\bar{r} = R\sin\theta - \frac{V_m^2}{ng}\left[1 - \sqrt{1 - \left(\frac{ngR_a}{V_m^2}\right)^2}\right] \tag{8.10.19}$$

若跟踪 B 雷达，AD 就是反辐射导弹相对 A 雷达的系统脱靶距离，由图中的关系得：

$$AD = \sqrt{L^2 - r_d^2 + r_0^2}$$

在实际配置中，θ 一般远大于导引头的测角误差，也远大于导弹瞬时能调整的角度。根据导引头的测角误差 σ_α 和导弹俯冲起点到目标的最小距离 R_p，由式 (8.10.14) 得导弹的随机脱靶距离或随机散布误差 σ_r。把有关参数代入式 (5.1.27) 和式 (5.1.28) 得反辐射导弹命中 B 雷达的概率：

$$P_{hb} = \begin{cases} 1 - \exp\left[-\left(\dfrac{R_{kst}}{\sqrt{2}\sigma_r}\right)^2\right] & \bar{r} \leqslant 0 \\[2mm] \exp\left(-\dfrac{R_{kst}^2 + \bar{r}^2}{2\sigma_r^2}\right)\displaystyle\sum_{n=1}^{\infty}\left[\left(\dfrac{R_{kst}}{\bar{r}}\right)^n I_n\left(\dfrac{\bar{r}R_{kst}}{\sigma_r^2}\right)\right] & \bar{r} > 0 \end{cases} \tag{8.10.20}$$

式中，$\bar{r} \leqslant 0$ 表示导弹能完全修正初始脱靶距离，下面的类似情况较多，不再给予特别说明。

尽管反辐射导弹有修正初始脱靶距离的能力，因过载能力有限，可用的机动时间短，常常无法完全消除初始系统脱靶距离的影响，即使跟踪上 B 雷达，仍有可能伤及 A 雷达。设导弹从 D 点穿过 CD 连线，导弹相对 A 雷达的系统脱靶距离为 AD，按照式 (8.10.20) 的分析方法得导弹命中 A 雷达的概率：

$$P_{ha} = \exp\left[-\frac{R_{kst}^2 + (AD)^2}{2\sigma_r^2}\right]\sum_{n=1}^{\infty}\left\{\left[\frac{R_{kst}}{(AD)}\right]^n I_n\left[\frac{(AD)R_{kst}}{\sigma_r^2}\right]\right\} \tag{8.10.21}$$

这里和以下各式中的 σ_r 均由式 (8.10.14) 确定。把 P_{ha} 和 P_{hb} 分别代入式 (8.10.2)～式 (8.10.7) 得雷达诱骗的对抗效果，即反辐射导弹摧毁 A、B 雷达的概率 P_{dea} 和 P_{deb} 以及依据摧毁概率评估的对抗有效性 E_{dea} 和 E_{deb}。

目前的反辐射导弹主要攻击地面固定雷达站，大多数为空对地作战方式。图 8.10.2 中 AB 为地平线，导弹不能越过 AB 线。假设导弹飞到 E 点触地爆炸，A 和 B 两雷达到导弹爆炸点的最小

距离分别为 EA 和 EB。为分析方便和精确估算导弹过载能修正的初始系统脱靶距离，用图 8.10.3 表示地面雷达诱骗对抗示意图。在该图中 β 和 R_{m} 分别为 MA 与 AB 的夹角和 M 到 E 的距离。导弹以最大过载机动时，飞行轨迹为圆，O 表示机动轨迹的圆心，半径为导弹的最小转弯半径 R_{cmin}；2ϕ 为导弹机动圆弧对应的圆心角。M 和 E 处于机动轨迹的圆周上，R_{m} 就是弧 ME 的弦，ϕ 为弦切角，ϕ 也是导弹从 M 点飞到 E 点相对 MA 转过的角度。图 8.10.3 中其他符号的定义同图 8.10.2。

导弹的最小转弯半径与其飞行速度 V_{m} 和过载能力 ng 的关系为[7]

$$R_{\mathrm{cmin}} = \frac{V_{\mathrm{m}}^2}{ng}$$

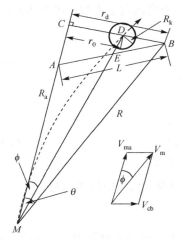

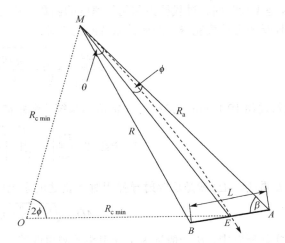

图 8.10.2　雷达诱骗对抗原理示意图　　　图 8.10.3　地面雷达诱骗对抗效果示意图

由平面几何的有关定理和图 8.10.3 中的关系得：

$$R_{\mathrm{m}} = 2R_{\mathrm{cmin}}\sin\phi = \frac{2V_{\mathrm{m}}^2\sin\phi}{ng}, \quad R_{\mathrm{m}} = \frac{R_{\mathrm{a}}\sin\beta}{\sin(\beta+\varphi)} \text{和} \beta = \arccos\left[\frac{(AB)^2 + R_{\mathrm{a}}^2 - R^2}{2(AB)R_{\mathrm{a}}}\right]$$

利用上述关系和有关的三角变换公式得：

$$\cos(\beta+2\phi) = \cos\beta - \frac{R_{\mathrm{a}}}{R_{\mathrm{cmin}}}\sin\beta = \cos\beta - \frac{ngR_{\mathrm{a}}}{V_{\mathrm{m}}^2}\sin\beta$$

在上式中只有 ϕ 未知，对其求解得：

$$\phi = \frac{1}{2}\left|\arccos\left[\left(\cos\beta - \frac{R_{\mathrm{a}}}{R_{\mathrm{cmin}}}\sin\beta\right)\right] - \beta\right| = \frac{1}{2}\left|\arccos\left[\left(\cos\beta - \frac{ngR_{\mathrm{a}}}{V_{\mathrm{m}}^2}\sin\beta\right)\right] - \beta\right|$$

在三角形 AME 中，由正弦定理得反辐射导弹相对 A 雷达的系统脱靶距离：

$$AE = \overline{r}_{\mathrm{a}} = \left|\frac{R_a\sin\phi}{\sin(\beta+\phi)}\right| \tag{8.10.22}$$

反辐射导弹相对 B 雷达的系统脱靶距离为

$$BE = \overline{r}_{\mathrm{b}} = AB - \overline{r}_{\mathrm{a}} = L - \overline{r}_{\mathrm{a}} \tag{8.10.23}$$

按照式 (8.10.20) 和式 (8.10.21) 的分析方法得反辐射武器命中 B 雷达和 A 雷达的概率 P'_{hb} 和 P'_{ha}：

$$P'_{hb} = \begin{cases} 1 - \exp\left[-\left(\dfrac{R_{kst}}{\sqrt{2}\sigma_r}\right)^2\right] & \bar{r}_b \leqslant 0 \\[3ex] \exp\left(-\dfrac{R_{kst}^2 + \bar{r}_b^2}{2\sigma_r^2}\right) \displaystyle\sum_{n=1}^{\infty}\left[\left(\dfrac{R_{kst}}{\bar{r}_b}\right)^n I_n\left(\dfrac{\bar{r}_b R_{kst}}{\sigma_r^2}\right)\right] & \bar{r}_b > 0 \end{cases} \tag{8.10.24}$$

$$P'_{ha} = \exp\left(-\frac{R_{kst}^2 + \bar{r}_a^2}{2\sigma_r^2}\right) \sum_{n=1}^{\infty}\left[\left(\frac{R_{kst}}{\bar{r}_a}\right)^n I_n\left(\frac{\bar{r}_a R_{kst}}{\sigma_r^2}\right)\right] \tag{8.10.25}$$

把 P'_{hb} 和 P'_{ha} 分别代入式(8.10.2)～式(8.10.7)得雷达诱骗对抗反辐射导弹的效果和对抗有效性。

上述分析结果表明影响雷达诱骗对抗效果和对抗有效性的主要因素有：一、配置关系，即在导引头能从角度上分辨两雷达时，两雷达相对导弹的张角或 A、B 间的距离 L；二、诱骗雷达发现导弹的距离。

8.10.5　有源诱饵阵的对抗效果和对抗有效性

8.10.5.1　引言

诱饵阵的参数决定了对抗反辐射武器的效果。诱饵阵的参数主要包括诱饵的数量、诱饵阵的几何形状、布阵大小(阵的几何尺寸)、等效辐射功率和诱饵辐射信号与保护雷达发射脉冲的时间关系等。一般根据要求的对抗有效性、保护雷达和反辐射武器的参数设计诱饵阵。与雷达站组阵对抗反辐射导弹的诱饵个数一般大于等于 2。诱饵阵的形状和大小主要取决于导弹的来袭方向、杀伤半径和反辐射导引头(下面的导引头都是指反辐射武器的)的角分辨率。本节只讨论诱饵阵对抗反辐射导弹的效果和对抗有效性的评估方法，假设诱饵阵的参数已完全确定。

假设诱饵阵由两个有源诱饵和一部保护雷达组成，布阵形状为三角形。图 8.10.4 为诱饵阵对抗反辐射导弹(下面的导弹都是指反辐射导弹)的原理示意图。该图表示反辐射导引头刚好能分辨三个辐射源瞬间的导弹攻击态势，可用来说明诱饵阵的对抗效果和对抗有效性评估方法。图中 A、B 和 C 分别表示 A 诱饵、B 诱饵和保护雷达的位置，M 和 D 为导弹的位置和三个辐射源的能量中心或质心，R、R_a、R_b 和 R_d 分别为 M 到 C、M 到 A、M 到 B 和 M 到 D 的距离，ϕ' 和 ϕ'' 为导弹过载使飞行方向偏离 MA 和 MB 的角度，β' 和 β'' 分别为 C、M 两点相对 A 诱饵和 B 诱饵的张角，带箭头的粗、细虚线和点画线为导弹飞行轨迹示意图，E、F、G 和 H 为导弹飞行轨迹与 DA、DB、AC 和 BC 的交点。图中其他符号的定义将在图 8.10.5 和图 8.10.6 中给予说明。在图 8.10.4 中，三角形 ABC、ADC 和 ADB 的参数由诱饵阵的配置关系和三个辐射源的等效辐射功率确定。R、R_a、R_b 可由雷达测量得到，也可根据导弹的有关参数和诱饵阵的配置关系等计算得到，这里把它们当已知数处理。

诱饵阵使用较灵活，适当的几何配置关系和信号时序关系能获得不同的对抗效果。根据当前诱饵阵的使用情况和反辐射导弹可能具备的功能，下面分三种情况讨论图 8.10.4 的两诱饵阵对抗反辐射导弹的效果和对抗有效性：

① 在导引头不能从角度上分辨三个辐射源时，诱饵信号在时间上能完全覆盖雷达的每个脉冲；

② 诱饵信号相对保护雷达的发射脉冲位置慢速随机抖动；

③ 诱饵信号相对保护雷达的发射脉冲位置快速随机抖动。

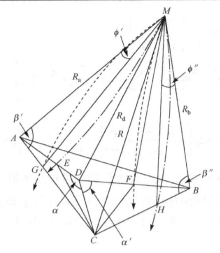

图 8.10.4　诱饵阵对抗反辐射导弹的原理示意图

8.10.5.2　诱饵信号完全覆盖雷达的每个脉冲

所谓诱饵信号覆盖雷达的每个脉冲是指，在反辐射导引头接收机输入端，诱饵和雷达信号的电平相当，雷达的每个脉冲后于诱饵信号出现，先于诱饵信号结束。只要诱饵信号能完全覆盖雷达的每个脉冲，在导引头不能从角度上分辨它们时，无论在脉冲的什么位置采存测角数据，都不能获得纯雷达脉冲含有的角信息。有可能跟踪某个诱饵，也有可能跟踪某两个或三个辐射源的能量中心。因多种随机因素的影响，即使跟踪三个辐射源的能量中心，导引头一般不会同时分辨开它们，而是逐个分辨开。由此可知，对于三个辐射源组成的诱饵阵（A 诱饵，B 诱饵和雷达），在反辐射导引头能分辨它们瞬间，可能出现以下七种跟踪情况：一、一直跟踪某个诱饵；二、从跟踪两个诱饵的能量中心转为跟踪某个诱饵；三、从跟踪雷达和 A 诱饵的能量中心转为跟踪两者中的一个；四、从跟踪雷达和 B 诱饵的能量中心转为跟踪其中的一个；五、从跟踪三个辐射源的能量中心转为跟踪两诱饵的能量中心，再转为跟踪两诱饵中的一个；六、从跟踪三个辐射源的能量中心转为跟踪雷达和 A 诱饵的能量中心，再转为跟踪它们中的一个；七、从跟踪三个辐射源的能量中心转为跟踪雷达和 B 诱饵的能量中心，再转为跟踪其中的一个。根据质心干扰原理，如果没有其他识别信息可用，反辐射导引头最终将从跟踪两辐射源的能量中心转为跟踪离此中心较近的一个辐射源。

有旋停功能的反辐射直升机和攻击速度较低的反辐射无人机转弯半径小，机动时间长，有足够的时间逐步分辨各个辐射源，有明显的从跟踪三个辐射源的能量中心转为跟踪某两个辐射源的能量中心再转为跟踪其中一个辐射源的过程。对抗方已知诱饵阵的全部参数，可估算三个辐射源的能量中心到每个辐射源的距离，也能计算三个辐射源的能量中心到任意两个辐射源能量中心的距离。根据反辐射武器的过载能力和导引头角分辨单元的大小，不难估算各种跟踪情况下导弹相对雷达站的最终系统脱靶距离，也容易计算导弹对雷达和每个诱饵的摧毁概率。这里只讨论诱饵阵对抗反辐射导弹的效果。导弹运行速度快，转弯半径大，机动时间短，加之导引头的角分辨单元较小和诱饵阵的几何尺寸不大，导引头从分辨开一个辐射源到分辨开三个辐射源的时间极短。本书近似认为反辐射导引头能同时分辨三个辐射源，没有明显的从跟踪三个辐射源的能量中心转为跟踪某两个辐射源的能量中心再转为跟踪一个辐射源的过程，可将上述后三种跟踪情况合并成一种，即从跟踪三辐射源的能量中心转为跟踪其中的某个辐射源。

　　同样的诱饵阵对导引头的不同跟踪情况有不同的对抗效果，同样的诱饵阵对不同的反辐射导引头也会有不同的对抗效果。这里将反辐射导引头分两种：一、不能根据接收信号的幅度差别区分雷达和诱饵；二、能根据接收信号的幅度差别区分雷达和诱饵。

1. 导引头不能利用接收信号的幅度差别区分诱饵和雷达

　　根据前面的说明，只要诱饵信号能覆盖雷达的每个脉冲，合成信号的前、后沿必然只含诱饵信息。对于从脉冲前、后沿采集存储辐射源参数且不能从接收信号的幅度差别区分诱饵和雷达的导引头，只能一直跟踪某个诱饵，不会在能分辨三个辐射源瞬间转为跟踪雷达或另一个诱饵。对于在脉冲其他部位采集存储辐射源角度数据的同种导引头，有可能采集到三个或两个辐射源的合成信号，在能分辨它们瞬间可能从跟踪它们的能量中心转为跟踪离此中心较近的一个辐射源。后一种跟踪情况的对抗效果和对抗有效性的分析方法与 8.10.5.3 和 8.10.5.4 节的相同，这里只处理第一种跟踪情况。

　　如果反辐射导弹跟踪并命中 A 诱饵，导弹的散布中心为 A，A 到保护雷达的距离即系统脱靶距离为 AC。若跟踪并命中 B 诱饵，散布中心为 B，相对雷达的系统脱靶距离为 BC。如果导弹本身无随机散布误差，只要 AC 和 BC 同时大于反辐射导弹的杀伤半径，可获得有效对抗效果。

　　导弹的制造缺陷和导引头的测角误差可能使导弹的飞行轨迹偏离 A 诱饵或 B 诱饵，即使反辐射导弹跟踪某个诱饵，仍有可能伤及雷达。设导引头一直跟踪 A 诱饵，用系统脱靶距离 AC 替换式（8.10.21）中的 AD 得反辐射导弹跟踪 A 诱饵而伤及雷达的概率：

$$P_{\text{ha1}} = \exp\left[-\frac{R_{\text{kst}}^2 + (AC)^2}{2\sigma_{\text{r}}^2}\right] \sum_{n=1}^{\infty}\left\{\left[\frac{R_{\text{kst}}}{(AC)}\right]^n I_n\left[\frac{(AC)R_{\text{kst}}}{\sigma_{\text{r}}^2}\right]\right\} \tag{8.10.26}$$

AC 和 BC 是诱饵阵的参数，是已知的。如果导引头一直跟踪 B 诱饵，伤及雷达的概率：

$$P_{\text{hb1}} = \exp\left[-\frac{R_{\text{kst}}^2 + (BC)^2}{2\sigma_{\text{r}}^2}\right] \sum_{n=1}^{\infty}\left\{\left[\frac{R_{\text{kst}}}{(BC)}\right]^n I_n\left[\frac{(BC)R_{\text{kst}}}{\sigma_{\text{r}}^2}\right]\right\} \tag{8.10.27}$$

　　在导引头不能分辨三个辐射源时，究竟跟踪哪个诱饵取决于诱饵阵的信号时序关系和导引头从接收脉冲上采集角跟踪数据的相对时间位置。如果两诱饵的信号覆盖雷达脉冲的前、后沿是随机且等概率变化的，跟踪 A 诱饵和 B 诱饵的概率相同，保护雷达被命中的平均概率为

$$P_{\text{h1}} = 0.5(P_{\text{ha1}} + P_{\text{hb1}})$$

2. 导引头能利用接收信号的幅度差别区分诱饵和雷达

　　如果诱饵信号能覆盖雷达的每个发射脉冲且导引头有从接收信号的幅度差别区分诱饵和雷达的功能，在刚好能分辨三个辐射源瞬间可能出现两种情况：一、从跟踪某个诱饵转为跟踪雷达；二、从跟踪诱饵阵的能量中心转为跟踪雷达。这里只讨论第一种情况的对抗效果和对抗有效性，第二种情况的分析方法见 8.10.5.4 节。假设导引头在不能从角度上区分三个辐射源时跟踪图 8.10.4 的 A 诱饵，在角度上能分辨它们时，将以最大过载从跟踪 A 诱饵转为跟踪雷达。设导弹仅在 AMC 平面上机动，图 8.10.4 中带箭头的粗虚线表示该情况下的导弹运行轨迹，AG 为导弹过载能修正的初始系统脱靶距离。导弹能否命中雷达取决于初始系统脱靶距离 AC 和导弹的速度、过载能力以及距离 R 和 R_{a}。诱饵阵此时的对抗作用与雷达诱骗相同。按照有关分析方法得反辐射导弹的系统脱靶距离：

$$\bar{r}_{\text{ac}} = AC - AG = AC - \left|\frac{R_{\text{a}}\sin\phi'}{\sin(\beta' + \phi')}\right| \tag{8.10.28}$$

其中　　　$\phi' = \dfrac{1}{2}\left|\arccos\left[\left(\cos\beta' - \dfrac{ngR_a}{V_m^2}\sin\beta'\right) - \beta'\right]\right|$ 和 $\beta' = \arccos\left[\dfrac{R_a^2 + (AC)^2 - R^2}{2R_a(AC)}\right]$

用 $\bar{r}_{ac}$ 替换式(8.10.20)中的 $\bar{r}$ 得反辐射导弹从跟踪 A 诱饵转为跟踪雷达而命中雷达的概率：

$$P_{ha2} = \begin{cases} 1 - \exp\left[-\left(\dfrac{R_{kst}}{\sqrt{2}\sigma_r}\right)^2\right] & \bar{r}_{ac} \leqslant 0 \\[4mm] \exp\left(-\dfrac{R_{kst}^2 + \bar{r}_{ac}^2}{2\sigma_r^2}\right)\displaystyle\sum_{n=1}^{\infty}\left[\left(\dfrac{R_{kst}}{\bar{r}_{ac}}\right)^n I_n\left(\dfrac{\bar{r}_{ac}R_{kst}}{\sigma_r^2}\right)\right] & \bar{r}_{ac} > 0 \end{cases} \tag{8.10.29}$$

　　如果反辐射导引头在不能分辨三个辐射源时跟踪 B 诱饵，在能分辨它们瞬间以最大过载从跟踪 B 诱饵转为跟踪雷达。假设导弹只在 BMC 平面上机动，图 8.10.4 中带箭头的点划线为此时导弹的飞行轨迹示意图，BH 为过载能修正的初始系统脱靶距离。按照式(8.10.28)的推导方法得导弹从跟踪 B 诱饵转为跟踪雷达的系统脱靶距离：

$$\bar{r}_{bc} = BC - \left|\dfrac{R_b \sin\phi''}{\sin(\beta'' + \varphi'')}\right| \tag{8.10.30}$$

其中

$$\varphi'' = \dfrac{1}{2}\left|\arccos\left[\left(\cos\beta'' - \dfrac{ngR_b}{V_m^2}\sin\beta''\right) - \beta''\right]\right| \text{ 和 } \beta'' = \arccos\left[\dfrac{R_b^2 + (BC)^2 - R^2}{2R_b(BC)}\right]$$

按照式(8.10.29)的分析方法得反辐射导弹从跟踪 B 诱饵转为跟踪雷达而命中雷达的概率：

$$P_{hb2} = \begin{cases} 1 - \exp\left[-\left(\dfrac{R_{kst}}{\sqrt{2}\sigma_r}\right)^2\right] & \bar{r}_{bc} \leqslant 0 \\[4mm] \exp\left(-\dfrac{R_{kst}^2 + \bar{r}_{bc}^2}{2\sigma_r^2}\right)\displaystyle\sum_{n=1}^{\infty}\left[\left(\dfrac{R_{kst}}{\bar{r}_{bc}}\right)^n I_n\left(\dfrac{\bar{r}_{bc}R_{kst}}{\sigma_r^2}\right)\right] & \bar{r}_{bc} > 0 \end{cases} \tag{8.10.31}$$

　　用上述各种情况命中雷达的概率替换式(8.10.2)～式(8.10.7)的 P_h，可得此诱饵阵对抗反辐射导弹的效果和对抗有效性。不难看出有根据接收信号幅度差别选择辐射源的反辐射导弹命中雷达的可能性较大。如果不能完全确定反辐射导弹在能分辨各辐射源瞬间究竟跟踪其中的那一个，需要从对干扰不利的情况出发，把较差的对抗效果作为评估结果和设计诱饵阵的依据。

8.10.5.3　诱饵信号相对雷达脉冲位置慢抖动

　　如果诱饵数量少或因其他问题无法保证其信号总能覆盖雷达脉冲，可采用脉位抖动工作方式，以增加诱饵信号覆盖雷达脉冲的平均概率。脉位抖动就是诱饵的信号在时间上相对雷达脉冲出现时刻随机抖动。抖动分快、慢两种。这一节讨论慢抖动诱饵阵对抗反辐射导弹的效果。

　　设 A 诱饵和 B 诱饵的信号各自独立覆盖雷达脉冲的概率为 P_{Ad} 和 P_{Bd}，若忽略两诱饵的脉冲和三个辐射源的脉冲同时出现的概率，雷达脉冲单独出现的概率近似为

$$P_{Rd} \approx 1 - P_{Ad} - P_{Bd}$$

如果用 n 个诱饵保护一部雷达，设第 i 个诱饵的信号单独覆盖雷达脉冲的概率为 P_i，雷达脉冲单独出现在导引头接收机输入端的概率近似为

$$P_{Rd} \approx 1 - \sum_{i=1}^{n} P_i$$

因抖动速度较慢，任一诱饵的信号覆盖雷达脉冲的时间较长，在导引头刚好能从角度上分辨三个辐射源瞬间，导弹能稳定跟踪某个辐射源或某几个辐射源的能量中心。尽管假设诱饵信号没有单独出现的机会，因不能确切知道导引头从接收脉冲上采集角跟踪数据的具体时刻和各信号到达导引头的时间差，不排除有单独稳定跟踪某个诱饵的可能性。在导引头能分辨三个辐射源瞬间，可能出现五种跟踪情况：一、跟踪 A 诱饵；二、跟踪 B 诱饵；三、跟踪雷达；四、跟踪 A 诱饵和雷达的能量中心；五、跟踪 B 诱饵与雷达的能量中心。如果导引头不能根据接收信号的幅度差别选择跟踪对象，对于前三种情况，导引头在能分辨三个辐射源时将继续跟踪原来的辐射源。对于后两种情况，它将跟踪离能量中心较近的一个辐射源。若导引头能根据接收信号的幅度差别区分诱饵和雷达，在能分辨三个辐射源瞬间总是选择雷达。

1. 导引头不能从接收信号的幅度差别区分诱饵和雷达

如果导引头不能根据接收信号的幅度差别区分雷达和诱饵，在能分辨三个辐射源瞬间，将以概率 P_{Ad}、P_{Bd} 和 P_{Rd} 截获 A 诱饵、B 诱饵和雷达，而且会对截获的辐射源一直跟踪下去。按照 8.10.5.2 节的分析方法得跟踪 A 诱饵或 B 诱饵伤及雷达的概率。其中跟踪 A 诱饵伤及雷达的概率为

$$P_{ha3} = P_{Ad} \exp\left[-\frac{R_{kst}^2 + (AC)^2}{2\sigma_r^2} \right] \sum_{n=1}^{\infty} \left\{ \left[\frac{R_{kst}}{(AC)} \right]^n I_n \left[\frac{(AC)R_{kst}}{\sigma_r^2} \right] \right\} \tag{8.10.32}$$

跟踪 B 诱饵伤及雷达的概率为

$$P_{hb3} = P_{Bd} \exp\left[-\frac{R_{kst}^2 + (BC)^2}{2\sigma_r^2} \right] \sum_{n=1}^{\infty} \left\{ \left[\frac{R_{kst}}{(BC)} \right]^n I_n \left[\frac{(BC)R_{kst}}{\sigma_r^2} \right] \right\} \tag{8.10.33}$$

跟踪雷达而命中雷达的概率为

$$P_{hr3} = P_{Rd} \left\{ 1 - \exp\left[-\left(\frac{R_{kst}}{\sqrt{2}\sigma_r} \right)^2 \right] \right\} \tag{8.10.34}$$

因两诱饵的信号随机出现，在导引头刚好能分辨三个辐射源瞬间，究竟跟踪哪个诱饵与雷达的能量中心是随机的。设导引头在刚好能分辨三个辐射源前瞬间跟踪 A 诱饵和雷达的能量中心，能分辨它们时，以最大过载从跟踪该能量中心转为跟踪离此中心较近的一个辐射源。能量中心到 A 诱饵和到雷达的距离由 AC 和导引头从该诱饵和雷达接收的功率确定。类似的有，如果导引头在能分辨三个辐射源前瞬间，跟踪 B 诱饵与雷达的能量中心，在能分辨三个辐射源瞬间究竟是跟踪 B 诱饵还是跟踪雷达，由 BC、导引头从 B 诱饵和从雷达接收的功率确定。根据诱饵阵的参数、三个辐射源的发射功率、它们在导弹来袭方向的发射天线增益和各辐射源到导弹的距离，由侦察方程可确定导引头从 A 诱饵、B 诱饵和雷达接收的信号功率，设其分别等于 J_a、J_b 和 J_c。如果 $J_a > J_c$，导引头将从跟踪 A 诱饵和雷达的能量中心转为跟踪 A 诱饵，否则转为跟踪雷达；如果 $J_b > J_c$，导引头将从跟踪 B 诱饵和雷达的能量中心转为跟踪 B 诱饵，否则转为跟踪雷达。导引头从跟踪 A 诱饵或 B 诱饵与雷达的能量中心转为跟踪 A 诱饵或 B 诱饵时，导弹相对雷达的初始系统脱靶距离分别为

$$a = \frac{(AC)J_c}{J_a + J_c} \quad \text{和} \quad b = \frac{(BC)J_c}{J_b + J_c}$$

如果在导引头能分辨三个辐射源瞬间，导弹到 A、B 和 C 的距离远大于诱饵阵的最大边长，可直接用各辐射源在导弹来袭方向的等效辐射功率代替上面各式中的 J_a、J_b 和 J_c。导弹过载飞行距离越远，修正初始系统脱靶距离的时间越长，命中概率越高，对干扰越不利。导引头从跟踪 A 诱饵或 B 诱饵与雷达的能量中心转为跟踪 A 诱饵、B 诱饵和雷达时，最大过载飞行的距离不会超过 R_a、R_b 和 R，否则会脱靶。就诱饵阵对抗技术和对抗效果评估而言，因导弹过载飞行的最大、最小距离相差不大，不必象 8.10.5.2 节那样精确计算过载能修正的初始系统脱靶距离，可用式(8.10.18)近似估算。设导弹从跟踪上述能量中心转为跟踪 A 诱饵、B 诱饵和雷达时，其过载能修正的初始系统脱靶距离为 r_a、r_b 和 r_c，它们分别等于：

$$r_a = \frac{V_m^2}{ng}\left[1 - \sqrt{1 - \left(\frac{ngR_a}{V_m^2}\right)^2}\right], \quad r_b = \frac{V_m^2}{ng}\left[1 - \sqrt{1 - \left(\frac{ngR_b}{V_m^2}\right)^2}\right] \text{和} \quad r_c = \frac{V_m^2}{ng}\left[1 - \sqrt{1 - \left(\frac{ngR_c}{V_m^2}\right)^2}\right]$$

导弹从跟踪 A 诱饵与雷达的能量中心转为跟踪 A 诱饵或雷达时，相对雷达的最终系统脱靶距离分别为

$$s_a = \begin{cases} a + r_a & a + r_a < AC \\ AC & a + r_a \geq AC \end{cases} \text{和} \quad s_{ac} = \begin{cases} a - r_c & a > r_c \\ 0 & \text{其他} \end{cases}$$

导弹从跟踪 B 诱饵与雷达的能量中心转为跟踪 B 诱饵或雷达时，相对雷达的系统脱靶距离分别为

$$s_b = \begin{cases} b + r_b & b + r_b < BC \\ BC & b + r_b \geq BC \end{cases} \text{和} \quad s_{bc} = \begin{cases} b - r_c & b > r_c \\ 0 & \text{其他} \end{cases}$$

按照 8.10.5.2 节计算命中概率的方法得反辐射导弹在上述各种情况下命中雷达的概率。其中，导弹从跟踪 A 诱饵与雷达的能量中心转为跟踪 A 诱饵而伤及雷达的概率为

$$P'_{ha3} = P_{Ad}\exp\left(-\frac{R_{kst}^2 + s_a^2}{2\sigma_r^2}\right)\sum_{n=1}^{\infty}\left[\left(\frac{R_{kst}}{s_a}\right)^n I_n\left(\frac{s_a R_{kst}}{\sigma_r^2}\right)\right] \tag{8.10.35}$$

导弹从跟踪 B 诱饵与雷达的能量中心转为跟踪 B 诱饵时伤及雷达的概率为

$$P'_{hb3} = P_{Bd}\exp\left(-\frac{R_{kst}^2 + s_b^2}{2\sigma_r^2}\right)\sum_{n=1}^{\infty}\left[\left(\frac{R_{kst}}{s_b}\right)^n I_n\left(\frac{s_b R_{kst}}{\sigma_r^2}\right)\right] \tag{8.10.36}$$

导弹从跟踪 A 诱饵与雷达的能量中心转为跟踪雷达而命中雷达的概率为

$$P'_{hra3} = \begin{cases} P_{Ad}\left\{1 - \exp\left[-\left(\frac{R_{kst}}{\sqrt{2}\sigma_r}\right)^2\right]\right\} & s_{ac} \leq 0 \\ P_{Ad}\left\{\exp\left(-\frac{R_{kst}^2 + s_{ac}^2}{2\sigma_r^2}\right)\sum_{n=1}^{\infty}\left[\left(\frac{R_{kst}}{s_{ac}}\right)^n I_n\left(\frac{s_{ac} R_{kst}}{\sigma_r^2}\right)\right]\right\} & s_{ac} > 0 \end{cases} \tag{8.10.37}$$

导弹从跟踪 B 诱饵和雷达的能量中心转为跟踪雷达而命中雷达的概率为

$$P'_{hrb3} = \begin{cases} P_{Bd}\left\{1 - \exp\left[-\left(\frac{R_{kst}}{\sqrt{2}\sigma_r}\right)^2\right]\right\} & s_{bc} \leq 0 \\ P_{Bd}\left\{\exp\left(-\frac{R_{kst}^2 + s_{bc}^2}{2\sigma_r^2}\right)\left[\sum_{n=1}^{\infty}\left(\frac{R_{kst}}{s_{bc}}\right)^n I_n\left(\frac{s_{bc} R_{kst}}{\sigma_r^2}\right)\right]\right\} & s_{bc} > 0 \end{cases} \tag{8.10.38}$$

2. 导引头能从接收信号的幅度差别区分诱饵和雷达

如果反辐射导引头有根据接收信号的幅度差别选择跟踪对象的能力，在刚好能分辨诱饵阵中的辐射源时，总是选择雷达继续跟踪下去，也会出现五种跟踪情况：一、从跟踪 A 诱饵转为跟踪雷达；二、从跟踪 B 诱饵转为跟踪雷达；三、一直跟踪雷达；四、从跟踪 A 诱饵与雷达的能量中心转为跟踪雷达；五、从跟踪 B 诱饵与雷达的能量中心转为跟踪雷达。对于后两种情况，不管能量中心靠近谁，总是跟踪雷达。

如果导弹和诱饵阵的参数与本节前述的情况相同，对于上述前两种情况，导弹过载能修正的初始系统脱靶距离仍然是 r_a、r_b 和 r_c，导弹从跟踪 A、B 诱饵转为跟踪雷达而相对雷达的最终系统脱靶距离分别为

$$r_{ac} = \begin{cases} AC - r_c & AC > r_c \\ 0 & 其他 \end{cases} \quad 和 \quad r_{bc} = \begin{cases} BC - r_c & BC > r_c \\ 0 & 其他 \end{cases}$$

反辐射导弹从跟踪 A 诱饵转为跟踪雷达而命中雷达的概率为

$$P_{ha4} = \begin{cases} P_{Ad}\left\{1 - \exp\left[-\left(\dfrac{R_{kst}}{\sqrt{2}\sigma_r}\right)^2\right]\right\} & r_{ac} \leqslant 0 \\ P_{Ad}\left\{\exp\left(-\dfrac{R_{kst}^2 + r_{ac}^2}{2\sigma_r^2}\right)\sum_{n=1}^{\infty}\left[\left(\dfrac{R_{kst}}{r_{ac}}\right)^n I_n\left(\dfrac{r_{ac}R_{kst}}{\sigma_r^2}\right)\right]\right\} & r_{ac} > 0 \end{cases} \tag{8.10.39}$$

反辐射导弹从跟踪 B 诱饵转为跟踪雷达而命中雷达的概率为

$$P_{hb4} = \begin{cases} P_{Bd}\left\{1 - \exp\left[-\left(\dfrac{R_{kst}}{\sqrt{2}\sigma_r}\right)^2\right]\right\} & r_{bc} \leqslant 0 \\ P_{Bd}\left\{\exp\left(-\dfrac{R_{kst}^2 + r_{bc}^2}{2\sigma_r^2}\right)\sum_{n=1}^{\infty}\left[\left(\dfrac{R_{kst}}{r_{bc}}\right)^n I_n\left(\dfrac{r_{bc}R_{kst}}{\sigma_r^2}\right)\right]\right\} & r_{bc} > 0 \end{cases} \tag{8.10.40}$$

一直跟踪雷达而命中雷达的概率为

$$P_{hr4} = P_{Rd}\left\{1 - \exp\left[-\left(\dfrac{R_{kst}}{\sqrt{2}\sigma_r}\right)^2\right]\right\} \tag{8.10.41}$$

如果反辐射导引头有根据接收信号的幅度差别选择跟踪对象的能力，在刚好能分辨诱饵阵中的辐射源瞬间，将从跟踪 A 诱饵或 B 诱饵与雷达的能量中心转为跟踪雷达，命中雷达概率的计算模型与式(8.10.39)和式(8.10.40)相同。

分别用 P_{ha3}、P_{hb3}、P_{hr3}、P'_{ha3}、P'_{hb3}、P'_{hr3}、P_{ha4}、P_{hb4} 和 P_{hr4} 替换式(8.10.2)～式(8.10.7)中的 P_h 可得慢抖动诱饵阵对抗反辐射导弹的效果和对抗有效性。在上述五种情况中，对干扰方最不利的是导弹一直跟踪雷达。设计诱饵阵信号的时序关系时应尽量降低 P_{Rd}。评估对抗有效性同样需要从对干扰不利的情况出发，即把不利情况下的对抗效果和对抗有效性作为评估结果。

8.10.5.4　诱饵信号相对雷达脉冲位置快抖动

导引头处理接收信号需要一定的时间，把导引头得到的角跟踪数据转换成控制导弹飞行方向的指令和调整飞行方向需要更长的时间。如果诱饵信号相对雷达的脉冲位置抖动过快，导弹的飞行控制系统来不及响应，当导引头不能从角度上分辨诱饵阵中的各个辐射源时，只能跟踪它们的能量中心 D（见图 8.10.4）。对于不能根据接收信号的幅度差别区分诱饵和雷达的导引头，在能分

辨三个辐射源瞬间，导弹可能以最大过载从跟踪能量中心 D 转为跟踪：一、A 诱饵；二、B 诱饵；三、雷达。如果导引头能根据接收信号的幅度差别区分诱饵和雷达，在刚好能分辨三个辐射源瞬间，总是以最大过载从跟踪能量中心 D 转为跟踪雷达。在下面的讨论中，假设导弹和诱饵阵的参数与 8.10.5.3 节的情况相同，即导引头从跟踪能量中心 D 转为跟踪 A 诱饵、B 诱饵和雷达时，过载能修正的初始系统脱靶距离分别为 r_a、r_b 和 r_c。

慢抖动在于使反辐射导引头在不能分辨诱饵阵的每个辐射源时，能以较高的概率跟踪某个诱饵或某个诱饵与雷达的能量中心。与慢抖动不同，快抖动在于迫使导引头在不能分辨诱饵阵的辐射源时，只能跟踪其能量中心。在刚好能分辨各个辐射源瞬间，导引头究竟跟踪谁与各辐射源信号出现的概率无关，仅由诱饵阵的能量中心到各辐射源的距离确定。对于不能根据接收信号的幅度差别区分诱饵和雷达的导引头，在刚好能分辨各辐射源瞬间，将选择离能量中心最近的辐射源。在图 8.10.4 中，D 为诱饵阵的能量中心，它到 A 诱饵、B 诱饵和雷达的距离分别为 DA、DB 和 DC。在刚好能分辨诱饵阵的辐射源瞬间，这种导引头选择跟踪对象的原则是：

$$\begin{cases} \text{选择 } A \text{ 诱饵} & DA < DB \text{ 和 } DA < DC \\ \text{选择 } B \text{ 诱饵} & DB < DA \text{ 和 } DB < DC \\ \text{选择雷达} & \text{其他} \end{cases}$$

反辐射导引头从各个辐射源接收的信号功率和诱饵阵的几何形状及尺寸确定了能量中心 D 的位置。根据三个辐射源的发射功率、发射天线在导弹来袭方向的增益和导弹到各辐射源的距离，用侦察方程可计算导引头从 A 诱饵、B 诱饵和雷达接收的信号功率。如果在导引头能分辨三个辐射源瞬间，导弹到 A、B 和 C 的距离远大于诱饵阵的最大边长，可用各辐射源在导弹来袭方向的等效辐射功率代替导引头从三个辐射源接收的功率。根据接收功率或辐射功率、诱饵阵的几何形状和选定的坐标系，用式 (8.2.2) 和两点间的距离计算公式能得到 D 的位置 (坐标) 和 D 到各辐射源的距离。根据导引头在能分辨各辐射源时选择跟踪对象的原则，就能确定反辐射导弹的攻击对象。

一旦确定了反辐射导弹要攻击的辐射源，就可根据导弹到各辐射源的距离和诱饵阵的几何关系估算命中雷达的概率。计算命中概率的关键是确定导弹相对雷达的最终系统脱靶距离。设导引头在能分辨三个辐射源瞬间选中了图 8.10.4 中的 A 诱饵且导弹只在 AMD 平面上机动，为方便计算导弹相对雷达的系统脱靶距离，把图 8.10.4 中的有关部分取出来，构成图 8.10.5 的导弹攻击态势示意图。如果选择 B 诱饵，设导弹只在 BMD 平面上机动，把图 8.10.4 中的有关部分取出来，构成图 8.10.6 的导弹攻击态势示意图。两图中带箭头的虚线为导弹过载飞行轨迹示意图。如果导弹在触地之前不能完全修正初始系统脱靶距离 DA 和 DB，它将在 DA 或 DB 连线的某点触地爆炸，假设为 E 点和 F 点，则 EC 和 FC 就是导弹相对雷达的最终系统脱靶距离，图中其他符号的定义见图 8.10.4。AC、BC、AB 以及诱饵、雷达的等效辐射功率是诱饵阵的参数，因此 DA、DC 和 DB、DC 以及它们之间的夹角 α 和 α' 都是可确定的，这里把它们当已知数使用。

若导弹从跟踪能量中心 D 转为跟踪 A 诱饵，由图 8.10.5 的关系得反辐射导弹相对 A 诱饵的最终系统脱靶距离：

$$EA = DA - r_a$$

在图 8.10.5 的三角形 CED 中，由余弦定理得反辐射导弹跟踪 A 诱饵时相对雷达的最终系统脱靶距离 d_a：

$$d_a = EC = \begin{cases} \sqrt{r_a^2 + (DC)^2 - 2r_a(DC)\cos\alpha} & r_a < DA \\ AC & r_a \geq DA \end{cases}$$

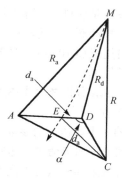

图 8.10.5　导弹从跟踪能量中心转为跟
踪 A 诱饵的攻击态势示意图

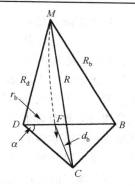

图 8.10.6　导弹从跟踪能量中心转为跟
踪 B 诱饵的攻击态势示意图

其中
$$\alpha = \arccos \frac{(DA)^2 + (DC)^2 - (AC)^2}{2(DA)(DC)}$$

反辐射导弹从跟踪能量中心 D 转为跟踪 A 诱饵且伤及雷达的概率为

$$P_{\text{ha5}} = \exp\left(-\frac{R_{\text{kst}}^2 + d_{\text{a}}^2}{2\sigma_{\text{r}}^2}\right) \sum_{n=1}^{\infty} \left[\left(\frac{R_{\text{kst}}}{d_{\text{a}}}\right)^n I_n \left(\frac{d_{\text{a}} R_{\text{kst}}}{\sigma_{\text{r}}^2}\right)\right] \tag{8.10.42}$$

按照上面的分析方法和图 8.10.6 中的关系得反辐射导弹从跟踪能量中心 D 转为跟踪 B 诱饵时相对雷达的最终系统脱靶距离 d_{b}：

$$d_{\text{b}} = FC = \begin{cases} \sqrt{r_{\text{b}}^2 + (DC)^2 - 2r_{\text{b}}(DC)\cos\alpha'} & r_{\text{b}} < DB \\ BC & r_{\text{a}} \geqslant DB \end{cases}$$

其中
$$\alpha' = \arccos \frac{(DB)^2 + (DC)^2 - (BC)^2}{2(DB)(DC)}$$

反辐射导弹从跟踪能量中心 D 转为跟踪 B 诱饵而伤及雷达的概率为

$$P_{\text{hb5}} = \exp\left(-\frac{R_{\text{kst}}^2 + d_{\text{b}}^2}{2\sigma_{\text{r}}^2}\right) \sum_{n=1}^{\infty} \left[\left(\frac{R_{\text{kst}}}{d_{\text{b}}}\right)^n I_n \left(\frac{d_{\text{b}} R_{\text{kst}}}{\sigma_{\text{r}}^2}\right)\right] \tag{8.10.43}$$

对雷达威胁最大的是导弹在能分辨三个辐射源瞬间，从跟踪能量中心转为跟踪雷达。假设导弹只在图 8.10.4 中的 DMC 平面上机动，过载能修正的初始系统脱靶距离为 r_{c}，相对雷达的最终系统脱靶距离为

$$d_{\text{c}} = \begin{cases} DC - r_{\text{c}} & DC > r_{\text{c}} \\ 0 & \text{其他} \end{cases} \tag{8.10.44}$$

反辐射导弹从跟踪能量中心 D 转为跟踪雷达而命中雷达的概率为

$$P_{\text{hr5}} = \begin{cases} 1 - \exp\left[-\left(\dfrac{R_{\text{kst}}}{\sqrt{2}\sigma_{\text{r}}}\right)^2\right] & d_{\text{c}} \leqslant 0 \\ \exp\left(-\dfrac{R_{\text{kst}}^2 + d_{\text{c}}^2}{2\sigma_{\text{r}}^2}\right) \sum_{n=1}^{\infty} \left[\left(\dfrac{R_{\text{kst}}}{d_{\text{c}}}\right)^n I_n \left(\dfrac{d_{\text{c}} R_{\text{kst}}}{\sigma_{\text{r}}^2}\right)\right] & d_{\text{c}} > 0 \end{cases} \tag{8.10.45}$$

如果导引头有根据接收信号的幅度差别区分诱饵和雷达的功能，一旦能分辨三个辐射源，总

是从跟踪能量中心 D 转为跟踪雷达。出现这种跟踪方式的条件是快抖动和导引头能根据接收信号的幅度差别区分诱饵和雷达，与诱饵阵的形状、诱饵信号的抖动概率和各辐射源到能量中心的距离无关。导弹攻击雷达的态势与本节的第三种情况相同，可用式(8.10.44)计算导弹相对雷达的最终系统脱靶距离，用式(8.10.45)估算反辐射导弹命中雷达的概率。

对于反辐射导弹的上述各种攻击态势，用 P_{ha5}、P_{hb5} 和 P_{hr5} 分别替换式(8.10.2)～式(8.10.7)的 P_h，可得快抖动诱饵阵对抗反辐射导弹的效果和对抗有效性。

根据对摧毁概率或对抗有效性的要求，可确定诱饵阵的大小和诱饵的参数。和慢抖动一样，因诱饵阵的辐射源多，反辐射导弹的攻击态势较多，不同的攻击态势命中雷达的概率不同，而且导弹的实际攻击态势较难事先确定，构建诱饵阵和估算对抗效果都应从对干扰不利的情况出发。

主要参考资料

[1]   林象平著. 雷达对抗原理. 西北电讯工程学院出版社，1985.

[2]   А.И.ЛЕОНОВ，К.И.ФОМИЧЕВ МОНОИМУЛЬСНАЯ РАДИОЛОКАЦИЯИЗДАТЕЛЬСТВО"СОВЕТСКОЕ РАДИО"，MOCKBA，1970.

[3]   [苏]C.A.瓦金，Л.Н.舒斯托夫著. 无线电干扰和无线电技术侦察基础. 科学出版社，1976.

[4]   Lamont V.Blake Radar Range-Performance Analysis,Artech House INC.,1986.

[5]   张有为等编著. 雷达系统分析. 国防工业出版社，1981.

[6]   D.Curtis Schleher, Electronic Warfare in the Information Age, Artech House,Inc.1999.

[7]   [苏]E.C.温特切勒著，周方，玉宇译. 现代武器运筹学导论. 国防工业出版社，1974.

第9章 干扰有效性评价指标

9.1 引言

  干扰有效性评价指标就是已有干扰效果评估中判断干扰是否有效的标准。评估干扰效果和干扰有效性用比较法。比较法有两个要素，一个是实际可达到的或预计可获得的干扰效果，另一个是比较标准。比较标准就是本书的干扰有效性评价指标。第 7、第 8 两章讨论了确定第一个要素的方法，建立了干扰效果、作战效果及其干扰有效性评估模型。每个干扰有效性评估模型都含有干扰有效性评价指标。本章讨论比较法中的另一个要素——比较标准。主要涉及两方面的内容：一是干扰有效性评价指标的确定方法；二是干扰有效性评价指标的数学建模和确定部分指标的数值或数值范围。

  干扰有效性评价指标属于作战有效性评价指标或作战行动效率指标的范畴。作战有效性评价指标是作战使用要求达到的作战效果。合理确定作战效果评价指标对装备的研制、使用很重要。在装备研制中，是它确定了装备的功能、性能或战技指标，从而确定了装备的体积、重量、功耗、可靠性和可维护性等，并最终确定了装备的性价比。在作战使用中，是它确定了装备的种类、数量和使用维护费用，并最终确定了需要付出的代价。确定合理的干扰有效性评价指标十分重要。评价指标过高会造成浪费，相反不能获得需要的作战效果。

  干扰有效性评价指标是作战要求的干扰效果，与干扰效果有相同的量纲。第 6 章讨论了选择表示干扰效果参数的原则，并指出表示干扰效果的参数不但必须是受干扰影响装备的战技指标或与其有函数关系的量，而且要能全面、准确反映一种对抗手段的对抗效果。这一原则也适合选择表示干扰有效性评价指标的参数。

  有三种指标可用来评价军事装备优劣、研制方案好坏、作战能力大小和作战使用方案合理性，它们是技术指标、战术指标和经济指标。干扰有效性评价指标与干扰效果一一对应，若用有关装备的技术指标表示干扰效果，干扰有效性评价指标为技术指标。若用战术指标表示干扰效果，干扰有效性评价指标为战术指标。若依据对抗引起的经济损失或效益表示干扰效果，其评价指标就是经济指标。一般而言，要全面评估装备的优劣、研制方案和作战方案的好坏，必须综合使用三种评价指标。确定干扰有效性的经济指标比较复杂，涉及面较广，不但要考虑装备的制造费用、使用维护费用和战斗消耗等，还涉及干扰给敌方造成的经济损失和干扰效果对局部或整个战局的影响。本书仅限于评估雷达对抗装备的作战能力，只需要干扰有效性的技术和战术评价指标，并以战术评价指标为主。

  干扰有效性评价指标不是一成不变的常数，它受多种因素的影响，其中的主要影响因素有作战使命或作战目的、作战对象、装备配置关系和作战环境。在实战中，这些因素可能发生变化，干扰有效性评价指标必须跟随变化。对于这样的评价指标，本书将综合应用战术运用准则、同风险准则建立其数学模型。根据对抗作战的具体情况确定影响因素的参数。把这些参数代入有关数学模型，通过计算得到其评价指标的数值。对于那些仅与作战使命有关的干扰有效性评价指标，不但要建评价指标的数学模型，还要给出它们的数值或数值的范围。

  战术运用准则是确定干扰有效性评价指标的基本准则，根据该准则确定的干扰有效性评价指标能概括全部影响因素，可全面、准确反映对作战效果的要求。同风险准则属于战术运用准则的范畴，由该准则确定的干扰有效性评价指标同样准确、合理。使用同风险准则需要的条件较少，只需要知道作战对象的战技指标和双方失误的代价。如果不能确切知道受干扰装备的有关战技指标，可用多个实际装备对应指标的统计值。

作战效果和干扰效果与作战对象、对抗组织摸式和干扰样式等多种因素有关，其表现形式很多。但作战效果或干扰效果评价指标的表示形式并不多，导致某些非常直观的干扰效果或作战效果没有直接对应的干扰有效性评价指标，或某些容易确定的干扰有效性评价指标却没有对应的干扰效果，限制了干扰效果和干扰有效性评估的应用范围。另外，评估干扰有效性需要干扰效果的概率密度函数，有时难以得到它们的概率密度函数，有时虽然能得到，但难以获得简单适用的干扰有效性评估模型。如果对干扰效果或评价指标进行形式上的转换，常常能降低干扰有效性的计算难度。在一定条件下，利用干扰效果之间或评价指标之间的关系，可得到它们之间的相互转换关系。

雷达干扰有效性评价指标分独立和非独立两大类。所谓独立评价指标是指其数学模型不含其他干扰效果的评价指标，也不能由其他干扰效果的评价指标推导出来，如检测概率、最小干扰距离等的干扰有效性评价指标。干扰有效性的非独立评价指标是指其数学模型含有其他干扰效果的评价指标，或者能由其他干扰效果的评价指标推演得到，如有效干扰扇面的评价指标含有最小干扰距离的评价指标，生存概率的评价指标可由摧毁概率的评价指标推导出来，它们属于干扰有效性的非独立评价指标。干扰效果模型多，对应的干扰有效性评价指标必然多。本书不按干扰效果和干扰有效性评估模型的建模顺序逐个确定其评价指标，只建那些独立的或与其他评价指标无直接函数关系的干扰有效性评价指标的数学模型，对于那些有函数关系的指标只确定其中的一个。

为了便于区分干扰效果与其对应的干扰有效性评价指标、区分受干扰方要求的作战效果或装备的战技指标与干扰有效性评价指标，先定义几个符号：一、不带下标"st"的符号表示干扰效果或作战效果；二、带下标"st"的符号表示对应干扰效果或作战效果的干扰有效性评价指标，如 P_d 是用检测概率表示的干扰效果，P_dst 就是干扰有效性的检测概率评价指标；三、带下标"wst"的符号表示受干扰方要求的作战效果或装备的设计指标；四、带下标"rst"的符号表示受干扰雷达要求的战技指标或装备的设计值。如 P_wdest 表示武器系统要求的摧毁概率或摧毁概率的设计指标，P_rdst 为受干扰方要求的检测概率或雷达检测概率的设计指标。

9.2 确定干扰有效性评价指标的方法

虽然干扰有效性评价指标是达到作战目的需要的最小或最低干扰效果，具有对应干扰效果的量纲，但是其建模方法与干扰效果明显不同。本书采用三种准则或方法确定干扰有效性评价指标的数学模型或数值。它们是：一、战术运用准则；二、与雷达和雷达控制的武器或武器系统的同风险准则；三、数理统计方法。

无论用哪种方法确定干扰有效性评价指标都需要满足一定的条件。其中，战术运用准则需要满足的条件最多，而且可能因战斗运用的具体情况而变。同风险准则需要知道受干扰和受干扰影响装备有关战技指标的设计值或对作战效果的要求和对抗双方失误的代价。数理统计方法必须知道多个同类装备的同种战技指标。在确定干扰有效性评价指标的数学模型或数值中，战术运用准则主要用来确定与战术应用有关的需要用概率和数学期望或平均值表示的干扰效果和作战效果的干扰有效性评价指标的数学模型。同风险准则只能确定用概率和相对值(规一化后的战技指标)表示的干扰效果和作战效果的干扰有效性评价指标的数学模型或数值。数理统计方法用于确定干扰有效性评价指标的统计值，适合任何形式的干扰效果、作战效果和装备战技指标的设计值。

9.2.1　依据战术运用准则确定干扰有效性评价指标

确定干扰有效性评价指标的三种方法各有各的用场，任何一种都无法确定所有干扰有效性评价指标的数学模型和数值。在雷达对抗领域，战术运用准则是最基本的准则，应用最为广泛。它既可以用来建立对抗效果的评估模型，也可用来确定干扰有效性评价指标的数学模型。实际上，同风险准则和数理统计方法都来自战术运用准则，可看成是战术运用准则的具体应用。以下几种情况的干扰有效性评价指标需要直接依据战术运用准则建模。

(1)与作战使用直接有关的作战效果的干扰有效性评价指标。如脱靶距离或杀伤距离，摧毁目标的概率或目标生存概率，摧毁目标或生存目标数、摧毁目标或生存目标百分数等都是作战效果。它们的干扰有效性评价指标与许多具体使用条件有关，如作战目的、武器的种类和性能、要保护或要攻击目标的特性等。只有规定了具体的作战使用条件，才可能确定其干扰有效性评价指标。

(2)与作战使用有关的干扰效果的干扰有效性评价指标。如最小干扰距离、有效干扰扇面或有效掩护区、箔条走廊的有效长度和宽度等是干扰效果，它们的干扰有效性评价指标涉及武器系统发射武器的近界和远界、对抗双方的装备位置及其变化情况、目标形状、大小及其活动范围等。没有十分具体的作战使用条件，无法确定其干扰有效性评价指标的数值。

(3)涉及作战效果评价指标的干扰效果评价指标。有些作战效果的评价指标是影响干扰效果评价指标的主要因素，如使武器脱靶的角跟踪误差、诱饵干扰引起的跟踪误差和部分欺骗性干扰效果的评价指标含有武器的脱靶距离或杀伤距离评价指标，而脱靶距离和杀伤距离的评价指标与武器的类型、性能和作战使用有关。

(4)确定复杂系统中间环节干扰效果的评价指标。如果干扰效果涉及多种装备的性能，不但只有最终作战效果的评价指标，而且只能对某个或某几个中间环节实施有针对性的干扰。这时，必须依据直接受干扰环节的干扰效果评估对整个系统的干扰有效性。此种情况的干扰有效性评价指标只能依据战术运用准则确定。

目前，还没有找到在任何条件下都可以根据战术运用准则评估干扰效果和干扰有效性的一般的定量方法[1]，用该准则确定干扰有效性评价指标也不例外，必须根据对抗作战的具体情况，用不同的战术运用准则确定不同情况的干扰有效性评价指标。为了满足不同的需要，干扰有效性评价指标较多，建模用的具体准则同样较多，这里不列出具体的战术运用准则，只将它们归纳成以下五个方面：

(1)根据作战目的、要求和有效对抗条件，确定以下作战效果的干扰有效性评价指标：一、脱靶距离或杀伤距离；二、摧毁概率和摧毁目标数；三、生存概率和生存目标数；四、摧毁所有目标的概率或摧毁目标及生存目标数。

(2)依据雷达对抗装备的具体使用情况、直接受干扰环节的关键参数和有效干扰条件，建以下干扰效果的干扰有效性评价指标的数学模型：一、拖引式欺骗干扰使雷达从跟踪转搜索的角度、距离和速度跟踪误差；二、侦察设备的辐射源截获概率和识别概率；三、部分干扰样式使武器脱靶的跟踪误差。

(3)应用雷达对抗作战中装备的配置关系、平台的运动趋势、目标特性及其获得有效干扰的条件，确定以下五种干扰效果的干扰有效性评价指标的数学模型：一、最小干扰距离；二、压制扇面或有效掩护区；三、相参两点源和非相参闪烁两点源的跟踪误差；四、箔条走廊的有效长度和宽度；五、干信比。

(4)利用干扰效果评估模型间的函数关系，通过数学推理确定五种干扰效果的干扰有效性评价指标的数学模型：一、干扰等效辐射功率；二、侦察设备的辐射源告警概率；三、使雷达数据处理器过载的目标数；四、目标指示雷达对跟踪雷达的引导概率；五、侦察设备对干扰机或反辐射武器的引导概率。

(5)根据复杂系统的组成和作战使用情况，用最终作战效果的评价指标近似中间环节干扰效果的评价指标。如果干扰效果涉及多种装备或设备的性能，但只有最终作战效果的评价指标。处理这种问题的简单方法是，根据对干扰不利的原则，用最终作战效果的评价指标近似中间环节干扰效果的干扰有效性评价指标。如果同时干扰多个环节，则根据系统的功能组成和作战过程，选择其中一个环节的干扰效果近似系统的干扰效果。下面用一个例子来说明这种问题的具体处理方法。

在雷达对抗中，比较典型的是火控系统。该系统由目标指示雷达、跟踪雷达、武器控制系统和武器组成。一般用摧毁概率 P_{de} 表示最终作战效果，用作战要求的摧毁概率 P_{dest} 表示干扰有效性评价指标。P_{de} 的数学模型为

$$P_{de} = P_{rd}P_a[1-(1-P_h/\omega)^m] \tag{9.2.1}$$

式(9.2.1)的符号定义见式(5.4.6)。该式表明摧毁概率涉及三个环节：目标指示雷达的目标检测器、跟踪雷达的目标检测器和跟踪器。如果任一时刻只能干扰其中的一个环节，即干扰只影响 P_{rd}、P_a 或 P_h 中的一个。由系统组成和作战过程知，干扰任一环节都有可能获得有效干扰效果。如果从可靠或对干扰不利的角度考虑，可用 P_{dest} 近似 P_{rd}、P_a 和 P_h 的干扰有效性评价指标，即

$$\begin{cases} P_{rdst} \approx P_{dest} \\ P_{ast} \approx P_{dest} \\ P_{hst} \approx P_{dest} \end{cases} \tag{9.2.2}$$

如果同时干扰两部雷达的目标检测器，并不需要 P_{rd} 和 P_a 各自满足 P_{dest} 才算干扰有效，只要综合干扰效果满足 P_{dest} 就是有效干扰。这时需要依据干扰对 P_{rd} 和 P_a 的共同影响评估干扰效果，也可用 P_{dest} 近似此时的干扰有效性评价指标，即

$$(P_{rd}P_a)_{st} \approx P_{dest} \tag{9.2.3}$$

类似于式(9.2.3)的组合形式还有多种。处理这类问题的简单可靠方法是，根据系统的功能组成和对干扰不利的原则，选其中一个环节的干扰效果近似总干扰效果，用最终对抗效果的评价指标近似该环节的干扰有效性评价指标。设受干扰中间环节的干扰效果分别为 J_1，J_2，$\cdots$，J_n，总干扰效果近似为

$$J \approx \begin{cases} \text{MAX}\{J_1, J_2, \cdots, J_n\} & \text{串联型系统} \\ \text{MIN}\{J_1, J_2, \cdots, J_n\} & \text{并联型系统} \end{cases} \tag{9.2.4}$$

9.2.2 用同风险准则确定干扰有效性评价指标

同风险准则只限于确定用概率表示的干扰有效性评价指标的数学模型或数值，但需要的条件明显少于战术运用准则。用同风险准则确定干扰有效性评价指标只需知道受干扰对象与干扰效果直接有关的战技指标和对抗双方失误的代价。雷达对抗有直接、间接两种作战对象，它们与干扰效果直接有关的战技指标不同。用同风险准则确定干扰有效性评价指标需要分两种情况：一种是与间接干扰对象或受干扰结果影响的装备同风险，另一种是与直接干扰对象同风险。间接干扰对象有雷达控制的武器系统和武器等，直接干扰对象主要指雷达、雷达对抗装备和反辐射导引头。

9.2.2.1 与武器系统或武器同风险

装备的战技指标反映作战能力。无干扰时，它们是装备的设计指标或使用者要求达到的作战

能力。如果表示装备作战能力的战技指标受干扰影响且干扰无法将其降为 0，这种装备对干扰方仍有一定的作战能力或威胁性。这里把装备受干扰后还具有的作战能力称为受干扰后的剩余作战能力。如果雷达对抗方能接受这种剩余作战能力，该作战能力可作为干扰有效性的评价指标。剩余作战能力究竟达到什么程度才能为雷达对抗方所接受，可用同风险准则确定。

由多种装备组成的系统有系统的战技指标，也有各种装备的战技指标。当整个系统参与作战时，只有系统战技指标才能全面、准确反映其作战能力，可用受干扰影响的系统战技指标描述干扰效果。雷达与其控制的武器系统或武器组成的系统就是多种装备构成的系统，一般用最终作战效果表示对抗效果。表示最终作战效果的参数是该系统的战技指标，通过与武器系统或武器同风险可确定干扰方能接受的对方受干扰后的剩余作战能力。

设受干扰武器系统的第 A 项系统战技指标或性能参数的设计值为概率 P_{wwst}，该指标不但受干扰影响，而且还能全面反映对抗效果。6.6 节已说明因种种原因，P_{wwst} 总是小于 1，该武器系统给使用方带来风险的概率为 $1-P_{\text{wwst}}$，由式 (6.6.2) 得使用方在作战中要承担的风险：

$$R_{\text{rw}} = C_{\text{w}}(1 - P_{\text{wwst}})$$

式中，C_{w} 为武器系统不能完成规定任务在作战中可能要付出的代价。

如果干扰方用参数 A 表示干扰效果，其风险来自受干扰影响的武器系统的剩余作战能力。设用概率表示的这种剩余作战能力为 P_{wj}，雷达对抗方的风险为

$$R_{\text{rj}} = C_{\text{wj}}P_{\text{wj}}$$

式中，C_{wj} 为受干扰武器系统的剩余作战能力使雷达对抗方在作战中可能要付出的代价。因 P_{wwst} 和 P_{wj} 是同一武器系统的同一战技指标或性能参数，根据同风险准则，可确定干扰方能接受的受干扰武器系统的剩余作战能力的范围：

$$P_{\text{wj}} \leqslant \frac{C_{\text{w}}}{C_{\text{wj}}}(1 - P_{\text{wwst}}) \tag{9.2.5}$$

P_{wwst} 是受干扰影响的武器系统的设计指标，是已知的或可得到的。确定 P_{wj} 取值范围的关键在于估算对抗双方因不能完成规定任务需要付出的代价 C_{w} 和 C_{wj}。C_{w} 和 C_{wj} 是某些因素的函数，这里称他们为代价函数。确定代价函是一件非常复杂的工作，需要考虑较多的因素。在雷达对抗中，主要考虑两个因素，一个是干扰机保护目标的造价和摧毁该目标敌方需要付出的代价。另一个是作战效果或被保护目标在本次军事行动中的政治、军事、经济等意义。代价函数以造价和战斗消耗为基数，以政治、军事、经济等意义确定的系数为加权因子。造价包括因作战失误而损失的所有设备、设施等的折价。摧毁保护目标要花的代价包括作战器材消耗费、作战平台的保障费、出勤费用和损失等。设受干扰方摧毁目标的总费用为 P_{riw}，由本次军事行动的政治、军事、经济等意义确定的加权因子为 w_{w}，受干扰方没完成规定作战任务需要付出的代价为

$$C_{\text{w}} = w_{\text{w}} P_{\text{riw}}$$

根据干扰保护目标及其受影响装备的造价和战斗消耗 P_{rij} 以及它在本次军事行动中的政治、军事、经济等意义可确定雷达对抗方因没满足作战要求需要付出的代价：

$$C_{\text{wj}} = w_{\text{j}} P_{\text{rij}}$$

式中，w_{j} 为有关设备、设施造价和战斗消耗的加权因子。把上两式代入式 (9.2.5) 得雷达对抗方可接受的对方装备受干扰后的剩余作战能力的范围：

$$P_{\text{wj}} \leqslant \frac{w_{\text{w}}}{w_{\text{j}}} \frac{P_{\text{riw}}}{P_{\text{rij}}}(1 - P_{\text{wwst}}) \tag{9.2.6}$$

如果对抗双方都是以武力摧毁对方且作战平台相似，即双方没完成规定作战任务的代价相当，可令 $C_{wj}=C_w$，则上式简化为

$$P_{wj} \leqslant (1-P_{wwst}) \tag{9.2.7}$$

式 (9.2.6) 和式 (9.2.7) 为干扰方可接受的受干扰武器系统的剩余作战能力的范围，两式的最大值为

$$P_{wjmax} = \frac{w_w}{w_j}\frac{P_{riw}}{P_{rij}}(1-P_{wwst})$$

$$P_{wjmax} = (1-P_{wwst})$$

受干扰装备或受干扰结果影响装备在干扰条件下的剩余作战能力越大，干扰方承担的风险越大，对干扰方越不利。剩余作战能力反映干扰效果，其值越大说明干扰效果越差。所以，P_{wjmax} 等效于最低可接受的干扰效果或作战效果。如果从对干扰不利的原则出发，可把最大可接受的武器系统在干扰条件下的剩余作战能力或最小作战效果作为干扰有效性的作战效果评价指标，这里用新符号 P_{wst} 将其表示为

$$P_{wst} = \frac{w_w}{w_j}\frac{P_{riw}}{P_{rij}}(1-P_{wwst}) \tag{9.2.8}$$

$$P_{wst} = (1-P_{wwst}) \tag{9.2.9}$$

9.2.2.2　与雷达同风险

雷达对抗装备只用于军事目的。实战中不但有具体的雷达，也有受雷达直接、间接控制的武器或武器系统，既有对最终作战效果的要求，又能得到最终作战效果，可依据战术运用准则和与武器系统同风险准则确定干扰有效性评价指标。在干扰技术研究或某些对抗试验中，受干扰雷达不控制武器，或者说只有雷达而无武器系统，此时只有受干扰直接影响的雷达的战技指标能反映干扰效果，不能根据与武器系统同风险的方法确定干扰有效性评价指标，需要依据受干扰影响的雷达作战能力或有关的战技指标确定干扰有效性评价指标。雷达是武器系统的成员，其战技指标是根据战术运用准则确定的，即雷达的作战能力已经考虑到武器系统的要求，或者说其战技指标是根据武器系统的综合要求确定的。雷达不能满足要求的作战能力，将使整个武器系统达不到要求的作战能力。所以，与雷达同风险实际上是间接与武器系统同风险。如果用受干扰雷达的战技指标表示干扰效果，可用与雷达同风险的方法确定有关干扰有效性评价指标。

和武器系统一样，雷达的作战能力也用战技指标表示。无干扰时，它们是设计值或雷达使用方要求的作战能力。设用概率表示的某项受干扰影响的战技指标为 P_{rst}，它给雷达方带来风险的概率为 $1-P_{rst}$。设 C_{rr} 为没完成规定任务在作战中可能要付出的代价，受干扰雷达方要承担的风险为

$$R_{rr} = C_{rr}(1-P_{rst})$$

与武器系统的对抗一样，雷达对抗方的风险来自受干扰雷达的剩余作战能力，设用概率表示的该雷达受干扰后的剩余作战能力为 P_{rj}，雷达对抗方的风险为

$$R_{rrj} = C_{rj}P_{rj}$$

其中 C_{rj} 为受干扰雷达的剩余作战能力使干扰方可能要付出的代价。

如果 P_{rst} 和 P_{rj} 指的是受干扰雷达的同一战技指标，可按照与雷达同风险的方法确定雷达对抗

方能接受的受干扰雷达的剩余作战能力。令对抗双方的风险相同并对 P_{rj} 求解得:

$$P_{rj} = \frac{C_{rr}}{C_{rj}}(1 - P_{rst}) \tag{9.2.10}$$

代价函数与具体对抗情况有关,但确定方法相同,即 C_{rr} 和 C_{rj} 的计算方法同 C_w 和 C_{wj},后面不再说明。

　　与武器系统一样,受干扰雷达的剩余作战能力越大,干扰方承担的风险越大,对干扰方越不利。雷达的剩余作战能力反映干扰效果,受干扰雷达的剩余作战能力越大,说明干扰效果越差。根据对干扰不利的原则,可把能接受的最大剩余作战能力或最小干扰效果作为干扰有效性的评价指标。这里用符号 P_{st} 表示此时的干扰有效性评价指标。由式(9.2.10)得:

$$P_{st} = \frac{C_{rr}}{C_{rj}}(1 - P_{rst}) \tag{9.2.11}$$

如果对抗双方没有完成规定任务需要付出的代价相当,上式变为

$$P_{st} = 1 - P_{rst} \tag{9.2.12}$$

　　式(9.2.8)和式(9.2.9)是依据与武器系统或武器同风险准则得到的干扰有效性的作战效果评价指标的一般模型。式(9.2.11)和式(9.2.12)是根据与雷达同风险准则得到的干扰有效性评价指标的一般模型。后面将用这些模型确定干扰有效性的摧毁概率、生存概率、命中概率等作战效果的评价指标和干扰有效性的检测概率、捕获概率、参数测量误差等干扰效果的评价指标。

9.2.3　用数理统计方法确定干扰有效性评价指标

　　判断干扰是否有效和评估干扰有效性不但需要干扰有效性评价指标的数学模型,还需要其数值。战术运用准则和同风险准则主要用来建干扰有效性评价指标的数学模型。要从这些模型得到评价指标的数值,还要确定影响评价指标的因素,即确定装备的战技指标、作战环境、配置关系等参数。把这些参数代入有关评价指标的数学模型,通过计算才能得到干扰有效性评价指标的数值。因种种原因,很多时候得不到实际装备战技指标的确切数值,可用数理统计方法确定干扰有效性评价指标的统计平均值。

　　人类的历史有多久,战争的历史就有多长。雷达干扰与雷达之间的战斗持续了 70 多年,双方积累了丰富的作战经验,获得了大量的雷达对抗效果数据和有关装备战技指标的数据,统计处理这些数据能得到对抗双方对作战效果的平均要求。在一定条件下,可把这些平均要求作为干扰有效性评价指标的数值。由于统计用的数据是战术运用准则的具体应用结果,因此用数理统计方法确定干扰有效性评价指标仍然属于战术运用准则的应用范畴。

　　很多例子能说明把统计结果作为干扰有效性评价指标数值的合理性。例如,尽管武器控制系统的种类较多,性能千差万别,但是所有武器系统的作战目的不但相同而且只有一个,就是摧毁对方的目标。由于性价比等约束,不能保证100%的摧毁目标,只要求达到一定的摧毁概率,不但如此,而且相同用途的武器或武器系统对摧毁概率的要求十分接近。通过统计处理大量武器系统对摧毁概率的要求,可得到干扰有效性的摧毁概率评价指标的数值。表 9.2.1 列出了几种典型的地对空、空对空导弹和高炮的单发命中概率、连续或同时独立发射的武器数和摧毁目标的概率。

　　统计单枚武器的命中概率可得到如下结论:一般空空近距导弹的单发命中概率为 0.7~0.85,同时或连续独立发射 2 枚,摧毁概率可达 0.91~0.98。低空近程导弹的单发命中概率为 0.6~0.8,同时或连续独立发射 3 枚,摧毁概率可达 0.94~0.99。精导武器的固有命中概率高于 0.9,一般单

发使用。炮弹的单发命中概率只有 0.3～0.4，一般 6～8 门齐射，摧毁概率也能达到 0.9～0.95。单枚武器的命中概率一般遵循作用距离越远，命中概率越高的规律。如巡航导弹的作用距离上千千米，命中精度达几十米，命中概率超过 0.9。此外在同种武器中，早期的比近期的命中概率低。在估算表 9.2.1 的摧毁概率时，忽略了很多因素的影响。事实上任何武器系统除了自身的误差外，还有环境和目标带来的误差，它们同样影响摧毁概率。实际上，武器系统要求的摧毁概率在 0.9～0.95 之间，绝大多数为 0.9。

表 9.2.1　几种武器的单发命中概率和连续发射的数量及其摧毁概率

武器名称	SA-2	SA-6	C-300	响尾蛇	罗兰特	萨达次	57 高炮
单发命中概率	0.8～0.9	0.6～0.8	0.9	0.7	0.8	0.85	0.3～0.4
一次发射数量	2	3	1～2	2	2	2	6～8
摧毁概率(%)	96～99	94～99	90～99	91	96	98	90～95

相同用途的武器系统不但对摧毁概率的要求相近，而且许多其他战技指标也比较接近。表 9.2.2 是几种早期近距空空弹的最大、最小发射距离和系统响应时间。从该表可看出，这些武器的所列指标相差很小，最大发射距离为 8～10km，最小发射距离为 0.5km，系统响应时间 8～10s。如果不能确切知道特定近距空空弹的有关指标，可用有关的统计平均值。

表 9.2.2　几种近距空空导弹的最大、最小发射距离和系统响应时间

系统名称 指标参数	响尾蛇 TES5000	沙依纳 TSE5100	罗兰特 III	萨达次 ADATS
最大作战距离(m)	8500	10000	8000	8000
最小作战距离(m)	500	500	500	500
系统反应时间(s)	10	8	8	8

确定最小干扰距离的评价指标需要雷达及其武器控制系统的响应时间，这种响应时间与具体武器有关，差别非常大。如前苏联的炮瞄雷达 CHO-9A 从截获目标到给出火炮射击诸元的时间为 6s，火炮发射器从接收发射诸元到发出炮弹大约需要 6s。俄罗斯的 C-300 导弹系统从发现目标到发出导弹的时间为 20s(包括导弹进入受控状态的时间)。其中从发现目标到截获目标需要 4s，从截获目标到发射的导弹受控需要 16s。红外弹从发现目标到发出导弹大约需要 7s，从发射到导弹进入自动跟踪状态约需 8s。从一些典型武器系统的响应时间可归纳出：火炮系统和近距空空导弹系统的平均响应时间为 10～15s。中程导弹系统的平均响应时间为 15～20s，远程导弹系统的平均响应时间大于 20s。

雷达用一定虚警概率条件下的检测概率衡量目标检测能力。在雷达干扰效果和干扰有效性评估中，经常要用到雷达要求的检测概率和虚警概率。实际上这两种概率就是雷达要求的作战能力，有关数据也能从大量已有雷达的战技指标中统计得到。当不能确切知道受干扰雷达要求的检测概率时，可把统计结果用于计算干扰有效性的检测概率评价指标。一般情报雷达或警戒雷达只要求能描绘出目标的大致航迹，不需要精确的目标位置参数，但要求尽早发现目标。对检测概率要求较低，一般大于等于 0.5。跟踪雷达发现目标是为了捕获目标进入跟踪状态。因跟踪波门较小，要求较高的参数测量精度。参数测量精度由信噪比或信干比确定。参数测量精度高，信干比必然高，检测概率也较高。所以，即使在搜索状态，跟踪雷达仍然需要较高的检测概率，一般为 0.85～0.9。表 9.2.3 列出了几种典型雷达的检测概率设计值。其中前两种为警戒雷达，其余为跟踪雷达。多数机载雷达兼有搜索和跟踪功能，检测概率的设计值为 0.85。精确制导雷达的检测概率为 0.9。

表 9.2.3　几种典型雷达的检测概率

雷达名称	TPS-32	TPS-70	SPQ-9B	C-300	APG-66	RDY	APG-77
检测概率	≥0.5	≥0.5	0.9	0.9	0.85	0.85	0.85

虚警概率是雷达的重要性能指标之一，几乎所有雷达都会把虚警当目标处理，因此对虚警限制很严。不同用途的雷达对虚警概率的要求相差不大。警戒雷达容许较高的虚警概率，一般为 $10^{-5} \sim 10^{-6}$。跟踪雷达要求较低的虚警概率，一般不大于 10^{-6}。由雷达的检测特性知，对于相同的检测概率，虚警概率高，要求的信干比低，不容易干扰。虚警概率越低，要求的信干比越高，越容易干扰，因此高虚警概率对干扰不利。当不知道受干扰雷达要求的虚警概率时，可根据对干扰不利的原则，把警戒雷达要求的虚警概率定为 10^{-5}，其他雷达取为 10^{-6}。人工目标检测的质量同样受虚警概率影响，不过目前还没有确切的定量关系，但有一点是肯定的，那就是人工能在很强的噪声干扰背景中检测目标。

为了防止因目标回波起伏或其他物体遮挡而瞬间丢失目标，跟踪雷达有记忆跟踪时间要求。在记忆跟踪时间内，即使跟踪波门内没有目标，它也会按照丢失目标前瞬间的速度和运动方向移动跟踪波门。如果目标丢失而且在丢失期间目标改变运动参数，则记忆跟踪时间越长，目标离跟踪波门越远，重新抓获的时间就越长。因此记忆跟踪时间不能太长，战术跟踪雷达的记忆跟踪时间在 $3 \sim 5s$ 之间。

跟踪雷达从发现目标到进入跟踪状态的中间过程称为捕获阶段。在捕获阶段，雷达要在预先规定的范围内搜索目标并测量目标的运动参数。从搜索目标到建立跟踪需要一定的时间，该时间称为跟踪雷达的目标捕获或截获时间，约 $3 \sim 5s$。如果在该期间没有捕获到目标，跟踪雷达就会重新大范围搜索或等待目标指示雷达或指控中心重新提供目标数据或目标指示。

数理统计方法比较简单。1.2.2 节给出了用试验数据或测试数据评估干扰有效性的方法，这种方法可用来确定干扰有效性的评价指标。设某类装备有 n 部，其中第 i 个战技指标为 x_i ($i=1$, 2, 3, …, n)，该类装备第 i 个战技指标的统计平均值和方差分别为

$$M = \frac{1}{n}\sum_{i=1}^{n} x_i \quad \text{和} \quad \sigma^2 = \frac{1}{n-1}\sum_{i=1}^{n} (x_i - M)^2$$

如果统计用的装备数量很大，可用正态分布近似第 i 个战技指标的分布。若装备的战技指标差别不大，即方差较小，可用统计平均值作为有关战技指标的统计值。如果用于统计的数据少，达不到需要的精度或统计结果的方差较大，则需要从对干扰不利的角度考虑方差的影响，如用 $M \pm \sigma$ 或 $M \pm 2\sigma$ 作为第 i 个战技指标的统计值。一般来说，相同用途装备的同一指标相差不大，进行数理统计时，只要先按用途细分类装备，再统计战技指标，其方差较小，可用均值表示某个性能指标的统计值。

9.3　作战效果的干扰有效性评价指标

雷达对抗效果分干扰效果和作战效果两种，其中作战效果是依据干扰结果对雷达控制的武器系统或杀伤性武器作战能力的综合影响描述的干扰效果。作战效果的评价指标有 10 种，其中有三个独立评价指标，它们是摧毁概率、杀伤距离或脱靶距离和命中概率。在 10 种作战效果评价指标中用得最多是摧毁概率或生存概率，命中概率或脱靶率。作战效果评价指标要么来自武器系统或武器战技指标的设计值，要么是有效干扰要求的作战效果。当武器控制系统或杀伤性武器受雷达

控制时，上述作战效果将受雷达干扰影响。如果忽略中间环节的影响，作战效果等于干扰效果。所以，作战效果的评价指标仍然称为干扰有效性评价指标。作战效果的评价指标与作战对象（武器）和保护目标的类型等有关，一般只有数学模型，必须根据具体装备、作战目的要求和配置情况等确定其数值。这里依据 9.2 节的建模方法，确定每种作战效果评价指标的数学模型。

9.3.1　摧毁概率或生存概率评价指标

在战术应用中，雷达干扰主要针对与武器有关的雷达，使其不能发现目标或不能稳定跟踪目标，无法实施武器打击，达到保护己方目标的目的。受保护的目标多数为作战平台、武器运载平台或重要的军事设施等。它们一般有摧毁对方目标的能力，摧毁敌方目标是保护己方目标的一种手段。如果假设保护目标没被敌方雷达控制的武器摧毁，敌方的目标将被摧毁。对抗双方都可用摧毁概率或生存概率表示对抗效果。根据 6.5.3 节的有关原则，摧毁概率和生存概率可表示干扰有效性评价指标。

干扰方一般能预先估计敌方要求的摧毁概率或敌方武器及其武器控制系统的有关设计指标，可用与武器系统或杀伤性武器同风险准则确定摧毁概率或生存概率的干扰有效性评价指标。设受干扰武器系统摧毁概率的设计指标或敌方对摧毁概率的要求为 P_{wdst}，又设干扰方能容忍的受干扰武器系统在干扰条件下的剩余摧毁概率为 P_{dest}。干扰方的风险来自 P_{dest}，受干扰方的风险来自没有摧毁干扰保护目标的概率 $1-P_{\text{wdst}}$，根据同风险准则，由式(9.2.5)得干扰有效性的摧毁概率评价指标：

$$P_{\text{dest}} = \frac{C_{\text{w}}}{C_{\text{j}}}(1 - P_{\text{wdst}}) \tag{9.3.1}$$

就战术应用而言，一般满足 $C_{\text{w}}=C_{\text{j}}$ 的条件。式(9.3.1)简化为

$$P_{\text{dest}} = 1 - P_{\text{wdst}} \tag{9.3.2}$$

火控系统一般有多个武器发射器，可同时射击一个目标，也可由一个发射器分时向一个目标发射多枚武器，干扰机的保护目标可能受到多枚武器同时或分时攻击。设第 k 枚武器要求的摧毁概率或其设计指标为 $P_{\text{wdst}k}$，n 枚这种武器摧毁目标的概率为

$$P_{\text{wdst}n} = 1 - \prod_{k=1}^{n}(1 - P_{\text{wdst}k}) \tag{9.3.3}$$

式(9.3.3)可推广到更一般的场合。战术指控系统包括远、中、近程和高、中、低空的武器系统，每个武器系统可能有多个独立作战单元，它们可同时或分时攻击进入战区的目标。设 m、n 和 l 分别为远程、中程和近程武器系统包含的独立作战单元数，其中远程武器系统第 i 个作战单元要求的摧毁概率或其设计指标为 $P_{\text{wdst}i}$，中程武器系统第 j 个作战单元要求的摧毁概率或设计指标为 $P_{\text{wdst}j}$，近程武器系统第 k 个作战单元要求的摧毁概率或设计指标为 $P_{\text{wdst}k}$，把 $P_{\text{wdst}i}$、$P_{\text{wdst}j}$ 和 $P_{\text{wdst}k}$ 及其远、中、近程武器系统的作战单元数代入式(9.3.3)得三种武器系统攻击同一目标能达到的摧毁概率，设其分别等于 $P_{\text{wdst}m}$、$P_{\text{wdst}n}$ 和 $P_{\text{wdst}l}$，该战术指控系统摧毁该目标的概率为

$$P_{\text{wdst}s} = 1 - (1 - P_{\text{wdst}m})(1 - P_{\text{wdst}n})(1 - P_{\text{wdst}l})$$

把 $P_{\text{wdst}s}$ 代入式(9.3.1)得干扰这种武器系统的摧毁概率评价指标：

$$P_{\text{dest}} = \frac{C_{\text{w}}}{C_{\text{j}}}(1 - P_{\text{wdst}s}) \tag{9.3.4}$$

9.2.3 节的统计数据表明，武器系统要求的摧毁概率范围为 0.9～0.95，一般为 0.9。把有关数

据代入式(9.3.1)～式(9.3.4)得干扰有效性的摧毁概率评价指标的数值范围：

$$P_{\text{dest}} = \begin{cases} (0.05 \sim 0.1)C_{\text{w}} / C_{\text{j}} & \text{失误的代价不同} \\ 0.05 \sim 0.1 & \text{失误的代价相当} \\ C_{\text{w}}(0.05 \sim 0.1)^{m+n+l} / C_{\text{j}} & \text{战术指控系统} \end{cases} \quad (9.3.5)$$

目标被摧毁和生存构成互斥事件。可按照与武器系统同风险的准则确定干扰有效性的生存概率评价指标，也可根据摧毁概率和生存概率的关系，由式(9.3.4)直接得到干扰有效性的生存概率评价指标：

$$P_{\text{alst}} = 1 - \frac{C_{\text{w}}}{C_{\text{j}}}(1 - P_{\text{wdsts}}) \quad (9.3.6)$$

根据摧毁概率和生存概率的关系以及武器系统的摧毁概率统计值，由式(9.3.5)得干扰有效性的生存概率评价指标的数值范围：

$$P_{\text{alst}} = \begin{cases} 1 - (0.05 \sim 0.1)C_{\text{w}} / C_{\text{j}} & \text{失误的代价不同} \\ 0.9 \sim 0.95 & \text{失误的代价相当} \\ 1 - C_{\text{w}}(0.05 \sim 0.1)^{m+n+l} / C_{\text{j}} & \text{战术指控系统} \end{cases} \quad (9.3.7)$$

干扰有效性的摧毁概率和生存概率评价指标的数值说明，在数值上干扰方要求的摧毁概率等于对方要求的生存概率。干扰方要求的生存概率等于对方要求的摧毁概率。这是使用同风险准则的必然结果。干扰有效性的摧毁概率和生存概率评价指标既适合一般武器，也适合反辐射武器。反辐射武器一般单枚使用，可用摧毁概率或生存概率、命中概率和脱靶率表示干扰有效性的评价指标。

9.3.2　杀伤距离或脱靶距离评价指标

杀伤距离是武器能杀伤目标的最大距离，对点目标的杀伤距离定义为武器刚好能杀伤目标时其散布中心到目标中心的距离。脱靶距离刚好相反，是武器不能杀伤目标的最近距离，定义为武器刚好不能杀伤目标时其散布中心到目标中心的距离。杀伤距离和脱靶距离有确定关系，杀伤距离约小于脱靶距离。

杀伤距离与武器的威力或杀伤能力有关。武器的威力或杀伤能力常用杀伤半径或杀伤范围表示。杀伤半径是武器的战技指标。根据同风险准则，武器要求的或设计的杀伤距离或脱靶距离可作为干扰有效性评价指标。杀伤范围或杀伤区是以武器散布中心为园心、以杀伤半径为半径的圆平面(对于平面散布型武器)或球体(对于空间散布型武器)。只要目标与杀伤区接触或相交，目标就会被杀伤。撞击式武器只有碰到目标才能杀伤目标。对点目标的杀伤半径为 0。杀伤距离和脱靶距离与武器的类型、目标在像平面上的投影面积和形状(平面散布型武器)或体形(空间散布型武器)和体积有关。运动目标的视在位置相对雷达或武器是随机抖动的，它将影响武器散布中心到目标中心的距离。因该影响因素已包含在作战效果模型中，确定干扰有效性评价指标时不必考虑该因素的影响。

5.1.2 节将武器分为三种：撞击式、平面散布直接杀伤式和空间散布直接杀伤式。每种武器又分有、无自身引导系统两种。前者可修正部分初始发射偏差，后者则不能。设无自身引导系统武器的杀伤半径为 R_{k}，除撞击式武器外，R_{k} 均大于 0。干扰效果评估可将武器修正发射偏差的能力等效成该武器杀伤半径的扩大，即这种武器的杀伤半径等效于 $R_{\text{k}}+r_0$，r_0 为武器自身引导系统能修正的初始发射偏差。

干扰有效性的杀伤距离和脱靶距离评价指标与目标的形状有关，实际目标的形状可能很多。5.1.1 节将军事目标近似成五种：点或球形、矩形、圆形平面、正六面体和圆柱体。所谓圆形或矩形是指目标在像平面的投影形状。点目标既有平面的，也有空间的。除圆形、矩形和点目标外，其他形状的目标既可用与上述形状最接近的一种来近似，也可用等面积或等体积的圆形或球形近似。

综合考虑上述因素和依据对干扰不利的原则，可确定干扰有效性的杀伤距离评价指标 R_{kst} 和脱靶距离评价指标 R_{mkst}。无自身引导系统的武器对空间和平面点目标的杀伤距离和脱靶距离评价指标分别为

$$\begin{cases} R_{kst} = R_k \\ R_{mkst} > R_k \end{cases} \tag{9.3.8}$$

R_{mkst} 大于 R_k 的含义是不能取等号。在计算干扰有效性时应去掉 $R_{mkst}=R_k$ 的概率。令 $R_k=0$，上式就能用于撞击式武器。

如果武器有自身引导系统，可令 $R'_k =R_k+r_0$，用 R'_k 替换式(9.3.8)中的 R_k，可得该类武器对点目标的杀伤距离和脱靶距离评价指标：

$$\begin{cases} R_{kst} = R'_k \\ R_{mkst} > R'_k \end{cases} \tag{9.3.8a}$$

r_0 为武器过载能修正的初始发射偏差。影响它的主要因素有：武器的过载能力，飞行速度和自身引导系统开始作用瞬间武器到目标的距离。式(5.3.21)给出了计算 r_0 的数学模型：

$$r_0 = \frac{V_m^2}{ng}\left[1 - \sqrt{1 - \left(\frac{ngR_w}{V_m^2}\right)^2}\right] \approx \frac{ngR_w^2}{2V_m^2} \tag{9.3.9}$$

式(9.3.9)的符号定义见式(5.3.21)。

设在像平面投影形状为园平面或球形空中目标的半径为 R_c，无自身引导系统的武器对该目标的杀伤距离和脱靶距离评价指标为

$$\begin{cases} R_{kst} = R_k + R_c \\ R_{mkst} > R_k + R_c \end{cases} \tag{9.3.10}$$

用 R'_k 替换式(9.3.10)的 R_k 得有自身引导系统的武器对这类目标的杀伤距离和脱靶距离评价指标：

$$\begin{cases} R_{kst} = R'_k + R_c \\ R_{mkst} > R'_k + R_c \end{cases} \tag{9.3.11}$$

真正圆形和球形的军事目标很少，绝大多数目标的形状非常复杂。处理武器对复杂形状目标的杀伤距离有两种方法，一种是从对保护目标不利的角度考虑武器的杀伤距离，即把目标相对武器的最大长度作为目标的直径，然后当作圆形和球形目标处理。另一种方法使用较多，就是用等面积的圆形或等体积的球形目标等效其他形状的目标，用等效目标的半径近似武器对实际目标的杀伤半径。

如果把所有目标近似成圆形或球形，目标相对武器的尺寸对杀伤距离的影响可当成武器杀伤半径的扩大。这里，把武器的杀伤半径和目标的半径联合起来，称其为等效杀伤半径。设有、无自身引导系统的武器对某目标的等效杀伤半径分别为 R'_{ek} 和 R_{ek}，式(9.3.8)～式(9.3.11)可统一表示为

$$\begin{cases} R_{kst} = R_{ek} \\ R_{mkst} > R_{ek} \end{cases} \quad 和 \quad \begin{cases} R_{kst} = R'_{ek} \\ R_{mkst} > R'_{ek} \end{cases}$$

干扰有效性的杀伤距离和脱靶距离评价指标必须根据具体武器和目标确定，只有数学模型，没有统一的数值形式。武器控制系统的类似指标是发射武器的最小距离或发射范围的近界。若目标到武器发射器的距离小于最小发射距离，则不能发射武器。该距离可用来确定最小干扰距离和压制扇面的评价指标。

9.3.3　命中概率或脱靶率评价指标

雷达干扰引起的跟踪误差通过火控计算机、武器发射随动系统传递给杀伤性武器，影响武器的散布误差。其影响程度由命中概率反映出来。作战效果的所有评价指标都与是否摧毁目标或摧毁目标的可能性有关，命中概率或脱靶率也不例外。对于一枚武器能摧毁的目标，命中目标意味着摧毁目标。此时，摧毁概率等于命中概率。干扰有效性的命中概率评价指标 P_{hst} 等于摧毁概率评价指标 P_{dest}，即

$$P_{hst} = P_{dest} \tag{9.3.12}$$

对抗双方都可用摧毁概率或命中概率和生存概率或脱靶率表示作战效果。命中和脱靶为互斥事件，根据这种关系，由干扰有效性的命中概率评价指标能直接得到脱靶率的评价指标：

$$P_{mhst} = 1 - P_{hst} \tag{9.3.13}$$

对于需要命中多枚武器才能摧毁的目标，只能根据战术运用准则确定干扰有效性的命中概率或脱靶率的评价指标。如果已知向目标独立发射的同种武器数 m、目标对该武器的易损性 ω、目标指示雷达发现目标的概率 P_{rd} 和跟踪雷达捕获目标的概率 P_a，由式 (9.2.1) 得命中概率的评价指标：

$$P_{hst} = \omega \left(1 - \sqrt[m]{1 - \frac{P_{dest}}{P_{rd} P_a}} \right) \tag{9.3.14}$$

把上式代入式 (9.3.13) 得干扰有效性的脱靶率评价指标：

$$P_{mhst} = 1 - \omega \left(1 - \sqrt[m]{1 - \frac{P_{dest}}{P_{rd} P_a}} \right) \tag{9.3.15}$$

在实际作战中，受干扰方可能针对特定目标和特定武器提出对命中概率的要求，这时需要根据同风险准则确定干扰有效性的命中概率或脱靶率评价指标。设受干扰武器系统要求的单枚武器的命中概率为 P_{whst}，武器系统方的风险来自发射的武器没命中目标的概率 $(1-P_{whst})$，如果干扰方能容忍的受干扰武器系统或武器的剩余命中概率为 P_{hst}，由式 (9.2.5) 得干扰有效性的命中概率评价指标：

$$P_{hst} = \frac{C_w}{C_j}(1 - P_{whst}) \tag{9.3.16}$$

上式符号的定义见式 (9.2.5)。如果双方失误的代价相当，式 (9.3.16) 简化为

$$P_{hst} = 1 - P_{whst} \tag{9.3.17}$$

如果干扰机保护的目标受到 n 枚武器的独立射击，其中第 i 枚武器命中目标概率的设计值为 P_{whsti}，敌方对命中概率的要求为

$$P_{whstn} = 1 - \prod_{i=1}^{n}(1 - P_{whsti}) \tag{9.3.18}$$

若 n 枚武器的命中概率相同，设其为 P_{whst}，式 (9.3.18) 变为

$$P_{\text{whst}n} = 1 - (1 - P_{\text{whst}})^n \tag{9.3.19}$$

把上两式代入式(9.3.16)和式(9.3.17)得多枚武器攻击同一目标的干扰有效性的命中概率评价指标：

$$P_{\text{hst}} = \begin{cases} C_{\text{w}}(1 - P_{\text{whst}n}) / C_{\text{j}} \\ 1 - P_{\text{whst}n} \end{cases} \tag{9.3.20}$$

根据命中概率和脱靶率的关系，由式(9.3.16)和式(9.3.17)得单枚武器干扰有效性的脱靶率评价指标：

$$P_{\text{mhst}} = \begin{cases} 1 - C_{\text{w}}(1 - P_{\text{whst}}) / C_{\text{j}} \\ P_{\text{whst}} \end{cases} \tag{9.3.21}$$

由式(9.3.20)得多枚武器独立射击时干扰有效性的脱靶率评价指标：

$$P_{\text{mhst}} = \begin{cases} 1 - C_{\text{w}}(1 - P_{\text{whst}n}) / C_{\text{j}} \\ P_{\text{whst}n} \end{cases} \tag{9.3.22}$$

干扰有效性的命中概率或脱靶率的评价指标仅由受干扰武器系统或武器命中概率的设计指标确定，容易得到它的数值。和其他作战效果的评价指标一样，如果不能确切知道受干扰影响的武器或武器系统命中概率的设计值，可用数理统计方法确定。表 9.2.1 列出了几种导弹的单枚命中概率，不同武器命中概率的设计指标差别较大，从 0.6 到 0.9。为了能获得近似相同的摧毁概率 (0.9~0.95)，命中概率越低的武器或武器系统，同时或连续射击目标的武器数越多。根据这一点，由单枚武器的命中概率可近似估算武器系统需要独立发射的武器数或由独立发射的武器数近似估算单枚武器的命中概率。设某武器系统摧毁某个目标需要独立发射 n 枚武器，这种武器的单枚命中概率近似等于：

$$P_1 \approx 1 - \sqrt[n]{0.05 \sim 0.1}$$

9.3.4　摧毁所有目标的概率和摧毁目标数评价指标

前面的干扰有效性评价指标都是针对单目标的。雷达和武器的目标既有单目标、也有多目标或群目标。对多目标作战就是对群目标作战。群目标由能独立完成一定作战任务的单个实体组成。单个实体就是单个作战单元，如编队的战机、舰只等。打击群目标的目的是阻止它行使群目标的整体职能，要求摧毁尽可能多的作战单元，一般用摧毁全部目标的概率或摧毁目标数表示作战效果，对应的干扰有效性评价指标是作战要求的摧毁全部目标的概率 P_{ndst} 或摧毁目标数 n_{ndst}。

摧毁全部目标的概率或摧毁目标数不是独立的干扰有效性评价指标，两者都与摧毁单个目标概率的干扰有效性评价指标有关。设对方组织 n 个目标进入防区，要求摧毁其中第 i 个目标的概率为 $P_{\text{dst}i}$，摧毁全部目标概率的干扰有效性评价指标为

$$P_{\text{ndst}} = \prod_{i=1}^{n} P_{\text{dst}i} \tag{9.3.23}$$

摧毁目标数的干扰有效性评价指标为

$$n_{\text{ndst}} = \sum_{i=1}^{n} P_{\text{dst}i} \tag{9.3.24}$$

由摧毁概率和生存概率的关系得全部目标生存概率的干扰有效性评价指标：

$$P_{\text{alstn}} = 1 - P_{\text{ndst}} \tag{9.3.25}$$

生存目标数的干扰有效性评价指标为

$$n_{\text{alstn}} = n - n_{\text{ndst}} = n - \sum_{i=1}^{n} P_{\text{dst}i} \tag{9.3.26}$$

突防和反突防对生存目标数和摧毁目标数的要求不同。如果雷达干扰方为防御方，保护一个目标，而进攻方是由 n 个作战单元组成的群目标，企图突破干扰方的防线摧毁其保护目标。突破防线且刚好不能摧毁保护目标或不能达到规定摧毁概率的最大作战单元数，就是生存目标数的干扰有效性评价指标 n_{alstn}，$n - n_{\text{alstn}}$ 就是摧毁目标数的干扰有效性评价指标。如果雷达干扰方为进攻方，组织 n 个作战单元企图突破受干扰方的防线摧毁一个目标，那么突破防线且刚好能摧毁敌方目标的最少作战单元数就是该条件下的生存目标数的干扰有效性评价指标 n_{alstn}，$n - n_{\text{alstn}}$ 为其摧毁目标数的干扰有效性评价指标。

要确定摧毁所有目标的概率和摧毁目标数的干扰有效性评价指标，必须首先确定摧毁每个作战实体或作战单元概率的干扰有效性评价指标。虽然群目标由单个作战单元组成，但群目标中的每个目标有其自身的职能。为了实现群目标的整体职能，有的作战单元可能处于指挥的位置，有的可能承担主攻任务，还有的可能只起保障作用等。显然，要求摧毁承担不同作战任务的作战单元的概率不同。摧毁单个作战单元的概率和摧毁所有目标的概率都不大于 1，故应加权处理单个作战单元摧毁概率的评价指标。

9.3.5 摧毁目标百分数或生存目标百分数评价指标

如果作战对象多，可用摧毁目标百分数或生存目标百分数表示作战效果，其干扰有效性评价指标也是摧毁目标或生存目标百分数。设来袭的群目标由 n 个独立作战单元组成，干扰有效性的摧毁目标数的评价指标为 n_{ndst}，n_{ndst} 由式 (9.3.24) 确定。干扰有效性的摧毁目标百分数评价指标为

$$B_{\text{dest}} = \frac{n_{\text{dest}}}{n} \times 100\% \tag{9.3.27}$$

式 (9.3.26) 为干扰有效性的生存目标数评价指标 n_{alstn}，干扰有效性的生存目标百分数评价指标为

$$B_{\text{alst}} = \frac{n_{\text{alstn}}}{n} \times 100\% \tag{9.3.28}$$

摧毁目标和生存目标百分数之和为 1，依据这种关系，由摧毁目标百分数的评价指标能直接得到生存目标百分数的评价指标：

$$B_{\text{alst}} = 1 - B_{\text{dest}}$$

同样，若已知干扰有效性的生存目标百分数评价指标，干扰有效性的摧毁目标百分数评价指标为

$$B_{\text{dest}} = 1 - B_{\text{alst}}$$

摧毁目标数、生存目标数、摧毁目标百分数和生存目标百分数有确定关系，它们的干扰有效性评价指标也是如此。只要已知作战对象的数量或群目标的独立作战单元数，就能由任一作战效果或任一干扰有效性评价指标得到其他的作战效果或干扰有效性评价指标。

9.4 遮盖性干扰有效性评价指标

遮盖性干扰样式分有源和无源两类。它们的作战效果表示形式相同，可用 9.3 节的方法确定

其作战效果的干扰有效性评价指标。两种遮盖性样式的干扰效果表示形式不完全相同。其中有源干扰效果有干信比、检测概率、最小干扰距离、有效干扰扇面或有效掩护区、参数测量误差或跟踪误差、引导概率、捕获概率和干扰等效辐射功率。无源干扰除干信比、检测概率、最小干扰距离等外，还有箔条走廊的有效干扰长度和宽度。6.4 节已讨论了遮盖性干扰有效性的干信比评价指标(压制系数)的确定方法，下面根据战术运用准则和同风险准则确定其他干扰效果的干扰有效性评价指标的数学模型，用数理统计方法确定部分干扰有效性评价指标的数值。

9.4.1　干扰有效性的检测概率评价指标

雷达用检测概率和虚警概率共同表示目标检测能力。多数现代雷达在规定虚警概率条件下确定检测概率的设计指标。雷达对虚警概率限制很严，多数采用恒虚警处理技术，在整个工作过程中能将虚警概率限制在要求的范围内。对于这种雷达，可用检测概率单独衡量雷达的目标检测能力。检测概率既是雷达的重要战技指标又受遮盖性干扰影响。在干扰技术和抗干扰技术研究中，常用它表示遮盖性样式对目标检测器的干扰效果。在干扰效果评估中，检测概率的评价指标用得特别多，很多遮盖性干扰效果的评价指标含有检测概率的评价指标。雷达和雷达对抗对检测概率都有要求，可用同风险准则确定有关的数学模型，用数理统计方法确定对抗双方对检测概率的数值要求。

9.4.1.1　雷达检测概率评价指标的数学模型

雷达对抗领域普遍认为只要遮盖性干扰能把雷达的检测概率降低到 0.1 或 0.1 以下，就是有效干扰。相当于把遮盖性干扰有效性的检测概率评价指标定为 0.1。关于为什么选择 0.1 作为干扰有效性的检测概率评价指标有许多不同的说法。有的说这是因为从雷达的检测曲线上看，检测概率在 0.1 附近随干信比的变化较缓慢，这样确定的压制系数不致因干扰功率或信号功率的不大变化而造成发现概率的剧烈变化，导致干扰效果不稳定。另一种说法是，从干扰功率有效利用的观点出发，存在一个最佳的干信比，这个最佳干信比对应的检测概率约为 0.1。以上两种说法都没有触及遮盖性干扰的本质。参考资料[1]指出遮盖性干扰的目的是使受干扰雷达遭受给定的信息损失，给定的信息损失是根据战术运用准则预先确定的。给定的信息损失在设计干扰机时，它是指标。在评估干扰有效性时，它就是判断干扰是否有效的标准。雷达干扰只用于军事目的，显然根据战术运用准则确定遮盖性样式干扰有效性的检测概率评价指标更合理、更科学。

如果干扰目的只是针对目标检测器，可从对干扰不利的角度出发，假设捕获概率和 m 枚武器命中目标的概率都是 1。根据检测概率评价指标与摧毁概率评价指标之间的关系，由式(9.2.2)得干扰有效性的检测概率评价指标：

$$P_{dst} \approx P_{dest}$$

武器系统要求的摧毁概率一般为 0.9。把它代入上式得检测概率评价指标的数值：

$$P_{dst} = 0.1$$

根据与雷达同风险的准则也能得到类似的结果。在遮盖性干扰中，雷达发现干扰机的保护目标，干扰方要付出一定的代价。雷达在遮盖性干扰中发现保护目标的概率越低，干扰方承担的风险越小。只有无穷大的干信比，才可能把雷达发现目标的概率降为 0，这是无法实现的。检测概率越小，需要的干扰等效辐射功率越大，增加干扰等效辐射功率会增加装备的造价、体积和重量等。所以干扰方能容忍的雷达受干扰后的剩余检测概率必须在风险与造价之间进行折中。雷达对检测概率的要求本身就是造价、风险的折中结果。显然，把与雷达同风险的准则用于设计干扰机，也能使干扰机在性能和风险方面获得最佳折中。与干扰装备的设计者很难确定失误的代价一样，雷达设计者也很难知道有、无目标的先验概率和判断错误的代价，多数雷达采用黎曼–皮尔逊检测准则。干扰方可以在假设雷达采用黎曼–皮尔逊检测准则的条件下，确定可接受的受干扰雷达的剩余检测概率即干扰有效性的检测概率评价指标。

6.6 节指出跟踪雷达转嫁给受其控制的武器系统的风险是雷达的虚警和漏警造成的。因为漏掉的是目标，漏警对武器系统的影响比较好理解。虚警同样会给武器系统带来风险，因为雷达不能区分目标和虚警，虚警可能使指控系统错误的分配武器、调动军队或发射武器等造成损失。设雷达要求的漏警概率和虚警概率分别为 β 和 P_{fa}，发生漏警和虚警需要付出的代价分别为 C_{01} 和 C_{10}，雷达方的风险为

$$C_{01}\beta + C_{10}P_{\mathrm{fa}}$$

干扰方的风险来自干扰雷达的剩余检测概率 P_{d}。设雷达发现干扰保护目标时，干扰方要付出的代价为 C_{j}，干扰方的风险为 $C_{\mathrm{j}}P_{\mathrm{d}}$。由同风险准则知，只要干扰方的风险满足下式，受干扰雷达的剩余检测概率是可接受的：

$$C_{\mathrm{j}}P_{\mathrm{d}} \leqslant C_{01}\beta + C_{10}P_{\mathrm{fa}} \tag{9.4.1}$$

雷达有多个在噪声中检测目标的最佳准则，纯遮盖性干扰和机内噪声相似，考虑干扰样式的品质因素影响后，雷达在机内噪声中检测目标的准则可用于遮盖性干扰。雷达的信号检测准则有：贝叶斯准则，理想观察者准则和黎曼–皮尔逊准则等。不同检测准则有不同的风险。贝叶斯检测准则的平均风险为

$$C_{01}P\beta + C_{10}(1-P)P_{\mathrm{fa}}$$

其中 P 为有目标存在的先验概率。理想观察者检测准则的平均风险为

$$P\beta + (1-P)P_{\mathrm{fa}}$$

黎曼–皮尔逊检测准则的平均风险为

$$\beta + \lambda P_{\mathrm{fa}}$$

其中 λ 为最佳检测门限，与要求的虚警概率有关。把不同检测准则的平均风险代入式 (9.4.1) 并整理得：

$$P_{\mathrm{d}} \leqslant \begin{cases} [C_{01}P\beta + C_{10}(1-P)P_{\mathrm{fa}}]/C_{\mathrm{j}} & \text{贝叶斯检测准则} \\ [P\beta + (1-P)P_{\mathrm{fa}}]/C_{\mathrm{j}} & \text{理想观察者检测准则} \\ (\beta + \lambda P_{\mathrm{fa}})/C_{\mathrm{j}} & \text{黎曼–皮尔逊检测准则} \end{cases}$$

雷达的虚警对干扰方有利，或者说虚警不会给干扰方带来风险。另外，雷达的虚警概率很小，对风险的贡献不大。所以，干扰方的风险不必与雷达的总风险相同，只要保证与其漏警引起的风险相同即可。令 $C_{10}P_{\mathrm{fa}} = (1-P)P_{\mathrm{fa}} = \lambda P_{\mathrm{fa}} = 0$，干扰方能接受的受干扰雷达的剩余检测概率简化为

$$P_{\mathrm{d}} = \begin{cases} C_{01}P\beta/C_{\mathrm{j}} & \text{贝叶斯检测准则} \\ P\beta/C_{\mathrm{j}} & \text{理想观察者检测准则} \\ \beta/C_{\mathrm{j}} & \text{黎曼–皮尔逊检测准则} \end{cases} \tag{9.4.2}$$

式 (9.4.2) 中的 β 为漏警概率，正是它给雷达方带来风险。对于贝叶斯检测准则，$C_{01}P$ 等效于发生漏警的代价函数。类似的有，P 为理想观察者检测准则发生漏警的代价函数，黎曼–皮尔逊检测准则发生漏警的代价为 1。如果只考虑雷达干扰，可认为双方失误的代价相当，式 (9.4.2) 简化为

$$P_{\text{dst}} = \beta \tag{9.4.3}$$

根据检测概率和漏警概率的关系，由雷达要求的漏警概率得其要求的检测概率 P_{rdst}：

$$P_{\text{rdst}} = 1 - \beta$$

检测概率为战技指标，漏警概率与检测概率有函数关系，由此得干扰有效性的检测概率评价指标与雷达要求的检测概率和漏警概率之间的关系：

$$P_{\text{dst}} = 1 - P_{\text{rdst}} = \beta \tag{9.4.4}$$

9.4.1.2　雷达检测概率设计指标的统计值

计算干扰有效性需要其评价指标的数值，战术运用准则和同风险准则只能确定干扰有效性评价指标的数学模型。要根据式 (9.4.4) 确定干扰有效性的检测概率评价指标的数值，必须知道受干扰雷达要求的检测概率或检测概率的设计指标。在实战中可能常常不能确切知道受干扰雷达对检测概率的要求，需要用雷达检测概率设计值的统计平均值代替式 (9.4.4) 中的 P_{rdst}。

雷达的种类多、数量大，用数理统计方法容易得到其要求的检测概率或其设计指标。一般来说，不同用途的雷达对检测概率的要求不同，统计时需要根据用途分类雷达。雷达检测目标的性能由检测概率和虚警概率共同确定。要确定雷达要求的检测概率的统计平均值，也需要确定雷达要求的虚警概率的统计平均值。9.2.3 节用数理统计方法和从对干扰不利的原则出发确定了搜索雷达或预警雷达、目标指示雷达、引导雷达以及跟踪雷达要求的虚警概率：

$$P_{\text{fa}} = \begin{cases} 10^{-5} & \text{搜索雷达或预警雷达} \\ 10^{-6} & \text{其他雷达} \end{cases} \tag{9.4.5}$$

虚警概率的数值越高，雷达检测目标需要的信噪比越低，有效干扰要求的干信比越高，对干扰越不利。如果不能确定受干扰对象是何种用途的雷达，应从对干扰不利的情况出发，把虚警概率取为

$$P_{\text{fa}} = 10^{-5} \tag{9.4.6}$$

在上述虚警概率限制下，搜索雷达或预警雷达要求的检测概率一般不低于 0.5，对应的漏警概率不高于 0.5。目标指示雷达、引导雷达和跟踪雷达要求的平均检测概率为 0.85～0.9，对应的漏警为 0.1～0.15。其中大多数机载雷达要求的检测概率为 0.85～0.9。舰载、地面跟踪雷达要求的平均检测概率为 0.9。由此得上述几种雷达要求的检测概率的统计平均值：

$$P_{\text{rdst}} = \begin{cases} 0.5 & \text{搜索雷达或预警雷达} \\ 0.85 \sim 0.9 & \text{机载跟踪雷达} \\ 0.9 & \text{地面或舰载跟踪雷达} \end{cases} \tag{9.4.7}$$

现代干扰机不能完全区分警戒雷达和多目标跟踪雷达，也不能完全区分受干扰雷达的搜索和跟踪工作状态。由式 (9.4.4) 知，雷达要求的检测概率越高，干扰有效性的检测概率评价指标越低，有效干扰要求的干扰等效辐射功率越大，对干扰越不利。从对干扰不利的原则考虑，可将雷达要求的检测概率取为

$$P_{\text{rdst}} = 0.9 \tag{9.4.8}$$

把式 (9.4.8) 代入式 (9.4.4) 得干扰有效性的检测概率评价指标的数值：

$$P_{\text{dst}} = 0.1 \tag{9.4.9}$$

式 (9.4.9) 是从实际雷达的战技指标统计出来的，与目前广泛采用的判断遮盖性干扰是否有效

的检测概率评价指标完全相同。如果用式 (9.4.9) 的评价指标，干扰方能容忍的受干扰雷达的剩余检测概率还有 0.1，也就是说干扰方还要承受 0.1 的检测概率带来的风险。所有干扰效果的评价指标都来自对作战效果的要求，这种要求用摧毁概率表示为 0.05～0.1。影响摧毁概率的因素除检测概率外，还有捕获概率、命中概率等，它们的值均小于 1。由此知，无论单独干扰目标指示雷达，还是单独干扰跟踪雷达的捕获搜索状态，只要干扰能使其中之一的检测概率不大于 0.1，就能将保护目标的被毁概率控制在 0.1 以内。显然，把干扰有效性的检测概率评价指标定为 0.1 是安全。

9.4.2　最小干扰距离评价指标

9.4.2.1　引言

无论自卫干扰还是掩护干扰都需要干扰有效性的最小干扰距离评价指标。最小干扰距离是雷达对抗装备的战技指标，不是受干扰雷达的。雷达有最小作用距离的要求，但与最小干扰距离的内涵不同，即雷达没有与最小干扰距离直接对应的战技指标，不具备使用与雷达同风险准则的条件。虽然雷达控制的武器系统有最大、最小发射距离或发射区域的近界和远界，但是实际发射武器的近界还受目标运动状态的影响，也不具备采用与武器系统同风险的条件。最小干扰距离的干扰有效性评价指标只能用战术运用准则确定。

发射武器用的目标距离是雷达提供的，雷达本身有最小作用距离，雷达领域称其为距离盲区，只有目标进入到距离盲区，雷达才会失去作用，不能控制武器或武器系统。尽管如此，不能根据雷达的距离盲区确定最小干扰距离的评价指标。一方面因为雷达的距离盲区较小，最小干扰距离与干信比成反比，要使最小干扰距离小于等于雷达的距离盲区需要很大的等效辐射功率。另一方面也没有必要。虽然干扰使雷达失去作用可达到保护目标的效果，但不是最好的方案。式 (5.1.53) 和式 (5.1.54) 给出了摧毁概率与影响因素之间的定量关系。它表明降低武器系统向目标射击的次数 m，可降低摧毁概率，提高目标的生存概率。如果 $m=0$，不管其他条件如何有利于武器系统或武器，都不能发射武器，其摧毁概率必然为 0。如果最小干扰距离小于等于武器的最小发射距离，m 就会为 0。武器的最小发射距离远大于雷达的最小作用距离，获得同样作战效果花的代价小得多。显然把受干扰雷达控制的武器系统可发射武器的最小距离作为最小干扰距离的评价指标更合理、更现实。

最小干扰距离是描述干扰效果的常用参数，不管是遮盖性干扰还是欺骗性干扰，也不管是自卫干扰还是掩护干扰，凡是需要与目标回波拼功率的干扰都有最小干扰距离要求。遮盖性干扰是武断的，无论自卫、随队掩护还是远距离支援干扰，干扰最强的方向就是干扰机及其平台所在的方向，自卫干扰要保护的目标就是干扰平台本身，其方向总是暴露的。由于绝大多数武器系统发射武器需要目标的距离和运动趋势的信息，如速度、加速度等，失去目标的距离将不能发射武器。所以当目标的体积不超过雷达的脉冲体积时，可单独依据最小干扰距离评估自卫干扰效果和干扰有效性。

遮盖性干扰直接影响雷达的最大作用距离，用最小干扰距离表示干扰效果比较直观且好理解。拖引式欺骗干扰要与目标回波拼功率，虽然不用最小干扰距离表示干扰效果，但最小干扰距离是有效干扰的条件之一。一个拖引周期能使跟踪雷达转入搜索状态，但一个完整拖引周期很短，干扰消失后，雷达很快会再次捕获目标进入跟踪状态。为了获得有效干扰效果，拖引式欺骗干扰必须反复进行，使雷达总在搜索和跟踪之间转换，不能进入稳定跟踪状态，无法控制武器发射。这种干扰效果必须维持到作战要求的最小干扰距离或武器系统不能发射武器的最大距离为止。目标离雷达越近，拖走跟踪波门越困难，这就是为什么计算拖引成功率时一定要用最小干扰距离上的干信比的原因。和遮盖性干扰一样，拖引式欺骗干扰也有最小干扰距离要求。

　　无论自卫干扰还是掩护干扰，只要保护目标的体积或活动范围超过雷达的脉冲体积，雷达就能在多个波位发现目标。要用遮盖性干扰保护这样的目标，干扰必须覆盖整个目标或目标的活动范围，即干扰必须连续覆盖雷达的多个波束宽度或多个波位。如果雷达天线无副瓣或副瓣收不到干扰，那么，无论干扰覆盖多少个波位，与雷达位置相对固定的点干扰源在 PPI 显示画面上形成的干扰区呈现规则的扇形，称为干扰扇面。在干扰扇面中，其干扰强度满足压制系数要求的区域也呈现规则扇面，称为压制扇面或有效干扰扇面。一个波位有一个最小干扰距离，所有波位的最小干扰距离构成一个面，这个面就是暴露区，干扰区的其余部分为压制区。对于与雷达相对固定的点干扰源，不同波位的最小干扰距离相等，它们构成规则的扇面。对于其他情况，压制区和暴露区一般不是规则的区域。由此知，当干扰区域不超过一个波束宽度或一个波位时，可用最小干扰距离表示干扰效果，其他情况必须用压制扇面或压制区表示干扰效果。但是，无论哪种情况都有最小干扰距离的要求。

　　本书将雷达目标分为点目标或小目标和非点目标或大型目标。其定义如下：点目标或小目标是指在要求的最小干扰距离外都能处于雷达的一个脉冲体积内，否则为非点目标。由定义知，保护点目标的自卫干扰可用最小干扰距离表示干扰效果，其干扰有效性评价指标也是最小干扰距离。该指标与装备的响应时间和平台的运动趋势有关，与目标的形状无关。用压制扇面表示干扰效果时，最小干扰距离是影响压制扇面评价指标的主要因素之一，而且必须首先确定。除了前面的影响因素外，压制扇面评价指标中的最小干扰距离还与目标在 PPI 显示画面上的投影形状有关。影响两种最小干扰距离的因素不完全相同，这部分只讨论保护点目标且进行自卫干扰的最小干扰距离评价指标的确定方法，其他的放到压制扇面评价指标的确定方法中讨论。

9.4.2.2　影响最小干扰距离评价指标的因素

　　式 (5.1.68) 和式 (5.1.69) 给出了影响武器发射数量的因素，主要包括武器的最大，最小发射距离（或发射武器的远界和近界），武器系统的响应时间，目标相对武器发射器的运行速度和最小干扰距离。雷达干扰不仅是避免挨打，更重要的是使己方雷达控制的武器能更有效的摧毁敌方目标。因此，干扰平台或保护目标自身的武器或武器系统的性能也会影响敌方武器的发射数量。图 9.4.1 为最小干扰距离评价指标与影响因素之间的定性关系示意图，其中影响对抗双方武器发射数量的主要因素有：

　　① 武器的最小发射距离、武器系统和雷达的响应时间；
　　② 控制武器系统的其他传感器的响应时间和最大作用距离；
　　③ 保护目标与雷达平台或武器系统的相对运动速度；
　　④ 最小脱离距离。

　　雷达对抗装备和受干扰装备有相对静止的，也有相对运动的。前两条适合相对静止平台间的雷达对抗。确定相对运动平台的最小干扰距离必须综合考虑上述四种因素的影响。在雷达对抗中，大多数雷达平台和干扰平台间有相对运动，这里只讨论相对运动平台的干扰有效性的最小干扰距离评价指标。

　　武器有最小发射距离限制，不同类型的武器有不同的最小发射距离，而且一般远大于雷达的最小作用距离。武器的最小发射距离是影响最小干扰距离评价指标的关键因素。如果目标到武器发射系统的距离小于武器的最小发射距离，则不能发射武器，即使发射也不能命中目标，还可能威胁自身安全。有效保护目标的最好办法是降低雷达的最大作用距离，使其小于武器的最小发射距离。一般来说，武器的作用距离越远，最小发射距离越大，如响尾蛇、罗兰特等空空弹的作用距离不大于 10km，平均最小发射距离为 500m，中程导弹的最小发射距离为 5～10km，远程导弹的最小发射距离大于 10km。

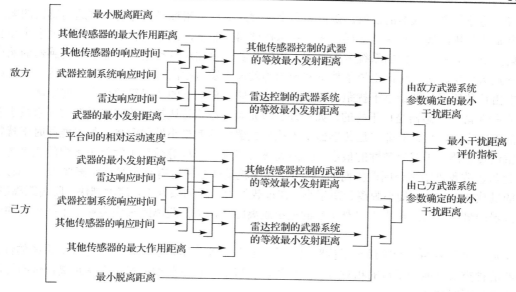

图 9.4.1 最小干扰距离评价指标与其影响因素之间的定性关系

武器系统从接收目标信息到发射武器需要一定的时间,称其为系统响应时间,9.2.3 节给出了几种武器系统的响应时间。第 5 章说明雷达控制的武器系统发射武器需要经过许多步骤,每一步都需要一定的时间。武器系统的响应时间主要由以下五部分组成:

① 雷达从发现目标到向武器系统输出目标参数的时间;

② 除雷达外的其他传感器从发现目标到向武器系统输出目标参数的时间;

③ 武器系统从收到目标数据到发射武器需要的时间即武器系统的响应时间;

④ 武器运载平台机动使武器发射器对准目标需要的时间(对于机动平台);

⑤ 从发射武器到杀伤性武器受控的时间。

运动目标在武器系统响应时间期间能继续向雷达或武器发射系统靠近。如果在系统响应时间结束时,目标已经到了武器的最小发射距离之内,则不能发射武器。系统响应时间越长或目标相对雷达或武器发射系统的速度越大,在系统响应时间内目标越能靠近雷达或武器发射系统。武器系统的响应时间等效于增加武器的最小发射距离。下面称考虑系统响应时间影响后的武器最小发射距离为等效最小发射距离。武器系统的组成多种多样,多数火控系统由目标指示雷达、跟踪雷达、非雷达传感器和武器发射系统组成。假设对抗双方的武器系统都是火控系统。在这种假设下条件下,根据武器系统的响应时间、武器的最小发射距离和目标相对武器发射系统的运动速度可确定敌我双方武器的等效最小发射距离。

干扰机保护的目标可能有两类:一类是不具有与敌方对等的作战能力,另一类是势均力敌。保护第一类目标的最小干扰距离评价指标主要由敌方武器系统的参数和平台之间的相对运动速度确定。如果保护目标进到自身武器的最小发射距离之内,将失去打击敌人的能力,会处于被动挨打的地步。对于第二类保护目标,需要考虑敌我双方武器系统和武器性能的影响。根据自身武器系统的响应时间、武器的最小发射距离和目标相对敌方武器系统的运动速度,可确定自身武器的等效最小发射距离。由简单的逻辑关系知,最小干扰距离评价指标应该是敌我双方武器的等效最小发射距离中的较大者。

现代作战平台的武器系统一般包括多种传感器,除雷达外,还有非雷达传感器。雷达和非雷达传感器都能引导武器发射。对于这种武器系统,如果只干扰雷达,即使将其发现目标的距离降低到 0，也不能阻止武器的发射。确定其最小干扰距离评价指标必须考虑非雷达传感器的响应时间和其最大作用距离。和雷达一样，在非雷达传感器控制下，武器发射系统也要经过多个步骤才能发射武器，同样有一定的系统响应时间。根据敌我平台相对运动速度、非雷达传感器的响应时间及其最大作用距离，可确定该条件下武器的等效最大发射距离。如果只能干扰雷达，不能或不干扰非雷达传感器，其最小干扰距离等于非雷达传感器控制下的武器等效最大发射距离。

有些非雷达传感器是可干扰的，如红外、激光等。按照雷达控制的武器系统的等效最小发射距离的确定方法，可估算非雷达传感器受干扰后武器的等效最小发射距离。如果能同时干扰雷达和非雷达传感器，干扰有效性的最小干扰距离评价指标是两种等效最小发射距离中的较大者。

为防止敌我机动平台因碰撞而同归于尽，高速机动作战平台有最小脱离距离要求。一般来说，平台的过载能力越大，最小脱离距离越小。在过载能力一定的条件下，速度越快，脱离距离越大。如果武器的最小发射距离小于自身平台的最小脱离距离，应把脱离距离作为最小干扰距离的评价指标。

上面的分析表明，影响最小干扰距离评价指标的因素很多，包括对抗双方武器系统的性能，传感器的种类及性能和平台的相对运动速度等。在确定干扰有效性的最小干扰距离评价指标时，可能出现以下四种情况：

① 如果干扰方的摧毁能力低于敌方，可把敌方武器系统的等效最小发射距离作为最小干扰距离的评价指标；

② 当受干扰方只有雷达传感器且对抗双方的摧毁能力相当时，最小干扰距离评价指标为双方武器系统等效最小发射距离中的较大者；

③ 如果武器系统有非雷达传感器且只能干扰雷达，最小干扰距离评价指标就是非雷达传感器引导下的武器的等效最大发射距离；

④ 若既能干扰雷达又能干扰非雷达传感器，最小干扰距离评价指标为以下三者中的较大者：一、干扰方武器系统的等效最小发射距离；二、雷达受干扰后武器系统的等效最小发射距离；三、非雷达传感器受干扰后武器系统的等效最小发射距离。

9.4.2.3 最小干扰距离评价指标

根据影响最小干扰距离评价指标的因素及其相互关系，可用战术运用准则确定其数学模型。设目标和武器系统平台的速度分别为 V_t 和 V_r，两速度矢量的夹角为 Φ，敌方武器系统的响应时间为 t_s，该武器的等效最小发射距离为

$$R_{aw} = R_{awn} + |V_t + V_r \cos\Phi| t_s \tag{9.4.10}$$

式中，R_{awn} 为敌方武器的最小发射距离。设雷达和武器系统的响应时间分别为 T_r 和 T_a，该雷达及其控制的武器系统的总响应时间为

$$t_s = T_r + T_a$$

现代武器系统除雷达外还有非雷达传感器。若雷达因干扰失去作用，非雷达传感器将替代雷达控制武器系统和武器。设非雷达传感器从发现目标到给出射击参数的时间即响应时间为 T_0，此时武器系统的总响应时间为

$$t'_s = T_0 + T_a$$

设非雷达传感器控制的武器的最大发射距离为 R_{aox}，该传感器没受干扰时武器的等效最大发射距离为

$$R_{ae} = R_{aox} - |V_t + V_r \cos\Phi| t'_s \tag{9.4.11}$$

若武器控制系统只有非雷达传感器且可干扰，按照式(9.4.10)的分析方法得该条件下武器的等效最小发射距离：

$$R_{aow} = R_{awn} + |V_t + V_r \cos\varPhi| t_s'$$

(9.4.12)

如果武器系统的雷达和非雷达传感器都可干扰且能实施有针对性的干扰，但两种传感器控制下的武器系统的等效最小发射距离不同，这时应把式(9.4.10)和式(9.4.12)中的较小者作为武器的等效最小发射距离：

$$R_{aee} = \mathrm{MIN}\{R_{aw}, R_{aow}\}$$

在影响武器等效最小发射距离的因素中，目标相对雷达或相对武器发射系统的运行速度变化范围较大，一般为随机变量。为了能可靠保护目标，估算等效最小发射距离和非雷达传感器控制下武器的等效最大发射距离时，应该从对干扰不利的情况出发，等效最小干扰距离越小对干扰方越不利。在式(9.4.10)和式(9.4.12)中，对于特定平台，除 $V_t + V_r \cos\varPhi$ 外，其他为固定值。只要 $V_t + V_r \cos\varPhi$ 取最小值，式(9.4.10)和式(9.4.12)就取最小值。两平台尾追时，相对速度为 $|V_t - V_r|$ 是对干扰最不利的极端情况。V_t 和 V_r 本身有一定变化范围，这种变化范围一般是预先知道或可估计的。为了避免打击，可能使用最大速度脱离，为打击对方，也可能用最大速度追赶。所以，尾追时可认为两平台均采用最大速度。设目标和雷达平台的最大速度分别为 V_{tmax} 和 V_{rmax}，把 V_{tmax}、V_{rma} 和 $\phi = 180°$ 代入式(9.4.10)和式(9.4.12)得对干扰最不利条件下的武器等效最小发射距离：

$$\begin{cases} R_{aek} = R_{awn} + |V_{tmax} - V_{rmax}| t_s \\ R_{aok} = R_{awn} + |V_{tmax} - V_{rmax}| t_s' \end{cases}$$

(9.4.13)

如果武器系统有非雷达传感器且只能干扰雷达，式(9.4.11)就是该系统发射武器的最大距离，此距离越小对干扰越有利。显然，相对速度最大对干扰最不利。两平台迎头时相对速度最大，此时式(9.4.11)变为

$$R_{aoy} = R_{aox} - |V_{tmax} + V_{rmax}| t_s'$$

(9.4.14)

如果对雷达和非雷达传感器都有对应的干扰设备，武器的等效最小发射距离为

$$R_{aes} = \mathrm{MIN}\{R_{aek}, R_{aok}\}$$

(9.4.15)

综合上述几种情况得敌方武器的等效最小发射距离：

$$R_{am} = \begin{cases} R_{aek} & \text{只有雷达且干扰雷达} \\ R_{aoy} & \text{有非雷达传感器但只干扰雷达} \\ R_{aok} & \text{只有非雷达传感器且被干扰} \\ R_{aes} & \text{同时干扰雷达和非雷达传感器} \end{cases}$$

(9.4.16)

受最小脱离距离的影响，高速机动作战平台武器的等效最小发射距离不会小于最小脱离距离。根据平台的过载能力和运动速度与最小脱离距离的关系，可得最小脱离距离 R_{aet}。考虑最小脱离距离影响后敌方武器的等效最小发射距离：

$$R_{amin} = \mathrm{MAX}\{R_{am}, R_{aet}\}$$

(9.4.17)

如果干扰方的防御能力低于敌方的进攻能力，可忽略自身武器摧毁能力的影响，把敌方武器的等效最小发射距离作为最小干扰距离的评价指标，即干扰有效性的最小干扰距离评价指标为

$$R_{minst} = R_{amin}$$

(9.4.18)

按式(9.4.18)确定的最小干扰距离评价指标能保证保护目标不被摧毁。雷达干扰不只是避免

挨打，而是要通过干扰来阻止对方使用雷达控制的武器或降低有关武器的作战能力，使己方能充分利用雷达控制的武器打击敌人。要合理确定最小干扰距离的评价指标，必须考虑己方武器系统的作战能力。按照确定敌方武器的等效最小发射距离的方法和敌方雷达对抗装备的能力，可得己方武器的等效最小发射距离。

如果只有雷达传感器或只有非雷达传感器且都会受干扰，由式(9.4.13)得己方武器在两种情况下的等效最小发射距离：

$$\begin{cases} R_{sek} = R_{swn} + |V_{tmax} - V_{rmax}|T_s \\ R_{sok} = R_{swn} + |V_{tmax} - V_{rmax}|T_s' \end{cases} \tag{9.4.19}$$

式中，R_{swn}、R_{sek} 和 R_{sok} 分别为己方武器的最小发射距离、只有雷达传感器且受干扰时武器的等效最小发射距离和只有非雷达传感器且受干扰时的等效最小发射距离，T_s 和 T_s' 分别为己方雷达控制武器系统的响应时间和己方非雷达传感器控制武器系统的响应时间。

设己方非雷达传感器没受干扰时，其控制的武器的最大发射距离为 R_{sox}，由式(9.4.14)得此时己方武器的等效最大发射距离：

$$R_{soy} = R_{sox} - |V_{tmax} + V_{rmax}|T_s' \tag{9.4.20}$$

如果雷达和非雷达传感器都受干扰，按照式(9.4.15)的处理原则得此时己方武器的等效最小发射距离：

$$R_{ses} = \mathrm{MIN}\{R_{sek}, R_{sok}\} \tag{9.4.21}$$

综合上述几种情况得己方武器的等效最小发射距离：

$$R_{sm} = \begin{cases} R_{sek} & \text{只有雷达且干扰雷达} \\ R_{soy} & \text{有非雷达传感器但只干扰雷达} \\ R_{sok} & \text{只有非雷达传感器且被干扰} \\ R_{ses} & \text{同时干扰雷达和非雷达传感器} \end{cases} \tag{9.4.22}$$

设己方平台的最小脱离距离为 R_{set}，由式(9.4.17)得己方武器的等效最小发射距离：

$$R_{smin} = \mathrm{MAX}\{R_{sm}, R_{set}\} \tag{9.4.23}$$

如果敌方武器的摧毁能力低于己方，可把 R_{smin} 作为最小干扰距离的评价指标。若敌我双方的火力相当，最小干扰距离评价指标为

$$R_{minst} = \mathrm{MAX}\{R_{amin}, R_{smin}\} \tag{9.4.24}$$

有关式(9.4.24)的合理性可作如下说明。如果己方武器的等效最小发射距离大于对方，即 $R_{smin} > R_{amin}$，一旦目标到了己方武器的等效最小发射距离内，将失去杀伤对方的能力，而对方仍然有向我方发射武器的能力，若要继续靠近对方，必然被动挨打。在这种情况下，把己方武器的等效最小发射距离作为最小干扰距离的评价指标是合理的。如果情况刚好相反，即 $R_{smin} < R_{amin}$，这时只要目标到达敌方武器的等效最小发射距离内，不管是否实施干扰，受干扰方都会失去发射武器的能力，显然也没有继续施放干扰的必要，其最小干扰距离就是敌方武器系统的等效最小发射距离。

如果不能确切知道对方武器的最小发射距离、武器系统的响应时间和雷达平台的最大、最小速度，最好把己方武器的最小发射距离或非雷达传感器控制下武器的最大发射距离作为最小干扰距离的评价指标。表 9.2.2 列出了几种空空近距导弹的最大、最小发射距离和系统响应时间，可作为确定最小干扰距离评价指标的参考。

9.4.3　干扰有效性的压制扇面评价指标

雷达采用最大信号定向法，使用窄波束高增益天线。因天线波束窄，瞬时视场小，为扩大探测目标的角度范围，天线必须扫描，分时探测不同区域的目标。大型目标、目标群的分布范围或目标的活动区域可能超过雷达波束宽度，它能在多个波位探测到该目标。在任一波位上探测到目标，目标就被雷达发现。前一节已说明，要用遮盖性干扰保护这类目标，干扰必须覆盖整个目标、目标群的分布范围或单个目标的活动区域。即使自卫干扰，最小干扰距离也不能完全反映干扰效果，需要用有效掩护区表示干扰效果和评估干扰有效性，有效掩护区域包括对最小干扰距离的要求。

雷达天线的方向性函数呈加权的 sinx/x 形状。有一个很窄相对电平很高的主瓣，在主瓣两边有若干个电平逐渐降低的副瓣。离主瓣越近的副瓣电平越高，但远低于主瓣增益。受干扰平台机动能力和天线扫描速度等限制，干扰机难以使干扰天线总是对准雷达天线的主瓣，为了使遮盖性干扰能覆盖整个目标或目标的分布范围，掩护干扰机一般用宽波束天线。当干扰功率不太强时，雷达只能收到进入主瓣的干扰，干扰区不超过雷达波束宽度在显示平面上的投影范围。随着干扰功率逐渐增加，除雷达天线的主瓣外，第一副瓣、第二副瓣等逐次收到干扰，雷达的受干扰区域逐渐增加，只要干扰功率适当，总能使干扰覆盖要求的区域。早期的雷达普遍用 PPI 显示器检测目标和测量目标的参数，在这种显示器上雷达天线主瓣扫描区域呈现扇形，点干扰源在 PPI 显示器上能形成规则的状如扇形的干扰区域，故称为干扰扇面。在干扰扇面中，能使雷达遭受规定信息损失的区域也呈现扇形，称其为有效干扰扇面或压制扇面。规定的信息损失一般用作战要求的检测概率或干信比表示。检测概率或压制系数不能满足作战要求的区域称为暴露区。相对雷达处于不同角度的多个点干扰源形成的干扰区和压制区一般不是扇形，但习惯上仍然称为有效干扰扇面和压制扇面。

压制扇面与作战要求的检测概率有关，检测概率是干信比的函数，干信比又是目标到雷达距离的函数。由干扰方程和压制扇面或有效掩护区的定义知，目标距雷达越近，干信比越小，检测概率越高，因此暴露区包含雷达站及其附近的区域。压制区和暴露区的分界线就是相邻波位上的最小干扰距离端点的连线。干扰有效性的压制扇面评价指标仍然称压制扇面，它与最小干扰距离评价指标、目标形状和装备的几何位置有关，只能依据战术运用准则确定其干扰有效性评价指标。

9.4.2.1 节说明干扰有效性的最小干扰距离评价指标属于独立评价指标。与最小干扰距离评价指标不同，压制扇面的评价指标含有最小干扰距离的评价指标，是非独立评价指标。其理由比较简单，雷达波束在 PPI 显示器上的投影为扇形，离雷达越远，波束相对雷达的横向宽度越大，使得相同尺寸的目标，在远距离上能处于一个波束内，在近距离可能超过一个波束宽度。同样的问题也可用雷达脉冲体积的概念来解释。离雷达越远，脉冲体积越大，能容纳较大尺寸的目标。在近距离上，脉冲体积较小，只能容纳较小尺寸的目标。因此要保护目标，必须在有效干扰要求的最小干扰距离上能有效掩护整个目标。

除最小干扰距离评价指标影响压制扇面的评价指标外，还有目标相对雷达的横向尺寸或活动范围以及目标、雷达、干扰机之间的几何位置关系等。只有确定了目标的形状、大小或活动范围和配置关系，才能确定压制扇面评价指标的数值。所以，和最小干扰距离评价指标一样，压制扇面的评价指标一般不是确定的数值，而是一个数学模型。保护目标是已方的，其特性是已知的，通过侦察也能知道受干扰雷达的方向，根据作战目的和需要的干扰条件，干扰方基本上能左右配置关系，根据战术运用准则和具体使用条件能得到干扰有效性的压制扇面评价指标的数值。

表示遮盖性干扰效果的压制扇面用其在参考平面上的投影表示，干扰有效性的压制扇面评价指标必须用同一平面的投影扇面表示。确定干扰有效性的压制扇面评价指标也需要了解其影响因素，结合前面的分析，影响压制扇面评价指标的主要因素可归纳如下：

①　有效干扰要求的最小干扰距离或最小干扰距离的评价指标；

②　目标或目标群的分布范围或活动区域相对雷达的横向尺寸；

③　运动目标相对雷达的横向尺寸的随机摆动程度；

④　装备的几何配置关系。

如果目标的体积大于雷达的脉冲体积或其横向尺寸大于天线波束的横向宽度，雷达可在多个波位上探测到目标，保护这种目标需要用压制扇面表示干扰效果。天线波束的横向宽度随距离减小而减小，目标相对雷达的横向尺寸可能不变。对于相同横向尺寸的目标，离雷达越近，照射到它的波位数越多，遮盖性干扰掩护此目标需要的有效干扰扇面越大，对干扰不利。所以确定压制扇面的评价指标时，必须首先确定有效干扰要求的最小干扰距离。

大型目标的分布面积大，不但要占据雷达的多个波位，也可能要占据多个距离分辨单元，一般不能按目标的几何中心到雷达的距离来计算最小干扰距离。影响大型目标最小干扰距离的因素除平台间的相对运动趋势外，还有两个：一个是目标或多个目标的分布范围和形状，另一个是装备及其平台的配置情况。如果从对干扰不利的角度出发，可忽略平台间的相对运动趋势的影响。

7.3.5.2 节讨论了两种典型配置压制扇面的计算方法。图 9.4.2 为第一种配置在参考平面上的投影示意图。由该图可见，不能把圆心到雷达的距离作为最小干扰距离，否则目标有相当部分处于暴露区。在图 9.4.2 中，目标上的 c 点离雷达最近，对干扰不利。只要干扰能使 c 点处于有效干扰区，整个目标就能处于压制区，可把 cL 作为有效干扰要求的最小干扰距离 R_{minst}。图 9.4.3 为第二种配置在参考平面上的投影示意图。图中的 O 和 L 分别为目标的几何中心和雷达的位置，干扰机位于保护目标的几何中心 O 点，目标在参考平面上的投影为矩形。图中 fL 离雷达最近，它可作为该条件下的最小干扰距离，即 $R_{\text{minst}}=\text{fL}$。

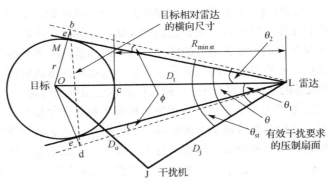

图 9.4.2　第一种配置的压制扇面评价指标与影响因素的关系示意图

目标及其活动范围或多个目标的分布范围相对雷达的横向尺寸是决定自卫干扰是否需要用压制扇面表示干扰效果的关键参数。如果在要求的最小干扰距离上，目标相对雷达的横向尺寸超过波束宽度，必须用压制扇面表示干扰效果。就一般情况而言，目标相对雷达的横向尺寸越大，要求的压制扇面越大。此外，如果目标和干扰机在配置上相对雷达的张角大于雷达波束宽度，即使自卫干扰也需要用压制扇面表示干扰效果。由此可见，压制扇面的评价指标还与装备的配置有关。

在干扰效果的数学模型中已经考虑了运动目标特别是高速运动目标角闪烁的影响，在确定压制扇面的评价指标时不必考虑它。军事目标一般由人操控，会引入操作控制误差，该误差可等效成目标横向尺寸的摆动。这种摆动会影响有效干扰要求的压制扇面。操作控制误差包括目标运动轨迹的控制误差、编队目标的队形控制误差或目标活动范围的控制误差。图 9.4.2 和图 9.4.3 中的 e 或 ϕ 表示这些因素对有效干扰扇面的总影响。

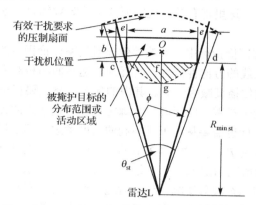

图 9.4.3　第二种配置的压制扇面评价指标与影响因素的关系示意图

根据图 9.4.2 的目标形状和随机摆动情况以及装备的配置关系可估算干扰有效性的压制扇面评价指标。图中 L、J 和 O 分别为雷达、干扰机和目标中心的位置，θ 为目标外沿和干扰机相对雷达的张角，D、D_j 和 D_t 分别为干扰机到目标的距离、干扰机到雷达的距离和雷达到目标中心的距离，e、r 和 R_{minst} 为目标相对雷达横向尺寸的单边摆动范围、目标的半径和有效干扰要求的最小干扰距离，ϕ 为目标单边随机摆动角度。由图 9.4.2 知压制扇面必须覆盖 $\theta_1+\theta_2$。由配置关系和平面三角定理得：

$$\begin{cases} \theta_1 = \arccos\left[\dfrac{D_j^2 + (r + R_{minst})^2 - D_0^2}{2D_j(r + R_{minst})}\right] = \arccos\left(\dfrac{D_j^2 + D_t^2 - D_0^2}{2D_jD_t}\right) \\ \theta_2 = \phi + \arcsin\left(\dfrac{r + e}{r + R_{minst}}\right) \approx \arcsin\left(\dfrac{r + e}{D_t}\right) \end{cases} \tag{9.4.25}$$

如果目标的形状和装备的配置关系如图 9.4.2 所示，遮盖性干扰有效性的压制扇面评价指标为

$$\theta_{st} = \theta_1 + \theta_2 = \arccos\left(\frac{D_j^2 + D_t^2 - D_0^2}{2D_jD_t}\right) + \arcsin\left(\frac{r + e}{D_t}\right) \tag{9.4.26}$$

7.3.5.2 节的另一种典型配置关系如图 9.4.3。图中的 a 和 b 分别为目标相对雷达的横向宽度和纵向深度；R_{minst} 和 θ_{st} 分别为根据目标形状和配置关系确定的最小干扰距离和有效干扰扇面的评价指标。画斜线的部分是配置造成的压制区向雷达靠近的部分。其他符号的含义见图 9.4.2。由装备的几何配置关系和平面三角定理得干扰有效性的压制扇面评价指标：

$$\theta_{st} = 2\phi + 2\arctan\left(\frac{0.5a}{R_{minst}}\right) \approx 2\arctan\left(\frac{0.5a + e}{R_{minst}}\right) \tag{9.4.27}$$

前面给出了确定方位压制扇面评价指标的方法。除 7.3.5.1 节指出的三种情况外，其他情况需要根据方位和俯仰维的综合压制扇面评估干扰有效性，此时需要确定俯仰压制扇面的干扰有效性评价指标，其方法与方位维完全相同。

9.4.4　干扰有效性的等效辐射功率评价指标

预测干扰效果、选择或设计干扰机常常需要确定干扰等效辐射功率。干扰等效辐射功率是干

扰机的技术指标，不是雷达的战技指标，不受干扰影响。但是它与干扰效果和干扰有效性有函数关系且联系非常密切。如果已知有效干扰需要的干扰等效辐射功率和干扰机的实际等效辐射功率，就能用干扰等效辐射功率判断干扰是否有效和评估干扰有效性。因此在一定条件下，可用干扰等效辐射功率评估干扰有效性。这里将有效干扰需要的干扰等效辐射功率称为干扰有效性的等效辐射功率评价指标。

在雷达干扰效果的所有评价指标中，影响等效辐射功率评价指标的因素最多，包括受干扰雷达的等效辐射功率，雷达天线的方向性特性，目标的雷达截面和相对雷达的横向尺寸，压制系数 K_j，装备的配置关系和电波传播衰减因子等。其中的配置关系主要指干扰机和保护目标相对雷达的张角，干扰机和目标到受干扰雷达的距离。与确定其他干扰效果的评价指标一样，确定遮盖性干扰等效辐射功率的评价指标也需要从对干扰不利的角度考虑，其中目标到雷达的距离一定要取有效干扰要求的最小干扰距离 R_{minst}。由 9.4.3 节的说明知，掩护点目标和大型目标对最小干扰距离的要求不同，应根据实际情况确定 R_{minst}。雷达的系统损失 L_r 一般大于干扰机的系统损失 L_j，对干扰有利。雷达的机内噪声和杂波只影响雷达，对遮盖性干扰也有利。在确定干扰等效辐射功率的评价指标时，可忽略双方的系统损失和雷达机内噪声及杂波的影响。干扰方程中有压制系数，计算压制系数要用到有效干扰需要的检测概率。检测概率包含目标起伏的影响，计算等效辐射功率的评价指标时可用目标的平均雷达截面 $\bar{\sigma}$。经过上述处理后，由干扰方程得等效辐射功率的评价指标或有效干扰需要的干扰等效辐射功率：

$$(\text{ERP}_j)_{st} = K_j \frac{(\text{ERP}_r)\bar{\sigma}R_j^2}{4\pi R_{\text{minst}}^4 k(\theta_j)} e^{0.23\delta(R_j - 2R_{\text{minst}})} = K_j \frac{(\text{ERP}_r)\bar{\sigma}R_j^2\theta_j^2}{4\pi R_{\text{minst}}^4 k_a \theta_{0.5}^2} e^{0.23\delta(R_j - 2R_{\text{minst}})} \qquad (9.4.28)$$

式中，(ERP_r) 为雷达的等效辐射功率，R_j 和 δ 为干扰机到雷达的距离和电波传播衰减系数，θ_j 和 $\theta_{0.5}$ 为干扰机与保护目标相对雷达的张角和雷达天线波束半功率宽度，k_a 的定义和计算方法见 3.7 节。

式 (9.4.28) 为等效辐射功率评价指标的通用计算模型。如果目标可当成点目标且进行自卫遮盖性干扰，则令 $k(\theta_j) = 1$ 和 $R_j = R_{\text{minst}}$，式 (9.4.28) 简化为

$$(\text{ERP}_j)_{st} = K_j \frac{(\text{ERP}_r)L_j\bar{\sigma}}{4\pi L_r R_{\text{minst}}^2} e^{-0.23\delta R_{\text{minst}}} \qquad (9.4.29)$$

9.4.5 遮盖性干扰有效性的参数测量误差评价指标

9.4.5.1 引言

遮盖性样式干扰雷达参数测量的效果有五种表示形式，其中干扰效果有三种，作战效果有两种。三种干扰效果分别为引导概率、捕获概率和跟踪误差。两种作战效果是命中概率和摧毁概率。9.3 节已讨论了确定两种作战效果评价指标的方法，这里只讨论三种干扰效果评价指标的估算方法。

跟踪雷达需要引导，远程作战平台或远程武器运载平台和作用距离较远的杀伤性武器都需要引导。引导可减少跟踪雷达截获指定目标的时间和增加作战平台或武器的作战范围。引导就是给被引导装备指示目标存在的小区域，以降低捕获目标的时间或降低武器运载平台或武器对传感器作用距离的要求。引导的好坏用引导概率表示。要捕获指定目标，被引导装备还得自己发现和截获目标，该项工作的效率指标为捕获概率。第 3 和第 7 两章只讨论了目标指示雷达引导跟踪雷达的过程、引导概率和捕获概率，按照类似的分析方法也能确定对其他引导对象的引导概率和捕获概率。

引导概率是指示目标落入被引导设备捕获搜索区的概率。它受引导和被引导装备有关参数的

影响。引导设备影响引导概率的因素是参数测量误差，被引导装备的影响因素是捕获搜索区的大小。被引导设备的捕获搜索区是固定的，而且是根据引导设备的参数测量误差预先确定的。由此可知，尽管在被引导设备的战技指标中没有引导概率的指标，根据有关参数能得到它对引导概率的要求，该要求可作为干扰有效性的引导概率评价指标。

参数测量误差是跟踪雷达和搜索雷达的战技指标。通常将跟踪雷达的参数测量误差称为跟踪误差。捕获概率和跟踪误差是跟踪雷达的重要战技指标，都受遮盖性干扰影响，可表示干扰效果。该干扰效果的评价指标仍然称为捕获概率和跟踪误差。因捕获概率是受干扰雷达的战技指标，由同风险准则可确定其干扰有效性评价指标。军用跟踪雷达要控制武器，跟踪误差的评价指标由配置关系和武器的脱靶距离共同确定。

9.4.5.2 干扰有效性的引导概率评价指标

引导概率 P_g 定义为指示的目标落入跟踪雷达捕获搜索范围内的概率。目标指示雷达有二维和三维两种。二维目标指示雷达只能进行距离和方位引导，三维可进行距离、方位和俯仰引导。每维引导独立进行，任何一维引导不到位，整个引导就会失败。根据雷达对捕获概率的要求和确定捕获搜索范围的原则，可确定它对引导概率的要求，再用同风险准则就能估算干扰有效性的引导概率评价指标。

跟踪雷达以第 i 个指示参数或引导参数为中心，向两边各扩展 $(2\sim2.5)\,\sigma_{gi}$ 作为该参数的捕获搜索范围，其中 σ_{gi} 是目标指示雷达要求的该参数的测量误差。雷达的参数测量误差服从 0 均值正态分布，其均方差就是参数测量误差。指示目标第 i 个参数落入跟踪雷达对应捕获搜索范围的概率为

$$P_{gi} = \frac{1}{\sqrt{2\pi}\sigma_{gi}} \int_{-(2\sim2.5)\sigma_{gi}}^{(2\sim2.5)\sigma_{gi}} \exp\left(-\frac{x^2}{2\sigma_{gi}^2}\right) dx = 2\Phi(2\sim2.5) = 0.9545\sim0.98758 \qquad (9.4.30)$$

所有指示参数同时落入跟踪雷达捕获搜索区的概率就是跟踪雷达要求的引导概率，对于三维引导为

$$P_{rgst} = [2\Phi(2\sim2.5)]^3 = (0.9545\sim0.98758)^3 = 0.87\sim0.96 \qquad (9.4.31)$$

两坐标目标指示雷达只能提供距离和方位引导。跟踪雷达将测高雷达提供的目标高度数据换算成仰角，通过操作员完成仰角引导，其引导概率与式(9.4.31)相当。

根据雷达要求的引导概率，由同风险准则可确定干扰有效性的引导概率评价指标。雷达的风险来自两个方面：一、指示目标落在捕获搜索区外的概率 $(1-P_{rgst})$。二、目标指示雷达用虚警引导跟踪雷达，它引起风险的概率等于虚警概率 P_{fa}。干扰方的风险来自干扰条件下雷达的剩余引导概率。设干扰方能接受的受干扰雷达的剩余引导概率为 P_{gst}，由同风险准则得干扰有效性的引导概率评价指标：

$$P_{gst} \geq \frac{C_r}{C_j}[(1-P_{rgst}) + P_{fa}] \qquad (9.4.32)$$

其中，C_r 和 C_j 分别为雷达方和干扰方失误的代价，其值由 9.2.2 节的方法确定。如果失误对双方的影响相似，可令 C_r 等于 C_j，这时式(9.4.32)简化为

$$P_{gst} \geq (1-P_{rgst}) + P_{fa} \qquad (9.4.33)$$

雷达的虚警概率很小且只影响雷达，若忽略其影响，不会增加干扰方的风险。式(9.4.40)还可简化为

$$P_{gst} = 1 - P_{rgst} \qquad (9.4.34)$$

把式(9.4.31)代入式(9.4.34)得引导概率评价指标的数值范围：

$$P_{gst} = 0.04 \sim 0.13$$

统计数据表明跟踪雷达对引导概率的要求为

$$P_{rgst} = 0.9 \sim 0.95$$

当无法确定跟踪雷达对引导概率的具体要求时，可用其统计值确定引导概率的评价指标。把上式代入式(9.4.34)得：

$$P_{gst} = 0.05 \sim 0.1 \tag{9.4.35}$$

由第7和第8章的分析知，遮盖性样式和多假目标干扰目标指示雷达都要影响引导概率。虽然两种干扰效果的表达形式完全不同，但是有相同的干扰有效性评价指标。所以式(9.4.34)和式(9.4.35)也适合多假目标欺骗干扰样式。

9.4.5.3　干扰有效性的捕获概率评价指标

为了方便计算捕获概率，3.3.5.1节从对干扰不利的情况出发将捕获概率简化为

$$P_a = P_{gt}P_c$$

其中，P_{gt}为指示目标落入捕获搜索区的概率即引导概率 P_g，P_c 为目标位于捕获搜索区中心分辨单元时，跟踪雷达检测该目标的概率。影响捕获概率的因素涉及目标指示雷达和跟踪雷达，该性能参数属于跟踪雷达的战技指标，可用同风险准则确定其干扰有效性评价指标。

设跟踪雷达要求的捕获概率或捕获概率设计指标为 P_{rast}，由同风险准则得干扰有效性的捕获概率评价指标：

$$P_{ast} \geqslant \frac{C_r}{C_j}[(1 - P_{rast}) + P_{fa}] \tag{9.4.36}$$

C_j 和 C_r 的定义见式(9.4.32)，其数值由9.2.2节的方法确定。如果失误对双方的影响相似，按照引导概率评价指标的估算方法得干扰有效性的捕获概率评价指标：

$$P_{ast} = 1 - P_{rast} \tag{9.4.37}$$

统计结果表明，大多数跟踪雷达对捕获搜索概率要求较高，为0.9～0.95，与引导概率相当。两者近似相同的原因是，雷达的跟踪波门很窄，对参数测量精度要求较高，只有信噪比很高或距离较近时雷达才能进入捕获工作状态，此时跟踪雷达在捕获搜索区的检测概率很高，因此影响捕获概率的主要因素是引导概率。另外，捕获阶段很短，干扰方难以抓住干扰时机，受干扰概率较低，只能通过干扰引导过程来影响捕获搜索。显然引导概率评价指标近似等于捕获概率的评价指标也符合从对干扰不利的原则确定干扰有效性的评价指标。把跟踪雷达要求的捕获概率的统计值代入式(9.4.37)得干扰有效性的捕获概率评价指标的数值范围：

$$P_{ast} = 0.05 \sim 0.1 \tag{9.4.38}$$

与引导概率一样，如果不能确切知道跟踪雷达对捕获概率的要求或设计指标，可用上述统计值表示干扰有效性的捕获概率评价指标。

无论多假目标单独干扰目标指示雷达还是单独干扰跟踪雷达的捕获搜索状态，都要影响跟踪雷达捕获指定目标的概率，都可用捕获概率表示干扰效果。所以，尽管遮盖性和欺骗性样式的干扰效果表达式不同，但评价指标相同。在确定多假目标欺骗干扰效果的评价指标时，不再讨论有关内容。

9.4.5.4　干扰有效性的跟踪误差评价指标

雷达的跟踪误差要影响武器控制系统或杀伤性武器的作战能力，可用武器控制系统的战技指标表示干扰效果，也可用受干扰影响雷达的战技指标表示干扰效果。9.3 节已讨论了作战效果评价指标的确定方法，这里讨论干扰效果评价指标的确定方法。

雷达用多维空间的点表示目标的位置，每维的参数测量误差称为参数测量误差。目标的测量位置与真实位置的距离称为定位误差。两种误差都是随机变量。雷达用球面坐标系，武器系统用直角坐标系，两种坐标系对应的参数测量误差可相互转换。它们都受遮盖性干扰影响，都可表示干扰效果和评估干扰有效性，但干扰有效性的评价指标不同。

因作战目的不同，跟踪误差的评价指标有两个来源：一个是使武器脱靶的跟踪误差，另一个是使雷达从跟踪转搜索的跟踪误差。跟踪雷达有多个跟踪器，它们各自独立工作，任何一个丢失目标且持续丢失目标的时间大于记忆跟踪时间，雷达就会从跟踪转搜索。在这种条件下，判断雷达是否丢失目标的标志就是看目标是否处于跟踪波门内。干扰有效性的方位角和仰角跟踪误差评价指标与单点源角度拖引式欺骗干扰相同，距离跟踪误差的评价指标与诱饵干扰相同。确定角度和距离跟踪误差评价指标的具体方法将在 9.6 节详细讨论，按照有关的分析方法也能得到干扰有效性的速度跟踪误差的评价指标。

如果保护目标在遮盖性干扰中不有意机动或不能有意机动，这种干扰只能引起随机跟踪误差，其值不会超过跟踪波门的宽度，很难使雷达从跟踪转搜索，即使干扰强到能使跟踪器进入滑动跟踪状态也是如此。尽管如此，使武器脱靶仍然是可能的。这时的定位误差既是线跟踪误差，也是脱靶距离，其评价指标就是武器的脱靶距离评价指标 R_{mkst}，其值由式 (9.3.8) 确定。

9.5　箔条干扰有效性评价指标

箔条偶极子能反射入射电磁波。大量箔条偶极子可形成体积远大于雷达脉冲体积的箔条云。不同偶极子反射电波的合成信号类似噪声干扰，能起遮盖性干扰作用。箔条因使用方式和条件不同，可起遮盖性干扰作用，也可起诱饵类欺骗干扰作用。当箔条用作遮盖性干扰时，主要干扰搜索雷达或目标指示雷达。和有源遮盖性干扰一样，表示箔条遮盖性干扰效果的形式较多，除了没有压制扇面外，其他干扰效果的表示形式与有源遮盖性干扰相同，它们的评价指标也和有源遮盖性干扰相同。箔条的欺骗性干扰效果的评价指标与诱饵相同。和有源遮盖性干扰不同的是箔条可播撒成走廊形式，需要箔条走廊的干扰有效性评价指标。

箔条偶极子很小，容易播撒成需要的形状，当要掩护的目标数量较大或批次较多时，通常将箔条均匀播撒成走廊形式，以便节约干扰资源。箔条走廊的厚度一般能满足作战需要，有效掩护区仅由长度和宽度共同确定。在一定条件下可用箔条走廊的有效干扰宽度和长度表示干扰效果。箔条走廊的有效长度是指能连续满足压制系数要求的长度。箔条走廊的有效宽度是指在有效长度内能满足压制系数要求的相对雷达的最小横向宽度。只有有效干扰长度和宽度同时满足作战要求时，才能获得箔条走廊的有效干扰效果。箔条走廊的干扰有效性评价指标有两个，它们之间没有确定的函数关系，明显不同于第一部分定义的双评价指标。由箔条走廊有效干扰长度和宽度的定义知，其干扰有效性评价指标与目标和雷达的几何位置有关，只能由战术运用准则确定。

有效干扰要求的箔条走廊宽度取决于三个因素：一、目标或目标编队相对雷达的横向尺寸 W_t；二、被掩护目标或目标编队运行轨迹的控制误差 W_p；三、目标编队相对雷达的横向尺寸的控制误差 W_w。箔条走廊有效宽度的评价指标为

$$W_{chst} = W_t + W_p + W_w \tag{9.5.1}$$

在影响箔条走廊有效干扰宽度评价指标的三个因素中第一个起主要作用。因保护目标或目标编队是己方的，容易确定 W_t 的数值，也可根据箔条的实际有效干扰宽度确定编队的队形。

由于种种原因，被掩护目标的实际航迹总是沿着规定路线左右随机摆动的，同样目标编队的宽度也会在规定值周围随机摆动。为了可靠掩护目标，确定箔条走廊有效干扰宽度的评价指标时，需要考虑航迹和编队相对雷达横向尺寸的随机摆动。从大量的训练数据中可获得随机摆动的统计值，两种控制误差近似服从零均值正态分布且相互独立。设编队的横向尺寸和航迹控制误差的均方差分别为 σ_w 和 σ_p，两种参数的控制误差可分别取为

$$\begin{cases} W_p = (2 \sim 3)\sigma_p \\ W_w = (2 \sim 3)\sigma_w \end{cases} \tag{9.5.2}$$

在实际应用中，箔条走廊一般播撒成直线。设作战要求的从掩护目标的起点到雷达的距离在参考平面上的投影为 R_t，有效干扰要求的最小干扰距离在参考平面上的投影为 R_{minst}，箔条走廊长度的干扰有效性评价指标为

$$R_{chst} = R_t - R_{minst} \tag{9.5.3}$$

由箔条走廊有效干扰宽度的定义知，干扰有效性评价指标的数值与箔条走廊相对雷达的走向有关，没有通用的数值形式的评价指标。箔条走廊长度的评价指标也是如此。如果因为某种特殊情况，不能按直线播撒，则需要按照箔条走廊的实际形状确定有效干扰长度。

9.6 欺骗干扰有效性评价指标

9.6.1 引言

欺骗性干扰样式和遮盖性干扰样式一样，既有干扰效果，又有作战效果。9.3 节讨论的作战效果评价指标与干扰样式无关，既适合遮盖性干扰，也适合欺骗干扰。除作战效果外，还有一些干扰效果的评价指标也与干扰样式无关，如遮盖性和欺骗性干扰样式都能影响雷达的引导概率和捕获概率，都可用引导概率和捕获概率表示多假目标干扰效果。两种干扰样式对引导概率和捕获概率的要求相同。这一节只讨论欺骗性样式特有的干扰有效性评价指标。

本书将欺骗性干扰样式分为五小类，它们的干扰效果评价指标分别是：一、拖引式欺骗干扰有效性的评价指标包括拖引成功率、角跟踪误差、压制系数；二、点源调幅非拖引式角度欺骗干扰有效性的评价指标有角跟踪误差和压制系数；三、诱饵干扰有效性的评价指标包括线跟踪误差、角跟踪误差和压制系数；四、相参非闪烁两点源和非相参闪烁两点源干扰有效性的评价指标为，距离或角跟踪误差和压制系数；五、多假目标干扰有效性的评价指标包括使雷达数据处理过载的真假目标总数和检测、识别以及捕获真、假目标的概率等。

多假目标主要干扰搜索雷达或跟踪雷达的搜索状态。干扰只需要与雷达接收机的机内噪声拼功率，不需要与目标回波较量功率。其他欺骗性干扰样式主要干扰跟踪器，需要与目标回波拼功率。前面曾多次说明在一定条件下，凡是要与目标回波拼功率的干扰效果都可用压制系数评估干扰有效性，多数欺骗性干扰效果可用压制系数评估干扰有效性。和遮盖性干扰不同，要用压制系数评估欺骗性干扰有效性需要满足较多的条件，如拖引式欺骗干扰、诱饵和非相参两点源干扰的干信比都不能单独说明干扰有效性，必须附加上两点源之间的距离大于武器的杀伤距离和起干扰

作用瞬间两点源的距离、角度和速度处于保护目标对应的分辨单元或跟踪波门内的条件。因此 6.4 节有关确定遮盖性样式压制系数的方法一般不能用于欺骗性干扰。除欺骗性干扰的干信比外，多数欺骗性干扰效果评估模型有应用条件限制，如只有雷达没有数据处理过载保护措施时，才能用雷达可检测到的真假目标总数表示干扰效果和评估干扰有效性。评估欺骗性干扰效果和干扰有效性时必须十分注意有关的条件。

9.6.2　拖引式欺骗干扰有效性评价指标

拖引式欺骗干扰样式只能干扰距离、速度和暴露式线扫角跟踪器，干扰效果有拖引成功率、跟踪误差和干信比。其中拖引成功率和跟踪误差都能转换成干信比，在一定条件下(见 8.3.4 节)可用压制系数作为干扰有效性的评价指标。拖引式欺骗干扰能使武器脱靶，也能使跟踪波门来回摆动无法控制武器发射。如果按最佳步骤实施干扰，速度和距离拖引还能使雷达丢失目标从跟踪转搜索。作战要求的拖引成功率就是这两种干扰效果的评价指标。角度拖引式欺骗干扰一般只能引起一定的角跟踪误差，其干扰有效性的评价指标就是作战要求的脱靶距离。如果拖引仅仅在于使跟踪波门来回摆动，干扰有效性的评价指标就是拖走跟踪波门需要的干信比。

1. 拖引成功率评价指标

第八章说明拖引式欺骗干扰与目标回波信号有相当长的重叠时间。在重叠期间，合成信号的初相具有随机性，严重影响距离和速度拖引式欺骗干扰效果，不能简单地用 0 和 1 或拖引成功与失败描述干扰效果。拖引成功率不但能定量表示该条件下的干扰效果，还能说明干扰有效、无效的程度。拖引成功率既不是雷达的战技指标，也不是有关武器系统的战技指标，照理讲它不适合表示干扰效果。8.3.4 节曾指出拖引式欺骗干扰是周期性的且拖引周期较长，达十几秒，一旦拖引失败，哪怕是一次，响应速度快的武器系统也可能发射武器。拖引失败，雷达不受干扰，其控制的武器系统不但能发射武器，还能以要求的概率命中目标。如果忽略除雷达以外的其他环节引入的误差，拖引成功率等效于武器的脱靶率，拖引失败的概率等效于命中概率。显然，拖引成功率与武器的作战效果有关，按照与武器系统同风险的准则能确定干扰有效性的拖引成功率评价指标，这也是用拖引成功率表示干扰效果和评估干扰有效性的原因之一。

由拖引周期和现代武器系统的响应时间知，在一次拖引失败期间，绝大多数武器只能发射一枚武器。设 P_{whst} 和 P_{pust} 分别为武器系统要求的单枚武器的命中概率和干扰方要求的拖引成功概率，C_j 和 C_w 分别为目标被命中时干扰方要付出的代价和目标没被命中时受干扰方要付出的代价。受干扰方的风险来自没有命中干扰方保护目标的概率 $1-P_{\text{whst}}$，干扰方的风险来自敌方武器在受干扰条件下的剩余命中概率 $1-P_{\text{pust}}$，由同风险准则得：

$$(1-P_{\text{pust}})C_j = (1-P_{\text{whst}})C_w$$

对 P_{pust} 求解上式得干扰有效性的拖引成功率评价指标：

$$P_{\text{pust}} = \begin{cases} 1-\dfrac{C_w}{C_j}(1-P_{\text{whst}}) & \text{代价不同} \\ P_{\text{whst}} & \text{代价相同} \end{cases} \tag{9.6.1}$$

用 9.2.2 节介绍的方法可确定 C_j 和 C_w 的数值。拖引成功率评价指标与干扰样式无关，距离和速度拖引式欺骗干扰有相同的干扰有效性评价指标，即

$$P_{\text{prst}} = P_{\text{pvst}} = P_{\text{pust}}$$

现代武器系统单枚导弹的命中概率为 0.8～0.9，脱靶率就是 0.1～0.2，由此得干扰有效性的拖引

成功率评价指标的数值范围：

$$P_{prst} = P_{pvst} = P_{pust} = 0.8 \sim 0.9$$

如果雷达控制的武器系统有多个发射器并可齐射，这时即使拖引失败一次，保护目标也会受到多枚武器的攻击，此时的干扰有效性评价指标由 9.3.2 节的方法确定。

拖引是周期性的且需要连续进行多次，直到要求的最小干扰距离或战斗结束为止，需要依据全过程的作战效果评估干扰有效性。如果已知作战持续时间和拖引周期，可粗略估算需要拖引的周期数 n。由拖引次数 n 和拖引成功率评价指标 P_{pust}，可把拖引成功率评价指标转换成依据全作战过程的作战效果评估干扰有效性的指标，即对拖引成功周期数的要求为

$$l_{pst} = \begin{cases} \mathrm{INT}\{nP_{pust}\} + 1 & nP_{pust} - \mathrm{INT}\{nP_{pust}\} \geq 0.5 \\ \mathrm{INT}\{nP_{pust}\} & \text{其他} \end{cases} \tag{9.6.2}$$

2. 拖引式欺骗干扰的干信比评价指标

表示干扰效果的拖引成功率可转换成干信比，在一定条件下可用压制系数评估干扰有效性。尽管拖引成功率的评价指标适合所有拖引式欺骗干扰，但是对于不同的跟踪器，干信比的评价指标有区别。式(8.3.33)为距离拖引式欺骗干扰有效性的电压干信比评价指标，其平方就是压制系数：

$$K_{pr} = (b_{prst})^2 \tag{9.6.3}$$

式(8.3.66)为速度拖引式欺骗干扰有效性的电压干信比评价指标，其压制系数为

$$K_{pv} = (b_{pvst})^2 \tag{9.6.4}$$

式(9.6.3)和式(9.6.4)符号的定义分别见式(8.3.32)和式(8.3.64)。

角度拖引式欺骗干扰要与目标回波拼功率，可用压制系数评估干扰有效性。式(8.3.73)为角度拖引式欺骗干扰的压制系数：

$$K_{p\phi} = \frac{F_t}{k_a}\left(\frac{\theta_{st}}{\theta_{0.5}}\right)^2 \tag{9.6.5}$$

3. 干扰有效性的角跟踪误差评价指标

大多数角度拖引式欺骗干扰只能引起一定的角跟踪误差，需要确定角跟踪误差的干扰有效性评价指标 θ_{st}。同样，用式(9.6.5)计算角度拖引式欺骗干扰的压制系数时，也需要确定 θ_{st}。角度拖引式欺骗干扰主要用于自卫，干扰武器控制系统的跟踪雷达或雷达寻的器。根据脱靶距离评价指标 R_{mkst} 和装备的配置关系可确定 θ_{st}。对于相同的脱靶距离，距离越近，获得要求干扰效果需要的角跟踪误差越大，对干扰越不利。设有效干扰要求的最小干扰距离为 R_{minst}，θ_{st} 近似等于：

$$\theta_{st} \approx \arcsin \frac{R_{mkst}}{R_{minst}} \tag{9.6.6}$$

如果干信比较大且按 8.3.1 节的步骤实施干扰，角度拖引式欺骗干扰也能使雷达从跟踪转搜索，需要使雷达从跟踪转搜索的角跟踪误差的干扰有效性评价指标。由图 8.6.3～图 8.6.6 可知，雷达的定向特性除了一个大的主误差鉴别区（下面简称主鉴别区）或主定向区外，还有多个鉴别斜率逐渐变小的副鉴别区。副鉴别区的信噪比小，受随机因素影响大，属于不稳定的定向区。试验证明只要跟踪器进入副鉴别区，雷达很容易从跟踪转搜索。根据此条件可确定有关的角跟踪误差的评价指标。

定向特性与天线的方向性函数有关，主鉴别区与天线的主瓣宽度有关，副鉴别区与副瓣宽度

有关。主鉴别区的宽度近似等于两倍的天线主瓣宽度，副鉴别区的宽度近似等于两倍的副瓣宽度。根据这种关系和雷达从跟踪转搜索的条件可确定角跟踪误差的干扰有效性评价指标。图 9.6.1 为天线方向性函数一个面的示意图。图中 D、λ 和 $\theta_{0.5}$ 分别为天线口径宽度、雷达的工作波长和天线半功率波束宽度。主瓣 0 点到 0 点间的宽度为 λ/D，副瓣 0 点到 0 点的宽度只有主瓣的一半，等于 $\lambda/(2D)$。根据天线方向性函数和对应误差鉴别特性或定向特性之间的关系可得使雷达从跟踪转搜索需要的最小角跟踪误差。

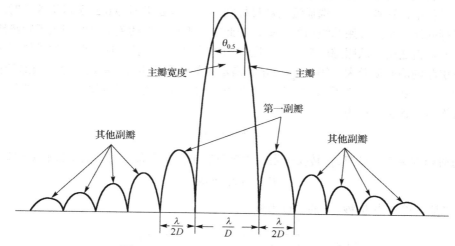

图 9.6.1　天线一个面的方向性函数示意图

拖引式欺骗干扰在雷达稳定跟踪目标后实施，即放干扰前跟踪器近似平衡在天线跟踪轴指向上。由图 9.6.1 知，要使雷达天线的跟踪点从主鉴别区的中心或跟踪天线的轴向可靠进入第一个副鉴别区的中心，有效干扰需要的角误差应大于等于：

$$\theta_{\mathrm{e}} \geqslant \frac{\lambda}{D} + \frac{\lambda}{2D} = 1.5\frac{\lambda}{D} \tag{9.6.7}$$

天线波束半功率宽度和主瓣 0 点到 0 点宽度之间的关系为

$$\frac{\lambda}{D} = \frac{\theta_{0.5}}{k}$$

根据天线的实际副瓣电平，从表 3.7.2 可查到 k。把上式代入式 (9.6.7) 并取其最大值得角度拖引式欺骗干扰使雷达从跟踪转搜索的角跟踪误差评价指标：

$$\theta_{\mathrm{gst}} \geqslant 1.5\frac{\theta_{0.5}}{k} \tag{9.6.8}$$

由表 3.7.2 的数据知，口面场均匀分布天线的 k 值最小，等于 0.88。k 越小，θ_{st} 越大，对干扰越不利。令式 (9.6.8) 的 k 等于 0.88 得 θ_{gst} 的最大值：

$$\theta_{\mathrm{gst}} = 1.5 \times \frac{\theta_{0.5}}{0.88} = 1.71\theta_{0.5} \approx 1.8\theta_{0.5} \tag{9.6.9}$$

如果不能准确知道实际雷达天线的 k 值，可用式 (9.6.9) 近似估算角度拖引式欺骗干扰使雷达从跟踪转搜索的角跟踪误差评价指标。

4. 距离和速度拖引式欺骗干扰使雷达从跟踪转搜索的跟踪误差评价指标

距离跟踪器的误差鉴别特性无副瓣，不能用确定 θ_{gst} 的方法估算使雷达从跟踪转搜索的距离跟踪误差的干扰有性性评价指标。由拖引式欺骗干扰原理知，要使雷达从跟踪转搜索，关干扰后，跟踪波门内应无目标回波，那么刚好将跟踪波门完全拖离目标回波的跟踪误差就是使雷达从跟踪转搜索需要的最小距离跟踪误差。图 9.6.2 为距离拖引式欺骗干扰的有关示意图。图中 τ_h、τ 和 τ_g 分别为距离选通波门宽度、目标回波脉冲宽度和分裂门跟踪器一个波门的宽度。根据图 9.6.2，可确定使雷达从跟踪转搜索的干扰有效性的距离跟踪误差评价指标。

假设放干扰前，跟踪器稳定跟踪目标，跟踪波门中心对准目标回波的面积中心，无跟踪误差。在成功拖引过程中，跟踪波门、选通波门和目标回波必然有处于图 9.6.2 所示位置的时刻，即干扰刚好将目标回波完全拖离跟踪波门的时刻，若此时关干扰且持续关干扰时间大于距离跟踪器的记忆跟踪时间，雷达就会从跟踪转搜索。由图中的关系知，跟踪器此时的测时误差等于 $\tau_g+0.5\tau$，即只要干扰引起的测时误差大于等于 $\tau_g+0.5\tau$ 且满足有关的实施步骤，雷达就会从跟踪转搜索。在实际雷达中，$\tau_h \leqslant \tau$ 和 $\tau_g \approx \tau$ 的关系成立，从对干扰不利的角度考虑，用时间单位表示的干扰有效性的距离跟踪误差的评价指标为

$$\tau_{gst} \geqslant \tau_g + 0.5\tau = 1.5\tau \tag{9.6.10}$$

根据距离与时延的关系，可把 τ_{gst} 转换成用距离单位表示的距离跟踪误差的干扰有效性评价指标：

$$R_{gst} = c\tau_{gst} = c\tau \tag{9.6.11}$$

式中，c 为光速，单位为米/秒。τ 的单位为秒。

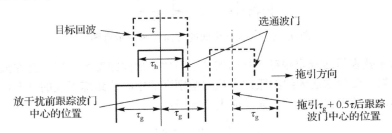

图 9.6.2　确定使雷达从跟踪转搜索的距离跟踪误差的评价指标示意图

速度跟踪器的工作过程和距离跟踪器相似，按照有关方法可得速度跟踪误差的干扰有效性评价指标。速度跟踪器实际跟踪的是目标的多普勒频率，其误差鉴别器为鉴频器或鉴相器。设多普勒频率误差鉴别特性的宽度为 $2f_{dg}$，目标回波的多普勒谱宽为 Δf_d（在雷达系统中 $\Delta f_d \geqslant f_{dg}$ 的关系成立，而且 Δf_d 近似等于雷达接收机单个多普勒频率滤波器的带宽 f_d），按照拖距干扰有关问题的处理方法得速度拖引使雷达从跟踪转搜索的速度跟踪误差的干扰有效性评价指标：

$$f_{gst} \geqslant f_{dg} + 0.5\Delta f_d = 1.5\Delta f_d \approx 1.5f_d \tag{9.6.12}$$

设雷达的工作波长为 λ，用径向速度跟踪误差表示的干扰有效性评价指标为

$$V_{gst} = 0.75\lambda\Delta f_d \approx 0.75\lambda f_d \tag{9.6.13}$$

拖引式欺骗干扰一般反复进行，拖引量越大，雷达再次截获目标的时间越长，对干扰越有利。所以实际的拖引量应尽可能大，式(9.6.9)、式(9.6.11)和式(9.6.13)是其中的最小值。

9.6.3　点源非拖引式角度欺骗干扰有效性评价指标

点源非拖引式角度欺骗干扰是指点源调幅角度欺骗干扰。主要样式为倒相、扫频方波，同步挖空和随机挖空等，其作战对象为锥扫和线扫跟踪雷达。同步挖空和随机挖空只能引起一定的角

跟踪误差，式(9.6.6)为其干扰有效性评价指标。本书只讨论了配置在保护目标上的倒相、扫频方波对锥扫跟踪雷达的欺骗干扰效果和干扰有效性的评估方法。两种样式能获得两种干扰效果：一、当干信比较小时，只能引起一定的角跟踪误差或使天线摆动。二、干信比很大时，能使雷达天线转到与目标相反的方向(倒相)或使其加速转下去(扫频方波)。可依据使武器脱靶和使雷达从跟踪转搜索需要的跟踪误差或干信比表示干扰有效性的评价指标。

要获得使两种锥扫跟踪雷达从跟踪转搜索的干扰效果，电压压制系数应满足式(8.4.22)和式(8.4.23)。8.4.2 节说明，如果要可靠使雷达从跟踪转搜索并考虑到雷达接收机对干扰的影响，可用式(8.4.22)和式(8.4.23)估算压制系数即

$$K_{jp\phi} = \begin{cases} \dfrac{F_t}{(0.27 L_{sw})^2} & \text{扫频方波干扰隐蔽式锥扫雷达} \\[3mm] \dfrac{2F_t}{(0.27 L_{sw})^2} & \text{扫频方波干扰暴露式锥扫雷达} \\[3mm] \dfrac{2F_t}{(0.27)^2} & \text{倒相方波干扰暴露式锥扫雷达} \end{cases} \tag{9.6.14}$$

式(9.6.14)的符号定义见式(8.4.22)和式(8.4.23)。

9.6.2 节说明只要干扰引起的角跟踪误差大于等于$1.8\theta_{0.5}$，跟踪点将进入定向特性的副鉴别区。如果满足有关的实施步骤，可使雷达从跟踪转搜索。对于其他情况，可用式(9.6.8)或式(9.6.9)计算使雷达从跟踪转搜索的角跟踪误差的干扰有效性评价指标。

倒相和扫频方波的电压干信比与角跟踪误差有确定的函数关系，利用此关系可把对角跟踪误差的要求转换成对电压干信比的要求。令式(8.4.24)～式(8.4.26a)中的角跟踪误差等于有效干扰要求的θ_{gst}，可得电压干信比，其平方就是压制系数。其中扫频方波干扰隐蔽式锥扫雷达的压制系数为

$$K_{jp\phi} = F_t \left[\frac{1}{L_{sw}} \frac{1 - \exp(-5.6\theta_{gst}\theta_0 / \theta_{0.5}^2)}{2.27 \exp(-5.6\theta_{gst}\theta_0 / \theta_{0.5}^2) + 0.27} \right]^2 \tag{9.6.15}$$

倒相方波和扫频方波干扰暴露式锥扫雷达的压制系数为

$$K_{jp\phi} = \begin{cases} F_t \left[\dfrac{2}{L_{sw}} \dfrac{1 - \exp(-5.6\theta_{gst}\theta_0 / \theta_{0.5}^2)}{2.27 \exp(-5.6\theta_{gst}\theta_0 / \theta_{0.5}^2) + 0.27} \right]^2 & \text{扫频方波} \\[5mm] F_t \left[2 \dfrac{1 - \exp(-5.6\theta_{gst}\theta_0 / \theta_{0.5}^2)}{2.27 \exp(-5.6\theta_{gst}\theta_0 / \theta_{0.5}^2) + 0.27} \right]^2 & \text{倒相方波} \end{cases} \tag{9.6.16}$$

式(9.6.15)和式(9.6.16)的符号定义见式(8.4.24)～式(8.4.26a)。令式(9.6.15)和式(9.6.16)中的$\theta_{gst}=1.8\theta_{0.5}$得扫频方波使隐蔽式锥扫雷达从跟踪转搜索的压制系数：

$$K_{jp\phi} \approx F_t \left[\frac{1}{L_{sw}} \frac{1 - \exp(-10.1\theta_0 / \theta_{0.5})}{2.27 \exp(-10.1\theta_0 / \theta_{0.5}) + 0.27} \right]^2 \tag{9.6.17}$$

倒相方波和扫频方波使暴露式锥扫雷达从跟踪转搜索的压制系数为

$$K_{jp\phi} = \begin{cases} F_t \left[\dfrac{2}{L_{sw}} \dfrac{1 - \exp(-10.1\theta_0 / \theta_{0.5})}{2.27 \exp(-10.1\theta_0 / \theta_{0.5}) + 0.27} \right]^2 & \text{扫频方波} \\[5mm] F_t \left[2 \dfrac{1 - \exp(-10.1\theta_0 / \theta_{0.5})}{2.27 \exp(-10.1\theta_0 / \theta_{0.5}) + 0.27} \right]^2 & \text{倒相方波} \end{cases} \tag{9.6.18}$$

如果干信比较小，倒相和扫频方波引起的角跟踪误差不能使雷达从跟踪转搜索，可依据使武器脱靶的角误差确定干扰有效性评价指标，该评价指标如式(9.6.6)所示。

9.6.4 其他角度欺骗干扰有效性评价指标

除单点源拖引式和单点源调幅非拖引式角度欺骗干扰样式外，还有非闪烁相参两点源，闪烁非相参两点源和多点源顺序开关机形成的角度欺骗干扰。这些样式主要干扰雷达的跟踪状态和雷达寻的器，其对抗效果有作战效果和干扰效果。其中干扰效果的主要表示形式有干信比和角跟踪误差。这两种干扰效果在一定条件下能相互转换，可根据干扰效果的表示形式选择合适的评价指标。

1. 相参两点源干扰有效性评价指标

相参两点源能干扰任何角跟踪体制的雷达，但主要干扰单脉冲雷达和单脉冲雷达寻的器。这是因为其他角跟踪体制还有更好的干扰样式。相参两点源的对抗效果有 4 种形式：线跟踪误差、角跟踪误差、脱靶距离和干信比。对应的干扰有效性评价指标是：有效干扰要求的线跟踪误差、角跟踪误差、脱靶距离和压制系数。其中脱靶距离也可作为作战效果，其评价指标由 9.3.2 节的方法确定。线跟踪误差的干扰有效性评价指标放在 9.6.5 节讨论。这里只讨论压制系数和角跟踪误差的干扰有效性评价指标。

线跟踪误差、角跟踪误差和脱靶距离都能转换成干信比，干信比的干扰有效性评价指标为压制系数。式(8.6.5)为相参两点源有效保护目标需要的干信比即压制系数：

$$K_{mj} = \frac{F_t R_{mkst}}{L_e \sin\alpha - R_{mkst}} \tag{9.6.19}$$

式中

$$L_e \approx \frac{L}{2} \frac{1-\beta^2}{1+2\beta\cos\phi+\beta^2} \tag{9.6.20}$$

如果先用其他干扰技术使目标回波完全离开距离或速度跟踪波门，再实施相参两点源干扰，可令 $\phi = 180°$，式(9.6.20)简化为

$$L_e \approx \frac{L}{2} \frac{1+\beta}{1-\beta} \tag{9.6.21}$$

式(9.6.19)和式(9.6.20)的符号定义见式(8.6.5)、式(8.6.2)和式(8.6.3)。影响相参两点源干信比评价指标的因素有：两干扰源的间隔、两干扰信号到被干扰雷达天线口面中心的相位差、幅度差和武器攻击角。

相参两点源的干扰作用是引起角跟踪误差，目的在于使武器脱靶。式(8.6.1)为此干扰引起的角跟踪误差，9.5.2 节的角跟踪误差评价指标的数学模型也适合相参两点源干扰。

2. 非相参闪烁两点源干扰有效性评价指标

非相参闪烁两点源干扰分快闪烁和慢闪烁两种。该样式可干扰雷达寻的器，也可干扰跟踪雷达。干扰效果有角跟踪误差或脱靶距离、角度追摆范围和干信比。干扰有效性的作战效果和脱靶距离评价指标的确定方法见 9.3 节。角跟踪误差的评价指标如式(9.6.6)所示。这里只讨论角度追摆范围和干信比的评价指标。

角度追摆范围和干信比可相互转换，式(8.6.21)为干信比的评价指标，即

$$K_{sh} = F_t \frac{\theta + \theta_{bst}}{\theta - \theta_{bst}} \tag{9.6.22}$$

式(9.6.22)的符号定义见式(8.6.21)。确定压制系数的关键是确定有效干扰需要的追摆角 θ_{bst}。

慢闪烁的干扰目的是使雷达天线追捕，不能稳定跟踪目标。要使雷达控制的武器系统不能发射武器，必须使雷达明显感到不能稳定跟踪目标，追摆角必须稍大于雷达的角分辨单元。非相参闪烁两点源干扰能展宽雷达测向特性曲线的主瓣宽度，等效于增加雷达天线的主瓣宽度，影响雷达的角分辨能力。闪烁干扰下的角分辨单元与角跟踪体制、闪烁频率和干信比有关。当闪烁干扰参数满足 8.6.2.2 节的要求时，慢闪烁等效于把振幅和差式及相位和差式单脉冲雷达天线的主瓣扩展到 $(1\sim1.5)\theta_{0.5}$，把隐蔽式和暴露式锥扫雷达天线的主瓣扩展到式 $(1.4\sim2)\theta_{0.5}$，其中 $\theta_{0.5}$ 为雷达天线半功率波束宽度。考虑两种雷达的角分辨能力和从较坏的情况出发，追摆角评价指标的数值可取为

$$\theta_{bst} = \begin{cases} 1.5\theta_{0.5} & \text{慢闪烁对单脉冲雷达} \\ 2\theta_{0.5} & \text{慢闪烁对隐蔽式和暴露式锥扫雷达} \end{cases} \qquad (9.6.23)$$

3. 多点源顺序开关机的干扰有效性评价指标

适当配置的多点源通过顺序开关机能实现角度拖引式欺骗干扰，而且能干扰任何角跟踪体制的雷达。多点源顺序开关机实施的角度拖引式欺骗干扰效果有两种形式，即脱靶距离和角跟踪误差。脱靶距离评价指标的确定方法见 9.3 节。使武器脱靶的角跟踪误差评价指标见式(9.6.6)。如果干扰目的是使受干扰对象从跟踪转搜索，干扰有效性的角跟踪误差评价指标由式(9.6.9)确定。

9.6.5　诱饵干扰有效性评价指标

诱饵主要干扰武器系统的跟踪雷达和雷达控制的武器，干扰效果有线跟踪误差、角跟踪误差、脱靶距离和干信比。因干扰目的的不同，对线跟踪误差和角跟踪误差有两种要求：一种是使武器脱靶，另一种是使雷达从跟踪转搜索。因此诱饵干扰效果的评价指标有五种：使武器脱靶的线跟踪误差和角跟踪误差，使雷达从跟踪转搜索的线跟踪误差、角跟踪误差和压制系数。在一定条件下，诱饵的其他干扰效果都能转换成干信比。同样其他干扰有效性评价指标也能转换成对压制系数的要求。

8.5.2 节根据诱饵有效干扰武器系统的跟踪雷达和雷达寻的器的条件得出了线跟踪误差和角跟踪误差的干扰有效性评价指标：

$$\begin{cases} R_{est} = \dfrac{R_{mkst}}{\sin\alpha} \\ \theta_{est} = \arcsin\dfrac{R_{mkst}}{R_{t\min}} \end{cases} \qquad (9.6.24)$$

式(9.6.24)的符号定义见式(8.5.6)。

式(9.6.24)的评价指标来自使武器脱靶的条件。诱饵干扰也能使雷达从跟踪转搜索或跟踪诱饵而丢失目标。如果要求干扰使雷达从跟踪转搜索，需用球面座标下的跟踪误差，其评价指标与跟踪波门对应的宽度有关。9.6.2 节已得出拖引式干扰使雷达从跟踪转搜索的角跟踪误差评价指标：

$$\theta_{gst} = 1.8\theta_{0.5}$$

诱饵干扰也能因距离跟踪误差使雷达从跟踪转搜索，式(9.6.11)为使雷达从跟踪转搜索的距离跟踪误差评价指标。设 c 为光速，根据时延和距离的关系得用距离跟踪误差表示的使雷达从跟踪转搜索的距离干扰有效性评价指标：

$$R_{gst} = c\tau_g \tag{9.6.25}$$

如果干扰满足 8.5.2 节的条件，四种干扰有效性评价指标都能转换成压制系数，可用压制系数评估干扰有效性。把装备的几何配置参数和线跟踪误差、角跟踪误差代入式(8.5.9)得压制系数：

$$K_b = \begin{cases} \dfrac{F_t R_{est}}{L - R_{est}} \\ \dfrac{F_t \theta_{est}}{\theta - \theta_{est}} \end{cases} \tag{9.6.26}$$

不管武器是否有自身引导系统，只要允许牺牲诱饵即只保护目标，就能用同一压制系数评估诱饵对有、无自身引导系统武器的干扰有效性。由式(8.5.35)得该条件下的压制系数：

$$K_{jp} = \frac{F_t R_{est}}{L - R_{est}} \tag{9.6.27}$$

式(9.6.27)的符号定义见式(8.5.35)。

若要同时保护目标和诱饵，有效干扰两种武器的条件不同，压制系数也不同。设对斯韦林 I、II 型和 III、IV 型起伏目标的干扰有效性为 E_{bst1} 和 E_{bst2}，分别令式(8.5.52)和式(8.5.61)的 $\bar{J}_{js}$ 等于压制系数 K_{jp}，对 K_{jp} 求解得需要的压制系数。对于无自身引导系统的武器，K_{jp} 由式(9.6.28)确定，其数学模型为

$$\begin{cases} E_{bst1} = \exp\left(-\dfrac{K_{jP}}{B}\right) - \exp\left(-\dfrac{K_{jP}}{A}\right) \\ B_{bst2} = \left(1 + \dfrac{2K_{jP}}{B}\right)\exp\left(-\dfrac{2K_{jP}}{B}\right) - \left(1 + \dfrac{2K_{jP}}{A}\right)\exp\left(-\dfrac{2K_{jP}}{A}\right) \end{cases} \tag{9.6.28}$$

对于有自身引导系统的武器，K_{jP} 由式(9.6.29)确定：

$$\begin{cases} E_{bst1} = \exp\left(-\dfrac{K_{jP}}{D}\right) - \exp\left(-\dfrac{K_{jP}}{C}\right) \\ B_{bst2} = \left(1 + \dfrac{2K_{jP}}{D}\right)\exp\left(-\dfrac{2K_{jP}}{D}\right) - \left(1 + \dfrac{2K_{jP}}{C}\right)\exp\left(-\dfrac{2K_{jP}}{C}\right) \end{cases} \tag{9.6.29}$$

式中，

$$B = F_t \frac{L\sin\alpha - R_{mkst}}{R_{mkst}} \text{ 和 } A = F_t \frac{R_{mkst}}{L\sin\alpha - R_{mkst}}$$

$$D = F_t \frac{L\sin\alpha - R'_{mkst}}{R'_{mkst}} \text{ 和 } C = F_t \frac{R'_{mkst}}{L\sin\alpha - R'_{mkst}}$$

式中，R'_{mkst} 为作战要求的武器的等效脱靶距离，近似等于：

$$R'_{mkst} = R_{mkst} + \frac{ngR_w^2}{2V_m^2}$$

9.6.6　多假目标干扰有效性评价指标

多假目标干扰样式有多脉冲拖引式和多假目标随机分布式两种。前者干扰跟踪器，干扰有效性评价指标与单个脉冲的拖引式干扰相同。后者主要干扰搜索雷达或跟踪雷达的搜索状态和捕获

状态。该样式既影响目标检测和识别概率，又影响引导概率和捕获概率。虽然多假目标干扰的引导概率和捕获概率的数学模型与遮盖性干扰不同，但干扰有效性评价指标相同。对于遮盖性干扰，通过雷达检测、识别处理的目标一定是真目标。在多假目标干扰中，通过检测、识别处理的既有真目标又有假目标，既可对真目标的检测、识别、引导和捕获概率提出要求，也可对假目标的对应参数提出要求。真目标干扰有效性的引导概率和捕获概率的评价指标同遮盖性干扰。这里只确定多假目标干扰有效性的以下 4 种评价指标：一、检测假目标概率的评价指标；二、识别假目标概率的评价指标；三、用假目标引导跟踪雷达概率的评价指标；四、捕获假目标概率的评价指标。

9.6.6.1　与检测、识别有关的干扰有效性评价指标

多假目标对搜索雷达或跟踪雷达搜索状态和捕获状态的干扰效果都涉及可检测的真、假目标总数。任何雷达的信号或/和数据处理能力都是有限的。若无有关的保护机制，过载会丢失全部可检测的真、假目标。若有过载保护措施，过载虽然不会使雷达完全丧失目标检测能力，但会影响检测真目标的概率。因此，可分两种情况确定与目标检测有关的干扰有效性评价指标：一种是无过载保护措施，用可检测到的真假目标总数表示干扰效果。另一种是有过载保护，用检测真假目标的概率表示干扰效果。前者需要确定可检测的真、假目标总数的干扰有效性评价指标，后者需要确定检测真假目标概率的评价指标。

搜索雷达和跟踪雷达的搜索状态都有最大可处理目标数 N_{rst} 的指标要求。如果无过载保护措施且可检测的真假目标数超过 N_{rst}，雷达就会因过载而丧失目标检测能力，丢失全部真假目标。由 N_{rst} 得依据可检测的真假目标总数评估干扰有效性的指标 N_{st}：

$$N_{\mathrm{st}} = N_{\mathrm{rst}} + 1 \tag{9.6.30}$$

即使有过载保护措施，只要可检测的真假目标总数超过 N_{rst}，仍然会降低雷达的目标检测能力，丢失部分真目标。丢失真目标等效于降低检测概率，可象遮盖性干扰那样依据检测真目标的概率评估多假目标干扰有效性。其干扰有效性评价指标 P_{tst} 与遮盖性干扰的 P_{dst} 相同。如果忽略虚警概率的影响，丢失与发现真目标概率之和为 1，由式 (9.4.4) 得干扰有效性的丢失真目标概率的评价指标：

$$P_{\mathrm{mist}} = 1 - P_{\mathrm{dst}} = P_{\mathrm{rdst}} \tag{9.6.31}$$

式中，P_{dst} 和 P_{rdst} 分别为干扰有效性的检测概率评价指标和雷达检测概率的设计指标或作战要求的数值。

就目标检测而言，多假目标的干扰作用是使雷达丢失真目标，只有可检测的真假目标总数能使雷达信号或数据处理过载，才能使雷达在检测环节丢失真目标。如果满足以下三个条件可得干扰有效性的检测假目标概率的评价指标：一、已知真、假目标数；二、可检测的真假目标总数能使雷达的数据处理过载；三、已知雷达检测真目标的平均概率。根据多假目标对目标检测环节的干扰原理和条件得依据检测假目标概率的干扰有效性评估指标：

$$P_{\mathrm{fst}} = \frac{N_{\mathrm{st}} - n_{\mathrm{t}} \overline{P}_{\mathrm{dt}}}{n_{\mathrm{f}}} \tag{9.6.32}$$

式中，n_{t}、n_{f} 和 $\overline{P}_{\mathrm{dt}}$ 分别为雷达工作环境中实际存在的真、假目标数和雷达检测真目标的平均概率。现代多假目标干扰机能产生大量的假目标，其数量远大于干扰机要保护的真目标数。这时上式可近似为

$$P_{\mathrm{fst}} \approx \frac{N_{\mathrm{st}}}{n_{\mathrm{f}}} \tag{9.6.33}$$

　　因干扰条件不同，不能用上面的方法确定干扰有效性的识别或录取假目标概率的评估指标。如果用真假目标在录取总目标数中占的比例表示干扰效果，该问题可迎刃而解。设录取的真假目标总数为 N_{sum}，真、假目标在录取目标中占的比例分别为 P_{gct} 和 P_{gcf}，如果受干扰雷达不能从威胁级别区分真假且真假目标自身不可分，可能出现以下几种具有不同风险的情况：

　　① 雷达录取全部真目标且全部用于引导跟踪雷达。雷达方不承担任何风险，干扰方将付出大代价；

　　② 用录取的全部真目标和部分假目标引导跟踪雷达。有部分跟踪雷达不能捕获目标进入跟踪状态，需要付出一定的代价。因录取的全部真目标被跟踪，可能遭到摧毁，干扰方付出的代价大于受干扰方；

　　③ 用录取的部分真假目标引导跟踪雷达。对抗双方都要承担一定风险，风险的大小由真、假目标在录取目标总数中占的比例确定；

　　④ 全部用录取的假目标引导跟踪雷达。这是干扰方期望的最好干扰效果。干扰方不会付出任何代价，雷达要付出较大代价。

　　雷达和干扰双方都无法保证自己总处于最有利的地位。当录取的真、假目标总数超过被引导跟踪雷达能同时跟踪的最大目标数且假目标数远大于真目标时，第三种情况出现的可能性最大，第一，二，四种情况属于第三种情况的特例。下面以第三种情况来确定干扰有效性的识别或录取真、假目标概率的干扰有效性评价指标。

　　设录取的目标只有真假之分，真假目标自身不可分辨，录取的真假目标总数为 N_{sum}。在上述假设条件下，可把目标指示雷达用录取的真假目标引导跟踪雷达的过程简化成贝努利试验概型，用二项式分布描述有关组合发生的概率。雷达用 j 个假目标和 $N_{sum}-j$ 个真目标引导跟踪雷达的概率为

$$P_{qj}(j) = C_{N_{sum}}^{j} P_{gcf}^{j} P_{gct}^{N_{sum}-j}$$

因只有真假之分，P_{gct} 和 P_{gcf} 之间的关系为

$$P_{gct} = 1 - P_{gcf} \quad \text{或} \quad P_{gcf} = 1 - P_{gct}$$

　　若满足前面的条件，雷达录取的假目标数越大，干扰方的风险越小，相反风险越大。因此可用雷达录取真假目标的平均数近似表示雷达和干扰双方失误的大小。雷达的风险来自录取假目标的平均数，该平均数为二项式分布的均值，等于 $N_{sum}P_{gcf}$。设雷达录取假目标的代价为 C_y，雷达方要承担的平均风险为

$$R_r = C_y N_{sum} P_{gcf}$$

　　干扰方的风险来自雷达录取真目标，录取真目标的平均数为 $N_{sum}P_{gct}$。设雷达录取真目标时干扰方要付出的代价为 C_j，干扰方要承担的平均风险为

$$R_{rj} = C_j N_{sum} P_{gct}$$

根据同风险准则得干扰有效性的录取真目标概率的评价指标：

$$P_{ctst} = \frac{C_y N_{sum} P_{gcf}}{C_j N_{sum}} = \frac{C_y}{C_j} P_{gcf} \qquad (9.6.34)$$

　　检测真目标概率的高低是相对有无遮盖性干扰而言的，录取真目标概率的大小是相对有无多假目标干扰而言的。无论何种原因降低检测真目标的概率对雷达的影响相同。比较式(9.6.34)和式(9.4.4)可知，P_{gcf} 相当于雷达漏警概率的设计指标 β。根据漏警概率和检测概率的关系得干扰有效性的录取真目标概率的评价指标：

$$P_{ctst} = \frac{C_y}{C_j}(1 - P_{rdst}) \tag{9.6.35}$$

上式忽略了虚警对雷达的影响，虚警等效于假目标，要影响雷达录取真目标的概率，对雷达不利，即使 $C_y = C_j$，仍然能保证干扰方的风险小于受干扰方，由此得：

$$P_{ctst} = 1 - P_{rdst} \tag{9.6.35}$$

根据雷达录取真假目标概率之间的关系得干扰有效性的录取假目标概率的评价指标：

$$P_{cfst} = P_{rdst} \tag{9.6.36}$$

式 (9.6.36) 和式 (9.6.37) 是根据同风险准则得到的干扰有效性的录取真假目标概率的评价指标。使用条件为，被录取的真、假目标总数大于被引导跟踪雷达能同时跟踪的最大目标数。如果不能确切知道受干扰雷达要求的检测概率，可用检测概率的统计值代替 P_{rdst}，即把 $P_{rdst}=0.85\sim0.9$ 代入式 (9.6.36) 和式 (9.6.37) 得有关评价指标统计值：

$$P_{ctst} = 0.1 \tag{9.6.38}$$

$$P_{cfst} = 0.9 \tag{9.6.39}$$

比较雷达要求的检测概率和检测假目标概率的评价指标的数值不难发现，两者完全相同。此结论并不突然。对受干扰雷达来说，遮盖性干扰降低雷达发现真目标的概率等效于增加漏警概率，欺骗性干扰使雷达录取假目标而丢失真目标，也等效于增加漏警概率，两种干扰作用完全等效。

9.6.6.2　引导和捕获概率的干扰有效性评价指标

遮盖性干扰除了能降低目标指示雷达的检测概率和增加参数测量误差外，还会影响被引导跟踪雷达的捕获概率。与遮盖性干扰不同，多假目标欺骗性干扰既不影响目标指示雷达的检测概率，也不影响参数测量误差。但是在一定条件下，能降低用真目标引导跟踪雷达的概率和跟踪雷达捕获真目标的概率。不但如此，这种干扰还会使目标指示雷达用假目标引导跟踪雷达和使跟踪雷达捕获假目标。因此，既需要确定多假目标干扰有效性的用真目标引导跟踪雷达概率的评价指标和其捕获真目标概率的评价指标，又需要确定用假目标引导跟踪雷达概率的评价指标和其捕获假目标概率的评价指标。虽然遮盖性样式和欺骗性样式对引导和检测环节的干扰原理不同，但是要求用真目标引导跟踪雷达的概率和要求跟踪雷达捕获真目标的概率相同。9.4.5.2 和 9.4.5.3 节分别确定了有关的干扰有效性评价指标。这里只讨论确定干扰有效性的用假目标引导跟踪雷达概率的评价指标和跟踪雷达捕获假目标概率的评价指标的方法。

在多假目标干扰中，受干扰方的风险来自没有用真目标引导跟踪雷达的概率。设 P_{rgtst} 和 C_y 分别为跟踪雷达对引导概率的要求或引导概率的设计指标和引导失误的代价，P_{gfst} 和 C_j 分别为有效干扰要求的用假目标引导跟踪雷达的概率和没达到要求的 P_{gfst} 需要付出的代价，由同风险准则得：

$$1 - P_{gfst} \leqslant \frac{C_y}{C_j}[P_{rfa} + (1 - P_{rgtst})]$$

P_{rfa} 为目标指示雷达的虚警概率。按照前面的近似处理方法得：

$$P_{gfst} = 1 - \frac{C_y}{C_j}(1 - P_{rgtst}) \tag{9.6.40}$$

如果双方失误造成的损失相当，式 (9.6.40) 变为

$$P_{\text{gfst}} = P_{\text{rgtst}} \qquad\qquad (9.6.41)$$

跟踪雷达对引导概率的要求或其设计值的统计结果为 P_{rgtst}=0.9～0.95，由此得用假目标引导跟踪雷达概率的评价指标的数值范围：

$$P_{\text{gfst}} = 0.9 \sim 0.95 \qquad\qquad (9.6.42)$$

多假目标可单独干扰跟踪雷达的捕获搜索状态，通过捕获假目标丢失指示目标而影响捕获真目标的概率，可用捕获假目标的概率表示干扰效果，需要捕获假目标概率的干扰有效性评价指标。在多假目标干扰中，跟踪雷达的风险是没按要求的概率捕获真目标和捕获虚警共同引起的。设捕获概率的设计指标为 P_{rast}，虚警概率为 P_{afa}，有效干扰要求跟踪雷达捕获假目标的概率为 P_{afst}，由同风险准则得：

$$C_{\text{j}}(1 - P_{\text{afst}}) = C_{\text{y}}[P_{\text{afa}} + (1 - P_{\text{rast}})]$$

按照式（9.6.40）的处理方法得干扰有效性的捕获假目标概率的评价指标：

$$P_{\text{afst}} = 1 - \frac{C_{\text{y}}}{C_{\text{j}}}(1 - P_{\text{rast}}) \qquad\qquad (9.6.43)$$

9.4.5.3 节已得到跟踪雷达对捕获概率的要求，如果 $C_{\text{y}} = C_{\text{j}}$，由上式得有关评价指标的数值范围：

$$P_{\text{afst}} = 0.9 \sim 0.95 \qquad\qquad (9.6.44)$$

9.7　雷达支援侦察的干扰有效性评价指标

雷达支援侦察设备是雷达对抗的作战对象，是侦察干扰的直接受害者。要评估侦察干扰效果和干扰有效性，需要有关的评价指标。雷达支援侦察设备的任务是威胁告警、引导干扰机或/和反辐射武器。用告警概率和引导概率表示干扰效果。对应的干扰有效性评价指标也称告警概率和引导概率。告警概率为辐射源截获概率和威胁识别概率之积。辐射源截获和识别是两个独立过程，可用截获和识别概率分别评估干扰效果和干扰有效性。所以侦察设备的干扰有效性评价指标有四种：告警概率、辐射源截获概率、识别概率和引导概率，其中引导概率包括引导干扰机和反辐射武器两种。虽然欺骗性和遮盖性样式对雷达支援侦察设备的干扰原理有所不同，但作战目的和干扰环节相同，其告警概率和引导概率的干扰有效性评价指标相同。

9.7.1　告警概率的干扰有效性评价指标

侦察和侦察干扰的实质是保护和反保护、摧毁和反摧毁。侦察方通过雷达侦察发现侦察干扰方的保护雷达，并对其实施有针对性的干扰或反辐射攻击，使其不能有效控制武器，达到保护己方目标的目的。侦察干扰方通过干扰对方的雷达支援侦察设备，使其不能发现己方的雷达，无法实施有针对性的干扰和反辐射攻击，使己方的雷达得到保护，并能控制武器摧毁雷达侦察方的目标。和雷达对抗一样，双方的风险都会转嫁给各自的保护目标，可用同风险准则确定侦察干扰效果的干扰有效性评价指标。

使用同风险准则有两个条件：一、已知作战对象与干扰效果相对应的战技指标；二、已知对抗双方失误的代价。侦察和侦察干扰与雷达对抗相似，双方失误的代价相当，只需满足第一个条件就能使用同风险准则。雷达的战技指标包含检测概率和虚警概率，由同风险准则容易得到干扰有效性的检测概率评价指标。和雷达不同，多数雷达支援侦察设备没有辐射源截获概率的明确指标，而是由多个战技指标共同反映出来的。为了应用同风险准则，必须首先确定侦察设备对辐射源截获概率、威胁识别概率和告警概率的要求。

由 4.2.4 和 4.2.5 节的辐射源截获和威胁识别性能及其有关的工作原理和工作过程知，根据雷达支援侦察接收机的灵敏度或接收机的噪声系数、适应的信号环境密度、可检测的信号类型或对特定辐射源的告警距离等的要求，可估算该设备对辐射源截获概率的要求。对识别概率的要求主要取决于侦察设备自身的参数测量误差和雷达信号的参数漂移。根据具体设备的参数测量误差与识别门限可粗略估算该设备对识别概率的要求。如果不能获得实际受干扰侦察设备的上述性能，可用下面的方法近似估算雷达支援侦察设备对辐射源截获概率和识别概率的要求。

雷达支援侦察和被侦察的竞争体现为谁先发现谁。为了先发制人和有足够的干扰准备时间，在发现概率相同的条件下，要求侦察设备在雷达发现保护目标之前发现雷达，即其作用距离大于雷达对保护目标的作用距离。设雷达以一定概率发现干扰方保护目标的最大距离为 R_{tmax}（根据雷达有关的战技指标和雷达方程可估算 R_{tmax}），侦察设备以同样概率发现雷达的最大距离为 R_{emax}，为了先敌发现并来得及采取必要的对抗措施，通常要求 $R_{emax} \geqslant 1.2R_{tmax}$。如满足作用距离的要求，即使雷达支援侦察设备要求的辐射源截获概率 P_{intrst} 等于雷达要求的目标发现概率 P_{rdst}，也不会给侦察方带来风险。由此得：

$$P_{intrst} = P_{rdst}$$

9.4.1.2 节已得到雷达要求的检测概率统计值的范围，把它代入上式可得雷达支援侦察设备要求的辐射源截获概率的数值范围：

$$P_{intrst} = P_{rdst} = 0.85 \sim 0.9 \tag{9.7.1}$$

侦察设备一般根据自身的参数测量误差确定识别门限。通常把参数测量误差的 $\pm(2 \sim 2.5)$ 倍作为识别门限。参数测量误差服从 0 均值正态分布，由此得雷达支援侦察设备对三参数识别概率的要求：

$$P_{edist} = 0.87 \sim 0.96 \tag{9.7.2}$$

告警概率是辐射源截获概率和识别概率之积，侦察设备对告警概率的要求可用两种指标之积表示为

$$P_{ewst} = P_{intrst} P_{edist}$$

把侦察设备要求的辐射源截获概率和识别概率的数值代入上式得该设备要求的告警概率的数值：

$$P_{ewst} = 0.8 \sim 0.9 \tag{9.7.3}$$

有了受干扰侦察设备对辐射源截获、识别和告警概率的要求，就能用同风险准则确定侦察干扰有效性的告警概率评价指标。侦察设备的作战对象是侦察干扰要保护的雷达，只要侦察设备能正确截获、识别侦察干扰方的雷达，就能正确引导己方的干扰机和反辐射武器。如果假设干扰机有足够的能力，只要引导正确，就能使侦察干扰方的雷达丧失作战能力。侦察干扰方的风险来自受干扰侦察设备的剩余告警概率。设 P_{rwst} 为侦察干扰方能接受的被干扰方的剩余告警概率，由同风险准则得干扰有效性的告警概率评价指标：

$$P_{rwst} = 1 - P_{ewst} \tag{9.7.4}$$

雷达支援侦察设备存在增批、漏批，增批概率相当于雷达的虚警概率，会给侦察方带来风险，对侦察干扰方有利。上式已忽略增批、漏批的影响。把 P_{ewst} 的数值代入式（9.7.4）得侦察干扰有效性的告警概率评价指标的数值范围：

$$P_{rwst} = 1 - P_{ewst} = 0.1 \sim 02 \tag{9.7.4a}$$

9.7.2　引导概率的干扰有效性评价指标

现代雷达支援侦察设备有引导干扰机或/和反辐射武器的任务。引导概率定义为侦察设备指示的雷达参数落入受干扰雷达和被引导干扰接收机或反辐射导引头对应的瞬时工作参数范围内的概率。侦察设备引导反辐射武器的情况和目标指示雷达引导跟踪雷达的情况相似，因此雷达干扰有效性的引导概率评价指标的确定方法适合反辐射导引头。

和目标指示雷达没有引导跟踪雷达概率的指标一样，雷达对抗装备也没有引导干扰概率的战技指标。和确定对跟踪雷达的引导概率评价指标一样，只能根据干扰引导原理和涉及的装备参数确定干扰引导概率的评价指标。雷达支援侦察设备的参数测量误差服从 0 均值正态分布，设测频、测角均方差分别为 σ_f 和 σ_ϕ，被引导干扰机的瞬时带宽和瞬时视场角为矩形，宽度分别为 B 和 ϕ。它们是干扰部分的设计指标。干扰机对频率引导概率的要求为

$$P_{\mathrm{efst}} = \frac{1}{\sqrt{2\pi}\sigma_f} \int_{-B/2}^{B/2} \exp\left(-\frac{f^2}{2\sigma_f^2}\right) \mathrm{d}f = 2\phi\left(\frac{B}{2\sigma_f}\right)$$

干扰机对角度引导概率的要求为

$$P_{\mathrm{e\phi st}} = \frac{1}{\sqrt{2\pi}\sigma_\phi} \int_{-\phi/2}^{\phi/2} \exp\left(-\frac{\theta^2}{2\sigma_\phi^2}\right) \mathrm{d}\theta = 2\phi\left(\frac{\phi}{2\sigma_\phi}\right)$$

频率和角度引导独立进行。干扰机对发射频率和角度引导概率的要求为

$$P_{\mathrm{egust}} = 4\phi\left(\frac{\phi}{2\sigma_\phi}\right)\phi\left(\frac{B}{2\sigma_f}\right)$$

有的干扰机既需要干扰发射方向和发射频率引导，又需要接收方向和接收频率引导。按照上述分析方法也能得到干扰机对接收角度和接收频率引导概率的要求。设两种要求之积为 P_{rgust}，干扰机对引导概率的总要求为

$$P_{\mathrm{egujst}} = P_{\mathrm{egust}} P_{\mathrm{rgust}} \tag{9.7.5}$$

侦察设备在截获和识别目标后才引导干扰，确定干扰引导概率的评价指标时，不必考虑目标截获和识别的影响。在此条件下，侦察方的风险来自有目标但没引导干扰机的概率和错误引导的概率。错误引导概率是侦察设备的增批引起的。设 P_{rgujst}、P_{efar} 和 C_{re} 分别为侦察设备要求的干扰引导概率、增批概率和侦察失误的代价，P_{gujst} 和 C_{rej} 为侦察干扰方能接受的受干扰侦察设备的剩余引导概率和干扰失误的代价，由同风险准则得干扰有效性的引导概率评价指标：

$$P_{\mathrm{gujst}} \leqslant \frac{C_{\mathrm{re}}}{C_{\mathrm{rej}}}(1 - P_{\mathrm{rgujst}} + P_{\mathrm{efar}}) \tag{9.7.6}$$

按照确定干扰有效性的检测概率评价指标的方法可把式(9.7.6)简化为

$$P_{\mathrm{gujst}} = 1 - P_{\mathrm{rgujst}} \tag{9.7.7}$$

侦察设备引导反辐射导引头的参数较多。反辐射导引头对引导概率的要求主要取决于侦察设备的参数测量误差和导引头的确认比较窗口的大小或截获搜索范围。设侦察设备对第 i 个参数的测量误差为 σ_i，导引头对该参数的确认比较窗口或截获搜索范围为 $\pm T_{\mathrm{h}i}$，该参数落入指定窗口或截获搜索区的概率为

$$P_{\mathrm{ga}i} = \frac{1}{\sqrt{2\pi}\sigma_i} \int_{-T_{\mathrm{h}i}}^{T_{\mathrm{h}i}} \exp\left(-\frac{x^2}{2\sigma_i^2}\right) \mathrm{d}x = 2\phi\left(\frac{T_{\mathrm{h}i}}{\sigma_i}\right) \tag{9.7.8}$$

如果导引头需要 n 个引导参数，对引导概率的总要求为

$$P_{rgast} = \prod_{i=1}^{n} 2^n \phi\left(\frac{T_{hi}}{\sigma_i}\right) = \prod_{i=1}^{n} P_{gai} \tag{9.7.9}$$

搜索范围和比较窗口宽度通常为 $\pm(2 \sim 2.5)\sigma_i$，就射频、重频、角度和脉宽四维引导而言，此要求为

$$P_{rgast} = 0.83 \sim 0.95$$

实际导引头对引导概率的要求近似等于 0.9。

有了对引导概率的要求，就能用同风险准则确定侦察干扰有效性的引导导引头概率的评价指标。设 P_{rgast}、P_{fa} 和 C_r 分别为导引头要求的引导概率、引导设备的虚警概率和引导失误的代价，P_{guast} 和 C_j 为干扰方能接受的被干扰设备的剩余引导概率和干扰失误的代价，由同风险准则得侦察干扰有效性的引导概率评价指标：

$$P_{guast} = \frac{C_r}{C_j}(1 - P_{rgast} + P_{fa}) \tag{9.7.10}$$

如果失误对双方的影响相似，可令 C_r 等于 C_j，这时式 (9.7.10) 简化为

$$P_{guast} \geq 1 - P_{rgast} + P_{fa} \tag{9.7.11}$$

如果引导设备的虚警概率较小，可忽略其影响，式 (9.7.11) 进一步简化为

$$P_{guast} = 1 - P_{rgast} \tag{9.7.12}$$

9.8　反辐射武器的干扰有效性评价指标

反辐射武器为杀伤性武器，用作战效果表示对抗效果。反辐射导引头是反辐射武器的传感器，其组成和工作原理与雷达支援侦察设备相似，可进行电子干扰。目前用得较多的对抗手段是一些特殊对抗措施。评估对抗反辐射武器的效果需要作战效果和干扰效果两种评价指标。

反辐射武器的作战过程分两个阶段，第一阶段为发射前和发射，第二阶段为发射后的目标跟踪。本书用发射概率 P_{lach} 表示对第一阶段的干扰效果，用跟踪误差表示对第二阶段的干扰效果，用摧毁概率表示综合对抗效果。干扰有效性评价指标来自对作战效果的要求，反辐射武器的干扰有效性评价指标也不例外。如果只干扰反辐射武器的发射阶段，可忽略跟踪误差的影响，即假设只要发射成功，侦察干扰保护的辐射源将被摧毁，可把摧毁概率的评价指标作为干扰有效性的发射概率评价指标，即

$$P_{lahst} = P_{dest} \tag{9.8.1}$$

如果对抗双方作战失误的代价相当，由摧毁概率评价指标的值得反辐射武器发射概率评价指标的数值：

$$P_{lahst} = 0.05 \sim 0.1 \tag{9.8.2}$$

目前对付反辐射武器的主要手段是如第 8 章介绍的特殊对抗措施，这些措施只能干扰反辐射武器的第二个工作阶段。遮盖性和欺骗性样式可干扰第一阶段，也可干扰第二阶段，还能同时干扰两个阶段。但是，无论那种样式对第二阶段的干扰只能引起一定的跟踪误差。反辐射导引头只跟踪辐射源的角度，需要干扰有效性的角跟踪误差评价指标。干扰有效性的跟踪误差评价指标来自对武器脱靶距离的要求。9.3.2 节介绍了干扰有效性的脱靶距离评价指标的确定方法。设辐射源关机或反辐射导引头刚好能分辨目标和诱饵时，武器到目标的距离为 R_{ar}，干扰有效性的脱靶距离

评价指标为 R_{mkst}，根据脱靶距离的定义得干扰有效性的角跟踪误差评价指标：

$$\theta_{st} = \arcsin \frac{R_{mkst}}{R_{ar}} \tag{9.8.3}$$

如果同时干扰反辐射武器的两个工作阶段，可用摧毁概率表示作战效果。按照 9.3.1 节的分析方法，可确定干扰有效性的摧毁概率评价指标。

主要参考资料

[1]　[苏]C.A.瓦金，Л.H.舒斯托夫著. 无线电干扰和无线电技术侦察基础. 科学出版社，1976.

反侵权盗版声明

电子工业出版社依法对本作品享有专有出版权。任何未经权利人书面许可，复制、销售或通过信息网络传播本作品的行为；歪曲、篡改、剽窃本作品的行为，均违反《中华人民共和国著作权法》，其行为人应承担相应的民事责任和行政责任，构成犯罪的，将被依法追究刑事责任。

为了维护市场秩序，保护权利人的合法权益，我社将依法查处和打击侵权盗版的单位和个人。欢迎社会各界人士积极举报侵权盗版行为，本社将奖励举报有功人员，并保证举报人的信息不被泄露。

举报电话：（010）88254396；（010）88258888

传　　真：（010）88254397

E-mail：　dbqq@phei.com.cn

通信地址：北京市海淀区万寿路 173 信箱

　　　　　电子工业出版社总编办公室

邮　　编：100036